# The "Universal" Genetic Code

| First position (5′ end) | Second Position: U | Second Position: C | Second Position: A | Second Position: G | Third position (3′ end) |
|---|---|---|---|---|---|
| U | Phe | Ser | Tyr | Cys | U |
| | Phe | Ser | Tyr | Cys | C |
| | Leu | Ser | Stop | Stop | A |
| | Leu | Ser | Stop | Trp | G |
| C | Leu | Pro | His | Arg | U |
| | Leu | Pro | His | Arg | C |
| | Leu | Pro | Gin | Arg | A |
| | Leu | Pro | Gin | Arg | G |
| A | Ile | Thr | Asn | Ser | U |
| | Ile | Thr | Asn | Ser | C |
| | Ile | Thr | Lys | Arg | A |
| | [Met] | Thr | Lys | Arg | G |
| G | Val | Ala | Asp | Gly | U |
| | Val | Ala | Asp | Gly | C |
| | Val | Ala | Glu | Gly | A |
| | [Val] | Ala | Glu | Gly | G |

NOTE: The boxed codons are used for initiation.

# Basic Structure of an α-Amino Acid

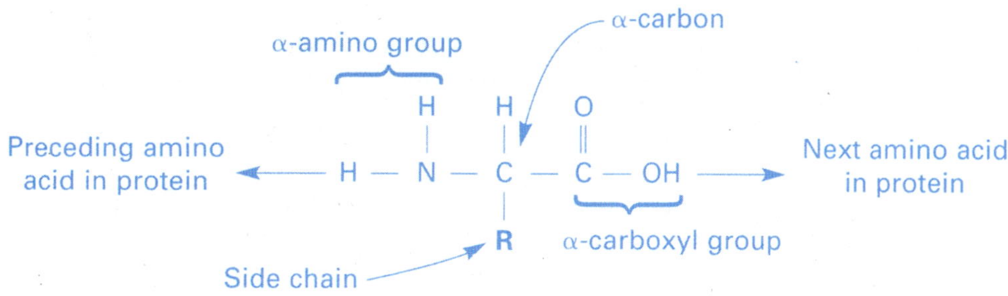

ESSENTIALS OF

# Molecular Biology

FOURTH EDITION

제4판

# 분자생물학

George M. Malacinski
Indiana University 저

심웅섭 안정선 안태인 이동희
이병재 이주헌 정해문 허윤강 역

ORIGINAL ENGLISH LANGUAGE EDITION PUBLISHED BY
Jones and Bartlett Publishers, Inc.
40 Tall Pine Drive
Sudbury, MA 01776



**국립중앙도서관 출판시도서목록(CIP)**

분자생물학 / George M. Malacinski 저 ; 심웅섭...[등]역.
– 수정판. – 서울 : 월드사이언스, 2006
p. ; cm
원서명: Essentials of molecular biology
원저자명: Malacinski, George M.
원서의 4판을 번역함
색인수록
ISBN 89-5881-047-5 93470 : \25000
472.88-KDC4
572.8-DDC21 CIP2006000095

# 장차례


## 서 론

제1장 분자생물학을 공부하는 학생들에게 3

## 제Ⅰ부 단백질, 핵산 및 고분자 복합체의 구조 19

제2장 고분자 물질 21
제3장 핵 산
제4장 단백질 분자의 물리적 구조 59
제5장 고분자 상호 작용과 복합체의 구조 79

## 제Ⅱ부 고분자의 기능 97

제6장 유전물질 99
제7장 DNA 복제 119
제8장 전 사 147
제9장 해 독 169
제10장 돌연변이, 돌연변이 유발 및 DNA 회복 193

## 제Ⅲ부 세포에서 고분자 기능의 조절 221

제11장 원핵세포의 유전자 활동 조절 223
제12장 진핵생물에서의 유전자 활동의 조절 251
제13장 정보화 시대의 생물학을 주도하는 유전체학과 단백질체학 284

## 제Ⅳ부 고분자의 실험적 조작 303

제14장 전이인자, 플라스미드와 박테리오파아지 305
제15장 재조합 DNA와 유전공학: 유전자의 분자적 재단 349
제16장 분자생물학의 연구 분야 확대 373
후 기 학생을 위한 분자생물학의 개관 401
부 록 분자생물학을 이해하는데 중요한 화학의 원리 409
필수 개념 목록 433
용어 437
해답 453
찾아보기 477

# 차 례

## 서 론


**제1장** **분자생물학을 공부하는 학생들에게 3**
분자생물학의 목표 3
초창기의 분자 생물학 3
기본적인 생물학 연구 시스템 4
박테리오파아지 6
분자생물학 연구기법 9
분자생물학의 빠른 발전 10
분자생물학적 세부지식의 전체적인 조합 13
분자생물학의 중요 개념 14
발전 도표 15
분자생물학을 공부하여 얻을 수 있는 대가 18

## 제 I 부 단백질, 핵산 및 고분자 복합체의 구조 19

**제2장** **고분자 물질 21**
주요 고분자 물질의 화학 구조 21
단백질과 핵산의 3차원적 구조를 결정하는 비공유 결합 25
고분자의 분리와 특성 분석 28

**제3장** **핵 산**
DNA의 물리·화학적 구조 35
다른 형태의 DNA구조 38
환형 DNA와 초나선 DNA 40
DNA 변성 42
재생 44
혼성화 47
RNA의 구조 47
핵산의 가수분해 49
핵산의 염기 서열 결정 50
DNA의 합성 53
미래의 실질적 응용 55

**제4장** **단백질 분자의 물리적 구조 59**
단백질 분자의 기본적 특징 59
폴리펩티드 사슬의 접힘 60
$\alpha$ 나선과 $\beta$ 2차 구조 62
단백질의 구조 64
소단위로 구성된 단백질 66
효소 70
미래의 실질적 응용 73

**제5장** **고분자 상호 작용과 복합체의 구조 79**
DNA 복합체의 구조 : *E. coli* 염색체 79
염색체와 염색질 82

DNA는 누클레오솜 중심입자로 편성된다 85
특정 염기서열을 인식하는 DNA와 단백질의 상호작용 87
생체막 90
세포골격 요소 93
미래의 실질적 응용 93

제Ⅱ부 고분자의 기능 97

제6장 유전물질 99
유전기작에 대한 초기관찰 99
DNA가 유전물질임을 규명 101
실험에서 유추된 조심성 있는 결론 104
RNA가 일부 바이러스의 유전물질임이 밝혀짐 109
유전물질의 특성 110
유전물질로서의 RNA 115

제7장 DNA 복제 119
두가닥 사슬 DNA의 반 보존적 복제 120
복잡한 DNA 나선의 풀림과 복제 120
DNA 복제의 시작 123
복제를 위한 DNA 사슬의 감김 제거 126
새로 합성된 가닥의 신장 127
DNA pol Ⅲ는 여러개의 소단위체로 구성되어 있다 130
역평행 DNA 사슬과 불연속 복제 132
복제 포크에서 일어나는 과정의 요약 137
진핵 세포 염색체의 복제 140
미래의 실질적 응용 143

제8장 전 사 147
RNA의 효소 합성 147
전사 신호 149
RNA 분자의 종류 153
진핵 세포에서의 전사 156
세포 내 RNA를 연구하는 방법 161
미래의 실질적 응용 164

제9장 해 독 169
해독의 개요 169
유전암호 170
운반 RNA와 아미노아실 합성효소 172
동요가설 175
폴리시스트론성 mRNA 176
중복 유전자 177
폴리펩티드의 합성 178
원핵생물의 폴리펩티드 생합성 단계 180
복잡한 해독단위 184

항생제 187
미래의 실질적 응용 187

제10장 **돌연변이, 돌연변이 유발 및 DNA 회복 193**
돌연변이의 유형 193
돌연변이의 생화학적 근거 195
돌연변이 유발 197
유도 돌연변이 198
복귀 돌연변이 201
돌연변이 유발원과 암 유발원을 조사하는 수단으로서의 복귀 206
DNA 회복 기작 207
자연 돌연변이와 그의 회복 208
직접 반전에 의한 회복 211
절제회복 211
재조합 회복 213
SOS 반응 215
미래의 실질적 응용 217

제Ⅲ부 **세포에서 고분자 기능의 조절 221**

제11장 **원핵세포의 유전자 활동 조절 223**
조절의 원리 224
전사단계의 조절 224
전사 후 조절 242
되먹임 억제와 알로스테릭 조절 244
미래의 실질적 응용 246

제12장 **진핵생물에서의 유전자 활동의 조절 251**
원핵생물과 진핵생물 유전자 구성의 중요한 차이점 251
전사 개시의 조절 253
RNA 프로세싱의 조절 262
mRNA의 핵-세포질 이동의 조절 268
mRNA 안정성의 조절 270
해독의 조절 272
단백질 활성의 조절 273
유전자 재배열 : 면역 시스템에서의 암호 서열의 연결 277
미래의 실질적 응용 281

제13장 **정보화 시대의 생물학을 주도하는 유전체학과 단백질체학 284**
유전체학-과학적 발견의 시작점으로서 DNA의 이용 286
생물정보학-DNA 서열 정보를 이용하여 지식을 쌓다 289
단백질체학은 단백질의 총체: 그들의 개수, 구조, 상호작용, 위치, 그리고 기능에 초점을 맞춘다 294
새로운 "분자생물학의 논리"의 출현 297
미래의 실질적 응용 299

**제IV부** **고분자의 실험적 조작 303**

**제14장** **전이인자, 플라스미드와 박테리오파아지 305**
전이요소의 발견은 분자생물학자를 놀라게 하였다 305
진핵생물의 전이요소 311
플라스미드 313
플라스미드의 유전자 315
플라스미드의 이동 316
플라스미드 DNA 복제 321
박테리오 파아지 322
파아지의 용균 주기 324
특수한 파아지 327
형질도입 파아지 340
유전공학에서 전이요소, 플라스미드와 박테리오파아지 342
미래의 실질적 응용 343

**제15장** **재조합 DNA와 유전공학: 유전자의 분자적 재단 349**
플라스미드는 자연의 인터로퍼 (침입자)로 작용한다 349
제한효소는 최고의 자연 절단기로 작용한다 350
유전적 인터로퍼 : 벡터는 유전자를 전달하는 전파체 기능을 한다 357
재조합 DNA 분자의 탐지 364
박테리오파아지 M13 벡터를 이용한 위치 특이적 돌연변이 유발 365
유전공학의 응용 366

**제16장** **분자생물학의 연구 분야 확대 373**
DNA 재조합 기술의 이용 분야 373
의학에서 DNA 재조합 기술의 이용 378
농업에서 DNA 재조합 기술의 이용 387
다른 상업적 및 산업적 응용 390
분자생물학 : AIDS 와의 전쟁의 최전선 391
사회적 및 윤리적 문제 393

**후 기** **학생을 위한 분자생물학의 개관 401**
분자생물학은 황금시대를 누리고 있다 401
분자생물학을 배우기 위해 능력을 향상시켜라! 405
분자생물학자가 되는 것에 대해 고려해 보라 407

**부 록** **분자생물학을 이해하는데 중요한 화학의 원리 409**
원자의 구조 409
화학결합 409
물의 이온화-pH 척도 415
유기화학 418
맺음말 431

**필수 개념 목록 433**
**용어 437**
**해답 453**
**찾아보기 477**

# 서 론

제 1 장

# 분자생물학을 공부하는 학생들에게

## 분자생물학의 목표

분자생물학의 목표는 세포 (Cell)에서 일어나는 다섯 가지의 기본적인 현상(생장, 분열, 분화, 운동, 및 세포 간의 상호작용)을 이들 현상에 직접 관여하는 분자들을 연구하여 이해하는데 있다. 즉, 분자생물학은 세포 내의 여러 고분자(Macromolecule)의 구조, 기능, 및 상호작용을 규명하여, 살아있는 세포의 생명현상에 대한 이해를 추구하는 학문이다.

이런 목표는 언뜻 지나치게 보일 수도 있으나, 현재 생물학은 이런 목표가 충분히 달성되리라 낙관하는 과학자들조차 놀랄 정도로 빠르게 발전하고 있다. 이런 의미에서 현재는 생물학의 황금기라 일컬어지며, 이런 생물학의 발달에는 분자생물학이 주도적인 역할을 하고 있다.

중요한 발견이 거의 매일 여러 연구실에서 일어나고 있으며, 질병을 일으키는 유전자의 규명, 유망한 생명공학제품 (Biotechnology Product), 또는 새로운 농업기술 (Agricultural Processes) 등에 대한 획기적인 기사가 일간지에 자주 발표되고 있다.

몇 십 년 전에는 분자생물학의 가장 중요한 발견이 주로 바이러스 (Viruses)나 세균 (Bacteria)을 이용하여 이루어졌으나, 현재는 이런 중요한발견이 동물이나 식물을 재료로 이용하여 이루어지고 있으며, 이런 현재의 분자생물학의 발전에는 몇 가지 중요한 발견과 소수의 선도적인 과학자들이 현재 분자생물학 발전의 토대를 제공하였다.

## 초창기의 분자 생물학

분자생물학이란 단어는 1938년에 록펠러 재단 (Rockefeller Foundation)의 자연과학분야의 책임자였던 Warren Weaver가 새로운 분야의 과학-**분자생물학**-에 대한 재정지원을 주장하면서 최초로 사용되었다. 그 당시에 생화학자들은 세포 내의 기본적인 화학반응들을 발견하기 시작하였으며, 또 세포의 여러 특성을 규명하는데 있어, 특정반응 및 단백질구조의 중요성을 인식하기 시작하였다. 그러나 분자생물학 자체의 발달은 "가장 효과적인 발전은 세균이나 박테리오파아지(Bacteriophage)와 같은 간단한 시스템을 연구하는 경우 가능하다" 라는 결론에 도달하면서 이루어지기 시작하였다. 세균이나 박테리오파아지 역시 복잡한 시스템이지만 이들은 동물세포에 비해서는 훨씬 간단하며, 실제로 이들을 이용하여 DNA에 유전정보가 저장되어 있음이 밝혀졌다.

DNA는 1869년 F. Miescher에 의하여 발견되었으나, DNA의 세포 내 기능과 DNA가 유전물질임에 대한 결정적인 증거는 거의 한 세기 후에야 밝혀졌다. 이런 DNA의 기능을 밝힌 실험적인 증거는 대부분이 세균과 박테리오파아지를 이용하여 제시되었다.

DNA가 유전형질을 결정하는 물질임이 규명되고 곧 이어 J. D. Watson과 F. H. Crick에 의하여 DNA의 물리적인 구조가 제안되었다. 이들이 제안한 DNA의 구조는 DNA의 복제 (Replication) 및 자연적 돌연변이 기작에 대한 이론적인 설명을 가능하게 하였고, 곧이어 RNA가 효소 및 다른 단백질합성에 매개체임이 밝혀졌다.

이러한 발견에 이어서 분자생물학-분자유전학의 새 분야-는 1950년대 후반과 1960년대 초반에 급속히 발달하였다. 분자생물학의 발달은 생물학에 대한 새로운 개념들을 빠른 속도로 제공하였으며, 이 발달의 속도는 1920년대 양자역학의 발달 속도만이 비견될 수 있었다. 이런 분자생물학의 발달과 이에 따른 방대한 양의 지식은 연구자들에게 새로운 연구기법과 효과적인 분자유전학의 이론적인 방법을 다양한 연구주제-근육과 신경의 기능, 생체막 구조, 항생물질의 작용기작, 세포의 분화 및 발생, 면역학-에 적용하는 것을 가능하게 하였다. 이런 생물학의 전반에 걸친 신속한 발전에는 생명현상은 기본적으로 동일하다는 믿음-즉, 세균 또는 박테리오파아지와 같은 간단한 생명체를 유지하기 위한 필수적인 생물학적 현상은 복잡한 고등세포에도 반드시 적용되며, 단지 미세한 부분에서 차이가 있을 뿐이다-이 중요한 요인으로 작용하였으며, 이런 믿음은 여러 실험 결과에 의하여 수 없이 재확인되었다.

이 책에서는 원핵세포 (Prokaryotes)와 진핵세포 (Eukaryotes)를 별도로 다루고, 이들을 비교?대조하려 하며, 일반적으로 원핵세포에 대하여 먼저 설명하고, 이어서 이들보다 복잡한 진핵세포에서 일어나는 현상을 설명하고자 한다. 이를 위해 우선, 다음과 같은 세균과 박테리오파아지를 비롯한 몇 종의 모델시스템에 대해 간단히 설명하기로 한다.

## 기본적인 생물학 연구 시스템

바이러스

가장 간단한 생물체인 **바이러스**는 DNA (또는 RNA)를 단백질 껍질이 둘러싸고 있는 구조로 되어있다. 바이러스가 이렇게 간단한 형태로 증식할 수 있는 이유는 이들이 생존에 필요한 기본기능을 숙주 (Host)에 의존하는 기생생물이기 때문이다. 바이러스의 종류에 따라 숙주는 세균, 식물세포, 또는 동물세포일 수 있으며, 이들 숙주세포 중에서 세균은 가장 단순한 세포이다. 바이러스에 대하여 더 알아보기 전에 이들의 가장 단순한 숙주인 세균의 기본특성에 대해 우선 알아보기로 한다.

세균

**세균**은 독립해서 살아가는 (free-living) 단세포 생물체로 막으로 쌓여 있지 않은 하나의 염색체를 갖고 있으며 (핵이 없는 세포, Prokaryotic cell), 진핵세포에 비해 그 구조가 단순하다. 실용적인 관점에서 보면 하나의 세균은 용액상태로 존재하는 수천 종류의 화학물질과 몇 개의 입자구조물을 단단한 세포벽이 둘러 싼 구조를 하고 있다.

세균은 기본적인 생명현상 연구에 적합한 다양한 특성을 갖고 있다. 예를 들면 세균은 손쉽게 신속히 배양할 수 있으며, 다세포 생물의 세포에 비하여 배양 시 요구하는 영양분의 종류가 간단하다. 분자생물학의 재료로 가장 많이 사용된 세균은 대장균 (*Escherichia coli*, 또는 간단히 *E. coli*)이다. 최적 조건에서 배양하면, 대장균은 20분에 한번씩 분열하여, 하나의 세포가 20시간 후에는 약 109개의 세포로 증식하게 된다.

최소배지

타가영양체

세균은 **액체배지** (Liquid Growth Medium) 또는 고체배지를 이용하여 배양할 수 있으며, 한 액체배지에서 자라는 세균의 군집을 군체라 부른다. 만약 그 배양액이 생물에서 추출된 성분이 규명되지 않은 물질을 포함한 경우, 이 배양액을 **육즙** (Broth)이라 부른다. 배양액이 당과 같은 탄소원을 제외하고는 다른 유기화합물을 포함하지 않은 간단한 무기물로 구성된 경우, 이 배양액을 **최소배지** (Minimal Medium)라 한다. 일반적으로 최소배지는 $Na^+$, $K^+$, $Mg^{2+}$, $Ca^{2+}$, $NH^{4+}$, $Cl^-$, $HPO_4^{2-}$, $SO_4^{2-}$과 같은 이온과 하나의 탄소원 (포도당[Glucose], 글라이세롤[Glycerol], 또는 젖산[Lactate])을 포함하고 있다. 만약 한 세균이 최소배지에서 자랄 수 있는 경우－즉, 이 세균이 필요한 모든 유기물 (예를 들면, 아미노산, 비타민, 및 지방)을 합성할 수 있는 경우－이 세균을 **자가영양체** (Prototroph)라 한다. 만일 한 세균이 생장하기 위해 탄소원 외의 다른 유기물을 반드시 요구하는 경우, 이 세균을 **타가영양체** (Auxotroph)라 한다.

한천

세균은 일상적으로 고체배지의 표면 위에서 배양한다. 이를 위해 처음에는 감자를 얇게 잘라 사용하였으나, 요즘은 **한천** (Agar)을 이용하여 만든 고체배지를 사용한다. 한천은 세균이 분비하는 소화효소에 의하여 분해되지 않으므로, 다른 영양성분 없이 한천으로만 만들어진 배지에서는 세균은 생장하지 못한다. 그림 1-1은 고체배지에서 자라는 세균의 군체를 보여준다.

세균의 대사 (Metabolism)는 정밀하게 조절된다. 따라서, 세균은 현재까지 발견된 가장 효율적인 자생생물체이다. 즉, 세균은 필요하지 않은 물질은 합성하지 않는

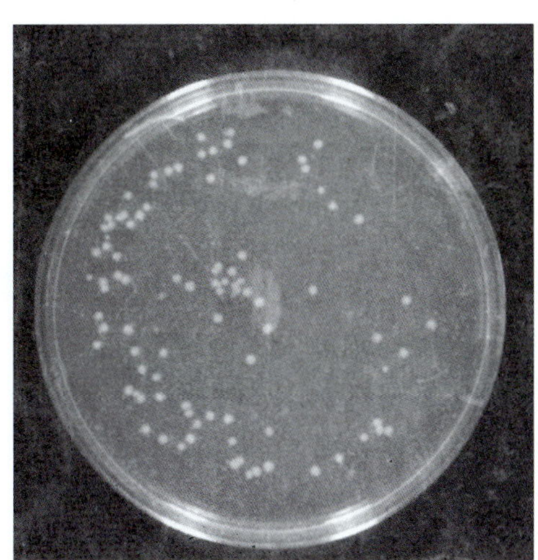

그림 1-1 한천배지의 표면에 자란 대장균의 콜로니(군체). 각 콜로니는 하나의 세균이 많은 세포분열을 하여 생긴 자손세균으로 이루어져 있다. 따라서 각 콜로니에 있는 세균들은 한 세균의 클론이다. 예를 들면, 한 고체배지에 100개의 세균을 접종하면, 다음날 100개의 군체가 형성된다.

다. 예를 들면, 아미노산의 일종인 트립토판 (Tryptophan)이 공급된 배지에서 자라는 세균은 트립토판을 합성하지 않는다. 그러나 배지에 있던 트립토판이 모두 사용되면, 트립토판을 합성하는 효소들이 빠르게 활성화되어 트립토판이 합성된다. 다양한 에너지원을 분해?이용하는 효소들 역시 효율적으로 조절된다. 가장 많이 연구된 예는 포도당 대신에 젖당 (Lactose)을 에너지원으로 이용하는 경우이다. 트립토판의 합성과 젖당의 분해 조절은 **대사조절** (Metabolic Regulation)의 두 예이다. 이런 일반적인 조절현상에 대하여는 이 책 전반에서 깊이 다루어 질 것이며, 특히 제 3부에서는 두 가지 조절방식-단순조절과 복잡조절-에 대해 깊이 다루려한다. 이 두 조절방식은 세균이 환경조건과 시간에 따라 얼만큼의 특정물질을 분해·이용하고 또 얼만큼의 다양한 세포 내 물질을 합성해야 하는가를 결정하기 위해 이용된다. 이를 통해 우리는 흔히 간단한 세포라고 불리는 세균이 제한된 자원을 어느 정도로 효과적으로 이용하고 또 효과적인 생장을 위해 어느 정도로 자신의 대사를 최적화 하는가를 배우게 될 것이다.

실험실에서 세균을 고체배지 위에서 쉽게 키울 수 있게 되고 또 필요에 따라서는 대형액체배지를 이용하여 다량의 세균배양이 가능해 짐에 따라, 생물체를 이루는 고분자 (Macromolecule)의 물리·화학적인 성질의 규명이 신속히 발달할 수 있게 되었다. 예를 들면, 핵산 (3장)과 단백질 (4장)에 대한 초기의 연구는 다량의 세균을 배양하고, 이들로부터 핵산과 단백질을 분리하여 이루어졌다. 그리고 11 장과 13 장에서 공부하게될 대사조절에 대한 지식 역시 그 근원은 세균에 대한 연구에서 비롯되었으며, 비교적 최근에 동·식물세포를 세균의 배양과 비슷한 조건에서 배양(그림 1-1)하는 것이 가능해 짐에 따라 동·식물의 대사조절에 대한 연구가 가능하게 되었다.

## 박테리오파아지

박테리오파아지
파아지

세균의 배양조건이 확립되고, 이들의 정상적인 대사과정이 밝혀짐에 따라 세균바이러스 (**박테리오파아지**[Bacteriophage] 또는 줄여서 **파아지** [Phage])에 대한 연구가 본격적으로 시작되었다. 파아지는 세균보다도 훨씬 단순하기 때문에 비교적 간단한 방법을 이용한 연구가 가능하였다. 파아지는 실제로 가장 단순한 생명체이

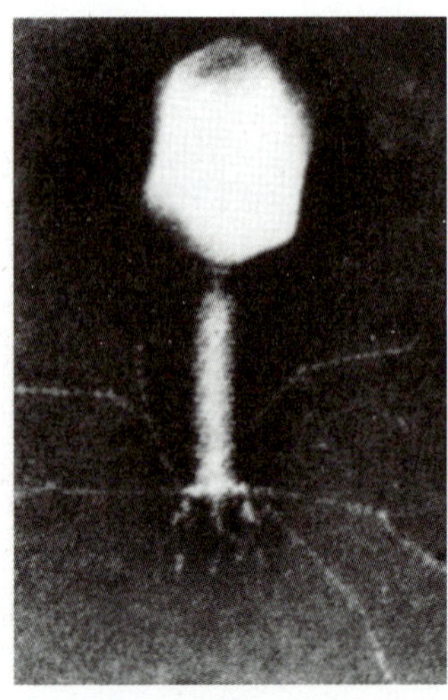

그림 1-2 대장균 파아지 T4. DNA는 파아지의 머리부위 속에 들어있다. 꼬리섬유는 꼬리 끝부위의 갈라진 판에서 나오고, 이 파아지를 숙주의 표면에 붙이는 역할을 한다.

므로 이들의 생화학적 구성이 규명됨에 따라, 몇몇 물리학자들은 파아지에 대한 연구에 의하여 새로운 물리학적 원리가 발견될 수 있으리라는 바람에서 파아지를 대상으로 연구를 시작하였다. 그림 1-2는 비교적 복잡한 구조를 가진 파아지의 구조를 보여준다. 이 파아지는 단백질로 된 머리와 여기에 붙어있는 꼬리를 갖고 있다. 일부 단순한 파아지에서는 분명한 꼬리구조가 없는 경우도 있다.

분자생물학자들은 이들 파아지를 여러 종류의 연구에 모델 시스템으로 사용해왔다. 이중 가장 중요한 업적 중의 하나가 파아지가 단백질과 DNA의 복합체라는 점을 이용하여 단백질과 DNA 중, 어떤 물질이 유전물질인가를 규명한 실험이다. 제 6장에서는 일반적인 파아지의 생활사와 어떻게 파아지를 이용하여 DNA가 유전물질임을 규명하였는가에 대하여 설명하려 한다.

## Archaebacteria(고세균)

고세균

원해생물(prokaryotes)군에는 세균(bacteria)과 박테리어 파아지 외에 고세균(archaebacteria)이라 불리우는 다른 한 군의 생명체들이 포함된다. 이들 고세균류는 아마도 매우 오래 전에 지구상에 존재하느 세균이 자손으로 생각된다. 이들의 유전자 발현시작과 세포분열기작은 원핵생물과 진핵생물(eukaryote)의 중간형태를 나타내며 이런 점에서 일반적인 세균과 차이를 보인다. 이들 고세균류가 에너지 대사, 환경적응, rRNA의 염기서열 등에서 현존하는 원핵생물 및 진핵생물과 어떻게 다른가를 이해하기 위해서는 미생물학 교과서를 참조하여야 할 것이다.

## 효모(Yeast)

효모(그림 1-3)는 진핵생물이면서도 세균이 가진 것과 비슷한 여러 장점을 가진 유용한 모델 시스템이다. 즉, 효모는 핵막으로 둘러 쌓인 염색체 (즉, 핵)를 가지고 있다는 점에서 세균보다 더 복잡한 구조를 하고 있으며, 이런 복잡성 (Complexity)은 동물세포에 비견할 수 있다. 그러나, 효모는 미생물이므로 대장균과 비슷한 방법으로 배양할 수 있으며, 또 여러 인위적인 조작이 가능하다.

효모는 수 천년 전부터 포도주와 맥주를 만들기 위하여 사용되어 왔으며, 초기 생화학의 많은 연구는 맥주의 생산원리와 품질을 높이기 위한 목적으로 주로 효모를 이용하여 수행되었다.

(a)

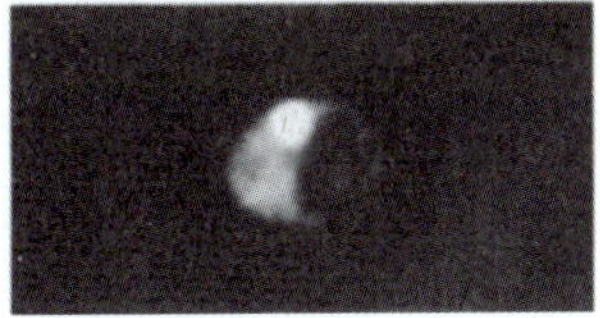

(b)

그림 1-3 (a) 효모의 현미경 사진. 많은 세포에서 모세포의 세포벽이 밖으로 자라나면서 새로운 세포가 형성되고 있다 (B. Byers 제공). (b) 핵산에 결합하는 형광염료로 염색된 세포의 형광현미경 사진. 밝게 빛나는 부분이 핵이다. 어둡게 보이는 지역은 액포이며, 이곳에는 핵산이 없다.

현대 분자생물학에서는 효모의 돌연변이 균주가 세포의 생장, 분열, 행동양식에 관여하는 유전자를 찾는 연구에 유용하게 이용되며, 이런 연구와 함께 효모는 인간(또는 다른 동·식물)의 염색체 조각을 대량생산하는 도구로도 사용된다. 즉, 사람이나 다른 동·식물의 염색체조각이 효모 내에서 증식할 수 있도록 조작된 경우, 이들 염색체 조각을 인공효모염색체(Yeast Artificial Chromosome)라 하며, 이런 인위적인 염색체는 분자생물학자 들에게  응용가능성을 가진 유전공학연구를 수행할 수 있는 기회를 제공한다.

## 동물세포 및 배

몇 종의 인간세포를 포함한 여러 종류의 동물세포는 세균이나 효모를 배양하는 방법과 비슷한 방법으로 시험관에서 배양이 가능하다. **일차배양세포 (Primary Cell Culture)**는 주로 피부조직이나 배조직에서 유래된 정상조직세포를 말하며, 이들 세포는 배양초기에는 잘 자라지만 일정시간이 지나면 사멸한다. 이와는 반대로 암조직에서 유래한 세포는 무한정으로 자라며, 또 배양하기도 쉽다. 따라서 이런 종양세포 (또는 형질전환세포, Transformed Cell)는 실험실에서 수행되는 여러 일상적인 실험에 주로 이용된다.

발생 초기의 포유동물 (예, 쥐)의 배 (Embryo)에서 유래한 세포는 매우 유용한 모델 시스템으로 사용된다. 적합한 조건에서 배양하면, 이들 세포는 여러 특이한 방향으로 분화하며 따라서 분자생물학자들이 세포분화를 연구하는 편리한 수단이 된다. 이들 세포를 배간세포(Embryonal stem cells)라 하며, 이들을 다양한 조건에서 배양하는 경우, 특정한 종류의 세포(예. 근육세포, 신경세포, 간 세포 등)로 분화시킬 수 있다. 배간세포를 이용한 이런 연구는 장기이식에 필요한 사람의 장기를 생산하고자 하는 연구의 초석이 될 수 있으므로 많은 분자생물학자들이 이에 대한 연구를 진행하고 있다. 배간세포는 또 유전자발현 조절기작을 연구하는 중요한 수단으로도 사용된다. 연구자들은 배간세포를 추출하고, 이들 세포에 특정한 유전자를 주입하고, 이들 세포를 다시 발생 중의 배(Embryo)에 이식하여, 배발생 과정에서 주입한 유전자의 발현조적기작을 이해할 수 있다.

또한 분자생물학자들은 특정유전자를 동물의 난자에 직접 주입하여 형질전환동물(Transgenic animal)을 만드는데 성공하였다. 몇 종의 동물에서는 농업생산성의 증가-예를 들면, 우유를 더 많이 생산하는 젖소-를 위한 연구가 성과를 거두고 있으며, 비슷한 연구가 인류에도 적용될 것이라고 추측하는 과학자들도 있다. 한 예로 유전자의 손상에 의하여 일어나는 질환을 정상적인 유전자를 환자의 세포 내로 주입하여 치료-**유전자 치료(Gene Therapy)**-하고자 하는 연구가 현재 진행되고 있다. 이 유전자치료에 대해서도 제 16장에서 공부하고자 한다.

유전자치료

## 식물세포

식물의 경우, 식물체를 이루는 세포 (예, 잎 세포, 줄기세포, 또는 뿌리세포)를 배양하여 완전한 하나의 개체를 만들 수 있다. 이런 발견은 분자생물학자 들이 오옥신과 같은 식물호르몬의 작용기작을 연구하는데 커다란 기여를 하였다.

최근에는 애기장대 (Arabidopsis) 라 불리는 작은 초본 (풀)과 식물이 식물분자유전학의 모델시스템으로 자리잡고 있다. 애기장대는 크기가 작아서 시험관 내에서

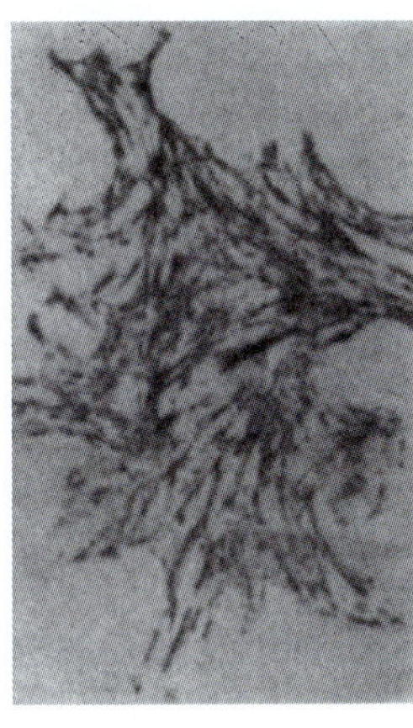

그림 1-4 유리 위에서 며칠동안 자란 Chines hamster의 섬유아세포의 미세군체 (T. Puck 제공).

배양이 가능하며, 또 가지고 있는 게놈 (Genome)의 크기가 작다. 이와 함께 애기장대는 유전적인 변형체를 쉽게 만들 수 있어서 분자생물학자들이 고등식물의 유전자 기능을 연구하는데 이상적인 모델이 되고 있다.

# 분자생물학 연구기법

분자생물학의 지식 기반을 발전시키기 위해서는 적합한 연구대상 생물의 선택이 매우 중요하다. 무엇보다 다행한 사실은 다양한 종류의 세균, 바이러스 및 동물세포가 실험실에서 수행되는 실험대상으로 이용될 수 있었으나, 곧 대장균 및 대장균에 감염하는 파아지, 그리고 극히 제한된 종류의 동물세포와 같은 제한된 대상에 대하여 집중적인 연구를 하는 것이 유리하다는 것에 대해 많은 연구자들의 의견이 일치하였다는 점이다. 이에 따라 분자생물학의 초기에 유전지도 (Genetic Map)의 작성 및 대사조절기작의 이해와 같은 공통적인 목표의 달성을 위해 연구자들간의 정보의 교환 및 협력이 쉽게 이루어질 수 있었다.

## 물리· 화학적 특성을 연구하는 방법

적합한 연구대상의 선택과 함께 다양한 연구방법의 발달 역시 분자생물학의 발전에 중요한 기여를 하였다. 이런 연구방법의 응용은 몇 경우에는 과학자들이 세포를 이루는 거대분자의 새로운 성질과 기능을 발견하는데 도약의 기반을 제공하였으며, 이런 방법을 개발한 과학자들은 Nobel 상을 수상하였다. 이런 방법들에 대하여는 이런 방법을 이용하여 규명된 현상을 공부하는 각 장에서 다루려고 하며, 표 1-1에 중요한 몇 가지 방법에 대해서 간단히 요약하였다.

이 방법들은 주로 거대분자의 물리화학적인 특성을 규명하기 위해 사용되며, 이 방법들을 이용하여 극소량의 특정분자의 양을 측정하거나, 아주 작은 분자 또는 거대분자의 일부를 관찰할 수 있다. 이들 다양한 방법을 함께 사용하여 단백질과 핵산의 구조 및 기능에 대한 연구는 비약적인 발전을 하였다. 예를 들면, 세포분화과정에서 특정유전자의 발현조절을 연구하기 위해서는 핵산의 전기영동 (Electrophoresis)과 하이브리디제이션 (혼성화, Hybridization) 기법이 함께 사용되며 또, DNA 중합효소연쇄반응 (DNA polymerase chain reaction, PCR)과 DNA 염기서열분석법

(DNA Sequencing)은 특정유전자의 구조를 이해하는데 함께 이용된다. 이런 지식을 근거로 세포가 생장하는 동안의 유전자조절이 어떻게 일어나는가에 대한 연구가 가능해 진다.

### 유전학적인 방법

분자생물학의 가장 중요한 발전은 많은 경우, 유전학적인 방법을 이용하여 이루어졌다. 유전학은 먼저 특정 유전자와 이 유전자가 관여하는 특정대사과정 사이의 연관관계를 유추하기 위한 이론적인 근거를 제공한다. 돌연변이 생물은 오랜 동안, 유전학자들이 특정 대사과정의 단계를 설명하거나 또는 하나의 특정 구성성분이 세포의 기능에 어떤 역할을 수행하는가에 대한 모델을 세우는데 필요한 도구로 사용되어 왔다.

돌연변이를 이용함으로써 이전에는 알려지지 않은 여러 과정 (예, DNA 복제의 여러 단계, 제 7 장)에 대한 연구와 복잡한 대사경로 (예, 탄수화물 대사경로, 제 11 장)의 규명이 가능하게 되었다. 그리고 가장 중요하게 돌연변이가 이용되는 경우는 유전자는 알려졌으나, 그 기능이 밝혀지지 않은 경우, 이 유전자의 돌연변이를 찾아내고, 그 표현형을 연구하여 이 유전자의 기능을 규명할 수 있다는 점이다 (예, 단백질합성의 종료단계, 제 9 장).

최근에는 표 1-1에 있는 여러 방법들을 이용하여 특정 유전자의 DNA를 분리하고, 이 유전자의 염기서열을 변경하는 것이 가능하게 되었다. 이 경우, 이 유전자의 특정부위의 일부를 누락시키거나 또는 특정한 염기 하나 만을 변경시킬 수도 있으며, 이런 방법에 의해 이 유전자의 특정 염기서열이 이 유전자가 암호화하는 단백질의 구조와 기능에 어떤 역할을 하는가를 직접적으로 규명할 수 있다. 따라서 더 이상 특정유전자의 기능을 알기 위해, 자연적으로 일어나거나 또는 인위적으로 유도한 돌연변이를 가진 개체를 찾을 필요가 없게 되었다. 즉, 순수한 유전자 (DNA)를 이용하여 이 유전자의 기능을 연구하는 것이 가능하게 되었다.

## 분자생물학의 빠른 발전

모델시스템과 여러 새로운 방법을 이용한 직접적인 실험은 분자생물학의 빠른 발전을 뒷받침하였다. 분자생물학이 발전함에 따라 과학적 개념을 정립하기 위한 다양한 과정들이 도출되었으며, 이런 과정에 의해 오늘날의 분자생물학자들은 연구를 진행하고 있다. 비록 이런 사고과정이 분자생물학자들의 전유물은 아니지만, 대부분의 분자생물학자들은 매일 매일 연구결과를 수집하고, 그 결과들을 분석?정리하고, 새로운 필요한 실험을 고안하는 과정에서 이런 사고과정을 이용하고 있다. 다음은 **분자생물학적 논리를 구성하는 요인**들의 예를 살펴보기로 한다.

### 효율적인 주제선정

지구상에 생물이 존재하기 시작한 이래 수억 년간, 생물들은 제한된 자원을 가진 환경에서 살아남기 위해 경쟁해 왔으며, 이 과정에서 가장 능률적인 시스템을 가진 종들이 살아남았다. 따라서, 어떤 기작 또는 반응과정을 이해하기 위해서 분자생물학자들은 복잡하고, 인위적이며, 다루기 힘든 시스템을 연구하기보다는 직관적으로

**표1-1 분자생물학의 발달에 크게 기여한 몇 가지 중요한 실험 방법**

| 방법 | 도입년도 | 간단한 설명 | 교재의 그림 |
|---|---|---|---|
| 초원심분리(Ultracentrifuge*) | 1920년대 | 원심력장을 이용하여 분자의 크기와 모양을 판단 | |
| 전기 영동(Electrophoresis*) | 1930년대 | 전기장을 이용하여 단백질이나 핵산을 크기 또는 전하에 따라 분리 | 그림 2-11 |
| 전자현미경 (Electron MicroScope) | 1930년대 | 세포의 초미세구조, 핵산등을 직접 관찰 | 그림 1-2 |
| 방사성 동위원소 추적자(Radioisotope tracers*) | 1940년대 | 대사에 따른 물질의 이동을 추적 | 그림 7-17 |
| 관 크로마토 그래피 (Column chromatography) | 1940년대 | 수지관을 이용하여 거대분자 분리 | |
| X-선 회절(X-ray diffaction*) | 1950년대 | 단백질이나 핵산의 3차구조 규명 | |
| 아미노산 염기 분석 및 서열결정 (Amino acid analysis* and sequencing)) | 1950년대 | 단백질의 아미노산 염기서열 결정 | |
| 핵산 혼성화 (Nucleic acid hybridization) | 1960년대 | RNA 와 DNA 의 유사성에 대한 정량적인 분석 | 그림 3-10 |
| 염기서열 결정(Nucleotide sequencing*) | 1970년대 | DNA의 염기서열 결정 | 그림 3-15 |
| DNA 재조합(Redcombinant DNA technology*) | 1970년대 | 새로운 유전자의 합성 | 그림 15-9 |
| DNA 합성(DNA synthesis) | 1980년대 | 원하는 염기서열을 가진 DNA의 합성 | 그림 3-18 |
| 단일항체 조직화학법("Monoclonal"antibody histochemistry*) | 1980년대 | 단백질을 찾아내기 위한 고도로 특성화된 항체 | |
| DNA 중합효소 연쇄반응 (Ploymerase chain reaction*) | 1980년대 | 특정한 DNA 단편을 대량 생산 | 그림 15-5 |
| 유전자 파괴 (Gene knockuts*) | 1990년대 | 특정 유전자(쥐)가 불활성화됨 | 그림 16-1 |

* Nobel 상의 수상

가장 간단하고 능률적인 시스템을 연구대상으로 선호한다. 이런 연구방법은 세균의 대사경로, RNA, DNA, 단백질 합성의 분자수준에서의 기작과 함께 파아지의 생활사를 이해하는데 매우 유용하였다. 그러나, 다세포 생물인 고등 동?식물의 경우, 각 개체를 이루는 세포 사이에는 세균의 경우와 같은 세포간의 생존을 위한 경쟁이 존재하지 않는다. 그러므로, 세균의 경우와 같은 간단하고 효율적인 대사기작이 모든 고등생물 세포에서 발견되는 것은 아니다.

## 계통학적인 역사

한 기작이 왜 이런 특정한 방식으로 이 생물체에서 작용하는가를 이해하고자 하는 경우, 연구자들은 연구대상보다 더 진화된 생물 또는 더 원시적인 생물체가 수행하는 비슷한 기작과 비교하는 경우가 자주 있다. 종의 분화는 생물체가 수행하는 분자수준의 작용기작의 변화에 의한 결과인 경우가 자주 있으며, 진화적으로 다양한 종 사이에서 일어나는 유사한 반응기작을 비교하여, 생물학자들은 분자생물학적인 작용기작에 대하여 더 깊게 이해할 수 있다.

## 계량적인 평가

분자생물학자들은 항상 계량적인 관계를 조사한다. 제안된 기작 또는 가설의 적합성을 판단하기 위한 분자수준의 작용기작을 규명하는 일련의 과정은 시간, 화학적 균형, 그리고 공간적인 물질의 이동에 대한 계량적인 평가가 언제나 지속적으로 수행되어야 한다. 때로는 제안된 대사경로나 체계가 계량적인 평가에 근거하여 인정되거나 반대로 무시되는 수도 있다.

## 모델의 설립

모델은 복잡한 가설을 쉽게 이해될 수 있는 형태 (모식도 또는 만화)로 전환하여 설명하고자 한다. 이런 의미에서, 모델은 개념적인 본질을 나타내는 것이며 단백질 구조 조립 모형과 같은 것을 의미하는 것은 아니다. 예를 들면, 특정항원이 어떻게 면역계를 자극하여 이 항원에 결합하는 항체를 생산하는 가에 대하여는 몇 가지 모델이 개발되어 있다. 모델은 이 모델이 제안하는 바를 실험에 의해 입증할 수 있는 경우에만 좋은 모델로 인정되며, 이는 거의 모든 가설에 적용된다. 따라서 분자생물학자들은 새로운 실험적 결과에 의해 자기 자신이 세운 모델을 지속적으로 개선·개량하여야 한다.

## 유사 시스템과의 비교

분자생물학자들은 생물체의 기본현상의 보편성을 강하게 신봉하고 있으므로, 때로는 새로운 분자생물학적 작용기작을 이해하기 위한 첫 단계로 파아지와 같은 간단한 시스템에서 이미 알려진 현상에 대한 설명을 포유동물에서 일어나는 비슷한 현상을 설명하기 위해 직접 적용하기도 한다. 그러나, 이런 방법이 항상 성공하는 것은 아니다. 예를 들면, 진핵세포의 mRNA의 합성 및 가공 (processing)기작은 세균과는 본질적으로 다르다. 그럼에도 불구하고 많은 경우, 새로 발견된 분자생물학적 현상은 우선 이미 규명된 비슷한 현상을 이용하여 설명되어 진다.

## 바른 추론

다른 모든 학문과 같이 분자생물학도 사람이 하는 일이다. 따라서, 직관-여기에서 사용되는 의미로는 의식적이고 세심한 이론적인 근거에 의하지 않고 경험과 상식에 근거한 일종의 이해력-이 특정한 분자생물학적 현상의 일차적인 설명을 위해 또는 기본적인 모델의 설립을 위해 이용된다. 바른 (또는 강력한) 추론은 한 현상에 대한 여러 다른 가능성을 배제하고, 단 하나의 가능성에 근거하여 제기되어야 한다. 이를 위해 한 현상을 설명할 수 있는 모든 가능성을 제시하고, 그리고, 실험에 의해 하나씩 틀린 가능성을 제거해 나가야 한다. 이렇게 얻은 최후의 추론-즉, 실험에 의해 배제되지 않고, 우리의 상식에 적합한 대안-은 정확한 것이라고 생각할 수 있다.

이런 추론적인 연구방법은 많은 경우 실험적인 결과를 설명함에 있어 "it is likely that" 이란 용어가 일상적으로 사용되게 한다.

## 낙관주의

낙관주의는 분자생물학적 사고과정의 핵심적인 특징이다. 즉, 한 과정을 그 과정을 이루는 최소단위 (분자)로 나누어 연구하는 환원주의적인 연구방법이 앞으로도 계속해서 성공적인 결과를 가져올 것이라는 것이 이 낙관주의의 기본적인 신조이다. 실제로 많은 분자생물학자들은 세포의 기능 뿐 아니라, 사람의 행동과 같은 복잡한 생물학적 현상 역시 이 과정에 관여하는 분자들의 기능을 이해하여 설명될 수 있다고 믿는다.

분자생물학의 신속한 발전으로 세포 구성성분의 구조와 기능에 대한 자세한 정보를 가진 수천 권의 책이 발간되었으며, 이들 자세한 정보들을 쉽게 이해할 수 있도록 체계화하는 일은 분자생물학을 공부하기 시작하는 학생뿐 아니라, 숙련된 분자생물학자들에게도 매우 어려운 일이다. 분자생물학의 실용적인 지식을 체계화한 책을 만들기 위해서는 주의깊게 분자의 구조와 기능에 대한 상세한 정보를 수록함과 함께 이들을 개괄하는 것이 필요하다.

## 분자생물학적 세부지식의 전체적인 조합

분자생물학은 생명현상을 연구함에 있어 환원주의적 접근방법을 사용하여 크게 발전하였다. 즉, 많은 분자생물학자들은 한 생명체는 이 생명체를 해부하고 분석해서만이 이해되어질 수 있다고 믿는다. 이런 연구에 의해 DNA와 단백질간의 결합방식과 같은 생물의 가장 기본적인 현상들이 규명되었으며 일반적인 이론들이 성립되었다. 때로는 하나의 분자 (예, Lysozyme)에 대해서 이 분자가 가지는 여러 다른 성질에 대한 연구가 각기 환원주의적인 분석방법을 이용하는 여러 연구자의 연구대상이 되기도 하였다.

이런 연구방법은 각 구성성분 사이의 상호작용에 중점을 두는 전체론적인 연구방법과는 첨예하게 대조된다. "전체는 이를 구성하는 각 부분의 합보다 크다"라는 속담은 전체론적인 연구방법이다. 이런 연구방법은 여러 다양한 생물학적 현상들을 보다 상위의 체계로 통합하는데 주안점을 두고 있다. 경우에 따라, 이 상위체계가 특정한 생물일 경우도 있고 (예, 양서류의 생리, 인간의 배, 때로는 몇 개가 통합되어 더 상위의 체계-동·식물의 생태학과 같은 경우-를 이루는 경우도 있다.

분자생물학에서 환원주의적인 연구방법이 놀라운 성공을 거둠에 따라, 현대 과학자들은 본능적으로 환원주의적인 연구방법을 선호한다. 그러나, 이제 분자생물학을 공부하기 시작하는 학생들은 각 분자들은 다른 아무 것도 없는 상태에서 혼자 기능을 수행할 수 없다는 점을 인식해야 한다. 각 분자는 복잡한 유전자발현 조절기작의 한 성분으로, 또 대사경로의 일부로, 또는 구조를 이루는 성분으로, 언제나 다른 분자들과 함께 협력하여 기능을 수행한다. 이런 유전자발현 조절기작, 여러 대사경로, 그리고 구조물들에 의해 세포가 이루어지며, 세포 내에서 각 시스템은 다른 시스템과 협력하여 기능을 수행한다. 진핵고등생물체에서는 세포들이 모여 조직과 기관을 이루게 되며, 여러 기관들이 모여 하나의 개체를 이루게 된다. 마지막으로 각 개체는 다른 개체 및 주위환경과 상호작용을 하며, 이에 의해 생태계가 형성된다.

하나 하나의 분자들이 모든 생명현상의 근거임은 사실이지만, 한 분자의 기능과 중요성을 완전히 이해하기 위해서는 연구실에서의 실험에서 벗어나 생물계 자체를 둘러보는 것이 궁극적으로는 필요할 것이다. 이런 지식의 수직적인 통합은 때로는 아주 극적인 결과를 보여준다. 단백질 호르몬인 프로락틴 (Prolactin)에 대한 연구가 대표적인 예이다. 프로락틴은 모든 척추동물에서 발견되는 호르몬으로, 최초의 발견은 비둘기의 모이주머니 내피세포의 생장을 촉진하는 것으로 밝혀졌다. 이어서 이 호르몬이 포유류에서는 젖의 분비를 촉진하고 수중생활을 하는 양서류에서는 꼬리의 생장을 촉진하는 것이 밝혀졌다. 최근에는 이 호르몬이 어류에서는 염류의 농도를 조절하는 기능을 수행하는 것이 알려졌다.

전체론적인 연구접근방법의 경계는 점점 넓어지고 있다. 예를 들면, 분자생물학적 연구결과는 다른 학문분야의 연구를 위해 이용된다. 미토콘드리아의 DNA에 대한 연구는 아주 흥미있는 사례를 제공한다. 미토콘드리아의 DNA는 염색체를 이루는 DNA와는 별도로 유전되며, 미토콘드리아에는 DNA 회복효소가 없어서, 돌연변이가 염색체 DNA보다 높은 빈도로 일어나며, 따라서 미토콘드리아의 DNA 염기서열은 염색체 DNA의 염기서열보다 빠르게 변한다. 이런 사실을 이용하여 분자생물학자들과 인류학자들은 미토콘드리아 DNA의 염기서열의 차이점을 이용하여 인류집단 간의 연계성을 찾기 위한 연구를 수행하였다. 이들의 연구결과는 인류가 아프리카에서 처음 탄생하였음을 정확히 지적하였다. 또한 미토콘드리아는 난자에 의해서 유전되므로, 현생 인류 모두가 한 어머니의 후손일 가능성을 밝혔다.

빠르게 증가하는 분자생물학의 지식을 전체적으로 조화있게 수록하기 위해 이 책은 분자생물학의 여러 세부분야를 통합하는 개념들을 강조하려고 노력하려 한다.

## 분자생물학의 중요 개념

분자생물학이라는 학문분야가 발전함에 따라 많은 개념과 일반적인 지식들이 도출되었으며, 이들을 분자생물학의 개념이라 한다. 이런 개념들은 분자생물학을 처음 공부하는 학생들에게 여러 다양한 세부적인 지식을 하나로 통합하는데 도움이 되며, 또 초심자들이 겉으로 보기에 서로 다르게 보이는 여러 분자들의 구조와 기능의 서로 다른 측면을 연계시키는데 도움이 된다. 또한 이들 개념은 숙달된 분자생물학자들에게는 상위의 개념을 발전시키는데 유용하다. 과학자들이 대 집단 내의 유전적 변화 속도와 같은 현상을 설명하기 위해 여러 이론을 통합하려 하거나 또는 생명의 기원 같은 주제를 이해하기 위한 원리나 법칙을 고안하기 위해 노력하는 경우, 이들은 분자생물학이라는 학문의 개념적인 토대들을 항상 검토하게 된다.

이 책의 제 1부에 속한 내용에서 도출되는 개념들의 예를 요약하면 다음과 같다.

**생체고분자 (Biopolymer)의 개념:** 아미노산(단백질) 혹은 누클레오티드(핵산) 같은 간단한 분자의 중합으로 무수히 많은 다양한 거대분자들을 만들 수 있으며, 따라서 이들 중합체들은 세포의 생존에 필요한 여러 다양한 기능을 제공하기 위해 복잡하게 진화되었다 (p. 25).

**형태/크기 (Shape/Size)의 개념:** 한 거대분자가 특정한 기능을 수행하기에 적합한가의 여부는 이 분자의 크기와 형태에 의해 주로 결정된다. 크기와 형태에 따라 거대분자들이 관여하는 여러 종류의 상호작용 및 분자들 간의 상관관계에 서로 다른 한계가 결정된다 (p. 66).

제 2부에는 다른 개념들이 나타나며, 그 중 2개의 개념은 다음과 같다.

**유전자 (Gene)의 개념:** 유전자에는 세포를 구성하는 여러 물질의 합성과 이들이 기능을 수행하는데 필요한 모든 정보가 포함된다 (p. 115).

**RNA 가공 (RNA Processing)의 개념:** 진핵세포의 mRNA가 단백질합성의 주형으로 작용하기 위해서는 복잡한 처리과정을 거친다 (p. 180).

제 3부와 4부에는 다음의 5가지 개념을 비롯한 많은 개념들이 나타난다.

**조절 (Regulation)의 개념:** 세포의 생리적 조건에 따라 필요한 거대분자들의 종류와 양이 다르며, 이에 따른 거대분자의 적정한 수급은 수많은 조절기작에 의해 이루어진다 (p. 253).

**불안정성-유연성 (Instability - Flexibility)의 개념:** 대부분의 거대분자가 본질적으로 가지는 불안정성은 살아있는 세포들을 부단히 변화하는 물질대사 조건에 적응하도록 한다 (p. 275).

**변화하는 게놈 (Changing Genome)의 개념:** 유전자를 이루는 염기서열은 우연한 돌연변이, 재조합, 또는 전이인자 (Transposable element)에 의해 계속 진화한다 (p. 312).

**단순 게놈 (Simple Genome)의 개념:** 바이러스의 게놈은 극도로 간단하며, 이는 부분적으로는 바이러스의 생존에 필요한 대부분의 기능을 숙주가 제공하기 때문이다 (p. 327).

**세련됨의 정도 (Levels of Sophistication)의 개념:** 자연도태가 큰 영향을 주는 원핵생물 (세균, 바이러스)의 유전자발현 조절기작은 고등생물의 조절기작보다 더 간단하고 능률적이다 (p. 342).

부록에도 다음과 같은 개념들이 제시된다.

**표면상호작용 (Surface Interaction)의 개념:** 여러 종류의 약한 결합에 의해 촉진되는 거대분자의 표면간의 반응은 거대분자들이 다른 세포성분의 조합이나 합성에 주형으로 작용할 수 있도록 한다 (p. 431).

위에서 언급한 이런 개념들을 비롯하여, 학생들이 분자생물학의 자세한 지식, 방법, 그리고 현대 분자생물학을 주도하는 사고에 대한 전체적인 이해를 돕기 위해 몇몇 장에서 다른 개념들이 강조될 것이다.

## 발전 도표

학생들이 여러 개념과 이에 대한 세부지식들을 통합된 하나의 지식기반으로 만드는 것을 돕기 위해 이 책에서는 여러 중요개념을 제시함과 함께, 그림 1-5에 설명된 발전도표를 가끔 이용할 것이다. 이 표를 이용하여, 학생들은 분자생물학에 대한 포괄적인 이해가 가능할 것이며, 이 책 후반에서 다루는 복잡한 여러 사항에 대한 대처

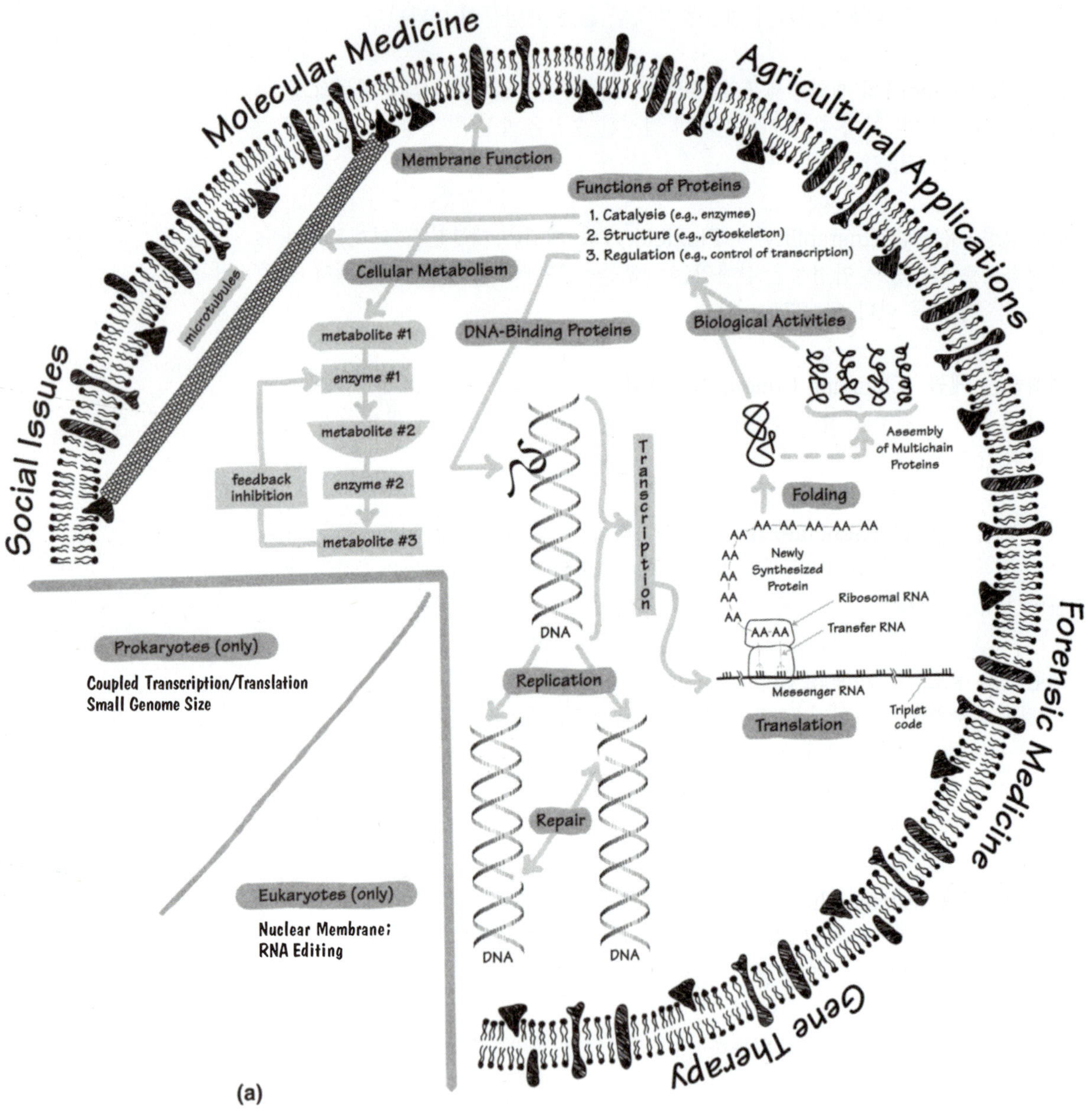

그림 1-5 세포의 분자성분에 대한 통합적인 이해를 위한 발전도표의 요약: (a) 는 기본도표;

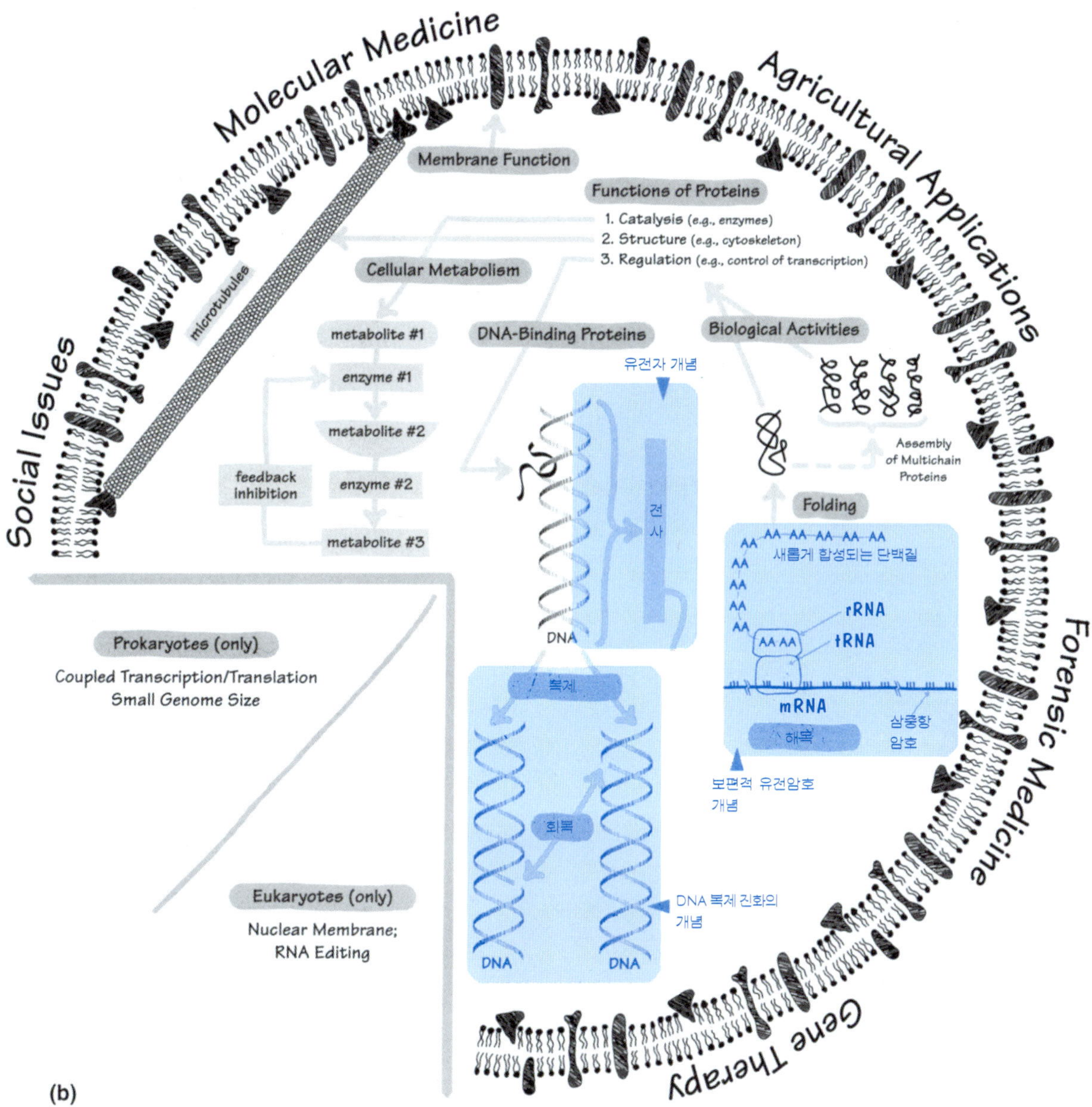


**그림 1-5** (b) 이 책에서 상세하게 다룬 주제를 청색으로 표시하였음-이 표에는 이 책의 제 2부 (고분자의 기능)의 내용이 강조되어 있음. 제 2부에 나오는 개념들은 어둡게 표시하였음. 각 장마다 발전도표가 나올 것이며, 각 장에서 배워야할 과정이나 개념들에 대해 강조될 것임.

능력을 키울 수 있을 것이다.

## 분자생물학을 공부하여 얻을 수 있는 대가

분자생물학을 처음 공부하는 학생들이 진지하고 근면하게 이 책을 이용하여 분자생물학을 공부하면 다음과 같은 보상을 부수적으로 얻으리라 생각된다. 첫째, 지식기반을 구축하기 위해 이 책에서 이용하고 있는 단계적인 접근방법은 공부하는 방법을 제시하고 있으며, 이런 방법에 익숙해지면, 시부터 물리학까지 어떤 분야에도 적용할 수 있을 것이다. 둘째, 분자생물학은 사람의 분석적인 사고력을 키우는데 큰 도움이 된다. 실험결과들을 놓고 이들을 어떻게 해석하는가를 배우기 위해서는 표나 그림의 기재사항을 분석하는 과정이 필요하고, 따라서 이 과정에서 문제를 해결하는 능력을 키우게 된다. 셋째, 분자생물학의 개념과 세부지식을 익힘에 의해 학생들은 거의 모든 분야의 생물학–예를 들면, 유전학, 세포학, 집단생물학 등–에 쉽게 접근할 수 있다.

마지막으로, 여러 학생들이 분자생물학에 대해 흥미를 느끼게 된다면, 이와 연관된 분야의 직업을 고르게 될 수도 있다. 이 책의 끝에 있는 '후기' 와 뒤따른 '학생편람' 은 이 분야에서 직업을 준비할 때 참조가 될 것이다.

# 제1부

# 단백질, 핵산 및 고분자 복합체의 구조

# 제2장

**단원 학습목표**

1. 핵산, 단백질 구성요소의 특성과 이들을 연결하게 되는 화학 결합에 대하여
2. 고분자의 3차원 구조를 결정하게 되는 비공유 결합성 상호 작용의 역할에 대하여

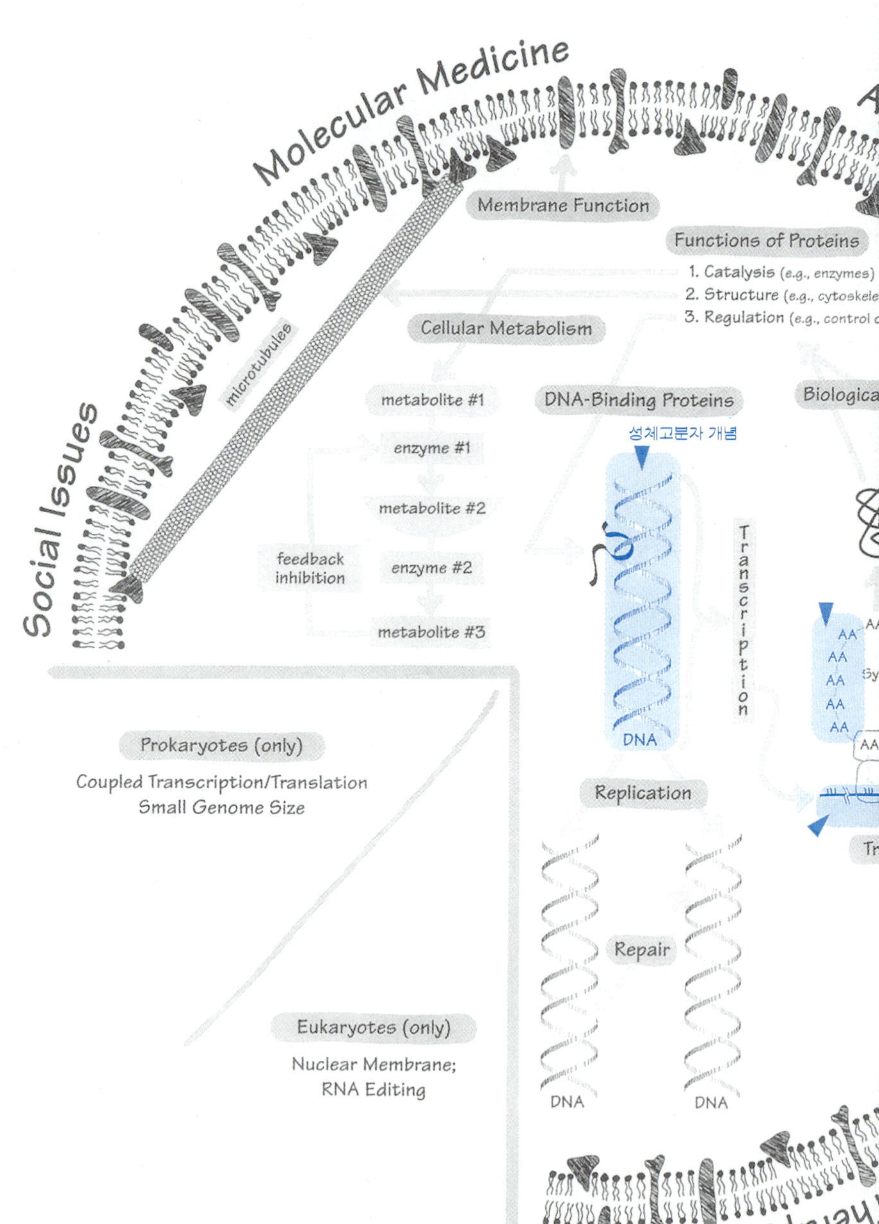

# 고분자 물질

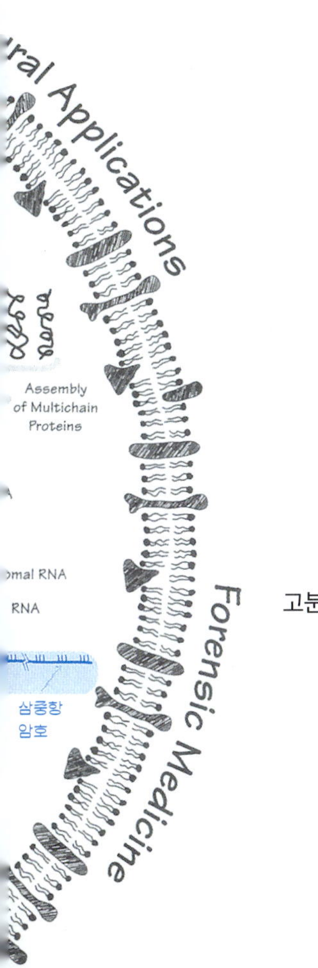


고분자물질

**일**반적으로 한 개의 세포 속에는 $10^4$ 내지 $10^5$ 종류나 되는 많은 물질이 들어있다. 이중의 약 절반은 무기 이온이나 분자량이 수백 이하의 유기 화합물과 같은 작은 물질들이고, 나머지는 중합체에 해당되는데, 이들은 분자량이 $10^4$ 에서 $10^{12}$ 정도로 큰 물질들이어서 **고분자 물질**이라 부른다. 이들 고분자 물질은 크게 단백질, 핵산, 다당류의 3종류로 나눌 수 있는데, 이들은 각각 아미노산, 누클레오티드, 당의 중합체들이다.

이 책의 서론 부분에 해당하는 여기에서는 이 고분자들의 일반적 특성을 살펴보자. 고분자에서는 '전체는 그 구성원의 합 이상이다' 라는 공리의 좋은 예가 된다. 즉 고분자의 특성은 그 구성원인 아미노산, 누클레오티드, 당의 특성과 매우 다르다는 것이다. 그 구성원 자체는 살아있는 세포의 기능에 크게 기여하지 않지만, 그 중합체는 아주 특별한 기능을 담당한다. 단백질이 화학반응의 촉매로 작용하거나, 핵산이 정보를 담고 그 정보는 다음세대로 이어지는 것과 같은 것이 그 예이다. 실제로 이들 고분자들의 집합이 그 세포의 특성을 결정짓게 된다. 세포마다 그 크기. 모양, 기능 등이 다른데 이같은 특성은 고분자들에 의해 만들어진다.

생명 현상을 이해하려면 고분자 물질의 성질에 대해 우선 알아야 하므로, 이 장과 다음 장에서 핵산과 단백질을 중심으로 서술하고자 한다. 그리고 다른 고분자 물질들에 대해서는 필요에 따라 다른 장에서 언급하기로 한다. 3장과 4장 내용의 바탕이 되는 기본적인 화학 지식은 부록에 추가되어 있다.

## 주요 고분자 물질의 화학 구조

이 절에서는 단백질, 핵산, 다당류의 단위 물질과 이들 단위간의 결합의 화학구조에 대해  알아보고 그 밖에 이들의 물리적 성질과 한 고분자 물질 내의 여러 부위간의 상호 작용에 관해서는 다음절에서 살펴보자.

### 단백질

단백질은 여러 개의 아미노산으로 이루어진 중합체(**폴리펩티드**)인데, 하나의 아미노산은 단일 탄소 원자($\alpha$ 탄소)에 카르복실기, 아미노기, 그리고 R로 표시되는 곁사슬과 연결된 구조를 지닌다(그림 2-1). 여기에서 잔기라는 것은 대개 여러 가지의 작용기가 연결될 수 있는 탄소 사슬이나 환 구조를 일컫는다. 예를 들어, 가장 간단한 잔기는 글리신의 수소 원자와 알라닌의 메틸기이다. 각 아미노산의 화학 구조

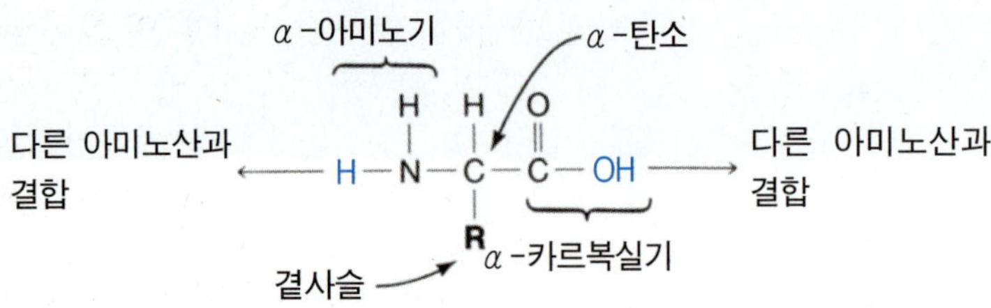


그림 2-1 α-아미노산의 기본 구조. 아미노기와 카르복실기에 의해 아미노산들이 연결된다. 즉, 한 아미노산의 청색으로 표시된 -OH와 다음 아미노산의 청색으로 표시된 -H는 이 두 아미노산들이 연결될 때에 제거된다 (그림 2-3 참조.)

는 그림 2-2에 나타나 있으며, 이들의 이온화상태는 살아있는 세포의 내부환경에서의 것이다.

단백질을 형성하기 위해서는 한 아미노산의 아미노기가 다른 아미노산의 카르복실기와 반응해야 하는데, 그 결과로 이루어진 화학 결합을 **펩티드 결합**이라 한다(그림 2-3). 한편, 아미노산들이 이와 같이 연속적으로 결합된 상태를 **폴리펩티드**라 하고(그림2-4), 특히 펩티드 결합의 수가 15개 이상일 경우(숫자는 임의적임)에는 **단백질**이라 부른다.

각 단백질의 양쪽 끝 부분은 펩티드 결합을 이루고 있지 않다. 따라서 한 끝은 아미노기로 되어 있어서 **아미노 말단**이라 하고, 다른 끝은 카르복실기로 되어 있어 **카르복실 말단**이라 한다. 이 말단들은 때로는 간단히 N 및 C말단이라 부르기도 한다.

카르복실 말단

대개 아미노산의 곁사슬은 공유 결합을 하지 않으나, 예외적으로 -SH기를 가진 시스테인은 근처의 다른 시스테인 (한 폴리펩티드 사슬내 또는 다른 사슬에 있는)과 이황화 결합을 이루기도 한다.

## 핵산

핵산은 누클레오티드의 중합체인 폴리누클레오티드인데, 각 누클레오티드는 다음 3가지의 구성 성분으로 이루어져 있다 (그림2-5);

1. 환형의 5탄당. 리보 핵산(RNA)에는 리보오스라는 5탄당이, 그리고 디옥시리보핵산 (DNA)에는 디옥시리보오스라는 5탄당이 들어 있는데, 이들 두 5탄당의 차이는 그림 2-5에 나타나 있다.

2. 퓨린과 피리미딘의 염기는 당의 첫 번째 탄소(1')에 *N*-글리코실 결합으로 연결되어 있는데, 염기의 종류로는 그림 2-6에서 보여 주듯이 퓨린에 해당되는 아데닌과 구아닌, 피리미딘에 해당되는 시토신, 티민, 우라실이 있다. 한편, 이들 중에서 아데닌, 구아닌, 시토신의 세 가지는 DNA와 RNA에, 티민는 DNA에만, 우라실은 RNA에만 존재한다.

3. 인산은 인산에스테르 결합에 의해 당의 5번째(5') 탄소에 연결되어 있는데, 이의 존재로 인해 누클레오티드와 핵산은 강한 음 전하를 띠게 된다.

누클레오티드

당과 염기만으로 형성된 물질을 **누클레오티드**라 부르고, *이것에 인산이 결합되면 누클레오티드 또는 인산누클레오티드라 부른다.*

한편, 한 누클레오티드의 5번째 탄소에 연결되어 있는 인산과 다른 누클레오티드의 3번째 탄소에 있는 -OH기는 서로 작용하여 인산에스테르 결합을 이루는데, 이

소수성(중성)

글리신 알라닌 발린 루신 이소루신

페닐알라닌 프롤린 메티오닌 트립토판

친수성(중성)

세린 트레오닌 아스파라긴 글루타민 티로신 시스테인

산성

염기성

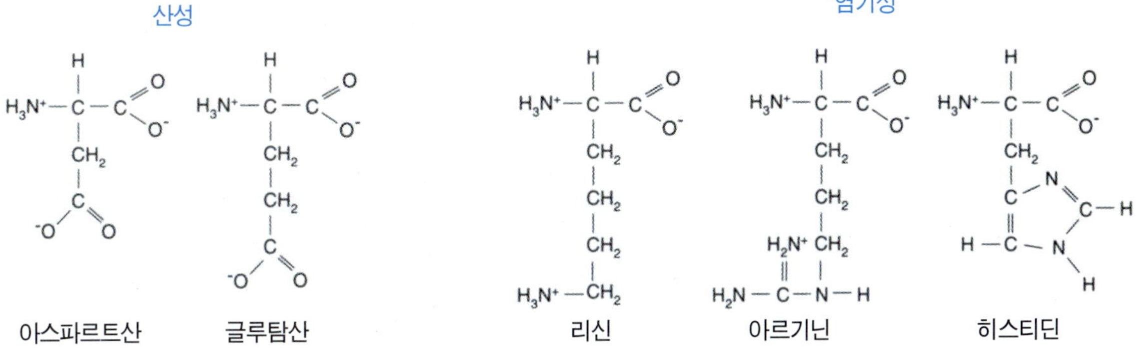


그림 2-2 아미노산의 화학 구조. 이 그림에서는(그림 2-4에서도 동일) 생리적 pH(대체로 7.2 - 7.4)에서의 구조를 보여주고 있다. 따라서 α-아미노기와 α-카르복실기가 전하를 띠고 있다.

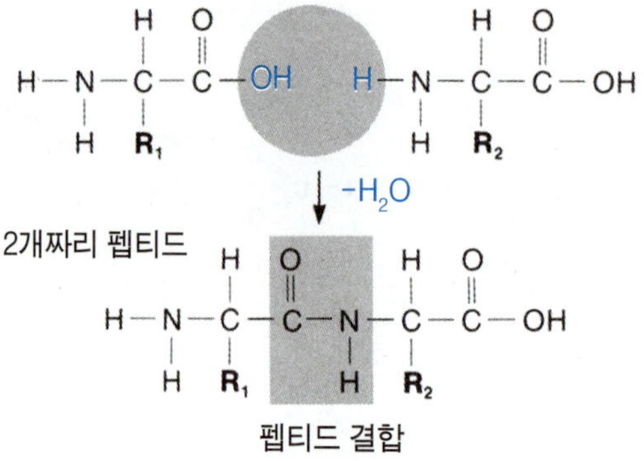

**그림 2-3** 두 개의 아미노산에서 한 분자의 물(회색의 원)이 배출되면서 펩티드결합(회색 직사각형)이 만들어져 디펩티드를 형성한다.

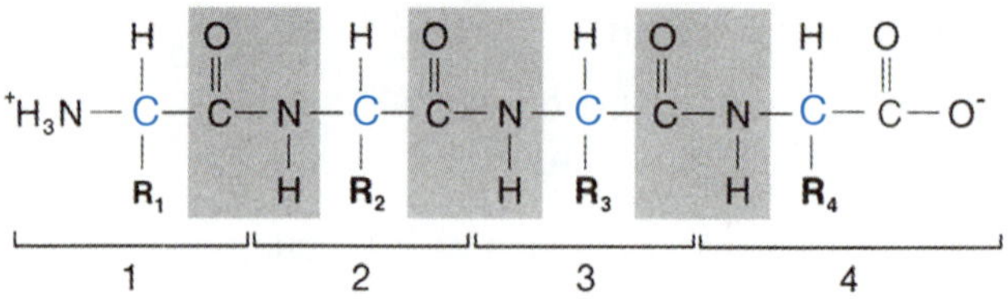

**그림 2-4** 테트라펩티드의 구조. α-탄소 부위(밝은 부분)와 펩티드 결합 부위(어두운 부분)가 교대로 나타남을 보여 준다. 4개의 아미노산에 번호가 붙여져 있다.

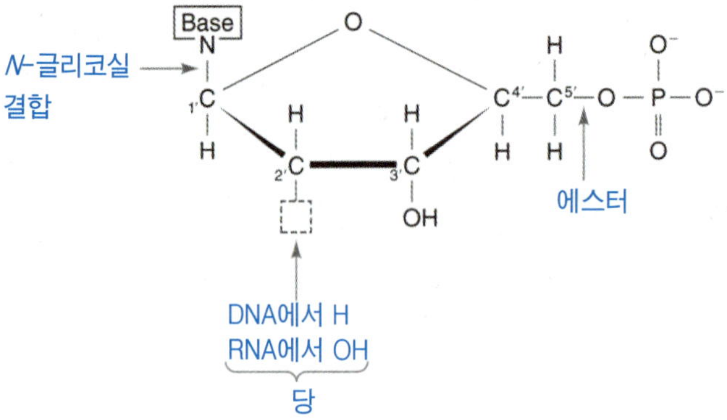

**그림 2-5** 단일 누클레오티드의 구조. 환형인 당의 탄소 원자에 번호가 붙여져 있다. RNA에 있는 2' 탄소의 OH기로 인하여 RNA가 쉽게 화학 분해된다. 따라서, DNA가 RNA보다 보다 안정한 특성을 가진다.

처럼 누클레오티드들은 서로 공유 결합으로 연결됨으로써 핵산을 이룬다 (그림2-7). 이와 같이 하나의 인산이 두 개의 리보스들의 3번째와 5번째 사이에 결합되어 에스테르화 된 것을 **인산디에스테르 그룹** (phosphodiester group)이라고 한다 (부록 참조).

## 다당류

다당류는 당 (주로 포도당)이나 당의 변형체들이 중합되어 이루어진 물질이다. 이들은 많은 탄소 원자들 사이에서 일어나는 공유 결합으로 인해 상당히 복잡한 구조를 지닌다. 즉, 하나의 당이 다른 둘 이상의 당들과 결합할 수 있으므로, 많은 가지를 지닌 고분자 물질이 형성된다. 이러한 가지 모양의 구조는 매우 크기 때문에 때로 육안으로 보이기도 하는데, 한 예로 식물 세포와 박테리아의 세포벽은 하나의 거대한 다당류로 이루어져 있다.

고분자의 기본적 화학 특성을 강조한 앞쪽의 간략한 총설은 이 책에서 다루는 여러 개념중 가장 최초의 것이다.

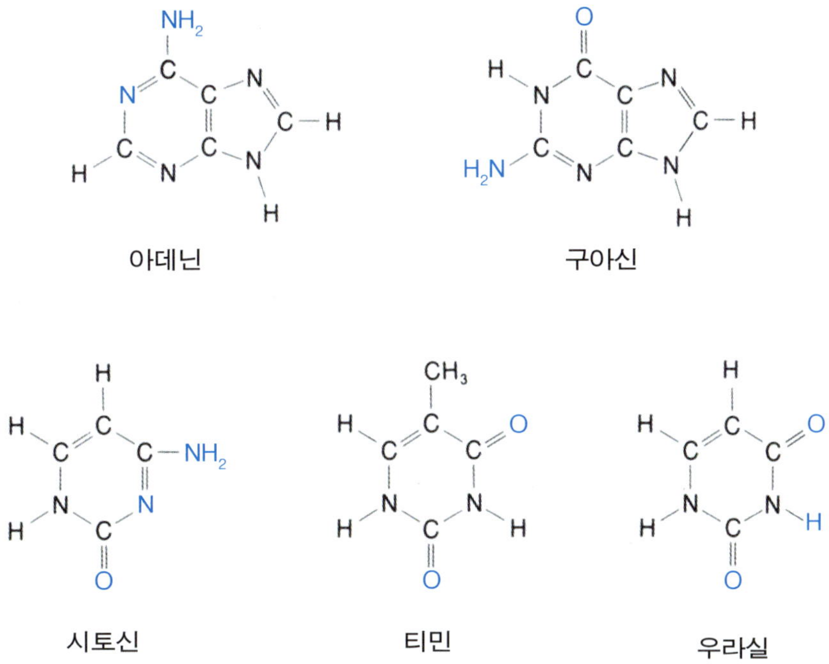

아데닌 구아신

시토신 티민 우라실

그림 2-6 핵산에 존재하는 염기들. 청색으로 표시된 부분은 약한 전하를 띠는 부분.

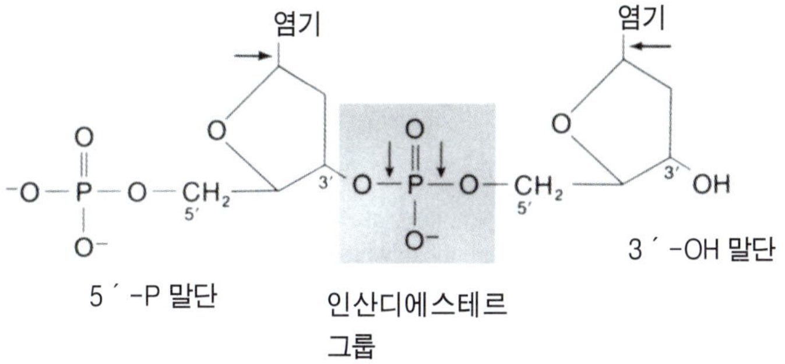

염기 염기

5´-P 말단 인산디에스테르 그룹 3´-OH 말단

그림 2-7 디누클레오티드의 구조. 수직 화살표는 자유 회전이 일어날 수 있는 인산 디에스테르 결합을 나타내고, 수평 화살표는 염기가 자유 회전할 수 있는 *N*-글리코실 결합을 나타낸다. 폴리누클레오티드는 많은 누클레오티드들이 인산디에스테르 결합에 의해 연결된 것이다.

## 단백질과 핵산의 3차원적 구조를 결정하는 비공유 결합

고분자 물질의 생물학적 성질은 그들의 독특한 3차원적 구조를 가능케 하는 비공유 결합에 의해 주로 결정된다. 이러한 비공유결합은 보통의 공유결합보다 약하지만, 여러 개의 이러한 약한 결합이 작용하여 3차원적 구조를 결정하게 되는 중요 역할을 한다. 이 절에서는 중요한 비공유 결합과 이에 관련된 화학기에 대해 다루었다. 좀더 자세한 내용은 부록에서 기술하였다.

**핵심개념**

**"생체고분자" 개념**

아미노산(단백질 경우), 누클레오티드(핵산경우)와 같은 작은 분자로 구성된 중합체는 놀랄 만큼 다재다능해서 살아있는 세포의 수많은 다양한 기능을 제공하도록 복잡하게 진화해 왔다.

### 불규칙 코일

선형의 폴리펩티드와 폴리누클레오티드 사슬에는 자유 회전이 가능한 몇 개의 결합이 있다. 즉, 동일한 가닥 내에서 어떤 상호 작용이 없는 한, 그리고 각 단위체의 원자들이 동일한 공간을 점유하지 않는 한도 내에서, 각 단위체는 이웃하는 단위체에 대해 자유 회전이 일어날 수 있다. 이러한 사슬의 3차원적 배열을 **불규칙 코일(random coil)**이라 하는데, 그 구조는 용매 분자의 끊임없는 충돌로 인해 그 형태가 계속적으로 변화하면서 대체로 구형을 이루고 있다.

불규칙 코일

핵산이나 단백질은 자연적인 상태에서는 거의 불규칙 코일 형태를 나타내지 않는데, 그 이유는 사슬의 원소들 사이에서 일어나는 수소 결합, 소수성 결합, 이온 결합, 반 데 발스의 인력(van der Waals interaction) 등과 같은 많은 상호작용 때문이다.

## 수소 결합

생물체에서 볼 수 있는 가장 흔한 수소 결합은 그림 2-8에서 보는 바와 같다. RNA에서는 한 분자 내에서 수소 결합이 되어 긴 사슬이 겹쳐지는 구조를 만들어 원래의 긴 외 가닥의 분자모양보다 빽빽한 구조를 이룬다. DNA에서의 수소 결합은 두 가닥의 사슬의 염기 사이에서 정연하게 이루어지므로 나선 구조를 형성하게 된다. 단백질의 경우에는 수소 결합이 한 펩티드 결합의 질소에 붙은 수소 원자와 다른 펩티드 결합의 산소 원자 사이에서 일어나게 되어 몇 가지 독특한 폴리펩티드 사슬을 이루게 하는데, 이에 대해서는 조금 뒤에 논의하게 될 것이다.

## 소수성 결합

소수성 결합은 물에 녹지 않는 두 분자 사이 또는 그 분자 내의 부분 사이에서 반응이다. 이 분자들은 물에 잘 용해되지 않아, 물이 이 분자들을 배척하게 된다. 이와 같이 물에 의해 밀려나게 되면 이들 분자들끼리 서로 붙어 있게 된다.

핵산이나 단백질의 구성 분자 가운데는 소수성인 것이 많다. 예컨대, 핵산의 염기 구조는 부분적으로 약한 하전을 띤 평면 형태의 유기 고리 (organic ring)인데 (그림 2-6), 부분적인 하전은 물에 대한 용해성을 갖게 하지만, 비수용성인 유기 고리는 물분자를 멀리함으로써 염기들을 밀집된 상태가 되도록 한다. 이러한 밀집 현상 가운데서도 가장 효과적인 것은 고리의 면이 서로 포개지는 (base-stacking) 배열이다(그림 2-9). 핵산 사슬 내부에서 염기들이 서로 가까이 접근하여 고리의 면이 서로 포개지는 것은 폴리누클레오티드 사슬에 견고성을 부여하여 불규칙한 코일 상태보다는 펼쳐진 형태가 되도록 작용한다. 이러한 포개짐이 어떻게 해서 핵산의 구조를 결정 짓는 데에 중요한 요인이 되는가는 다음 장에서 알아보도록 하겠다. 한편, 많은 아미노산의 잔기가 비수용성이므로 다음과 같은 현상이 유발된다. (1) 페닐알라닌의 벤젠 고리의 포개짐. (2) 알라닌, 루이신, 이소루이신, 발린의 탄화수소들의 서로 엉켜진 덩어리의 형성. 이런 아미노산들이 서로 조금 떨어져 있을 때는 이 덩어리의 형성은 폴리펩티드 사슬의 비소수성 부분들을 서로 가까운 위치로 끌어당

(a) C=O···H−N (b) −C−OH···O=C (c) N−H···N

그림 2-8 세가지 수소결합. (a) 단백질과 핵산에서 볼 수 있는 형태 (b) 단백질에서 볼 수 있는 약한 결합. (c) DNA와 RNA에서 볼 수 있는 형태.

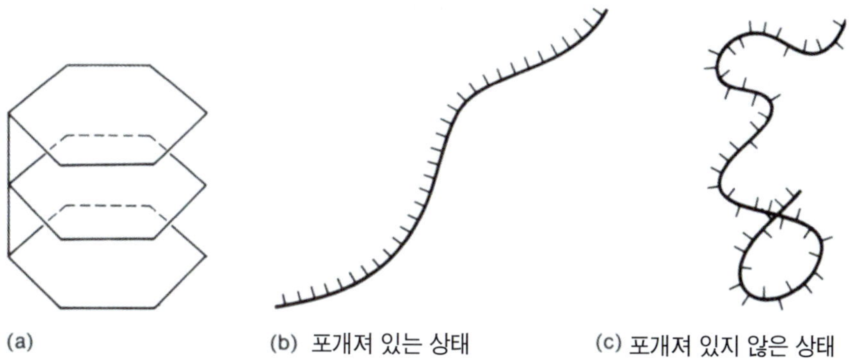


그림 2-9 염기의 포개짐. (a) 3개의 염기가 포개진 것. (b) 포개진 경우와 (c) 그렇지 않은 경우의 폴리누클레오티드의 구조. 염기들이 포개진 폴리누클레오티드는 그렇지 않은 것보다 유연성이 감소되어서 더 펼쳐진 상태가 된다.

기는 (근접시키는) 역할을 한다. 그림 2-2에 소수성 아미노산을 표시하였다.

## 이온 결합

이온 결합은 반대 전하끼리의 인력에 의하여 일어난다. 생리적 pH에서 몇몇 아미노산의 잔기는 이온화된다. 즉, 아스파르트산이나 글루탐산의 경우는 카르복실기가 음전하를, 리신, 히스티딘, 아르기닌 등은 아미노기가 양전하를 띠게 되고, 이들 사이에 이온 결합이 이루어지게 되는 것이다.

이온결합은 사슬의 떨어진 두 부분을 서로 근접한 위치로 옮겨질 수 있게 한다. 한편, 이온 반응은 같은 전하 사이에서도 작용하지만 이 경우는 서로 반발적으로 작용하기 때문에 하나의 폴리펩티드 사슬 내에서 2개의 아스파르트산이 서로 근접한 위치에 존재하는 일은 거의 없다. 이온 결합은 여러 비공유 반응 중 가장 강한 결합이지만, 기의 전하를 바꿀 정도의 심한 pH 변화, 또는 전하를 띤 기들을 서로 격리시킬 수 있는 고농도의 염에 의해서 붕괴될 수 있다.

## 반데 발스 인력

반데 발스 인력은 모든 분자간에 존재하며, 영구적 쌍극자(dipole)와 전자의 회전으로 인해 유발되는 힘이다. 이때 두 원자간의 상호 인력은 1/r6 (r은 두 핵간의 거리)에 비례하기 때문에, 대개 두 원자간의 인력은 상당히 약한 편이어서, 두 원자가 1~2정도로 극히 가까이 존재할 때에만 결합으로서의 의미를 갖게 된다.

반데 발스 인력은 매우 약하여 열 운동에 의해 쉽게 붕괴되어 버리지만, 만약 몇 쌍의 원자간의 작용이 합쳐진다면, 그 힘은 누적되어 열 운동에 의한 파괴를 막을 수 있을 정도로 커지게 된다. 따라서, 두 분자들의 구성 성분 원자들이 상호 작용한다면, 두 분자를 서로 끌어당길 수 있다. 하지만 1/r6 의 관계 때문에 분자 사이의 조건이 거의 완벽해야 한다. 즉, 두 분자의 형태가 상호 보완적일 때만 서로 결합할 수 있는 것이다. 또한 이것은 하나의 중합체 내의 서로 떨어진 부분에서도 적용이 되어, 서로가 형태적으로 만족시키면, 그 부분들은 서로 결합하게 된다. 비록 두 부분간의 반 데르 발스 인력은 그 자체로서는 약하지만, 이 힘은 소수성 반응 등 다른 약한 반응을 강하게 해 주는 효과를 나타낼 수도 있다.

### 비공유결합 상호작용들의 효과에 대한 요약

비공유결합 상호작용들의 효과는 섬유처럼 긴 사슬에서 멀리 떨어져 있는 서로 다른 부분을 끌어 당겨 가까이 접하게 하는 데에 있다. 그림 2-10은 네 가지 비공유 결합들에 의하여 생성된 폴리펩티드 구조를 예시한 것이다.

이 책의 제 3, 4, 5장에서는 핵산과 단백질의 물리적 성질과 비공유 결합들에 의해 나타나는 특정 구조에 대해 논하도록 하겠다.

## 고분자의 분리와 특성 분석

실제적인 안목에서 보면, 고분자를 연구하는데 사용되는 몇 가지 방법들이 분자 생물학 연구실에서의 표준적인 방법이다. 단백질은 보통 살아있는 세포를 깨고 만든 추출물에서 마이크로 스케일의 체와, 양전하 또는 음전하를 띤 부착 표면을 이용한 크로마토그래피 방법으로 분리한다. 전자의 방법은 단백질의 분자량 차이를 이용한 경우이며, 후자의 경우는 대부분의 단백질이 아미노산의 조성의 차로 인해, 전하의 정도가 다른 것을 이용하는 경우이다.

전기영동법

단백질의 정제 과정을 추적하고, 간단한 특성을 분석하기 위해서 가장 편리하고 광범위하게 사용되는 방법은 **전기 영동법**이다. 이 방법은 단백질 시료를 고체상 지지체 (보통 젤)위에 앉히고 전장을 걸어준다. 특정 단백질의 순전하 값에 따라 양전하를 띤 단백질은 음극 쪽으로, 음전하를 띤 단백질은 양극 쪽으로 이동한다. 사용된 젤은 극쪽으로 이동하는 단백질이 통과하도록 복잡한 망상 구조를 가진 반 고형상 판이다. 불활성 인조 고분자인 아크릴 아마이드 (acrylamide)가 젤로써 가장 흔하게 쓰여진다. 젤을 만들 때, 망상 조직을 치밀하게 하면 작은 단백질일수록 큰 단백질보다 상대적으로 훨씬 빨리 이동하게 된다. 실제로 단백질 연구에 사용되는 가장 고급의 젤 전기 영동법은 그림 2-11에서 보여주듯이 전하와 크기를 이용한 분리를 단계적으로 시행한다.

또 다른 단백질 분리 및 특성 분석 방법으로 초원심분리법, 아미노산 서열 결정법, x선 회절 결정 구조법, 크기가 아주 큰 단백질의 경우에는 전자 현미경법이 있다 (1장의 표 1-2 참조).

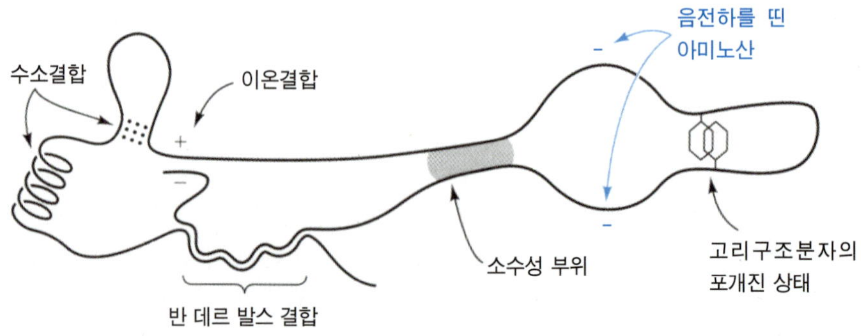


그림 2-10 인력(검은색 부분)과 척력(청색 부분)의 작용을 보여주는 가상적인 폴리펩티드 사슬.

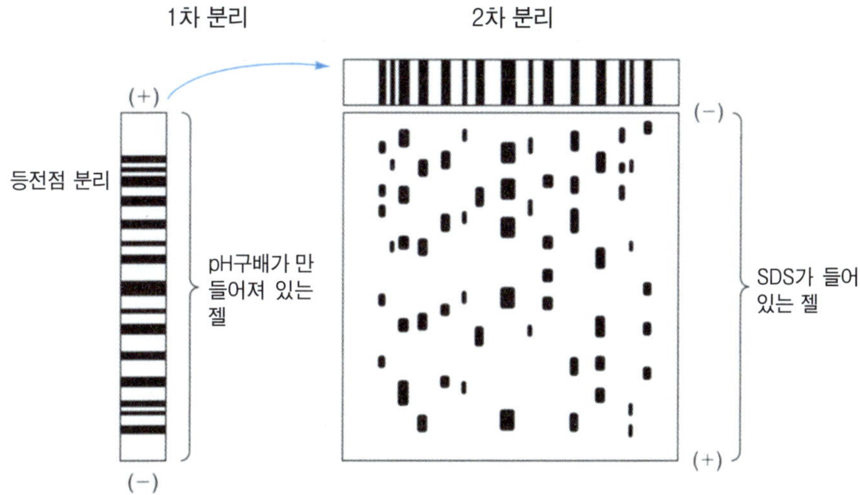


그림 2-11 단백질의 2차원적 젤 전기영동. 1차적으로 단백질 용액 (예를 들면 세포의 조 추출물)을 pH구배가 있는 반고형젤이 채워져있는 유리관에서 전기영동을 한다. 이단계에서는 단백질들이 순전하 값에 따라 분리된다 (등전점 전기영동). 2차적으로 이 젤을 음전하의 계면활성제인 sodium dodecyl sulfate (SDS)가 포함된 아크릴아미드의 얇은 사각판 모양의 젤 위에 놓고 전기영동을 시행한다. 이 과정에서는 단백질들이 분자크기에 따라 분리된다. SDS분자는 아미노산과 붙어서(한 아미노산당 한 분자의 SDS) 모든 단백질분자의 질량당 전하가 동일하게 된다. 이 방법은 세포의 조 추출물에 있는 수백 가지 단백질들을 사각의 젤에 독립된 점모양으로 분리시킨다.

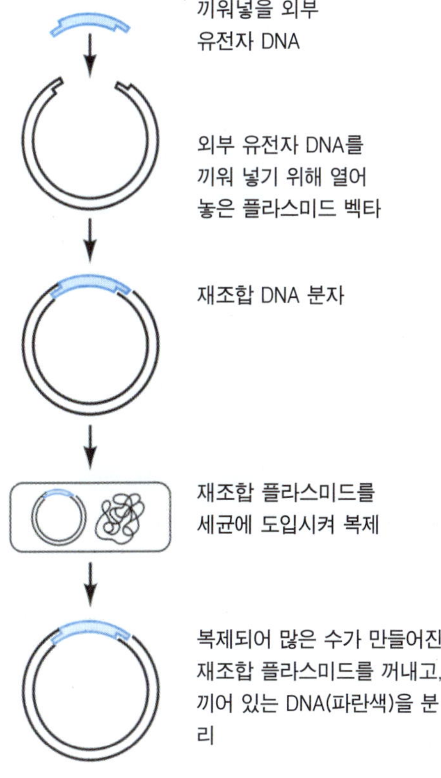


그림 2-12 프라스미드 벡터에 외부 유전자 DNA를 클로닝하는 과정.

유전자 분석을 위해 핵산을 분리할 때는 **유전자 클로닝 (gene cloning)** 방법이 일상적으로 사용된다. 개략적인 과정은 그림 2-12와 같다. DNA 조각을 대장균에서 복제가 가능한 플라스미드에 끼워 넣는다. 복제된 플라스미드를 꺼내서 여기에 끼여들어 있는 외부의 DNA 조각을 분리해 낸다.

대부분의 경우 핵산은 그 분자량이 상당히 크기 때문에, 단백질의 경우에 사용된 것 보다 성긴 망상 조직체를 사용해야 한다. 여러 장점을 가진 식물성 다당류인 한천(agarose)이 반 고형의 젤을 만드는데 사용된다. 전기영동후 적당한 염료 용액에 젤을 담가 두면, 핵산이 염색되어 그 위치를 용이하게 관찰할 수 있다 (그림 2-14).

그 외 초원심 분리법, 핵산 염기서열 결정법, 전자 현미경법이 핵산의 분리 및 특성 분석에 사용된다.

이와 같은 분리 및 특성 분석에 관련된 기술의 발달이 원동력이 되어, 고분자의 구조에 대한 정보가 급속도로 축적되고 있다. 이와 같은 구조에 대한 정보를 바탕으로 특정 고분자의 세포내의 기능에 대한 추정을 용이하게 구성해 낼 수 있다.

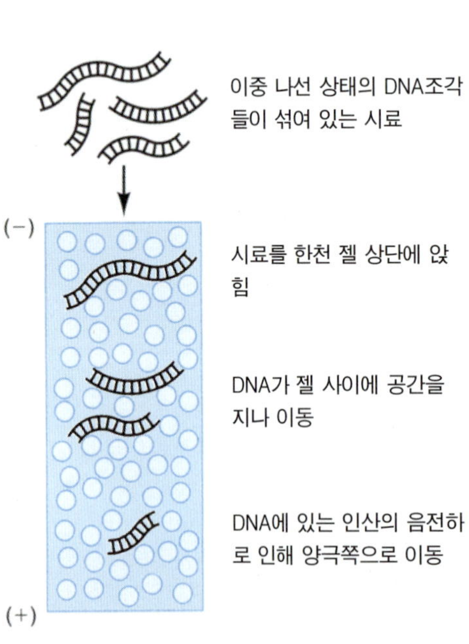


그림 2-13 핵산의 젤 전기영동. 두가닥의 DNA의 예를 보이고 있다. 보통 외가닥인 RNA도 한천 젤에서 분리할 수 있다.

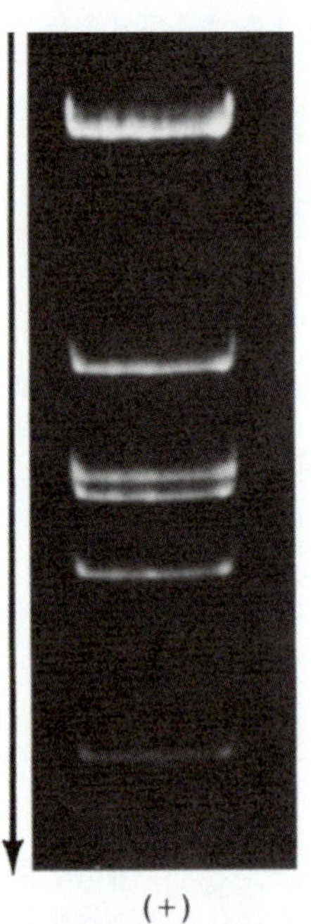


그림 2-14 대장균 파아지 DNA가 6토막으로 나타난 젤 전기영동 사진. 이동 방향은 위에서 아래로인데, DNA는 ethidium bromide에 의한 형광으로써 인식할 수 있게 된다 (A. Landy와 W. Ross 제공).

## 요 약

고분자의 분자량이 워낙 크기 때문에 대체로 살아있는 세포에 있는 분자들의 반정도를 고분자들이라고 할 수 있다. 단백질, 핵산, 다당류의 3종류의 주요 고분자들의 1차적 선형 구조는 각 경우 단량체의 중합 반응의 결과이다. 단백질은 한 아미노산의 카르복실기와 다른 아미노산의 아미노기가 반응하여 생기는 펩티이드 결합으로 연결된 아미노산들로 만들어진다. 핵산은 한 누클레오티드의 5'-인산과 다른 누클레오티드의 3'-OH가 연결되는 인산 에스테르 결합으로 만들어진다. 당과 그 유도체를 단량체로 고도로 균형이 잡힌 탄수화물이 만들어진다. 그러나 고분자의 3차원적 구조는 수소 결합, 소수성 상호 작용, 이온 결합, 반 데르 발스 인력과 같은 비공유성 결합에 의해 결정된다. 시스테인기의 이황화결합도 단백질의 분자적 특성을 결정하는데 중요하게 작용한다. 이와 같은 결합들이 사슬 내(또는 분자내)에 작용하여, 펼쳐져 있을 때는 멀리 떨어져 존재하는 두 부분을 한 군데로 모이게 한다.

분자생물학 실험실에서 고분자 연구에 사용되는 전형적인 방법인 전기 영동법은 아크릴아마이드나 아가로스로 만들어진 고체 지지체 속을 이동하는 전하를 띤 고분자를 전장을 걸어주어 분리하는 방법이다. 단백질 분리 실험에서는 2 단계 분석법이 사용되어 지기도 한다. 첫번에는 순전하의 차이를 구별하는 전기영동을 시행하고, 이어서 크기에 따른 차이를 구별하는 전기영동을 한다. 핵산 역시 일상적으로 전기영동법으로 분리하고, 적절한 염료로 염색하여 관찰한다

## 연습문제

1. 단백질, 핵산, 다당류를 구성하는 단량체는 무엇인가?

2. 아미노산의 어떤 기능기가 폴리펩티드 형성에 관계되는가? 이 때의 그 결합 이름은?

3. 단백질이나 폴리펩티드 사슬의 끝에 존재하는 화학 그룹은? 이 그룹은 끝이 아닌 부분에서도 존재하는가?

4. DNA에서만 있는 염기는? RNA에서만 있는 염기는?

5. 누클레오티드의 어느 화학 그룹들이 연결되어 핵산을 이루게 되는가? 이 때 그 결합의 이름은?

6. 누클레오시드와 누클레오티드의 차이점은?

7. 소수성 상호작용의 특성을 간략히 설명하라.

8. 고분자 구조를 안정화하는데 관계된 비공유 결합중 가장 강한 것과 가장 약한 것은?

9. 전기영동을 하면 모든 DNA 분자는 동일 방향으로 이동한다. 그 이유는? 이는 단백질에서도 마찬가지인가? 설명하라.

10. 단백질은 SDS 전기영동으로 분리하면 단백질 분자가 한쪽 방향으로 이동하게 된다. 그 이유는?

## 문제

1. 여러가지 단백질이 섞인 혼합체를 pH가 각기 다른 3 가지 폴리아크릴아미드 젤에서 전기영동을 했더니, 각 젤에서 5개의 띠모양으로 관찰되었다.

   (a) 이 혼합체에는 5가지의 단백질만이 존재한다고 결론 지을 수 있을까? 설명하라.

   (b) 선형의 DNA 조각의 혼합체 경우라면 어떠한가?

2. 단백질에서 다음 아미노산이 참여하게 만들 수 있는 결합은?
   시스테인, 리신, 이소류신, 글루탐산

3. (a) 만약 0.01 M NaCl에서 비교적 치밀한 특정 고분자가 0.5 M NaCl에서 팽창을 했다면, 이 분자의 전체적인 크기나 모양을 결정하는 결합은 무엇인가?

   (b) 0.2 M NaCl에서 거의 불규칙 코일인 고분자가 0.01 M NaCl에서 길어지고, 뻣뻣해졌다면, 어떠한 결합이 이 같은 구조변화에 관계되었을까?

4. 한 개의 폴리펩티드 사슬인 단백질이 4개의 시스테인을 가지고 있다. 만약 4개 모두 이황화결합에 참여하여 모든 가능한 방법으로 연결된다면, 이론적으로 몇 가지 다른 구조가 가능한가? 자연상태에서는 무엇에 의해 그 구조가 결정되는가?

5. 아미노산들을 종이 전기영동법으로 분리할 수 있다. 일부 아미노산은 양이온으로, 나머지는 음이온으로 되는 pH를 고르면 기본적으로 이들 전하에 의해 이동방향과 속도가 결정이 되므로, 일부는 음극으로 일부는 양극으로 이동하게 된다. 간혹 알라닌과 발린같이 동일 전하를 가진 것도 분리가 된다. 즉, 동일방향으로 움직이나 그 속도가 달라진다. 이때 이 속도를 결정하는 것은 무엇인가? 알라닌과 발린 중에 어느 것이 빠르게 이동하겠는가?

## 개념문제

1. 단백질의 3차원적 구조는 몇 가지 비공유성 상호작용에 의해 결정된다는 것을 염두에 두고, 특정 작용을 하는 단백질의 구조가 결정될 때에 가장 주요하게 작용할 가능성이 있는 상호작용을 예측하라. 예를 들면 지질 세포막구조를 관통하는 단백질의 경우에 가장 중요하게 작용할 가능성이 있는 상호작용은 ? 신체의 여러 부분에 철을 수송하는 단백질의 경우에는 어떠한가?

2. 특정 단백질에 대해 (a) 3차구조와 이 구조를 결정하는 상호작용에 대한 정보와 (b) 아미노산서열에 대한 정보를 알고 있을 때, 이 단백질의 기능을 이해하는데 어떻게 각 정보가 쓰여질 수 있겠는가?

3. 새로이 분리된 미생물에 대해 조사할 때, 이 미생물의 고분자의 특성을 이미 알려진 미생물의 것과 비교하여 연구하면 어떠한 정보를 얻을 수 있겠는가? 이때 그 과정은?

# 제3장

**단원 학습목표**

1. DNA와 RNA분자의 물리화학적 성질, 차이점 및 그 구조
2. 핵산의 변성, 혼성화 및 서열 결정

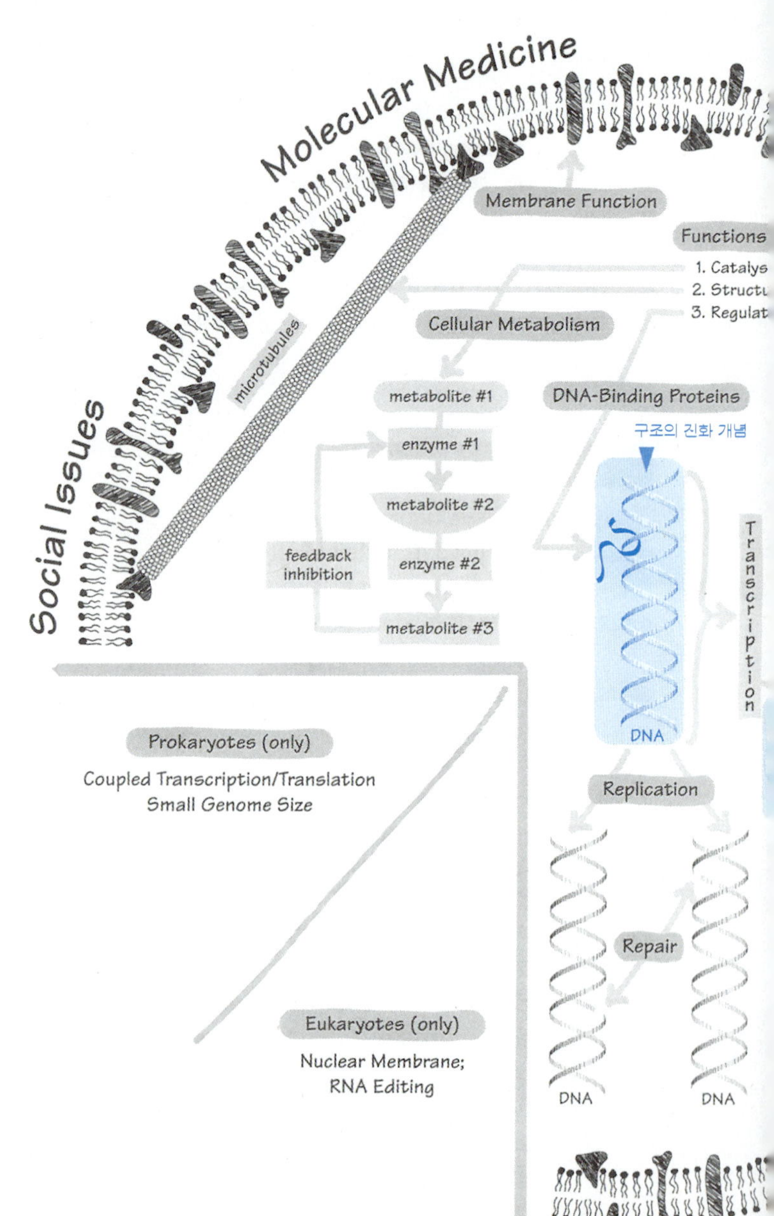

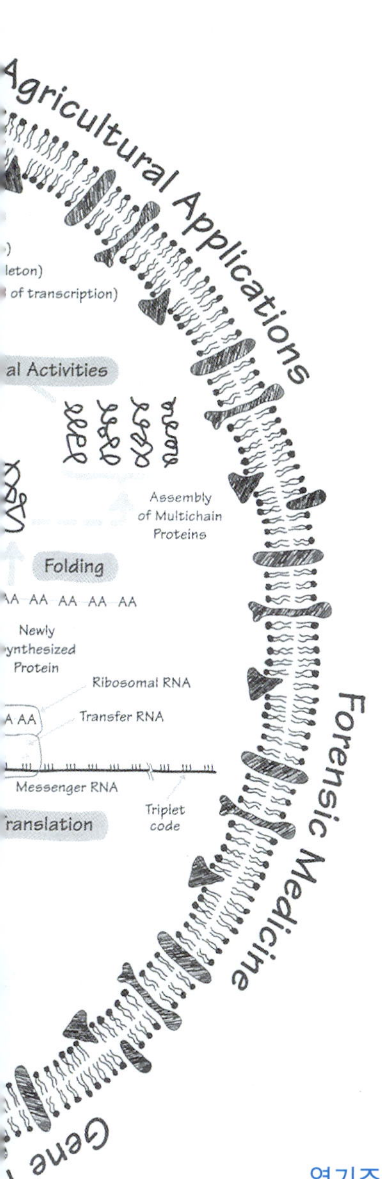


# 핵 산

DNA는 세포가 살아가는 데 있어서 가장 중요한 유일의 분자이며, 세포의 생존과 증식에 필요한 모든 정보를 담고 있다. 이 장에서는 이 DNA와 유전정보의 활용 및 발현에 있어서 밀접한 관계에 있는 RNA에 대하여 그 구조와 물리?화학적 특성을 설명하였다.

이 장에서는 핵산의 구조적 특징에 초점을 두었다. 유전자들은 단순한 누클레오티드 서열로 이루어진 중합체이므로, DNA의 각 원소들이 어떻게 공유결합을 이루어 이중나선을 형성하는지 알아보자. 이 장에서는 이와 같은 DNA의 구조적 특성을 이해함으로써 핵산이 어떻게 유전정보를 저장하는지 이해할 수 있을 것이다. 그리고 제9장과 10장에서 그 정보가 다양한 세포들의 특징을 부여하는 기능적 단위(예, 단백질)로 변환되는지에 대하여 학습할 것이다.

아울러 분자생물학 실험실에서 핵산 연구에 유용하게 활용되고 있는 몇 가지 첨단 실험기술들에 대하여 배울 것이다. 그러면 여러분도 왜 유전자 구조와 기능에 대한 지식이 오늘날 그토록 진보하게 되었는지를 알게 될 것이다. 이제는 염기서열의 분석이 불가능한 유전자는 없으며, 또한 특수한 화학적 방법을 적용하면 어떤 유전자든지 생화학적으로 합성할 수 있다.

이러한 실험 방법의 발달이 이 책의 후반부(15장, 16장에서 다룰 유전자 클로닝이라든지 형질전환 동물과 같은 놀랄만한 일들을 가능하게 하였다.

## DNA의 물리·화학적 구조

앞 장에서 누클레오티드의 구조와 이들이 어떻게 중합하여 폴리누클레오티드, 즉 핵산을 이루는지에 대하여 설명하였다. 이 절에서는 폴리누클레오티드 사슬을 이루는 누클레오티드들이 어떻게 상호작용하여 복잡한 3차 구조를 형성하는지 알아보자.

DNA에 대한 초기의 물리적 연구에서 DNA 분자는 고도의 규칙적인 구조를 가진 긴 사슬임이 실험적으로 밝혀졌다. 구조분석 연구에서 가장 중요한 실험기술은 X선 회절분석이었으며, 이 분석으로 DNA 분자의 다양한 각 부위의 배치와 규격에 대한 정보들을 얻을 수 있다. 가장 중요한 발견은 DNA는 나선 구조이며 누클레오티드의 염기들이 이루는 평면은 0.34㎚ 간격으로 배치되어 있다는 것이다.

여러 종류의 생물에서 분리한 DNA 분자의 아데닌(A), 티민(T), 구아닌(G), 시토신(C) 염기들의 함량, 즉 **염기조성** (base composition)에 대한 화학적 분석으로 [A] = [T], [G] = [C]라는 중요한 사실이 밝혀졌다. 여기서

염기조성

[ ]는 몰농도를 나타내며, 양변을 각각 더하면 [A + G] = [T + C], 즉 [퓨린] = [피리미딘]이 된다.

제임스 왓슨 (James Watson)과 프랜시스 크릭 (Francis Crick)은 DNA에 대한 화학적 자료와 X선 회절 사진에서 DNA에는 두 개의 나선 사슬이 있다는 물리학적 자료를 종합하여 이들 두사슬은 서로 꼬여 **이중나선** (double-stranded helix)을 이룬다는 것을 제시하였다 (그림 3-1). 이 모형에서 당-인산 골격은 나선을 따라 DNA 분자의 외곽을 구성하고 염기들은 그 중심에 나선상으로 배열되어 있다. 한쪽 사슬의 염기들은 다른 쪽 사슬의 염기들과 수소결합을 하고 있어 퓨린-피리미딘 염기쌍으로 A·T와 G·C를 형성한다 (그림 3-2).

이중나선

각 염기쌍을 이루는 두개의 염기들은 같은 평면상에 위치하며 각 염기쌍의 평면은 나선축에 대하여 수직이다. 염기쌍들은 인접한 염기쌍에 대하여 36° 회전하여 배치하므로 나선이 1바퀴 회전하는데에는 10개의 염기쌍이 들어가게 된다. 이중나선의 직경은 2.0㎚이다.

주홈
부홈

이러한 나선 구조를 자세히 살펴보면 바깥쪽의 나선상에 홈이 2개 있는 것을 볼 수있다. 하나의 홈은 넓고 깊이 패여 있는 **주홈** (major groove)이고 다른 하나는 좁고 얕은 **부홈** (minor groove)이다. 이들 홈은 5장에 논의한 바와 같이 단백질 분자

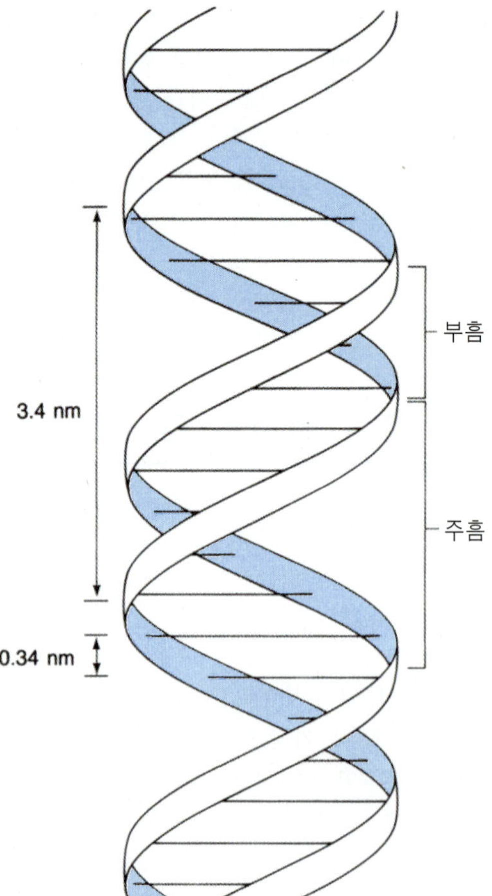


그림 3-1 일반적인 B-형 DNA의 이중 나선 모식도. 평행선들은 염기쌍을 나타내며, 나선 한바퀴마다 10개의 염기쌍이 있다. 염기쌍은 나선축에 수직으로 배치하고 있다.

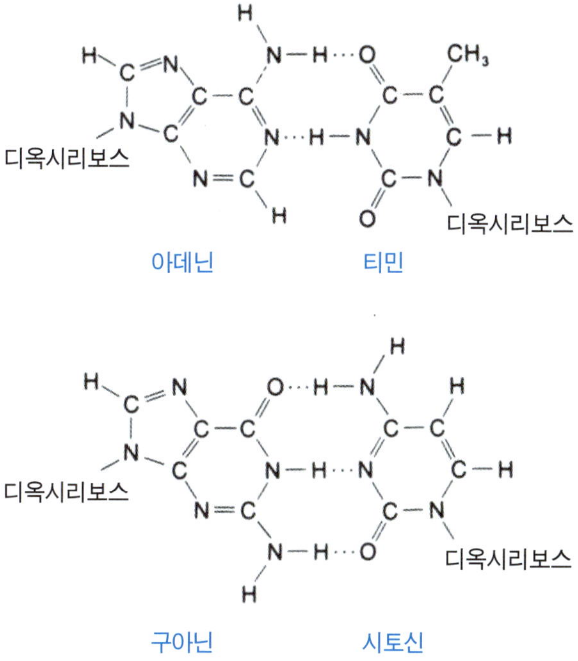

그림 3-2 DNA 염기쌍. 그림 2-6과 같이 약한 전하를 띤 극성기 사이에 수소결합이 있다(점선).

들이 들어와서 염기들과 접촉하기에 충분한 공간을 제공한다.

그림 3-1의 이중나선은 우선성 나선 (right-handed helix)이다. 우선성 나선은 오른손 엄지 손가락을 코에 갖다 대었을 때 볼 수 있는 오른손의 호 모양이고, 좌선성 나선은 왼손으로 했을 때의 모양과 같다. 자연상태로 존재하는 DNA 분자들은 대체로 우선성 나선이다.

염기쌍

**염기쌍** (base-paring)을 이룬다는 것은 두 사슬의 염기서열들이 서로 상보성을 가지는 것을 의미하며 이는 DNA 구조의 가장 중요한 특징중의 하나이다 (그림 3-3). 그러므로 한쪽 사슬의 A는 다른 쪽 사슬의 T와 짝을 이루고, 같은 방법으로 C는 G와 짝을 이룬다. 이러한 염기쌍의 규칙성은 DNA의 복제 기작에 대한 심오한 암시를 내포하고 있다. 왜냐하면 이와 같이 짝을 이루는 원리로 복제된 사슬은 주형 사슬의 염기서열에 대하여 상보성을 가질 수 있게 된다. 즉 한 사슬의 정보로부터 다른 사슬이 만들어 질 수 있다.

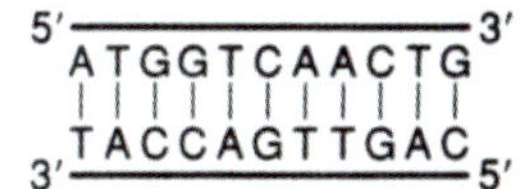


그림 3-3 각 사슬의 염기들간에 상보적인 염기쌍을 나타낸 DNA 분자 모식도. 가는 선은 수소결합을, 숫자는 각 사슬의 방향을 나타낸다. 5′와 3′ 말단은 사슬의 역 평행성을 나타낸다.

DNA 이중나선의 두 폴리누클레오티드 사슬은 서로 반대 방향으로 평행하다. 즉, 한 사슬의 3'-OH 말단은 다른 사슬의 5'-P (5'-인산) 말단과 인접한다 (그림 3-4). 이는 다음과 같은 두가지 의미에서 중요성을 가진다. 첫째로 이중나선을 직선으로 펼쳤을 때 양 끝에는 하나의 3'-OH 말단과 하나의 5'-P 말단이 있게된다. 두 번째로 보다 유의할 내용이라고 할 수 있는 것은 두 사슬의 방향성이 반대라는 것이다. 이는 두개의 누클레오티드가 염기쌍을 이루고 있을 때 하나의 누클레오티드의 당부분은 사슬의 윗 방향을 향하고 있는 반면에 다른 쪽 누클레오티드의 당 부분은 아랫 방향을 향하고 있다. 제7장에서 이러한 구조적 특징이 DNA 복제 기작에 흥미있는 제한 요소로 작용하는 것을 보게될 것이다.

두 사슬이 역평행하기 때문에 한 사슬의 염기 서열을 기술하기 위한 어떤 관례가 있어야 한다. 관례로 염기서열은 왼쪽에 5'-P 말단부터 적도록되어 있다. 예를 들어

**핵심개념**

**"구조의 진화" 개념**

이중나선 DNA는 자연선택을 통한 진화의 산물이다. 나선 구조는 견고하고 풀림이 용이함으로 염기들을 보호할 뿐만 아니라 복제를 용이하게 한다.

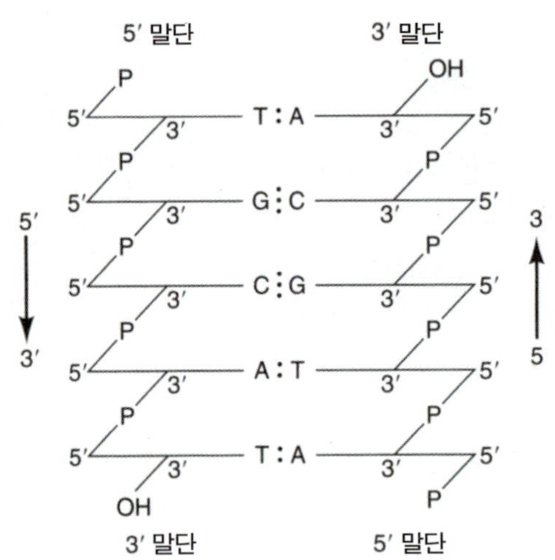


그림 3-4 DNA 사슬의 역 평행성을 나타낸 모식도. 화 살표는 각 사슬에서 5 '으로 부터 3' 으로의 방향성을 표 시한다. 디옥시리보스 (수평 선)의 5 '에 있는 인산 (P)은 인접한 디옥시리보스의 3' 에 결합한다. 염기쌍 사이의 점은 염기 사이의 수소결합의 수이다.

ATC는 5'-P-ATC-3'-OH임을 의미한다.

항상 [A]=[T], [G]=[C]인 것은 사실이지만, DNA 분자에 [A+T]와 [G+C]가 같지는 않으며 이러한 염기 조성비는 DNA 분자마다 다르게 나타난다. 특정한 생물의 DNA 염기 조성은 비율로 표시하는 것 보다 총 염기쌍에 대한 G?C 염기쌍의 백분율 즉, ([G]+[C])/[모든 염기] X 100으로 나타낸다. 이를 G+C 함량 또는 G+C 백분율이라고 한다. 수백여 종 생물의 염기 조성이 확정되었다. 일반적으로 대부분 고등생물에서 G+C 함량은 50%에 가깝고 종들 간에 차이는 적다. 예를 들면, 대부분의 동물과 식물의 경우 G+C 함량은 적게는 48%, 많게는 52%이며 포유류는 49 – 51%이다. 그러나 단세포 생물에서는 각 종마다 G+C 함량에 많은 차이가 있다. 이를테면 세균들 중에서 극단적인 것으로는 *Clostridium* 속은 27%이고 *Sarcina* 속은 76%이며, 대장균은 약 50%이다.

## 다른 형태의 DNA구조

DNA의 구조는 매우 다양하다. B형 이중나선이 대부분이기는 하지만 다른 나선 구조나 심지어 예상치 못했던 구조가 종종 발견되기도 한다. 변형된 구조들 중에 **A 나선** (A helix; 이중나선 RNA의 주된 형태임)은 나선 1회 회전시 10개 염기쌍이 아니라 11개의 염기쌍을 가지고 있으며 염기쌍들이 이루는 평면은 나선 축에 30° 정도 기울어 있다. 이 구조는 탈수 상태에서 잘 나타나며 B 나선보다 폭은 더 넓고 길이는 더 짧으므로 주홈과 부홈의 구분이 잘 안된다.

A나선

Z나선

**Z 나선** (Z helix; 지그재그 사슬 골격 구조에서 유래된 명칭임)은 B 나선과는 완전히 다르다. 이중나선이기는 하지만 Z 나선은 좌선성 나선이며 (그림 3-5) 1회전에 12개의 염기쌍이 있다. 1 회전의 길이는 3.4㎚ (B 나선 구조)보다 긴 4.5㎚이기 때문에 DNA가 B 나선보다 더 길고 홀쭉해 보인다. 세포의 매우 긴 DNA 분자에는 여러 가지 형태의 DNA 구조가 함께 존재한다. B 나선이 주를 이루며 그 사이사이에 Z 나선이 있다. 이를 보면 DNA의 구조를 결정짓는 요소가 무엇인지에 대한 의문이 생긴다. DNA의 1차구조 즉 염기서열에 G와 C가 교대로 나타나는 경우 Z 나선을 이

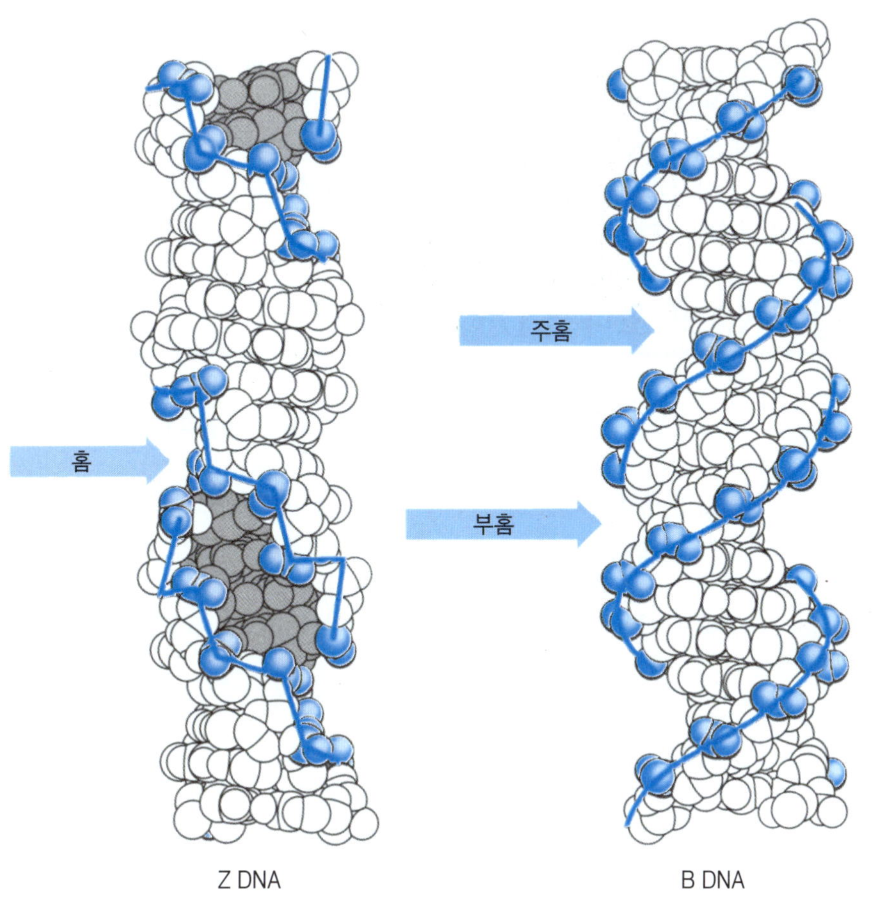


그림 3-5 Z-DNA와 B- DNA의 입체 모형. 짙은 청색 공은 인산기이고 굵은 선은 인산기들을 연결한 것이다. Z-DNA에서는 지그재그 형태의 사슬 구조가 관찰된다. 나선 구조가 좌선성 또는 우선성인지 알아보려면 책을 180° 회전시켜놓고 볼 것.

루는 경향이 있다. 한 분자의 DNA상에 있는 유전자에 인접하여 Z 나선이 분포하는 경우 유전자 발현에 영향을 미친다.

이외의 다른 형태의 DNA 구조 변화는 사슬 수의 차이다. 예를 들어 바이러스들 중에는 외 사슬의 DNA를 가진 것도 있으며 이러한 경우 이중나선 구조의 상보성 규칙인 [G]+[A] = [C]+[T] 을 적용할 수 없다. 이 DNA는 구조가 훨씬 더 불규칙하여 한 가닥의 사슬이 되돌아 접히기도 한다. 그리고 접힌 사슬에 상보적인 염기들이 서로 수소결합을 하여 짧은 이중나선 구역을 형성하기도 한다.

이러한 이중나선 구역은 고리 (loop) 구조나, 나머지 사슬의 외사슬 구역에 의해서 분리되어 있다. 외사슬의 DNA는 이중나선 DNA보다 더 촘촘하게 접히고 얽혀서 밀도가 더 크다. 이와 같은 이중나선-고리 구조가 반복되는 것은 외가닥 사슬인 RNA 분자의 특징이기도 하다.

삼중 혹은 사중사슬의 DNA 나선 구조 역시 관찰되었다. 삼중사슬의 나선 구조는 반복 배열된 퓨린 계열의 염기와 이에 상보적인 피리미딘 계열의 염기가 있는 DNA 부위에서 나타난다. 이러한 조건에서는 한 사슬의 반복 서열 단위가 앞의 반복 서열들이 형성한 이중나선 구조의 주홈으로 접혀 들어간다. 이러한 삼중사슬 구조에서 반복 단위 한개는 염기쌍을 이루지 못하고 남게된다. 사중사슬 나선 구조는 DNA 사슬에 G가 많이 존재하는 부분에서 형성된다. 이 사중사슬 나선 구조는 염색체의 끝부분에서 종종 발견되며, 감수 분열 시에 중요한 역할을 하는 것으로 추측된다.

이와 같이 DNA 구조는 B 나선 구조를 기본으로 몇 가지의 변형된 구조로 설명할 수 있다. DNA 분자의 특정 부위의 구조는 그 구역의 염기서열에 의하여 결정되는 것이 명확하다. 이는 간단한 예로서 생체 고분자의 1차 서열이 삼차원적 구조에 미치는 영향을 잘 나타내고 있다. 다음 장에서는 단백질에 대하여 삼차 구조의 유사한 특징이 아미노산 서열에 까지 추적됨을 볼 것이다.

## 환형 DNA와 초나선 DNA

DNA를 분리하고 연구하는데 사용하였던 초기의 실험 기술은 불완전하여 DNA 사슬은 선형의 나선 구조인 것으로만 생각하였다. DNA는 길이가 길기 때문에 분리하는 과정에서 마찰에 극히 민감하다. 그 결과 통상적인 분리 과정에서 가끔씩 두사슬 모두가 파괴되어 토막나기도 하며 한쪽 사슬만이 잘리는 경우도 있다. 그러나 DNA분리 기술이 발전함에 따라 DNA를 원형 그대로 분리해 낼 수 있게 되었으며 많은 DNA는 실제적으로 양 말단이 공유 결합한 환형 구조를 띠고 있음이 밝혀졌다. 이러한 관찰은 환형이 이중나선 구조에 미치는 영향에 대하여 위상학적 의문점을 야기시켰다.

사슬의 방향성 때문에 DNA가 환형을 이루려면 한쪽 사슬의 5' 말단은 그 자신의 3' 말단과 공유결합을 할 수밖에 없다. 그렇게 될 경우 환형 이중나선 구조의 DNA는 외가닥 DNA 사슬로 이루어진 두 개의 환이며, 이 두 환의 사슬이 서로서로 꼬여 있는 것이다. 여러분은 아마도 환형의 실 두개를 꼰 모양을 생각할 것이다.

그러나 앞에서 설명한 이중나선 구조가 1바퀴 회전시 10 – 11개의 염기쌍을 갖는다는 것을 염두에 두고 생각해 보자. 양끝이 맞물려 한 사슬의 5' 말단이 자신의 3' 말단 부위에 공유결합을 하려면 360° 회전을 하여야 맞물릴 수 있다. 이 꼬임의 방향이 DNA의 나선 방향과 같은 방향이면 이중나선을 더 단단하게 조이는 효과를 줄 것이다. 그러나 반대 방향으로 꼬이면 이것은 이중나선을 풀어주게 된다. 환형구조의 DNA에 꼬임이 한 두 개 더 들어갔을 경우 이를 양성 **초나선** (supercoil 또는 superhelix)이라고 한다. 반대로 음성 초나선은 두사슬의 교차수가 감소하는 방향으로 꼬아 준 것이다.

DNA가 자연상태로 1바퀴 회전시 10–11개의 염기쌍을 갖는 것은 초나선이 아니다. 초나선이 되기 위해서는 조이는 방향이든 풀어주는 방향이든지 간에 추가적인 꼬임이 있는 경우이다. 또한 '양성' 또는 '음성' 초나선은 서로 다른 DNA 구조에서 꼬임의 방향이 달라진 것임을 알아둘 필요가 있다. 우선성 나선 (B 또는 A 구조의 DNA)은 우측 방향으로 꼬임의 수가 늘어났을 때 양성 초나선을 이루며, 좌선성 이중나선인 Z–DNA는 좌측 방향으로 꼬임이 증가하여야 초나선을 이룬다. 이렇게 초나선을 이루면 DNA 사슬은 높은 에너지 상태가 되는데 이에 따라서 이중나선의 규격이 변화되거나 구조가 달라지게 된다.

양성 또는 음성 초나선이 구조에 미치는 주요 영향은 B–나선이 1바퀴 회전시 10 염기쌍 주기를 유지하기 위해 나선축이 약간 휘게되는 것이며, 그렇지 않은 경우에는 규격이 변하게 된다. 실제 전자현미경 관찰에서 이와 같은 굽은 나선축이 나타난다 (그림 3–6). 그 밖의 영향은 더 극단적인 것으로 고도의 음성 초나선 DNA는 분

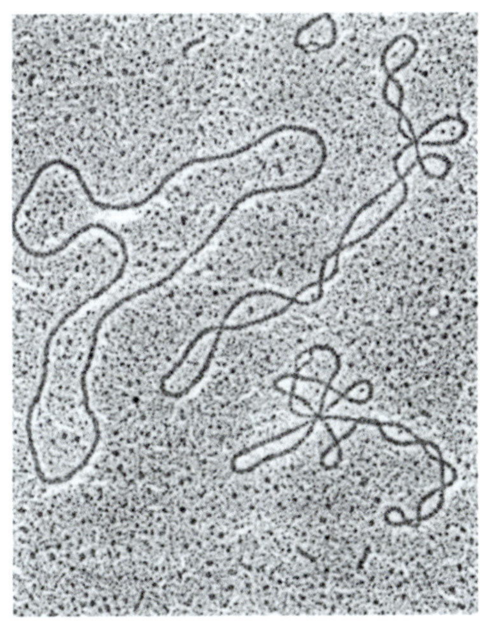

그림 3-6 PM2 파지 환형 및 초나선 DNA의 전자현미경 사진.

자의 구조변화를 통하여 순응한다. 극단적인 구조 변화로 Z DNA는 좌선 1회전마다 두 개의 반대 방향 꼬임을 넣어서 해결한 형태이다.

극단적인 음성 초나선에서 염기쌍을 이루지 못한 외가닥 사슬의 DNA는 짧은 거품을 형성하며 이는 **십자구조** (cruciform)를 통하여 더욱 안정화 된다 (그림 3-7). 십자구조는 DNA사슬이 고도로 대칭을 이루는 부위에서 형성된다. 사슬들이 5'에서 3' 방향으로 극성을 띠며, 염기들 간에는 상보성 규칙이 있기 때문에 DNA 염기서열이 **회문구조** (palindromic: 뒤집힌 반복 서열)를 이루는 구역에서 십자구조가

십자구조

회문구조

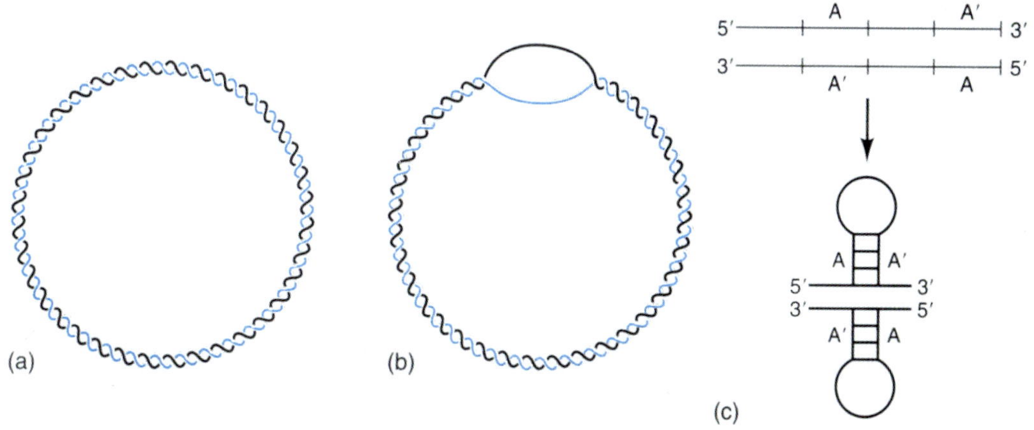


그림 3-8 (a) 초나선을 이루지 않은 환형 DNA; (b) 음성 초나선 환형 DNA. 외 가닥으로 이루어진 작은 거품 구조가 형성됨으로 DNA 분자의 나머지 부분은 기본적인 B-나선 구조를 유지할 수 있다. (c) 염기서열이 회문구조를 이루는 지역에 형성된 십자구조. A 구역은 A' 구역과 상보적이다. 회문구조의 대칭성 때문에 A 구역은 맞은편 사슬의 A'뿐만 아니라 동일 사슬의 A' 구역과도 염기쌍을 형성 할 수 있다.

나타난다. 이와 같은 십자구조는 DNA의 기능에 관여하는 단백질에 대한 "도킹자리" 역할을 한다. 이처럼 초나선은 DNA의 전형적인 구조에 비하여 제한적인 부위에서 큰 차이를 보인다. DNA 구조는 한가지 형태를 그대로 유지하는 것이 아니라 계속 변하기 때문에 많은 부위에서 B 형 나선에서 다른 형태로 계속적인 구조 변화가 이루어지고 있다.

토포이소머라제

초나선 DNA가 존재한다는 것은 지금까지 살펴본 DNA의 구조적인 변화들이 모종의 생물학적 기능을 수행함을 의미한다. 첫 번째 괄목할만한 연구 발전중의 하나가 DNA의 초나선을 이완하는 **토포이소머라제** (topoisomerases)라는 효소의 발견이다. 물론 폐쇄된 환형 DNA의 초나선을 이완하는 유일한 방법은 한가닥 혹은 두가닥 모두를 절단한 다음 여분의 꼬임 만큼을 풀어주고 다시 연결하는 것이다. 토포이소머라제는 이러한 역할을 수행한다.

이에 더하여 많은 실험적 증거들이 DNA 회문구조에 단백질이 결합한다는 사실을 제시하고 있다. 자연상태로 존재하는 대부분의 DNA는 음성 초나선 상태이기 때문에 회문구조들 중의 일부는 십자구조를 이루고 있을 것이며, 여기에 다른 분자들이 쉽게 결합할 수 있는 장소를 제공하는 것으로 생각된다. 마찬가지로 음성 초나선으로 생성된 외가닥 사슬의 거품구조는 단백질의 결합 부위로 작용할 것이다.

## DNA 변성

핵산의 나선 구조는 사슬을 이루는 인접한 염기들이 열역학적으로 안정하도록 층상으로 배치하여 형성된 것이며(그림 2-9), 이중 사슬의 나선 구조는 이 염기쌍들 간의 수소결합에 의해 유지된다(그림 3-2). 이와 같은 결론은 DNA 분자의 열에 대한 안정성 연구로부터 온 것이다.

변성

제2장에서 설명한 것과 같이 비공유결합 에너지는 실온에서 입자 운동 에너지보다 약간 큰 정도이다. 따라서 온도가 상승하게 되면 단백질이나 핵산의 3차 구조는 붕괴된다. 이렇게 붕괴된 고분자는 거의 무작위적인 구조로 되는데 이를 **변성형** (denatured)이라고 한다. 이에 비하여 자연에 원형으로 존재하는 규칙적인 상태를 **자연형** (native)이라고 한다. 자연형에서 변성된 상태로 전이하는 것을 **변성** (denaturation)이라고 한다. 이중나선 즉 자연형의 DNA를 가열하면 두 사슬간의 수소결합이 파괴되어 두 사슬이 분리될 수 있다. 그 결과 변성된 DNA는 외사슬이 된다.

DNA의 구조나 안정화에 필요한 상호작용에 대한 많은 지식은 핵산의 변성에 대한 연구를 통하여 밝혀졌다. 이는 분자가 변성되었을 때 나타나는 자외선 흡수의 변화와 같은 분자들의 특성을 측정하여 조사한다. DNA의 경우, DNA 용액을 260㎚ 파장에서 흡광도를 측정함으로써 변성 정도를 알 수 있다. **흡광도 A** (absorbance, A)는 입사한 빛 에너지와 방출한 빛 에너지의 비값에 로그를 취한 값이다. 입사 파장이 260㎚일 경우 흡광도 A는 $A_{260}$이라 표시한다. 핵산의 염기는 260㎚ 파장의 빛을 가장 잘 흡수하며 일정 수의 염기가 흡수하는 빛 에너지 양은 염기사이의 거리에 따라 달라진다. 이중나선의 DNA에서 염기들 사이의 거리가 매우 근접하도록 아주 규칙적인 배열을 하고 있을 경우 $A_{260}$의 값은 구조가 덜 규칙적인 외사슬 상태의 DNA에 대한 값보다 작다. 실제로 이중나선 DNA 용액에 대한 $A_{260}$값이 1이라고 한다면 같은 농도의 외사슬 DNA 용액은 그 값이 1.37이다. DNA 용액을 가열하였을 때 나타나는 이와 같은 흡광도의 변화를 **흡광증가** 효과 (hyperchromic effect)라고 한다. 유리된 염기들만의 $A_{260}$값은 1.60이다. 따라서 흡광도는 핵산이 어느 정도까지 분해되었는가를 알아보는 데에도 사용될 수 있다.

흡광증가

DNA 수용액을 천천히 가열하면서 온도별로 $A_{260}$값을 측정하면 그림 3-8와 같은 용해곡선이 나타난다. 이 용해곡선을 살펴보면 다음과 같은 특성을 알 수 있다.

1. $A_{260}$값이 자연상태에서 살아있는 세포들이 접할 수 있는 최대 온도보다 더 높은 온도까지 일정하게 유지된다.
2. $A_{260}$값이 6° - 8℃정도로 비교적 좁은 온도 범위에서 갑자기 증가한다.
3. $A_{260}$값의 최대치는 초기 값보다 37%정도 크다.

그림 3-8에는 용해곡선의 부위별로 DNA 분자의 상태가 도식화되어 있다. $A_{260}$값이 상승하기 전 상태에서 DNA분자는 완전히 이중나선 구조를 이루고 있다. $A_{260}$값이 상승하는 구역에서는 분자의 여러 부분에서 수소결합이 파괴되면서 염기쌍들이 떨어지며, 떨어진 염기쌍의 수는 온도가 올라갈 수록 증가한다. 상승하던 $A_{260}$ 값이 포화되기 시작하는 초기에는 단지 몇 개의 염기쌍들만이 두 사슬을 결합시키고 있으며 임계온도 이상이 되면 모든 비공유결합이 깨져 DNA 두 사슬은 완전히 분리된다. DNA가 용해되는 동안에는 비공유결합만 깨질 뿐 인산디에스테르 결합과 같은 공유결합은 그대로 유지됨을 유념해두자. 용해에 의한 변성을 나타내는 보편적인 측정치로 $A_{260}$값이 최대치의 절반 값에 이르렀을 때 온도를 사용한다. 이 온도를 **용해온도** (melting temperature)라고 하며 $T_m$으로 표시한다.

용해온도
$T_m$

염기조성과 실험 조건에 따른 $T_m$ 변화의 관찰을 통하여 많은 사실을 알게 되었다. 예로서 G + C 함량비가 높을수록 $T_m$도 상승한다는 사실은 G·C 염기쌍 (3개 수소결합)이 A·T 염기쌍 (수소결합 2개)보다 수소결합이 하나 더 많기 때문이라고 해석할 수 있다. 즉, 이중나선구조가 수소결합으로 안정되어 있기 때문에 A?T 염기쌍

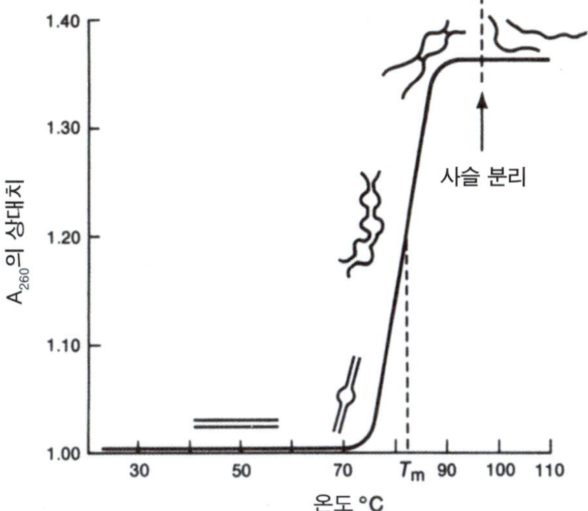


그림 3-8 DNA 용해곡선. 용해온도 (Tm)와 온도별 DNA 분자의 구조 변화가 도식화되어 있다.

보다 G·C 염기쌍을 파괴하는데 더 높은 온도 (에너지)가 필요하다. 또한 염기들의 용해도를 증가시키는 시약은 소수성 결합 (hydrophobic interaction)을 약화시켜 염기들의 포개어짐을 감소시키기 때문에 $T_m$을 낮추어 준다. 이상의 결과들을 종합해 볼 때 DNA 사슬은 친수성인 인산기를 물과 최대한 접하게 하고 소수성인 염기는 물에 최소한 노출되는 3차 구조를 가지려고 한다. 그 결과 DNA의 당-인산기 사슬은 분자의 외곽에 위치하여 물과 접해있고 염기는 분자 안쪽에 층층이 포개어져 있다. 층층이 포개진 염기들은 쉽게 수소결합을 이룰 수 있으며 또한 수소결합을 한 염기쌍은 보다 쉽게 포개진다. 이러한 두가지의 상호작용은 협동적으로 매우 안정한 구조를 이루도록 한다. 두 가지 결합 중에 하나가 제거되면 남아있는 다른 결합이 약해진다. 따라서 두 가지 상호작용 중의 어느 하나라도 제거하는 시약을 처리할 경우 $T_m$이 크게 낮아진다.

NaOH는 매우 효과적인 DNA 변성제 중의 하나이다. pH가 높은 상태에서는 수소결합을 하는 여러개의 작용군들의 전하량이 변하게 된다. 따라서 이와 같은 작용군을 가진 염기들이 수소결합을 못하게 된다. pH 11.3 이상이 되면 모든 수소결합이 파괴되어 DNA는 완전히 변성된다. DNA의 인산디에스테르 골격은 알카리성 가수분해에 매우 저항성이 크기 때문에 이 방법이 인산디에스테르 결합을 끊어버릴 가능성이 있는 고온 처리보다 더 안정하게 DNA를 변성시키는 데 사용된다. 변성이란 공유결합은 그대로 유지하고 비공유결합만을 파괴시키는 것이다.

DNA의 상보적인 두사슬에 있는 음전하를 띤 인산기들 사이에는 척력이 있다. 이러한 인산기의 음전하는 $Na^+$나 $Mg^{2+}$와 같은 양이온이 결합함으로써 중성 상태를 유지한다. 그러므로 DNA는 증류수에서 이 척력 때문에 두 사슬이 분리될 수 있다.

## 재생

재생
재생 DNA

변성된 DNA는 원상태로 회복될 수 있다. 이 과정을 **재생** (renaturation 또는 reannealing)이라고 하며, 재생된 DNA를 **재생 DNA** (renatured DNA)라고 한다. 재생은 분자생물학에 있어 중요한 실험방법 중의 하나이다. 이 방법으로 종간의 유전적 관계를 증명하고, 특정한 RNA를 찾고, 특정 생물의 DNA에서 어떤 염기서열이 얼마나 많이 나타나는지를 결정하며, DNA 분자 내에서 특정 염기서열의 위치를 찾는데 이용될 수 있기 때문이다.

재생이 일어나기 위해서는 다음의 두 가지 조건이 충족되어야 한다.

1. DNA 두 사슬의 인산기들 사이에 정전기적 척력이 없어질 정도로 염분 농도가 충분히 높아야 한다. 일반적으로 0.15 - 0.50 M NaCl이 사용된다.
2. 외사슬 DNA 내에 무작위로 형성될 수 있는 수소결합을 파괴시킬 정도로 온도가 충분히 높아야 한다. 그러나 온도가 너무 높아져서는 안 된다. 그렇지 않으면 두 사슬사이에 안정된 염기쌍이 형성되지도 않으며 또한 유지되지도 않을 것이다. 재생의 적정 온도는 $T_m$ 보다 20 - 25℃ 낮은 범위이다.

변성이 일어나는 동안 DNA 사슬들이 완전히 분리되기 때문에 재생된 DNA는 원래 짝을 이루었던 사슬과 결합하지는 않는다. 그러므로 재생은 무작위적 혼합 과정이다. 예를 들어 비방사선 동위원소인 $^{15}N$로 표지된 DNA를 정상 $^{14}N$ 를 포함하는 DNA와 섞고, 변성후 재생을 시키면 3가지 종류의 이중사슬 DNA가 나타난다. 두 사슬 모두 $^{14}N$인 것이 25%, 두 사슬 모두 $^{15}N$인 것 25%, 나머지 50%는 $^{14}N$, $^{15}N$을 각각 한 가닥씩 가진 DNA로 재생된다.

그러면 재생이 실제로 어떻게 일어나는지 생각해 보자. 변성이 일어난 DNA 용액에는 주로 외 사슬 조각들이 혼합되어 있다. 재생을 하기 위해서는 각 조각들은 용액 내에서 상보적인 짝을 찾아야 한다. 어떤 조각과 그 짝이 되는 상보성 조각의 농도가 낮다면 그들은 서로의 짝을 찾는데 두 조각의 농도가 높을 때 보다 훨씬 많은 시간이 걸릴 것이다. 짝을 찾는 재생 과정은 260㎚에서 용액의 흡광도($A_{260}$)를 측정하여 확인할 수 있다. 왜냐하면 재생이 이루어지는 동안 염기들은 규칙적인 배열을 함으로 $A_{260}$은 시간에 따라 감소한다. 이 **감소율**이 재생율에 해당하며 이는 용액 내에 각 조각의 농도와 함수관계에 있다. 용액의 $A_{260}$값으로 DNA의 대략적인 농도를 어림할 수 있다. 재생 반응 속도의 분석은 시료에 포함된 DNA의 반복 서열들의 존재를 추정하는 좋은 방법으로 활용된다.

그림 3-9와 같이 DNA 분자에 100개의 염기쌍이 있다고 가정하자. 서열 ABC/A'B'C'는 시료의 염기쌍 총수의 3%를 차지한다. 그러나 이것이 5번 반복되어 있으므로 이 서열은 DNA 시료 총 중량의 15%를 차지한다. 이 분자가 더 작은 조각으로 토막난다면 반복된 서열로부터 토막난 조각의 수는 반복되어 있지 않은 나머지 부분으로부터 토막난 조각의 수에 비해 5배 이상이 된다. 용액 내에 그 농도가 높기 때문에 반복된 DNA는 단 하나로 존재하는 DNA보다 빠르게 재생된다. 이와 같은 가상적인 DNA 분자는 그림 3-9(b)에서 보는 바와 같은 재생 곡선을 나타낸다. 한 개체로부터 분리한 DNA는 이 그림에서 두개의 구성요소를 가지고 있음을 알 수 있다. 좀 더 빠르게 재생되는 성분은 $A_{260}$에서 15%를 차지하고 있어 DNA 중량의 15%가

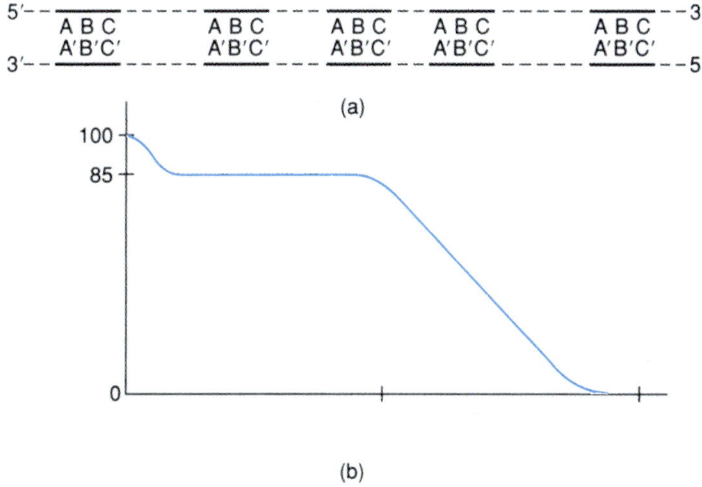


그림 3-9 (a) DNA 총 길이의 3%에 해당하는 서열이 다섯번 반복된 가상적인 DNA 분자. 점선은 비반복 서열을 나타내며 전체 길이의 85%를 차지한다. (b) (a) DNA의 재생 곡선. 시간은 곡선을 한 페이지에 그리기 위해 로그 함수로 나타내었다. y축은 재생되지 않은 DNA의 %농도를 나타낸 것이며 수치는 앞의 그림에서와 마찬가지로 $A_{260}$ = 1.37을 100%로 한 상대값 단위이다.

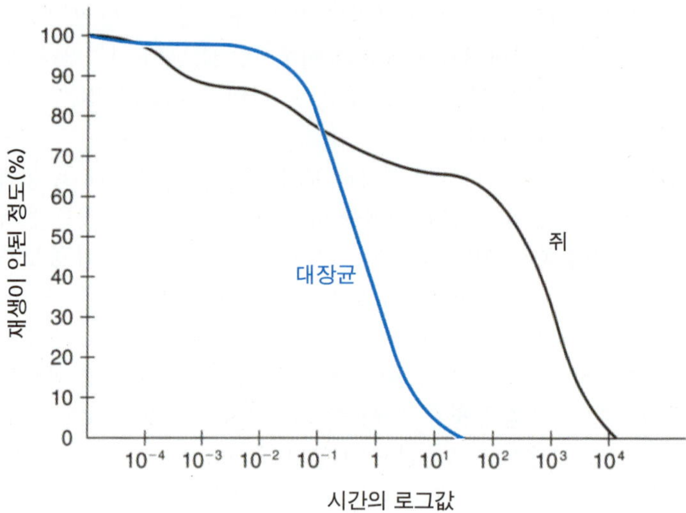


그림 3-10. E.coli와 쥐의 DNA에 대한 재생곡선. E. coli는 유일서열들을 가지며, 곡선은 하나의 계단으로 나타난다. 쥐의 DNA의 10%는 300개의 염기쌍으로 이루진 서열로 약 백만 개, 30%는 몇몇 서열들이 $10^3$−$10^4$개 반복되어 있으며, 60%는 유일서열로 이루어져 있다.

반복된 서열이란 결론을 내릴 수 있다. 재생의 반응 속도 분석에 근거하여 반복된 서열에 포함된 염기 수의 **복잡성** (complexity)을 결정할 수 있으므로, 이 반복 서열의 수와 비반복 서열의 수도 결정할 수 있다.

대부분의 진핵생물에서 반복 서열이 발견되지만 일반적으로 단세포 생물은 그렇지 않다. 대부분 진핵생물의 염색체는 다양하게 반복된 서열 부위들로 구성되어 있다. 반복성의 차이는 재생 분석으로 알 수 있다. 그림 3-10은 박테리아와 생쥐 DNA의 재생 반응 속도를 비교한 것이다. 다양한 생물 종들에 대한 이와 같은 곡선을 자세히 비교해보면 **유일서열** (1사본: unique), **저반복서열** (1−10사본: slightly repetitive), **중반복서열** (10 − 수백사본: middle repetitive), **고반복서열** (수백 − 수백만사본: highly repetitive)의 4가지 종류가 있음을 알 수 있다. 이와 같은 분류는 임의적인 것으로 종류의 구분을 일반화 할 때는 주의가 필요하다.

유일서열은 세포의 유전자 대부분을 차지하지만, 전체 DNA의 몇 %에 지나지 않는 경우도 있다. 이는 진핵생물의 대부분 DNA가 단백질을 암호하지 않는 고반복서열로 구성되어 있기 때문이다. 저반복서열은 반복이 수회에 지나지 않고, 경우에 따라서는 반복도 완전하지 않으며, 그 유전자 산물의 아미노산의 조성도 헤모글로빈의 변이형처럼 약간 차이가 난다. 중반복서열은 연관군 (cluster)과 분산군 (disperse)의 두 가지 종류가 있다. 연관군 서열은 유전자 산물의 합성 속도나 양을 증가시키기 위해서 많은 수로 복제되어 있다. 분산군 서열들 중에는 유전자 발현을 조절하는 기능을 가지는 것도 있다. 그러나 대부분은 2000−7000 누클레오티드 쌍을 포함하는 20−60회 반복된 서열로 한 염색체 내에서 다른 위치로 또는 한 염색체에서 다른 염색체로 이동할 수 있다. 이를 전이인자 (transposon)라고 하는데 제14장에서 상세히 다루기로 한다. 고반복서열들은 부수체 DNA와 같이 짧은 반복서열도 있고, 단백질 합성에 사용되는 rRNA처럼 정상적인 길이의 유전자들이 많은 수로 반복되어 있는 경우도 있다. 그러나 실제로 서열에서 차이가 있는 고반복서열은 거의 없다. 그러나 너무나 많이 반복되어 있어서 고반복서열은 DNA 총 질량의 20% 또는 그 이상을 차지한다. 일반적으로 고반복서열은 그 길이가 짧은 편이다. 누클레오드 서열자료로 인하여 다양한 염기서열의 배치가 가지는 기능적 의의가 새롭게 이해되고 있으므로 이 주제는 13장에서 더 자세히 알아 보기로 한다.

## 혼성화

분리된 외사슬들로부터 재생 DNA를 형성하는 기술을 **혼성화** (hybridization)라고 한다. 이 재생 기술은 니트로셀룰로오스로 제조된 얇은 **막필터** (membrane filter) 상에서도 시행할 수 있다. 이는 니트로셀룰로오즈가 외사슬 DNA와는 매우 단단하게 결합하지만 이중나선 DNA 혹은 RNA와는 잘 결합하지 못하기 때문이다. 이 특성이 혼성화를 측정하는 핵심이 된다.

그림 3-11과 같이 재생은 필터상에서 시행한다. 변성된 DNA 시료를 필터로 걸르면 외사슬 DNA의 당-인산 골격은 필터에 단단히 결합하지만, 염기들은 자유로운 상태로 남아있다. 그런 다음 이 필터를 방사성 동위원소로 표지한 소량의 변성된 DNA와 더 이상 외사슬 DNA가 필터에 결합하는 것을 방지하는 시약을 포함하는 용액에 담근다. 일정 시간 재생을 시킨 다음 필터를 씻어주면 방사성은 재생이 일어난 필터 부위에서만 나타난다.

이 외에도 필터 혼성화는 한 사슬의 DNA와 RNA 분자사이에 염기 서열의 상보성을 탐지하는데도 중요하게 이용된다. 이를 **DNA-RNA 혼성화** (또는 Northern hybridization)라고 하며 이 방법은 특정 DNA 분자로부터 전사된 RNA 분자를 탐지하는데 사용된다. 이 과정에서도 위에서처럼 외사슬 DNA를 결합시킨 필터를 방사성 동위원소로 표지한 RNA를 포함한 용액에 넣는다. 재생 후에 필터를 씻고 나서 방사성 RNA의 유무에 의해 혼성화를 찾아낸다.

## RNA의 구조

리보솜 RNA (rRNA)
운반 RNA(tRNA)
전령 RNA(mRNA)

전형적인 세포에는 DNA 10배 가량의 RNA가 있다. RNA 양이 많은 것은 세포에서 RNA가 담당하는 역할이 매우 다양하기 때문이다. RNA에는 **리보솜 RNA** (rRNA), **운반 RNA** (tRNA), **전령 RNA** (mRNA)의 세 종류가 있다. 이들 각 종류는 실제로는 몇 개의 유일한 RNA들로 구성되어 있다. rRNA는 3-4가지, tRNA

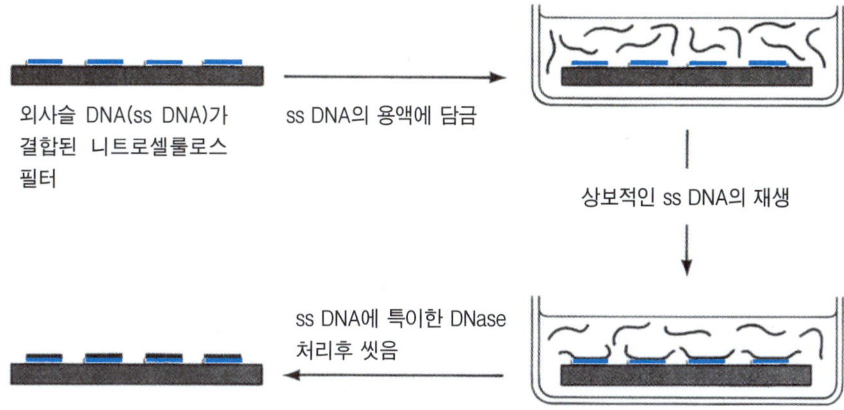


그림 3-11 외사슬 DNA 가 결합된 니트로셀룰로오스 막에 DNA를 혼성화시키는 방법. 마지막 단계에서는 혼성화되지 않은 DNA를 제거하기 위해 DNase로 처리한 후 씻어준다.

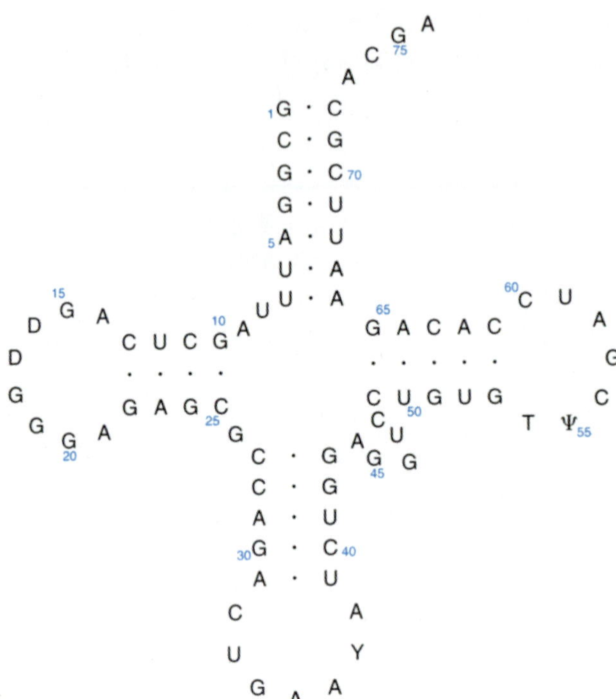


그림 3-12 tRNA의 이차구조. D, T, Y, ψ는 tRNA에서 종종 발견되는 변형 누클레오티드이다.

는 50가지에 달하며 mRNA는 1000가지가 넘는다. 실제로 RNA의 유형이 이처럼 풍부한 것에 대하여 일부 학자들은 DNA 중합체의 출현에 앞서 존재하였던 RNA "세상" 의 잔재임을 대변하고 있다고 주장하기도 한다.

RNA는 DNA의 구조적 특징을 많은 부분 공유하고 있다. 이를테면 두 분자는 모두 폴리누클레오티드 사슬이다. 그러나 RNA는 다음과 같은 특징을 가지고 있다. 디옥시리보오스 대신 리보오스를, T 대신에 U를 가지고 있으며, 몇몇 바이러스에서는 예외적인 경우도 있지만 RNA는 외가닥 사슬이다. 그러므로 대부분의 RNA들은 구조적으로 외사슬 DNA와 유사하다. 즉 RNA는 사슬이 스스로 접혀서 고리 (loop)를 형성하기도 하며 상보적 부분에서는 짧은 줄기 (stem)를 이루어 줄기-고리 (stem-loop) 혹은 머리핀 (hairpin) 구조를 형성한다 (그림 3-12). RNA 사슬의 누클레오티드 서열을 1차 구조, 염기쌍 형성 패턴을 2차 구조, 그리고 3차원에서의 분자구조를 3차 구조라고 한다.

RNA의 구조는 기능과 밀접한 관계를 가지기 때문에 염기쌍 형성 경향에 대하여 많은 연구가 이루어졌다. 3차원적 구조를 결정하는데에는 염기쌍의 형성이 필수적이기 때문이다. 그러나 염기쌍 형성 경향에 대한 추정 기술은 경험적이기 때문에 2차 구조는 매우 유용하다고 할지라도 모델로서만고려되어야 한다. 추정 방법 (컴퓨터 프로그램)은 (1) 분자 내에 염기쌍의 수, 혹은 (2) 각 염기쌍에 대입한 자유 에너지 값을 최대화하는 방식을 취한다. G-C 염기쌍은 3개의 수소결합을 가지게 되어 있으므로 모델에서 A-U 염기쌍보다 G-C가 더 많은 방향으로 계산한다. 또 다른 방법은 동일한 분자가 몇몇 다른 생물체에서 그 서열이 얼마나 밝혀져 있는가에 따라서 추정하는 것이다. RNA에서 염기쌍은 동일 서열상의 다른 위치에 있는 염기사

그림 3-13 2차 구조를 지지하는 상보적 염기 변화. 생물체 1과 2의 서열에서 U-A, G-C의 염기쌍은 비슷한 위치에서 발견된다. 이들 위치에서 염기 서열은 다르지만 염기가 상보적이라는 사실은 염기쌍을 이루는 위치가 지정되어 있다는 가설을 지지한다.

이에서 이루어지며, 염기에도 상보적인 변화가 이루어져 있다. 그러므로 하나의 서열에서 어떤 염기가 잠재적으로 염기쌍을 형성한다고 하면, 비록 누클레오티드의 종류는 다르더라도 두 번째 서열도 그 위치에서 염기쌍을 이룬다 (그림 3-13).

## 핵산의 가수분해

예외가 있기는 하지만 (예를 들면 tRNA), 핵산은 분자가 크기 때문에 그 구조적 특징을 규명하기가 어렵다. 이 문제점을 해결하기 위해서는 핵산 중합체를 보다 작은 조각으로 토막을 내는 것이다. DNA와 RNA의 인산디에스테르 결합은 화학적 방법, 혹은 효소적인 방법으로 가수분해시켜서 절단할 수 있다.

DNA와 RNA의 인산디에스테르 결합의 가수분해는 매우 낮은 pH (1 또는 그 이하)에서 일어난다. 이는 또한 염기와 당사이의 N-글리코실 결합이 깨어지면서 염기가 유리되어서 일어날 수도 있다 (그림 2-5). 높은 pH에서 DNA의 양상은 RNA와는 매우 다르다. DNA는 pH 13에서도 가수분해에 대한 저항성이 매우 강하지만 (37℃에서 1분에 백만개 결합당 약 0.2 인산디에스테르 결합이 깨진다). 이에 비하여 2'-OH기가 있는 RNA는 알칼리성 가수분해에 매우 민감하다. 37℃, pH 11에서 1분이면 유리된 리보누클레오티드가 만들어진다.

**핵산분해효소** (nuclease)라고 하는 다양한 효소들이 핵산을 가수분해한다. 이들은 일반적으로 화학적 특이성을 나타내며 디옥시리보핵산분해효소 (DNase)와 리보핵산분해효소 (RNase)로 나뉘어진다. 많은 종류의 DNase는 단지 외사슬 혹은 이중사슬 DNA에만 한정하여 작용하지만, 일부 효소는 두 종류의 DNA 모두에 작용한다. 그리고 핵산 사슬의 끝쪽에서만 작용하며 한번에 하나씩 누클레오티드를 

핵산분해효소

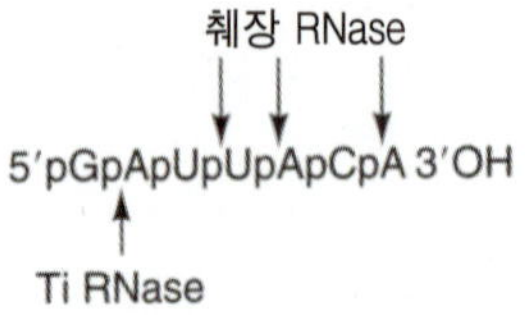

**그림 3-14** RNA의 가수분해. T1 RNase와 췌장의 RNase가 작용하는 위치를 나타내었다. 인산과 누클레오시드 사이에 어떤 결합이 절단되는지를 나타내기 위하여 서열에 'p' 를 함께 표시하였다

핵산말단분해효소

핵산내부분해효소

제거하는 핵산분해효소를 **핵산말단분해효소** (exonuclease)라 부르며, 이들 효소는 사슬의 3' 또는 5' 말단에 대하여 특이성을 가지고 있기도 하다. 사슬의 중간에 작용하는 대부분의 핵산분해효소들을 **핵산내부분해효소** (endonuclease)라고 한다. 이들 중 일부는 특정 염기 사이만을 선택하여 절단하는 훨씬 강한 특이성을 가진다.

염기 특이성을 가진 핵산내부분해효소가 공급되면서 많은 RNA의 1차 구조를 결정할 수 있게 되었다. 그 중에도 RNA G 염기의 3'을 자르는 RNase T1과 U 혹은 C 염기의 3'을 절단하는 췌장의 RNase가 특히 유용하게 이용되었다. 이제는 이런 많은 리보핵산분해효소의 3차 구조가 규명되어 있으므로, 이들 효소는 단백질과 핵산의 상호작용에 대한 중요한 단서를 제공한다 (그림 3-14).

대조적으로 DNA 구조에 대한 연구는 염기에 특이적으로 반응하는 DNase가 없어서 RNA의 구조에 대한 연구보다 뒤늦게 이루어졌다. 그러나 이 상황은 매우 달라지게 되었다. 다음 절에서 보듯이 지금은 DNA의 서열을 결정하는 것이 RNA보다 훨씬 더 쉽게되었다. 제한효소가 발견됨에 따라 DNA에 대한 연구의 돌파구가 마련되었다. 제한효소는 특정한 몇 개의 누클레오티드 서열을 인지하여 이중사슬 DNA를 자른다. 제한효소는 또한 제15장에서 논의될 유전공학의 발달에도 큰 역할을 하게 된다.

라보자임

RNA에 대한 최근 몇 년간 연구에서 가장 주목할만하면서도 기대밖의 발견중의 하나는 RNA의 어떤 종류들은 인산 전이반응을 촉매하는 기능을 가지고 있다는 것이다. 이전만 하여도 화학결합을 깨거나 형성하는 촉매 능력을 가진 것은 단백질뿐이라는 것이 생화학의 정설이었다. 그러나 **리보자임** (ribozyme)이라고 하는 RNA 효소는 단백질 효소와 유사한 방법으로 특정 인산결합을 형성하거나 자를 수 있다. 그 예는 뒤에서 볼 것이다 (제8장, 그림 8-9).

## 핵산의 염기 서열 결정

이 책에서 DNA 분자의 누클레오티드 서열은 세포에 이용되는 물리 화학적 신호들의 종류를 이해하는 수단으로 묘사한다. 이 절에서는 이들 서열을 어떻게 결정하는지에 대해 알아보기로 한다.

Sanger법

DNA 서열의 결정은 폴리누클레오티드 단편들이 폴리아크릴아마이드 젤에서 고해상도로 분리되는 원리에 근거를 두고 있다 (제2장). 이 절에서 설명될 **생거법** (Sanger procedure)에서는 DNA 중합효소를 정교하게 이용하여 폴리누클레오티드 단편들을 만든다. DNA 중합효소의 작용에 대해서는 제7장에서 상세히 설명될 것이므로 여기서는 단지 그 과정에 대해서만 개괄적으로 설명한다.

**핵심개념**

**"RNA 효소" 개념**

대부분의 효소는 단백질이지만, RNA 중에도 효소 활성을 가진 것이 있다.

DNA 중합효소는 폴리누클레오티드 합성에서 디옥시리보누클레오티드 삼인산화물을 기질로 사용한다. 이 효소는 또한 짧은 폴리누클레오티드 프라이머와 보다 긴 외사슬의 주형 (염기 순서를 결정할 DNA)이 필요하다 (그림 3-15a). 이 용액에서 모든 누클레오티드 삼인산이 다 소모될 때까지 이중사슬 DNA의 합성은 계속

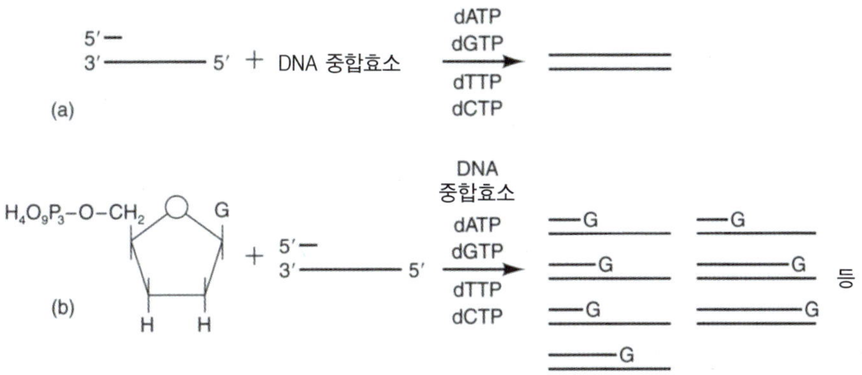

(a) 5′— 3′——5′ + DNA 중합효소 → (dATP, dGTP, dTTP, dCTP) ═══

(b) $H_4O_9P_3$–O–$CH_2$ (G, H, H) + 5′— 3′——5′ → (DNA 중합효소, dATP, dGTP, dTTP, dCTP) —G, ——G, —G, ———G, —G, ———G, ———G 등

그림 3-15 (a) DNA 중합효소의 반응. ATP-아데노신삼인산, GTP-구아노신 삼인산, TTP-티미딘 삼인산, CTP-사이티딘 삼인산. (b) 디디옥시 G가 첨가된 동일한 반응. 디디옥시 G가 끼어들어간 위치 마다 사슬의 연장이 끝나게 된다.

된다. 이 용액에 디디옥시리보누클레오티드 (2'과 3' 탄소에 -OH기가 없는 누클레오티드)가 첨가된 경우를 생각해 보자. 그럴 경우 이 유사 누클레오티드는 길어져가는 누클레오티드 사슬에 끼어 들어가기는 하지만, 그 사슬이 더 이상 길어지는 것을 억제한다. 왜냐하면 이 유사 누클레오티드가 들어가고 나면 다음 누클레오티드가 붙어야 할 3' 말단에 -OH기가 없기 때문이다 (그림 3-15 b). 디디옥시 G를 G농도의 1/100로 사용할 경우 이 유사체는 새로 합성된 사슬에 100개의 G당 하나씩 끼어 들어갈 것이다(그림 3-15 b).

다른 3 반응 용액에 각각 나머지 디디옥시누클레오티드 중 하나를 포함하도록 하면 4가지의 중합 반응물 (각 누클레오티드마다 한가지)이 만들어지며, 디디옥시누클레오티드가 결합하는 지점에 따라 그 길이가 다른 다양한 폴리누클레오티드 단편들을 만들 수 있다. 그리고 이들 각 반응물은 전기영동법으로 분석할 수 있다. 전기영동젤에서 폴리누클레오티드 단편들은 길이에 따라 분리되며, 짧은 것일수록 빠르게 멀리 이동한다. 그림 3-16에서 보는 것과 같이, 각 열은 서로 다른 양상을 보이고 있는데 이는 디디옥시누클레오티드가 사용된 누클레오티드의 위치가 다르기 때

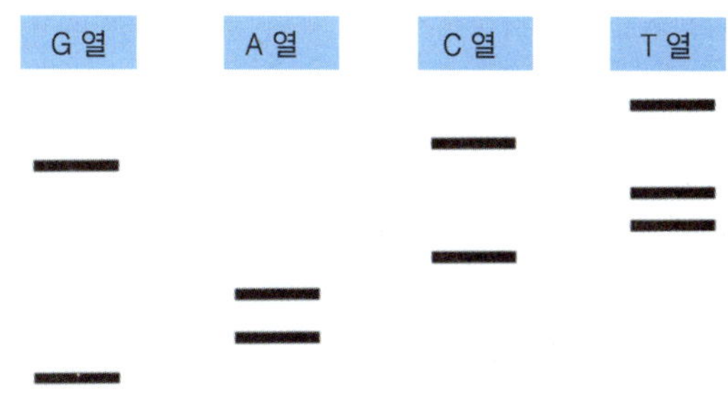


그림 3-16 DNA 염기서열 결정 반응에서 전기영동한 젤의 양상. 젤의 하단에 나타난 것이 새로 합성된 서열의 5' 말단이다. 이는 중합이 항상 5'에서 3' 으로 이루어지기 때문이다. 결정된 서열은 5'GAACTTGCT3'이다. 이는 우리가 구하고자 하는 주형의 서열이 5'AGCAAGTTC3' 임을 의미한다.

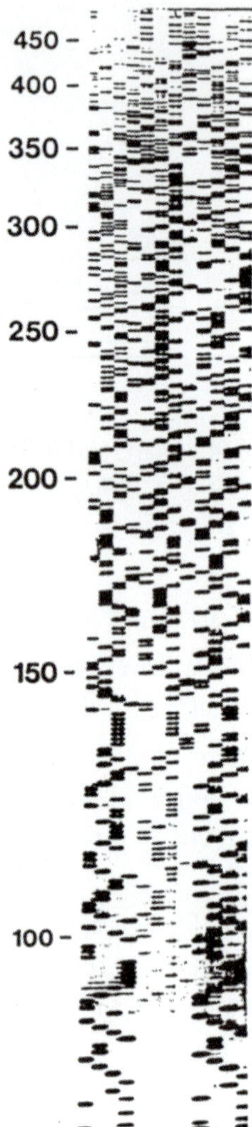


그림 3-17 DNA 서열은 유럽, 미국, 일본의 DNA Databanks에 저장되어 있어 국제 컴퓨터 통신망을 통해 자유롭게 이용할 수 있다.

문이다. 이 예에서 G 열에 가장 짧은 단편이 있다. 그러므로 새로 합성된 서열의 첫 번째 위치는 G이다. 두번째로 빠르게 움직인 밴드는 A 열이므로 A가 두번째 누클레오티드이다. 이렇게 계속 읽어가면 DNA의 전체 서열을 알 수 있다. 주의할 것은 젤에서 읽은 서열은 주형의 서열에 대하여 상보적이므로 주형에서 G는 새로 합성된 사슬에서 C와 결합하고, 읽은 서열은 주형의 서열에 비해 5', 3'의 방향이 반대로 되어 있다. 즉 젤에서 읽은 새로 합성된 사슬의 5' 말단에 G가 있다는 것은 우리가 서열을 구하고자하는 DNA 사슬의 3' 말단에 C가 있다는 것이다.

실제 실험에서는 준비한 외사슬 DNA 용액을 4개 시험관에 나누어 담고, 그 각각에 4종류의 누클레오티드 삼인산, 프라이머, 그리고 디디옥시누클레오티드의 한 종류씩을 각 시험관에 넣는다. 이 실험에서는 극미량을 가지고 분석해야 하므로 방사성 동위원소로 표지된 누클레오티드 또는 프라이머를 넣어준다. 결과는 그림 3-17에 보인바와 같이 X-선 필름으로 분석한다. 이 기술은 누클레오티드의 길이에서 한 개 차이나는 것을 구분되게 할 수 있는 젤의 용량이 결정적인 한계이다. 그러나 잘하면 한 장의 젤에서 600 개 이상의 누클레오티드 서열을 결정할 수도 있다. 다행스럽게도 Sanger 법의 자동화 버전이 개발되어 유전체를 비롯한 긴 DNA를 분석할 수 있게 되었다.

이방법에는 디디옥시누클레오티드에 형광염료를 달아서 사용한다. 디디옥시누클레오티드 단편들이 분리되면 이를 레이저로 스캔하여 단편들의 유형(예, ddG; ddA 등)과 길이를 자동적으로 기록한다. 그리고 나면 컴퓨터 프로그램으로 그 정보를 해석하여 DNA의 염기서열로 나타낸다.

또한 유전체를 핵산내부 분해효소로 절단한 단편들도 이와 같은 방법으로 일단 서열 분석이 되면 컴퓨터 프로그램으로 각 단편의 끝부분이 다른 단편의 끝부분과 중복된 서열이 있을 경우 이를 찾아서 맞출 수 있다. 제13장에서 설명되겠지만 이와 같은 자동화 분석법으로 다양한 생물들의 유전체가 분석되었다. 실제로 이제는 인간 DNA의 완전한 누쿨레오티드 서열(삼십억 염기쌍)이 확보되었다.

## DNA의 합성

최근 몇 년간 분자생물학에서 이루어진 엄청난 진보의 바탕이 된 기술 중 하나는 DNA의 화학적 합성이다. DNA 합성에 대한 다년간의 연구를 통하여 지금은 대부분 실험실에서 이용 가능한 방법이 개발되었다. 이 기술은 두 가지의 화학적 원리에 기초한 것이다. 하나는 인산기를 활성화시켜 다른 누클레오티드와 적정 속도로 결합할 수 있게 하는 것이고, 다른 하나는 원하지 않는 다른 반응이 일어나지 않도록 누클레오티드의 반응기를 보호하는 것이다 (그림 3-18). 활성화 과정에는 반응성이 뛰어난 누클레오시드 포스포아미디트 (phosphoramidites)에 응축제인 테트라졸 (tetrazole)을 첨가하면 된다.

원하는 3'- 5' 인산디에스테르 결합의 형성이 확실히 이루어지도록 하기 위해서 누클레오티드의 반응기에 일시적으로 화학 작용기를 결합시켜 반응기를 보호한다. 이를 테면 염기의 아미노기는 포스포아미디트가 활성화 되는 조건하에서 반응할 가능성이 있으므로 이의 화학적 활성을 소멸시켜야 한다. 게다가 3'-OH기에만 인산디에스테르 결합이 형성되도록 5'-OH기는 변형을 시켜둬야 한다. 합성이 끝난 후에는 보호용 작용기들을 제거하여 완전한 DNA를 얻는다. 그리고 그림 3-18과 같이 불용성 지지대를 사용하여 중간 산물의 정제 및 최종 산물의 회수를 용이하게 한다.

합성은 첫번째 누클레오티드의 3'-OH를 다공질 유리로 된 불용성 지지대에 결합시키는 데서 출발한다. 3'-OH기만이 반응하도록 하기 위해 5'-OH는 트리틸기 (그림 3-18에서 MMT)로 보호하였다. 이 트리틸기는 산에 민감하므로 쉽게 제거할 수 있어 5'-OH가 다음 단계의 반응에 이용되게 할 수 있다. 다공성의 유리를 만드는 데에는 수지 (resin)가 사용되며, 트리틸기는 일반적으로 모노- 혹은 디메톡시 (dimethoxy)-유도체이다. 네가지의 누클레오티드가 결합된 수지는 구입하여 사용할 수 있다.

산으로 씻어주어 트리틸기를 제거한 후, 그 다음 누클레오티드 (보호된 포스포아미디트 유도체)를 테트라졸과 함께 첨가한다. 누클레오티드간의 결합 형성은 순식간에 이루어진다. 그러나 그 생성물은 인산 에스테르라기 보다는 포스파이트이다. 요오드로 처리하여 포스파이트를 인산으로 산화시키고, 트리틸기를 제거한 생성물은 일련의 다음 반응으로 들어간다.

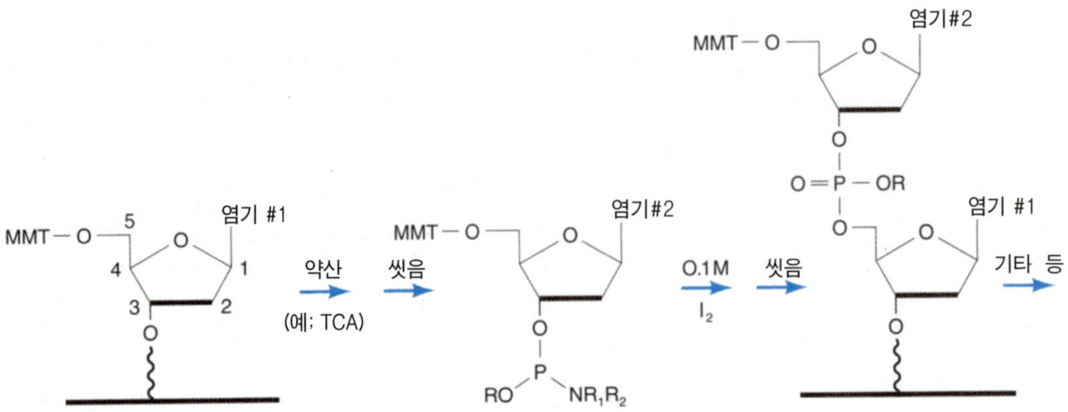

그림 3-18 DNA의 화학적 합성. 반응기가 보호된 첫 번째 누클레오시드가 3'-OH기를 통해 불용성 지지대에 연결되어 있다. 산에 의한 모노에톡시트리틸기 (monoethoxytrityl group: MMT)의 가수분해는 5%의 트리클로로아세트산(trichloroacetic acid : TCA)에서 시행한다. 서열의 그 다음 누클레오티드는 포스포아미디트 유도체 형태로 첨가한다 (R=mythyl; R1과 R2 는 이소프로필기). 포스파이트 (phosphite)를 인산으로 산화하는데는 요오드를 이용한다. 이 과정을 그 다음 누클레오티드에 대해서도 계속 반복하여 긴 사슬의 올리고누클레오티드를 합성한다. 최종적으로 메틸기 (R)는 염기성 pH에서 제거된다. 이 화학적 합성은 생물학적 합성 과정과는 반대로 3' 에서 5' 방향으로 이루어짐을 유의하자.

수지의 장점은 다음과 같다. 생성물은 지지대에 결합되어 있으므로 화학합성이 일어나는 동안은 계속되는 반응 매질에서 불용성 상태이다. 그렇기 때문에 이 지지대의 여과만으로 생성물을 정제할 수 있다. 지지대를 수직 컬럼에 채워넣고 여기에 여러 반응 용액들을 순차적으로 통과시키면 연속적으로 반응을 진행시킬 수 있다. 합성 반응이 모두 끝난 다음 DNA를 지지대로부터 잘라내면 남은 보호기들도 제거된다.

지금은 이 과정이 완전히 자동화되어 있다. 반응에 사용될 시약을 담은 병들은 조절 벨브를 거쳐 칼럼에 연결되어 있으며 밸브를 열고 닫는 것은 컴퓨터로 조절된다. 화학자들은 이 컴퓨터에 원하는 염기 서열만 입력하면 된다. 누클레오티드 하나를 추가하는데 걸리는 시간은 5분 내외로 줄어들었고 합성기계 (유전자합성기)는 100개 이상의 긴 올리고누클레오티드까지 만들어 낼 수 있다. 누클레오티드 서열정보를 한 유전자의 특정부위에 대한 변형된 버전을 합성하는데 사용함으로써 이제는 자연상태의 유전자(예, 인간 인슐린 유전자)를 수정하여 특정 단백질의 새로운 버전을 생산할 수 있게 되었다.

근래에는 RNA 화학 합성법이 구체화되고 있다. RNA는 DNA보다 화학적으로 더 불안정하고 합성과정에서 추가적으로 2'-OH기를 보호해야 하기 때문에 RNA의 합성은 더 복잡하다. 최근에는 리보- 및 디옥시리보누클레오티드뿐만 아니라 다양하게 수정된 누클레오티드의 포스포아미디트도 구매가 가능하다. 이와 같이 대체되거나 수정된 염기들까지 포함한 핵산을 화학 합성할 수 있게 됨에 따라서 누클레오티드의 어느 화학적 작용기 (아미노기, 2-하이드록실기 또는 옥소기)가 특정 생물학적 기능에 관여하는지도 분석할 수 있게 되었다.

# 미래의 실질적 응용

이제 거대한 DNA 단편들의 염기서열 결정이 가능해짐에 따라 여러 실험실에서는 연합하여 식물, 세균 및 인간 게놈의 완전한 염기서열을 밝히는 일에 참여하고 있다. 인간 게놈이 약 30억개의 염기로 이루어져 있다 하더라도 자동화 기술로 인해 이 거대한 계획에 소비되는 시간을 상당히 단축시켜 주었다. 어마어마한 염기서열 정보은행의 이용으로, 분자생물학과 생화학 분야에 새로운 시대가 다가오고 있다(제13장). 지금까지는 분자가 가지는 생물학적 활성도와 관련된 특징을 규명하기 위하여 분자의 화학적 성질 및 구조를 연구하였다. 그러나 미래에는 이런 전략들을 바꿔야 할 것이다. 이를테면 염기서열 데이터베이스를 검색하여 구조 영역 또는 특징들을 먼저 찾고, 이로부터 생물학적 활성을 유추하는 연구를 할 것이다. 따라서 새로운 단백질들을 동정하고 특정 유전자와 질병 사이의 관계를 정립하는 과정이 촉진될 것이다.

## 요약

DNA는 한 누클레오티드의 5' 탄소와 그 다음 누클레오티드의 3' 탄소를 잇는 인산디에스테르 결합으로 연결된 디옥시리보누클레오티드들로 이루어져있다. DNA는 보통 역평형한 이중사슬로 존재한다. 이 두 사슬의 DNA에서 한 사슬의 염기는 다른 사슬의 염기와 수소결합을 이루며, 이때 퓨린은 피리미딘과 쌍을 이루므로 퓨린과 피리미딘의 농도는 같으며 [A+G] = [C+T]로 나타낼 수 있다. 이중사슬 DNA는 일반적으로 B 형 이중나선 구조로 되어 있으며, 10개의 염기쌍마다 일회전을 하고 이웃하는 염기쌍 간의 거리가 0.34㎚이며 염기들이 나선 축에 직각 방향을 이룬다. B 형외에도 A 형 (11개의 염기쌍마다 일회전하고 염기들은 나선 축에 30°로 기울어진 우선성 나선)과 Z형 (12개의 염기쌍마다 일회전하고 좌선성 나선)이 있다. DNA는 또한 이중사슬의 공유결합으로 닫힌 환의 형태를 취할 수도 있다. 이러한 환형 분자들은 때로는 토포아이소머라제에 의해 초나선으로 꼬여 있다.

염기들의 소수성 특성과 수소결합력으로 이중사슬의 분자가 유지된다. 그러나 이 이중사슬은 주변 온도와 이온 농도에 상당히 민감하다. 충분히 높은 온도에서는 염기들 간의 수소결합이 파괴되어 분자가 변성된다. 외 사슬로 분리된 DNA는 사슬 내의 염기 결합을 깨뜨릴 만큼 온도가 높고, 인산기들 간의 정전기적 반발력을 없앨 만큼의 염 농도에서는 자발적으로 재생된다. 재생 반응 속도는 반복되는 서열내 염기들의 수와 그 서열들의 수를 결정하기 위해 사용된다.

RNA에는 기본적으로 세 종류, rRNA, tRNA, mRNA가 있다. tRNA같은 경우에는 대표적인 2차 구조가 있지만 일반적으로 RNA는 외사슬이다. 누클레아제라는 효소는 RNA 또는 DNA에서 이웃하는 누클레오티드를 잇는 인산디에스테르 결합의 가수분해를 촉매한다.

DNA 분자의 염기 서열은 생거법으로 결정할 수 있다. 이 방법에서는 서열을 결정해야할 사슬이 복제되는 과정에 특정 누클레오티드의 디디옥시 유도체가 끼어 들어가 복제가 중단된 다양한 절편이 형성된다. 이 절편들을 전기영동으로 분리한 다음 젤에 나타난 벤드 형태로부터 서열을 결정할 수 있다. 또한 핵산 분자는 누클레오티드의 서열을 마음대로 조합하여 합성할 수도 있다. 이와 같은 올리고 누클레오티드는 Sanger 서열 분석법에 프라이머로, 그리고 유전공학(제15장)에 일상적으로 사용되고 있다.

## 연습문제

1. 이중나선 DNA의 주홈과 부홈간에는 어떤 차이가 있는가?
2. 새로운 바이러스가 발견되었다. 이 바이러스의 게놈은 28% A, 23% T, 24% C, 25% G를 가짐이 밝혀졌다. 이로부터 이 바이러스 게놈에 대해서 어떤 것을 알 수 있는가?
3. 이중사슬 DNA 분자에 있어서 [A]+[G]와 [C]+[T], [A]+[T]와 [G]+[C] 사이에는 어떤 상관이 있는가?
4. 이중사슬 DNA 분자들은 어떤 환경에서 각각 A나선, B나선, Z나선을 이루는가?
5. 초나선 DNA 분자는 다음 어느 경우에 형성되는가?
   (a) 선형 DNA 분자의 말단들이 연결되고 그 결과 생긴 환상 DNA의 뒤틀림이 있을때.
   (b) 선형 DNA 분자의 말단들이 뒤틀린 다음, 그 말단들이 결합한 경우.
   (c) 선형 DNA 분자의 말단들이 서로 연결된 경우.
6. DNA의 이중나선 형태를 유지하는데에는 어떤 종류의 비공유결합이 관여 하는가?
7. DNA 재생에 염 농도와 온도가 중요한 까닭은?
8. 이중사슬 DNA를 증류수에 넣으면 어떻게 되겠는가?
9. 초나선이 아닌 어떤 DNA 분자가 4,800개의 염기쌍으로 이루어져 있다고 하자. 이 분자에 나선의 회전 수는 몇개인가? 이 분자가 선상 또는 이중나선일 때의 길이는 얼마나 되는가?
10. 핵산말단분해효소는 환상 DNA 분자로부터 누클레오티드를 제거할 수 있는가?

## 문 제

1. 아래의 DNA 분자들을 변성한 다음 재생시켰다. 둘 중 어느 것이 원래의 구조로 재생되기 더 어려운가? 왜 그런가? 그 분자의 재생을 방해하는 것은 무엇인가?
   (a) ATATGTATATATAGAT
   TATACATATATATCTA
   (b) GCCTATACGTGCACCA
   CGGATATGCACGTGGT
2. 위의 두 분자들 중 어느 것이 더 높은 *Tm*을 갖는가? 왜 그런가? 둘 중 재생되는 데 더 높은 온도를 필요로 하는 것은 어느 것인가?
3. 다음의 젤 형태는 Sanger법으로 DNA 분자의 염기서열을 결정하는 데에서 나타난 것이다. 이 DNA 분자의 염기서열은 어떻게 되는가?
4. 앞의 물음에 사용된 젤에서 "T반응액"에 실수로 디디옥시T를 지나치게 많이 넣었다면 T레인의 밴드 양상은 어떻게 달라지겠는가?

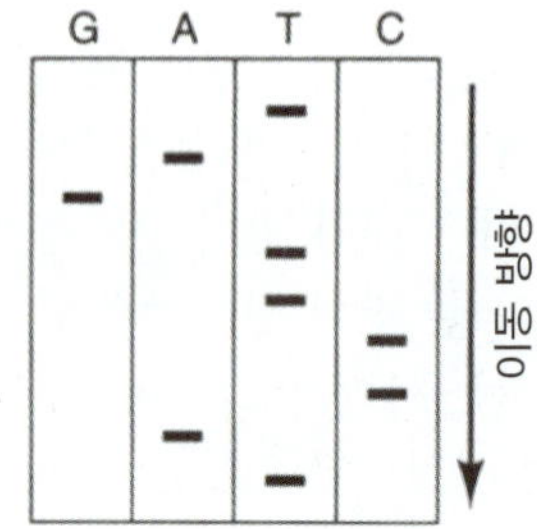

5. 살아있는 세포에서 rRNA, mRNA, tRNA 중 핵산분해효소에 대한 내성 등에서 어느 것이 더 안정하겠는가?
6. 어떤 DNA 용액의 용해도 곡선이 아래 그림과 같다. 이 곡선으로부터 추론할 수 있는 용액의 조성은?

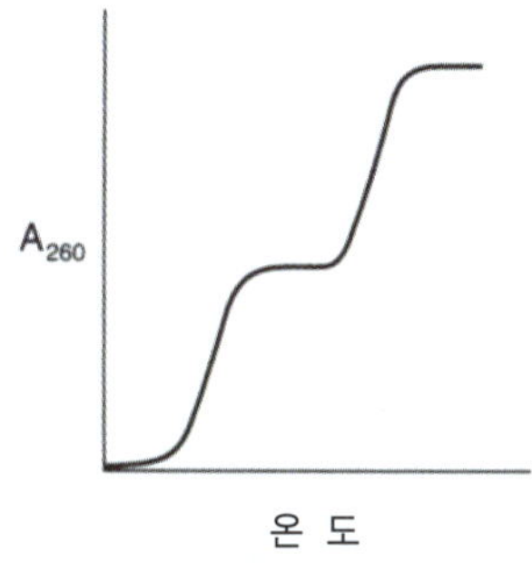


## 개념문제

1. DNA 이중나선의 어떤 특성들이 복제를 촉진시키는가? 어떠한 특성들이 복제를 복잡하게 만드는가?
2. RNA는 어떤 의미에서 누클레오티드 서열에 암호화된 정보를 세포의 구조적 고분자나 촉매 역할을 하는 고분자로 전환하는 데 이상적인 분자인가?
3. 현대적인 DNA 염기서열 결정 기술로 인해 인간 세포의 모든 DNA 염기서열을 결정할 수 있게 되었다. 하지만 이에 대하여 사회적, 윤리? 도덕적 논쟁들이 일고 있다. 그럼에도 이러한 방대한 염기서열 결정 과제는 장려되어야 하는가?

# 제4장

**단원 학습목표**

1. 폴리펩티드의 접힘과 다양한 단백질의 구조
2. 다수의 폴리펩티드에 의한 단백질 복합체의 형성
3. 효소-기질 복합체, 항체의 형성과 구조, 그리고 이들 분자의 모형

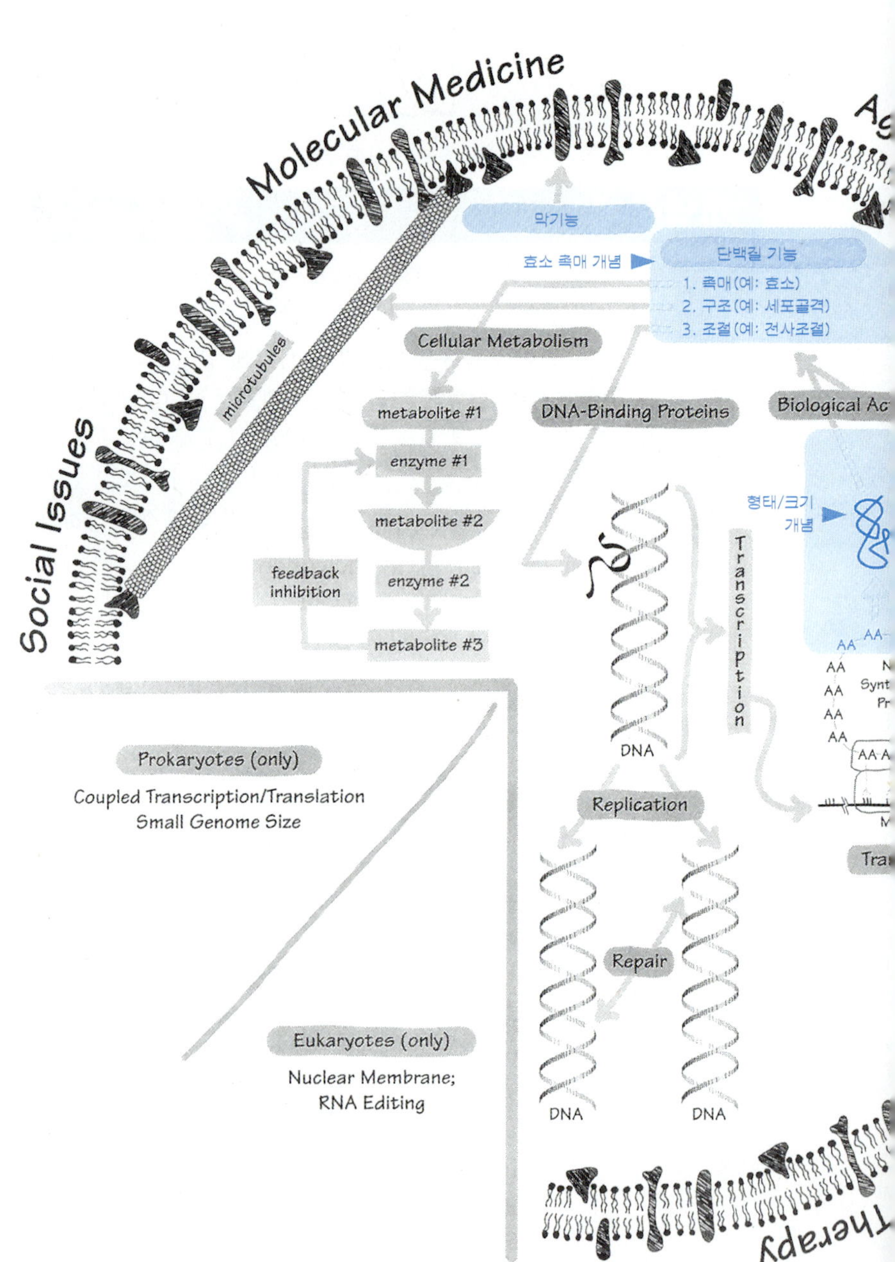

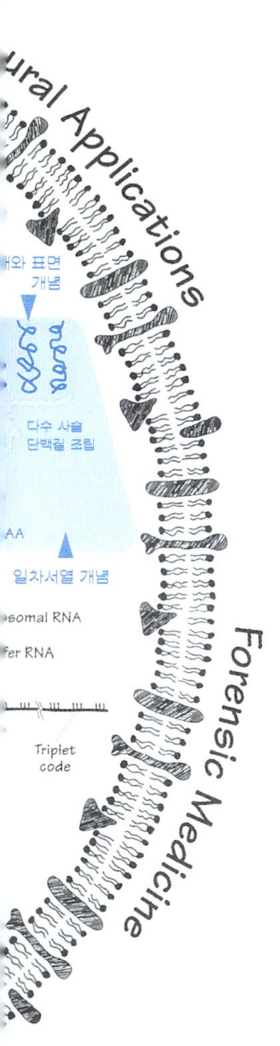


# 단백질 분자의 물리적 구조

산과 마찬가지로 모든 단백질은 중합체이다. 그러나 단백질은 누클레오티드 대신 아미노산들로 구성되어 있다. 각 단백질 분자는 고유한 3차원적 구조를 가지고 있으며 이는 그 단백질을 구성하는 아미노산들의 서열에 의하여 기본적으로 결정된다. 이점에서 일반적으로 '이중나선' 이라는 구조를 이루는 DNA와 뚜렷한 차이를 보인다. 이 때문에 단백질의 연구는 매우 복잡하다. 그러나 다른 한편으로 이러한 단백질 구조의 다양성으로 인해 단백질들은 세포에 필요한 수천 가지의 과정을 수행할 수 있는 것이며, 연구의 대상으로 흥미로운 것이다.

흔히 단백질을 살아 있는 세포의 "보병" 이라고 한다. 많은 고분자들 가운데 단백질의 기능이 가장 다양하다. 이 장을 공부해가면서 크기, 모양, 고분자의 조성이 단백질들 간에도 커다란 차이가 있음을 알게 될 것이다. 이러한 다양한 특성들이 다양한 기능적 특성을 낳는다. 어떤 단백질들은 구조적 기능 (예, 세포의 형태 유지)을 수행하는가 하면, 다른 단백질들은 화학 반응을 촉진한다 (예, 효소).

단백질들이 어떻게 이처럼 다양한 기능을 수행하는 가를 이해하기 위해서 먼저 각각의 아미노산이 단백질의 구조적 특성에 어떻게 기여하는지 알아보자. 아미노산 서열을 비롯하여, 꼬임 (twist), 접힘 (folding), 집합 (aggregation)을 개관하고, 이들 각각이 단백질의 기능에 기여하는 바를 알아볼 것이다. 그런 다음 매우 다른 특성들을 보이며 그로 인한 다양한 기능을 나타내는 몇가지 단백질에 대하여 고찰해 볼 것이다.

다양한 광학 기술에 크게 의존하거나, X-선 회절 분석과 같이 수학적으로 복잡한 내용을 포함하는 단백질의 상세한 구조는 이 책의 범주에 넣지 않는다. 이런 이유로 이 장에서 단백질에 관한 언급은 개관의 수준에 멈출 것이다.

## 단백질 분자의 기본적 특징

제2장에서는 단백질 분자의 기본적인 화학적 특징에 대하여 설명하였다. 즉 단백질은 아미노산의 중합체로 탄소 원자들과 펩티드기가 교대로 배열하여 선형의 폴리펩티드 사슬을 이루고 있으며, 특이한 작용기인 아미노산 곁사슬들 (side chains)은 $\alpha$ 탄소 원자에서 돌출되어 있다 (그림 2-1). 이와 같은 아미노산들의 선형 서열을

1차 구조

단백질의 **1차 구조** (primary structure)라고 한다. 다음에서 알게 되겠지만, '선형' 이라는 용어는 주의해서 사용할 필요가 있다. 왜냐하면 다음 절에서 나타나겠지만 폴리펩티드 사슬에는 접힘이 많고 다양한 3차원 형태를 취할 수 있기 때문이다.

이들 각 형태는 다시 몇개의 표준적인 기본 3차원적 구조와 그밖에 그 분자에만 독특한 구조들로 구성되어 있다.

제3장에서 핵산 분자들은 $10^{10}$ 정도의 분자량을 갖는 매우 큰 분자임을 알게되었다. 단백질 분자들은 이에 비하여 훨씬 더 작다. 사실, 일반적인 단백질 분자의 분자량은 가장 작은 핵산 분자인 tRNA의 분자량과 비슷하다. 수백가지의 많은 단백질들의 분자량이 측정되었다. 일반적인 폴리펩티드 사슬들의 분자량은 15,000 내지 70,000 정도이다. 아미노산 한 분자의 평균 분자량은 110인데 이것은 일반적인 폴리펩티드 사슬들이 135개에서 635개 정도의 아미노산들로 구성되어 있음을 의미한다.

일반적인 폴리펩티드 사슬을 완전히 펼쳐 놓았을 때 그 길이는 1,000 내지 5,000 Å 정도가 된다. 근육의 미오신과 힘줄의 트로포콜라젠 (tropocollagen)과 같은 일부 긴 섬유성 단백질은 그 길이가 각각 1,600 Å과 2,800 Å으로 이 범위에 속한다. 하지만 대부분의 단백질들에는 접힘이 많아서 가장 긴 직경이라고 하더라도 40 Å에서 80 Å 정도가 보통이다. 이런 접힘이 단백질의 **2차 구조** (secondary structure)를 이루며 이는 다음 절에 설명되어 있다.

2차 구조

## 폴리펩티드 사슬의 접힘

완전히 펼쳐놓은 사슬이 존재한다고 가정한다면 그 구조는 그림 4-1과 같을 것이다. 이렇게 잡아 늘여놓은 형태의 단백질은 생물학적 활성을 갖지 못한다.

오히려 단백질의 기능은 폴리펩티드가 복잡한 방식으로 접혀서 정밀한 3차원 구조를 이루기 때문에 생겨난다. 접힘 구조는 비공유 결합의 상호작용에 의해 안정된다 (예, 제2장과 부록에 언급된 수소결합, 이온 상호작용, 반데발스 친화력). 펩티드 결합과 폴리펩티드 사슬의 아미노산들이 갖는 물리적 성질이 이 접힘의 방식을 결정한다. 이들 물리적 성질에 기초한 세 가지 원리를 설명하면 다음과 같다.

1. 펩티드 결합은 부분적으로 이중결합의 성격을 가지기 때문에 (그림 4-2), 평면적이며 유동적이지 못하게 제한되어 있다. 자유로운 회전은 $\alpha$-탄소 원자와 그 펩티드 단위에서만 일어날 수 있다. 폴리펩티드 사슬은 이 정도의 유연성은 있지만 모든 결합에서 자유로운 회전이 일어날 만큼 유연한 것은 아니다.
2. 아미노산의 곁사슬들은 포개어질 수가 없다. 특히 큰 곁사슬이 있을 경우 특정 방향으로는 회전이 이루어지지 않기 때문에 접힘은 절대로 무작위적으로 이루어질 수 없다.
3. 같은 부호의 전하를 띤 작용기들은 서로 가까이 위치하지 않는다. 그러므로, 같은 전하들은 펩티드 사슬의 펼침의 원인이 된다.

이러한 원리들에 더하여 접힘은 다음의 일반적인 경향성에 따라 이루어진다.

1. 극성의 곁사슬을 갖는 아미노산들은 단백질에서 물과 접촉하는 표면에 위치하는 경향이 있다.
2. 비극성 곁사슬을 갖는 아미노산들은 단백질 내부에 위치하는 경향이 있다. 소수성이 매우 강한 곁사슬들은 밀집하는 경향이 있다. 제2장의 그림 2-2에서

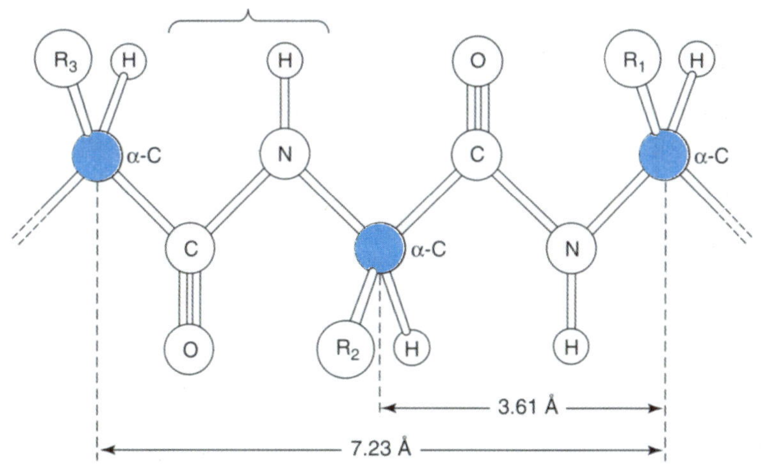


그림 4-1 완전히 펼쳐놓은 가상적인 폴리펩티드 사슬의 구조. 각 아미노산 곁사슬 사이의 거리는 3.16Å. $\alpha$-탄소 원자는 청색. 곁사슬은 R로 표시하였음.

비극성 아미노산들을 알아볼 수 있다.

3. 수소결합은 펩티드 결합의 카보닐기의 산소와 다른 펩티드 결합의 질소 원자에 붙어있는 수소 사이에서 이루어지는 경향이 있다.
4. 시스테인의 설프히드릴기는 다른 시스테인의 $-SH$기와 결합하여 S-S **이황화 결합** (disulfide bond)을 하는 경향이 있다. 이들 결합은 단백질 구조에 강력한 제한 요인으로 작용한다 (그림 4-3).

이황화 결합

많은 예외들이 있는 까닭에 이러한 경향성들을 절대적인 것으로 볼 수는 없다. 그럼에도 불구하고, 어떤 한 단백질의 구조는 하나의 아미노산만을 교체하여도 크게 달라질 수 있다. 예를 들어 비극성 아미노산을 극성 아미노산으로 대체하면 이러한 결과를 초래할 수 있다. 그러나 비극성 아미노산을 다른 비극성 아미노산으로 대체한다면 이러한 변화는 거의 나타나지 않을 수도 있다. 이와 같은 개념은 제10장의 돌연변이에서 다시 보게될 것이다.

폴리펩티드 사슬의 3차 구조는 위에서 열거한 모든 원리들과 경향성들 간의 조화의 결과이며 아주 복잡 미묘한 것이다. 하지만 수많은 폴리펩티드 사슬들을 살펴보

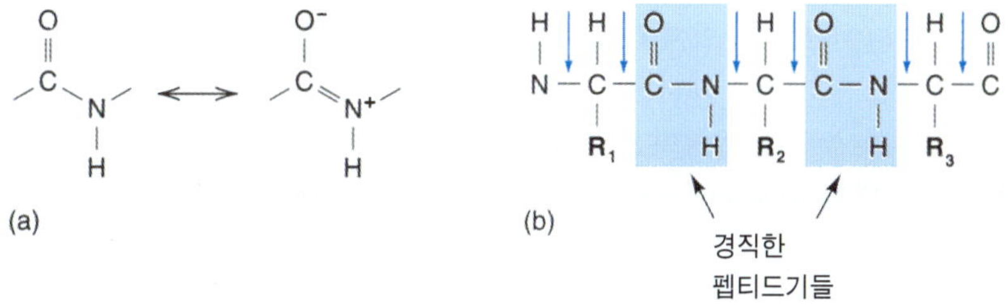

그림 4-2 펩티드 그룹의 평면성. (a) 공명하에서의 펩티드 결합. 공명구조로 인하여 펩티드기는 부분적으로 이중결합의 성격을 띠고 있어서 경직성을 갖는다. (b) 단백질 분자 내에서의 펩티드 기들. 이들은 평면상이고 휘어지지 않는다. 하지만 펩티드기와 $\alpha$-탄소 원자 (청색)가 결합하는 자리에서는 (청색 화살) 자유로운 회전이 가능하다.

**핵심개념**

**"일차서열" 개념**

건축용 블록 (단백질에서의 아미노산과 핵산에서의 뉴클레오티드)의 1차 서열은 한 고분자의 접힘의 유형과 최종 형태 및 그에 따른 활성을 결정짓는다.

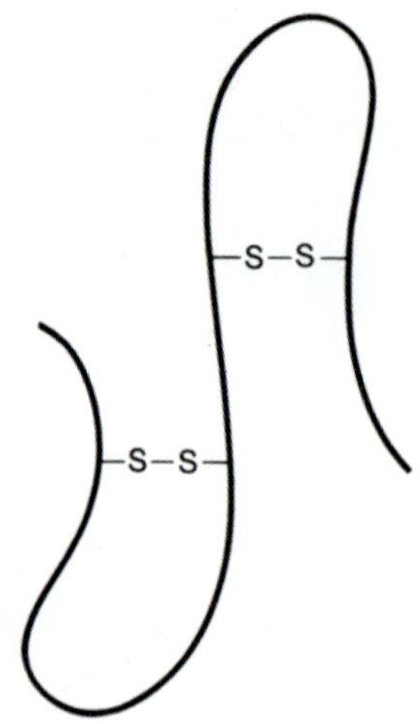


그림 4–3 네 개의 시스테인이 두 쌍의 이황화 결합을 이루고 있는 폴리펩티드 사슬

면 사슬의 어떤 기하학적인 배열의 규칙성이 다른 폴리펩티드 사슬에서 또는 같은 사슬의 다른 부분에서도 반복되고 있음이 밝혀졌다. 이러한 배열은 다른 펩티드기들 사이의 수소결합으로 나타나는 것이며 다음 절에 설명되어 있다.

## α 나선과 β 2차 구조

폴리펩티드 사슬의 서로 다른 부분들 사이에 상호작용이 없다면 무작위 코일(random coil)이 예상되는 구조일 것이다. 하지만 N–H기의 H와 카보닐기의 O사이에는 수소결합이 쉽게 이루어진다. 펩티드 골격을 따라 원자들 사이에 이루어지는 이 수소결합은 2차 구조라고 하는, 폴피펩티드 사슬의 질서 정연하면서도 다양한 구조를 만들어 낸다. 그중 가장 일반적인 2차 구조는 α 나선과 β 구조이다.

α 나선

**α 나선** (α helix)에서 폴리펩티드 사슬은 펩티드기들 사이에 형성되는 수소결합에 의해 안정화된 나선 경로를 따라 형성된다. 각각의 펩티드기는 3 단위 앞과 3 단위 뒤의 펩티드기와 수소결합을 형성한다 (그림 4–4). 모든 α 나선들에서 나선의 간격은 5.4 Å, 지름은 2.3 Å이며 3.6개의 아미노산마다 한번 회전한다. 그러므로 이 나선은 DNA 나선 보다 더 조밀하다. 곁사슬들은 α 나선의 막대 모양 중심부로부터 바깥쪽으로 뻗어 나와 있다.

위에 기술된 수소결합 외에 다른 상호작용들이 없다면 α 나선은 폴피펩티드 사슬이 선호하는 형태이다. 왜냐하면 이 구조에서는 모든 단량체 (monomer)들이 동일한 방향성을 가지며 그 각각은 다른 단량체들과 동일한 수소결합을 이루기 때문이다. 폴리글리신 (polyglycine)은 곁사슬이 없어서 위에 언급한 상호작용 외에는 어떤 작용도 없으므로 α 나선 구조를 갖는다.

모든 단량체들이 동일하지 않거나, 동등하지 않은 2차적 상호작용이 있다면 α 나선 구조가 가장 안정된 구조는 아닐 것이다. 어떤 아미노산들의 곁사슬은 α 나선을 안정화시킬 수 있는 반면, 다른 것들은 α 나선 구조의 형성을 억제하는 역할을 한다. 곁사슬이 α 나선 구조에 미치는 파괴 효과는 글루탐산 (glutamic acid)만을 포함하는 폴리펩티드, 즉 폴리글루탐산에서 명확히 드러난다. pH 5 이하에서 곁사슬

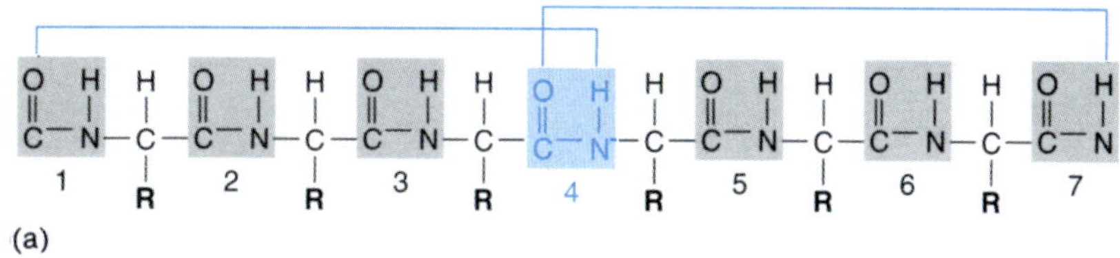


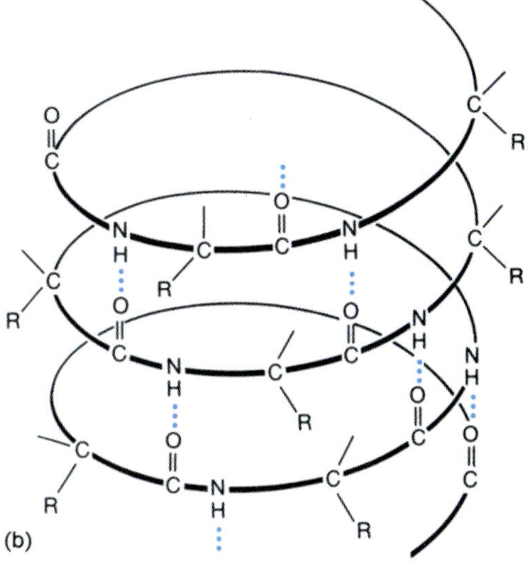


그림 4-4 $\alpha$ 나선의 성질. (a) 펩티드기 4 (청색)가 두 개의 수소결합에 참여하고 있다. 사슬의 아래쪽에 펩티드기의 번호를 표시하였다. (b) 3차원으로 나타낸 $\alpha$ 나선에 수소결합이 어떻게 그 구조를 안정시키는지를 나타내었다. 청색 점들은 수소결합을 나타낸다. 수소결합에 참여하지 않는 수소들은 그림을 명료하게 하기 위해서 생략하였다.

의 카르복실기는 이온화되지 않은 상태이고 분자는 거의 순수한 $\alpha$ 나선을 이룬다. 하지만 pH 6 이상에서는 곁사슬이 이온화되면서 정전기적 반발력이 나선 구조를 완전히 파괴시키고 만다 (pH에 따른 아미노산의 이온화 양상에 대한 자세한 고찰은 부록의 표 A-3을 참고할 것).

나선 구조를 가지는 실제 단백질의 아미노산 조성을 폴리펩티드 골격에 따라 길게 펼쳐 놓았다면 그 단백질은 어느 정도는 단단한 섬유의 특성을 갖게 될 것이다 (단단한 섬유상의 단백질이라고 하여 반드시 $\alpha$ 나선은 아니다). 이와 같은 구조는 일반적으로 머리카락의 $\alpha$-케라틴과 같은 구조 단백질에서 나타난다.

β 구조

다른 수소결합 구조로 **β 구조** ($\beta$ structure)가 있다. 이 구조에서 분자는 거의 완전히 펼쳐져 있으며 (반복거리=7Å), 수소결합은 서로 이웃하면서 평행한 폴리펩티드 구간 (segment)들의 펩티드기들 사이에서 형성된다 (그림 4-5a). 곁사슬은 주 골격의 위 아래에 번갈아 위치한다.

한 폴리펩티드 사슬의 두 구간 (혹은 두 사슬)은 두 종류의 $\beta$ 구조를 만드는데, 이는 구간들이 놓인 상대적인 방향성에 기인한다. 만약 두 단편이 모두 N-말단에서 C-말단으로 혹은 C 말단에서 N 말단으로의 동일한 방향성을 갖는다면 $\beta$ 구조는 **평행**하다. 그러나 그 방향이 하나는 N-말단에서 C-말단이고 다른 한 단편은 C-말단에서 N-말단이라면 이 $\beta$ 구조는 **역평행**하다고 한다. 그림 4-5(b)는 하나의 폴리펩티드 사슬에서 평행형과 역평행형의 $\beta$ 구조가 어떻게 가능한지 보여주고 있다.

많은 폴리펩티드들이 이와 같은 방식으로 상호작용하면 하나의 주름 구조가 형성되는데 이를 **β-병풍구조** ($\beta$-pleated sheet)라고 한다 (그림 4-5c). 이 판들은

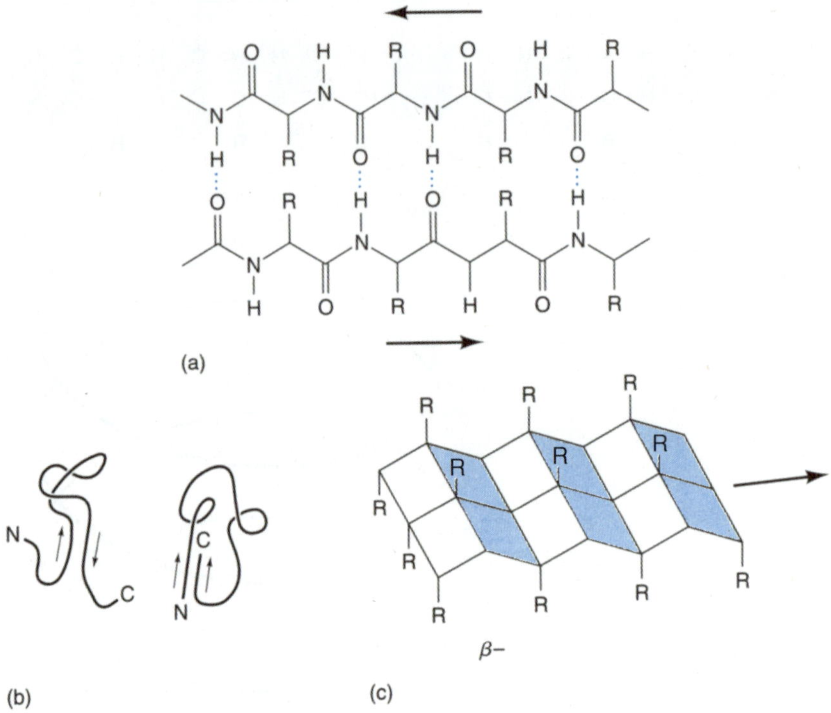

(a)

(b)

(c)

그림 4-5 $\beta$-구조. (a) 펼쳐진 두 사슬들이 역평행 (화살표) 배열로 수소결합을 하고 있다. 곁사슬(R)은 교대로 아래 위로 뻗어 있다. (b) 한 분자에서 역평행 및 평행 $\beta$ 구조의 형성. (c) 많은 수의 인접한 사슬들이 이루는 $\beta$ 병풍 구조.

반데발스 결합력으로 포개어질 수 있으며 다소 큰 배열을 이루는데 명주와 같은 섬유질 구조에서 잘 나타난다.

## 단백질의 구조

순전히 $\alpha$ 나선이나 $\beta$ 구조만으로 이루어진 단백질은 거의 없다. 일반적으로 한 단백질 상에는 이들 각 구조를 함유하는 영역들이 모두 존재한다. 이 두가지 구조는 경직된 특성을 가지므로 사슬의 대부분이 이들 두 구조 중 한가지 만을 취하고 있는 단백질은 대체적으로 길고 가늘기 때문에 **섬유상 단백질** (fibrous protein)이라고 한다. 반면에 $\alpha$ 나선들과 $\beta$구조들의 길이가 짧으며 무작위 코일 영역들과 밀집된 구조들 사이에 분산되어 있을 때에는 **구상 단백질** (globular proteins)이라고 하는 준 구형의 단백질이 된다.

섬유상 단백질은 주로 세포, 조직 및 개체의 구조 형성에 관여한다. 구조적 단백질의 예로는 콜라겐 (collagen; 인대, 연골, 뼈를 구성하는 단백질), 엘라스틴 (elastin; 피부 단백질), 그리고 스펙트린 (sepctrin; 세포의 모양 형성에 중요한 단백질) 등이 있다. 이런 섬유상 단백질 중에는 물에 녹지 않은 것들도 있으며 머리카락이나 명주실의 섬유가 그 예이다.

세포의 조절 및 촉매 작용은 구조가 잘 정의되기는 하였지만 변형되기 쉬운 구조를 가진 단백질들에 의해 이루어진다. 이런 단백질은 대부분 구상 단백질이며 이들 중 촉매 단백질 또는 효소들이 가장 폭넓게 연구되었다. 구상 단백질은 일반적으로 구형 혹은 계란형이며 단단한 분자이다. 전형적인 구상 단백질의 폴리펩티드 골격

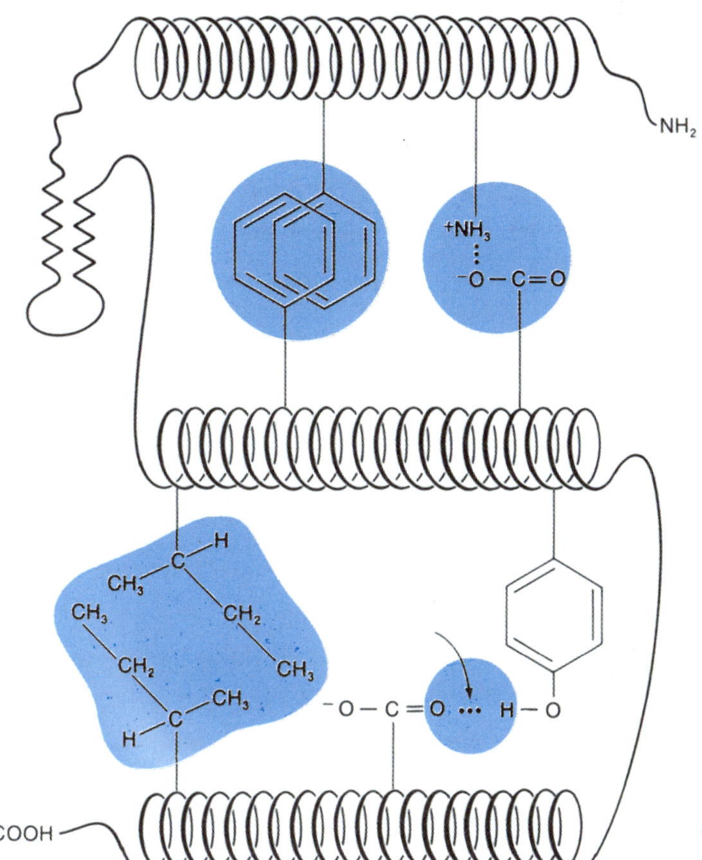


그림 4-6 여러 가지의 곁사슬 결합을 가지고 있는 가상의 구상 단백질

의 상당 부분은 $\alpha$-나선이다. 그러나 이 분자는 매우 심하게 구부러지고 접혀 있다. 보통 딱딱한 구조인 $\alpha$-나선 부분은 매우 유동적인 무작위 코일 부위들과 교대로 배열하고 있기 때문에 구조적인 저항이 없이 사슬이 구부러질 수 있다. 사슬의 많은 구간들은 비록 중심축상에서는 상당히 떨어져 있더라도 상호간에 짧은 평행 및 역평행 $\beta$ 구조를 형성하는데 (그림 4-5(b)), 이들 또한 골격의 접힘을 형성하는 원인이 된다(그림 4-5(c)). 골격의 광범위한 접힘으로 형성된 구조를 일반적으로 **3차 구조** (tertiary structure) 또는 **3차 접힘** (tertiary folding) 구조라고 한다.

3차 구조

2차 구조와 3차 구조 사이에는 매우 중요한 차이점이 있다. 이를 테면;

2차 구조는 폴리펩티드 사슬의 서열에서 서로 근접한 펩티드기들 사이의 수소결합에 의해 생성된 것이다. 이에 비하여 3차 구조는 2차 구조 ($\alpha$ 나선 구조 및 $\beta$ 판 구조)의 접힘으로 생성된 3차원적 구조이다.

3차 구조 형성에 가장 많이 나타나는 화학 결합은 다음과 같다:

1. 산성 혹은 염기성 아미노산들의 서로 반대 전하의 작용기들 사이에 형성되는 이온 결합. 예를 들면 글루탐산과 리신간의 이온 결합.

2. 아미노산 곁사슬들에 있는 H-공여자와 수용자간에 형성되는 수소결합. 티로신의 수산화기와 아스파르트산 혹은 글루탐산의 카르복실기들 간의 수소결합이 그 예이다
3. 페닐알라닌, 루신, 이소루신, 발린 등의 비극성 잔기에 존재하는 탄화수소 곁사슬들 간의 소수성 상호작용.
4. 아미노기, 수산화기 및 카르복실기, 질소 고리, 또는 짝을 이루는 SH기들과 금속 이온 배위결합 복합체 형성.

소수성 상호작용 (위의 항목3)은 가장 중요한 안정화 요소이다 (부록 참조).

그림 4-6은 어떤 가상의 단백질 구조를 결정하는데 이러한 상호작용들이 참여하는 것을 2차 평면상으로 나타낸 것이다. 이 그림을 주의 깊게 살펴보면 이 단백질 분자의 전체적인 입체 구조를 결정하는데 주요한 역할을 담당하는 여러가지 특징적 요소들을 파악할 수 있다. 이 그림에서 다음 사항들을 찾을 수 있다.

1. 이황화 결합으로 멀리 떨어져 있던 아미노산이 연결된다.
2. 소수성 상호작용으로 아미노산간의 간격이 좁아진다.
3. 수소결합은 때때로 멀리 있는 아미노산들을 연결시켜 거리를 좁혀주기도 한다. 그러나 일반적으로 단일 수소결합은 위치에 있어서 좀더 미세한 변화를 야기한다.
4. 전기적 상호작용은 띄고 있는 전하에 따라 아미노산 사이의 간격을 좁혀주기도 하고 서로 더 멀리 떨어져 있게 한다.
5. $\beta$ 구조는 폴리펩티드 골격의 단편들 중 멀리 떨어져 있던 단편들을 가까이 모으는 역할을 하며 경직성을 부여한다.
6. $\alpha$ 구조는 플리펩티드 골격의 인접한 부위들을 뻣뻣한 선형 구조로 만든다.
7. 반데발스 결합력은 폴리펩티드 사슬에 인접하거나 인접하지 않는 아미노산들 사이에서도 특이한 상호작용을 가능케한다.

그림 4-7은 몇몇의 구상 단백질의 구조를 나타낸 것이다. 이중 일부는 대부분이 $\alpha$ 나선 (a), 어떤 것은 대부분이 $\beta$ 병풍구조로 이루어져 있으며, 다른 일부에는 $\alpha$ 나선과 $\beta$ 병풍구조가 혼합되어 있다.

**핵심개념**

**"형태/크기" 개념**

한 고분자가 가장 적절히 수행할 수 있는 특수 기능은 대부분 그 분자의 크기, 형태 및 전하로 지정되어 있다. 이런 척도들이 한 고분자가 관여할 수 있는 상호작용, 상호관계의 유형 및 수에 대한 명백한 제한점을 결정한다.

## 소단위로 구성된 단백질

폴리펩티드 사슬의 비극성 곁사슬들은 일반적으로 속으로 들어가 물로부터 격리되도록 사슬이 접힌다. 그러나 한 개의 폴리펩티드 사슬이 아무리 잘 접힌다고 하더라도 모든 비극성 잔기를 물로부터 격리하여 분자 내부로 보낼 수는 없다. 따라서, 때때로 표면에 노출되어 있는 비극성 아미노산 곁사슬들이 물과의 접촉을 최소화하기 위하여 이들끼리 집합을 형성하기도 한다. 또한 상대적으로 큰 소수성 부분을 가지는 단백질은 다른 단백질 분자에 존재하는 소수성 영역과 짝을 이룸으로써 물과의 접촉을 한층 더 감소시킬 수 있다. 유사한 방법으로 만약 한 단백질 분자에 다소

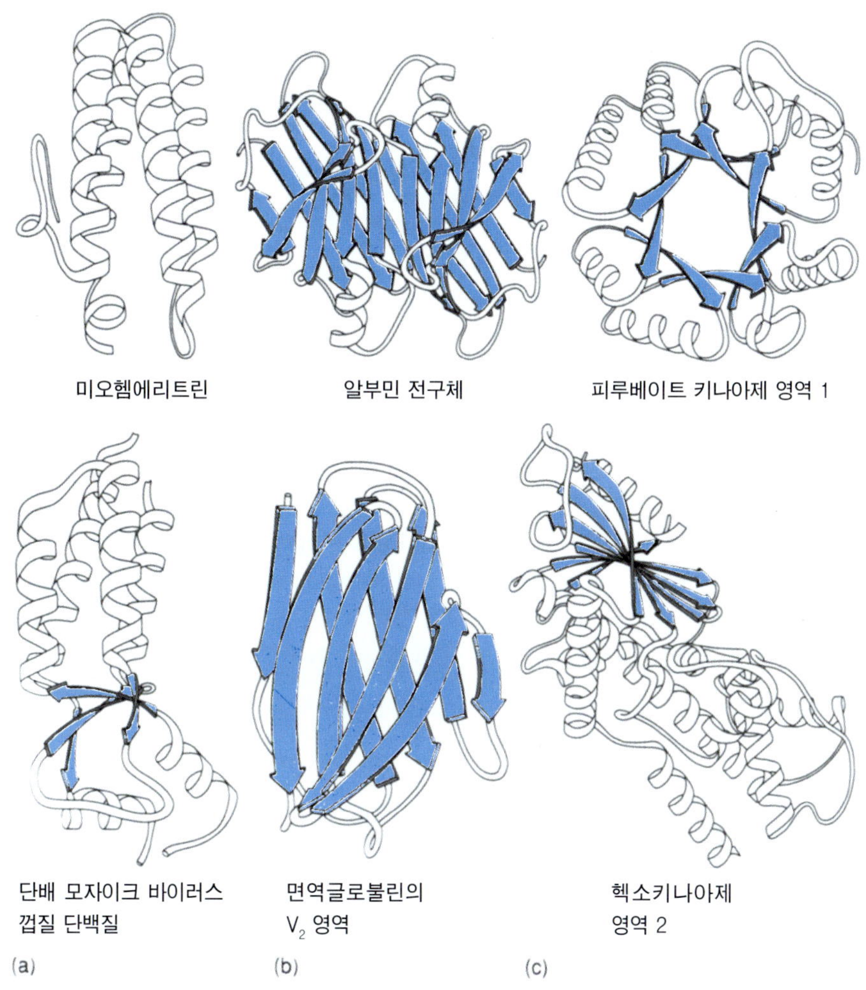


그림 4-7 이상적인 형태로 도식화한 몇 가지 구상 단백질의 3차 구조.
(a) 미오헴에리트린(my-ohemerythrin)과 담배 모자이크 바이러스 껍질 단백질은 대부분 α 나선 구조로 이루어져 있다. (b) 알부민 전구체와 면역글로불린 V2 영역은 대부분이 β 병풍 구조이다. (c) 피루베이트 키나아제 (pyruvate kinase) 영역 1과 헥소키나아제 (hexokinase) 영역 2는 α 나선 구조와 β 판 구조를 모두 함유하고 있다.

멀리 떨어져 여러 개의 소수성 영역들이 있다면, 동일한 단백질 분자들 몇 개가 효과적으로 접하게되어 물과의 접촉을 최소화할 수 있다. 이렇게 되었을 경우 그 단백질은 동일한 **소단위 (subunit)**들로 구성되었다고 할 수 있다. 실제로 이런 현상은 매우 일반적인 것이며 2개, 3개 혹은 4개, 6개의 소단위로 구성된 단백질들이 가장 많다. 다수소단위 단백질 (multisubunit protein)은 함유한 소단위들이 서로 같지 않는 경우도 있을 수 있으며, 이 역시 흔한 일이다. 예를 들면 혈액 속의 산소 운반체인 헤모글로빈은 서로 다른 2종의 소단위가 각각 2개씩, 총 4개의 소단위로 구성되어 있다. 유사하게, RNA 합성을 촉매하는 RNA polymerase는 5개의 소단위로 되어 있으며 그중 4개는 서로 다르다. 또한 대장균에서 DNA를 합성하는 DNA polymerase III는 10개의 서로 다른 소단위를 가지고 있다.

다수소단위 단백질은 합성의 효율이나 효소 활성의 조절 등에서 확실한 잇점을 가지고 있다. 물리 및 생물학적 특성이 잘 알려진 다수소단위 단백질의 예로는 면역글로불린 G (immunoglobulin G)가 있다. 다음 문단들에서 이는 자세히 설명될 것이며, 이 단백질의 합성은 제12장에서 다룰 것이다.

항체

면역글로불린 (**항체; antibody**)은 면역계를 이루는 단백질이다. 이 단백질들의

항원

기능은 신체의 외부로부터 오는 특이한 물질 (**항원; antigen**)과 결합하는 것이며, 그로 인하여 항원을 무력하게 만드는 것이다. 이와 같은 작용을 **항원-항체 반응** (antigen-antibody reaction)이라고 한다. 가장 잘 연구된 면역글로불린은 면역글로불린 G (**IgG**)이며, 면역글로불린에는 이밖에도 IgA, IgM, IgD, IgE 계열이 있다. 이 절에서는 IgG 계열만 논할 것이며, 이들 IgG 자체는 약간의 구조적 차이에 근거하여 다시 몇 개의 소그룹으로 나누어진다.

IgG의 이황화 결합을 절단하면 IgG는 분자량 25,000과 50,000의 두 개의 폴리펩티드 사슬로 분리된다. 이 중 더 가벼운 폴리펩티드를 **L 사슬** (L chain), 더 무거운 것을 **H 사슬** (H chain)이라고 한다. IgG는 2개의 L 사슬과 2개의 H 사슬로 이루어진 4량체 (tetramer)이며 그 모식도를 그림 4-8에 제시하였다. 실험적으로, IgG를 단백질 분해 효소인 파파인 (papain)으로 자르면, 각각의 H 사슬이 절단되어 그림에서 보는 것처럼 3개의 소단위로 분리된다. 이 때 L 사슬과 이 L 사슬과 동일한 분자량을 가진 H 사슬로 구성된 두 개의 단위체를 $F_{ab}$ 단편 (ab는 antigen binding의 앞자를 딴 것임)이라고 한다. 3번째 단위체는 H 사슬의 두 개 동일한 토막으로 이루어져 있으며 이를 $F_c$ 단편이라고 한다. 여기서 c는 constant 혹은 common의 앞자를 따서 명명한 것이다.

한 분자의 IgG에는 항원과 결합할 수 있는 부위가 2개 있다. 이 각각의 부위는 $F_{ab}$ 단편의 끝쪽에 위치하고 있으며, 그림 4-9에서 보는 바와 같다. $F_c$ 단편은 항원-항체 결합에는 관여하지 않지만 항원을 파괴하는 후반의 과정에 사용된다.

단일 종류의 항원분자에만 결합하는 많은 소계열의 IgG 분자들에 대한 아미노산 서열이 밝혀졌다. 모든 면역글로불린들은 구조적으로 L 사슬과 H 사슬 양쪽에 아미

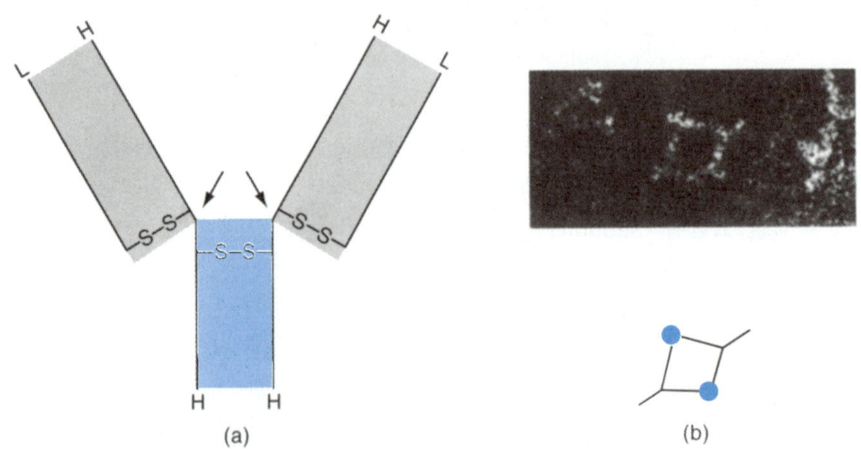


그림 4-8 (a) 면역 글로불린 G의 소단위 구조. 면역글로불린에는 2개의 L 사슬과 2개의 H 사슬이 있다. 각각의 L 사슬은 H 사슬에 이황화 결합으로 연결되어 있으며 두 개의 H사슬 역시 이황화 결합으로 서로 연결되어 있다. 파파인으로 처리하면 그림의 화살표 부분에서 H 사슬이 짤리고 이로 인하여 회색으로 표시된 2개의 $F_{ab}$ 단편과 한 개의 $F_c$ (청색) 단편으로 나누어진다. (b) 항원 결합 부위가 항원에 의해 서로 연결된 2분자의 면역글로불린 G를 보여주는 전자 현미경 사진. 연결은 두 항원 분자에 항체가 결합한 때문이며 전자 현미경 사진에서 잘 들어나지 않은 항원을 설명도에는 청색 점으로 표시하였다.

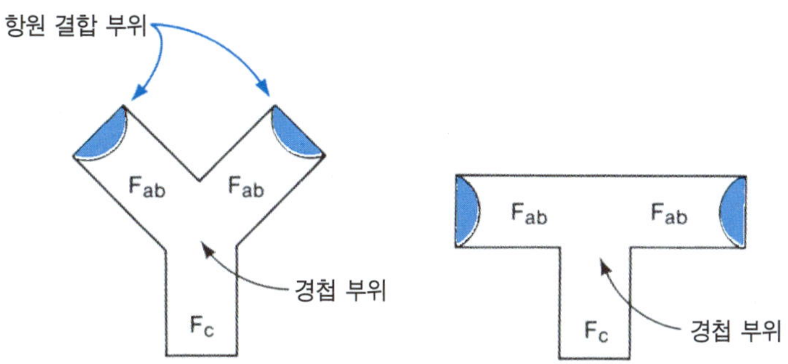


그림 4-9 면역 글로불린 G는 Y 모양의 분자이다. IgG는 분절이 유동할 수 있도록 경첩 부위를 가지고 있다.

노산 서열의 변이가 많은 **가변부위** (variable: V)과 변이가 적은 **불변부위** (conatant : C)을 비슷하게 가지고 있다.

IgG에서 V 및 C 부위는 독립된 기능을 수행한다. V 부위는 항원-결합 특이성을 부여하며, C 부위는 IgG의 전체적인 구조 형성과 면역계의 다른 요소들이 이 분자를 인지하는 데 관여한다.

모든 IgG 분자의 L사슬의 C 부위 ($C_L$)은 동일한 아미노산 서열을 가지고 있다. 마찬가지로 모든 H사슬의 C 부위 ($C_H$)도 동일한 서열을 가지고 있지만 CL의 아미노산 서열과는 다르다. 그러나 V 부위는 IgG 마다 차이가 난다. $C_L$, $V_L$, $C_H$, 및 $V_H$ 부위의 배열은 그림 4-10에 보는 바와 같다.

한 IgG 분자의 다른 부위들 간에 아미노산 서열의 유사성은 상당히 두드러진다. 이를테면, H 사슬의 C 부위는 $C_{H1}$, $C_{H2}$, $C_{H3}$의 3영역으로 나뉘며, 서로 간의 아미노산 서열은 동일하지는 않지만 매우 유사하다. 또한 전체적으로 보면 서로 다르지만, $C_L$의 아미노산 서열은 $C_H$의 서열과 닮아 있다. 특별한 경우에는 IgG 분자의 $V_L$, $V_H$ 부위의 아미노산 서열이 거의 같다. 이는 이미 이중적 대칭성을 가지고 있는 IgG 분자가 4개의 부위를 가지고 있으며, 각 부위 또한 이중적 대칭성을 가지고 있음을 의미한다. 이를 그림 4-10에 보였으며, 이 그림에서 짙게 혹은 연하게 칠한 부위는 각

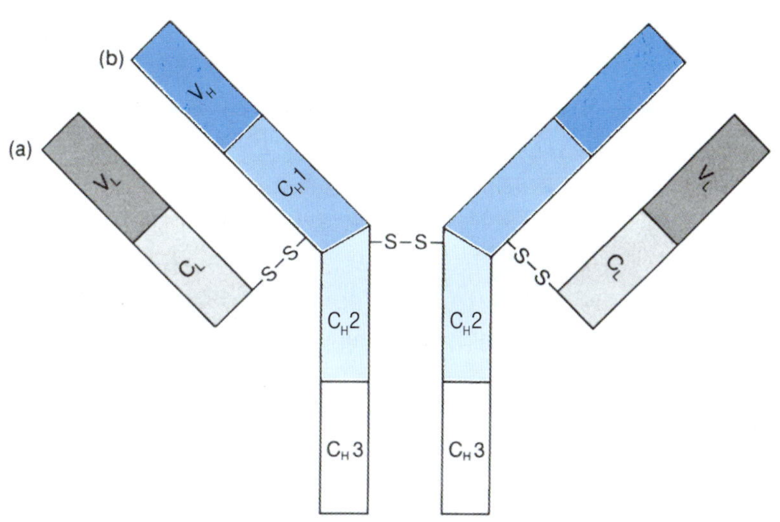


그림 4-10 IgG의 가변부위와 불변부위의 배열을 나타낸 항체 분자의 모델. (a) L 사슬, (b) H 사슬.

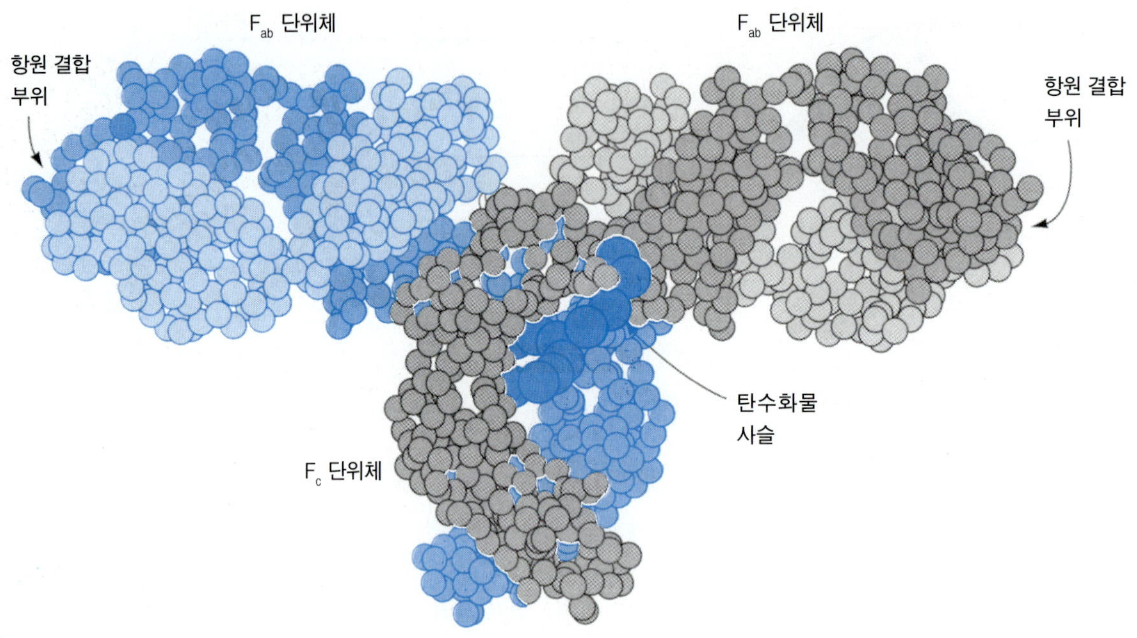


그림 4-11 IgG 분자의 3차원적 구조 모식도. 두 H 사슬 중 한 사슬은 진한 청색으로, 다른 한 사슬은 진한 회색으로 나타내었다. L 사슬의 경우는 엷은 청색과 엷은 회색으로 나타냈다.

**핵심개념**
**"형태와 표면" 개념**
고분자들은 미세한 형태적 특징과 표면의 특징으로 인하여 이웃한 고분자의 상보적 표면과 상호작용할 수 있다.

각 2개의 유사 영역을 표시한 것이다. 이 분자의 대칭성은 IgG의 3차 구조를 보여주는 그림 4-11에서 확연하게 나타난다. 이 그림에 명확하게 나타내지는 못하였지만 IgG의 한 특징은 항원-결합 부위가 VH 와 VL 부위와 같은 여러 개의 소단위들의 결합으로 형성된다는 점이다. 이와 같은 소단위들의 상호작용으로 결합 부위를 형성하는 것은 많은 다수소단위 단백질들의 공통적인 특징이다.

다수소단위 단백질의 구조는 아주 복잡하다. 예를 들면 힘줄, 연골, 뼈 및 피부의 구성 단백질인 콜라겐은 3개의 폴리펩티드 사슬이 상호 결합한 3중 나선들 여러개가 이루는 상호작용으로 형성된 질긴 섬유이다.

## 효소

효소는 화학 작용을 촉매할 수 있는 특별한 단백질이다. 효소들이 매개하는 촉매 반응은 모든 인공 촉매제를 능가한다. 일반적인 효소는 반응 속도를 $10^8$에서 $10^9$ 정도까지 촉진시키지만, $10^{15}$ 까지 반응 속도를 증가시키는 효소도 있다. 이는 기질 또는 반응 물질을 생성물로 전환하는데 요구되는 에너지 수준을 낮추어 줌으로 가능하다. 또한 효소는 특이성이 커서 단지 1개의 반응이나 매우 밀접하게 연관된 일련의 반응만을 촉매한다. 더우기 하나의 촉매 반응에는 매우 한정된 수의 반응물 또는 단지 1개의 반응물만이 사용된다. 거의 모든 생체 반응이 각각 한 효소에 의해 촉매되기 때문에 매우 많은 수의 서로 다른 효소 분자들이 필요하게 된다.

**핵심개념**
**"효소 촉매" 개념**
효소는 반응에 참여하는 화학적 작용기들의 활성화 에너지를 낮추어 줌으로써 반응을 가속시킨다.

이 책에서는 특정한 효소에 의한 촉매 반응 기작을 자세히 다루지는 않겠다. 그렇지만 모든 효소들은 몇가지 공통적인 특징들을 가지고 있으며, 분자 생물학적 현상을 이해하는데 이들 특징을 숙지하는 것이 중요하다. 이 단원에서는 효소의 이와 같은 특징들을 기술하였다.

## 효소-기질

효소에 의해 촉매되는 모든 반응에서 반응 물질은 항상 효소와 강한 복합체를 형성하게 된다. 이와 같은 반응 물질을 효소의 **기질** (substrate)이라고 부르며 화학 반응식에서 이를 S로 표시한다. 그리고 E로 표시되는 효소와 기질과의 복합체를 효소-기질 또는 **ES 복합체**라고 한다.

기질

ES 복합체

활성 부위

기질은 효소의 특정한 부위인 **활성 부위** (active site)에 결합하고 여기에서 화학적 작용이 일어난다. 활성부위는 효소의 틈새에 있는 경우가 많으며, 이 틈새 구조를 형성하는 아미노산들 중 일부는 기질과의 결합에 그리고 다른 일부는 반응의 촉매 작용을 담당한다. 효소 촉매 반응의 고도의 특이성은 바로 이 효소-기질 결합의 특이성에 기인한 것이다. ES 복합체가 만들어지고 나면 기질은 이어질 반응을 촉진하는 방향으로 변화된다. 이렇게 기질이 변화되었을 때의 ES 복합체를 활성화되었다고 말하며 이를 (ES)*로 표시한다. (ES)* 복합체는 한 번 혹은 일련의 변형 과정을 거치며 그 결과 반응 물질을 생성 물질로 전환시키고 효소로부터 생성 물질을 분리시킨다. ES가 형성되는 정도는 효소와 기질사이의 결합력에 의해 결정되며 이를 E와 S의 **친화도** (affinity)라고 한다.

## 효소-기질 복합체 형성에 대한 이론

효소에 의한 촉매 반응은 기질과의 결합, 생성물로의 전환, 생성물의 배출 등 여러 단계로 진행된다. 첫번째 단계인 ES 복합체 형성은 원리적으로 이해하기 쉬운 단계이며 대개는 분자적 특성만 고려하면 이해할 수 있다. 이에 이어서 이루어지는 재배치 과정은 화학적 현상이므로 이 책에서는 다루지 않는다.

효소 결합에 관한 두가지 주요 이론으로 **자물통-열쇠 모델** (lock and key model)과 **유도부합 모델** (induced fit model)이 있다 (그림 4-12). 자물통-열쇠 모델에서 효소 활성 부위의 모양은 기질의 모양에 대하여 상보적이다. 반면 유도부합 모델에서는 효소는 기질과의 결합에 의해 모양이 변하고, 활성 부위는 기질과 결합한 후에 비로소 상보적인 모양을 갖게되는 것이다. 오늘날까지 연구된 모든 효소-기질 상호작용에는 이 두 가지 모델중의 하나가 적용된다. 일부 효소에는 자물통-열쇠 모델이 적용되지만 대부분의 효소는 유도부합 모델에 따라 작용한다. 비록 기질 자체의 모양에는 작은 변화가 있는 정도이지만 기질이 받게되는 압력은 상당히 많은 경우 그것이 곧 촉매 기작의 주된 원리가 되는 경우가 많다. 즉 기질이 매우 반응성이 높은 배열상태에 놓이게 되는 것이다.

## 효소 기질 복합체의 분자적 세부사항들

처음으로 효소-기질 결합이 자세히 분석된 것은 달걀 흰자의 라이소자임 (lysozyme)을 재료로 이루어졌다. 이 효소는 세균의 세포벽을 구성하는 다당류 성분의 당 잔기들 간의 특정 결합을 잘라주므로 난자의 내부에 세균의 감염을 막아 무균상태를 유지시켜주는 역할을 한다. 라이소자임의 아미노산 서열을 그림 4-13에 나타내었다. 활성 부위의 19개 아미노산은 그림에서 적색으로 표시되어 있다. 이 그

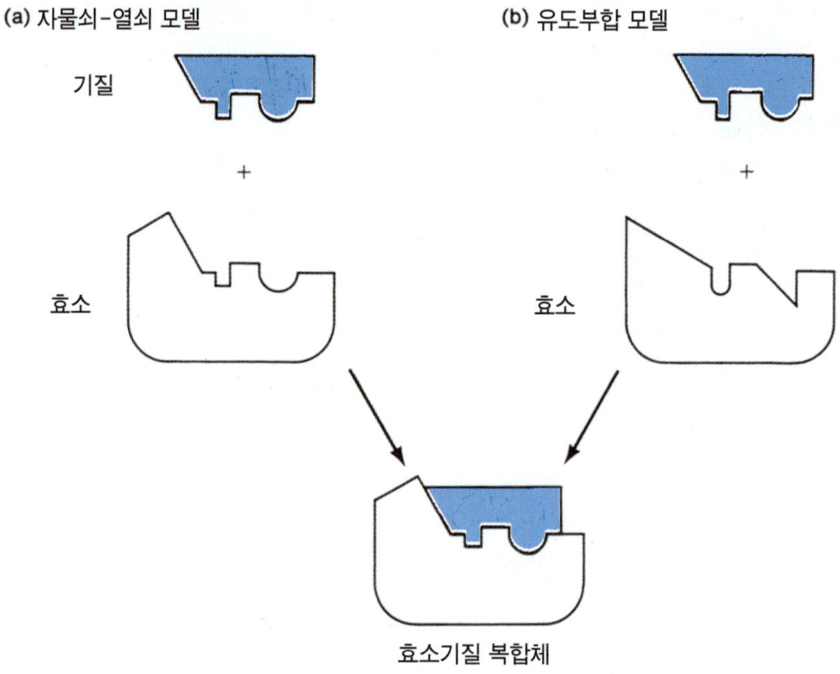

(a) 자물쇠-열쇠 모델

(b) 유도부합 모델

기질

효소

효소기질 복합체

그림 4-12 효소-기질 결합에 관한 두가지 모델. (a) 자물통-열쇠 모델. 효소의 활성 부위 자체가 이미 기질의 모양에 상보적인 형태를 가지고 있다. (b) 유도부합 모델. 효소는 기질에 결합함으로 모양이 바뀐다. 효소는 기질과 결합한 다음에야 효소의 활성 부위는 기질 모양에 대하여 상보적인 모양을 가지게 된다.

림에서 이들 아미노산은 사슬을 따라 멀리 떨어진 집단임을 주목할 필요가 있다. 이들은 사슬이 접혔을 경우에만 서로 근접하여 활성 부위를 형성한다. 이 사슬의 접힘은 그림 4-14에 제시되어 있으며, 화살표로 표시한 깊은 틈새가 바로 활성 부위이다. 이는 그림 4-15의 입체모형에 더욱 명확하게 나타나 있다. 이 틈새에 맞는 기질은 6탄당 구역이며, 결합을 하고나면 뒤틀리게 된다. 기질이 결합하면 효소 자체도 모양이 바뀐다.

리소자임의 틈새처럼 생긴 활성부위에는 글루탐산과 아스파르트산의 곁사슬이 있다. 다른 모든 효소와 마찬가지로 이 효소가 기능을 하려면 산/염기평형 (pH. 부록 참조)이 최적상태라야 한다. 최적 pH는 효소에 따라서 다르며 (그림 4-16), 이는 각 효소의 삼차 구조적 성질과 활성부위에 있는 특정 아미노산의 특성을 반영한다.

기질의 결합으로 나타나는 효소의 구조적인 변화를 조사하기 위하여 또 다른 효소인 효모의 헥소키나아제 (hexokinase) A가 연구되었으며, 이제는 효소의 구조적 변화는 잘 알려진 사실이 되었다. 그림 4-17에 한 쌍의 입체모형으로 그것이 잘 나타나 있다. 이는 유도부합의 또 다른 한 예이다.

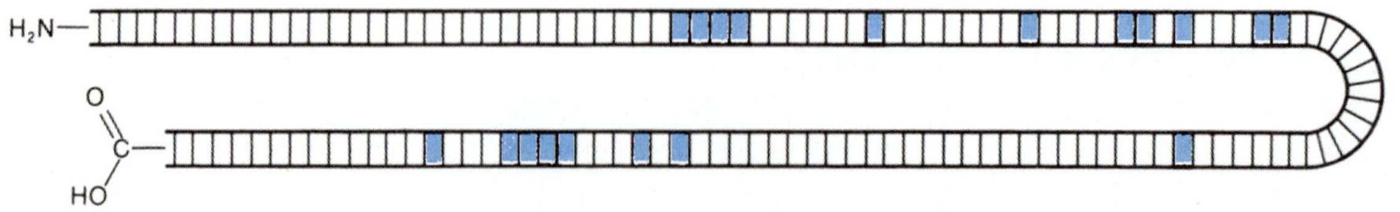


그림 4-13 라이소자임의 아미노산 서열 모식도. 활성 부위를 구성하는 아미노산들 (청색)이 사슬을 따라 서로 떨어져 있다. 사슬이 접혔을 경우 이 아미노산들은 한데 모일수 있다.

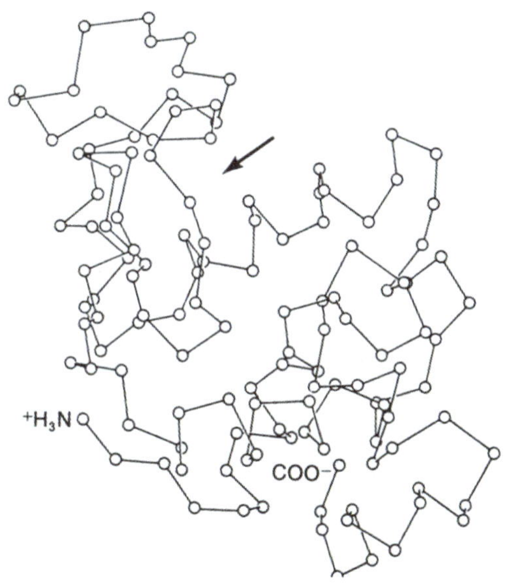


그림 4-14 라이소자임의 3차 구조. 그림에는 $\alpha$-탄소만 나타내었으며 활성부위는 화살표가 가리키고 있는 틈새이다.

# 미래의 실질적 응용

여러 효소 단백질들의 반응 기작과 기질 특이성이 밝혀짐에 따라, 일부 효소들의 활성을 막아주는 상업용-억제제가 나오게까지 되었다. 예를 들면, 최근에 연구자들은 단백질 키나아제와 단백질 탈인산화효소의 억제제를 디자인하려고 노력하고 있다. 이들 단백질은 세포가 환경으로부터 받아들인 정보를 번역하는데 있어서 핵심이 되는 역할을 하고 있다. 정보의 번역에 사용되는 '언어' 는 특정 단백질에 인산군을 붙혀주거나 (키나아제) 제거 (탈인산화 효소)함으로써 기능을 변화시키는데에 관여한다. 통제불능한 인산화와 탈인산화는 암을 유발하기 때문에 많은 연구자들이 이들 키나아제와 탈인산화 효소에 대하여 특이성이 있는 억제제의 개발에 흥미를 가지고 있다. 이와 같은 억제제의 설계는 최근에 밝혀진 3차원 구조와 인산기 전이효소의 촉매 기작을 기반으로 하고 있다.

그림 4-15 라이소자임 효소의 입체모형. 화살표는 다당류 기질을 받아들이는 틈새를 가리킨다.

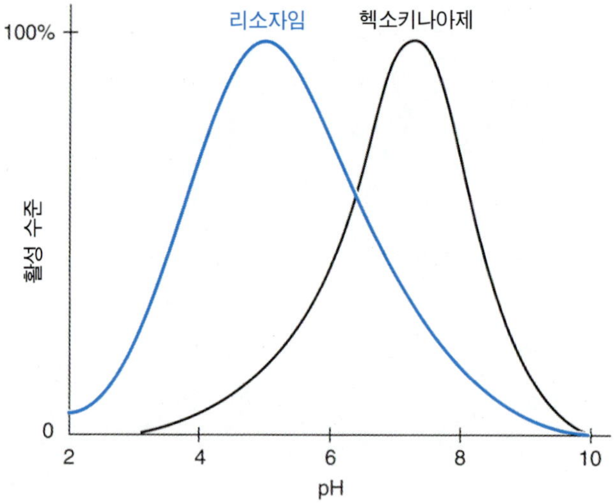

리소자임 헥소키나아제
100%
활성 수준
0
2 4 6 8 10
pH

그림 4-16 2종 효소에 대한 최적 산/염기 평형(pH($H^+$ 이온 농도)로 나타냄)의 실험적 결정

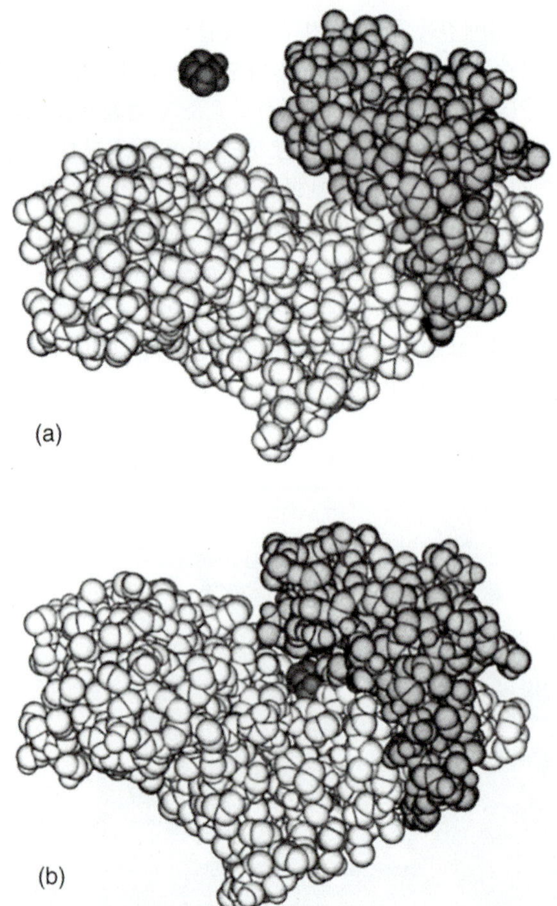


그림 4-17 효모의 헥소키나아제 A의 구조. 수소원자를 제외한 모든 원자들을 나타내었다. (a) 헥소키나아제와 기질인 포도당이 유리된 상태. (b) 헥소키나아제와 포도당의 복합체. 포도당의 결합으로 두 영역들이 함께 움직여 결합 부위 틈새가 닫힌 것에 주목하라.

# 요 약

폴리펩티드의 1차 구조는 펩티드 결합에 의해서 연결된 아미노산들의 선형 서열이다. 2차 구조는 인접한 펩티드 결합들 간의 수소결합에 의해 생성된다. $\alpha$ 나선 구조에서 각각의 펩티드 그룹은 전후 3개의 펩티드 그룹과 수소결합을 이룬다. 또한 이들은 한 회전에 각각 3.6개의 아미노산을 포함하며, 곁사슬은 나선의 중심으로부터 밖으로 돌출되어 있다. $\beta$-병풍 구조는 보다 펼쳐져 있으며, 수소결합은 상호간에 평행 혹은 역평행으로 배열된 이웃한 둘 혹은 여러 개의 펩티드 사슬의 펩티드 단위 사이에 형성된다. 이 때 아미노산 곁사슬은 병풍 구조의 위 혹은 아래로 뻗어있다. 3차 구조는, 2차 구조를 이룬 여러 영역들이 이황화 결합과 같은 공유결합, 이온 결합 (전하를 띤 곁사슬들 간의 반발력이나 인력), 비극성 결합 혹은 수소결합에 의한 원거리 상호작용으로 폴리펩티드의 전반적인 접힘을 통하여 형성된다. 섬유상 단백질들은 $\alpha$ 나선 혹은 $\beta$ 병풍 구조의 편절들이 길게 그리고 연속된 구간들을 가지고 있다. 반면에 구상 단백질들은 짧은 2차 구조를 가지며, 더 구형이다. 일반적으로 극성 곁사슬들은 물과 인접한 표면에 존재하고 비극성 곁사슬들은 물과 떨어진 내부에 존재한다. 다수소단위 단백질들은 여러 개의 폴리펩티드들을 가지고 있으며 그 예로 항체는 두 개의 무거운 사슬과 두 개의 가벼운 사슬을 가지고 있다. 항원 결합 부위는 두 사슬의 상호작용에 의해서 만들어지며 이는 결합 부위나 활성 부위의 일반적인 특징이다. 효소는 세포의 대사 반응을 촉진시키는 촉매 단백질이다. 활성 부위는 기질이 결합하는 부위로, 화학 반응을 일으키는 효소-기질 복합체를 형성한다. 이러한 과정들은 아미노산 곁사슬에 의해 촉진되며, 곁사슬들은 폴리펩티드의 다른 지역에 위치한 경우도 있다. 기질의 결합은 활성 부위가 기질에 상보적 모양을 가지고 있는 자물통-열쇠 모델 기작에 의해 이루어지기도 하며, 더 빈번하게는 활성 부위와 기질의 모양이 약간씩 변하여 촉매 작용을 유도한다는 유도부합 기작에 의해 이루어지기도 한다.

# 연습문제

1. (a) 극성 아미노산과 비극성 아미노산의 종류를 써라.
   (b) 이소류신이 알라닌보다 더 비극성을 띨까? 그렇다면 그 이유는 무엇일까?
2. 폴리펩타이드 골격에서 어느 화학 결합이 자유 회전을 못하는가?
3. 단백질에서 다음 각 아미노산의 곁사슬이 관여하는 결합의 종류를 쓰시오.
   시스테인, 아르기닌, 발린, 아스파르트산
4. 단백질의 내부에 존재하는 글루탐산 주위의 환경은 어떤 것일까?
   내부의 리신의 환경은 또 어떤 것일까?
5. 다음의 아미노산군들 중 한 단백질의 내부에 서로 모여 존재할 수 있는 것은?
   (a) Asn, Gly, Lys (b) Met, Asp, His (c) Phe, Val, Ile (d) Tyr, Ser, Lys
   (e) Ala, Arg, Pro
6. 어떤 특정 효소에 15개의 아미노산들이 그 분자의 활성 부위에 있다고 한다. 이 단백질의 1차 단백질 서열 구조에서 이들의 상대적 위치가 어떠할 것이라고 생각하는가?
7. 단백질의 1차, 2차, 및 3차 구조 각각이 의미하는 바를 기술하여라.
8. 매우 긴 $\alpha$ 나선 또는 $\beta$ 구조를 가지고 있는 단백질의 가장 일반적인 3차 구조는 어떤 것일까? 매우 짧은 여러 개의 $\alpha$ 나선 과/또는 $\beta$ 구조를 가지고 있는 경우는 어떨까?
9. 유도부합 모델이 의미하는 것은 무엇인가? 이 모델에서 촉매 반응을 유도하는

기작은 무엇이며, 어떻게 유도하는가?

## 문제

1. 동일한 소단위로 다음의 폴리펩티드들이 다수소단위 단백질을 형성하기 위해서 응집할지의 여부를 말하라. 그리고 결론에 이르게 된 이유를 설명하라.
   (a) 접힘 상태에서 상보적인 분명한 표면 영역을 가지고 있으며, 인접하여 극성 아미노산들이 없다.
   (b) 표면 바로 아래로 갈라진 틈에 큰 소수성 덩어리가 있다.
   (c) 단백질에 하나의 큰 소수성 부위가 있고 그 옆에 두 개의 리신이 있다.
   (d) 표면에 양전하와 음전하를 띤 아미노산들이 선상에 교대로 배열된 부분이 있다.
2. 효소는 일반적으로 아주 경직된 구조로 되어 있는가? 그 이유를 설명하여라.
3. 일반적으로 효소 E의 유전자에 대하여 + 와 − 대립유전자를 가지고는 2배수체 세포는 $E^+$ 표현형을 갖는다. + 대립유전자를 가지고 있으면서도 $E^-$ 표현형을 갖는 특별한 돌연변이체를 얻었다고 가정하자. 이 현상에 대해서 가능한 설명을 제시하라.
4. 많은 단백질들은 여러 개의 동일한 소단위들로 구성되어져 있다. 이 중 에는 결합 부위를 하나만 가진 것도 있으며, 몇 개의 동일한 결합 부위들을 갖는 것들도 있다. 이들 두 종류의 다수소단위 단백질에서 결합 부위의 위치가 어디인지 상상 할 수 있겠는가?
5. 결합 전후의 효소나 결합 단백질의 활성 부위의 구조를 정확히 볼 수 있다고 가정할 경우, 기질 결합에서 어떻게 자물통-열쇠 모델과 유도부합 모델을 구별할 수 있겠는가? 예상된 결과들을 설명하여라.

## 개념문제

1. 효소의 활성부위와 연관된 다양한 아미노산의 곁사슬들 (작용기단)이 어떻게 화학적으로 기질의 결합이나 촉매 반응을 도울 수 있을까?
2. 효소 반응은 매우 빠르며 그 반응 속도가 $10^{15}$배까지 증가되기도 한다. 만일 특별한 효소 반응의 기작을 연구하기 위하여 실험실 상황에서 이 반응의 속도를 감소시키고자 한다면 어떤 방법을 사용하겠는가?
3. 한 개의 전형적인 세포 안에서는 약 1000 − 2000개의 서로 다른 화학 반응들이 효소들에 의해 촉매된다고 한다. 이 각각의 반응들은 왜 그 반응 특이적인 효소에 의해 이루어져야만 한다고 생각하는가?

# 제5장

**단원 학습목표**

1. 원핵생물과 진핵생물의 유전자의 조직화
2. DNA와 작용하는 여러 단백질의 성질
3. 생체막에 대한 몇 가지 특성들

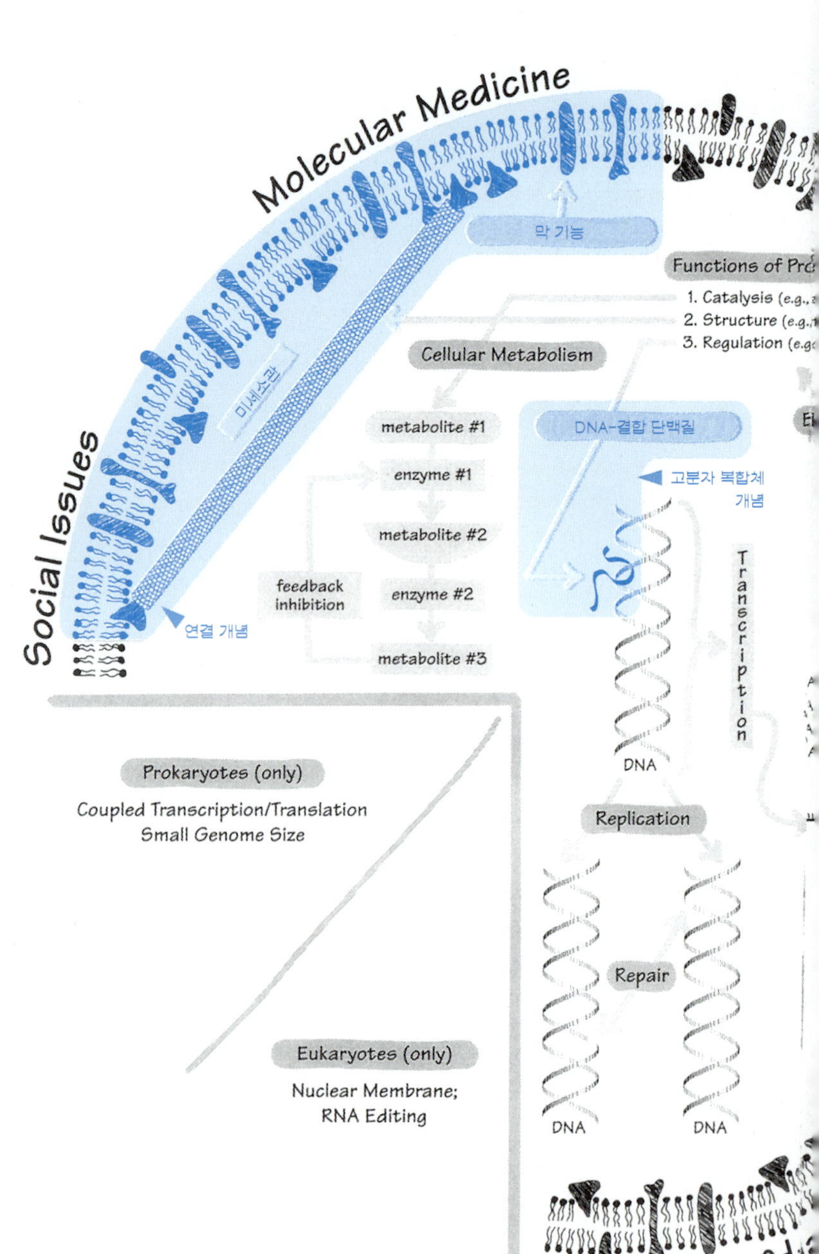

# 고분자 상호 작용과 복합체의 구조

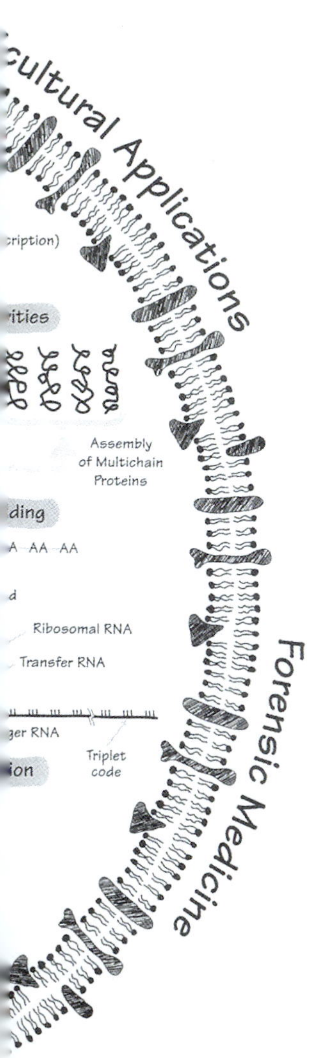


고분자들의 상호작용은 대부분의 생물학적 현상의 기조를 이룬다. 개개의 세포들 내부나 다양한 조직, 기관들을 구성하는 세포들 사이의 구조적 요소들은 모두 고분자들로 구성되어 있다. 예를 들면, 핵산은 단백질과 결합하여 염색체 (DNA와 단백질의 복합체)가 되며, 바이러스의 핵산은 단백질로 된 껍질 속에 들어 있으며, 뼈와 연골들은 단백질과 다른 고분자들이 복잡하게 얽힌 복합체들이다. 또한 단백질은 지질과 상호작용하여 막을 이루며 세포 내용물들을 환경으로부터 분리하는 역할, 세포 내용물들 간에도 구획을 이루어 분리시키는 역할을 한다. 마지막으로 다당류들은 세균이나 식물의 세포벽과 같은 대단히 복잡한 구조를 형성한다.

이와 같은 복합체 구조와 그 형성을 연구하는 것을 구조 생물학이라고 한다. 일부 구조들은 거의 완벽하게 밝혀졌으며 많은 부분들이 활발히 연구되고 있다. 그러나 이 장에서는 몇몇 구조들에 대하여 설명할 것이다. 이들 주제는 다음의 두 가지 점에서 선택하였다. 첫째로, 이들은 일반적으로 중요한 것이거나 일반적인 원리로 설명되어질 수 있기 때문이며, 다른 하나는 그 구조가 비교적 잘 밝혀졌기 때문이다. 이와 같은 예는 전형적인 것으로 살아있는 세포에서 대부분 단백질의 기능은 단독으로 작용하기 보다는 다른 단백질이나 고분자들과 상호작용으로 이루어진다. 이와 같은 인식으로 제13장 상세히 설명될 단백질체학(proteomies)이라는 새로운 연구의 초점이 부각되고 있다. 그러면 먼저 *E. coli* 의 염색체라는 하나의 고분자 복합체의 구조를 살펴보는 것으로 이 장을 시작하기로 한다.

## DNA 복합체의 구조 : *E. coli* 염색체

대부분의 세균들이 그렇듯이 *E. coli*의 모든 유전자들은 하나의 초나선 환상 DNA 분자에 포함되어 있다. 이 원형의 총 길이는 약 1300 $\mu$m이다. 원통형의 균체는 반지름이 1 $\mu$m, 길이가 3 $\mu$m이므로 (그림 5-1) 이 DNA가 균체내에 있으려면, 고도로 접혀 있을 것이 분명하다.

실험 과정에서 분자가 파괴되거나 단백질이 변성되지 않도록 하여 *E. coli* DNA를 분리하면, 박테리아 염색체, 또는 **핵양체** (nucleoid)라고 하는 구조를 볼 수 있다. 이 구조는 단백질과 한 가닥의 초나선 DNA분자로 구성되어 있다. 분리한 이 핵양체에는 약간의 RNA도 포함되어 있지만 이는 아마도 분리 과정에서 핵양체에 결합하여 생긴 것으로, 주요 구성 성분은 아닌 것으로 보인다. 그림 5-2는 *E. coli* 염색체의 전자현미경 사진이다. 이 그림에서 주목할 구조적인 특징은 DNA가 무수한 고리들 모양을 취하고 있다는 것이다. 이 고리들은 초나선으로 되어있으며 조밀한 단백질을 함유한 **비계** (scaffold)라고 하는 구조로부터 뻗어 나와 있다. 분리한 염색체의 물리적인 크기는 다양한 요인들에 의해서 결정되며, 세포내에서 핵양체의 상태에 대해서는 약간의 논란이 있다. 핵양체를 단백질 분해 효소로 처리하거나 단백질간의 상호작용을 파괴하는 다양한 세제들로 처리하면, 유리된 DNA 분자보다 더 응축되어 있지만 염색체가 눈에 띄게 팽창된다. 단백질을 제거하면 비계가 파괴되며, 염색체는 응축정도가 다른 형태들 사이에서 계속적인 전환을 한다. 이 사실과 또 다른 관찰의 결과 염색체는 DNA의 여러 다른 지역이 비계와 결합함으로서 응축되어 있을 것이라는 결론에 도달하였다. 그러나 비계가 잘 정의된 조직으로서 진정한 구조물인지 여부는 알려져 있지 않다.

## 염색체의 거대 구조는 효소 처리로 밝혀졌다

염색체를 극소량의 DNase로 처리하여 외가닥 사슬을 절단하고, 원심분리하여 침강시키면 염색체의 물리적인 구조를 어느정도 알아볼 수 있다. 제3장에서 순수한

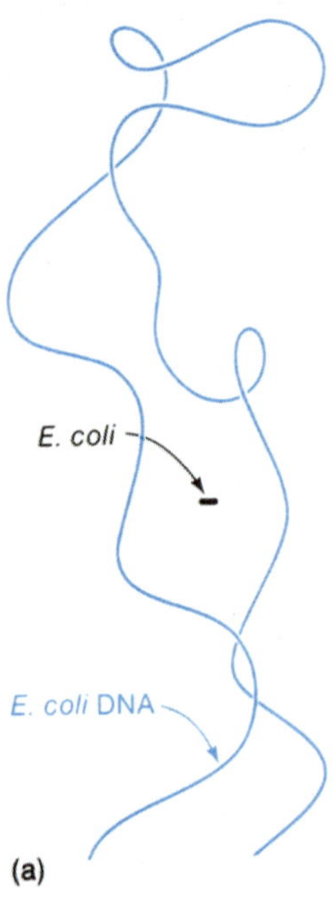


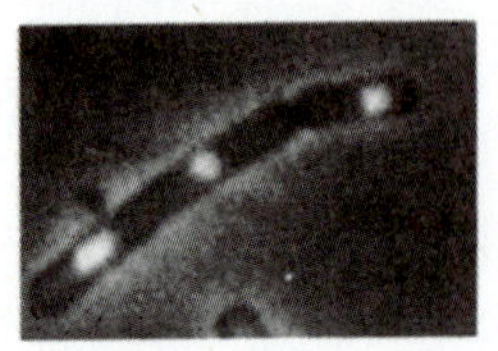


그림 5-1 (a) *E. coli*와 그 DNA 분자의 상대적인 크기를 비교해 놓은 그림. 단, DNA 분자의 너비는 $10^6$배 정도로 확장된 것이다. (b) DNA를 형광물질로 표지한 *E. coli* 세포

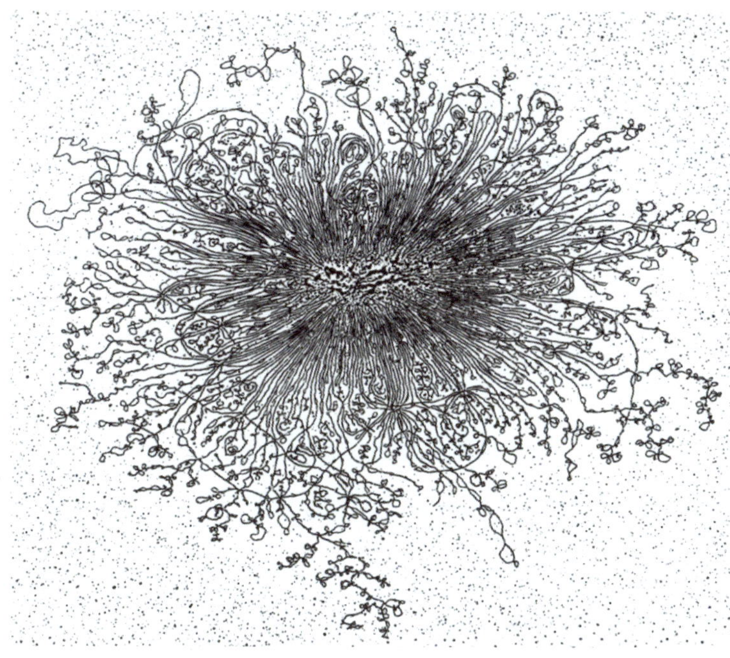

그림 5-2 *E. coli* 염색체의 전자현미경 사진. 중심 부위의 비계로부터 많은 고리들이 나와 있음을 보여주고 있다.

DNA가 전형적인 초나선 구조를 띄고 있을 때, DNA 한 사슬을 절단하면 반대편 사슬의 당 인산 결합의 자유로운 회전으로 모든 초나선이 즉시 소실된다는 사실이 설명되어 있다. 동일한 분자량일 때, 외사슬에 끊김이 있는 환상 분자는 초나선에 비하여 꼬임이 느슨하기 때문에 끊김이 있는 분자는 더 천천히 침강된다. 그러므로 끊김은 침강계수 ***s***의 비약적인 감소 (약 30%)를 일으킨다.

그러나 핵산분해효소 처리로 *E. coil*의 염색체에 단 하나의 끊김이 만들어 진 경우에 ***s***는 단지 몇 퍼센트 정도만 감소하게 된다. 이에 더하여 두 번째 끊김이 생기면 ***s*** 값은 두 번째 감소를 불러일으키며 추가적인 끊김이 증가하는 데 따라서 침강계수는 단계적 변화를 일으킨다. 약 45개 정도의 끊김이 생긴 뒤에는 염색체의 형태가 일정하게 유지된다. 이로 보아 단 하나의 끊김만으로는 전체적인 DNA분자의 자유로운 변환이 일어날 수 없다는 것이 명백하다. 이와 같은 실험 결과로부터 추정되는 *E. coli* 염색체의 구조를 그림 5-3에 나타내었다. DNA는 약 100여개의 자리가 비계에 고정되어 있어 자유로운 회전이 억제되어 있는 것으로 보이며, 이는 DNA에 약 100개 정도의 초나선 고리가 있음을 의미한다. 그러므로 사슬 끊김 하나는 하나의 초나선 고리를 열리게 하며, 추가적인 끊김은 평균적으로 다른 고리들을 풀리게 한다. 이와 같은 사실은 하나 또는 2 개의 끊김을 가진 염색체를 전자현미경으로 관찰함으로써 확인될 수 있었으며, 그림 5-2에는 하나 또는 두 개의 고리가 열린 것을 보여주고 있다.

DNA의 복제 (제7장 참조)에서 중요한 역할을 하는 DNA 선회효소 (gyrase)가 초나선을 형성하는데 기여한다. *E. coli* DNA 선회효소의 억제제인 쿠머마이신 (coumermycin)을 *E. coli* 배양액에 첨가하고 약 한 세대만 지나면 염색체의 초나선 구조가 사라져버린다. 염색체에서 선회효소의 결합부위를 간접적으로 측정하면 대략 45개 자리가 있는 것을 알 수 있다. 이 결합 부위의 공간적인 분포는 알려져 있

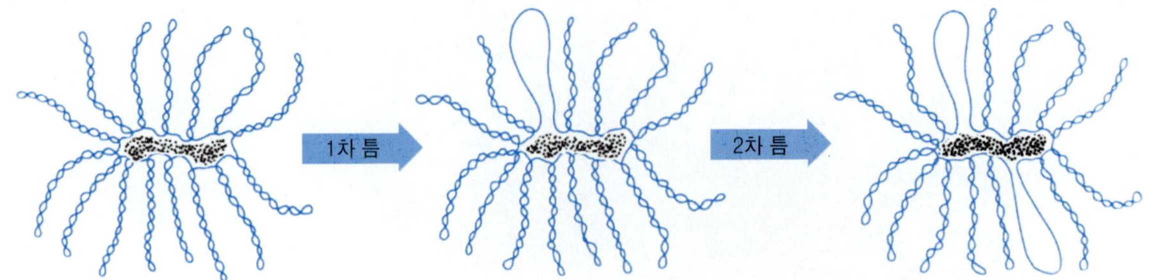


**그림 5-3** 심하게 접힌 초나선의 *E. coli* 염색체 모식도. 비계에 연결된 약 100개의 고리 중 15개를 나타낸 것으로 열린 고리는 하나의 사슬 끊김으로 형성된 것이다.

지 않지만, 각각의 초나선 고리에 하나의 결합 부위가 있을 것으로 추정된다.

다음 절에서 진핵생물의 DNA는 훨씬 더 복잡한 방법으로 배열되어 있음을 알 수 있을 것이다.

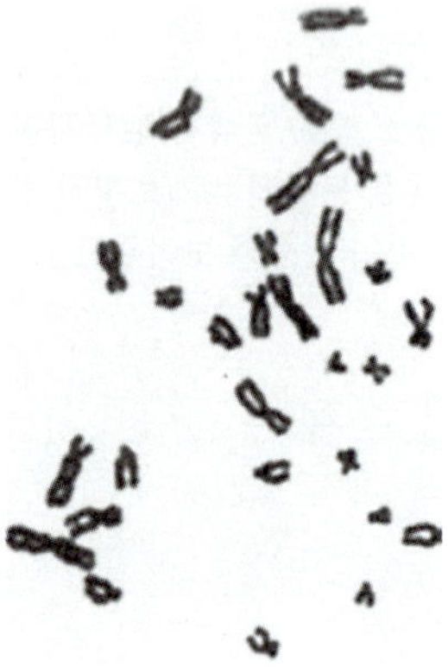

## 염색체와 염색질

진핵생물의 모든 DNA는 염색체라고 하는 형태적으로 분명한 단위로 구성되어 있다 (그림 5-4). 각각의 염색체는 단지 하나의 거대한 DNA를 포함하고 있다. 예를 들면, 초파리에서 하나의 염색체 DNA는 분자량이 $10^{10}$ 이상이고, 길이는 1.2cm나 된다. (모든 DNA 분자의 너비는 2.0㎚ 또는 $2\times10^{-7}$cm 이므로 초파리 DNA의 길이 대 너비의 비는 $6\times10^{6}$ 으로 대단히 높은 비율을 갖는다). 이들 DNA분자는 너무나 길기 때문에 전자현미경으로 전체를 다 볼 수 없는데 이는 최소 배율로 본다 하더라도 현미경의 시야가 대략 0.01cm에 불과하기 때문이다.

**그림 5-4** 세포분열 중기의 인간 염색체. 각각의 염색체는 두 딸세포의 염색체로 완전히 분리되기 전에 길이 방향으로 부분적으로 분리된다. 잘록한 부분은 방추사에 붙는 자리이다.

염색체는 DNA 분자보다 더 조밀하다. DNA 분자는 매우 심한 제한을 받기 때문에 스스로 접혀서는 염색체만큼 그렇게 조밀해질 수가 없다. 그 대신 DNA는 다단계 접힘 유형에 의해서 조밀하게 되며, 그 각 단계는 하나 또는 여러 단백질 분자들에 의해 매개된다.

### DNA가 염색체로 조직되는 데에는 히스톤 단백질이 필요하다

히스톤

진핵생물의 염색체에서 DNA분자들은 **히스톤** (histone)이라고 하는 염기성 단백질과 결합되어 있다. DNA와 히스톤의 복합체를 **염색질** (chromatin)라고 부른다. 히스톤에는 다섯 종류 H1, H2A, H2B, H3, H4가 있으며 이들의 특성은 표 5-1에 보는 바와 같다. 히스톤은 양전하를 띠고 있는 리신과 아르기닌이라는 아미노산을 특징적으로 많이 포함하고 있다. 리신 대 아르기닌의 비율은 각각의 히스톤 종류에서 다르게 나타난다. 히스톤의 양전하는 DNA 분자 상에서 음전하를 띠고 있는 인산과 결합한다. 이 정전기적인 인력은 염색질을 안정한 형태로 유지시키는데 가장 중요한 역할을 한다. 이런 사실은 염색질을 고농도의 염용액 (예를 들면, 0.5M NaCl)으로 처리하면, 전정기적인 인력이 깨어짐으로써 염색질은 히스톤 단백질과 순수한 DNA로 분리되는 것으로 알 수 있다. 히스톤과 DNA를 잘 섞은 후 높은 농도의 염용액에 넣은다음 투석에 의해서 염농도를 천천히 낮춰주면 염색질을 회복시킬

**표5-1** 히스톤 단백질의 종류

| 종 류 | 리신/아르기닌 비율 | 위 치 |
|---|---|---|
| H1 | 20.0 | 연결부위 |
| H2A | 1.20 | 중심부위 |
| H2B | 2.5 | 중심부위 |
| H3 | 0.75 | 중심부위 |
| H4 | 0.79 | 중심부위 |

수 있다.

염색질의 회복 실험은 다른 생물체들로부터 분리한 히스톤들을 혼합하여서도 수행되었다. 이 때 조합을 어떤 히스톤으로 하던지 간에 회복이 가능하였다. 이는 H1을 제외한 다른 히스톤들은 다른 생물들의 것이라고 하더라도 매우 유사하기 때문이다. 실제로 생물체간에 H3와 H4의 아미노산 서열은 하나나 두 개의 아미노산이 다를 뿐 거의 동일하다. 소와 콩의 H4는 단지 2개의 아미노산이 –아르기닌이 리신으로, 이소루신이 발린으로– 다를 뿐이다. 이는 진화 과정에서 식물과 동물이 나누어진 이후 $10^9$년 동안 히스톤의 구조가 거의 변하지 않았다는 것을 말해준다. 참으로 히스톤 단백질은 아주 특이한 단백질인 것이다.

세포주기동안에 염색질의 구조는 변한다. 간기에는 염색질은 분산되기는 하지만 핵 전체에 분산되지는 않는다. 오히려 각각의 염색체를 구성하고 있는 염색질은 일정한 위치에 머물러 있는 것처럼 보인다. 후에 DNA 복제가 이루어지고 나면, 염색질은 100배 정도 응축되어 염색체 형태를 띄게 된다. 염색체을 분리하여 점진적으로 풀어지게 하면서 다양하게 해리된 염색체를 전자현미경으로 관찰할 수 있었다. 가장 기본적인 구조단위는 10 nm 너비의 섬유 모양으로 구슬을 꿰어놓은 것처럼 보인다 (그림 5-5). 이 염주와 같은 구조가 바로 염색질이며, 이 구조는 간기에 분리한 세포의 염색질에서도 나타난다. 여러 연구의 결과로부터 유추한 염색체의 구조적 체계를 그림 5-6에 나타내었다. 구조적 다단계가 완전히 밝혀지지는 못하였지만, 이들 염주와 같은 입자 모양에 대해서는 많은 구조적 정보가 밝혀졌다. 이들 입자 각각은 DNA와 히스톤의 규칙적인 집합체인 것이다.

전자현미경적 연구에 앞서, 염색질을 다양한 DNA 핵산내부분해효소로 처리해본 결과에서도 염색질은 반복되는 단위체로 구성되어 있음이 암시되었다. 염색질을 이자의 DNase I (이 효소는 단백질과 결합되어 있는 DNA는 자르지 못한다)으로 처리하였을 경우, DNA와 히스톤 단백질을 함유한 작은 입자들이 만들어졌다 (그림 5-7). 효소로 처리한 후에 히스톤들을 제거하고 나면, 약 200개의 염기쌍 또는 그 배수의 염기쌍을 가진 DNA 절편들이 발견된다. 오랜 시간동안 효소로 처리하고 나면 200개 염기쌍의 배수에 해당하는 DNA 절편들은 사라지고, 모든 DNA들은 200개 염기쌍 단위의 크기로 되었다. 히스톤을 제거하기 전 단계의 절편들을 분리해서 전자현미경으로 관찰해 보면, 각 절편들은 연결된 $n$개의 구슬 수에 해당하는 $200n$개의 염기쌍을 가진 단편들임을 발견하게 되었다. 이로써 약 200개의 염기 쌍을 포함하는 기본적인 구슬 단위가 있음을 알게 되었다.

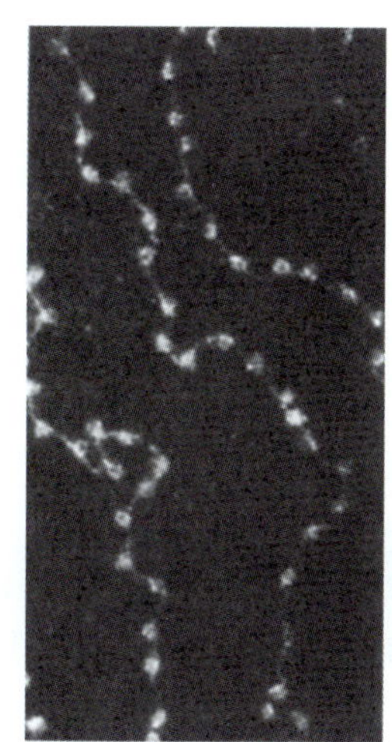

**그림 5-5** 염색질의 전자현미경 사진. 구슬과 같은 입자의 반지름은 약 100 Å이다.

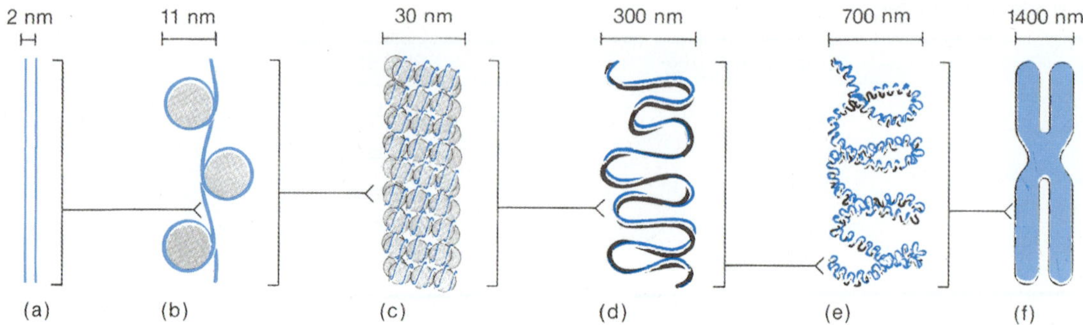


그림 5-6 (a) DNA와 (b-e)염색질이 (f)중기 염색체를 형성하는 단계에서 나타나는 여러 단계의 응축. 규격은 각 중간 단계의 구조물의 크기를 나타낸다. 그러나 자세한 중간 단계의 구조는 아직은 가설적이다. 각각의 그림은 다음 그림의 일부를 확대하여 나타낸 것에 주목하자.

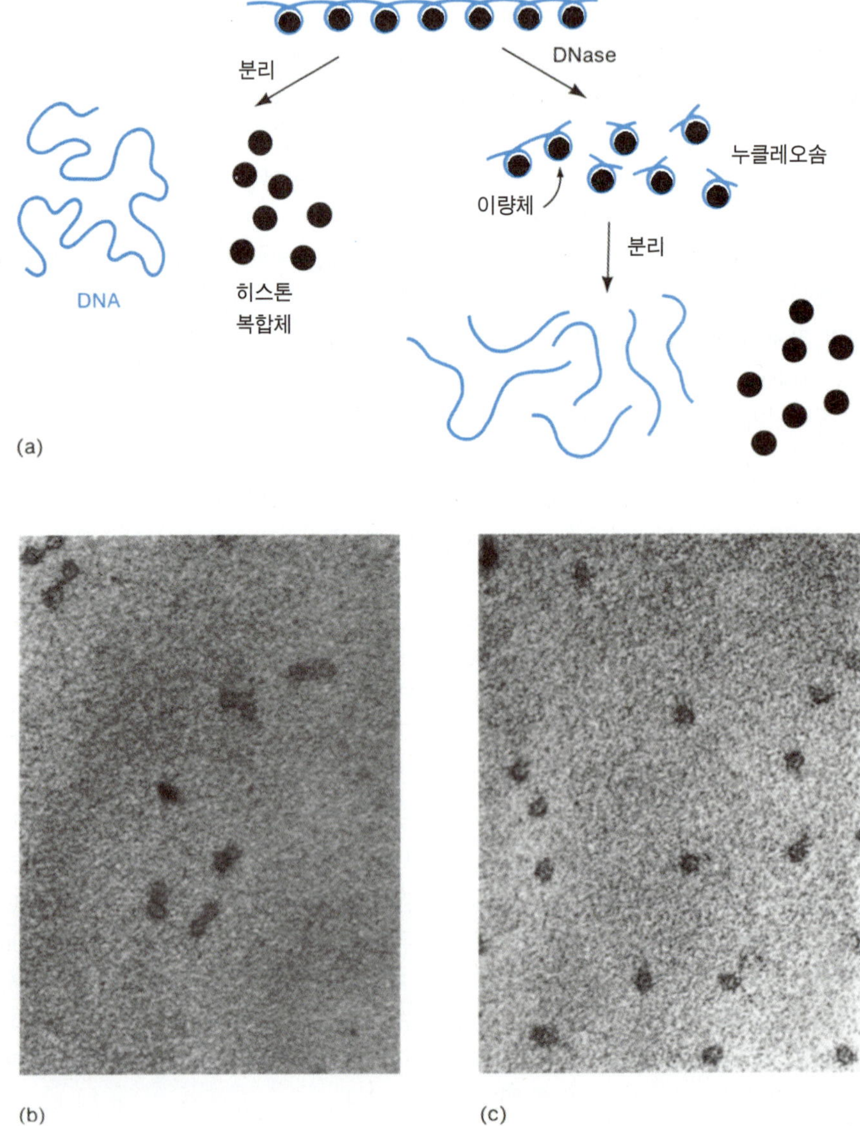


그림 5-7 (a) 날개의 누클레오솜과 200 염기쌍의 DNA 절편(b, c)을 만들기 위한 DNase 처리 방법. (b) 전자 현미경 상에서 단량체와 이량체. (c) (a)에 설명한 방법으로 형성된 누클레오솜.

# DNA는 누클레오솜 중심입자로 편성된다

누클레오솜

구슬과 같은 입자들을 **누클레오솜** (nucleosomes)이라고 부른다. 각각의 누클레오솜은 한 분자의 H1과 H2A, H2B, H3, H4 각각 두분자, 그리고 한 조각의 DNA로 구성되어 있음이 밝혀졌다. 염색질을 이자의 DNase로 처리하여 얻은 누클레오솜에 구균의 핵산분해효소를 처리하면 점진적으로 더 많은 DNA 염기쌍을 제거할 수 있다. 염기 쌍의 수가 160개 이하로 감소할 때까지도 히스톤은 DNA와의 결합을 유지하지만 이 시점이 되면 H1을 잃게 된다. 더 많은 염기 쌍들을 제거할 수는 있지만 140 염기쌍 이하로 줄일 수는 없다. 이 때 남아 있는 구조를 **중심입자** (core particle)라고 한다. 이 입자는 H2A, H2B, H3, H4 각각을 2개씩 함유한 팔량체 단백질의 원반체 주변을 140개 염기쌍의 DNA가 마치 리본처럼 감고 있는 구조이다 (그림 5-8). 그러므로 하나의 누클레오솜은 하나의 중심입자, 이웃한 중심입자와 연결하는 DNA와 H1 단백질로 구성되어 있다. H1은 히스톤 팔량체와 연결 DNA에 결합하고 있어, 중심입자의 양쪽 끝으로부터 나온 연결 DNA를 교차시키는 한편 팔량체에 가까이 잡아당기도록 한다. 그러나 이 때 DNA의 일부는 어떠한 히스톤 단백질과도 접촉하지 않는다. 염색질 섬유의 전체적인 구조는 그림 5-6의 (d), (e)처럼 지그재그 형태일 것이다. DNA와 히스톤 단백질의 결합은 염색체 형성에 있어서 DNA 사슬을 응축시키는 첫 번째 단계이다. 즉, DNA의 길이는 7배정도로 짧게 응축되며, 11㎚ 너비의 탄력성 있는 구슬 형태를 이루게 해서 유리된 DNA에 비하여 폭은 5배 정도 넓어지게 된다.

중심입자

DNA와 히스톤의 결합을 살펴보면 히스톤을 이루고 있는 아미노산들 중 80%는 $\alpha$-나선 구조를 이루고 있다. 많은 수의 확장된 $\alpha$-나선 영역들이 DNA 나선의 주홈에 끼어들어가 있으며, 이 복합체는 히스톤 상에 양전하를 띠는 리신과 아르기닌이 DNA 상에 음전하를 띠는 인산들과 정전기적 결합을 통하여 안정되어 있는 것으로 생각된다.

하나의 누클레오솜 단위에 존재하는 DNA의 염기쌍 수는 150-240개로 생물체마다 다양하게 나타난다. 그러나 모든 생물체의 누클레오솜 중심입자는 동량의 DNA (146개의 염기쌍)를 가지고 있다. 그러므로 이러한 차이는 누클레오솜 사이의 연결 DNA (10-100염기 쌍)의 크기의 차이에서 나오는 것이다. 이 연결 DNA의 구조나 그것이 가지는 특별한 기능, 그리고 그 길이가 왜 다르게 나타나는지에 대해서는 아직 밝혀지지 않았다.

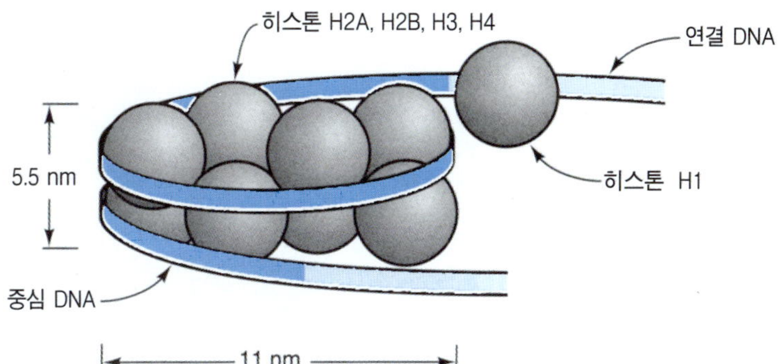


그림 5-8 누클레오솜의 중심입자의 구조. DNA 분자는 히스톤 팔량체 (H2A, H2B, H3, H4 각 한 쌍)를 1과 3/4 바퀴 돈다. 히스톤 H1은 누클레오솜 사이의 DNA에 결합하여 있다.

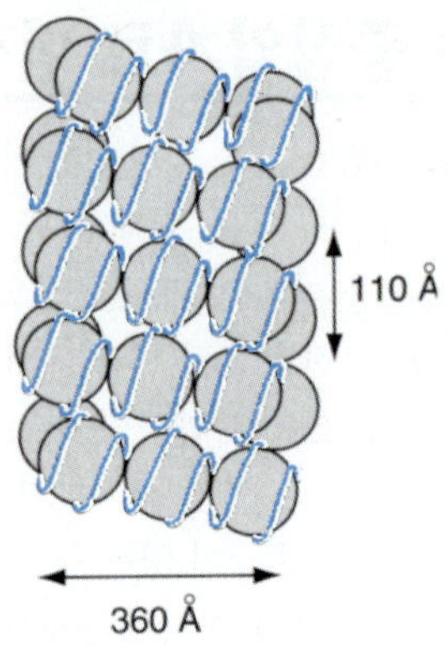


그림 5-9 염색질의 솔레노이드 모델. 여섯 개의 누클레오솜 (회색)이 나선의 1회전을 이룬다. DNA 이중나선 (청색)이 각각의 누클레오솜을 감고 있다.

응축된 염색체를 형성하는 과정에서 DNA 분자는 그림 5-6에 나타난 것처럼 여러 방법으로 접히고 또 접히게 된다. 접힘의 두 번째 단계는 11㎚ 섬유가 단축되면서 1회전에 6개의 누클레오솜이 들어가는 솔레노이드 초나선 (solenoidal supercoil)을 형성하는데 이를 소위 **30 ㎚ 섬유**라고 한다 [그림 5-6(c)와 5-9]. 이 30 ㎚ 섬유는 순수분리되어 그 특성이 잘 밝혀져 있다. 그러나 그 이후 단계의 구조 형성 과정으로 그림 5-6(d-f)에 나타낸 30 ㎚ 섬유의 접힘과 그 접힌 형태에서 다시 더 접혀지는 과정은 잘 알려져 있지는 않다. 중기의 염색체를 분리해서 히스톤을 제거하고 전자현미경으로 관찰하면 대장균의 염색체에서 본 바와 같이 부분적으로 접힘이 풀린 DNA가 비히스톤 (nonhistone) 염색체 단백질로 구성된 중심의 핵 또는 비계로부터 뻗어나온 것 같은 많은 고리 모양을 하고 있는 것을 볼 수 있다 (그림 5-10).

원핵생물과 진핵생물의 염색체 응축을 비교해보면 흥미로운 점을 발견할 수 있다. 지금까지 우리는 원핵생물에서는 단백질 비계에 그리고 진핵생물에서는 히스톤에 초점을 두어 염색체의 응축을 각각 설명하였으나, 이 두 체계는 비슷한 점을 가지

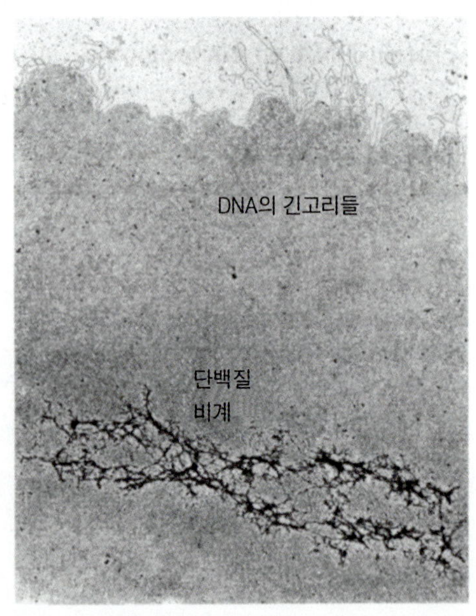


그림 5-10 화학적으로 히스톤 단백질을 제거한 인간의 중기 염색체의 전자현미경 사진. 이 그림 아래쪽의 조밀한 망상구조는 단백질 비계이며 여기에 DNA 고리가 부착되어 염색체가 형성된다.

고 있다. 비록 원핵생물이 누클레오솜을 가지고 있지는 않지만, *E. coli*의 염색체를 조심스럽게 잘 분리하여 보면 거기에도 염주 모양을 한 구획들이 나타난다. 그러므로 원핵생물의 DNA도 비계 단백질 이외에 히스톤 유사 단백질과 한 두 단계의 복합체를 형성하는 것으로 보인다.

히스톤은 진핵 염색체의 응축에 있어서 중추적 역할을 하지만, 진핵 염색체가 함유한 단백질량의 반 정도가 진정 히스톤이다. 그 나머지 대부분은 그림 5-10에서 보는 것과 같이 비계의 형성에 관여하는 단백질이다.

## 특정 염기서열을 인식하는 DNA와 단백질의 상호작용

염색질 형성에서 히스톤은 특정 염기서열들과 결합하지는 않는다. 그보다, 히스톤은 일반적인 DNA 구조를 인식한다. 히스톤의 일부 아미노산 곁사슬에 있는 (예: 리신 및 아르기닌) 아미노기의 양전하는 정전기적으로 DNA의 골격에 있는 음전하를 띤 인산과 결합한다. 제3장에서 언급한 토포이소머라제같은 단백질도 특정 염기서열보다는 일반적인 DNA 구조에 결합한다.

이러한 "비특이적" DNA 결합 단백질 이외에, 염기의 특정 서열에만 결합하는 많은 단백질들이 있다. 이러한 단백질들은 이 책의 후반부에서 다루고 있다 (11, 12장). 고분자 복합체를 다루는 이 시점에서는 이러한 단백질의 일반적인 특성에 대해 알아보자.

이러한 단백질들은 일반적으로 특정 DNA 서열과 상대적으로 약한 수소결합을 이루며, 이에는 주로 세가지 종류가 있다. (1) 중합효소, 특정 염기서열로부터 DNA와 RNA의 합성을 개시한다. (2) 조절 단백질, 특정 염기서열과의 상호작용으로 특정 유전자의 활동을 작동시키거나 억제시킨다. (3) 특정 핵산 분해효소, 특정한 4 - 6개의 누클리오티드 서열에 포함되어 있는 인접한 한쌍의 누클리오티드간의 인산디에스테르 결합을 자른다. 서열 특이적인 결합을 보이는 수많은 단백질에 대한 연구의 결과로 이들 결합의 일반적인 경향성을 찾을 수 있게 되었으며, 그 경향성은 다음과 같다.

1. DNA의 염기 서열에는 일 종의 이중 대칭 구조가 있으며, 두 위치에서 단백질의 결합이 허용된다.
2. 단백질-DNA의 접촉은 DNA 분자의 한쪽 면에서만 이루어진다.
3. 단백질에는 일반적으로 하나 또는 그 이상의 $\alpha$-나선 부위가 있으며 이 부위가 DNA 나선상의 인접한 두 주홈에서 DNA와 결합한다.
4. 단백질들은 때로는 이중 대칭 구조를 가지는 이량체 형태이며, 단량체들은 $\alpha$-나선이 염기서열의 대칭 구조에 맞도록 대칭적 배열을 한다.
5. $\alpha$-나선 부위의 아미노산 곁사슬들은 특정 위치의 DNA 염기들과 접촉하며, 이 위치에는 정확한 염기들이 존재해야만 한다. 이들 특정 염기들과 단백질의 아미노산 곁사슬들 사이에 수소결합의 상보성이 적합성을 제공한다.
6. 양전하를 띤 아미노산들은 종종 음전하를 띤 인산기와 이온 결합을 형성한다. 이러한 결합은 특이성을 부여하지는 못하지만 서열 특이적 단백질과 DNA간의 상호작용을 안정시킨다.

TATCACCGCAAGGGATA
ATAGTGGCGTTCCCTAT

그림 5-11 λ Cro 단백질이 결합하는 염기서열. 이 서열은 *oR3*이라고 한다. 그림 5-12에 나타낸 아데닌과 구아닌에 해당하는 염기들은 청색으로 표시되어 있다.

DNA-단백질 복합체의 구조에 관한 자세한 분석은 이 책에서 다루지 않는다. 위에서 나열한 특징들을 *E.coli* λ 파지의 Cro 단백질과 λ DNA의 작동유전자(operator) 서열에서 설명하여 보기로 하자. Cro는 작은 단백질로 66개의 아미노산으로 구성되어 있다. 이 단백질은 이량체를 형성하며 17개의 누클레오티드 쌍으로 구성된 DNA 서열에 결합한다 (그림 5-11). Cro 단백질의 각 단량체는 3개의 α-나선 부위를 가지며 이들 중 하나가 Cro-DNA 복합체 형성에서 DNA 염기들과 직접적으로 접촉한다. 그림 5-12는 DNA 분자의 결합 부위를 나타낸 것이며, Cro 단백질과 접촉하는 염기들과 인산기들이 표시되어 있다. 이 결합 부위의 위치는 복합체를 화학물질로 처리해서 확정하였다 (DNases, 그림 5-7a). 이 화학물질은 "노출된" DNA는 공격하지만 Cro와 접촉하고 있는 DNA 부위에는 아무런 변화를 야기하지 않는다. 복합체를 이러한 시약으로 처리한 후 DNA의 화학적 구조를 분석한 결과 일부 염기들과 인산기들에서는 변화가 없었으므로, 이들이 Cro 단백질과의 접촉 부위임을 알 수 있었다. 그림 5-13은 Cro-DNA 복합체를 나타낸 것이다. 이 그림에서 보면 Cro 이량체의 대칭성이 뚜렸하다. 결합과 관련된 α-나선들이 2량체의 위쪽과 아랫쪽 부분에 위치하고, DNA의 주홈과 매우 잘 맞아 들어감을 볼 수 있다. 이와 같은 대칭적인 결합의 배열은 많은 원핵생물의 DNA-결합 단백질들에서 관찰되었다. 좀더 복잡한 예로는 그림 5-13(b)에서 보는 람다 억제 단백질이다. 이와 같은 단백질들은 공통점으로 2량 소단위체 구조로 그 접힘이 나선-접

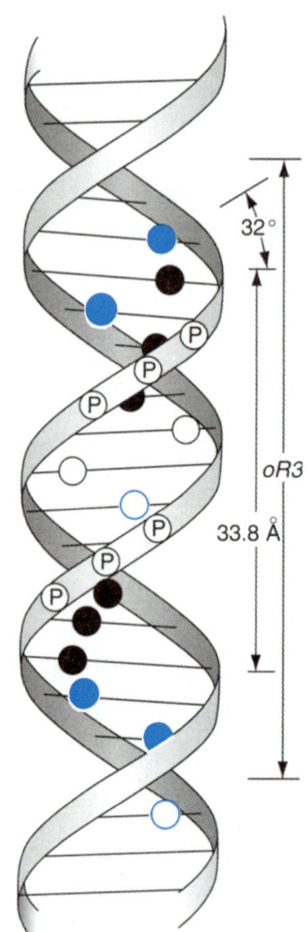


그림 5-12 λ DNA의 *oR3* 부위에서 Cro와의 접촉점들. 인산은 P로 표시하였고, 접촉하고 있는 구아닌과 아데닌은 검은색과 청색 공으로, 접촉하지 않는 검은색과 청색의 원으로 각각 표시되어 있다. 접촉하는 염기들은 DNA의 주홈에만 있음에 주목하자.

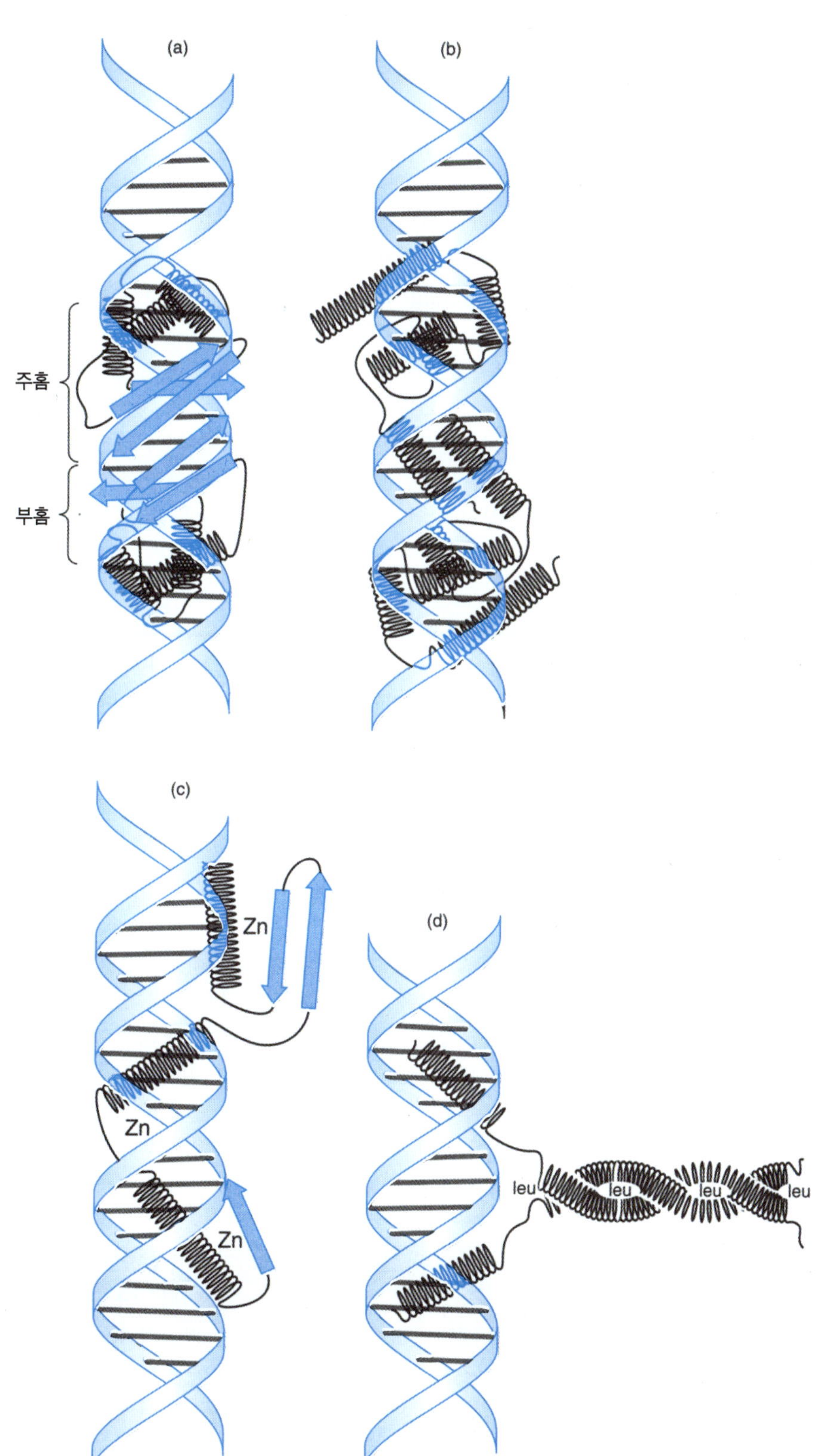


그림 5-13 DNA와 결합하여 유전자 발현을 조절하는 단백질들의 작용모식도. 공통적으로 DNA의 주홈에 들어 맞는 $\alpha$-나선을 가지고 있으며 DNA의 특정 누클레오티드 염기와 작용한다.
(a) Cro 단백질 2량체, (b) 람다 억제 단백질 2량체, 각각 5개의 $\alpha$-나선을 가진 2개의 단위체를 구성하고 있다.
(c) 진핵생물의 아연손가락 단백질 단량체, (d) 진핵생물의 루신 지퍼 단백질 2량체. 코일은 $\alpha$나선을, 리본은 $\beta$구조를 나타낸다.

힘-나선(helix-turn-helix) 배열을 하고 있다. 이 같은 접힘 형식으로 인하여 그 단백질이 주홈에 끼어 들어가며 부홈에 있는 특정 염기들과 상호작용이 가능하다.

복합체를 좀 더 자세히 살펴 보면 (이 그림에서는 세부적인 것은 충분히 보이지 않지만), 각 Cro 단량체의 아미노산들은 DNA 염기들과 수소결합을 형성할 수 있도록 위치해 있어서, 결합의 특이성을 제공한다. 앞 쪽의 6번에서 언급한 바와 같이 이들은 또한 인산기와 정전기적 상호작용을 한다.

진핵생물에도 비슷한 역할을 하는 DNA-결합 단백질들이 밝혀져 있다. 그 중에는 복잡한 접힘 양상이 아연 이온에 의해서 안정화된 것도 있다 (그림 5-13(c)). 이들 단백질군은 아연 손가락(Zinc finger) DNA-결합단백질이라고 한다. 진핵생물에도 2량 소단위체 구조의 DNA-결합단백질이 있으며 이를 루신 지퍼 (Leucine zipper) 단백질이라고 한다 (그림 5-13(d). 이 단백질들의 소단위체는 루신 곁사슬의 소수성 상호작용으로 결합하고 있다.

이와 같은 부가적인 결합은 DNA-단백질 복합체의 결합을 더욱 강화시킨다. 그러므로, DNA와 이에 결합하는 단백질들은 진정한 고분자 복합체를 형성한다. 이들 단백질이 없다면 DNA의 기능적인 범위는 극히 제한될 것이다.

**핵심개념**
**"고분자 복합체" 개념**
연합 작용을 통하여 단백질과 핵산의 기능적 범위나 레퍼토리가 확대된다.

## 생체막

생체막은 주로 단백질과 지방으로 구성된 조직화된 집합체이다. 모든 생체막의 구조는 많은 공통적인 특성을 가지고 있으나, 서로 다른 막의 다양한 기능을 위해 막들 간에는 약간의 차이점은 있다.

막의 기본적인 기능은 환경으로부터 세포 내용물을 분리하는 것이다. 그러나 세포는 필수적으로 항상 주변으로부터 영양물을 섭취해야 한다. 그러기 위해서는 세포를 둘러싼 막은 투과성이 있어야 한다. 그렇다 하더라도 막의 투과성은 선택적이어야만 하며, 이로 인해 세포 내 화합물의 농도가 조절될 수 있다. 그렇지 않으면 세포 내의 물질 농도는 세포 외부와 차이가 없을 것이다. 선택적 투과는 대부분의 세포 내외 물질의 자유로운 이동을 제한하고, 분자 펌프, 채널 (channel), 문 (gate)에 의해 특정 물질들의 수송만을 허용하므로 가능하게 된다. 외부의 막은 또한 신호 기능을 가지고 있다. 예를 들어, 외부의 막은 호르몬 같은 신호 물질에 대한 수용체를 가지고 있는 경우가 많다. 또한 외부의 막은 신경 세포에서처럼, 전기적 흥분을 전도하는 역할을 하기도 한다.

세포 내에도 여러 종류의 막들이 있다. 이러한 막들은 다양한 세포내 구성 요소를 구획할 뿐만 아니라, 특정 분자들이 흡착하여 다른 흡착된 분자와 화학 반응을 일으킬 수 있는 표면을 제공한다.

막이중층

그림 5-14는 적혈구를 둘러싼 막의 단면을 보여주는 전자현미경 사진이다. 이 막의 가장 주목되는 특징은 두 층으로 구성되어 있다는 것이다. 이를 **막이중층** (membrane bilayer)이라고 한다. 이 구조는 막을 구성하는 지질의 화학적 성질에 기인한 것이다. 많은 종류의 막 지질이 있지만, 그 중 가장 흔한 것이 인지질이며 이는 극성의 인산 함유군과 2개의 긴 비극성 탄화수소 사슬로 구성되어 있다. 그림 5-15는 인지질의 입체 모델과 도해를 나타낸 것이다. 이 분자의 핵심적인 특징은 극성의 "머리" 군에 탄화수소 "꼬리"가 붙어 있다는 것이다. 분명한 극성 부분과 비

극성 부분을 가지는 이러한 분자를 **양친매성** (amphipathic) 분자라고 한다. 물속에서는 양친매성 분자는 자발적으로 집합하게 되는데 이는 극성 "머리" 만이 극성 용매인 물분자와 상호작용을 하기 때문이다. 탄화수소 꼬리들은 소수성 (물을 싫어하는) 상호작용, 즉, 물분자와 상호작용을 할 수 없기 때문에 함께 모이게 된다.

단일 종류의 인지질을 사용하여 합성한 인공막 주머니에 다양한 작은 분자들을 넣고 투과 실험을 한 결과 인지질 이중막은 모든 종류의 이온이나 극성이 강한 분자에 대해서는 불투과성을 보였다. 그렇다면 이러한 분자들은 어떻게 세포의 안팎으로 드나들 수 있는 것일까에 대한 의문이 생긴다. 이는 자연적인 생체막이 대부분의 비극성 분자뿐만 아니라 극성인 부분을 가진 모든 분자들을 수송하는데 관여하는 특정 단백질을 가지고 있기 때문이다.

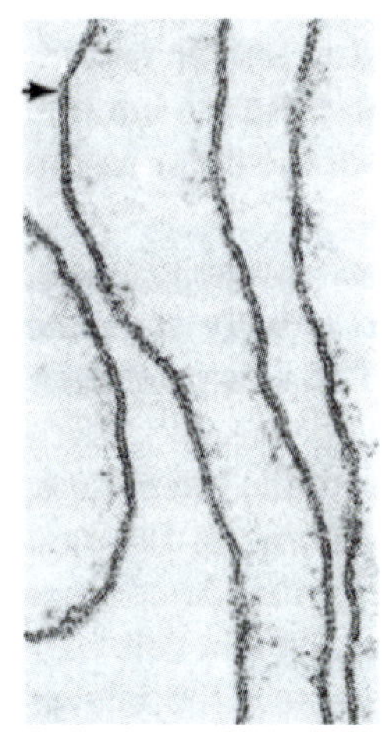

그림 5-14 적혈구에서 분리한 세포막의 전자현미경 사진. 단일막을 화살표로 표시하였다.

## 다양한 단백질이 막에 결합하고 있다

막단백질의 종류에는 단백질의 전부 혹은 일부분이 막내에 들어가 있는 **내재성 막단백질** (integral membrane protein)과 막 표면에 있거나 내재성 단백질과 결합하고 있는 **외재성 단백질** (peripheral protein)의 두 종류가 있다. 세포막 질량의 50%를 차지하고 있는 것이 단백질이다. 각 유형의 세포들은 막에 관련된 몇 종류의 특이한 단백질들을 가지고 있으며, 세포의 기능은 그 구성요소에 의해서 부분적으로 정의된다. 막은 세포질의 구획, 세포골격 요소의 위치고정, 세포 및 핵의 선택적 물질수송, 세포간의 연결, 세포간의 신호전달과 같은 다양한 과정에서 중요한 역할을 한다. 그러므로 세포막의 단백질 조성 또한 복잡할 것이 예상된다. 그림 5-16은 적혈구 세포막의 전자현미경 사진으로 이 그림에서 내재성 막 단백질을 볼 수 있다. 막의 바깥 표면은 평평한데 비해 내부는 많은 구상 단백질 분자들로 덮혀 있다.

여러 가지 방법의 물리적 측정에서 내재성 막 단백질은 이중층에서 자유롭게 측면으로 확산할 수 있는 것으로 나타났다. 이 때 운동의 정도는 지질막의 유동성에 의해 결정되는데, 이는 막에 있는 특정 인지질들의 탄화수소 꼬리들 간에서 이루어지는 반데발스 인력과 관계가 있다. 막 구조의 **유동 모자이크 모델** (fluid mosaic model, 그림 5-17)은 이러한 특성을 반영한 것이다. 이는 또한 막 단백질들이 자발적으로 막의 한쪽면에서 다른쪽으로 회전 (flip-flop)하지 못함을 보여준다. 내재성 막 단백질은 그림 5-17에서 보듯이 극성 영역과 비극성 영역을 모두 가지고 있기 때문에 자발적으로 회전하지 못한다. 외부에 노출된 표재성 단백질의 영역은 극성을 띠고 있고 내부의 영역은 비극성이기 때문에 안팎으로의 회전이 이루어지려면 이 극성 영역이 이중층의 비극성 중심을 통과하여야 한다.

내재성 막 단백질의 하위 부류인 **막관통** 단백질들 (transmembrane proteins)은 인지질 이중층의 중심부에 박혀 있다. 이러한 단백질은 실제로는 막을 관통하고 있다. 그러므로 "막관통"이라는 용어를 쓴다. 그림 5-18은 막 내에서 이들 막관통 단백질의 배열을 보여 주고 있다.

막의 양면에는 다른 단백질들이 돌출하고 있으므로, 막은 세포의 경우 안쪽과 바깥쪽이 비대칭이다. 이 비대칭성이 세포로 들어가거나 세포에서 나오는 분자들의 이동 방향을 결정한다.

이중층을 가로지르는 분자들의 수송 방식에는 여러 가지가 있지만 그 중 몇가지에 대해서만 설명하기로 한다. 한 방식은 막을 가로지르는 채널들을 이용하는 것이다.

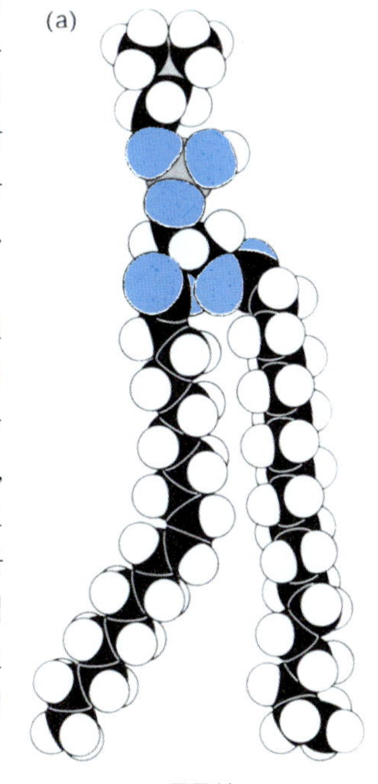


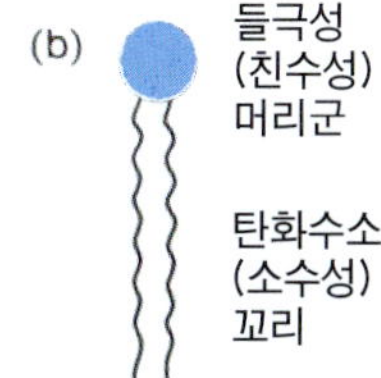


그림 5-15 (a) 인지질인 포스파티딜콜린의 입체구조 모형. (b)와 (a)와 같은 인지질이나 당지질 분자의 주요 특징들

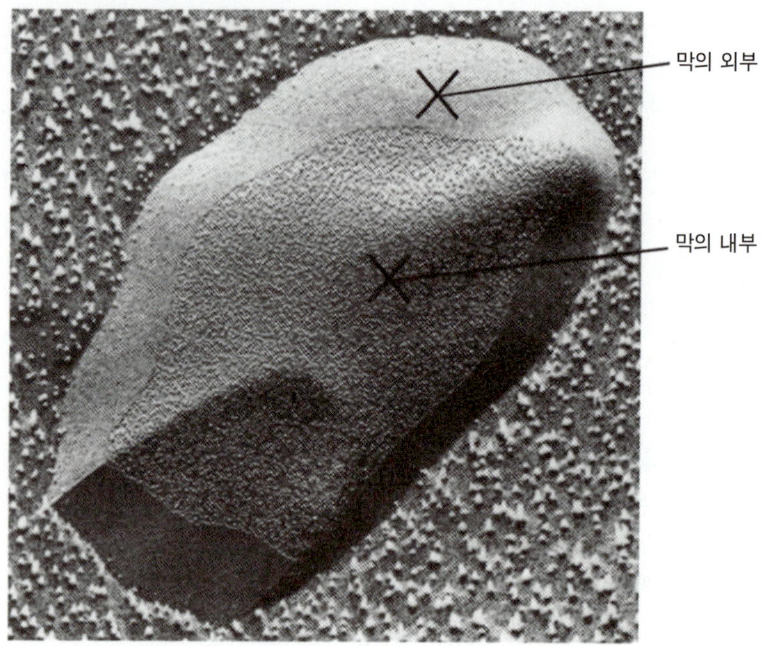


그림 5-16 적혈구 세포막의 전자현미경 사진. 막을 길이로 쪼개어서 들어난 막 내부에 지름 7.5 ㎚ 정도의 많은 구상 입자들이 들어 있다. 이들 입자를 내재성 막 단백질이라 한다.

이러한 채널들은 일반적으로 내재성 막 단백질들을 거치는 통로이다. 통로의 기능이 극성 물질을 통과시키는 데 있는 경우, 통로는 많은 극성 아미노산들을 가지고 있을 것이다. 채널들은 때때로 막 단백질의 구조 변화라는 방법에 의해 열리거나 닫힐 수 있다. 이와 같은 채널들은 신경세포막에서 발견된다. 열렸을 때는 나트륨 이온들의 유입을 허용하게 되고 그 결과로 세포의 전기적 특성이 변하게 된다. 다른 수송체계에서는 화학적 반응을 이용하여 수송될 물질을 막을 통과할 수 있는 형태의 분자로 전환시키고, 이를 통과시킨 후에 막의 다른 쪽에서 원래의 분자로 회복시킨다. 이러한 화학적 기작은 일반적으로 매우 복잡하고 많은 에너지를 소모한다.

인지질 이중층에 함유된 단백질의 종류가 서로 다른 종류의 세포막의 기능적 특성을 대략적으로 결정하기 때문에, 이들 단백질의 특성을 결정하는 방법들이 개발

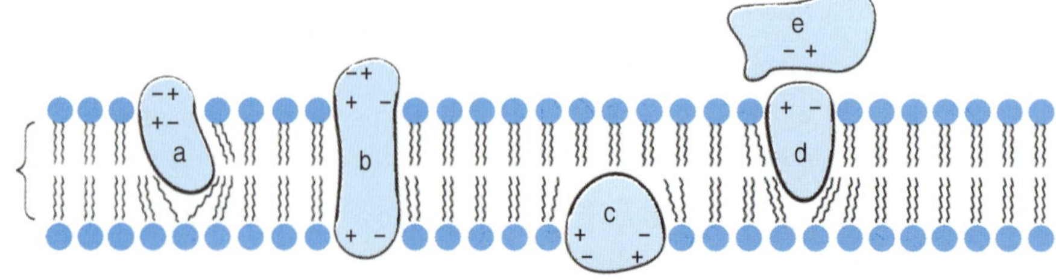


그림 5-17 유동 모자이크 모델에 따른 막의 구조. (a)-(d) 네개의 내재성 막 단백질들이 각 단백질의 소수성 표면 (굵은선)은 막 내에, 극성 영역 (+, -로 표시)은 바깥쪽에 분포하는 방식으로 인지질막에 다양한 모양으로 박혀 있다. 외재성 단백질 [예 (e)]은 표면에 있고 내재성 막 단백질의 극성 영역에 결합하고 있다. 내재성 막 단백질은 측면으로 유동할 수 있으나 안팎으로의 회전을 할 수는 없다.

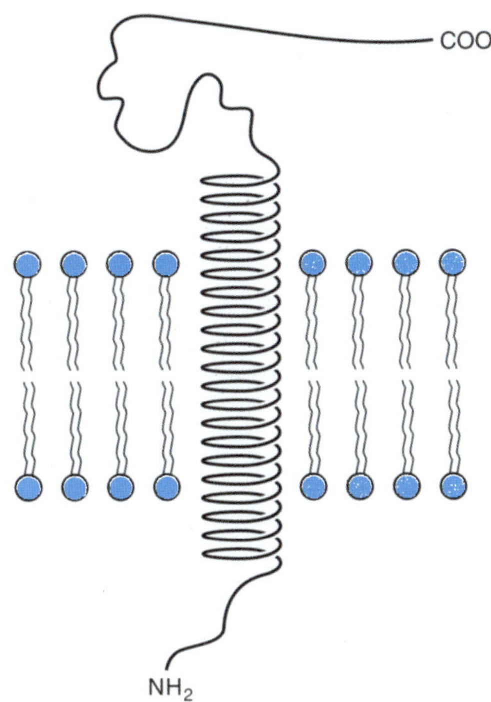


그림 5-18 그림 5-17의 (b)와 같은 막관통 단백질은 지질 이중층을 관통하는 α-나선을 가지고 있다. α-나선은 소수성 아미노산을 가지고 있어 막의 소수성 중심과의 상호작용을 원활하게 한다.

되어 왔다. 일반적으로 막을 녹이는데에는 세척제가 사용되어 왔으며, 이를 이용하여 막 단백질들을 분리한다. 그리고 나서 이 단백질들은 젤 전기영동과 같은 방법을 사용하여 특징을 분석한다 (제2장).

**핵심개념**

**"연결" 개념**

세포가 필요로 하는 외부와의 연결 및 소통은 다양한 막 단백질의 활동을 통해서 이루어진다.

## 세포골격 요소

단백질 섬유의 복잡한 네트워크는 진핵세포 막의 내부에 고정되어 있다. 이들 섬유는 계속적으로 재조직되며 역동적인 상태로 존재한다. 그러므로 이들은 세포의 모양, 운동성, 세포내 다양한 구조물의 이동에 관여한다. 대부분의 진핵 세포에는 3종류의 세포 골격 요소를 가지고 있다. 이들 각각은 고분자 복합체로서, **액틴 섬유**(actin filament)는 액틴 단백질 소단위의 중합체로 구성되어 있고, **미세소관**(microtubules)은 튜불린 소단위의 집합으로 구성되어 있으며, **중섬유** (intermediate filaments)는 섬유상 단백질의 다발로 구성되어 있다.

이러한 세포 구성 요소들은 세포 내에서 가장 거대한 단백질 복합체이다. 많은 경우 이들은 다양한 현미경법으로 관찰할 수 있다(예; 그림 5-19).

## 미래의 실질적 응용

세포 내에 기생하는 말라리아 병원체인 플라스모디움 (*Plasmodium*)으로 인해 전세계적으로 매 해마다 약 이백만명의 어린이가 사망한다. 이 기생균은 글리코포린 (*glycophorin*)이라는 특정 막관통 단백질 (그림 5-18)에 결합하여 적혈구로 들어간다 (그림 5-16). 기생체 표면의 한 구성 물질로 적혈구 표면의 글리코포린에

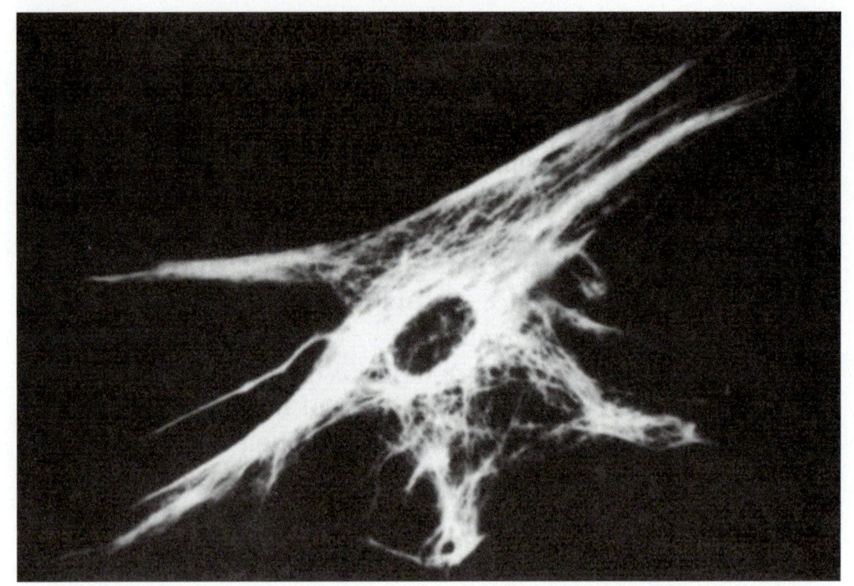

그림 5-19 형광 항체로 염색한 세포의 광학 현미경 사진. 세포질에 중섬유들의 분포를 보여준다. 이 중섬유는 핵에는 분포하지 않는다.

기생체를 부착시키는데 관여하는 것도 하나의 막관통 단백질이라는 것이 최근에 밝혀졌다. 그러므로 단백질-단백질 상호작용이 감염 과정을 매개한다.

많은 연구가 이러한 상호작용을 막기 위한 약물이나 벡신의 설계에 목표를 두고 있으며, 이를 통하여 말라리아를 발병시키는 숙주-기생체의 상호작용을 봉쇄하고자 한다.

## 요 약

*E. coli* 염색체 (핵양체라고도 함)는 하나의 초나선 환형 DNA로 여러 지점에서 조밀한 단백질로 구성된 비계에 부착되어 있다. DNase 효소를 이용하여, DNA가 100여 개의 지점에서 비계에 결합하고 있음이 밝혀졌다. 또한 박테리아의 염색체는 초나선 DNA 형성에 관여하는 효소인 DNA 지라아제가 결합하는 위치를 100여 개나 가지고 있다. 진핵세포의 게놈의 조직은 한 세포 내에 한 개 이상의 염색체가 있고, 밀집된 정도가 매우 크다는 데서 차이가 난다. 진핵세포 염색체에서 DNA 분자는 첫째로 히스톤이라고 하는 단백질 분자와 복합체를 이룬다. 히스톤은 리신과 아르기닌이 풍부하여, 인산기와 정전기적인 작용을 통해 DNA와 결합한다. 염색질이라고 하는 DNA-히스톤 복합체는 실에 꿰인 구슬 모양을 하고 있다. 이 구슬은 히스톤 H2A, H2B, H3, H4가 각각 두 분자로 구성된 팔량체 원반에 해당하며 그 주위를 DNA의 146 개 염기쌍이 감고 있다. 이 핵심 입자를 잇는 DNA를 연결 DNA라고 하며, 이에 히스톤 H1이 결합하고 있다. 염색질은 꼬여서 1회전에 6개의 누클레오솜을 가지는 솔레노이드를 형성한다. 이것이 다단계로 접히고, 비히스톤 염색체 단백질과 복합체를 이루어 매우 조밀한 진핵세포 염색체를 형성한다.

폴리머라아제, 일부 누클레아제, 조절 단백질같은 일부 단백질은 DNA 분자의 특정 염기 서열에 결합한다. 서로 다른 단백질들이 각기 서로 다른 서열에 결합하지만, 이들 단백질은 여러가지 공통적인 특징을 가지고 있다. 즉 결합하는 단백질과 DNA 서열은 이중 대칭성을 가지고 있으며, 접촉은 DNA 분자의 한쪽 면에서만 이루어지고, 단백질의 $\alpha$-나선은 주홈에 들어가 아미노산-염기 상호작용을 가능케 한다.

생체막은 양친매성 인지질로 구성된 이중층 구조이다. 생체막은 주변의 대부분 분자에 대하여 비투과적이다. 막에는 많은 단백질들이 결합해 있으며, 내재성 막 단백질은 부분적으로라도 막 내부에 위치하는 반면, 외재성 단백질은 막 표면에서 발견되며 내재성 막 단백질에 결합하고 있다.

## 연습문제

1. 염색체에서 누클레오솜, 중심 입자 및 히스톤 팔량체 원반의 차이는 무엇인가? 또한 이들 중 H1과 직접적인 연관을 갖는 것은 어느 것인가?
2. 원핵생물보다 진핵생물에서 DNA의 조밀 정도가 더 큰 이유는?
3. DNA가 다양한 단계의 조밀한 구조로 존재하는 이유는 무엇인가?
4. 진핵생물의 세포주기 중에서 DNA가 가장 응축되어져 있을 것이라고 생각되는 시기와 반대로 가장 덜 응축되어져 있을 것이라고 생각되는 시기는? 그렇게 생각하는 이유는?
5. Cro 단백질에서, DNA 분자의 염기들과 접하는 아미노산들을 포함하고 있는 두 개의 $\alpha$-나선은 서로 얼마나 멀리 떨어져 있는가?
6. 막을 관통하는 내재성 막 단백질의 극성인 부위와 비극성인 부위는 어디에 있는가?
7. 지질 이중층 구조를 안정화시키는 비공유결합은 무엇인가?

## 문 제

1. DNA분자의 길이가 2.4 cm라고 하자. 이 DNA가 가장 응축된 상태에서 누클레오솜의 수는 몇개일까? (단, 연결 DNA는 60개의 염기쌍으로 되어 있다.)
2. 어떤 DNA-단백질 복합체를 2M NaCl로 처리하였더니 단백질이 DNA로부터 분리되었다. 이 복합체를 핵산분해효소와 단백질 분해효소로 처리하였더니 유리된 누클레오티드와 아미노산들만이 남았다. 그렇다면 이 단백질이 DNA에 결합하는 데에 관여하는 주된 상호작용의 형태는 무엇인가?
3. 또 다른 어떤 DNA-단백질 복합체를 분리해 내었다고 하자. 여기에 2M NaCl을 처리하여도 이 복합체는 분리되지 않는다고 한다. 또한 이 복합체를 핵산분해효소, 단백질 분해효소로 처리하였더니 유리된 누클레오티드, 아미노산들 이외에 유리된 누클레오티드도 아미노산도 아닌 한 요소가 발견되었다. 이 요소의 정체는 무엇이겠는가? 또한 단백질-DNA의 결합에는 무슨 상호작용이 있겠는가?
4. 어떤 DNA-결합 단백질이 이중사슬 DNA과는 강한 결합을 하지만 외사슬 DNA과는 매우 약하게 결합한다. 이 단백질은 모든 염기 서열들에 대해 같은 친화력을 가지고 있으나 1M NaCl에서는 결합이 아주 미미하다. DNA 분자의 어떤 부분이 결합 부위겠는가?
5. 아크리딘 분자들은 염기쌍 사이에 끼어들어감으로서 DNA에 결합한다. Cro 단백질과 DNA를 섞으면 Cro-DNA 복합체가 형성된다. Cro 단백질과 섞이기 전에 DNA에 아크리딘을 먼저 첨가하였다면 어떤 일이 일어날까?

## 개념문제

1. 원핵생물은 히스톤을 안 가지고 있지만 고세균은 가지고 있다. 진핵생물 진화의 역사를 이해하는데 있어서 이 같은 사실이 시사하는 바는 무엇인가?
2. 막 단백질들의 안팎 회전이 거의 이루어지지 않는다는 사실이 어떤 이유에서 세포에 이로운지를 설명하라.
3. 세포에서 이루어지는 대부분의 기능들은 작고 단순한 분자들에 의해서 수행되는 것이 아니라 고분자들의 상호작용이나 여러 고분자들이 복합체 집단을 통해서 수행되는 이유를 생각해 보라.

# 제2부

# 고분자의 기능

**단원 학습목표**

1. 유전기작에 관한 기초 지식
2. DNA가 유전물질임을 입증한 실험적 증거
3. 유전정보의 저장, 전달, 안정성 및 돌연변이를 포함한 유전물질로의 DNA의 성질

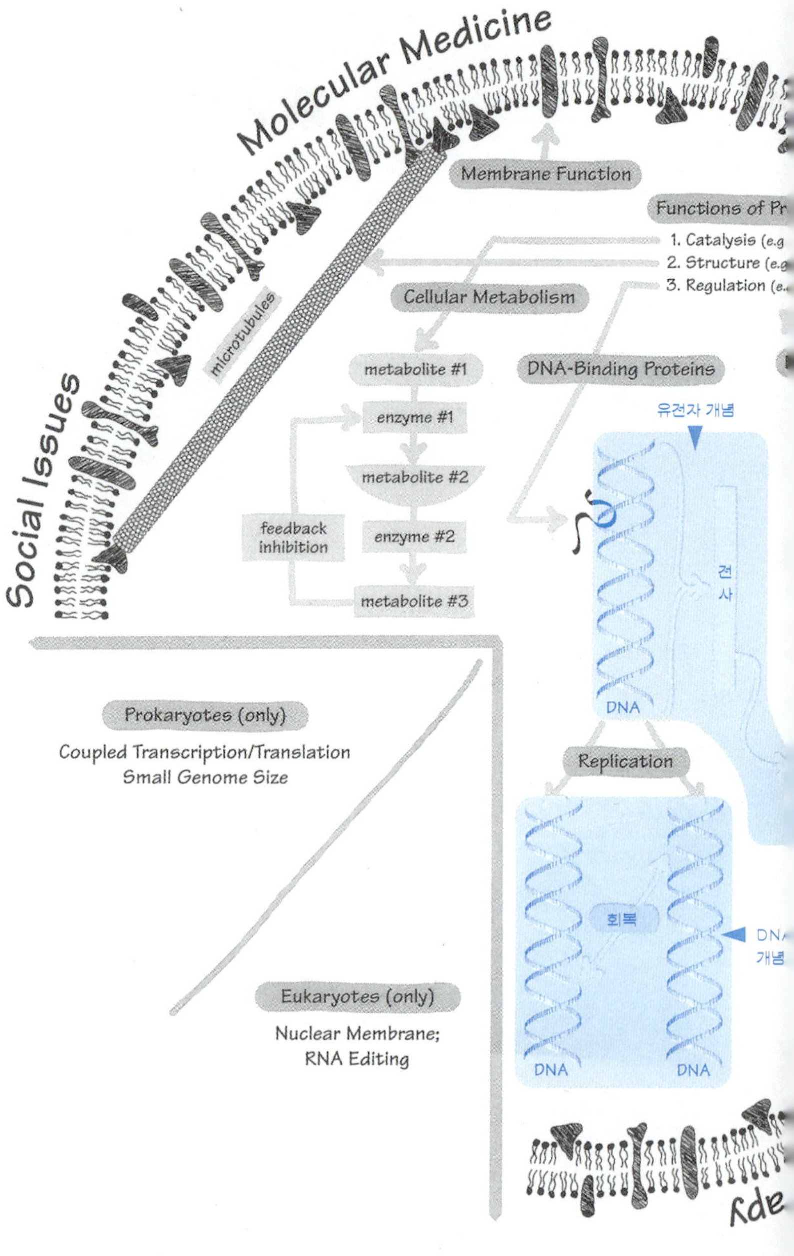

Molecular Medicine

Social Issues

microtubules

Membrane Function

1. Catalysis
2. Structure
3. Regulation

Cellular Metabolism

metabolite #1

enzyme #1

metabolite #2

enzyme #2

metabolite #3

feedback inhibition

DNA-Binding Proteins

유전자 개념

DNA

Replication

회복

DNA

DNA

Prokaryotes (only)

Coupled Transcription/Translation
Small Genome Size

Eukaryotes (only)

Nuclear Membrane;
RNA Editing

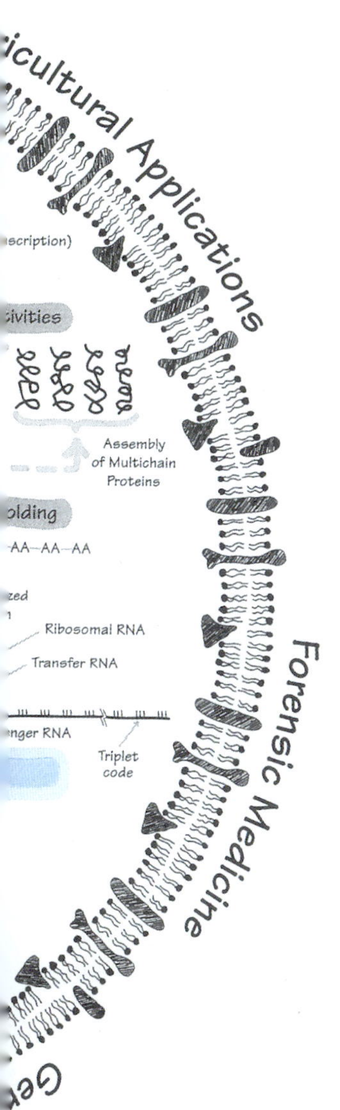


# 유전물질

지금까지 (제 1장-제 5장) 우리는 DNA, RNA, 및 단백질의 물리?화학적인 특성에 대하여 배웠다. 이런 지식은 분자생물학을 이해하기 위해 반드시 필요하지만, 이런 지식만으로는 이들 거대분자의 순수한 물리적인 특성을 이들이 생물체 내에서 수행하는 기능과 연결시킬 수 없다. 이제부터 핵산의 생명체의 유전물질로의 기능을 시작으로 거대분자들의 생물학적 기능에 대해 살펴보기로 하자.

한 생물의 유전물질은 이 생물의 유전적인 특성을 결정짓는 정보를 가지고 있는 물질이다. 우리가 곧 알게되는 것처럼, 이 유전정보는 반드시 안정해야하고, 필요에 따라 세포 내에서 발현되어야 하며, 정확히 복제되어 부모에서 자손으로 거의 변화없이 전달되어야 한다. 대부분의 생물은 DNA를 유전물질로 사용하나, 일부 파아지 및 일부 동·식물 바이러스는 RNA를 유전물질로 가진다. 여기에서 우리는 다음의 두 가지 중요한 질문을 할 수 있다: ① DNA가 유전물질임을 어떻게 알았는가? ② DNA의 어떤 특성이 DNA를 거의 모든 생물에서 유전물질로 사용될 만큼 이상적인 유전물질로 만드는가? 이 장에서 우리는 DNA가 유전물질임을 보이고 또 이 과정에서 분자유전학의 기초를 세운 고전적인 실험에 대해 논의하고, 유전물질이 가져야할 필수적인 성질 및 DNA가 어떻게 이런 요구조건을 만족시키는 가에 대하여 공부하려 한다.

## 유전기작에 대한 초기관찰

분자생물학이 정식으로 시작되기 훨씬 오래 전부터 과학자들은 세포를 무생물과 구분하는 특징, 즉 살아있는 세포의 특징에 대해 더 많은 것을 알기 위해 노력하였다. 19세기 중엽에서 후엽에까지 수행된 많은 연구는 세포의 핵이 독특한 성질을 갖고 있으며 유전에 필수적인 기능을 수행할 가능성을 제시하였다. 이런 초기의 연구가 현미경을 이용하여 관찰이 용이한 진핵세포를 이용하여 이루어졌음을 기억하는 것은 중요하다. 이때에 알려진 중요한 발견 중의 몇 가지는 다음과 같다.

1. *핵의 화학적 성분의 특이성:* 1869년에 Friedrich Miescher는 사람의 백혈구의 핵에는 특이한 화합물-다량의 인 (Phosphate)을 가지고 있으며, 단백질과 달리 황 (Sulfur) 성분은 없는-이 존재함을 보고하였으며, 이 물질을 누클라인 (Nuclein)이라 명명하였다. 이 화합물은 후에 DNA로 밝혀졌다.
2. *수정 과정에서 정자의 핵과 난자의 핵의 융합에 의해 접합자 (Zygote)가 형성되며, 이 접합자는 성숙한 개체로 발생하는데 필요한 모든 유전정보를 갖고 있다.*
3. *세포의 핵에는 염색체들이 존재한다. 정확한 염색체의 수와 형태는 종에 따라*

*다르나, 같은 종에 속하는 정상적인 개체들은 같은 수와 형태의 염색체를 갖는다.*

4. *염색체는 세포분열 전에 복제되며 각 복제된 염색체들은 두 딸세포에 하나씩 나뉘어 진다 (체세포분열, Mitosis).* 따라서 각 딸세포는 모세포와 동일한 수와 형태의 염색체를 갖게된다.
5. *유성생식을 하는 생물체가 염색체의 수를 동일하게 유지하기 위해서, 배우자(Gamete)형성기간에 염색체의 수가 반으로 감소한다 (생식세포분열, Meiosis).* 따라서 수정에 의해 정자와 난자가 결합한 접합자의 염색체 수는 원상태로 돌아가게 되며, 따라서 한 개체는 양친에게서 염색체를 반씩 받게된다.
6. *이런 염색체 유전 양식은 Gregor Mendel (1865)이 발표한 유전형질의 유전과 동일하다.*
7. *성이나 눈의 색과 같은 표현형질의 유전은 특정한 염색체의 유전과 연관되어 일어난다.*

이러한 결과에 의해, 과학자들은 세포의 핵이 유전에 매우 중요한 기능을 수행하고, 핵이 염색체를 포함하고 있으며, 염색체의 부모에서 자손으로의 전달양식이 특정형질의 유전과 동일하게 일어남을 알고 있었다. 그러면 과연 염색체의 어떤 성분이 유전정보를 가지고 있는가를 밝히기 위한 첫 단계로 핵과 염색체의 화학적인 분석이 진행되어 누클라인이 단백질과 결합되어 *핵단백질* (Nucleoprotein)의 형태로 존재한다는 것이 밝혀졌다. 이어 분석기술이 발달함에 따라 누클라인 자체에 대한 분석이 가능하게 되어 누클라인이 4종의 누클레오티드 (Nucleotide)로 구성되어 있음이 밝혀졌다.

핵산과 단백질 중 어떤 물질이 유전물질인가에 대하여 그 당시의 많은 과학자들은 유전되는 형질이 극도의 다양성을 나타내므로, 유전자도 마찬가지로 구성과 구조가 매우 다양할 것이라는 추정에 근거하여 유전물질은 아마도 단백질일 것이라고 생각하였다. 왜냐하면, 우리가 이미 제 4장에서 배웠듯이, 단백질은 아미노산의 조성, 크기, 그리고 형태가 매우 다양한데 비해, 단지 4종류의 누클레오티드로 이루어진 핵산은 유전정보를 전달하는데 필요한 복잡성이 결여되어 있다고 생각하였기 때문이다. 실제로 1910년경에는 Phoebus Levene에 의해 DNA분자의 구조에 대한 4-누클레오티드 (Tetranucleotide) 모델 (그림 6-1)이 제기되어 일반적으로 받아들여지고 있었다. 이 모델은 DNA를 각 하나씩 4종의 누클레오티드 (A, G, T, C)가 결합된 비교적 간단한 분자로 묘사하고 있었다. 결과적으로 많은 과학자들은 단백질들이 유전정보를 저장하고 전달하는데 이론적으로 타당한 물질이라고 생각하였으며, DNA는 이들 유전정보를 가진 단백질들을 염색체 상에서 서로 결합하여주는 구조적인 역할을 한다고 생각하였다. 그러나, 오늘날 현대생물학에서는 DNA가 유전물질이라는 사실은 당연한 것으로 받아들여지고 있다.

## 분석적인 사고를 위한 역사적인 고찰

앞으로 우리는 유전자가 DNA와 같은 물질로 구성되었다는 사실을 받아들이는데 기념비적인 역할을 수행한 실험에 대하여 배울 것이며 이 실험 중의 일부는 65년 전에 수행된 것도 있다. 이런 실험들은 역사적인 중요성 뿐 아니라, 이 실험에 대하여

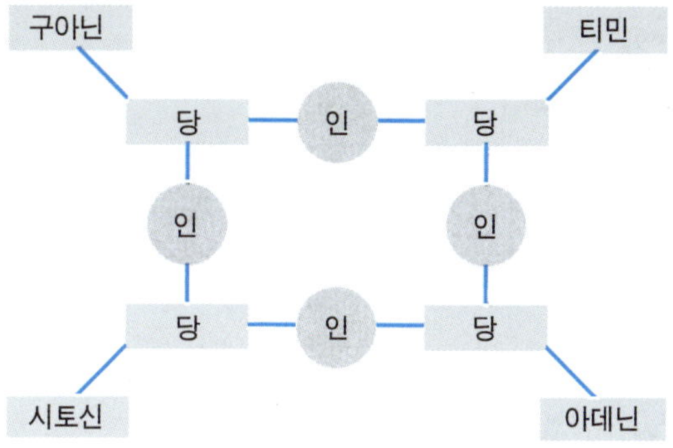


그림 6-1 DNA의 구조로 제안된 tetranucleotide의 가상구조.

공부하는 과정에 여러 학생들이 비판적인 사고력의 배양과 함께 과학적인 방법의 응용 및 실험결과의 분석에 대한 통찰력을 얻는데 도움이 될 것이다.

# DNA가 유전물질임을 규명

## 형질전환 실험

DNA가 유전물질이라는 것에 대한 인식의 발달은 사람의 폐렴균-*Streptococcus pneuminiae,* 또는 *Pneumococcus*-의 병원성에 대한 연구를 수행하던 Fred Griffith의 관찰에 의해 시작되었다. 이 세균의 병원성은 이 세균을 인체의 방어작용으로부터 보호하기 위해 둘러싸고 있는 다당류로 이루어진 껍질 (Capsule)의 존재 유무에 의해 결정된다고 알려져 있었다. *S. pneumoniae* 중, 이 다당류 껍질을 가진 균주는 고체배지에서 표면이 매끄러운 (Smooth-edged, S) 군체를 형성한다 (S-형). 이 세균을 생쥐에 주사하면, 쥐들은 폐렴에 의해 죽고, 이들 죽은 쥐의 혈액에서 살아있는 S-형의 *S. pneumoniae*가 검출되었다 (그림 6-2a). 이들 다당류의 껍질을 만드는 *S. pneumoniae*는 다당류의 화학적 조성에 따라 여러 종류 (I-S, II-S, III-S 등)로 분류할 수 있으며, 이런 다당류의 껍질을 만들 수 있는가의 여부와 만드는 다당류의 종류는 유전적인 형질에 의하여 결정된다. Griffith는 고체배지에서 표면이 거친 (Rough, R) 군체를 형성하는 *S. pneumoniae*의 돌연변이 균주를 발견하였는데 (R-형), 이 돌연변이 균주는 다당류의 껍질을 만들지 못하였으며, 쥐에서 폐렴을 일으키지 못하였다 (그림 6-2b). S-형 균은 돌연변이에 의하여 R-형으로 바뀌거나, 또는 반대로 R-형이 S-형으로 전환되는 경우가 관찰되나, 이런 돌연변이는 언제나 특정한 종류의 껍질을 만들거나 또는 만들지 못하게 되는 경우로 제한된다. 즉, II-S 가 돌연변이에 의해 II-R로 되거나 또는 그 반대 현상은 관찰되었으나, III-S가 II-R로 돌연변이가 일어나거나 또는 II-R이 III-S로 되는 돌연변이는 관찰되지 않았다. Griffith가 S-형의 세균을 가열하여 죽인 후, 쥐에 주사한 실험에서는 이 쥐들은 폐렴에 걸리지 않았다 (그림. 6-2c). 그러나, Griffith는 열처리하여 죽인 S-형 (III-S)세균을 살아있는 R-형 (type II-R)세균과 섞은 후, 쥐에 주사하면, 일부 쥐가 폐렴에 의해 사망하는 것을 관찰하였으며, 이렇게 폐렴에 걸려 죽은 쥐에서는 열처리에 의해 죽은 것과 동일한 S-형 (III-S)이 검출되는 것을 관찰하

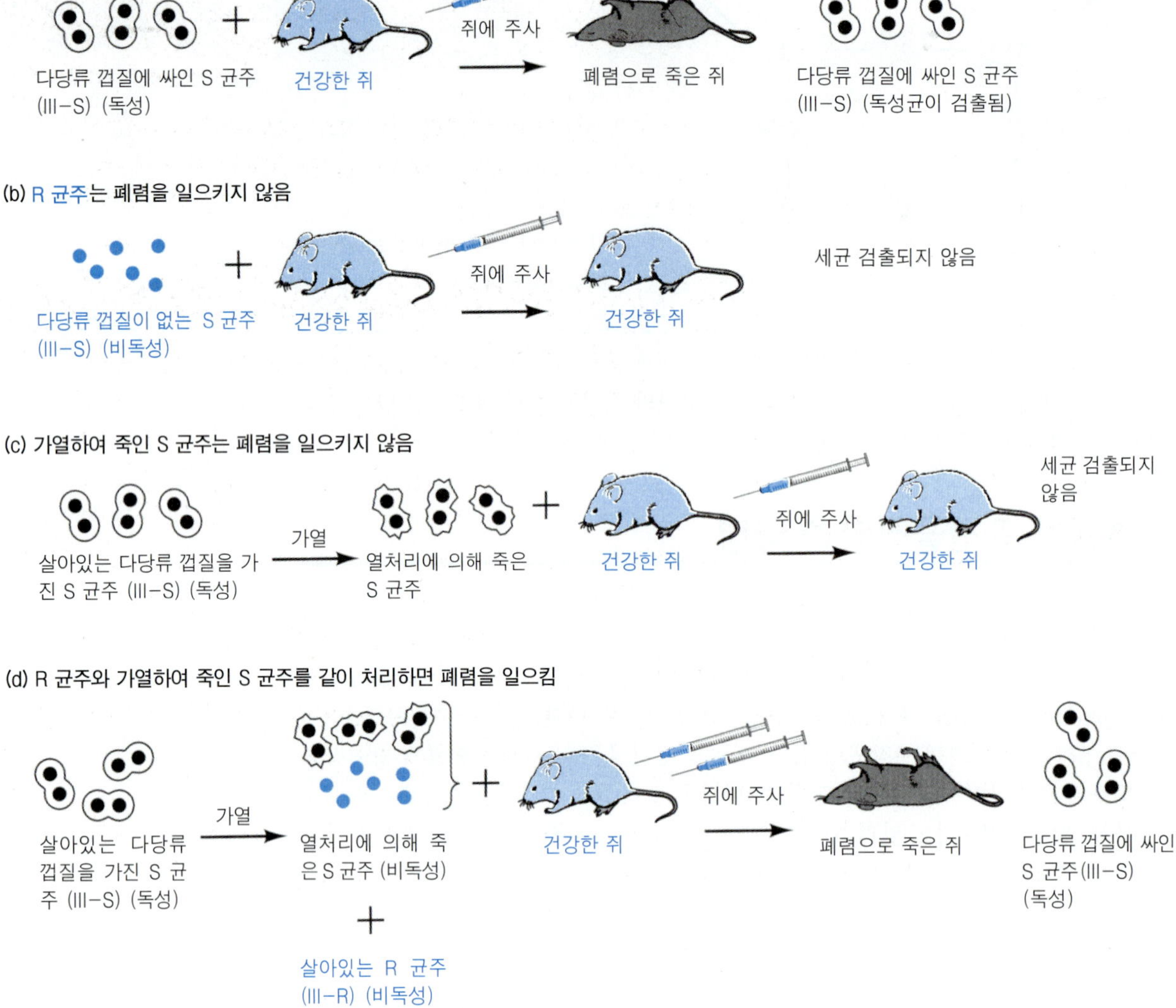


그림 6-2 세포추출물에 의해 비병원성 세균이 병원성 세균으로 전환됨을 보인 Griffith의 실험

였다. 이런 결과는 검출된 S-형의 세균이 주사한 R-형 (II-R)의 돌연변이에 의한 것이 아니라, 살아있는 R-형이 어떤 이유에 의해 S-형으로 형질이 전환되고, 그리고, 이 형질전환된 S-형 세균이 증식한 결과임을 보여주고 있다. Griffith는 이렇게 형질전환을 야기한 물질을 **형질전환요소** (Transforming Principle)라 불렀다. 그는 이 형질전환요소의 화학적 성분에 대해서는 전혀 몰랐으나, 이 물질이 세균의 껍질생산에 관여하는 단백질이거나, 껍질생산에 필요한 전구물질일 것으로 추측하였다.

형질전환 요소

몇 년 후, 이런 형질전환이 쥐를 매개하지 않고도 일어남이 알려졌다. 즉, 살아있는 R-형과 열처리한 S-형을 섞은 후, 배지에서 배양한 실험에서도 S-형이 검출되는 것이 보고되었다.

이 놀라운 결과에 대한 가능한 설명 중의 하나는 "R-형 세균이 죽은 S-형 세균을 되살렸다" 라는 것이었으나, 이 가능성은 R 세균과 S 세균의 추출물-원심분리와 여과를 이용하여 파괴되지 않은 세포, 세포 찌꺼기, 껍질성분을 제거한 세포 추출물-을 섞은 경우에도 S 세균이 검출되는 것이 확인됨에 따라 제거되었다 (그림 6-3). 이런 실험은 S-형 세균의 추출물에 형질전환요소가 존재하는 것을 보였으나, 이 인자의 성분에 대해서는 밝히지 못하였다.

## DNA가 형질전환요소임이 규명됨

약 15년 후에 Oswald Avery, Colin MacLeod, 와 Maclyn McCarty가 형질전환요소를 S 세포 추출물로부터 부분적으로 순수분리하고, 형질전환능력을 갖는 순화된 추출물에 DNA가 존재하는 것을 보임으로써 형질전환요소를 규명하기 위한 다음 단계의 발전이 이루어졌다. 이들은 세포추출물을 순차적으로 분획하여 그 추출물로부터 단백질, 다당류, 지질, 또는 RNA를 제거하여도 형질전환이 일어남을 밝혔다. 이들은 이런 세포추출물 정제과정의 마지막 단계에서 물리·화학적 특성이 DNA와 동일한 비교적 순화된 점성이 큰 물질을 얻었으며, 이 "정제된 DNA" 를 살아있는 R 세포배양액에 첨가하고 섞은 후, 이 세포들을 한천배지에 배양하여 군체의 형태를 관찰한 결과, 매끄러운 군체가 약 10,000중 하나 정도의 빈도로 나타남이 관찰되었다 (그림 6-4). 이런 변화가 일시적인 것이 아니라 유전적인 변화에 의한 영구적인 것임을 보여주기 위해서, 새롭게 형성된 많은 수의 S-형 군집에서 세균을 채취하여 다른 한천배지에서 배양한 결과 모든 군집이 S-형임을 확인하였다. 다른 한편으로, 원래 혼합물에서 형성된 R 형태 콜로니에서 세균을 채취하여 같은 방법으로 배양한 경우에는 R세균만이 계속해서 자랐다. 따라서, R군집에 있는 세균은 R-형의 특징을 갖고 있으며, S콜로니에는 모두 S-형 세균만이 있음을 알게 되었다.

이 시점에서 Avery와 그의 동료들은 형질전환요소가 DNA라고 절대적으로 확신하지는 못하였다. 그 이유는 형질전환을 일으키는 세포추출물 분획의 주성분이 DNA임은 확실하지만, 이 분획에는 여전히 적은 양이지만 RNA가 존재하고 있었으며, 이

S 균주로부터 형질전환 요소의 준비

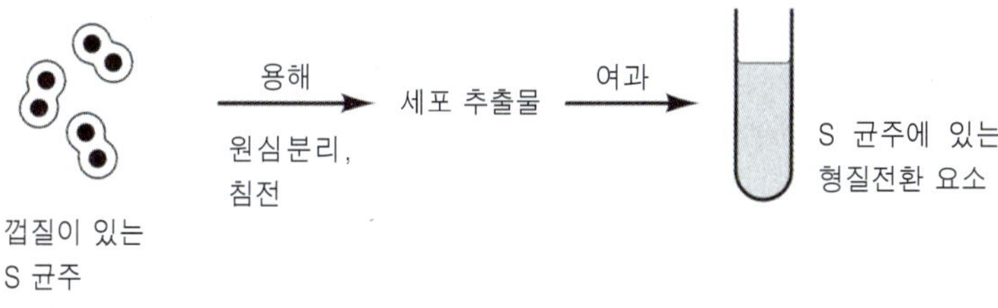


R 균주에 형질전환 요소 평가

그림 6-3 형질전환 실험

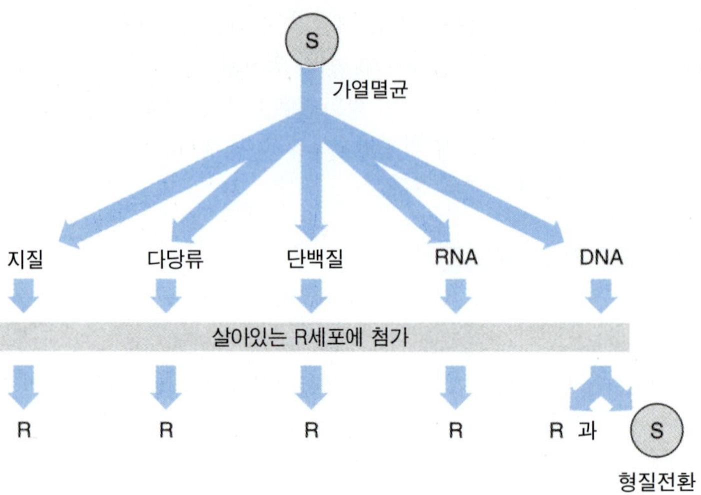


그림 6-4 Avery, MacLoed 및 McCarthy의 정제된 세포추출물 중, DNA를 포함한 성분만이 R-형의 세균을 S-형으로 형질전환시키는 것을 입증한 실험. 1994년에 Lasker 재단은 Maclyn McCarthy 박사(명예교수, Rockefeller 대학교)에게 유전자가 DNA로 되어있다는 사실을 발견한 그의 업적을 기리기 위해 특별상을 수여하였다.

는 단백질 역시 존재할 가능성이 있음을 의미하여, 형질전환이 DNA가 아닌 이 소량의 남아있는 단백질에 의하여 일어난 결과일 가능성을 배제하지 못하였기 때문이다. 이런 비판을 종식시키기 위해 그들은 형질전환이 DNA 단독으로 일어날 수 있는가를 밝히기 위한 부수적인 실험을 수행하였다.

DNA가 단독으로 형질전환을 일으킨다는 증거는 다음 5개의 결과에 의해 제시되었다:

1. 화학적 분석을 통해 분리된 형질전환요소의 주된 성분은 디옥시리보스를 갖는 핵산이었다.
2. 물리적인 실험증거는 형질전환을 일으키는 물질에는 점도가 매우 큰 물질이 포함되어 있으며, 이물질은 DNA의 여러 특징을 갖고 있음을 보여주었다.
3. 순수분리된 형질전환요소를 정제된 단백질분해효소로 처리-트립신 (trysin)이나 키모트립신 (chymotrypsin)단독으로, 때로는 이 두 효소를 함께-하거나 또는 RNA를 분해하는 ribonuclease (RNA 분해효소)를 처리하였을 때, 형질전환 인자의 활성이 유지됨을 실험적으로 입증하였다.
4. DNA를 가수분해하는 효소가 포함된 물질로 형질전환요소를 처리하였을 때, 형질전환 인자의 활성이 상실되었으며, DNA의 특징적인 물리적 성질 역시 파괴되었다.
5. 정제된 형질전환요소를 파괴하는 DNases는 열이나 화학적 처리에 의해 우선적으로 비활성화 되었다. 이렇게 비활성화된 DNase는 DNA를 분해하는 능력과 형질전환 인자를 비활성화시키는 능력을 상실하였다.

## 실험에서 유추된 조심성 있는 결론

위에서 언급한 실험 결과들은 형질전환요소가 실제로 DNA라는 강한 증거를 제시하였다. 그럼에도 불구하고, Avery, MacLeod, and McCarty는 매우 신중히 다음과 같은 결론을 내렸다: *이런 실험적 증거들은 디옥시리보스 형태의 핵산이 Pneu-*

*mococcus Type III의 형질전환요소의 기본적인 단위라는 믿음을 지지한다.* 이들의 결론에서 주목할 점은 그들은 DNA가 살아있는 모든 생물의 유전적 물질이라고 결론 내리지 않은 것이다. 그들은 단지 하나의 특별한 생명체 (*S. pneumoniae*)만을 대상으로 실험하였고, 실제로, 그들의 형질전환 연구는 하나의 유전적 특징-다당류 껍질을 만들어내는 세균의 능력-에 제한되어 있었다. 따라서 그들이 관찰한 현상이 세균에서만 일어나는 독특한 것이거나 또는 특정한 형태의 유전적 변화에만 적용되는 것일 가능성이 여전히 존재하였다. 그들 역시 정제된 형질전환요소의 생물학적 활성이 그들이 정제한 DNA 안의 존재하는 미소량의 오염물질에 의한 것일지도 모른다는 점에 대한 우려를 표시하였다. 그래서, Avery등의 실험적 결과는 DNA가 일반적인 유전물질이라는 것에 대한 강한 증거를 제시하였으나, 결론적인 증거가 되지는 못하였다.

이런 형질전환 실험들은 그 당시의 많은 과학자들이 DNA가 유전물질이라는 것을 믿게 하는데 실패하였는데, 그 주된 이유는 DNA구조에 대한 4-누클레오티드 모델이 매우 광범위하게 받아들여졌기 때문이다. 4-누클레오티드 가설은 DNA가 동량의 4개 염기들로 구성되었다는 화학적 분석에 근거하였다. 이 결론은 (a) 부적절한 화학적 분석방법을 사용한 염기조성 분석과 (b) 고등생물의 DNA (고등생물의 DNA의 염기 조성은 실제로 4종의 염기가 거의 동량 존재한다)를 사용한데 기인한다고 할 수 있다. 실험적 기술의 발달과 좀 더 광범위한 생명체의 DNA를 조사함에 따라, DNA 염기조성이 종간에 있어서 매우 다양함을 알게 되었으며, 또한 DNA가 간단한 작은 분자가 아니며, 단순히 반복적인 구조로 이루어진 것도 아님을 알게 되었다.

1952년, Erwin Chargaff가 DNA가 유전물질의 기능을 수행하는데 충분한 구조적 복잡성과 다양성을 가지고 있음을 입증하는데 결정적인 역할을 할 중요한 논문을 발표하였다. Chargaff는 여러 다른 생물체로부터 얻은 DNA의 염기 조성을 분석하는데 크로마토그래피 (Chromatography) 기술을 사용하였고, 모든 생물체의 DNA가 어떤 공통된 특징들을 갖는다는 것을 발견하였다 (이 특징들은 후에 "Chargaff의 법칙"이라 알려지게 되며, Watson 과 Crick이 그들의 DNA 분자구조모델을 개발하는 과정에서 염기간의 결합 (base pairing)에 대한 중요 단서를 제공하게 된다). Chargaff가 발견한 사실을 요약하면 아래와 같다.

1. 모든 시험된 종의 DNA에서, A의 양은 T의 양과 같으며, G의 양은 C의 양과 같았다.
2. DNA에 있는 퓨린 (purines, A와 G)의 전체량은 피리미딘 (pyrimidines, T와 C)의 전체량과 같았다.
3. 그러나 (A+T)/(G+C)의 비율은 같지 않았으며, 실제로 종마다 상당히 다른 비율을 나타내었다. 즉, DNA 염기조성은 실제로 종마다 다르다!

이런 결과들을 통해, DNA가 유전 물질이라는 개념은 받아 들여지게 되었으며, 다음 실험에서 부가적인 증거를 제공하였다.

## 혼합기 (Blender) 실험이 DNA가 유전물질임에 대한 더 명확한 증거를 제공했다

DNA가 유전물질임을 보인 명확한 증거는 대장균 파아지 T2를 이용한 실험에서 제기되었다. 부엌에서 쓰는 혼합기를 주요 장비로 사용했다는 이유로 혼합기 실험이라 알려진 이 실험은 Alfred Hershey와 Martha Chase에 의해 고안되었다. 이들은 박테리오파아지가 가지는 단순성을 이용하여, 박테이오파아지의 일종인 T2에서 이 파아지의 두 성분-DNA와 단백질-중 어느 것이 유전물질인가를 규명하려 하였으며, 그들의 실험은 파아지에 의해 세균에 주입된 파아지 DNA가 자손 파아지 생성에 필요한 모든 정보를 갖고 있음을 입증하였다.

그림 6-5는 전형적인 박테리오파아지의 모식도이다. 제 1장의 내용을 상기해 보면, 박테리오파아지의 캡시드 (capsid, 껍질) 및 꼬리와 꼬리섬유는 전체가 단백질로 구성되어 있는 반면, 단백질 캡시드 안쪽에 들어있는 코어 (core)는 DNA를 포함하고 있다 (적어도 DNA를 유전물질로 사용하는 바이러스는).

파아지는 세포 내 기생물질로 숙주 세균 안에 존재할 때를 제외하고는 증식하지 못한다. 그러므로, 파아지는 반드시 세균 내로 감염할 수 있어야 하며, 세균 내에서 증식해야하고, 그 증식된 파아지들은 숙주에서부터 빠져 나와야 한다. 이런 생활사를 완성하는 데는 여러 방법들이 있으나, 기본적 생활사는 그림 6-6과 같다.

현재는 파아지 생활사가 파아지 입자가 적당한 숙주의 표면에 흡착 (부착)되어 시작되는 것이 알려져 있으며, 파아지 핵산은 (꼬리를 가진 파아지의 경우는) 파아지 꼬리를 통해 파아지 입자를 떠나, 세균 세포벽을 통해 세균내로 들어가게 된다. 파아지의 핵산이 세포 내로 들어오면, 파아지는 여러 복잡한 방법을 이용하여 세균을 파아지 합성공장으로 전환시키게 되며, 대략 1시간 이내에, 감염된 세균은 터지거나 또는 용해되며, 이때 수백개의 새로 합성된 파아지 자손들이 방출되게 된다. 새롭게 합성된 파아지 현탁액을 **파아지 용해물 (Phage lysate)**이라 한다 (파아지 복제의 더 자세한 설명은 제 14장에서 다루기로 한다).

파아지 용해물

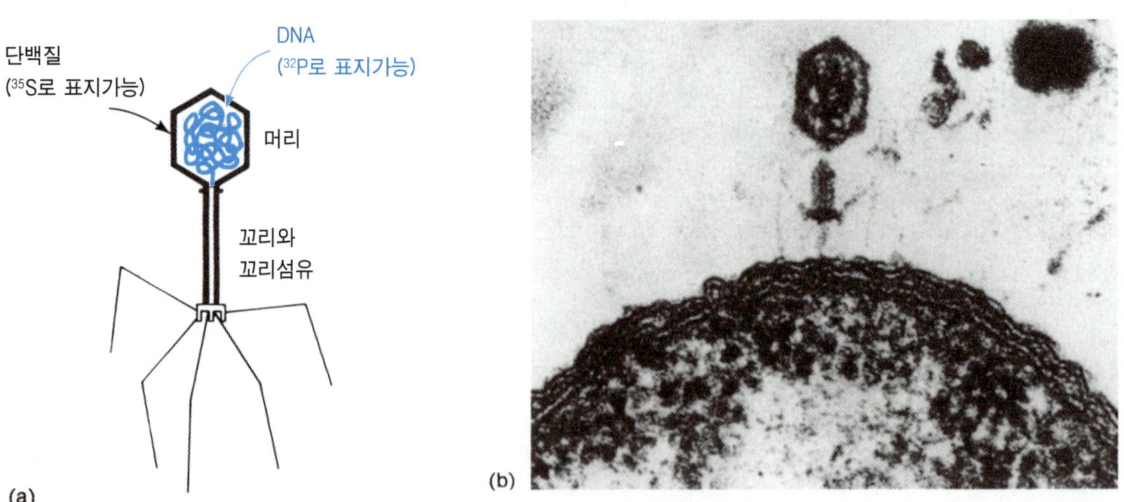


그림 6-5 (a) T2 파아지의 모식도. (b) 대장균의 표면에 흡착한 T2 파아지 (L. Simon과 T. Anderson 제공).

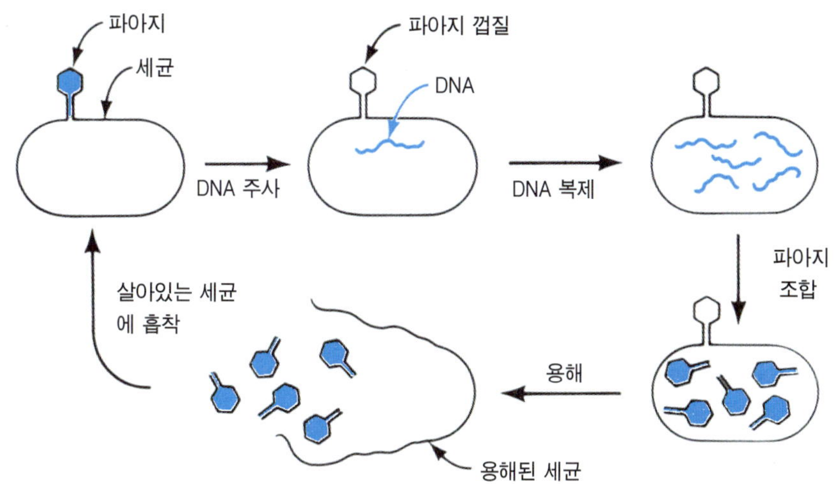


그림 6-6 파아지의 일반적인 생활사의 모식도. 하나의 세균이 용해되며 나오는 파아지의 수는 20~500 정도임.

Hershey와 Chase가 그들의 혼합기 실험을 수행한 시기에는, 파아지 감염이 파아지가 세균에 부착됨으로써 시작되고, 감염된 세균 용해와 자손의 방출로 인해 끝을 맺는다는 것이 알려져 있었으나, 이 두 사건 (파아지의 흡착과 새로운 파아지의 방출)사이에 어떤 일이 일어나는가는 알려지지 않았었다. 그러나 분명한 것은 파아지의 유전물질 (이것이 DNA든 또는 단백질이든 간에)이 반드시 세균 내로 들어가야 하며, 이 유전물질이 새로운 파아지의 합성을 지휘한다는 점이다. T2 파아지 구조의 단순성은 이 파아지의 유전물질을 규명하기 위한 질문에 명확한 답을 줄 수 있는 접근방법을 제시하였다. 하나의 T2입자는 단백질 껍질에 둘러싸인 DNA (한 분자의 이중나선 DNA)로 구성되어 있다 (그림 6-5a). DNA는 파아지 입자에서 인 을 갖는 유일한 물질이며, 파아지의 캡시드는 다른 아미노산과 함께 메티오닌과 시스테인을 포함하고 있으며 따라서 황 (Sulfur)를 가지고 있다. 그러므로, 정상적인 인 대신 방사성 동위원소인 인 ($^{32}PO_4^{3-}$)를 포함한 배지에서 파아지를 배양하여, $^{32}P$로 표지된 DNA를 가진 파아지를 얻을 수 있었으며, 방사성 황 ($^{35}SO_4^{2-}$)를 포함하는 성장배지를 이용하여 방사성 단백질을 갖는 파아지를 얻었다. 이들 두 종류의 방사성동위원소로 표지된 파아지를 각기 별도로 세균 숙주에 감염시키면, 각 분자의 방사능에 의해 파아지 DNA ($^{32}P$)와 단백질 ($^{35}S$)의 위치를 알아 낼 수 있다. Hershy와 Chase는 이들 방사성동위원소를 포함한 파아지를 이용하여 $^{32}P$가 숙주세포로 주사되는 것을 보였다.

T2 파아지들은 긴 꼬리를 이용하여 숙주 세균에 부착한다 (그림 6-5b). Hershey와 Chase는 파아지에 감염된 세균을 주방용 혼합기를 이용하여 격렬히 교반시키면 세균을 손상시키지 않고 세균 세포벽에 붙어있던 파아지를 떼어 낼 수 있음을 보여주었다. 따라서 세균과 세균에 부착되어 있던 파아지를 분리하는 것이 가능하게 되었으며, 또한 격렬한 교반에 의해서도 떨어지지 않는 파아지의 구성성분-아마도 세균 속으로 주입되었을 성분을 밝혀내는 것이 가능하게 되었다.

최초의 실험에서 (그림 6-7a), $^{35}S$로 표지된 파아지를 세균에 감염할 수 있도록 수분 동안 방치한 후, 이를 원심분리 하여, 파아지-세균 복합체를 침전시켜 상징액 (Supernatent)에 존재하는 흡착되지 않은 파아지 입자와 조각들로부터 분리하였다(이것은 세균과 결합하지 않은 방사능으로 표지된 파아지를 제거하기 위한 것이다). 침전물 (파아지-세균 복합체를 포함)을 완충용액에 현탁한 후, 교반시켜 부착된 파아지 입자들을 세균으로부터 분리하였다 (이때쯤이면, 파아지 유전물질의 숙주에로의 주입은 이미 완료된 상태이다). 이 용액을 다시 원심분리하여, 대부분 세균(침전물)과 상징액(떨어져 나온 파아지만 포함)을 분리하였다. 그 결과 $^{35}$S 표지의 80%는 상징액에, 20%는 침전물에 포함되어 있음을 알아냈다. 몇년후, 세균과 결합되어 있던 20%의 $^{35}$S는 대부분이 세균 표면에 너무 강하게 부착되어 교반에 의해서도 떨어지지 않은 파아지의 꼬리 조각이라는 것이 밝혀졌다.

파아지 집단을 $^{35}$S 대신 $^{32}$P로 표지 하였더니 매우 다른 결과가 나타났다 (그림 6-7(b)). 이 실험에서는, 교반 후 침전시킨 세균에 $^{32}$P의 70%가 존재하였고, 상징액에는 30%만이 존재하였다. 상징액에 있는 방사능의 약 1/3은 교반하는 동안 세균이 파괴된 것이며, 나머지는 세균에 부착할 수는 있지만 그들의 DNA를 세균 내에 주입할 수 없는 결함이 있는 파아지 입자라는 것이 몇년후 밝혀졌다. 가장 중요한 사실은, 이 침전물(감염된 세균을 포함하고 있는)을 생장 배지에 다시 풀어서 배양하면 파아지가 만들어지고, 이 새로 만들어진 파아지들은 $^{32}$P를 포함한다는 것이다. 따라서 자손 파아지를 만들 수 있는 세균의 능력은 $^{32}$P- 즉, DNA-의 부모 파아지로부터 세균으로의 전달과 관련이 있다. 부모 DNA에 존재하던 방사능이 일부라도 결

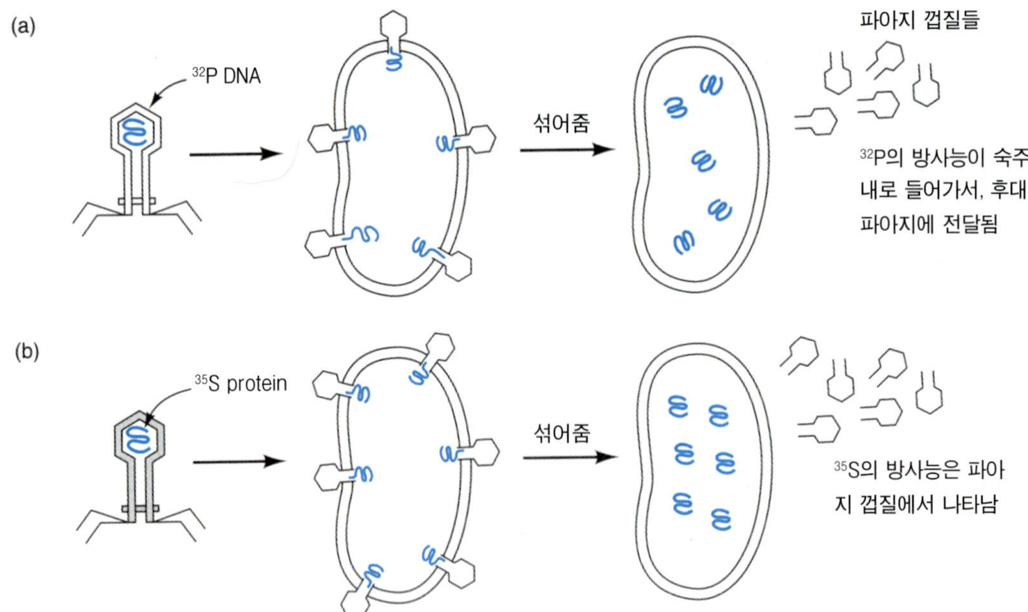


그림 6-7 Hershy와 Chase의 혼합기를 이용한 실험은 단백질이 아닌 DNA가 파아지 T2의 유전물질임을 입증하였다. (a) $^{32}$P로 표지된 T2 파아지를 대장균에 감염시킴. 파아지가 대장균에 흡착하도록 잠시 방치한 후, 대장균에서 파아지를 떼어내기 위해 대장균을 혼합기를 이용하여 강하게 섞어줌. 대부분의 방사능 ($^{32}$P)는 세포 내로 들어갔으며, 나중에 자손파아지에서 다시 나타남. (b) $^{35}$S로 표지된 파아지를 이용하여 같은 실험을 수행한 결과 대부분의 방사능은 대장균으로부터 떨어져 나오며 파아지의 껍질에서 나타남. 이실험은 $^{35}$S로 표지된 단백질은 대장균 내로 들어가지 않음을 보여주고 있음.

과적으로 자손 파아지로 전달되는 것은, 유전정보가 실제로 부모로부터 자손으로 전달되는 경우 기대할 수 있는 결과이다. 또한 세균 내로 주입되지 않은 $^{35}S$는 자손 파아지로 전달되지 않았다는 결과 역시 매우 중요하며, 이는 유전물질은 단백질이 아니라 DNA라는 것에 대한 또 다른 증거이다.

### 드디어, DNA가 유전물질이라는 것이 입증되었다

DNA가 유전물질이라는 것에 대한 더 직접적인 증거는 몇년후 제시되었다. 단백질 껍질이 없는 순화된 박테리오파아지인 $\Phi X$-174 의 DNA가 세균의 원형질체(일부 세포벽이 없는 세포)에 성공적으로 감염될 수 있으며, 감염성이 있는 정상적인 자손 파아지를 생산할 수 있다는 것이 밝혀졌다.

## RNA가 일부 바이러스의 유전물질임이 밝혀짐

이 장의 앞에서 예상하였듯이, 대부분의 생명체는 유전물질로 DNA를 이용한다. 그러나 여기에도 예외는 존재한다: 여러 식물 및 동물 바이러스 뿐 아니라 일부 박테리오파아지는 RNA를 그들의 유전물질로 이용한다. 아래에 제시된 고전적 실험에서는 RNA가 식물 바이러스의 일종인 담배 모자이크 바이러스 (*tobacco mosaic virus*, TMV)의 유전물질임을 증명하였다.

TMV는 RNA와 단백질로 구성된 비교적 간단한 바이러스이다. 구조적으로 TMV의 나선형 RNA중심은 나선형으로 배열된 단백질 소단위에 의해 둘러싸여 보호된다 (그림 6-8).

TMV에 감염된 식물은 잎에 특징적인 모자이크 모양의 병소가 나타나며, 그 단백질 캡시드의 구성과 다른 식물 종에 대한 감염 능력에서 차이를 보이는 여러 TMV 변종이 있다. 과학자들은 바이러스의 구성성분-단백질과 RNA-을 분리할 수 있게 되었고, 따라서 RNA와 단백질 중 어느 성분이 바이러스의 감염을 일으키는 가를 시험할 수 있게 되었다. 이런 실험에서 순수분리한 TMV 단백질을 담배에 접종한 경우, TMV의 병해가 생기지 않았으나, TMV의 RNA만을 접종하면 감염이 된다는 사실을 알아냈다. 또 담배에 접종하기 전에 리보핵산 분해효소 (RNase)를 TMV RNA에 처리하였더니 감염능력이 없어졌다는 결과에 의해 RNA가 TMV의 유전물질이라는 생각이 더욱 확고해졌다.

TMV RNA의 유전적 역할을 뒷받침하는 가장 명확한 실험이 1957년 H. Fraenkel-

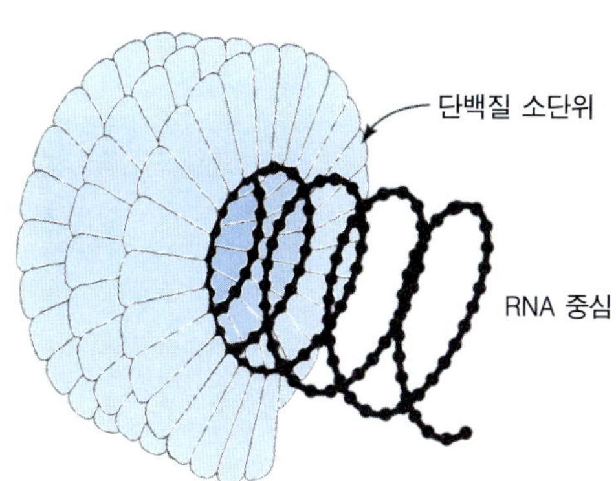


그림 6-8 담배모자이크 바이러스는 중심부의 나선형 RNA와 이를 싸고있는 나선형으로 배열된 단백질로 구성되어 있다.

Conrat과 B. Singer에 의해 수행되었다. 이들은 각각 다른 두 종류의 TMV로부터 RNA와 단백질을 분리한 후 한 종류의 RNA와 또 다른 종류의 단백질을 섞어 바이러스 입자를 재구성하고, 이렇게 재구성된 두 종류의 바이러스 (잡종, hybrid)를 담배에 감염시키고, 바이러스 구성분-RNA와 단백질-중 어느 것이 이들 잡종 바이러스에 의해 감염되어 만들어진 자손 바이러스의 특성을 결정하겠는가를 조사하였다. 잡종 바이러스에 감염된 담배잎으로부터 자손 바이러스를 분리하여 조사한 결과, 자손 바이러스는 항상 잡종 바이러스의 RNA를 갖는 바이러스와 같은 특성을 나타내었다. 이러한 결과는 실제로 RNA가 TMV의 유전물질임을 증명하였다.

## 유전물질의 특성

이미 지난 일은 쉽게 이해할 수 있다는 말이 있듯이, 형질전환 실험의 결과와 Hersh-Chase 실험 및 그에 뒤이은 실험들로 DNA가 살아있는 유기체의 유전물질임이 명백해졌다. 과학자들이 Chargaff의 DNA 염기조성에 대한 연구를 재고하고 DNA의 물리·화학적 성질을 재검토하기 시작하면서, 모든 것이 쉽게 이해되기 시작하였으며, 곧, DNA는 유전물질로서의 역할에 특별히 잘 맞는 여러 특성들을 갖고 있다는 것이 명확해졌다.

1. DNA는 필요에 따라 세포 내에서 발현되는 유전정보를 저장하는 능력이 있다.
2. 이 정보는 최소한의 오류와 함께 딸세포에 전달될 수 있다 (이 과정은 여러 복잡한 효소와 수선기작을 필요로 한다).
3. DNA는 물리·화학적으로 안정하므로 그 정보 (2배수로 존재)는 오랜 세월이 지나도 소실되지 않는다.
4. DNA는 부모의 정보를 많이 손실하지 않고도 유전적으로 변화할 수 있는 능력을 갖는다.

자, 그럼 이러한 DNA의 각 특성을 조사해 보고 이 각각의 성질들이 DNA가 유전정보로서의 기능을 수행하는데 어떻게 기여하는지를 살펴보자

### DNA에 의한 유전 정보의 저장과 전달

DNA는 여러 형태의 정보를 저장하고 전달한다:

1. 세포에서 합성된 모든 RNA 분자의 염기서열
2. 세포에서 합성된 모든 단백질의 아미노산의 서열
3. 각 RNA의 합성, 가공 (RNA processing) 및 단백질 합성을 위한 개시와 종료 신호
4. 세포의 구성물질과 상호작용을 하여 특정한 RNA나 단백질의 합성여부, 합성 시기 및 합성량을 결정하는 일련의 신호들.
5. DNA 복제시, 복제개시부위와 종결부위로 작용하는 신호들.
6. 염색체 구조의 필수적 특징 (동원체 [Centromere]와 말단소립 [Telomere])을 제공하는 신호들

이런 정보는 DNA 염기서열에 저장되어있다. DNA는 기본적으로 전사체라고 불리우는 특이적인 RNA분자를 합성하기 위한 주형으로 사용된다 (**전사**–DNA 주형으로부터 RNA분자를 합성하는 과정–에 대하여는 제 8장에서 공부하기로 한다). 각 RNA의 염기서열은 특정부위의 DNA와 상보적이다 (두 가닥 중 하나와). 상보적 RNA는 리보누클레오티드를 새로이 합성되는 RNA 분자 끝에 붙이는 효소반응에 의해 만들어진다. 이때, 이 새로 더해지는 리보누클레오티드의 염기는 반드시 주형으로 사용되는 DNA 염기와 수소결합을 이룰 수 있어야 한다 (A:U or G:C). 이처럼 제한적인 성질은 RNA합성시의 오류 확률을 1/104 이하로 줄인다.

전사

합성된 RNA 가닥은 그 다음 "가공 (Processing)" 된다. 이 가공과정에 의해 RNA는 양끝이 일부 잘라지거나 변경되고, 한정된 수의 조각으로 나뉘어 내부 일부 조각은 없어지거나, 또는 각각의 조각들이 세포의 RNA 가공공정에 의해 결합되어 하나의 RNA가 되기도 한다. RNA 가공은 원핵세포에서 보다 진핵세포에서 훨씬 더 심하게 일어난다 (8장, 12장 참조)

가공된 RNA는 다양한 세포 내 기능에 사용된다. 가공된 RNA의 대부분–mRNA (**messenger RNA, 전령 RNA**)–은 합성되는 단백질의 아미노산 서열을 결정하는 정보를 갖고 있다. 이를 위하여 RNA의 염기서열은 리보솜 상에서 한번에 세개씩 읽히며, 이 세개의 연속된 염기서열을 **삼중자 (triplet)** 또는 **코돈 (codon)**이라고 부른다. 각 코돈은 특정 아미노산을 지정하거나 단백질 합성의 시작 또는 종료 신호로 사용된다 (단백질 합성과정은 9장에서 자세히 다루어질 것이다.)

전령 RNA

삼중자

코돈

이렇게 두 단계로 나누어진 과정은 다음의 이점을 가진다–즉, 유전정보를 가진 DNA 분자는 불필요하게 자주 사용되거나 단백질 합성에 직접적으로 관여할 필요가 없다. 진핵 생물에서 DNA는 핵 내의 보호적인 환경 속에서 복제 (Replication)되고 전사 (Transcription)되며, RNA 분자는 핵 밖으로 나가 단백질 합성 (Translation, 해독)에 사용되는 것이 가능하다. 게다가 하나의 DNA 분자를 이용하여 많은 동일한 RNA를 만들게 되므로 단백질 합성은 더욱 신속하고 효율적으로 이루어질 수 있다.

DNA의 특정부위는 세포의 구성성분 (주로 단백질, 예: 전사조절인자)과 상호 작용하여 인접한 유전자의 전사를 조절하며, 다른 부분들은 다른 단백질과 상호작용하여 DNA 복제를 개시하고 종결할 수 있도록 해준다.

세포가 특정한 양상의 수소결합을 이용하여 유전정보를 저장·이용하게 진화됨에 따라 반 데르 발스 인력을 이용하는 경우보다 유전정보를 저장하는데 더 적은 양의 유전물질을 사용할 수 있게 하였다; 반 데르 발스 인력은 너무 약해서 더 많은 염기나 또는 다른 분자들을 사용하지 않으면 정보를 전달하는 동안 너무 많은 오차가 일어날 것이기 때문이다.

## DNA에 의한 부모로부터 자손으로의 정보 전달

세포가 분열할 때, 각 딸세포는 동일한 유전정보를 받아야만 한다. 즉, 각 DNA 분자는 복제되어 동일한 2개의 분자가 되고, 이 두 DNA는 원래 DNA의 분자에 포함된 것과 같은 정보들을 운반해야 한다. 이렇게 2분자로 복사되어지는 과정을 **DNA 복제**라고 한다. 여기서 다시 한번 DNA에 있는 핵산의 염기간에 특이적인 수소결합을 하는 능력이 중요하다는 것을 알 수 있다. 전사에서와 마찬가지로 DNA 복제 체계는 복제될 특정염기와 수소결합이 가능한 염기만을 신생 DNA 가닥 끝에 첨가시켜야 한다.

그러나, DNA 복제는 전사보다 더 정확히 일어나야 한다. 이따금씩 하나의 단백질이 잘못 합성되는 것은 세포에 큰 영향을 주지 않는다. 왜냐하면, 정상적으로 합성된 단백질들이 많이 있고, 또 대부분의 mRNA는 그 세포 내 수명이 짧아 대부분의 mRNA는 비교적 빨리 분해되기 때문에, 결과적으로 "불완전한" mRNA 분자는 새로 합성된 "정상" mRNA로 치환될 것이기 때문이다. 그러나, 유전자가 복제되는 동안 어떤 유전자에 우연히 발생된 오류는 매우 치명적일 수 있는데, 그 원인은 이 불완전한 유전자를 받은 딸세포는 이 유전자의 정상적인 기능이 손상될 수도 있기 때문이다.

따라서, 세포들은 유전자 복제가 정확하게 수행되도록 특별한 기작을 발전시켜왔다. DNA 복제에 관여하는 효소들은, 자라고 있는 DNA 사슬에 방금 삽입된 누클레오티드가 정확한가를 다시 한번 점검하고, 만일 잘못되었을 경우에 이 누클레오티드를 제거할 수 있는 편집 (교정, proofreading) 기능을 갖고 있다. 이 과정으로 초기단계의 삽입과정에서 낮은 빈도지만 발생하는 오류의 99.9% 정도를 제거한다.

또한, 세포들은 일정 시간동안 이미 존재하던 DNA 가닥과 새롭게 합성된 DNA 가닥을 구분시킬 수 있는 방법도 가지고 있다. 특별한 효소들이 항상 DNA를 감시하여 잘못된 염기간의 결합을 찾아낸다. 만일, 이런 잘못된 결합이 새로 합성된 DNA 가닥에서 발견되었을 경우, 오래된 DNA를 주형으로 사용하여 오류를 정정한다. 이러한 오류를 정정하는 기작들의 협동작용에 의해 세포 내에서 DNA가 복제하는 동안에 일어나는 복제오차율을 $10^9$ 개 내지 $10^{10}$ 개의 염기쌍 당 1개의 비율로 감소시킨다.

## DNA의 물리적, 화학적 안정성

긴 수명을 가진 생물들의 경우, 유전물질의 단일분자는 100년 이상 유지되어야 한다. 더욱이, 이 분자에 포함된 정보는 단지 약간의 변화만을 일으킨 채로, 수 백 만 년 동안 다음 세대로 전달되어야 한다. 따라서, DNA 분자는 매우 안정해야 한다.

DNA의 당-인산 골격은 매우 안정하다. 당에 있는 C-C 결합은 고온, 강산성인 조건을 제외하면 모든 화학적 공격에 견딜 수 있다. 인산디에스터 (phosphodiester) 결합은 당의 C-C 결합보다는 약간 덜 안정하다; 이 결합은 상온에서 pH 2일 때는 가수분해될 수 있지만, 그러나 이런 조건은 정상적인 생리조건이 아니다. 인산디에스터 결합을 고려해 보면, 왜 리보스 대신 2'-디옥시리보스가 DNA를 구성하고 있는 가를 쉽게 알 수 있을 것이다. RNA상의 인산다이에스터 결합은 염기성 조건에서 쉽게 분해되어 버린다. 이 화학반응을 위해서는 당의 2'-탄소에 있는 하이드록실 (-OH)기가 필요하다. 디옥시리보스를 함유하고 있는 DNA의 경우 2'-OH 기가 존재하지 않으므로 이 분자는 염기성 가수분해에 대한 내성이 매우 강하다 (2장의 그림 2-5를 참조하기 바란다). 또, 염기가 소수성 고리 구조를 하고 있기 때문이지만, 염기와 당의 5'-탄소를 연결하는 N-글리코시드 결합 또한 매우 안정적이다.

**핵심개념**
**"DNA-유전물질" 개념**
이중가닥의 DNA는 복제, 회복, 우발적 변화 및 장기적 안정성에 특별히 적합하기 때문에 유전물질로 진화되어 왔다.

염기의 화학적 변화는 곧 유전정보의 소실을 의미한다. 세포에는 유리 염기를 공격할 수 있는 화학물질이 매우 많이 있다. 이 문제를 생각해 보면, DNA의 이중나선 구조의 가치를 곧 알 수 있을 것이다. 동일한 정보가 양쪽 가닥에 존재한다는 관점에서 보면 DNA 분자는 중복되어 있다고 할 수 있다. 다시 말하자면, 한 가닥의 염기서열은 다른 가닥과 상보적이고, 따라서 한 가닥의 염기서열은 다른 가닥으로부터 유추할 수 있다. 실제로 세포에는 변화된 염기를 제거하고, 상보적 가닥의 서열을 읽어서 원래의 염기로 복귀시킬 수 있는 정교한 회복 (repair) 시스템이 있다 (DNA 회복은 10장에서 다룰 것이다).

이중나선구조의 또 다른 장점은 DNA의 염기들이 화학적 공격에서 보호될 수 있다는 점이다. 염기들은 극성기를 가진 소수성 고리들이며 이 속에 유전정보가 포함되어 있다. 특별히 보호가 필요한 것이 이 극성기들이다. 염기의 소수성 구조 때문에 염기들은 서로 매우 단단하게 쌓여져서 물분자는 이러한 층구조에서 거의 완전히 배제되어 버린다. 결과적으로 수용성 물질들은 "건조" 한 염기의 층에 가깝게 접근할 수 없게 되어, 수소결합한 극성기에 접근할 수 있는 가능성은 희박해 진다.

염기 그 자체는–시토신을 제외하고–매우 안정적이다. 그러나, 매우 적은 빈도로 시토신이 탈아민 (deamination)되어 우라실이 되기도 한다.

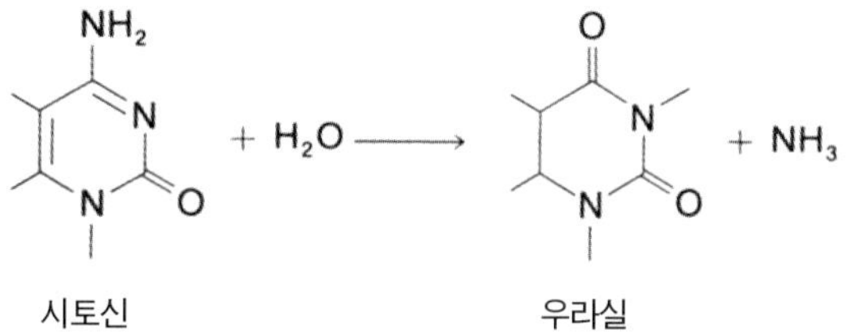

$$\text{시토신} + H_2O \longrightarrow \text{우라실} + NH_3$$

시토신 우라실

탈아민반응은 잠재적으로 재앙을 초래할 가능성이 있는 변화이다. 왜냐하면, 탈아민의 결과물인 우라실은 구아닌이 아닌 아데닌과 쌍을 이루기 때문이다. 이 결과, 두 가지의 효과가 나타날 수 있다. (1) 탈아민된 시토신 (즉, 우라실)을 가지고 있는 DNA가 RNA합성에 주형으로 사용되면, 이 우라실에 의해 이 RNA상에 구아닌 대신 아데닌이 끼여들어 가도록 유도하여 잘못된 염기가 RNA에 나타나게 된다; (2) 탈아민된 DNA 가닥을 주형으로 합성할 때, 새롭게 합성되는 DNA 가닥은 구아닌 아닌 아데닌이 그자리에 있게된다 (그림 6-9). 이런 효과를 막기 위해, DNA상의 우라실을 제거하고 이를 시토신으로 대치시키는 세포내의 DNA 복구 시스템이 존재한다. 더 자세한 설명은 10장에서 다루기로 한다.

시토신의 탈아민반응으로 형성된 우라실을 제거할 필요성으로부터, 왜 DNA에서는 아데닌의 상보적 염기로 우라실이 아닌 티민을 사용하는지를 알 수 있다. 만일 우라실을 DNA의 염기로 사용하였다면, "정상적" 인 우라실과 시토신이 탈아민되어 생긴 우라실을 구분할 방법이 없었을 것이다. DNA에 티민을 사용함으로써, 세포는 다음과 같은 간단한 규칙을 지킬 수 있다:

■ **우라실을 DNA로부터 항상 제거하라. 그것은 원치 않는 물질이기 때문이다.**

RNA가 왜 티민이 아닌 우라실을 사용하고, 왜 DNA는 탈아민되지 않는 염기를 사용하지 않고, 굳이 시토신을 가지고 진화되어 왔는가는 알 수 없다. 이것은 진화상에 우연히 그렇게 되었을 것이다. 원래의 RNA (혹은 DNA?) 분자는 시토신과 우라실을 모두 가지고 있었을 것이다. 왜냐하면, 원시바다에서 얻을 수 있던 피리미딘 염기는 이것들 밖에 없었기 때문이다. 그 이후에 세포들이 우라실에 메틸기를 붙여 (m

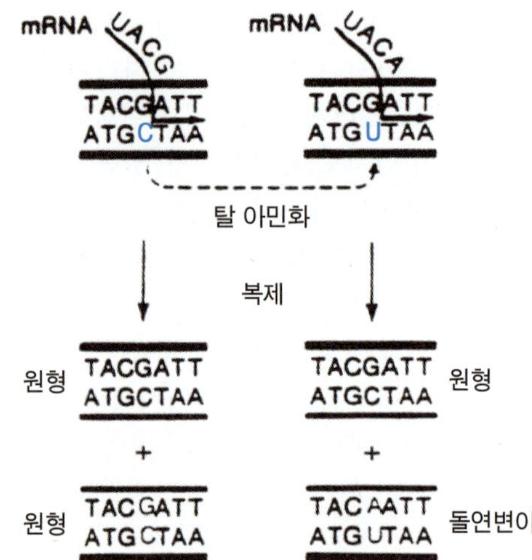


그림 6-9 시토신이 탈아민화에 의해 우라실로 변환된 경우, 이 DNA에서 전사되는 mRNA와 이 DNA의 복제에 의해 합성된 새로운 두 DNA의 염기서열의 변화. C → U의 트랜지션 (Transition)은 제일 위의 그림에 푸른색으로 표시.
"원형"과 "돌연변이"는 탈아민화 반응이 일어나기 전과 후의 염기서열을 의미함. 새로 합성된 DNA는 가는 선으로 표시하였음.

티민을 형성할 수 있는 능력을 갖게 됨으로써, 세포가 시토신-우라실 전환의 결과를 제거할 수 있는 기준이 만들어졌을 것으로 생각된다. 아마도 티미딜산 (thymidylic acid)의 합성과정의 맨 마지막 단계가 디옥시우리딜산 (deoxyuridylic acid)의 메틸화 과정이라는 것이 단순한 우연의 일치는 아닐 것이다.

## DNA의 변화능력 : 돌연변이

세포의 모든 유전정보는 DNA 안에 있다. 따라서, 세포나 개체가 시간이 지남에 따라 진화를 할 수 있으려면, DNA 서열은 반드시 변화할 수 있는 능력이 있어야만 한다. 더욱이 새로 변화된 염기서열는 반드시 자손세대의 세포나 개체가 새로운 형질을 유전 받을 수 있도록 유지되어야 한다. 염기서열이 변화되는 과정을 **돌연변이** (Mutation) 라고 한다. 핵산수준으로 볼 때 두 가지의 기본적인 돌연변이 기작이 있다:

돌연변이

1. 염기에게 새로운 수소결합 성질을 부여함으로써, 다음 DNA 복제과정을 통해 자손 DNA 가닥에 다른 염기가 끼어 들어가도록 하는 염기의 **화학적 변이** (Chemical alteration).
2. 새로 복제되는 DNA에 부정확한 염기가 잘못 결합하거나, 또는 여분의 염기가 우연히 삽입 혹은 제거되는 **복제오류** (Replication error).

평균적으로, 돌연변이에 의해 나타나는 변화는 해롭기 때문에, 세포의 사멸이나 기능의 손상을 초래할 수 있다. 따라서 돌연변이에 의해 나타난 형질이 그 생물의 생존에 유익한 경우는 아주 드물다. 이렇게 아주 드물게 일어나는 이로운 변이 (advantageous alteration)가 이미 다른 치명적 돌연변이에 의해 죽을 수 밖에 없는 세포나 바이러스에 일어났다면, 이 유익한 형질은 다음 세대로 전달될 수가 없다. 이런 경우를 방지하기 위해서는, 너무 많은 돌연변이가 한번에 단일 DNA 분자에서 일어나지 않도록 해야한다. 돌연변이 발생률을 낮게 유지하기 위해서 두 가지의 방법이 사용된다: (1) DNA 분자의 중심부가 소수성이므로 다른 분자들의 접근기회가 적다; (2) 세포는 화학적 변이와 복제오류를 정정할 수 있는 다양한 복구 기작을 진화시켜왔다. 이런 복구 시스템은 완벽하지는 않기 때문에 돌연변이가 낮은 빈도로나마 일어나며, 진화적인 측면에서 본다면 이것은 매우 유용하다.

언급한 바와 같이, 돌연변이는 대체적으로 유해하기 때문에, 이런 진화적 실험이 발생한 경우-즉 돌연변이가 생긴 경우, 원래의 부모의 정보를 저장하고 있는 것은 중요한 일이다. 이는 다음의 두 가지 방법에 의해 이루어진다: (1) 한 종에서의 다른 구성원들 (돌연변이가 일어나지 않은 개체들)은 부모세대의 염기 서열을 유지하고; (2) 이중나선인 DNA 분자는 중복성을 가진다는 것이다. 일반적으로, 단지 한가닥의 DNA만이 변화한다. 이렇게 변화된 DNA가 복제되고, 세포분열이 끝나면, 각 딸세포에 있는 DNA 분자는 부모 DNA 중 오직 *한가닥만*을 갖게 되는 것이다. 따라서, 두 딸세포 중, 하나는 부모와 같은 DNA를 갖고, 다른 하나는 돌연변이된 DNA를 갖게되는 것이 가능해 진다. 만일 이 변이체가 부모나 같은 종의 다른 개체들보다 살아남고 증식하는데 더 적합하게 된다면, 몇 세대가 지나간 후에 다윈의 적자생존에 따라 결국에는 부모의 유전자형이 변이체의 것으로 대체되어 버릴 것이다.

비록 대부분의 복제오류가 7장이나 10장에서 설명하는 세포 내 시스템에 의해 정정된다고 할지라도, 이런 복사오류가 조금씩 지속되어 돌연변이를 유발하게 된다. 이런 염기서열의 미미한 변화에 의한 돌연변이 외에도, 커다란 염색체의 변화-중복, 소실, 역위, 전좌 (이들은 모두 다양한 결과를 나타냄)-에 의한 돌연변이도 있다. 이런 돌연변이들은 어느 것이든 단백질이나 RNA의 서열에 영향을 미치거나 혹은 유전자나 유전자군의 발현 조절에 영향을 미칠 수 있다.

## 유전물질로서의 RNA

앞 단락에서는 DNA가 유전물질로서 특별히 적합하도록 하는 여러 성질에 대하여 설명하였다. 그러나, 최초에는 RNA가 유전물질이었던 것처럼 보인다. RNA는 단일가닥 분자이므로, RNA의 염기에 있는 수소결합부위는 촉매로서의 기능과 역할을 수행하는데 사용될 수 있다. DNA는 아마 더 안정된 유전물질로써 진화된 것으로 보인다. 하지만, 몇 종류의 바이러스에서는, 이중나선이기 때문에 얻을 수 있는 염기보호나 중복성 (비록, 어떤 바이러스는 이중가닥 RNA 가지고 있지만)이 없음에도 불구하고 RNA가 유전물질로 남아있다.

바이러스의 경우, RNA는 외피 (coat)에 의해 싸여있으므로, 외부환경으로부터 보호받는다. 바이러스 RNA는 대부분의 시간을 비활성 입자상태로 존재하고, 드물게 그들의 숙주 세포 내에서 복제된다. 이들이 복제하는 경우, 매우 빠르게 복제하며 짧은 시간 내에 매우 많은 자손 입자를 만들어 낸다. 이렇게 많은 숫자를 합성하여 RNA의 화학적 불안정성을 보상하는 셈이다. 또한, RNA의 낮은 안정성으로 인해 이 바이러스에서의 돌연변이가 높은 비율로 나타나지만, 오히려 이것이 숙주의 방어 기작을 파괴하기 위해 비교적 빠르게 변화하고 진화해야만 하는 바이러스에게는 이로울 수 있을 것이다. 따라서, RNA 파아지나 바이러스는 DNA를 포함하는 바이러스와 비교할 때 상대적으로 안정적이지 못함에도 불구하고, 이들이 살아남기 위한 특별한 보상적 특징 (compensatory features)을 진화시켜 온 것으로 보인다.

**핵심개념**

**"유전자" 개념**

유전자는 세포 구성물질의 합성과 기능에 대한 모든 정보를 가지고 있다.

# 요 약

몇 가지의 고전적인 실험을 통해 DNA가 유전물질임을 확증할 수 있었다. *Streptococcus pneunoniae*를 이용한 Griffith와 Avery, MacLeod, McCarty의 형질전환 (transformation) 실험을 통해, 가열시켜 죽인 S-형 세균에 존재하는 어떤 물질이 안정적으로 유전자 형질변화를 일으켜 변이형인 R-형 세균을 S-형으로 만드는 것을 발견할 수 있었다. 이 물질은 DNA의 물리, 화학적 성질을 가진 것으로 확인되었다 (**형질전환요소**). Hershey와 Chase는 T2 파아지가 대장균에 흡착되었을 때, 오직 DNA만이 세균으로 주입되고, 이 DNA가 자손 파아지의 생장에 필요한 모든 유전 정보를 제공한다는 사실을 보여주었다. 비슷한 맥락에서, 다른 과학자들은 RNA를 가진 바이러스인 *담배 모자이크 바이러스*에서 바이러스 자손을 만들도록 유도하는 것은 단백질이 아닌 RNA라는 것을 증명하였다.

현대 생물학의 중심 명제 (central dogma)는 다음과 같다: *DNA는 RNA를 만들고, (RNA는) 단백질을 만든다 (DNA makes RNA, makes protein)*. DNA는 유전물질이 되기 위한 많은 유용한 성질을 가지고 있다: (1) DNA는 자신의 염기서열에 유전정보를 담고 있다; (2) 이 정보를 필요에 따라 DNA에 상보적인 서열을 가진 RNA를 합성함으로써 세포의 단백질 합성 기구에게 전달한다; (3) DNA는 물리, 화학적으로 매우 큰 안정성을 가진다; (4) DNA는 그들의 유전정보를 그 다음 자손에게 각각의 가닥을 다른 상보적 가닥 합성을 위한 주형으로 이용하는 복제를 통해 전달한다; (5) 돌연변이적 변형을 통해 일어나는 유전적 변화가 부모의 정보가 소실되지 않는 상태로 일어나며, 그 결과 하나의 자손 분자는 부모 분자의 염기서열과 동일하고, 나머지 다른 분자는 약간 다른 염기서열을 갖게 된다.

# 연습문제

1. 세균의 형질전환실험이 의미하는 것은 무엇인가?
2. RNA를 유전물질로 가진 생물체는?
3. 하나의 아미노산을 결정하는 핵산의 염기서열 단위를 무엇이라 부르는가?
4. Hershy와 Chase의 혼합기 실험에서 DNA와 단백질을 각기 특징적으로 표지하기 위해 사용된 방사성동위원소는?
5. DNA에 변화가 생기는 과정을 무엇이라 하는가?
6. 시토신의 탈아미노반응에 의해 생긴 화합물은?
7. 우라실과 티민의 화학적 연관성은?
8. 돌연변이를 일으키는 두 가지 주된 기작은?

# 문 제

1. 일부 바이러스가 RNA를 유전물질로 이용할 수 있는 이유는?
2. 형질전환이 유전정보의 변화에 의해 일어난 영속적인 것임을 보여주는 실험적 결과는?
3. 왜 RNA는 DNA와 달리 염기성 조건에서 가수분해가 일어나는가?
4. 무슨 이유로 그 당시의 많은 과학자들은 형질전환실험이 DNA가 유전물질임을 입증한 것으로 생각하지 않았는가?

5. Griffith의 형질전환요소가 DNA임을 보인 실험은?
6. 어떻게 DNA 복제과정에서의 실수가 돌연변이를 일으키는가?

## 개념문제

1. DNA가 유전물질임을 보이기 위해서 어떤 다른 실험들이 가능하였을까?
2. 대부분의 돌연변이가 유해한 결과를 나타내는 것이 생물체에 유익한가?
3. 돌연변이에 의한 변화가 생물체의 번식과 생존에 필요한가?

# 제7장

**단원 학습목표**

1. 복제 갈림점(replication fork)에서 일어나는 여러 반응들과 DNA복제 시 이들의 상호 연관 관계
2. 복제 갈림점에 존재하는 효소와 단백질들의 기능
3. 진핵생물, 원핵생물과 바이러스에서 일어나는 다양한 방식의 DNA 복제기작

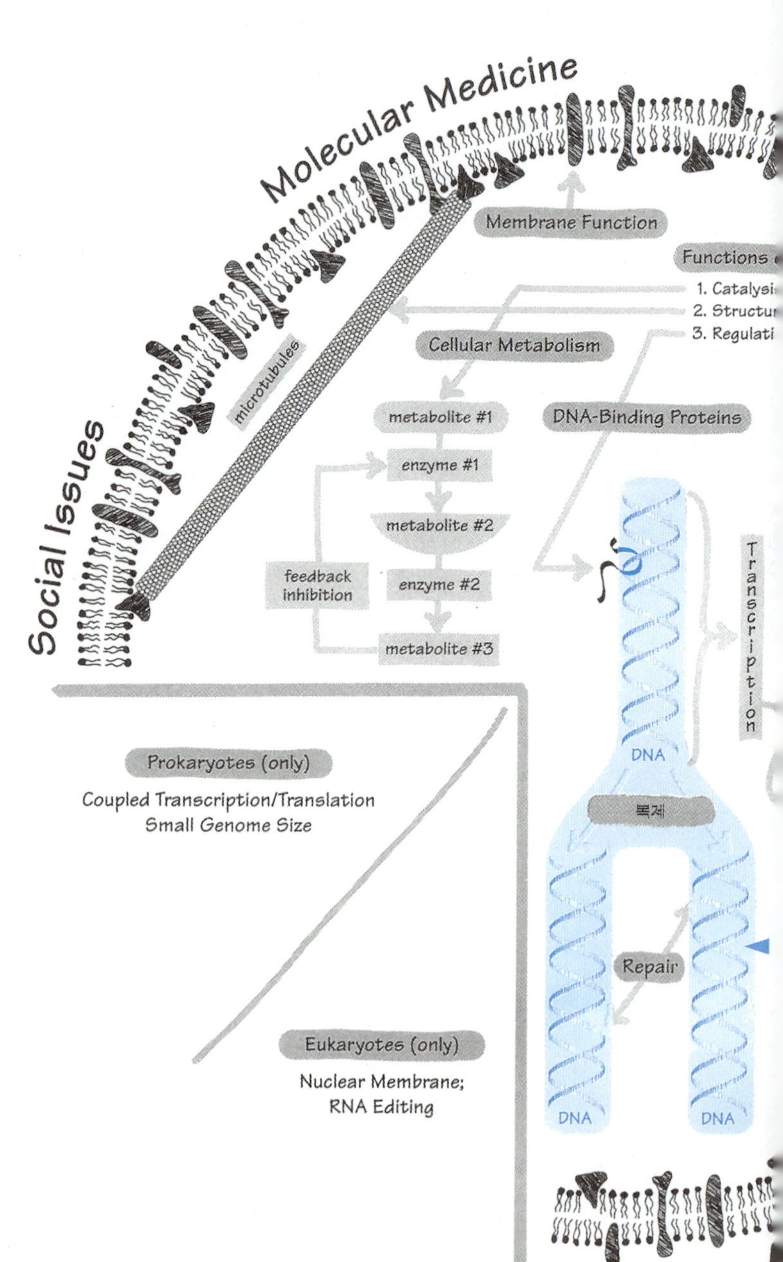

# DNA 복제

어버이의 유전 정보는 DNA의 정확한 복제로 자손에게 전달될 수가 있게 된다. 대부분의 생물에서 정보는 하나 혹은 그 이상의 이중나선 DNA 분자속에 존재한다. 물론 예외는 있다. 몇 종의 박테리오파아지는 DNA 이중 나선이 아닌 외가닥 DNA 사슬을 가지고 있다. 이런 경우 복제는 몇 단계로 이루어지는데, 먼저 외가닥 DNA가 두 가닥 사슬로 전환되고, 이 두가닥 사슬이 어버이 분자와 동일한 외가닥 사슬의 합성을 위한 주형이 된다.

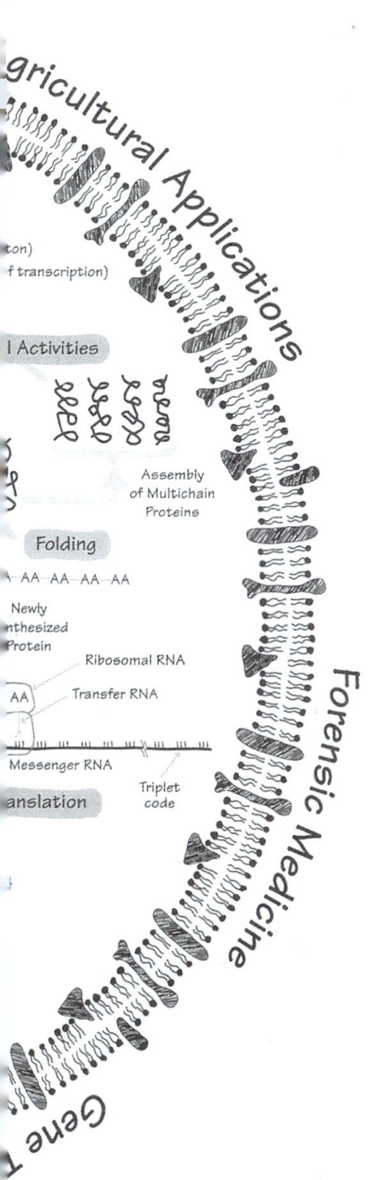


단순한 개념적 견지에서 보면, DNA의 복제는 별로 복잡하지 않은 과정으로 생각될 수도 있다. 그림 7-1에서 보듯이, 복제란 각 네개의 핵산 염기가 적절한 “상대” 염기와 짝으로 이루도록 배열 되기만 하면 되기 때문이다 (아데닌과 티민; 시토신과 구아닌). 즉, 점진적인 DNA의 “짝풀림(unzipping)”으로 풀려진 사슬에 염기가 “맞추어” 들어오게 되어 빠른 시간내 효과적으로 복제가 이루어 지는 것으로 생각될 수도 있다.

그러나, DNA 복제는 아직도 완전히 이해되지 않은 부분이 많은 상당히 복잡한 과정이다. 이 복잡성은 부분적으로는 다음과 같은 사실 때문이다. (1) 이중나선의 두가닥 DNA는 서로 반대방향 (anti-parallel)으로 배열되어있다. 새로운 염기의 짝 역시 이러한 역방향성을 유지하면서 더해져야 한다; (2) 복제 시에 이중나선의 두가닥 DNA를 풀어내는데 에너지를 필요로한다; (3) 외가닥 DNA는 같은 사슬 내와 사슬 간에서 염기쌍을 형성하려는 경향이 있어서, 이중 가닥 DNA는 나선이 풀림과 동시에 외가닥 사슬내에서 서로 부분적 이중 가닥을 형성하기가 쉽다; (4) 하나의 효소는 제한된 수의 물리-화학적 반응만을 촉매할 수 있을 뿐이다. 복제에 필요한 여러 반응을 수행하기 위하여, 다양한 효소가 필요하다; (5) 드물게 복제에 오류가 일어나므로 이를 정정할 수 있는 기구가 필요하다; (6) 원형의 또는 거대한 크기의 DNA 분자 복제중 발생하는 물리적인 장애를 극복해야한다. 이러한 사실들이 대수롭지 않게 보이는 분자생물학을 처음 공부하는 학생들을 위하여 한 가지 사실을 더 첨가하고자 한다: 수많은 생명체들의 DNA가 복제되는 방법이 일정하지 않다는 사실이다!

DNA 복제를 이해하기 위해, 여기서는 중요한 사실들을 단계적으로 살펴보고자 한다. 우선, DNA 복제에 앞서 꼬여져 있는, 때로는 원형이기도 하는, DNA가 어떻게 풀려지는지를 알아볼 것이다. 그리고, DNA 복제가 일어나는 특수한 시발점에 대해 알아볼 것이다. 다음에 이중나선이 풀려서 외가닥이 되는 기작을 살펴볼 것이다. 다음 단계로, 복잡한 복제과정에 관여하는 효소들의 작용에 대해 살펴보고자 한다. 마지막으로, 이러한 개개의 단계와 여기에 관여하는 단백질들이 DNA가 풀어져 복제가 일어나고 있는 지점인 소위 “복제 갈림점(replication fork)”을 형성하는 과정을 알아볼 것이다.

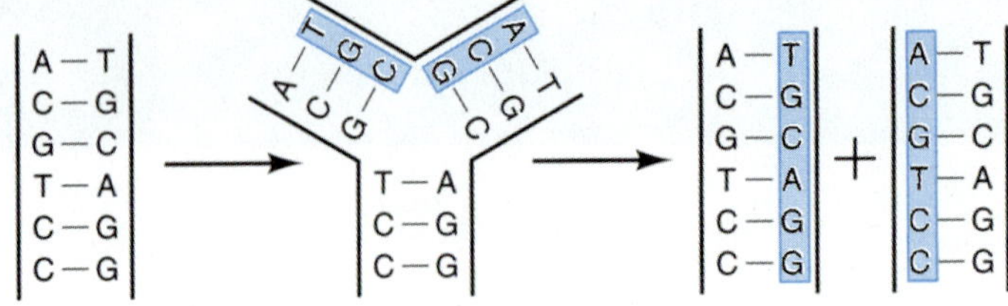

그림 7-1 물리적인 화학적인 복잡한 반응들이 알려지기 전 과학자들이 생각했던 전반적인 복제의 도식적인 모형

## 두가닥 사슬 DNA의 반 보존적 복제

반 보전적 복제

DNA 중합효소

DNA 복제는 **반 보존적 복제** (semi-conservative replication)이다. 이 복제 양식에서 각각의 어버이 사슬은 새로운 딸 사슬의 합성을 위한 주형이 된다. 복제는 **DNA 중합효소** (DNA polymerase)가 새로운 염기를 하나씩 더해주면서 일어나고, 형성된 새로운 사슬은 주형인 사슬과 수소결합을 형성한다 (그림 7-2). 즉, 복제가 진행되면서 어버이의 이중나선이 풀리고 2개의 새로운 이중나선으로 다시 감기는데, 이 때 새 이중나선의 한 사슬은 어버이 사슬이고, 또 한 사슬은 새로 합성된 딸 사슬이다.

## 복잡한 DNA 나선의 풀림과 복제

복제효소가 성장하는 가닥에 새로운 염기를 넣어주기 위해서는, 잠시나마 DNA 구조가 그림 7.1과 같이 사다리 모양을 형성해야 한다. 그러나 제 3장에서 보여준 바와 같이 DNA는 10개의 염기마다 360° 씩 돌아가며 꼬여진 나선구조이다. DNA가

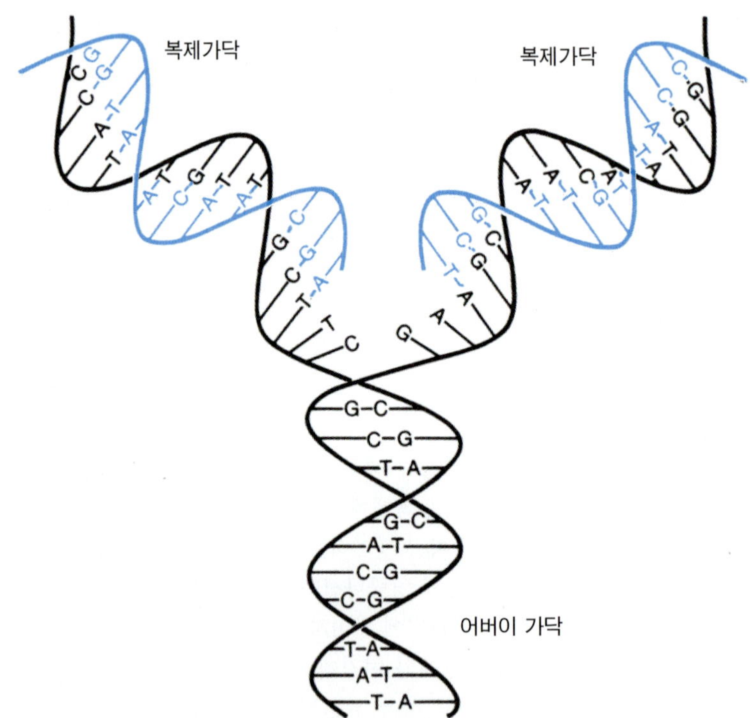


그림 7-2 Watson과 Crick이 제안한 DNA 복제기작. 두 개의 복제된 사슬은 하나의 어버이 사슬(검은 색)과 하나의 딸 사슬(청색)으로 이루어져있다. 딸 사슬에 있는 각 염기는 어버이 사슬의 염기와 염기쌍을 이루도록 선택된 것이다.

외가닥으로 풀리기 위해서는 두 개의 사슬을 붙들어 주는 수소결합을 제거하여야 한다. 이 작업은 특수한 효소 ("헬리카제(helicase)" -이에 대해 후에 다시 설명될 것이다)에 의해서 이루어지는데, 이 효소가 DNA와 결합하려면 먼저 나선의 꼬임이 풀려야만 한다. 원핵생물 DNA의 나선 꼬임을 풀어주는 데는 문제가 있다. 왜냐하면 DNA가 원을 이루고 있어서 꼬임을 쉽게 풀어 낼 수 있는 끝이 없기 때문이다. 뿐만 아니라 DNA 분자는 제 5장에서 본 바와 같이 (그림 5-3) 일반적으로 세포내에 잘 들어있기 위해 차곡차곡 접혀있다. 진핵생물의 DNA는 원형은 아니나 역시 나선으로 꼬여져 있고 염색체로 만들어지면서 온통 엉켜져있는 상태이다.

즉, 그림 7.1과 같은 단순한 형태의 그림과는 달리 꼬이고 엉켜져있는 모양의 DNA를 복제하기란 쉬운일이 아니다.

## 원형구조의 DNA 복제는 꼬임을 유발한다

원형 구조의 DNA 분자 복제는 희랍 문자의 $\theta$자와 유사하여 **$\theta$복제 ($\theta$ replication)**라 불린다 (그림 7-3과 7-4). 이러한 원형 분자의 복제는 위상학적(topological) 문제를 야기하는데, 이는 원형 DNA 구조를 가진 원핵생물 뿐 아니라 진핵생물의 복제에서도 종종 일어나는 문제이다. 진핵생물 DNA는 원형이 아니나 긴 DNA 사슬의 여러 곳에서 복제가 동시에 일어나므로 각 부분은 폐쇄된 작은 원과 같은 상황이다 (그림 7-25). 그리하여 개념적인 의미에서 이 또한 원형으로 복제하는 것과 같이 설명된다.

$\theta$ 복제

어떤 형태든 간에 나선의 자유로운 회전이 불가능한 상태에서 두 딸사슬의 복제가 이중 나선을 따라 진행하면, 딸 사슬의 성장하지 않는 말단은 어버이 사슬의 미복제 부분 전체에 치밀한 초과 감김을 유발시킨다 (그림 7-4). 이것이 미복제 부분의 양성 초나선 (positive supercoiling; 제 3장 참조)의 원인이다. 이 초나선이 무한정 진행될 수는 없다. 초나선이 진행되면서 미복제 부분이 너무 치밀하게 꼬이면 복제 갈림점의 진행이 더 이상 불가능해질 것이기 때문이다. 제3장에서 본 바와 같이 대부분의 자연 상태의 원형 DNA분자는 음성 초나선 (negative supercoiling)으로 감겨져 있다. 그러므로 초기의 초과 감김은 문제가 되지 않는다. 이 초과 감김 또는 꼬임은 이미 존재하고 있는 음성 초나선에 의해서 상쇄될 수 있기 때문이다. 그러나 총 길이의 약 5%의 복제가 일어나고 나면, 이 음성 초나선도 다 소모되므로 다시 위상학

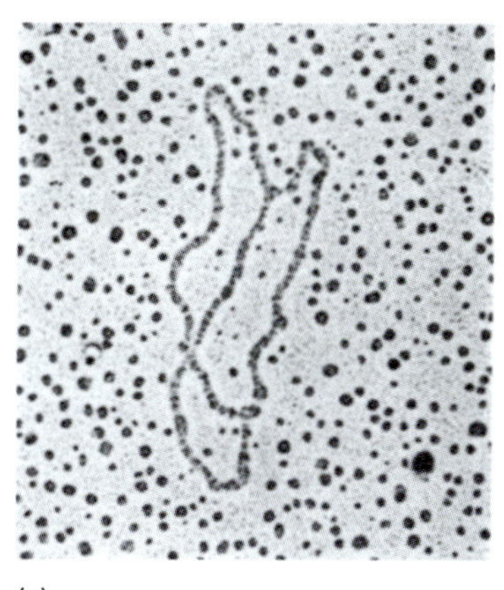
(a)

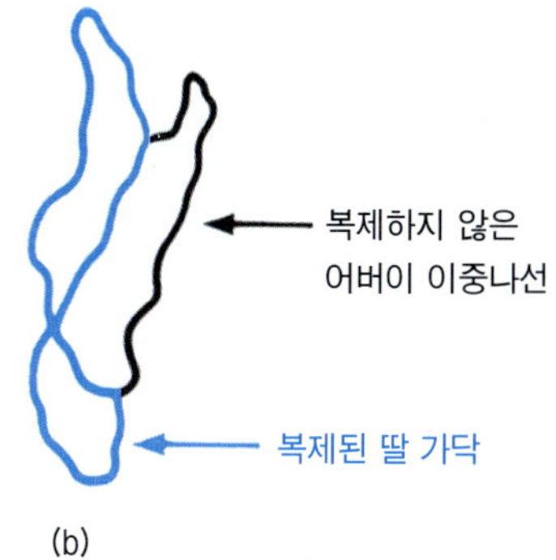

(b)

그림 7-3 ColEI DNA의 전자현미경 사진 (분자량=4.2x10$^{6}$). 옆그림은 어버이 사슬과 딸 사슬을 보여주고 있다. (D. Halinski 제공)

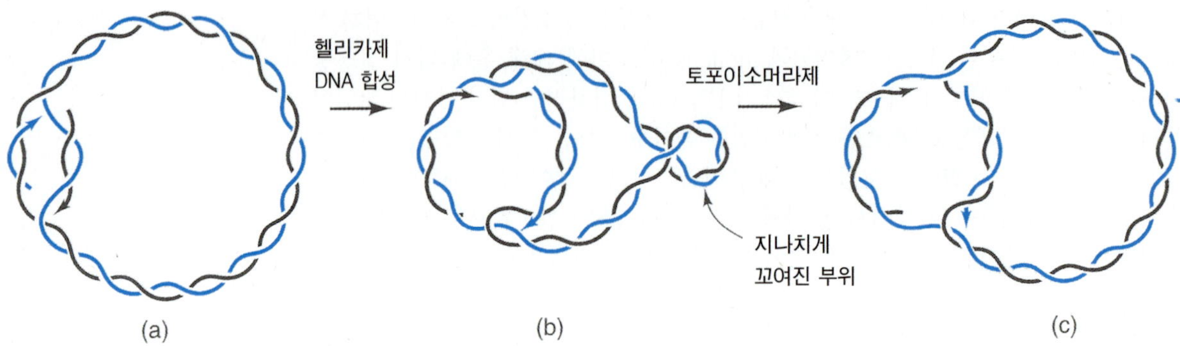


그림 7-4 토포이소머라제에의한 DNA의 이완. 원형의 DNA에서 복제가 시작된 후의 모습을 보여주고 있다. 여기서 복제 갈림점은 "고리"의 양 방향으로 진행하고 있다(a). 복제고리가 진행함에 따라 (b), 원형의 복제 갈림점 앞쪽에 초과 감김 부위가 형성된다. 토포이소머라제가 이러한 초과 감김 부위를 이완시킨다 (c). (C. Ullsperger, A. Vologodskii, N. Cozzarelli 제공)

적 문제가 생기게 된다.

## 초과감김을 풀어주는 특수한 효소 토포이소머라제

토포이소머라제

치밀하게 꼬여진 DNA의 각 외가닥을 풀어내기 위해서는 각 외가닥을 꼬여진 방향의 역방향으로 회전시키야 한다. 이러한 일을 수행하는 것이 두 종류의 **토포이소머라제 (topoisomerase)**이다. 대부분의 생물체는 여러 종류의 토포이소머레이즈라는 효소를 가지고 있다. 토포이소머레이즈 I은 복제하는 DNA의 앞에서 작동하는데, 이중나선 중 하나의 가닥을 끊어주면서 작동을 한다. 효소는 끊어진 가닥의 두 끝을 잡고 한바퀴 돌린 후 다시 연결시켜준다. 결과적으로, 토포이소머레이즈가 360도씩 돌려줌과 동시에 구형의 이중나선 DNA는 감김을 풀게된다. 이러한 작동으로 DNA는 다소 "느슨함 (relaxed)"을 찾게 된다. 비로소, 위에서 말한 헬리카제가 작동을 할 수 있게되고 360도 회전안에 있는 10개의 염기사이의 수소결합을 제거할 수 있게 된다. 즉, 토포이소머라제는 헬리카제보다 앞서가며 그림 7-4에서처럼 과도하게 꼬여진 DNA를 풀어주는 작용을 한다.

## 두 종류의 토포이소머라제 (topoisomerase)는 상호 보완적으로 작동한다

지라제

원형의 DNA 복제가 계속되면 전체 원 구조에 양성 초나선이 만들어진다. 이때 또 다른 종류의 토포이소머라제 (topoisomerase)이다. 복제하는 DNA에 음성 초나선을 만들어주는 것은 이 효소이며 **지라제 (gyrase)**라고 불린다. 이 효소는 양 가닥을 모두 자르면서 작용한다 (토포이소머라제 I은 한쪽 가닥만 자른다). 그런 이유로 이 효소는 때로 토포이소머라제 II라 불리기도한다. 잘라진 DNA는 절단점을 지나서 다른 곳에서 접합된다. 그리하여 복제하는 원형 DNA에 정상적인 음성 초나선을 유지하게 된다. 토포이소머라제 I이 꼬임을 푸는 방법은 그림 7-5에서 설명하고 있다.

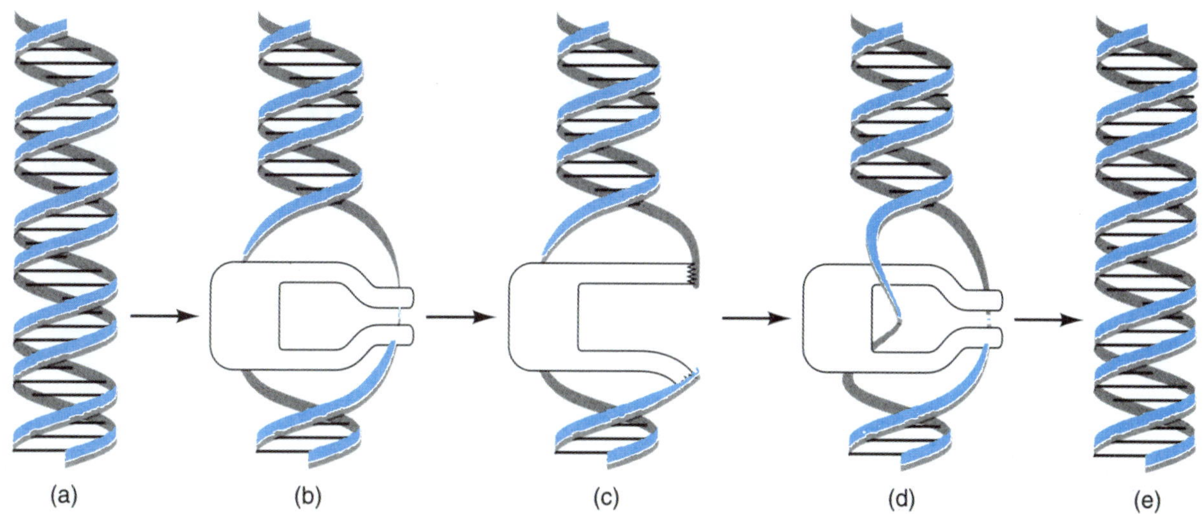


그림 7-5 토포이소머라제 I은 이중나선에 결합한다. 감긴 부위를 풀어준 후 (b), 외가닥 틈을 만든다 (c). 자른 가닥을 붙들고 자르지 않은 가닥을 자른 가닥의 공간으로 통과시킨다 (d). 자른 두 끝을 다시 붙여주고 (e), 효소는 떨어져 나간다. 이렇게 형성된 이중나선 DNA는 처음 DNA모양과 같으나 단지 음성초나선이 한 회전 사라졌을 뿐이다. 지레이즈는 이와 달리 복제시 생기는 양성초나선을 상쇄하는 음성초나선을 만들어준다.

# DNA 복제의 시작

앞에서 DNA복제중 일어나는 초나선을 제거하기 위한 문제들을 살펴본 것은, 복제의 시작과정을 이해하기 위한 것이었다. DNA 복제는 "**복제시작점 (replication origin)**" 또는 *ori* 라고 불리는 독특한 염기서열에서 시작한다.

일반적으로 복제의 시작은 두 가지 방법으로 일어날 수 있다. 그 하나는 "새로이 시작되는" *de novo* 시발 (de novo initiation)이라 불리우며, DNA 합성이 RNA 프라이머로부터 시작한다. 이것은 대부분의 생물에서 사용되는 방법이다. 다른 하나는 "**공유결합 신장 (covalent extension)" 기작**이라 불리는 것이다. 이것은 기존의 DNA 가닥을 계속 연장하여 새로운 가닥을 합성하는 방법으로 일부 바이러스에게 한정되어 사용된다. 이 두 방법의 차이점은 그림 7-6에서 보여주고 있다. 이

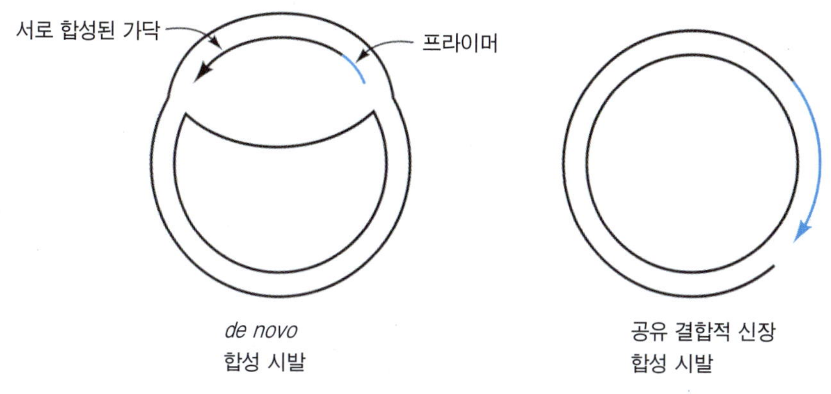


그림 7-6 두 가지의 다른 DNA 합성시발 방법이 발견되었다. *De novo*방법은 가장 일반적인 방법이며 (프라이머가 청색으로 표시), 공유결합 신장 방법(새로 합성된 가닥이 청색으로 표시)은 일부의 바이러스와 박테리아의 F(fertility) 플라스미드 (그림 14-3 참조)에 한하여 사용된다.

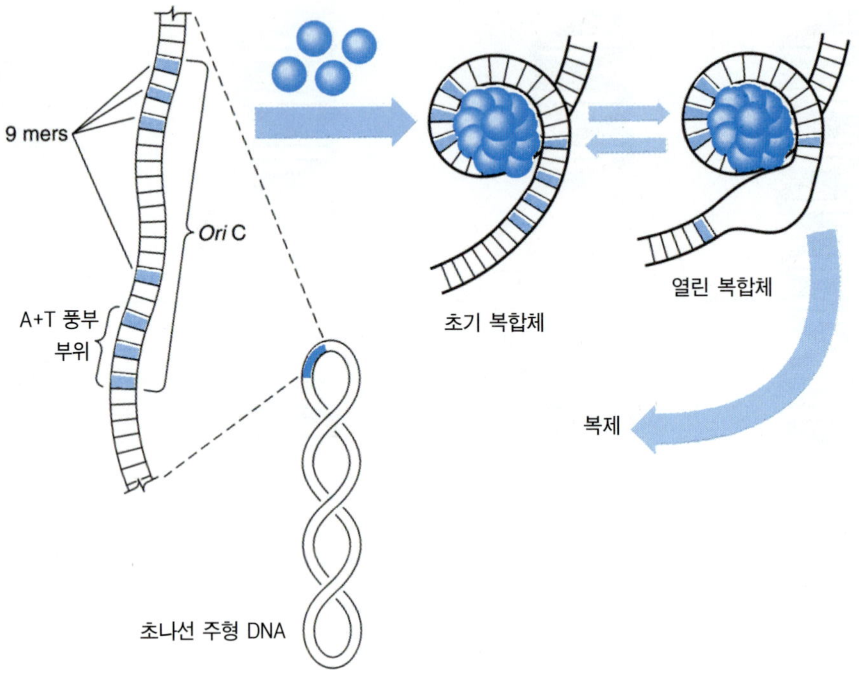


그림 7-7 *ori* C에서의 복제는 DnaA 단백질이 9개의 염기서열에 결합하면서 시작된다. A+T가 많은 부위가 곧이어 열려지고, 이 열린 복합체(open complex)가 복제를 시작할 수 있는 시작부위로 작용한다 (D. Rramhill과 A. Kornberg 제공 그림을 다시 그림)

두 방법은 매우 다르므로 각각을 따로 살펴보고자 한다.

## *de novo* 시발

가장 일반적으로 사용되는 *de novo* 복제 시발은 *E.coli*, 파아지 그리고 진핵생물 바이러스인 simian virus 40(SV40)에 이르기까지 매우 다양한 생명체의 DNA 복제에 사용되고 있다. 그림 7-7에서 보여주는 바와 같이 *E.coli* DNA 합성은 250 염기서열 내에 4번이나 반복되는 9 염기서열에 DnaA 단백질이 결합하면서 시작된다. 이 250개의 염기를 포함하는 부위를 *oriC* ("C"는 chromosome을 의미한다)라고 부른다. ATP의 존재하에, 결합된 50 kDa 크기의 DnaA 단백질 단위체는 상호작용하여 150개의 염기쌍과 15-20개의 DnaA 단위체를 포함하는 단백질-DNA 복합체를 형성한다. 이러한 구조로 인하여 바로 옆에 존재하는 A+T-rich 부위가 부분적으로 풀려지게 된다. 그리고 DnaA와 복제에 관여하는 (DnaB와 같은) 다른 단백질과의 선별적 결합으로 DNA가 풀려진 지점에 복제 갈림점 장치가 형성되게 된다. 일단 필요한 모든 효소가 모여지고 프라이머가 합성되고나면, DNA pol III가 DNA 합성을 시작하게 된다. *oriC*의 경우, 복제 시작점(replication origin)에서 양방향으로 두 개의 복제 갈림점 (Replication fork)이 만들어지게 된다. 현재까지도 선도사슬 (leading strand)와 지연사슬 (lagging strand)의 복제가 시작되는 정확한 기작은 알려져 있지 않으며, 계속적으로 연구가 진행되고 있다.

*E.coli*에서 복제하는 λ 파아지나 동물 바이러스인 SV40의 복제도 위와 유사한 기작이 사용된다. 바이러스 단백질이 반복되는 염기배열을 가진 *ori*라고 불리우는 복제시작점에 결합하여 복잡한 단백질-DNA복합체를 만들면서 복제가 시작된다. 즉, 이러한 기작은 매우 일반적인 것으로 보인다.

다른 생물체에서 다른 종류의 *de novo* 복제도 발견된다. 이들에 있어서, RNA 프라이머는 RNA 중합효소 (RNA polymerase)*에 의해 직접 만들어진다. DNA 중합효소는 이 RNA 프라이머로부터 DNA 합성을 시작하는데, 이때 만들어지는 복제 고리의 한 쪽에는 이중나선을 다른 한쪽에는 외가닥을 가지는 모양을 이룬다.

새로 만들어지는 딸 가닥이 복제되지 않은 주형 DNA 어버이 사슬을 치환하므로, 이러한 모양을 일컬어 치환고리(displacement loop) 혹은 D-고리(D-loop)라고 한다 (그림 7-8).

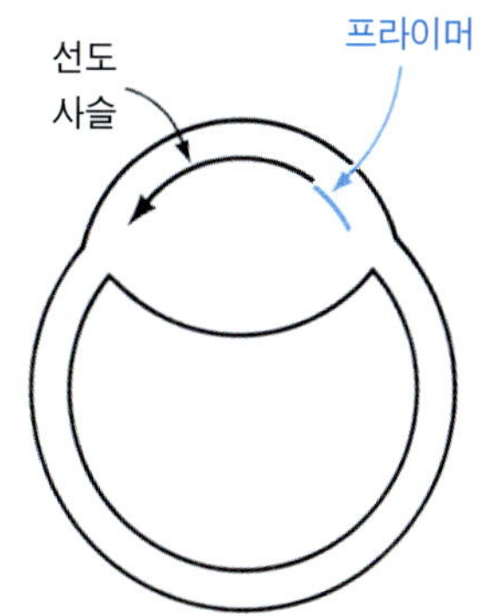


그림 7-8 D-고리를 가지고 있는 원형 DNA. 프라이머가 붙어 딸사슬이 합성되고 있는 "위쪽" 가닥은 이중나선을 이루고 있다.

## 공유결합 신장에 의한 시발: 회전 고리형 복제

매우 단순한 생물체에서는 짧은 시간내에 많은 숫자의 DNA복제를 필요한다 (예, 플라스미드와 바이러스). 그림 7-6과 그림 7-9에서 보여주는 "공유결합 신장 (covalent extension)" 을 이용하면, 원형 DNA로부터 단위길이의 DNA가 연속적으로 연결된 **연쇄체(concatemer)**를 만들어 낼 수 있게 된다. 이러한 형태의 복제는 주형의 한 DNA가닥을 자르면서 5'-P 말단과 더불어 3'-OH 기가 말단에 자유로이 노출되면서 시작한다. DNA 중합효소는 이 3'-OH 말단으로부터 선도사슬을 신장하며 합성을 시작한다. 즉, 자유로운 3'-OH 말단이 그림 7-8에서 보는 *de novo* 복제시작에서 RNA 프라이머와 같은 역할을 하는 것이다.

D 고리

연쇄체

세균의 접합과정에서도 공유 결합 신장에 의한 복제가 사용된다 (자세한 내용은 제 14장에서 다루어질 것이다; 그림 14-8 참조). 이 과정에서는 그림 7-9에서 보듯이 공여세포에서 선상의 DNA가 만들어져서 수용세포로 옮겨진다. 바이러스의 복제도 공유결합 신장을 사용하는데, 이는 제 14장에서 다루고자 한다 (그림 14-

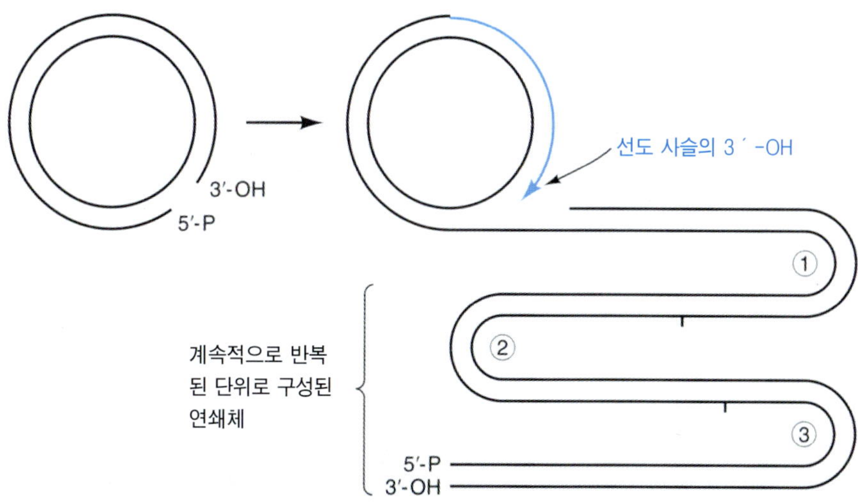


그림 7-9 공유결합 신장은 이중나선 DNA의 틈으로 만들어진 3 '-OH를 사용하여 복제를 시작한다. 새로이 합성된 DNA는 청색으로 그려져있다. 여기서는 원형 DNA가 세 번 복제해 만들어진 연쇄체를 보여주고 있다.

* RNA 합성효소, 제8장 참조

24 참조).

## 복제를 위한 DNA 사슬의 감김 제거

DNA 중합효소가 DNA를 합성하기 위해서는 주형 DNA를 읽을 수 있어야 한다. 주형을 준비하는 과정은 적어도 3 단계로 나눌수 있다: 이중나선의 꼬임을 푸는일 (그림3-1에서 10개의 염기가 360도를 회전하는 이중나선구조를 다시 참조하라); DNA 두 가닥사이의 수소 결합을 끊어 외가닥 주형을 만들어 주는 일; DNA 중합효소가 작동하기 전 외가닥 주형이 서로 결합하는 것을 막아주는 일이다.

이러한 일을 모두 할 수 있는 효소가 DNA polymerase I (pol I) 이다. 그러나 이 효소는 잘못된 복제를 수정하는 작업을 주로 한다. 대부분의 세포에서 핵산을 합성하는 주된 효소는 DNA polymerase III(pol III) 이다. 이 효소는, 그러나, DNA 중합반응만 수행하도록 전문화되어 있어서 앞에서 말한 3 단계의 작업을 수행하기 위해 다른 단백질을 필요로한다.

### DNA 수소 결합을 풀어 주는 헬리카제

헬리카제

나선 풀기는 **헬리카제** (helicase)라는 효소에 의해 이루어진다. 헬리카제가 DNA를 만나게 되면 나선의 꼬임을 풀고 DNA 염기쌍을 열어 주면서 앞으로 계속 진행해 나간다. 헬리카제의 "열기 (unzipping)" 작업은 두 가닥사이의 수소결합을 끊어주고 [염기간의] 소수성 결합을 막아주는 작업이다. 이 과정은 에너지를 필요로 한다. 헬리카제는 ATP 분자가 가수 분해되면서 나오는 에너지를 이용한다.

외가닥 결합 단백질

앞서 기술한 바와같이, 헬리카제에 의해 만들어진 외가닥 사슬은 다른 쪽의 외가닥 사슬과 쉽게 다시 수소결합을 이룰 수 있게 된다. 다른 사슬과 재결합하거나 동일 사슬 내에서의 수소 결합 형성을 방지하는 단백질은 **외가닥 결합 단백질**(**single strand binding protein: ssb** 단백질)이다. ssb는 외가닥 DNA 사슬과 결합하여 DNA 재결합을 막아준다. 외가닥 DNA에 ssb가 붙고나면 핵산의 복제가 진행한다. 헬리카제의 풀기작용이나 ssb의 결합작용은 그림 7-10의 모식도에서 보여주고 있다.

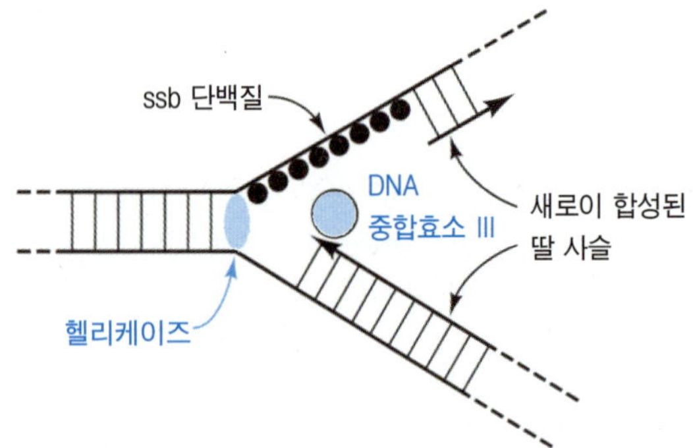


그림 7-10 복제 갈림점에서 일어나고 있는 나선풀림.

# 새로 합성된 가닥의 신장

새로운 딸 DNA 가닥의 합성은 다음과 같은 점으로 인하여 좀더 복잡해진다:

1. 복제는 고도의 정확도를 필요로 한다.
2. 두 어버이 가닥은 서로 역 평행으로 되어있으나 (하나는 5'-P → 3'-OH로 다른 하나는 3'OH → 5'-P), DNA 중합효소는 한 방향으로만 합성이 진행한다.
3. 적절한 속도가 필요하다 (*E.coli* 에서 복제 갈림점은 일초에 1,000개의 염기를 복제한다)

이러한 복잡성을 감안해 볼 때, 하나의 효소가 그 많은 일을 다 해내기란 쉽지 않다는 것을 금방 이해할 수 있을 것이다. 실제로, 이십개 이상의 단백질을 필요로 하는 것으로 알려져 있다. 이 모든 과정을 비교적 단순하게 이해하기 위해, 여기서는 각 단계를 따로 설명하고자 한다. 우선 중합반응의 기본적인 화학반응과 여기에 관여하는 효소를 알아보고, 중합반응에 의해 제기되는 문제들을 짚어보고, 복제과정중 일어나는 오류를 교정하는 기작과, RNA 프라이머의 합성, 그리고 마지막으로 전체적인 복제장치의 형태를 살펴보고자 한다.

## 복제의 생화학적 반응과 중합효소

1957년 Arthur Kornberg는 대장균의 추출액에 DNA 중합효소 (현재 DNA **polymerase I** 혹은 **pol I**으로 부른다)가 들어있음을 밝혔다. 이 효소는 주형 DNA가 있기만 하면 4종의 전구체 분자들 (즉, 4종의 디옥시누클레오시드 5'-삼인산, dATP, dGTP, dCTP, dTTP)로부터 DNA를 합성할 수 있다. 5'-일인산이나 5'-이인산, 또는 3'-인산물 (일인산, 이인산, 삼인산)의 어느 것도 중합에 이용될 수 없고, 단지 5'-삼인산만이 중합 반응을 할 수 있는 기질이 될 수 있다; 그 까닭은 곧 알게 될 것이다. 수년 후, pol I은 복제 과정에 필요 불가결한 역할을 하지만 대장균의 복제에 주된 중합효소는 아니며, 복제 갈림점의 진행을 맡고 있는 효소는 중합효소 III, 즉 pol III*라는 사실이 밝혀졌다. Pol III 역시 오직 5'-삼인산을 전구체로 쓰고 DNA 주형을 필요로한다. Pol **과 pol III는 여러 공통되는 특징을 가지고 있다. 두 DNA 중합 효소에 의하여 촉매 되는 화학 반응의 전체 과정은 다음과 같다:

Poly(nucleotide)n-3'-OH + dNTP → Poly(nucleotide)n+1-3'-OH + PP

여기서 PP는 dNTP에서 잘려 나온 이인산(pyrophosphate)을 나타낸다.

두 효소는 모두 디옥시누클레오시드 5'-삼인산만을 중합하나, DNA 주형이 있을

---

*I,III 등의 숫자는 효소가 분리된 순서를 나타낼 뿐이고, 그들의 상대적인 중요성을 말하는 것은 아니다. 또 다른 중합 효소인 pol II도 역시 대장균에서 분리된 바 있다. 이것은 DNA 복제에서 아무 역할도 하지 않는다. pol II가 없는 돌연변이 세포도 실험실에서 정상적으로 자라므로 pol II의 생물학적인 기능은 확실치 않다.

**편의상 "pol"이라는 약자는 이장에서 중합 효소를 지칭할 때 쓰기로 한다.

프라이머

때만 중합할 수 있다. 더구나 중합은 프라이머를 첨가함으로써 일어난다–**프라이머(primer)**는 주형 사슬에 수소 결합으로 붙어 있는 올리고누클레오티드로, 그 말단에 반응 가능한 ("자유로운") 3'–OH기가 존재해야 한다. 프라이머의 의미는 6가지의 다른 주형을 보여주고 있는 그림 7–11에서 좀더 분명히 알 수 있다. 이들 중 (c),(e),(f)의 3종만이 활성이 있다고 말할 수 있겠는데, 이들은 모두 자유로운 3'–OH를 가지고 있다. (d)에서 합성이 일어나지않는 이유와 (e)와 (f)에서의 표시된 방향으로만 합성이 일어나는 이유는 5'–인산기에는 누클레오티드가 첨가되지 않기 때문이다. (a) 와 (b)에서 합성이 일어나지 않는 것은 복사될 주형이 없으면, 3'–OH기가 있더라도 복제가 진행될 수 없음을 나타내고 있다. 여기서 우리는 두 가지 결론을 끌어낼 수 있다.

1. 주형과 3'–OH기를 갖춘 프라이머가 필요하다.
2. 중합화는 성장 사슬의 말단에 3'–OH기와 새로운 누클레오시드 5'–삼인산 사이의 반응으로 이루어진다. 첨가되는 누클레오티드는 새로운 3'–OH기를 제공한다. 각각의 DNA 사슬은 5'–인산 말단과 3'–OH 말단을 갖기 때문에 사슬의 성장은 5'→ 3' 방향으로 진행된다고 한다.

이 두 사항은 그림 7–12에 요약되어 있다.

때로 중합 효소가 주형 사슬의 염기와 수소 결합을 할 수 없는 누클레오티드를 첨가하는 수가 있다. 이는 단순히 오류일 수도 있고, 10장에서 논의할 아데닌과 티민의 토우토메리화(tautomerization)의 결과일 수도 있다 (그림 10–12 참조). 어느 경우이든 쌍을 짓지 못하는 염기는 (성장 사슬의 3'–OH 말단에 존재하는) 인식 되는대로 제거될 수 있어야 한다.

디옥시누클레오시드 삼인산

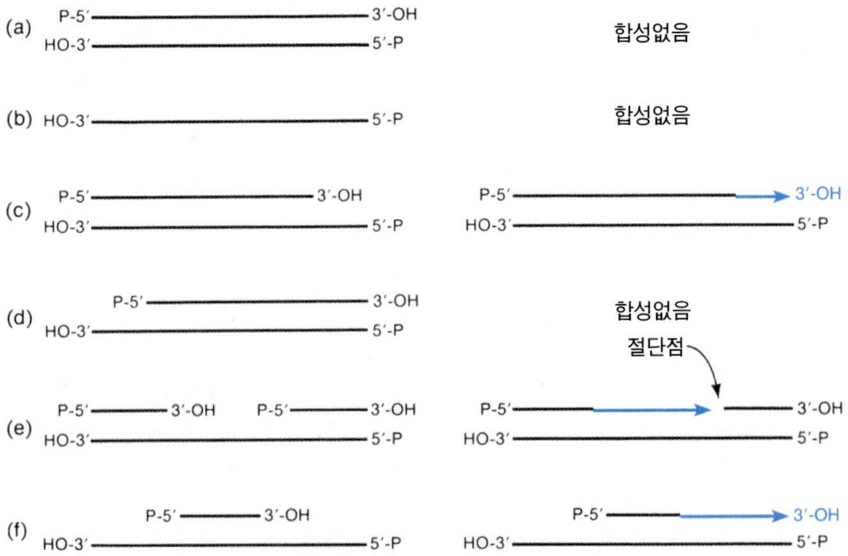


그림 7–11 다양한 주형들이 DNA 복제에 미치는 영향. 수소결합을 하고있는 핵산의 끝이 반응가능한 3' –OH기를 가지고 있고, 바로 옆에 수소결합을 하지 않는 주형 DNA가 필요하다. 새로 합성된 DNA는 청색으로 표시.

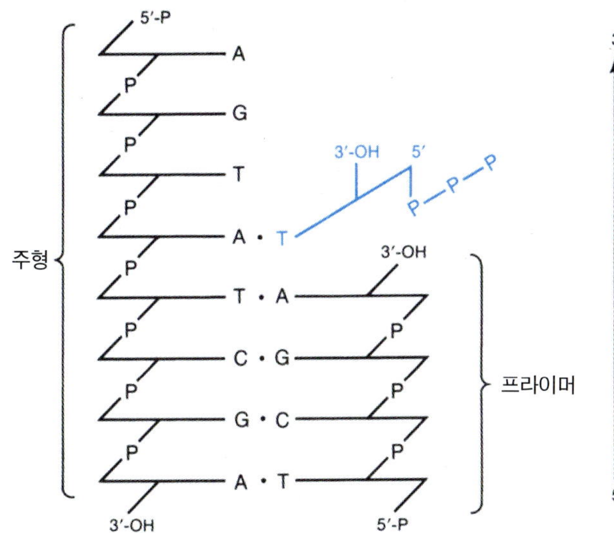


그림 7-12 5'→3' 방향으로 합성되고 있는 DNA에서 주형과 프라이머의 모식도.

## 잘못 짝 지어진 염기의 수정

Pol I 과 pol III 두 효소 모두 마지막 염기가 제대로 쌍을 이루지 못한 것을 발견하면 중합 활성을 정지시킨다. 그것은 두효소 모두 정확하게 수소 결합을 하고 있는 프라이머를 요구하는 효소이기 때문이다. 중합반응의 정지는 3' → 5' 방향으로 활성을 갖는 엑소누클리아제 (exonuclease)를 활성화하여 잘못된 쌍 염기를 제거한다 (그림 7-13). 엑소누클리아제의 활성부위는 DNA중합 활성부위서 멀리 떨어진 부위에 위치하고 있다. 염기의 제거후 중합 활성이 회복되고 사슬 신장이 다시 시작된다. 핵산사슬의 말단에 있는 염기를 제거하므로 엑소누클리아제라 부른다 (제 3장 참조). 이러한 이유로 pol I과 pol III는 **교정 기능**(proofreading 또는 editing function)이 있다 말한다.

pol I의 또 다른 기능은 위에서 말한 방향과 역방향인 5'→ 3' 엑소누클리아제 활성이다. 이 활성은 다음과 같은 특징을 지니고 있다.

1. 누클레오티드들이 5'-P 말단으로부터 하나씩 제거된다. 즉, 그림 7-13에서 보여준 방향의 역방향으로 일어난다.
2. 연속적인 절단에 의하여 하나 이상의 누클레오티드가 제거될 수 있다.
3. 염기쌍을 하고 있는 누클레오티드만 제거된다.
4. 제거되는 누클레오티드는 디옥시리보스형이거나 리보스형의 어느 것도 될 수

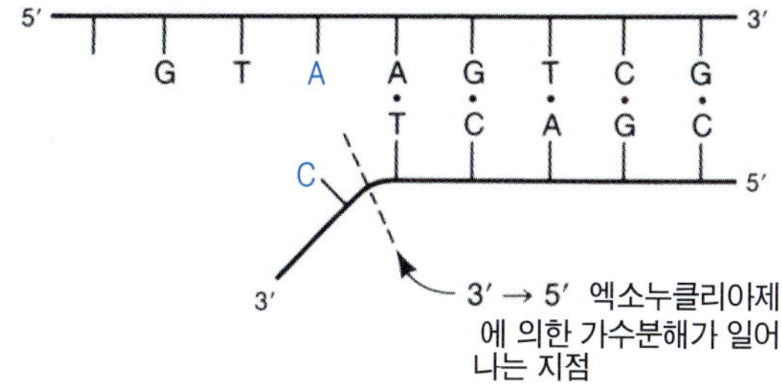


그림 7-13 Pol I에 의해 핵산의 가수분해가 일어나고 있는 지점의 3' → 5' 엑소누클리아제 활성을 보여주고 있다. 여기서 C 염기(청색)는 A와 염기쌍을 이루지 못하므로 제거되고 있다.

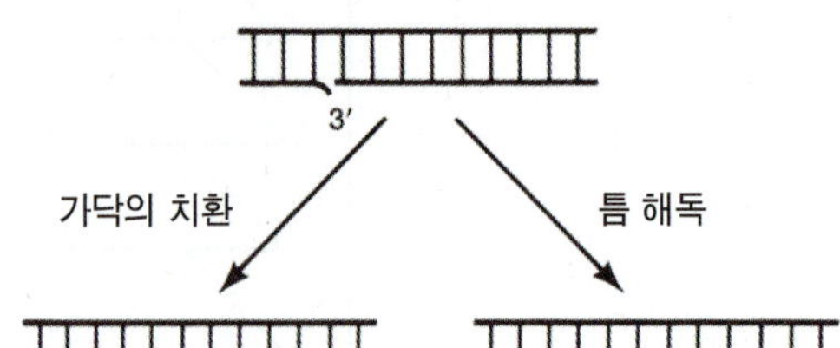


그림 7-14 pol I에 의한 틈 해독. 5'→ 3' 방향으로 염기가 제거되면서 또한 합성도 같은 방향으로 일어나고 있다. 성장사슬이 청색으로 표시되어있다. 아래 그림의 염기사이의 간격은 리가아제라고 하는 효소에의해서 연결되어진다.

있다.

5. 5'-P기가 있기만 하면, 틈에서도 작용이 가능하다.

5'→ 3' 엑소누클리아제 활성의 주 기능은 리보누클레오티드인 프라이머를 제거하는 것이라는 사실을 곧 알게 될 것이다.

외사슬의 틈에서의 5' → 3' 엑소누클리아제 작용은 중합 반응과 동시에 일어날 수 있다. 즉, 5'-P 누클레오티드가 하나씩 제거되면서 중합 활성이 뒤따라 일어나는 것이다 (그림 7-14). Pol I 은 3' -OH 기와 5'-일인산 간에서는 결합을 형성하지 못하기 때문에, 틈은 DNA 분자를 따라서 합성의 방향으로 이동한다. 이러한 이동을 **틈 해독 (nick translation)**이라 한다.

틈 해독

## DNA pol Ⅲ는 여러개의 소단위체로 구성되어 있다

pol III 전효소

핵심 효소

Pol III는 매우 복잡한 효소이다. 이 효소의 가장 활동적인 상태는 9종의 서로 다른 단백질과 같이 결합하여 형성된 **pol III 전효소** (holoenzyme; 흔히 pol III라 부름)로 구성되어 있을 때이다. 전효소란 몇 개의 서로 다른 소단위체 (subunit)로 구성되어 있으며, 하나 혹은 그 이상의 소단위체가 빠지더라도 얼마간의 활성을 가지는 효소를 일컫는다. 효소 활성을 지니는 최소의 집합체를 **핵심 효소** (core enzyme)라 한다. 핵심 효소의 활성과 전효소의 활성은 일반적으로 매우 다르다. *E. coli* 중합효소의 10개의 모든 소단위체의 유전자가 밝혀졌다: DNA 중합활성은 그중 하나인 *dna E*가 가지고 있지만, 다른 대부분의 단위체들도 복제에는 필요 불가결하다. Pol III는 주형과 프라이머 요구성에 있어서는 pol I과 같지만, 그 기질 특이성이 훨씬 더 좁다. 예를 들면, pol III는 틈에서 작용하지 못한다. 실험관 내에서, 핵심효소는 간격의 길이가 100 누클레오티드 이하인 DNA에 가장 잘 작용한다. 반면에 전효소는 DNA 혹은 RNA 누클레오티드의 단편이 프라이머로 있는 긴 외가닥 DNA 사슬에서 매우 잘 작동한다. 이러한 활성은 복제 갈림점에서의 전효소의 작용을 잘 반영하고 있다. 복제 갈림점에는 어버이 사슬이 이미 외가닥으로 분리되어 있어, 주형은 기본적으로 긴 외가닥 형태로 되어있기 때문이다. Pol III는 사슬 치환도 수행할 수 없으므로 복제 포크가 진전되기 위해서는 나선을 풀어 주는 다른 시스템이 필요하게 된다 (이것은 다음 절에서 자세히 논의 될 것이다). Pol I과 마찬가지로 이 효소에는 3' - 5' 엑소누클리아제 활성이 있어서 DNA 복제에서 주된 교정 기능을 수행한다.

**표7-1** pol Ⅰ과 pol Ⅲ의 비교

| 효소 활동 | POL Ⅰ | POL Ⅲ |
|---|---|---|
| 5'P →3'OH 중합반응 | + | + |
| 3 'OH→5'P 중합반응 | − | − |
| 5'P→3'OH 엑소누클리아제 | + | − |
| 3'OH→5'P 엑소누클리아제 | + | − |

이 기능은 *dnaQ* 소단위체에 존재한다. 3' → 5' 엑소누클리아제 교정기능은 핵심효소와 전효소 상태에서 *dnaQ*와 *dnaE*가 결합하였을 때 그 활성이 크게 증가한다. 이러한 활성이 복제의 정확도와 관련있다는 것을 분명히 보여주는 주된 증거는 *dnaQ* 유전자에 돌연변이가 있는 세균은 높은 돌연변이 빈도를 보인다는 점이다. pol I과는 달리 pol III 는 5' → 3' 엑소누클리아제 활성을 가지지 않는다 (표 7−1).

Pol III 전효소가 *E.coli*에서 복제를 수행하는 주된 효소이긴 하지만, 그 성질에 관해서는 pol I에 비해서 훨씬 적게 밝혀져 있는데, 이는 이 효소가 훨씬 더 복잡한 효소이기 때문이다. pol III의 연구는 현재 활발한 연구 분야 중의 하나이다.

이 장의 뒷부분에서 *E.coli* 복제 중 성장 포크에서 일어나는 과정들을 검토할 때, pol I과 pol III 전효소가 모두 *E.coli* 복제에 필요함을 알게 될 것이다. 그러나 모든 생물체가 이 두 개의 중합 효소를 필요로 하지는 않는다. 이를테면, *E.coli* T4 파아지는 그 자신의 중합효소를 생산하며, 이 효소는 중합에 필요한 모든 기능을 혼자서 수행할 수 있다.

## DNA 중합효소는 5´-P → 3´-OH 방향으로만 작용한다

현재까지 알려진 모든 중합 효소(DNA, RNA)는 5' → 3' 방향으로만 사슬 신장을 시킬 수 있다. 즉, 자라나는 중합체의 말단은 자유로운 3'−OH기를 가져야 한다. 두 개의 DNA사슬이 서로 역방향으로 배열되어 있다는 점을 감안할 때, DNA 복제중 3' → 5' 방향으로 작용하는 중합효소가 있는 것이 좋지 않을까 생각해 볼 수도 있다. 만약 3' → 5' 방향으로 중합하는 효소가 있다면, DNA 복제는 그림 7−2에서 보여준 것같이 단순한 모양으로 일어날 수 있기 때문이다.

중합 효소가 5' → 3' 방향으로만 사슬 신장을 하도록 진화된 것은 (실수의) 교정을 용이하게 하기 위한 이유 때문일 가능성이 있다. 만약 3' → 5' 방향의 신장이 일어난다면, 성장 사슬의 끝은 5'− 삼인산을 가지게 되고, 도입되는 누클레오티드의 3'−OH 기가 그것과 반응할 것이다. 이는 화학적으로는 가능한 반응이다. 그러나, 잘못 들어간 염기를 교정하는 경우를 생각해 보자. 이렇게 형성된 결합은 염기와 염기사이에 단일 인산만을 함유한다. 교정에 의해 하나의 염기를 제거하면 5'−일인산을 가진 사슬 말단이 생성하게 될 것이다. 이때 사슬 신장이 다시 진전되려면 일인산을 삼인산으로 전환할 효소계가 필요하게 된다. 속도의 측면에서 볼 때, 이미 복제 포크에서 많은 반응들이 진행되는 상황에서 [또 다른 효소작용을 도입하는 것 보다] 5' → 3' 신장만을 사용하는 것이 세포에게 더욱 경제적일 수 있다.

그러나 사슬 신장이 단지 한 방향으로 진전된다는 사실은 *전 복제 과정에서 대단히 번거로운 문제를 초래*하게 되는데, 이에 대해 설명하고자 한다.

## 역평행 DNA 사슬과 불연속 복제

이 장의 시작에서 제시된 복제 양식에서는 두 딸 사슬이 모두 연속적으로 복제되고 있는 것처럼 그려져 있다 (그림 7.1). 그러나 이러한 방법으로 복제되는 DNA 분자는 없다. 반면, 딸 사슬 하나는 짧은 단편으로 합성된 후, 나중에 서로 연결된다.

앞서 말한 바와 같이 중합효소 I 과 III은 3'-OH기에만 누클레오티드를 부가시킬 수 있다. 성장 포크에서 만약 두 딸 사슬이 한결같이 같은 방향으로 신장하는 경우, 그 중 한 사슬만이 자유로운 3'-OH 기를 가질 것이다. 다른 사슬은 자유로운 5'-인산기를 갖게 될 것이다. 왜냐하면, 두 사슬은 서로 역평행하기 때문이다 (그림 7-15). 그러므로 다음 중 하나일 것임에 틀림없다:

1. 누클레오티드를 5' 말단에 첨가할 수 있는 또 다른 중합 효소가 있다; 즉, 3'→5'으로 중합반응을 하게된다. 또는,
2. 양 사슬이 다같이 5' → 3' 방향으로 신장하는데, 어버이 분자의 양 끝으로부터 마주 보며 신장해 들어온다. 만약 이것이 옳다면 복제가 끝나지 않은 분자의 상당한 부분은 외가닥 사슬 상태라야 할 것이다.

위의 두 가능성 모두 옳지 않다. 실제로 5'-P 말단에 누클레오티드를 부가하는 그런 DNA 중합효소는 발견되지 않았고, 세포내 DNA의 약 0.05%만이 외가닥 사슬 형태로 있을 뿐인 것이다.

불연속 합성
선도 가닥
지연 가닥

실제로 DNA 두 가닥이 역 방향으로 진행하는 데도 불구하고 그림 7-16 에서 보여 주는 바와 같이 복제는 한 방향으로 진행한다. 이런 양식의 합성을 **불연속 합성**이라 부른다. 여기서 **선도가닥** (leading strand)은 연속적으로 합성되고, **지연 가닥** (lagging strand)은 짧은 단편들의 형태로 각각 5' → 3' 방향으로 불연속 합성된다. 일정 시간 후, 각 조각은 연결되어 연속적 가닥을 이루게된다. 다음 절에서 불연속 DNA합성을 증명하는 일련의 실험들을 살펴보고자 한다. 이 실험들은 분자생물학의 역사속에서 여전히 중요한 발견으로 여겨지는 실험들이다. 이 실험들은 아주 훌륭한 성과로 인정되며, 논리적인 실험을 설계하는 것이 얼마나 중요한 것인지를 깨닫게 하는 기회를 제공할 것이다.

### "오카자키 단편"이라 불리는 조각들이 연결된다

1968년 R. Okazaki는 *E.coli* 에서 새로이 합성되는 DNA가 처음에는 단편들로

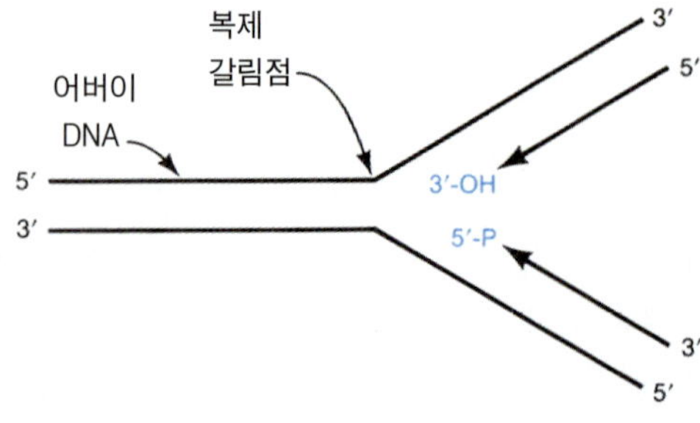


그림 7-15 복제 갈림점에 존재하는 핵산의 말단 (청색)

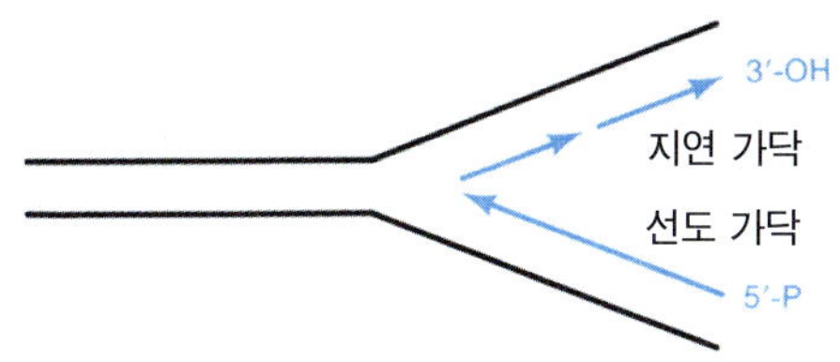


그림 7-16 복제 갈림점에서 선도가닥 (leading strand) 지연가닥 (lagging strand)의 합성방향 (청색)의 모식도.

있다가 후에 서로 연결된 것임을 입증하였다. 이 단편들의 존재는 그림 7-16에서 제시된 불연속 복제 모델을 뒷받침하였다. Okazaki는 이것을 증명하기 위해 두 가지 실험을 행하였다. 첫번째 실험에서는 새로 합성되는 DNA 사슬을 방사능으로 표지하기 위해 생장하고 있는 세균 배지에 [$^3$H]dT를 첨가했고, 30초 후에 세포들을 모아, 그들의 DNA 모두를 분리하였다. 이를 **펄스표지 (pulse labeling) 실험**이라 한다. 그 후, DNA 사슬의 길이를 알기 위해, 알칼리 용액 속에서 침강정도를 측정하였다. 제 3장에서 보여준 바 같이, 알칼리에서 DNA는 외가닥으로 분리된다. 알칼리 용액에서 침강정도를 측정함으로서 외가닥 DNA 단편길이를 알아낼 수 있다.

펄스 표지 실험

그 결과 얻어진 자료(그림 7-17 (a))에 의하면, 새로 만들어진 ("펄스 표지된") DNA는 어버이 DNA로부터 얻어진 단일 가닥들 (비록 이들 가닥도 분리의 과정에서 부서지기도 하지만)과 비교할 때 매우 늦게 침강된다는 것을 보여 주었다. 이렇게 얻어진 S값(침강 계수)으로부터, 펄스 표지된 DNA 단편은 1000~2000 누클레오티드 사이 크기를 가지는 반면에, 분리된 어버이 DNA는 이보다 보통 20배 내지 50배 더 크다는 것을 알아내었다. 두번째 실험에서, 세균을 30초 동안 펄스 표지한 후, 다량의 비방사능 dT도 [$^3$H]dT를 교체하고 몇 분간 더 생장하게 하였다. 이것은 **펄스 추적 (pulse-chase) 실험**이라 부르는데, 이것은 실험 초기에 합성된 분자를 추적할 수 있게 해준다. Okazaki는 이 실험에서 방사능 물질의 S값이 비방사능 배지에서의 생장 시간에 따라 증가한다는 것을 관찰하였다. 이 실험들의 결과는 그림 7-17과 같은데, 이것은 그림 7-16의 불연속 복제 양식의 관점에서만 해석할 수 있다. 즉, 펄스 표지된 단편들이 연결되어 긴 DNA 사슬 크기로 침강하게 된 것이다.

펄스 추적 실험

**전구체 단편** 또는 **Okazaki 단편**이라 불리는 단편들은 불연속적인 모델일 때 예측되는 성질들은 모두 갖추고 있다. 즉, 이 단편들은 초기에는 작지만, 그 후 이전에 만들어진 DNA에 붙게 되면서 그 크기가 커지게 된다. 그러나 이 모델에 의하면 방사능의 절반만이 작은 단편들에서 나타날 것으로 예측되나, 그림 7-17 (a)의 자료는 새로이 합성된 DNA의 *전부*가 단편들로 구성되어 있는 뜻밖의 결과를 보여주었다. 왜냐하면 3'-OH 말단을 가지고 있는 DNA 사슬은 불연속적으로 합성되어야 할 이유가 없기 때문이다. 그러나 사실 DNA 전부가 단편으로 나타나는 것은 다음과 같은 이유에서이다. 간혹, DNA 중합효소가 주형 사슬의 아데닌을 복제할 때 티민 누클레오티드 대신 우라실 누클레오티드를 첨가하는 경우가 있다. 이런 일이 일어났을 때, 회복계(repair system)가 우라실을 잘라내고, 티민으로 대치시킨다. 이 회복계는 사슬말단에서 작용하지 않고 (3'→ 5' 엑소누클리아제 교정과는 달리) 우라실이 성장 사슬 내에 끼어 들어간 다음에 작용하는 것이다. 이 절제 과정 (excision process)은 잠정적인 사슬 절단을 초래하고, 이 사슬 토막은 올바른 누클레오티드가 삽입된 후 DNA 리가아제에 의해 봉해진다. 즉, 선도 사슬 합성은 연속적이지만

Okazaki 단편

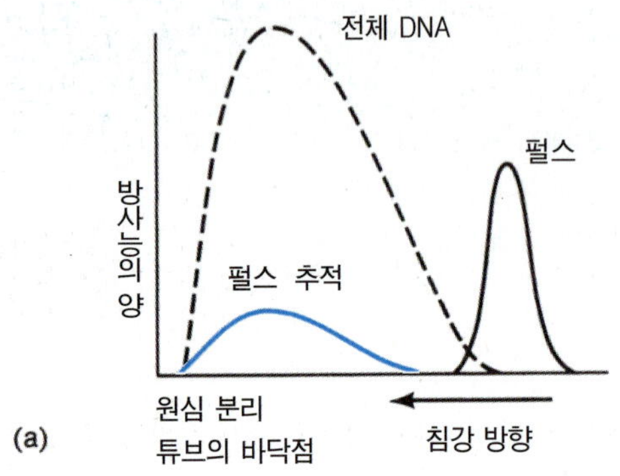


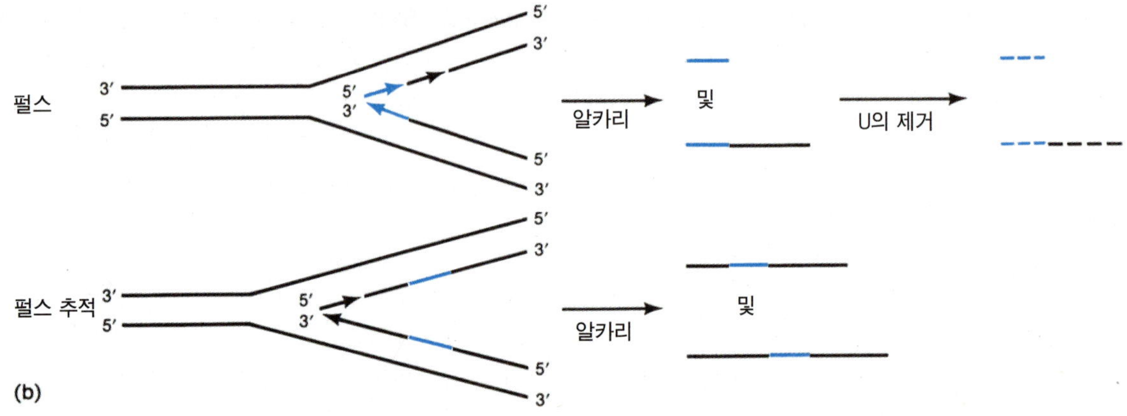


그림 7-17 (a) 펄스표시된 DNA(검은색)와 펄스추적된 DNA(청색)를 알칼리용액에서 침강시켜 얻어낸 실험 결과. 전체 DNA의 양은 방사능 함유와 상관없이 광 흡수를 측정하므로써 얻어내었다. (b) 펄스추적시에 방사능이 함유된 DNA(청색)의 위치. 알칼리 용액에서 분리된 모양을 보여주고 있다. 펄스추적 전에 모든 DNA가 조각으로 존재하는 것은 우라실 염기의 제거기작 때문이다 (본문참조).

합성 후에 전에 우라실이 잘못 끼여든 자리에서 단편화가 되는 것이다.

불연속 합성 양식에 대한 또 하나의 증거는 복제되고 있는 DNA 분자의 전자현미경사진이다. 이러한 사진에서 복제 포크의 한쪽에 짧은 외가닥 부분이 보인다 (그림 7-18). 이러한 부분은 불연속 합성이 일정한 주기로 일어나는 현상 때문에 생겨난 것이다. 이 복제 개시에 아마도 어떤 특정 염기서열 또는 몇 가지 다른 신호가 필요한 것으로 보인다. 실제로 연속적으로 복제되는 사슬의 3'-OH 말단은 불연속 가닥 보다 항상 앞서 있다. 이것이 연속적 및 불연속적으로 복제되는 가닥들을 각각 선도가닥과 지연가닥으로 명명하게 된 이유이다.

## 중합반응의 시작에 프라이머가 필요하다

모든 DNA 중합 효소들 처럼 pol III 또한 프라이머를 필요로 한다. 즉, 이 효소는 단순히 주형 사슬에 붙어서 핵산을 중합해 주지는 못한다. 이 문제는 선도 가닥과 전구체 단편 (오카자키 단편)의 시작에도 다같이 적용된다. 프라이머는 주형사슬에 수소 결합되어 있는 리보누클레오티드나 디옥시리보누클레오티드 모두 될 수 있다.

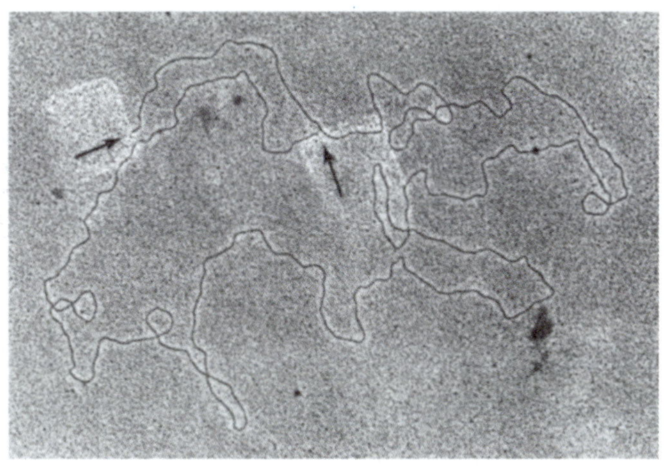

그림 7-18 λ 파아지 DNA가 θ 모양으로 복제하고 있는 모습. 두 곳의 복제 갈림점은 화살표로 표시. 화살표로 표시된 갈림점에 이중나선 DNA 가닥사이에 가는 외가닥사슬이 있음을 주의해 관찰하라. (M. Valenzuela 제공)

왜냐하면 알려진 모든 DNA 중합 효소는 단지 자유로운 3'-OH 말단만이 필요하기 때문이다. 현재까지 알려진 바에 의하면, 선도가닥과 지연가닥의 합성을 개시시키는 프라이머는 1 내지 60 염기로 구성된 올리고누클레오티드이고, 그 정확한 수는 생물의 종에 따라 다르다. 이 RNA 프라이머는 주형 DNA 가닥의 특정 염기 서열을 복사함으로써 합성되는데, 이 프라이머는 합성 후에 *DNA 주형에 수소 결합한 채로 남아 있다*는 점에서 보통 전형적인 RNA 분자와 다르다.

세균에서는 프라이머 RNA 분자를 합성하는 효소로는 두 가지가 알려져 있는데, 그 하나는 전령 RNA(mRNA)와 같은 대부분의 RNA 분자의 합성에 쓰이는 **RNA 중합효소**이고, 다른 하나는 *E.coli*의 *dnaG* 유전자의 산물인 **프리마제** (primase)이다. 이 효소들은 항생제인 rifampicin에 대한 감수성의 차이에 의해 생체 내에서 구별될 수 있다. RNA 중합효소는 이 항생제에 의하여 활성이 저해되나, 프리마제는 저해를 받지 않는다. *E.coli에*서 선도 가닥 합성의 시발은 rifampicin에 의해 저해되는것으로 보아 RNA 중합효소가 쓰이는 것으로 보인다. 반면, 지연가닥은 프리마제에 의해 프라이머가 합성된다. 즉, 선도가닥과 지연가닥의 프라이머 합성은 매우 다르게 보인다. 선도가닥의 프라이머는 *ori* 위치에서 한번만 만들어지면 된다. 다른말로, 선도가닥의 프라이머는 계속적으로 만들어질 필요가 없다.

반면, 앞에서 설명한 바와같이, **지연가닥**은 여러개의 작은 조각으로 만들어진다. 각 오카자키 조각들은 개개의 프라이머에서 시작해야 한다. 즉, 그림 7-19에서 보

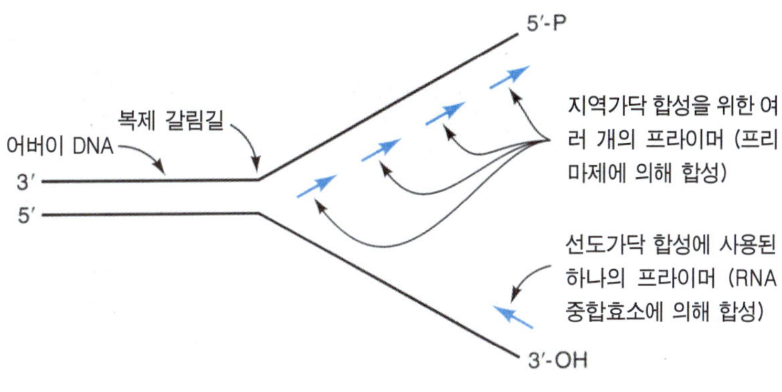


그림 7-19 선도가닥의 프라이머는 한번만 만들어진다. 합성의 시작이 여러 번 계속 되어야 하는 지연가닥의 프라이머는 계속적으로 만들어져야한다. 프라이머는 청색으로 표시.

여주는 것과 같이, 지연가닥에서는 프라이머가 반복적으로 만들어져야한다.

헬리카제와 같이, 프리마제는 pol III의 작용을 위해 어버이 DNA를 "준비" 하는데 필요하다. 그리하여 이 두 효소는 같이 결합되어있다. 이러한 헬리카제/프리마제 복합체를 **프라이모솜 (primosome)**이라 부른다.

전구체 단편은 합성되는 동안에 다음과 같은 구조를 갖는다.

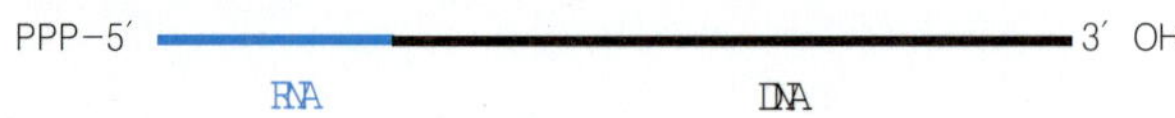


이 전구체 단편들은 궁극에는 서로 연결되어, 연속 사슬이 된다. 완전히 합성된 딸 사슬은 리보누클레오티드가 없다. 따라서 지연가닥의 조립에서는 리보누클레오티드를 제거하고, 디옥시누클레오티드로 치환된 후, 연결되어야 한다. *E.coli* 에서 처음 두 과정은 DNA pol I에 의해 이루어지고, 연결은 **DNA 리가아제 (DNA ligase)**에 의해 촉매된다.

DNA 리가아제

## DNA 리가아제가 짧은 사슬들을 연결한다

전구체 단편의 조립은 그림 7−20에서 보여주고 있다. pol III는 RNA 프라이머가 있는 곳까지만 합성한다. 일단 여기에 도달하면 5'→ 3' 엑소누클리아제 활성이 없는 pol III는 더 이상 진행할 수가 없다 (표 7−1). 중합 효소는 또한 선도 가닥의 3'−OH와 프라이머의 5'−삼인산기를 연결시킬 수도 없다. 그리하여 pol III는 절단점을 남기고 DNA로부터 떨어져 나오게 된다. *E.coli* DNA 리가아제 또한 이러한 틈을 메울 수가 없다. 왜냐하면 리가아제는 5'−일인산만 기질로 사용하는데, 5'에 삼인산이 있기 때문이다. 만약 어떤 효소가 삼인산을 일인산으로 바꾸어 준다고 하여도 그 상황은 마찬가지다. DNA 리가아제는 한 쪽의 사슬이 리보스를 가지고 있는 경우 작용할 수 없기 때문이다. 그러나 3'−OH 가 있는 한 pol I은 절단점에 작용할 수 있다. 이 경우, 효소는 RNA 프라이머 뿐 아니라 그 앞에 있는 DNA까지 진행하면서 틈 해독

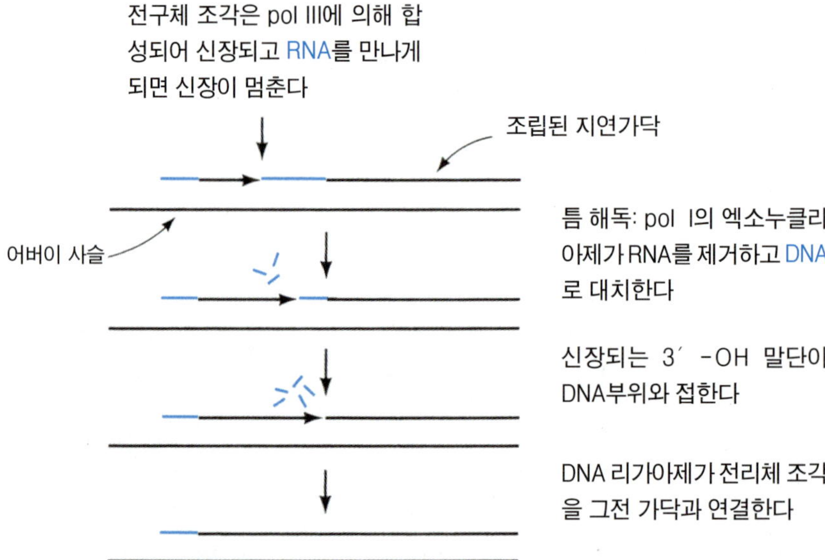


그림 7−20 지연가닥 절편의 조립은 여러 단계로 일어난다. RNA는 청색으로 표시. 왼쪽에 복제 갈림점이 있다

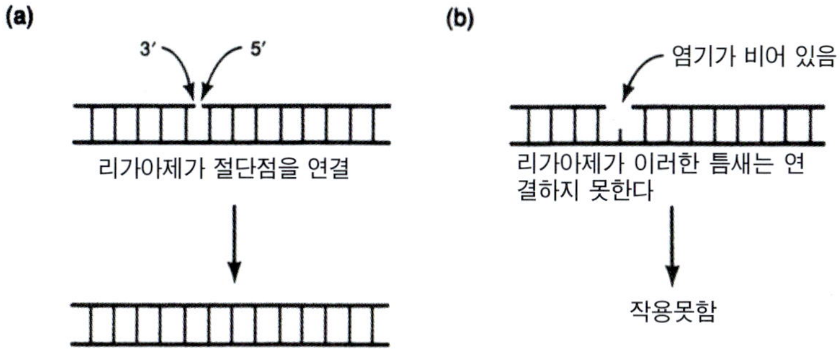

그림 7-21 DNA 리가아제의 활성. (a) 3′-OH 와 5′-P가 있는 절단점이 연결됨. (b) 한개 이상의 염기가 비어있는 간격은 연결될 수가 없다.

을 수행할 수 있다. 그러나 염기쌍을 이룬 상태의 디옥시뉴클레오티드가 서로 인접하게 되면 DNA 리가아제는 pol I과 경쟁적으로 절단점에 작용하여 두 사슬을 연결하게 된다 (그림 7-21).

일반적인 중합합성 반응에서, 디에스테르 인산 결합 (phophodiester bond)의 형성에 필요한 활성화 에너지는 삼인산의 분해에서 얻는다. DNA 리가아제는 일인산을 가진 기질에만 반응하므로, 다른 에너지원이 필요하다. 이 효소는 에너지를 ATP로부터 얻기도 하고 nicotine adenine dinucleotide (NAD)부터 얻기도 한다. *E.coli* DNA 리가아제는 NAD를 에너지원으로 사용한다.

하나의 전구체 조각이 지연가닥과 연결되면, 다음 전구체 조각이 RNA 프라이머와 접하게 되고 다시 위의 모든 과정이 반복적으로 일어나게 된다. 리보뉴클레오티드의 프라이머 제거에 RNase H라는 또 하나의 효소가 작용 할 수도있다.

**핵심개념**

**"DNA 복제의 진화" 개념**

불연속적 DNA 복제현상으로의 진화는 DNA 가닥의 역평행 배열, 복제에 필요한 속도의 유지 및 적절한 교정의 시기 때문이다.

## 복제 포크에서 일어나는 과정의 요약

이제 여기서 복제의 주된 요소들이 어떻게 조화를 이루면서 작동할 수 있는지를 살펴보기로 하자. 여기서는 *E.coli* 의 복제를 모델로 사용하고자 한다. *E.coli* 의 복제는 DNA복제에 관여하는 다양한 돌연변이의 존재로 인하여 가장 잘 밝혀져 있기 때문이다. 그러나, 동식물의 복제도 이와 비슷할 것으로 추정된다.

그림 7-22을 보면서 설명하고자 한다. 여기서 복제 과정 중 복제 갈림점에서 일어나는 사건들에 초점을 맞추기 위해, 복제 갈림점에 앞서 DNA 지라제와 같은 토포이소머라제가 이미 초나선을 제거한 것으로 설정하였다.

헬리카제가 수소 결합을 떼어내면서 나선을 푼다. 앞서 말한 바와 같이 지연가닥에 여러개의 RNA 프라이머를 합성하는 프리마제는 헬리카제와 결합하여 프리모솜을 형성한다. 선도가닥의 프라이머는 RNA 중합효소에 의해 한번 만들어지는 것은 앞에서 설명한 바 있다.

풀어진 외가닥 DNA 사슬이 다시 붙는 것을 막기위해 ssb 단백질이 작용한다. ssb 단백질의 결합은 외가닥 사슬이 이중나선으로 되는 것을 저해한다. 선도가닥과 지연가닥이 역방향으로 배열되어 있기 때문에, 지연가닥은 pol III 주위로 고리모양이 된다. 이러한 형상으로 인하여 pol III는 선도가닥과 지연가닥을 동시에 중합합성을 할 수 있게 된다. 그리하여 두 사슬의 복제가 섬세하게 조절되는 것이다. 결과적으로 하나의 사슬의 합성이 다른 사슬의 합성보다 지나치게 빠르다든지, 외가닥 DNA가 엉키고 잘려지는 상황이 생기는 것을 줄여주게 된다. 지연가닥의 합성에 필요한 프라

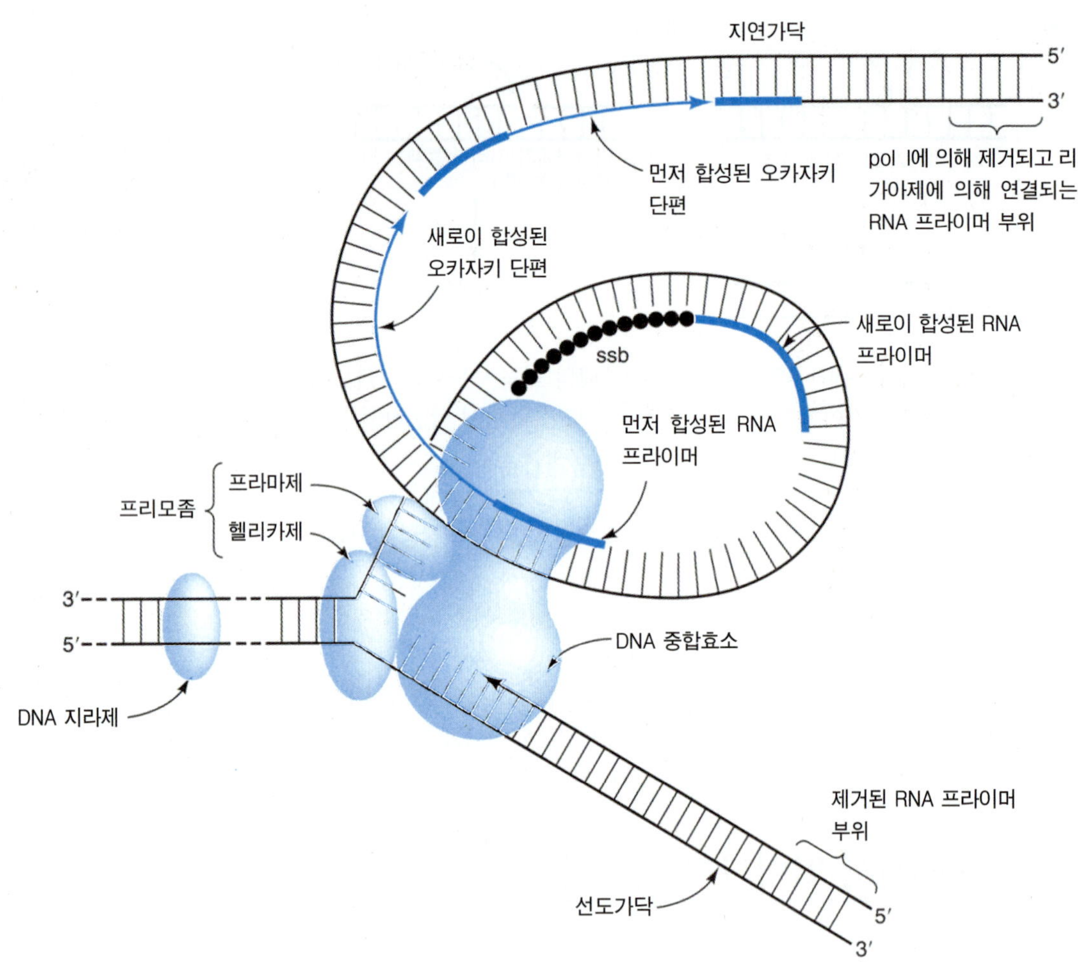


그림 7-22 복제 갈림점에서 일어나는 일들의 요약.

이머와 결합하는 데 적절한 길이의 주형이 필요하므로, 지연가닥의 합성은 선도가닥과 동시에 일어나기는 하지만, 실제로 시간적으로 뒤쳐지게 된다. "지연" 이라는 용어가 이 고리형 가닥에 적절한 것이다.

계속적인 프라이머의 합성이 필요한 지연가닥에서 일어나는 사건들은 선도가닥의 그것보다 확실히 복잡하다. 일단 오카자키 조각이 완성되면 먼저 합성된 오카자키/RNA 프라이머 조각과 접하게 된다.

앞서 설명한 바와 같이 RNA 프라이머는 선도가닥이든 지연가닥이든 pol I에의해 제거된다 (그림 7-20). 프라이머가 제거된후 두 개의 오카자키 DNA 조각 사이의 틈은 DNA 리가아제에 의해 붙여진다 (그림 7-21).

이제까지 설명한 것은 앞서 그림 7-3과 7-4에서 설명한 것처럼 대부분 $\theta$ 모양의 복제를 보인다. 다음은 공유결합적 신장에 의한 복제에 대해 간단히 검토해 보기로 하자.

## 공유결합 신장에 의한 복제

이 복제 방법은 복제 시작에 RNA 프라이머를 사용하지 않고 틈 (DNA의 외가닥 절단)을 사용하는 방법이다. DNA 중합효소가 중합의 시작에 필요로 하는 3'-OH 기는 틈에 의해 제공된다. 앞에서 설명한 바와 같이 많은 박테리오 파아지들이 이 방법으로 DNA를 복제한다. DNA 중합효소가 3'-OH에 핵산을 더해 가면서 복제를 하는 동안, 5'-P 말단은 치환되거나 (중합효소가 pol I인 경우) 다른 효소에 의해 풀려진다 (pol III인 경우) (그림 7-23).

치환된 가닥은 지연가닥의 주형으로 사용된다. 원 모양의 DNA가 한바퀴 복제되고 나면, 새로이 만들어진 선도가닥이 새로운 지연가닥 합성에 필요한 주형이 된다. 안쪽에 위치하는 (절단점이 일어나지 않은) 사슬은 아무런 변화가 일어나지 않는다. 이러한 공유결합 신장에 의한 복제를 "회전환 (rolling circle)" 또는 "시그마 (sigma)" 복제라고 부르기도 한다. 원 "안쪽" 사슬은 선도가닥 합성의 주형으로 계속 사용되어 결과적으로 여러 개의 단위길이가 연결된 긴 이중나선의 DNA인 연쇄체 (concatemer)를 만든다 (그림 7-9).

Pol III를 사용하는 파아지들은, 어버이 사슬을 치환하는 pol I 과 달리 헬리카제와 ssb단백질을 사용하여 어버이 사슬을 풀어낸다 (그림 7-23).

## 양방향 복제로 DNA 합성 시간을 단축할 수 있다

D-고리 형태의 복제가 시작되면 (그림 7-8과 같이), 이 고리로부터 복제는 어느 한쪽 방향 (**unidirectional**) 또는 양쪽 방향으로 (**bidirectional**) 일어날 수 있다. 그림 7-8에서 보듯이 원형의 DNA의 복제가 한쪽 방향으로만 일어난다면, 한쪽은 복제 시작점에 고정되어 남아있게 된다. 양방향의 복제가 일어나면, 복제 갈림점 (branch point)은 계속 이동하여 두 개의 복제 갈림점이 생기게 된다. 만약 두 개의 복제 갈림점이 같은 속도로 이동한다면, 복제시작점은 이 두 갈림점의 중간정도에 있다고 볼 수 있다.

그림 7-24은 양방향 복제를 보여주고 있다. 맨 처음 왼쪽에서 만들어진 지연가닥이 오른쪽으로 이동하는 선도가닥이 되고, 두 번째 프라이모솜이 들어와 시계방향의 이중나선을 풀어주면서 오른쪽으로 이동하는 전구사슬 조각을 합성하기 위한 프라이머를 만든다. 즉, 프라이모솜 (helicase/primase 복합체)은 *ori*의 양쪽에 위치하여 D-고리의 양끝에서 시계방향과 시계반대방향으로 복제를 일어나게 한다. 결과적으로 하나의 DNA에 두 개의 복제 갈림점이 생기게 되고 전체적인 복제 속도는 두배가 되게 된다.

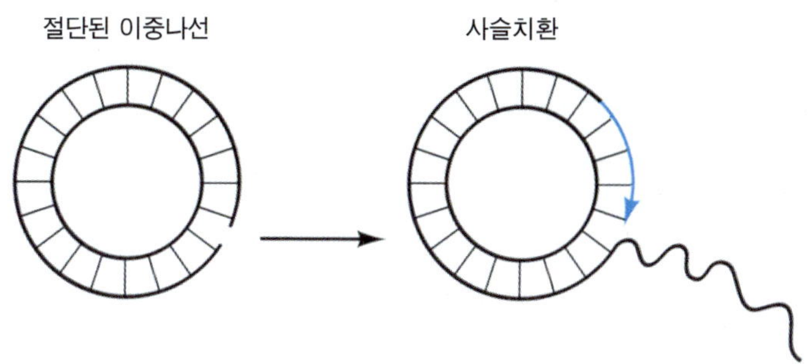


**그림 7-23** 틈의 3′ -OH 말단에서 염기합성을 시작한 pol I은 어버이 사슬을 치환하면서 중합반응을 계속한다

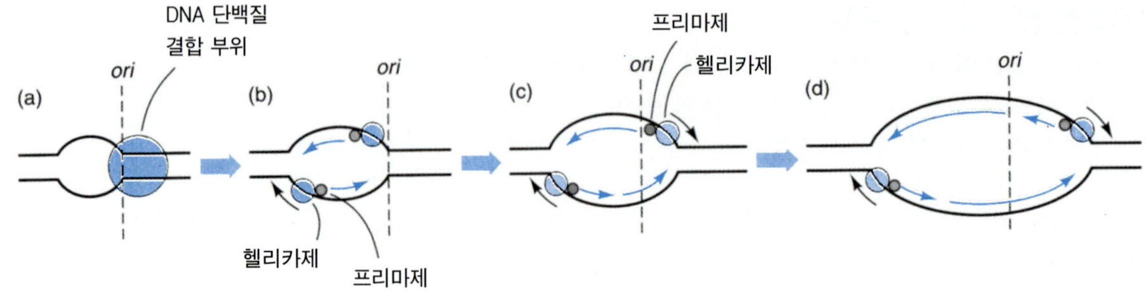


그림 7-24 복제 고리에서 형성되는 양 방향복제의 모식도. (a) DnaA 단백질이 *ori*에 결합하고 이중나선을 열어준다 (그림 7-7참조). (b) 복제고리의 양 끝에 헬리카제와 프리마제의 복합체가 작용한다. (c) 왼쪽에서 시작되었던 고리의 아래쪽 지연가닥이 *ori* 지점을 지나면서 *ori* 오른편의 선도가닥이 된다. (d) 고리 위쪽의 선도가닥이 왼쪽으로 진행하면서 *ori* 오른편에서 다시 지연가닥 합성이 시작한다. 이 시점에서 완전한 두 개의 복제 갈림점이 형성되었다. 갈림점에 존재하는 헬리카제/프리마제 복합체로 복제는 시계방향과 시계반대방향으로 진행한다. 검은 화살이 헬리카제 (사슬을 열어주는) 단백질의 이동방향이다.

복제가 한 방향으로 또는 양방향으로 일어나는가는 그 개체 종의 헬리카제가 *ori*에서부터 양방향으로 이동할 수 있는 가에 달려있다. 어떤 종은 (예를 들어, 몇 가지의 플라스미드와 파아지) 단지 한 방향으로만 이동하는 헬리카제를 가지고 있다. 반면, 다른 생물종들은 (모든 진핵생물과 많은 플라스미드, 바이러스, 그리고 세균) 양방향 복제를 가능하게 해주는 헬리카제를 가지고 있다.

### 복제가 지나치게 복잡합니까?

기본적인 DNA 복제에 대해 살펴보았으니, 이제 복제의 중요한 요소들을 나열해 보기로 하자.

1. 토포이소머레이즈가 DNA의 양성 초나선을 풀어준다.
2. *ori*라고 부르는 특별한 점에서 합성이 시작된다.
3. 헬리카아제가 이중나선 DNA를 풀어준다.
4. DNA 중합효소가 딸가닥을 만들 수 있도록 RNA 프라이머가 만들어진다.
5. 지연가닥 전구체 조각들이 편집되어 연결된다.

이제 초보 분자생물학 학생들도 *살아있는 세포내에서 DNA복제가 가장 복잡한 과정이다*라고 하는 이유를 이해하리라 생각한다.

## 진핵 세포 염색체의 복제

진핵세포 염색체의 복제는 거대한 염색체 크기와 DNA가 누클레오솜(nucleosome)으로 조립되는 데에 따르는 기하학적 복잡성으로 인하여 원핵 세포에서 볼 수 없는 많은 문제점을 안고 있다. 이러한 문제점들이 어떻게 다루어지고 있는가를 이 절에서 설명하기로 한다.

*E.coli*에서 복제 포크의 이동 속도는 분당 약 $10^5$ 염기쌍이다. 그러나 진핵 세포에서는 중합효소의 활성이 훨씬 낮아서 분당 500 내지 5,000 염기쌍의 범위가 된다. 보통 동물 세포는 세균보다 약 50배 더 많은 DNA를 지니고있기 때문에 동물세포의 복제 시간은 *E.coli* 복제 시간의 약 1,000배, 즉 약 30일이 걸린다. 그러나 복제 주기가 보통 몇 시간에 불과한 것은 복제 시작점이 여러 군데이기 때문이다. 예를 들면, 초파리의 DNA는 약 5,000 곳의 복제시작점이 약 30,000 염기의 간격으로 자리잡고 있으며, 각각의 시작점에서 양방향으로 복제한다. 이 복제시작점의 수가 무엇에 의하여 조절되는지 아직 밝혀져 있지 않다. 예를 들면, 초파리 알은 수정 후 복제 시작점의 수가 50,000에 달하고, 전 DNA를 복제하는 데 불과 3분밖에 걸리지 않는다. 이처럼 빨리 복제하는 초파리 DNA 단편의 한 예가 그림 7-25에 나타나 있다.

진핵세포에서 성장 포크의 엄청난 수효는 중합효소 분자의 수를 반영한다. *E.coli*에서는 10~20 분자의 pol III 전효소가 있다. 그러나, 전형적인 동물세포에는 주된 중합효소라고 생각되는 DNA 중합효소 $\alpha$가 20,000에서 60,000 개가 존재한다.

이중나선 DNA의 복제는 중합체화 단계 (누클레오티드 첨가)와 해리 단계 (사슬 분리)의 두 단계를 통해서 진행된다. 진핵세포 내의 DNA 형태인 염색질의 복제는 또 하나의 해리 단계 (즉, DNA와 히스톤 8량체들의 해리)와 또 하나의 결합단계 (즉, 히스톤-DNA 재결합 단계)를 통해 진행된다(누클레오솜에 포함된 8량체들의 구조에 대해서는 제 5장을 참조하라). 염색질에서 DNA는 히스톤 8량체를 실처럼 감고 있는데, 히스톤으로부터 해리가 되지 않는다면 진행하는 복제갈림길에서 기하학적 문제가 발생할 것이다. 뿐만아니라, 히스톤으로부터 해리된 후에 새로이 생성된 DNA 역시 누클레오솜의 8량체와 재결합하여 어버이 분자와 같은 누클레오솜으로 편성되어야만 한다.

DNA의 복제 포크를 검토해 보면, 누클레오솜은 복제 후 매우 빠르게 형성된다는 것을 알게 된다. 예를 들면, 복제 고리의 모든 부분이 누클레오솜의 특징인 염주 같은 외형을 갖고 있음을 그림 7-26에서 볼 수 있는 것이다.

히스톤의 합성은 DNA 복제와 동시에 일어난다. 즉, 히스톤들은 세포 내에서 필요에 따라 만들어지므로 세포는 결합하지 않고 자유로이 있는 히스톤 분자를 많이 가지고 있지는 않는다. 여기서 딸 DNA 분자와 결합된 8량체 내에 새로이 합성된 히스톤들이 묵은 히스톤들과 섞여 존재하는지 궁금할 것이다.

불행히도, 오랫동안의 연구에도 이에 대한 대답은 확실치 않다. 덧붙여, 복제중 히

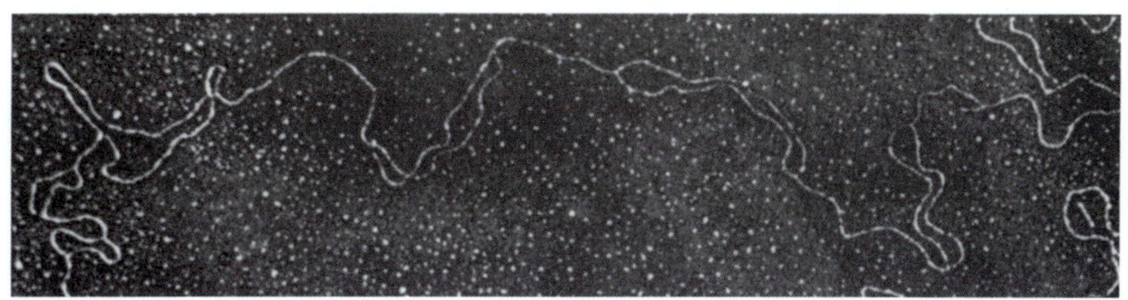

그림 7-25 복제가 진행되고 있는 초파리 (*Drosophila melanogaster*) DNA의 복제고리. 각 구간의 크기는 대략 $20 \times 10^6$이다. (D. Hogness 제공)

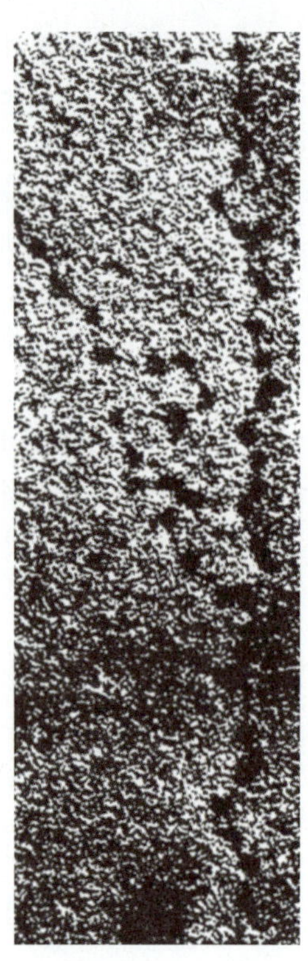

그림 7-26 누클레오솜으로 덮혀져있는 복제 갈림점의 DNA. 각 누클레오솜의 지름은 110 Å (H. Weintraub 제공)

스톤들이 어떻게 행동하는지의 또하나의 중요한 질문에 대한 대답도 역시 불분명하다. 즉, 어버이 사슬에 있던 히스톤 8량체가 양쪽 딸 사슬에 어떻게 배분하고 있는가 하는 것이다. (양 딸사슬에 균등히 배분 되었는가, 아니면 한 쪽 딸 사슬에 편재하고 있는가?) 여러 실험결과들이 위의 양쪽 가능성을 모두 지지해주고 있다. 아주 최근에, 히스톤 결합이 복제와 동시에 일어난다는 것이 실험관내에서 보여준 바 있다. 이와같은 실험들로 많은 질문들에 좀 더 정확한 답이 가능하게 될 것이다.

## 진핵생물의 복제 효소학

실험관내에서 파아지의 복제 연구가 원핵생물의 복제효소들의 기작이나 복제에 관여하는 단백질의 분리와 분석에 많은 중요한 기여를 하였다. 사람세포의 복제기작의 연구에도 이와 유사한 접근방식이 사용되었다. 특히, 세포배양이 가능한 사람의 세포에서 자랄수 있는 아데노바이러스(adenovirus)나 SV40와 같은 바이러스가 많이 이용되었다.

아데노바이러스는 (약 30,000개의 염기를 가진) 긴 선형의 이중나선 DNA를 가지고 있으며, DNA복제는 선형의 양 끝에서 시작한다. 'DNA 복제가 양끝에서 시작하는 경우, 프라이머가 어떻게 3'-OH를 제공할 것인가?' 라는 문제가 생긴다. 이러한 문제는 바이러스가 생산하는 단백질이 프라이머로 작용하면서 해결되었다. 터미널 단백질(terminal protein)이라고 부르는 이 단백질에 첫 염기가 연결되고 새로이 만들어진 DNA가닥은 단백질과 공유결합된 상태로 연결되어 방출되는 바이러스 입자내로 들어가게 된다.

SV40 복제의 연구에서 두개의 중합효소가 발견되었다. 중합효소 $\alpha$는 지연가닥의 합성에 관여하는 것으로 보이고 중합효소 $\delta$는 선도가닥과 일부의 지연가닥의 합성에 관여하게 된다. 대부분의 진핵생물에서 발견되는 중합효소 $\alpha$는 프리마제 활성도를 보이고 있는 것으로 보아 프라이머가 계속 만들어져야하는 지연가닥의 합성에 이 효소가 관여할 것을 보인다. 원핵생물과 진핵생물의 복제 갈림점이 작동하는 기작이 비슷하다는 것은 흥미로운 사실이다. 중합효소 $\alpha$와 $\delta$가 다른 여러 단백질과 결합하여 있는 결합체가 원핵 생물의 중합효소 III의 전효소에 해당하는 것으로 볼 수 있기 때문이다. 진핵생물의 복제에 관여하는 효소들의 기작도 몇년 내에 지금 원핵생물을 이해하는 정도로 밝혀질 것으로 보인다.

## 미래의 실질적 응용

다양한 DNA 중합효소와 (그림 7-22에서 보여주는 것도 한 예이다) 후천성면역결핍증 바이러스 (HIV, 16장 참조)의 복제에 관여하는 역전사효소(reverse transcriptase)의 자세한 3차 구조들이 밝혀졌다. 이러한 연구로 모든 중합효소의 일반적인 활성기작이 밝혀졌다. 예를 들어, 이들 단백질의 접혀지는 패턴이 비슷한 것으로 보아 이들이 주형과 프라이머와 결합하는 방식 또한 비슷할 것으로 보인다.

이렇게 밝혀진 기작은 HIV에 저항하는 약제 설계에 사용된다. 예를들어, AZT (3'-azido-2', 3'-dideoxythymidine)과 같은 약이 후천성면역결핍증 (AIDS) 환자에게 투약되게 되었다. AZT는 세포내에서 세포 단백질의 작용으로 "5'-삼인산염기 (AZT-삼인산)" 로 전환되고 역전사효소의 중합반응을 종결시키게 한다. 이러한 기작은 Sanger의 DNA 염기서열분석법에서 사용되는 dideoxy ATP와 유사한 작용이다. 이 약제는 강한 AIDS 억제 효과가 있다.

그러나 AZT-삼인산은 상당한 부작용이 따른다. 이 약은 숙주의 DNA 중합효소를 또한 억제하는 것으로 보인다. DNA 중합효소의 작용기작을 좀더 자세히 연구함으로써 숙주의 중합효소의 작용은 억제하지 않고 역전사효소의 작용만 억제하는 부작용은 적고 더 강한 효과를 가지는 약제의 개발이 가능해질 것이다. 앞으로 DNA 중합효소의 기작에 대한 이해를 바탕으로 많은 응용이 있을 것으로 기대된다.

## 요 약

DNA 복제란 중합효소에 의해 하나의 DNA사슬을 주형으로 사용하여 주형과 보완적인 염기배열을 가진 복제사슬을 만들어내는 것이다. 복제는 반보존적이다; 만들어진 딸 이중나선의 하나는 새로이 만들어진 것이고 다른 하나는 어버이 사슬이다. DNA 중합반응은 DNA 중합효소에 의해 일어난다. 중합방향은 항상 5'에서 3' 방향으로 일어난다. DNA 이중나선이 역평행하므로, 하나의 사슬 (선도가닥)만 복제 갈림점이 진행하는 방향으로 계속 합성된다. 다른 딸사슬은 (지연가닥) 반대방향으로 짧은 전구체 조각을 만들고 이를 연결하는 방법으로 합성된다. DNA 중합효소는 혼자서 합성을 시발할 수가 없다; 이는 항상 프라이머를 필요로한다. 대부분의 DNA복제는 짧은 RNA 프라이머를 사용하는데, 이는 RNA 중합효소나 DNA 프리마제에 의해 합성되어진다.

*E.coli* 에서 두개의 효소가, 중합효소 I 와 III, 염기 중합반응을 진행시킨다. pol III 는 전반적인 합성에 관여하고; pol I은 전구체조각을 완성하거나 교정작업에 관여한다. 프라이머는 복제의 나중 단계에서 DNA pol I의 5'−3' 엑소누클리아제 활성에 의해 제거된다. Pol I과 pol III 모두 3'−5' 엑소누클리아제 활성을 가지며 잘못 첨가된 염기를 교정할 수 있다.

복제는 DNA가 선형이든 원형이든 보통 양방향으로 일어난다; 복제 고리의 양끝에서 복제 갈림점이 만들어지고 복제고리가 커지게 된다. 원핵생물에서 복제시작점은 보통 하나이므로 복제고리도 하나이다; 반면, 진핵생물은 여러곳에서 복제가 시작되며 여러개의 고리를 가진다.

## 연습문제

1. DNA 복제는 보존적인가 반보존적인가?
2. 어버이 사슬은 딸사슬의 ____________으로 쓰인다.
3. 반보존적 복제에서, 복제가 1, 2, 3번 진행할 때 원래의 어버이 사슬과 짝을 짓고 있는 딸사슬은 복제된 전체의 DNA중 몇%가 되겠는가?
4. 원형의 DNA가 복제하여 두 개의 원형 DNA를 만들어냈다면, 어떠한 복제방식을 사용했는가?
5. 원형 DNA가 복제하여 원형에 선형 DNA가 연결된 모양의 산물을 만들었다면, 어떠한 복제방식으로 복제한 것인가?
6. 원형 DNA가 복제되면서 복제 갈림점이 진행하면 어떤 초나선이 만들어지는가?
7. DNA 지라제는 어떤 초나선을 만들어내는가?
8. DNA 중합효소 I의 3가지의 효소활성을 설명하라.
9. DNA 중합반응은 염기가 어느 작용기에 반응하면서 일어나는가?
10. 틈 해독이 일어날 때 동시에 일어나는 두 반응은 어떤 것인가?

## 문 제

1. $^{15}N$으로 표지된 원형의 DNA가 $^{14}N$의 배지에서 회전환 모형으로 복제를 하게 되면 $^{14}N/^{14}N$의 비중을 가진 DNA를 만들어 낼 수 있을까?
2. DNA 중합효소의 여러 엑소누클리아제 활성이 복제시에는 어떤 기능을 하는가?
3. 복제 갈림점에서 어버이 사슬을 풀어내는 면에서 pol I과 pol III가 어떻게 다른

가?

4. DNA 중합효소와 DNA 리가아제가 염기를 연결하는 방식이 어떻게 서로 다른가?
5. DNA 가 역평행으로 배열되어 있음에도 DNA 중합효소가 한방향으로 진행할 수 있는 이유는 무엇인가?
6. 두 개의 전구사슬 조각이 서로 연결되기 전에 일어나야 하는 일은?

## 개념문제

1. 모든 생물들이 공통적인 하나의 복제 방식을 사용하지 않는 이유가 무엇이라고 생각하는가?
2. 선형 DNA의 복제가 양끝에서 일어날 때 무엇이 문제인가? 어떻게 하면 선형 DNA의 양끝에서 복제가 시작할 수 있게 할 수 있을까?
3. 어떻게 DNA 복제가 "세포내에서 일어나는 가장 복잡한 과정" 이라고 불리게 되었는가?

# 제8장

**단원 학습목표**

1. 전사로 인해 DNA에서 RNA가 만들어질 때 일어나는 일련의 과정과 원핵 세포와 진핵 세포에서의 이 과정의 차이
2. RNA 종류별 구조와 기능

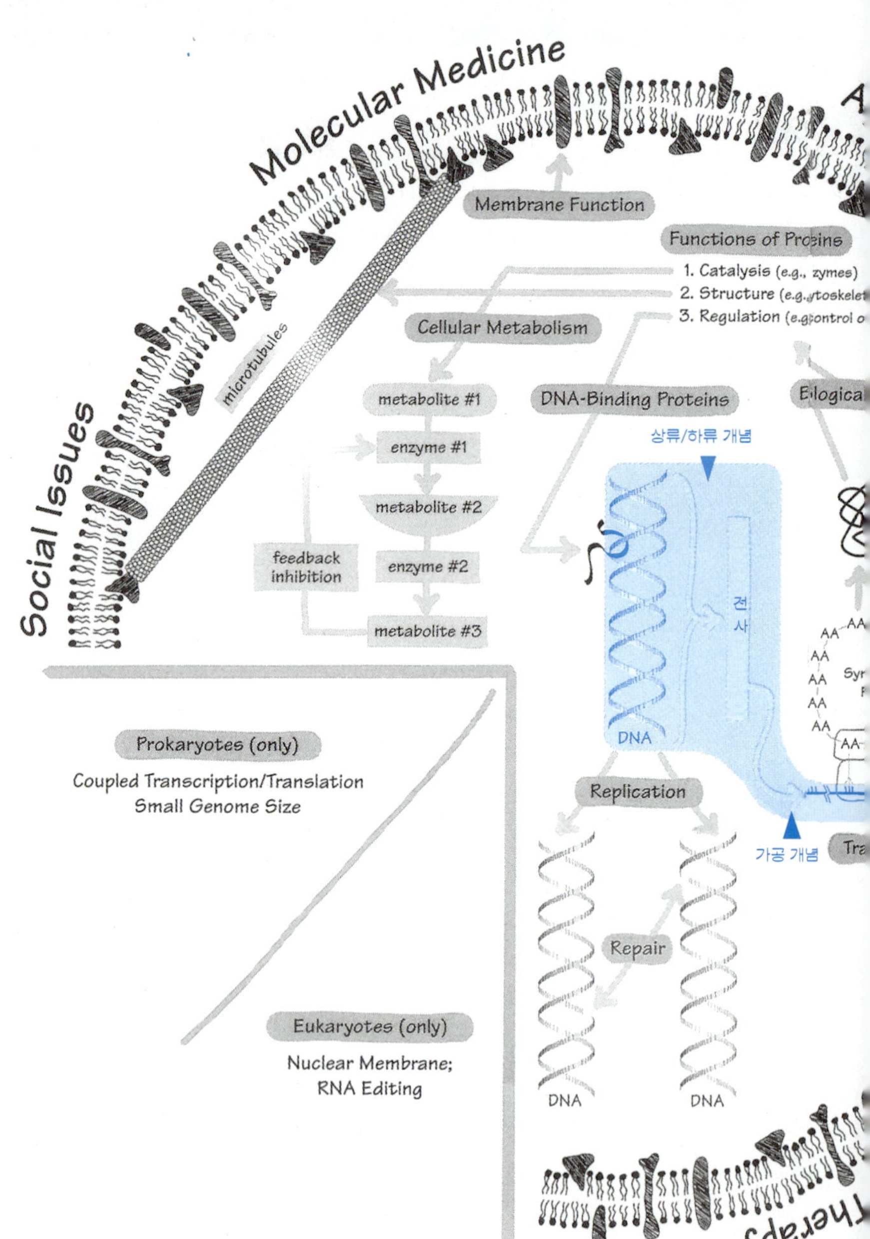

# 전사

유전자 발현은 유전 정보가 DNA에서 RNA로, 그리고 RNA에서 단백질로 전달됨으로써 이루어진다. RNA 분자는 DNA-의존성 **RNA 중합효소**(간단히 RNA 중합효소: **RNA polymerase**)라 불리는 효소에 의해 촉매 되는 중합 반응으로 한 가닥의 DNA의 염기서열을 주형으로 사용하여 합성된다. RNA 분자의 합성이 개시, 연장, 종결되는 과정을 **전사 (transcription)**라 한다.

RNA 중합효소

이 장에서는 RNA나 DNA의 합성에 상보적인 염기쌍 형성이 공통적이나, 몇 가지 점에서 RNA합성이 DNA 경우와 다름을 볼 수 있을 것이다. 그 예로써 두 가닥인 이중나선이 전사에 쓰여지나 합성산물인 RNA는 외가닥이라는 점이나, 전체 DNA중 일부만이 특정 RNA로 만들어지기 때문에 비교적 그 길이가 짧다는 점 등이다.

우선 원핵세포의 전사를 살펴보고난 다음 좀더 복잡한 진핵세포의 경우를 살펴보게 된다. 비교적 단순한 특성 때문에 전사에 관한 많은 초기연구는 원핵세포에서 이루어졌다. 실제로 mRNA의 존재가 확인된 것도 대장균에 대한 몇 가지의 멋진 유전적 실험에 의한 것이었다. 이 mRNA를 통해서 DNA에 기록된 정보가 아미노산의 서열로 바뀐 단백질로 전환된다.

이 장에서는 전사를 다음 세 가지 관점에서 다루고자 한다. RNA 합성에 관여하는 효소, DNA 분자의 어느 자리에서 전사가 시작되고, 멈춰지는가를 결정하는 신호, 그리고 전사 산물의 유형과 어떻게 그들이 세포가 필요로 하는 RNA 분자로 전환되는 가의 세 가지이다. 그런 연후에 진핵 세포의 전사에 대해 다루고, 마지막으로 RNA를 연구할 때에 필요한 실험과정을 정리하였다.

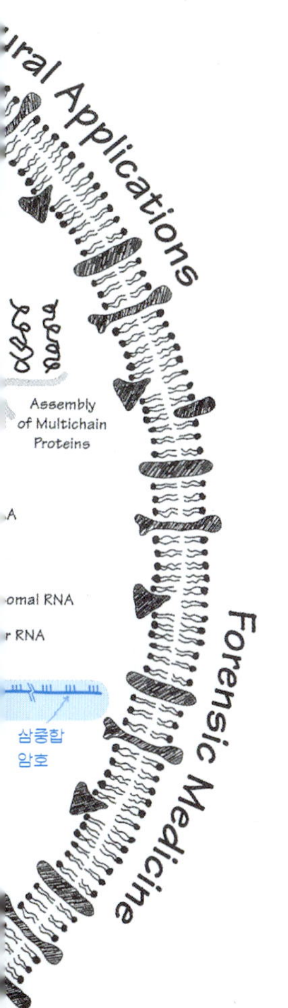


## RNA의 효소 합성

이 절에서 RNA 중합의 기본적 특징과 전구체, 주형, 중합효소의 특성, 그리고 RNA 사슬 합성의 개시, 연장 및 종결의 기작 등을 다룬다.

RNA 합성에 있어서의 핵심적인 화학적 특징은 다음과 같다.

1. RNA 합성에 있어서의 전구체는 4개의 리보누클레오시드 5′-삼인산(rNTP), 즉 ATP, GTP, CTP, UTP이다. 각 NTP의 리보오스의 2′와 3′ 탄소 원자에 OH기가 각각 1개씩 있다 (2장의 그림 2-5 참조).
2. 중합 반응에서 RNA의 3′-OH기가 전구체인 rNTP의 5′-인산기와 반응한다. 이때 이 인산이 제거되고, 인산디에스테르 결합이 형성된다 (그림 8-1). 이는 DNA 합성에서 일어나는 반응과 동일한 것이다.
3. RNA 분자의 염기 서열은 DNA의 염기 서열에 의해 결정된다. RNA 사슬의 신

장하는 말단에 차례로 첨가되는 염기는 주형으로 사용되는 DNA 가닥과 염기 쌍을 이룰 수 있는 것이어야 한다. 따라서 DNA 가닥의 염기 C, T, G, A는 각각 G, A, C, U로써 새로운 RNA 분자에 첨가되게 된다.

4. 전사되는 DNA 분자는 이중 사슬이지만 전사가 이루어지는 부위에서는 한 가닥만이 주형으로서 작용한다. 그림 8-2에서 보이듯이 DNA의 두 가닥은 잠시 벌어지고 이 중 한 가닥이 주형으로 작용하게 된다.
5. RNA 사슬은 5′-3′ 방향으로 신장한다. 즉, 누클레오티드가 신장하는 사슬의 3' -OH 말단에만 첨가되는 것이다. 이 특성은 DNA 합성에서와 동일하다. 따라서 RNA 가닥과 DNA 주형은 서로 역평행하게 된다.
6. RNA 중합 효소는 DNA 중합효소와는 달리 사슬의 신장을 개시할 수 있다. 즉, 프라이머가 필요 없다.
7. 리보누클레오시드 5'-삼인산이 RNA 합성에 쓰여진다. 개시될 때도 마찬가지로 첫 번째 염기는 삼인산 (triphosphate)형이며, 이 누클레오티드의 3'-OH 기가 다음에 오는 누클레오티드의 부착점이 된다. 따라서 신장하는 RNA 분자의 5' 말단은 삼인산이다 (그림 8-2).

전체적인 중합 반응은 다음과 같다.

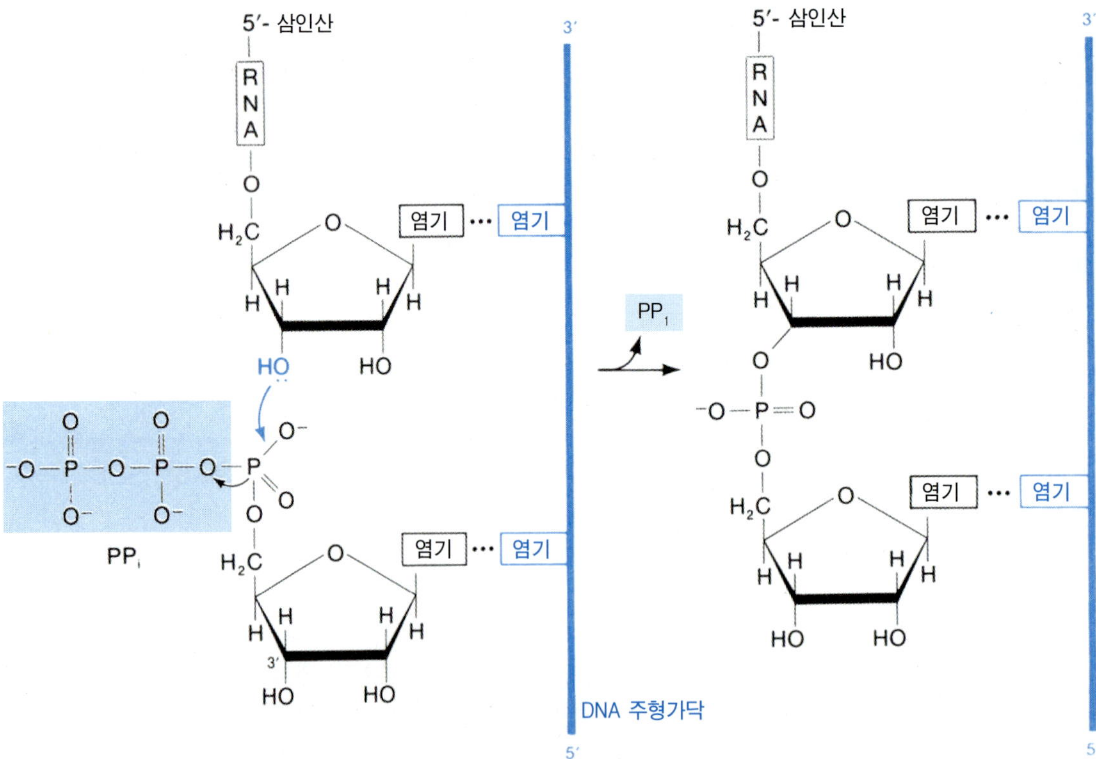


**그림 8-1** RNA 중합효소에 의해 촉매되는 사슬 연장 반응 기작. 청색 화살표와 같이 반응기들이 연결된다. 피로인산기 (청색 바탕, PPi)와 붉은 색의 수소원자는 RNA 사슬에 들어가지 않는다. DNA주형과 RNA는 이중나선의 DNA 두가닥처럼 서로 역평행이다.

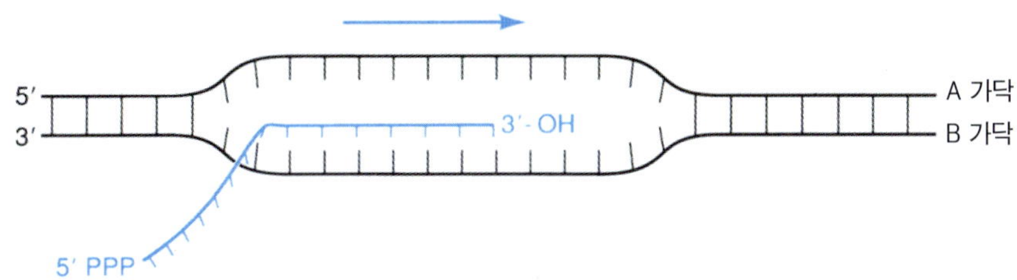


그림 8-2 RNA(청색)는 DNA 분자의 한 쪽 가닥(A)의 분절로부터 복사된다. 이 부위에서는 어떤 RNA도 B 가닥에서는 복사되지 않는다. 그러나 다른 유전자 부위에서는 B가닥이 전사될 수도 있다. 이런 경우에는 A 가닥이 사용되지 않는다. RNA 분자는 전사되는 DNA에 역평행하며, 비성장 말단은 5'-삼인산으로 끝난다. 청색 화살표는 RNA 사슬의 성장 방향을 나타낸다.

$$n\text{NTP} + \text{XTP} \xrightarrow[\text{Mg}^{2+}]{\text{DNA, RNA-P}} \text{XTP} - (\text{NMP})n + n\text{PPi}$$

여기서 XTP는 RNA 사슬의 5' 말단에 있는 첫 누클레오티드를 나타내고, NMP는 RNA 사슬의 누클레오티드이며, RNA-P는 RNA 중합효소, 그리고 PPi 는 누클레오티드가 신장하는 사슬에 첨가될 때마다 방출되는 피로인산 (pyrophosphate)을 나타낸다. $Mg^{2+}$ 이온은 모든 핵산의 중합 반응에 필요하다.

대장균 RNA 중합효소는 두 개의 동일한 $\alpha$ 단위체, 그리고 한 개씩의 $\beta$, $\beta'$와 $\sigma$ 단위체, 즉 5개의 단위체로 구성된다. $\sigma$ 단위체는 전체 효소로부터 쉽게 분리될 수 있는데, 실제로 중합 과정 초기가 지나면 분리가 된다. **전효소 (holoenzyme)**는 완전한 효소를 의미하며, **핵심효소(core enzyme)**는 전효소에서 $\sigma$ 단위체가 떨어져 나간 효소를 의미한다. 일반적으로 RNA 중합효소라고 하면, 전효소를 지칭한다. RNA 중합 효소는 매우 큰 효소 분자 중의 하나이며, 전자 현미경하에서 쉽게 관찰할 수 있다(그림 8-3).

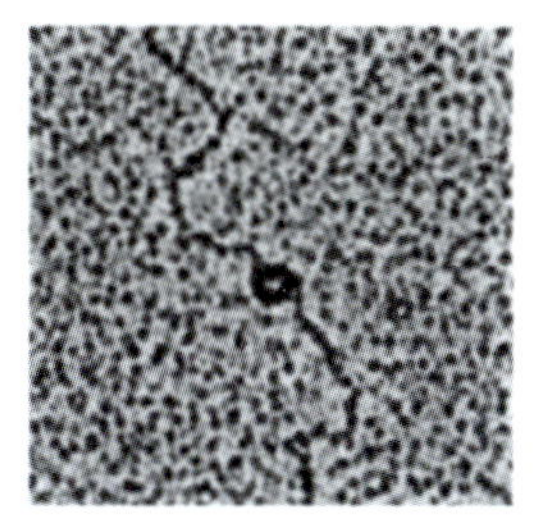

그림 8-3 DNA에 부착된 대장균 RNA 중합효소(X160,000). (R. Williams 제공)

RNA의 합성은 다음과 같이 4단계로 이루어진다. (1) RNA 중합 효소가 주형의 특정 부위에 결합, (2) 개시, (3) 사슬의 연장, 그리고 (4) 사슬의 종결과 분리. 각 단계에 대한 상세한 내용은 다음과 같다.

## 전사 신호

전사의 첫 단계는 RNA 중합효소가 DNA 분자에 결합하는 것이다. 결합은 약 40 염기로 구성된 프로모터(promoter)라는 특정 장소에서 일어나며, 여기서 여러 상호 작용이 일어나게 된다. 프로모터에 대장균의 RNA중합효소가 자리잡을 때에 가장 중요한 접촉은 DNA의 두 군데의 수 개의 염기서열 부분에서 일어난다. 이 부분은 RNA의 첫 염기를 지시하는 염기의 앞쪽으로 10 염기 근처와 35 염기 근처에 해당하는 부분이다. 전사체의 첫 염기를 지시하는 염기는 전사의 시작부분이 되며 이를 +1 이라 칭한다. 따라서 위의 두 부분은 −10과 −35 근처에 해당한다. RNA 중합효소의 $\sigma$ 단위체에는 두 개의 $\alpha$-나선이 있고 이 부분의 일부 아미노산은 DNA의 주 홈부분의 염기쌍의 노출된 부분과 특이적 접촉을 한다. 두 부분의 $\alpha$-나선 이 언급한 두 부분의 DNA부분과 동시에 접촉됨으로써 중합효소는 그 위치를 잡게된다. DNA에서 한번의 나선간격이 10-11 염기쌍에 해당하므로, 이와 같은 접촉은 대체적으로 DNA에서 두 번의 나선 간격 즉 78Å 떨어진 동일 면에서 이루어진다. 그림 8-4에서 기다란 모양의 RNA중합효소가 어떻게 두 부분에서 접촉이 되는지를 보여주고 있다. 대장균의 RNA중합효소는 프로모터에 붙어 있을 시에 -55부터 +20의 70-75 염기쌍을 감쌀 수 있는 큰 단백질이며, 따라서 어렵지 않게 언급한 두 부분과 접촉이 가능하다.

수많은 프로모터의 염기서열이 알려져 있다. 그림 8-5에서는 수 개의 대장균 프로모터의 염기서열의 일부가 예시되어 있으며, mRNA의 시작부분과 -10, -35 근처 부분은 청색으로 표시되어 있다. 아주 특이한 점은 두 주요 부분을 제외하고는 그 염기서열들이 같지도 유사하지도 않다는 점이다. 청색으로 표시한 -7 ~ -12 근처가 서로 유사하고 또 -30 ~ -35 근처가 서로 유사하다. -10근처의 염기서열은 기본적으로 TATAAT (-10 보존염기서열이라 부름)의 변형으로, -35 근처는 TTGACA (-35 보존염기서열이라 부름)의 변형으로 간주된다. 보존 염기서열이란 실제의 여러 예에서 한 두 염기 서열이하의 차이를 보이는 공통 염기서열을 칭한다. 그림에서는 한 가닥의 염기서열만 표시하고 있으나 실제로는 두 가닥이며, 표시하지 않은 가닥의 염기도 -10 이나 -35 근처의 인식부분임은 잊지 말아야 한다.

많은 프로모터 경우에 두 접촉 부분의 염기서열중 한쪽은 보존염기서열과 상당히 다르다. 이러한 경우에는 RNA 중합효소가 해당 염기서열을 잘 인식하지 못하며, 따라서 이 프로모터에서는 전사가 잘 되지 않는다. 많은 양의 발현이 필요하지 않은 유전자들 경우에는 별 문제가 없겠으나, 그렇지 않은 경우에는 RNA 중합효소가 프로모터에 잘 붙도록 도와주는 보조 단백질이 필요하게 된다.

이와 같은 작용을 하는 보조 단백질을 **유전자 활성 단백질 (gene activator protein)**이라 하며 이는 기본적으로 양성적 영향자 (positive effector)라 하겠다. 예를 들어 λ Pre 프로모터는 λ cII 단백질이 존재할 때만 활성화된다. 이들 유전자 활성자는 프로모터에 가까이 또는 그 내부에 있는 특정 염기 배열에 결합하여 프로모터에 정확히 위치할 때 RNA 중합효소가 결합할 수 있는 표면을 제공한다. 따라서 유전자 활성 단백질은 인식 염기서열이 좋지 않은 프로모터에 RNA 중합효소가 잘

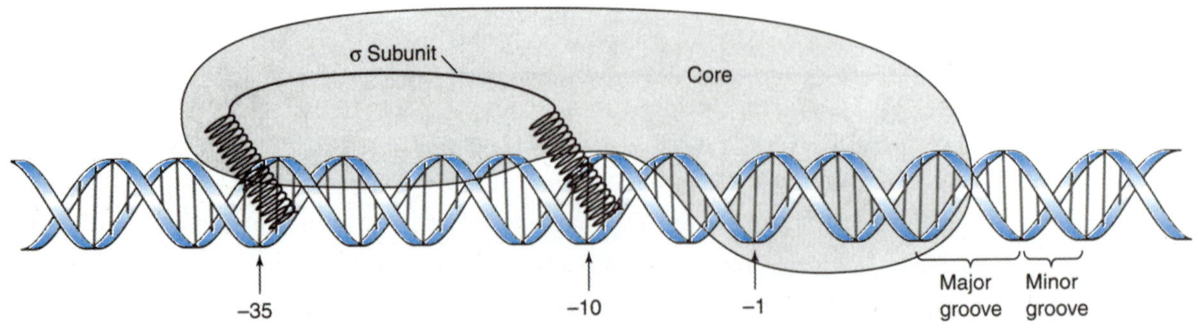


그림 8-4 프로모터의 DNA에 붙어있는 RNA 중합효소의 모식도. 화살표는 전사시작점(+1), -10 부위, -35 부위를 가리킨다. -10 부위, -35 부위와 접촉하는 σ단위체의 α-나선구조의 두 기둥구조가 청색으로 표시되어 있다.

```
CCAGGCTTTACACTTTATGCTTCCGGCTCGTATGTTGTGTGGAATTG
CTTTTTGATGCAATTCGCTTTGCTTCTGACTATAATAGACAGGGTAA
GGCGGTGTT|GACATAAATACCACTGGCGGTGATACTGAGCACATCAG
GTGCGTGTT|GACTATTTTACCTCTGGCGGTGATAATGGTTGCATGTA
ATTGTTGTTGTT|AACTTGTTTATTGCAGCTTATAATGGTTACAAATA
CGTAACACTTTACAGCGGCGCGTCATTTGATATGATGCGCCCCGCTT
```

-35 서열 -10 서열 mRNA 시작

그림 8-5 6개의 대장균 프로모터의 염기 서열 (주형의 반대 가닥의 서열). 3개의 중요 부위가 있다.

붙도록 돕는 역할을 한다. 잘 알려진 또 다른 예의 효과단백질로 CAP 단백질(11장에서 보다 상세히 다룸)이 있다. 이 단백질은 당 대사에 관계되는 많은 유전자의 프로모터를 활성화하는데 필요하며, CAP 단백질의 결합능력 조절이 이 유전자들에서는 핵심적인 발현조절 방법이다.

일단 RNA 중합효소가 프로모터에 붙고 나면 +3 ~ −10근처의 염기쌍에 해당하는 일부분을 풀어내어 **개방프로모터 복합체(open-promoter complex)**를 형성한다. 이러한 풀림은 새로 안으로 들어오는 RNA의 합성의 전구체인 리보누클레오티드의 짝짓기에 필요하다. 이 부분의 염기서열은 일반적으로 A와 T가 풍부하여 DNA가 용이하게 풀리게 된다.

일단 개방프로모터 복합체가 형성되면, RNA 중합효소는 RNA 합성을 개시하게 된다. RNA 중합효소는 2개의 누클레오티드 결합 자리를 가지고 있는데, 개시 자리와 신장 자리가 그것이다. 개시 자리는 퓨린 삼인산, 즉 ATP 또는 GTP하고 결합하기 때문에 ATP 또는 GTP가 사슬의 첫 누클레오티드가 된다. 따라서 전사되는 첫 DNA 염기는 주로 티민 또는 시이토신이다. 이 첫 누클레오시드 삼인산은 개방프로모터 복합체의 효소와 결합하여 상보적인 DNA 염기와 수소 결합을 하게 된다 (그림 8-6). 그리고 나서 신장 자리에 DNA 가닥의 다음 염기와 수소 결합을 할 수 있는 누클레오시드 삼인산이 자리잡게 된다. 그림 8-1에서 보이듯이 이 2개의 누클레오티드는 서로 결합되고 RNA 중합효소는 다음 염기쌍 쪽으로 DNA를 따라 이동한다. 이와 같은 이동과 더불어 +4 위치의 염기쌍은 벌어지고, −10은 합쳐져서 결국 한 염기쌍의 위치만큼은 이동을 했으나, 동일 크기인 13 염기쌍만큼은 풀린 채로 유지된다. 이 두 누클레오티드의 결합체는 DNA에 수소 결합으로 붙들려 있고, 아직 쌍을 이루지 못한 +3에 해당하는 염기는 신장자리에 위치하게 된다. 다시 신장자리에는 +3위치 염기와 상보적으로 붙을 수 있는 염기가 자리 잡게되고 이 염기는 먼저 연결되었던 두 염기에 연결이 되며, RNA 중합효소는 한 염기쌍만큼 이동한다. 이와 같은 염기가 선택되고, 연결되고, RNA 중합효소가 이동하고, 한 쪽의 DNA염기쌍은 풀리고 다른 쪽의 염기쌍은 닫히고 하는 반복적인 과정을 거치면서 RNA는 점차 길어지게 된다.

DNA 두 가닥 중 한 가닥의 염기와 상보적인 염기가 선택되며, 이 과정이 가능하도록 DNA가 풀린다고 할 수 있다. 새로 들어오게 되는 RNA 누클레오티드와 쌍을 이루는 염기가 있는 DNA가닥이 주형가닥 (template strand)이다. 주형가닥의 염기서열은 RNA의 것과 상보적이므로 RNA의 염기서열은 주형이 아닌 쪽의 염기서열과 같다.

몇 개의 누클레오티드 (4-8개)가 신장되는 사슬에 첨가된 후에 세 가지 주요한 변화가 일어난다. 첫째, 주형에서 RNA사슬의 5' 끝의 누클레오티드 (첫 번째로 들

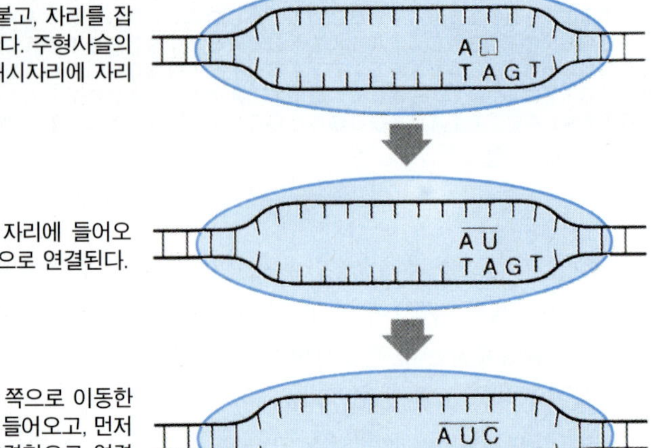


그림 8-6 RNA 합성의 개시과정 모식도

어간)가 떨어져서 상보적인 DNA의 다른 가닥과 염기쌍을 이룰 수 있게 된다. 둘째, RNA 중합효소는 구조가 변하면서 $\sigma$ 단위체가 떨어진다. 셋째, 사슬 신장을 돕는 작용을 하는 NusA단백질이 붙는다. 그래서 대부분의 신장은 핵심 효소와 NusA단백질 복합체에 의해 이루어진다 (그림 8-7). 새로운 누클레오티드가 사슬의 3' 끝쪽에 붙을 때마다 5' 방향에서 한 누클레오티드가 주형으로 분리된다. 따라서 사슬이 신장됨에 따라 3' 끝쪽의 4~8 누클레오티드에 해당하는 일정 크기만 DNA주형에 붙어 있게되고, 나머지 RNA사슬은 단가닥으로 RNA 중합효소로부터 빠져나오게 된다.

RNA 합성은 DNA분자 내에 있는 **종결자 (terminator)**라 불리는 특정 염기서열에서 끝난다. 많은 종결 염기서열은 RNA 중합효소가 신장을 스스로 끝내도록 하며 이런 종류를 내재적 종결자라 한다. 다른 종류의 종결자는 Rho라 불리는 단백질을 필요로 하며, 이들은 Rho-의존적 종결자라고 한다. 내재적 종결자는 3가지의 중요한 부위가 있다 (그림 8-8).

1. 첫째로, 역-반복 염기 서열이 있으며, 그 중앙에는 반복되지 않는 부위가 있다. 즉, DNA 가닥의 서열은 ABCDEF-XYZ-F'E'D'C'B'A'와 같이 나타나는 것이다. 여기서 A와 A', B와 B'등은 서로 상보적인 염기이다. 따라서 이 염기 서열은 가닥 내에서 염기쌍을 이룰 수 있어서, RNA 전사 산물 혹은 DNA 가닥에서 "줄기와 고리" 모양을 형성할 수 있게 된다.
2. 두 번째 영역은 줄기 끝의 고리에 가까운(간혹 줄기 전체에 걸쳐) 부분으로 주로 G와 C로 구성되어 있다.
3. 세 번째 영역은 A/T쌍의 계속(줄기에서 시작)이어서, 그 결과 6~8개의 우라실과 항상은 아니지만 한 개의 A가 뒤따르는 서열의 RNA가 만들어진다.

Rho-의존성 종결자의 경우에는 주형서열에 연속적인 A가 없다. Rho는 RNA의 특정서열에 붙고, RNA를 전사 신장 복합체에서 떼어내는 작용을 한다. 이때에 필요한 에너지는 ATP가수분해에서 얻어진다.

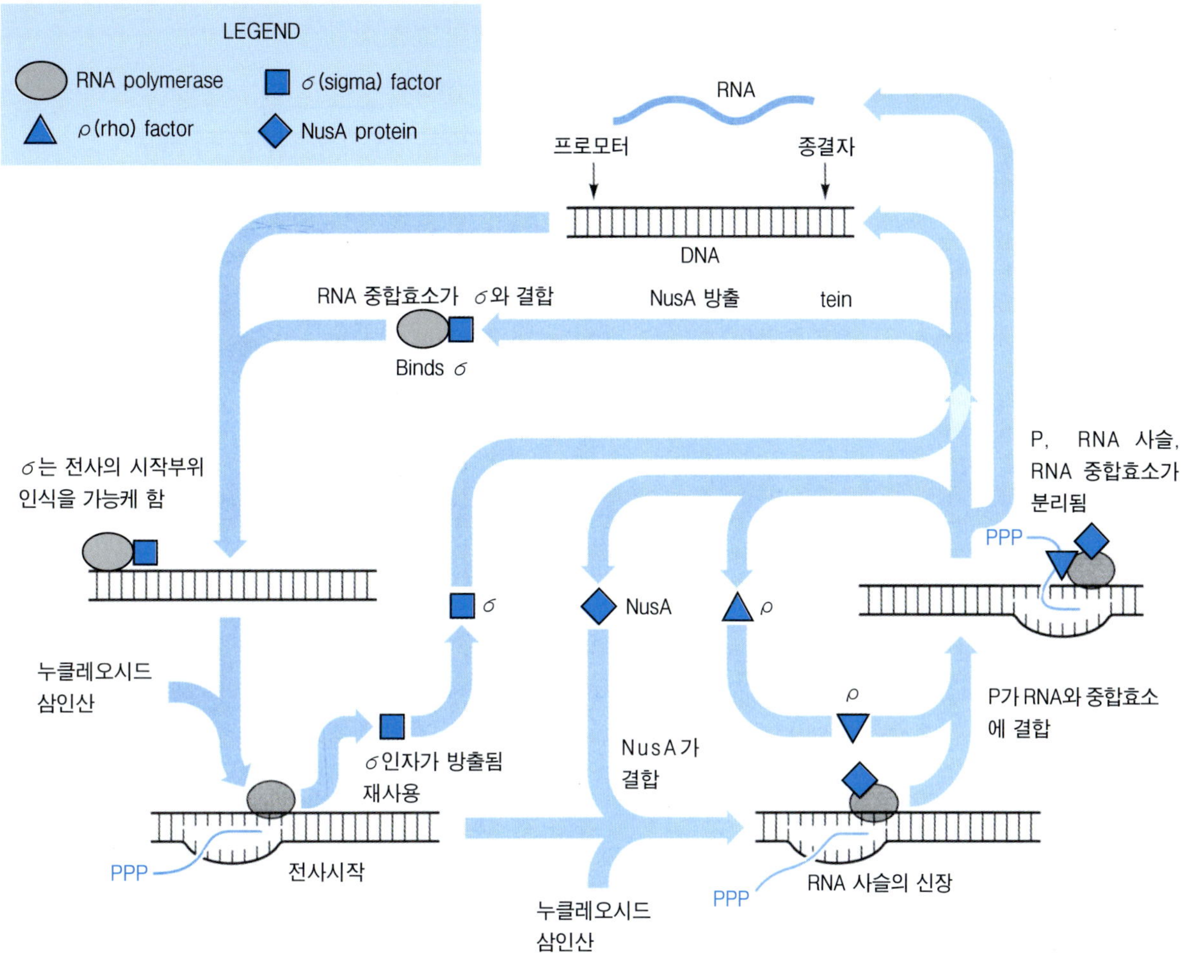

LEGEND
RNA polymerase
σ (sigma) factor
ρ (rho) factor
NusA protein
RNA
프로모터
종결자
DNA
RNA 중합효소가 σ와 결합
NusA 방출
tein
Binds σ
σ는 전사의 시작부위 인식을 가능케 함
P, RNA 사슬, RNA 중합효소가 분리됨
PPP
σ
NusA
ρ
누클레오시드 삼인산
ρ
P가 RNA와 중합효소에 결합
σ인자가 방출됨 재사용
NusA가 결합
PPP
전사시작
PPP
RNA 사슬의 신장
누클레오시드 삼인산

그림 8-7 RNA합성 단계. 프로모터에서 합성의 시작되고, 종결자에서 끝난다. σ단위체는 프로모터를 찾고, NusA는 신장요인으로, rho는 종결과 RNA방출에 관계된다. (Watson외 'Molecular Biology of the Gene' 4판 인용)

종결의 마지막 단계는 핵심 효소가 DNA로부터 분리되는 것이다. 전사체 RNA가 떨어져 나간 뒤 이 핵심 효소는 σ 단위체와 다시 결합하여 전효소를 다시 형성한다. 분리된 전효소는 새로운 RNA를 만들어 낼 수 있는 새로운 프로모터에 이용될 수 있다 (그림 8-7).

**핵심개념**

**"상류/하류" 개념**

전사는 유전자 내의 암호화 부위의 앞쪽에서 시작하고, 암호화 부위의 아래쪽에서 끝난다. 따라서 유전자 발현을 조정하는 정보는 단백질 암호화 부분의 바깥쪽 (상류/하류)에 있다.

## RNA 분자의 종류

RNA 분자에는 전령 RNA (mRNA), 리보솜 RNA (rRNA), 운반 RNA (tRNA)의 3가지 주된 종류가 있다. 이들은 특정 DNA 염기 서열 즉 유전자에서 전사되어 만들어진다. 모두 단백질 합성에 관여되며 각기 다른 기능을 가지는데, 이에 대해서는 이장과 다음 장에서 다루고자 한다. 진핵 세포와 원핵세포에서 이들 RNA의 기본적인 작용 기작은 거의 같지만, RNA의 구조와 합성 양상에 있어서는 중요한 차이점이

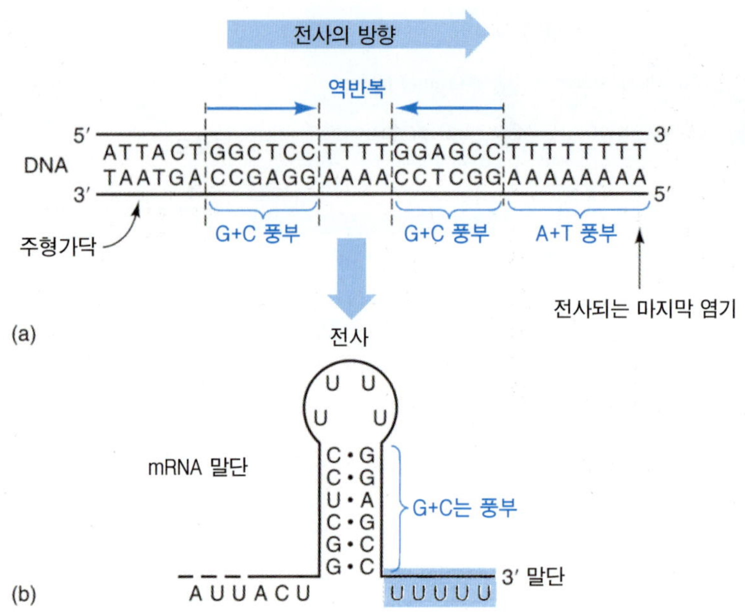


그림 8-8 (a) 대장균 trp 오페론의 DNA 종결 염기서열과 (b) mRNA 3'말단의 염기 서열. 역반복서열이 마주보는 청색 화살표로 표시되어 있다. mRNA 분자는 "줄기와 고리모양"으로 접혀 있다. 해당부분을 청색으로 표시하였고, mRNA의 끝부분의 U는 옅은 청색으로 표시하였다.

있다. 이들에 관한 지식은 세균과 세균 세포 추출물 연구로부터 얻은 것으로 우선 이 부분에 대해서 먼저 다루고, 진핵세포의 전사와 진핵세포 RNA 구조와 합성 등에 관해서는 다음절에서 설명하기로 한다.

## 전령 RNA

DNA 분자의 염기서열은 세포내의 모든 폴레펩티드의 아미노산염기 배열을 결정하지만, 아미노산과 DNA사이에는 친화력 (A와 T사이에는 친화력이 있어 염기쌍을 형성)이 없다. 따라서, 아미노산 자신은 DNA가 직접 쌍을 이루지 않고 여러 중간 과정을 거쳐 DNA에 내장된 정보가 아미노산의 배열 순서로 나타나게 한다. 이 과정은 DNA 가닥 중 하나 (**주형 가닥, template strand**)의 염기서열이 RNA 분자의 염기 서열로 전사되고, 이 전령 RNA 분자로부터 단백질의 아미노산 서열이 결정되는 것이다 (전사되지 않는 DNA 가닥은 비전사 가닥이라 한다). 제 9장에서 보게 되겠지만, mRNA의 염기 서열은 출발 코돈에서 정지점까지 3개의 염기씩 끊어 읽혀지며 (3개로 구성된 한 조의 염기를 **코돈 (codon)**이라 한다), 각 코돈은 한 개의 아미노산 또는 정지 신호에 상응한다.

코돈

한 개의 폴리펩티드 사슬을 합성하는, 그리고 여기에 개시와 종결의 부호가 붙은 DNA 단편을 **시스트론 (cistron)**이라 하며, 한 개의 폴리펩티드 사슬을 지령하는 mRNA를 단일 시스트론성 mRNA라 한다. 보통은 한 mRNA 분자가 서로 다른 몇 개의 폴리펩티드 사슬을 합성하는데, 이 경우는 **폴리시스트론성 (polycistronic) mRNA** 분자라 한다.

시스트론

폴리시스트론성 mRNA

해독을 위해서는 시스트론과 출발 및 정지 서열 외에서 mRNA의 또 다른 부분도 중요하다. 예를 들어 mRNA 분자의 해독 (즉, 단백질 합성)은 단순히 RNA의 한쪽 끝에서 시작하여 다른 끝으로 진행하는 것이 아니고, 폴리시스트론성 mRNA의 첫 폴리펩티드 사슬의 합성 개시는 RNA의 5'-P 말단에서 수백 누클레오티드 떨어진 곳에서 시작된다. 해독되는 부분 바로 앞의 해독되지 않은 RNA 부분은 **선도자** (leader)라 하는데, 어떤 경우에는 이 선도자는 단백질 합성 속도를 결정하는 조절 부위 (**감쇄자**(attenuator)라 불리는)를 가지고 있다. 해독되지 않는 염기 서열은 5'-P 말단이나 3'-OH 말단 양쪽에 있으며, 폴리시스트론성 mRNA 분자에서는 수백 개의 염기로 구성된 비해독 부위 (**중간자**, spacer)가 시스트론 사이 사이에 자리잡고 있다.

선도자

감쇄자

중간자

원핵세포 mRNA의 중요한 특성으로는 짧은 수명을 들 수 있다. 일반적으로 mRNA 분자는 합성된 후 수분 내에 핵산 분해효소에 의해  파괴되어 버린다. 그런데, 특정 단백질의 지속적인 합성을 위해서는 상응하는 mRNA 분자의 계속적인 합성이 필요하지만, mRNA의 빠른 분해는 그 주위 환경과 요구성이 수시로 변화하는 세균에서는 대단히 유익한 현상이다. 어떤 단백질의 합성이 필요하면, 단순히 전사를 조절함으로써 적합한 mRNA 분자가 만들어지고, 그 단백질이 더 이상 필요 없을 때에는 기존의 mRNA분자는 곧 파괴되기 때문에 불필요한 단백질의 합성을 막을 수 있다.

## 안정한 RNA : 리보솜 RNA와 운반 RNA

단백질 합성에 있어서 유전 정보는 전령 RNA에 의해 전달된다. RNA는 단백질 합성에서 또 다른 기능도 가지고 있는데, 예를 들면, 단백질은 **리보솜** (ribosome)이라 부르는 RNA를 포함하는 입자의 표면에서 합성되는 것이다. 이들 입자는 3종류의 안정한 **리보솜** RNA (rRNA)로 구성되어 있다. 또, 아미노산들은 단백질 합성시에 mRNA 주형과 직접 접촉하지 않고, **운반** RNA (tRNA)라 부르는 약 50종의 안정된 RNA 분자에 결합된 다음 쓰여진다. 각 tRNA 분자는 mRNA 상의 3개의 상보적인 염기와 결합하여 그 자리에 상응하는 아미노산을 갖다 놓음으로써 인접한 아미노산과 펩티드 결합으로 연결되도록 한다. 이 경우 rRNA나 tRNA는 주형으로 사용되는 것은 아니다. 리보솜과 tRNA의 기능은 다음 장에서 다루어지며, 여기서는 이들의 합성과 합성 후의 화학적 변형에 관하여만 논의한다.

리보솜

리보솜 RNA (rRNA)
운반 RNA (tRNA)

rRNA와 tRNA 분자의 합성은 프로모터에서 개시하여 종결 서열에서 완성된다는 점에서 그들의 합성은 mRNA의 합성과 다른 점이 없다. 그러나 이들 분자의 다음과 같은 세 가지 특성은 rRNA나 tRNA 모두가 **1차 전사체** (primary transcript: 전사과정만 거쳐 만들어진 산물)가 아님을 나타낸다.

1. 이 분자들은 모든 1차 전사체의 말단에서 발견되는 삼인산 (triphosphate)이 아닌 5'-일인산으로 시작된다.
2. rRNA와 tRNA 분자 둘 다 1차 전사체(전사 단위)보다 훨씬 작다.
3. 모든 tRNA 분자는 A, G, C, U외에 특이한 염기를 포함하고 있으며, 이들 특이한 염기는 초기 전사체에서는 발견되지 않는다.

이들 분자의 위와 같은 변화는 **전사후 변형** (posttranscriptional modification) 또는 보다 일반적으로 **RNA 가공** (RNA processing)이라 불리는 과정에 의해 일어난다.

rRNA 와 tRNA 둘 다 큰 1차 전사체로부터 잘려 생기게 된다. 흔히 하나의 전사체가 몇 개의 분자, 예를 들어, 수개의 tRNA 분자들 또는 tRNA와 rRNA  두가지 종류의 분자들을 가지고 있다. rRNA는 긴 분자 상태에서 단순히 특정 효소들에 의해 잘라져서 만들어진다. 그러나 tRNA는 1차전사체의 절단과정에 더하여 여러 염기가 화학적으로 변형되어 생기게 된다. 그림 8-9에서 이 과정의 복잡성을 잘 보여 주고 있다.

## 진핵 세포에서의 전사

진핵 세포에서의 mRNA의 전사와 분자 구조의 기본적인 성질은 세균의 경우와 유사하다. 그러나 다음과 같은 다섯 가지의 주목할 만한 차이점이 있다.

1. 진핵 세포는 세 종류의 핵 RNA 중합효소를 가지고 있으며, 이들은 각기 다른 종류의 RNA를 합성한다.
2. mRNA 분자의 수명은 대개의 경우 길다.
3. 5' 말단과 3' 말단이 변형되어 있다. 즉, **모자 (cap)** 라는 복합 구조가 5'말단에 있고, 3' 말단은 아데닌의 연속으로 되어 있다 (poly(A), 최고 250 누클레오티드).
4. 단백질 합성의 주형으로 사용되는 mRNA 분자의 길이는 전사된 분자의 길이의 약 1/10 뿐이다. 즉, mRNA 의 가공 과정에서 **인트론 (intron)** 이라 부르는 중간에 낀 부분은 잘려나가고, 남은 조각들이 서로 이어진다.
5. 모든 진핵세포의 mRNA 분자는 단일 시스트론성 (monocistronic)이다.

모자

인트론

이러한 사실들을 그림 8-10에 요약하였는데, 이 그림에서는 전형적인 진핵세포의 mRNA 분자의 도형적 그림과 mRNA 생성과정이 잘 그려져 있다. 이 그림에서 알 수 있는 바와 같이 진핵세포에서의 mRNA의 생산은 단순히 DNA를 그대로 전사만 하는 것은 아니다.

진핵 세포에서 전사의 개시가 어떻게 이루어지는가는 잘 알려져 있지 않다. -10 보존 염기서열과 비슷하나 -29 근처에 위치하는 염기서열(TATAAAAA)이 개시에 필요하며, 또 상류 활성화 부위 (upstream activation site)와 증폭자 (enhancer)라 불리는 일련의 염기서열도 개시를 효율적으로 하는 데에 영향을 미친다(제 12장에서 다룰 것이다). 이 자리에 보통 특정단백질이 붙게된다. 전사인자(transcription factor)라 불리는 이와 같은 단백질은 붙어 있는 자리에서 가까운 프로모터의 전사를 돕는다. 증폭자 경우에서는 2000-3000 염기 정도 떨어진 곳에 위치한 프로모터의 전사를 활성화시킬 수 있다 (12장 참조).

진핵세포에서는 DNA가 히스톤 단백질과 결합되어 염색질이라 불리는 구조체로 존재한다. DNA가 염색질의 형태 (그림 5-6)로 존재한다는 사실은 진핵 세포에서의 전사가 원핵세포에서 보다 복잡하다는 것을 나타내며, 전사되는 부분에서 염색질 구조가 변형된다는 증거가 나와있다. 그러나 어떻게 변형되는지는 분명하지 않다. 진핵세포에서도 전사종결에 특정한 기작이 있는 듯하나 그 염기서열이나 단백질의 일반적 특성에 대해서는 알려진 것이 별로 없다.

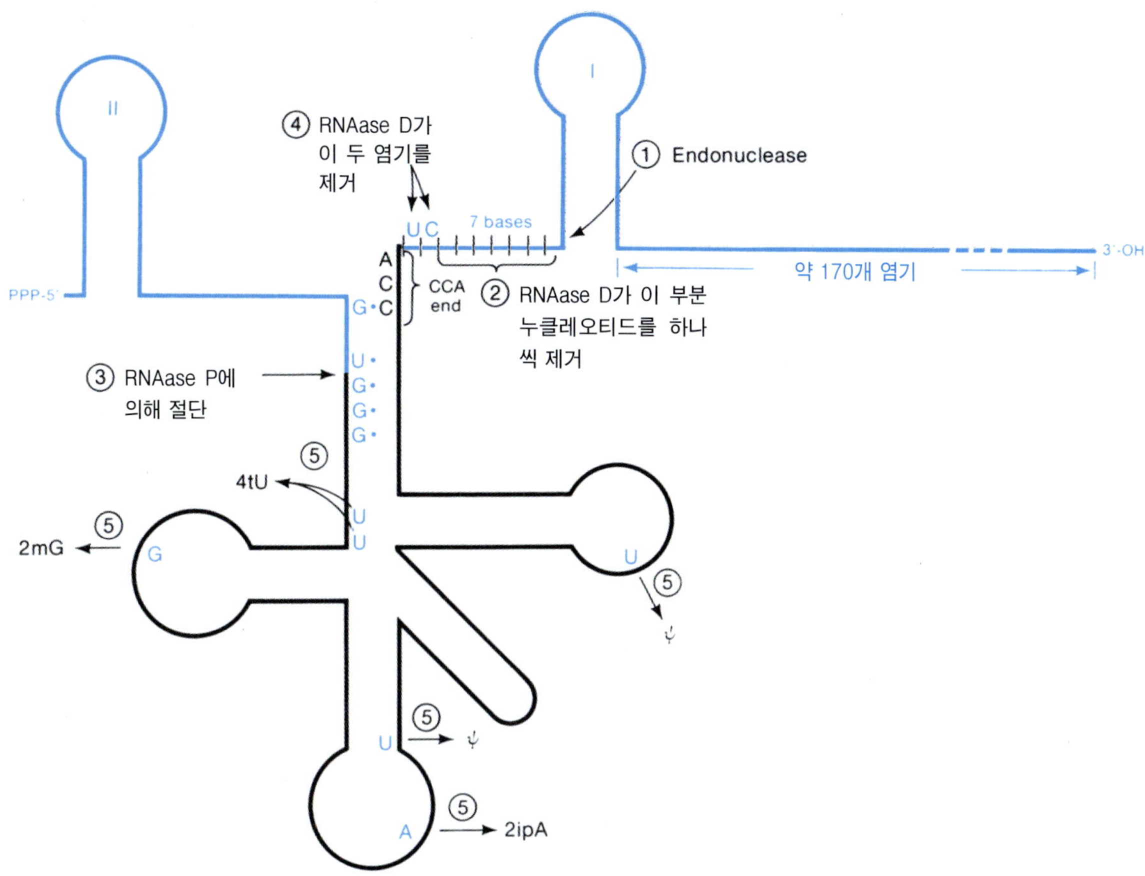


그림 8-9 대장균 tRNA1Tyr 유전자 전사체의 가공 단계. 다섯 단계가 아라비아 숫자로 표시되어 있다. 단계 3에서 RNase P (리보자임의 일종-3장 참고)의 촉매작용으로 5 '-말단이 만들어진다. 단계 4에서 3' -말단(CCA 말단)이 형성된다. 단계 5에서는 tRNA 분자 고리 내 혹은 고리 근처에 있는 6개의 염기가 pseudouridine(ψ). 2-isopentenyladenosine(2ipA), 2-o-methylguanosine(2mG), 4-thiouridine(4tU)로 변형된다. 완성된 tRNA는 검은 색으로 표시되어 있다.

## 진핵세포에서의 3가지 RNA 중합효소의 기능

진핵세포의 RNA 중합효소의 세 종류는 I, II, III으로 표시하는데, 이들은 활성을 나타내는 데에 필요한 이온의 종류, 최적 이온 강도, 여러 가지 항생제에 대한 감수성 등에 의해서 구별된다. 이 세 종류는 모두 진핵세포의 핵 속에 들어있다. 그러나 아직 기능이나 구조가 잘 연구되고 있지 않은 소수의 RNA 중합효소가 미토콘드리아와 엽록체 내에서 발견되고 있다. 핵속에 있는 RNA 중합 효소의 위치와 산물은 다음과 같다.

표8-1

| | 종류 I | 종류 II | 종류 III |
|---|---|---|---|
| 위치: | 인 | 핵질 | 핵질 |
| 산물: | rRNA | mRNA | tRNA, 5sRNA |

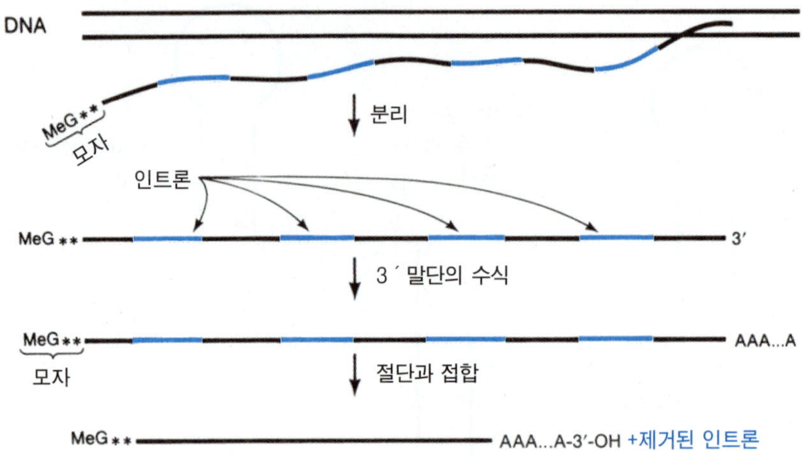


그림 8-10 진핵세포 mRNA의 생성 과정을 나타내는 모식도. 제1차 전사체는 유리되기 전에 모자가 씌워진다. 그런 후 3 '-OH 말단이 변형되고, 끝으로 인트론들이 잘려나간다. MeG는 7-메틸구아노신이다. 두 개의 별표는 리보오스가 메틸화된 누클레오티드이다.

RNA 중합효소 II는 모든 mRNA 합성에 관여하는 효소임에 주목하여야 한다.

진핵 세포의 RNA 중합효소에 의해 촉매 되는 생화학적 반응은 대장균 RNA 중합효소에 의해 촉매 되는 것과 동일하다.

진핵세포의 mRNA 분자의 5'말단에는 메틸화된 구아노신 유도체인 7-메틸구아노신 (7-MeG)이 제 1차 전사체의 5'-말단에 5'-5' 결합으로 연결되어 있다 9장의 그림 9-17 참조). 경우에 따라서는 인접하는 누클레오티드의 당도 역시 메틸화 된다. 여기서

(7-MeG)-5'-PPP-5'-(G 또는 A, 종종 메틸화된 리보스를 가진) -3'-P-

와 같은 단위를 **모자** (화학구조는 다음 장에)라고 하는데, 여기서 P와 PPP는 각각 일인산, 삼인산이다.

이 모자씌움 (capping)은 mRNA 합성의 개시 후, RNA 중합효소 II가 개시 장소를 떠나기 전에 일어나며, 모든 절단과 접합에 앞서 일어난다. 모자씌움의 생물학적 중요성은 아직 밝혀지지 않았지만, 효과적인 단백질 합성에 필요한 것으로 믿어진다. 모자씌움은 mRNA를 핵산 분해효소 (nuclease)의 작용으로부터 보호하고, 또 단백질 합성 기구에 의해 인지되는 자리인 것 같다.

전부는 아니지만, 대부분의 동물 mRNA 분자는 3'말단에 poly(A)를 가지고 있는데, 이는 핵 내 효소인 poly(A) 중합효소에 의해 1차 mRNA에 붙여져 만들어진다. 그러나 아데닌산 잔기가 1차 전사체의 3'말단에 결합되는 것은 아니다. 전사과정에서 보통 poly(A) 첨가부위까지의 길이 보다 길게 mRNA가 만들어지므로, poly(A)가 붙기전에 먼저 엔도누클레아제에 의해 절단이 되어야 한다. poly(A) 자리로부터 위로 10~25 염기 서열쯤 되는 곳에 있는 AAUAAA는 poly(A)가 첨가되는 장소를 인지하는 부위이다. 그런데 흥미롭게도 어떤 1차 전사체는 poly(A)가 첨가되는 위치를 2개 이상 가지고 있기도 한다 (그림 12-5 (b) 참조). mRNA의 말단이 다르면

특정 생물에서 생활사에서의 예 처럼 일반적으로 그 기능이 다르다. poly(A)의 길이는 50~250 누클레오티드이며, mRNA의 말단에 이 poly(A)가 있는 의미는 현재 알려져 있지 않으나, mRNA의 안정성을 증가시키는 것으로 믿어진다. mRNA의 해독에 관계될 가능성도 제안되어 있다. 그러나, 어떤 세포의 mRNA 중에는 poly(A)가 없는 것도 있기 때문에, poly(A)가 mRNA의 해독이 원활하게 일어나는 데에 꼭 필요한 것은 아니라고 생각된다.

## 진핵세포의 1차 전사체는 인트론을 포함

고등 진핵세포에서는 대부분의 제1차 전사체에 해독될 염기서열 사이에 해독되지 않는 염기 서열이 끼여들어 있는데, 이 **인트론 (intron)**은 제1차 전사체가 mRNA로 전환될 때 잘려나간다 (그림 8-10과 8-11). 잘려나가는 정도는 1차 전사체의 50~90%에 까지 이른다. 이들이 잘려나간 뒤 남은 토막, 즉 **엑손 (exon)**은 서로 연결되어 최종적인 mRNA 분자를 형성한다. 이 인트론의 절제와 엑손의 결합에 의한 완성된 mRNA 분자의 형성과정을 **RNA 스플라이싱 (splicing)**이라 부른다.

엑손

RNA 스플라이싱

유전자당 인트론의 수는 상당히 다양하며 (표 8-1), 한 종류의 단백질에 대해서도 생물의 종마다 서로 다르다. 또 특정 유전자 내에서도 인트론의 크기가 상당히 다르며, 보통 엑손보다 길다.

접합은 핵에서 이루어지며, RNA 중합효소에 의해 만들어지고 있는 RNA 에서도 이 스플라이싱 과정이 개시가 되기도 한다. 그러나 대부분 경우에는 전사가 끝나고 poly(A) 첨가된 이후에 핵 내에서 일어난다. 이 스플라이싱으로 말미암아 핵 속에는 여러 가지 서로 다른 RNA 분자가 들어 있게 된다. 이와 같은 스플라이싱 전구체나 부분적으로 스플라이싱을 거친 분자들은 그 크기가 다양하기 때문에 **이질성 핵 RNA(heterogeneous nuclear RNA, HnRNA)**라고 부른다. 가공이 종료되면, 완성된 mRNA는 세포질로 수송되어 해독된다.

이질성 핵 RNA

mRNA 분자 내에서 해독되는 서열은 서로 뒤바뀌지 않아야 되므로, 인트론을 제거할 때는 고도의 정확성이 요구된다. 예를 들어, 잘리는 자리가 한 개의 염기만큼만 옆으로 바뀌어도 mRNA의 염기의 해독 순서는 완전히 바뀌어 버리는 것이다. 이러한 정확성은 염기의 서열 자체에 의해 이루어지고 있다. 모든 유전자에서 1차 전사체의 스플라이싱 부위는 다음과 같은 염기 서열을 가지고 있다.

그림 8-11 Conalbumin의 1차 전사체와 가공된 mRNA의 모식도. 17개의 인트론 (청색)은 1차 전사체로부터 잘려나간다.

**표8-2** 인트론의 존재가 알려져 있는 진핵세포 유전자의 산물

| 유전자 산물 | 인트론의 수 |
|---|---|
| α–Globin | 2 |
| Immunoglobulin L chain | 2 |
| Immunoglobulin H chain | 4 |
| Yeast mitochondria cytochrome *b* | 6 |
| Ovomucoid | 6 |
| Ovalbumin | 7 |
| Ovotransferrin | 16 |
| Conalbumin | 17 |
| α–Collagen | 52 |

주의 : 현재까지 히스톤과 인터페론의 유전자는 고등 생물에서 인트론을 갖지 않는 유일한 유전자로 알려져 있다.

$$5'\text{—}\ {}^{A}_{C}\ AG\downarrow\underline{GU}\ {}^{A}_{G}\ AGU\ \overset{\text{인트론}}{\cdots\cdots}\ (Py)6XC\underline{AG}\downarrow G\ {}^{G}_{U}\!-3'$$

여기서 Py는 피리미딘이고, X는 염기, 화살표는 잘리는 자리이다. 밑줄 친 염기는 대부분의 인트론에서 나타나며 (보존성), 나머지 부분은 약간의 변이가 있는 공통 서열이다.

핵 속에서는 mRNA 전구체 (HnRNAs)는 특정 단백질과 결합하여 **리보핵단백질 입자 (ribonucleoprotein particle, RNP)**를 형성하고 있다. 접합 과정 중, 1차 전사체는 HnRNP라 불리는 입자를 구성하게 된다.

RNA 스플라이싱 과정은 **스프라이소좀 (spliceosome)**이란 특별한 구조물에서 일어난다. 이 스프라이소좀은 **snRNP**라 불리는 수 개의 작은 핵 RNP가 RNA의 접합자리에서 상호작용하여 형성된다. snRNP의 핵심적인 구성물로서는 최소한 1개의 작은 핵 RNA (snRNA)가 필요하다. 각 snRNP는 다른 기능을 가지고 있다. 165 염기인 U1 snRNA를 갖는 snRNP는 인트론의 5' 끝의 보존 염기서열에 결합하며, U5 snRNA를 갖는 것은 연결될 두 엑손을 가까이 배열하는 작용을 한다. 이 snRNP들은 두 경계 부분이 가까이 되도록 모으며, 이 스프라이소좀의 효소 작용에 의해 인트론 염기서열이 잘려지고, 두 엑손조각은 이어지게 된다.

인트론의 존재는 대단히 비경제적이라고 생각될 수 있다. 특히 엑손보다 인트론의 양이 많다는 것을 고려하면 더 그러하다. 몇 가지 경우, 한 1차 mRNA에서 상이한 스플라이싱 방법으로 두 가지 mRNA 종류를 만들어낸다는 면에서 인트론의 존재는 해당 유전자의 정보 용량을 높이는 경우가 있다. 그러나 이 같은 경우는 DNA 바이러스에서 흔하며, 몇 가지 예가 있기는 하나 일반 세포에서는 흔한 경우가 아니다.

진핵 세포에서 유전자에 인트론이 있는 이유에 대해서는 여러가지 가설들이 나오고 있다. 인트론은 간단한 형태의 생명체인 세균에서는 거의 발견되지 않으므로, 차단된 유전자는 진화하는 동안 생겼다고 할 만 하다. 여러 방법의 재조합에 의해 염색체 상에 서로 다른 위치에 있는 유전자 DNA 조각들 사이에 바꿔치기가 일어날 수

있다. 재조합에 의해 유전자가 차단될 수 있으나, 세포에 RNA를 스플라이싱시키는 수단이 있다면 일부 차단의 경우에는 기능을 갖게되는 유전자가 만들어 질 수 있을 것이다.

또 다른 해석 방법은 인트론이 초기 생물체 (즉 초기의 세균)의 유전자에도 있었으나 오랜 시간동안 진화하면서 유전체를 간략하게 만들고, 세포 분열을 빠르게 하기 위해 인트론이 제거된 것이 지금의 세균이라고 설명한다. 이 설명 방법으로 복잡한 단백질을 만드는 유전자가 생겨나게 되는 과정을 잘 설명할 수 있다. 각 엑손은 초기에는 작은 단백질 하나를 암호화하는 염기 서열이고, 진화하는 동안 일어난 재조합에 의해 유전체 상의 여러 부위에서 엑손들이 한군데 모아져서 새로운 유전자가 되었을 것이다. RNA 스플라이싱이 적당히 일어나 인트론 부분들이 제거가 되면 부분을 연결하여 방해되지 않은 유전자를 형성하는데 필요한 정밀한 재조합이 없이도 새로운 조합의 기능을 가진 유전자가 만들어 질 수 있을 것이다.

여러 단백질의 구조를 조사해 본 결과, 많은 단백질은 수 개의 독립적인 구성을 가진 부분이 있고 이들 사이는 짧은 폴리펩티드로 연결이 된 것으로 밝혀져 있다. 각 독립적인 구조를 가진 부분을 도메인 (domain)이라 한다. 그림 8-12에서 명확히 구별되는 2개의 도메인 부분을 가지는 단백질을 보여 주고 있다. 항체의 일부분인 이 단백질은 2개의 큰 엑손과 2개의 작은 엑손으로 구성된 유전자에 의해 암호화되는데, 큰 2개의 엑손이 각각의 도메인을 암호화하므로 각 도메인은 태초의 한 단백질로부터 유래되었다고 추정된다.

**핵심개념**

**"RNA 가공" 개념**

진핵세포에서는 상당한 가공 편집과정을 거치고 나서야 단백질 합성주형인 mRNA가 된다.

## 세포 내 RNA를 연구하는 방법

생체 실험에서 RNA 대사를 연구하는 데에는 몇 가지 방법이 있다. 이 방법들은 대개의 경우 배양액 속에 $^{3}H$ 또는 $^{14}C$ 로 표지된 우리딘을 첨가 시켜 방사능을 띤 RNA를 만드는 것이다. 그러나 우리딘은 시토신이나 티민으로도 대사될 수 있으므로, 방사능을 띤 DNA도 생산할 수 있다. 이것은 RNA 대사를 연구하는 데에는 대단히 중요한 문제이다. 왜냐하면, RNA를 세포로부터 분리할 때는 DNA도 항상 섞여 나오기 때문이다. 그러나 DNase (pancreatic DNase)를 처리함으로써 섞여 있는 DNA를 제거할 수 있다. 이 효소는 DNA를 단일 누클레오티드나 작은 올리고누클레오티드로 분해하여 RNA로부터 쉽게 제거되도록 해 주기 때문이다.

생체 실험에서 RNA에 관한 대부분의 연구는 특정 mRNA (특정 유전자로부터의 mRNA)의 존재, 합성 및 분해에 관한 것이다. 이러한 분석을 수행하기 위하여 어느 특정 RNA를 다른 모든 RNA와 구별할 필요가 있다. 이것은 보통 **DNA-RNA 혼성화 (DNA-RNA hybridization)**에 의해 이루어진다. 이 기술은 특정 RNA에 상보적인 염기 서열을 가진 DNA를 니트로셀루로스로 만든 여과지에, 3장의 그림 3-12에서 보여주는 방법으로 고정한다. 그런 다음 이 여과지를 방사능 RNA를 가진 추출물 속에 넣고 재생 조건을 만들어 준다. 그리고 나서 반복하여 씻음으로써 DNA-RNA 혼성체로 존재하지 않는 RNA는 제거한다. 따로 여과지에 남아 있는 방사능의 양은 추출물 속의 특정 RNA의 양이 된다.

DNA-RNA 혼성화

혼성화 실험에 사용되는 DNA를 얻는 데는 여러 가지 방법이 있다. 가장 유용한 방법은 특정 RNA에 상보적인 염기서열을 갖는 DNA의 토막을 제15장에서 다룰 유

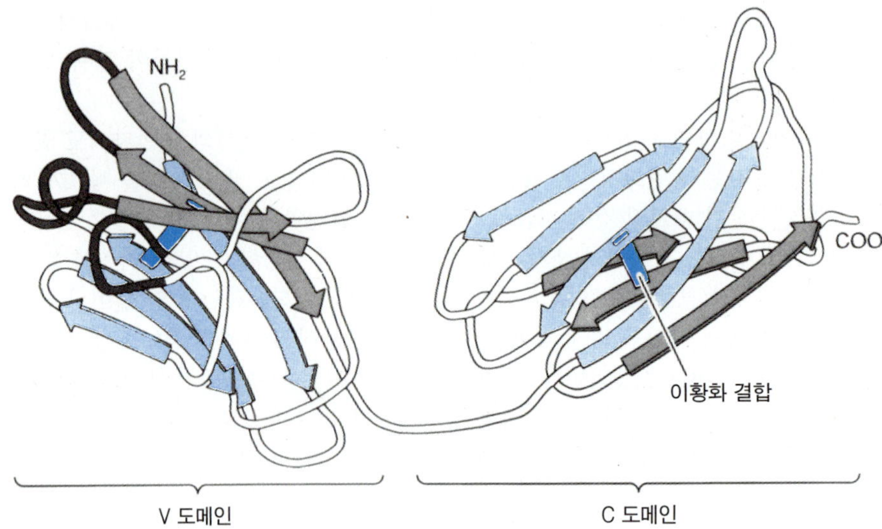


그림 8-12 2개의 도메인(하나는 검은색, 또 하나는 청색)을 가진 단백질인 항체의 한 단위체의 모식도. (Watson외 'Molecular Biology of the Gene' 4판 인용)

전공학적 방법으로 RNA와 공통서열이 없고 쉽게 정제되는 외부 DNA 조각 (즉 vector에 해당)속으로 삽입시키는 것이다. 이 경우 DNA 조각은 클로닝되었다고 한다. 전형적인 외부 DNA로는 플라스미드, 파아지와 바이러스의 DNA가 이용된다. 혼성화 과정에 사용되는 클론된 DNA 서열을 갖고 있는 DNA 분자를 **탐침(probe)**이라 부른다. 유사하게 RNA도 혼성화 실험에 사용되며 마찬가지로 탐침이라고 부른다.

Southern 이동
Southern blotting

가장 일반적으로 사용되는 기술은 **Southern transfer** 또는 **Southern blotting** 방법으로 (이것은 개발자인 E. Southern의 이름을 딴 것임), 수많은 DNA 단편들을 동시에 혼성화를 실시하는 방법이다. 이 방법에서는 먼저, 어떤 생물의 DNA 전부를 특정 염기서열 사이를 자르는 제한효소로서 여러 단편으로 자른다 (제15장). 그리고 각 단편을 젤 전기영동에 의해 분리하고 (제3장, 염기서열 결정때의 전기영동처럼), 혼성화를 이 모든 단편에 대해 행한다. 여러 가지 방법으로 탐침이 붙은 특정 단편의 위치를 밝힐 수 있으며, 그 과정은 다음과 같다 (그림 8-13).

DNA를 효소로 자른 후, 아가로스 젤 전기영동에 의해 분리한다. 전기영동이 끝난 후, 젤을 변성화 용액 (일반적으로 NaOH)에 담그어 젤 속의 모든 DNA를 혼성체화에 필요한 외가닥 DNA로 바꾸게 한다. 변성과정을 거친 보통 넓은 판 모양의 젤을 니트로셀루로스 여과지 위에 놓는다. 변성된 DNA는 이 여과지에 강하게 결합한다. 젤과 니트로셀루로스가 바짝 붙어 있으면, DNA확산이 크지 않으므로, 여과지의 DNA 위치와 젤에서의 위치는 일치한다. 혼성화 과정에서 DNA가 여과지에 붙어 있도록 니트로셀루로스 여과지를 진공 상태에서 건조시킨 다음, $^{32}P$ 로 표지된 소량의 RNA 용액으로 적신 후, 건조되는 것을 막기 위해 단단히 밀폐된 플라스틱 통에 넣어서 몇 시간 (일반적으로 16~24시간) 동안 적당한 온도 (보통 65 ℃)로 유지시켜 혼성화시킨다. 그리고 나서 여과지를 꺼내어 씻어서 부착되지 않은 방사능 분자를 제거하고, 말려서 X-선 필름으로 자기 방사시킨다. 필름의 검은 부분은 방

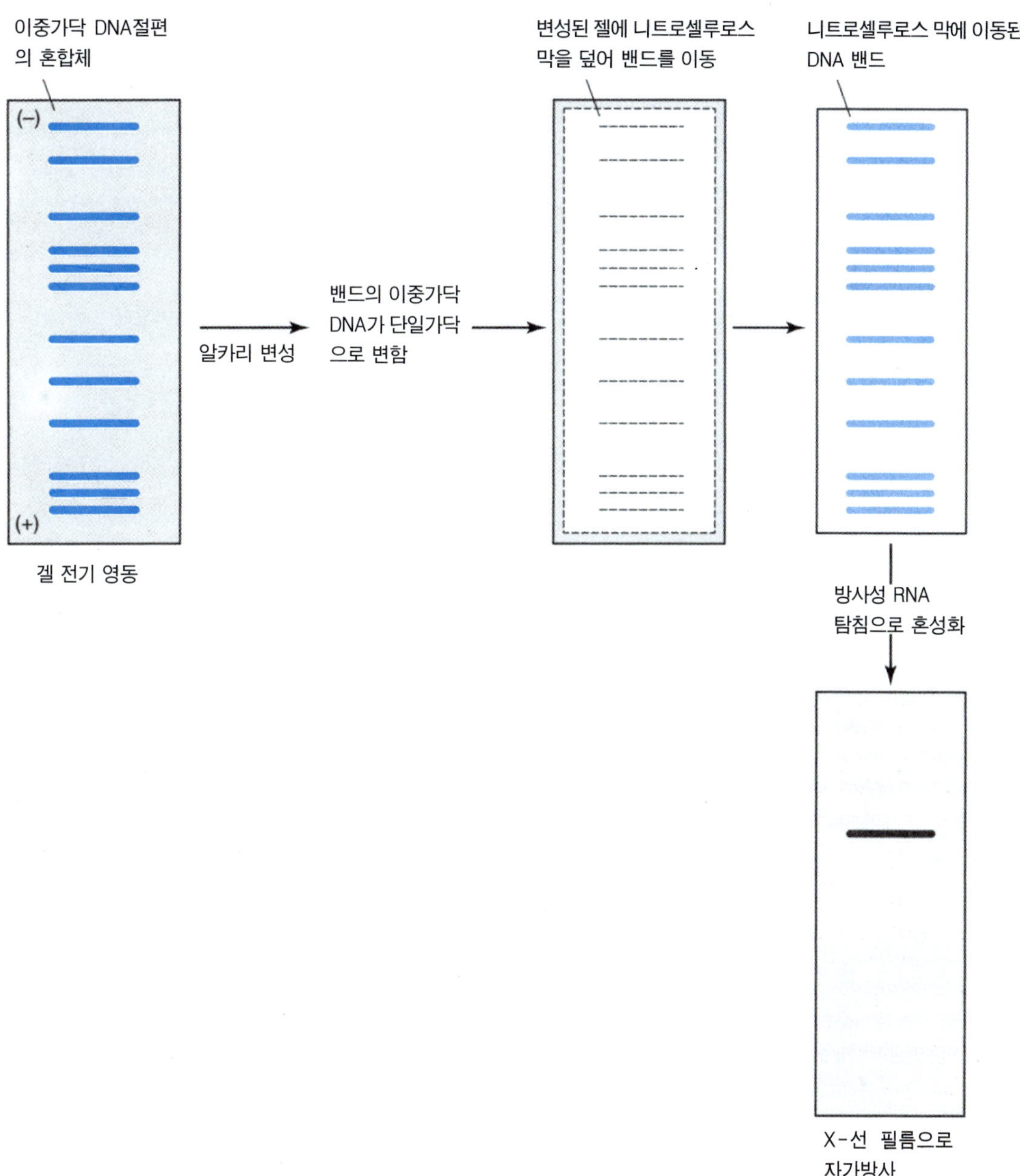


그림 8-13 Southern 이동은 RNA 혼합체에서 특정 유전자 절편(젤에 있는 밴드)에 혼성화되는 mRNA를 검출하기 위한 기법이다. 아가로스 젤의 DNA 밴드는 니트로셀루로스 막으로 이동된 후 방사성 RNA 탐침과 혼성화시킨다. 이와 유사하게 RNA도 젤에서 분리되고 니트로셀루로스 막으로 이동된 후 방사성 DNA 탐침과 혼성화될 수 있다 (Northern 이동).

사능 탐침의 염기서열과 상보적인 서열을 가진 DNA의 위치를 나타낸다. 만약 각 단편에 포함된 유전자가 알려져 있다면 이로써 특정 mRNA에 해당하는 유전자를 확인할 수 있다. 필름의 흑화 정도는 정량적으로 쉽게 측정되며, 혼성화된 RNA의 양에 비례하게 된다. 따라서, 각 유전자에서 전사된 mRNA의 양을 측정할 수 있다. 이 기술에 의해 여러 다른 mRNA 분자를 동시에 연구할 수 있게 된다. 이 Southern 이동 방법은 특히, DNA-DNA 혼성화 분석처럼 다른 용도가 많다.

## 미래의 실질적 응용

바이러스 감염에 사용되는 전통적인 약물 치료를 대체하는 한 방법으로 바이러스의 대사를 교란하기 위해 역의미(antisense) 올리고누클레오티드를 이용하는 것을 많은 연구자들이 연구하고 있다. 역의미 올리고누클레오티드란 단백질을 암호화하는 DNA 가닥 (즉 sense strand) 또는 mRNA 에 상보적인 염기 서열을 가지는 핵산을 말한다.

살아 있는 세포에서 한 유전자의 역의미 올리고누클레오티드는 해당 유전자에 상보적인 염기 서열을 가지고 있으므로 그 유전자에 결합을 하여 RNA 중합 효소에 의한 전사를 방해한다. 같은 방법으로 이 올리고누클레오티드는 mRNA에 결합하여 해독을 방해할 수 있다.

바이러스가 감염된 시험 포유동물 세포에서 겨우 12개 정도의 누클레오티드의 짧은 올리고누클레오티드로 특정 유전자의 전사나 해독을 효과적으로 억제할 수 있음이 입증되었다.

이 방법의 중요한 이점은 약물 고안에 합리적 접근을 시도할 수 있다는 것이다. 즉, 일단 목표가 되는 핵산의 염기 서열을 알면 왓슨-크릭 염기쌍 형성의 규칙에 따라 원하는 올리고누클레오티드를 고안할 수 있다. 이 방법의 또 다른 장점은 고유성이다. 올리고 누클레오티드는 목표가 되는 특정 유전자에만 결합하므로 다른 주요대사 기능을 교란하지 않을 것이다. 또 한가지 장점은 비교적 쉽게 올리고누클레오티드를 합성할 수 있으므로 짧은 시간 내에 실험 시도가 가능하다는 점이다 (3장의 그림 3-18 참조).

이 새로운 방법에도 단점은 있다. 그 중 주요 문제는 세포 내로의 약물 전달에 관한 것으로 포유 동물에 올리고누클레오티드를 투여하는데 따르는 어려움으로, 보통 이러한 화합물은 세포 내로 침투가 되지 않으며, 일단 들어가더라도 세포내의 RNase에 의해 분해가 되기 쉽다. 이와 같은 어려움에도 불구하고, 지질 소낭 혹은 수송 단백질의 이용 또는 RNase에 분해되지 않는 올리고누클레오티드의 고안 등 새로운 투여 방법이 사용되면 이와 같은 문제는 해소될 수 있으리라 예상된다.

## 요 약

RNA 중합 효소는 일단 DNA의 프로모터의 염기 서열에 붙어서 전사를 시작한다. 세균 효소는 전효소 중 $\sigma$ 단위체와 전사 개시 위치에서 위쪽으로 10번 위치와 35번 위치 근처의 염기들과 결합함으로써 전사를 시작한다. 진핵 생물의 RNA 중합 효소는 별개의 개시 인자 단백질들의 도움을 받아 프로모터를 인식 하게 된다. RNA 합성은 주형의 +1 과 +2 위치의 염기에 상보적인 2개의 누클레오시드 삼인산이 연결됨으로써 시작된다. 사슬 신장은 RNA의 끝 쪽에 누클레오티드 50개/초 속도로 첨가됨으로써 일어난다. 종결은 내재적 종결자에 해당하는 특정 DNA 염기 서열 부분에서 일어나거나 인자 의존성 종결자 염기 서열이 있는 경우에는 특정 단백질의 작용에 의해 일어난다. 대장균의 경우에서는 이 인자가 Rho 이며, rho 의존적 종결 염기 서열에서 작용한다. 3가지 주요 RNA 종류로써 전령 RNA(mRNA), 리보솜 RNA(rRNA), 운반 RNA(tRNA)가 있다. rRNA와 tRNA는 위에서 언급한 바와 같은 과정으로 만들어진 1차 전사체가 절단, 다듬기, 누클레오티드 변형 등의 몇 가지 가공 과정을 거쳐서 만들어진다. 원핵 세포에서는 1차 전사체 자체가 mRNA인 반면에 진핵 세포에서는 1차 전사체가 5' 모자와 poly(A) 꼬리가 첨가되고 대부분 엑손들을 접합해 연결하는 과정을 거친 뒤에 mRNA가 만들어진다.

## 연습문제

1. a. RNA가 만들어 질 때의 기질은 무엇인가?
   b. 주형은?
   c. 무슨 효소에 의해?
   d. 프라이머가 필요한가?
2. DNA 중합효소와 RNA 중합효소에 의해 촉매되는 화학반응에 차이가 있는가? 있다면 그 차이를 기술하라.
3. 완성된 mRNA분자의 앞쪽 끝과 뒤쪽 끝에 존재하는 화학구룹은 무엇인가?
4. a. mRNA란 무엇인가?
   b. 많은 경우의 mRNA은 1차 전사체와 어떻게 다른가?
   c. 시스트론과 폴리시스트론의 정의는?
   d. mRNA분자에서 전사가 되지 않는 부위는?
5. 대장균의 RNA 중합효소는 몇 개의 단위체로 구성되는가? 프로모터에 RNA 중합효소가 자리를 잡는데 작용하는 단위체는 무엇인가?
6. a.대부분 원핵 프로모터에 존재하는 두 부위는 무엇인가?
   b. 많은 진핵세포 프로모터에서 존재하는 보존염기서열은?
7. 진핵세포에 대해 다음 물음에 답하라.
   a. 모자(cap)란?
   b. mRNA의 어느 끝이 poly(A)인가?
   c. 위 두 가지가 없는 진핵세포의 mRNA도 있는가?
8. a. 인트론이란 무엇인가?

b. mRNA의 접합이란 무엇인가 ?

## 문 제

1. 대장균의 프로모터의 −10 부위는 소위 보존염기서열 (한, 두 염기를 바꾸어 유사한 기능을 가진 다른 염기서열을 얻을수 있는 염기 서열)의 예가 되겠다. 보존서열에 대해 다음 질문에 답하라.
   a. 이와 같은 염기서열의 진화학적인 의미는 무엇인가?
   b. −10 위치에 있는 T와 같이 보존된 염기의 생화학적 의미는 무엇인가?
   c. 보존되지 않은 염기에서 약간의 차이는 생화적으로 어떤 차이를 초래할까?
2. RNA을 분리하였을 때 3'−OH 끝과 5'−P를 가진 가진 RNA는 어떤 종류인가 ? 이 사실로부터 알 수 있는 정보는?
3. oligo−dT를 부착시킨 크로마토그래피 관을 이용하여 다른 RNA로부터 진핵세포의 mRNA를 분리할 수 있다. 이 때에 이용된 원리는?
4. 10가지 생물에서 다음의 여섯 염기쌍짜리의 염기서열들이 발견되었을 때, 보존 염기서열을 무엇이라 할 수 있나?
   ACGCAC, ATACAC, GTGCAC, ACGCAC, ATACAC,ATGTAT, ATGCGC, ACGCAT, GTGCAT, ATGCGC
5. 한 쪽 가닥의 염기서열이 5'−AGCTGCAATG−3'인 DNA분자에서 만들어질 수 있는 두가지 RNA의 염기서열을 써라. 이때 5', 3' 끝을 명시하라.
6. 유전자공학 기술을 이용하여 한 생물의 유전자를 다른 생물로 넣어 줄 수 있다. 진핵 세포의 유전자들을 효모에 넣었을 때보다 대장균에 넣었을 때에 발현이 잘 되지 않는다. 그 이유는?

## 개념문제

1. 발생학적으로 조절되는 유전자의 발현은 이들의 mRNA수준에서 어떻게 조절되나?
2. 특정 프로모터에 여러 위치에서 돌연변이가 일어났을 때 예상되는 결과는 무엇인가?
3. 프로모터에 심각한 돌연변이가 생긴 생물에서 살기 위한 대처방안은?

# 제9장

**단원 학습목표**

1. 코돈, 안티코돈의 성질 및 "보편적" 유전암호
2. 폴리펩티드의 합성기작
3. 운반 RNA의 구조와 aminoacyl tRNA 합성효소의 기능
4. 리보솜의 일반적 구조와 기능

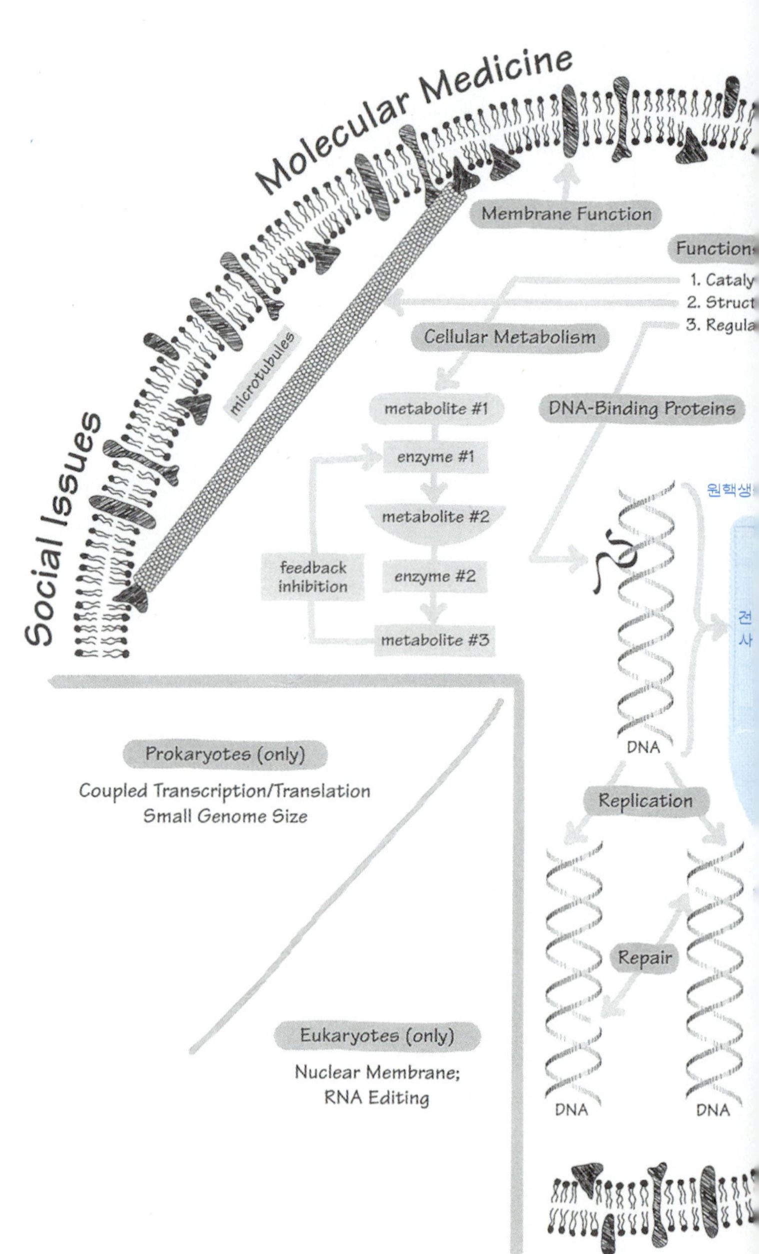

# 해 독

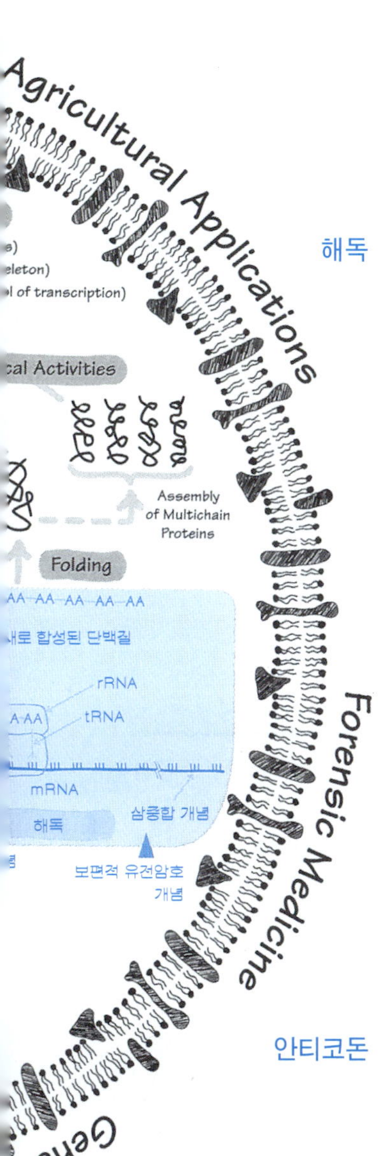


세포내에서의 단백질 생합성은 세포내 DNA에 의하여 지시를 받는다. 이를 이해하기 위해서는 두가지 측면, 즉 **정보** 또는 **암호 문제**와 **화학적 문제**를 먼저 이해하여야 한다. 정보 문제란 DNA 분자내 염기서열이 폴리펩티드 사슬내의 아미노산 서열로 해독되는 문제이다. 화학적 문제란 단백질 합성과정 문제이다. 즉, 합성 개시, 정확한 순서로 아미노산을 서로 연결시키는 것, 사슬의 종결, 합성된 사슬의 방출, 사슬의 접힘, 그리고 새로 합성된 사슬의 합성 후 빈번한 변형등의 문제이다. 위에서 설명한 전 과정을 **해독(translation)**이라 한다. 본 장에서는 해독과정의 개요, 코딩과 디코딩 계의 주요한 특징 그리고 폴리펩티드의 합성기작 등을 설명하였다.

해독

유전 정보가 mRNA내로 정보화 되면, 단백질 합성을 수행하는 고분자복합체를 형성하기 위하여 다른 형태의 RNAs와 몇몇 효소분자들이 결합한다. 결국은, 단백질 합성과정은 핵산 합성보다 더 복잡하다는 것을 인식하게 될 것이다. 아미노산은 mRNA의 누클레오티드 염기와 직접적인 친화력을 가지고 있지 않기 때문에 더욱 복잡한 것이다. 그러므로, 단백질을 합성시키기 위하여 mRNA를 제 위치에 유지시키고 아미노산을 일렬로 배열시킨 다음 서로 서로를 공유결합시키기 위하여 특정 분자들이 필요한 것이다.

## 해독의 개요

단백질 합성은 리보솜 상에서 일어난다. 원핵생물의 리보솜은 3 가지 종류의 RNA와 약 55 가지의 단백질로 구성되어 있다. 이들 단백질 중에는 아미노산 사이의 펩티드결합 형성을 촉매하는 효소도 있고, mRNA를 결합시키는 장소, 그리고 아미노산이 종결된 폴리펩타이드 사슬로 통합되어 들어갈 수 있도록 아미노산을 배열시키는 장소로서의 역할을 하는 단백질들도 있다. 아미노산들은 그들 자신이 리보솜과 상호작용할 수도 없고, rRNA 분자내 염기를 인식할 수도 없다. 그러므로 앞장에서 설명한 운반체 분자인 **운반 RNA(tRNA)**가 존재한다. 이들 tRNA들은 아미노산 결합장소와 mRNA의 코돈을 인식하는 안티코돈을 가지고 있다. 조립을 위한 아미노산의 선별은 mRNA의 **코돈**과 **안티코돈(anticodon)** 사이의 수소결합에 의하여 결정된다.

안티코돈

리보솜 상에서 일어나는 일련의 과정을 그림 9-1에 표시하였다. 그 과정은 원핵생물이나 진핵생물 모두에 적용된다. 진핵생물의 경우, 전사는 핵 내에서 진행되고 단백질은 세포질에서 합성되기 때문에, 단백질이 합성되는 동안에 mRNA는 DNA에 부착되어 있지 않다.

단백질 합성시 아미노산은 mRNA의 코돈 순서에 상응하도록 배열되어야 하기 때문에 여러가지 종류의 tRNA 분자가 있어야 할 것이다. 각 아미노산에 해당되는 특

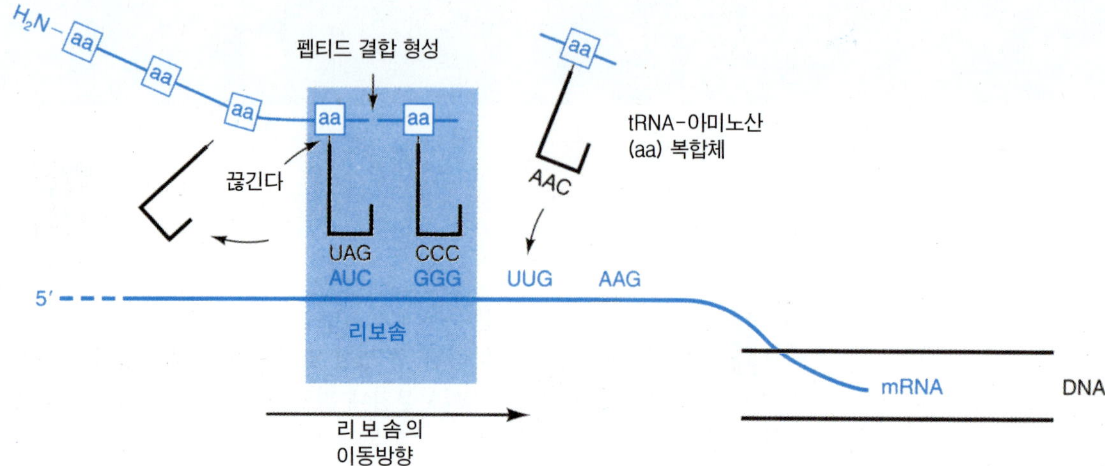


그림 9-1 단백질 분자가 어떻게 합성되는지를 설명해 주는 모식도. 폴리펩티드의 합성방향과 RNA의 합성방향은 같은 방향이기 때문에 mRNA 합성이 끝나기 전에 폴리펩티드 사슬의 합성이 시작될 수 있다. 사실상, 원핵생물에서는 그렇다.

정 tRNA가 존재한다. 더욱이, 각 아미노산과 그에 상응하는 tRNA와의 결합만을 촉매하는 특정 효소가 있다.

전장에서, DNA나 RNA같은 고분자들은 일정한 방향으로 합성된다는 사실을 알았다. 아미노기로부터 시작되는 폴리펩티드 합성도 마찬가지다. 더욱이, mRNA의 해독은 5'에서 3' 쪽으로 한 방향으로만 진행된다. mRNA와 단백질의 생합성은 DNA의 암호 가닥에 대하여 극성을 보인다는 사실이 그림 9-2에 소개 되었다. 이들 방향성은 그림 9-1에도 표시되어 있다.

# 유전암호

**유전 암호**란 각 아미노산에 부합하고 해독 신호로서 작용하는 염기서열의 조합이다.

단백질 내에 존재하는 아미노산은 20가지이기 때문에, 단백질 합성의 개시와 종결 신호를 포함해서 20가지 이상이 있어야 한다. 만일 모든 코돈이 똑같은 염기수를 가진다면, 각 코돈은 적어도 3개의 염기를 함유하여야 한다. 이 결론에 대한 이론은 다음과 같다: 20가지 아미노산과 4가지 종류의 염기만 존재하기 때문에, 하나의 염기는 하나의 코돈이 될 수 없다. 또한 한쌍의 염기로 코돈이 이루어진다면 $4^2=16$ 밖에 안되므로 한 쌍의 염기가 하나의 코돈이 될 수 없다. 그러나, 3개의 염기로 이루어진 염기조합은 $4^3=64$ 종류이므로 필요한 수보다 훨씬 많기 때문에, 하나의 코돈

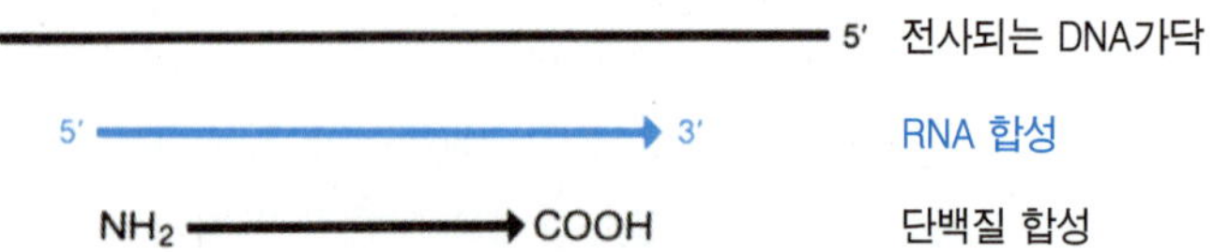


그림 9-2 DNA의 암호 가닥을 중심으로 한 RNA와 단백질의 합성방향.

5'-AGUCAGUCAGUCAGUCAGUCAGUC-3'

해독 방향

그림 9-3 mRNA의 염기는 3개가 한 그룹이 되어 5′ →3′ 방향으로 순차적으로 해독된다.

은 3개의 염기로 이루어 질 수 있다. 사실상 유전 암호는 염기 3개가 한벌로 이루어진 삼중항코드(triplet code)이다. 64가지 가능한 코돈들은 각각 모종의 정보를 간직하고 있다. 더욱이, 해독되는 mRNA 분자상에서 코돈들은 중복되지 않고 연속적으로 읽혀진다(그림 9-3).

유전 암호의 일반적 특성, 예를 들면 각 코돈은 3 개의 염기를 함유하며 코돈은 중복되지 않는다는 등의 특성은 여러 가지 유전적 실험을 통하여 추정되었다. 각 코돈의 서열은 이미 염기서열이 알려진 합성 mRNA를 사용한 생체외 단백질 합성 실험을 통하여 결정되었다; 예를 들면, polyuridylic acid를 mRNA로 사용하면 polyphenylalanine 펩티드가 만들어지는데, 이는 UUU가 phenylalanine 코돈임을 말해주는 것이다. 3' 말단이 구아닌으로 끝나는 poly(U)를 사용하면, 카르복실 말단이 류신으로 끝나는 polyphenylalanine 이 합성된다. 이는 UUG가 류신 코돈임을 나타내는 것이다 .이와 같은 실험을 통하여 모든 코돈을 밝혀냈는데, 그의 결과는 표 9-1과 같다. 표 9-1에 나타낸 염기는 여러 가지 암호를 구성하는 mRNA상의 염기이다. 그들 mRNA의 코돈들은 안티코돈을 가진 tRNA에 의하여 읽혀질 것이다.

유전 암호에는 다음과 같은 특성이 있다:

1. 대부분의 아미노산들은 하나 이상의 코돈을 가진다. 사실상, 메티오닌과 트립토판만이 단일 코돈만을 가진다. 더욱이, 하나의 아미노산에 해당되는 여러 가

**표1-1** "보편적" 유전암호

| 첫째자리 (5 ′ 말단) | 둘째자리 | | | | 셋째자리 (3 ′ 말단) |
|---|---|---|---|---|---|
| | U | C | A | G | |
| U | Phe | Ser | Tyr | Cys | U |
| | Phe | Ser | Tyr | Cys | C |
| | Leu | Ser | Stop | Stop | A |
| | Leu | Ser | Stop | Trp | G |
| C | Leu | Pro | His | Arg | U |
| | Leu | Pro | His | Arg | C |
| | Leu | Pro | Gln | Arg | A |
| | Leu | Pro | Gln | Arg | G |
| A | Ile | Thr | Asn | Ser | U |
| | Ile | Thr | Asn | Ser | C |
| | Ile | Thr | Lys | Arg | A |
| | [Met] | Thr | Lys | Arg | G |
| G | Val | Ala | Asp | Gly | U |
| | Val | Ala | Asp | Gly | C |
| | Val | Ala | Glu | Gly | A |
| | [Val] | Ala | Glu | Gly | G |

주의 : 네모안의 코돈은 개시코돈임. GUG는 아주 드뭄.

지 코돈들은 3 번째 염기만 다르다. 예를 들면, GGU, GGC, GGA 그리고 GGG는 모두 글리신 코돈이다. 그러므로, 유전 암호는 중복성이다.

2. UAA, UAG, UGA등은 폴리펩티드 합성의 종결코돈이다.
3. 하나의 코돈이 폴리펩티드 합성의 시작을 신호한다. AUG가 개시코돈으로서 메티오닌 코돈이다. 어떻게 하나의 특정 AUG 서열만이 개시코돈으로 사용되고 그 외 다른 AUG 서열들은 오직 메티오닌을 위한 중간 코돈으로만 사용되는지 의심이 생긴다. 원핵생물에서는, 특별한 염기서열이 이 기능을 수행한다; 진핵생물의 경우는 다르다. 어떤 생물의 경우는, GUG가 어떤 단백질의 개시코돈으로 사용된다.

코돈과 아미노산의 관계는 비루스, 원핵생물 및 진핵생물 등 모든 생물에 똑같이 적용된다. 그러므로, 유전 암호는 보편적이다. 그러나, 몇몇 예외는 있다: 어떤 미토콘드리아와 어떤 효모 및 섬모충의 핵 내에서 유전 암호의 변이가 발견되었다. 더욱이, 그 특별한 예외는 종 특이적인 것 같다. 이러한 차이의 진화적 의미가 무엇인지는 불분명하다.

## 운반 RNA와 아미노아실 합성효소

aminoacyl-tRNA 합성효소

mRNA내 염기 서열이 단백질내 아미노산 서열로 해독되는 과정은 tRNA와 **(아미노아실 (aminoacyl)-tRNA 합성효소** (synthetase)라 불리는 일련의 효소에 의하여 이루어진다. 이들 효소들은 아미노산을 tRNA에 공유결합 시킨다. 그들의 작용에 대하여는 곧 설명할 것이다.

tRNA는 73내지 93 누클레오티드로 구성된 단일가닥의 작은 분자이다. 모든 RNA 분자들과 마찬가지로, 그들은 3'-OH 말단을 가지나 5' 말단은 5'-삼인산으로 끝나지 않고 5'-일인산로로 끝난다. 왜냐하면, tRNA분자는 커다란 일차 전사체로부터 끊겨져 나오기 때문이다. 상보적인 염기서열이 염기쌍을 형성하기 때문에 짧은 이중가닥 지역이 형성되므로, tRNA 분자내에는 루프지역과 이중가닥으로 되어진 줄기지역이 있다(그림 9-4). tRNA의 2차원적 모양은 평면적 클로버 잎 모양이고, 그의 3차원적 모양은 그림 9-5에서 보는바와 같이 더욱 복잡하다. (a)는 페닐알라닌을 운반하는 효모의 tRNA 분자의 골격 구조이고, (b)는 (a)를 설명하기 위한 그림이다.

tRNA 분자의 세 부위가 해독과정에 관여한다. 그들 중 하나가 **안티코돈** (anticodon) 인데. 안티코돈이란 mRNA의 코돈과 염기쌍을 이룰 수 있는 3개의 염기로 이루어진 염기서열이다. UAG, UAA 또는 UGA와 상보적인 안티코돈을 가지는 tRNA는 없다. 그러므로, 이들 3가지 코돈들이 종결신호로서 인식되고 있다. 제2의 자리는 **아미노산 부착부위** (amino acid attachment site)이다. tRNA의 안티코돈과 염기쌍을 이루는 특정 mRNA의 코돈에 상응하는 아미노산은 이 말단에 공유결합 한다. 이들 결합단백질들은 폴리펩티드 합성시 서로 결합한다. 특정 아미노실 tRNA 합성효소가 아미노산을 안티코돈에 맞추는데, 이렇게 하기 위해서 그 효소는 여러 가지 다른 tRNA 분자들로부터 한 tRNA를 구별할 수 있어야 한다. 이러한 구별은 tRNA의 여러 부위가 포함되는 **인식부위**(recognition region) 때문

**핵심개념**

**"보편적 유전암호" 개념**

삼중항 코드는 보편성을 가진다(즉, 같은 코돈이 모든 생물에서 사용된다). 이것은 역시 중복성을 갖는다(즉, 대부분의 아미노산들은 여러개의 코돈을 갖는다).

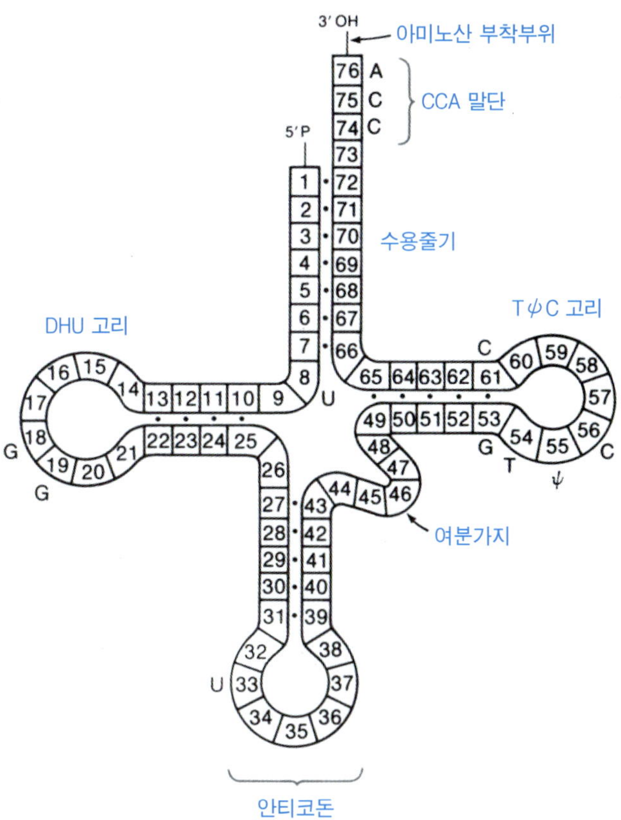


**그림 9-4** 각 염기에 번호가 부여된 보편적인 tRNA의 클로버잎 구조. 수소결합 부위들은 염기들 사이의 점으로 표시되었다. 거의 모든 tRNA에 공통적으로 나타나는 몇몇 염기들이 표시되었다. tRNA는 특이한 염기들을 함유한다. 이들 중 dihydrouracil (DHU)은 DHU고리내에 존재하고, pseudouridine (ψ)은 TψC 고리에 존재한다. 여분의 가지의 길이는 tRNA의 종류에 따라 각각 다르다.

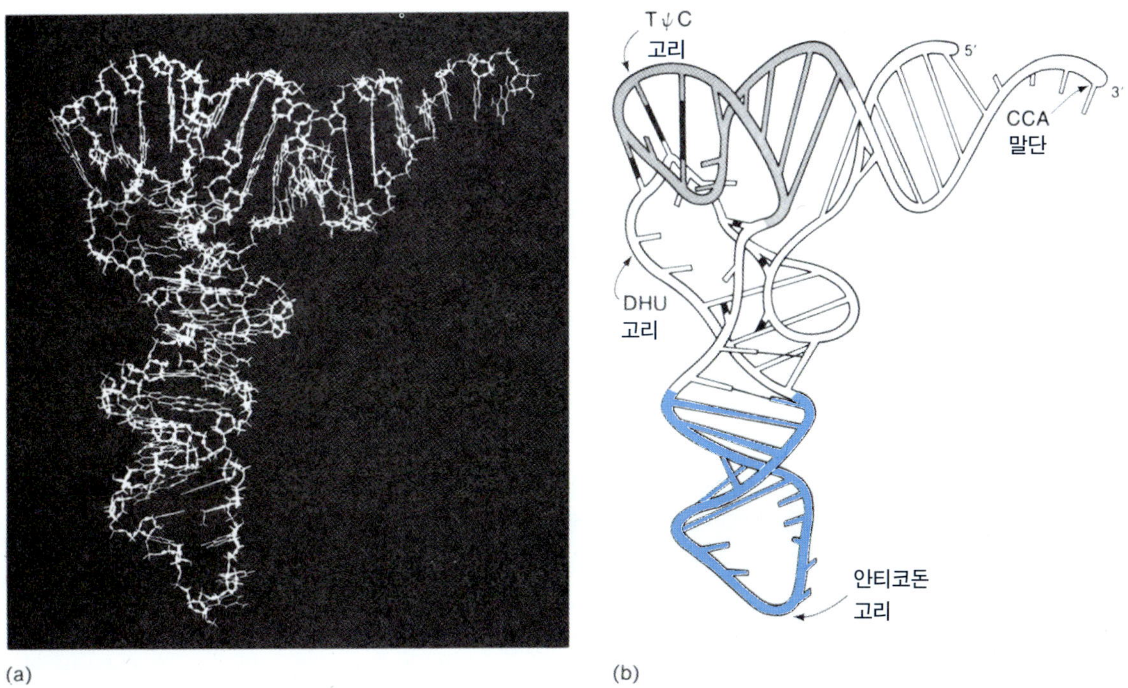


**그림 9-5** (a) 효모의 tRNAPhe의 골격 모형사진. (b) 효모의 tRNAPhe의 3차구조에 대한 개략적 모형(김성호 제공).

에 가능한 것이다. tRNA 분자와 합성효소들은 특정 합성효소에 의하여 특정 tRNA에 결합하는 아미노산의 이름에 따라 명명된다. 예를 들면, leucyl- tRNA synthetase는 루신을 tRNALeu에 결합시킨다. 아미노산이 tRNA에 결합되었을 때, tRNA는 **아실화(acylation)** 또는 **부하(charged)**되었다고 한다. 아실화된 tRNA는 여러 방법으로 명명된다. 예를 들면, 만약 아미노산이 글리신이면 아실화된 tRNA는 글리신-tRNA 또는 Gly-tRNA라고 쓴다. **비부하(uncharged)** tRNA는 아미노산이 부착되지 않은 tRNA이고, **오부하(mischarged)** tRNA는 옳지 못한 아미노산으로 아실화된 것을 말한다

각 아미노산마다 적어도 한가지(보통 한가지)의 아미노아실 합성효소가 존재한다. 그리고 한 개 이상의 코돈에 의해 지정되는 아미노산에 대해서는 한가지 이상의 합성효소가 관여한다.

정확한 단백질 합성(단백질 합성시 올바른 아미노산을 폴리펩티드 사슬내의 정확한 위치에 배열하는 것)은 아래 조건을 요구한다:

1. 합성효소에 의하여 tRNA에 그에 상응하는 아미노산이 부착되어야 한다.
2. 코돈-안티코돈의 결합이 정확하여야 한다.

코돈-안티코돈 결합은 오직 염기쌍의 인지에만 의존하며, tRNA에 부착된 아미노산은 아미노산과 tRNA의 결합에 아무런 영향을 주지 않는다는 것을 보여주는 몇가지 중요한 실험이 아래에 소개될 것이다.

## tRNA 분자의 실험적 오부하

이 실험에서, 방사능 시스테인을 tRNACys에 결합시킨 후, 이 시스테인을 화학적으로 알라닌으로 변화시켜 알라닌-tRNACys로 만들었다. 이 잘못 부하된 tRNA 분자를 헤모글로빈 mRNA를 함유한 생체외 합성시스템에 첨가하여 헤모글로빈을 합성한 결과, 정상적인 헤모글로빈 분자내의 시스테인 자리에 알라닌이 있었다. 이 실험을 통하여, tRNA는 운반체 분자이며, 아미노산의 인식부위와 안티코돈지역은 서로 다르다는 것을 알 수 있다.

## 안티코돈의 실험적 변화

tRNA 분자내 안티코돈은 아미노산을 정확한 위치에 삽입시키는 역할을 한다. 이와 같은 사실은, tRNA의 안티코돈 중 하나의 염기를 화학적으로 변화시켜 봄으로써 확인되었다. 글리신 tRNA의 UCC 안티코돈을 화학적인 방법으로 아르기닌 유전암호인 AGA와 염기쌍을 이루는 UCU로 변화시킨 다음, 방사능 글리신을 결합시켜서 AGA가 연속되는 합성 mRNA를 이용한 단백질 합성계에 이용하면, 새로 합성되는 폴리펩티드내 아르기닌 위치에 글리신을 삽입 시킨다. 천연의 글리신 tRNA는 이 mRNA에 대해서는 작용하지 못한다. 그러나, 천연의 알기닌 tRNA는 (AGA)n 인 합성 mRNA에 의하여 합성된 폴리펩티드내로 표지된 알기닌을 삽입시킨다.

## 오류 빈도의 실험적 분석

몇몇 아미노산은 그 구조가 유사하므로 합성효소가 때때로 오류를 범할 수도 있을

것으로 생각된다. 만약 오류 빈도가 높으면, DNA 합성에서와 같이 교정기작이 존재한다고 생각할 수 있다. 발린과 이소루신은 그 구조가 비슷한 아미노산인데, 실제로 이소루신-tRNA 합성효소는 1/225의 빈도로 발린-AMP를 만든다. 이것은 단백질에서 총 이소루신 위치의 1/225을 발린이 차지한다는 것을 의미한다. 500개 아미노산 중에서 25개의 이소루신을 갖는 단백질의 경우, 약 9개 중 1개의 단백질이 바뀌질 수 있게 된다. 이와 같이 아미노산이 잘못 끼어 들어가는 예가 적어도 10가지 정도 알려져 있으므로, 거의 모든 분자에서 착오가 생길 수 있겠으나, 실제로는 이런 일은 일어나지 않는다.

발린-이소루신 착오를 교정하는 편집 기작은 가수분해 과정을 거쳐 발린-AMP가 효소로부터 잘려지고 제거되는 것이다. 이 가수분해는 이소루신-tRNA 합성효소 자체가 가수분해시킨다. 흥미로운 점은 발린이 이 효소에 붙는 것이 신호가 되어 tRNAIle의 가수분해 기능이 활성화 된다는 것이다. 이 교정 기작이 실패하여 발린-tRNAIle이 형성되는 확률은 약 1/800에 불과하다. 따라서 이소루신 자리에 발린이 잘못 끼어 들어가는 확률은 (1/225) x (1/800)=1/180,000 정도가 된다. 만약 모든 아미노산에서 이런 빈도로 착오가 일어난다면 약 0.17%의 단배질만이 결함을 가지게 될 것이다. 비슷한 경우로, 메티오닌-tRNA 합성효소가 트레오닌-AMP와 호모 시스테인-AMP를 형성하는 것이 알려져 있다.

## 동요가설

한 아미노산의 코돈이 중복되어 존재한다는 사실은 코돈-안티코돈 결합을 쉽게 설명할 수 없게 만든다. 중복된 코돈의 가장 뚜렷한 특징은 (몇몇을 제외하고) 코돈의 3번째 염기는 중요하지 않다는 점이다. 즉, XYA, XYB, XYC, 그리고 XYD는 일반적으로 같은 아미노산의 코돈으로 작용한다는 것이다.

1965년, Francis Crick은 **동요가설(wobble hypothesis)**로 알려진 하나의 가설을 제안하였는데, 동요가설이란 어떤 tRNA들은 어떻게 하나의 tRNA가 여러가지 코돈과 반응하여 코돈의 중복성을 야기시키는가를 설명하는 가설이다. 그때까지는, 핵산 내에 G·C, A·T 또는 A·U 이외의 염기쌍은 발견되지 않았다. 이것은 DNA의 이중나선구조가 두가지 입체적 제약을 부여한다는 점에서 사실이다. 즉, 동요가설

1. 두 퓨린은 평평한 퓨린-퓨린 결합에 필요한 충분한 공간을 가지고 있지않기 때문에 서로 쌍을 짓지 못한다.
2. 두 피리미딘은 크기가 작아서 서로 맞닿을 수가 없기 때문에 염기쌍을 이루지 못한다.

Crick은 tRNA 분자내 안티코돈은 단일가닥으로 된 루프내에 위치하고 있기 때문에 코돈-안티코돈의 상호작용은 DNA의 이중나선구조에서와 같이 제약을 받지 않다고 생각하였다. 그는 모형을 만들어 봄으로써 코돈의 3번째 위치에서는 입체적 조건이 덜 엄격하다는 것을 알았다. 즉, 이런 구조에서는 약간의 융통성(이런 융통성을 동요라 하였다)이 있기 때문에, 그는 코돈과 안티코돈 사이에는 또다른 염기쌍이 존재할 수 있다고 주장하였다. 그는 첫째, 코돈과 안티코돈의 첫 두 염기쌍은 안정성

을 최대화하기 위하여 기본적인 타입이어야 하나, 세 번째 염기쌍은 퓨린-퓨린 염기쌍이 뒤틀리는 정도로까지 뒤틀리지만 않으면 된다고 생각하였다. 몇몇 tRNA 분자들의 안티코돈에는 이노신이 존재한다는 것이 이미 알려져 있었기 때문에, 그는 모형 제작시 G 대신 이노신(inosine)을 넣어 보고서, 코돈의 3번째 위치에는 표 9-2에 나열된 염기쌍들이 가능하다고 제안하였다.

표에 표시된 4개의 염기쌍은 우리가 예측할 수 있는 것이고, 다른 5개의 염기쌍은 일반적으로 기대하기 어려운 염기쌍이다. 기대하기 어려운 5가지 염기쌍 중 3가지(A-I, U-I 그리고 C-I)는 이노신이 RNA의 피리미딘(C와 U)뿐만 아니라 퓨린 염기인 아데닌과도 염기쌍을 이룰 수 있기 때문에 가능하다. 그리고 동요조건하에서는 구아닌과 우라실이 염기쌍을 이룰 수 있다고 생각되었기 때문에 기대하지 못했던 염기쌍(G-U와 U-G)이 제시된 것이다. 이와 같은 정보에 따라서 단일 tRNA 분자가 여러 가지 코돈과 반응할 수 있다는 것을 이론적으로 설명할 수 있다.

효모의 알라닌 tRNA는 2가지 종류가 있는데, 그중 하나는 GCU, GCC 및 GCA와 반응한다. 그의 안티코돈은 IGC로서 표 9-2의 내용과 일치하며, 이노신은 U, C 및 A와 염기쌍을 이룰 수 있다는 것을 보여주고 있다(코돈과 안티코돈을 기입할 때에는 언제나 왼쪽에 5'말단을 써야 한다는 협약을 기억하라. 그러므로, 5'-GCU-3' 코돈은 5'-IGC-3' 안티코돈과 짝이 맞추어진다). 그와 유사하게, 효모의 tRNA Ⅱ Ala 는 GCG에만 반응한다 ; 그런데, C와 U는 G에 결합할 수 있기 때문에 두 개의 안티코돈이 UGC라면, tRNA Ⅱ Ala는 GCG와 GCA 모두와 반응할 것인데, 사실은 그렇지 않다. 따라서 그 안티코돈은 UGC가 아니다. 그러므로, 그 안티코돈은 CGC이어야 한다. 사실상 그의 안티코돈은 CGC이다.

동요가설의 가장 뚜렷한 업적은 코돈의 동의미를 설명한 것이다.

**표9-2** 동요가설에 따라서 허용되는 염기쌍들

| 셋째자리 (3´ OH)<br>코돈염기 (mRNA 내) | 첫째자리 (5´ p말단)<br>안티코돈 염기 (tRNA 내) |
|---|---|
| A | U, I |
| G | C, U |
| U | G, I, A |
| C | G, I |

# 폴리시스트론성 mRNA

많은 원핵생물의 mRNA분자들은 여러 개의 단백질 합성을 지정하는 폴리시스트론성이다. 폴리시스토론성 mRNA분자 내에는 일련의 개시 및 종결코돈을 가지고 있다. 만일 한 mRNA분자가 3개의 단백질을 암호화하고 있다면, 최소한 다음과 같은 구조를 갖게 된다.

개시, 단백질1, 종결 - 개시, 단백질2, 종결 - 개시, 단백질3, 종결.

사실상, 실제 mRNA분자는 그렇게 간단하지는 않을 것이다. 즉, 개시 신호 앞쪽에 수백개의 염기로 이루어진 "선도서열"("leader sequence")과 일반적으로 한 종결코돈과 다음 개시코돈 사이에 5내지 20 염기쌍으로 구성된 **스페이서**(spacer)가 있다. 그래서 3 시스토론성 mRNA의 구조는 그림 9-6의 것과 더욱 유사할 것이다.

스페이서

# 중복 유전자

mRNA 분자내 개시신호는 해독틀(하나의 단백질로 해독되는 실제적인 누클레오티드 서열)을 만들 수 있도록 배열되어 있고, 해독은 그 해독틀 내에서 한 방향으로만 진행된다는 가정 하에서 암호와 신호인식에 대하여 지금까지 언급해 왔다. 하나의 mRNA내에서 여러 가지 해독틀이 만들어질 수 있다는 생각은 오랫동안 해오지 않았다. 그 이유는 다른 유전자와 중복된 한 유전자내 돌연변이가 생기면 다른 유전자에도 돌연변이가 생겨야 하는데, 두 유전자에 영향을 주는 돌연변이는 그때까지는 발견되지 않았었기 때문이다. 중복해독틀을 생각하지 않았던 두 번째 이유는 같은 mRNA 사슬로부터 해독된 두 단백질의 아미노산 서열에는 심한 제약이 있을 것으로 생각했기 때문이다. 그러나 유전암호 중복성 때문에 그런 난점은 실제로는 심각한 것이 아니다.

만일 여러 해독틀이 있다면, 하나의 DNA절편으로 최대의 효과를 낼 수 있을 것이다. 그러나 진화가 느리게 진행될 수 있다는 단점이 있다. 단일 염기의 돌연변이는 단일 해독틀이 있는 것보다는 다수의 해독틀이 있을 경우가 더욱 해로울 것이다. 그럼에도 불구하고, 작은 바이러스스와 가장 작은 파아지같은 몇몇 생물들은 중복성 해독틀을 가지고 진화해 왔다.

대장균의 ΦX174파아지는 5,386개의 누클레오티드로 구성된 단일가닥 DNA로 구성되어 있는데, 그의 염기서열은 밝혀져 있다. 만일 단일 해독틀로만 사용된다면, 최대로 1,795개의 아미노산이 그 서열에 암호화되어 있을 수 있다. 그리고 한 아미노산의 평균 분자량을 110으로 치면, 기껏해야 분자량이 197,000인 단백질이 만들어질 수 있다. 그러나 그 파아지는 11개의 단백질을 만들어내고, 그들 전체 분자량은 262,000에 달한다. 이와 같은 역설은 3가지 종류의 mRNA분자들에서 여러개의 **해독틀**(reading frane)로 해독이 이루어진다는 사실이 밝혀짐으로써 합리적으로 설명될 수 있게 되었다(그림 9-7). 예를들면, 단백질B에 대한 서열은 단백질A의 서열내에 함유되어 있으나, 단백질B와 A의 해독틀들은 서로 다르다. 그와 유사하게 단백질E서열은 단백질D에 대한 서열내에 존재한다. 단백질K는 유전자A의 끝 가까이에서 시작해서 유전자B

해독틀

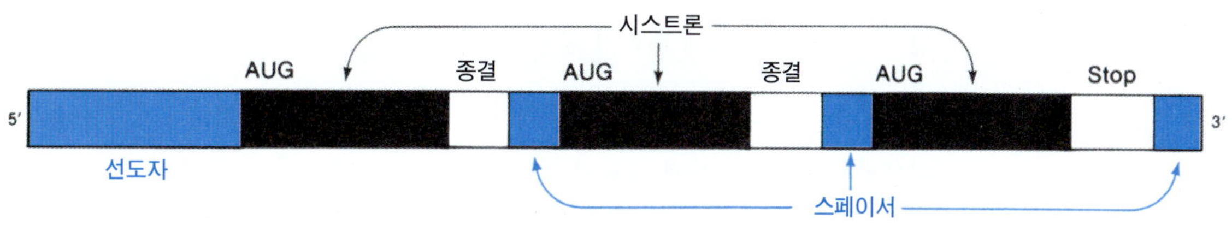


그림 9-6 전형적인 폴리시스트론성 mRNA분자내에 있는 시스트론(검정색)과 비해독지역(파란색)의 배열

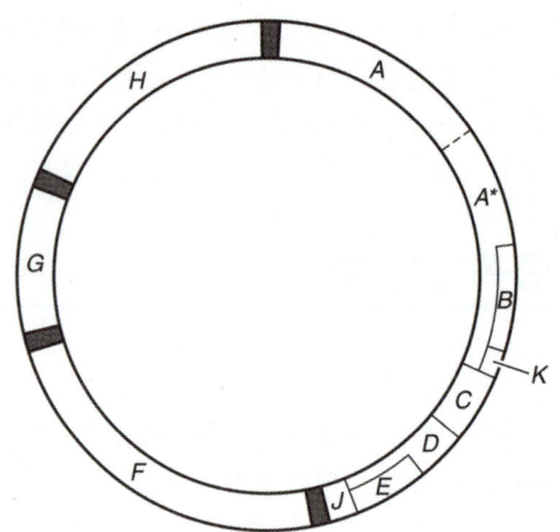


그림 9-7 중복유전자를 보이는 ΦX174의 유전자 지도. 검은 부위는 스페이서이다.

의 염기서열을 포함하고 유전자C에서 끝난다. 단백질A′(A*이라고도 부른다)는 A 유전자의 중간에서 시작해서 A단백질과 같은 해독틀로 해독되어 A유전자의 종결코돈에서 끝난다. 그러므로, A′의 아미노산서열은 단백질A의 한 절편과 동일하다. 전체적으로 ΦX174의 5가지 서로 다른 단백질은 그들의 일차구조의 일부나 또는 전체를 ΦX174내 공유된 염기서열들로부터 얻는다. 중복유전자로 알려진 이와 같은 현상은 파아지G4와 작은 동물 바이러스인 SV40에서도 관찰되었다.

유전자중복을 유발시키는 구조적 특징은 각 유전자의 개시 코돈인 AUG의 위치이다.

## 폴리펩티드의 합성

앞 절에서는 mRNA분자내 유전정보가 어떻게 개시점과 종결점을 가지는 하나의 아미노산 서열로 전환되는지를 설명하였다. 본 절에서는 아미노산들이 화학적으로 연결되는 측면을 소개하겠다.

폴리펩티드 합성은 (1) **개시**, (2) **신장** 그리고 (3) **종결** 등 3단계로 나눌 수 있다. 개시단계에서의 주 특징은 리보솜에 mRNA결합, 개시코돈의 선택 그리고 단백질 분자내 첫 아미노산과 결합된 아실화된 tRNA의 결합 등이다. 신장단계에는 펩티드 결합에 의한 두 아미노산의 결합과 해독이 계속 진행될 수 있도록 리보솜이 mRNA 분자내 유전암호 하나의 길이 만큼의 이동하는 것 등 두 가지 과정이 있다. 종결단계에서는 완성된 단백질이 합성기구로부터 해리되고, 리보솜이 또 다른 합성회로를 위하여 유리된다.

먼저 리보솜의 구조에 대하여 설명하겠다.

### 리보솜

리보솜은 단백질합성에 필요한 여러 가지 효소를 함유하는 여러 가지 성분들로 구성된 복합 입자이다. 리보솜은 mRNA분자의 염기서열이 아미노산 서열로 해독될 수 있도록 단일 mRNA분자와 부하된 tRNA 분자를 적당한 위치에 배열시킨다(그림 9-8(a)). 대장균 리보솜의 성질이 가장 잘 밝혀졌으므로 모든 리보솜의 모델로 많이 이용된다.

모든 리보솜은 두 개의 소단위체로 구성되어 있다(그림 9-8(b)). 역사적인 이유로, 완전한 리보솜과 그의 소단위체들은 원심분리시 침강속도를 나타내는 침강계수를 갖는다. 대장균(그리고 모든 원핵생물)의 완전한 리보솜은 **70S 리보솜**(S는 침강계수이다)이라 부르고 그의 소단위체들은 **30S**와 **50S**라 한다. 70S리보솜은 30S와 50S의 소단위체로 구성되어 있다.

rRNA

30S와 50S입자들은 적당한 조건하에서는 **리보솜 RNA(rRNA)**와 단백질분자들로 해리된다(그림 9-9). 각 30S 소단위체는 한분자의 16S rRNA와 21가지 단백질을 함유하며, 50S 소단위체는 두가지 RNA분자(5S rRNA분자와 23S rRNA분자)와 32가지 서로 다른 단백질로 구성되어 있다. 각 입자에는 대개의 경우 각 단백질분자를 한 개씩 내포하고 있으나, 몇가지 단백질의 경우는 중복되어 존재하든지 또는 변형된 것들도 있다. tRNA와 마찬가지로 rRNA분자는 보다 큰 제1차 전사체로부터 절단되어 만들어진다. 많은 생물에서 어떤 tRNA분자들은 rRNA가 포함된 커다란 전사체로부터 끊어져서 생긴다.

진핵생물의 리보솜의 기본적인 특징은 세균의 그것들과 비슷하나, 진핵생물의 리보솜이 세균의 리보솜보다 크다. 그들은 보다 많은 단백질들(약80)과 부가적인 RNA분자들(모두해서 4가지)을 함유하고 있다. 원핵생물과 진핵생물의 리보솜 사이의 차이가 생물학적으로 어떤 의미가 있는지는 아직 밝혀져 있지 않다. 전형적인 진핵생물의 리보솜(**80S 리보솜**)은 **40S**와 **60S**의 두 가지 소단위체로 구성되어 있다. 이들 크기는 세균의 리보솜과는 달리 생물의 종류에 따라서 ±10%차이가 있다. 지금까지 밝혀진 세균의 리보솜들은 크기가 거의 같다. 가장 잘 연구된 진핵생물 리보솜은 쥐 간의 리보솜이다. 40S와 60S는 역시 분리될 수 있다. 진핵생물의 30S 소단위체의 유사체인 40S 소단위체는 하나의 18S rRNA분자와 약 30개의 단백질로 구성되어 있으며, 60S 소단위체는 3가지 rRNA분자(5S, 5.8S 그리고 28S rRNA

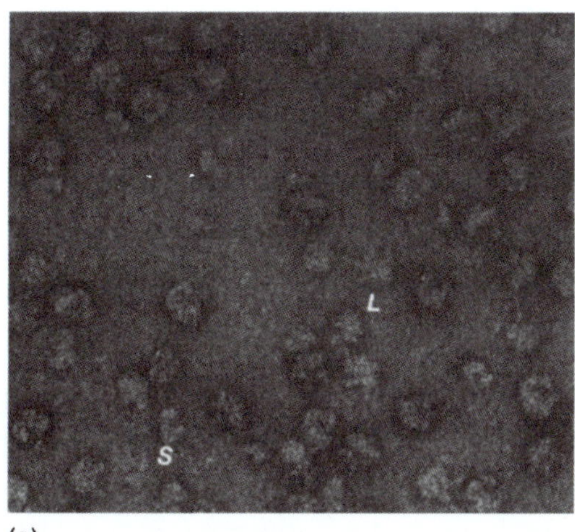


(a)

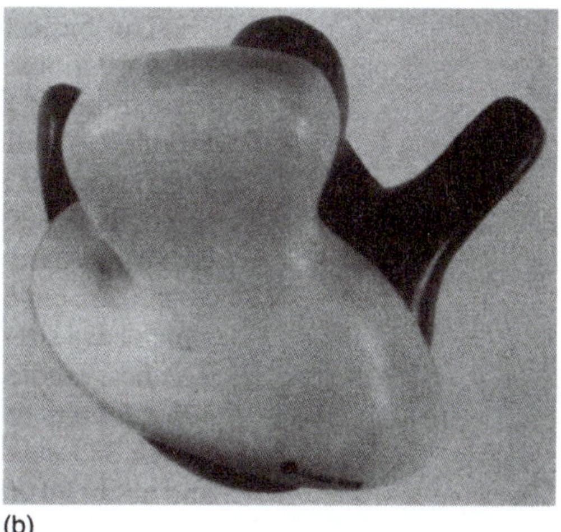

(b)

그림 9-8 리보솜. (a) 대장균의 70S 리보솜의 전자현미경 사진. 사진내에는 리보솜의 소단위체들도 몇 개 있다. S는 30S 입자를 그리고 L은 50S 입자를 의미한다. (b) 70S리보솜의 3차원적 모형. 작은 소단위체는 밝은 색이고, 큰 소단위체는 검정색이다(J. Lake제공).

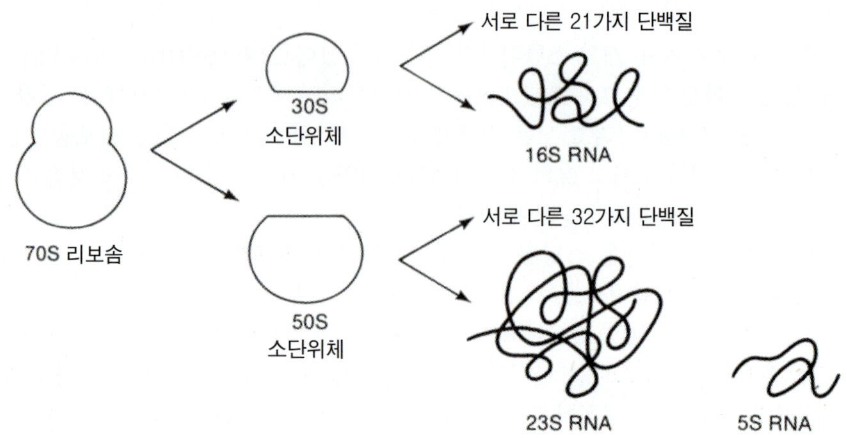


**그림 9-9** 원핵생물 리보솜의 해리. 이장에서는 리보솜을 편의상 두원이 겹친 상태로 표시할 것이다. 정확한 모형은 그림9-8(b)에 소개하였다.

분자가 각각 1개씩)와 약 50개의 단백질을 함유하고 있다. 진핵생물의 5.8S, 18S 그리고 28S rRNA분자들의 기능은 세균 리보솜의 5S, 16S 및 23S 분자들의 기능과 동일하다. 진핵생물의 5S rRNA에 해당되는 세균의 그것은 23S rRNA의 한 부분으로서 존재하는 것 같다. 진핵생물의 5S 리보솜의 RNA는 핵에서 합성되는 반면 28S, 18S 그리고 5.8S rRNA는 하나의 45S 전구물질로서 인 속에서 전사되어 3가지 rRNA로 나누어진다.

## 원핵생물의 폴리펩티드 생합성 단계

원핵생물과 진핵생물의 폴리펩티드 합성기작은 전체적으로는 같으나 세부적인 면에서는 다른 점도 있는데 가장 중요한 차이점은 생합성의 개시기작이다. 원핵생물의 합성기작이 가장 잘 알려져 있기 때문에 앞으로 이를 모델로 삼아 설명하겠다.

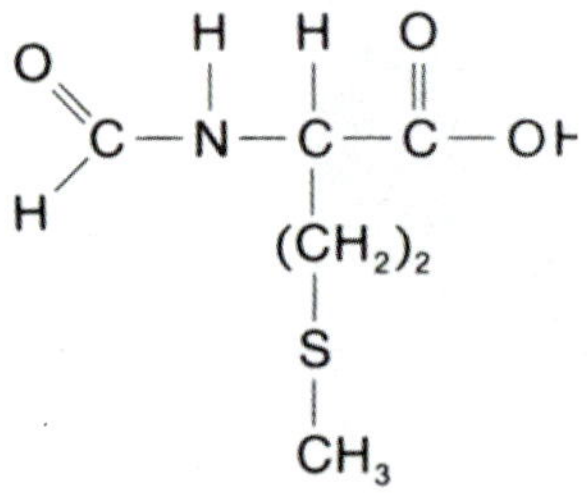

폴리펩티드 합성개시의 가장 중요한 특징은 특정개시 tRNA분자를 사용하는 것이다. 원핵생물에서는 tRNAMet내 메티오닌에 formyl기가 결합되어 N-formylmethionine tRNA로 되는데, 그런 tRNA를 $tRNA^{fMet}$라 한다(그림9-10). $tRNA^{fMet}$와 $tRNA^{Met}$는 모두 AUG코돈을 인식하나, $tRNA^{fMet}$만 개시에 이용된다. $tRNA^{fMet}$분자는 먼저 메티오닌으로 아실화된 다음, 한 효소(원핵생물에서만 발견됨)가 메치오닌의 아미노기에 포르밀기를 부가한다. 진핵생물에서도 역시 개시를 위한 특정 $tRNA^{Met}$가 있다. 개시 tRNA분자는 메티오닌으로 아실화되지만, 포르밀화는 되지 않는다. 이들 개시 tRNA분자들을 사용하기 때문에 원핵생물의 모든 단백질들은 아미노말단내 N-formylmethionine을 가지며, 진핵생물의 모든 단백질들은 아미노 말단에 메티오닌을 가진다. 그러나 이들 아미노산들은 대개 후에 제거되기 때문에 세포에서 분리 완성된 단백질분자의 아미노말단에는 모든 아미노산이 존재할 수 있다(이와 같은 현상을 **공정**이라 한다).

**그림 9-10**
N-formylmethionine의 화학적 구조. 만일 왼쪽 HC=O기가 H라면, 그 분자는 메티오닌이다

세균에서 폴리펩티드 합성은 하나의 30S 소단위체(70S 리보솜전체가 아니다), 하나의 mRNA분자, fMet-tRNA, **개시요소(initiation factors)**로 알려진 3가지

개시요소

mRNA+30S 소단위체
+tMet-tRNAfMet
+GDP+개시 인자들
mRNA
AUG
fMet
30S 전개시 복합체
50S 소단위체
GDP+PI
+개시 인자들
AUG
P 자리
A 자리
fMet
70S 개시 복합체

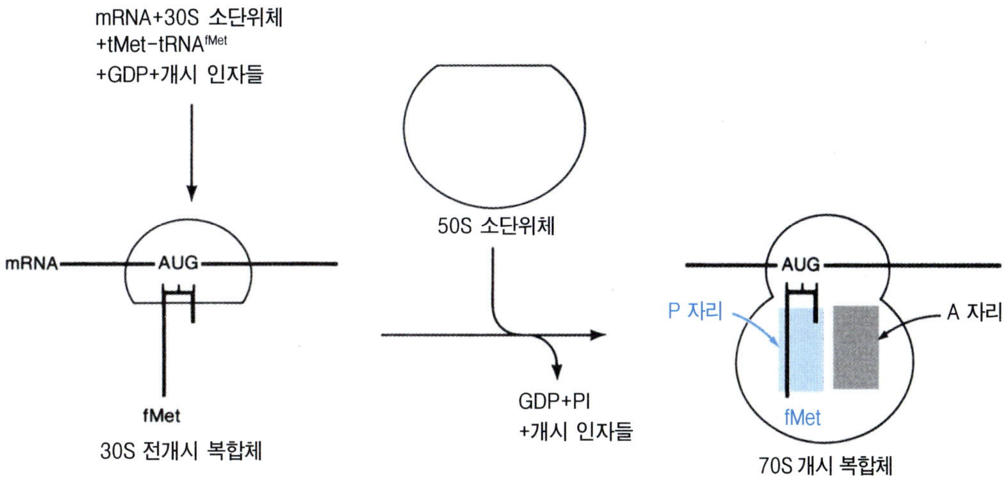

그림 9-11 원핵생물의 단백질 합성의 초기 단계 ; 30S 개시전복합체와 70S 개시복합체의 형성.

종류의 단백질 그리고 guanosine 5'-triphosphate(GTP)가 연합됨으로써 시작된다. 이들 분자들이 연합해서 **30S 개시전 복합체(preinitiation complex)**(그림 9-11)를 구성한다. 폴리펩티드 합성은 AUG 개시코돈에서 시작되는데, 이 AUG코돈은 코딩서열 중간에서도 발견되기 때문에(즉, 메티오닌은 폴리펩티드 사슬중간에도 존재함), mRNA분자내에 특정 AUG코돈을 개시 코돈의 신호로서 식별할 수 있는 어떤 신호가 있어야 한다. 올바른 AUG서열을 선택하는 방법은 원핵생물과 진핵생물에서 서로 다르다. 원핵생물의 mRNA분자의 경우, 특별한 염기서열(**리보솜 결합자리** 또는 **Shine-Dalgarno 서열**이라고도 부르는 AGGAGGU)개시에 사용되는 AUG코돈 가까이에 존재한다. 이 부위는 리보솜의 16S rRNA의 3′ 말단 가까이에 있는 한 상보성 서열과 염기쌍을 이룬다(그림 9-12). 진핵생물의 mRNA의 경우에는, 5′ 캡(cap)을 인식하는 어떤 단백질의 도움으로 mRNA의 5′ 말단이 리보솜에 결합한다(그림 9-17). 그 다음 리보솜은 mRNA의 5′ 말단으로부터 가장 가까운 곳에 있는 AUG코돈에 도달될 때까지 미끄러져 들어간다. 그러므로, 진핵생물의 해독개시는 AUG 개시코돈의 위치에 따라서 결정된다. 진핵생물에서의 이와 같은 개시 기작은 이 절의 끝부분에서 설명하겠다.

30S 개시전 복합체

Shine-Dalgarno 서열

30S 전개시 복합체가 형성된 다음에, 50S 소단위체가 이 전복합체에 결합하여 **70S 개시 복합체**(그림9-11)를 형성한다.

50S 소단위체는 **A(aminoacyl)자리**와 **P(peptidyl)자리**로 불리는 두 tRNA결

A(aminoacyl)자리
P(peptidy)자리

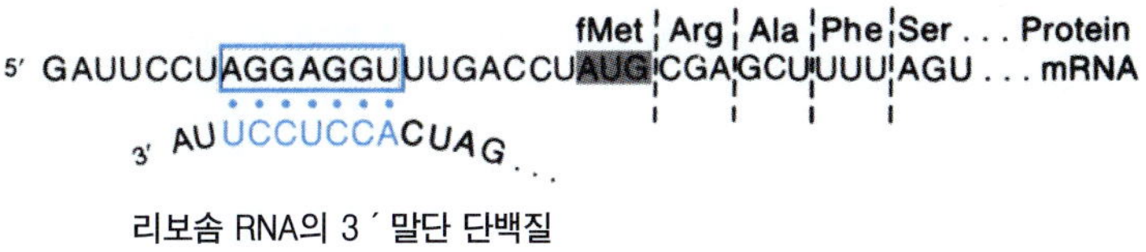

fMet Arg Ala Phe Ser . . . Protein
5′ GAUUCCUAGGAGGUUUGACCUAUGCGAGCUUUUAGU . . . mRNA
3′ AUUCCUCCACUAG . . .
리보솜 RNA의 3′ 말단 단백질

그림 9-12 원핵생물에서 해독의 개시. mRNA 분자내 Shine-Dalgarno 서열(박스내)과 16S rRNA의 3′ 말단 근처의 상보적지역(청색) 사이의 염기쌍. AUG개시코돈은 짙은 회색으로 표시되어 있다.

합장소를 가진다. 30S 소단위체와 결합하면 30S전개시 복합체에 미리 결합하고 있는 fMet-tRNAfMet가 70S복합체내 50S 소단위체의 P자리에 결합한다. fMet-tRNAfMet가 P자리에 결합하면, fMet-tRNA 안티코돈은 mRNA내 AUG코돈과 염기쌍을 이룰 수 있도록 고정된다. *그러므로* ***해독틀****(단백질로 해독되는 실질적인 누클레오티드서열)은 필연적으로 70S 개시 복합체가 완성됨으로써 결정된다.*

일단 P자리가 채워지면, 70S 개시 복합체의 A자리에는 개시코돈과 바로 인접해 있는 코돈과 염기쌍을 이룰 수 있는 안티코돈을 가진 tRNA분자가 결합한다. 한 신장 단백질 (EF-Tu)이 아미노산이 결합된 tRNA가 A자리로 이동하는 것을 촉진해 준다. A자리가 채워지면, 펩티딜 트렌스훠라제(**peptidyl transferase**)란 효소에 의하며 N-formylmethionine과 인접한 아미노산 사이에 펩티드 결합이 형성된다. 펩티드 결합이 이루어질 때, N-formylmethionine은 P자리에 있는 fmet-tRNA로부터 떨어져 나가고 개시 메티오닌과 A자리의 tRNA상에 있는 아미노산 사이에서 펩티드 결합이 형성된다(그림 9-13).

펩티딜 트랜스훠라제

펩티드결합이 형성된 후, 아미노산이 떨어져나간 유리 tRNA분자는 P자리에 붙어있고, dipeptidyl-tRNA는 A자리에 붙어 있다. 이 시점에서 두가지 이동이 진행된다 :

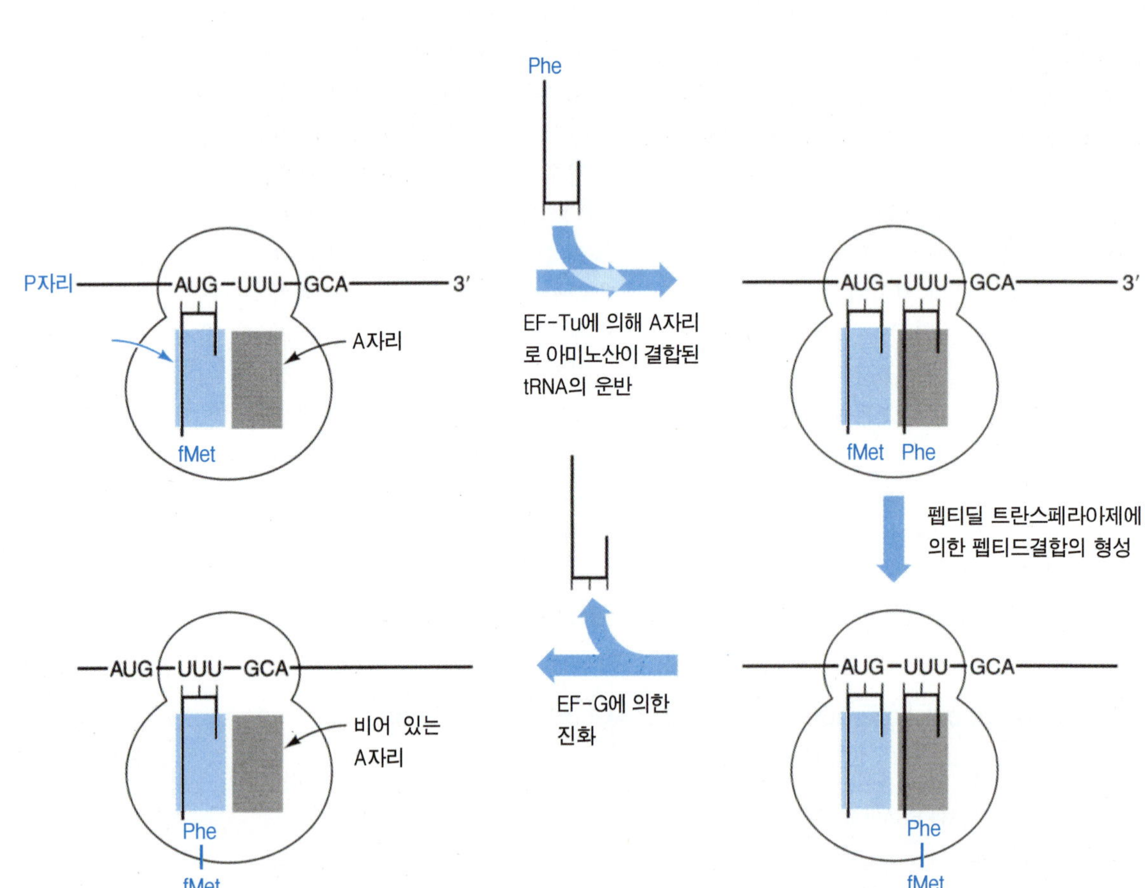


그림 9-13 단백질 합성의 신장 : 아미노산이 부하된 tRNA의 결합, 펩티드 결합 형성 및 전위.

1. 아미노산이 이미 떨어져 나간 P자리에 있는 tRNAfMet는 그 자리에서 분리되어 나간다.
2. A자리에 있는 peptidyl-tRNA는 mRNA에 수소결합 상태로 존재한다(A자리 코돈에서). 이 tRNA-mRNA단위체는 코돈/안티코돈 결합이 리보솜의 P자리 쪽으로 이동한다.

A자리에서 P자리로 펩티딜-tRNA의 이동과 리보솜에 대한 mRNA의 이동을 **전위(translocation)**라 한다(그림 9-13참조). 위에서 언급한 A자리에서 P자리로의 이동에는 신장 단백질인 EF-G와 GTP가 필요하다. mRNA의 이동 후, A자리에는 다음 코돈과 상응하는 안티코돈을 가진 아실화된 tRNA분자가 다시 결합할 수 있다.

종결코돈(UAA, UAG 또는 UGA)에 도달되면, A자리를 채울 수 있는 아실화된 tRNA가 없기 때문에 사슬의 신장은 여기서 끝난다. 그러나 폴리펩티드 사슬은 P자리를 접하고 있는 그 tRNA에 아직도 결합되어 있다. 새로 합성된 그 단백질은 **유리요소(release factors)**에 의해 방출된다. 유리인자의 존재 하에서 peptidyl transferase는 tRNA로부터 폴리펩티드를 분리시킨다. 그러면, P자리에 있는 tRNA와의 상호작용에 의하여 리보솜에 붙들려있던 폴리펩티드 사슬이 리보솜으로부터 방출된다. 그리고 70S 리보솜은 30S와 50S 소단위체로 해리 되면서 그 회로는 끝난다.

만일 mRNA가 폴리시스트론 mRNA이고 제2의 폴리펩티드를 개시하는 AUG 코돈이 첫 번째 종결코돈과 너무 멀리 떨어져 있지 않으면, 70S리보솜이 언제나 완전하게 해리되지 않고 제2의 AUG코돈과 더불어 개시 복합체를 다시 형성하기도 한다. 그렇게 되는 확률은 처음 종결 코돈과 다음 AUG코돈간의 거리가 멀면 멀수록 감소된다. 어떤 유전계에서는 그 거리가 너무 멀어서 처음 유전자로부터 해독되는 단백질 양이 그 다음 유전자로부터 생성되는 단백질 양보다 언제나 많다. 이러한 이유 때문에 유전자 산물의 양적 비가 특수하게 유지되는 것이다(11장에서 논의 될 것이다). 때때로 아미노산을 지정해주는 센스코돈이 종결코돈으로 전환되는 돌연변이가 생기기도 한다. 예를 들면, mRNA분자내 UAC코돈이 UAG코돈으로 변화되기도 한다. 다음 장에서 설명하겠지만, 그런 돌연변이가 일어나는 폴리펩티드 합성이 중간에서 종결된다. 만일 그와 같은 돌연변이가 정상적인 종결코돈보다 훨씬 먼 상류지역에서 발생하였다면, 다음 AUG코돈과의 거리가 너무 멀어서 70S리보솜이 mRNA분자로부터 분리되는 현상은 피할 수 없다. 이런 경우 돌연변이지역으로부터 하류쪽에 있는 유전자들로부터의 해독은 드물게 진행될 것이다. 그와 같은 돌연변이가 극성돌연변이의 가장 보편적인 형태이다.

진핵생물의 경우, 리보솜이 일단 종결코돈에 도달되면, 그 종결코돈 뒤에서는 폴리펩티드 합성이 다시 개시되지 않는다. 앞 절에서 지적한 바와 같이 진핵생물의 폴리펩티드 합성은 리보솜이 mRNA분자의 5′ 말단에 결합해서 처음 AUG코돈이 있는 곳으로 미끄러져 들어감으로써 시작된다. 첫AUG코돈 이외의 AUG코돈에서 폴리펩티드 합성이 개시되는 기작은 없다. 진핵 생물의 mRNA는 언제나 모노시스트론성이다(그림 9-14). 그러나 제1차 전사체가 여러 가지 폴리펩티드의 암호서열을 함유할 수 있다. 사실상 동물바이러스에서는 이와 같은 현상이 자주 나타난다. 이

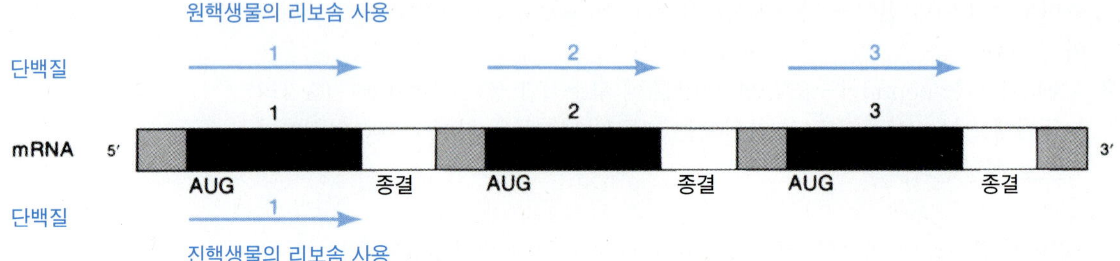


그림 9-14 원핵생물과 진핵생물의 리보솜이 3가지 시스트론을 가지고 있는 mRNA를 주형으로 합성한 산물의 차이점. 원핵생물의 리보솜은 3개의 시스트론을 모두 해독하나, 진핵생물의 리보솜은 mRNA의 5′ 말단에서 가장 가까운 하나의 시스트론만을 해독한다. 해독서열은 검정부위이고, 종결코돈은 흰색 그리고 스페이서와 선도서열은 회색으로 나타내었다.

러한 경우 제1차 전사체의 연접(splicing)양상에 따라서 제1차 전사체로부터 여러 가지 mRNA분자가 생길 수 있다. 예를 들면, 만일 5′ 말단으로부터 가장 가까운 AUG가 제거되면 제2의 AUG코돈이 사용될 것이다 (12장 참조). 하나의 전사체로부터 여러 가지 단백질이 생성될 수 있는 또다른 기작은 단백질의 가공(processing)이다. 이런 경우, 폴리프로테인(**polyprotein**)이라 불리는 하나의 커다란 폴리펩티드 사슬이 만들어진 다음 몇 개의 폴리펩티드 사슬로 끊겨서 끊어진 각각의 폴리펩티드 사슬이 각각의 고유의 단백질분자가 되는 것이다.

## 복잡한 해독단위

해독의 단위는 하나의 리보솜이 하나의 mRNA분자를 가로질러 이동하는 단순한 구조가 아니라 몇가지 복잡한 구조로 되어 있다. 이 절에서는 이들 구조를 설명하였다.

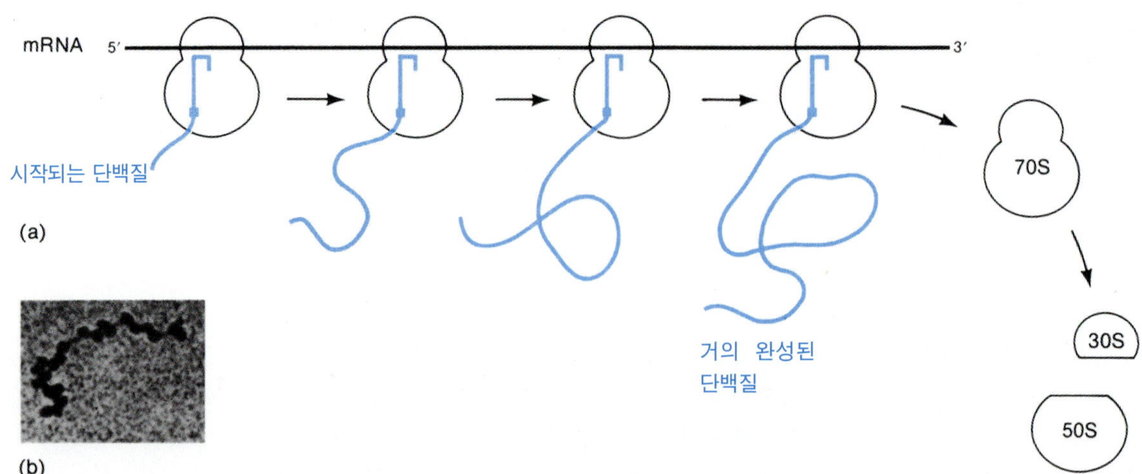


그림 9-15 폴리솜. (a) 70S 리보솜과 mRNA의 상대적 이동과 단백질 사슬의 성장을 보여주는 모형. (b) 대장균 폴리솜의 전자현미경 사진(B. Hamkalo제공).

폴리펩티드 사슬내에 약 25개의 아미노산이 연결된 후에는 해독되고 있는 mRNA 분자의 AUG 개시자리는 리보솜으로부터 완전히 유리된다. 이렇게 되면, 제2의 개시복합체가 형성된다. 따라서 전체구조는 하나의 mRNA분자내 2개의 70S 리보솜이 결합해서 같은 속도로 이동하는 모형이다. 제2의 리보솜이 처음 리보솜이 이동한 거리만큼 이동되면, 제3의 리보솜이 결합할 수 있다. 이와 같은 이동과 재개시 과정은 mRNA가 약 80개의 누클레오티드당 하나의 70S 리보솜의 밀도로 리보솜으로 덮일 때까지 계속된다. 이와 같은 거대한 해독단위를 **폴리리보솜**(polyribosome) 또는 간단하게 **폴리솜** (polysome)이라 한다. 모든 세포(원핵 및 진핵세포)의 일반적인 해독단위는 폴리솜이다. 폴리솜의 전자현미경사진과 그에 대한 설명이 그림 9-15에 제시되었다.

폴리솜

폴리솜을 사용하는 것은 세포에 대단히 유익하다. 즉, 폴리솜을 이용할 때 폴리솜이 없을 때보다 단백질 합성율이 증가한다.

합성되고 있는 mRNA분자는 유리상태의 5'말단을 가진다. 그런데 해독은 5'→3' 방향으로 일어나기 때문에 mRNA상의 각 시스트론은 이와 같은 방향으로 해독된다. mRNA분자의 전사순서를 보면, 리보솜 결합장소가 제일 먼저 전사되고 그 다음으로 AUG코돈, 아미노산 서열을 결정해 주는 지역 그리고 마지막으로 종결코돈 순으로 전사된다. 그러므로, DNA와 리보솜을 격리시키는 핵막이 없는 세균에서는 그

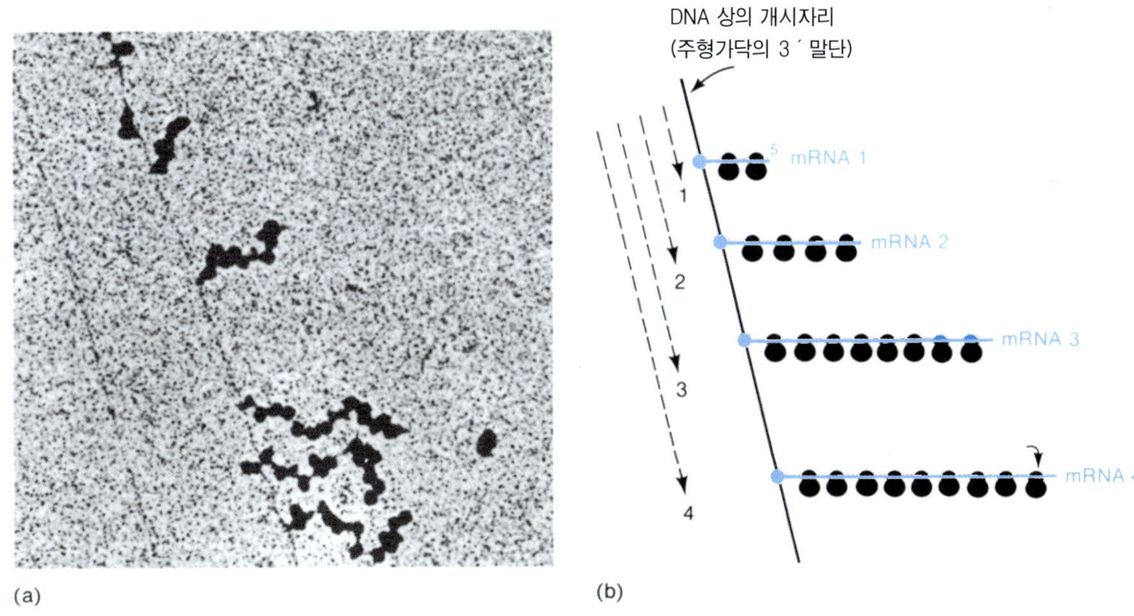


그림9-16 대장균 DNA의 한 부분에서의 전사와 성장하는 mRNA의 해독. 염색체의 일부분만이 전사되고 있다. 검은 점은 mRNA를 덮고 있는 리보솜이다(O.L. Miller, Barbara A. Hamkalo, C.A Thomas, 제공). (b) (a)의 전자현미경사진 설명. 청색 선으로 표시된 mRNA는 검은 리보솜으로 덮여있다. 커다란 청색 점은 RNA 중합효소 분자이다 ; 그들은 너무 작아서 실제로 사진에는 보이지 않는다. 점선 화살표는 전사개시지역으로부터 각 RNA 중합효소가 있는 곳까지의 거리이다. 화살표 1, 2 그리고 3은 mRNA 1, 2 그리고 3의 길이와 같다 ; mRNA 4는 화살표 4보다 짧은데, 그 이유는 그 mRNA의 5´ 말단부위가 RNase에 의하여 부분적으로 가수분해되었기 때문인 것 같다.

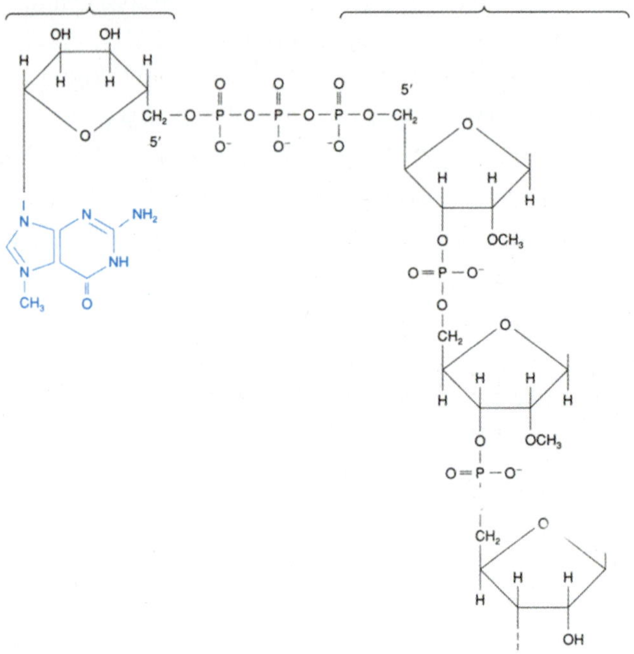

그림 9-17 진핵생물의 mRNA의 5′ 말단에 있는 캡의 구조. 특이한 5′ -5′ 결합에 주목하라. 모든 캡은 3인산 결합에 의하여 mRNA의 5′ 말단의 리보스에 결합된 7-methylguanylate(청색)를 포함한다. 이 캡에 대해서는 전에 이미 언급되었었다(그림8-10). mRNA의 첫 번째 리보스의 2′ 수산기도 역시 메틸화되나, 두 번째 리보스는 언제나 메틸화되는 것은 아니다.

mRNA분자가 DNA로부터 분리되기 전에는 70S 개시복합체가 형성되지 않아야 할 아무런 이유가 없다. 원핵생물에서 이와 같은 현상이 실제로 일어난다. 이와 같은 현상을 **전사-해독 연관 반응 (coupled transcription-translation)**이라 하며, 진핵생물에서는 일어나지 않는다. 진핵생물의 mRNA는 핵내에서 합성되고 공정된 다음에 핵막을 통하여 리보솜이 존재하는 세포질로 이동된다.

전사-해독연관반응은 mRNA가 DNA로부터 방출되기를 기다리지 않아도 되기 때문에 단백질 합성이 빨리 진행되게 한다. 해독은 mRNA가 핵산분해효소에 의하여 분해되기 전에 시작될 수 있다. 그림 9-16(a)는 하나의 DNA분자에 여러개의 mRNA 분자가 붙어 있는 전자 사진이다. 이들 mRNA분자에는 여러개의 리보솜이 결합되어 있다. 그림 9-16(b)는 상기 전자현미경 사진을 알기 쉽게 설명한 그림이다. 폴리솜의 길이는 전사개시 자리로부터 멀어질수록 길어지는데, 이는 mRNA가 전사개시 자리로부터 멀어질수록 더욱 길어지기 때문이다.

진핵생물의 mRNA는 두가지 면에서 원핵생물의 것과 다르다. 진핵생물의 mRNA는 5'끝에 캡(cap)이 부과되고, 3'끝에는 200 아데닐기로 구성된 **polyA**가 첨가된다. 미토콘드리아와 엽록체 mRNA는 위와 같이 변형되지 않는다. 해독시 polyA의 역할은 아직 분명치 않다. 캡이란 mRNA의 5'말단의 삼인산에 7-methylguanosine기가 첨가된 것이다. 그러므로 캡은 5'→3'결합이 아니고 5'→5'결합이다(그림9-17). 캡은 핵산말단분해효소로부터 mRNA를 보호해 주기도 하나, 그의 주된 역할은

**핵심개념**

**"원핵생물의 단순성" 개념**

원핵생물에서는 RNA 합성과 단백질 합성이 연관반응으로 진행되나, 진핵생물의 경우, 핵막 때문에 분리되어 진행된다.

효율적인 해독을 촉진시키는 것이다. 진핵생물의 mRNA의 캡이 있는 5'의 비해독지역은 염기쌍에 의하여 상호 접혀져서 2차구조를 형성하고 있다. 이 이차구조는 효율적인 해독과정을 억제하는데, 캡-결합 단백질로 불려지는 특정 단백질들이 캡에 결합해서 mRNA의 5'말단에 있는 2차구조를 풀어준다. 이로써 해독이 효율적으로 진행된다. 또한 이 단백질들은 진핵생물의 40S 리보솜 소단위체를 캡에 결합하게 함으로써 결과적으로 그 mRNA의 5'말단에 40S 소단위체가 결합하는데 관여한다.

## 항생제

항생제

많은 종류의 항세균성 물질(**항생제**)이 진균류로부터 분리되었다. 이들 중 대부분은 단백질합성의 억제제이다. 예를 들어 스트렙토마이신과 네오마이신은 30S 소단위체내 특정 단백질과 결합함으로써 tRNAfMet가 P자리에 결합하는 것을 방해한다. 테트라사이클린은 아미노산이 결합된 tRNA의 결합을 억제하며 린코마이신과 클로람페니콜은 펩티딜 트란스훠라제를 억제시키고, 그리고 퓨로마이신은 폴리펩티드 사슬의 신장을 억제한다. 에리스로마이신은 50S 소단위체에 결합하며 70S 리보솜 형성을 방해한다. 실제로 그들 항생제의 작용기작을 해명하기 위하여 실시한 실험은 많은 경우, 그림 9-11과 9-13에서 설명된 단백질합성의 몇 가지 세부기작을 구명하는데 공헌하였다. 항생제는 세균에서만 작용하고 동물세포에서는 작용하지 않을 때만 임상적으로 가치가 있는 것이다. 임상적으로 유용한 항생제들은 일반적으로 동물세포의 세포막을 통과하지 못하든지 또는 진핵생물의 리보솜의 구조적 특성 때문에 진핵생물의 리보솜에 결합하지 못한다.

**핵심개념**

**"항생제 작용" 개념**

대부분의 항생제 작용기작은 단백질 합성과정 중의 어느 특정단계나 세균의 세포벽이나 세균세포에 없어서는 안될 어떤 필수적인 구성물질의 생합성 과정중의 어느 단계를 억제하는 것으로 알려졌다.

몇몇 병원성 세균은 포유류의 단백질 합성 억제제를 분비함으로써 병원성 특성을 나타내는 것들도 있다. 디프테리아를 일으키는 물질이 그 예인데, 이 물질은 포유류의 리보솜이 mRNA분자를 따라 이동하는데 필요한 한 요소에 결합하며 단백질의 생합성을 억제한다.

## 미래의 실질적 응용

생물세포에 의하여 합성되는 단백질 분자내로 정상적으로 통합되어 들어가는 아미노산은 모두 20가지다. 그러나 요즘 연구자들은 비단백성 아미노산을 함유하는 단백질 합성을 실험하고 있다. Fluorotyrosine(자연에 존재하는 티로신의 치환형)과 같은 비자연적 아미노산중 어떤 것들은 그들을 함유한 단백질을 상업적으로 더욱 유익하게 만든다. 예를 들면 세탁용 세제로 사용되는 한 효소의 접힘 성질이 뜨거운 물 속에서 그 단백질의 안전성을 증가시켜 주는 방향으로 변화시킨다.

비단백성 아미노산을 단백질 분자내로 통합시키기 위해서는 물론 유전암호를 인위적으로 더욱 증가시켜야 한다. 첫째, 자연적으로 존재하는 염기(C, U, G, A)의 구조적 유사체인 새로운 염기들이 mRNA분자내로 직접 통합되어 들어갔다. 둘째, 새로 합성된 mRNA분자내에 있는 새로운 염기와 쌍을 이룰 수 있는 어떤 염기를 안티코돈내에 함유한 tRNA가 만들어졌다. 셋째, 그들 새로운 tRNA가 비단백성 아미노산(예, iodotyrosine)으로 아실화시켰다. 마지막으로 그들 구성성분들을 이용하여 생체외 해독계가 만들어졌다. 그 새로운 염기쌍들은 일반적인 염기쌍과 같은 기능을 가지고 있음이 확인되었다.

이상에서 설명한 과정에 의하여 새로운 단백질이 합성되었다. 연구 및 산업적 응용가치를 가지는 단백질을 만들기 위한 연구가 확장되었다. 현재로서는 특별한 단백질을 대량 생산하는데는 과다한 비용이 소요되기는 하나, 이러한 방법으로 소량의 새로운 단백질을 생산하여 자연에 존재하는 단백질의 가치를 보다 높은 상업적 가치로 끌어올리기 위한 연구 목적으로는 사용할 수 있다.

## 요 약

해독이란 DNA내에 암호화되어 있는 정보에 따라서 단백질이 합성되는 것이다. 그 정보(유전암호)는 개시, 종결 및 아미노산을 위한 것 등 모두 64가지로서 각 정보는 3개의 염기로 구성되어 있다. 대부분의 아미노산들은 하나 이상의 코돈을 가지는데, 하나의 아미노산에 해당되는 여러 가지 코돈은 대개 3번째 염기만 다르다. 아실화된 tRNA분자에는 aminoacyl tRNA synthetase에 의하여 그의 3′ 말단에 하나의 아미노산이 결합되어 있다. 안티코돈(동요위치)의 첫 번째 염기는 몇몇 코돈의 3번째 염기와 염기쌍을 이룰 수 있기 때문에 하나의 tRNA는 여러 가지 코돈을 해독한다. 해독틀은 맨 앞에 개시코돈이 있고 그 다음으로 일련의 연속적인 비중복성 코돈들이 일어나며, 다음의 3단계로 구성되어 있다 : (1) 리보솜의 소단위체, 개시 tRNA 그리고 mRNA를 한데 결합시키는 개시과정. Formylmethionine을 개시아미노산으로 이용하는 원핵생물에서는 Shine-Dalgarno 서열에 의하여 개시코돈이 선택된다. 펩티딜 및 아미노실 tRNA자리를 가지고 있는 리보솜의 대단위체가 그 다음으로 결합한다 : (2) 아실화된 tRNAs, peptidyl transferase에 의한 펩티드 결합형성 및 mRNA의 한 유전암호 이동 현상들이 포함되는 신장단계. GTP와 개시 및 신장요소들이 요구된다 : (3) 종결코돈에 도달되면 진행되는 종결과정. 방출 요소들이 P자리에 있는 tRNA로부터 폴리펩티드를 분리시킨다. 종결과정이 끝나면 리보솜이 해리되는지, 또는 원핵생물의 경우에는 새로운 3′ AUG 코돈에서 해독을 시작한다. 원핵생물의 mRNAs는 폴리시스트론성일 수 있다. 진핵생물의 경우, mRNA의 공정이 어떤 양상으로 진행되느냐에 따라서 또는 polyprotein의 분절양상에 따라서 하나의 mRNA분자로부터 몇가지 서로 다른 단백질분자가 만들어질 수 있기는 하나 진핵생물의 mRNA는 모노시스트론성이다. 원핵생물의 경우, 전사와 해독은 연관반응으로 진행되나, 진핵생물에서는 전사와 해독이 분리되어 진행된다.

## 연습문제

1. 다음 기술 중 어느 것이 tRNA분자에 해당되는가? 만일 잘못되었다면 설명하라.
   (a) 아미노산들이 mRNA분자에 달라 붙지 못하기 때문에 그들이 필요하다.
   (b) mRNA분자보다 훨씬 적다.
   (c) 그들은 중간적인 mRNA의 도움 없이 합성된다.
   (d) 그들은 효소의 도움 없이 아미노산을 결합시킨다.
   (e) 그들은 Rho 요소가 존재하면 때때로 종결코돈을 인식한다.
2. 다음 중 어느 것이 Aminoacyl tRNA synthetases의 정상적인 기능인가?
   (a) 코돈의 인식
   (b) tRNA 분자의 안티코돈의 인식.

(c) tRNA 분자의 아미노산 인식 부위의 인식.
(d) 여러 아미노산들로부터 하나의 아미노산을 구별하는 능력.
(e) tRNA 분자에 결합된 옳지 않은 아미노산의 제거능력.

3. 원핵생물과 진핵생물의 리보솜, 그들의 소단위체 및 그들의 RNA 분자들의 s값은?
4. 원핵생물과 진핵생물의 해독상의 차이점 3가지를 열거하라(리보솜 구조상의 차이점은 무시하라).
5. 다음 중 원핵생물의 단백질 합성 단계에 속하는 것은? 만일 잘못이 있으면 설명하라.
   (a) 30S 소단위체에 tRNA의 결합
   (b) 70S 리보솜에 tRNA의 결합
   (c) Aminoacyl synthetase에 의한 아미노산과 리보솜의 결합
   (d) 70S 리보솜의 30S와 50S 소단위체로의 분리
6. mRNA의 해독틀이란 무엇인가? mRNA가 갖추어야 할 부가적인 특징은 무엇인가?
7. 해독은 mRNA 분자를 중심으로 볼 때 특별한 극성으로 진화되었다. 이 극성이란 무엇인가? 그리고 역극성의 불리한 점은 무엇인가?
8. 다음 항 중 정상적인 사슬종결의 원인이 되는 것은?
   (a) 사슬종결 암호에 해당되는 tRNA는 아미노산을 결합시킬 수 없다.
   (b) 사슬종결 암호에 해당되는 안티코돈을 가지고 있는 tRNA는 없다.
   (c) mRNA의 합성은 사슬 종결코돈에서 정지된다.
9. 단백질 합성과정 중 어느 과정이 GTP 가수분해를 필요로 하나?

## 문제

1. 어떤 DNA분자는 다음과 같은 구조를 가졌다.

   TACGGGAATTAGAGTCGCAGGATC
   ATGCCCTTAATCTCAGCGTCCTAG

   위 가닥은 주형가닥이며, 좌측에서 우측으로 전사된다. 이 DNA분자에 암호화되어 있는 단백질의 아미노산 서열은 어떻게 되나?
2. 단 하나의 염기쌍 변화에 의하여 아르기닌으로 될 수 있는 아미노산들은 어떤 것들인가?
3. 앰버코돈인 UGA에 맞는 아미노산은 없다. 어떤 균주는 안티코돈에 돌연변이가 생긴 tRNA분자인 써프레서(suppressors)를 가지고 있으므로, 어떤 아미노산을 UAG 자리에 갖다 놓을 수 있다. 써프레서의 안티코돈이 원래의 안티코돈으로부터 단 하나의 염기만 다르다고 가정하면, UAG와 UAA자리에는 각각 어떤 아미노산이 올 수 있는가?
4. 아르기닌 코돈은 몇 가지가 있다. 오직 3개의 아르기닌(Arg−1, Arg−2, Arg−3) 만을 함유한 한 단백질을 가지고 있다고 가정하자. 특정 돌연변이체에서

Arg-1은 글리신으로 대치되었다. 다른 변이체에서는 Arg-2가 메티오닌으로 대치되었다. 또 다른 돌연변이체에서는 Arg-3이 이소류신으로 대치되었다. 여러 곳에서 돌연변이가 일어난 수백가지의 또다른 돌연변이체들이 분리되었다고 가정하자. 단 하나의 염기가 변이되었다고 가정했을 때, Arg-1, Arg-2 및 Arg-3을 대신할 수 있는 또다른 아미노산들은 각각 어떤 것들이 있다고 생각하는가?

5. 생체외 단백질 합성계에서 GUGUGUGUGU…란 폴리머 mRNA를 사용했다고 가정하자. 생체외 합성계에서는 AUG개시코돈이 필요하지 않다고 가정했을 때, 이 mRNA에 의하여 어떤 펩티드가 만들어지겠는가?
6. tRNA의 안티코돈이 5'-IGU-3'이다.
   (a) 이 tRNA는 해독과정에서 어떤 아미노산을 삽입시킬까?
   (b) 이 tRNA에 의하여 어떤 코돈이 해독될까?
   (c) 이들 코돈 가족을 해독하는데 두가지 tRNA만 필요하다고 가정할 때, 그 다른 tRNA의 안티코돈은 무엇일까?

## 개념문제

1. 여러 가지 항생제가 해독과정 연구에 어떻게 사용될 수 있을까?
2. 중복 해독틀의 유익한 점과 불리한 점을 생각해 보아라.
3. 유전암호의 보편성의 의미가 무엇이라고 생각하는가? 유전암호의 보편성이 생물의 진화 및 그 외 변화능에 대하여 어떤 의미를 가질까?

# 제10장

**단원 학습목표**

1. 여러가지 형태의 돌연변이
2. 돌연변이 생성 방법
3. 손상된 DNA의 회복

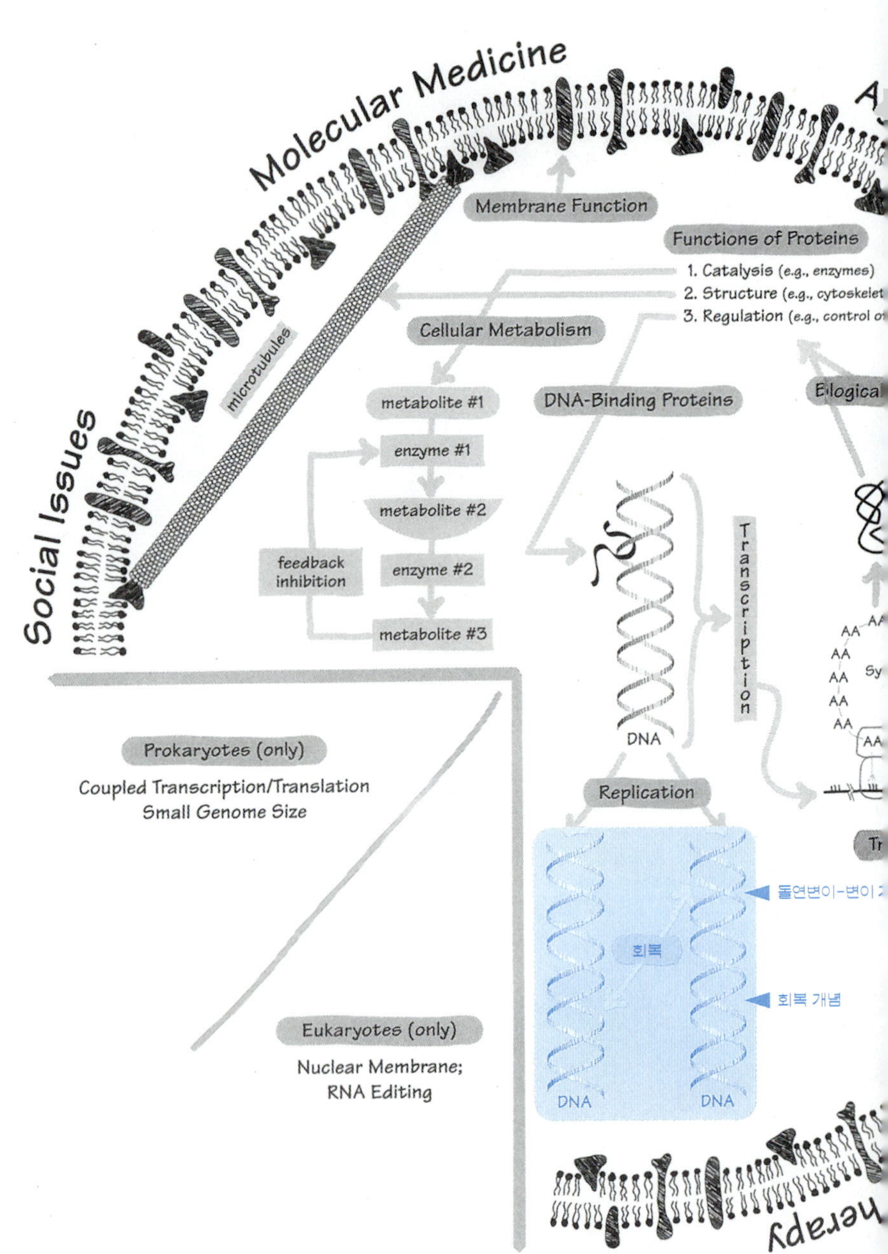

# 돌연변이, 돌연변이 유발 및 DNA 회복

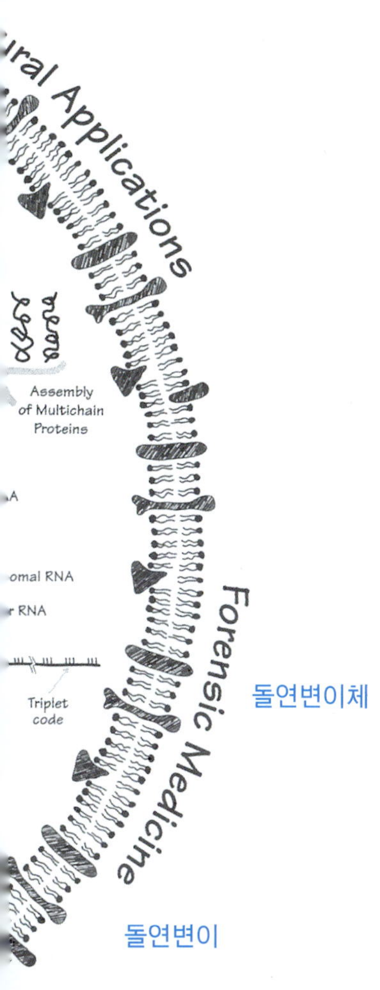


DNA 만큼 세포에 생명의 원천을 부여하는 단일물질은 없다. 실제로 누클레오티드의 서열이 완전하게 유지될 때만 종이 유지된다. 그러나, 유전물질은 항상 공격의 대상이 된다. DNA 복제와 RNA 전사 그리고 심지어 비활성 휴식상태 동안에도 손상은 일어날 수 있다. 복제 착오, 절단 그리고 핵산 염기의 손상 등이 교정되지 않으면 영구적인 변화-돌연변이가 된다. 대부분의 돌연변이는 DNA 복제 중단이나 결함이 있는 단백질의 생성 등을 유발하기 때문에 잠재적으로 위험하다. 그러므로, 수억 년에 걸쳐 환경적 요인 및 세포내 화합물질에 의해 야기되는 복제 오류의 교정과 DNA 손상을 제거하기 위한 효과적인 시스템이 진화되어 왔다.

돌연변이체(mutant)를 정의하고, 생명체에서 발생하는 돌연변이(mutation)의 여러 형태를 간략하게 개괄한 후, 돌연변이와 DNA 회복에 대한 공부를 시작하려 한다. 그 다음으로 자발적 돌연변이와 유도적인 돌연변이가 일어나는 몇 가지 과정을 생각해 보고, 특별한 돌연변이 유발원의 작용기작을 고찰하고자 한다.

마지막으로, DNA 보존과 DNA 손상을 회복시키기 위한 시스템을 재검토하고자 한다.

## 돌연변이의 유형

돌연변이체

**돌연변이체(mutant)**는 정상형 또는 야생형과 다른 유전자 또는 생물체를 의미한다. His⁻효모 또는 흰눈 초파리가 돌연변이체의 예이다. 때때로 자연상태에서 나타나는 정상적인 생물체에서 어떤 생화학 반응을 수행하는 능력이 **결핍**된 경우도 있다(예를 들면 자연상태에서 분리된 대장균(*E. coli*)은 락토오스를 신진 대사할 수 없거나 또는 lac⁻ 표현형을 가진다). 대부분의 경우 "+" 형태는 야생형을 의미하며, "−" 형태는 돌연변이체를 의미한다.

돌연변이

**돌연변이(mutation)**는 DNA 분자의 염기서열 내의 유전적인 변화를 의미한다. 가장 보편적인 변화의 형태는 치환(substitution), 삽입(addition) 또는 하나 또는 그 이상의 염기 결실(deletion)이다(표 10-1).

돌연변이유발원

**돌연변이유발원(mutagen)**은 돌연변이를 일으킬 수 있는 물리 또는 화학적 물질이다(또는 돌연변이 유발의 가능성을 증가시키기도 한다).

돌연변이유발

**돌연변이유발(mutagenesis)**은 돌연변이를 일으키는 과정이다. 만약 돌연변이가 돌연변이 유발원의 부가 없이 자연적으로 일어난다면, 이를 **자연 돌연변이**

표10-1 여러 가지 형태의 점돌연변이의 예

| 돌연변이 형태 | 분자수준에서의 결과 | 예 |
|---|---|---|
| *A. 염기치환 돌연변이:* | | |
| *DNA 내 변화* | | |
| 1. 전위: | 한 퓨린이 다른 퓨린으로 대치됨; 또는 한 피리미딘이 다른 피리미딘으로 대치됨 | A−T → G−C |
| 2. 전좌: | 한 퓨린이 다른 피리미딘으로 대치 또는 그의 반대 | A−T → T−C |
| *단백질 내 변화* | | |
| 1. 침묵 돌연변이: | 변화된 암호가 같은 아미노산을 부여한다. | GAG→GAA<br>Glu Asp |
| 2. 중성 돌연변이: | 변화된 유전암호가 구조는 다르나 기능은 같은 아미노산을 부여한다(단백질은 기능적이다). | GAG→GAU<br>Glu Glu |
| 3. 미센스 돌연변이: | 변화된 유전암호가 다른 아미노산을 부여한다(단백질 종종 기능상실함) | GAG→AAG<br>Glu Lys |
| 4. 넌센스 돌연변이 (=사슬종결 돌연변이): | 새로운 유전암호가 종결암호임(단백질 합성이 종결되고, 그 단백질은 비기능 적이다). | GAG→UAG<br>Glu Stop |

*B. 틀 변경 돌연변이 :* 하나 또는 그 이상의 염기가 부가되든지 결실되면 mRNA 분자내 해독틀이 변화되어 비 기능적 단백질이 생산된다.

| | |
|---|---|
| 1. 야생형 염기서열: | ATG ACC AGG TC |
| 2. 염기 첨가: | ATG ACA CAG GTC<br>* |
| 3. 염기 결실: | ATG ACA GGT C<br>없어짐 C ↑ |

*수평괄호는 영향받는 부분을 표시함

(spontaneous mutation)라 하고, 그 결과로 생기는 돌연변이체는 **자연 돌연변이체**(spontaneous mutants)라 한다. 만약 돌연변이 유발원에 의해 야기되었다면 그 과정은 **유도 돌연변이유발**(induced mutagenesis)이다. 이 장에서는 살아있는 생물체 내에서 일어나는 돌연변이를 집중적으로 알아보겠다. 후에 16장에서는 유전공학기술을 이용하여 특별히 선정된 위치에서 돌연변이가 일어난 돌연변이 DNA 분자를 만드는 **위치-특이적 돌연변이유발**(site-specific mutagenesis)에 대하여 설명하겠다.

돌연변이를 분류하는 데는 몇 가지 방법이 있다. 즉, 첫번째는 변화된 염기수에 따라 나누는 것이다. 예로서, **점돌연변이**(point mutation)는 하나의 염기쌍이 변화된 것이며, 반면에 **다중돌연변이**(multiple mutation)는 둘 또는 그 이상의 염기쌍이 변화된 것이다. 점돌연변이는 **염기치환**(base substitution), **염기삽입**(insertion) 또는 **염기결실**(deletion) 등이 있으나, 가장 보편적인 것은 염기치환이다.

두번째 분류 방법은 영향을 받은 아미노산 서열의 변화 결과에 의한 방법이다. 표 10-1에서 기술한 바와 같이, 단일-염기치환은 단백질의 아미노산 서열이나 또는 단백질의 정상적인 기능에는 거의 변화를 주지 않거나(**침묵돌연변이** : silent mutation ; **중성돌연변이** : neutral mutation) 또는 비기능적 그리고/또는 절단된 폴리펩티드의 생성을 유도하는 경우이다 (**미스센스 돌연변이** : missense mutation ; **넌센스 돌연변이** : nonsense mutation).

미스센스 돌연변이
넌센스 돌연변이

만약 치환에 의해 어떤 온도(일반적으로 30℃이하)에서는 활성을 가지나 높은 온도(일반적으로 40-42℃)에서는 불활성인 단백질이 만들어질 경우, 이 돌연변이는 **온도 감수성 돌연변이체**(temperature-sensitive or ts mutant)라 한다. 만약 돌연변이가 종결코돈을 유발시켜 단백질 생합성의 중단을 야기시키면 이 돌연변이는 **사슬종결 돌연변이** 또는 **넌센스 돌연변이**(chain- termination 또는 non-sense mutation)라 부른다. 온도 감수성 돌연변이 그리고 사슬종결 돌연변이는 그 돌연변이체 표현형이 어느 조건하에서만 나타나기 때문에 **조건 돌연변이**(conditional mutation)로 생각된다. 그러한 돌연변이들은 확실히 분자생물학자들에게 유용하다. 왜냐하면, 그런 돌연변이체들은 DNA 복제와 같은 필수과정의 연구를 촉진시킬 수 있기 대문이다.

온도 감수성

조건 돌연변이

미생물에서는 표현형은 대문자(첫 글자만 대문자)로 표기하며(Lac$^+$ 또는 Lac$^-$), 인자형은 이탤릭체 소문자로 표기한다(*lac*$^+$ 또는 *lac*$^-$). 이러한 약정은 고등생물에는 적용되지 않는다.

\+ 또는 - 표기는 문제의 세균이 특정물질을 합성 또는 이용할 수 있거나(+) 또는 없음(-)을 나타낸다(His$^+$ 세균은 히스티딘을 합성할 수 있으나, His$^-$ 세균은 합성할 수 없다). 공통적으로 사용되는 또 다른 표기법은 특정 균주가 특정 항생제에 대한 저항성이나 감수성을 나타낼 때 사용된다. 예를 들면, ampicillin 저항성 균주는 Amp-r로, 감수성 균주는 Amp-s로 표기한다.

# 돌연변이의 생화학적 근거

돌연변이체는 DNA의 염기서열 또는 표현형이 변화된 생물체로 정의될 수 있다. 이들 두 정의는 종종 동일한 표현인데, 왜냐하면 DNA 분자내의 한 염기에서의 변화는 단백질의 아미노산 서열의 변화를 유발할 수 있기 때문이다(**침묵돌연변이**(silent mutation) 그리고 **중성 돌연변이**(neutral mutation)에서는 이러한 일반적인 규칙이 예외인데, 이는 곧 설명하겠다). 각 단백질의 화학적 그리고 물리학적 특성은 이들의 아미노산 서열에 의해 결정되므로, 한 아미노산의 변화는 단백질을 불활성화시킬 수 있다.

4장에서 설명한 단백질 구조에서 알 수 있듯이, 어떻게 아미노산의 치환이 단백질의 구조와 생물학적 활성을 변화시킬 수 있는가는 쉽게 이해할 수 있다. 예를 들어, 때로 3차 구조가 전적으로 하나의 양성 아미노산(예로, 리신)과 한 음성 아미노산(예로, 글루탐산)의 상호작용으로 결정된 가상적인 단백질을 생각해 볼 수 있다. 리신이 중성인 메티오닌으로 치환되면 3차 구조는 완전히 파괴될 것이며, 글루탐산이 양성의 히스티딘으로 치환되어도 동일한 결과일 것이다. 마찬가지로, 소수성 집단에 의해 안정화되어 있는 단백질에서 비극성의 류신이 극성의 글루타민으로 치환되면 그 단백질의 3차 구조가 파괴된다.

염기치환이 하나 일어났다고 해서 표현형이 반드시 변하는 것은 아니다. 코돈의 중복성(redundancy) 때문에 어떤 염기의 변화는 아미노산 서열을 변화시키지 못하고 (**침묵돌연변이 : silent mutation**), 약간의 아미노산의 변화는 단백질의 구조에 심각하게 영향을 미치지 않는 것이다(**중성돌연변이 : neutral mutation**). (표 10-1 참조)

단백질의 입체적 구조는 여러 가지 상호작용에 의하여 형성되는 것이므로, 하나의 아미노산의 치환은 다만 부분적인 파괴효과 밖에 나타내지 못하는 경우가 많다. 예를 들어, 루신 대신 이소루신으로 완전히 치환되면 중성이 되지만, 페닐알라닌과 같은 큰 아미노산으로 치환된 경우 소수성 묶음은 유지되지만 약간의 구조적 변화를 유발한다. 이렇게 되면, 효소의 활성 손실보다는 활성감소를 나타낸다. 아데닌을 합성하는 효소에 이러한 돌연변이가 일어난 세균의 경우 아데닌을 성장배지에 제공하지 않는 한 매우 느리게 성장한다. 이러한 돌연변이를 **누설돌연변이(leaky mutation)**라 한다. 이러한 돌연변이들은 일반적으로 유전학 연구에 크게 유용하지 않다. 그러나, 사람의 몇몇 유전병은 이러한 누설돌연변이에 기인한다. 예를 들면, 어떤 사람의 경우에는 필수 효소인 글루코오스-6-포스페이트 탈수효소를 암호화하고 있는 유전자에 점돌연변이가 생긴 결과 촉매능이 현저히 감소된 효소가 만들어진다. 이러한 돌연변이 유전자를 가진 사람은 설파계 항생제, 항말라리아제, 좀약 그리고 어떤 형태의 건조된 콩(fava beans)을 포함하는 여러 가지 일상 물질에 노출되었을 경우 용혈성 빈혈증(hemolytic anemia)을 유발시킨다.

일반적으로 말해서, 아래와 같은 아미노산 치환은 누설 돌연변이가 될 수 없다.

극성 아미노산 ↔ 비극성 아미노산

아미노산 기호의 변화 (+ ↔ −)

작은 곁사슬 ↔ 큰 곁사슬

황화물 ↔ 다른 곁사슬

수소결합 아미노산 ↔ 비 수소결합 아미노산

프롤린 (폴리펩티드 골격의 형태 변화) ↔ 다른 아미노산
기질 결합부위에서의 변화

지금까지는 아미노산의 치환에 대해서만 설명하였다. 어떤 다른 형태의 돌연변이는 단백질 활성을 완전히 제거하는 경우도 있다. 이와 같은 돌연변이로는 돌연변이 부위 이후의 모든 아미노산이 변하는 **염기삽입(base addition)**과 **염기결실(base deletion)**의 틀변형 돌연변이(frameshift mutation)와 단백질 사슬이 성숙되기 전에 종결되는 **사슬종결 돌연변이(chain termination mutation = nonsense mutations)**가 있다. 이 장의 뒷부분에서 이들 두 돌연변이에 대해서 자세히 설명하겠다.

# 돌연변이 유발

돌연변이체가 생성되려면 DNA의 염기서열에 변화가 생겨야 한다. DNA의 구조를 변화시키는 기작은 DNA 복제시 염기치환(base substitutions), 부가(addition), 결실(deletion), 염기 또는 *N*-글리코시드 결합이 가지고 있는 본래의 화학적 불안정성으로부터 생기는 염기변화, 그리고 또 다른 화학적 및 환경적 물질에 의하여 야기되는 변화 등 여러 가지가 있다. 이들 여러 가지 기작은 표 10-2에 요약되었다.

**표10-2** DNA의 일반적 결함과 원인

| 결함형태 | 변화방법 |
|---|---|
| 1. 한 가닥내에 있는 비정상 염기는 반대편 가닥에 있는 정상적인 상응하는 염기와 수소결합을 할 수 없다. | 정상염기가 토터머화 (즉, 다른 형태의 수소결합을 유발시키는 이성질체화); 다음 DNA 복제때 염기 치환이 야기된다. |
| 2. 염기 제거 | 탈퓨린 반응: 퓨린 염기를 데옥시 리보스에 결합시키는 N-glycosylic bond가 DNA 골격은 파괴하지 않고 자발적으로 끊어진다. |

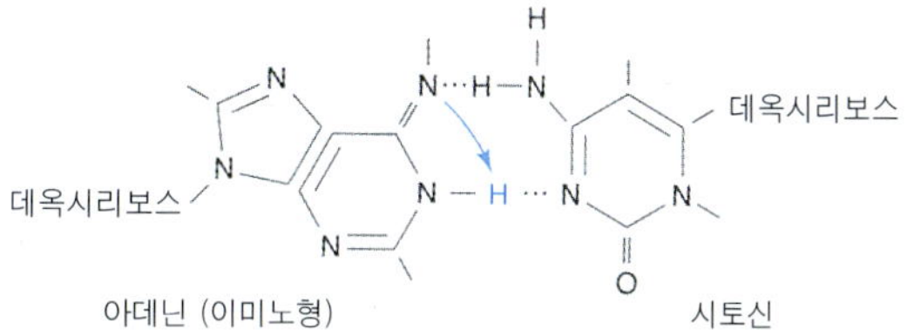

데옥시리보스 아데닌 (이미노형) 시토신 데옥시리보스

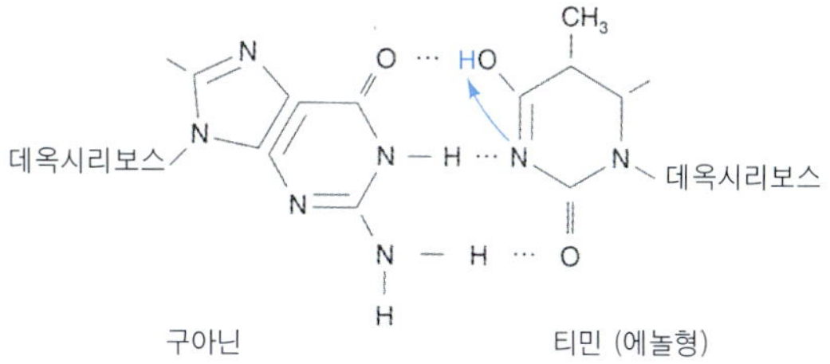

데옥시리보스 구아닌 티민 (에놀형) 데옥시리보스

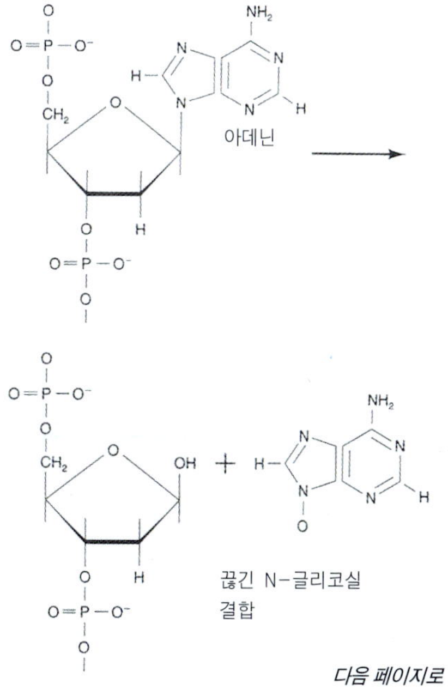

아데닌

끊긴 N-글리코실 결합

*다음 페이지로 계속됨*

표10-2 DNA의 일반적 결함과 원인

| 결함형태 | 변화방법 | |
|---|---|---|
| 3. 변화된 염기 | 알킬화물질 (alkylating agents)은 기존의 염기에 메틸기나 에틸기를 부가한다. | 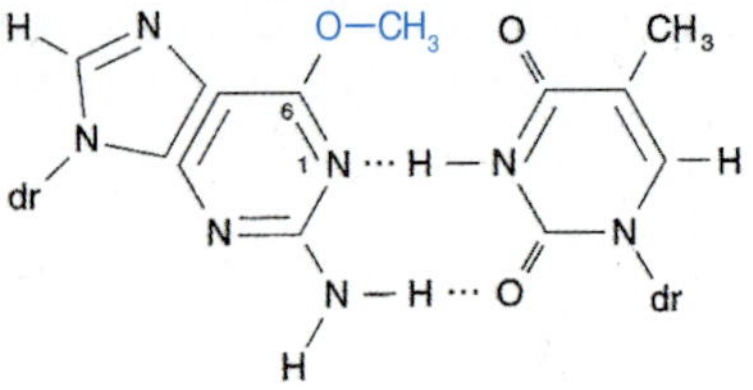 O[6]-메틸구아닌 티민 |
| 4. 하나 또는 그 이상의 염기의 첨가 및 결실 | 자연적으로 발생할 수도 있고, 화학적 돌연변이 유발원 (intercalating agents)이나 생물학적 요인(transposable elements)에 의하여 유도될 수도 있다. | 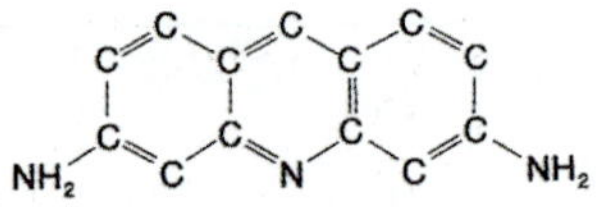 프로플라민 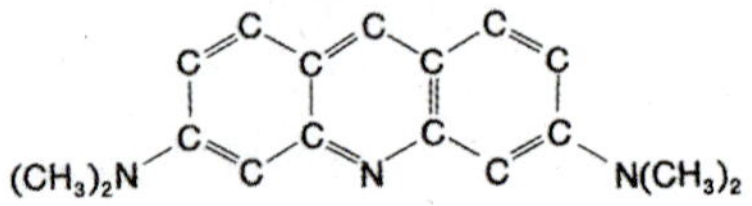<br>아크리딘 오랜지 |
| 5. 단일가닥 절단 | 이중 인산 에스텔 결합은 화학물질이나 이온화 방사선에 노출되면 끊어진다. | $Fe^{+}$나 $Cu^{2+}$같은 금속 이온들, 퍼옥사이드, x-선 |
| 6. 이중가닥 절단 | 많은 양의 화학물질이나 또는 이온화 방사선에 노출되면 반대편 DNA 가닥들의 이중 인산 에스텔 결합이 끊긴다. | 퍼옥사이드, $Fe^{2+}$나 $Cu^{2+}$같은 금속 이온, x-선 |
| 7. 상보적인 DNA 가닥의 교차결합 | 항생제 (예, mitomycin-C)나 시약 (예, nitrite 이온)들은 상보적인 DNA의 두 가닥에 있는 두 염기 사이에서 공유결합을 형성시킨다. 이렇게 되면 DNA 복제시 두 상보적 가닥이 분리되지 않는다. | Mitomycin-C, psoralen, *cis*-platinum |

# 유도 돌연변이

생물은 살아있는 동안 유전물질에 손상을 입을 수 있는 여러가지 물리-화학적 그리고, 생물적 요인에 노출되어 있다. 각 요인은 그 고유의 작용기작을 가지고서 DNA 분자에 각각 독특한 형태의 손상을 주는 경향이 있다. 다음 절에서는, 이들 돌연변이 유발요인과 그들의 작용기작을 설명하겠다. 16장에서 논의된 바와 같이, 위치-특이적 돌연변이 유발방법이 광범위하게 사용되기 때문에, 과거와는 달리 화학적 돌연변이 유발물질들은 실험목적으로 더 이상 널리 사용되지는 않는다. 그러나,

**표10-3** 일반적으로 사용되는 몇몇 화학적 돌연변이 유발원과 그들의 작용기작

| 돌연변이 유발원의 유형 | 각 유형의 예 | 작용 양상 | 작용 양상의 도형 |
|---|---|---|---|
| 1. 유사염기: DNA 내에서 발견되는 정상적인 염기와 비슷하며 DNA 내로 통합된다; 토터머 변화를 일으켜서 착오결합을 이루고, 이로 말미암아 염기전이(transition)를 일으킨다. | 5-Bromouracil (T의 유사염기) 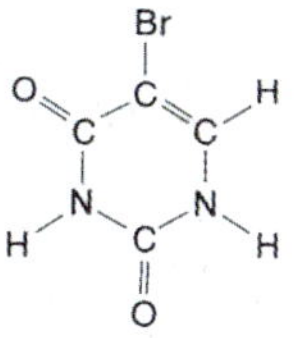<br>5-Bromouracil (keto form) | 정상적으로 A와 쌍을 이루나, 토터머 변화를 일으켜서 G와도 쌍을 이룰 수 있다. 그러므로 다음 DNA 복제시 딸 DNA 분자내에 A 대신 C를 통합시킬 수 있다. | 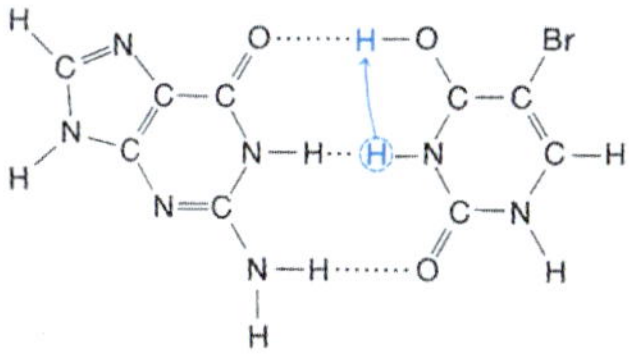 Guanine 5-Bromouraci (enol form)<br>AT → GC |
| 2. Nitrous acid | 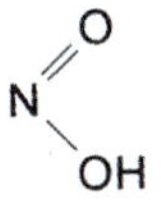 Nitrous acid | 산화적 탈아미노 반응에 의하여 아미노 그룹을 케토그룹으로 전환시킨다.<br>C→우라실(U) (A와 결합)<br>A→hypoxanthine(H) (C와 결합)<br>G→xanthine (X) (C와결합) | 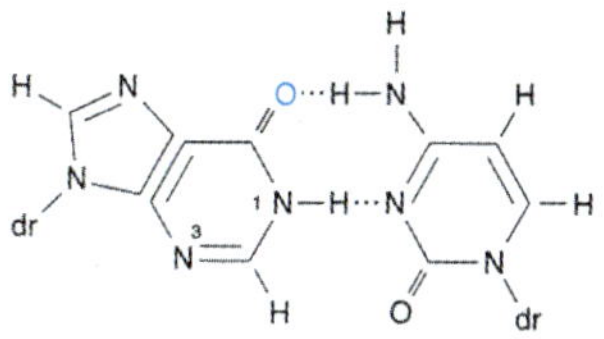 Hyopxanthine Cytosine<br>AT → GC |
| 3. Hydroxylamine | 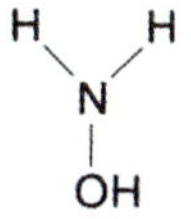 Hydroxylamine | C와 반응하여 C를 A와만 쌍을 이룰 수 있는 변형된 염기로 전환시킨다. | 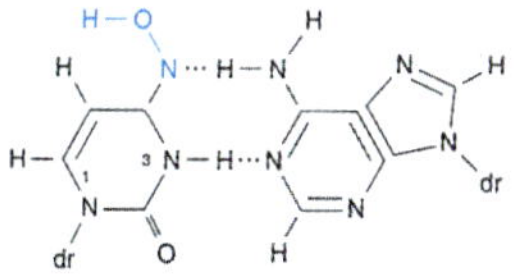 Hydroxyaminocytosine Adenine<br>CG → TA |
| 4. Alkylating agents | EMS (ethylmethane sulfonate)와 MMS (methylmethane Sulfonate) 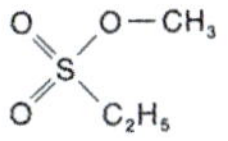<br>Ethylmethane sulfonate | 알킬그룹 (에틸 또는 메틸)을 G와 T의 수소결합 산소에 부가하여 O-6 알킬구아닌 (T와 쌍을 이룸)과 O-4 알킬티민 (G와 쌍을 이룸)을 만들어낸다. | 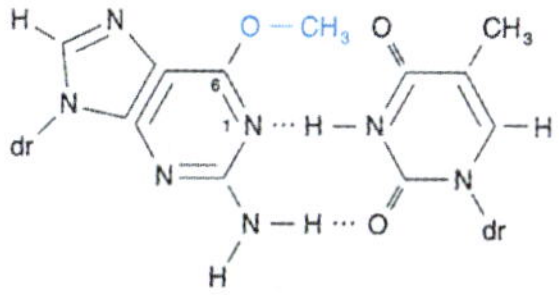 $O^6$-Methylguanine Thymine<br>GC → AT |
| 5. 삽입물질: 평면적인 3개의 고리를 가진 분자들로서 그들의 크기는 대개 퓨린-피리미딘 염기쌍의 크기와 비슷하다. | Proflavine, acridine orange 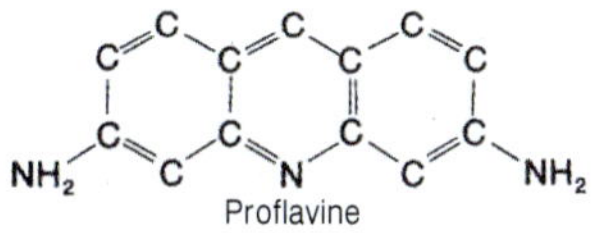<br>Proflavine 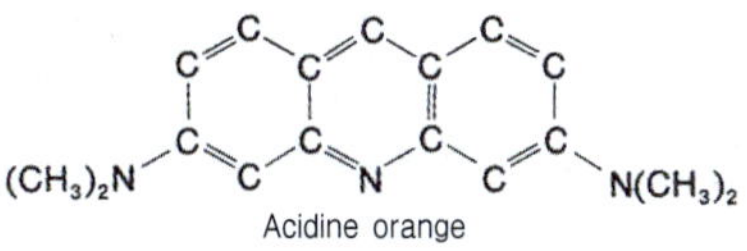<br>Acidine orange | 한 DNA 분자내 두 염기쌍 사이로 들어가서 결과적으로 염기쌍의 삽입이나 결실을 유발시킨다. | 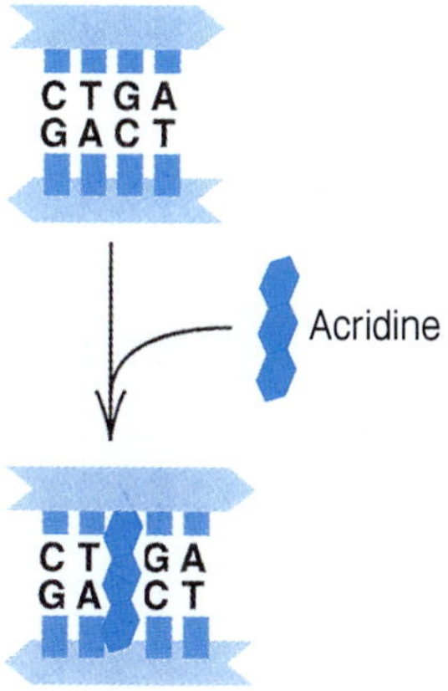 CTGA / GACT<br>Acridine<br>CT GA / GA CT |

그들은 돌연변이와 돌연변이 유발현상을 이해하는데 많은 도움을 주어왔다. 다음에는 몇몇 화학적 돌연변이 유발원에 대하여 간단히 고찰해 보겠다. 표10-3은 몇몇 화학적 돌연변이 유발원의 작용양식에 대한 개략을 보여준다.

## 자외선 조사

자외선은 효과적인 돌연변이 유발원이다. DNA에 UV가 조사되면, cyclobutane-피리미딘 이합체와 6-4 피리미딘 이합체의 화학적으로 서로 다른 공유결합이 생긴다(그림 10-11). 피리미딘 이합체는 전체 이합체의 20%에 해당되나 돌연변이를 더 많이 야기시킨다. 대장균의 경우, 자외선에 의하여 야기되는 돌연변이 수는 가시광선에 의하여 감소된다(**광재활성화 ; photoreactivation**).

Cyclobutane 피리미딘 이합체는 광재활성화에 의하여 회복되나, 6-4 이합체는 광 재활성화 되지 않는다. SOS 회복계를 가지지 않는 세균 돌연변이체(*lex*A-와 *rec*A-돌연변이체)는 자외선에 의하여 돌연변이 되지 않는다. 이와 같은 실험결과와 다른 결과들에 의하면, 자외선에 의한 돌연변이 유발은 거의 모두가 착오가 생기기 쉬운 SOS 회복 결과이다. 피리미딘 이합체의 회복은 착오가 생기기 쉽기 때문에 전위(transition)와 전도(transversion) 현상을 유발한다. 광재활성화, SOS 회복 그리고, UV손상을 처리하는 세포내 또 다른 두 회복계는 이장 후반에 논의하겠다.

전이

## 긴 DNA 절편(전이요소)의 삽입에 의한 돌연변이 유발

대장균과 같이 다른 생물들도 길이가 수백 또는 수천 염기쌍으로 구성된 이동성 DNA 절편(**전이요소 : transposable elements**)을 함유한다. 전이요소가 복제될 때, 빈번히 하나의 복사체(replica)는 원래의 삽입 지역에 남아있고, 다른 복사체가

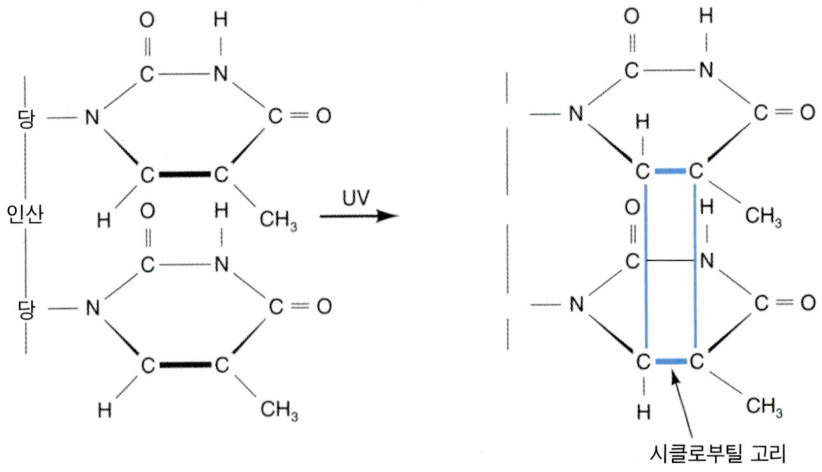

그림 10-1 시클로부틸티민 이합체(cyclobutylthymine dimer)의 구조. UV 조사후, DNA 가닥내 인접된 두 티민 잔기가 청색으로 표시된 결합에 의해 연결된다. 척도대로 그리지는 않았으나, 이들 결합은 두 인접된 티민의 평면사이의 공간보다 상당히 짧기 때문에 이중가닥 구조가 뒤틀린다. 각 티민의 C=C 이중 결합이 각 cyclobutyl ring에서 C-C 단일결합으로 바뀔 때 티민고리의 구조도 역시 바뀐다.

14장에서 논의될 복잡한 과정을 통하여 염색체의 다른 부위로 삽입된다. 복사체가 제 2의 장소로 삽입되는 이 과정을 **전이**(transposition)라 한다. 전이가 일어나면, 그 서열은 빈번히 세균의 유전자 속으로 삽입되기 때문에, 삽입된 유전자를 돌연변이 시킨다.

어떤 전이요소는 전사 종결서열을 함유한다. 만일, 그와 같은 요소가 하나의 폴리시스트론 mRNA로서 전사되는 두 유전자 사이로 삽입된다든지 또는 프로모터와 첫번째 유전자 사이로 삽입된다면, 그 삽입지역으로부터 하류 쪽에 있는 모든 유전자들은 전사되지 않을 것이다. 이런 돌연변이는 **극성돌연변이**(polar mutations)에 속한다.

## 돌연변이 유발 유전자

대장균의 유전자 중에는 돌연변이가 되면 다른 유전자의 돌연변이율을 증가시키는 것이 있다. 이런 유전자를 **돌연변이 유발 유전자**(mutator gene)라 한다. 그러나, 이들 각 유전자의 기능은 돌연변이 빈도를 낮추는 것이기 때문에 돌연변이 유발 유전자란 명칭은 잘못된 것이다. 즉 돌연변이 유발 유전자의 산물에 결함이 있을 때에만 광범위한 돌연변이를 유발하는 것이다.

돌연변이 유발 유전자

지금까지 관찰된 많은 돌연변이 유발 유전자로는 네가지 유형이 알려져 있다.

1. 3' → 5'엑소누클레아제 활성, 즉 편집기능이 감소되거나 제거된 돌연변이 DNA 중합효소 유전자.
2. 오결합 회복계는 DNA 두 가닥의 메틸화 정도의 차이를 인식해서 DNA의 양친가닥과 딸가닥을 구별하는데, 이 DNA 메틸화 반응을 야기시키는 돌연변이된 메틸화 효소 유전자(*dam* gene).
3. 오결합 회복에 있어서 절단 단계를 수행할 수 없는 돌연변이체 효소 유전자.
4. 착오가 생기기 쉬운 SOS 회복계를 중지 상태로 유지시키는 조절계에서의 돌연변이 등이다.

**핵심개념**
**"돌연변이→변이" 개념**
유전자의 염기서열상의 변화를 의미하는 돌연변이는 생물계를 특정짓는 광범위한 다양성을 야기시킨다.

# 복귀 돌연변이

지금까지 야생형이 돌연변이 상태로 변화되는 현상에 대하여 논의하였다. 표현형상 야생형으로 다시 되는 현상이 일어나는데, 이런 과정을 **복귀 돌연변이**(reverse mutation, back mutation 또는 reversion)라 한다. 복귀 돌연변이는 자발적으로 일어날 수도 있고, 여러가지 돌연변이 유발물질에 의하여 유도되기도 한다. 복귀 돌연변이가 일어나는 방법은 여러가지다. 어떤 경우에는, 원래의 돌연변이가 일어난 바로 그 지역에서 다시 돌연변이가 일어나서 결과적으로 야생형 염기서열을 회복시켜 주는데 이러한 현상을 "**진정 복귀 돌연변이**(true reversion)"라 한다. 또 어떤 경우에는, 다른 자리에서 제 2의 돌연변이가 생긴 결과 표현형이 야생형으로 회복된다. 그런 현상을 "**의사 복귀 돌연변이**(pseudoreversion)"라 하는데, 이를 일명 **제 2자리 돌연변이** 또는 **억제 인자 돌연변이**(suppressor mutation)라 한다. 그 제 2자리는 같은 유전자내의 어느 곳이 될 수도 있고, 또는 다른 유전자내 어느 곳

복귀 돌연변이

억제 인자 돌연변이

유전자내 억제
유전자간 억제

이 될 수도 있는데, 전자의 경우를 **유전자내 억제**(intragenic suppression)이라 하고 후자를 **유전자간 억제**(intergenic suppression)이라 한다. 먼저, 유전자내 진압현상에 대하여 설명하겠다.

## 유전자내 복귀 돌연변이체

어떤 단백질이 97개의 아미노산으로 구성되어 있고, 그의 구조가 18번 아미노산의 양전하(+)와 64번 아미노산의 음전하(−)사이의 이온 상호작용에 의하여 유지되고 있다고 가정하자(그림 10−2). 만일 그 (+) 아미노산이 한 (−) 아미노산으로 대치된다면, 그 단백질은 명백히 불활성화 될 것이다. 그럴 경우, 복귀되는 방법은 3가지가 있다(그림 10−2(a)) :

1. 돌연변이된 자리가 원래의 염기와 같은 염기로 복귀되든지 또는 원래의 아미노산과 같은 아미노산을 암호화하는 염기서열로 치환됨으로써, 원래의 (+) 아미노산이 다시 되돌아 왔을 때.
2. 또 다른 (+) 아미노산이 18번 위치에 왔을 때.
3. 64번째 (−) 아미노산이 (+) 아미노산으로 치환되었을 때 ; 이 제2의 돌연변이는 그 단백질의 활성을 회복시켜줄 것이다. 또 일반적으로 기능 회복이 보장되는 것은 아니나 17번이나 19번 위치의 (+) 아미노산이 삽입되는 특별한 경우에도 복귀 될 수도 있다.

그림 10−2(b)는 유전자내 복귀의 또 다른 예를 보여준다. 이 경우, 단백질 구조는 소수성 아미노산 사이의 상호작용에 의하여 유지되고 있는데, 페닐알라닌과 같이 큰 아미노산이 작은 아미노산과 바뀌면 단백질의 구조가 변하게 된다. 그러나, 제2의 아미노산 치환으로 페닐알라닌이 들어갈 만한 공간이 만들어지면 단백질 구조는 회복될 수 있다.

제 2자리의 아미노산 치환 결과를 분석하는 것은 그 단백질의 3차 구조를 결정하는데 대단히 중요하다. 왜냐하면, 다음과 같은 규칙이 적용되기 때문이다. 즉, 만일 아미노산 A가 X로 바뀌어서 돌연변이가 발생되었는데, 아미노산 B가 Y로 바뀌어서 복귀되었다면, A와 B는 3차원적으로 이웃하거나 둘 모두가 두개의 상호작용하는 영역에 자리잡고 있는 것이다.

틀변경 돌연변이에 의한 복귀현상은 일반적으로 제 2의 자리에서 돌연변이가 일어나서 발생하는 것이다. 특별히 부가된 염기가 제거되든지 또는 특별히 결실된 염기가 자발적으로 대치될 수도 있는데, 이런 경우는 흔히 일어나는 현상은 아니다. 틀변경 돌연변이의 제2의 복귀현상이 일어나기 위해서는 그림 10−3에서 설명한 바와 같은 두가지 요건을 갖추어야 한다. 즉,

1. 복귀 돌연변이도 원래의 돌연변이 부위에서 아주 가까운 곳에서 일어나야 한다. 그래서 그 두 부위사이에서 변화하는 아미노산이 거의 없어야 한다.
2. 두 곳에서 변화가 일어난 폴리펩티드 사슬은 이와 같은 변화에도 불구하고 원래의 기능을 유지해야 한다.

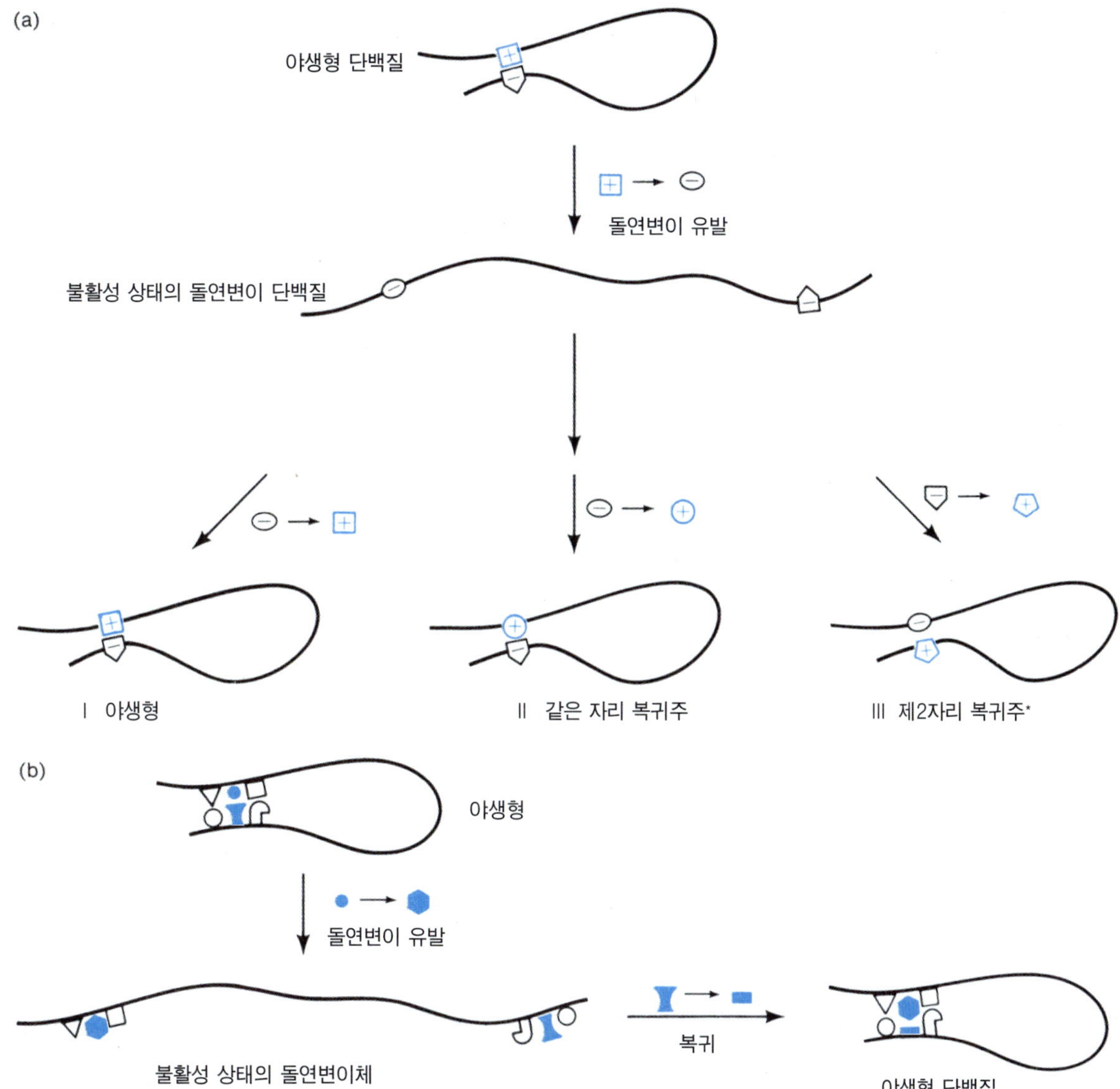


그림 10-2 몇몇 복귀기작. (a) 한 아미노산의 전하가 변하여 그 단백질이 활성을 상실한다. 그 활성은 ( I ) 원래의 아미노산을 되찾거나, ( II ) 그 (−)아미노산이 다른 (+)아미노산으로 대치되거나, (III) 원래의 (−)아미노산의 전하가 (+)로 역전됨으로써 다시 되살아 난다. 어떤 경우든, 상호반대 전하의 인력이 복원되기 때문이다. (b) 단백질의 구조는 서로 다른 6가지 소수성 아미노산들의 상호작용에 의하여 결정된다. 작은 원형 아미노산이 커다란 6각형 아미노산으로 대치되면 그의 활성은 상실되나, 볼록한 아미노산이 작은 직사각형 아미노산으로 대치되면 그의 활성은 다시 살아난다.

## 유전자간 억제

유전자간 억제란 한 유전자에서 일어난 돌연변이가 다른 유전자에서 일어난 돌연변이에 의하며 그의 돌연변이 특성이 억제(suppression)되는 현상을 말한다. 한가지 예를 들면, 두 단백질이 상호작용할 때 생기는 현상으로서 이를 자세히 설명하면

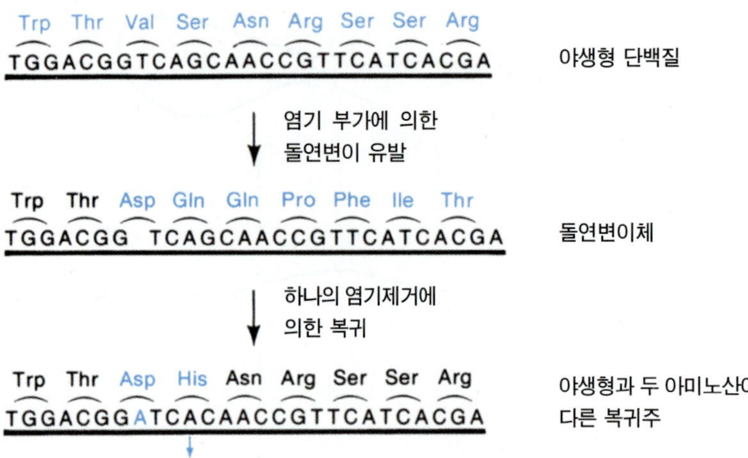


그림 10-3 아크리딘에 의하여 유도된 염기첨가 돌연변이체의 염기 결실에 의한 복귀.

다음과 같다. 즉, 단백질 A의 결합부위에 돌연변이가 생긴 결과 단백질 B와 결합할 수 없다고 하자. 그런데, 단백질 B의 결합부위에서 제 2의 돌연변이가 일어나서, 돌연변이된 단백질 A와 결합할 수 있다면, 두 돌연변이된 단백질 사이에 상호작용이 가능해짐으로써 결국 단백질 A의 돌연변이 현상은 단백질 B의 돌연변이에 의하여 억제되어 표현형상 야생형으로 복귀되게 된다. 이와 같은 유전자간 복귀 돌연변이 발생은 두 단백질의 상호작용에 대한 중요한 정보뿐만 아니라, 분자 구조에 대한 정보도 제공해 준다.

유전자간 복귀 돌연변이의 두번째 유형은 2차 부위에서 일어난 돌연변이가 1차에서 일어난 돌연변이 효과를 제거해줄 뿐만 아니라, 많은 다른 유전자에서의 돌연변이를 억제시키는 것이다. 어떤 tRNA와 아미노아실 tRNA효소에서 돌연변이가 일어남으로써 생기는 이런 형태의 억제는 사슬종결 돌연변이가 억제되는 실험에서 가장 뚜렷하게 나타난다.

**사슬종결 돌연변이**는 여러 가지 방법으로 일어날 수 있는 일반적인 현상이다. 예를 들면, AAG, CAG, GAG, UCG, UUG, UGG, UAC 및 UAU 코돈내에서 염기 하나만 바뀌면 종결코돈 UAG가 될 수 있다. 만약 이와 같은 돌연변이가 유전자내에서 일어난다면, UAG와 상보적인 안티코돈을 가진 tRNA 분자가 없기 때문에 기능이 거의 없거나 전혀 없는 돌연변이된 단백질이 만들어질 것이다. 만일 그와 같은 돌연변이가 야생형 단백질의 카르복실 말단 아주 가까이에서 일어난 것이 아니라면, 그 단백질은 거의 불활성 상태가 될 것이다.

어떤 세균에서는 종결 코돈으로의 돌연변이가 일어나도 폴리펩티드 합성이 계속되는 경우도 있다. 예를 들어, 어떤 파아지가 어떤 중요한 단백질에 대한 유전자 속에 UAG 코돈을 갖게 되었을 경우, 그 파아지는 숙주 세균에 침입해도 후손을 만들지 못할 것이다. 그러나, 어떤 균주내에서는 이 돌연변이 파아지가 정상적으로 성장할 수 있다. 이와 같은 사실은 이 돌연변이 파아지가 숙주 세균의 어떤 요인에 의해 억제되어졌다는 것을 의미한다. 이와 같은 숙주 세균은 돌연변이를 억제시킬 수 있는 **억제인자(suppressor)를** 가지고 있는 것이다. 특정 종결 코돈으로의 돌연변이-예를 들면 UAG 코돈-를 억제할 수 있는 세균은 그 돌연변이가 파아지에서 생

억제인자

겼든지, 세균 자체에서 생겼든지 간에 그런 종류의 돌연변이를 많이 억제할 수 있다. 일반적으로 UGA와 같은 다른 종결 코돈의 돌연변이는 억제되지 않는다. 이런 현상에 대한 설명은 그 세균이(**억제인자 돌연변이체**라 불리워지는) 특별한 종결코돈과 반응할 수 있는 변화된 tRNA 분자를 함유하고 있기 때문이라고 설명할 수 있다. UAG 종결코돈의 경우, 그의 억제세균은 UAG 코돈과 염기쌍을 이룰 수 있는 안티코돈 CUA를 함유한 변화된 tRNA를 가진다. 그와 같은 tRNA 분자를 **억제 tRNA (suppressor tRNA)** 또는 **넌센스 억제 tRNA(nonsense suppressor tRNA)**라 하고, 그리고 그것이 작용하는 돌연변이를 억제인자-민감성(suppressor-sensitive) 돌연변이라 한다.

억제인자 돌연변이체

억제 tRNA

넌센스 억제 tRNA

억제 tRNA에서는 어떤 돌연변이가 일어났을까? 그것은 정상적인 tRNA 유전자임이 틀림없다. 그러므로, 위의 예의 경우 tRNALys 분자의 안티코돈 CUU가 CUA로 변화되고 변화된 CUA가 UAG 코돈과 수소결합을 하게 된 것이다.

염기 하나의 변화는 코돈과 안티코돈 사이의 상보성을 변화시키기에 이룰 수 있는 안티코돈을 갖는 tRNA는 Lys(AAG), Gln(CAG), Glu(GAG), Ser(UCG), Trp (UGG), Leu(UUG) 그리고 Tyr(UAC와 UAU) 등 8가지가 있다. 이들은 돌연변이에 의하여 UAG 코돈으로 변화될 수 있는 아미노산 코돈들이다. UAA와 UGA종결코돈에 대한 억제인자(suppressor)도 존재한다. 이들도 염기 하나의 돌연변이에 의하여 종결코돈과 염기쌍을 이룰 수 있는 안티코돈을 갖는 돌연변이 tRNA 분자이다.

표기의 편의상 억제인자는 유전부호 *sup*로 표기하고, 그 뒤에 억제인자들을 구별하기 위하여 숫자(경우에 따라서는 문자)를 붙인다. 억제물질이 없는 세포는 *sup*o와 *sup*-로 표기한다.

넌센스 억제인자들은 다음과 같은 몇가지 특징이 있다:

1. UAG 억제인자가 각 UAG 사슬종결 코돈을 억제시킴으로써 단백질의 기능을 언제나 원상으로 회복시킬 수는 없다. 그러므로, 루신 코돈 UUG가 돌연변이되어 생긴 UAG 코돈이 티로신, 세린 또는 트립토판을 삽입하는 억제 tRNA에 의해서는 억제될 수 있으나, 리신, 글루타민 또는 글루탐산 등과 같은 전기적으로 하전된 아미노산으로 치환된 경우에는 억제될 수 없다.
2. 억제에 의하여 합성된 억제된 돌연변이 단백질의 활성은 야생형 단백질의 활성보다 약할 수도 있고, 그 종결코돈이 센스코돈으로 해독되지 않을 수도 있다.
3. 억제 tRNA를 가지고 있는 세포는 그의 정상적인 tRNA 유전자를 둘 또는 그 이상 함유하고 있을 때만 생존할 수 있다. 만일 UCG 코돈을 판독하는 tRNASer 분자가 돌연변이되어 그 이상 센스코돈으로서 판독을 못한다면, UCG 코돈이 있는 곳에서는 언제나 사슬이 종결되기 때문에 그와 같은 돌연변이 tRNA 분자를 가지고 있는 세포는 그 세포에 의하여 만들어지는 모든 단백질을 실제로 완성시킬 수 없다. 그러므로, 억제 tRNA를 함유하는 세포는 정상적인 해독 과정에서 기능을 발휘할 수 있는 부가적인 야생형 tRNA를 언제나 가지고 있어야만 생존할 수 있다.

만일 한 세포가 어떤 UAG 억제인자를 가지고 있다면 하나의 UAG 종결 코돈에 의하여 종결되는 단백질의 생합성은 종결되지 못하기 때문에 억제 tRNA의 존재는

그 세포에 치명적인 존재가 될 것이다. 그러나 이와 같은 문제점을 해결할 수 있는 두 가지 방법이 있다:

1. 사슬 종결에 활성을 갖는 단백질 요인(factors, 9장 참조)은 UAG 코돈을 인식하는 tRNA가 존재할때도 사슬-종결코돈에 반응성을 발휘한다; 즉, 억제가 약하게 일어나기 때문에 종결이 될 수도 있다는 것이다.
2. 정상적인 사슬 종결시 UAG-UAA와 같은 서로 다른 두 종결코돈으로 이루어진 종결코돈쌍을 이용하는 경우가 가끔 있다. 그런 경우, UAG 억제인자는 그와 같은 이중-종결 단백질의 종결을 방해할 수 없다.

미스센스(missense) 돌연변이의 억제기작도 존재한다. 예를 들면, 발린(비극성)이 아스파르트산(극성)으로 치환되어 불활성화된 단백질이 아스파르트산 자리에 알라닌(비극성)을 삽입시키는 미스센스 억제에 의해 원상태로 회복되는 경우도 있다. 이와 같은 치환은 3가지 방법으로 일어날 수 있다. 즉, (1) 돌연변이 tRNA 분자가 안티코돈 고리의 변화에 의해 두 코돈을 인지한다. (2) 돌연변이 tRNA 분자가 부적절한 aminoacy tRNA synthetase에 의해 인지되어 잘못 아실화될 수 있다. (3) 돌연변이 synthetase가 다른 종류의 tRNA 분자내 아미노산을 결합시킬 수 있다. 위에서 언급한 여러 가지 유형의 억제인자의 실예가 알려져 있다. 미스센스 돌연변이의 억제는 그 효율성이 낮을 수밖에 없다. 만일 아스파르트산을 알라닌으로 치환하는 억제인자가 20%의 효율을 갖는다면, 그 세포에서 만들어지는 모든 단백질에서 적어도 한 분자의 아스파르트산이 치환되어 있을 것이며, 이런 경우 세포는 살아가기가 어려운 것이다. 미스센스 억제의 일반적 빈도는 약 1%이다.

## 돌연변이 유발원과 암 유발원을 조사하는 수단으로서의 복귀

발암원

환경오염물질로 작용하는 화학물질이 증가하고, 그리고 많은 **발암원들(carcinogens)**이 돌연변이 유발물질이라는 사실 때문에, 이들 물질의 돌연변이 유발에 대한 조사는 대단히 중요한 것이다. 어떤 물질이 돌연변이 유발원인가 아닌가를 조사하는 가장 간단한 방법은 세균의 영양성 돌연변이체를 사용하여 복귀 실험을 하는 것이다. 가장 간단한 복귀 실험은 일정수의 돌연변이체 세균을 돌연변이 유발물질이 들어있는 배지에서 평판 배양하면서 거기에서 생기는 복귀군체의 수를 세는 것이다. 만일, 어떤 물질이 돌연변이 유발물질이라면, 복귀군집 수는 배지에 그 화합물이 없을 때보다 증가할 것이다. 그러나 이런 간단한 실험으로는 많은 발암물질의 돌연변이성을 설명하지 못한다. 왜냐하면 이들 물질들은 직접적인 돌연변이 유발원(또는 암유발원)이 아니고, 동물의 간에서, 세균에는 없는 효소반응을 통하여 돌연변이 유발원으로 전환되기 때문이다. 이들 효소의 정상적인 기능은 여러 가지 유독물질로부터 생물체를 보호하기 위하여 그 독성물질을 비독성물질로 전환시키는 것이다. 이 효소가 어떤 인공적인 또는 자연에 존재하는 화합물과 만났을 때 아무런 해가 없는 이물질들을 돌연변이 유발물질이나 발암물질로 전환시키는 것이다. 이들 효소는 간세포의 소분획내에 함유되어 있다. 세균의 성장배지에 이 소분획을 첨가해주면 이들 물질이 효소적 활성을 갖는 물질로 변화시키기 때문에 간자체의 조건과 아주 유사한 조건하에서 그들의 돌연변이성 여부를 확인할 수 있다. 이것이 잠재성 암 유발원에 대한 **Ames 실험**의 기본 원리이다.

Ames 실험

Ames 실험에서 염기치환 돌연변이나 또는 틀변경 돌연변이에 의하여 생긴 히스티딘($His^-$)을 필요로 하는 *Salmonella typhimurium*의 돌연변이체들은 $His^+$로의 복귀 실험에 사용된다. 이 *Salmonella typhimurium* 돌연변이체가 자발적으로 복귀되는 빈도는 아주 낮으나 이 세균의 염기치환 돌연변이체나 틀변경 돌연변이체는 지금까지 알려진 돌연변이 유발원들에 의하여 쉽게 만들어진다. 극소량의 히스티딘만 고체 배지에 첨가되어도 개개의 세포가 성장을 개시하기에는 충분하나, 군체 형성에는 충분치 못하다. 최소량의 히스티딘은 배지에 부가해야 한다. 왜냐하면 대부분의 돌연변이 유발원은 DNA 복제가 활발하게 일어나는 세포에만 작용하고, 새로운 돌연변이체 표현형이 발현되려면 제2의 DNA 복제와 세포분열이 필요하기 때문이다. 소량의 쥐간 추출물과 약 $10^8$ $His^-$ 돌연변이체들을 각 플래이트(그룹 A=실험그룹)에 첨가시키고, 대조그룹(그룹B)에는 실험물질 대신에 물을 첨가한다. 대조구 그룹내 평판배지상에 나타나는 군체 수는 보통 5-10(이들은 자발적 복귀체들임)이다. 알려진 돌연변이 유발원이 존재할 때는 그룹 A내 각 플래이트 상에는 더 많은 군체가 나타날 것이다. 그룹A의 평판배지상에 나타나는 군체 수는 실험하려는 물질의 농도에 의존된다. 그리고 이미 알려진 돌연변이 유발물질일 경우에는 돌연변이 물질(또는 암유발물질)로서의 효력에 따라서 달라진다.

수천가지 물질과 혼합물들(공업용 화학물질, 식품첨가물들, 살충제, 머리염색약 등)을 가지고 Ames 실험은 하지 않았지만 의심하지도 않았던 수많은 물질들이 이 실험에서 복귀를 촉진시키는 것으로 알려졌다. 이것은 그 물질이 명확한 암 유발물질이라는 것을 의미하는 것은 아니나, 그럴 가능성이 높다는 것이다. 이런 검사결과, 많은 산업체들이 그들 상품들을 돌연변이 유발원이 아닌 것으로 개량하였다. 어떤 물질이 암유발물질이란 결론을 내리기 위해서는 실험동물에서의 암 형성 실험을 해보아야 한다. Ames 실험과 여러 가지 다른 미생물학적 실험은 동물을 대상으로 하여 직접 실험해 볼 필요가 있는 물질의 수를 줄이기 위하여 사용되는 것이다. 이에 대한 근거는 현재까지 동물 실험 결과 발암물질로 알려진 300가지 이상의 물질들 중 다만 몇 퍼센트만이 Ames 실험에서 복귀빈도를 증가시키지 않았기 때문에 이는 Ames 실험에서 복귀 빈도를 증가시키는 물질은 그의 상당수가 발암물질일 가능성이 높다는 것이다.

## DNA 회복 기작

유전정보를 보전 유지하는 것은 세포의 생존에 필수적이다. 이것이 생물이 DNA 회복기작을 다양하게 발전시켜 온 이유이다. 그 과정은 DNA 복제때 시작되어 복제후 기간까지 여러 가지 형태로 계속된다. 이제, 복잡한 DNA 회복기작에 대하여 생각해 보기로 하겠다.

# 자연 돌연변이와 그의 회복

자연 돌연변이란 돌연변이 유발물질에 의하지 않고 자연적으로 생기는 돌연변이를 말한다. 자발적 돌연변이는 ① DNA 복제착오나 또는 ② DNA 분자내에 이미 존재하고 있는 어떤 누클레오티드가 자발적으로 변화됨으로써 생긴다.

오결합 회복

7장에서 이미 설명한 바와 같이, DNA 중합효소는 때때로 양친 가닥내에 있는 주형 염기와 수소결합을 할 수 없는 잘못된 염기의 통합을 촉매하기도 한다. 그런 착오는 이 효소의 편집기능(editing or proofreading function)에 의하여 일반적으로 교정된다. 교정되지 않았을 경우에는, **오결합 회복(mismatch repair)**이라고 불리우는 제 2의 교정계가 잘못 짝지어진 염기를 처리한다(그림 10-4). 오결합 회복과정에서, 수소결합이 이루어지지 않은 염기쌍은 잘못된 것으로 인식되어 한 폴리누클레오티드 절편이 한 가닥으로부터 잘려져 나감으로써 잘못 짝지어진 염기쌍 중 한 염기가 제거된다. 착오를 올바르게 회복시키기 위해서는, 오결합 회복계는 양친 가닥에 있는 올바른 염기를 딸가닥에 있는 잘못된 염기와 구분할 수 있어야 한다. 대장균의 경우, 결정적인 정보는 염기서열 G-A-T-C내에 있는 **아데닌의 메틸화 반응** 유무에 의하여 제공된다. 이들 염기들은 DNA 분자내 어디서도 발견되지 않는 메틸기를 가진다. 이 염기서열내 아데닌의 메틸화 반응은 DNA 복제와 관련이 있다. 하여튼, 메틸화반응은 복제 갈래에서는 일어나지 않고, 나중에 진행된다. 그러므로, 양친가닥은 완전히 메틸화되어 있으나, 복제 갈래 가까이 있는 새로 합성된 딸가닥은 아직 메틸화 되지 않는다. 이 잘못짝짓기 회복계는 각 가닥의 메틸화 정도를 인식하므로, 만일 오결합이 발견되면, 메틸화가 덜된 가닥 즉, 딸가닥으로부터 누클레오티드들을 우선적으로 잘라낸다(그림 10-4). 따라서, 양친 가닥이 언제나 주형이 되므로 회복계는 잘못 통합된 것만을 교정해 준다. 그러나, 편집기능과 오결합 회복계가 있음에도 불구하고 때때로 다 교정되지 않고 돌연변이가 생기는 경우가 있다.

자발적인 돌연변이는 누클레오티드 염기에 이성질성 변화가 생겨서 유발되는 경우도 있다. 4가지 질소 염기 각각은 드문 현상이기는 하나 전혀 다른 수소결합성질을 가지는 변화된 **이성질체**(tautomer)로 존재하기도 한다(그림 10-2). 아데닌과 시토신의 드문 이미노형(**A*와 C***)은 각각 시토신과 아데닌하고 염기쌍을 이룬다. 반면에, 티민과 구아닌의 드문 에놀형(**T*와 G***)은 각각 구아닌과 티민하고 수소결합을 한다. 하나의 염기는 정상적인 형태로 통합되어진 후에 이성질적으로 변화된다. 이들 드문 이성질체가 주형가닥에 존재 할 때에는 다음 DNA 복제시 딸 DNA가닥 내로 옳지 않은 염기를 통합시키게 된다(**유사염기(base analogues)**라고 불리워지는 돌연변이 유발원들이 이성질적 변화를 일으키면, 후에 그림 10-3에서 보게 될 현상과 유사한 현상들이 일어난다).

유사염기

**탈퓨린반응(depurination)**이란 누클레오티드의 데옥시리보스와 염기(이 경우는 퓨린)사이의 *N*-글리코시드 결합(N-glycosylic bond)이 끊기는 반응으로서, 이 반응이 일어나면, 질소염기가 제거된다. 그러한 손상이 DNA복제 전에 회복되지 않으면, 돌연변이가 생길 가능성이 아주 높다. 왜냐하면, **퓨린염기가 제거된 부위**에는 새로운 DNA가닥으로 정확한 상보성염기가 삽입되게 하는데 필요한 "정보"가 결여되어 있기 때문이다. 만일, 회복되기 전에 DNA 중합효소가 퓨린이 제거된 자리에 도달되면, 복제가 정지되든지 아니면 새로 합성되는 DNA 가닥으로 옳지 않은 염

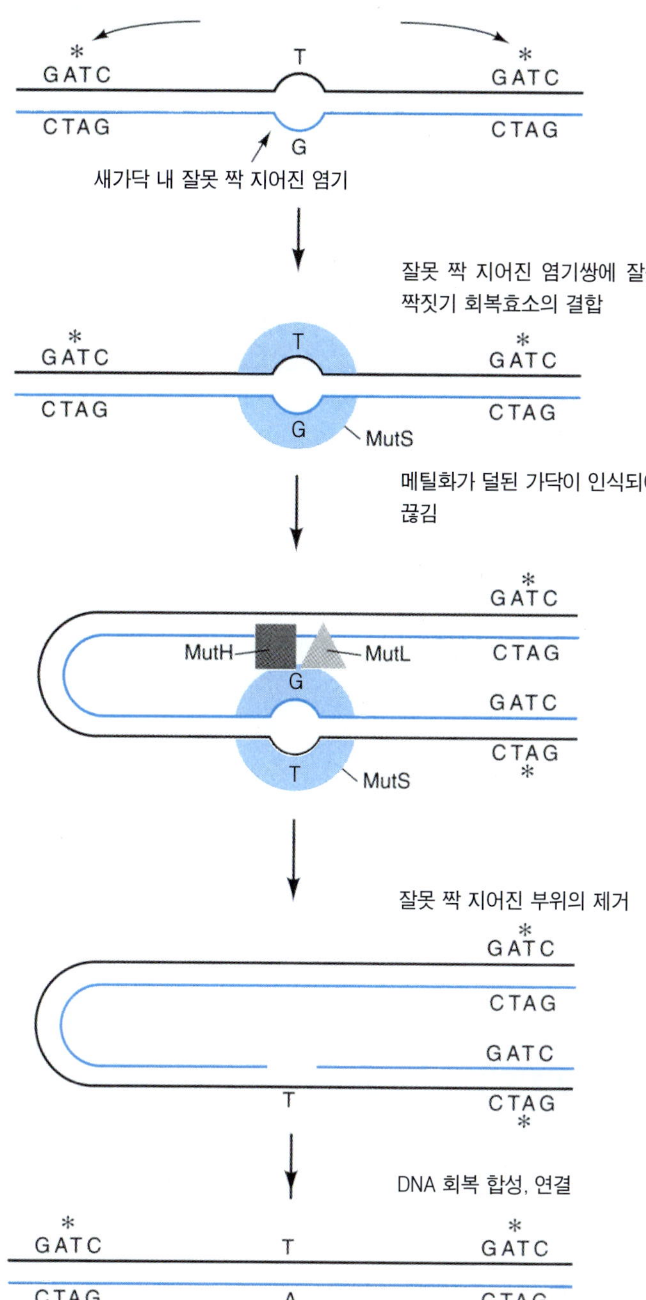


그림 10-4 오결합에 대한 대장균의 가능한 회복기작. 오결합 회복효소는 오결합된 염기쌍과 메틸화 반응이 덜 일어난 DNA의 딸가닥을 인식한다. 오결합 부분은 절제되고 정상적으로 회복된다.

기가 삽입될 것이다. 그렇게 되면, 다시 한번 AP endonucleases(AP= apurinic)란 효소가 관련된 특수 회복기작이 그러한 손상을 처리하게 되는데, 이에 대해서는 아래에서 논의하겠다.

탈아미노기 반응

**탈아미노기 반응**(deamination)은 돌연변이를 일으킬 수 있는 또 다른 현상이다. 보통 사람세포에서 평균 하루에 유전체 당 100개의 시토신에서 탈아미노기 반응이 일어나는 것으로 추정된다. 시토신이 아미노기를 상실하면 우라실이 된다. 한

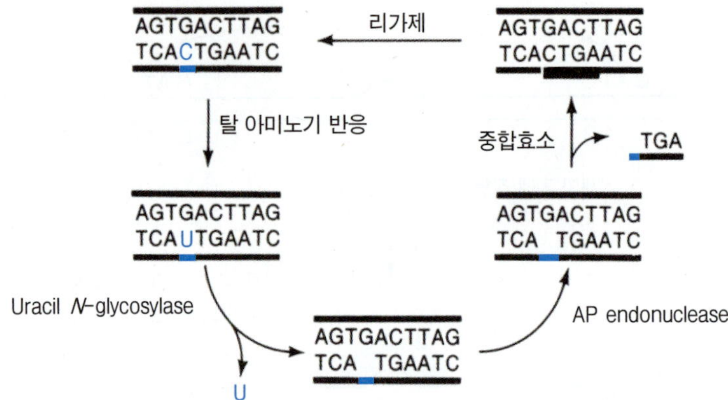


**그림 10-5** 탈아미노기 반응이 일어난 시토신의 회복과정. 잘못 삽입된 우라실도 동일한 기작으로 제거된다.

번의 복제 후에는 원래의 G-C쌍이 A-U쌍으로 대치되며, 또 한번의 복제가 이루어지면 A-T쌍으로 된다. 이것은 돌연변이이기 때문에, 세포들은 원치 않은 U를 C로 대치시키는 기작을 진화시켜왔다. 회복의 첫단계는(그림 10-5) **우라실 N-글리코실라제(uracil N-glycosylase)**에 의하여 우라실이 제거되는 것인데, 이 효소는 N-글리코시드 결합을 끊어서 골격에 있는 데옥시리보스로부터 분리시킨다.

우라실 N-글리코실라제

AP endonuclease란 제 2의 효소(일반적으로 퓨린이 없거나 또는 염기가 없는 부위에 작용함)가 손상된 자리의 5'쪽 DNA 중추를 끊고, 당-인산 잔기는 phosphodiesterase에 의하여 제거된다. 그 다음 DNA중합효소가 올바른 누클레오티드로 그 사이를 메꾸고 최후로 DNA 리가아제가 그 틈을 봉한다(이와 같은 회복과정은 이 장의 뒷부분에서 설명될 절제-회복이라고 불리우는 일반적인 회복기작의 한 예이다). 또한 아데닌의 탈아미노기 반응 결과 생긴 hypoxanthine을 제거하는 특정 glycosylase도 있다.

AP endonuclease와 함께 시작되는 이 회복기작(그림 10-5에 표시)의 뒷부분은 퓨린제거반응에 의하여 사라진 염기의 회복시에 사용된다.

## 돌연변이 다발지역과 5'-methylcytosine의 탈아미노기 반응

만일 하나의 유전자내 100군데에서 돌연변이가 생겼다면 그 돌연변이 부위는 DNA의 각 부위에 거의 균등하게 분포되어 있을 것이다. 그러나, 어떤 부위에서는 다른 부위보다 100배 정도 돌연변이가 많이 일어나는데, 이런 부위를 **돌연변이 다발지역**(hot spots)이라 한다.

돌연변이 다발지역

전형적인 DNA 분자내에 존재하는 시토신 중 약 4%는 메틸화되어 5'-methylcytosine(MeC)상태로 존재한다. 메틸시토신(그리고 다른 메틸화된 염기들)의 역할은 대부분 명확히 밝혀지지 않았다. 이 장의 앞부분에서 잘못짝짓기 회복과정에서의 아데닌 메틸화의 역할을 설명하였으며, 13장에서 시토신 메틸화의 역할을 설명하겠다. 하여간, 메틸화된 시토신은 유전적으로 해롭지 않고, 그 염기의 수소결합 성질에도 변화를 주지 않는다. 구아닌과의 MeC 염기쌍은 시토신의 경우와 꼭 같다.

MeC로부터 자발적으로 탈아미노기 반응이 일어나면, 심각한 상황이 일어난다. MeC로부터 탈아미노기 반응이 일어나면, 그것은 5'-methyluracil이 되는데 이것이 바로 정상적인 티민염기이다. 그러므로, G-MeC 염기쌍은 G-T 염기쌍으로 되고, 다시 한번 복제되면 A-T 쌍이 된다. 주된 잘못짝짓기 회복계는 G-T 쌍을 G-C 쌍으로 다시 교정할 수 있다.

그러기 위해서는 반드시 양친가닥과 딸가닥 사이의 아데닌 메틸화 반응의 정도를 구분할 수 있어야 한다. 불행히도, 아데닌 메틸화계에 의하여 두가닥이 똑같이 메틸화 되었을 경우에도 복제되지 않는 DNA(예, 휴지기 세포 또는 파아지에서)에서 탈아미노기 반응이 자발적으로 일어난다. 잘못짝짓기 회복계는 G-C 쌍이 옳다고 신호를 받지 못하고 G-T 쌍을 A-T 쌍으로 전환시킬 수도 있다. 결과적으로 돌연변이 빈도는 MeC자리에서 아주 높을 수 있다. 주어진 G-MeC 쌍이 A-T로 전환되었을 경우, 한 유전자 산물의 활성에 영향을 줄 수 있도록 한 아미노산이 치환되었을 경우에만 돌연변이체가 생긴다. 그와 같은 MeC자리들은 그리 많지 않기 때문에 돌연변이 다발지역은 특별히 빈번하게 존재하는 것은 아니다. 몇 유전자와 돌연변이 다발지역 돌연변이체 유전자의 염기서열을 조사한 결과 MeC가 자발적으로 돌연변이를 유발하는 대부분의 돌연변이 다발지역의 원인임을 밝혀냈다.

MeC의 탈 아미노기 반응 결과를 교정할 수 있는 회복계가 있다. 특정 잘못짝짓기 회복계 효소는 잘못 짝지어진 G-T 염기쌍을 인식해서 언제나 구아닌보다는 잘못 짝지어진 티민을 제거해서 올바른 (G-C)염기쌍이 다시 만들어지도록 할 수 있다. 새로운 시토신은 후에 다시 메틸화 될 수 있다.

## 직접 반전에 의한 회복

변화된 염기들을 회복시키기 위한 가장 간단한 기작은 DNA 분자의 대수술 없이 그들을 정상적으로 반전시키는 것이다. UV에 의하여 DNA내에서 형성되는 피리미딘 이합체의 경우(그림 10-1 참조), 이들 이합체는 이들을 인식해서 그것들에 결합하는 한 효소에 의하여 아주 간단히 반전될 수 있다. **포토리아제(Photolyase)**라 불리우는 이 효소는 가시광에 의하여 활성화된 후 그 이합체를 끊어서 정상적인 피리미딘으로 만든다. Photolyase는 여러 형태의 세포에서 발견은 되나, 피리미딘 이합체상에서 광(300-600nm)에 의하여 활성화 될 때만 작동한다.

직접적인 반전의 또다른 예는 DNA내 $O^6$ 메틸구아닌을 인식해서 그것으로부터 메틸기를 제거해서 그 고유의 시스테인에 결합시켜주는 methyl-transferase (alkyltransferase 일종)이다. 이와 같은 교환 반응을 통하여 DNA 내에 정상적인 구아닌이 복원되나, 그 효소는 불활성화된다. MMS와 같은 알킬화물질에 의하여 야기되는 손상을 회복시키는데 사용되는 이와 같은 특별한 회복계는 회복될 $O^6$ 메틸구아닌 한 분자마다 하나의 완전한 단백질 분자가 소비된다는 사실이 특이적이다.

## 절제회복

DNA의 여러 가지 구조적 결함을 치유할 수 있는 회복계 중 가장 보편적인 회복계가 절제회복(excision-repair)이다. 다단계로 이루어지는 이 효소적 과정은 대장균(그것이 대장균에서 처음으로 발견됨)에서 가장 잘 밝혀졌다. 절제회복은 피리미딘 이합체가 photolyase없이 DNA내에서 회복될 수 있는 기작이다. 대장균에서와 마찬가지로, 절제회복의 필수적인 과정이 그림 10-6에 설명되어 있다. 여러 가지 변형된 절단-깁기 회복계가 다른 생물에도 존재한다. 이 회복계의 첫단계인 **절제단계**는 회복 endonuclease가 티민 이합체에 의하여 생성된 뒤틀린 부분을 인식해서 티민 이합체가 있는 곳으로부터 5'쪽을 8개의 누클레오티드 떨어진 부위의 당-인산 결합을 끊고, 3'쪽으로는 4-5개의 누클레오티드만큼 떨어져 있는 당-인산 결합을 끊어서, 결과적으로 12-13 누클레오티드 부위를 제거한다. 대장균의 경우, 세 가지 유전자(*uvr*A, *uvr*B 그리고 *uvr*C) 산물이 절제과정에서 필요하다. 다른 계에서는, 하나의 절제만 일어나도 회복이 시작된다. 그림 10-6에서 제시된 절제 위치에서 티민 이합체를 함유하는 잘린 부위 끝에는 5' -P기가 있고, 다른 쪽에는 3'-OH기가 있다. 3'-OH기에는 중합효소 I 이 결합하여 티민 이합체를 가지고 있는 DNA 절편을 동시에 대치하면서 새로운 가닥을 합성한다. 이 과정의 마지막 단계에서, 리가아제가 새로 합성된 절편을 원래의 DNA가닥에 결합시킨다.

이와 같은 절제-회복계는 게놈의 필수지역, 특히 발현된 유전자내에 위치한 피리미딘 이합체를 더 잘 회복시키는 것으로 알려져 있다. 활발하게 전사되고 있는 유전자의 경우, 그 회복은 mRNA 합성을 위한 주형으로서 사용되고 있는 가닥을 선택적으로 표적으로 삼는다. 피리미딘 이합체가 전사를 저지시켜서 어떤 필수적인 유전자의 발현을 억제한다면 직접 그 세포를 죽일수도 있기 때문에 그와 같은 선택적 처리현상은 의미가 있다.

포유동물 세포의 염색질 구조는 대장균과 같은 세균에서의 그것보다 훨씬 더 복잡하다. 그러므로, 절제 과정에서 보다 많은 여러 가지 효소를 필요로 한다. 손상된 DNA 절편을 인식해서 절제하는 데는 적어도 한 다스의 서로 다른 효소가 관련된다. **Xeroderma pigmentosum(XP)**으로 알려진 아주 드문 유전적 장애를 가지고 있는 사람은 아주 짧은 시간동안만 태양광선에 노출되어도 피부암이 생기는 경향이

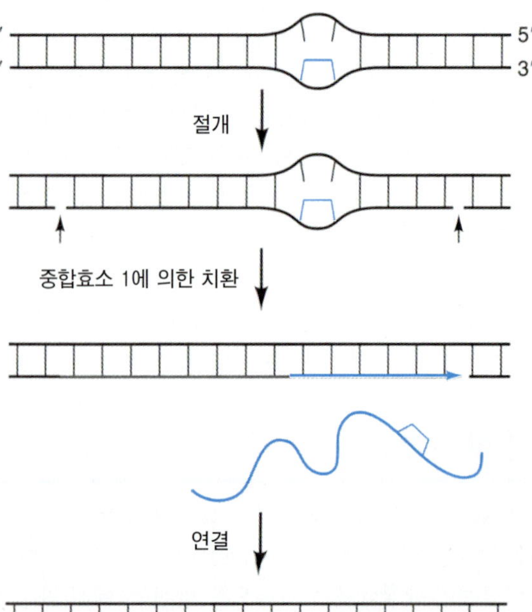


그림 10-6 "절단-깁기"("cut and patch") 기작에 의한 티민 이합체의 절제-회복 모식도. 티민 이합체와 회복된 부위는 청색으로 표시하였다.

있다. 최근 연구결과에 의하면, XP란 유전장애는 사람의 절제-회복과정의 여러 단계에 관련되는 7가지 유전자중 어느 하나의 유전자에 돌연변이가 생겼기 때문임이 밝혀졌다. XP 환자로부터 분리한 세포는 UV에 민감하고 그들의 DNA로부터 티민 이합체를 제거하는 능력이 감소되어 있다. Cockayne 증후군이라고 알려진 또 다른 유전병은 UV에는 민감하나, 피부암은 생기지 않는다. Cockayne 증후군 환자는 신경학적이나 발생학적으로 비정상적인 특징을 가지고 있다. 절제-회복과정에 관여하는 유전자들 중 어떤 유전자는 이중적 역할을 하는 것으로 생각된다. 사실상, 손상된 DNA 절편이 풀리는데 관여하는 단백질 중 어느 한 단백질(XPB 유전자 산물은 helicase로서의 기능을 수행한다)은 아주 중요한 전사 요소(TFⅡH)의 한 구성분으로서의 기능도 수행한다. TFⅡH 전사요소는 모든 단백질 유전자의 활성을 조절하는 것으로 알려졌다. 이와 같은 사실은, Cockayne 증후군 결함이 있을 경우, 앞에서 설명한 바와 같이 발현된 유전자의 회복을 우선적으로 시키는 이유를 설명해 줄 수도 있다.

## 재조합 회복

앞에서 설명한 절제 회복계는 많은 티민 이합체와 다른 손상을 제거해 준다. 그러나, 회복을 위하여 충분한 시간이 경과하기 전에 많은 이합체는 다양한 세포기능에 장애를 일으킨다. 이러한 잔존 이합체에 의한 해로운 영향은 유전적 재조합계에 의하여 수행되는 재조합회복에 의하여 제거된다.

재조합 회복 기작을 논하기 위해서는 DNA 복제에 대한 티민 이합체의 영향을 알아야 한다. 중합효소Ⅲ이 티민 이합체에 도달하면, 복제 갈래는 앞으로 진전이 안된다. 티민 이합체는 계속 두 개의 아데닌과 수소결합을 할 수 있다. 그러나, 이합체는 나선을 뒤틀리게 하며 아데닌이 정상사슬에 첨가되면, 중합효소Ⅲ은 마치 잘못 짝짓는 염기가 부가된 것처럼 뒤틀린 자리를 인식하게 되고, 교정기능이 아데닌을 제거한다. 그와 같은 순환이 다시 시작된다. 즉, 아데닌이 부가된 다음 다시 제거된다. 따라서 중합효소는 그 이합체 자리에 머물러 있게 된다. (이와 유사한 일은 이합체 대신, 방사선이나 화학적 변화에 의해 염기쌍을 짓지 못하는 염기가 생겼을 경우에도 일어난다) 자외선 조사 후 이러한 현상이 생긴다는 것은 자외선에 의하여 유도되는 공전(idling) 과정이 존재한다는 것으로서도 증명된다. 디옥시리보누클레오시드 삼인산이 어떠한 DNA 합성도 일어나지 않고 일인산으로 빨리 분해되는 것이다(즉, 복제 갈래의 진전이 없다). DNA 합성이 영구히 정지된 세포는 복제를 완성할 수 없기 때문에 분열도 안된다.

DNA 합성이 재개될 수 있는 다음과 같은 두가지 방법이 있다 – **이합체 후 개시(postdimer initiation)**와 **이합체통과 합성(transdimer synthesis)**.

세포가 티민 이합체를 처리할 수 있는 한 방법은 그 이합체를 넘어서 아마도 다음 Okazaki 단편의 시작지점에서 사슬 성장이 다시 시작되는 것이다(그림 10-7). 그 결과 딸 가닥에는 커다란 틈이, 제거되지 않은 티민 이합체가 있는 곳마다, 하나씩 있게 될 것이다. 그러한 상태로 복제가 계속 된다면 티민 이합체를 가진 주형가닥에서는 큰 틈이 있는 딸가닥이 계속 만들어지기 때문에, 딸세포는 생존할 수 없다. 그리고 일련의 틈새를 가진 첫번째 딸가닥은 성장갈래가 그 틈새에 도달하면 조각나게

그림 10-7 티민 이합체(연결된 선으로 표시된 것)에 의하여 복제가 차단되면, 그 이합체로부터 몇 개의 염기 앞에서 복제가 다시 시작된다. 검정부분은 UV가 조사된 양친 DNA 절편이다. 청색 지역은 오른쪽에서 왼쪽으로 합성되는 딸가닥이다. 딸가닥에는 틈이 있다.

될 것이다. 그러나, **자매가닥 교환(sister strand exchange)**으로 알려진 재조합 기작에 의하여 적당한 이중가닥 DNA 분자가 생산될 수 있다.

자매가닥 교환의 근본적인 골자는 아무런 결합이 없는 단일가닥절편이 상동성 DNA 가닥으로부터 끊겨서, 복제시 티민 이합체의 우회(bypass)에 의하여 생긴 틈 속으로 삽입된다는 것이다(그림 10-8). 이 재조합 현상에는 RecA 단백질이 필요하다. 조각이 절제에 의하여 생긴 공여 분자내 틈새는 중합효소 I 과 리가아제에 의하여 회복된다. 만일 이와 같은 교환과 틈새메꿈이 티민 이합체 모두에서 진행된다면, 완전한 두 딸가닥이 형성되어 다음 DNA 복제시 정상적인 DNA 분자 합성을 위한 주형으로서의 역할을 할 것이다. 만일 반대가닥에 두 개의 티민 이합체가 너무 가까이 존재한다면, 절제 가능한 손상되지 않은 자매가닥 절편이 없기 때문에 재조합 회복계는 기능을 발휘하지 못할 것이다. 재조합 회복계의 자세한 분자적 기작은 아직 밝혀져 있지 않기 때문에 그림 10-8에 제시한 모형은 우리들의 현재까지의 지식을 반영하는 가설에 지나지 않는다.

재조합 회복은 중요한 기작이다. 왜냐하면, 절제 회복이 모든 티민 이합체를 제거하는데 걸리는 많은 시간동안 복제가 지연되는 것을 막아주기 때문이다. 절제회복계에 의하여는 제거될 수 없는 몇몇 손상도 있는데 예를 들면, 나선 뒤틀림은 유발시키지 않으나 DNA 합성은 정지시키는 변화이다.

절제회복과는 달리 재조합 회복은 DNA 복제후에 일어나기 때문에, 재조합 회복을 **복제후 회복(postreplicational repair)**이라고도 한다. 그러나, 회복되는 것은 티민 이합체가 아니라 딸 가닥내에 생기는 틈새라는 것을 간과해서는 안된다.

티민 이합체와 다른 나선 뒤틀림 손상은 DNA 중합효소의 전진을 방해함에도 불

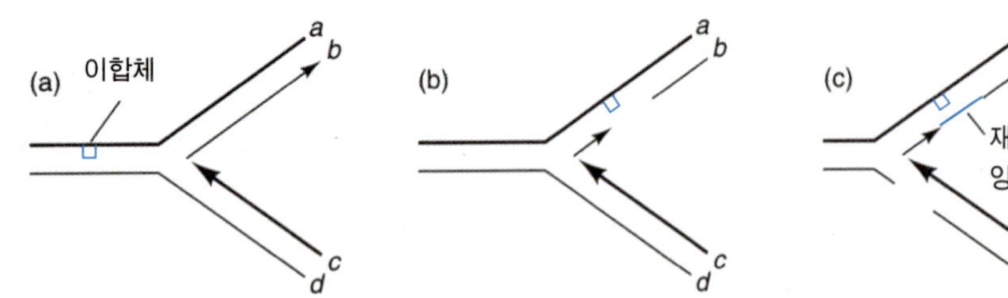


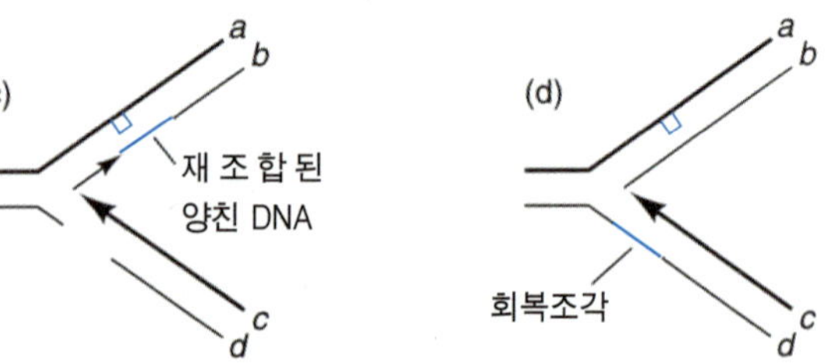


그림 10-8 재조합적 우회. (a) a가닥에 티민 이합체(청색 4각형)를 함유한 한 분자가 복제되고 있다. (b) 그 이합체가 있는 곳에서 복제가 차단되어 오카자키 절편이 완성되지 않기 때문에 빈 공간이 생긴다. (c) 그 공간은 d가닥의 한 절편을 이용한 자매가닥 재조합 현상에 의하여 메꾸어진다. 그 대신 d가닥에 공간이 생긴다. (d) 딸가닥c는 가닥 d내에 있는 공간을 메꾸기 위한 DNA 합성의 주형으로 사용된다. UV 조사후 합성되는 DNA는 청색으로 표시했다. 굵은 선과 가는 선은 같은 방향성을 갖는 가닥임을 보이기 위한 것이다.

구하고 포유동물 세포를 포함한 대부분의 세포들은 재조합 가닥 교환에 의지하지 않고 수많은 기존 손상에 견딜 수 있다. 어쨌든, 비 암호지역에서는 높은 착오율을 나타내기는 하지만 복제는 손상을 극복할 수 있다.

# SOS 반응

대부분의 DNA 회복 기작은 항구성(즉, 언제나 활성상태)이나 몇몇 경우는 억제된 복제갈래와 같은 특정 신호에 반응하여 활성화되기도 한다. 가장 현저한 것은 **SOS 반응계(SOS response system)**인데 이는 대장균의 경우 두 유전자 *rec*A와 *lex*A의 산물이 DNA 회복에 관여하는 많은 다른 유전자의 발현을 조절하는 아주 복잡한 조절계이다(그림 10-9). 이들 유전자 중 어떤 것들(*uvr*A와 *urr*B)은 절제회

SOS 반응계

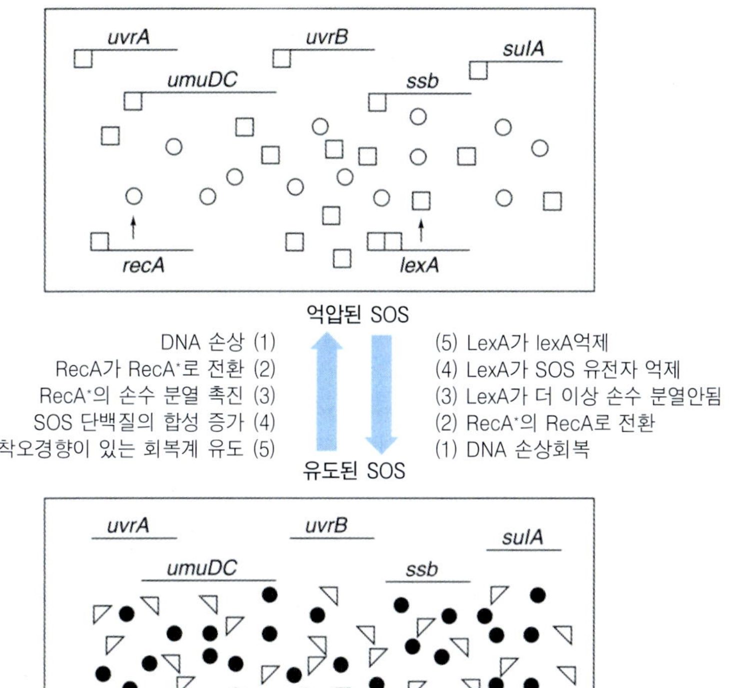


그림 10-9 SOS 반응. 유도되지 않은 세포내의 RecA 단백질[○]은 활성화되지 않기 때문에 LexA 단백질[□]의 자체-가수분해을 촉진시키지 않는다. LexA단백질은 *rec*A유전자와 lexA유전자 자신(즉, 그것은 자동조절됨)을 포함한 여러 가지 다른 유전자들의 전사를 중단시키는 억제자로서 작용한다. DNA의 손상이 RecA 단백질을 RecA*[●]로 활성화시켜서 SOS 반응을 유도한다. RecA*는 LexA 단백질(▽)의 자체 분해와 λ억제자를 포함한 다른 단백질들의 분해를 촉진시킨다. LexA 단백질이 분해되면, 억제자로서의 기능을 상실하게 되고 그 결과 LexA 단백질에 의하여 조절되는 모든 유전자들의 전사가 시작된다. SOS 유전자들이 DNA 손상을 일단 회복시키면, RecA*는 다시 RecA로 되고, LexA는 그 이상 분해되지 않기 때문에, LexA가 축적되어 SOS 유전자는 다시 억제된다.

복에 관련된 유전자이며 *umuC*와 *umuD* 같은 다른 것들은 해로운 손상부위를 우회하여 복제가 계속될 수 있도록 도와주는 유전자인 것 같다. 티민 이합체가 있는 지역을 넘어서 DNA 복제가 계속되기 위해서는 중합효소III의 편집기능이 완화되어야 한다. 그렇지 않으면 이합체에 의하여 생긴 나선 뒤틀림이 polIII의 3'→5'편집활성을 야기시켜서 복제갈래가 그곳에서 정지된다. 편집기능의 완화는 유전적 위험성을 야기시킨다. 이는 **착오유발 DNA 복제(error-prone DNA replication)**로 이끌기 때문에 정상적인 돌연변이 유발빈도 보다 높은 돌연변이를 유발시킨다. 이러한 것은 세포에 유해하기 때문에 정상적인 조건하에서 착실한 DNA 복제를 유지시키기 위해서는 SOS 반응에 관련된 유전자들의 발현은 신중하게 조절되어야 한다. 어떤 형태로든 잠정적으로 치명적인 DNA 손상이 있을 때에는 세포의 생존을 위한 마지막 노력으로서 그 회복계가 작동된다(그러므로, 이름을 "SOS" 반응이라 한다). 결과적으로 증가된 돌연변이 유발로 말미암아 SOS 계를 유도하는 유해한 환경에 더욱 잘 적응하여 살수 있는 자손이 만들어질 수도 있을 것이다.

SOS 반응계에 관여하는 유전자들은 보통 "꺼짐" 상태로 존재한다. 이는 *lexA* 유전자 산물인 LexA 억제자에 의하여 이루어지는데, LexA 억제자는 각 유전자 가까이에 있는 오퍼레이터 서열에 결합하여 그의 전사를 방해한다. LexA는 그 자신의 발현도 억제하기 때문에 이 단백질은 일상적으로 소량만 합성된다(진핵생물의 유전자 발현의 조절은 11장에서 보다 상세히 논의하겠다). RecA 단백질은 SOS 반응에서 서로 다른 두가지 상보적인 역할을 한다. 첫째, DNA 중합효소III의 편집기능을 억제한다. 이 단백질은 티민 이합체를 함유한 DNA 분자의 뒤틀린 지역에 결합되어 있다가 polIII가 이 지역에 도달하면 편집기능에 관련된 중합효소의 소 단위체와 상호작용하여 polIII의 편집기능을 억제시켜서 DNA 복제가 계속 진행되게 한다.

RecA 단백질이 단일 가닥 DNA에 결합하면 또 다른 제 2의 효과를 갖는다. 즉, 결합됨으로써 RecA 단백질의 구조가 변한다(→RecA*). 이 활성화된 RecA* 단백질은 LexA 억제자를 가수분해 시켜서 LexA 단백질을 불활성화 시킨다. 억제자가 불활성화되면, SOS 반응에 관련된 모든 유전자가 발현되어 DNA 회복에 필요한 모든 단백질이 합성된다(*lexA* 유전자도 높은 수준으로 발현은 되나, 그 억제자는 활성상태의 RecA*가 존재하는 한 계속 분해된다). 결국, DNA 회복은 완성되고 RecA 단백질은 다시 그의 가수분해 활성을 상실하게 된다. 그렇게 되면, LexA 억제자의 농도는 다시 증가하여 SOS 반응에 관련된 모든 유전자의 발현은 다시 억제되고 polIII도 다시 그의 편집기능을 회복하게 된다.

SOS 계의 존재는 25년 전에 확인되었고, 그 후부터 그의 기작이 밝혀지기 시작했다. 그림 10-10에 설명되어 있는 실험은 대장균에 도말된 UV를 조사한 λ파아지의 생존곡선이다. 낮은 양의 UV로 조사된 세균숙주에 UV를 조사한 파아지를 접종시켰을 때 UV를 조사한 파아지의 생존율이 현저히 증가하였다. 그러나, 그러한 경우에 살아남은 파아지 가운데 높은 돌연변이율이 얻어졌다. 이와 같은 현상은 SOS 계 때문으로 판단된다. 세균에 낮은 양의 UV를 조사하면 손상된 파아지의 SOS 착오 유발 복제를 활성화시킨다(이미 알고 있는 바와 같이, 파아지 DNA의 복제시 사용되는 효소는 숙주세포의 효소이다).

열충격, 산화적 DNA 손상 또는 $O^6$ 메틸구아닌을 생산하는 물질 등과 같은 여러가지 형태의 환경 스트레스에 대한 세포의 반응은 유도적인 것들이 많다. 후자의 경

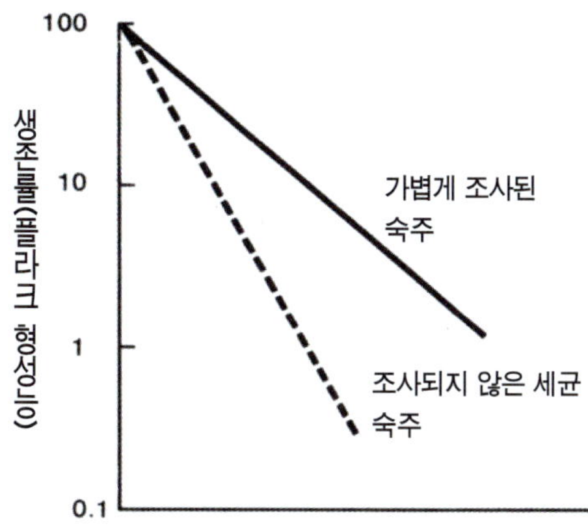


그림 10-10 자외선을 조사받은 λ파아지의 자외선 재활성화. 절선은 각각 다른 양의 UV를 조사받은 λ파아지를 조사되지 않은 세균에 감염시켰을 때 얻어진 생존곡선(플라크-형성능)을 나타내는 것이다. 굵은 선은 자외선을 조사받은 λ파아지를 약간의 자외선을 조사받은 세균에 감염시켜서 얻어진 플라크-형성능을 나타낸 것이다.

**핵심개념**

**"DNA 회복" 개념**

이중나선 DNA는 원래 화학적으로 안정성을 가지고 있지만 때때로 손상을 입는다. 그러므로, 세포가 적절하게 기능을 발휘하기 위해서는 손상부위가 계속적으로 회복되어야 한다.

우, 그 물질의 존재하에서 세포가 성장 할 때에는 methyltransferase 양이 100배 증가하여 그와 같은 환경에 대장균이 잘 적응한다.

# 미래의 실질적 응용

사람의 모든 암 중 50% 이상은 분자량이 53,000 Da인 단백질을 암호화하고 있는 p53 유전자의 돌연변이 때문으로 알려졌다. p53 유전자의 돌연변이로 말미암아 야기되는 암으로는 유방암, 뇌종양, 전립선암, 폐암, 간암, 췌장암, 대장암, 부신암, 연조직유종, 골수암, 림프종 및 흑색종 등이 있다. 정상적인 p53 유전자에 의하여 생성되는 단백질은 전사요소로서 종양 억제 작용을 하며, 세포분열주기, DNA 회복, 그리고 프로그램화된 세포 죽음 등의 조절과 관련되어 있다. DNA가 손상되면, p53의 발현이 증가하여 세포의 분열주기를 정지시키므로써 세포가 분열하기 전에 손상된 DNA가 회복될 수 있는 시간을 제공하는 것이다. DNA가 많이 손상된 세포에서는 p53 유전자는 세포의 괴사 (apoptosis)나 프로그램화된 세포의 죽음을 유발시킨다.

p53 유전자에 돌연변이가 일어나면, DNA 손상에 반응하여 야기되는 세포주기 정지현상은 일어나지 않는다. 여러 가지 다른 유전자에서 돌연변이가 축적되기 시작하여 결과적으로 어떤 형태의 암이 발생하게 된다. p53 유전자의 역할이 더욱더 밝혀지면, 이들 축적된 지식을 이용하여 암의 발생 가능성 및 화학요법에 대한 환자들의 반응 등을 예측할 수도 있을 것이다. 우리들은 특정형태의 암에 대한 효과적인 유전자 치료법까지도 고안할 수 있을 것이다. p53 유전자의 과잉발현은 높은 암유발 위험성과 관련이 있으며, p53 발현양의 조사는 암 유발 위험성이 높은 사람에 대한 좋은 진단수단이 될 수도 있다.

환자가 악성종양으로 진단되면, 그의 p53 발현양 분석은 전통적인 화학요법이 효과적인 치료법이 될 수 있는지를 판단하는데 결정적인 판단요인이 될 것이다. 전통적인 화학요법은 대부분 항암제가 종양세포의 괴사 (apoptosis)를 촉진하여 종양의 퇴화를 유도하는 능력에 의존한다. 돌연변이된 p53 유전자를 가지고 있고, 그의 p53 단백질이 과잉발현되는 환자의 경우, 종양은 전통적인 화학요법에 저항성이 있는 것 같다.

이제 p53 유전자의 특징이 밝혀졌기 때문에, 그 특징을 유전자 치료에 사용하려는 임상시험이 시작되었다. 간암, 머리와 목종양, 폐암, 그리고 구강암 등은 사람의 p53 동의인자들을 가지고 있는 재조합 아데노바이러스 운반체 (vectors)가 관련된 인간 유전자 치료의 시험대상이 되고 있다. 이들 시험의 예비결과는 고무적이다. 예를 들면, 머리와 목종양에 대하여 시행된 유전자치료의 경우, 환자 30명 중25명의 중양이 작아졌다. 연구자들은 p53 유전자 치료법은 여러 가지 암을 성공적으로 치료할 수 있다는 희망을 제공할 것으로 낙관하고 있다. 특히 화학요법과 병행하여 사용할 때에는 더욱더 효과가 클 것으로 생각한다.

## 요 약

돌연변이 유발이란 돌연변이(DNA 분자내 염기서열상의 변화)를 창출하는 과정이다. 돌연변이가 된 생물을 돌연변이체라 한다. 염기치환이란 하나의 누클레오티드에 변화가 생긴 것으로 미스센스 돌연변이(한 아미노산의 변화를 유발)일수도 있고 또는 넌센스 돌연변이(단백질 합성 종결 유발)일 수도 있다. 염기치환은 전위 즉, Py-Pu가 Py-Pu로 또는 전도, 즉 Py-Pu가 Pu-Py로 될 수 있다. 누클레오티드의 부가나 결실에 의해서 생기는 틀변경 돌연변이는 해독틀을 변화시킨다. 침묵돌연변이는 표현형상의 변화를 야기시키지 않는다. 조건돌연변이체의 표현형은 특정 조건하에서만 나타난다. 돌연변이는 자발적으로 일어날 수도 있고(잘못된 복제 착오 또는 자연 변화 때문에), 또는 물리, 화학적 돌연변이 유발물질에 의하여 유도될 수도 있다. 염기 유사체 돌연변이 유발원은 DNA복제시 정상적인 염기쌍 반응을 통하여 DNA속으로 통합되어 들어가게 되고, 그 상태에서 몇번의 복제가 계속되면 그들은 옳지 못한 염기쌍을 형성하여, 결국은 돌연변이를 유발시킨다. 화학적 돌연변이 유발물질은 DNA내의 기존 염기를 변화시켜서 그들의 염기쌍 성질을 변화시키든지 또는 착오가 많은 DNA 복제가 일어나도록 한다. 삽입물질은 DNA 내 인접 염기쌍 사이로 삽입되어 DNA 복제시 틀변형 돌연변이를 유발시킨다. 또한 유전자 안으로 삽입되는 전위요소나 또는 돌연변이되면 다른 유전자를 돌연변이 시키는 돌연변이 유발 유전자에 의하여도 돌연변이가 될 수 있다. 돌연변이 다발지역이란 돌연변이가 많이 일어나는 DNA 지역이다. 복귀 또는 억제란 돌연변이체의 표현형이 다시 야생형으로 되는 현상으로서, 이와 같은 현상은 같은 유전자(유전자내의)나 또는 다른 유전자(유전자간의)내의 또 다른 위치에서 변화가 생김으로써 일어난다. Ames 실험에서는 어떤 화학물질이 돌연변이 유발물질인지 아닌지를 판별하기 위하여 복귀현상을 이용한다.

생체내에서 일어나는 여러 가지 DNA 변화를 회복시키는 과정들이 있다. 오결합 회복계는 편집기능에 의하여 교정되지 않은 잘못된 염기를 대치시키는데 사용된다. 이 회복계는 수소결합을 하지 않은 염기쌍을 인식해서 옳지 못한 하나를 절제하고, 그 자리에 그에 타당한 염기를 부가한다. 탈 아미노 반응이 일어난 시토신의 회복은 uracil N-glycosylase란 효소가 관련된 회복계에 의하여 이루어진다. 티민 이합체의 회복에는 4가지 기작이 있다. Photolyase는 가시광선에 의하여 활성화되면 그 이합체의 cyclobutyl 고리를 절단하는 효소이다. 절제 회복계는 그 이합체의 양쪽을 끊어서 그 이합체를 함유한 가닥 부위가 다른 올바른 가닥으로 대치되게 한다. 재조합 회복과정에는 그 이합체 뒷부분에서 DNA 합성이 다시 시작되는 과정과 자매-가닥교환 과정이 내포되어 있다. 이와 같은 재조합 회복은 장기간의 DNA 복제지연을 억제시킨다. SOS 반응계도 역시 복제 지연을 억제해 주는데, 이 회복계는 티민 이합체가 있는 곳을 그대로 통과하면서 계속 DNA를 합성시킨다. 이런 경우 그 이합체가 있는 곳에서는 잘못된 염기가 통합되어 들어가는 율이 아주 높다.

## 연습문제

1. 5-브로모우라실(BU)이 돌연변이 유발원으로서 기능을 발휘하는 두가지 방법은 무엇인가?
   그것을 사용했을 때 어떤 형태의 돌연변이가 생기는가?
2. 트립토판 합성효소의 A 단백질에서 변화가 일어난 몇백개의 미스센스 돌연변이체가 수집되었다. 이 단백질 내에 존재하는 186개의 아미노산 위치에서 각각 하나 이상의 돌연변이체가 발견될 것이라고 생각되었으나, 30군데 미만에서만 하나 또는 그 이상의 돌연변이체가 발견되었다.
   왜 이와 같이 돌연변이체가 한정되었는지를 설명할 수 있는 몇가지 가능성을 제시하라.
3. 넌센스 억제인자(suppressors)는 돌연변이된 tRNA 분자이다. 그렇다면, 그와 같은 돌연변이에 의하여 원래 필요한 tRNA가 상실된 상태에서 어떻게 세포가 생존할 수 있는가?
4. 156개의 아미노산을 함유한 한 효소가 있다고 가정하자(이 숫자는 문제에서 중요한 의미를 가지지 않는다). 28번째 아미노산인 글루탐산이 아스파라긴으로 대치된 결과 효소의 활성이 상실되었다고 가정하자. 이 돌연변이 단백질내 76번째 아스파라긴이 글루탐산으로 대치된 결과 그 효소의 활성이 회복되었다고 가정하자. 정상적인 단백질의 28번과 76번 아미노산에 대하여 무엇을 말할 수 있는가?
5. 두 DNA 변화가 너무 자주 일어나므로 그들은 DNA 분자의 약한 지점이라고 생각된다. 이들 두 변화는 어떤 변화인가?
6. $Uvr^+$ 세균은 절제-회복계를 가지고 있다. UV가 조사된 T4파아지가 플라크를 형성하는 능력은 $Uvr^+$와 $Uvr^-$ 세균에서 같다. 이와 같은 사실을 어떻게 설명할 수 있는가?
7. 아래 나열된 효소 중 어떤 것이 대장균에서 티민 이합체와 아미노기가 없는 시토신의 회복에 모두 관련되는가?
   (a) DNA polymerase Ⅲ
   (b) Photolyase
   (c) Uracil N-glycosylase
   (d) DNA polymerase Ⅰ
   (e) AP endonuclease

## 문 제

1. 다음 아미노산 치환 중 어떤 것이 돌연변이체의 표현형을 유발시킬 수 있을까? 그 이유를 설명하라.
   (a) Pro → His
   (b) Lys →Arg
   (c) Ile → Thr
   (d) Ile → Val

(e) Ala → Gly
(f) Phe → Leu
(g) Try → His
(h) Arg → Ser

2. 1000개의 염기쌍을 함유하는 한 세균 유전자가 있다고 가정하자. 세균을 어떤 돌연변이 유발물질로 처리한 결과, 이 유전자내 돌연변이가 $10^5$돌연변이체 세포당 하나의 비율로 원상복구 되었다. 이들 돌연변이체 중 하나를 성장시켜서 이 돌연변이체 집단을 얻었다. 이 세균을 똑같은 돌연변이 유발원으로 처리하였을 때, 복귀체는 $10^5$세포당 하나의 비율로 발견되었다. 그 복귀체로부터 얻은 유전자 산물이 야생형 세포와 같은 아미노산 서열을 가졌다고 기대하는가? 설명하라.
3. 어떤 특정 돌연변이체는 완전히 불활성이다. 5-브로모우라실, 아질산, 그리고 UV등과 같은 돌연변이 유발원을 사용하여 복귀체를 찾아내려고 많은 노력을 했음에도 불구하고, 복귀체를 전혀 찾을 수 없었다. 원래의 돌연변이체에 어떤 종류의 돌연변이가 일어났다고 생각하는가? 복귀체를 얻기 위하여 당신은 어떤 돌연변이 유발물질을 사용하겠으며 그 이유는 무엇인가?
4. X라 불리워지는 세균의 한 회복계는 티민 이합체를 제거한다. 수집된 세균들 중에는 야생형($X^+$)과 $X^-$돌연변이체도 있다. UV를 조사받은 파아지를 $X^+$와 $X^-$ 세균에 접종하면, $X^+$세균에서 더 많은 플라그(plaques)가 생긴다. X효소가 유도적이란 것은 생존곡선 분석을 근거로 제안되었다. 이 제안을 확인하기 위하여 항생제 클로람페니콜(단백질 합성 억제제)의 존재하에서 UV를 조사한 파아지를 $X^+$와 $X^-$세균에 흡착시켰다. $X^+$세포에서는 티민 이합체가 제거되지 않았고, $X^-$세포에서는 50% 제거되었다. 클로람페니콜이 없는 배지에서도 똑같은 결과를 얻었다.
   (a) X는 유도계인가?
   (b) 클로람페니콜 존재하에서는 티민 이합체가 5% 제거되었고, 없을 때는 50%가 제거되었다고 가정하자. 당신의 결론은 어떻게 변할 것인가?

## 개념문제

1. 오존층의 파괴가 지구상의 생물체에 미치는 영향을 설명하라.(오존층이 파괴되면 더 많은 UV가 지구 표면에 침투된다). 그와 같은 상황의 결과는 무엇이라 생각하는가?
2. 세균, 과일파리, 개구리 및 사람 등 서로 다른 생물들은 각각 다른 형태의 DNA 손상을 입게 된다고 생각하는가?
3. DNA 손상-회복기작은 복제 착오를 우선적으로 회복시키고, 그 다음으로 환경적 영향으로부터 생긴 손상을 회복시키기 위하여 진화되었다고 생각하는가? 아니면, 그 반대라고 생각하는가?

# 세포에서 고분자 기능의 조절

# 제 11 장

**단원 학습목표**

1. 유전자 발현조절의 필요성과 전사의 양성 조절과 음성 조절의 차이
2. 특정한 오페론의 조절을 이해하는데 있어서의 돌연변이의 공헌
3. 여러 개의 특수한 오페론의 조절이 어떻게 달성되는가?

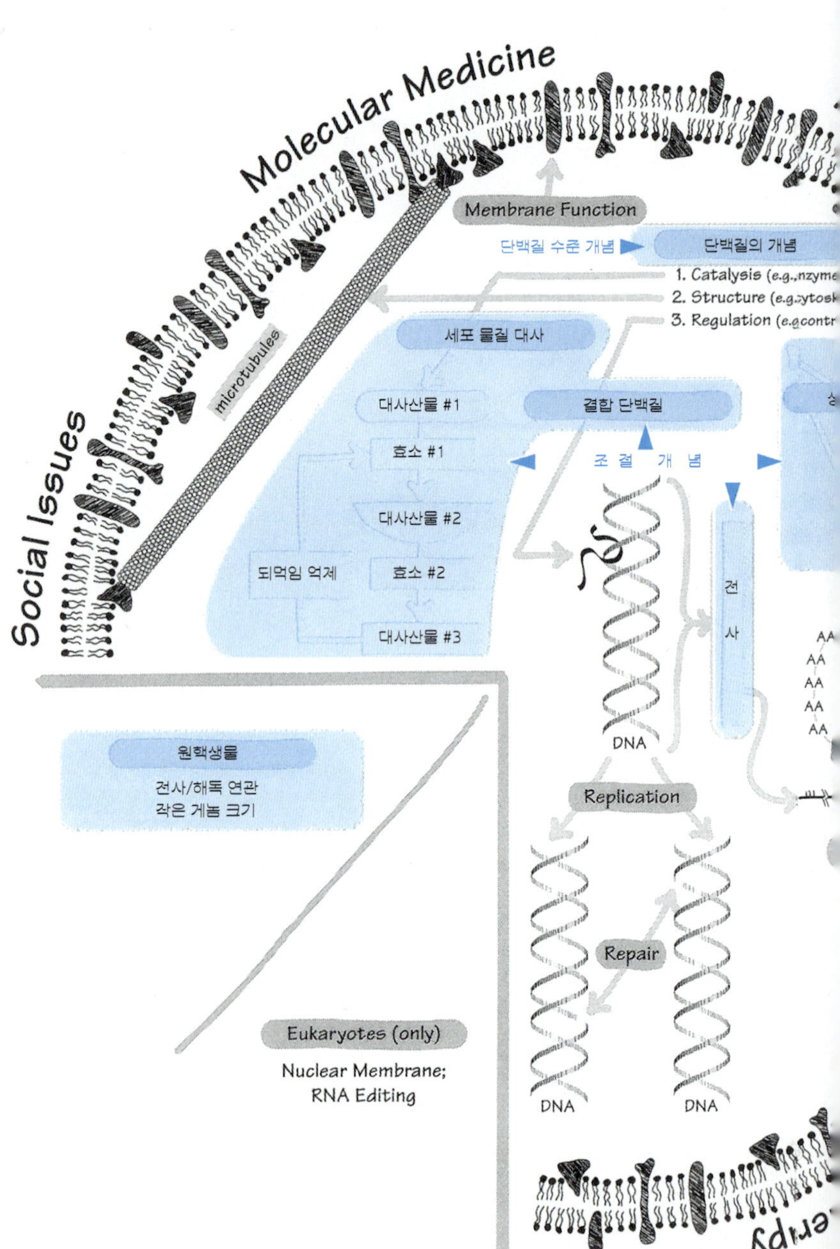

# 원핵세포의 유전자 활동 조절

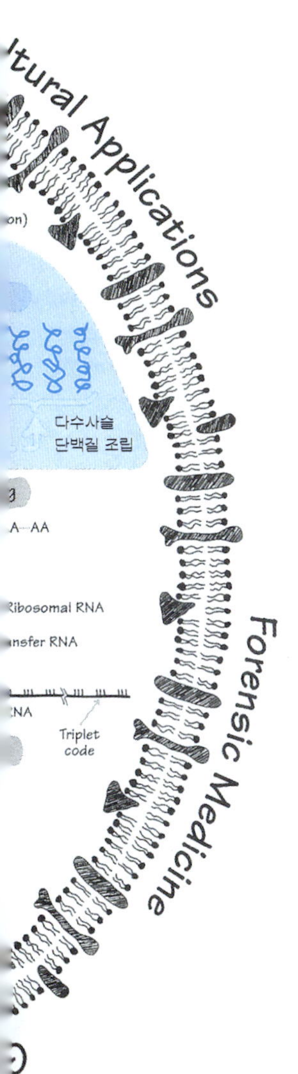


앞장에서 염색체 상의 DNA가 유전자를 구성하고 있으며, 또 1차원으로 암호화(encode)된 정보가 어떻게 RNA로 먼저 전사된 후 3차원의 정보인 단백질로 번역되는지에 대해 학습하였다. 이 3차원의 정보에 의하여 모든 필수적 또는 보조적 생물 반응이 수행된다. 그러나 생물체의 행동은 발현되는 단백질의 성질뿐만 아니라 그들이 발현되는 정도와 발현을 일으키는 환경조건의 지배를 받는다. 물론 어떤 하우스키핑 (housekeeping) 단백질들-예를 들어 세포를 구성하는 구조단백질들-은 항상 합성되어야 한다. 만약 모든 단백질들이 항상 합성되고 있다면 세포들의 행동패턴에 어떤 차이도 나타나지 않을 것이다. 생물체가 전사와 번역과정에서 다량의 에너지를 소모한다는 사실을 기억하고 있을 것이다. 물질의 합성능력이 필요한 시기에만 수행될 경우에 경제적이고 또한 적응의 측면에서 타당성을 보이게 된다. 생물체는 단백질을 필요한 시기에 필요한 양만큼 합성이 일어나도록 보장하는 장치를 가지고 있다. 일반적으로 특별한 유전자 산물의 합성은 통상 "유전자 조절"이라고 불리는 메커니즘에 의하여 조절된다. 유전자 발현조절이 있기 때문에 세포의 적응, 변이, 분화 및 발생이 가능해진다.

원핵생물과 진핵생물의 조절시스템은 약간 다르다. 원핵생물은 대개 자유롭게 생활하는 단세포 생물로 환경조건이 알맞으며 영양분의 공급이 적당할 경우 무한정 성장 분열할 수 있는 능력을 가지고 있다. 따라서 원핵 생물의 조절시스템은 성장이 해로울 경우를 제외하고는 특정한 환경에서 최대 성장율을 나타낼 수 있도록 잘 적응되어 있다. 또한 이와 같은 조절시스템의 작용은 효모, 조류 (algae), 원생동물과 같은 자유생활을 하는 단세포 생물에도 적용되는 것으로 보인다. 그러나 조직의 형성이 요구되는 진핵생물의 조절시스템은 원핵생물과는 다르다. 예를 들어 발생중의 개체 즉 배 (embryo)에서 한개의 세포는 성장과 더불어 많은 딸세포를 생산해야 할 뿐만 아니라 형태적으로나 생화학적으로 상당한 변화를 일으켜야 하며 또 변화상태를 지속시켜야만 한다. 더구나 세포들은 성장기와 분열기동안 박테리아보다 환경의 도전을 적게 받는데, 이는 개체 내의 성장배지가 시기에 따라 크게 변화하지 않기 때문이다. 성장배지는 경우에 따라 혈액, 림프, 다른 종류의 체액, 또는 해양동물의 경우 해수가 된다. 끝으로 성체에서 대부분 종류의 세포들은 성장과 분열을 중단한 상태이며, 각 세포들은 그들의 형태와 특징을 유지하면 된다. 더 많은 예를 들 수 있지만 중요한 점은 전형적인 진핵세포들이 박테리아와는 다른 조건에 처해있는 관계로 조절메커니즘이 원핵세포와 같지 않다는 점이다. 이 장에서는 원핵세포의 조절을 다루게 되며, 진핵세포의 조절은 13장에서 학습할 예정이다.

## 조절의 원리

**핵심개념**

**"조절" 개념**

끊임없이 변하는 세포의 필요에 맞추어 수많은 고분자 물질의 공급을 보장하기 위하여 다양한 조절 메커니즘이 작용한다.

가장 잘 알려진 조절 메커니즘은 박테리아와 박테리오파지가 사용하는 방법으로 이들 메커니즘이 현재 이해하고 있는 조절에 대한 개념의 기초가 된다. 유전자 발현은 mRNA 또는 단백질의 합성을 통제함으로써 확실하게 조절할 수 있다. 원핵생물에도 mRNA와 단백질의 합성 조절 메커니즘이 존재한다. 대장균에서 한 단백질이 존재할 수 있는 최대 수는 단백질의 성질과 필요성에 의존한다. 예를 들어 한 세포에는 나중에 설명할 *lac* 억제인자 (repressor)를 단지 20개만 가지고 있지만 폴리펩티드 합성에 필요한 단백질 요소인 Ef-Tu는 10만개 이상이나 가지고 있다. 전사율 혹은 번역율의 조절을 통하여 각 단백질의 최대량을 결정해 주는 조절 신호가 존재한다. 대장균세포는 독성환경으로부터 자신을 보호하기 위하여 포도당 이외의 다른 화합물을 음식물로 사용하여 유용한 화합물로 합성하는데 필요한 효소를 가지고 있다. 그러나 이와 같은 적응과정에 참여하는 단백질들은 정상상태에서는 존재하지 않으며 오로지 필요성이 생길 경우에만 합성된다. 이때 켜짐-꺼짐 (on-off) 조절 활동은 유전자 산물이 필요할 때 특정 mRNA를 합성 (혹은 번역)시키고 산물이 불필요할 때 합성을 억제함으로써 이루어진다.

박테리아에서 완전히 꺼져있는 조절시스템이 몇가지 알려져 있다. 꺼진 상태에서도 세포주기 당 단지 1회 혹은 2회의 전사 결과 극소량의 유전자 산물이 생산되는 기본수준의 유전자 발현이 거의 모든 경우에 일어나고 있다. 따라서 전사가 "꺼진 상태"라고 말할 때는 전사가 없다기 보다는 아주 낮은 수준이라는 뜻임을 알아야 한다. 박테리아의 포자는 대부분의 유전자 활동이 완전히 꺼진 유일하게 알려진 경우이다. 진핵세포에서 한 유전자 활동이 완전히 꺼진 경우는 아주 흔하다.

박테리아에서 한 대사과정에서 수개의 효소가 연속적으로 작용할 경우 이들 효소들은 실무율의 법칙에 따라 동시에 합성되거나 아니면 합성되지 않는다. 이와 같은 현상을 **연합 조절 (coordinate regulation)**이라고 하는데 연합 조절은 이들 모든 유전자 산물을 암호하고 있는 한개의 폴리시스트로닉 (polysistronic) mRNA 합성의 조절 결과이다. 이런 종류의 조절은 진핵세포에서는 일어나지 않는데, 그 이유는 제 8장에서 논의하였듯이 진핵세포의 mRNA가 일반적으로 모노시스트로닉 (monocistronic)이기 때문이다.

## 전사단계의 조절

전사조절의 몇 가지 메커니즘은 공통점을 지닌다. 특히 대사과정의 합성 또는 분해에 관계하는 효소의 조절에서는 그러하다. 즉, 문제의 효소작용이 한 물질을 보다 유용한 화합물질로 분해시키는지, 또는 요구되는 분자를 합성하는지이다. 다단계 분해시스템에서 분해될 분자들의 이용가능성이 종종 분해과정에 관련된 효소들의 합성 여부를 결정한다. 이와는 반대로 생합성 과정에서는 최종산물이 흔히 조절분자가 된다. 두 조절 양상을 위한 각각의 분자적 메커니즘은 상당히 다르지만 일반적으로 **음성조절** 또는 **양성조절**의 두 가지 범주 중 어느 하나에 속한다 (**그림 11-1**).

음성조절
양성조절
억제단백질

음성조절시스템에서 어떤 특정 단백질(들)의 전사를 막는 **억제 단백질 (repressor protein)** 이라고 불리는 특수한 단백질이 세포 내에 존재하는 경우가 있다. 어떤 경

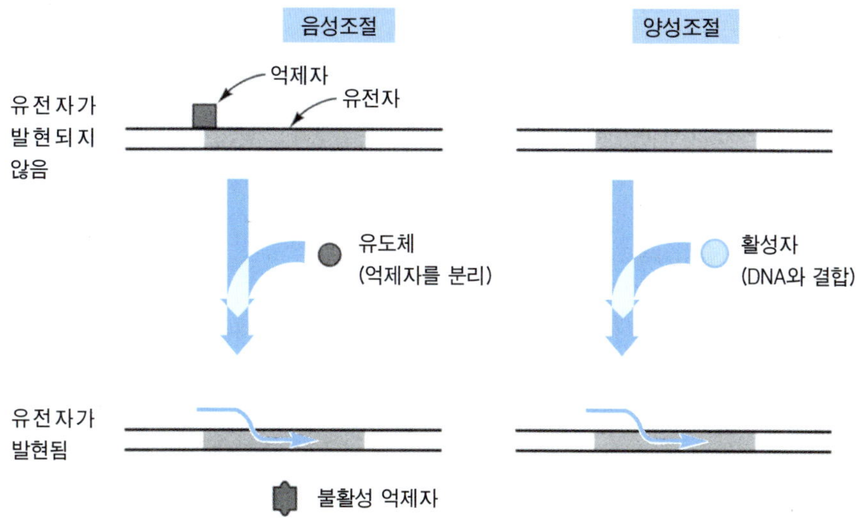


그림 11-1 음성조절과 양성조절의 차이. 음성조절에서는 전사가 일어나기 전에 DNA와 결합하고 있는 억제제가 제거되어야 한다. 양성 조절에서는 촉진분자가 DNA에 결합되어야 한다. 한 시스템은 양성적으로 또는 음성적으로 모두 조절될 수도 있다. 이 경우 양성조절자는 DNA와 결합하고 음성조절자는 DNA와 결합하고 있지 않을 때 이 시스템은 켜진 상태가 된다.

우에는 억제단백질 단독으로 전사를 중단시키며, 또 전사를 허용하기 위해서는 억제제에 길항작용을 하는 **유도체** (inducer)라고 불리는 분자가 필요하다. 음성조절의 또 다른 예에서는 억제제 단독으로 전사를 중단시키지 못하고 특별한 신호분자와 복합체를 이룰 경우에만 억제작용을 할 수 있다. 양성조절 시스템에서 **활성제** (activator)라 불리는 단백질이 오페론의 전사율을 종종 증가시킨다. 효과적인 유도체가 되기 위하여 어떤 활성분자들은 신호분자와 먼저 결합해야만 한다. 양성 또는 음성이라는 용어가 조절작용에 적용될 때 이들 단백질의 작용이 유전자의 조절부위와 결합할 수 있는 능력을 뜻하고 있음을 명심해야 한다. 만약 단백질이 결합하여 전사를 허용할 경우 이 시스템은 양성적으로 조절된다고 말한다. 반대로 결합된 단백질이 전사를 방해할 경우 이 시스템은 음성적으로 조절된다고 한다.

유도체

활성제

억제제와 활성제는 그들의 작용과 성질이 언제나 서로 배타적인 것은 아니다. 어떤 시스템에서는 양성과 음성적 조절이 모두 일어나는데 이런 시스템은 세포 내의 상이한 조건에 대하여 아주 민감하게 반응할 수 있다. 더구나 동일한 조절 단백질이 어떤 환경에서는 억제제로 또 다른 환경에서는 활성제로 작용하는 시스템이 존재한다.

한 분해 시스템은 양성적 또는 음성적의 어느 하나에 의하여 조절되기도 한다. 생합성 과정에서 일반적으로 최종산물이 그들 자신의 합성을 음성적으로 조절한다. 가장 간단한 음성조절형에서 최종산물의 부재가 그들의 합성을 증가시키는 반면 최종산물의 존재는 그들의 합성을 저하시킨다.

원핵과 진핵시스템 모두에서 효소의 합성보다는 효소의 작용이 조절되기도 한다. 즉 효소가 존재하더라도 활성도가 켜진 상태이거나 꺼진 상태일 수 있다. 이 경우 효소반응의 산물 (또는 생합성 과정에서 연쇄 반응의 최종산물)이 보통 효소활성도를 억제시킨다. 이와 같은 조절양상을 **되먹임 억제** (feedback inhibition) 라고 부른다. 반응산물이 아닌 작은 분자들도 종종 특정 효소를 활성화시키거나 억제시키는데 사용된다. 이와 같은 분자를 알로스테릭 효과 분자 (allosteric effector molecule)라고 부르는데 이들에 대하여는 이 장의 뒷부분에서 다루기로 한다.

되먹임 억제

## 대장균의 락토오스 시스템과 오페론 모델

β- 갈라토시다아제

락토오스 퍼미아제

대장균에서 락토오스 (lactose) 대사에는 **β-갈락토시다아제** (β-galactosidase, 락토스를 갈락토스와 포도당으로 분해시키는)와 운반단백질인 **락토오스 퍼미아제** (lactose permease)는 세포 내로 락토오스를 운반한다)가 필요하다. 락토오스 활용 시스템에 두 개의 다른 단백질이 존재한다는 사실이 유전적 실험과 생화학적 분석의 공동작업에 의하여 최초로 밝혀졌다.

F 플라스미드

박테리아를 사용하는 유전적 실험을 수행하기 위하여 조사하고자 하는 유전자의 두 번째 사본 (copy)을 박테리아 세포 내로 반드시 삽입시켜야 하는 경우가 종종 있다. 가장 간단한 방법 중의 하나는 세포 내에서 독자적인 복제능력을 보유한 작은 환상의 이중나선 DNA분자 즉 **플라스미드**를 이용하여 목적을 달성할 수 있다. **F 플라스미드** (제 14장에서 다룰 예정)와 같은 어떤 플라스미드는 박테리아의 염색체 내로 삽입된 후 박테리아의 DNA에 맞추어 복제된다. 또한 많은 종류의 박테리아 세포들은 그들의 플라스미드를, 플라스미드를 가지고 있지 않은 다른 박테리아에 전달할 수 있는 능력을 가지고 있다. 때때로 전달된 플라스미드에는 원래의 박테리아 염색체로부터 획득한 추가의 유전자를 포함하기도 한다.

이와 같은 유전적 현상은 미생물 유전학자들이 유전자 기능을 다방면으로 이해하는데 이용되어 왔다. 예를 들어 F' 플라스미드를 가진 박테리아가 새로운 박테리아로 플라스미드 사본을 옮길 경우 수혜자 (recipient)박테리아는 어떤 유전자를 두 개 가지게 된다. -본래의 사본은 그들 염색체 상에 있으며 다른 한 개의 사본은 플라스미드를 통하여 운반되어 온 것이다. 이러한 세포를 부분 이배체 (partial diploid)라고 하며 (그림 11-2), 곧 상세하게 다루겠지만 많은 정보를 제공하여 왔다.

첫째, 락토오스를 탄소원으로 이용할 수 없는 수백개의 돌연변이종 (*lac*⁻ 돌연변이종)을 분리하였다. 어떤 돌연변이는 대장균 자체의 염색체에서 일어난 것이고 다른 돌연변이는 F'*lac* 플라스미드로 옮겨온 두 번째 락토오스 이용 유전자에서 일어난 것이다. F 플라스미드를 가지지 않은 박테리아를 F 플라스미드를 가진 박테리아와 교배시켰다. 그 결과 생긴 부분 이배체 세포는 두 개의 락토오스 이용 유전자를 가지게 되는데, 이 때 한 개는 박테리아 염색체 상에 또 다른 하나는 플라스미드 상에 위치한다. 예를 들어 박테리아 플라스미드가 락토오스 대사에 필요한 유전자들을 운반하는 $lac^+$이고 박테리아 염색체가 탄소원으로 락토오스를 이용할 수 없는 $lac^-$일 경우 부분 이배체 세포의 유전자 상을 F'$lac^+/lac^-$로 쓴다 (편의상 플라스미드의 유전자형은 사선의 좌측에, 염색체의 유전자형은 우측에 둔다.)

세포 내에 완전한 한 조 (set)의 락토오스 이용 유전자를 플라스미드나 염색체상에 가지고 있는 한 이들 이배체 세포는 항상 $lac^+$ 표현형 (즉, 퍼미아제와 갈락토시

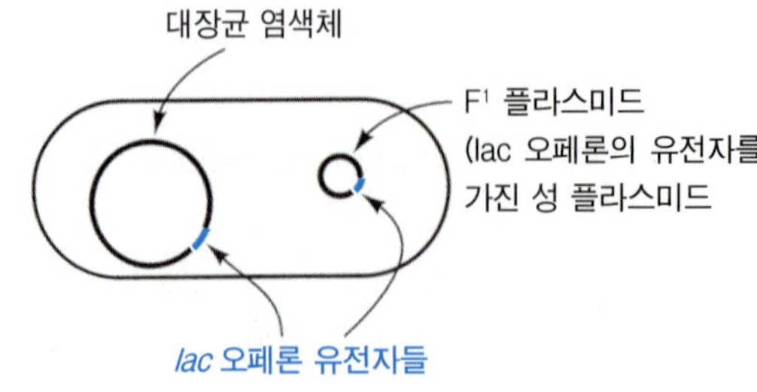


**그림 11-2** lac 오페론 유전자를 두 개 가진 박테리아 세포; 한 개는 염색체 상에 다른 한 개는 F' 플라스미드 위에 있다. 표 11-1에 플라스미드 유전자들은 청색으로 인쇄되어 있다.

다아제를 모두 합성하는)을 나타낸다. 다른 부분 이배체에서는 F' *lac* 플라스미드와 염색체 모두 (락토오스 대사에 필요한 모든 유전정보를 가지지 못한) $lac^-$ 유전자로 구성되어 있도록 만들었다. 이와 같은 부분 이배체 세포에서 $Lac^+$ 표현형을 위한 검사를 해 보면 어떤 개체들은 락토오스를 이용할 수 있는 반면 다른 개체들은 락토오스를 이용할 수 없다. 처음 분리된 모든 $Lac^-$ 돌연변이종은 *lacZ* 유전자에 돌연변이가 일어난 그룹과 *lacY* 지역에 결함을 가진 두 그룹의 범주에 속하였다.

부분 이배체 중 $F'lacY^-lacZ^+/lacY^+lacZ^-$와 $F'lacY^+lacZ^-/lacY^-lacZ^+$는 (β-갈락토시다아제와 퍼미아제를 모두 생산하는) $Lac^+$ 표현형을 나타내지만, 유전자형이 $F'lacY^-lacZ^+/lacY^-lacZ^+$와 $F'lacY^+lacZ^-/lacY^+lacZ^-$는 $Lac^-$표현형이 된다. 즉 이들은 한 유전자는 기능을 나타내는 두 개의 사본을 가지고 있는 반면 다른 유전자는 기능을 나타내지 못하는 사본을 가지고 있을 뿐이다. 두 그룹이 존재한다는 사실은 *lac* 시스템이 적어도 두 개의 유전자 (*lacY*와 *lacZ*)로 구성되어 있으며, 또 락토오스의 대사를 위해서는 각 유전자에 대하여 기능을 나타내는 사본을 가지고 있어야 한다는 좋은 증거가 된다.

각 유전자의 정확한 기능을 규명하기 위해서는 더 많은 실험이 필요하다. $^{14}C$ 으로 표지된 락토오스를 포함한 배지에 세포를 배양한 실험에서 $lacY^-$세포에는 락토오스가 들어가지 못하지만 $lacZ^-$돌연변이 개체는 락토오스가 쉽사리 세포 내로 들어간다. $lacY^-$세포를 세포벽의 일부를 파괴하여 물질이 투과하도록 만드는 효소인 라이소자임으로 처리하면 표지된 락토오스가 세포 내로 들어가게 되는데 이는 *lacY* 유전자 산물인 락토오스 퍼미아제가 세포막을 통하여 락토오스를 이동시키는데 관계하고 있음을 나타낸다. 효소의 분석 실험에서 β-갈락토시다아제는 $lacZ^+$세포 내에는 존재하고 있지만 $lacZ^-$세포에는 없는 것으로 판명되었다. 따라서 *lacZ* 유전자는 β갈락토시다아제의 구조 유전자라는 최초의 증거를 제시하였다고 볼 수 있다. 유전자 지도는 *lacY*와 *lacZ* 유전자가 서로 인접하고 있음을 보여준다. *lacA*라고 불리는 또 다른 유전자는 *lacY* 유전자의 다음에 위치하고 있다 (그림11-3). 이 유전자는 갈락토시드 트란스아세틸라아제 (galactoside transacetylase) 효소에 대한 암호를 가지고 있는데 이것의 생리적 기능은 밝혀지지 않은 상태이다.

이와 같은 결과들은 세포가 필요로 할 때에만 락토오스 대사에 관계하는 효소들을 생산하도록 허용하는 고감도의 켜짐-꺼짐 메커니즘이 있음을 보여주고 있으며 또한 유도 (inducible) 효소 합성에 대한 고전적 증거를 제시하고 있다.

1. $Lac^+$ 대장균을 락토오스 (또는 β-갈락토시드와 관련된 화합물)를 포함하지

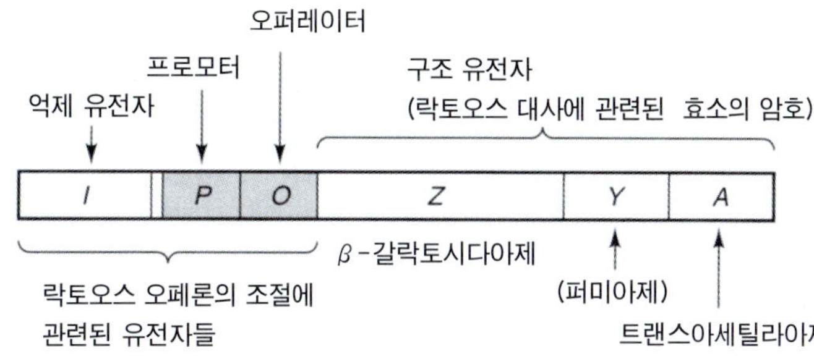


그림 11-3 *lac* 오페론 내의 유전자 배열

않는 배지에서 배양하면 세포내 $\beta$-갈락토시다아제와 퍼미아제의 농도가 1 혹은 2 분자 정도로 극히 낮은 상태를 나타낸다. 그러나 생장배지에 락토오스가 포함될 때에는 그들 분자의 수가 105배로 증가한다.

2. $Lac^+$ 대장균을 락토오스가 포함되지 않은 (후에 그 이유를 설명하겠지만 포도당도 포함하지 않은) 배지에서 배양할 때 락토오스를 첨가하면 $\beta$-갈락토시다아제와 퍼미아제가 그림 11-4에서와 같이 거의 동시에 합성되기 시작한다. 락토오스 첨가 전과 후의 세포 내에 존재하는 mRNA를 분석해 보면 락토오스의 첨가 전에는 *lac* mRNA ($\beta$-갈락토시다아제의 암호를 가진)가 전혀 없으나 락토오스 첨가로 *lac* mRNA의 합성이 실제로 촉발된다.

이런 종류의 분석은 새롭게 합성된 모든 mRNA가 방사선을 띄도록 방사선을 포함한 배지에서 세포를 배양하여 mRNA를 분리한 후 미리 얻은 *lac* DNA와 복원(renature)시키는 과정을 통하여 수행된다. *lac* DNA와 결합 (anneal)하는 것은 *lac* mRNA이므로 DNA-RNA 잡종 (hybrid) 분자의 방사선 양은 바로 *lac* mRNA 양의 측정치가 된다. 위의 두 관찰을 통하여 락토오스 시스템은 유도가 가능하며 전사 단계에서 조절될 뿐만 아니라 락토오스가 유도체로 작용한다는 결론에 도달하게 되었다.

여러 가지 이유로 락토오스 자신은 유도현상을 연구하는 실험에 거의 사용되지 않

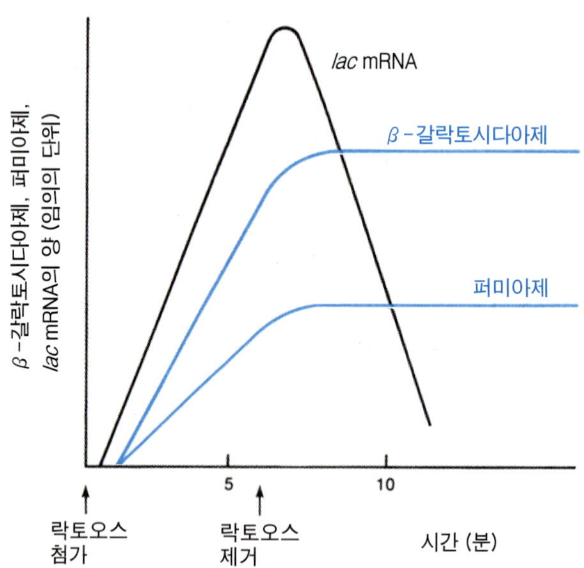


그림 11-4 lac 시스템의 "켜짐-꺼짐" 특성. lac mRNA는 락토오스 첨가 직후에 나타난다; $\beta$-갈락토시다아제와 퍼미아제가 그 뒤에 나타나는 이유는 순차적인 해독에 시간이 필요하기 때문이다. 락토오스를 제거하면 더 이상의 lac mRNA가 생산되지 않고 통상 일어나는 mRNA의 분해에 의하여 lac mRNA 양이 감소한다. $\beta$-갈락토시다아제와 퍼미아제는 모두 안정된 효소이다. 두 효소의 농도는 더 이상의 합성이 일어나지 않더라도 일정하게 유지된다. lac 시스템의 세 번째 단백질인 $\beta$-갈락토시드 트란스아세틸라아제도 위의 두 효소와 함께 합성된다. A 유전자산물인 이 단백질은 락토오스 대사에 관계하지 않는다.

았다. 한가지 이유는 $\beta$-갈락토시다아제가 락토오스의 분해를 촉매하여 락토오스의 농도를 계속 감소시키기 때문이다. 결국 세포는 이용 가능한 모든 락토오스를 사용하게 되고 락토오스 시스템은 꺼지고 만다. 이것이 많은 종류의 실험 분석 (예를 들어 반응 속도실험)을 복잡하게 만든다. 락토오스 대신 유황을 포함하고 있는 유사체인 **이소프로필티오갈락토시드 (IPTG- isopropylthiogalactoside)** (그림 11-5)가 사용된다;

이소프로필티오 갈락토시드

이 경우 IPTG는 $\beta$-갈락토시다아제의 기질이 아니고 유도체이다. 즉 IPTG는 효소의 합성을 켜지만 그 자신은 대사작용으로 분해되지 않는다.

유도체가 있을 때와 없을 때 모두 *lac* mRNA가 만들어지는, 즉 *lac* 유전자의 발현조절이 결여된 돌연변이종이 분리되었다. 이 돌연변이 종은 유도를 이해하는데 중요한 단서를 제공하였다. 이 돌연변이 종에 *lac* 유전자가 **상시적으로** (constitutive) **발현**된다고 말한다 - 즉, 그들의 조절 시스템은 항상 켜진 상태이다. 상시적인 발현 쪽으로 인도하는 돌연변이를 **구성성** (constitutive) **돌연변이**라고 부른다. 한 개는 염색체 상에 또 다른 한 개는 플라스미드 상에 일어난 두 개의 구성성 돌연변이를 운반하는 부분 이배체를 이용한 실험이 수행되었다. 이 실험은 돌연변이종이 *lacI*⁻와 *lacO*ᶜ로 불리는 두 그룹에 속함을 알려주었다. 이들 돌연변이의 특징은 표 11-1에 나타낸 바와 같다. 표의 제1 범주 (또는 entry 1)에 속하는 *lacI*⁺세포들은 유도체 (이 경우 IPTG)가 없을 경우 *lac* mRNA를 만들지 못하는 반면, 제2 범주 (또는 entry 2)에 속하는 *LacI*⁻ 돌연변이체들은 유도체가 없을 때에도 *lac* mRNA를 생산

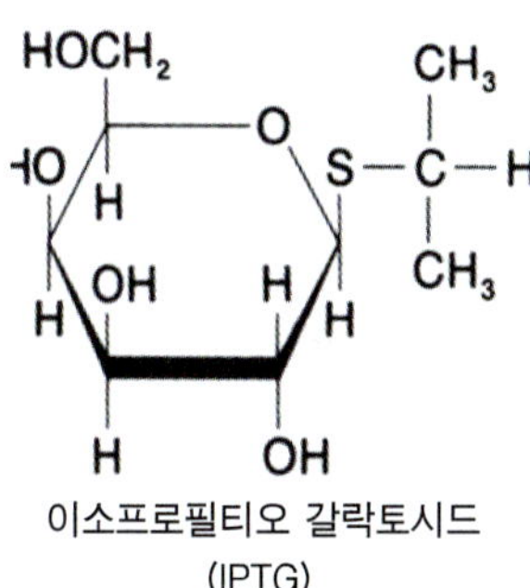

이소프로필티오 갈락토시드 (IPTG)

그림 11-5 IPTG의 구조

표11-1 *lacI*와 *lacO* 유전자의 조합으로 이루어진 부분 이배체의 특징. 플라스미드 유전자들은 청색으로 표시되어 있다.

| 유전자병 | lacZ 발현<br>유도체 없음 | <br>유도체 존재 | 표현형 |
|---|---|---|---|
| 1. $I^+$ $O^+$ $lacZ^+$ | − | + | 유도성 |
| 2. $I^-$ $O^+$ $lacZ^+$ | + | + | 상시성 |
| 3. F′ $I^-$ $O^+$ $lacZ^+$/$I^+$ $O^+$ $lacZ^{+(or-)}$ | − | + | 유도성 |
| 4. F′ $I^+$ $O^+$ $lacZ^+$/$I^-$ $O^+$ $lacZ^+$ | − | + | 유도성 |
| 5. $I^+$ $O^c$ $lacZ^+$ | + | + | 상시성 |
| 6. F′ $I^+$ $O^c$ $lacZ^+$/$I^+$ $O^+$ $lacZ^-$ | + | + | 상시성 |
| 7. F′ $I^+$ $O^c$ $lacZ^-$/$I^+$ $O^+$ $lacZ^+$ | − | + | 유도성 |
| 8. F′ $I^+$ $O^c$ $lacZ^-$/$I^-$ $O^+$ $lacZ^+$ | − | + | 유도성 |
| 9. F′ $I^+$ $O^c$ $lacZ^+$/$I^-$ $O^+$ $lacZ^-$ | + | + | 상시성 |

위의 유전자형으로부터 관찰된 표현형의 해석

1 + 2는 기능을 나타내는 I 유전자 (이 경우 박테리아 염색체 상에 존재)산물 ($i^+$)의 존재가 $lacZ^+$ 유전자의 발현을 끄는데 필요함을 나타낸다. $lacI^-$ 세포에서는 $lacZ^+$ 유전자가 상시적으로 발현된다.

3 + 4는 기능을 나타내는 *lacI* 유전자가 세포 내 어디에 위치하던 간에 (박테리아의 염색체 또는 플라스미드) $lacZ^+$ 유전자의 발현의 조절이 가능함을 나타낸다.

5 - 9는 *lacO* 유전자에 일어난 두 번째의 돌연변이로 $lacZ^+$ 유전자의 상시적 발현으로 인도할 수 있음을 나타낸다. *LacO* 유전자는 $lacZ^+$ 유전자 사본이 동일한 염색체 또는 플라스미드 상에서 그들에 인접해 있을 경우에만 조절이 가능하다.

한다. 따라서 *LacI* 유전자는 틀림없는 조절유전자로서 그들 산물은 유도체가 존재하지 않는 한 조절 시스템을 끄는 억제자이다. 제3과 제4범주의 세포들은 기능을 나타내는 *lacI* 유전자가 (염색체 또는 플라스미드의 어느 곳에든) 있을 경우 동일한 DNA 분자에 위치하거나 다른 분자에 위치하거나에 관계없이 조절이 가능하다 (즉 유도체에 반응할 수 있도록 만든다). 따라서 *lacI* 유전자 산물은 확산의 속성을 가지고 있어야만 한다. *lacI* 유전자의 정상 사본이 $lacI^+/lacI^-$ 부분 이배체에 있으면 IPTG의 존재 하에서 억제된다 ($lacI^+$ 유전자가 존재하지 않으면 억제되지 않는다). *lacI* 유전자 산물인 단백질 분자를 *lac* 억제 요소라고 부른다. 유전자 지도작성 실험으로 *lacI* 유전자가 *lacZ* 유전자 옆에 위치하고 있음을 보여주므로 그들의 순서는 *lacI, lacZ, lacY* 순서가 된다. 억제요소가 어떻게 *lac* mRNA의 생산을 막는지에 대하여는 곧 설명하게 될 것이다.

$O^c$ 돌연변이는 $lacI^-$ 돌연변이와는 다른 성질을 나타낸다. 유전자 지도 실험은 *Oc*가 *lacI*와 *lacZ* 유전자 사이에 아주 작은 토막에 위치하고 있음을 보여주고 있다. $lacO^c$ 돌연변이의 중요한 성질이 제 6과 7범주의 부분 이배체를 통한 실험으로 밝혀졌다. 즉 $O^clacZ^+/O^+lacZ^-$ 세포에서 β-갈락토시다아제는상시적으로 생산되는 반면 $O^clacZ^-/O^+lacZ^+$ 세포에서는 유도체가 있을 때만 효소가 생산된다. 명심해야 할 사항은 $O^c$ 돌연변이는 돌연변이와 *lac* 유전자가 동일한 DNA분자 상에 위치할 경우에만 *lac* 유전자를 상시적으로 발현시킨다는 점이다.

유전자가 $O^c$ 돌연변이에 인접 (cis)한 경우에만 그의 영향 (즉 상시적 발현)을 받게 되며 이 경우 $O^c$ 돌연변이를 cis-우성하다고 말한다. 부분 이배체에서 한 DNA 분자상의 $O^+$ 유전자의 존재가 다른 DNA 분자상의 $O^c$ lac 시스템의 상시적 발현을 변경시키지 못하므로 $O^+$ 지역은 확산 가능한 산물을 암호화를 하지 못하고 있다. 실제로 이 지역은 DNA의 비암호화 지역 (noncoding region)으로 조절에 관계하고 있다. 이 지역을 **오퍼레이터 (operator)**라고 부른다.: 억제 단백질은 $O^+$ 오퍼레이터와 결합하여 *lac* 구조유전자의 발현을 억제한다.

오퍼레이터

*Lac* mRNA가 전혀 만들어지지 않는 또 다른 계통의 $Lac^-$ 돌연변이 종 ($P^-$로 불리우는)이 분리되었다. 이들 돌연변이는 오퍼레이터에 인접한 작은 지역에서 일어난 것으로 부분 이배체를 통한 실험에서 (돌연변이와 같이) 동일한 DNA분자 상의 구조유전자의 전사만을 억제시키는 cis-우성 효과인 것으로 판명되었다. *P*부위는 *O*부위와 마찬가지로 (단백질의) 암호를 갖지 못한 부분이기 때문에 프로모터라고 결정되었다.

*Lac* 시스템의 조절 메커니즘은 오페론 모델에 의하여 처음으로 설명되었으며 조절 양상은 다음과 같다 (그림 11-6).

1. 락토오스 이용 시스템은 두 요소로 구성되어 있다: 즉 락토오스의 운반과 대사에 필요한 산물을 암호화하고 있는 구조유전자들과, 조절요소 (*lacI* 유전자, 오퍼레이터 (*O*), 프로모터 (*P*))이다. 이 구조유전자와 조절요소들이 ***lac*** 오페론을 구성한다.
2. *LacZ* 와 *lacY* 유전자 산물들은 한 개의 폴리시스트로닉 mRNA 내에 암호화되어 있다. 앞에서 언급한 트란스아세틸라아제 효소도 같은 분자에 암호화되어 있다.

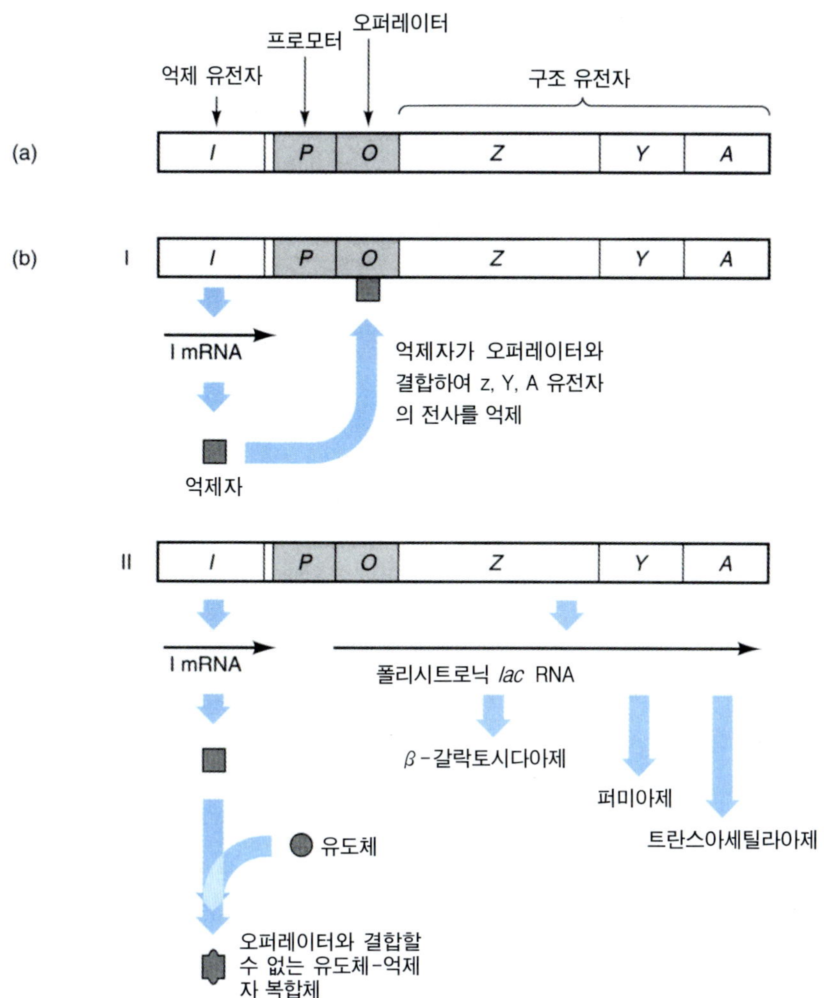


그림 11-6 (a) *lac* 오페론의 유전자지도 (축소비율에 맞춰 그리지 않음) 실제로 P와 O의 자리는 유전자들에 비하여 훨씬 작다: (b) 억제상태 (I)와 유도상태 (II)에서의 lac 오페론 그림. 유도체는 억제 요소의 모양을 바꾸어 억제 요소가 더 이상 오퍼레이터와 결합하지 못하도록 만든다.

3. *Lac* 오페론의 프로모터는 오퍼레이터 부위에 바로 근접하여 위치하고 있다. RNA 중합효소는 프로모터와 결합하여 *lacZ, lacY, lacA* 유전자를 mRNA분자로 전사시킨다.
4. *lacI* 유전자 산물 (억제자)은 항상 만들어져 (세포당 약 20개) 오퍼레이터와 결합한다.
5. 억제요소가 오퍼레이터와 결합하게 되면 RNA 중합효소에 의한 *lac* mRNA의 전사가 억제된다.
6. 유도체는 억제 요소와 결합한 후 **탈억제** (depression)라 불리는 과정을 통하여 억제자를 불활성화시켜 mRNA 합성을 촉진한다. 따라서 유도체의 존재로 오퍼레이터가 비게 되고 그 결과 프로모터에서 mRNA 전사 개시가 가능해진다. 이것은 음성 조절의 예이다. 명심해야 할 사항은 오페론의 조절에는 오퍼레이터가 구조유전자 (*lacZ, lacY, lacA*)에 근접해 있어야 한다는 점이다; 그러나 *lacI* 유전자가 인접해 있을 필요는 없는데 그 이유는 억제자가 수용성 단백질로서 세포 내에 자유롭게 확산될 수 있기 때문이다.

오페론 모델은 풍부한 실험적 데이터에 의해 지지를 받고있으며 *lac* 시스템의 많은 내용뿐만 아니라 그 외에도 음성 조절을 받는 유전적 시스템에 대하여 설명해 주고 있다. *lac* 오페론 조절의 일면 −포도당의 효과− 에 대하여는 아직 설명하지 않았다. 이 면에 대한 조사에서 *lac* 오페론 역시 양성조절의 대상이 된다는 점을 나타내고 있다.

$\beta$−갈락토시다아제는 락토오스를 분해시켜 포도당을 형성한다 (락토오스의 또 다른 분해산물인 갈락토오스는 나중에 설명할 갈락토오스 오페론의 유전자에 의하여 대사된다). 따라서 포도당과 락토오스가 성장배지속에 모두 존재하면 *lac* 오페론의 활동이 필요 없게 되고 그 결과 포도당의 존재 하에서는 *lac* mRNA가 만들어지지 않는다. 그러므로 *lac* mRNA의 합성 시작에는 또 다른 조절요소가 필요하며 이 요소는 포도당 농도에 의해 조절된다. 그러나 *lac* 오페론에 대한 포도당의 억제효과는 후에 설명하듯이 매우 간접적이다.

작은 분자인 **환상AMP (cAMP)**는 동물 조직에 널리 분포하고 있으며, 다세포 진핵생물에서 많은 종류의 호르몬의 작용 조절에 중요한 기능을 발휘한다 (그림 11−7). cAMP는 대장균과 그 밖의 수많은 박테리아도 존재한다. cAMP는 아데닐레이트 사이클라아제 (adenylate cyclase)라는 효소에 의하여 합성되는데, cAMP 농도는 포도당 농도와 밀접한 관계를 맺고 있다. 즉 세포 내 포도당 농도가 높으면 cAMP 농도가 낮아지며, 반대로 포도당 농도가 낮으면 cAMP 농도가 높아진다.

글리세롤 (또는 포도당과는 다른 통로를 통하여 세포 내로 들어가는 어떤 종류의 탄소원이든)이 포함된 생장배지나 굶주린 조건하에서의 박테리아 세포 내의 cAMP 농도는 높다 (표 11−2). 세포 내 포도당의 농도와 *lac* 오페론의 활동을 연결시켜 주는 것이 cAMP이다.

대장균(과 수많은 종류의 박테리아)은 cAMP 수용체 단백질 (cAMP receptor protein = CRP)이라 불리는 단백질을 포함하고 있는데 이는 *crp*라 부르는 유전자에 암호화 되어 있다. *crp* 유전자나 아데닐사이클라아제 유전자에 돌연변이가 일어나면 *lac* mRNA생산이 불가능해 지는 것으로 보아 CRP 기능과 cAMP 모두 *lac* mRNA생산에 필요함을 알 수 있다. CRP와 cAMP는 서로 결합하여 cAMP−CRP로 표시되는 복합체를 형성하여 *lac* 시스템의 조절요소 기능을 나타낸다. cAMP−CRP복합체는 *lac* 오페론의 전사를 일으키기 위하여 프로모터 지역 내 활성부위 (activator site)라 불리는 특수한 염기서열에 반드시 결합되어야 한다 (그림 11−8). 따라서 cAMP− CRP복합체는 음성조절자인 억제 요소와는 반대로 양성조절자

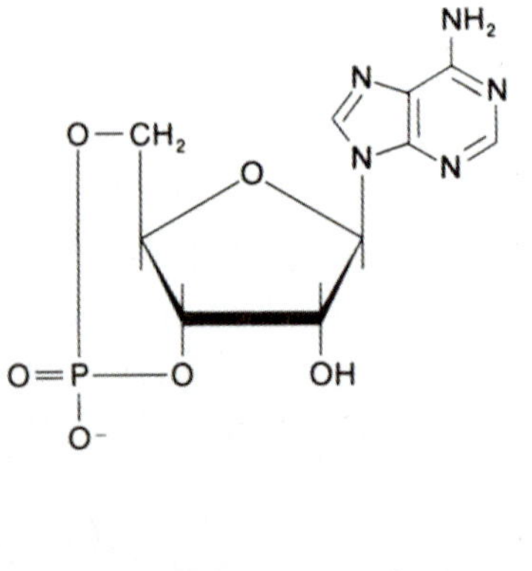

그림11−7 환상 AMP 의 구조 .

**표11-2** 표시된 탄소원을 포함한 배지에서 자라는 세포 내 cAMP의 농도

| 탄소원 | cAMP 농도 |
|---|---|
| 포도당 | 낮다 |
| 글리세롤 | 높다 |
| 락토오스 | 높다 |
| 락토오스 + 포도당 | 낮다 |
| 락토오스 + 글리세롤 | 높다 |

(positive regulator)이다. 그러므로 *lac* 오페론은 양성과 음성조절을 모두 받는다.

순수하게 분리된 *lac* DNA, 억제자, cAMP-CRP, RNA 중합효소를 포함하고 있는 혼합체를 사용하여 다음의 두 가지 중요한 점을 확립하였다.

1. 세포 내에 충분한 cAMP-CRP가 없을 경우 (고농도 포도당의 존재 때문에) cAMP-CRP 복합체가 형성되지 못한다. cAMP-CRP 복합체가 없을 경우 RNA 중합효소가 *lac* 프로모터에 약하게 결합하게 되고 그 결과 전사가 거의 개시되지 않는다 (그림 11-9). 그러나 cAMP-CRP가 *lac* 프로모터 내의 활성부위와 결합하게 되면 RNA 중합효소의 결합과 이 후에 일어나는 전사의 개시를 촉진시킨다. cAMP-CRP가 활성부위와 결합하면 RNA 중합효소와 직접적인 접촉을 일으켜 활성에 영향을 미친다. cAMP-CRP 복합체는 DNA와 결합하는 곳과 RNA 중합효소와 결합하는 두 개의 영역 (domain)을 가지고 있다.
2. *Lac* 오페론의 프로모터와 오퍼레이터에는 부분적으로 중복되는 부위가 있으므로 오퍼레이터 지역에 *lac* 억제자가 결합하게 되면 RNA 중합효소가 프로모터에 결합하는 것을 물리적으로 차단시킨다.

## 갈락토오스 오페론 : 두 개의 프로모터와 DNA의 고리형성

대장균의 갈락토오스 오페론도 cAMP-CRP와 억제자에 의하여 조절되는 유도

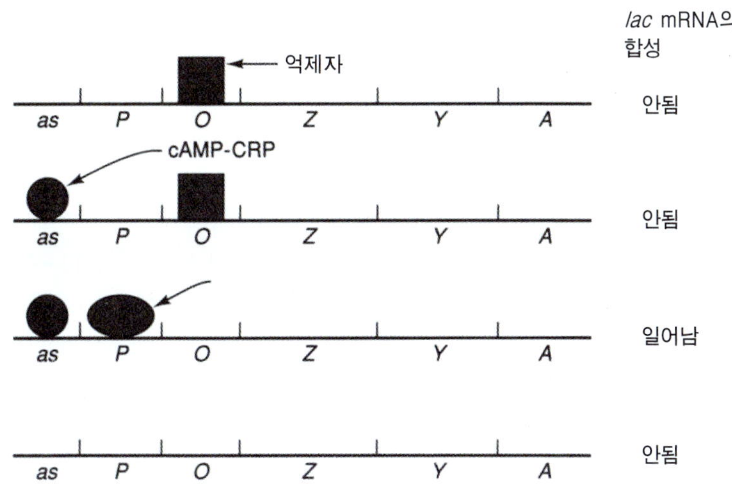


**그림 11-8** cAMP-CRP 복합체가 존재하면서 동시에 억제자가 없을 경우에만 *lac* mRNA가 생산되는 *lac* 오페론의 4가지 상태. *as* 기호는 활성부위를 나타낸다.

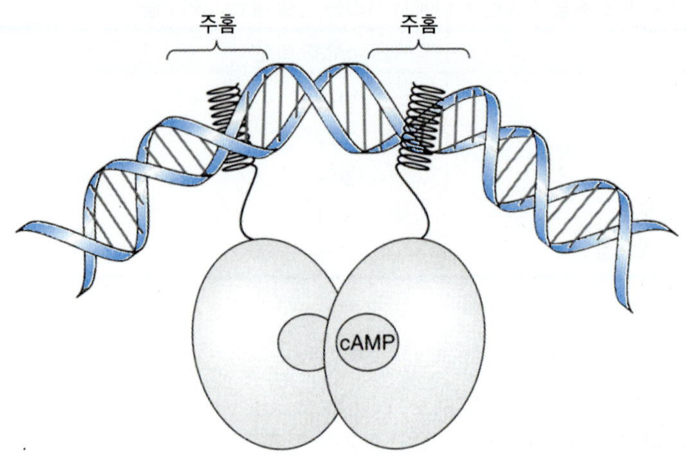


그림 11-9 cAMP-CRP 2량체 단백질의 $\alpha$-나선 부위가 인접한 DNA 주홈에 맞는 장면. 같은 결합양상을 제5장 (그림 5-13)에 나타낸 것을 상기하여라. 그러나 이 보기에서 각각 소단위체가 cAMP의 한 분자와 결합하며 이 단백질의 결합이 부홈의 DNA를 비틀게 하여 그 결과 약 90℃로 휘게 만든다. 이 휘어짐이 다음의 RNA 중합효소의 결합을 촉진시킨다.

가능 시스템이다. *gal* 오페론은 갈락토오스의 대사에 관계하는 효소를 암호화하고 있는 *galE, galT, galK*의 세 시스트론을 가지고 있으며 이 유전자들은 폴리시스트로닉 mRNA분자로 전사된다. *gal* 오페론에는 *P1*과 *P2*의 두 프로모터가 있다. 세포 내 cAMP 농도는 흥미로운 방법으로 *gal* 오페론에 영향을 미친다; cAMP-CRP복합체는 오페론 내의 비암호지역과 결합한 후 두 프로모터로부터 서로 상반되는 양상으로 전사개시를 조절한다 - 즉, cAMP-CRP는 *P1* 프로모터의 전사를 **촉진**하는 한편, *P2* 프로모터로부터의 전사를 **억제**한다. 따라서 세포 내 cAMP 농도가 높으면 오페론의 전사가 *P1* 프로모터에서 시작되지만, cAMP의 농도가 낮으면 *P2* 프로모터에서 전사가 개시된다. 이와 같은 이중 조절 메커니즘 때문에 세포가 포도당 또는 다른 탄소원에서의 생장에 상관없이 갈락토오스 대사효소들은 생산이 보장된다. 순수하게 분리된 요소들을 포함한 생체외 (in vitro) 시스템에서 다양한 cAMP 농도를 사용하여 두 프로모터로부터의 *gal* mRNA 생산량이 cAMP 농도에 따라 서로 반대되는 양상을 나타내고 있음을 알게 되었다 (그림11-10). 그러나 어느 cAMP 농도이든 간에 *gal* mRNA 의 총량은 항상 일정하다는 사실에 유의하기 바란다.

음성조절자인 *gal* 억제자는 *galR* 유전자의 산물이다. *lacI* 유전자 (*lac* 오페론에서의 상응유전자)와는 달리 *galR* 유전자는 그가 조절하는 오페론으로부터 멀리 떨어진 곳에 위치한다. Gal 억제자는 양쪽 프로모터로부터의 전사를 모두 억제한다. Gal 억제자가 작용하기 위해서는 오페론의 *P1*과 *P2* 프로모터에 서로 반대쪽에 위치한 *OE*와 *O1*로 명명된 두 개의 오퍼레이터와 반드시 결합해야 한다 (그림11-11). 세포가 갈락토오스에 노출되면 갈락토오스는 유도체로 작용하여 억제자가 *OE*와 *O1*에 결합하는 것을 막음으로써 오페론을 탈억제하여 활성화시킨다. *galR* (trans-작용 돌연변이) 돌연변이 또는 두 오퍼레이터의 어느 것에든 일어난 돌연변이(cis-acting 돌연변이)는 오페론을 상시적인 즉, 일정한 발현으로 이끌고 간다.

*Gal* 오페론의 억제자는 *lac* 시스템의 억제자와는 다르게 기능을 나타낸다. RNA

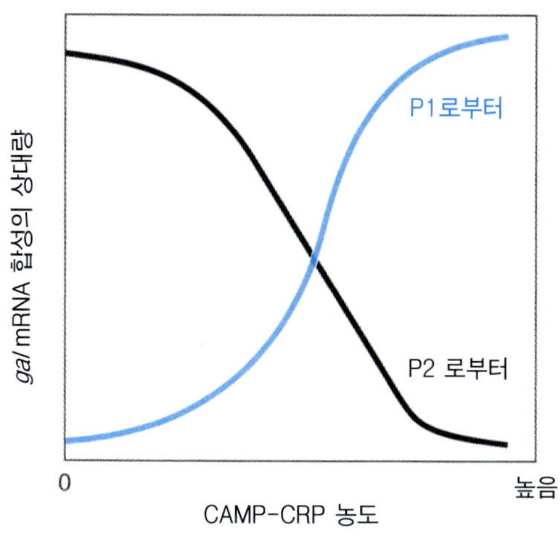


그림 11-10 *P1*과 *P2* 두 프로모터에 의한 gal 오페론의 전사조절. cAMP-CRP가 없으면 gal mRNA는 대부분 *P2* 프로모터로부터 만들어진다. 고농도의 cAMP-CRP에서는 *gal* mRNA가 주로 *P1* 프로모터로부터 만들어진다.

중합효소의 DNA와 결합을 물리적으로 막는 대신 각각의 오퍼레이터와 결합한 두 억제자 분자들은 상호작용하여 DNA에 고리를 형성하도록 만든다. 두 오퍼레이터 사이에 형성된 이 DNA 고리는 RNA 중합효소가 결합하는 프로모터들을 포함하고 있다 (그림 11-12). 이 고리 형성은 RNA 중합효소의 전사 개시를 억제한다. 정확한 억제 메커니즘이 알려지지 않았으나 DNA의 고리형성이 조절단백질 분자와 떨어진 DNA 장소에 결합된 RNA 중합효소와의 물리적 접촉을 허용하는 것으로 믿어진다; 이와 같은 물리적 접촉이 전사율과 효능에 영향을 미치는 것으로 보인다.

## 아라비노오스 오페론

대장균에서 아라비노오스 당분의 이용에 관계하는 효소를 암호화하고 있는 아라비노오스 오페론은 조절단백질 행동의 다양성을 보여주는 또 다른 예를 제공한다. *ara* 오페론은 *lac* 오페론과 *gal* 오페론과 마찬가지로 유도가 가능하지만 평소에는 표현되지 않는다. *ara* 효소는 세포가 아라비노오스에 노출된 경우에만 만들어진다. Ara 효소의 발현은 AraC로 불리는 단백질에 의하여 조절되며, 자신은 억제자로서 작용한다. 아라비노오스가 존재할 경우 이 당분은 AraC와 결합한 후 AraC를 촉진제로 전환시킨다. 아라비노오스-AraC 복합체는 *ara* 프로모터로부터의 전사를 활성화시킨다. 만약 AraC를 암호하는 유전자가 결실될 경우 *ara* 오페론은 아라비노

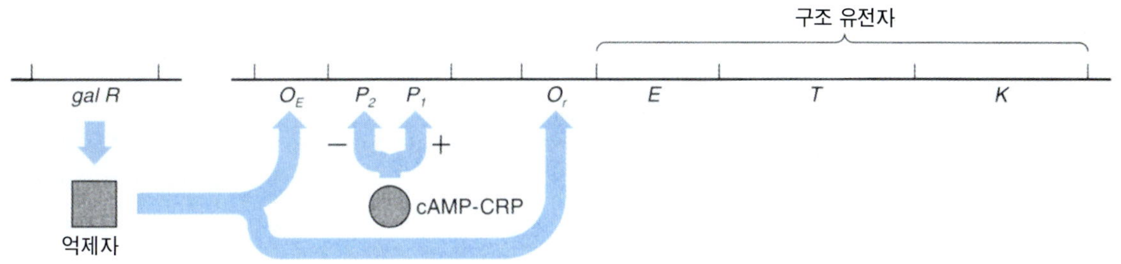


그림11-11 대장균의 *gal* 오페론의 조절 ($O_E$, $O_1$의 두 오퍼레이터는 음영을 넣었다). 지도는 축소비율에 맞춰 그린 것이 아님.

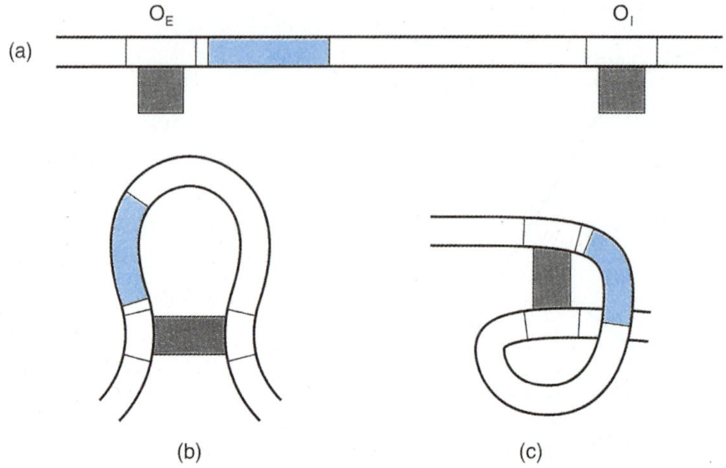

그림 11-12 Gal 오페론 내의 DNA 고리형성. 억제자 2량체 (dimer)는 각 오퍼레이터와 결합한 후(a) 2량체들은 서로 연합하여 (b) 또는 (c) 메커니즘에 의하여 사이에 낀 DNA 고리를 형성한다. Gal 프로모터 지역은 음영을 넣었다.

오스의 존재 하에서도 결코 발현되지 못한다. 따라서 아라비노오스 오페론은 어떤 조건에서는 억제자로서, 또 다른 조건하에서는 활성제로서 작용하는 조절 단백질의 예를 제공하고 있다.

## 트립토판 오페론과 감쇠작용

보조 억제 인자

어떤 오페론의 경우 한 분자가 스스로 억제자로서의 기능을 나타낼 수 없다. 이와 같은 오페론을 위하여 억제자는 오퍼레이터와 결합하기 위하여 **보조 억제 인자 (corepressor)**라고 부르는 작은 분자의 존재가 필요하다. 코리프레서가 없으면 억제자 (아포리프레서-aporepressor라고 부른다)는 오퍼레이터와 결합할 수 없으며 그 결과 오페론의 유전자들은 발현된다. 대장균에서 많은 종류의 아미노산과 비타민의 합성에 관계하는 효소들의 발현이 이와 같은 양상으로 조절된다. 세포는 아미노산이나 비타민이 과량으로 존재할 경우 그들의 합성에 관계하는 효소들의 합성을 억제한다. 트립토판 오페론에 존재하는 이러한 억제 시스템은 에너지의 사용에 매우 경제적이다.

트립토판 생합성에 관련된 효소를 암호화한 유전자는 5개가 있다. 5개의 시스트론 (*trpE, trpD, trpC, trpB, trpA*), 프로모터, 오퍼레이터의 배열은 그림 11-13에 나타낸 바와 같다. 이들 모든 요소들이 합쳐 오페론을 구성하며, 오페론의 정의에 따르면 폴리시스트로닉 mRNA 분자로 전사가 가능해진다. *trp*오페론에서 트립토판은 억제시스템에 직접 작용한다.

트립토판 오페론의 억제시스템의 조절단백질은 Trp 억제자라고 부르는데 이는 염색체의 다른 장소에 위치한 *trpR* 유전자의 산물이다. *trp* 유전자의 돌연변이나 (trpR−) 오퍼레이터에 일어난 돌연변이 (Oc)의 어느 쪽이라도 *lac*과 *gal* 오페론에서처럼 *trp* mRNA의 합성의 개시가 상시적으로 일어나도록 만든다. 트립토판 분자 (코리프레서로 작용하는)는 억제 작용을 수행하기 위하여 반드시 Trp 억제자 (아포리프레서)와 결합해야 한다. 이 과정의 반응은:

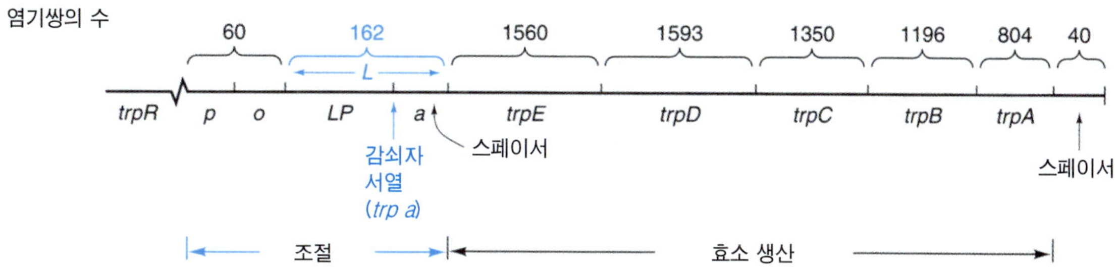


그림11-13 대장균의 *trp* 오페론. 조절부위는 암호부위에 비하여 크게 그렸다. 각 부위의 실제 크기는 염기쌍의 수로 나타내었고 조절요소는 청색으로 표시하였다. *L*은 선도 mRNA 토막: *LP*는 선도 펩티드: *a*는 감쇠자이다. *trpR* 유전자는 억제자를 암호하며 염색체의 다른 부위에 위치하고 있다.

| Trp 억제자 + 트립토판 | ⇄ | Trp 억제자-트립토판 복합체 |
|---|---|---|
| (단독으로는 오퍼레이터와 결합할 수 없으며, 전사가 일어난다.) | | (오퍼레이터와 결합하며, 전사가 일어나지 않는다) |

따라서 트립토판이 존재할 경우에만 활성억제자 분자가 전사를 억제한다. 만약 외부로부터의 트립토판 공급이 중단되면 (또는 대단히 저하할 경우) 상기 방정식의 평형이 왼쪽으로 이동하게 되며 그 결과 오퍼레이터가 채워지지 않아 전사가 시작된다. 이것이 이 오페론의 기본 "켜짐-꺼짐" 조절 메커니즘이다.

트립토판 오페론은 생합성 (분해 보다는) 효소의 세트를 암호화하고 있기 때문에 포도당이나 cAMP-CRP 그 어느것도 오페론의 활동에 영향을 미치지 못한다. 더구나 *trp* 오페론에는 방금 설명한 것과 같은 단순한 켜짐-꺼짐 시스템 외에 더 많은 조절 작용이 있다. 소량의 트립토판이 존재할 때 (트립토판이 동시에 합성되지 않으면 세포의 생장이 일어날 수 없는 적은 양) 전사량은 트립토판의 농도에 의하여 결정된다. 켜짐 상태에서 두 번째 조절 수준은 발현이 보다 정교한 통제하에서 일어나도록 하는데 이 때의 통제는 트립토판의 농도에 더 민감하다. 이러한 통제는 두가지 요인에 의하여 가능하다.

1. 첫번째 구조 유전자 상류에서의 미성숙 전사 중단.
2. 세포 내 트립토판 농도에 의한 미성숙 중단 빈도의 조절.

따라서 트립토판 합성은 두 부분의 조절 시스템을 가진다. 고농도의 트립토판은 코리프레서 단계에서 시스템을 꺼버린다. 이 경우 프로모터는 차단된 상태이므로 전사는 결코 시작되지 않는다. 만약 트립토판이 코리프레서와 작용하지 못할 정도의 농도일 경우 시스템은 정교한 조정의 대상이 된다. 만약 트립토판의 농도가 아주 낮으면 모든 오페론에서 전사가 일어난다.

그림 11-13에서 *trp* 오페론에 *LP*와 *a*의 두 지역이 더 있음에 유의하여라. *Trp* mRNA의 첫 번째 시스트론의 상류 5'끝 부위에서는 선도 RNA (leader RNA) (그림에서는 *L*로 표시)라 불리는 162개의 염기 토막을 포함하고 있다. 이 선도 염기 서

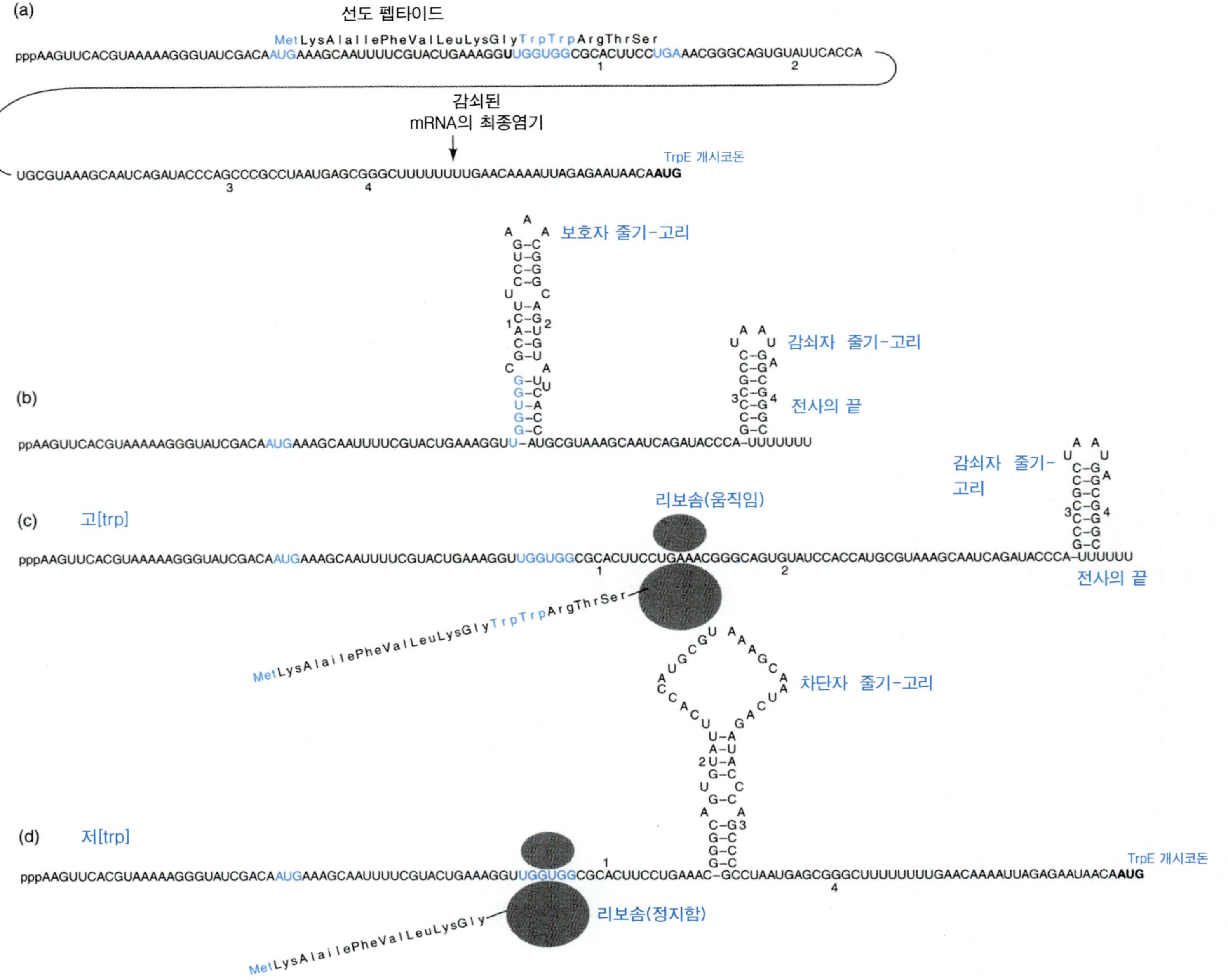
(a)
선도 펩타이드
MetLysAlaIlePheValLeuLysGlyTrpTrpArgThrSer
감쇠된
mRNA의 최종염기
TrpE 개시코돈
(b)
보호자 줄기-고리
감쇠자 줄기-고리
전사의 끝
(c)
고[trp]
리보솜(움직임)
감쇠자 줄기-고리
전사의 끝
MetLysAlaIlePheValLeuLysGlyTrpTrpArgThrSer
차단자 줄기-고리
(d)
저[trp]
TrpE 개시코돈
리보솜(정지함)
MetLysAlaIlePheValLeuLysGly

열은 몇가지 중요한 성질을 가지고 있다 (그림 11-14도 참조할 것).

1. 동일한 해독틀 상의 AUG 코돈과 하류의 UGA 정지코돈이 선도 폴리펩티이드 (lp)라고 부르는 14개의 아미노산으로 구성된 폴리펩티드 지역을 결정한다 (그림11-14(a)).
2. *trp* mRNA 내에 두 개의 인접한 트립토판 코돈이 선도 폴리펩티드의 10번과 11번째 아미노산에 해당하는 자리에 위치하고 있다. 이 두 반복된 코돈의 중요성은 곧 알게 될 것이다.
3. 선도 RNA의 네 부위 (1, 2, 3, 4로 표시된)는 줄기-고리 1-2와 3-4중 어느 것이나 (그림 11-14(b)) 또는 줄기-고리 2-3 단독 (그림 11-14(d)의 두 가지 상호 배타적인 방법에 의하여 염기쌍을 이룰 수 있다.

이와 같은 배열은 다음의 메커니즘에 의하여 *trp* 선도 지역에서 전사의 미성숙 중단이 가능하도록 만든다.

정상 박테리아의 *trp* mRNA 오페론에서 트립토판이 있을 때에는 어느 구조 유전자의 전사도 일어나기 전에 단지 140개의 염기쌍으로 된 mRNA를 전사시킨 후에 중단된다. 트립토판이 없을 때에는 전사가 계속되어 *trp* 효소들을 합성한다. 염기서열 160이 전에 위치한 28 염기쌍 길이의 토막에 부분적 또는 완전 결실이 일어난 돌연변이 개체는 트립토판이 없는 배지에서 자랄 경우 정상 세포보다 *trp* 효소의 합성율이 6-7배나 증가한다. 따라서 이 지역이 조절 기능을 가지고 있다고 확실하게 말할 수 있다. **감쇠자 (attenuator)** 라고 부르는 이 지역은 mRNA 내에 기능을 발휘하는 줄기-고리 형상 (줄기-고리 3-4)과 그 다음에 오는 수개의 유리딘 잔기를 포함하고 있는 정상적인 전사 종료 장소의 특징을 갖추고 있다([8장 그림 8-8 참조]). 전사는 7번째 염기 다음에 종료된다. 선도 RNA는 세포 내의 트립토판의 농도를 감지하여 그에 맞춰 전사량을 조절한다. 이와 같은 미성숙 종료에 영향을 끼치도록 하는 메커니즘은 RNA가 줄기-고리 1-2 (보호자, protector), 2-3 (차단자, pre-emptor), 3-4 (감쇠자) 중 어느 하나를 형성할 수 있는 능력에 기초하고 있다. 종료 또는 해독 통과 (read through)의 지시는 줄기-고리 3-4 감쇠자 구조가 형성되는지의 여부에 달려있다. 감쇠자

감쇠자에서의 전사 중단은 선도 펩티드 지역의 번역에 따라 조절된다. 이 염기서

**그림11-14** 대장균 mRNA의 선도 지역과 *trp* 오페론의 감쇠 조절 메커니즘 모델. (a) *Trp* mRNA의 5′ 끝부분은 선도 RNA라 불리우며 14개의 아미노산으로 된 선도 폴리펩티드, 2개의 Trp 코돈, UGA 정지코돈, TrpE 단백질 (굵은 문자)의 개시코돈 **AUG**를 나타내고 있다. 트립토판이 존재할 경우 전사는 표시한 바와 같이 RNA의 140 위치에서 중단된다. 정지 점 앞에 위치한 4개의 다른 지역 (1, 2, 3, 4로 표시된)은 (b), (c), (d)에 나타낸 바와 같이 3개 중 어느 하나의 줄기-고리 형성에 참여한다. (b) 유리된 mRNA (free mRNA)에서 줄기-고리 1-2와 3-4의 형성이 가능하다. (c) 고농도 트립토판 존재하에서의 mRNA의 구조. 리보솜이 제 2지역에 도달하여 줄기-고리 1-2의 형성을 방해하지만 줄기-고리 3-4의 형성은 허용한다. (d) 저농도의 트립토판하에서 리보솜은 제 1지역에 머물어 줄기-고리 2-3의 형성은 허용하며 줄기-고리 3-4를 차단한다.

열에는 두 개의 트립토판 코돈이 있으므로 이 염기서열의 해독은 충전된 (charged) tRNAtrp의 농도에 대하여 민감하다. 즉, 트립토판의 공급이 적당하지 않을 경우 충전된 tRNAtrp의 양이 불충분하게 되고 그 결과 해독은 트립토판 코돈에서 정지된다. 두 가지 점을 지적하겠다.

1. 리보솜과 접촉하는 mRNA의 부위에서는 모든 염기쌍의 형성이 제거된다.
2. 만약 줄기-고리 1-2와 3-4가 동시에 형성될 경우에는 줄기-고리 2-3은 존재할 수 없다.

그림 11-14(c)는 Trp 선도 펩티드의 끝이 1번 부위 (segment 1) 내에 있음을 보여주고 있다. 일반적으로 해독 중의 리보솜은 mRNA에서 해독되는 코돈의 하류로 약 10개의 염기와 접촉한다.

따라서 선도 펩티드의 최종 코돈이 해독될 때에는 1번과 2번 부위가 리보솜에 의하여 부분적으로 덮이게 되며 그 결과 염기쌍이 형성되지 않는다. 전사-해독이 연결된 시스템에서 선도 리보솜이 RNA 중합효소 후방으로 멀리 떨어져 있지 않음을 기억하고 있을 줄 믿는다. 그러므로 리보솜이 2번 부위와 접촉하고 있을 때에는 RNA 중합효소에 의한 4번 부위의 전사가 끝날 무렵이 된다. 그 결과 3번과 4번 부위가 3번 부위에 대한 2번 마디의 경쟁없이 줄기-고리 3-4의 형성이 가능해진다. 줄기-고리 3-4 형상 (configuration)의 존재는 7개의 유리딘의 종료서열에 도달할 때 전사가 중단되도록 한다. 만약 소량의 트립토판이 존재할 경우에는 충전된 $tRNA^{trp}$의 농도가 부적당해지고 그 결과 해독 중의 리보솜은 트립토판 코돈에서 막히게 된다 (그림 11-14(d)). 이들 코돈은 2번 부위의 시작점에서부터 14개 염기 앞에 위치한다. 2번 부위는 4번 부위가 합성되기 이전에 자유로워지며 그 결과 줄기-고리 2-3의 형성이 가능하다. 줄기-고리 3-4가 없으면 전사의 종료가 일어나지 않고 *trp* 구조 유전자들의 암호서열을 포함한 완전한 mRNA분자가 만들어진다. 만약 트립토판이 과량 존재할 경우에는 전사가 종료되고 소량의 효소만 합성된다 (그림 11-15); 만약 트립토판이 없으면 전사가 종료되지 않고 효소가 만들어진다.

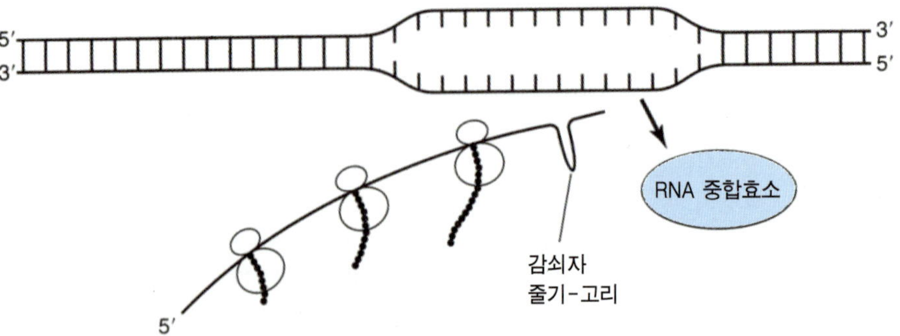


그림 11-15 트랜토판의 비교적 높은 농도가 정상적인 선도 펩티드 mRMA의 해독을 허용하지만 감쇠자 줄기-고리로부터 3-4부위는 RNA 중합효소(청색)가 DNA 개방복합체에서 분리된 결과 트립토판 오페론의 하류 mRNA가 해독되지 않는다.

(a) Met Lys His Ile Pro Phe Phe Phe Ala Phe Phe Phe Thr Phe Pro Stop
5′ AUG AAA CAC AUA CCG UUU UUC UUC GCA UUC UUU UUU ACC UCC CCC UGA 3′

(b) Met Thr Arg Val Gln Phe Lys His His His His His His His Pro Asp
5′ AUG ACA CGC GUU CAA UUU AAA CAC CAC CAU CAU CAC CAU CAU CCU GAC 3′

그림 11-16 선도 펩티드의 아미노산 서열과 그에 해당하는 mRNA의 염기서열
(a) 페닐알라닌 오페론 (b) 히스티딘 오페론. 반복된 아미노산은 청색으로 음영되었다.

중간 정도의 농도에서는 전사의 개시가 완전한 *trp* mRNA합성으로 끝나는 비율은 얼마나 많은 해독이 트립토판 코돈에서 막히느냐에 좌우되는데 이 막힘은 다시 트립토판의 농도에 좌우된다. 명심해야할 것은 이것이 원핵생물에서 볼 수 있는 전사-해독의 연합과정의 예라는 점이다 (이 과정의 설명은 9장 그림 9-16을 참조할 것). 이 시스템은 트립토판의 농도에 대단히 민감한데 그 이유는 전사가 선도 서열의 해독속도에 좌우되기 때문이다.

아미노산의 생합성에 관계하는 많은 오페론들 (예를 들어 루신, 이소루신, 페닐알라닌, 히스티딘 오페론)은 트립토판 오페론에서 설명한 바와 같이 경쟁적 염기쌍 형성 메커니즘을 갖춘 감쇠자에 의하여 조절된다. 히스티딘 오페론도 감쇠자 시스템 (즉 mRNA의 미성숙 종료)을 가지는데 이 시스템은 7개의 연속된 히스티딘 코돈을 가진다 (그림 11-16). 페닐알라닌 오페론의 경우 선도 폴리펩티드에 7개의 페닐알라닌 코돈이 있지만 이 경우에는 3 그룹으로 나누어져 있다 (그림 11-16).

## 특수한 조절자 대 총체적인 조절자

양성과 음성 조절 단백질 모두 고도로 특수한 조절자일 수 있는데 예를 들어 Lac 억제자는 *lac* 오페론만을 조절할 수 있고 대장균의 다른 어떤 유전자도 조절하지 못한다. 이와는 달리 조절 단백질들은 유전자 발현에 보다 총체적인 영향을 미칠 수 있다. 예를 들어 cAMP-CRP는 대장균 내 다수의 유전자 발현을 조절하며 LexA라 불리는 조절 단백질도 마찬가지 기능을 가진다. LexA는 음성 조절자로서 자외선에 손상된 DNA를 회복 시키는데 관계하는 효소의 암호를 가진 유전자를 조절한다. 이 유전자들은 대장균 염색체 내에 분산되어 있으며, LexA 단백질은 이들 유전자 모두의 오퍼레이터 부위와 결합한다. 만약 세포가 준치사량의 자외선에 노출되면 LexA가 불활성화를 일으키고, DNA 회복 작업을 수행하기 위하여 DNA회복 유전자들이 발현된다. 포괄적 조절자-양성 혹은 음성-에 의하여 조절되는 유전자 군 또는 오페론들을 **레귤론 (regulon)**이라 칭한다. 특수한 조절자와 총체적 조절자는 박테리아 세포 내에서 흔히 볼 수 있다. 레귤론

## 자가조절

세포 내 요구량이 크게 변하는 어떤 유전자 산물의 합성은 **자가 조절**이라 불리는 메커니즘에 의하여 조절된다. 가장 단순한 자가조절 시스템에서는 유전자 산물이 동시에 조절자가 되는데 이들은 DNA의 프로모터 또는 그 인접 부위와 결합한다. 자가조절은 양성 또는 음성 조절일 수도 있다. 만약 유전자 산물이 세포가 이용할 수 있는 양을 초과하게 되면 유전자 산물이 DNA (프로모터)와 결합하여 전사가 억제된 자가조절

다. 그 후 결합하지 않은 분자의 농도가 감소하면 결합된 분자들이 DNA에서 분리되고 그 결과 자유롭게 된 프로모터로부터 RNA 중합효소에 의하여 전사가 허용된다. 이것은 음성 자가 조절의 예이다. CRP와 같은 조절 단백질의 합성은 이와 같은 음성 자가조절에 의한다. 양성 자가조절의 좋은 예로는 박테리오파지 $\lambda$의 억제단백질의 합성을 들 수 있는데 이 시스템은 14장에서 다루기로 한다. 해독 단계에서의 자가 조절도 알려져 있다.

예를 들어 리보솜 구성단백질이 과량으로 존재하게되면 mRNA와 결합하여 자신들의 합성을 음성적으로 조절한다. 그 결과 완전한 리보솜과 mRNA의 결합이 막히게 되고 해독 역시 차단된다.

### 구성성 유전자

박테리아 내의 많은 유전자들은 켜짐-꺼짐 조절 메커니즘을 가지고 있지 않다. 그들은 그들 **프로모터**의 누클레오티드 서열 (프로모터의 강도-strength)에 의하여 미리 결정된 율에 따라 항상 발현된다. 이와 같은 구성성 유전자들은 일반적으로 세포에 일정량이 필요한 하우스키핑 단백질을 암호하고 있다. 그 예로 Lac 억제자를 암호하고 있는 *lacI* 유전자 또는 변화하는 환경에서도 일정한 수준을 유지하는 포도당 대사효소의 정보를 가진 유전자들을 들 수 있다. 구성성 유전자와 함께 유도가능 또는 억제가능 유전자들의 프로모터 강도가 동종 유전자의 최대 발현률을 결정한다.

## 전사 후 조절

한 오페론의 다른 시스트론으로부터 다른 양의 단백질이 종종 합성된다. 예를 들어 *lac* 오페론으로부터 합성되는 $\beta$-갈락토시다아제와 퍼미아제, 및 트란스아세틸라아제 사본수의 비율은 100 : 50 : 20이다. 이와 같은 차이는 다음의 두 가지 방법으로 달성된 전사 후 조절의 결과이다.

1. **해독 조절**. *lacZ* 유전자가 제일 먼저 해독된다 (그림 11-17). 해독이 일어나는 빈도는 리보솜이 *lacZ* mRNA의 개시 코돈인 AUG 근처에 위치한 샤인-달

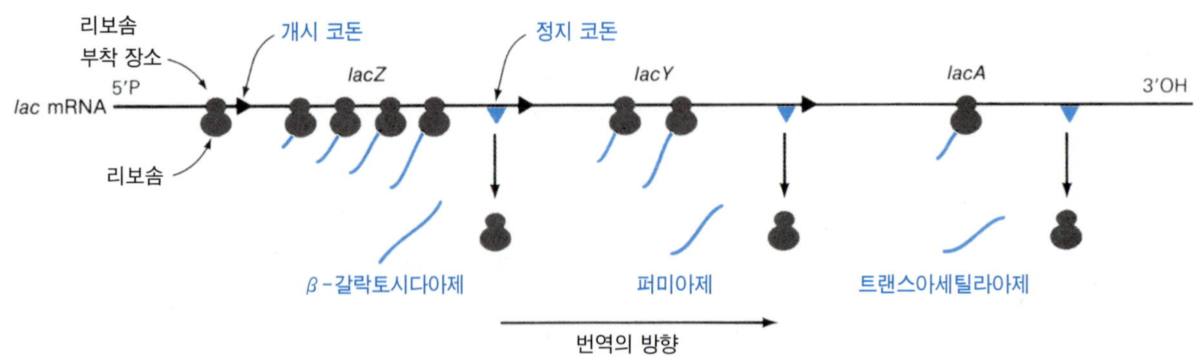


그림 11-17 *lac* mRNA의 단백질로의 해독. 모든 리보솜은 mRNA의 리보솜 부착부위에 붙는다. 각 정지 코돈에서 일부 리보솜이 분리된다.

가노 (Shine-Dalgarno) 서열 (제 9장 그림 9-12 참조)과의 결합 능률에 좌우된다. 종종 해독 중의 리보솜이 *lacZ* 해독의 끝에서 mRNA 분자로부터 분리된다. 다음 시스트론인 *lacY*의 해독 빈도 역시 리보솜 (*lacZ* 시스트론의 끝에서 분리된 것 또는 세포의 과잉 공급으로부터 선발된 리보솜의 어느 것)의 *lacY* AUG 개시코돈과의 결합능률에 의존한다. 같은 법칙이 *lacA* 시스트론에서의 해독능률을 조절한다.

mRNA의 핵심 (critical) 결합 서열에 대한 리보솜의 결합능률 또한 이 부위와 mRNA의 다른 부위 혹은 상보성 염기 서열을 가진 다른 RNA 조절 분자와 2차적인 구조를 형성함으로써 조절 (억제) 되는 것으로 알려졌다.

2. **mRNA의 안정성** (stability). mRNA는 불안정하여 박테리아 mRNA의 반감기는 불과 수분에 지나지 않는다. 세포로부터 유도체를 제거하면 *lac* mRNA가 급속히 사라지는 것에 대하여는 이미 학습한 바 있다 (**그림 11-5**). 이와 같은 mRNA의 불안정성은 세포가 급격히 변하는 환경에 반응하여 단백질 합성 스펙트럼을 신속하게 변화시키는데 도움을 준다. *lac* mRNA의 파괴는 3' 끝으로부터 시작된다. 따라서 어느 경우를 막론하고 mRNA의 *lacZ* 사본수가 *lacY* 사본수 보다 많으며 또 *lacY* mRNA의 사본수가 *lacA* 사본수보다 많다. 그 결과 합성되는 3 종류 *lac* 효소의 양도 역시 상응하는 mRNA의 이용 가능성에 좌우된다. 이와 같은 조절 양상은 원핵생물에서 흔하게 일어난다.

어떤 시스템에서는 분해에 저항하는 RNA 2차구조를 형성함으로써 3' 끝으로부터의 분해를 크게 감소시킬 수 있는 메커니즘을 가지고 있으며 이로 인하여 mRNA 분자의 해독량을 증가시킨다.

따라서 한 오페론의 전체적인 발현은 mRNA 분자의 전사 개시와 (어떤 경우에는) 폴리시스트로닉 mRNA의 미성숙 전사 종결의 조절을 통하여 결정된다; 반면 mRNA에 암호화되어 있는 단백질들의 상대 농도는 mRNA의 분해율과 각 시스트론의 해독 개시 능률에 따라 결정된다. 이와 같은 유전자 조절의 일반적 개념은 순수하게 분리된 요소로 이루어진 전사와 해독 반응이 조절 DNA 요소와 단백질에 의하여 조절됨을 증명함으로써 확고하게 구축되었다. 대부분의 유전자 조절 고분자 반응에 대한 물리적 화학적 기반은 잘 알려져 있지 않은 상태로 현재 분자생물 학자들의 연구 촛점이 되고 있다.

## 단백질분해에 의한 조절

mRNA와는 달리 대부분 단백질은 유용성이 없어지거나 세포에 해로워 제거시켜야 할 경우를 제외하고는 정상적인 성장기간 동안 아주 안정된 상태이다. 후자 유형의 예는 대장균의 *sulA* 유전자에 암호화되어 있는 SulA 단백질이다. 염색체의 DNA가 손상을 받게되면 SulA 단백질의 합성이 DNA 회복효소와 함께 유도된다. SulA 단백질은 DNA회복에 필요한 시간을 주기 위하여 세포 분열을 억제한다. DNA 회복과정이 완료되면 SulA가 더 이상 필요없게 되어 Lon이라 불리는 단백질 분해효소에 의하여 급속하게 분해된다. Lon 단백질 분해효소에 결함이 생긴 돌연변이체는 분열하지 못하고 DNA 손상제의 작용을 받게되면 결국 죽게 된다.

**핵심개념**

**"단백질 수준" 개념**

한 세포 내 단백질의 총량은 생산률과 분해되거나 세포 밖으로 배출되는 율 사이의 차이를 나타낸다.

## 되먹임 억제와 알로스테릭 조절

한 세포 내에 어떤 아미노산이 다량으로 존재하게 되면 그 아미노산을 만드는 효소들의 합성이 억제되는데 그 이유는 앞에서 설명한 대로 그 효소들이 더 이상 필요 없게 되었기 때문이다. 그럼에도 불구하고 억제가 시작되기 이전에는 세포에 다량의 효소가 존재하고 있으므로 아미노산의 생합성 반응을 계속하여 촉매할 수 있다. 그러나 세포는 아미노산의 합성을 즉각 중단시킬 수 있는 메커니즘을 가지고 있어서 불필요한 합성은 거의 일어나지 않는다. 예를 들어 고농도의 이소루신은 트레오닌으로부터 이소루신의 합성을 촉매하는 5-효소의 경로 중 첫번째 효소의 작용을 억제한다 (그림 11-18). 이소류신과 결합한 효소는 반응을 촉매할 수 없으며 이소루신의 합성을 즉각 중단시킨다. 이와 같이 어떤 생합성 경로에서 한 효소의 촉매작용이 동일한 경로의 나중 효소산물과 결합함으로써 특수하게 억제되는 과정을 **되먹임 (피드백)** 또는 **최종산물 억제**라고 부른다. 되먹임 억제에서 이소루신은 활성부위와 다른 장소에 가역적으로 결합한 후 효소의 구조를 바꾸어 효소가 기질을 인지할 수 없도록 만든다. 활성부위와 다른 장소에 작은 분자가 결합함으로써 모양과 입체구조 (conformation)가 변하는 단백질을 **알로스테릭 단백질**이라고 부른다 (그림 11-19). 또 알로스테릭 변화를 가져오는 작은 분자들을 **알로스테릭 작동제 (allosteric effector)**라고 한다. 작동제는 공유결합이 아닌 약한 화학결합 (수소결합, 이온 가교 (bridge), 반 데르 발스 친화력) 으로 단백질과 결합한다. 이 약한 결합이 가역적인 결합을 가능하도록 만든다 (최종 산물의 농도가 낮아지면 효소의 재활성화가 필요하다).

어떤 생합성 경로는 동일한 전구물질 (precursor)로부터 두가지 산물이 합성되기도 한다. 이와 같은 **분지 경로 (branched pathway)**의 이론적인 예는 다음과 같다.

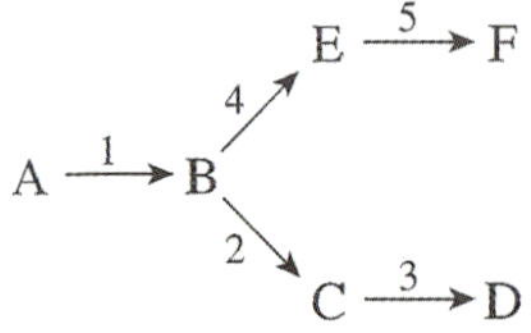


경로에서 한개의 산물이 효소 1을 억제하는 것은 바람직하지 않는 것으로 보

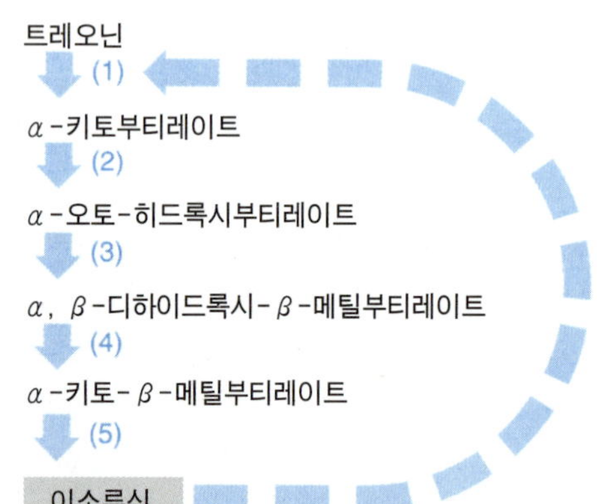


그림 11-18 이소루신 합성경로에서의 되먹임 억제. 이소루신은 효소 (1)의 되먹임 억제자라는 것을 (점화살로 표시) 나타내기 위하여 박스처리 하였다.

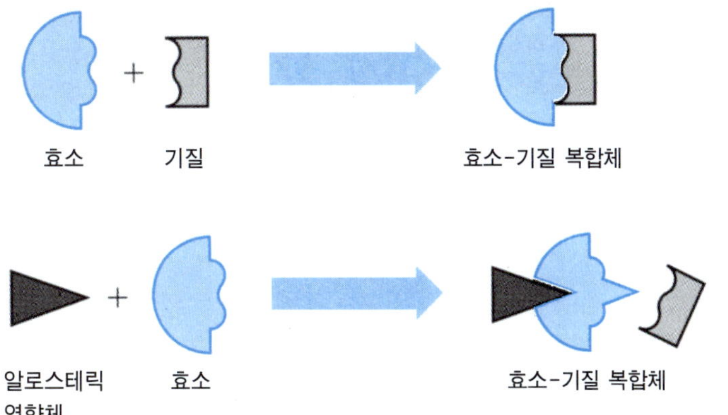


그림 11-19 알로스테릭 작동제와의 결합에 의한 효소의 입체구조 변화. 결합 결과 효소와 기질과의 결합이 불가능하게 된다. 이 입체구조의 변화와 제 4장 그림 4-12에 나타낸 효소반응 모델과 비교하여라

이는데 그 이유는 양쪽 가지가 모두 차단될 수 있기 때문이다. 일반적으로 가장 널리 이용되는 경제적인 억제방법은 D는 효소 2를, F는 효소 4를 억제하는 것이다. 이러한 벙법으로 D와 F는 다른 쪽을 억제하지 않는다. D와 F가 모두 있을 때 A를 B로 전환시키는 것은 낭비가 되므로 많은 분지경로에서 D와 F가 공통으로 효소 1을 억제하는 것이 발견되었다.

분지경로에서 되먹임 억제의 교묘함이 그림 11-20에 나타나 있다. 그림은 잘 알려진 아스파르트산로부터 리신, 메티오닌, 트레오닌이 합성되는 다분지 경로를 보

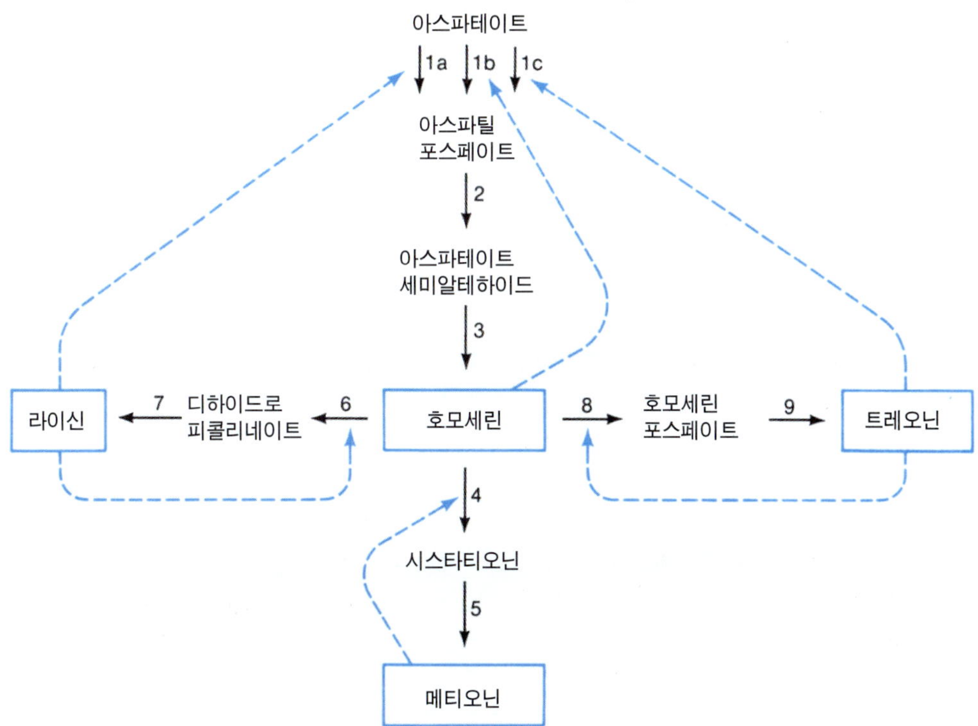


그림 11-20 리신, 메티오닌, 트레오닌 합성 경로에서의 되먹임 억제. 박스안의 분자는 억제자이며 점화살은 억제시키는 효소로 가는 길을 나타낸다.

여준다. 이 아미노산들이 경로의 주된 분지 바로 뒤의 효소 4, 6, 8을 어떻게 억제하는지에 주목하기 바란다. 더구나 3개의 **동위효소** (isoenzyme- 동일 반응을 촉매하는 다른 단백질)인 1a, 1b, 1c가 각각 리신, 호모세린, 트레오닌에 의해 독립적으로 억제된다. 이들 동위효소는 서로 다른 율로 반응을 진행시켜 각각의 동위효소 억제에 필요한 적당량의 아스파르트 인산 (aspartyl phosphate)을 생산한다. 따라서 동위효소가 억제될 때에도 필요한 아미노산의 합성에 요구되는 아스파르트 인산이 여전히 만들어진다.

되먹임 억제는 진핵 생물과 원핵 생물에서 모두 일어나지만 후자에 훨씬 더 잘 규명되어 있다. 되먹임 억제는 여러 가지 방법으로 일어난다; 예를 들어 생산물이 효소와 결합하게 되면 (억제자로 작용하여) 효소의 모양에 물리적 변화를 초래시켜 촉매 능력이 달라진다. 이 장에서 논의한 조절 단백질의 속성 변화는 모두 **알로스테릭 구조 변화** (allosteric conformational change)의 예로서 이 변화는 특수한 저분자 조절자가 Lac과 Gal 억제자 (억제자를 불활성 억제자로), CRP (불활성 촉진자를 활성 촉진자로), AraC (억제자를 촉진자로), Trp 억제자 (불활성 억제자를 억제자로)와 결합함으로써 유도된다. 알로스테릭 억제와 활성은 세포가 환경변화에 급속한 반응을 일으킬수 있게 하는 반면 유도와 억제는 장기간의 환경변화에 대응하는 적응 메커니즘을 제공한다.

## 미래의 실질적 응용

상업적으로 중요한 호르몬, 항체, 성장촉진 단백질을 포함한 많은 종류의 단백질이 대장균과 같은 박테리아에 실험적으로 유전자 재조합되었다. 몇몇 경우 원하는 단백질 산물들이 세포로부터 배양배지로 분비되었다. 물론 이 경우 단백질 산물의 수거가 용이하다.

그러나 많은 경우에 원하는 외부 유전자의 산물들이 분비되기 전에 박테리아 내에서 분해된다. 이와 같은 단백질의 파괴는 보통 박테리아의 정상적인 대사과정에서 만들어진 단백질 분해효소에 의하여 일어난다. 아마도 1타스 (12개) 정도의 단백질 분해효소들이 박테리아 세포 내에서 활동하고 있는 것으로 보인다.

## 요 약

특정 유전자 산물의 합성은 종합적으로 유전자 조절이라 불리는 메커니즘에 의하여 조절된다. 일반적으로 유전자 조절은 전사 또는 해독 단계에서 일어난다. 전사 단계의 조절은 양성 또는 음성조절로 구별한다. 음성조절에서는 전사가 일어나기 전에 DNA와 결합하고 있던 억제자가 반드시 제거되어야 한다. 양성조절에서는 전사가 허용되기 위하여 촉진자가 DNA와 결합해야만 한다. 대장균의 락토오스 시스템은 오페론 모델에 의하여 처음으로 설명되었으며 이 시스템은 양성과 음성 조절을 나타내는 예가 된다. 이 시스템에서 락토오스 유도체로서 억제자 (lacI)의 모양을 바꾸어 억제자가 더 이상 오퍼레이터와 결합하지 못하도록 한다. 그러나 락토오스 오페론의 전사는 cAMP-CRP 촉진 복합체의 존재도 필요하다. 비교적 잘 알려진 다른 종류의 오페론으로는 갈락토오스 오페론, 아라비노오스 오페론, 트립토판 오페론을 들 수 있다. 각 오페론은 그들 자신의 구성요소를 가지며 각각 독특한 양상으로 기능을 나타낸다.

양성과 음성조절 단백질 공히 고도로 특수한 영향을 미치거나 (lacI) 또는 총체적인 영향 (CRP)을 끼쳐 여러개의 유전자 발현을 조절할 수 있다. 어떤 유전자 산물들은 그들 자신의 발현을 조절하기도 한다 (자가조절). 한 오페론의 전체적인 발현은 전사개시와 미성숙 전사종료를 제어함으로써 조절되는 반면, 단백질의 상대적 농도는 mRNA의 분해율, 해독개시 빈도, 단백질 자신의 파괴율의 조절에 의하여 결정된다. 단백질의 활성도는 또한 알로스테릭 상호작용과 되먹임 억제의 조절을 받을 수도 있다.

## 연습문제

1. 음성조절은 양성조절과 어떤 다른 특징을 나타내는가? 음성 자가조절과 양성 자가조절은 어떻게 다른가?
2. 억제자, 코리프레서 (corepressor), 아포리프레서 (aporepressor)의 특징은 무엇인가?
3. *유도*와 *탈억제*라는 용어는 유전자 기능과 관련지어 어떤 의미를 뜻하는가?
4. *LacO*$^{c}$ 돌연변이가 *cis*−우성 하다는 유전적 증거는 무엇인가?
5. 조절단백질 AraC가 어떻게 억제자와 촉진자의 기능을 다같이 나타낼 수 있는지 설명하여라.
6. 왜 감쇠현상은 진핵생물에서 일어나지 않는가?
7. 박테리아 세포가 세포 내 mRNA양을 조절하는데 사용하는 두 가지 메커니즘을 들어라.
8. 박테리아 세포가 세포 내 단백질 양을 조절하는데 사용하는 세 가지 메커니즘을 들어라.

## 문 제

1. 대장균이 유일한 탄소원으로 락토오스를 포함한 생장 배지에서 자라고 있으며 유전자형은 $I^-$, $Z^+$, $Y^+$ 라고 가정하자.
   만약 포도당을 첨가하면 아래의 어떤 현상이 일어나겠는가?
   (a) 아무것도 일어나지 않는다.
   (b) 락토오스는 세포에 더 이상 이용되지 않는다.
   (c) Lac mRNA는 더 이상 생산되지 않는다.
   (d) Lac 억제자가 오퍼레이터와 결합한다.
2. 돌연변이 락토오스 억제자 (lacI$^{\chi}$)는 오퍼레이터와 결합하여 전사 개시를 억제할 수 있지만 유도체 (락토오스 또는 IPTG)와는 결합할 수 없다고 가정하자. 다음의 유전자형에서 유도체가 있는 상태와 없는 상태에서 *Lac Z*의 표현형 (발현 또는 비발현)은 어떻게 되는가?
   (a) $I^{\chi}O^{+}Z^{+}$ +IPTG
   −IPTG
   (b) $I^{\chi}O^{+}Z^{-}/I^{+}O^{+}Z^{+}$ +IPTG
   −IPTG
   (c) $I^{\chi}O^{+}Z^{-}/I^{+}O^{+}Z^{-}$ +IPTG
   −IPTG
3. 리보핵산 분해효소 P는 tRNA의 완전한 성숙에 필요한 효소이다. P에 일어난

어떤 돌연변이는 *trp* 생합성 오페론의 발현을 증가시키는 것으로 나타났다. 이를 설명하여라.

4. 락토오스, 자일로오스 (zylose), 소비톨 (sorbitol)을 포함한 많은 종류의 당분을 동시에 이용하지 못하는 돌연변이 대장균이 분리되었다. 그러나 유전적 분석으로 이들 당분의 이용에 관계하는 각 오페론에는 돌연변이가 일어나지 않았음을 알게되었다. 이 돌연변이의 가능한 표현형은 무엇인가?

## 개념문제

1. 환경의 자극에 반응하에 어떤 효소가 반드시 생산되어야 한다고 가정하자 (예를 들어 락토오스에 대한 lacZ 반응). 이 효소의 생산에서 전사 단계와 전사 후 단계에서의 조절의 장점과 단점은 무엇인가?
2. 각 조절 시스템의 구성요소를 구별하고 성질을 규명하는데는 유전적 분석이 기본적이다. 예를 들어 락토오스 오페론은 수 백개의 $lac^-$ 돌연변이를 만들고 그들의 유전적 상호작용을 살펴봄으로써 처음으로 규명되었다. 조절단백질 (lacI, galR, AraC, trpR, CRP)이 알려진 후 조절단백질을 불활성화 시킨 유전적 결과가 음성조절과 양성조절을 구별하는데 어떻게 이용되겠는가?
3. 고분자 집합에 참여하는 많은 단백질의 합성에 자가조절 양상이 왜 일반적인가?
   (예를 들어 원핵생물의 리보솜 단백질은 해독단계에서 자가조절된다)

# 제12장

**단원 학습목표**

1. 원핵생물과 진핵생물의 유전자 활동에서 볼 수 있는 중요한 이점
2. 전사와 RNA프로세싱(processing)이 조절되는 방법
3. 번역의 조절방법
4. 면역 시스템의 특별한 양상

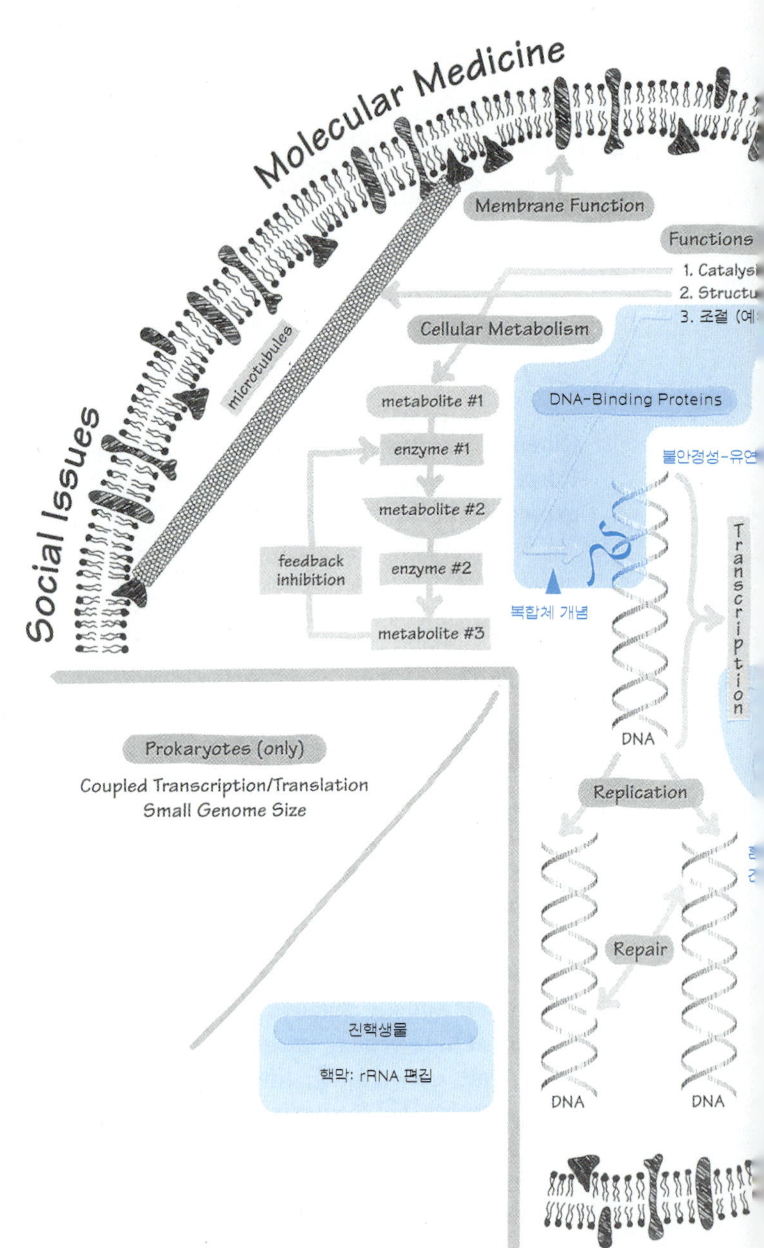

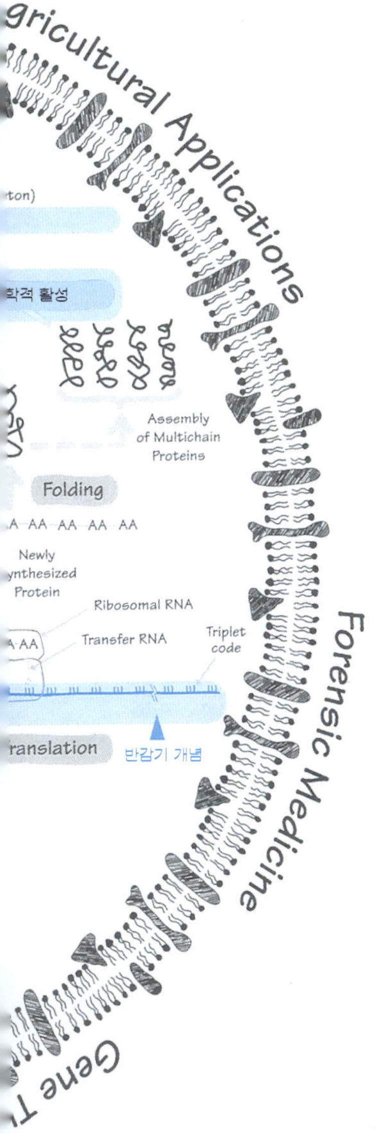


# 진핵생물에서의 유전자 활동의 조절

인체에는 근육, 간, 신경, 폐, 표피, 골수(B)와 흉선(T) 림프구를 포함하여 200 종류 이상의 세포가 알려져 있다. 이들 세포들은 형태적 기능적으로 아주 다르다. 그러나 한 개체 내의 모든 세포들이 가지고 있는 유전정보는 약간의 예외를 제외하고는 거의 동일하다. 이와 같은 다양한 종류의 세포는 동일한 게놈 (genome)으로부터 세포의 종류에 따라 특징적인 mRNA와 단백질의 발현에 기인한 차별 때문에 주로 일어나는 것으로 보인다. 그러나 대부분의 mRNA와 단백질은 모든 세포로부터 생산되며 세포의 종류에 따라 단백질의 수준이 수배 이상 차이가 나지 않는 범위에 있다 (환원하여 이들은 하우스키핑 기능을 가진 단백질이다). 진핵생물들은 한 종류의 세포에서는 유전자 염기서열의 변화가 없이도 특수한 유전자를 발현시키지만, 다른 종류의 세포에서는 발현시키지 않는 복잡한 조절 메커니즘을 진화시켰다. 원칙적으로 유전자 발현은 DNA→RNA→단백질→DNA로 이루어진 순환적 합성/변형 경로 (circular synthesis / modification pathway)의 각 단계에서 조절이 가능하다 (그림 12-1). 가능한 조절 수준은 다음 단계를 포함한다;

1. 전사
2. RNA 프로세싱 (스플라이싱 혹은 다른 형태의 프로세싱/수식)
3. mRNA 운반
4. mRNA 파괴와 저장
5. 해독
6. 해독 후 단백질 활성의 조정

한 유전자의 발현은 위의 여러 단계에서 조절될 가능성이 크다. 이들 단계는 이 장의 첫 절에서 윤곽을 나타낸다.

## 원핵생물과 진핵생물 유전자 구성의 중요한 차이점

원핵생물과 진핵생물의 세포의 구성과 유전적 구성에는 많은 차이점이 있다. 앞장에서 소개된 가장 큰 차이점은 다음과 같다;

1. 진핵세포는 막으로 둘러싸인 핵을 가지고 있으며 그 안에 유전정보의 운반자인

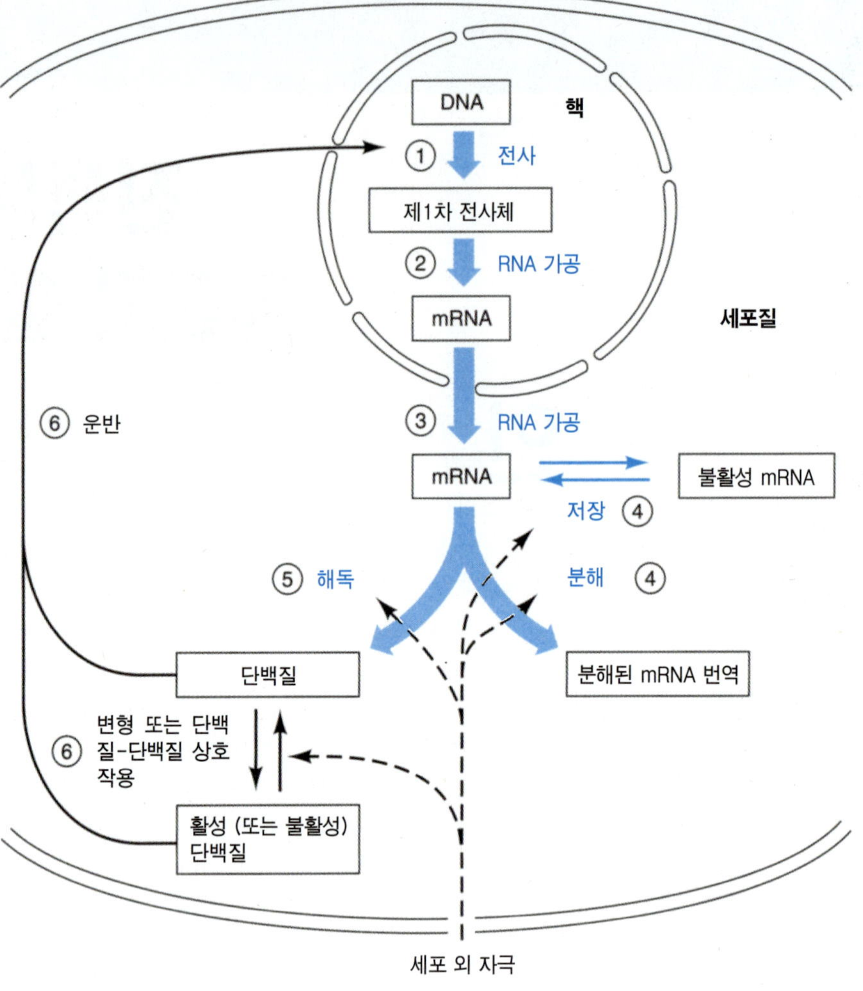


그림 12-1 진핵생물 유전자 발현조절의 단계. 1과 2 단계는 핵 내에, 4와 5는 세포질에 위치하며;3과 6은 핵과 세포질 사이의 수송 (translocation)을 나타낸다. 제 6 단계에서는 단백질 전이가 세포질에서 핵으로 가는 단 1개의 가능한 경로만 표시되어 있음에 유의하여라. RNA 대사는 청색으로 나타내었다.

염색체를 포함하고 있다. 진핵세포는 핵 외에도 원핵세포에서 볼 수 없는 수많은 다른 종류의 세포 내 구획 (subcellular compartment)을 가지고 있다 (예; 미토콘드리아).

염색질

2. 진핵세포의 염색체 DNA는 **염색질**이라 불리는 고도로 규칙적인 핵단백질 복합체로 포장되어있다 (5장 참조).
3. 진핵세포 (특히 큰 게놈을 가진 세포)에서는 많은 DNA 절편이 수백, 수천 또는 수백만번이나 반복되어 있다. 이와 같이 고도로 반복된 서열의 기능 -만약 존재할 경우- 은 아직 밝혀지지 않은 상태이다. 이와 반대로 원핵세포는 소수의 반복서열로 된 리보솜 RNA (rRNA)와 운반 RNA (tRNA)와 같은 예외를 제외하고는 반복된 서열을 가지지 않는다. 이 전의 그림 3-9에서 이와 같은 차이를 이미 설명하였다.
4. 전형적인 진핵세포의 유전자는 **모노시스트로닉**이다 (즉, 한 개의 전사 단위는 한 개의 해독 단위만 암호하고 있다). 그러나 원핵세포는 종종 수 개의 해독 단위가 한 개의 전사 단위 (**폴리시스트로닉** 유전자)로 이루어진 한 개의 오페론

으로 편성된다. 한 오페론의 해독 단위는 보통 같은 조절 경로에 관계하는 다른 종류의 단백질을 암호화하고 있다 (그림 11-3 참조). 이와는 대조적으로 진핵세포의 유전자는 같은 조절 경로에 속하더라도 일반적으로 동일한 염색체 부분에 인접하여 그룹을 형성하지 않는다.

5. 진핵세포의 대부분 유전자의 특징은 유전자들이 나누어져 있다는 점이다 (즉, 유전자 산물의 아미노산 서열은 일반적으로 유전정보와 상호직선적 (colinear) 으로 배열되어 있지 않다). **인트론 (intron)**이라 불리는 비암호서열 (noncoding)은 성숙한 mRNA를 만들기 위하여 복잡한 과정을 거쳐 "제거 (spliced out)" 되어야 한다 ( 제 8장 참조).

인트론

다음 절에서 이와 같은 진핵세포의 특징이 어떻게 특수한 조절 양상으로 나타나게 되는지를 다루게 될 것이다.

## 전사 개시의 조절

유전자의 발현 여부는 종종 전사단계 (mRNA의 합성)에서 결정된다. 이것은 세포가 유전자의 발현을 조절하는데 가장 경제적인 방법이므로 그리 놀라운 일은 아니다(그러나 자연은 종종 이와 같은 기대에 도전한다. 예를 들어 어떤 특수한 유전자가 여러 종류의 세포에서 전사된다. 그러나 단 한 종류의 세포에서만 mRNA가 활성을 띤 해독체로 전환된다).

세균의 전사에 대한 이전의 연구로 유전자들이 기본적으로 두 부분으로 구성되어 있음을 알게 되었다. 즉 유전자 산물 (단백질 또는 mRNA)의 정확한 구성에 대한 정보를 가진 암호 부위와 암호 부위의 상류에 인접하게 위치한 소위 프로모터라 불리는 부위이다. 프로모터는 전사기구 (transcription machinery)의 "착지 장소 (landing sites)"로 (제 8장 그림 8-4 참조) 유전자가 언제 어떻게 효율적으로 전사할 지를 결정한다. 원핵세포의 전사기구는 비교적 간단하여 한 종류의 RNA 중합효소 (4개의 소단위체로 구성된) 와 특이한 프로모터를 인지하는 소위 시그마인자 단백질들로 구성된다. 또 다른 프로모터 특이 DNA 결합 단백질들이 전사의 수준을 조절하는 것으로 알려졌다. 이들 단백질 중 어떤 종류는 특별히 프로모터와 RNA 중합효소에 모두 상호작용을 일으켜 전사를 활성화시킨다. 그러나 이들의 대부분은 전사기구에 입체적 간섭을 통하여 전사를 억제시키는 억제자이다 (원핵세포의 전사에 대한 더 자세한 내용은 제 8장을 참조할 것). 처음 학자들은 진핵생물의 전사조절도 같을 것으로 생각하였다. 그러나 지난 20년 동안의 광범위한 연구는 이 절에서 곧 다루겠지만 진핵세포의 조절이 놀라울 정도로 복잡하다는 사실을 알게 되었다. 진핵세포 전사의 구성요소와 과정을 요약하면 다음과 같다;

1. 3개의 다른 유전자군 -특이 RNA 중합효소가 있으며 각 효소는 적어도 10개 이상의 소단위체로 구성되어 있다.
2. RNA 중합효소와 더불어 소위 일반적 또는 기본적인 **전사인자 (transcription factors)**라고 불리는 더 많은 단백질들이 프로모터를 인지하고, 생체 외에서 전사를 개시할 수 있는 최소한의 복합체를 형성한다.

전사인자

3. 전사개시의 상대 수준은 여러 종류의 특수한 전사요소들에 의하여 조절된다. 이들 요소들은 프로모터의 상류 부위나 때때로 유전자의 암호 부위와는 상당히 떨어진 곳에 위치한 증폭자 (enhancer)라고 부르는 다른 조절부위와 결합한다. 더구나 DNA와는 결합하지 않는 공동활성자 (coactivator)라 부르는 또 다른 요소들이 DNA와 결합하고 있는 전사요소과 상호작용을 한다.
4. 멀리 떨어진 프로모터나 증폭자에 결합한 이 특수한 **전사요인** (전사인자)들은 프로모터와 전사기구 사이의 개재 DNA를 고리화 시키는 한편 기본적인 전사기구에 직접적으로 상호작용 하여 전사를 촉진시키는 것으로 보인다. 더구나 이들 요소 중 어떤 종류들은 염색사를 보다 접근하기 쉬운 느슨한 ("loose") 형태로 재구성하는데 도움을 주는 것으로 보인다. 이 느슨한 지역은 DNA 분해효소 I (DNase I )에 고도의 민감성을 나타내는 것이 실험적으로 증명되었다 (제 5장 그림 5-7참조). 이와 반대로 소위 소음자 (silencer) DNA라 부르는 지역과 결합하는 억제자들은 전사기구 내의 상호결합을 방해하거나 또는 염색질을 접근할 수 없는 단단한 형태로 재구성하는 것으로 보인다.

이와 같이 상승된 복잡성은 다세포 생물에 존재하는 정교한 전사조절 회로에 필요하다. 예를 들어 특수한 종류의 세포가 전구세포로부터 분화를 일으키는 동안 특별한 유전자 군이 활동해야 하는 반면 다른 유전자들의 활동은 중단되어야 한다. 이들 유전자에는 세포 종류의 확립과 유지를 조절하는 종류뿐만 아니라 대량으로 필요한 세포 종류 특이 단백질을 암호화하고 있는 종류들이 포함된다. 세포 특이 단백질의 예로는 적혈구의 헤모글로빈, 이자 내 $\beta$세포의 인슐린, B 림프구의 면역 글로불린, 근육세포의 액틴과 마이오신 단백질 등을 들 수 있다.

## 3종류의 RNA 중합효소가 진핵세포 유전자를 전사한다

진핵세포에는 3 종류의 RNA 중합효소 (제 8장 참조)가 서로 다른 전사의 임무를 수행한다. 각 중합효소들은 적어도 10개 이상의 소단위체들로 구성되어 있는데 이들 중 5개는 공통적으로 들어있다. RNA 중합효소 III (RNA 중합효소 III)는 운반 RNA, 5S 리보솜 RNA, 분자량이 작은 핵 RNA인 U6와 같은 작은 RNA의 유전자를 전사한다. 이들 유전자 산물은 모든 종류의 세포에서 생산되므로 하우스키핑 유전자로 분류된다. RNA 중합효소 II (RNA 중합효소 II)는 대부분의 작은 핵 RNA (snRNA)와 단백질 암호 유전자 전부를 전사한다. 단백질 암호 유전자들은 가장 흥미로운 종류들이라고 볼 수 있는데 그 이유는 이 유전자들의 산물이 종종 환경과 발생의 신호에 대한 세포의 반응에 결정적으로 참여하기 때문이다. 앞으로 단백질 암호 유전자들의 전사조절을 집중적으로 다루도록 한다.

## RNA 중합효소 II에 의하여 전사되는 유전자의 전사조절

RNA 중합효소 II에 의하여 전사되는 유전자의 프로모터는 보통 전사가 시작되는 장소인 전사 개시부위 (Inr), 전사 개시부위로부터 약 30 염기쌍 전방에 위치한 TATA 박스 및 추가의 전방 프로모터 요소들을 항상 포함하고 있다 (**그림 12-2** (a)). 개시부위와 TATA 박스를 구성하는 프로모터 부분을 "핵심 프로모터(core promoter)"로 간주하는데 그 이유는 생체 외에서 전사기구를 위한 최소한의 "착

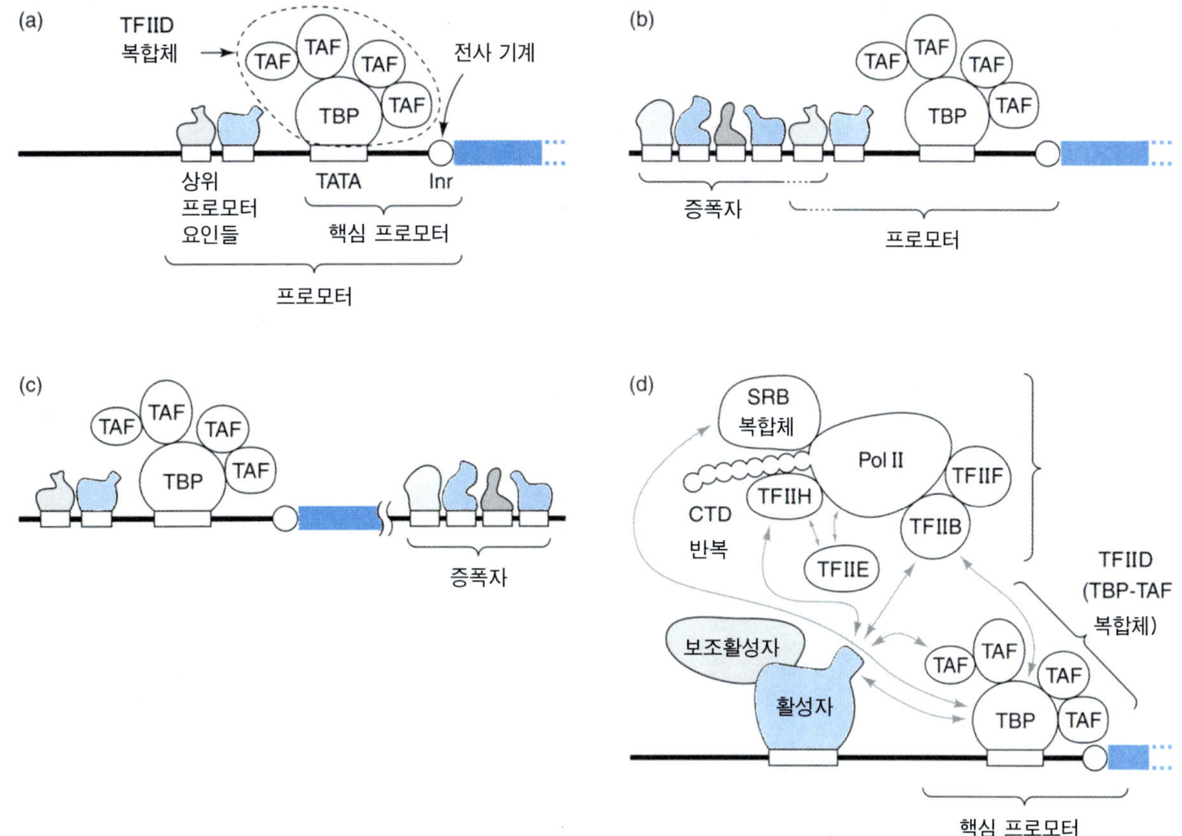


그림 12-2 RNA 중합효소 II에 의하여 전사되는 다양한 유전자로부터의 RNA 합성 조절 모델, 본문에 소개한 조절서열 (증폭자와 프로모터)과 전사복합구조를 구성하는 여러 단백질들이 묘사되어 있다. 단백질 암호서열은 청색으로 표시되어 있다.

지장소" 로 이용되기 때문이다. 세균의 RNA 중합효소가 특정한 프로모터의 인지와 전사 개시에 시그마 인자라는 한 종류의 보조 단백질만을 필요로 하는 반면 모든 진핵세포의 RNA 중합효소 II들은 전사를 위하여 소위 일반적, 또는 기본적 전사요소들 몇개를 필요로 한다. RNA 중합효소 II의 경우에서 이들 일반적 요소들은 TF II D, B, F, E, F, H 요소라 불리는 6개의 그룹으로 나누는데 각 부분은 한개 또는 그 이상의 폴리펩티드를 포함하고 있다. 예를 들어 TF II D는 서열 특이 TATA 박스 결합단백질 (TBP)과 수개의 TPB 결합요소들 (TAF)로 구성되어 있다 (흥미롭게도 TBP는 세 종류 중합효소 모두의 전사개시에 필수적이지만 TAF들은 중합효소 특이한 것으로 나타났다). TBP가 DNA에 결합하면 DNA가 휘게 된다 (제 11장 그림 11-9에서 설명한 cAMP-CRP/DNA 결합 참조). 이 결합으로 이중 나선의 뒤틀리게 되고 그 결과 RNA중합효소가 TATA 부위와 Inr과의 결합을 촉진한다.

이외의 일반적 전사요소들인 TF II B, F, E, F, H는 DNA 서열 특이적으로 결합하지 않으며 RNA 중합효소 II와 다소 단단한 결합을 형성한다. 여기에서 이 복합 구조를 기본적 전사기구라고 한다. DNA 특정부위로부터의 전사 개시는 비록 낮은 수준일지라도 이 전사기구와 핵심 프로모터를 가지고 생체 외에서 실제로 일으킬 수 있다. 따라서 TFⅡD 복합구조에서 TAF들 없이 TBP만이 TATA 박스와 결합하는데 필요하다. 그 이유는 TAF들은 상류 프로모터 서열과 그와 결합하고 있는 요소들의 영향을 중개하는데 필요하기 때문이다.

그러나 생체 내에서는 상류 프로모터 요소들이 절대적으로 필요하다. 프로모터는 다수의 요소를 포함하고 있는데 각 요소는 약 10개 염기의 길이로 전사 활성자를 위한 결합 장소를 제공한다 (전사 활성자= transcription activator는 종종 "상류 전사요인" (upstream transcription factor) 또는 특수 전사요인 (specific transcription factor)이라고 단순히 불리기도 한다; 그림12-2(a)). 전사 활성자들은 전사의 수준을 조절하며 또 수많은 전방 프로모터 요소들이 일반적으로 전사의 수준을 높이도록 유도한다 (그림 12-2(b)). 원칙적으로 이들 전사 활성자들은 생체 내 전사를 두 가지 방법으로 유도한다: (1) 염색질을 열거나 (2) 전사기구의 단백질과 직접적인 상호작용을 통하는 방법이다. 염색질은 보통 전사에 대하여 억제 효과를 나타낸다. 이는 핵심 프로모터들 만으로서는 생체 내에서 어떤 전사도 일어나게 하는데 충분치 못하다는 이유를 설명해 준다. 그러나 적어도 어떠한 전사 활성자들 (예를 들어 글루코이드 수용체와 효모의 Gal14 요소)은 그것이 누클레오솜 핵심 주위를 둘러싸고 있을 때에도 그들의 결합장소와 접촉할 수 있음이 밝혀졌다. 이와 같은 상호작용은 -아마도 누클레오솜의 구조를 변형시키는 일반적으로 SW1/SNF라 부르는 복합체와의 협력하에- 염색질의 구조에 변화를 일으키는 동시에 프로모터가 전사기구에 보다 쉽게 접근할 수 있도록 만드는 것으로 보인다.

RNA 중합효소Ⅱ에 의하여 전사되는 모든 프로모터 부위들이 1개 또는 그 이상의 상류 프로모터 요소를 가지는 반면 프로모터 모두가 항상 TATA 박스를 가지는 것은 아니다. 예를 들어 수많은 하우스키핑 유전자들은 TATA 박스가 없으며 수개의 전사개시 장소를 가지는 경향이 있다. 이와 같은 프로모터 상의 전사기구의 조합은 TATA 박스를 가지는 프로모터만큼 광범위하게 연구되지는 못하였다. 따라서 이들 프로모터에서 전사기구 조합의 세부사항은 아직 잘 이해되지 못하고 있다. 그러나 TATA가 연결된 프로모터에서도 정확한 전사를 위해서는 TBP-TAFs 복합체(TFⅡD)가 역시 필요하다는 사실이 알려졌다. 아마 시작 부위(들) Inr가 이러한 프로모터와 전사 기계의 조합에 보다 중요한 기능을 나타내는 것으로 보인다. 그에 따라 Inr 결합단백질들이 TFⅡD를 프로모터에 잡아매는(tether) 것으로 추정되어 왔다.

증폭자

**증폭자 (enhancer)**라 불리는 또 다른 종류의 조절 서열 역시 전사 개시율을 상승시킨다. 증폭자는 발현이 "조절되는" 대부분의 유전자와 관련을 맺고 있는 반면 거의 모든 세포에 항상 발현되는 하우스키핑 유전자에는 필수적이 아닌 것으로 보인다. 흥미롭게도 증폭자는 전사 개시 장소의 상류 또는 하류에 위치할 수 있으며 또 프로모터에 가깝게 (그림 12-2(b)) 혹은 수천개의 염기에 떨어져 (그림 12-2(c)) 위치하기도 한다. 증폭자는 상류 프로모터 부위와 유사한 DNA 서열동기 (motif)로 구성되어 있으므로 동일 전사 요소들이 일부와 결합할 수 있다. 여러 경우에서 1개의 상류 프로모터 요소를 실험적으로 그 수를 증가시킨 결과 이 부위가 강력한 증폭자처럼 행동하는데, 다시 말하여 멀리 떨어진 곳으로부터 전사를 활성화시킨다. 이 사실은 적어도 어떤 전사 요소들은 그들이 인접한 프로모터 서열과 결합하였거나 또는 먼 곳의 증폭자와 상관없이 동일한 메커니즘을 통하여 전사를 촉진시킴을 나타낸다. 따라서 프로모터와 증폭자는 물리적으로 (그림 12-2(b))나 기능적으로나 서로 공통점을 가진다.

소음자

지금까지 발견된 대부분의 전사요소들이 전사 촉진제들이지만 전사 억제자 또한 존재한다. 일부의 전사 억제자 역시 상류 프로모터나 또는 멀리 떨어진 소위 소음자 (silencer)서열이라 부르는 부위와 결합할 수 있다. **소음자 (silencer)**는 증폭자와는 반대 효과를 가진 것으로 생각된다.

## 특이한 전사요소의 구조 및 이의 세포특이 전사와 배(아) 발생에서 조절자로서의 기능

최근 DNA-결합 전사요소를 암호화하고 있는 다수의 유전자가 "클론됨에 따라 (제 5장 참조) 그들의 구조와 기능에 대하여 많은 것을 알게 되었다. 이들 단백질은 보통 수개의 기능 영역 (domain)으로 구성되어 있다. 이 영역들은 종종 다른 단백질 복합체와의 인위적 교환이 가능한데 이것이 그들의 기능 규명에 큰 도움을 준다. 전사요소들은 적어도 3개의 다른 영역을 포함하고 있으며 이들은 DNA 결합을 특정짓거나 (DNA 결합영역), 단백질 복합체를 핵으로 이동시키거나 (핵 이동신호 nuclear translocation signal, NLS), 또는 전사기구 부분과의 상호작용 (활성화영역, activation domain)을 허용하는데 관계하는 영역이다. 활성화 영역의 어떤 것들은 전사개시 장소와 비교적 가까운 거리, 즉 프로모터 위치에서만 잘 작용하는 것으로 보인다. 그러나 또 다른 영역 (통칭, 증폭자 유형 영역)들은 먼 곳에 위치한 증폭자에서도 잘 작용할 수 있다. 전사요소는 흔히 그들의 활동을 크게 증가시키거나 감소시킬 수 있는 다른 DNA-결합 전사요소이나 조절 단백질과의 상호작용을 위한 추가의 영역을 가지고 있다 (상세한 내용은 이 장의 뒷부분 "단백질 활성도의 조절"을 참조). DNA와 결합한 전사 요소들과 상호작용을 하는 (DNA와의 상호 작용이 아닌) 통칭 "공동 활성자 (co-activator)"들은 진정한 전사 요소와 동일한 기능 영역들로 구성되어 있다. 그러나 공동 활성자들은 DNA 결합영역 대신 DNA와 결합한 전사 요소에 올라타는 방식으로 특수하게 결합시키는 영역을 포함하고 있다 (그림 12-2(d) 참조).

전사 억제자들은 전사를 억제시키는 방향으로 전사기구와 상호작용을 한다. 그러나 촉진 전사 요소와 억제 전사 요소으로 나누는 것이 절대적인 것은 아니다: 프로모터의 상황과 다른 요소들과의 상호작용에 따라 글루코코티코이드 수용체와 같은 조절단백질의 2중 기능의 예와 같이 한 유전자의 억제자는 다른 유전자의 촉진자가 될 수 있다.

흥미롭게도 전사요소들 (과 다른 전사기구의 구성 요소들)의 전반적인 구조는 효모나 사람과 같이 계통 발생학적으로 거리가 먼 종에서도 매우 유사하다. 사실 여러 종류의 효모와 곤충의 전사요소들이 인간의 세포에서도 잘 작용함이 밝혀졌다! 어떤 전사요소들은 한 종류 또는 수 종의 세포에서만 특별히 발견되며 특정 세포 종류의 확립과 (또는) 유지에 관계한다 (예를 들어 근육 세포에서 발견되는 Myf 5와 Myo D 단백질). 전사요소 Myo D를 섬유아세포에서 인위적으로 발현시킬 경우 비교적 일반적인 세포를 특수하게 분화된 근육세포로 유도할 수 있다. 다른 전사요소들은 수많은 세포 종류 특이 단백질의 생산을 돕는다. 예를 들어 전사요소 Oct-2는 주로 B 림프구에서 발견된다. Oct-2는 보편적 (ubiquitous) 요소인 Oct-1과 B세포 특이 공동활성자인 Bob1/OBF1과 더불어 항체의 암호를 가진 면역글로불린 유전자의 세포 종류 특이 전사에 기여한다. 보편적으로 발현되는 다른 종류의 전사요소의 활성도는 세포 외부로부터 오는 자극에 따라 전사 후 조절을 받을 수도 있다. 앞으로 알게 되겠지만 이와 같은 조절양식이 전사조절을 위한 주된 메커니즘을 제공한다 (이장 뒷부분 "단백질 활성 조절" 을 참조할 것).

또한 무척추동물과 척추동물 배 발생 과정에서 전사요소들이 수많은 결정적 단계에 책임을 지고 있다. 수 십년전부터 배의 조직과 기관의 형성을 조절하는 물질로 추정되어온 형태형성요소 (morphogen)라 불리는 물질 중 어떤 것들이 실제로 전사요소로 밝혀진 것은 큰 충격으로 받아들여졌다. 예를 들어 모체의 난자에서 전사된 비코이드 (*bicoid*) 유전자 산물은 특정한 DNA 부위와 결합하는 통칭 " 호미오도메인 (homeodomain)"이라 불리는 영역을 가진 전사요소이다. 비코이드 유전자 산물은 초파리 (*Drosophila melanogaster*)의 초기 배 발생단계에서 전-후 (anterior-posterior) 구배를 형성하는 형태형성 요소이다.

## 전사기구의 조합 및 상류 프로모터 요소와 증폭자에 의한 전사 촉진의 메커니즘

우리가 "전사기구" 라고 부르는 단백질 복합체는 대단히 복잡하며 아직도 완전히 규명되지 않은 상태이다 (그림 12-2(d)). 전사기구는 RNA 중합효소 II와 몇개의 일반 전사요소들 (TFIIB, E, F, H)으로 구성되어 있다. RNA 중합효소 II 자신도 역시 수개의 소단위체들로 구성되어 있다. 효모로부터 12개 소단위체들에 대한 유전자들이 모두 클론되었지만 포유류에서는 소단위체의 정확한 수조차 파악되지 않은 상태이다. 극히 최근에 SRB로 불리는 또 다른 클라스의 단백질이 빵효모, *Saccharomyces cerevisiae*, 에서 유전적으로 규명되었다. 이들 SRB들은 전사기구와도 연합할 수 있는 커다란 복수 단백질 복합체를 형성하는 것으로 알려졌다. 현재까지 포유류에서는 SRB의 어느 것도 발견되지 않았지만 앞에서 언급한 바와 같이 모든 진핵생물의 전사기구 사이에 나타나는 고도의 보존성에 비추어 포유류에도 SRB가 존재할 가능성은 매우 높은 것으로 보인다.

전사기구가 조합을 이루는 과정은 아직도 잘 알려져 있지 않다. 다른 실험 시스템을 이용한 연구를 통하여 두 가지 가능한 조합 경로가 제시되었으며 두 경로 모두에서 TFIID (또는 간략하게 TBP)가 TATA 박스와 먼저 결합한다: (1) 포유류 세포 추출액에서 보이는 것과 같은 DNA-의존성이며 순차적인 양상의 조합과 (2) 효모 추출액에서 보이는 것과 같은 DNA 독립적인 양상의 조합이다. 첫번째 경로에서는 프로모터와 결합한 TFIID (TBP/TAF) 복합체가 TFIIB의 결합 장소로 이용되며 이것이 이후 RNA 중합효소 II와 TFIIF를 복합체로 끌어들인다. 마지막으로 TFIIE와 TFIIH가 결합하여 전사가 시작된다. 두번째 경로 (2)에서는 TFIIE와 TFIID만 필요로 하며 이들은 프로모터와 실제의 상호작용이 일어나기 전에 그 이전에 조합을 일으킨 전사기구에 첨가된다. 이와 같은 조합양상은 그림 12-2(d)에 도식적으로 나타나 있다. 아직도 해명되지 않은 문제 즉 이 두 조합 경로가 생체 내에 존재하는지의 여부는 대단히 중요한데 그 이유는 순차적 조합(제 1경우)이 가장 정교한 조절 메커니즘을 가능하게 할 수 있기 때문이다. 어떤 경우이던 간에 최소한 50

종의 폴리펩티드의 전사체들은 생체 외에서만 검출된 것들이다. 그렇다 하더라도 상류 프로모터 요소와 결합하는 추가의 전사요소들이 없을 경우 전사 효능은 아주 낮다.

생체외에서 상류 전사요소와 결합하는 요소를 첨가시켜 전사를 증진시키는 데에는 TAFs와 TBP와의 연합이 필요하다. 이와 같은 관찰은 TAFs가 적어도 전사촉진을 위한 상호작용 표적의 일부를 제공한다는 것을 암시한다 (그림 12-12(d) 참조). 전사촉진자에서 발견된 여러 유형의 촉진 영역 (예를 들어, 프롤린과 글루타민이 풍부한 산성영역)에 대한 연구에서 예견된 것과 같이 이 영역들은 서로 다른 TAF와 상호작용하는 것으로 나타났다. 상호작용의 일부는 그림 12-12(d)에 모식적으로 단백질-단백질의 직접적인 접촉 또는 화살표로 나타내었다.

이들 네트워크에 대한 보다 상세한 분석은 우리를 한층 높은 경이로움으로 이끌어 갈 것이다. 각각의 단백질-단백질과 단백질-DNA간의 상호작용이 조절 메커니즘을 위한 기반으로 작용할 가능성이 있음에 유의해야 한다. 전사개시에서 신장으로의 전이 즉 프로모터에 결합된 복합체로부터 RNA중합효소Ⅱ와 요소들의 방출에 대하여는 알려진 바가 별로 없다. 분명히 이 전이 과정에서는 단백질-단백질과 단백질-DNA의 상호작용 일부가 파괴되는 것이 틀림없다. RNA중합효소Ⅱ의 가장 큰 소단위체의 카복시-말단 영역 (carboxy-terminal domain, CTD)이 개시복합체의 조합과 신장으로의 전이에 결정적인 역할을 담당하는 것으로 추정된다. CTD 영역은 Tyr-Ser-Pro-Thr-Ser-Pro-Ser의 보존 서열로 된 7개의 펩티드의 반복으로 구성되어 있다. 반복된 수는 생물의 종에 따라 일정하다 (예를 들어, 효모 26, 초파리 43, 사람과 생쥐 52개). 흥미롭게도 CTD는 조합된 복합체 내에서는 인산화가 덜된 상태이지만 전사 중에는 고도의 인산화 상태가 된다. 앞에서 언급한 SRB와 보편적 전사요소 TFⅡH는 TFⅡE로 조절되는 CTD 키나아제 활성을 보이는데 이들은 CTD와 상호작용을 하는 것으로 나타났다 (그림 12-2(d)). 틀림없이 CTD 부하의 큰 변화는 전사 개시 복합체에서 조합 요소간의 상호작용에 영향을 줄 것이다. 간단한 모델에 의하면 CTD의 인산화는 전사개시 복합체로부터 RNA중합효소Ⅱ의 방출을 허용함으로써 신장을 촉진시킨다.

**핵심개념**

**"복합체(Combinatorial Act)" 개념**

진핵생물의 유전자 발현은 고분자 복합체에 의하여 조절된다. 이 복합체는 다양한 단백질로 구성되어 있으며 이들 단백질은 서로 결합하거나 특정한 누클레오티드 서열(예, 프로모터와 증폭자)과 결합한다.

## 유전자 전사는 염색질의 탈응축과 DNA 저메틸화와 상관관계가 있다

진핵생물의 게놈은 염색질이라 불리는 고도로 편성된 핵단백질로 응축되어 있는데 핵단백질을 구성하는 주요 단백질은 히스톤이다 (제 5장 참조). 그러나 이 복합체는 게놈 전체에 걸쳐 똑같은 것은 아니다. 왕성한 전사를 일으키는 유전자를 포함하고 있는 염색질 부위에서는 히스톤의 아세틸화와 히스톤의 일종인 H1이 감소된 결과 핵단백질이 보다 느슨하게 응축된 상태이다. 그 결과 활동하는 염색질 부분은 DNase I 의 처리에 대하여 전반적으로 상승된 민감도를 전형적으로 나타낸다. DNase I 에 고도의 민감도를 나타내는 이들 지역은 종종 전사가 왕성한 유전자와 연관되어 있을 뿐만 아니라 소위 말하는 DNase I 고감도 자리 (hypersensitive site)를 포함하고 있다. 고감도 자리는 증폭자 내의 조절 단백질 결합 장소를 뜻하며, 동시에 다른 조절 부위의 위치도 나타낸다. 이 지역은 유전자의 상류와 하류는 물론 때때로 유전자 내에 위치하기도 하며 종종 프로모터와 증폭자 서열과 일치하기도 한다. 이들 조절 서열에 결합된 전사요소들은 단단하게 응축된 염색질을 풀어 DNase I 의 접근을 쉽게 허용하도록 만든다. 더구나 전사요소들의 일부는 DNA를 휘게하여 핵산 분해효소의 공격에 쉽게 손상 받도록 만든다.

한 개체 내의 모든 세포들이 같은 수의 게놈을 가지고 있으나 고감도 자리는 세포에 따라 다르다. 그러나 특수한 유전자에 관련된 고감도 자리는 유전자가 항상 불활성 상태인 조직에서는 일반적으로 찾아 볼 수 없다. 예를 들어 헤모글로빈 유전자에서 미성숙 적혈구와 성숙한 적혈구 모두 고감도 자리가 나타나지만 간, 뇌, 근육과 같이 헤모글로빈을 생산하지 않는 세포에서는 나타나지 않는다. 고감도 자리는 세포가 특정한 분화단계에 도달했을 때 고감도 자리와 결합하는 전사요소들이 나타나는 즉시로 형성된다.

메틸화

유전자 활동은 유전자의 탈응축 뿐만 아니라 저메틸화와도 상관관계가 있다. 특정 시토신의 **메틸화 (methylation)**에 의한 DNA 변화의 원리는 원핵생물과 진핵생물 모두에 이용된다. 주어진 유전자의 특이한 메틸화 양상 (또는 커다란 염색체 부위라도)은 수많은 세포분열을 거치는 동안에도 유지된다 (그림 12-3). 세균에서는 GATC 서열의 아데닌과 CCA/TGG 서열의 시토신에 메틸화가 일어날 수 있다. 고등한 진핵생물에서는 지금까지 변형된 DNA 염기 5-메틸시토신만이 검출되었을 뿐이다. 5-메틸시토신은 CG 디누클레오티드 (식물에서는 CNG)에서 전형적으로 나타난다. 제 10장에서 언급한 내용 즉 메틸화한 시토신은 T로 전환되는 돌연변이가 잘 일어나는 다발 부위 (hot spot)라는 사실을 상기하기 바란다. 이것이 척추동물 게놈에서 CG 디누클레오티드가 상대적으로 적게 나타내는 현상을 설명해 주고 있다. 그럼에도 불구하고 메틸화된 C가 게놈 내에 유지되고 있다는 사실은 특정한 세포의 기능을 위하여 시토신 메틸화를 유지시키는 강력한 진화적 자연 선택이 반드시 있었음을 암시한다.

이질 염색질

무척추동물 (예, 성게)에서는 메틸화가 고도로 반복된 DNA를 불활성화 시키는 수단으로 주로 이용되며, 이들은 항상 치밀한 **이질 염색질(hetero chromatin)**로 응축되어 있다. 척추동물에서는 시토신 메틸화가 보다 정교한 양상으로 이용되는데 그 이유는 동일한 DNA 서열이 한 세포에서는 메틸화 될 수 있으나 다른 세포에서는 메틸화 될 수 없기 때문이다. 예를 들어 $\beta$-글로빈 유전자는 글로빈을 생산하지 않는 세포에서는 메틸화 되어 있으나 글로빈 유전자가 전사되는 적혈구에서는 비메틸화 되어 있다. 또한 RNA 중합효소 II에 의하여 전사되는 하우스키핑 유전자들은 일반적으로 CG 디누클레오티드를 아주 풍부하게 가지고 있음에도 불구하고 비메틸화되어 있다. 증폭자와 프로모터 서열을 보통 포함하고 있는 이들 비메틸화가 풍부한 서열을 **CpG섬 (CpG islands)**이라고 부른다.

한 개의 유전자 또는 염색체 전체 부위의 차등적 메틸화는 세포 종류 특이적 (예; $\beta$-글로빈) 또는 염색체 특이 (예; X 염색체) 양상으로 일어날 수 있다. 매우 흥미롭게도 "유전적 각인 (genomic imprinting)이라 불리는 현상에서 염색체 부위의 차등적 메틸화 양상이 생식세포 특이적 (germline-specific, 즉 난자/정자세포)인 양상으로 확립되는 것으로 보인다. 환언하여 메틸화 양상과 특정 유전자의 활동은 그 유전자가 부계의 정자 또는 모계의 난자로부터 유전되었는지에 따라 달라질 수 있다. 예를 들어 인슐린 유사 생장요소 2 (insulin-like growth factor 2, IGF 2) 유전자는 부계의 것은 비메틸화 되어 있고 모계의 것은 메틸화 되어 있다.

우리는 이와 같은 차등적 메틸화의 의미를 이제 막 이해하기 시작하는 단계에 있

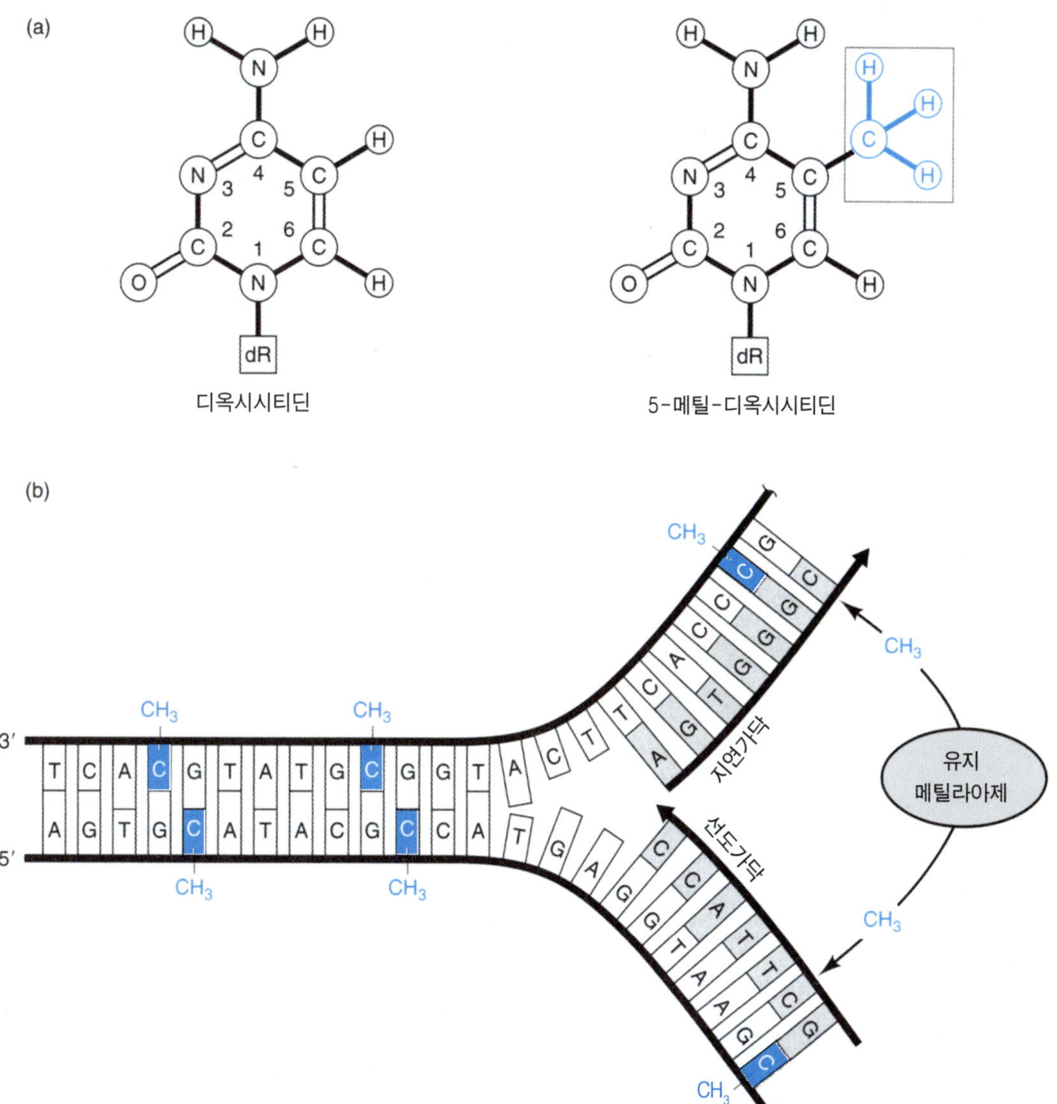


그림 12-3 (a) 디옥시시티딘과 5-메틸디옥시시티딘 (dR은 디옥시리보스) (b) 디옥시시티딘의 5번 탄소의 수소원자가 메틸기로 치환되는 메틸화.메틸화는 저메틸화 CpG 디누클레오티드를 인지하여 복제 직후 그들을 완전히 메틸화시키는 상비적인 메틸라아제 (methylase) 효소에 의해서 촉매될 수 있다.

다. 차등적 메틸화는 포유류에서 단위생식 (정자 없이 난자 게놈의 복제만으로 일어나는 배 발생) 현상을 볼 수 없는 이유를 설명할 수 있을지도 모른다. 마찬가지로 부계 염색체의 복제만으로도 배의 형성이 불가능하다. 이에 대한 한 가지 단순한 설명은 정자와 난자로부터 물려받은 차등적으로 메틸화된 유전자가 1 : 1로 혼합되어야 하는 필수적 조건이 포유류에서의 단위생식을 억제하는 것으로 보인다.

불활성 유전자의 어떤 부위가 메틸화되어 있는가? 메틸화가 일어난 장소가 메틸화 총량보다 더욱 중요함은 분명한 사실이다. 예를 들어 프로모터 부위의 메틸화는 유전자의 활동을 없앨 수 있는 반면 유전자의 단백질 암호 부위에서의 대량의 메틸화는 유전자 발현에 아무런 영향을 미치지 않는다. 따라서 메틸기는 RNA중합효소 II에 의한 전사에 대하여 "노상 장애물 (roadblock)"로 단순하게 작용하는 것은 아니다. 그러나 프로모터의 메틸화는 전사요소들의 결합을 입체적으로 방지하는 것이 분명하다. 더구나 더 많은 간접적 유전자 발현의 억제가 존재하는 것으로 나타났다. 이는 메틸화된 DNA를 보다 단단한 염색질로 응축시키는 결과를 초래한다, 유전자 활동과 DNA 메틸화 사이의 분명한 상관관계에 대하여는 의문의 여지가 없지만 그에 대한 완전한 분석은 수년동안 불가능하였다. 혼동의 일부분은 실험적으로 배양된 영구불멸의 세포에서 얻은 비정상 메틸화 양상에 기인한다. 또한 드문 경우에 메틸화가 포유류의 유전자 발현에 양성적인 상관관계를 나타내는 반면 침묵부위의 메틸화는 억제자와 유전자의 결합을 막는것으로 보이기 때문이다.

DNA 메틸화가 유전자 불활성의 원인인지 또한 결과인지에 대한 문제는 논쟁의 대상으로 남아 있다. 여러 경우에서 유전자의 불활성이 DNA에 메틸기가 첨가되기 이 전에 나타난다. 그에 따라 메틸화가 유전자의 불활성을 시작 시키기 보다는 영속화 시킨다고 주장되었다. 그러나 많은 모델 실험들에서 프로모터 부위는 물론 단 한 개의 전사요소에 대한 결합부위의 메틸화에서도 유전자 활동이 완전히 중단되는 결과가 관찰되었다. 세포 특이적 분화과정 중 메틸화의 증가와 감소를 조절하는 메커니즘은 현재 척추동물 발생 분야 중 가장 도전적인 과제의 하나로 대두되었다.

# RNA 프로세싱의 조절

## 선택적 스플라이싱

세균 유전자들을 이용한 이전의 연구에서 유전자와 그 산물사이에는 엄격한 상호 직선적 관계 (colinearity)가 존재함이 밝혀져 있었기 때문에 1977년 진핵세포의 분산된 (split) 유전자의 발견은 완전히 예상 밖의 일이었다. 고등한 진핵생물의 대부분 유전자에서 **암호 서열 (엑손, exon)**은 **비암호 서열 (인트론, intron)**에 의하여 단절되어 있다. 따라서 이와 같은 유전자의 제 1차 전사체는 유전자 산물과 상호 직선적으로 해독틀을 가진 성숙한 mRNA을 생산하기 위하여 가공되어야 한다. 이러한 가공이 핵내에서 이루어진 후 성숙한 mRNA는 세포질로 이동한다.

암호 서열
비암호 서열

인트론은 고등 진핵생물의 대부분 유전자에서 발견되지만 효모와 같이 하등 진핵생물에서는 드물게 나타난다. 그렇다면 인트론은 고등 진핵세포 유전자의 진화 역사에서 비교적 최근에 발생한 것일까? 그러나 반대 의견이 널리 믿어져 왔다: 즉 인트론은 시간이 경과함에 따라 그 구조가 변화하였더라도 생명 그 자체와 거의 같은 정도의 오랜 역사를 가진 것으로 믿어진다. 일반적으로 짧은 세대기간을 가진 생물은 인트론의 수가 적고 크기가 짧아지는 경향을 나타내므로 얼핏보아 원핵생물과 하등 진핵생물이 그들의 짧은 세대기간과 게놈 크기의 최소화의 압력에 적응하기 위하여 대부분의 인트론이 소실된 것으로 보인다.

그러나 인트론이 진핵생물의 진화에서 비교적 늦게 생겼다는 견해를 지지하는 증거들이 급속하게 축적되고 있다. 그러한 증거들 중에는 광범위한 종에 대한 인트론의 분포 조사로부터 수집된 정보가 포함된다. 이들 데이터는 본래의 "초기 인트론

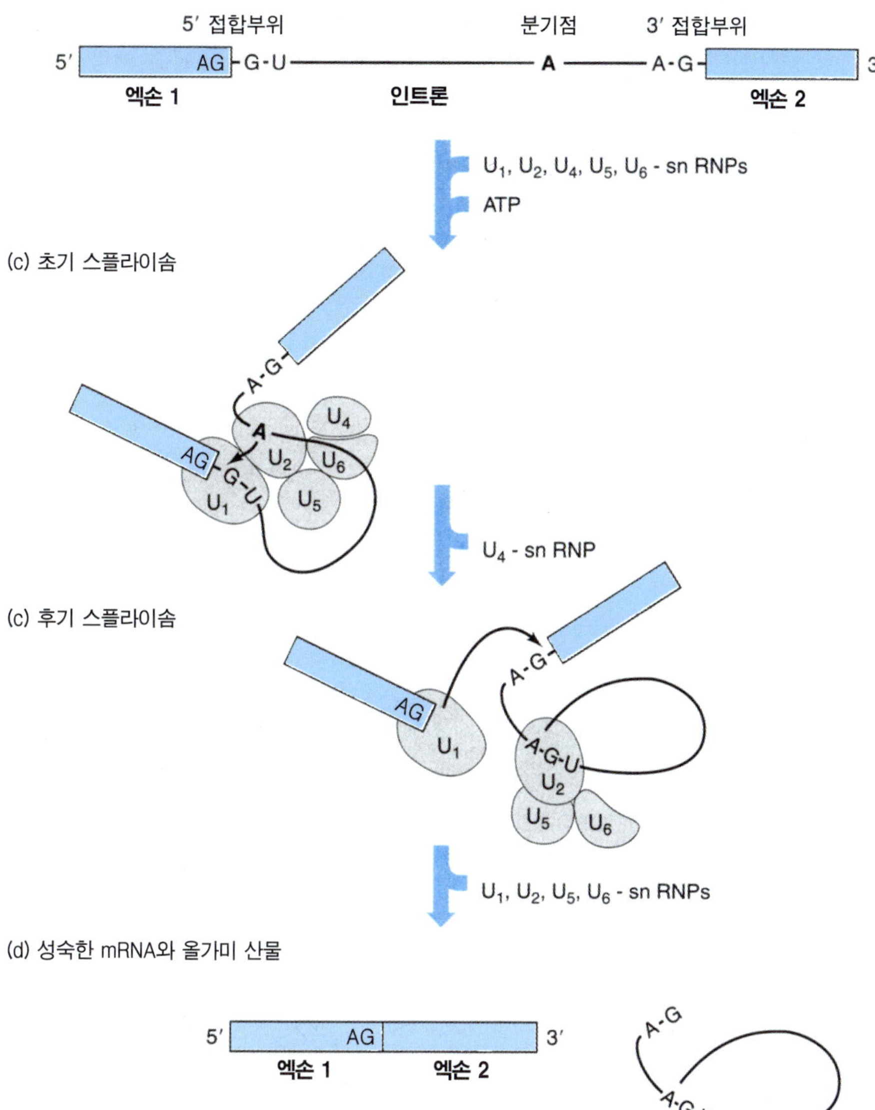


그림 12-4 제1차 전사체 (pre-mRNA로 불리기도 함)의 스플라이싱에 의한 성숙한 mRNA의 생산. Pre-mRNA 스플라이싱은 스플라이스솜으로 알려진 커다란 리보핵산 단백질 복합체에서 일어난다. 이 복합체는 핵 내 작은 리보핵산단백질 복합체의 (snRNP) 조합으로 snRNP는 제1차 전사체(a)와 상의 특수한 서열(b)을 인지한다. 스플라이싱의 첫 과정에는 (b) 보존된 스플라이스 자리에서의 절단과 동시에 인트론의 5´말단의 보존된 구아노신(G) 잔기의 공유결합이 관련되어 있다. 이 공유결합은 "분지점위치 (branch point site)" 로 알려진 인트론 내의 아데노신에 2´, 5´-인산디에스테르 결합을 통하여 이루어지는데 그 결과 엑손 1과 인트론-엑손 2의 중간단계 산물이 만들어진다. 제2 과정인 스플라이싱 (c)에서만 보존된 3´ 스플라이스 자리에서 절단이 일어나며 두 엑손은 연결되어 성숙한 mRNA와 분리된 인트론 (d)가 형성된다. 인트론-엑손 2와 인트론산물 모두 분지된 환상구조 때문에 "올가미(lariats)" 이라고 부른다. 스플라이스된 (성숙한) mRNA는 세포질로 이동하고 올가미는 핵 내에 남아 파괴된다. 엑손은 청색으로 표시되어 있다.

(early intron)" 견해가 예견한 바와 같은 인트론이 일찍 생겨나 생장하는 계통수 전반에 걸쳐 퍼져나간 것이 아니라는 주장을 지지하고 있다. 반대로 인트론은 초기에 진화된 종의 DNA에 없는 서열로, 포유류와 식물의 DNA에 나타난다. 따라서 현재는 인트론이 이미 존재하고있던 유전자 사이로 삽입되었다고 널리 믿어지고 있다. 사실 " 역방향 (reverse direction)"의 DNA 자가-스플라이싱 (self-splicing)에 관계되는 메커니즘이 인트론이 어떻게 미리 존재하는 유전자에 삽입되는지에 대한 설명을 제공하여 줄 것으로 믿어 왔다.

RNA 스플라이싱

snRNPs

**RNA 스플라이싱** 즉 성숙한 mRNA를 생산하는 제1차 전사체로부터 인트론의 제거는 고도로 정확한 과정이다. 진핵생물은 그림 12-4에 나타낸 것과 같은 수 개의 단백질/RNA 복합체 (핵 내 작은 리보스핵산단백질 복합체, **small nuclear ribo-nucleoprotein complexes** 또는 **snRNPs** 라 부른다)로 구성된 스플라이싱 기구 (스플라이스솜이라 부른다)를 진화시켰다.

스플라이싱에 관한 가장 흥미로운 발견 중의 하나는 하등 진핵생물과 식물의 세포기관 내의 어떤 인트론들은 생체 외에서 자가 촉매작용으로 스플라이스 될 수 있다는 사실이다. 즉 어떠한 단백질 요소도 없는 상태의 시험관 내에서 스플라이싱이 가능하다. 그러나 시험관 내의 스플라이싱도 핵내 인트론의 스플라이싱에 사용된 것과 동일한 반응 메커니즘에 의하여 일어난다. 실제로 효소의 활동은 인트론 RNA 자체 내에 들어 있다. 자가 스플라이싱 세포기관 인트론의 경우 스플라이스 장소들은 보존된 엑손과 인트론 서열사이의 분자 내 염기쌍 형성반응에 의하여 배열된다. 핵내 pre-mRNA 스플라이싱의 경우 이 임무는 snRNP의 RNA 부분에 의하여 수행된다. 그들은 스플라이스 자리의 보존된 서열은 물론 서로 간에도 염기쌍을 이루어 상호작용의 망을 구축한다. 그 결과 성숙한 mRNA를 생산하는 절단과 연결을 위한 촉매 장소를 형성한다고 믿어진다. 그러나 수 개의 비 snRNP 단백질이 이러한 생체 내 상호작용을 돕는다. Pre-mRNA와 snRNA 간의 염기쌍 형성 또한 스플라이싱의 정확도를 보장한다.

세포는 단 한 개의 누클레오티드라도 어떠한 스플라이스 기능의 착오도 용납하지 못하는데 그 이유는 착오가 정확한 해독들을 차단시켜 끝이 잘려진 (truncated) 단백질을 생산하기 때문이다. 또한 엑손 1의 5'으로부터 엑손 3의 3'장소로의 직접 스플라이싱이 일어나는 것과 같은 엑손의 건너뜀도 피해야 한다. 따라서 정확한 5'이나 3' 스플라이스 자리가 돌연변이에 의하여 제거되었을 경우에도 언제나 스플라이싱이 일어남을 보게됨은 경이로운 일로서 이것은 이 전에 찾아내지 못한 동일한 전사체 내의 "은밀한" 스플라이스 자리에서 일어난다. 이들 은밀한 장소는 스플라이싱 공통 서열과 일치도가 낮고 불리한 RNA 구조 때문에 2차적인 것으로 보인다. 스플라이싱 기구는 분명히 강하고 약한 스플라이스 자리를 구별하여 최선의 것을 선택할 수 있는 능력을 가지고 있다. 인간의 질병 중에는 정확한 스플라이스 자리에 일어난 돌연변이의 결과 필요한 단백질의 기능 상실이 원인이 되는 경우들이 알려졌다. 이것은 헤모글로빈 $\alpha$와 $\beta$가 적게 생산되는 수종의 탈라세미아 (thalassemia) 병에서 가장 잘 밝혀져 있다. 이 유전병 중 어떤 종류들에서는 스플라이스 자리에 일어난 돌연변이가 RNA를 은밀한 자리에 스플라이스 시킴에 따라 정확한 단백질의 해독이 불가능하게 된 결과 글로빈 생산이 감소하거나 중단된다.

원칙적으로 스플라이싱이 고도의 정확성을 요구하지만 주어진 스플라이스 자리의 집단이 모든 환경 하에서 모든 세포에 이용되는 것은 아니다. 포유류 세포에서는 선택적 스플라이싱 양상 (흔히 세포형 특이 양상)에 사용됨으로써 주어진 유전자로부터 수 개의 단백질 동위형 (isoform)이 생산되는데 이들은 서로 겹치지만 분명히 다른 기능을 수행한다. 보편적 스플라이싱 기구는 모든 세포에 동일하다고 할지라도 진핵세포들은 제1차 전사체로 부터 **차등적**으로 스플라이스된 변형을 생산할 수 있는 방법을 진화시켰다. 이 방법에는 한 가지 메커니즘이 아니라 **선택적 (alternative) 스플라이싱**의 양상에 따라 수 개의 메커니즘이 관계한다. 서로 다른 대체 스플라이싱 양상이 그림 12-5에 나타나 있다.

선택적 스플라이싱

(a) 세포형-특이 전사요소들에 의한 *차등적 프로모터 선택*이 스플라이싱 양상을 결정할 수 있다. 프로모터 PI으로부터 출발한 긴 제1차 전사체에서 (보다 강한) 5' 스플라이스 자리는 두 번째 장소를 무시한다 (그림 12-5 (a)). 근육세포의 마이오신 가벼운 사슬과 아밀라아제 (소화효소)의 유전자는 이 방법에 의하여 조절된다.

(b) *차등적 절단과/폴리아데닐레이숀 장소 선택* 또한 스플라이싱 양상을 결정할 수 있다. 세포형-특이 방법에 의한 특별한 폴리(A) 장소의 선택적 사용은 길거나 짧은 제1차 전사체를 생산한다. 따라서 스플라이싱 기구는 가장 하류의 보다 강한 3'스플라이스 장소가 이용가능한 한 그 장소를 이용한다. 이와 같은 방법에 의하여 폴리(A) 장소의 대체 선택으로 면역글로빈 유전자의 스플라이싱이 이루어진다. 그 결과 만들어진 생산물은 항체로서 세포막에 결합되거나 혈장으로 분비된다. 같은 양상의 대체 스플라이싱이 $\alpha$와 $\beta$ 트로포마이오신 (세포 골격 단백질)과 칼시토닌/CRRG 유전자들에서도 발견되었다.

(c) **인트론 보존양상**의 예를 초파리의 P요소 트란스포사아제 (P element

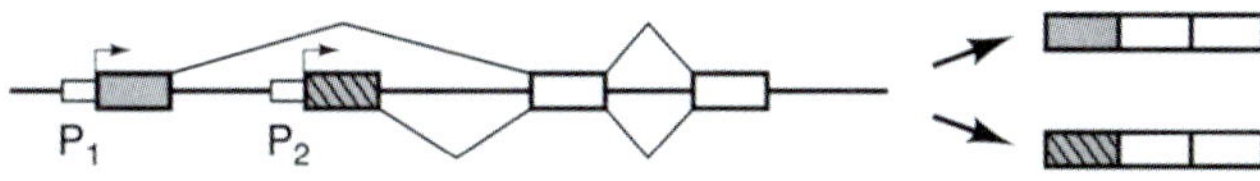


(b) 절단/폴리A형성 부위의 대체 선택

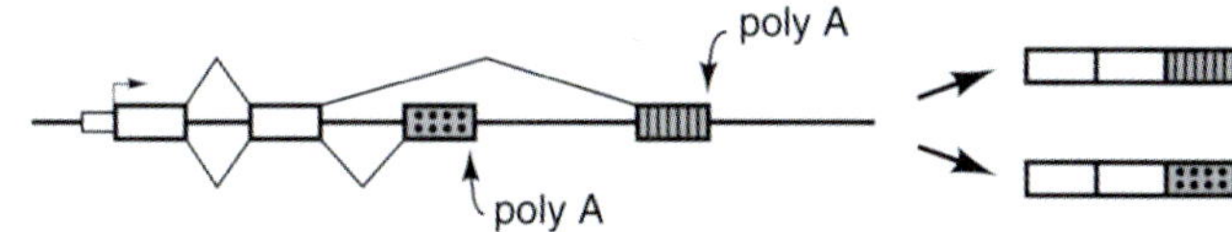


(c) 인트론 유지 양상

(d) 엑손 카세트 양상

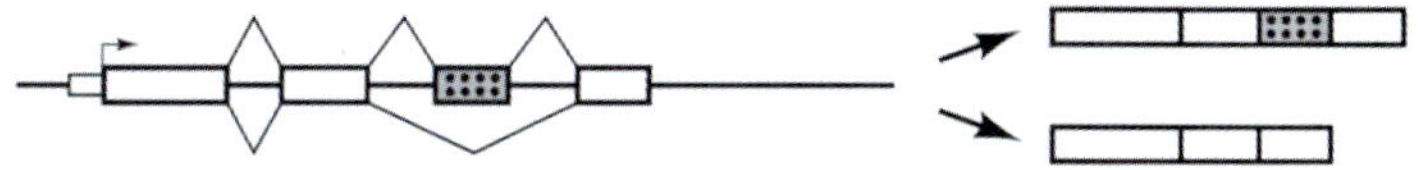

그림 12-5 선택적 스플라이싱의 여러 가지 양상

transposase)의 제1차 전사체의 세포형-특이 스플라이싱에 들 수 있다. P 요소의 전이 (transposition)는 생물의 돌연변이 부담 (mutational load)에 커다란 공헌을 하였다. 아마도 이러한 이유 때문에 체세포 내의 전이는 폐기된 것으로 보인다. 트랜스포사아제 유전자는 체세포에서 발현된다. 그러나 세 번째 인트론이 성숙한 mRNA 내에 잔류하게 되어 그 결과 잘려진 단백질을 암호하게 된다 (제3 인트론은 정지 코돈을 가지고 있어서 해독틀이 보다 짧아진다). 완전한 길이의 열린 해독틀을 가진 성숙한 mRNA는 생식세포에서만 생산되는데 이는 제3 인트론을 제거함으로써 이루어진다. 이로써 활성 트란스포사아제가 생식세포에서만 생산되고 이끌고 따라서 초파리에서의 전이활동이 낮게 나타난다. 전이현상은 제14장에서 다루도록 한다.

(d) **엑손 카세트 양식**에서 어떤 엑손들은 타 엑손과는 독립적으로 포함되거나 배제될 수 있는데 일반적으로 엑손이 제거되었거나 아니거나 간에 같은 해독틀이 유지된다. 이와 같은 양상은 신경세포 접착분자 (neural cell adhesion molecules, N-CAMs)와 트로포닌-T유전자들 (근육세포에서 발현되는)에서 발견된다.

(a)와 (b)에서 대체 스플라이싱 양식은 주된 스플라이싱 활동의 변경에 의하기보다는 프로모터 또는 폴리A 형성의 차등적 선택에 의하여 얻어진다. 그러나 "인트론 유지"와 "엑손 카세트" 양식 (c와 d)에서는 세포형-특이 요소들이 특정 전사체의 주된 스플라이싱 활동을 변형시키는 것으로 믿어진다. 예를 들어 단백질이 스플라이스 장소에 붙어 입체적 장애를 일으킴으로써 스플라이싱을 막는다. 이 스플라이싱 기구는 기회주의적인 양식으로 그 다음 이용 가능한 스플라이스 자리를 선택하게 된다. 그와 반대의 입장, 즉 한 요소가 스플라이싱을 위한 접근이 불가능했던 장소를 이용 가능하도록 전사체의 구조를 변형시키는 것이 또 다른 가능성이다. 지금까지 농도 의존 양상으로 대체 스플라이스 장소 선택의 기능을 가진 수 개의 요소들 (단백질들)이 발견되었다. 이 요소들은 조직에 따라 양이 다르게 발현된다.

인간 유전자들은 일반적으로 비교적 크기가 작은 많은 수의 엑손으로 구성되어 있다. 그러나 10 kb에 이르는 비교적 큰 인트론이 인간 유전자에 존재한다. 이와 같은 인트론 중 어떤 것들은 '엑손과 같은 서열' 인데, 이들은 어떤 세포에서는 사실 기능적인 제1차 전사체로 스플라이싱된다. 따라서 인간게놈이 비록 3만~10만 개의 유전자만을 포함하고 있지만 성인의 다양한 세포 내에 예상보다 훨씬 많은 종류의 단백질이 분포하고 있을 것으로 보인다 (13장 단백질체학 참조).

## 트란스 스플라이싱

트란스 스플라이싱

RNA 스플라이싱은 보통 *cis* 형상에서 일어난다. 즉, 동일한 전사체의 엑손들이 연결된다. **트란스 스플라이싱**, 즉 한 전사체의 엑손이 다른 전사체의 엑손에 연결되는 현상이 모델 실험을 통하여 그 가능성이 입증 되었지만 이 현상은 자연적으로 일어나기 보다는 진기한 현상으로 받아들여졌다. 처음 학자들은 만약 트란스 스플라이싱이 자연환경에서 가능할 경우 세포 전사체 중에 수천 수만의 새로운 단백질 조합을 만들어 대혼란을 초래시킬 것이라는 의견을 주장하였다. 그러나 말라리아 병원체인 트라파노소마의 표면 항원 단백질에서 **트란스 스플라이싱**이 가능한 것으로 나타났는데 이 경우 두 개의 특수한 RNA의 선택적인 보합이 성숙한 mRNA를 생산한다. 트란스 스플라이싱은 선충류에서도 발견되는데 고등한 생물에서는 아직 발견되지 않았다. 이 현상은 트란스 스플라이싱 (RNA) 수준이나 게놈 (DNA) 수준에서 일어난 엑손의 혼합으로 생긴 다른 엑손에 의하여 새로운 단백질이 만들어지는 고대 환경 조건의 잔재처럼 보인다.

## RNA 편집

바이러스와 하등 진핵생물들은 특별히 유전자 발현을 위한 몇 가지 예상 밖의 메커니즘을 나타낸다. 가장 극단적인 메커니즘은 아마 **RNA 편집**으로 수면병을 일으키는 혈액 기생충인 단세포 트라파노소마의 미토콘드리아에서 처음으로 발견되었다. 그들이 보유한 수 개의 미토콘드리아 유전자에서는 제1차 전사체가 유리딘 누클레오티드의 삽입 (혹은 드물게 결손)으로 큰 변형을 일으켜 단백질로 해독되는 최종 mRNA를 생산한다. 어떤 경우에는 새로 삽입된 유리딘 누클레오티드가 성숙한 mRNA의 총 누클레오티드 수의 절반 이상을 차지한다! 최초의 RNA 전사체는 **"안내 RNA (guide RNAs)"**의 도움을 받아 특별히 변형된다 . 간단한 예가 **그림 12-6**에 설명되어 있다.

RNA 편집

안내 RNA

세포형-특이 편집유형이 포유류 세포에서 발견되었다. 장 세포 (간 세포는 아님)

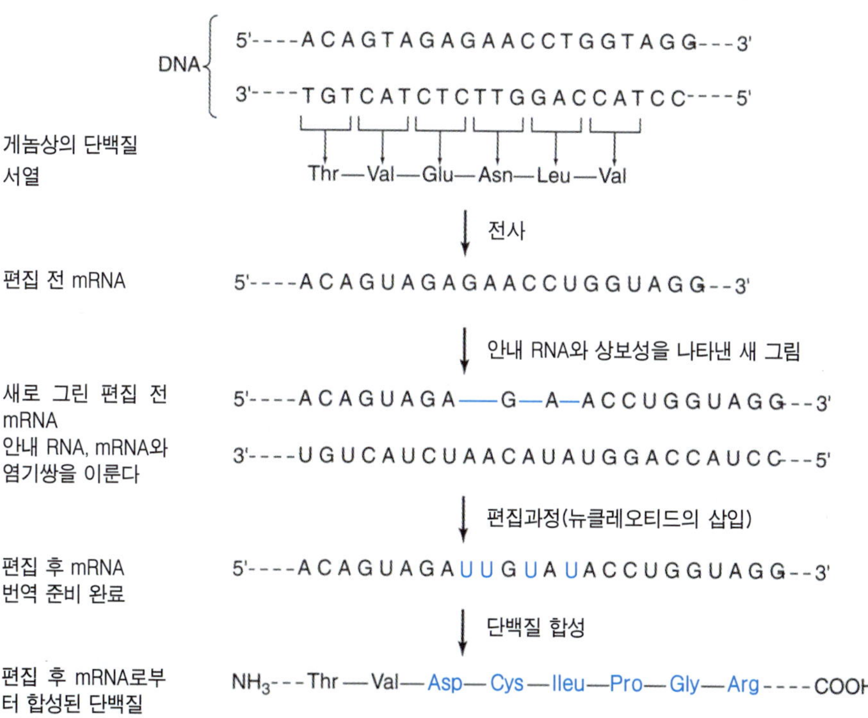


**그림 12-6** mRNA의 편집. 안내 RNA가 편집 전의 mRNA와 염기쌍을 이룬다. 이때 상보성 염기 내에 빈자리가 생긴다. 빈 자리에 염기가 삽입되고 (이 경우는 U), 그 결과 mRNA의 해독틀 변환이 일어난다. 편집된 mRNA로부터 번역된 단백질은 맨 아래에 나타낸 바와 같이 새로운 아미노산 서열을 가진다.

의 장 아포리포단백질 B (intestinal apolipoprotein B)의 mRNA는 한 개의 염기 위치에서 특별히 C가 U로 대치되는 변형이 일어난다. 이러한 염기의 대치는 글루타민 코돈 (CAA)를 정지 코돈 (UAA)으로 전환시키며 그 결과 끝이 잘려진 단백질이 만들어진다. 이 염기 변화는 mRNA의 어떤 구조를 인지하는 효소인 디아미나제 (deaminase)에 의하여 세포형-특이 양상으로 일어난다. 유사한 형태의 편집이 수많은 식물의 미토콘드리아에서도 일어나는 것으로 보인다. 이 경우 C가 U로 치환되는 것은 누클레오티드의 삽입과 결손 없이 일어난다.

다른 형태의 편집이 파라믹소바이러스 (paramyxovirus, 예 홍역 바이러스)에서 발견되었다. 이 경우 특별 부위에서의 RNA-의존 RNA 중합효소의 "더듬기 (stuttering)" 결과 DNA에 암호화되어 있지 않던 A 잔기가 첨가된다. 이것이 해독틀을 이동시키며 그 결과 한 개 혹은 그 이상의 단백질을 암호하는 mRNA를 생산한다.

### 연합 RNA 가공

사람의 경우 전형적인 유전자의 95% 이상이 인트론으로 구성되어 있다. 또 사람의 제1차 전사체의 25% 이상이 선택적 스플라이싱을 일으키는 것으로 추정되므로 게놈의 정보량을 크게 증가시킨다.

선택적 스플라이싱, 트란스 스플라이싱, RNA 편집에 대한 이해를 고려할 때 비교적 적은 수의 유전자가 많은 수의 단백질을 생산할 수 있음을 쉽게 이해할 수 있다. 이 장의 뒷부분에서 우리는 단백질 자신이 어떻게 스스로 선택적인 가공을 일으켜 살아있는 세포 내에서 기능적 유전자의 총 수를 더욱 증가시키는 지에 대하여 학습할 것이다.

앞에서 언급한 바와 같이 인간 게놈 내 유전자 수는 3만개 이상으로 추정된다. 그러나 인체 내 총 단백질의 종류는 추정된 유전자 수보다 5~10배나 많은 것으로 보인다. 다양한 RNA 가공 메카니즘이 유전자 수와 단백질 수의 불일치를 부분적이나마 분명하게 설명해 준다. 사실 생물정보학, 유전체학, 단백직학을 포함한 여러 학문이 염기서열로부터 단백질의 기능에 이르는 정보 흐름을 이해하려는 목표를 발전시켰다. 이 학문은 다음 장에서 다루기로 한다.

**핵심개념**
**"혼합과 일치"**
**전사체 개념**
수많은 진핵세포에서 "절단과 차단 (cut and shut)" 혹은 "절단과 봉합 (cut and pasted)"에 의하여 한 개의 긴 제1차 전사체로부터 서로 다른 mRNA가 만들어진다. RNA 편집은 또 다른 해독틀의 변화를 가져올 수 있다.

## mRNA의 핵-세포질 이동의 조절

진핵 세포를 규정짓는 가장 큰 특징은 핵과 세포질 영역을 뚜렷하게 나누는 핵막의 존재이다. 전사와 RNA 프로세싱이 핵 내에서 해독이 세포질에서 일어나도록 지역적으로 분리시킨 진화는 진핵 생물의 조절능력을 크게 상승시켰다. RNA나 단백질과 같은 고분자 물질의 핵-세포질 이동은 그 자체가 유전자 조절을 한 단계 더 높여 주었다.

핵막은 두 개의 동심원적 2중막으로 구성되어 있으며 그 중 외막은 **소포체** (ER)의 연장이라고 볼 수 있다 (그림 5-17 참조). **핵공복합체**는 다양한 종류의 분자들이 양쪽 방향으로 이동하는데 결정적인 역할을 하며, 핵막에 고르게 분포하고 있다 (핵당 3,000-4,000 개). 각 핵공복합체는 8중 대칭으로 고도로 조합된 구조이다. 핵공복합체는 다양한 종류의 많은 단백질로 구성되어 있으며 총 무게는 25-100 X $10^6$ 달톤이고 직경은 약 100 nm이다. 구멍 자체는 액상의 통로이며 지경은 10 nm

이고 길이는 15 nm 정도로 20,000 달톤 까지 크기의 분자들의 자유로운 확산을 허용한다. 그러나 보다 큰 분자들의 핵공 통과는 에너지 의존성인 능동수송이 필요한데, 아마도 수용체가 매개하여 너무 좁은 통로인 핵공을 열어주는 것으로 보인다. 특수한 수송이 두 방향으로 일어난다: 어떤 단백질과 RNA는 한 방향으로만 수송되는 반면 다른 종류들은 분자의 종류와 세포의 생리적 상태에 따라 두 영역 사이를 왕래할 수가 있다.

세포질에서 핵으로 능동 수송되는 단백질들은 소위 말하는 핵 수송 신호 (nuclear translocation signal, NLS)를 가지고 있는데 이 신호는 리신과 아르기닌이 풍부한 전형적인 짧은 펩티드 서열이다. 이 서열은 세포질 요소 (단백질)에 의하여 인지된 후 핵공 복합체의 요소 및 이후의 핵 수송 시스템과 특수한 상호작용을 일으킨다. 이 장의 후반에서 알게 되겠지만 전사요소 NF-$\kappa$B의 경우 NLS를 가지고 있는 단백질과 다른 단백질 (NF-$\kappa$B의 경우 I$\kappa$B)과의 상호 작용으로 인한 NLS의 특수한 폐쇄 때문에 핵에 위치하는 단백질이 세포질에 머물게 된다. .

합성 도중과 합성 직후 핵 RNA는 RNA 결합 단백질로 둘러싸여 **이질 핵 리보핵산 단백질 입자들 (hnRNP = heterogeneous nuclear ribonu- cleoprotein particles)**를 형성한다. 실제로 증명되지는 않았으나 hnRNP는 핵 쪽에 위치하는 것으로 생각되는 수용체와 결합한 후 핵공 복합체를 통과하여 세포질로 나오는 것으로 추정된다. 수송 중에 적어도 이들 단백질 중 어떤 것들은 RNA로부터 떨어져 나와 핵에 머물게 되고 다른 종류들은 핵과 세포질 사이를 왕래하는 것처럼 보인다. 그러나 이들 RNA결합 단백질과 그들의 기능적 영역에 대하여는 거의 밝혀진 바가 없다. 이와는 대조적으로 밖으로 수송되는 RNA의 특징에 대하여는 보다 잘 알려져 있다. 아마도 변형된 양끝, 즉 5' 말단의 모자 (cap)구조와 3' 말단의 폴리(A) (제8장에서 설명)가 RNA를 세포질로 수송하는데 중요한 전제 조건이 되는 것으로 보인다.

효모를 주 대상으로 한 실험에서 스플라이싱과 수송과의 관계가 규명되었다. 인트론이 없는 제1차 전사체는 합성 직후 (모자씌우기와 폴리A 첨가 후) 핵을 떠난다. 그러나 인트론을 가진 전사체는 스플라이스가 먼저 일어나야 한다. Pre-mRNA의 스플라이싱 요소와의 친화력이 강할수록 스플라이스가 되지 않은 RNA의 수송 능률은 낮아지는 것으로 보인다. RNA와 결합하는 스플라이싱 요소들은 스플라이싱이 완료될 때까지 수송을 방지한다.

스플라이스솜의 조합과 인트론을 포함하고 있는 RNA의 핵밖으로의 수송간에는 역상관 관계가 있음에도 불구하고 세포는 1개 또는 그 이상의 인트론을 여전히 가지고 있는 mRNA의 핵 밖으로의 수송 방법을 가지고 있다. 이것은 “인트론 유지 양상 (intron retaining mode)” 의 대체 스플라이싱 이라는 용어로 알려져 있다 (그림 12-5 (c)). 예를 들어 AIDS (HIV) 바이러스 (제16장 참조)는 가공되지 않은 제1차 전사체가 (그들이 만들어지는) 숙주세포의 핵 밖으로 빠져나오는 능력을 획득하도록 진화된 것으로 믿어진다. “REV 단백질” 내 아르기닌이 풍부한 짧은 RNA 결합부위가 부분적으로 스플라이스된 제1차 전사체의 특수부위 내에 존재하는 RNA hairpin 또는 루프를 인지한다. Rev와 결합된 이 RNA들은 스플라이스솜에 의한 더 이상의 작용으로부터 보호된다. 이 부분적으로 스플라이스된 고분자 복합체는 핵 밖으로 수송된 후 그곳에서 RNA가 먼저 바이러스 단백질로 해독되고 궁극적으로 AIDS

게놈으로 공헌할 수 있는 새로운 바이러스 입자를 구성한다.

흥미롭게도 진핵 생물의 바이러스는 실험실의 포유류 세포에서 배양이 용이한 관계로 연구자들에게 종종 새로운 조절 메커니즘 규명의 기회를 제공한다. 따라서 앞에서 서술한 메커니즘이 진핵 세포 유전자 조절과 보다 일반적 관련이 있는지의 여부는 두고 보아야 할 일이다.

## mRNA 안정성의 조절

원핵생물 mRNA의 대부분은 수분 내에 파괴되는 수명이 짧은 RNA이다 이는 다른 유전자 군을 전사시킴으로써 환경의 변화에 대한 신속한 반응을 가능케 한다. 진핵 생물에서 각각의 mRNA의 수명은 아주 다르지만 일반적으로 원핵 생물의 mRNA보다 더 안정된 상태이다. 예를 들어 $\beta$-글로빈 mRNA의 반감기 (시작 수준에서 50%가 사라질 때까지의 시간)는 10 시간 이상이다. 이와 대조적으로 생장 요소이나 암과 관계 있는 발암원 유전자 (예; *fos*와 *myc*)의 산물은 반감기가 15-30 분 정도로 수명이 짧은 mRNA이다. 이와 같은 수명이 짧은 mRNA들은 3' 말단의 비해독 부위에 진화적으로 보존된 AU가 풍부한 (AU-rich) 약 50개의 염기 서열을 공통적으로 가지고있다. 만약 이 염기서열 동기를 $\beta$-글로빈 mRNA 3' 말단의 비해독 부위에 유전공학적으로 삽입시키면 이 mRNA는 수명이 짧아진다. 흥미롭게도 진핵 생물은 어떤 주어진 mRNA의 안정성을 환경의 자극이나 생리적 상태의 변화에 대응하여 차등적으로 조절하는 메커니즘을 이용한다.

에스트로젠이나 글루코코티코이드 수용체와 같은 스테로이드 수용체들은 호르몬-의존성 전사 요소로 잘 알려진 종류로 호르몬의 첨가시 표적 유전자의 전사를 촉진시킨다. 놀랍게도 스테로이드 수용체들은 아직도 밝혀지지 않은 방법을 통하여 특정 mRNA의 안정성을 높인다. 예를 들어 비텔로제닌 (vitellogenin, 양서류 난자의 주된 단백질) mRNA의 반감기는 에스트로젠의 첨가시 약 30배가 증가된다.

반대로 세포에 철분을 첨가하면 트랜스페린 (transferrin) 수용체 mRNA의 안정성을 떨어뜨리며 (그림 12-7 (a)), 그 결과 트랜스페린 수용체의 생산이 감소된다. 이는 생리적 관점에서 볼 때 매우 타당한데 그 이유는 트랜스페린 수용체가 세포 내 철 농도를 높이는 철-청소 단백질 (iron- scavenging protein)이기 때문이다. 트랜스페린 수용체 mRNA의 안정성 조절은 철-반응 단백질 (iron-responding protein, IRP)의 중재를 받는다. 저농도의 철에서 IRP는 3' 말단부위의 줄기와 고리 구조와 결합한다. 그러나 철이 첨가되면 이 결합이 분리되고 아마도 대부분의 장소가 노출되어 아직도 규명되지 않은 핵산 분해효소의 공격을 받는 것으로 추정된다. 흥미롭게도 IRP는 페리틴 mRNA의 해독도 조절한다 (그림 12-7(b)). 페리틴은 세포 내에서 유리된 철과 결합한다. 세포 내의 철이 저농도일 경우 IRP는 mRNA의 5' 말단 근처의 줄기-고리 구조에 결합하여 해독을 차단한다 (상세한 내용은 다음 절인 "해독의 조절"을 참조할 것).

히스톤 mRNA의 안정성 조절에 대하여도 많은 연구가 이루어졌다 (그림 12-7 (c)). 세포 주기의 S기 (DNA 복제 시기)에는 대량의 히스톤이 요구된다. 따라서 기대하였던 대로 히스톤 mRNA의 안정성 (또한 전사)은 세포 주기 특이적으로 조절된다. S기에 히스톤 mRNA의 반감기는 1시간 정도이다. 그러나 DNA 복제가 끝

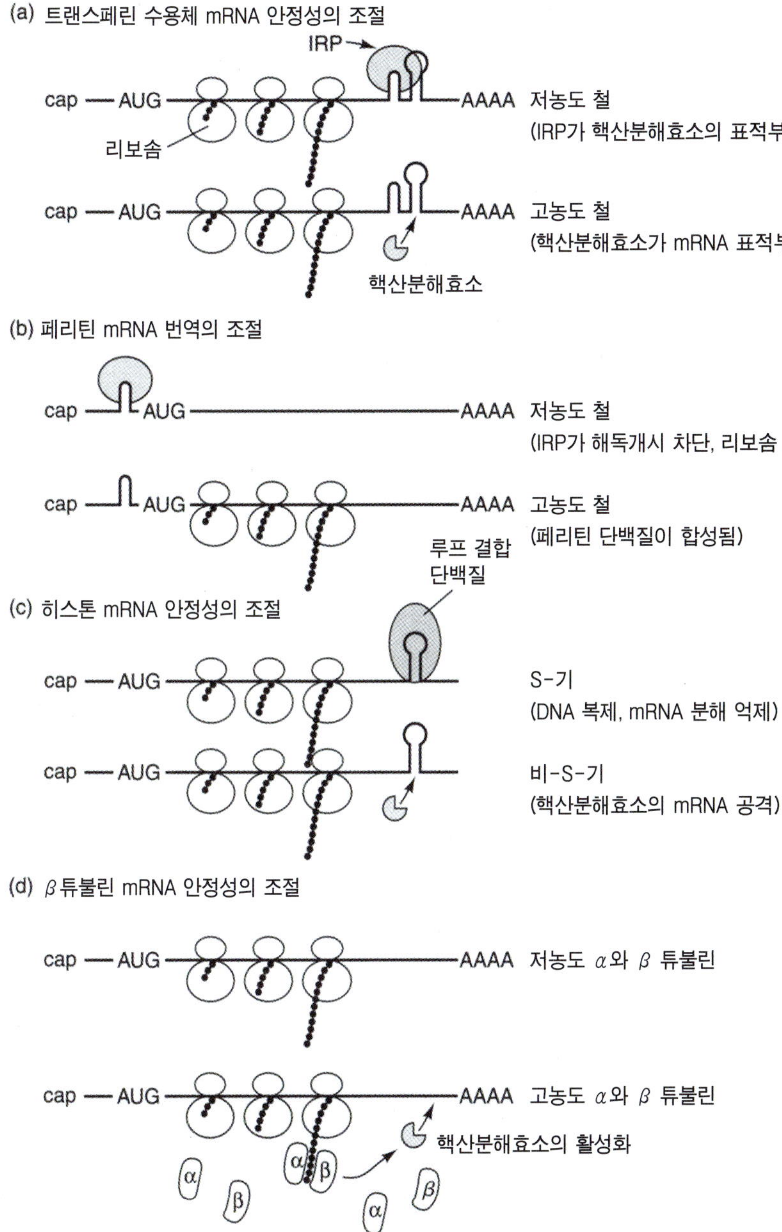


그림 12-7 mRNA 안정성 조절의 서로 다른 예가 (a), (c), (d)에 나타나 있다. (b)는 페리틴 mRNA의 해독 조절에서 (a)에 나타낸 트랜스페린 수용체 mRNA의 안정성 조절에 이용된 동일한 요소 (IRP)가 관계하였을 가능성을 보여주고 있다. 열린 이중환은 리보솜, 회색의 원은 IRP 단백질, 잘린 원은 여러 종류의 핵산 분해 효소, $\alpha$와 $\beta$는 튜불린의 소단위체를 나타낸다.

난 직후나 화학 물질로 복제를 인위적으로 차단시켰을 때는 히스톤 mRNA가 수분 내에 파괴된다. 히스톤 mRNA의 안정성 조절은 짧은 3' 줄기와 고리 구조에 의존하는데 이는 히스톤 mRNA의 독특한 구조로 다른 mRNA에서 발견되는 폴리(A) 꼬리를 대신한다. $\beta$-글로빈 mRNA의 3' 말단 부위를 실험적으로 히스톤 mRNA의 3' 말단 부위로 대치시킬 경우 $\beta$-글로빈 mRNA 안정성은 DNA 복제 의존성으로 변한다. "헤어핀 루프-결합단백질"은 줄기-고리와 결합하여 RNA 분해효소의 작용을 차단한다 (그림 12-7(c)). 흥미롭게도 mRNA의 파괴는 진행중인 해독에

**핵심개념**

**"mRNA의 반감기" 개념**

세포의 기능을 위한 mRNA 공헌도의 많은 부분이 mRNA가 얼마나 신속히 파괴되느냐에 의하여 결정된다.

의존하는데 이것은 앞에서 언급한 보기에서도 마찬가지이다. 만약 정지 코돈의 인위적 삽입에 의하여 해독이 실제의 정지코돈보다 300 염기쌍 상류에서 정지되면 히스톤 mRNA는 비-S기 (non-S-phase)에 더 이상 급속히 파괴되지 않는다. 따라서 리보솜에 결합된 핵산 분해 효소가 RNA 파괴에 어떤 방식이든 간에 관계하고 있을 것으로 추정된다. 이와 같은 가설은 세포를 단백질 합성 억제자인 사이클로헥사미드 (cycloheximide)로 처리할 경우 대부분의 불안정한 mRNA가 선택적으로 안정화되는 이유를 설명해준다.

$\alpha$와 $\beta$ 튜불린 mRNA의 안정성 조절 또한 해독과 깊은 관계를 맺고 있다 (그림 12-7(d)). $\alpha$와 $\beta$ 튜불린 단백질은 미세소관의 주된 소단위체이다. 이들 mRNA의 파괴는 자가 조절로 이루어지는데 그 이유는 이 mRNA의 파괴가 유리된 $\alpha$와 $\beta$ 튜불린 단백질에 좌우되기 때문이다. $\beta$ 튜불린 mRNA에서 자가 조절의 불안정성에 필요한 서열은 놀랍게도 해독이 시작되는 첫 13 염기에 위치하고 있다. 미성숙 해독종결 코돈의 도입은 자가 조절 mRNA 불안정성이 $\beta$ 튜불린 mRNA가 41번째 코돈 이상으로 해독되어야 한다는 사실을 나타내고 있다. 현재의 모델에서는 어떤 세포요소 (아마 튜불린 자신)가 열린 해독틀의 첫 누클레오티드에 암호된 펩티드에 결합하게 되면 아직도 밝혀지지 않은 핵산 분해효소가 활성화되어 $\beta$ 튜불린 mRNA를 파괴시키는 것으로 나타내고 있다.

## 해독의 조절

대장균에서 해독 개시에 필요한 몇개의 잘 알려진 요소와는 달리 진핵 생물의 개시 요소의 수는 대단히 많다 (eIF, 제9장). 원핵 생물에서 특별한 대사 경로를 위한 효소의 사슬과 같이 서로 관련된 기능을 가진 유전자들은 종종 오페론으로 그룹 지어져 1개의 연속적인 폴리시스트로닉한 전사체로 전사된다. 이 전사체는 그 후 각 유전자 산물이 적당량 생산될 수 있도록 해독 조절의 대상이 된다. 따라서 해독 조절은 원핵 생물에서 대단히 중요하다. 그러나 진핵 생물의 유전자는 전형적인 모노시스토로닉으로 전사와 프로세싱 과정에서 충분히 조절되었다고 생각되지만 해독 조절은 진핵 생물에서도 널리 이용된다.

전형적인 진핵 세포는 바이러스 감염, 생장 요소의 결핍 및 열충격과 같은 다양한 조건에 반응하여 전반적인 해독율을 감소시킬 수 있다. 이들 환경 조건은 수많은 진핵세포 해독 개시 요소중의 하나인 eIF-2에 인산화를 유도시킨다는 사실이 발견되었다. eIF-2 단백질은 개시 메타오닌 tRNA가 작은 40S 리보솜의 소단위에 결합하는 것을 매개하지만, 인산화된 eIF-2는 이 기능을 수행할 수 없다. 이와 같은 비교적 일반적인 음성 해독 조절 양상 외에도 특정한 mRNA 종류에 대한 특수한 메커니즘이 또한 존재한다.

특수한 음성 해독 조절로 아주 잘 연구된 경우로는 페리틴 시스템을 들 수 있다 (앞 절의 mRNA 안정성의 조절과 그림 12-7(b)를 참조). 위에서 설명한 바와 같이 페리틴은 철분 저장 단백질이다. 페리틴의 세포 내 농도는 전사 수준과 세포 내 철 농도에 따라 정확하게 조절된다. 만약 세포 내 철의 농도가 낮을 경우 철 반응 단백질 요소 (IRP)가 페리틴 mRNA의 5' 말단에 있는 줄기와 고리 구조에 붙게 된다. 이 방법으로 IRP는 해독 기구가 개시 코돈 AUG와 결합하는 것을 물리적으로 봉쇄함으로써 해독을 차단시킬 가능성이 가장 높다. 그러나 철분을 첨가하면 IRP가 더이상 RNA와 결합하지 못하고 페리틴 mRNA의 해독은 100 배나 증가한다.

**음성 해독 조절**은 고등한 진핵 생물의 배 발생에 대단히 중요하다. 고등 진핵 생물의 난자 내에는 수많은 종류의 mRNA가 난자 형성기간 동안 합성되어 통칭 "모계 RNA (maternal RNA)" 의 형태로 축적된다. 이들 mRNA는 불활성의 형태로 축적되어 있다가 수정이 일어나면 아직도 규명되지 않은 메커니즘에 의하여 활성화된다. 이상하게도 많은 종류의 축적된 불활성 mRNA는 단지 10−30개 정도의 A를 3' 말단 부위에 가지고 있는데 이는 분명히 해독을 위해서는 너무 짧은 길이이다 (폴리(A) 꼬리는 보통 200개 누클레오티드 정도의 길이이다). "재활성화 (reactivation)" 이 일어날 때 추가의 A가 3' 말단에 다시 붙게 되고 이것이 mRNA의 해독 개시를 크게 촉진시킨다.

지금까지 논의한 해독 조절은 해독 개시율에 영향을 끼치는 것이었다. 일반적으로 단백질 합성은 해독이 일단 시작되면 자동적으로 진행된다. 그러나 자연은 또한 이 규칙에 대한 예외를 이용한다 (예로 리트로바이러스와 코로나바이러스에서 볼 수 있는 해독틀의 이동 현상). 예를 들어 라우스 사코마 (*Rous sarcoma*) 바이러스에서 *gag−pol* mRNA로부터 해독된 단백질의 95%는 주요 당단백질 항원 (*gag*)이다. 그러나 그 몇 %는 바이러스 독특한 레트로트랜스크립타아제 (retrotranscriptase)를 암호화하는 보다 긴 연합 단백질 (gag−pol)로 해독된다. 어떻게 *gag*와 레트로트랜스크립타아제 (gag−pol)의 비가 20 : 1로 조절되는가? Gag를 암호하고 있는 서열 (이 후 mRNA의 전형적인 구조가 뒤따르는)의 UAG 정지코돈의 바로 앞에 위치한 특수한 서열에 리보솜이 도달하면 해독틀로부터 나오게 (kick out) 되어 한개의 누클레오티드 뒤로 이동한다. 이곳으로부터 *pol* (레트로트랜스크립타아제) 부위의 해독이 "−1" 해독틀 양상으로 계속된다. 유사한 과정이 인간의 후천성 면역 결핍증 바이러스 HIV에서도 관찰되었다. 이러한 **해독틀 이동**은 밝혀진 바와 같이 1개의 mRNA로부터 두 종류의 폴리펩티드 생산을 보장하는 한가지 방법일 뿐이다. 또 다른 레트로바이러스 (몰로니 백혈병 바이러스 (Molony leukemia virus)에서 5%의 리보솜이 UAG 정지코돈을 지닌 해독의 종료 대신 글루타민을 삽입시켜 중합효소 부위로 해독을 계속하는데 이 경우 같은 해독틀 내에서 해독이 일어난다.

해독틀 이동

# 단백질 활성의 조절

## 세포 내 단백질 수송을 위한 두 가지 주된 경로

단백질 활성의 조절은 주로 다음의 세가지 과정에 의하여 이루어진다. 즉 단백질의 세포 내 다른 영역으로의 수송; 단백질−단백질 상호 작용; 가역적 또는 비가역적 효소의 변화이다. 이와 같은 분명히 다른 세포의 기능은 서로 밀접한 관계를 맺고 있다.

새로 합성된 폴리펩티드의 세포 내 수송은 두 가지 주된 경로를 통하여 일어난다. 세포질 경로 (cytosolic pathway)에서는 그 단백질 전체가 세포질 내에서 해독된다 (막과 무관한 해독 membrane−free translation). 이 후 해독 산물은 세포소기관 (핵, 페록시솜, 미토콘드리아, 엽록체 등)에 들어가거나 세포질에 남게된다. 세포소기관으로의 유입은 단백질의 짧은 펩티드 서열 (**수송 신호** (translocaton signal)

수송 신호

신호인지 입자 (SRP)
폴리솜

이라 불리는)을 인지하는 세포소기관-특이 수용체를 통하여 일어날 가능성이 가장 높다. 세포질에 잔류하는 단백질에는 이와 같은 수송 신호가 없다.

두번째 경로는 소포체를 통하는 일이다. 이 경로를 택할지의 결정은 해독 도중에 이루어진다. 이 경로를 택하는 단백질은 보통 N-말단에 소수성 신호 서열을 가지고 있다. 이 신호 서열은 먼저 단백질/RNA 복합체인 **신호인지 입자 (signal recognition particles, SRP)**에 의하여 인지되고, 이것은 다시 폴리솜 (mRNA와 해독기구의 연합체)을 소포체 막의 SRP 수용체에 붙잡아 맨다. 해독이 진행되는 동안 (지금은 막에 붙어 있는) 새로 합성되는 폴리펩티드는 소포체의 관 내로 전이된다. 단백질은 소포체 관 내로 완전히 분비되거나 막통과 단백질의 경우 소포체 막에 붙은 채로 남게된다. 이후 대부분 단백질은 골지체로 운반되어 그곳으로부터 다시 리소솜, 분비소낭 (vesicle) 또는 원형질막으로 직접 운반된다. 이와 같은 수송은 소낭을 통하여 전형적으로 일어나는데 소낭은 세포 내 표적 막과 융합하여 단백질을 새로운 영역의 관 내로 방출하거나 또는 세포 외의 공간으로 내보낸다. 모든 세포막 단백질 (예, 펩티드 호르몬의 수용체)이나 분비되는 효소와 단백질 (예, 소화관의 소화 효소)은 소포체 경로를 통하여 수송된다.

## 해독 후 변화와 단백질 안정성의 조절

단백질의 해독 후 아미노산 곁사슬에서 변화가 일어나는 사례가 많이 알려져 있다. 이와 같은 대부분의 변화에서 그 기능은 알려져 있지 않다. 그들 중 어떤 것들은 중요하지 않은 곁사슬일 수도 있으며 또 다른 것들은 특수한 효소와 연결된 것으로 보아 중요한 기능을 보유하고 있는 것으로 보인다. 모든 변화가 특별한 세포 영역 내에서 두 수송 경로 중의 어느 하나에서 우선적으로 또는 전적으로 일어난다. 어떤 변화는 영구적이며 비가역적이다 (예, 효소에 보조 그룹의 부착). 다른 공유 결합 변화는 가역적으로 일어나 세포 내외의 자극에 대하여 급속한 반응을 나타내도록 한다. 가장 흔한 가역적 변화는 단백질의 인산화이다. 흔히 볼 수 있는 또 다른 변화는 아세틸화, 메틸화, 글라이코실화이다. 단백질 인산화의 중요성은 중간 대사에 관련된 효소를 조절하는 능력을 통하여 알게 되었다. 그러나 인산화는 신호 전달 (signal transduction)이나 세포 주기 조절과 같은 다른 시스템에서도 대단히 많이 이용된다. 인산화는 표적 단백질의 활성을 증가시키거나 또는 감소시킨다.

해독 후 변화 과정은 단백질의 안정성 조절에도 분명히 관계하고 있다. 어떤 세포질 단백질은 수일동안 안정된 상태로 있다가 무작위로 파괴되어 새로운 단백질로 대치된다. 이와는 반대로 대사 경로의 속도제한 효소 중에는 반감기가 불과 수분에 지나지 않는 종류들이 있다. 또 다른 단명의 단백질에는 세포 생장 조절에 중요한 기능을 나타내는 발암원 유전자 *fos*와 *myc*의 산물이 포함된다. 이들 단백질은 급속히 파괴되므로 세포 외의 자극에 맞추어 합성율을 달리함으로써 그들의 세포 내 농도를 재빨리 변화시킬 수 있다. 일반적으로 이런 종류의 단백질은 또한 상당히 불안정한 mRNA를 가진다 (이장의 앞절 "mRNA 안정성의 조절" 에서 설명하였음). 단백질은 수송 신호뿐만 아니라 그들의 반감기를 결정하는 서열을 가지고 있는 것으로 판명되었다. 단백질의 반감기는 어떤 불안정화 서열과 2차 구조의 일반적인 성질의 결과이다. 흥미롭게도 어떤 모델 실험에서 세포질 단백질의 불안정성과 N-말단의 첫번째 아미노산 간에 절대적인 상관 관계가 있음이 밝혀졌다. 메티오닌, 세린,

트레오닌, 알라닌, 글리신, 발린은 물론 시스틴과 프롤린도 단백질의 N-말단에 위치할 경우 안정화 효과를 나타낸다. 단백질을 구성하고 있는 다른 종류의 아미노산들은 단백질 분해효소에 쉽게 파괴되어 단백질을 급속히 분해시킨다.

유비퀴틴

단백질의 선택적 파괴에 관계하는 단백질 분해 기구는 유비퀴틴 (ubiquitin) 의존적이다. **유비퀴틴**은 76개의 아미노산으로 구성된 작은 단백질로서 다른 단백질과 결합한다. 유비퀴틴-의존성 단백질 분해 기구가 단백질의 N-말단에 있는 불안정한 아미노산을 인지하면 유비퀴틴 분자가 N-말단 자체나 또는 그 근처의 리신과 공유결합을 일으켜 붙게 된다. 이후 더 많은 유비퀴틴이 연속적으로 추가되어 유비퀴틴화된 가지친 단백질을 만든다. 특수한 ATP-소모성 단백질 분해 효소가 유비퀴틴화된 단백질을 인지하여 그들을 재빨리 파괴시키는 동시에 유비퀴틴 폴리펩티드를 재순환 시킨다.

**핵심개념**

**"불안정성-유연성" 개념**

대부분의 고분자 물질 (예, 단백질과 RNA)들이 타고난 불안정성은 살아있는 세포가 변화하는 물질대사 조건에 적응하도록 한다.

위에서 언급한 바와 같이 유비퀴틴-의존성 단백질 분해는 각 단백질 N-말단의 첫번째 아미노산에 의하여 특징 지워진다. 모든 진핵 생물 단백질 유전자의 첫번째 코돈 (AUG) 는 메티오닌을 암호하고 있으나 성숙한 단백질의 극히 일부만 N 말단에 메티오닌을 가지고 있다. 보통 N-말단은 해독 중에 잘 알려지지 않은 잘라내기와 말단 추가 작용에 의하여 변형된다. 흥미롭게도 소포체 경로로 들어간 단백질들은 종종 변형되지 않은 N 말단을 가지는데 이들 단백질은 세포질액에서는 극도로 불안정 하지만 소포체 내에서는 안정하다. 위의 현상은 세포질 경로로 잘못 들어온 단백질을 선택적으로 파괴할 수 있는 능력을 부여하는데 매우 중요한 것으로 보인다.

## 전사 요소 활성의 해독 후 조절

전사 요소들은 증폭자나 프로모터에 서열-특이적으로 결합한다. 그 결과 결합된 유전자의 전사가 촉진된다 (이장의 앞절 "전사 개시의 조절" 참조). 최근 여러 가지의 전사 요소와 그에 대응하는 유전자에 대한 자세한 연구가 이루어 졌다. 어떤 종류의 전사 요소, 특히 하우스키핑 유전자의 전사를 촉진하는, 전사 요소들은 항상 활성 상태로 존재하는 반면 몇몇 전사 요소의 활성은 해독 후 단계에서 조절되는 것으로 알려졌다. 이러한 해독 후 조절에는 차등적 세포 내 수송, 다른 단백질과의 안정된 상호 작용 및 효소의 변화 등이 관계한다.

해독 후 조절되는 전사 요소 중 잘 연구된 경우로 스테로이드 수용체를 들 수 있다 (예, 글루코코티코이드 수용체(GR); 그림 12-8). 호르몬이 없을 경우 GR은 90 kDa 단백질과 복합체를 이루고 있는데 이 단백질은 열 충격을 받은 세포에서 처음으로 관찰되었다. 따라서 이 단백질을 열 충격 단백질 "heat shock protein" (hsp90)이라고 하는데 이들은 세포질 내에 분포하고 있다. 따라서 hsp90은 세포질에서 GR을 고정하는 단백질로 알려져 있다. 만약 스테로이드 호르몬인 글루코코이드가 세포 내로 확산되어 들어오면 GR의 호르몬 결합 부위에 붙게 된다. 이 결합으로 hsp90으로부터 GR이 분리되는데 이는 호르몬의 결합으로 유발된 구조 (형태)적 변화 때문일 가능성이 가장 높다. 이 분리는 GR의 핵 수송 신호를 노출시키며 전사 요소는 핵공 복합체를 통하여 핵 내로 수송된다. 핵에서 GR은 표적 서열과 결합하여 GR-반응 유전자의 전사를 촉진한다.

똑같이 흥미로운 조절 양상이 면역 결핍 및 염증 반응과 관련된 유전자의 전사를 유도하는 포유류 전사 요소인 NF-$\kappa$B의 연구에서 발견되었다. NF-$\kappa$B는 많은 종

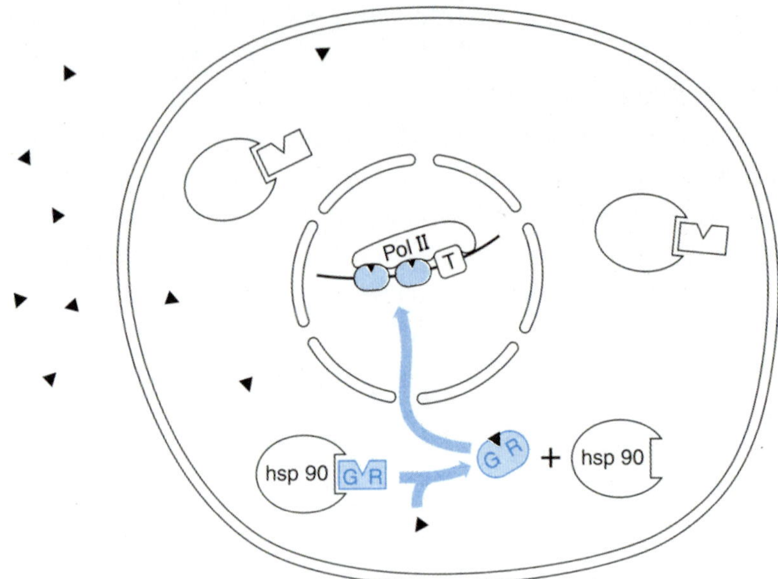


그림 12-8 글루코코티코이드 수용체 (파란색): 전사 요소의 해독후 조절의 전형적인 예. 삼각형은 글루코코티코이드 분자를 나타낸다.

류의 포유류 세포에서 발견되는데 종종 세포질 내에서 I-κB ( NF-κB의 억제자)로 알려진 세포질 내 고정 단백질과 상호 작용하여 불활성 형태로 존재한다. NF-κB는 세포의 기능을 손상시키는 요소들 (예, 자외선, DNA 손상 화합물, 바이러스, 기생 생물, 박테리아의 지질다당류를 첨가하면 해독 후 단계를 통하여 활성화된다. 이 활성화 과정에는 I-κB의 인산화와 단백질 분해가 관여하는데 이로써 NF-κB의 핵수송 신호 (NLS)가 노출되고 그 결과 NF-κB의 핵 내 수송이 허용된다. 핵에서 NF-κB는 일련의 유전자 전사를 촉진한다. 과산화수소 ($H_2O_2$)는 NF-κB의 강력한 촉진제 일뿐만 아니라, 많은 종류의 (모든 종류가 아니라면) NF-κB 촉진제를 첨가시킬 경우 일반적으로 생성되는 것으로 나타났다. 따라서 $H_2O_2$ (또는 유사체)는 I-κB 인산화를 증진시키는 제2메신저 (전령자)의 기능을 가진 것으로 추정된다.

**핵심개념**

**"전사요소의 활성화" 개념**

전사 개시를 촉진시키는 단백질 (전사요소들)의 활동은 종종 스테로이드 호르몬, 작은 분자들 또는 심지어 다른 단백질의 작용으로 상향 혹은 하향 조절된다.

다른 종류의 전사 요소들도 핵 내에 분포할 수 있지만 불활성 상태로 남아 있다. 효모의 전사 요소 Gal4의 활동 조절이 그 한 예이다. Gal4는 갈락토오스 대사에 관여하는 단백질의 유전자를 촉진하는 능력을 보유하고 있다. Gal4는 항상 DNA 표적과 결합하고 있지만 갈락토오스가 없으면 전사를 촉진시킬 수 없다. 그것은 Gal80 단백질 때문인데 Gal80은 Gal4와 안정하게 결합하여 Gal4의 전사-촉진 부위를 덮는다. 갈락토오스가 첨가되면 Gal80은 여전히 Gal4와 결합하고 있지만 다른 상태로 붙어 있으므로 Gal4의 전사 촉진을 가능하도록 만든다. 이와는 대조적으로 포유류의 전사 요소 Oct-1의 활동은 VP16이라는 단백질에 의하여 특별히 증진된다. VP16은 herpes simplex 바이러스에 암호화되어 있으며 대단히 강력한 촉진 부위를 가지고 있다. VP16은 Oct-1과 복합체를 형성하여 자신의 강한 촉진 부위로 전사를 촉진한다. Gal80과 VP16 스스로는 DNA와 결합하지 못한다.

유전자의 전사 작용은 인산화와 같은 직접적인 효소 변화에 의하여도 영향을 받을 수 있다. 효모의 열 충격 전사요소 HSF는 열 충격을 받은 세포에 필수적인 유전자의 전사를 촉진할 수 있다. 그러나 HSF는 높은 온도하에서만 활성을 나타낸다. HSF의 활성화는 인산화와 밀접한 상관 관계를 나타낸다. 이와 같은 변형 (인산화)가 HSF의 활성 부위의 노출에 도움을 주는지 혹은 인산화된 부위 자체가 활성 부위로 작용하는지는 아직 분명하지 않은 상태이다.

## 유전자 재배열 : 면역 시스템에서의 암호 서열의 연결

다세포 생물의 생명은 모든 종류의 미생물과 바이러스로부터 끊임없는 위협을 받고 있다. 이들의 대부분은 피부에 의해서 또는 위액의 염산이나 소장의 소화 효소와 같은 소화관의 분비액에 의해서 접근이 방지된다. 그러나 바이러스는 소화관의 표면이나 피부에 생긴 작은 상처를 통해서 쉽사리 체 내로 들어온다. 일단 체 내에 들어오면 침입자는 침입 당한 생물체의 면역 체계와 죽음의 경쟁을 벌려야 한다. 척추동물의 면역 시스템은 가능한 모든 감염원에 대하여 선택적인 방어 수단을 부여함은 물론 장차 지구상에 나타날 감염원에 대하여도 방어 준비를 갖추고 있다. 어떻게 이것이 가능할까? 그 이유는 수백만 종의 단백질 분자, 즉 **면역 글로불린** (immunoglobulin) 혹은 **항체**(antibody)가 생산되며 각 항체는 독특한 양식으로 **항원** (antigen) 또는 감염 표적 분자와 결합할 수 있기 때문이다 (제 4장 참조). 만약 각각의 항체 분자가 독립된 유전자에 암호화되어 있다면 전체 게놈의 대부분이 항체 생산에 참여하여야 할 것이다. 항체 유전자의 수 (약 $10^8$ 개)는 추정된 인간 유전자의 총수(약 $10^5$ 개)를 훨씬 상회한다. 그러나 면역 시스템은 이와 같은 막대한 종류의 항체를 생산하기 위한 특별한 방법을 개발하였다. 일반적으로 성숙한 항체-생산세포 (B 림프구)는 한 종류의 항체만 생산할 뿐이다. 따라서 각각의 세포를 프로그램화하기 위한 어떤 메커니즘이 존재해야만 한다. 이 메커니즘에는 특수한 유전자 재배열이 개재하는데 이것은 지금까지 논의한 게놈의 변화가 없는 유전자 조절 양상과는 전혀 다른 메커니즘이다. 그러나 항체의 다양성을 생산하는 메커니즘은 모든 척추 동물에서 같은 것은 아니다. 예를 들어 조류는 포유류와는 상당히 다른 시스템을 진화 시켰다. 이 절에서는 대부분의 포유류에서 발견되는 시스템에 초점을 맞추게 될 것이다.

면역 글로불린
항체
항원

### 상이한 면역 글로불린 유전자 절편들

**면역 글로불린 G** (Immunoglobulin G, IgG)는 여러 부류의 면역 글로불린 중의 하나이다. IgG는 4량체로서 2개의 L 사슬과 2개의 H 사슬을 포함하고 있다 (IgG의 구조는 제4장 참조). L과 H 사슬은 모두 두 부위 즉 불변 부위와 가변 부위로 구성되어 있다. 가변 부위는 특수한 항원을 인지하고 결합하는 지역이다. 항원 결합 장소는 L과 H 사슬 양측의 아미노산으로 구성되어 있음에 주목하기 바란다. L 사슬에는 $k$와 $\lambda$로 불리는 두 종류가 있다. 여기서는 $k$ 종류가 어떻게 생산되는지에 대해서만 설명하겠다. $\lambda$ 종류에 대한 메커니즘은 상세한 면에서만 다룰 뿐 기본 메커니즘은 같다.

면역 글로불린 G

세 가지 다른 부류의 유전자 절편이 $k$-유형 L 사슬을 형성하는데 사용된다. 즉 V, J, C 절편으로 이들은 모두 같은 염색체 상에 위치하고 있다 (그림 12-9(a)). 약 100 개의 다른 V 유전자 절편 (가변 부위의 첫 95 아미노산을 생산하는), 4개의 다른 J 유전자 절편 (가변 부위의 마지막 12 아미노산의 암호와 V와 C 영역을 연결하

(a) 생식세포 DNA

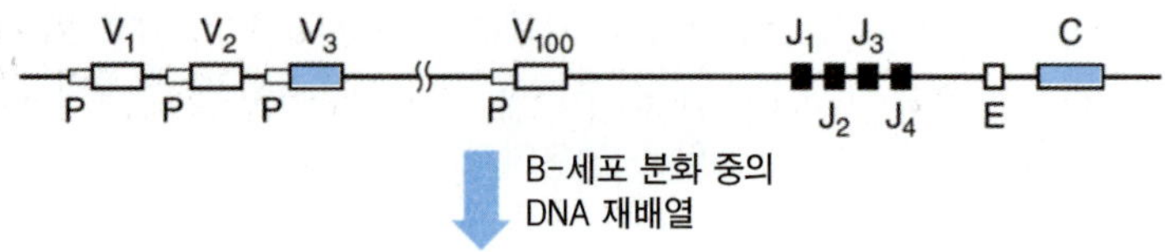


B-세포 분화 중의
DNA 재배열

(b) 특수 B 림프구의 재배열된 DNA

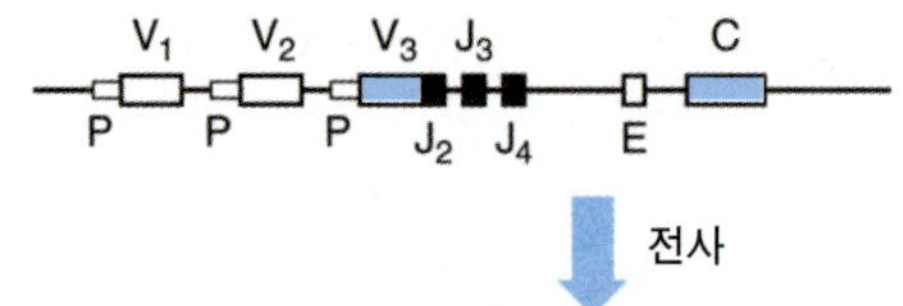


전사

(c) 제1차 mDNA

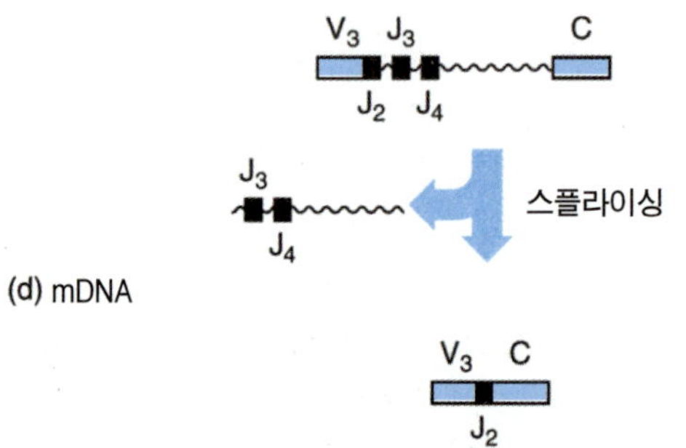


(d) mDNA

$V_3$ C
$J_2$

그림 12-9 특수한 IgG 분자 (청색)의 성숙한 $k$ 유형 L 사슬 mRNA의 생산. 이에는 DNA와 RNA 수준에서의 프로세싱이 관계한다. B 세포의 분화 도중 V와 J 절편 사이의 (본 예에서는 V3와 J2 사이) DNA가 잘려 나간다. 즉 유전적 서열이 특수하게 변한다 ((a)와 (b)를 비교). 이 과정으로 증폭자 (E)가 V3의 프로모터 (P)에 보다 가깝게 이동하고 B 림프구는 특수한 $k$ 유형 L 사슬 pre-mRNA를 생산할 수 있다 (c). 이 pre- mRNA는 스플라이싱을 일으켜 C 절편이 V3J2와 연결된다. 그 결과 특수한 $k$ 타이프 L 사슬 단백질을 생산할 수 있는 mRNA가 만들어진다.
(a)와 (b)는 어느 세포에서든 단 한번만 일어나지만 (c)와 (d)는 (b)에서 유전자가 전사될 때마다 일어남에 유의하기 바란다.

는), 1개의 C 유전자 절편(불변 부위의 암호를 가진)이 있다. 배(아) 세포에서는 V 절편이 조밀한 무리를 형성하고, J 절편은 V 절편으로부터 하류쪽으로 멀리 떨어진 곳에 제2의 무리를 형성하며, C 절편은 J 절편 무리에서 멀지 않은 하류에 위치한다. 각 V 유전자 절편 앞에는 프로모터가 있어서 이곳으로부터 전사가 개시될 수 있으며, 한개의 증폭자가 J와 C 절편 사이에 위치하고 있다 (그림 12-9(a)).

특별한 IgG 분자를 암호하고 있는 부위가 제 15장에서 설명될 DNA 재조합 기술에 의하여 클로닝 되었다. 다양한 생쥐 세포 계보 (각 계보는 한 개의 특별한 IgG 분자만을 생산하는)로부터 수개의 IgG 유전자가 규명되었다. 항체 생산 세포계보로부터 얻은 각 클론에는 배(아)에 존재하고 있던 커다란 DNA 절편이 소실되었다는 사실이 발견되었고, 또 소실된 DNA는 언제나 특별한 V 유전자 절편과 J 유전자 절편 사이의 서열이라는 점도 밝혀졌다. 이 현상은 재조합에서 선택된 V와 J 절편 사이의 DNA 결실을 유발하는 **유전자 재배열** 메커니즘으로 설명할 수 있다. 각각 특별

유전자 재배열

한 $k$ 사슬을 암호하고 있는 많은 종류의 게놈 서열이 클론 되었으며 각 클론은 서로 다른 DNA 절편이 결실되어 있다. 예를 들어 그림 12-9 (b)에서는 V3 와 J2 사이의 모든 DNA가 없어진 반면 다른 클론에서는 대신 V86-J1 연결이 형성될 수도 있다. 12-9(a)로부터 12-9(b) 까지의 과정은 어느 세포에서나 단 한번 일어날 뿐이지만 12-9(b)에서부터 12-9(d)에 이르는 과정은 유전자 (12-9(b)에 있는)가 전사될 때마다 일어나는 점에 유의하기 바란다.

## 면역 글로불린 유전자 재배열은 어떻게 조절되는가?

이들 모두의 면역글로불린 유전자의 조합 변이체를 만들어 내는 효소적 기구는 무엇일까? **그림 12-10**(a)에 나타낸 바와 같이 V-J 연결을 위한 신호는 각 V 절편의 3' 말단에 있는 염기 서열 (7량체/스페이서/9량체 = heptamer/spacer/nonamer)과 각 J 절편의 5' 말단의 염기 서열 (9량체/스페이서/7량체)로 이루어진 한 쌍의 특별한 염기 서열이다. 위치-특이 **재조합 효소** (site-specific **recombinase**)가 이들 염기 서열 동기를 인지하여 DNA를 절단하고 무작위로 선택된 V와 J 절편을 연결하는 것으로 추정된다 (그림 12-10 (b)). 동일한 서열 동기가 H 사슬 풀에서 V, D, J 절편을 연결시키는데 사용된다. 두 개의 림프구-특이 유전자 RAG 1과 2의 산물이 재조합 효소의 구성요소들이다. 이들 산물의 중요성은 다음과 같다 : (1) RAG 1과 2에 인위적인 결손을 유발시킨 생쥐는 B와 T 세포를 생산하지 못한다; (2) 비림프구 세포 계열의 비정상 위치에서 RAG 1과 2를 발현시킬 경우 이 세포들은 면역

재조합 효소

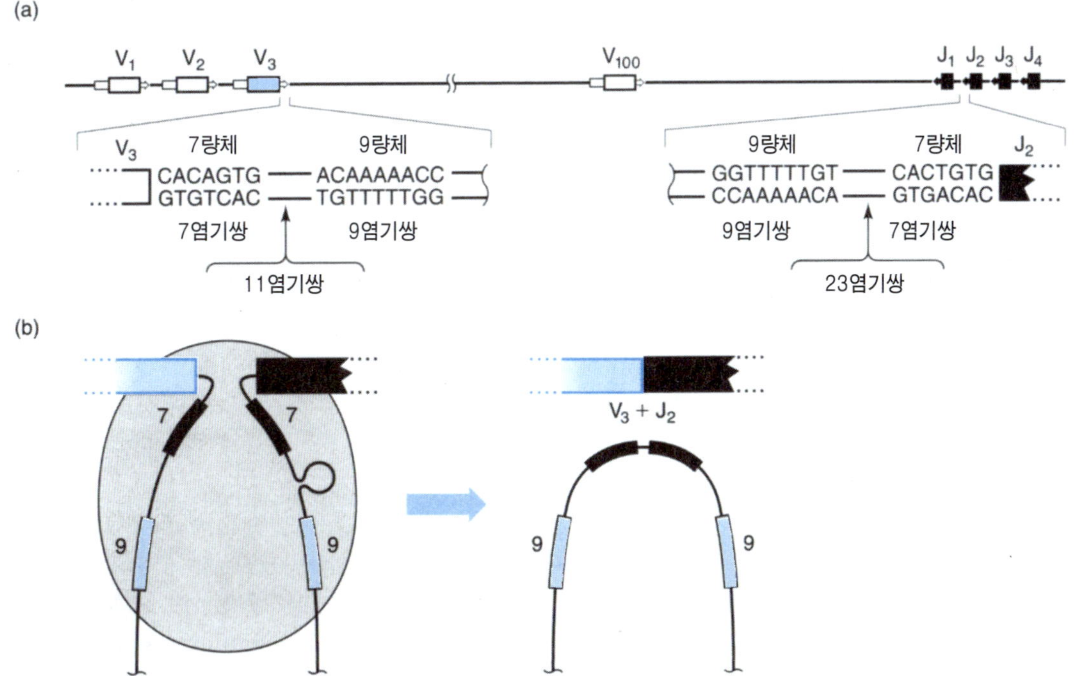


그림 12-10 B 림프구 분화 기간 중의 V와 J 절편의 연결. V-J 연결은 7량체와 9량체 서열이라 부르는 보존된 DNA 서열이 관계된 고도의 정확성을 나타내는 과정이다. (b) 위치-특이 재조합 효소가 이 서열들을 인지한 후 무작위로 선정된 V와 J 절편을 연결시키는 것으로 보인다.

글로불린 유전자 재조합의 능력을 갖게 된다; (3) 가장 최근에 수행된 생체 외 면역글로불린 분석에서 재조합 RAG 1 단백질이 재조합 활동을 크게 증가시키며 또한 RAG 2(−/−) 세포 계열로부터의 불활성 추출물을 보상시킨다는 사실이 밝혀졌다.

아마도 이와 같은 유전자 재배열에서 가장 놀라운 점은 그들의 정확도이다. 전체 게놈의 뒤섞임을 피하기 위하여 재조합 효소는 면역글로불린 유전자 자리 (locus)에 특별히 표적을 맞춰야만 한다. 더구나 유전자 활동의 시간대 (time window)는 대단히 좁으며, B 림프구 발생에서 일정한 시기에만 국한된다.

그림 12−9(b)는 V−J 절편의 연결이 L 사슬 해독틀을 완전하게 생산할 수 없음을 나타내는데 그 이유는 J와 C 절편 사이에 스페이서가 남아있을 뿐만 아니라 실제의 L 사슬은 각각 1개의 V와 J 유전자 절편으로부터 유래하며 재조합된 DNA는 보통 많은 V와 J 절편을 여전히 가지고 있기 때문이다. 그러나 재조합 과정은 증폭자 (E)를 $V_3$ 프로모터 (P)에 아주 근접시켜 전사의 개시를 허용한다. 이것이 제1차 전사체 (pre−mRNA)의 생산을 유도한다 (그림 12−9(c)를 참조). 정확한 해독틀은 그림 12−9(d)에서 나타낸 바와 같은 최종 RNA 스플라이싱 과정을 통하여 얻어진다. 특별한 V−J 연결이 어떻게 스플라이싱 양상을 결정하는지에 주목하기 바란다. 스플라이싱에 의하여 제거되는 RNA는 항상 C 절편과 정확한 J 절편의 말단 사이로 이로써 V 절편과 연결된다.

## 대립 유전자 배제, 클론 선택 및 친화성 성숙

위치−특이 재배열이 특수 항원이 생기기 이전에 일어나는지 또는 그에 반응하여 일어나는 지가 중요한 과제가 되었었다. 오늘날 재배열이 발생 과정에서 무작위로 일어나며 분화가 완성된 후에는 수백만 종류의 항체−생산 B 림프구가 존재한다는 사실을 일반적으로 받아들이고 있다. 각 B 림프구는 위치−특이 DNA 재배열의 정확한 되먹임 조절로 인하여 **단 한 종류의 항체** 만을 생산한다. **대립 유전자 배제 (allelic exclusion)**로 명명된 되먹임 메커니즘이 세포 당 단 한 종류의 재배열된 H와 L 사슬을 생산하도록 허용한다. 그러나 이 현상의 분자 수준에 대하여는 알려진 바가 거의 없는 상태이다.

생물은 특별한 항원에 반응하여 특별한 항체의 대량 생산을 언제 해야하는지를 어떻게 알게 되는가? 각 항체 생산 세포는 특별한 항체를 소량 생산하며, 이 항체의 일부가 세포 표면에 부착된다. 이들 세포가 항체와 반응할 수 있는 특수한 항원에 노출된 경우 복잡한 항원−항체 망 (network)이 형성된다. 그 결과 세포 분열이 촉진되고 특별한 항체가 대량 생산된다. 이와 같은 과정을 **클론 선택 (clonal selection)**이라고 부른다.

클론선택

면역 시스템이 게놈 서열을 수정시켜 주어진 항원에 대한 항체의 친화력을 높이는 또 다른 흥미로운 메커니즘에 대하여 언급할 필요가 있다. 한 동물의 동일한 항원에 대한 반복된 면역 작용은 항원에 대하여 평균적으로 보다 높은 친화력을 가진 항체의 생산을 가져온다. 이와 같은 현상을 **친화성 성숙 (affinity maturation)**이라고 부른다. 어떤 항원에 반복적으로 노출되면 체세포 과다돌연변이 (somatic hypermutation−분자 수준의 세부 내용은 알려지지 않음)에 의하여 V 절편 내 특별 서열에서의 점 돌연변이가 축적된다. B 림프구는 항원과의 결합에 반응하여 세포 분열이 촉진되므로 높은 친화력을 지닌 항체를 생산하는 과다돌연변이의 세포가 낮은 친화력의 항체를 생산하는 세포보다 훨씬 빨리 분열하게 된다. 면역 글로불린 가변 부위에서의 돌연변이율은 $10^{-3}$/세포주기/염기쌍이나 높게 일어날 수 있다. 만약 이와 같이 높은 돌연변이율이 활동성 면역 글로불린의 L과 H 사슬 가변 부위에 국한되지 않는다면 게놈을 완전히 불활성화시킬 수가 있다.

## 미래의 실질적 응용?

조직 공학 (tissue engineering)이 생물공학 (biotechnology)의 새로운 분야로 개발되고 있다. 이와 같은 노력의 목표는 실험실에서 인간 신체의 진정한 대치 부품을 생산하는 데 있다. 지금까지 실험실에서 피부 층과 뼈 조각을 구성하려는 노력이 초기 연구 초점의 대상이었다.

우리의 주목은 다음과 같은 발견으로 방향을 잡고 있다. (1) 조직의 독특한 특징을 부여하는 유전자의 발현을 촉진하는 신호 분자와 전사 요소들 (예 "골성숙 단백질" bone maturation protein- BMP); (2) 프로모터와 증폭자 및 그들과 관련된 유전자의 구조; (3) 조직과 기관의 입체적 패턴 형태를 결정하는 유전자에 대한 인위적 조절 방법; (4) 조직 또는 기관을 서로 연결하는 물리적 힘의 원천 등이다.

조직 시스템의 요소들이 규명될 경우 다음 연구 단계는 인공조직에 적절한 형태 (뼈의 경우)를 삽입시키기 위한 고무주형에서 성장과 분화를 유도하는 요소들의 존재 하에 적당한 세포를 성장시키는 일이 포함될 것이다.

이와 같은 인공 조직과 기관들은 의학에서 중요한 역할을 담당할 것으로 기대된다: 첫째 신체의 대치 (예, 화상의 치유를 위한 인공 피부)와; 둘째 신약 개발을 위한 고부가 가치성의 연구 시스템이다. 약물 요법은 종종 기능적 활성 약품이 목표 조직에 도달하지 못한다는 제약을 받는다. 인공 조직은 소화관, 혈-뇌의 장벽 또는 기타 어려운 조직 경계를 통과할 수 있도록 약품을 수정하는 새로운 실험을 할 수 있는 길을 제공할 것으로 기대된다.

## 요 약

진핵 생물 내 유전적 시스템의 조절은 다양한 방법으로 이루어지는데 그 대부분은 진핵 생물에서 관찰된 메커니즘과는 아주 다르다. 진핵 생물에서는 3 종류의 RNA 중합 효소가 전사 임무를 수행하지만 진핵 생물에서는 단 한 종류의 RNA 중합 효소가 이 일을 담당한다. 유전자 발현은 종종 이 전사 단계에서 결정된다. 프로모터라고 알려진 진핵 세포 유전자의 상류 서열이 전사 개시에 필요하다. 전사의 촉진은 프로모터에 전사 요소들이 결합함으로써 일어난다. 증폭자라 불리는 또 다른 조절 서열이 유전자와 종종 관계를 맺는다. 증폭자도 전사를 촉진시키지만 프로모터와는 달리 때때로 암호부위로부터 상류 또는 하류로 수천 염기에 떨어져 위치한다. RNA가 전사된 후에는 인트론을 제거하는 스플라이싱 과정 동안 더 이상의 조절이 일어날 수 있으며 그 결과 기능적인 단백질로 해독될 수 있는 mRNA를 생산한다. 예를 들어 대체 스플라이싱 위치의 선택 결과 한 유전자로부터 수 종의 mRNA가 만들어 질 수 있다. 이들 RNA의 핵 세포질의 전이는 또 다른 유전자 조절 단계를 제공한다. 일단 mRNA가 세포질에 도달하면 원핵 생물의 mRNA가 단명한데 비하여 진핵 생물 mRNA의 다양한 반감기가 또 다른 조절을 허용한다. 한편 진핵 생물은 환경의 자극과 생리적 상태에 반응하여 mRNA의 안정성을 변화시킬 수 있는 메커니즘을 개발하였다. 유전자 발현은 또한 해독 조절, 해독 후의 수정 및 선택적 단백질 안정화를 통하여 단백질의 수위를 조절할 수 있다.

항체의 다양화는 수많은 유전자 절편을 연결시키는 복

잡한 유전자 재배열의 결과이다. 이들 "연결된 유전자로부터 전사된 mRNA는 스플라이싱에 의하여 또 다시 변화를 일으키는데 그 결과 항체 단백질로 해독되는 최종 mRNA는 분화를 일으키는 B 세포의 유전자 서열과는 먼 관계를 가지고 있을 뿐이다. 이러한 재배열과 스플라이싱은 진핵 생물에서 전형적으로 볼 수 있는 천문학적인 종류의 항체 단백질의 생산을 가능하도록 만든다.

## 연습문제

1. 어떤 RNA 중합 효소가 진핵 생물 유전자를 전사하는가? 중합 효소의 이름과 그들이 전사하는 유전자의 종류를 들어라.
2. 원핵 생물에서는 조절 요소들이 조절 받는 유전자에 대하여 일정한 장소에 고정되어 있다. 이 상황은 진핵 세포와 어떻게 다른가?
3. 항체 유전자의 V와 J 절편의 연결은 IgG 분자의 가변 부위 또는 불변 부위를 형성하는가?
4. 세포가 특정 mRNA를 고농도로 증가시키는데 사용하는 몇 가지 메커니즘을 들어라.
5. 유전자 활동과 관련하여 염색사의 구성이 어떻게 다른가? 이와 같은 활동 부위를 발견하기 위하여 사용되는 실험 기법은 무엇인가?
6. 진핵 생물 mRNA의 프로세싱 과정에서 일어나는 스플라이싱의 두 유형과 두 유형의 차이점을 들어라.
7. 세포는 어떻게 한 종류의 특정 단백질만을 생산하도록 신호를 받는가?
8. 항체의 다양화를 일으키는 메커니즘을 간략하게 서술하여라.

## 문 제

1. (a) 최소량의 DNA 첨가로 생쥐의 항체 다양성을 증가시키기를 원한다면 어떤 요소를 증가시키겠는가?
   (b) 어떤 생물이 L 사슬을 위하여 150개의 V 유전자 절편, 12개의 J 절편과 3개의 가능한 V–J 연결점이 있으며 5,000 종의 H 사슬이 만들어진다면 얼마나 많은 종의 항체가 생산될 수 있는가?
2. 만약 증폭자가 유전자 A 부근의 강한 활성 부위로부터 항구적 전사를 일으키는 유전자 B의 상류 50 누클레오티드로 옮겨졌다면 B유전자의 전사가 상승되겠는가?
3. 원핵 생물에서 양성 조절 요소들은 종종 RNA 중합 효소의 결합 장소를 제공하는데 이것이 전사 개시 장소와 중합 효소의 결합을 강화시킨다. 대부분의 진핵 세포의 조절 요소들이 이와는 다르게 기능한다는 증거는 무엇인가?
4. 물질 트리펩티드 (Q)는 외부 효과자 (E)에 반응하여 세포 배양에서 생산된다. E가 없을 경우 Q를 암호하는 클론된 유전자와 결합하는 약 800 개의 누클레오티드로 이루어진 핵 RNA가 발견된다. 이 RNA는 모자로 덮이고 poly A 꼬리를 가지고 있으며 생체 외 단백질 생산 시스템에서 트리펩티드 Q의 생산을 지시한다. 만약 E가 생장 배지에 첨가되면 이들 핵 RNA가 극소량 발견되며 770 개의 누클레오티드로 구성된 새로운 mRNA가 세포질에서 발견된다. 이 mRNA

는 트리펩티드 Q와는 다른 펩티드를 합성한다. E는 Q의 생산을 어떻게 조절하는가?

5. 한 종류의 효과자 분자가 다른 mRNA에 암호화되어 있는 단백질 1과 2의 생산을 조절하는 여러 경우가 알려져 있다. 효과자 분자가 없을 때 나타나는 다음과 같은 관찰에 대한 가능한 분자적 설명을 간단히 제시하여라.
   (a) 분자 1과 2의 유전자와 결합하는 핵과 세포질 RNA 모두가 발견되지 않는다.
   (b) 분자 1과 2의 유전자와 결합하는 핵 RNA 만 발견된다 (세포질 RNA는 발견 안됨).
   (c) 분자 1과 2의 유전자와 결합하는 핵과 세포질 RNA가 모두 발견되지만 폴리솜과 결합된 RNA는 발견되지 않는다.
6. 동일한 신호에 반응하여 두 종의 RNA가 생산됨에 따라 두 종의 단백질이 처음에 동시에 생산된다고 가정하자. 그 후 전사 신호가 더 이상 존재하지 않으면 한 종류의 단백질은 처음과 거의 같은 율로 생산되지만 다른 종류의 단백질은 거의 검출되지 않는다. 이와 같은 시간적 프로그래밍에 대한 방법을 설명하여라.

## 개념문제

1. 정확한 스플라이스 위치에서의 돌연변이에 의한 유전자 산물의 기능 상실로 인한 질병이 상당히 알려져 있다. 분자 생물학 기법을 사용하여 이러한 질병을 어떻게 다루어야 하겠는가? 이러한 기법에서 어떤, 만약 있다면, 부정적인 결과가 나타날 가능성이 있는가?
2. 항체 생산을 위한 유전자 재배열을 제외하고는 생물계의 어느 곳에서도 DNA 누클레오티드 서열의 영구적 변화와 관련된 유전자 발현 조절 메커니즘은 관찰되지 않는다. 이와 같은 메커니즘이 왜 존재하지 않는다고 생각하는가?
3. 단백질의 인산화는 진핵 세포가 유전자 발현을 조절하는데 사용하는 또 다른 방법이다. 키나아제라 불리는 단백질은 다른 단백질의 티로신과 세린과 같은 아미노산을 인산화 시켜 활동을 증가시키거나 감소시킨다. 유사한 방법으로 많은 키나아제들은 자가 인산화를 통하여 자신의 활동 수준을 조절한다. 이러한 키나아제로 c-src와 이 발암 유전자의 대응자 (oncogenic counterpart) 인 v-src가 있다. Src 키나아제는 티로신 기를 인산화 시킨다. C-src 는 2개의 티로신기를 가지는 반면 v-src는 단 한 개만 가지고 있다. 세포 내에 c-src가 있을 때에는 암으로의 형질전환이 높은 수준으로 일어나지 않으나 v-src의 존재하게 되면 높은 전환율을 나타내는 것으로 판명되었다. 이와 같은 관찰에 대한 설명을 제시하여라.

# 제13장

**단원 학습목표**

1. DNA 염기서열을 시작점으로 연구하는 학문분야
2. 대규모의 유전자 발현 자료를 이용하여 세포와 조직의 기능에 대한 통찰력 얻기
3. 정상조직과 질병이 있는 조직에 특이적으로 발현되는 전체 단백질을 규명의 중요성

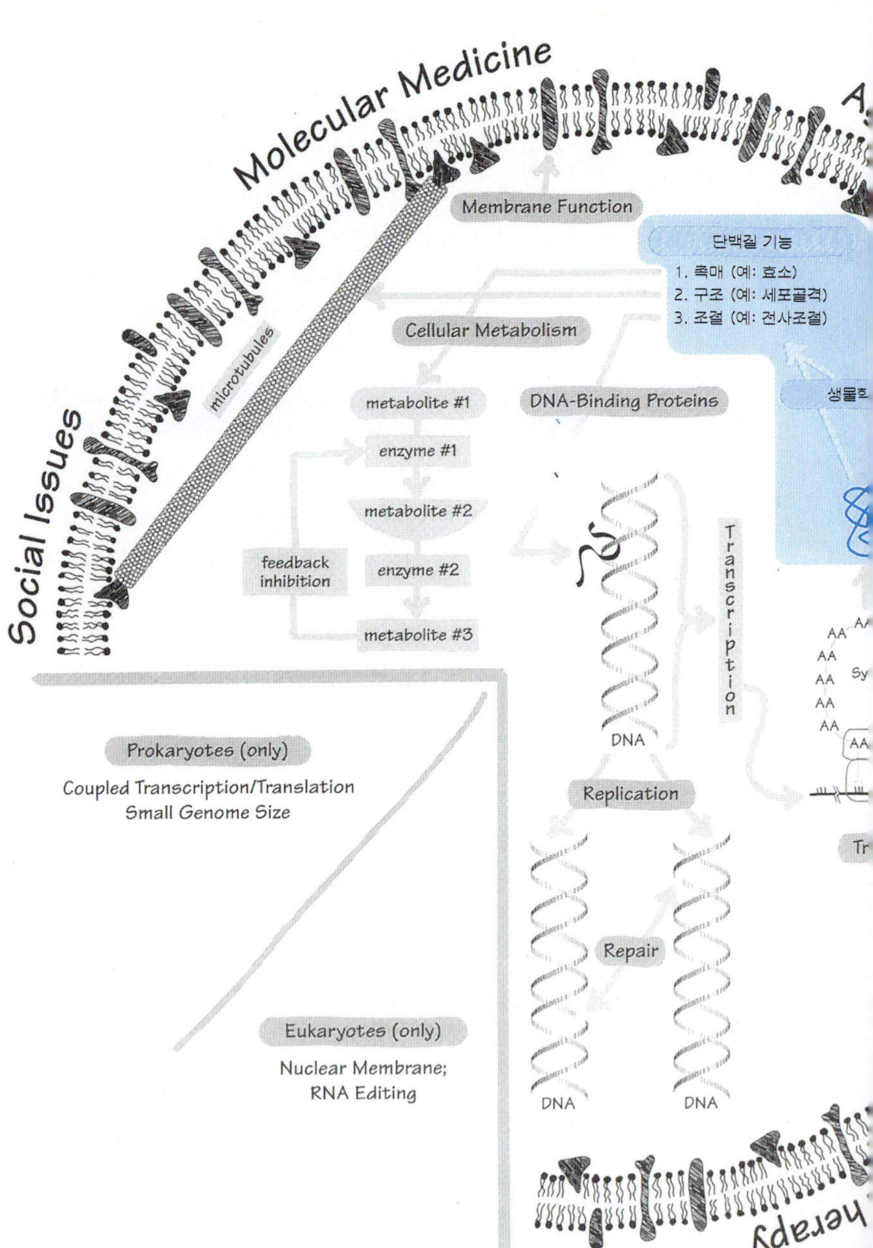

# 정보화 시대의 생물학을 주도하는 유전체학과 단백질체학

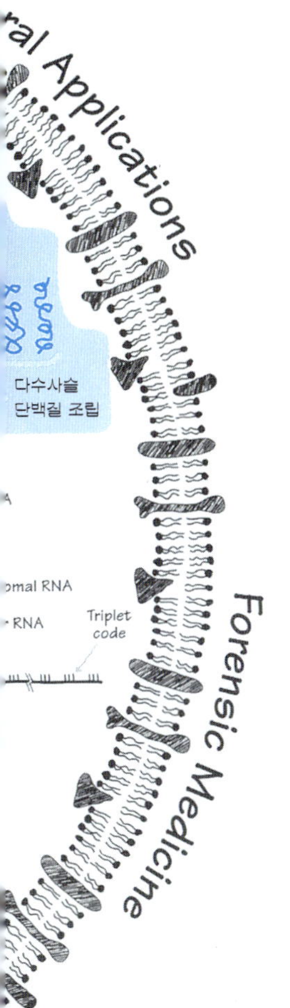


다양한 생명체 – 특히 인간 – 의 유전체 염기서열 결정의 완성은 분자생물학의 놀라운 성과이다. 이 성취로 인해 유전체학(genomics), 생물정보학(bioinformatics), 단백질체학(proteomics) 등의 학문분야가 빠른 속도로 성립되었다. **유전체학(genomics)**은 한 개체의 DNA의 크기, 물리적 구조, 서열정보를 연구하는 학문이고; **생물정보학(bioinformatics)**은 서열 정보에 들어있는 의미를 해석하는 분야이고; **단백질체학(proteomics)**은 유전자의 마지막 산물(단백질)의 구조와 기능이 특정 세포에서 어떤 방식으로 결정되는지에 대해 종합적 관점에서 연구하는 분야이다. 이들 새로운 세부 학분 분야를 통해 앞의 여러 장에서 다룬 구조와 기능의 정보를 알아낼 수 있었다. DNA 염기서열 분석의 자동화, X-선 결정구조학(X-ray crystallography), 질량 분석학(mass spectroscopy), 단백질의 핵자기 공명 분광학(nuclear magnetic resonance spectroscopy), 그리고 경제적인 슈퍼컴퓨터의 이용 등 다양한 기술 발전의 집적으로 이런 노력이 성취될 수 있었다.

이런 급격한 발달의 기틀은 수십 년 전부터 다져졌다. 1960년 대 중반, 박테리오파아지(bactriophage) 유전자 지도가 완성되었다. 이 위업은 한 생명체를 구성하는 모든 유전자의 목록을 만들었다는 점에서 분자유전학의 획기적인 사건이었다. 이 성과로 인해 분자생물학자들의 상상력과 연구 업적이 향상되었으며 다음 단계 – 한 개체의 모든 염기 서열을 해독하는 것 – 로 관심을 집중시키게 하였다. 물론 첫 번째 업적을 지켜본 많은 과학자들이 아직 왕성한 활동을 하고 있고, 세기적 연구 계획인 인간 유전체의 염기 서열을 완성하는 즐거움을 나눌 기회를 가졌다. 이들 증인들이 발견한 비밀은 염기서열수준에서도 자연의 통일성은 존재한다는 것이다. 유전체 서열과 단백질의 기능은 많은 경우 계통 발생의 범위에서 보존되어있다. 이 사실은 생물학의 많은 학문 분야 간의 경계를 흐리게 하는 촉매 역할을 하였다.

이리하여 구조유전체(structural genomics)나 단백질체를 연구하는 한 실험실에서 곤충, 식물, 포유류 등의 다양한 모델 생물의 데이터를 분석한다. 그렇기 때문에 개인의 연구 범위가 상당히 넓어졌다. 또한 다른 실험실에 있는 과학자들 사이의 협력이 일반화되고 있다. 따라서 분자생물학은 새로운 분야의 경계를 더욱 멀리, 더욱 빠르게 확장시키고 있다.

이 장의 목표는 분자생물학의 이런 새로운 분야들에 대한 개관이다. 각각의 학문 분야에서 현재 수행되고 있는 연구 계획의 종류를 나열할 것이고, 여러 가지 기술을 설명할 것이며, 성공적인 실험 시도의 예를 소개할 것이다.

## 유전체학 – 과학적 발견의 시작점으로서 DNA의 이용

전통적으로, 분자생물학은 일차적으로 특정 고분자물질을 분리하고 이것의 생리학적 기능을 밝힌 후에 생화학적이나 물리적 방법으로 그들의 특성을 결정하는 것으로부터 발전하였다. 그 다음에 그 분자의 특성은 세포의 특정한 기능수행에 어떤 역할을 나타내는지에 대한 모델로 통합되고, 가설들이 만들어지며 그 모델의 타당성을 검증하기 위한 실험이 수행된다. 최종적으로 세포 행동 패턴이라는 넓은 범위에서 그 분자가 하는 역할은 특정 유전자들에 의한 것임을 밝혔다.

오늘날에는 그 시나리오를 뒤집어서 더 빠르게 일을 진행할 수 있다. 유전체 자체가 많은 분석의 시작점이 될 수 있다. 일단 어떤 유전자나 염색체 상의 위치가 특정 기능을 수행하거나 구조를 만들기 위해 저장된 정보를 가질 가능성이 인지되면, 그 정보의 내용이 세포의 행동을 바꾸는 방법에 대한 연구를 할 수 있을 것이다. 모든 개체는 DNA에 정보를 저장하고 있지만, 유전체의 크기와 염기서열은 개체마다 다양하다. 이 사실은 유전체의 기능을 이해하는 데 있어서 유전체 크기가 논의의 시작이 될 필요성을 보여준다.

### 생물계에서 유전체의 크기는 매우 다양하다

수십 년 동안 생물계에서 진핵세포의 DNA 함량이 –어떤 경우에는 무작위로– 매우 다양하다는 것이 알려졌다. 이 현상을 **C–값 역설(C–value paradox)**이라 한다. 즉, 개체의 유전체의 DNA 함량과 개체의 크기나 복잡성은 실험실의 모델 생물을 대상으로 그린 그림 13–1에 나타나듯이 눈에 띠는 관련이 없다는 것이고, 이는 분자생물학자들을 좌절시켰다. 그러나 더 큰 유전체를 가진 생물이 작은 유전체를 가진 생물보다 더 많은 유전자를 가지는 것은 아니라는 것이 최근에 밝혀졌다. 대신에 큰 유전체들은 더 많은 반복 DNA 서열(같은 DNA서열이 여러 번 반복된 것–3장의 그림 3–10 참고)을 가지고 있다. 레트로트란스포존(retrotransposon)–유전체 내에서 재배치되는 DNA 서열(14장 참고)들이 반복 DNA 서열의 대부분을 차지한다. 이 때문에 "쓰레기 DNA"(단백질을 암호화하는 기능을 가진 DNA 서열이 아니므로)라 불리는 이들은, 전사되지 않는 레트로트란스포존 서열을 나타내기도 한다. 예를 들어, 전형적인 포유류 유전체의 약 40%가 레트로트란스포존 DNA로 구성되어 있다. 사실상 다른 모든 진핵 유전체들도 다양한 양의 레트로트란스포존을 포함하고 있다.

이들 레트로트란스포존은 짧은 염기연속체를 말하는데, 이것은 RNA를 매개로 하는 복제 과정을 통해 유전체 내에서 재배치된다. 레트로트란스포존 서열은 우선 RNA로 전사되고, 그런 다음에 DNA로 역전사된다. 이 때 만들어지는 상보적 DNA는 유전체의 새로운 위치에 다시 삽입된다. 레트로트란스포존의 기능이 아직 정확히 밝혀지지는 않았지만, 염색체 상에서 한 곳에서 다른 곳으로 이동하는 염기서열들은 그 주위의 유전자들의 발현을 조절하는 역할을 한다는 것을 다음 장에서 배울

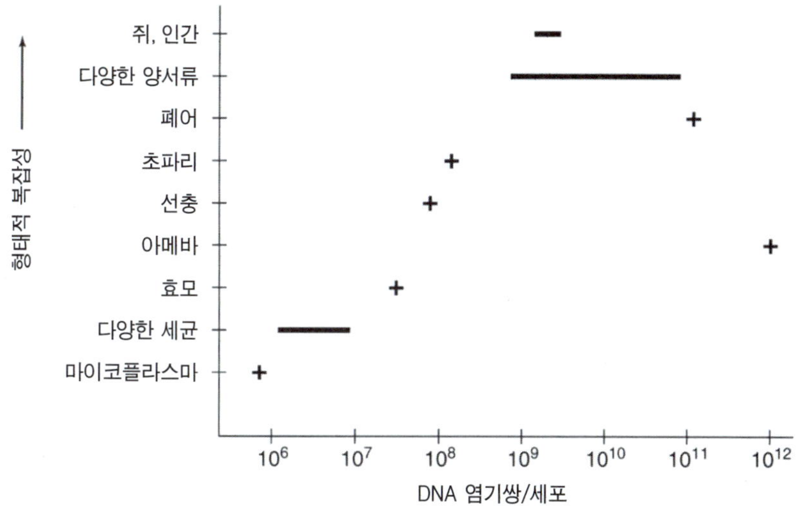


그림 13-1 진핵생물 간의 세포 당 전체 DNA는 매우 다양하고 형태적 복잡성과 관련이 없다(소위 C-값 역설이라 불린다). 식물들 간에는 더 광범위하게 나타난다. 예를 들어, 옥수수 세포는 애기장대(*Arabidopsis*) 세포보다 20배나 더 많은 DNA를 가지고 있다.

것이다. 물론 혈우병과 근육병(muscular dystrophy)처럼 어떤 경우에는 인간의 유전체에서 레트로트란스포존의 이동에 의해 단백질을 암호화하는 유전자에 유전적 변화가 나타날 수도 있다. 그러므로 레트로트란스포존들은 돌연변이처럼 한 개체군 내의 유전적 다양성을 제공하고, 그로써 진화적으로 적응하는 이점을 주었을 것이다.

그림 13-1에 나타난 DNA 함량의 다양성은 밀접한 관계에 있는 개체들(예를 들어, 다양한 양서류들) 사이에도 다양하게 나타난다. (1) 어떤 종들은 레트로트란스포존 DNA의 복제가 상대적으로 빠르게 일어나서 큰 유전체를 가지고 있거나, 반대로 (2) 다른 (종종 가깝게 관련된) 종들이 레트로트란스포존 DNA의 빠른 복제를 제거하는 장치를 진화시켜서 더 작은 유전체를 가진다고 제안되었다.

## 유전체의 서열 결정은 세포의 기능에 대한 새로운 통찰력을 제공한다

유전체 염기서열결정계획(genome sequencing project)은 분자생물학 연구의 많은 분야에 생기를 회복시켰다. 전통적으로, 유전자는 돌연변이나 효소의 특성을 밝힘으로써 발견되었다. 돌연변이체들의 수와 종류는 얼마나 많은 유전자들이 세포의 행동 패턴을 결정하는지 추정하는 데 사용되었다. 유전체 염기서열이 결정되면서 더 직접적인 접근이 가능해졌다. 많은 유전체의 염기서열은 이 책을 읽는 것처럼(맨 처음부터 맨 끝까지) 통째로 읽을 수 있다. 3장에 설명한 자동화된 염기서열결정 방법은 빠르고 정확한 서열 정보를 얻을 수 있도록 한다(그림 13-2). 일단 기록되고 공적인 데이터베이스에 저장되면, 그것은 다양하게 사용될 수 있다. 그런 컴퓨터 프로그램에 접근하기 위해서-이 책을 읽는 학생들까지도-인터넷 검색 엔진을 사용할 수 있다.

DNA 서열 정보의 양적 증가는 그것의 해석에 대한 도전을 제공하였다. 다음 절에서 소개하겠지만(표 13-1), 개체들 간의 유전체 서열 비교는 앞서 말한 C-값 역설, 11장과 12장에서 설명할 유전자 발현을 조절하는 기작, 유전자 수(다음 절을 보라), 그리고 다양한 다른 쟁점들을 둘러싸고 있는 비밀을 풀 수 있는 희망을 제공한다. 물론 개체들 간의 직접적 유전체 서열 비교는 많은 정보를 필요로 하기 때문에 자연히

**핵심개념**

**"유전체 크기" 대 "유전자 수"의 개념**

아주 다른 유전체 크기를 가진 개체들도 단백질을 암호화하는 유전자 수는 비슷하다.

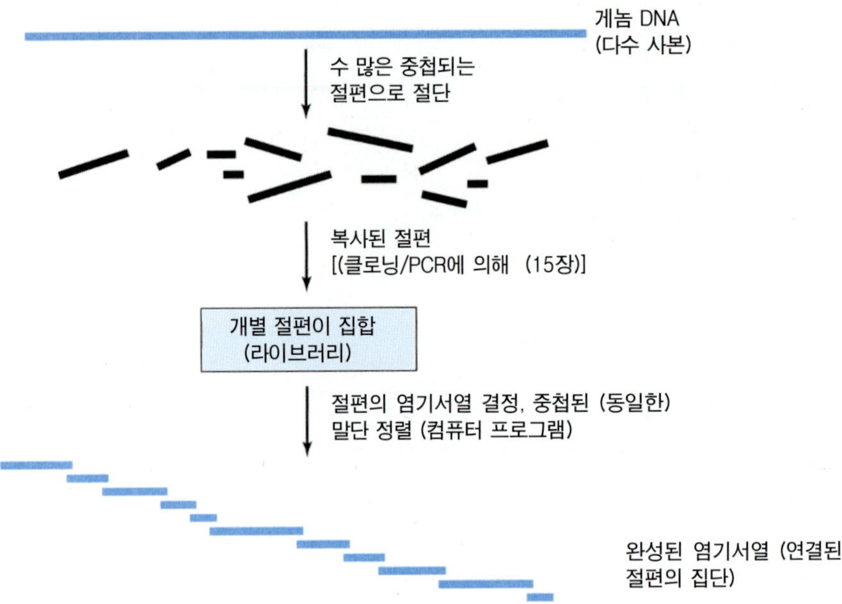


그림 13-2 서열 정보는 DNA 조각을 모은 후, 그들 각각의 서열을 결정하고, 컴퓨터 프로그램으로 조각들의 서열이 겹치는 부분을 이용하여 조각들의 순서를 정하는 것으로 얻을 수 있다. 바이러스, 박테리아, 선충류(nematode), 곤충, 식물, 그리고 포유류(인간을 포함해서)의 유전체의 서열이 이런 방법으로 완전히 결정되었다.

과학자들은 가능한 한 많은 유전체의 서열을 밝히려고 한다.

## 어떤 유전체의 서열을 밝혀야 하는가?

대략 170만 개의 알려진 종이 –원칙적으로– 전체 유전체 서열을 밝혀야 할 후보들이다. 그러나 대규모의 염기서열 결정은 비용이 많이 든다! 연구진 간의 공동연구로 비용을 나누어 쓰는 것이 일반화되었다. 국제적 위원회들이 몇몇 염기서열결정의 대상을 정하기 위하여 우선순위의 기준 확립을 시도하고 있다. 여기에 다음 조건들이 포함된다. 유전체 크기와 과학계에서 얼마나 관심있는 유전자인가에 따라 결정되는 바, DNA를 얻는 것의 쉬운 정도; 실험의 시작점으로서 서열정보의 유용성; 특정 가설을 시험하기에 적당한 생물체의 독특한 특징; 그리고 개체들간의 일반적인 계통적 관계를 이해하는데 도움이 되는지 등이 포함된다.

유전체 서열 정보를 시작점으로 하는 연구들은 흔히 종 간의 유사성(예를 들면, 선충류와 초파리), 서열 배치의 유형(예를 들면, 반복 서열의 배열), 또는 (다양한 종들의 비슷한 유전자들 사이의) 인트론/엑손 서열의 구성에 따라 서열 자료를 분류하는 것("자료채굴(data mining)"이라고 흔히 부른다)에서부터 시작한다. 이런 유형의 연구는 가설이 꼭 필요한 것은 아니다. 즉, 자료채굴 연구는 시험하기 위한 모델이나 방법을 설정하거나 나중에 '가설에 의한' 연구 과제를 수행하는 데 쓰이는 사실들을 모은다. 유전체학이 유전자 발견 단계(단백질>mRNA>DNA)와 반대로 DNA를 맨 처음에 놓고 연구하는 것과 같은 개념으로 자료채굴도 발견 단계와 반대로 이루어진다. 가설이나 모델을 세우고 그것을 시험하는 대신에, 자료를 분석하여 후속 실험을 위한 모델을 세우거나 가설을 발전시킨다. 컴퓨터 기술이 자료채굴의 핵심이며 이는 유전체 정보의 처리에 성공적으로 사용되어 생물정보학(bioinformatics)이라는 새로운 분야를 탄생하게 하였다.

**표13-1** 유전체 생물정보학 프로그램의 예

| 프로그램 | 연구 과제의 예 |
|---|---|
| 유전자수의 측정 | 단백질을 암호화하는 염기서열을 찾아내기<br>유전자 수를 예측하여 조절 기작의 복잡성을 알아내기 |
| 기능유전체학 | 분리된 유전자를 살아있는 세포에 넣어 기능 확인하기<br>마이크로어레이(아래 본문 참고)를 통해서 한꺼번에 발현되는 많은 수의 유전자들의 발현 양상을 분석하기 |
| 구조 유전체학 | 염기서열이 알려진 유전자가 암호화하는 단백질의 3차원 구조 형성 과정을 알아내기<br>단백질과 유전체 서열의 3차원 분석을 통하여 단백질의 기능을 알아내기 |
| 의학 유전체학 | 모델 생물(예를 들어, 쥐)에서 질병을 일으키는 유전자를 이에 대응하는 사람의 유전자와 DNA, 단백질 수준에서 비교하기<br>의약품 개발을 위한 인간 유전자 후보를 규명하기 |
| 식물 유전체학 | 식물 유전체가 왜 아주 많은 전사 조절 인자들(전사를 돕는 단백질)을 가지는지 알아내기<br>식물 유전자 발현과정을 동물의 것과 비교하기 |
| 진화 유전체학 | DNA 서열의 첨가나 상실을 통해서 개체 간의 유전체 변화를 알아내기<br>공통조상을 비교하여 유전적 변화의 시기를 알아내기 |
| 유전체 모델링 | 항생제 내성 박테리아를 공격할 수 있는 박테리오파지 유전체를 만들기<br>기본적 세포 대사과정을 이해하기 위한 최소의 유전체 만들기 |

## 생물정보학-DNA 서열 정보를 이용하여 지식을 쌓다

생물정보학은 엄밀히 말하면 수십 년 동안 연구된 분야인 계산생물학(computational biology)의 연장이다. 적합한 알고리즘(복잡하고 특수한 문제를 해결하기 위한 방법들)과 현대의 컴퓨터 기술의 발달이 계산생물학의 발전을 가속시켰다. 또한, 진화유전체학, 기능유전체학, 구조유전체학 등 분자생물학의 특수한 분야들이 탄생했다. 그러므로 "생물정보학"이라는 이름은 이제 컴퓨터 기술에 크게 의존하는 분자생물학의 노력들에 적용된다. 표 13-1은 컴퓨터 기술에 의존적인 여러 유전체 연구 분야들에 대해 간단히 보여준다.

이 책에서 이용된 간단한 이차원의 그림들은 -비록 거대분자의 구조와 대사 경로의 특징들에 대한 개관이 필요하지만- 많이 단순화되었다. 표 13-1과 표13-2(아래)를 훑어보면 유전자 발현과 단백질 기능의 유전적 복잡성을 볼 수 있을 것이다.

표13-2 단백질체학의 연구 과제

| 연구과제 | 실험 과제 |
|---|---|
| 시료 단백질의 동정 | 새로 밝혀진 단백질과 이미 알려진 단백질의 아미노산 구성을 비교<br>새로 밝혀진 유전자와 이미 알려진 유전자의 염기서열을 비교<br>염기서열을 아미노산 서열로 번역 |
| 단백질의 양 측정 | 다양한 세포/조직에서 특정 단백질의 상대적인 양을 측정 |
| 단백질 상호작용 | 특정 단백질을 포함하는 고분자 물질의 복합체를 밝힘 |
| 번역 후 아미노산 수정 예측 | 아미노산 서열을 통해, 인산화 될 부분과 다당류가 결합할 부분을 예측 |
| 가공된 단백질 알아내기 | 이미 알려진 더 큰 분자량의 전구물질과 단백질의 길이 비교 |
| 계통적 유연관계 규명 | 다양한 개체 간의 단백질 서열을 비교 |
| 3차원 접힘 과정의 이해 | 단백질의 기능과 발현 조절 기작을 이해하기 위해 3차원 구조의 정보와 전체 유전체의 서열을 비교<br>특수한 미생물(예. thermophilic bacteria)에서 새로운 단백질 접힘요소(folding motif)들을 찾기 |
| 단백질 이동 | 단백질, 특히 세포막 단백질들의 위치와 이동 양식 규명 |

이 복잡성을 정확히 나타내기 위해서는 사차원(시간)이 첨가된 삼차원의 그림(예를 들면, 컴퓨터 화면을 통해 볼 수 있는 애니메이션)이 필요하다. 예를 들어, 단백질은 기능을 수행하는 동안에 아주 정확하게 모양이 변화된다. 물론, 이런 변화는 매우 정교한 생명 현상이 유지되는 것을 가능하게 한다! 그러므로 컴퓨터를 이용한 분석은 유전체 정보와 단백질체 정보 사이를 중개하는 데에 주요한 기능을 한다.

표 13-1의 항목들을 훑어봄으로써, 유전체의 염기 서열을 읽는 것과 생물체의 기본적 생리와 행동의 특성을 이해하는 것은 상당한 차이가 있음을 알 수 있다.

## 유전자 수의 측정과정은 "유전자"에 대한 기존의 정의에 도전한다

유전자수의 측정노력은 리보솜 RNA(rRNA) 또는 전달 RNA(tRNA)를 암호화하는 유전자보다 단백질을 암호화하는 유전자와 더 관련되어 있다. 이들 유전자는 모든 개체에서 전체 특징을 결정하는  데 가장 중요한 기여를 한다. 원핵생물의 경우, 유전체가 대부분 단일 사본 유전자로만 이루어져 있기 때문에(3장의 그림 3-10 참고) 원핵생물의 유전자수의 측정은 컴퓨터 소프트웨어로 비교적 쉽고 간단하게 할 수 있다. 유전자의 프로모터 부분, 번역 개시/종결 코돈, 또는 전사 종결서열은 전형적인 원핵생물 유전자의 경계를 나타낸다.

그러나 진핵생물의 유전체를 이해하는 것은 훨씬 더 복잡한 일이다. 앞에서도 언급했듯이, 많은 진핵 생물의 DNA에는 단백질을 암호화하는 부분만 있는 것이 아니라, 반복 DNA( 소위 "쓰레기 DNA")가 있다. 그러므로 유전자 수와 유전체 크기와는 "직접적인" 상관관계가 없다. 심지어 가까운 연관관계의 종 사이에도 유전체 크기의 다양한 차이가 존재한다. 예를 들어, Van Dyke 도롱뇽(salamander)의 경우, 그것과 가까운 종인 Shenandoah 도롱뇽보다 유전체의 크기가 4배나 더 크다. 유전자수의 측정은 mRNA 일차전사체 (12장의 그림 12-5)를 가공(process)하는 과정에서 프로모터, 엑손, 전사종결서열의 선택적인 사용으로 더욱 복잡해진다. 그러므로 단일가닥의 염기서열은 하나 이상의 단백질의 아미노산을 암호화하는 경우도 있는 것이다. 게다가 DNA 재배치(예를 들어, 면역세포의 유전자의 경우 (12장의 그림 12-9 참고))는 무엇이 유전자를 구성하는지를 정의하는 것을 더욱 복잡하게 만들고, 정확한 유전자 수의 예측을 더욱 어렵게 한다.

그럼에도 불구하고 복잡한 염기서열 자료가 있으면 유전자 수는 추정될 수 있다. 이에는 여러 단계의 접근이 필요하다 : 첫째, 컴퓨터 프로그램을 이용하여 단백질암호화 부분의 염기서열(즉, 해독틀)을 찾는다 ; 두 번째, 발현 RNA 마이크로어레이(comprehensive RNA microarray) 분석에서 다른 종류의 RNA 전사체의 수를 센다(아래 참조) ; 세 번째, 다른 종의 유전체 간의 DNA 마이크로어레이 상에서 겹치는 부분을 비교한다. 이런 방법을 이용하여 다음의 진핵생물 모델 종의 유전자 수가 예측되었다 : 효모 = 6,000; 꼬마선충(nematode) = 19,000; 초파리(fruit fly) = 15,000.

사람의 유전체는 인트론의 크기가 크고 위유전자(pseudogene: 보통 유전자와 비슷하지만 염기서열이 약간 달라서 발현되지 않는 DNA의 부분)가 있어서 유전자수의 측정이 특히 어렵다. 사람 유전체는 30,000에서 65,000로 예측되며, 어떤 예측은 120,000까지 올라간다. 이처럼 범위가 넓은 것은 앞서 언급한 여러 다른 계산 방법을 사용했기 때문이다.

이들 유전자 수를 훑어보는 것은 이차적인 문제를 제기하였다 : 유전자들이 어떻게 유전체 상에 배열되어 있는가? 한 덩어리로 모여 있는가? 다른 DNA서열에 의해 분리되어 염색체상에 넓게 퍼져있는가? 불규칙적으로 퍼져있는가? 같은 유전자가 반복되어 모여있는가? DNA 구조 및 계산생물학의 전문가들은 이 물음들에 답하기 위해 현재 유전체의 서열 정보를 다시 살피고 있다. 이런 분석은 사실 DNA-DNA 재결합(예. 3장의 그림 3-10)을 이용한 초기의 유전체조직 분석에서 유래하였다. 이런 종류의 서열 정보를 해석하는 것은 다양한 유전자들의 발현이 조절되는 방법을 알아내는 데 유용할 것이라 예상된다.

**핵심개념**

**"유전자 정의"의 개념**

"유전자"라는 용어의 의미는 하나의 염기서열이 아미노산 서열로 전환되면서 하나 이상의 단백질을 만들어 낸다는 것이 밝혀지면서 불분명해졌다.

## 기능유전체학은 수천 개의 유전자 발현을 한꺼번에 측정할 수 있는 방법이다

종 간의 가공하지 않은 원래의 염기서열 자료를 비교하는 것은 매우 유용하다. 다양한 개체들이 어떤 유전자를 공유하는지 알아내고, 또한 원핵생물이나 고세균과 공유된 유전자를 제외하면 진핵생물만 가진 유전자들의 부분집합을 구할 수 있는데, 이를 통해 왜 진핵세포가 더 복잡한 기능을 하는지 알 수 있다. 진핵생물만 가진 유전자에는 예를 들어, 막 수송에 관련된 것, 염색체 배열에 관련된 것, 그리고 세포분열 조절에 관련된 것이 있다.

그러나 단순히 개체 간의 염기서열 정보를 비교하는 것은 불완전한 설명이 될 수 밖에 없을 것이다. 여러 진핵생물의 예측된 유전자 수(예를 들어, fission yeast =

약 4,900)는 여러 종의 원핵생물의 유전자 수를 처음에 예측한 것(예를 들어, *Psudomonas* bacterium = 약 5,000)과 겹친다. 더욱이, 표 13-1의 연구들을 포함하는 많은 기능 유전체학의 연구들은, 지금까지 "강한 추론(strong inference)"을 "논리(logic)"로 받아들여 유전자 발현 조절에 대한 통찰력을 얻었다. 새로운 유전자의 기능을 직접 증명하는 방법이 없을 때가 있으므로 대신 기능을 "추론"하기 위해 상호관계가 사용된다. 그림 13-3은 이 접근법의 개념적 특징을 요약한 것이다. 그러나 전통적으로 특정유전자의 돌연변이를 이용한 연구처럼 유전자의 발현을 하나하나 연구하는 것은 주로 복잡한 조절 과정을 통한 진핵생물의 행동 양식을 단지 부분적으로만 규명하게 한다.

진핵세포 활동의 복잡성을 이해하기 위해서는 한꺼번에 많은 양의 유전자를 발현시키는 더욱 포괄적인 접근방법이 사용될 수 있다. 그러므로 하나의 특정 유전자의 발현 양상은 같은 세포 내에서 같은 시간에 발현된 많은 수의 다른 유전자들과 같이 조절된다는 측면에서 분석될 수 있다. 이 접근법은 다음 절에서 설명한다.

## 마이크로어레이를 이용한 RNA 발현 연구 : 유전체 수준에서의 유전자 발현 연구

**그림 13-4**에 포함된 DNA 마이크로어레이 과정은 체계적이고 총체적인 방법을 통해서 진핵 세포의 복잡한 유전자 발현 양식에 대한 정보를 제공한다. 1975년에 소개된 Southern blot(8장의 그림 8-13 참고)은 사실 마이크로어레이의 선구자이다. 실험 도구로서 DNA 마이크로어레이의 힘은 3장에서 설명한 DNA 염기들의 강한 상보적 결합에 있다.

자연선택은 정해진 환경에서 특정 시간에 특정 세포에서 많은 유전자의 발현이 제한되는 조절 장치를 형성하였다. 그러므로 RNA 마이크로어레이 분석은 표현형 특성의 유전적 조절에 대한 중요한 정보를 제공한다. 예를 들어, 대사 과정에서 유전

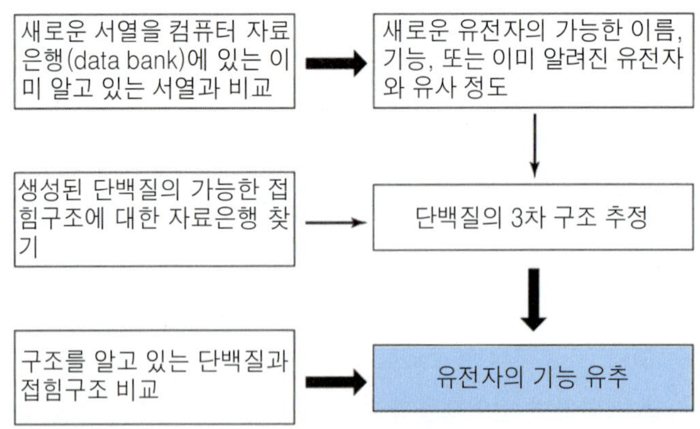


그림 13-3 염기서열 정보를 시작으로, 때로는 유전자의 기능까지 유추하는 것이 가능하다. 비교적 적은 수의 조상 단백질 도메인들이 다양한 조합으로 연결되어서 지금의 단백질이 되었을 가능성이 있다. 그러므로 알려진 단백질(예. 효소)에 있는 단백질 접힘 구조와 같은 구조를 새로운 유전자의 단백질에서 발견한다면 새로 발견한 유전자가 무슨 기능을 하는지에 대한 단서를 찾을 수 있다.

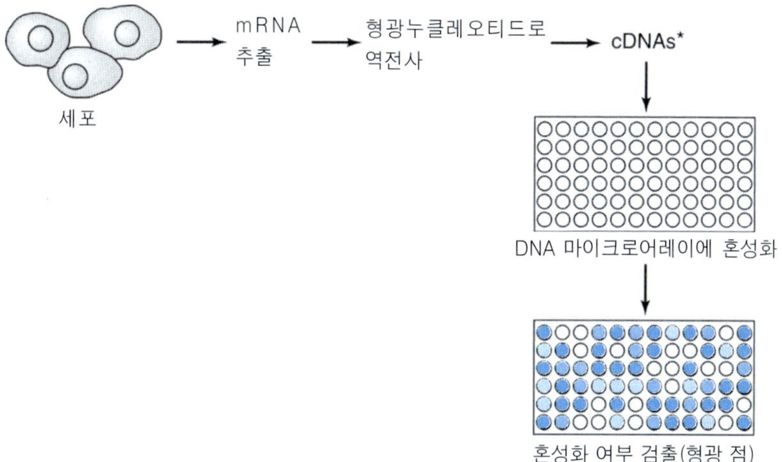


그림 13-4 마이크로어레이분석은 선택된 유전자의 일부분인 DNA나 올리고누클레오티드들을 각각 하나의 점으로 찍은 유리 슬라이드로 시작된다. 컴퓨터 칩 제작에서 발전한 기술을 이용하여 수천 개의 유전자들이 하나의 슬라이드(실리콘 칩)에 점으로 배치될 수 있다. 세포의 RNA들(예. 특정 진핵세포로부터 추출한 mRNA)은 역전사 효소를 이용하여 cDNA로 바꾸는데 이 과정에서 형광 누클레오티드를 넣어주어 형광표지를 한다. *그 후 cDNA들은 유리 슬라이드에 찍힌 DNA와 바로 혼성화 된다. 자동화된 스캐닝 도구로, 특정 DNA에 대한 혼성은 형광으로 알아볼 수 있다. 그러므로 하나의 단계로 수천 개의 유전자 발현의 윤곽을 그릴 수 있다.

자가 하는 역할은 그 유전자가 언제 어느 세포에서 발현되는지를 통해 유추할 수 있다. 이 방법을 확장(그림 13-4)하면 다른 세포(예. 근육과 뇌), 같은 조직의 다른 세포 주기(예. 배아와 성인), 또는 정상과 질병을 가진(예. 암) 조직에서의 유전자 발현 양상을 비교할 수 있다. 더욱이, 다양한 세포/조직에서 추출한 mRNA를 이용한 마이크로어레이 분석에서 발현된 유전자의 수를 모두 합하면 유전체 내의 유전자 수를 측정할 수 있다.

## 마이크로어레이 기술의 확장으로 DNA의 변이를 추적할 수 있다

유리 슬라이드에 배열된 유전자와 DNA(mRNA보다)의 혼성화는 돌연변이를 찾고 개체군 간의 유전적 변이를 알아내는 데 쓰인다. 곧 어레이들을 이용하여 개개인의 다양한 유전병을 진단하는 것이 보편화 될 것이라 예측할 수 있다. 여러 유전자들의 작용에 의한 인간의 유전적 질병은 환자의 cDNA를 각종 유전병과 관련된 DNA 조각이 찍힌 마이크로어레이에 혼성화 시킴으로써 여러 유전병-정신분열증(schizophrenia), 알콜중독(alcoholism), 그리고 심장질환과 같은-의 진단을 단 하루에 할 수 있을 것이다.

## 유전체학과 생물정보학은 필수적이지만 세포의 행동 양식을 이해하는 데에는 불충분하다

이 책의 첫 문장(1장)에서 언급했듯이, 분자생물학의 목표는 세포의 행동 양식을 완전히 이해하는 것이다. 표 13-1에서 나타난 여러 연구과제들에서도 알 수 있듯이, 유전체 서열 정보는 연구를 시작하기에 좋은 출발점을 제공한다. 그러나 세포의 행동 양식이 유전체에 저장된 정보를 물론 반영하지만, 서로 다른 종류의 세포에 나타나는 특이적인 특징들을 결정하는 것은 단백질의 몫이다. 더욱이, 유전체에 유전자가 있다고 해서 그 유전자가 기능을 가지는 단백질로 전사되고 번역되는 것은 아니다. 그러므로 단백질에 대한 연구는 연구자를 각 세포의 기능을 이해하고 다루는 것에 더 가까워질 수 있도록 한다. 다행히도, 특정 단백질을 발견하고 그 단백질이 다른 단백질과 어떻게 상호작용을 하는지, 그리고 그 단백질이 질병을 일으키는 데 어떻게 작용하는지를 알아내려는 노력들은 "왜 세포들이 그렇게 행동하는지"에 대한 지식을 쌓는 데 기여하였다.

세포와 세포 속에 소량으로 존재하는 단백질의 유전적 복잡성을 밝히기 위해서는 정교한 기구와 막대한 계산 능력이 필요하다. 생물학의 새로운 분야인 단백질체학이 이 과제를 수행하기 위해 탄생하였다. 많은 경우에 대학교와 기업체(예. 제약, 생명공학 회사)가 이 거대한 과제를 수행하기 위해 힘을 모아 노력하고 있다.

## 단백질체학은 단백질의 총체: 그들의 개수, 구조, 상호작용, 위치, 그리고 기능에 초점을 맞춘다

단백질체

**단백질체**(proteome)라는 용어는 **유전체**에 의해서 발현된 **단백질**을 나타내기 위해 만들어졌다. 단백질체학은 단백질 각각의 기능의 관점에서, 그리고 단백질들과 세포 내 다른 구성물질(예. 핵산, 막, 세포 소기관, 그 외)들 간의 상호작용이 단백질의 기능에 미치는 영향의 관점에서 하나의 세포에 있는 모든 단백질들에 대한 총체적 연구를 시도한다.

단백질체학의 개념적 기초는 근본적으로 유전체학과 다르다. 세포의 유전체는 정적이고 한 개체의 모든 세포에서 잘 정의될 수 있으나 단백질체는 내부와 외부의 조건에 따라 계속 변화한다. 이것은 원핵생물에서도 마찬가지이다. 예를 들어, *E. coli*는 환경에 따라 다른 단백질들을 만들기 때문에 최소배지(탄수화물과 질소원과 여러 무기물만을 함유)에서 배양한 것과 완전배지(소고기 추출액과 같은 것)에서 배양한 것은 단백질체가 다르게 나타난다. 비슷하게, 포유류의 발생과정에서 특정 세포들은 서로 다른 단백질들을 발현하여  서로 다르지만 특정 단백질체를 발생시키고, 최종적으로 다양한 조직으로 분화한다. 표 13-2에는 다양한 단백질체학의 연구과제들이 나열되어있다.

표 13-2에 나열된 단백질체학의 연구과제들을 수행하기 위해서, 총체적인 분석을 위한 막대한 양의 자료는 자동화된 최신의 시료처리 기기와 자료 처리 소프트웨어의 사용을 필요로 한다. 그러므로 로봇공학이 때때로 단백질 시료의 처리 공정을 수행하거나 단백질 반응을 진행시키는 데 사용된다. 예를 들어, 질량분석()을 하기 위한 수천 개의 펩타이드들을 첨단의 "대량처리(high-throughput)" 방법으로 수 시간 내에 준비할 수 있다.

단백질체에 대한 연구는 다음의 여러 요인들에 의해 가능하게 되었다. 1) 유전체학과 그것을 통해 밝혀진 다수의 단백질을 암호화하는 유전자들, 2) 2차원 전기영동(예. 2장의 그림 2-11)과 같은 강력한 단백질 특성 결정 방법, 3) 시료준비 방법의 개선과 이와 연결된 고해상도의 질량분석기(아미노산 서열을 알아내기 위여 사용됨), 4) 생체 내에서의 기능분석 실험기술의 발달 등이다. 이런 다양한 기술들의 관계는 그림 13-5에 나타나 있다.

## 단백질체학은 단백질의 구조를 시작점으로 하여 단백질의 기능과 상호작용을 밝힌다

지금까지는, 특정 단백질의 기능은 광범위한 유전학적, 생화학적 분석이나 기능이 알려진 단백질과 아미노산 서열을 비교함으로써 밝혀졌다. 오늘날은 완전한 유전체 서열과 마이크로어레이 mRNA 발현 양식에 대한 정보가 있으므로, 어떤 단백질의 일반적인 생화학적 기능을 이것과 함께 기능을 아는 특정 고분자 복합체를 구성하거나 특정 대사과정에 참여하는 것을 파악거나 생물학적 과정 또는 생리학적 기능이 가깝게 연관되어 있는 다른 단백질들과 관련시키는 것을 통해서 유추할 수 있다.

단백질체학이 당면한 문제의 크기와 복잡성은 하나의 단백질에서 5~50가지의 수정(예. 인산화, 당화(glycosylation), 기타)이 일어나거나 이것이 다른 물질과 상호작용(예, 세포막과의 결합)을 한다는 점에서 추정할 수 있다. 결과는? 하나의 효모세포에서 6,000개의 단백질에 대하여 30,000~300,000개의 변이들이 존재한다고 예측할 수 있다! 비록 실험을 통해서 약 30%의 효모 유전자를 밝혔지만(즉, 이름을 찾아냈지만) 많은 경우, 실험 방법들이 빠르지 않거나 비싸고, 많은 양의 단백질을 밝혀낼 만큼 완전하지 않았다. 그러므로 대부분의 단백질의 기능을 알아내기 위해서는 정교한 계산방법이 요구된다. **구조유전체학**은 이런 과제를 해결하기 위해 생겨난 학문 분야이다.

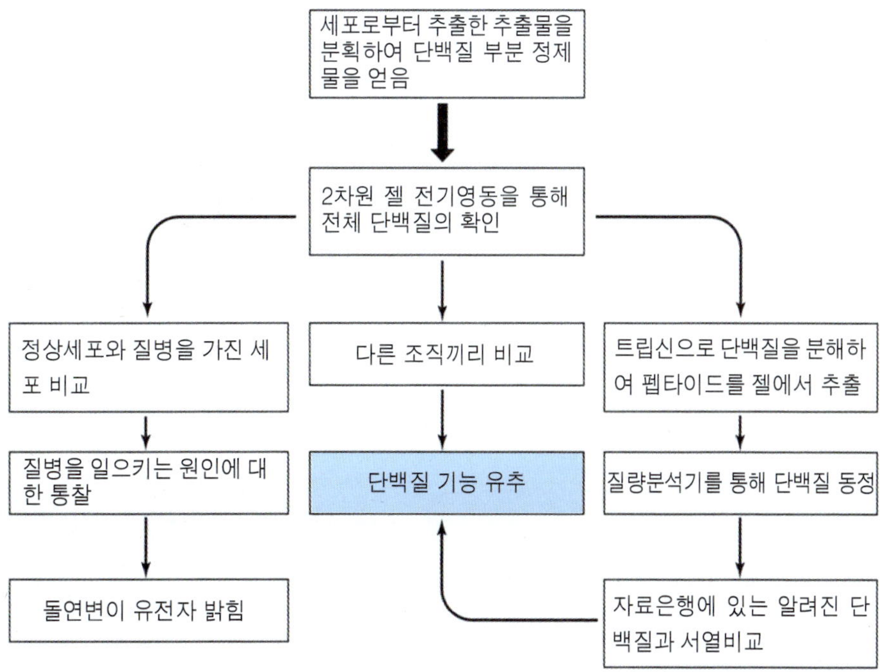


그림 13-5 집중된 다양한 방법(예, 단백질 분리, 젤 전기영동, 질량분석법)과 개념(정상세포와 질병세포의 비교)들은 단백질체학 연구를 특징짓는다.

## 구조단백질체학은 단백질의 기능을 밝히기 위해 접힘양상을 이용한다

x-선 회절 자료(그림 13-6)의 분석을 통하여 알아낼 수 있는 단백질의 접힘 양상(folding pattern)은 특정 단백질의 기능을 이해하는 데에 이용되기도 한다. 비록 이 방법은 정밀한 자료를 제공하지만, 단백질의 결정을 만들기 위해서는 많은 양의 순수한 단백질이 필요하다. 그럼에도 불구하고, 잘 규명된 많은 단백질들 - Protein Data Bank(이 장 뒤에서 언급함)의 계속 증가하는 목록의 단백질들 -의 원자적 모델은 점점 밝혀지고 있다.

결정을 만들지 않고 새로 발견되는 단백질의 3차원 모델을 알아낼 수 있는 다른 방법이 있다. 그 방법은 첫째, 단백질을 작은 조각으로 자르고 두 번째, 핵자기공명 분광법(NMR)을 사용하여 각 조각의 접힌 구조를 파악하는 것이다. 이들 접힘이 풀어지면 정교한 컴퓨터 기술로 각각의 조각의 접힘 양식대로 결합시켜 하나의 단일 3차원 모델로 만든다. 효소의 경우에는 NMR 자료를 통해 활성부위 부분을 추론할 수 있다(그림 13-7).

## 발현단백질체학과 화학단백질체학은 질병치료에 대한 통찰력을 제공한다

**발현단백질체학**은 비교할 조직 시료의 단백질을 연구하는 것을 포함한다. 어떤 질병에 대한 가장 좋은 치료법을 개발하기 위해서는 그 질병과 관련된 단백질을 알아내고 그들이 어떻게 기능하는지를 알아야 한다. 예를 들어, 겸형 적혈구 빈혈은 글로빈 유전자의 점돌연변이에 의해 생긴다고(16장의 그림 16-3참고) 알려져 있다. 다른 경우, 특히 어떤 단백질이 다른 여러 조직에서 작용할 경우, 더 광범위한 특성 규명이 필요하다. 다음과 같은 것들이 이런 단백질에 대해서 규명되어야 할 특성들이다 : 세포에서의 특정 단백질의 위치; 단백질의 양, 조직 분포, 그리고 번역 후 수정의 정도; 단백질의 상호작용; 그리고 단백질의 결합 성질(예. 효소의 경우 - 기질에 결합하는 성질). 여러 유전자의 작용으로 생기는 유전적 질병(예. 암)은 이처럼 더 종합적인 방법으로 연구되어야 할 것이다.

연구자가 가질 수 있는 전형적인 의문 중 하나는 '어떤 종류의 단백질 변화가 정상 세포를 암세포로 바꾸는 데 관련 있는가?' 이다. 이에 대한 정보를 가지게 되면 영향을 받은 단백질과 그들의 유전자, 그리고 암 사이의 원인/결과 관계에 대한 분석들이 이어질 것이다. 게다가 알고 있는 단백질을 표적으로 하는 의약품을 제조하는

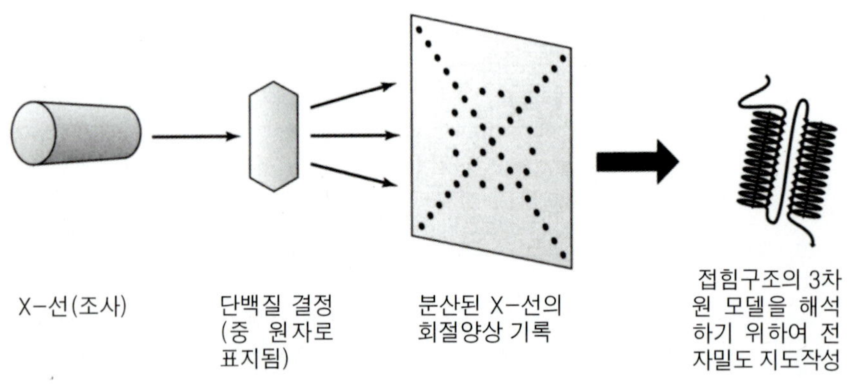


그림13-6 단백질결정의 X-선 회절양상의 분석에 의한 단백질의 접힘(3차)구조 결정

것은 더욱 효과적일 것이다.

화학 단백질체학

**화학 단백질체학**은 적어도 세 가지 접근을 포함한다. 첫째, 어떤 단백질이 질병상태에 관여한다고 밝혀지고 그 크기, 모양, 촉매 활성이 밝혀졌을 때, 그 단백질은 대게 작은 대사 물질(예, 약물)과 짝지어 결합한다. 해로운 부작용 없이 그 단백질을 비활성화 시키는 약물을 찾아내는 것이 화학단백질체학의 주요 목표이다. 성공적 사례로는 곰팡이류의 효소인 CYP51 – 흔히 운동선수의 발 감염의 원인이 되는 – 에 결합하여 기능을 억제하는 인공 의약품을 개발한 것, 탈인산화(phosphatase) 효소에 결합하여 면역 반응을 억제(장기 이식 환자들의 거부반응을 줄이는 데 중요하다) 시키는 싸이클로스포린(cyclosporin) 등이 포함된다.

또한, 특정 질병에 관련된 단백질을 찾는 것은 질병이 있는 조직에서 발현된 단백질에 다양한 작은 분자들을 처리하는 것을 통해서도 가능하다. 이 단백질들의 결합능력을 발견하는 것을 통하여 각 단백질이 질병을 일으키는 데 어떤 역할을 하는지 규명할 수 있다.

**핵심개념**

**"단백질 스펙트럼→ 세포 기능" 개념**

존재하는 단백질의 규명과 그들이 어떻게 상호작용 하는지에 대한 지식은 특정 종류의 세포가 왜 그렇게 행동하는지를 이해하는 데 필요하다.

마지막으로, 질병을 일으키는 단백질의 삼차원 구조 모델을 구성하는 것이 가능하다면, 표면의 오목한 곳에 대해서도 알 수 있다. 그러면 단백질에 결합하여 기능을 억제하는 약이 개발될 수 있다. 이 방법의 한 예가 그림 13-8에 설명되어있다. 이 세 가지 방법이 간단한 것처럼 보여도 많은 복잡한 문제를 안고 있다. 예를 들어, 세포 내에 적은 양으로 들어있는 단백질을 동정하거나 세포막에 위치한(그렇기 때문에 많은 양을 추출할 수 없는) 단백질의 경우 특별한 노력이 요구된다. 게다가 많은 경우에 혈청 단백질이 환자에게 투여된 약물과 결합하고 약물을 억류하여 약물의 효과를 떨어뜨려서 더 많은 용량을 필요로 하게 한다.

## 새로운 "분자생물학의 논리"의 출현

1장에서 분자생물학적 문제들을 해결하기 위해 사용되는 사고 과정과 증명과정들을 살펴보았다. 그런 "논리"들은 실험하기 위한 가설을 세우는 데 자주 사용되었고, 분자생물학에서 많은 성과를 거두었다. 그러나 어떤 연구과제, 특히 이 장에서 다뤘던 대형 연구 프로젝트의 경우에는 새로운 방법들이 사용되고 있다. "가설에 기초한 실험"에서 멀어지고, 구조를 먼저 알아내고 자료를 얻은 후 물음을 나중에

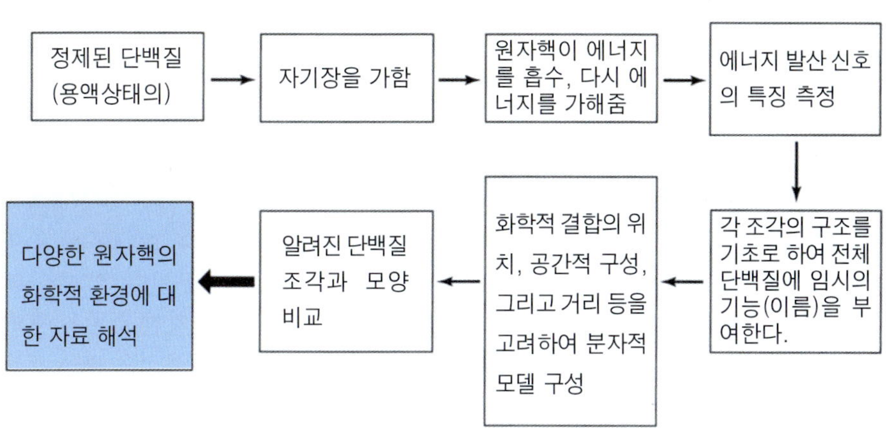


**그림 13-7** 핵자기공명 분광법(NMR)은 전체 단백질의 3차원 구조를 이해하지 않더라도 단백질의 특정 부분(예. 활성부위)에 대한 세부적 정보를 제공한다.

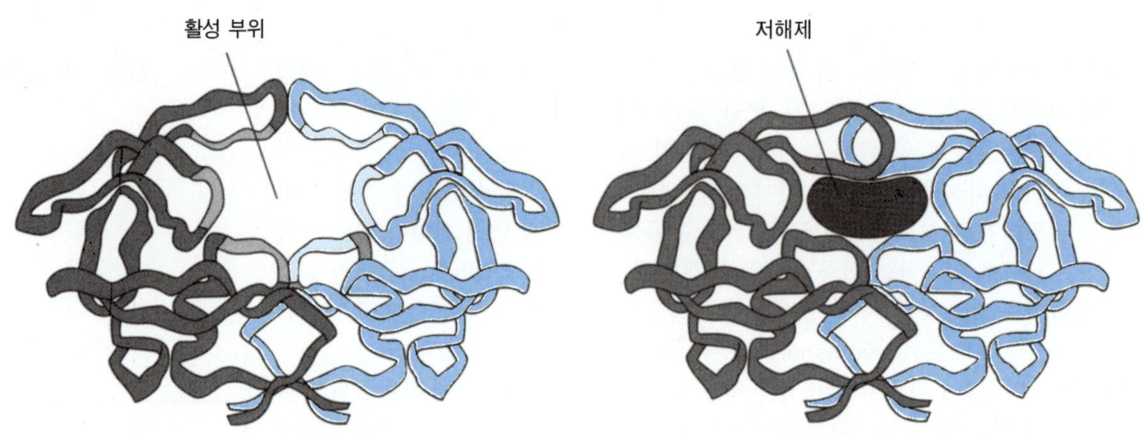


그림 13-8 HIV(AIDS 바이러스) 복제를 위해 필요한 단백질 분해 효소의 삼차원 구조가 한 번 밝혀지면(왼쪽), 효소의 활성부위에 맞는 원래 표적(아스파라긴산 잔기)과 비슷한 저해제를 만들어 효소의 작용을 막을 수 있다(오른쪽).

제기하는, 또는 가설을 역으로 얻은 자료에 맞추는 연구방법으로 향하는 움직임이 일어나고 있다. 즉, 연구들이 정식적인 가설 없이, 그리고 확인할 모델 없이 계획된다. 목표는 첫째, 이미 알고 있었던, 또는 일어나리라 예상되는 현상들을 발견하는 것이고, 두 번째는 자료들의 관계를 이해하는 것이다. 이것은 인간 게놈 프로젝트에서 적용된 접근법이다: 서열 정보를 먼저 수집하고 이제 자료를 해석하기 위해 여러 가지 유전체학적 연구(표13-1)들이 계획되고 있다.

중요한 전략적 고려들이 "가설 디자인"을 대신하여 유전체학과 단백질체학의 발전을 이끌기 시작했다. 어떤 유전체의 서열을 밝혀야 할 것인가? 어느 단백질의 구조를 연구할 것인가? 어느 세포의 유전자 발현을 분석할 것인가? 이것들이 연구 계획들의 시작점이 되는 중요한 물음들이다. 일반적으로 비용, 기술적 난이도, 예상되는 상업적 이득, 그리고 다른 생명현상을 이해하는 데 어떤 영향을 끼칠 것인지 등을 고려하여 위 물음들에 답한다. 예를 들어, 인간의 막 단백질은 구조 유전체학 연구의 중요한 대상이다. 많은 종류의 막 단백질은 세포 내에서 그리고 세포 사이의 신호 전달에 중요한 역할을 하기 때문에 의약품 개발의 공격 대상이 된다. 그러나 막 단백질들은 정제하기가 쉽지 않다. 그러므로 그들을 분석하려면 비용이 많이 들어서 느리게 발전하고 있다.

이 새로운 "논리"는 비용과 기술적 이점, 자료의 질, 그리고 예상되는 상업적 이용 등에 기초하여 연구나 실험을 정하기 때문에 **전략적이고 기술적인 자원** 논리라고 할 수 있겠다. 이 논리는 예를 들어, 알려진 모든 단백질의 가능한 삼차원 구조를 이해하기 위해 1000가지의 다른 접힘 모티프(folding motif)의 삼차원 구조의 특징을 분석하는 것과 같은 대형 연구과제들을 계획하게 되었다.

어쩌면 이런 패러다임의 변화는 역사적 시각으로 바라볼 수 있다. 왜냐하면, 최근의 "전략적이고 기술적 자원" 논리는 일시적인 것일 수 있기 때문이다. 현재는 우리의 원자적 수준의 예측력에 심각한 격차가 존재한다. 그러므로 **강한 추론**은 예를 들어, *DNA 결합 단백질이 DNA에 결합하면서 다른 단백질과 상호작용 하는 것*과 같은 예측이 실험을 계획하는 데에는 특별히 유용하지 않다. 그러나 그런 복잡한 문제들에 대한 자료가 한 번 충분히 모이면 적당한 모델이나 가설이 세워질 수 있고 1장에서 설명된 논리들이 사용될 것이다.

### 자료 교환은 국제적 노력이다

유전체학, 생물정보학, 그리고 단백질체학은 자유롭고 빠른 정보의 교환을 통해 빠르게 발전되었다. 다양한 데이터베이스들 – 각각은 인터넷 검색 엔진에 보관되어 있다 – 은 정보를 저장하기 위해 만들어졌다. 예를 들어, 1971년에 설립된 Protein Data Bank는 단백질 구조와 기능에 대한 관심의 부활과 인터넷의 출현으로 매우 활발히 사용되고 있다. 자료은행 중 어떤 것은 매일 갱신되고 있다.

이런 종류의 데이터베이스는 '얼마나 빨리 접근할 수 있는가' 와 '정보를 얼마나 쉽게 해석할 수 있는가' 를 양식 기준(formatting standard)으로 사용한다. 따라서 지구상의 멀리 떨어진 실험실들에서 정보를 빠르고 값싸게 공유할 수 있다. 그러므로 공동연구의 기회가 생기고, 이것은 거의 모든 생물학 분야에 종합적이고 신선한 관점을 제공한다.

## 미래의 실질적 응용

많은 제약회사들은 유전자 발견과 인간 질병의 치료법 사이의 격차를 연결하려는 시도에 초점을 맞춘다. 예를 들어, 비만 표현형을 나타내는 *tub*유전자는 실험실 쥐에서 발견되었다. 이 유전자의 단백질 생산물은 전사 조절을 한다고 밝혀졌다. 삼차원 구조 분석을 통하여 *tub*단백질 핵심부위에 양전하를 띠는 홈이 존재한다는 것이 규명되었다. 이 홈은 DNA(음전하를 띠는)와 결합하는 기능을 한다고 볼 수 있다. 지금은 단백질에 결합하여 구조적으로 잘못된 부분을 바로잡는 작은 분자들(의약품)을 제작하여 변이가 일어난 단백질의 기능을 재생시키는 것이 가능하다.

유전체학 연구를 통해 잠재적인 의약품의 표적을 밝힘으로써 "디자이너 의약품(designer drugs)" 을 생산하는 이와 비슷한 시도들이 시행될 것이다.

## 요 약

자동화된 유전체 서열 결정 방법의 출현으로 유전체의 크기, 구성, 그리고 잠재적 기능에 대한 예상하지 못한 많은 양의 자료가 생성되었다. 초기의 계산생물학을 기초로 하여 자료를 검사하고 유전체에서 기능을 가지는 단백질로 정보가 어떻게 이동되는지 이해하려는 분자 생물학의 새로운 하위 학문분야들이 부상하였다. 유전체학은 한 개체의 유전체에 주목하고; 생물정보학은 유전체의 서열의 의미를 찾고; 단백질체학은 단백질의 기능을 분석하며 이들 학문분야는 분자생물학의 정보 시대의 주요 추진력을 나타낸다.

각 분야의 대표적 연구 과제들이 설명되었고 여기에는 개체 간 염기서열 비교를 통한 유전자 조절에 대한 이해, 질병을 일으키는 유전자(잠재적 치료의약품의 후보가 됨)의 규명, 그리고 구조적 특성을 기초로 단백질의 기능을 특징짓는 것 등이 포함된다. 유전자의 구조와 기능의 관점에서 고려했을 때, "유전자" 라는 용어의 의미에 대해 재해석이 요구되었는데, 이것은 여러 개의 다른 단백질이 하나의 (고전적 의미의) "유전자" 에서 만들어지는 경우가 밝혀졌기 때문이다. 그러므로 하나의 유전자는 다른 기능을 하는 여러 단백질에 대한 충분한 정보를 만들 능력을 가지고 있다.

DNA 혼성판으로 구성된 마이크로어레이를 이용하여 한 종류의 세포에 있는 수천 개의 유전자의 발현이 어떻게 복잡하게 연관되어 있는지를 이해하는 것이 가능하다. 마찬가지로, 이차원 단백질 젤 전기영동을 통하여 많은 수의 단백질들이 한꺼번에 어떤 조합으로 합성되는지에 대한 연구와 각각의 단백질의 기능에 대해 이해하는 것이 가능하다. 기능을 분석하기 위해서는 돌연변이유전자 또는 효소를 분석하는 전통적인 접근방법보다는, 한 단백질의 조각들을 분리(일반적으로 이차원 젤에서 직접 추출)하고 조각들의 구조는 NMR 분광법으로 결정한다. 정교한 컴퓨터 프로그램을 이용하여 이들 구조는 단백질 데이터베이스에 있는 이미 알려진 단백질의 구조와 비교한다. 이와 같은 구조로부터 기능을 알아내고자 하는 접근법은 고등 진핵생물에 있을 수 있는 최대한 100,000(또는 그 이상) 가지 단백질의 기능을 알아내는 엄청난 과제를 성공적으로 수행할 수 있음을 보여준다.

많은 연구들은 정교한 기술에 주로 의존하고 자료를 먼저 모은 후에 그 자료들을 설명하는 것을 목표로 한다. 이 "자료 채굴(data mining)" 접근법은 분자생물학의 전통적인 "가설유래(hypothesis driven)" 연구와 대조된다.

## 연습문제

1. 다음 용어를 정의하라 : 유전체학, 생물정보학, 단백질체학.
2. 소위 "C-역설"은 무엇인가? 어떤 설명이 그것의 근거가 되는가?
3. "유전자수 측정(gene counting)"이라는 용어는 무엇을 뜻하는가? 유전자수 측정의 가치는 무엇인가?
4. 유전자 수와 단백질 수 측정사이의 대략적인 관계는?
5. 유전자 발현을 연구할 때 DNA 마이크로어레이를 사용하는 것은 어떤 이점이 있는가?
6. 단백질체학이 어떻게 예전의 *하나의 유전자는 하나의 단백질에 대한 정보를 가지고 있다는* 생각을 바꾸었는가?
7. "강한 추론" (1장)은 분자생물학의 새로운 분야들에서 어떠한 역할을 하는가?
8. "자료 채굴"은 "가설유래 연구"와 어떻게 다른가?

## 문제

1. 가까운 미래에 서열을 결정할 유전체의 우선순위를 결정하기 위해서 고려해야 될 점을 나열하라.
2. 인간 유전자수를 결정하기 위한 개념적 방법을 구상하라.
3. 5% 이하의 염기서열이 단백질을 암호화하는 인간 유전체의 개념적 모델을 만들라. 95%의 나머지 서열에 초점을 맞추라.
4. 유전체들을 비교하기 위한 방법으로 주로 사용되어져 왔던 유전체 "복잡성"(유전자의 수와 배열)은 서서히 유전체의 "연결성(connectivity: 조절회로와 네트워크)"에 대한 연구로 대체되어 두 개의 다른 개체(예. 초파리와 인간)의 유전적 구성을 비교하는 더 의미 있는 방법이 되고 있다. 이 패러다임 변화를 확인할 수 있는 간단한 에세이를 쓰라.
5. 이미 수천 개의 단백질을 규명한 전통적인 유전학(돌연변이 분석) 또는 생화학(활성 분석)의 방법으로 단백질을 하나하나 밝히는 대신, "구조를 통한 동정

(identification by structure)"이 남은 수만 개의 다른 단백질의 기능을 알아내는 데 더 효과적인 방법으로 제안되었다. 후자 접근의 몇 가지 한계를 나열하라.

6. HIV 단백질 분해효소 저해제를 고안하기 위해 어떤 실험 방법들이 사용될 수 있을 것이라 생각하는가? 치료에 유용한 저해제의 용량을 결정하는 데 중요한 고려의 대상들에는 무엇이 있는가?

## 개념문제

1. 유기(합성) 화학자들이 질병 치료를 연구하는 단백질체학의 발전에 어떤 역할을 하는가?
2. 표 13-1에 기술된 의학유전체학 연구과제들이 임상 실험실에서-의사의 진료실에서- 환자들에 대한 유전병의 진단과 또는 약의 부작용에 대한 민감성을 조사하기 위해서 어떻게 이용될 수 있는가?
3. 단백질체학은 고등 진핵생물은 100,000개 이상의 다른 단백질이 있다고 예측하는데, 어떤 방법을 사용하여 하루에 하나씩 분석하는 대신에 수백 개의 단백질 조각의 구조를 한꺼번에 분석할 수 있는가?

# 제IV부

# 고분자의 실험적 조작

# 제 14 장

**단원 학습목표**

1. 전이요소의 재배치와 유전자 발현에 미치는 영향
2. 플라스미드의 기본 성질과 한 세포에서 다른 세포로의 이동 방향
3. 다양한 박테리오파아지의 생활사

# 고분자의 실험적 조작

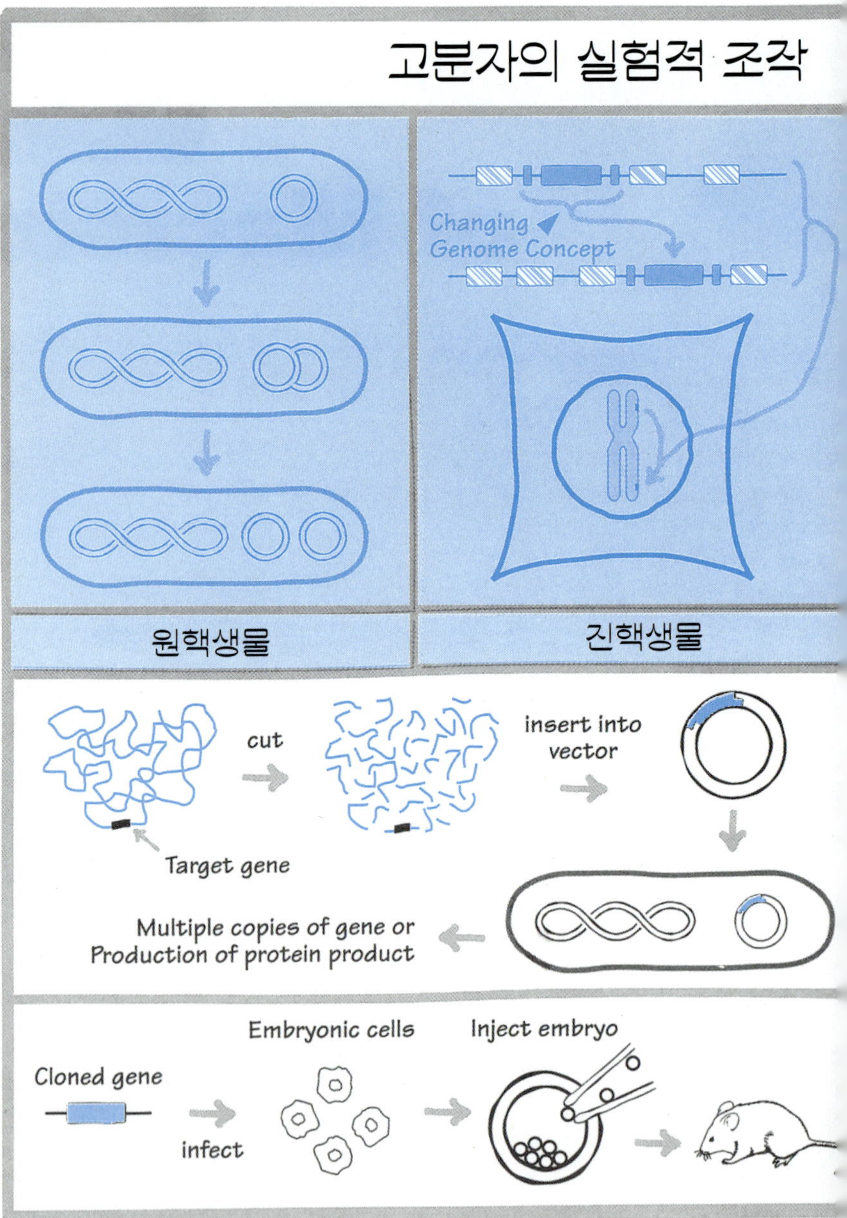

# 전이인자, 플라스미드와 박테리오파아지

이인자,
라스미드와
테리오파아지

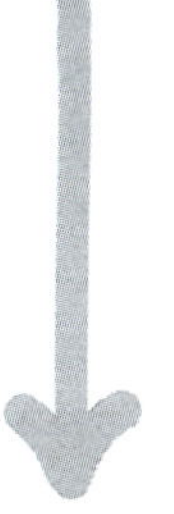

Genetic
ngineering

Practical
plications

이 다양한 유전 요소들을 그들의 복잡성 정도에 따라 살펴볼 것이다. 숙주의 염색체에 통합된 몇 개의 연속적인 유전자로 구성된 전이인자는 이들 중 가장 간단한 형태이다. 플라스미드는 보다 크고 숙주 염색체와 독립적으로 세포에 존재하며 다른 세포로 이동할 수 있기 때문에 보다 복잡하다. 박테리오파아지는 핵산뿐 만 아니라 숙주 세포로부터 방출되도록 하고 적대적 환경에서 살아남게 하는 단백질 외피로 구성되기 때문에 훨씬 복잡하다.

이들의 진화적 역사는 분명하지 않으며 초기에 그들이 기능적으로 연관되었었는지를 판단하기는 어렵다. 이들 유전 요소들에 대해 작성된 계통수는 여러 이유로 분자생물학자에게 많은 의문점을 제공한다. 첫째, 전형적인 염색체 외에 자연계에 존재하는 모든 유전 요소가 다 알려졌는지가 분명하지 않다. 이를 밝히기 위해서는 지속적인 연구가 필요함을 이 책의 후기에서 강조하고 있다. 따라서 이들의 관계를 이해하는데 존재하는 공백을 메워줄 다른 유전 요인을 자연계에서 밝히게 될지는 두고 보아야 한다. 두 번째, 이들의 빠른 변화 능력은 그들 사이의 초기 유연 관계가 모호해졌음을 의미한다. 마지막으로 지구상에서 일어난 20억 년의 진화동안 어떤 종류는 한번 이상 출현하고 다른 것은 사라졌을지도 모른다.

분자생물학을 처음 공부하는 학생에게는 이들 사이에 빈틈없는 연결이 존재하지 않는다는 것을 알고 나면 이 다양한 유전 요소에 대해 완벽하게 이해하려는 것이 당혹스러울지 모른다. 그러나 전이인자, 플라스미드 및 박테리오파아지는 그들 자체만으로도 공부할 가치가 있음을 알아야 한다. 전이인자와 플라스미드는 숙주의 유전자 발현을 변화시키고, 그로 인해 유전적 적합성을 증가시키는데 중요한 역할을 담당한다. 일부 플라스미드와 파이지는 유전 공학에서 유용한 도구로 사용된다. 먼저 전이인자에 대해서 공부하자.

## 전이요소 (Transposable Elements)의 발견은 분자생물학자를 놀라게 하였다.

유전학자는 한 종에 속하는 개체의 염색체에서 유전자들이 안정적으로 직열로 배열되어 있기 때문에 유전자지도를 작성할 수 있다. 이 지도는 복제 오류나 다른 돌연변이 유발원에 의해 간혹 일어나는 염기쌍 변화를 제외하고는 게놈이 보다 안정적이라는 인상을 준다. 그러나 실제는 다르다. 특별한 종류의 기회주의적인 DNA 서열이 모든 생물에서 진화하였다. 이 DNA 서열은 분명한 단위체로 게놈의 한 위치에서 다른 곳으로 이동할 수 있는 능력이 있다. 위치를 옮길 수 있는 이 능력을 전이(transposition)라 부르며, 요소 자체는 **전이요소 (transposable elements 혹은 Tn elements)**라고 부른다. 세균에서 발견되는 전이요소를 간단히 **전이인자 (transposon)**라고 부른다.

전이
전이요소
Tn 요소
전이인자

Tn 요소는 원핵생물과 진핵생물의 게놈뿐 만 아니라 플라스미드나 바이러스에서도 발견된다. Tn 요소는 오페론에 있는 모든 유전자의 기능을 제거하는 돌연변이로소 세균의 *gal* 오페론에 특정 DNA 서열이 삽입되어 일어났다. 어떤 경우는 800 bp가 삽입되었고 다른 경우는 1300 bp가 삽입되었다. 더욱이 이 돌연변이체로부터의 복귀체는 삽입되었던 DNA 전체가 없어졌다. 이 삽입된 DNA 절편을 **삽입서열 (insertion sequence)**이라고 부른다.

삽입서열

다양한 IS서열이 대장균에서 밝혀졌다(표 14-1 참조). 이 요소는 길이가 수백에서 수천 염기쌍에 달하고 게놈의 한 위치에서 다른 곳으로 이동하는 특징이 있다. 그러나 이들은 찾아낼만한 표현형을 가지고 있지 않아서 그들의 삽입이 염색체나 플라스미드에 있는 유전자의 기능에 미친 영향에 의해 발견된다. 관련된 부위가 분리되고 정제되었다면 삽입된 위치를 혼성화실험에 의해 물리적으로 알 수 있다.

IS서열은 프로모터 및 전사와 해독의 신호를 포함한다. IS의 삽입위치와 방향에 따라 IS의 조절 신호는 전사 혹은 해독 수준에서 표적 유전자의 적절한 발현을 방해할 수 있다. 대부분의 경우 삽입된 서열이 단백질의 적절한 접힘을 방해하므로 유전자 산물인 단백질이 불활성화된다. 만일 삽입이 일어난 유전자가 오페론의 일부라면 하류 유전자의 발현도 차단될 것이다. 그러나 IS가 유전자나 오페론의 상류에 삽입된다면 이들 유전자의 발현 조절은 변화되어 상당히 높은 혹은 낮은 비율로 발현될 것이다. 또 다른 경우는 (*gal* 오페론 돌연변이처럼) 적절히 삽입된 IS 요소에 의해 오페론의 모든 유전자의 발현이 차단될 것이다. 그런 변화는 IS 서열 자체의 전사 조절 신호 때문에 일어난다.

IS 서열의 어떤 성질이 특기할 만한 전이의 능력을 부여할까? 많은 IS요소의 DNA 서열을 분석한 결과 놀라운 특징이 밝혀졌다: 모든 요소는 **말단 역반복 서열 (terminally inverted sequence)**을 갖고 있다 (그림 14-1). 말단역반복의 크기는 IS 요소마다 다르지만 같은 종류의 구성원은 동일한 서열을 가지고 있다. 예를 들어 IS1 서열은 23 bp의 말단반복서열을 갖고 IS2는 41 bp의 반복을 갖는다. 말단서열의 두 사본은 완전한 혹은 거의 완전한 반복이다. 더욱이 완전한 말단 역반복이 IS 요소가 전이하는 데 필수적이다.

**표14-1 대장균 삽입요소의 성질**

| 요소 | 사본 위치와 사본 수 | 크기 (염기쌍) |
|---|---|---|
| IS1 | 염색체에 5-8 | 768 |
| IS2 | 염색체에 5, F 에 1 | 1,327 |
| IS3 | 염색체에 5, F 에 2 | 약 1,400 |
| IS4 | 염색체에 1 또는 2 | 약 1,400 |
| IS5 | 알려지지 않음 | 1,250 |
| $\gamma\lambda$ | 염색체에 1 또는 1이상, F 에 1 | 5,700 |

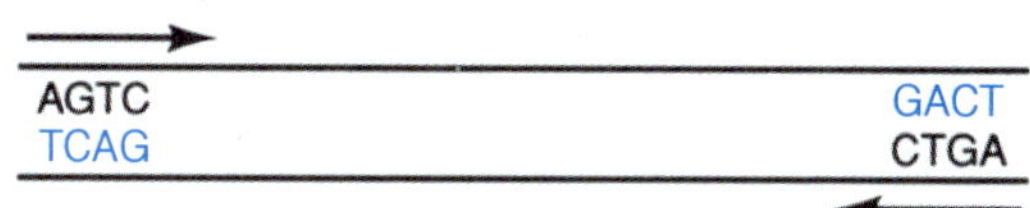


그림 14-1 DNA분자의 말단 역반복의 예. 화살표는 역위된 염기서열을 나타낸다. AGTC서열과 CTGA서열이 다른 가닥에 있음에 유의하자. 소위 정반복에서는 윗가닥의 서열은 AGTC...AGTC가 된다.

전이효소

모든 IS 요소는 **전이효소(transposase)**라고 부르는 특수한 DNA-결합 단백질을 암호화할 수 있다. 전이효소는 전이 과정을 수행하는데 있어 중심적인 단백질 성분이다. 전이효소는 특별히 IS 서열의 말단역반복서열을 인식하는 능력을 갖는 DNA-결합 단백질이다. IS 요소의 경계를 인식하는 이 능력은 IS요소가 완전한 단위로 이동하게 하는 기작의 중요한 특징이다. 일반적으로 전이효소의 전사는 IS요소 내의 프로모터에 의해 조절된다. 전이효소가 수행하는 반응의 중요성을 고려할 때 전이효소의 전사가 조심스럽게 조절되며 세포내의 농도가 일반적으로 매우 낮다는 것은 놀라운 일이 아니다. 나중에 전이효소가 전이를 촉매하는 방법을 살펴볼 것이다.

정반복

IS 요소에 관한 두 번째 서열상 특징은 요소의 삽입위치와 관련이 있다. 한 IS요소의 수많은 다른 삽입위치를 분석한 결과 삽입은 요소를 에워싸는 짧은 **정반복(direct repeat)**을 만드는 것이 알려졌다. 에워싸는 정반복의 길이는 IS 요소의 종류에 따라 다르며 3-13 bp에 달한다. 이 반복은 IS 서열의 일부분이 아니며, 표적에 존재하는 반복 서열이다. 하나의 표적서열(target sequence)이 삽입과정이 끝난 후에 반복된다는 사실은 IS 요소가 전이하는 메커니즘에 대한 중요한 단서를 제공한

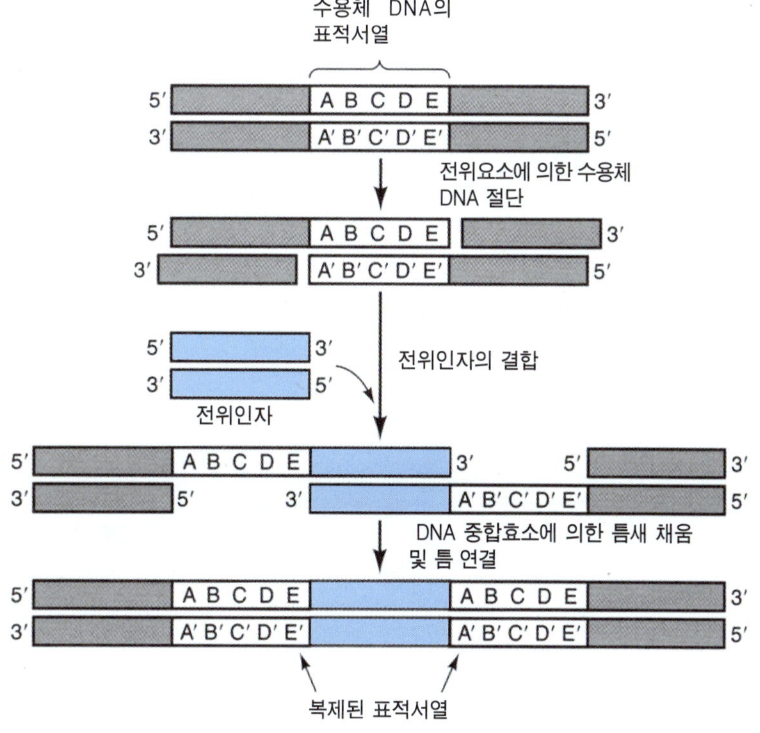


그림 14-2 표적서열에 점성절단을 형성함으로서 표적서열이 복제되는 것을 보여주는 도식적 그림. 대문자는 표적서열을 나타내며, A′는 A에 상보적인 염기를 나타낸다. 결합 후에 전이인자의 3′말단은 표적서열 복제를 위한 DNA합성의 프라이머로 작용한다. 말단 역반복 서열(그림 14-1)은 전이인자의 양 말단에 존재한다.

다. 아마도 표적서열의 정반복은 전이효소에 의해 형성된 표적 DNA의 점성 절단의 결과일 것이다(그림 14-2).

전이인자에 의해 암호화된 전이효소의 DNA-인식 성질에 의해 IS 요소의 삽입 위치가 거의 확실하게 결정된다. 대부분의 전이효소는 매우 넓은 서열을 인식하는 성질을 갖고 있어 아주 다양한 표적서열로의 전이를 매개한다. 많은 IS 요소의 경우 삽입을 위해 선택된 위치의 서열은 무작위에 가깝지만, 일반적으로 전이효소는 어떤 서열상의 특징이 있는 위치에 전이요소를 삽입하는 편향성이 있다. 그런 위치를 삽입의 **다발점(hot-spot)**이라고 부른다.

## 복합 전이인자

IS1, IS2, IS3 등은 비교적 간단한 전이요소들이다. 이들은 말단역반복을 갖고 있고 특정한 위치를 결정하는 전이효소를 암호화하고 있다. 따라서 그들은 한 위치에서 다른 곳으로 이동할 수 있지만 찾아낼만한 표현형을 갖고 있지 않다. 보다 복잡한 두 종류의 **복합전이인자(complex transposons)**가 플라스미드의 구성요소로서 발견되었다. 복합 Tn의 첫 번째 종류는 일반적으로 항생제 저항성을 암호화하는 유전자(들)가 두 IS 요소 혹은 IS-유사 요소 사이에 끼어있다. 예를 들어 Tn9 전이인자는 클로람페니콜에 저항성을 부여하는 유전자가 같은 방향으로 반복된 IS1 요소에 의해 둘러싸인다. Tn10은 테트라사이클린 저항성을 부여하는 유전자가 반대 방향의 IS10에 의해 둘러싸인다. 둘러싼 IS요소의 방향에 관계없이 각각의 IS말단이 역반복이므로 복합 요소의 말단은 전체적으로 역방향이다(그림 14-3). 저항성 유전자를 에워싸는 IS 요소는 모두 독립적인 전이를 할 수 있다. 그러나 어떤 Tn 요소는 IS 요소 중 하나는 돌연변이가 일어난 흔적이라고 생각되며, 이 경우 한 말단 IS만이 전이할 수 있다. 보다 간단한 IS 요소처럼 전이인자의 전이는 표적 유전자에 짧은 정반복을 만든다. 이 반복의 길이는 Tn 요소마다 다르다.

이런 요소가 어떻게 생겨났는지 생각해 보면 항생제에 노출된 환경에서 복합 요소가 선택되었을 것으로 상상할 수 있다. 선택 전에 두 IS 요소가 우연히 항생제 저항성 유전자를 에워싼다. 선택 압력은 두 IS 요소가 유전자를 포획하게 한다. 전이인

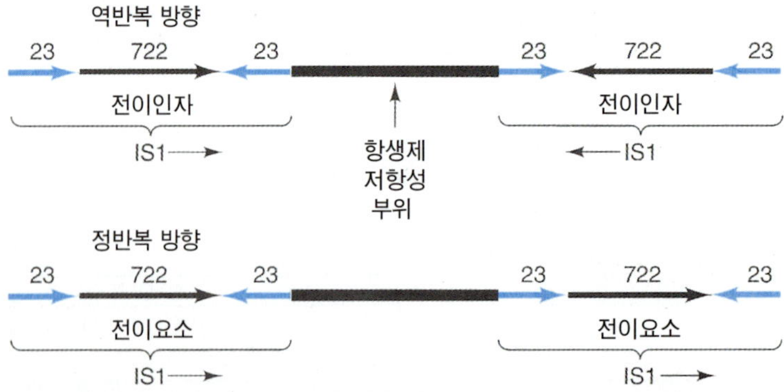


그림 14-3 역반복 혹은 정반복 방향으로 배열된 두 IS1 요소에 둘러 싸인 항생제 저항성 유전자를 보여주는 복합전이인자의 두 형태. 숫자는 전이인자의 해당 부위의 크기를 염기쌍으로 나타낸 것이다. 청색 선은 IS1 요소의 역반복을 나타낸다. 그림이 비례적이 아님에 유의하자.

자는 집단의 다른 구성원에게 저항성을 수평적으로 전파하는 수단을 제공하였다. 항생제 저항성 외에 다른 유전자도 이 요소의 일부가 될 수 있다. Tn1681은 인간의 이질을 일으키는데 중요한 역할을 하는 엔테로톡신(enterotoxin)을 암호화하는 유전자를 갖고 있다. 적절한 선택압에 따라서 기본적으로 모든 종류의 세균 유전자를 갖고 있는 복합전이인자를 검색할 수 있을 것이다. 환경변화에 반응하는 이러한 기작의 능력은 유전적 유동성을 제공하며 세균의 진화에서 중대한 의미를 갖는다.

## 보다 복잡한 전이인자가 있다

복합 전이인자의 두번째 종류는 보다 복잡한 유전적 구조를 갖고 있다. 이 요소 중 가장 잘 알려진 것은 Tn3(그림 14-4)라고 부르는 5 kb의 전이인자이다. 이 종류의 요소는 IS서열에 둘러 싸여 있지 않고 대신 짧은 역반복을 갖고 있다. Tn3의 경우 역반복의 길이는 38 bp이다. 역반복 사이에는 3개의 유전자가 있는데 이 중 두개의 기능은 이미 기술된 것과 유사하다. *bla* 유전자는 암피실린에 저항성을 부여하는 베타락타마제(β-lactamase)라고 부르는 유전자를 암호화하고 있다. *tnp*A라고 부르는 두번째 유전자는 전이과정에서 특별히 Tn3의 역반복을 인식하는 전이효소를 암호화한다. *tnp*R이라고 부르는 세번째 유전자는 전이과정에서 작용하며 **리솔바제** (resolvase)라고 부르는 두가지 기능을 갖는 단백질을 암호화한다. 리솔바제는 **내부분해위치**(internal resolution site, IRS)라고 부르는 짧은 DNA서열을 인식하는 특수한 DNA-결합 단백질이다. 또한 리솔바제(TnpR)는 I, II 및 III위치에 결합함으로써 자신과 *tnp*A의 전사체 합성을 억제한다. 리솔바제가 IRS에 결합한 결과는 뒤에 살펴볼 것이다.

리솔바제

내부분해위치

## 전이 과정

전이는 정해진 DNA 단편이 게놈의 한 곳에서 같은 게놈이나 바이러스 혹은 플라스미드와 같은 다른 게놈의 새로운 위치로 이동하는 것이다. 전이의 빈도를 측정하는 용이한 방법은 염색체와 F 플라스미드 같은 접합성 플라스미드 사이에 이동이 일어난다는 사실을 이용하는 것이다. 이동이 일어난다면 F 플라스미드는 항생제 저항

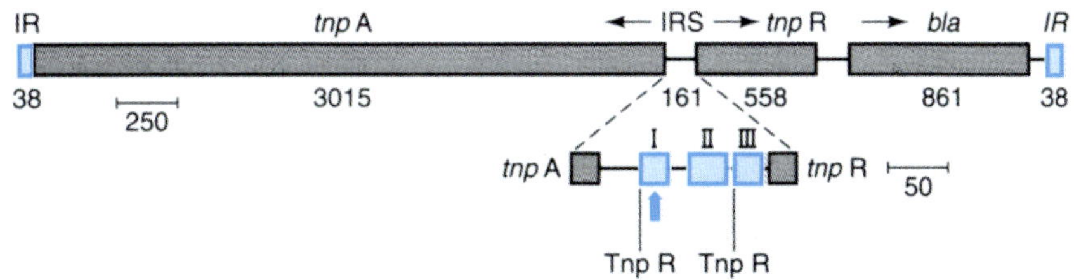


그림 14-4 Tn3 전이인자의 구조. 청색 상자(IR)는 말단 역반복을 나타내며, 검은 상자는 *tnp*A(전이효소), *tnp*R(리솔바제), *bla*(β-락타마제;암피실린 저항성 유전자)의 개방해독틀을 나타낸다. 검은 화살표는 전사의 방향을 나타낸다. 숫자는 염기쌍으로 나타낸 크기이다. 요소의 전체 크기는 4957 염기쌍이다. IRS는 내부분해서열을 나타내며, 5배로 확대된 그림도 있다. 이 부위는 *tnp*A와 *tnp*R 유전자의 프로모터와 청색 상자(I, II, III)로 표시된 리솔바제 결합 부위를 포함한다. 청색 화살표는 상호통합체의 두 TN3 요소간에 리솔바제에 의해 매개되는 재조합이 일어나는 위치를 나타낸다.

성 같이 쉽게 탐색될 수 있는 표현형을 부여할 수 있게 된다. F 플라스미드가 전이의 표적으로 사용된 경우 전이빈도는 접합 후 암컷이 항생제-저항성 수컷이 된 빈도를 측정함으로써 결정할 수 있다. 전이인자가 염색체에서 F 플라스미드로 이동된 경우에만 F 플라스미드가 접합 후에 항생제 저항성을 암컷에 부여할 것이다. Tn10의 경우 이동의 빈도가 $10^{-5}$ – $10^{-7}$/요소/세대임이 실험적으로 밝혀졌다. 이 빈도는 전형적인 세균 유전자에서 나타나는 자연발생적 돌연변이율과 유사한 범위이다.

## 보존적 전이

전이는 두 종류의 기작에 의해 일어나며 전이 요소에 따라 이용되는 기작이 다르다. 보다 간단한 기작에서 전이는 전이효소가 역반복 말단을 절단하여 Tn 요소가 절제되는 과정을 포함한다. 절제된 요소는 새 위치에 삽입된다. 이러한 절단-결합 기작은 **보존적**(conservative) 과정인데, 새로운 위치에서 요소를 에워싸는 정반복 서열을 만들기 위한 소량의 복제를 제외하고는 원래 요소의 복제가 관여하지 않기 때문이다. 요소의 양 말단에 이중가닥 DNA 절단이 일어난 공여 분자는 이 과정에서 소실될 수 있다. 수용 분자에 들어가기 위해 전이효소는 점성 이중가닥 절단을 만든다. 점성말단의 길이는 요소마다 다르다. 예를 들어 Tn10을 에워싸는 9 bp의 정반복은 표적 DNA에 9 bp의 점성말단을 만드는 Tn10 전이효소에 의해 만들어진다. 요소의 양 말단은 전이효소에 의해 표적 DNA의 절단 말단과 연결된다. 연결은 요소를 에워싸는 9 bp의 단일가닥 틈새를 만들며, 이는 숙주의 DNA 중합효소에 의해 채워진다(그림 14-5). 이 보존적 전이 기작이 Tn10과 Tn9에 의해 사용된다.

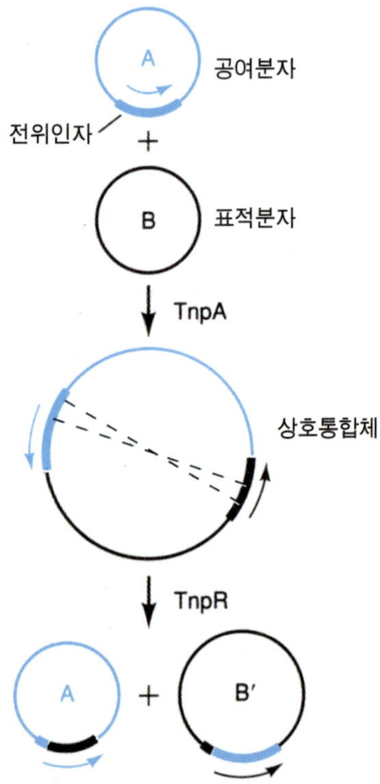


그림 14-5 복제적 전이의 두 단계 모형. 첫 단계에서는 공여분자(A)에 암호화된 전이효소(TnpA)는 표적분자(B)와 융합을 매개하여 상호통합체를 형성한다. 상호통합체에 전이인자가 복제되어 있음에 유의하자. 분해라고 부르는 두 번째 단계에서는 두 전이인자의 사본(청색선)에 있는 특정위치에서 리솔바제(TnpR)에 의해 매개되는 재조합이 일어나 별개의 두 분자를 형성한다. 한 분자는 공여자와 동일하며 다른 분자(B')는 전이인자를 한 사본 갖게된 표적분자이다.

### 복제적 전이

상호 통합체

두번째 전이기작의 존재는 Tn3 같은 전이인자의 전이에 **상호통합체(cointe-grate)**라고 부르는 특수한 DNA 구조의 중간체가 관여한다는 관찰로부터 알려졌다. 상호통합체 형태는 공여 레플리콘과 수용 레플리콘이 전이효소의 매개에 의해 융합된 결과이다. 상호통합체의 중요한 특징은 공여서열과 수용서열이 만나는 위치에서 같은 방향으로 배열된 전이인자를 두개 포함한다는 것이다. 따라서 상호통합체에서는 전이인자가 복제되었다. 이 상호통합체는 전이의 중간 구조이다. 이것은 특수한 재조합 과정에 의해 각각 전이인자를 한 개씩 갖는 두 개의 DNA 분자로 분해된다(그림 14-5). 이 과정은 전이효소에 의해 수행되지 않고 Tn3 *tnp*R 유전자의 산물인 리솔바제에 의해 수행된다. **분해(resolution)**라고 부르는 이 재조합 과정은 *res* 위치라고 부르는 상호통합체에서 쌍을 이룬 Tn3 사본의 IRS 위치에서 일어난다(그림 14-5). 따라서 Tn3의 전이는 요소의 두 번째 사본이 만들어지는 복제성 과정이다. Tn3는 표적서열에 5 bp의 정반복을 만드는데, 이는 Tn3 전이효소가 Tn10 전이효소처럼 표적 DNA에 점성 절단을 형성함을 의미한다.

### 전이빈도의 조절

게놈에 추가적인 전이요소의 사본이 축적되는 것을 방지하기 위하여 전이요소의 이동 빈도를 철저하게 조절하는 것이 세포의 생존을 위해 중요함은 명백하다. 전이 조절의 한 방법은 전이효소의 생산을 제한하는 것이다. Tn10의 전이효소는 세포당 한 세대당 1분자 이하의 매우 낮은 수준으로 생산된다. 낮은 생산은 전이효소 유전자의 전사와 전이효소 mRNA의 해독 수준을 조절함으로써 이루어진다. Tn10을 포함하고 있는 대부분의 세포에서 전이는 전이효소의 결여로 용이하게 억제된다.

전이빈도를 조절하는 두 번째 수단은 전이과정이 대부분 세균의 세포 생활사 중 제한된 시기에만 일어난다는 것이다. 전이는 주로 요소의 DNA가 복제된 바로 다음에 일어난다. 대장균 DNA는 DNA 아데닌 메칠라제(adenine methylase)라고 부르는 효소에 의해 특정 위치가 메칠화된다. 그러나 복제훠크가 DNA부위를 지날 때 새로 합성된 DNA 가닥은 일시적으로 메칠화가 되지 않으므로 최근에 복제된 부위는 부분적으로만 메칠화된다. 복제 바로 후에 *dam*메칠라제가 새로이 합성된 DNA 가닥을 메칠화시킨다. 이로써 복제된 DNA분자는 완전히 메칠화된다. 그러나 전이효소는 완전히 메칠화된 DNA와는 잘 작용하지 못하지만 부분적으로 메칠화된 DNA와는 강력하게 작용한다. DNA가 완전히 메칠화되기 전의 짧은 기간에 전이가 일어난다. 전이효소가 활성을 갖는 짧은 시간이 전이의 빈도를 조절하게 된다.(10장의 오결합 회복도 회복할 가닥을 선택하는데 이 일시적인 메칠화부족 상태를 이용함을 기억하자).

## 진핵생물의 전이요소

전이요소의 존재는 1940년대에 Barbara McClintock의 옥수수에 대한 연구에서 처음으로 발견되었다.* 이 요소들은 세균의 요소와 완전하게 상응하며 옥수수 유전

*그녀는 1993년 노벨상을 수상하였다.

자의 발현에 미치는 영향으로 검출되었다. 옥수수는 여러 종류의 전이요소를 갖고 있다. 이들은 세균의 전이요소와 유사한 염기서열 조직을 갖고 있다. 그들은 말단 역반복을 갖고 있고 전이효소를 암호화하며 전이하면 표적에 짧은 정반복 서열을 만든다. 이들은 전이할 능력이 있으므로 **자율적**(autonomous)라고 부른다. 같은 트란스포존 족에 속하는 다른 구성원이 옥수수에서 자주 발견되는데, 이들은 내부 결실에 의해 전이효소 유전자가 파괴되었으므로 자신만으로는 전이할 수 없다. 이러한 사본을 **비자율적**(nonautonomous)이라고 부르며 자율적 요소에 의해 전이효소가 *in trans*로 제공되지 않는 한 이동할 수 없다. 비자율적 요소도 전이효소가 작용하는 말단 역반복을 갖고 있다. 가장 잘 알려진 옥수수의 Tn 요소는 Ac(activator)라고 부르는 4.5 kb 요소인데 결실된 형태는 Ds(dissociation)라고 부른다.

세균에서처럼 옥수수의 전이인자는 여러 염색체의 구조적 이상과 관련된다. 자율적 요소가 있는 위치에서 결실, 복제 및 전도가 일어날 수 있다. 옥수수 요소의 전이는 부분적으로 식물의 발생에 의해 조절된다; 식물 발생의 특정 시기에 만들어진 알려지지 않은 신호가 이 요소의 이동 빈도에 영향을 미칠 것이다. 자율적인 요소가 전이를 할 수 없게 가역적으로 불활성화될 수도 있다. 그런 변화는 요소의 DNA 서열에 일어난 이차적인 변형의 결과일 것이다. 특정 DNA 서열의 메칠화와 탈메칠화의 순환이 이 과정에 관계할 것이다.

**핵심개념**

**"변화하는 게놈" 개념**

유전자의 누클레오티드의 서열이나 배열은 무작위적 돌연변이, 간혹 일어나는 재조합 또는 전이요소의 활동에 의해 항상 진화한다.

전이인자는 효모, 초파리 및 인간을 포함한 다른 진핵생물의 게놈에서 검출되었고 아마도 모든 게놈에 존재할 것이다. 연구자들은 모델 생물에 있는 전이인자를 유전자 발현 조절에 대한 연구에 이용하고 있다. 초파리에 있는 **P 요소**는 양 말단이 역반복된 약 3Kb의 긴 서열이다. 트랜스포사제 효소 활성이 제거된 변형된 종류가 실험실에서 만들어졌다. 이를 초파리의 게놈에 삽입하면 고정된 위치에 머물기 때문에 해독틀 돌연변이 유발 혹은 표지 유전자로 사용될 수 있다. 또한 외부 유전자를 갖는 P 요소도 실험실에서 만들 수 있다. 이를 세균 플라스미드에 삽입 후 초파리 난자에 주입하면, P 요소는 배의 염색체에 통합되어 형질전환 동물을 만들게 된다.

세균의 전이인자와 같이 진핵생물 전이인자는 삽입된 요소가 결실되면 야생형으로 복귀하는 불안정한 유전자 돌연변이를 일으킨다. 더욱이 전이인자는 삽입 위치에 짧은 직반복을 만든다. 그러나 이들 중 어떤 종류는 Tn10이나 Tn3 같은 세균 요소와는 기본적으로 다른 유전자 구조와 전이기작을 갖는다.

## 레트로바이러스는 진핵세포에 침입하여 숙주 게놈에 삽입된다

레트로바이러스

역전사효소

이 진핵생물 전이인자의 조직은 RNA 게놈을 갖는 진핵생물 바이러스인 **레트로바이러스**(retrovirus)의 프로바이러스(provirus)와 유사하다. 가장 유명한 예는 AIDS(후천성면역결핍증)을 일으키는 (16장) 사람 면역결핍증 바이러스(HIV)이다. 레트로바이러스는 **역전사효소**(reverse transcriptase)라고 부르는 바이러스에 암호화된 효소에 의해 이중가닥 DNA로 전환되는 RNA 분자를 세포에 주입한다. 바이러스의 이중가닥형 게놈은 감염된 세포의 게놈에 무작위적으로 삽입되어 **프로바이러스**로 존재한다. 삽입후 프로바이러스는 숙주 게놈의 일부로 복제된다. 프로 바이러스는 바이러스 유전자를 mRNA로 발현시키고 이것은 숙주에 의해 캡시드를 만드는 단백질로 해독된다. 캡시드 단백질과 바이러스 게놈 자체인 mRNA는 감염성 바이러스로 조립되어 세포로부터 방출된다. 레트로바이러스가 프로바이러스로 숙주 게놈에 삽입되면 세균의 전위와 같이 바이러스 서열을 둘러싸는 짧은 역반복을 만든다. 따라서 레트로바이러스의 감염환은 전위인자와 공통적인 특성을 갖는다.

게놈이 여러 곳에 삽입되어 여러개의 프로바이러스를 갖는 상황을 가정하자. 프로바이러스의 유전자는 숙주의 RNA 중합효소에 의해 계속 전사된다. 시간이 지나면 프로바이러스의 DNA 서열을 바꾸거나 불활성시키는 돌연변이가 일어나서 기능을 갖는 바이러스 단백질이 더 이상 생산되지 않을 수 있다. 그 경우 프로바이러스 요소는 기능적으로 결함이 있다고 판단된다. 그러나 기능을 갖는 역전사효소-유사 활성이 요소나 그 유도체에 의해 만들어지는 한 mRNA는 이중가닥 DNA로 전환될 수 있다. 그러면 이것이 세균 전위와 유사한 과정에 의해 게놈의 새로운 장소로 삽입될 수 있다. 이 과정의 중요한 특성은 게놈의 새로운 장소에 프로바이러스형 DNA가 나타나면 전위가 일어난 것이며, 전위과정에 RNA 중간체가 관여한다는 것이다. 재배치된 이 유전자를 레트로트랜스포존 (retrotransopson)이라 부른다.

### 레트로트랜스포존은 인간 게놈의 상당 부분을 차지한다

인간 게놈에 있는 레트로트렌스포존은 인간 게놈의 초기 진화과정에서 일어난 레트로바이러스 감염의 흔적이라고 믿어진다. 아마도 돌연변이 때문에 대부분의 원래 레트로바이러스는 전이능력을 상실하고 따라서 지금은 상대적으로 고정된 위치에 머문다. 그러나 상대적으로 적은 부분은 전이능력을 갖고 있다. 13장에서 살펴본 것처럼 레트로트렌스포존은 인간 게놈 DNA서열의 약 40%까지를 차지하며 3장(그림 3-10)에 기술된 중반복 DNA를 구성한다. 이들이 단백질을 암호화한다는 증거가 없기 때문에 이들은 물리적인 의미에서 인간 게놈의 상당 부분을 차지할 뿐이다. 그러나 일부는 전형적인 유전자와 밀접한 유사성을 보이기도 하는데, 이들이 단백질 산물을 만들지 않으므로 **위유전자** (pseudogene)라고 부른다.

인간 게놈 서열 진화동안 왜 그들이 남아있는 지는 분명하지 않다. 첫눈에 그들은 아마도 게놈에서 아직 제거되지 않은 기생 DNA로 보일일 수 있다. 반대로 인간 종의 계통유전학적 역사에서 트랜스포존이 새로운 유전자나 증폭자나 침묵자와 같은 조절 서열을 창조하는데 핵심적 역할을 수행하여서 아직도 제거되지 않았을 수도 있다. 실제로 조상 전이인자와 닮은 서열을 갖는 기능 유전자들이 인간 게놈에서 인정되었다. 예를 들면 염색체의 말단인 텔로미어를 합성하는 RNA를 포함하는 효소인 텔러머라제와 인간 면역체계에서 유전자 재배열에 관련된 스프라이싱 유전자 등이 있다. 또한 추가적으로 고려해야할 점은 레트로트랜스포존이 DNA복제와 염색체의 유전자 발현기에 나타나는 형태적 변화인 접힘과 루핑을 포함하는 진핵 염색질의 구조화/재구조화를 촉진하는데 작용할지도 모른다는 생각이다. 기능이 없을 것 같은 DNA의 존속에 대한 이러한 생각들은 인트론에게도 적용된다. 인간 게놈의 자료가 해석되면서 레트로트랜스포존과 인트론의 기능적 의미에 대해 보다 완전히 이해하게 될 것이다.

## 플라스미드

플라스미드는 세포내에서 독립적으로 복제할 수 있는 염색체외의 유전물질 (DNA)이다. 그들은 대부분의 세균에서 발견된다. 대부분은 초나선 분자로 분리되는 환상

**표14-2** 몇 몇 대장균 플라스미드의 특성

| 플라스미드 | 크기(Kb) | 사본수 | 접합성 | 다른 표현형 |
|---|---|---|---|---|
| ColEI | 6.6 | 10-20 | 무 | 콜리신생산 및 면역성 |
| F | 95 | 1-2 | 유 | 대장균 성 요소 |
| R100 | 89 | 1-2 | 유 | 항생제-저항성 유전자 |
| P1 | 90 | 1-2 | 무 | 플라스미드형은 프로파아지임; 바이러스입자생성 |
| R6K | 40 | 10-20 | 유 | 항생제-저항성 유전자 |

의 이중가닥 DNA 분자이지만 선형의 이중가닥 분자와 같은 다른 형태도 알려져있다. 플라스미드는 세균에만 있는 것이 아니고 효모, 원생생물 및 식물에서도 분리되었다. 사람의 경우 인간 파필로마(papilloma) 바이러스나 Epstein-Barr 바이러스와 같은 바이러스는 세포의 핵내에서 플라스미드 형태로 존재할 수 있다. 이 경우 바이러스는 핵 염색체와 함께 복제된다. 플라스미드의 분자생물학은 세균에서 가장 활발하게 연구되었다. 표 14-2에 몇가지 잘 연구된 플라스미드의 주요 특성을 정리하였다.

어떤 세균 플라스미드는 한 세포에서 다른 세포로 자신을 이동시킬 수 있어 세균 개체군 전체로 퍼진다. 어떤 플라스미드는 다른 종에 속하는 세균사이의 상호작용도 허용하는 특성을 갖는다. 플라스미드가 세균의 진화에서 행한 역할의 핵심이 바로 이동능력이다. 플라스미드에 의해 운반되는 유전자는 적대적인 환경에서 성장할 수 있는 능력을 숙주 세균에 부여하는 유전정보의 이동성 저장 장소이다. 인간과 직접 관계되는 한 예는 세균의 항생제 저항성이 흔히 플라스미드 유전자에 의해 세균에 부여된다는 것이다. 어떤 플라스미드는 항생제-감수성 세균에 쉽게 이동될 수 있어 전체 세균 집단이 빠른 속도로 항생제 저항성을 갖도록 수평적으로 전환시킨다. 더욱이 한 플라스미드가 여러 항생제에 대한 저항성을 부여하는 경우가 많다.

세균 플라스미드의 크기는 한두개의 유전자를 갖는 경우(수 kb)에서 수백개의 유전자를 갖는 경우 (500 kb 이상)까지 상당히 다양하다. 수많은 유전자를 갖고 있을 정도로 큰 어떤 플라스미드는 숙주 세균의 물질대사 능력을 변화시킬 수 있다. 그러나 선택압이 없는 경우에 플라스미드의 존재는 숙주에 무관하므로, 플라스미드는 유전적으로 필수적인 것은 아니다. 이 경우 플라스미드는 세균에게 상당한 유전적 짐이 될 수 있고 따라서 세균 집단에서 소실될 것이다. 그러나 플라스미드의 진화적 사명은 자신을 복제하고 세균 집단으로 안전하게 이동시키는 것이다. 세균 플라스미드는 세포밖에서 살 수 없는 노출된 DNA 분자에 불과하지만 자신의 생존을 위해 상당히 복잡한 메커니즘을 진화시켰다.

세균 플라스미드의 중요한 성질중 하나는 한 세포에 특정한 사본 수로 존재한다는 것이다. 모든 플라스미드가 직면한 중요한 과제는 세균이 분열함에 따라 카피 수가 줄지 않도록 숙주 염색체의 복제와 맞추어 플라스미드를 복제할 필요성이 있다는 것이다. 세균은 다양한 속도로 분열할 수 있다. 포유류의 대장에서는 24시간에 1번 분열하고 배양용기의 영양배지에서는 20분마다 분열할 수 있다. 세균 플라스미드는 숙주의 분열 속도를 감지할 수 있어야 하고 그에 따라 자신의 복제율을 적절히 조절해야만 한다. 또한 플라스미드 복제는 숙주의 염색체 복제와 수명을 손상시키지 않도록 조절되어야 한다.

플라스미드는 안정적으로 유전되는 DNA 분자이므로 DNA복제의 조절기작을 이해하기 위한 연구 모형으로 사용되어 왔다. 크기가 작고 유적적으로 필수적이 아니므로 그들은 재조합 DNA기술로 쉽게 조작된다. 나중에 살펴보겠지만 플라스미드는 재조합 DNA 기술의 개발과 이용에 중심적인 역할을 수행하였다(15장 참조).

본 장에서는 현재까지 가장 잘 연구된 세균 플라스미드를 중심으로 복제과정과 이동과정에 초점을 맞추어 플라스미드의 주요 특성을 간략하게 살펴볼 것이다.

## 플라스미드의 유전자

세균 플라스미드는 인간의 질병에서 중요한 역할을 수행한다. 극적인 예는 1960년대에 일본의 병원에서 많이 사용되었던 4가지 항생제에 대해 동시에 저항성을 갖는 균주가 발견된 것이다. 약품-저항성 성질은 민감성 균주에 이동되어 세균성 이질의 유행을 야기시켰다. 항생제 저항성 세균은 항생제를 불활성시키거나 파괴하는 단백질을 암호화하는 유전자를 가지고 있는 **R(resistance) 요소(factor)**라고 부르는 매우 큰 플라스미드를 가지고 있다. 다른 R 플라스미드는 세균이 수은이나 납 같은 환경에서 발견되는 중금속에 저항성을 갖도록 한다. 이런 플라스미드를 갖고 있는 세균은 중금속이 심하게 오염된 환경에서 생장할 수 있다.

R 요소

항생제의 작용에 저항하거나 독성 환경물질을 중화시키는 세균의 능력은 일반적으로 해로운 물질을 공격하는 중요한 몇가지 효소를 다량으로 생산하는데 의존한다. 이 효소의 작용은 해로운 물질을 공격하는 것이다. 이 효소는 본질적으로 소염색체(minichromosome)인 플라스미드에 암호화되어 있고, 플라스미드는 보통 다수의 사본으로 존재하므로 (표 14-2) 세균은 필요한 효소를 다량으로 빠르게 생산할 수 있게 된다. 관련된 유전자의 사본수가 많으므로 세균은 당면한 항생제나 화학물의 도전에 맞서 싸울 수 있는 충분한 양의 효소를 전사를 통해 빠르게 생산한다.

대장균은 인간의 대장에서 정상적으로 발견된다. 어떤 플라스미드는 대장균에게 새로운 환경에서 성장할 수 있는 능력을 부여하여 원래는 해가 없던 세균을 병균으로 전환시킨다. 그런 플라스미드는 대장균이 소장의 안쪽세포(lining)에 부착하도록 세포표면을 변화시키는 단백질을 암호화한다. 플라스미드에 간혹 있는 두번째 유전자는 **엔테로톡신(enterotoxin)** 이라고 부르는 분비 단백질 독성물을 암호화하며, 이 물질은 장세포에 해를 주며 이질의 직접적인 원인이 된다(표 14-3).

**CoI 플라스미드**라고 부르는 다른 플라스미드는 이 플라스미드가 없는 세균을 죽이는 **콜리신(colicin)**이라고 부르는 항균 분비단백질을 암호화하므로 이 플라스미드를 가지고 있는 세균에 선택적인 성장의 이점을 제공한다. 이 플라스미드를 갖고 있는 숙주는 역시 플라스미드에 암호화된 특수단백질에 의해 콜리신의 영향에 대한 면역이 주어진다. 콜리신 단백질이 세포를 죽이는 메커니즘은 다양하다. E1 콜리신과 같은 경우는 민감한 세포의 막에 구멍을 내어 이온이 유출되게 한다. E3 콜리신과 같은 경우는 세포안으로 들어가 리보솜 RNA만을 절단하여 단백질 생산을 차단한다.

플라스미드는 **DNA 제한(restriction)/변형(modification) 유전자**를 비롯한 여러 방법으로 숙주에게 이점을 제공한다. 이 유전자는 세포가 외부 DNA를 인식하

표14-3 플라스미드에 암호화된 단백질

| 단백질 | 기능 |
|---|---|
| 콜리신 | 분비단백질, 콜리신-면역 단백질을 암호화하는 플라스미드가 없는 세균을 죽임 |
| 엔테로톡신 | 분비단백질, 진핵 세포의 이온균형을 바꿈. 세포로부터 수분 유실을 초래함 |

여 절단하고(제한) 숙주 DNA를 절단되지 않게 물리적으로 변형시키는(변형) 서열-특이적 DNA결합-단백질을 암호화한다. 세균에서 수백 종류의 제한/변형 체계가 밝혀졌다. 이들의 자연적 기능은 원하지 않는 바이러스의 감염으로부터 숙주 세균을 보호하는 것이다. 어떤 경우는 바이러스 DNA가 변형되어 복제능력이 손상된다. 다른 경우는 침입한 바이러스 DNA가 파괴되어 파아지 복제 환이 단축된다(그림 6-6 참조). 바이러스 DNA의 파괴는 특수한 핵산분해효소에 의해 이루어진다. 이 효소는 특정 염기서열을 인식하고 그 위치에서 DNA를 절단한다. 이 체계는 다음 장에서 살펴볼 재조합 DNA기술의 필수적인 분자도구인 제한효소의 원천이다. 많은 경우 제한/변형계의 유전자가 플라스미드에 있으며, 어떤 경우는 숙주 게놈에 존재한다.

# 플라스미드의 이동

세균 바이러스가 플라스미드로부터 진화했다는 추측이 있다. 세균의 염색체 일부가 원시적인 플라스미드 형태로 절단되고 결국에는 완전한 세균 파아지로 진화했다는 것이다. 한 세균에서 다른 세균으로 유전자를 이동시키는 능력이 플라스미드와 바이러스에 모두 있으며, 이것이 세균의 진화에 공헌했음은 틀림없다.

진화적 관점에서 보면 세포간의 플라스미드 이동을 허용하여 유전자가 세균집단내로 이동되도록 중개하는 것이 플라스미드의 가장 중요한 기능일 것이다. 이 플라스미드 이동 과정을 **접합**(conjugation)이라고 부른다. 그림 14-6에 접합과정이 나타나 있다. 이동성 플라스미드에는 플라스미드를 공여자에서 수용자로 물리적으로 이동시키는데 필요한 세포의 특수구조와 효소를 위한 이동 유전자들의 집단이 있다. 이러한 플라스미드를 **자가 이동성**이라고 부른다(self-transmissible). 대장균의 전형적인 접합성 플라스미드는 약 95 kb의 큰 환상이며 세포당 1-2 사본으로 존재하는 **F 플라스미드**(혹은 sex factor)이다(그림 14-7). F 플라스미드를 갖는 세포를 수컷(male), 없는 세포를 **암컷**(female)이라고 부른다. F 플라스미드가 없는 세포는 $F^-$로, 있는 세포는 $F^+$로 표시하기도 한다.

접합

접합은 *tra*(transfer)오페론이라고 부르는 20개 이상의 유전자로 구성된 큰 유전자 복합체의 유전자 산물이 관여하는 복잡한 과정이다(그림 14-7). (11장에서 자세히 살펴본 것처럼 오페론은 폴리시스트론 mRNA를 통해 함께 발현되는 연속적인 유전자 모임이다). 수세포를 암세포와 섞으면 접합다리라고 부르는 특수구조에 의해 연결된 교배쌍이 형성된다. 어떤 F 유전자는 **필루스**(pilus)라고 부르는 특수 수컷 표면구조의 단백질을 암호화한다. F 필루스(본질적으로 세균 세포의 표면이 튜

필루스

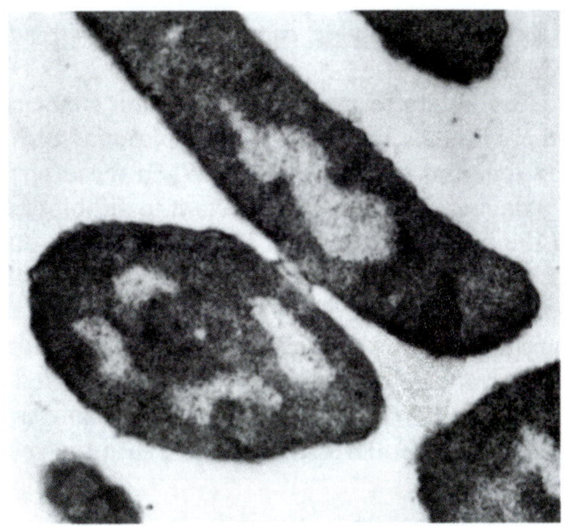

그림 14-6 접합중인 두 대장균 세포의 전자현미경 사진. 작은 세포가 $F^-$이며 큰 세포는 F′*lac*을 가지고 있다.(L. Carol. *J. Mol. Biol*, 16: 269 인용)

브형으로 연장된 것임)는 접합다리를 확립하기 위해 암세포의 외부 막표면에 있는 특수 수용체와 상호작용한다. 세포-세포 접촉 후 초나선 F DNA의 한 가닥이 *ori*T라고 부르는 특수서열에서 절단된다. 이는 F 플라스미드에 암호화된 특수한 DNA 핵산내부분해효소에 의해 수행된다. *tra*에 암호화된 다른 단백질이 노출된 5′-말단에 결합하여 그 DNA가닥을 암세포로 인도한다. DNA가닥이 암세포로 들어오게 되면 공여세포에 남아 있는 다른 플라스미드 DNA가닥과 동시에 복제된다. 공여자와 수용자 모두에서 단일가닥을 이중가닥 DNA로 전환시키는 DNA복제 후 새로운 F 플라스미드는 환상으로 된다. 환상의 닫힌 DNA는 DNA 회전효소에 의해 초나선으로 전환된다. 이 과정이 그림 14-8에 도식적으로 나타나 있다. 접합의 결과는 양쪽 세포에서 F 플라스미드가 반보존적으로 복제된 것이다. 원래는 암세포인 딸세포는 이 과정에 의해서 수세포로 전환된다. 그 후 이 세포는 F 플라스미드를 이동시킬 수 있게 된다. 따라서 F 플라스미드는 암컷 세포집단에 빠르게 전파될 수 있는 감염인자의 하나라고 생각할 수 있다.

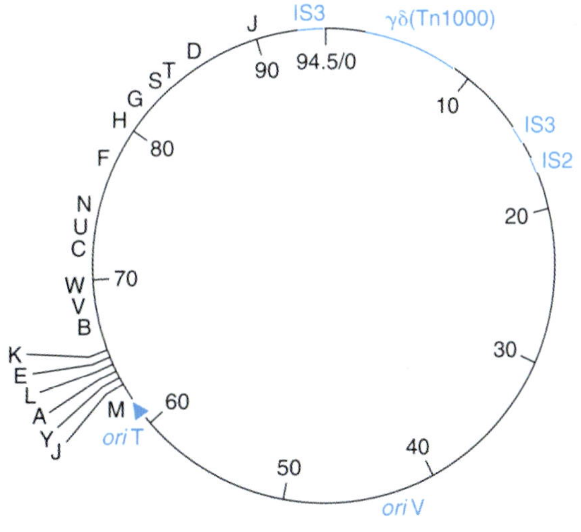


그림 14-7 성 플라스미드 F의 지도. 단위는 kb임. 대문자로된 단일 문자는 각각 *tra* 유전자의 중간 위치를 나타낸다. 삽입서열 $\gamma\delta$ (Tn1000), IS2 및 IS3는 청색으로 표시되었다. 청색 화살표(*ori*T)는 이동을 위한 복제 기원의 위치와 이동 방향을 나타낸다. *oriV*는 생장(비이동성)을 위한 복제 기원의 위치를 나타낸다.

접합을 매개하는 능력은 F 플라스미드에만 제한된 것이 아니다. 다른 플라스미드, 특히 R 플라스미드도 접합에 필요한 유전 정보를 갖고 있다. 이 플라스미드가 이동되면 암 수용자는 R 플라스미드에 있는 유전자의 산물에 의해 불활성되는 항생제에 저항성을 갖게 된다. F 플라스미드의 이동처럼 암컷 수용자는 이동능력이 있는 수컷 공여자가 된다. 이 장에서 언급되었던 ColE1 같은 플라스미드는 자체적으로는 자가이동성이 아니다. 그러나 그들은 세포에 함께 있는 접합성 플라스미드가 제공하는 유전적 이동을 이용할 능력을 진화시켰다. ColE1 같은 작은 플라스미드도 접합성 플라스미드가 이동될 때 수용자로 이동할 수 있는데, 이 성질을 **이동성**(mobilizable)이라고 부른다.

## F 플라스미드는 숙주 게놈과의 재조합에 의해 염색체 유전자를 이동시킬 수 있다

위에 기술한 것처럼 접합은 수용세포를 공여체로 전환시킴으로써만 유전적으로 의미를 갖는다. 그러나 접합은 염색체 유전자가 한 세포에서 다른 세포로 이동되는 유전적 과정을 찾는 연구에서 처음 발견되었다. 따라서 F 플라스미드가 자신의 유전자가 아닌 유전자를 이동시키는 것을 설명해야만 한다. 이 능력은 F 플라스미드

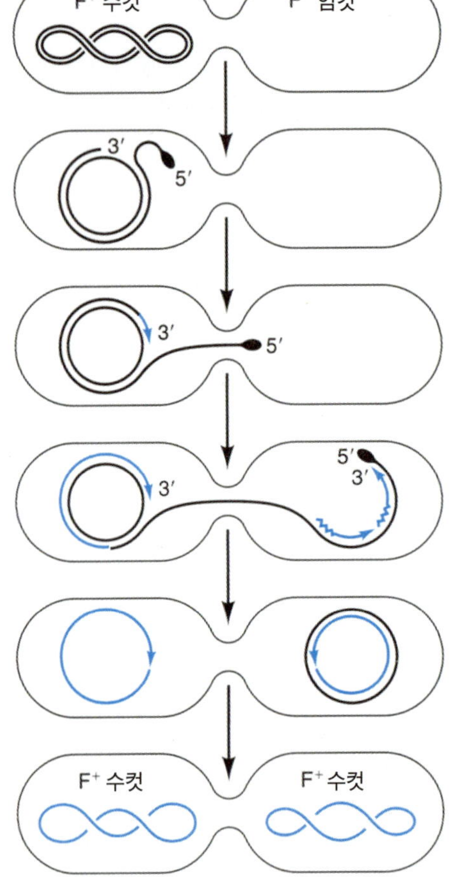


세포간의 접촉. 플라스미드의 행동을 간단히 이해하기 위해 숙주 염색체는 삭제되었다.

*ori* T에서 F플라스미드의 절단 5′ 자유말단에 단백질 결합

회전환 중간체 형성을 위해 공여세포의 3′-OH 말단에서 DNA합성 시작
F의 5′ 말단이 암세포로 이동

공여세포에서 복제 계속
수용세포에서 DNA복제 시작

공여세포에서 복제 완결
복제 중간체에서 이동된 가닥 절단
완전한 F DNA 분자가 2개 형성

두 F′ 세포를 만들기 위해 틈새 봉합 및 초나선 형성

**그림 14-8** 7장에서 기술된 회전환 복제 메커니즘을 통해서 F 플라스미드가 $F^+$ 수컷(공여자)에서 $F^-$ 암컷(수용자)으로 이동되는 모형. 검은 선은 원래 DNA의 가닥을 나타낸다. 부드러운 청색선은 새로 합성된 DNA 가닥을 나타낸다. 톱날모양의 청색선은 궁극적으로는 제거되는 RNA 시발체를 나타낸다. 세균의 염색체 DNA는 명확한 그림를 위해 삭제되었다.

가 어떤 세포에서는 *별개의 플라스미드라는 독립적인 존재 외에도 다른 형태로 존재할 수 있다*는 것이 알려지면서 이해되었다. F 플라스미드는 숙주 염색체와 재조합할 수 있음이 알려졌고, 두 분자 모두 환상이므로 한번의 재조합 과정에 의해 플라스미드는 염색체에 통합된다. 독립된 F 플라스미드가 통합된 F로 전환되는 것은 $10^5$세포에 1 정도로 매우 드물게 일어난다. 이 드문 세포를 **Hfr**(*High frequency* of *recombination*) 세포라 부른다. F 플라스미드는 염색체의 여러 위치에 삽입될 수 있으므로 숙주 게놈의 다른 위치에 F 플라스미드가 통합된 다양한 균주를 얻을 수 있다. F 플라스미드가 염색체의 특수 위치에 삽입되는(IS서열) 분자적 기반에 대해서는 이 장의 뒤에서 논의 할 것이다.

Hfr

세포를 수컷으로 만드는데 필요한 F 플라스미드의 유전자는 Hfr 세포에서도 발현된다. 따라서 Hfr 세포는 교배도 하고 DNA를 이동시킬 수도 있다(**그림 14-9**). Hfr 균주에 통합된 F DNA가 내부핵산분해효소에 의해 절단되고 DNA가닥이 수용자로 이동되기 시작할 때 숙주 염색체의 DNA도 F DNA에 물리적으로 연속되어 있으므로 이동될 수 있다. 숙주 DNA가 수용자로 이동하는 것은 아주 중대한 유전적 결과를 가져올 수 있다. 공여자로부터 DNA는 50 kb/분의 속도로 이동된다. 전체 세균 염색체

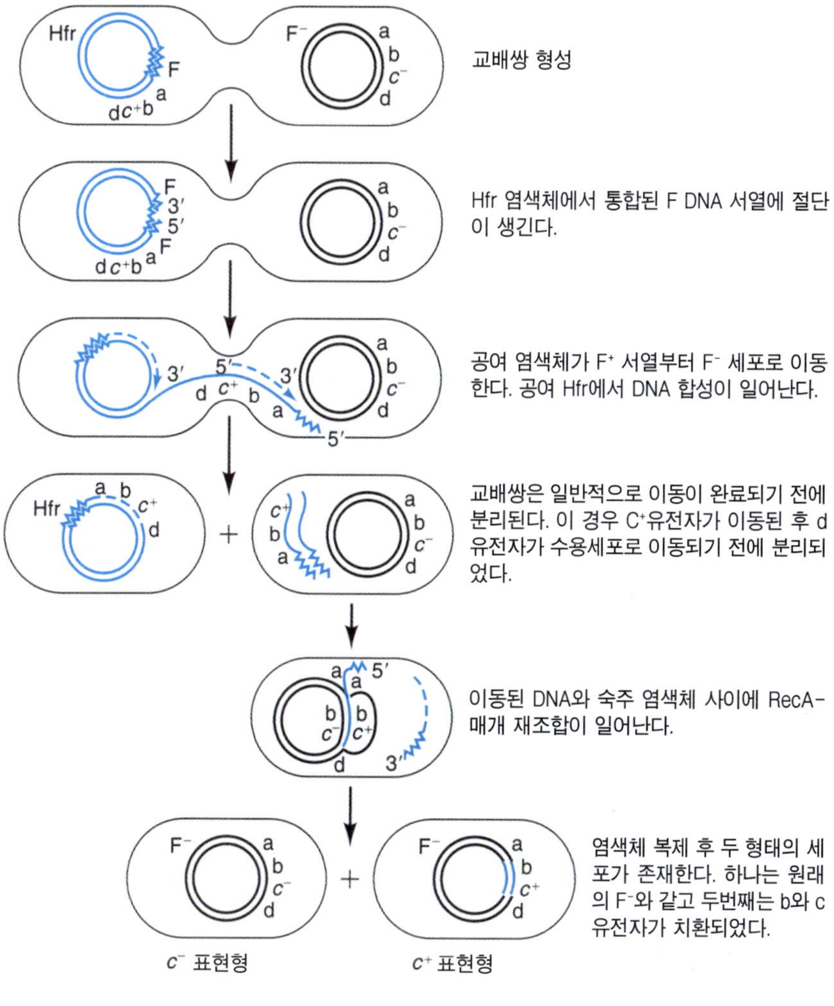

Hfr
F
d c+ b a
F⁻
a
b
c⁻
d
교배쌍 형성

F
3′
5′
F
d c+ b a
Hfr 염색체에서 통합된 F DNA 서열에 절단이 생긴다.

3′
5′
3′
d c+ b a
5′
공여 염색체가 F+ 서열부터 F- 세포로 이동한다. 공여 Hfr에서 DNA 합성이 일어난다.

Hfr
a b
c+
d
+
c+
b
a
교배쌍은 일반적으로 이동이 완료되기 전에 분리된다. 이 경우 C+유전자가 이동된 후 d 유전자가 수용세포로 이동되기 전에 분리되었다.

a
a
5′
b
b
c⁻
c+
d
3′
이동된 DNA와 숙주 염색체 사이에 RecA-매개 재조합이 일어난다.

F⁻
a
b
c⁻
d
+
F⁻
a
b
c+
d
염색체 복제 후 두 형태의 세포가 존재한다. 하나는 원래의 F-와 같고 두번째는 b와 c 유전자가 치환되었다.
$c^-$ 표현형
$c^+$ 표현형

그림 14-9 Hfr 수컷 (공여자) 세균과 F-암컷 세균사이의 접합 도형. 청색원과 검은원은 각각 Hfr 세포와 F- 세포의 염색체를 나타낸다. 청색 점선은 DNA 합성을 나타낸다. 톱날형의 선은 통합된 F 플라스미드를 나타낸다. 작은 이태릭 문자는 염색체의 유전자를 나타낸다. F- 세포는 *c* 유전자에 돌연변이가 있고($c^-$) Hfr 균주는 이 유전자가 야생형이다. Hfr이 이동하고 복제된 후 F- 세포집단이 $c^+$ 표현형으로 전환되었다. 이 유전자와 F 플라스미드 DNA의 크기가 환상의 염색체 크기와 비례적이지 않다. 초나선 형성은 그림을 간단히 하기 위해 삭제되었다.

를 이동시키는 데는 약 100분이 필요하다. 그러나 대부분의 경우 교배쌍은 전체 염색체가 이동될 만큼 안정하지 않아서 (5장 그림 5-2 참조) 세포는 분리되므로 수용자는 F 플라스미드의 일부와 공여자 게놈의 일부를 갖게 된다. 따라서 대부분의 경우 염색체의 일부유전자만이 이동된다. 이동의 기원이 F 게놈 내에 있으므로 F플라스미드의 한쪽이 수용자에 제일 먼저 들어가고 나머지 부분은 가장 나중에 들어가게 된다. 따라서 전체 염색체가 이동되지 않는한 완전한 F의 사본은 수용자에 존재하지 않는다. 결과적으로 Hfr 이동의 거의 모든 수용자는 공여자가 될 수 없다. 자율적인 F 플라스미드 이동처럼 양쪽 세포에서의 복제는 단일가닥 이동을 수반한다.

Hfr 공여자로부터 이동된 염색체 DNA 단편은 자신만의 구조로는 수용자에서 복제되거나 살아남을 가능성이 거의 없다. 그러나 이동된 DNA 단편은 염색체 유전자와의 서열-유사성 때문에 대장균의 *Rec*A체계에 의해 재조합될 수 있다. 재조합 과정은 적절한 선별이나 검색으로 조사할 수 있다. 예를 들어 Hfr $leu^+$ 세포와 $F^-$ $leu^-$ 수용자 사이의 교배에서 $F^-$ $leu^+$ 세포가 검출된다. 이 세포에서는 $leu^-$가 재조합 과정의 결과로 도입된 $leu^+$로 대체되었다.

## Hfr 이동은 유전자 위치 연구에 사용될 수 있다

많은 Hfr 균주를 분석한 결과 이동과정의 중요한 특성이 밝혀졌다. 서로 다른 균주는 세균의 특정 유전자를 반복해서 높은 빈도로 이동시킨다. 예를 들어 가상의 Hfr1 균주는 *A B C* 유전자를 높은 빈도로 이동시키지만 *X Y Z* 유전자는 낮은 빈도로 이동시키며, 다른 Hfr2 균주는 *X Y Z* 유전자를 높은 빈도로 이동시키지만 *A B C* 유전자는 낮은 빈도로 이동시킨다. 이 행동은 Hfr 공여체의 염색체에 F 플라스미드가 삽입된 위치가 다르기 때문이다. ***ori*T** 이동개시점의 한쪽에 자리 잡은 세균의 유전자가 첫 번째로 수용체에 들어가며 *ori*T에서 멀리 있는 유전자 보다 높은 빈도로 이동된다.

Hfr 이동에서 유전자는 일정한 속도로 수용체로 이동되기 때문에 특정 유전자의 이동시간은 염색체에서 이동기점에 대한 유전자의 상대적인 위치를 반영한다. 따라서 Hfr 균주는 세균 염색체의 유전자지도를 작성하는데 중요한 도구이다. 즉, 염색체에서 유전자의 직선 배열 순서가 확립될 수 있다. 다른 유전자의 이동에 대한 특정 유전자의 이동시간을 결정함으로써 유전자의 상대적인 물리적 위치가 결정될 수 있다.

## F 플라스미드는 특정 위치에 삽입된다

F 플라스미드의 삽입 위치는 어떻게 결정되나? F 플라스미드는 세균 염색체에도 사본이 존재하는 특정 DNA 서열을 가지고 있다. 이 짧은 서열을 **삽입서열**(**insertion sequence, IS** 서열)이라 부른다. 이에 대해서는 이 장의 앞에서 살펴 보았다. 대부분 Hfr균주의 이동 성질은 F 플라스미드에 있는 IS서열과 염색체에 있는 상동성 서열 사이의 재조합의 결과로 이해할 수 있다.

삽입서열 (IS)

세포에서 F 플라스미드가 독립된 플라스미드 혹은 Hfr 형성을 위해 염색체로 통합되는 두가지 다른 생활사를 나타냄을 이미 살펴보았다. F 플라스미드의 세번째 형태도 알려졌다. **F'**라고 부르는 이 형태는 F 플라스미드가 염색체로부터 부정확하게 절단되고 다시 플라스미드가 됨으로써 만들어진다. 절단은 F에 인접한 세균의

F´

유전자를 제거할 수 있으며 이는 플라스미드에 포함된다. 절단 자체는 F 안에 있는 서열과 F 밖에 있는 서열 사이의 재조합에 의해 일어난다. 다양한 많은 F' 플라스미드가 알려졌고 일부는 세균 염색체의 큰 부분을 가지고 있다. F' 플라스미드는 이동에 필요한 유전자를 상실하지 않는 한 F 플라스미드처럼 자신을 암컷 수용자에 이동시킬 능력을 갖고 있다.

F' 플라스미드의 이동은 연관된 염색체 유전자를 수용체로 도입하는데 효과적이다. 그러나 유전적 결과는 Hfr 이동과는 다르다. F'에 연관된 세균 유전자는 F 플라스미드의 복제 기원이 기능을 가지므로 F'이동 후에도 안정하게 유지될 수 있다. 따라서 수용체 F' 세포는 특정 유전자를 세균 염색체와 F' 플라스미드에 각각 한 사본씩 갖게 되며, 유전적으로 정상적인 반수체 세균 게놈에 대비해서 **부분이배체(merodiploid)**라고 부른다. F' 플라스미드가 세균 염색체에 비해 훨씬 작으므로 이들은 교배쌍이 자연적으로 분리되기 이전에 대개 완전히 이동된다. 결과적으로 암컷 수용자는 F' 수컷으로 전환된다. F' 플라스미드는 일반적으로 그들이 갖고 있는 염색체 유전자에 의해 표기된다. 예를 들어 F'*lac pro*는 젖당 이용과 프롤린 생합성에 관한 유전자를 갖고 있다.

# 플라스미드 DNA 복제

앞서 언급한 것처럼 세균 플라스미드의 기본적 특성은 특정 사본 수로 세포에 존재한다는 것이다. 일반적으로 사본 수는 세포 당 염색체 수에 대한 플라스미드 분자의 비율로 표시된다. 자연상태의 플라스미드는 다양한 사본 수로 존재한다. 성 요인 F나 대장균의 cirus P1의 프로파아지 같은 플라스미드는 1-2의 사본으로 존재하고 ColE1계열은 20-40 사본으로 존재한다.

일반적으로 플라스미드의 복제는 숙주의 효소계에 의존한다. 예를 들어 ColE1 플라스미드에는 복제와 관련된 효소를 암호화하는 유전정보가 없으며 숙주의 효소계에 전적으로 의존한다. 다른 플라스미드는 복제의 특정 단계에 관련된 효소를 암호화하고 있으나 숙주의 복제 효소에 완전히 독립적인 플라스미드는 없다. 대장균은 DNA 합성을 촉매하는 3 종류의 효소를 갖고 있다- DNA 중합효소 I, II, III. 대장균의 염색체뿐만 아니라 대부분의 대장균 플라스미드는 DNA중합효소 III을 중심적인 복제효소로 사용한다(중요 예외인 ColE1 플라스미드의 복제에서는 DNA 중합효소 I이 중심적 역할을 담당한다).

## 플라스미드 사본 수

플라스미드의 사본 수는 DNA 복제의 개시 빈도를 조정함으로써 조절된다. 플라스미드 복제는 *ori*에서 일어난다. *ori*에서 시작한 복제훠크는 환상의 플라스미드를 따라서 단일방향 혹은 양방향으로 이동한다. 대부분의 플라스미드는 양방향으로 복제한다. 그러나 ColE1 플라스미드는 단일방향 훠크로 복제한다. 두 가지 중요한 질문이 있다.

1. *ori* 의 어떤 특수 서열이 *ori* 가 복제 개시점으로 작용하게 하는가?
2. 특정 사본 수를 유지하도록 개시 빈도가 어떻게 조정되는가?

많은 플라스미드의 *ori* 서열은 세균의 복제 기점인 *ori*C와 유사하다. 일반적으로 복제기점의 중요한 기능적 특징은 DNA 중합효소와 다른 복제 효소계가 염기에 접근하도록 DNA 이중나선이 그 부위에서 풀려야 한다는 것이다. 이중나선의 위치-특이적 풀림은 여러 단계로 이루어진다.

첫 단계에서는 특수한 DNA-결합 단백질에 의해 *ori* 부위가 인식된다. 숙주 세균의 *ori*C의 경우 복제개시에 관련된 핵심적인 단백질은 *dna*A 유전자에 암호화되어 있다(7장 그림 7-7 참조). 많은 플라스미드는 특별히 자신의 복제에 필요한 유사한 단백질을 암호화하고 있다. 이를 Rep 단백질이라고 부르며 플라스미드의 복제개시에서 핵심적인 역할을 수행한다. 만일 *rep* 유전자가 없거나 돌연변이가 일어나면 플라스미드 복제는 플라스미드 기원으로부터 일어날 수 없다. 더욱이 플라스미드의 사본 수는 세포내의 Rep 단백질의 수준과 관계가 있다. Rep 단백질의 기능은 플라스미드 *ori* 의 특수한 짧은 DNA 서열을 인식하는 것이다.

숙주에 의해 암호화된 다른 단백질이 **레플리좀(replisome)**이라고 부르는 DNA 복제효소 기구를 조립하기 위하여 *ori* 에 이미 결합된 Rep 단백질과 상호작용한다. 레플리좀이 *ori* 에 결합하면 나선을 국부적으로 풀리게 하며, 이어서 RNA 프라이머가 형성되고 선도가닥 및 지연가닥 DNA가 복제된다. *ori* 에서 레플리좀이 조립되는 특이성은 레플리좀 자체가 서열-특이적으로 결합한데 있는 것이 아니라 초기에 Rep 단백질이 DNA서열을 특이적으로 인식하는데 있으며, Rep 단백질이 다음 단계인 *ori* 에서의 레플리좀의 조립을 지시한다.

이 정보를 근거로 분자생물학자는 세포내 Rep 단백질 수준이 조심스럽게 조절될 것이라고 직관적으로(1장 참조) 추정하였다. 실제로 플라스미드는 이 중대한 단백질의 생산을 조정하기 위한 고도로 복잡한 분자 메커니즘을 진화시켰다. 조정 메커니즘은 세포내 플라스미드 DNA의 농도를 감지하고 그에맞추어 Rep 단백질의 생산을 조절한다. 플라스미드가 세포로 도입되면 그 플라스미드의 정상적 사본 수를 확립하기 위해 플라스미드의 복제가 바로 시작된다. 이는 상당히 높은 플라스미드 *rep* 유전자의 발현을 요구한다.

플라스미드가 확립된 다음에는 세포에 치명적일 수 있는 계속적인 플라스미드의 복제를 방지하기 위해 Rep 단백질의 수준은 조정되어야 한다. 예를 들어 활성을 갖는 Rep 단백질의 양은 해독 후 변형 보다는 해독단계에서 조정된다. R 요소인 R1의 *rep*A 유전자처럼 어떤 플라스미드의 *rep* 유전자 발현은 *rep* 유전자 전사를 억제하는 서로 다른 플라스미드 유전자 산물에 의해 전사와 전사후 단계에서 각각 조정된다.

## 박테리오 파아지

**박테리오파아지, 즉 파아지**는 분자생물학의 발달에 중요한 역할을 하였다. 파아지는 비교적 구조가 단순하고, 연구 가능한 수많은 돌연변이가 존재하였으며, 그리고 쉽게 증식시킬 수 있었기 때문에, 복제, 전사, 해독, 그리고 조절과 같은 생명의 기본적인 과정에 대한 연구에 매우 유용하게 사용되어 왔다. 이 절에서 파아지 생물학의 기본적인 특징을 공부하고, 몇종의 특정 파아지에서 이들의 생활사의 특별한 단계들을 관찰하여 파아지가 세균 내에서 증식하기 위해 이용하는 방법에 대하여 공부하고자 한다.

박테리오파아지는 박테리아에 기생한다. 박테리오파아지는 세균과는 별도로 존재할 수는 있지만 세균 내에서만 증식이 가능하다. 파아지는 다양한 단백질들을 암호화하는 유전자를 지니고 있음에도 불구하고, 지금까지 알려진 모든 파아지들은 숙주 세포의 리보좀, 단백질 합성 인자들, 아미노산과 에너지 생산 시스템을 이용한다.

파아지는 생존하기 위하여 최소한 다음의 네 가지의 기능을 수행해야만 한다.

1. 핵산을 변형시킬 수 있는 주변 물질들 (예, 핵산을 분해하거나 돌연변이를 유발하는 물질)로부터 자신의 핵산을 보호.
2. 자신의 핵산을 박테리아 안으로 주입.
3. 감염된 세균을 다량의 자손 파아지를 생성하는 파아지 생성 시스템으로 전환.
4. 감염된 세균으로부터 자손 파아지의 방출.

이런 기능은 파아지에 따라 다양한 방식으로 수행되고 있다.

또한 파아지 입자들 (phage particles)은 종마다 구조가 다를 뿐 아니라 때때로 생활사의 특징이 그들이 가진 구조와 연관되어 있다. 그림 14-10은 세 가지의 기본적인 파아지의 구조를 보여준다.

파아지의 유전물질로 가장 보편적인 것은 이중나선의 선형 DNA이다. 그러나, 이중 가닥의 원형 DNA, 외가닥의 선형 또는 원형 DNA, 그리고 외가닥 및 이중 가닥의 선형 RNA를 가진 파아지도 있다 (표 14-4). 파아지가 가진 핵산의 분자량 (즉, 유전정보의 양)은 종간의 차이가 무척이나 크다 (1~100). 이는 분자량의 차이가 약 10%에 지나지 않는 박테리아의 염색체와는 상당히 대조적이다. 큰 핵산 분자를 소유하는 파아지 일수록 더 많은 유전자를 지니며, 결과적으로 더 복잡한 생활사를 유지할 수 있고 그들의 증식을 위해 박테리아의 효소에 더 적게 의존적이다. 몇몇 파아지의 DNA에 나타나는 특징은 표 14-4에서 보는바와 같이 DNA를 구성하는 정상적인 염기 (A, G, C, T)와 다른 특이한 염기들이 존재한다는 것이다. 예로 T4는 시토신 대신 글루코실레이티드 5-하이드록실-메틸시토신 (glucosylated 5-hydroxy-methylcytosine)이, SP01은 티민 대신 하이드록시메틸우라실

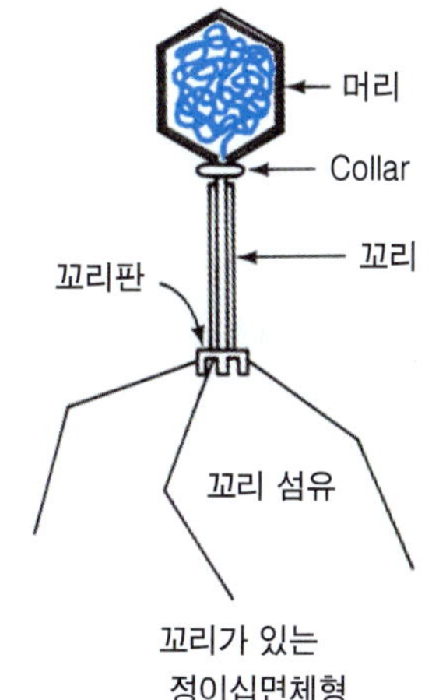

꼬리없는 정이십면체형

꼬리가 있는 정이십면체형

섬유형

그림 14-10 세 가지의 기본적인 파아지 구조의 이차원적 모식도. 청색은 핵산을 나타낸다. 그림 1-2 (1장)에 실린 꼬리가 있는 파아지의 전자 현미경 사진을 참조하시오.

**표14-4** 몇 종의 파아지가 가진 핵산의 성질

| 파아지 | 숙주 | DNA 또는 RNA | 유전물질의 형태 | Weight × $10^6$ | Unusual Bases |
|---|---|---|---|---|---|
| $\Phi$X174 | E | DNA | 단일가닥, 원형 | 1.8 | 없음 |
| M13, fD, f1 | E | DNA | , 원형 | 2.1 | 없음 |
| PM2 | E | DNA | 이중가닥, 원형 | 9 | 없음 |
| 186P | B | DNA | 이중가닥, 원형 | 18 | 없음 |
| B3 | PA | DNA | 이중가닥, 선형 | 20 | 없음 |
| Mu | E | DNA | 이중가닥, 선형 | 25 | 없음 |
| T7 | E | DNA | 이중가닥, 선형 | 26 | 없음 |
| λ | E | DNA | 이중가닥, 선형 | 31 | 없음 |
| N4 | E | DNA | 이중가닥, 선형 | 40 | 없음 |
| P1 | E | DNA | 이중가닥, 선형 | 59 | 없음 |
| T5 | E | DNA | 이중가닥, 선형 | 75 | 없음 |
| SPO1 | B | DNA | 이중가닥, 선형 | 100 | 티민 대신 HMU |
| T2, T4, T6 | E | DNA | 이중가닥, 선형 | 108 | 시토닌 대신 당화된 HMC |
| PBS1 | B | DNA | 이중가닥, 선형 | 200 | 티민 대신 우라실 |
| MS2, Qβ, f2 | E | RNA | 단일가닥, 선형 | 1.0 | 없음 |
| $\Phi$6 | PP | RNA | 이중가닥, 선형 | 2.3, 3.1 5.0* | 없음 |

약어설명: E, *E. coli* ; B, *Bacillus subtilis*; PA, *Pseudomonas aeruginosa*; PB, *Ps. aeruginosa BAL-31*; PP, *Ps, phaseolica*; ss, single-stranded; ds, double-stranded; circ, circular; lin, linear; HMU, hydroxymethyluracil; HMC, hydroxymethylcytosine.
*$\Phi$6는 세 분자의 DNA를 가짐

캡시드

(hydroxymethyluracil)이 존재한다. 파아지의 핵산은 항상 단백질 캡시드 (**coat** 또는 **capsid**)로 둘러 쌓임으로써 세포외 환경과 분리되어 해로운 물질로부터 보호 받는다.

## 파아지의 용균 주기

용균주기
용원주기
독성 파아지
잠재성 파아지

파아지의 생활사 (life cycle)는 크게 **용균주기 (lytic cycle)**와 **용원주기 (lysogenic cycle)**로 구분된다. 용균주기에서 파아지는 감염된 세포를 파아지 제조공장으로 전환시켜, 그 결과 다량의 자손 파아지들이 생산된다. 그림 6-6 (6장)에서 용균주기의 기초적인 특징을 설명하였다. 용균생장만이 가능한 파아지를 독성파아지 (**virulent phage**)라고 부른다. 용원주기 (lysogenic cycle)는 이중 가닥의 DNA를 지닌 파아지에서만 관찰되며, 이 과정에서는 새로운 파아지가 생성되지 않으며, 파아지 DNA는 박테리아의 염색체에 삽입되어있다. 이러한 생활사가 가능한 파아지를 용원성 (혹은 약독성 또는 잠재성, **temperate**)* **파아지라 한다.** 이 절에서는 용균주기의 개요를 먼저 알아보기로 한다. 파아지의 종류에 따라 각 파아지의 세부 생활사는 많은 차이점이 있으나, 그러나, 기본적인 용균주기는 다음과 같다 (그림

* 대부분의 용원성 파아지는 특정한 조건에서는 용균 성장 (lytic growth)을 하기도 한다.

14-11).

1. *파아지가 세균표면에 있는 특별한 수용체 (specific receptor)에 흡착함.* 세균에 존재하는 이런 수용체들은 파아지의 흡착 외에도 세균을 위해 다른 기능을 수행한다 (예로, 파아지 T6의 수용체는 누클레오시드 [nucleosides] 의 세포 내로의 수송에 관여한다).
2. *박테리아 세포벽을 통한 파아지 DNA의 이동.* 일부 꼬리가 있는 파아지 (tailed phage)에서는 그림 14-12에서 도식화한 주입순서에 따라 파아지의 DNA를 세포 내로 이동시킨다.
3. *감염된 세균을 파아지 생산 세포로 전환시킴.* 대부분의 파아지 (모든 파아지의 경우는 아님)는 감염한 숙주세균의 DNA 복제나 RNA 합성능력을 억제하며, 때로는 두 기능을 모두 억제하기도 한다. 이와 같은 세균의 DNA나 RNA 합성 중지는 파아지의 종류에 따라 다양한 방법으로 이루어진다.
4. *파아지 핵산과 단백질 합성.* 파아지는 감염된 세포가 파아지 핵산을 복제하고

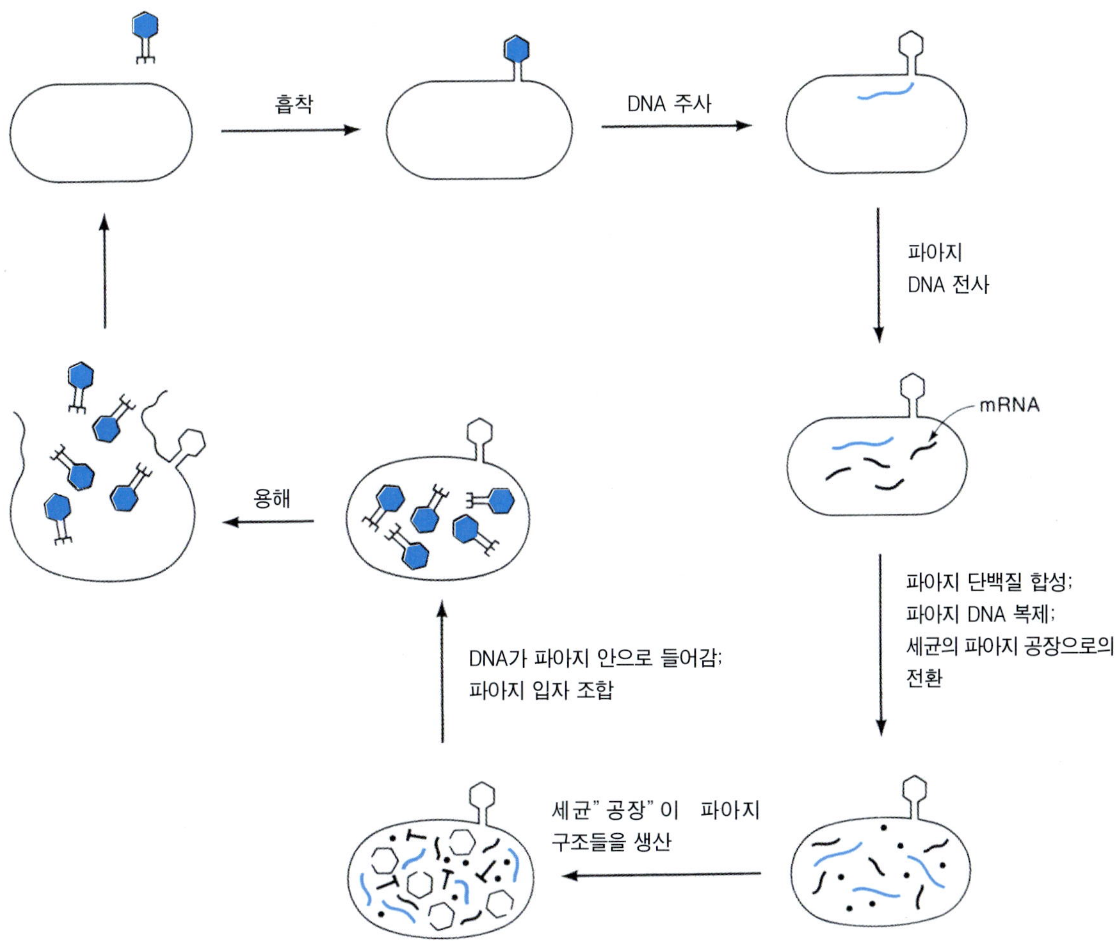


그림 14-11전형적인 파아지의 생활주기.

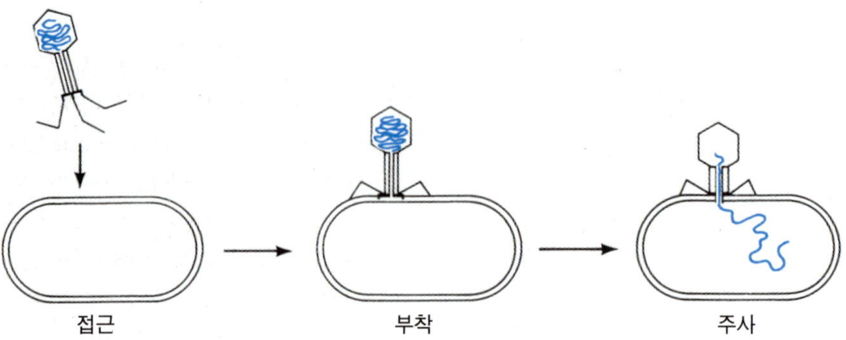


그림 14-12 꼬리 있는 파아지의 DNA주입 순서. 주입시 꼬리 표피 (tail sheath)가 수축하면서 주사기처럼 세포벽을 뚫고 핵심 단백질관 (core protein tube)을 세균에 박는다.

단백질을 합성하도록 감염된 세균의 생화학적 경로를 바꾼다. 이러한 세균의 생화학적 경로의 변경은 파아지 유전자가 전사되고 이어 파아지의 단백질이 합성됨으로써 이루어진다. 파아지 유전자의 전사는 처음에는 거의 대부분 세균의 RNA 중합효소에 의해 시작되나, 감염 후 최초로 발현되는 파아지 유전자들의 전사가 끝난 후에는 세균의 RNA 중합효소가 파아지 특이적 프로모터를 인식하도록 변형되거나, 또는 파아지 특이적 RNA 중합효소가 만들어진다. 유전자의 전사조절에 의해 파아지 단백질들이 필요한 시기에 연속적으로 합성된다. 즉, 감염 후, 각 시기마다 각기 다른 종류의 mRNA들이 만들어진다; 이 mRNA들을 가장 크게 구분하면 초기 mRNA와 후기 mRNA로 나눌 수 있다. 초기 mRNA는 보통 세균이 파아지 DNA를 복제하도록 하는데 필요한 효소들과 후기 mRNA 합성에 필요한 효소들을 암호화하고 있다. 후기 mRNA는 파아지 입자의 구성단백질, 핵산을 파아지 입자 속으로 넣는데 필요한 단백질 및 새로 만들어진 파아지들이 세균을 터뜨리고 나오는데 필요한 효소들을 암호화한다. 보다 더 복잡한 파아지는 보통 몇 단계의 초기 mRNA를 합성하는데, 이들은 특별히 정해진 순서에 따라서 만들어진다. 우리는 이 같이 복잡한 파아지의 예로 파아지 T7에 대해 공부하려 한다.

5. *파아지 입자의 조립*. 이 과정은 때로 **형태형성** (morphogenesis)이라 부른다. 파아지 입자의 조립과정에는 구조 단백질 (Structural proteins)과 촉매단백질 (Catalytic proteins)의 두 종류의 단백질이 필요하다. 구조 단백질은 파아지입자의 성분이되는 단백질을 말하며 촉매단백질은 조합과정에 참여하나 파아지 입자의 구성성분은 아닌 단백질을 의미한다. 촉매단백질 중의 일부를 성숙단백질 (Maturation protein)이라 하며, 이 단백질들은 세균 세포 안의 파아지 DNA를 파아지 입자 안에 집어넣기 적당한 형태로 전환시킨다. 보통 50-1000개의 자손파아지가 하나의 숙주에서 생기는데, 그 수는 파아지의 종류에 따라 다르다.

리소자임

용해

6. *새로 합성된 파아지의 방출*. 대부분의 파아지는 lysozyme 또는 endolysin이라 불리는 파아지 단백질을 감염 후기에 생성한다. 이 단백질은 세포벽을 파괴해서 파아지가 주변환경 속으로 방출될 수 있게 한다. 이 파괴과정을 **세포용해** (lysis)라 한다.

위에서 서술된 과정은 순차적으로 일어나는데, 이런 예로 *E. coli* 파아지 T4의 생활주기를 살펴보자 (37℃에서, 시간은 분 단위):

$t=0$ 파아지가 세균의 세포벽에 흡착한다. 흡착 후 수초이내에 파아지 DNA 가 주입된다.
$t<1$ 첫 번째 파아지 mRNA 합성 시작.
$t=2-3$ 숙주의 DNA, RNA, 그리고 단백질의 합성이 정지됨.
$t=5$ 세균의 DNA가 분해되기 시작. 파아지 DNA 합성 시작.
$t=9$ 후기 mRNA 합성 시작.
$t=12$ 완전한 머리와 꼬리 출현.
$t=13$ 첫 번째 완전한 파아지 입자가 형성됨.
$t=25$ 세균 용해됨; 약 300개의 자손 파아지 방출됨.

이 파아지가 한번의 용해주기를 완료하는데 걸리는 시간 (25분)은 일반적이며, 대부분의 파아지는 20-60분의 용균주기를 갖는데, 이는 대부분 세균의 세대시간과 비슷하다. 동물 바이러스의 생활주기는 24에서 48시간까지 비교적 긴데 이것 역시 동물세포의 세포분열 주기와 비슷하다.

# 특수한 파아지

다른 고등생물체가 가진 복잡성에 비하면, 파아지는 비교적 간단한 생명 형태이다. 그럼에도 불구하고, 전체 생활사에 대한 분자수준의 완전한 이해가 이루어진 파아지는 한 종류도 없다. 가장 많이 연구된 파아지들은 *E. coli*, *Bacillus subtilis*, 그리고 *Salmonella typhimurium*에 감염하는 제한된 종류의 파아지들이다. 각 파아지가 가진 특징들에 의해 특정한 파아지가 특정한 분야의 연구에 보다 더 많이 이용되는 결과를 가져왔다. 예를 들면, 전사조절은 파아지 λ와 T7에서 가장 많이 알려져 있고, 형태형성은 파아지 T4와 λ에서 보다 잘 알려졌으며, 파아지 P1과 P22는 형질도입(transduction)을 이해하는데 첫 번째 단서를 제공했다. 또, T5는 DNA 주입에 대해 가장 좋은 정보를 주었고, T4는 DNA 합성 연구에 가장 적합하고, T7 연구는 어떻게 파아지가 세균을 파아지 생산공장으로 전환하는지를 명확하게 보여준다.

다음 부분에서는 몇몇 파아지의 잘 알려진 특징들에 대하여 알아보고자 한다.

**핵심개념**

**"단순 개놈" 개념**

바이러스의 게놈은 이례적으로 단순한데, 이는 부분적으로 바이러스가 숙주세포로부터 기능들을 빌려 이용하기 때문이다.

## *E. coli* 파아지 T4

*E. coli* 파아지 T4는 박테리오파아지 기준에 의하면 큰 편이다 (표 14-4). T4의 게놈은 166,000쌍의 DNA 염기로 이루어져 있는데, 이는 보통 크기의 유전자 200개 정도를 암호화 (code) 하기에 충분하다. T4의 커다란 게놈은 이 파아지가 숙주의 기능에 보다 적게 의지하며 살 수 있게 하였고, 작은 파아지들 보다 훨씬 더 복잡한 생활주기를 갖는 것을 가능하게 하였다. 이제 T4 DNA 물질대사가 다른 간단한 파아지보다 복잡하고 또 숙주의 DNA 대사에 대해 더 독립적인 점에 대해 살펴보고자 한다.

다른 파아지와는 달리, T4 DNA 복제는 배지에 티민을 첨가하지 않아도 티민을 합성하지 못하는 숙주에서 정상적으로 진행되는데, 이는 T4가 자신의 티미딜레이트 합성효소 (thymidylate synthetase)를 가지고 있기 때문이다. 사실 T4는 핵산대사에 포함되는 디하이드로포레이트 환원효소 (dihydrofolate reductase), 누클레오티드 환원효소 (nucleotide reductase), 티오레독신 환원효소 (thioredoxin reductase)와 같은 많은 효소들을 합성하는 유전자를 갖고 있다. 이 효소들은 단순히 대장균 효소의 기능을 대신하는 것 이상의 기능을 수행한다. 즉, T4의 효소들은 감염된 세포 안에서 T4 DNA가 매우 빠르게 복제되는데 중요한 기능을 한다.

5-하이드록시메틸시토신 (HMC)

T4 DNA 대사의 두 번째 복잡성은 구아노신 (guanosine)과 염기쌍을 형성하는 시토신 대신에 **5-하이드록시메틸시토신 (5-hydroxymethyl- cytosine, HMC)**을 가지고 있는 점이다 (그림14-13). HMC는 포도당 분자가 HMC의 하이드록실기 (-OH기)에 붙는 당화과정 (glucosylation)으로 더욱 변형되며, T4 생활주기에서 중요한 역할을 한다.

대장균은 HMC를 합성하는 효소가 없으므로, HMC의 생합성은 T4가 암호화하는 두 개의 효소-dCMP hydroxymethylase와 dHMP kinase-에 의해 이루어진다.

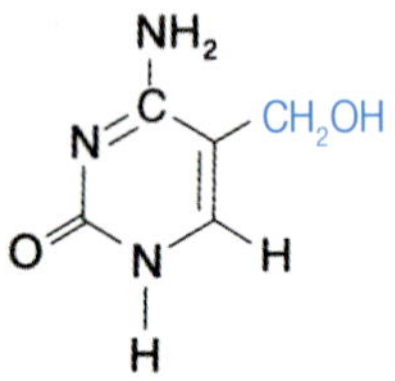


5-하이드록시메틸시토신 (HMC)

그림 14-13 5-하이드록시메틸시토신. HMC의 $CH_2OH$ (청색)가 수소로 치환되면 시토신이 된다.

$$\text{dCMP} \xrightarrow{\text{dCMP hydroxymethylase}} \text{dHMP}$$

$$\text{dHMP} \xrightarrow{\text{dHMP kinase}} \text{dHDP}$$

대장균 효소인 nucleoside diphosphate kinase는 대장균 안에서 모든 nucleoside triphosphate를 만들고, 그 다음 dHDP를 dHTP로 전환시키는데, 이 dHTP는 T4 DNA에 존재하는 HMC의 직전 전구물질이다.

그림 12-5에 나와있듯이, T4는 또한 DNA상의 시토신을 공격해서 DNA를 분해하는 누클리아제 (핵산분해효소)를 암호화하고 있으며, 이 효소에 의해 숙주의 DNA는 mononucleotide로 분해된다. 만약, T4의 DNA가 HMC를 갖고 있지 않으면, T4의 DNA역시 이 핵산분해효소에 의해 분해되어 버릴 것이다. .

대부분의 dCMP는 (새로 합성된 것이든, 숙주의 DNA를 분해하여 얻은 것이든) 서술된 바와 같이 dHMP로 전환된다. 그러나 일부는 dCTP로 전환되어 T4 DNA 합성에 사용될 수 있다. 이 경우, 이 DNA는 파아지가 암호화하는 핵산분해효소의 공격에 의해 파괴된다. 이렇게 dCTP가 T4 DNA의 합성에 사용되는 것을 막기 위해서 dCTPase라고 하는 또 다른 파아지 특이적 효소가 있는데 이것은 dCTP와 dCDP를 모두 dCMP hydroxymethylase의 기질인 dCMP로 분해한다.

비록 HMC를 가진 T4 DNA는 DNase (대부분의 제한효소 포함 (15장 참조))에 의해 분해되지 않으나, 대장균은 HMC를 포함한 특정한 염기서열을 인식하여 분해하는 핵산내부분해효소 (endonuclease)를 갖고 있다. 이런 효소의 공격을 막기 위해 HMC는 당화된다. 이 당화과정은 $\alpha$-glycosyl transferase ($\alpha$ *gt*)와 $\beta$-glycosyl transferase ($\beta$ *gt*)라는 2개의 파아지 효소에 의해 일어나며, 이 두 효소는 각각 우리딘 이인산포도당 (uridine diphosphoglucose, UDPG)으로부터 포도당을 떼어내어, DNA상에 존재하는 HMC로 옮겨준다. 당화는 DNA의 복제 후 일어나는 변형의 한 예이다.

이렇게 당화된 HMC를 포함하는 DNA는 대장균의 핵산내부분해효소에 의해 분해되지 않는다. 간단한 유전적 실험은 당화과정의 필수적이고 또 유일한 기능이 대장균의 핵산내부분해효소로부터 HMC DNA (T7 DNA)를 보호하는 것임을 보여

5′ ——— 3′
ABCDEFG　　　　WXYZ ABC
A′B′C′D′E′F′G′　　　　W′X′Y′Z′ A′B′C′
3′ ——— 5′

그림 14-14 말단부가 중복된 DNA 분자

준다. T4 $\alpha gt^{-}\beta gt^{-}$ 이중 돌연변이는 당화를 수행할 수 없어서, 이 돌연변이 파아지의 새로 합성된 DNA는 대장균 HMC 핵산내부분해효소로부터 공격을 받으므로 정상적인 대장균에서는 증식할 수 없다. 그러나 T4 $\alpha gt^{-}\beta gt^{-}$ 이중 돌연변이도 이 핵산내부분해효소가 없는 돌연변이 대장균 (*rglB*⁻)에서는 자랄 수 있다. 즉, T4 DNA가 파아지 입자로 들어가는 과정 (packaging)에는 당화는 영향을 주지 않는다.

T4 파아지 입자에 있는 T4 DNA 분자의 중요한 특징은 끝부분이 중복(redundant)된다는 것이다 (그림 14-14)-즉, 어떤 염기순서 (전체의 1%정도)가 DNA분자의 양끝에서 반복된다. 말단부 중복 (terminal redundancy)은 많은 파아지 DNA의 특징이며, 몇 가지 방법에 의해 형성될 수 있다.

T4 DNA의 또 다른 특징은 한 군집 안에 있는 각 파아지가 가진 DNA들이 서로 다르다는 점이다. 이런 DNA의 차이점은 비록 이 군집이 하나의 파아지 입자의 증식에 의해 이루어진 경우에도 마찬가지로 나타난다. 이는 T4의 DNA가 순환적으로 치환 (**circularly permuted**)되어있기 때문이며, 이 말의 의미는 그림 14-15에 설명되어 있다. 이 그림에서 보면, 한 파아지의 양끝에 있는 염기서열은 동일하다 (terminal redundancy). 그러나 각 파아지 DNA의 양끝에 있는 DNA는 서로 다르며, 한 파아지의 말단에 존재하는 염기서열 (예, ABC)은 다른 파아지의 경우에는 다른 위치에 존재한다. 즉, 순환적 치환은 한 파아지 군집의 특성이고, 말단부 중복 (terminal redundancy)은 한 파아지에서 나타나는 특징이다. 순환적 치환과 말단부 중복은 모두 T4 DNA를 이 파아지의 머리 (head)부위 속으로 집어넣는 기작에 의해 생긴 결과이다.

순환적 치환

T4 DNA가 파아지의 머리 속으로 어떻게 들어가는가는 아직 완전히 알려지지는 않았다. 기본적인 문제는 긴 T4의 DNA (166,000 염기 쌍)가 어떻게 파아지의 머리 속으로 들어갈 수 있게 단단히 접히는가 하는 문제이다. 현재까지의 견해는 파아지 DNA의 한 끝이 아직 완전히 형성되지 않은 파아지의 머리 속에 있는 단백질에 결합하면서 DNA의 포장(packaging)이 시작되고, 이어서 응축 단백질 또는 폴리아민

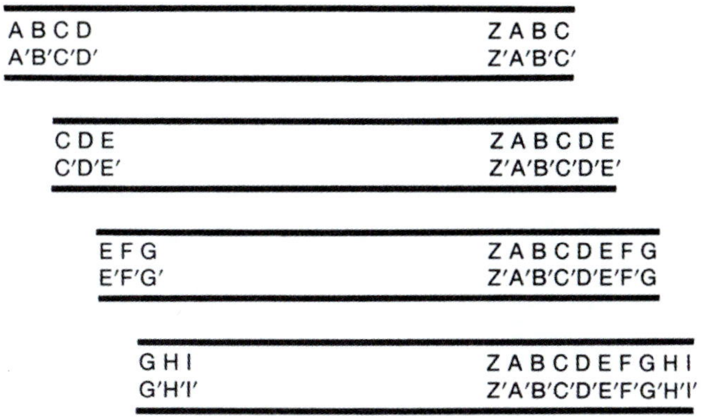

ABCD　　　　ZABC
A′B′C′D′　　　　Z′A′B′C′

CDE　　　　ZABCDE
C′D′E′　　　　Z′A′B′C′D′E′

EFG　　　　ZABCDEFG
E′F′G′　　　　Z′A′B′C′D′E′F′G

GHI　　　　ZABCDEFGHI
G′H′I′　　　　Z′A′B′C′D′E′F′G′H′I′

그림 14-15 유전자의 위치가 순환적으로 치환하는 중복말단부위를 가진 DNA의 예.

과 같은 작은 염기성 분자의 기능에 의해 DNA의 접힘이 일어난다고 생각한다 (그림 14-16).

이 과정에서 현재까지 가장 잘 알려진 사실은 각 파아지의 머리 속으로 들어가는 DNA는 길게 반복된 DNA 연쇄체에서 잘라진 것이라는 점이다. 이때, 이들이 잘리는 위치는 특정한 염기서열에 의해 결정되는 것이 아니라, 얼만큼의 DNA가 파아지의 머리속에 들어갔는가에 의해 결정된다. 만약, 특정한 염기서열에서 T4의 DNA가 잘라진다면 순환적 치환은 일어날 수 없다. 이런 기작을 headful mechanism이라 하며, 이 과정은 T4 DNA에서 나타나는 말단부 중복과 순환적 치환이 생기는 이유를 설명한다 (그림 14-17). 이 과정을 이해하는 요점은 T4 파아지입자 안에 들어가는 DNA의 길이가 T4 파아지가 자신의 단백질을 암호화하는데 필요한 양보다 길다는 점이다. 따라서 특정한 염기서열이 반복되어 있는 하나의 긴 DNA를 이 방식으로 자르게 되면, 가장 나중에 파아지 머리 안으로 들어간 DNA는 최초에 들어온

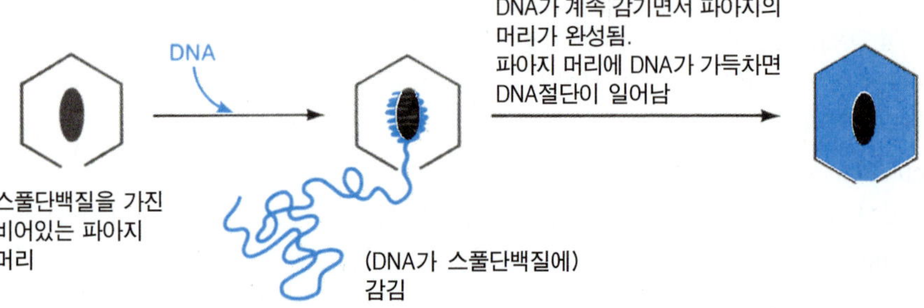


그림 14-16 T4 머리에 DNA가 포장되는 모델. 머리 단백질의 절단과 재배열은 이 과정의 여러 단계에서 일어남이 알려져 있다.

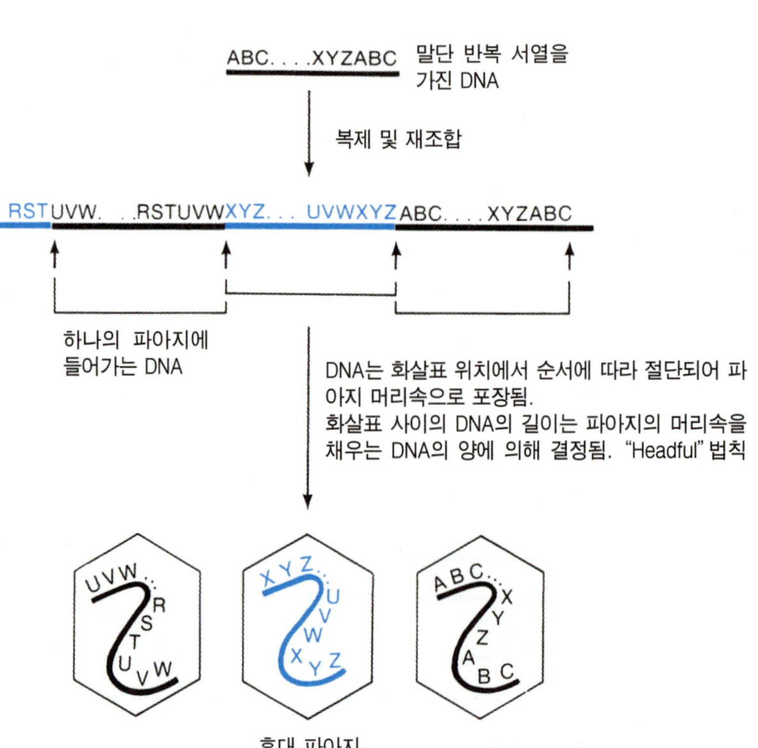


그림 14-17 T4 DNA가 순환적으로 치환된 순서를 가진 이유. 반복되는 DNA를 쉽게 보기 위해 다른 색으로 표시하였음

DNA와 동일한 염기서열을 가지게 된다 (말단부 반복). 이어 두 번째 파아지의 포장이 일어나면, 이 파아지에서 최초로 포장되는 DNA의 염기서열은 먼저 포장된 파아지 DNA의 처음 부분과 다르게 되고, 또 이 두 번째 파아지 DNA 역시 말단염기서열의 반복이 일어나므로, 세 번째 파아지의 DNA 포장은 또 다른 부위에서 시작된다. 이런 기작에 의해 하나의 감염된 세균에서 만들어진 파아지의 DNA들이 순환적 치환을 하게된다.

## 대장균의 T7 파아지

파아지 T7은 중간 크기의 파아지로 T7의 DNA는 분자량이 26 × $10^6$이며, 특이한 염기는 존재하지 않는다 (표 14-4). T7의 DNA에서도 말단염기서열의 반복(160 염기 쌍)은 존재하나, 순환적 치환은 일어나지 않는다. 이 DNA는 단백질로 구성된 머리 안에 존재하며, 이 머리에는 아주 짧은 꼬리가 붙어있다.

T7 파아지는 T4보다 유전자의 수가 적으며 (약 50개) 따라서 이 파아지의 생활사는 비교적 용이하게 분석할 수 있다. 더구나 이 파아지가 암호화하는 단백질은 전기영동기법에 의해 확인되었으며, 이들의 아미노산 서열 역시 화학적인 방법을 이용하여 밝혀졌다. T7 DNA (39,930 염기쌍)의 전체 염기서열이 밝혀졌으며, 이에 의해 모든 프로모터, 터미네이터, 전사조절 부위, 유전자와 유전자 사이의 부위, 리더부위, 단백질합성 시작 코돈 및 종료 코돈과 함께 이 파아지의 모든 유전자에 대한 연구가 가능하게 되었다. T7 파아지의 분자생물학은 많은 것이 알려져 있으나 우리는 이 파아지의 전사조절에 대해 주로 공부하려 한다.

T7 파아지의 전사는 세 단계로 순차적으로 일어나며 (그림 14-18) Class I RNA들이 제일 먼저 합성된다. Class I RNA들의 전사는 T7 DNA의 왼쪽 끝 가까이 있는 3개의 프로모터 (*pI*)에서 대장균의 RNA 중합효소에 의해 시작되며 터미네이터 ($T_E$)에서 끝난다. 이런 결과에서 유추할 수 있듯이, *pI*의 염기서열은 대장균 프로모터의 염기서열과 매우 유사하다.

Class I 유전자 중 두 개는 Class II와 III 유전자의 전사에 필수적인 단백질을 암호화하고 있다. 이 중 하나는 단백질 키나아제로 대장균의 RNA 중합효소를 인산화하여 비활성화시킨다. 그러나 이 인산화만으로는 대장균 RNA 중합효소를 완전히 비활성화하지는 못한다. 다른 하나는 T7 RNA 중합효소이며, 이 효소만이 Class II와 III RNA 합성에 관여하는 프로모터 (*pII*과 *pIII*)를 인식할 수 있다. 이 두 종류의 T7 파아지의 프로모터 염기서열은 대장균의 것과는 매우 다르다.

T7 RNA 중합효소는 대장균의 RNA 중합효소와 달리 터미네이터 ($T_E$)를 인식하지 못하므로, Class II의 전사는 $T_E$를 지나 다른 터미네이터 ($T_\phi$)까지 진행된다 (그림 14-18). Class II RNA들은 이 파아지의 DNA 복제에 필요한 단백질, 파아지 머리의 주 구성단백질, 그리고, 대장균의 RNA 중합효소에 대한 또 하나의 억제인자를 암호화하고 있다. 이 Class II RNA가 암호화하는 억제인자에 의해 남아 있던 대장균의 RNA 중합효소의 기능이 완전히 억제된다.

$T_\phi$에서 Class II RNA의 전사는 약 90% 정도 종결되며, 따라서 10% 정도의 Class II RNA들은 T7 DNA의 오른쪽 끝까지 전사가 계속된다. 이 지역 ($T_\phi$ 이후)에는 파아지의 꼬리형성, 성숙, 및 숙주세포의 용해에 필요한 유전자가 암호화되어 있으며, 이들 단백질은 모두 파아지의 머리 단백질 보다 소량 합성된다. DNA 복제

에 필요한 단백질은 효소들이므로, 파아지의 머리나 꼬리를 형성하는데 필요한 단백질에 비하면 매우 소량만이 필요하다. 따라서 감염 후기에 이들 단백질이 더 이상 필요 없게되면, Class II의 전사는 중지되고, Class III의 전사가 시작된다.

Class III RNA들의 전사는 $T_\phi$의 왼쪽에 있는 7개의 *pIII* 프로모터에서 시작되며 파아지의 구조단백질과 대장균의 용해에 필요한 단백질을 암호화하고 있다. 이렇게 시작된 Class III RNA들의 전사는 Class II RNA의 전사와 마찬가지로 $T_\phi$에서 90% 정도가 종결된다. 그러나 유전자 12 (그림 14-18)의 오른 쪽에 3개의 *pIII*가 더 존재하고 있으므로, 파아지 T7의 유전자 중, 유전자 11과 12의 발현만이 $T_\phi$에서 전사종결이 일어나지 않은 RNA (read-through transcripts)에 전적으로 의지하게 된다.

T7 파아지의 Class II와 III 유전자들의 시간적인 전사조절은 특이하지만 파아지 λ에서 일어나는 전사조절에 비해 단순하다. Class II 유전자의 전사억제는 각 프로모터의 세기 (각 프로모터에서 얼마나 많은 RNA의 합성이 일어나는가?)와 전사억제인자의 합성에 의해 결정된다. Class II유전자의 프로모터는 Class III유전자의 프로모터에 비해 전사를 일으키는 힘이 약하고 또 Class II RNA중의 하나는 전체적인 전사활성을 억제하는 단백질을 암호화하고 있다. 이 단백질이 만들어지면, 전사는 강한 프로모터 (*pIII*)에서만 시작될 수 있다.

T7 파아지에서 Class III유전자의 발현을 지연시키는 기작은 매우 독특하다. 대부분의 파아지가 숙주세포에 흡착한 후 수 초 이내에 자신의 DNA를 숙주세포에 주입하는 반면에, T7 파아지가 자신의 DNA를 대장균에 주입하는데는 약 10 분이 걸린다. 그러므로, 이 DNA주입기간 중의 일부기간에서는 T7 RNA 중합효소가 결합하여 RNA합성을 시작할 수 있는 프로모터로는 *pII* 프로모터만이 존재한다. 이 파아지가 흡착한 후 약 7분이 지나서야 *pIII* 프로모터 지역의 DNA가 숙주 내로 주입된다.

지금까지 공부한 T7 파아지의 전사조절기작을 요약하면 다음과 같다. 첫째로, 대장균의 RNA 중합효소에 의해 Class I RNA들이 전사된다. 이 RNA중의 하나는 전사억제자를 암호화하고 있으므로, 이 단백질 (억제자)이 만들어지면, Class I 유전

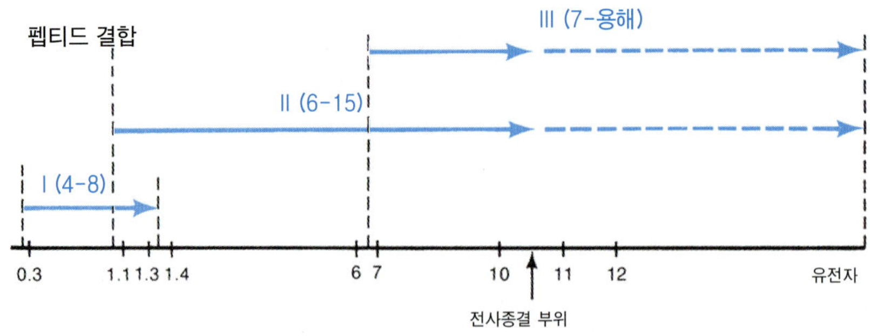


그림 14-18 파아지 T7의 전사 지도. 검은 색은 DNA와 유전자 번호를 나타내고 청색은 세 그룹의 RNA들 (Class I, II, III)을 나타냄. 청색 숫자는 파아지가 감염 후 각 RNA들이 전사되는 시간 (분, 37℃)을 나타냄. 검은 화살표는 전사종결부위를 표시하고 있으며, 이 전사종결부위에서 약 90%의 전사가 종결됨. 따라서 약 10%의 Class II와 III RNA의 전사는 점선으로 표시된 것과 같이 계속 진행됨.

자들의 전사는 대부분 억제된다. Class I RNA중의 하나가 암호화하는 T7 RNA 중합효소에 의해 프로모터 *pII*에서 Class II의 전사가 일어나며, Class II 유전자 중 하나가 암호화하는 단백질에 의해 Class I 유전자의 발현은 완전히 억제된다. T7 파아지의 DNA가 천천히 세포 내로 주입되기 때문에, T7 RNA 중합효소는 *pIII*에서의 RNA합성을 감염초기에는 (< 7 분) 시작할 수 없으나, 일단 *pIII*부위가 세포 내로 주입되면 Class III RNA들의 합성이 시작된다. 이런 조절의 결과, DNA복제에 필요한 단백질은 감염초기에 합성되고 파아지 입자를 만드는 구성단백질의 합성은 그 후에 일어난다.

## 대장균 파아지 M13

파아지 M13 (그림 14-19)은 지금까지 우리가 공부한 파아지들과 여러 면에서 다르다. M13은 현재까지 알려진 파아지 중 가장 작은 종의 하나로 (표 14-4), 이 파아지의 게놈은 10개의 유전자로 구성되어 있고, 이들 모두가 필수적인 유전자이다 (그림 14-20). 이 파아지 입자는 6,407염기로 된 단일가닥의 원형 DNA (바이러스 가닥 또는 (+) 가닥 DNA)를 가지고 있다. M13은 막대모양의 섬유상 (filamentous)파아지이며, 이 안에 파아지 입자의 길이의 서너배가 되는 원형의 DNA가 들어 있다. 이 파아지는 대장균의 수컷 ($F^+$) 에만 흡착할 수 있으며, 감염된 세포를 용해하지 않는다. 감염된 세포는 계속 분열·생장하며, 한번 분열할 때마다 한세포에서 100-200개의 파아지 입자가 만들어 진다.

그림 14-19 파이지 M13의 전자현미경 사진.

여기에서는 M13의 DNA 복제와 이 파아지가 DNA 재조합기술에 기여한 역할에 대해 공부하고자 한다.

(-) 가닥의 복제의 첫 단계는 대장균 RNA 중합효소가 외가닥 (+ 가닥)의 바이러스 DNA 분자상의 (-) 오리진 (origin; DNA 복제 시작 부위)에 RNA 프라이머를 합성하는 일이다. 프라이머의 길이는 30 누클레오타이드이며, 대장균 DNA 중합

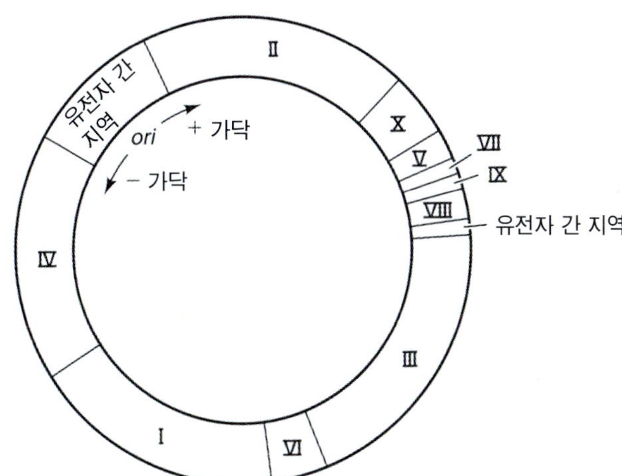


그림 14-20 파아지 M13의 유전자 지도. 유전자는 로마 숫자로 표시하였음: II-DNA복제관련 유전자; V-단일 줄기 DNA결합 단백질; VIII-껍질 단백질 (major); IX-껍질 단백질 (minor). DNA 복제 시발점 (Origin)은 유전자 II과 IV사이에 존재.

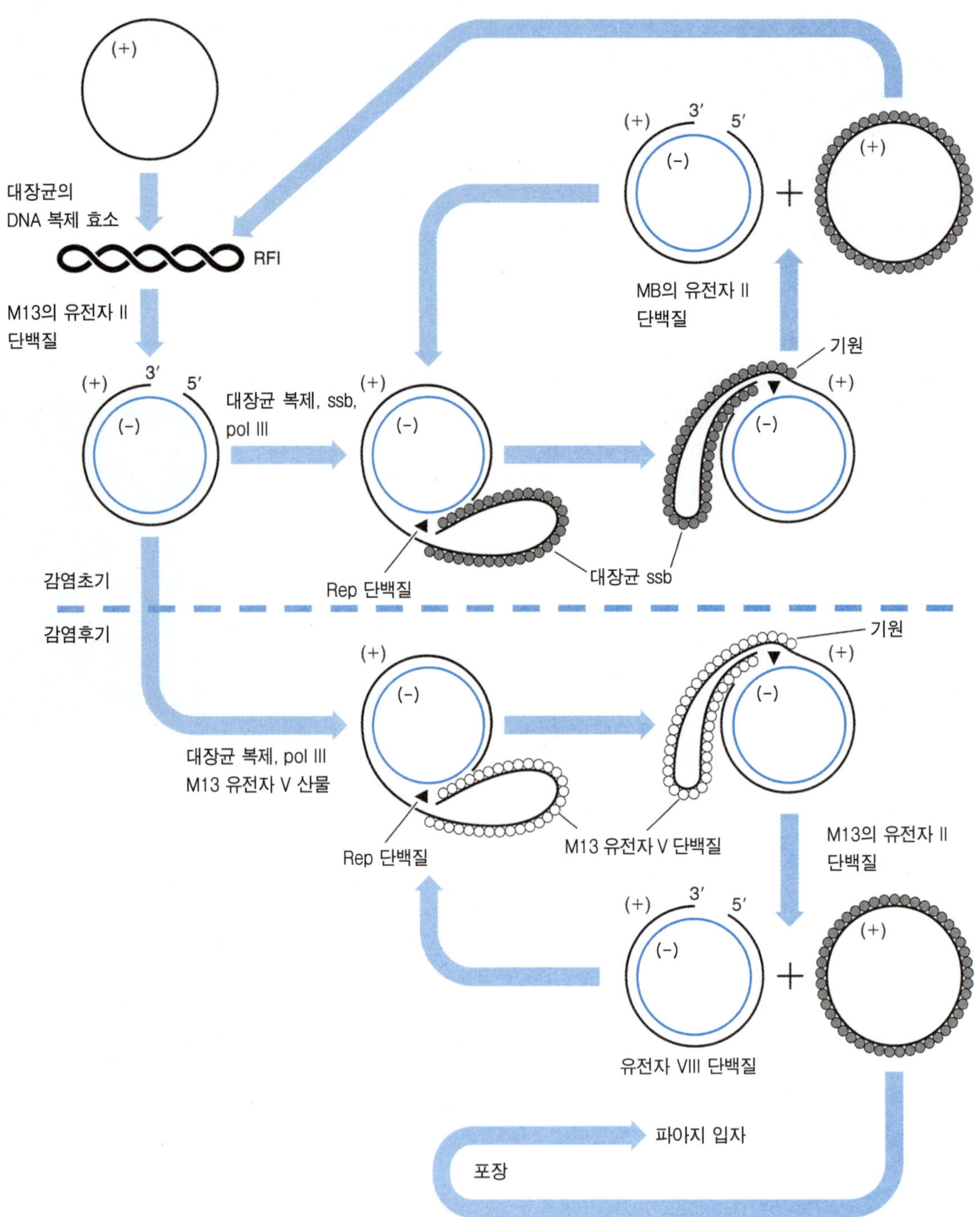


**그림 14-21 M13 파아지의 복제 모식도.** 대장균 복제 효소들은 외가닥의 파아지 DNA를 RFI 형태로 전환시키고, 이는 곧 M13 유전자 II 단백질에 의해 틈이 형성된다. 이어서 회전환 복제 (제 7장 그림 7-9 참고)에 의해 딸가닥 (청색)과, 감염 초기의 경우 대장균 ssb (속을 칠한 원들)로 덮혀진, 감염 말기의 경우 M13 유전자 V 단백질 (속을 비운 원들)로 덮혀진 치환되어진 (+) 외가닥이 형성된다. (+) 가닥 전체가 치환되어지면 딸 (+) 가닥으로부터 잘려져서 M13 유전자 II 단백질의 연결작용에 의해 원형화된다. 이제 다시 새로운 주기가 가능해진다. (−) 가닥에는 분절이 전혀 형성되지 않는 것을 주목하라. 바이러스에서 M13 유전자 V 단백질로 덮혀진 (+) 가닥은 M13 유전자 V 단백질이 유전자 VII 단백질로 치환된 후 파아지 입자 안으로 들어간다.

효소 III가 이 프라이머의 3'-OH 말단으로부터 DNA를 합성한다. 이 DNA 중합효소 III에 의한 DNA합성은, 합성되는 DNA가 원형인 (+) 가닥의 둘레를 돌아 프라이머의 5'-P 말단에 도달할 때까지 계속된다. 이어서 대장균의 DNA 중합효소 I 이 RNA 프라이머를 분해하면서 DNA를 계속 합성하며, 이 합성된 (-) 가닥의 두 말단은 대장균 DNA 리가아제에 의해 즉시 결합된다. 결과적으로 형성되는 초나선형 이중가닥 분자는 복제형 분자 I (**RFI, replication form I**)으로 불리워 진다.

RFI, 복제형 I

바이러스의 "딸" 가닥-새로운 (+) 가닥-합성에는 M13 유전자에 의해 암호화된 단백질 (M13 유전자 II 산물)이 요구된다. 이 가닥들은 변형된 회전환모델에 의해 RFI을 주형으로 만들어진다 (그림 14-21). M13 유전자 II 단백질이 (+) 기원에서 (+) 가닥에 틈을 형성하면서 복제가 시작된다. 대장균 DNA 복제에 이용되는 단백질들 (Rep, ssb, DNA 중합효소 III)을 사용하여 새로운 (+) 가닥이 틈이 형성된 자리의 3'-OH 말단으로부터 합성되어 지며, 이와 함께 원래 존재하던 (+) 가닥은 합성되는 새로운 (+) 가닥에 의해 (-) 가닥에서부터 분리되면서 ssb로 싸여진다. 새로운 (+) 가닥의 합성이 기원에 도달할 때, 오래된 (+) 가닥에 M13의 유전자 II 단백질에 의해 다시 틈이 형성되고, 또 이 단백질에 의해 이 DNA의 3'-OH와 5'-P 말단이 연결되어 새로운 원형의 (+) 가닥이 복제 중인 이중가닥 DNA (RF)로부터 떨어져 나오게 된다.

이 과정에서 중요한 점은 RF들의 복제에 의해 새로운 이중가닥의 딸분자들이 직접 생성되는 것이 아니라는 점이다. 복제가 한번 이루어진 후 형성되는 산물은 원형의 단일가닥 (+) DNA와 이중가닥의 RF 분자이다.

감염 초기에 새로 합성된 (+) DNA 가닥들은 (-) DNA 가닥의 합성을 위한 주형으로 작용하여 결과적으로 RF-->RF 복제가 가능하게 한다. 이 시기에 RF를 주형으로 M13유전자의 전사도 일어나, 세포막과 결합하는 외피단백질 (coat protein, 유전자 VII 산물)과 DNA 복제의 마지막 시기에 필요한 외가닥의 DNA와 결합하는 단백질인 유전자 V 산물을 생성시킨다.

RF→RF에서 RF→ss으로의 전환은 유전자 V 단백질이 충분히 축적되어, 이 단백질이 새로 합성된 (+) DNA (바이러스 DNA)와 결합하여, 이들 (+) DNA가 (-) 가닥 DNA 합성을 위한 주형으로 작용하지 못하게될 때 일어난다. 이어서 유전자 V 단백질과 바이러스 DNA 복합체는 세포막으로 이동되어 이곳에서 유전자 V 단백질이 외피 단백질로 치환되어진다. 완성되어진 바이러스 입자들은 세포를 용해시키지 않으면서 세포막을 통과해 밖으로 분비된다.

만일 (-) 기원 근처에 외부 DNA가 삽입되어 M13 DNA 분자의 크기가 늘어난 경우에도 파아지의 기능상의 변화는 일어나지 않는다. 확장된 분자는 복제되어 더 큰 외피내로 들어간다 (T4와는 달리, M13은 DNA 분자의 크기가 파아지 입자의 크기를 결정한다). 그러므로, M13은 DNA 클로닝에 매우 유용하게 사용된다. DNA 재조합 기술을 이용하여 외부 DNA를 M13 DNA에 삽입할 수 있으며, 이렇게 삽입된 DNA는 M13분자의 일부로 복제되어진다. 이렇게 복제된 DNA는 DNA의 염기서열결정 (DNA sequencing)과 특정부위에 돌연변이를 도입 (site-directed mutagenesis)하는 경우 및 여러 다른 실험에 필요한 단일가닥 DNA를 다량 합성하는 방법으로 매우 유용하다 (제15장 그림 15-9 참조).

## 대장균 파아지 λ : 용균주기

λ는 용원성 대장균 파아지로 두 개의 다른 생활사-자손파아지가 형성되는 용균주기와 파아지의 DNA가 세균의 염색체 내로 삽입되는 용원주기-를 수행할 수 있다. λ가 가진 매우 독특한 조절계의 기능에 의해 이 파아지가 세균에 새로 감염한 경우, 어떤 생활사 (용균주기 vs 용원주기)를 이용할 것인가가 결정된다.

접착말단

λ의 DNA는 이미 염기서열이 규명된 48,489 누클레오티드 쌍을 지닌 이중나선의 DNA와 각 가닥의 5'-P 말단에 붙어있는 12 누클레오티드 단일가닥 DNA의 두 가지 구성성분을 갖고 있다. 두개의 말단 외가닥 부위는 서로 상보적인 염기서열을 지니며, **접착말단 (cohesive end)**이라고 한다. 선형인 λDNA가 대장균 내로 주입되면, 두 접착말단의 상보적인 염기 사이의 수소결합에 의해 염기쌍이 형성되어 원형의 DNA로 된다 (그림 14-22). 인접한 5'-P, 3'-OH 부위는 바로 대장균 DNA 리가제에 의해 봉합되고, 이어서 대장균의 토포이소머라제에 의해 초나선 DNA로 된다. 이 과정에는 λ가 암호화하는 단백질은 전혀 관여하지 않는다.

λ 파아지의 유전자 배열은 그림 14-23에 나타나 있다. 다른 파아지에서 관찰된 것과 같이 (제7장 참조) 유전자들이 기능에 따라 군집을 형성한다. 예를 들어, 머리, 꼬리, DNA 복제, 그리고 재조합에 관여하는 유전자들은 각 기능에 따라 4개의 서로 다른 그룹을 형성한다. 이렇게 하나의 공통된 기능에 관여하는 유전자들이 군집을 형성하고 있고, 또 이들이 동일한 가닥의 DNA에 존재하므로 λ 파아지의 유전자 발현은 적은 수의 조절부위에 의해서도 조절이 가능하다 (그림 14-23).

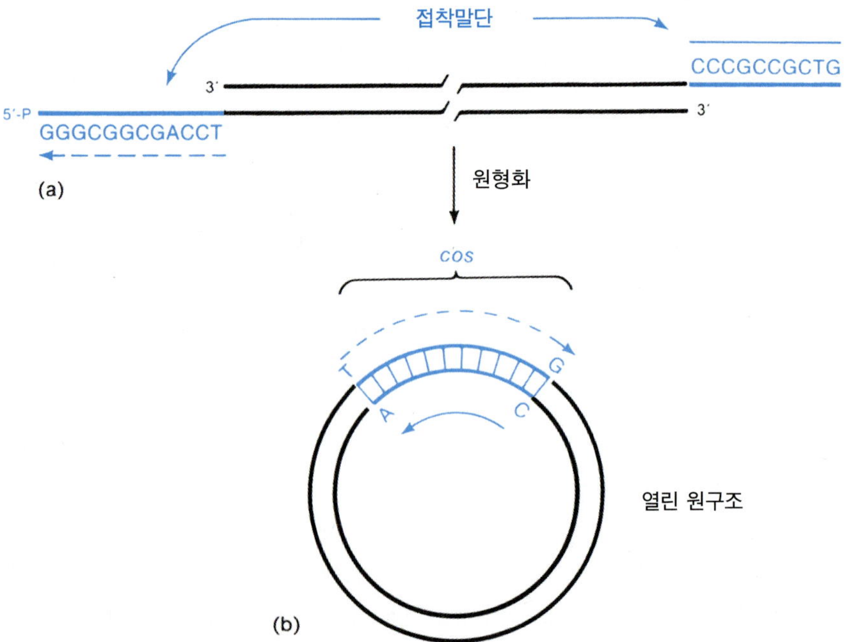


그림 14-22 (a) 상보적인 외가닥 말단 (접착말단)을 나타낸 λDNA 분자의 모식도. 12개 염기 중 10개가 G 혹은 C임을 주목할 것. (b) 접착말단의 염기쌍 형성에 의한 원형화. 형성된 이중가닥 부위를 cos라고 명명.

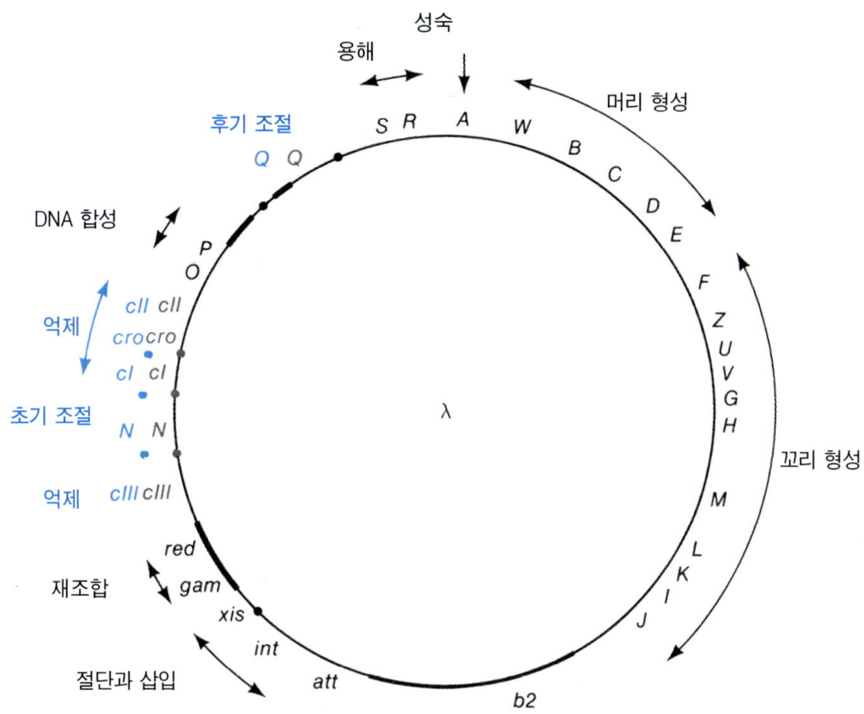


그림 14-23 파아지 λ의 유전자 지도. 조절 유전자와 그 기능은 청색으로 표시되어 있으며, λ의 일부유전자 만을 표시하였음. 주요 조절 부위는 검정색 원으로 표시. 용균주기와 용원주기에 필수적이지 않은 부위들은 굵은 선으로 표시.

먼저 파아지 λ의 용균주기, DNA 복제, 그리고 복제된 DNA의 성숙 (maturation) 과정을 조절하는 기작에 대하여 알아보고, 이어서 용원성 경로의 조절사항들과 λ의 감염시 용균주기와 용원주기를 결정하는 요소들에 대하여 알아보기로 한다.

λ의 전사는 시간적으로 다음 3 단계-극초기 (very early), 초기 (early), 말기 (late)-로 일어난다. 극초기와 초기 전사는 이 파아지가 용균주기 또는 용원주기를 결정하기 전에 일어나므로, 두 종류의 감염경로에서 모두 동일하다. 극초기 mRNA는 조절 단백질을 암호화하고, 초기mRNA들은 DNA 복제 및 재조합에 필요한 효소들을, 그리고 용균주기의 말기에 전사되는 mRNA는 파아지 입자를 구성하는 구조단백질과 세균의 용해에 필요한 단백질들을 암호화한다.

T7과 뚜렷한 차이를 나타내는 점은 모든 λ의 mRNA는 대장균의 RNA 중합효소를 이용하여 합성된다는 점이다. 이들 세 종류의 mRNA (극초기, 초기, 말기) 중, 어떤 종류의 mRNA가 합성되는가의 조절은 전사의 개시와 종결을 함께 조절함으로써 이루어진다. 전사개시는 λ가 암호화하는 전사활성인자 (*cI*과 *cII*) 와 억제인자 (*cI* 와 *cro*) 에 의해 조절되며 (*cI, cro*는 제5장 그림 5-13에 설명되어 있음) 이 단백질들은 RNA 중합효소가 프로모터에 결합하여 작용할 수 있는가의 여부를 결정한다. 전사종결은 파아지 유전자가 암호화하고 있는 **항전사종결인자** (antiterminator) 인 *N*과 *Q*에 의해 조절되며, 이들은 RNA 중합효소가 특정 전사종결부위를 무시하고 계속 전사를 수행하도록 한다.

항전사종결인자

시간적인 전사조절은 조절단백질 들이 순차적으로 합성되어 가능해진다. 다음의 예를 생각해보자. 한 DNA에 다음과 같은 유전자가 존재한다.

*p A B t1 C t2*

이때, *p*는 프로모터, *A, B, C*는 유전자, *t1*과 *t2*는 전사종결부위이다. 처음에 RNA 중합효소가 *p*에 결합하여 유전자 *A*와 *B*를 전사하고 이 전사과정은 *t1*에서 종결될 것이다. 이 과정에 의해 세포 내에는 단백질 *A*와 *B*가 축적되게 된다. 만일 단백질 *B*가 항전사종결인자라면, 세포 내에 *B*의 양이 증가함에 따라, 이 단백질의 기능에 의해 RNA 중합효소는 *t1*을 무시하고 전사를 계속 진행하여 유전자 *C*가 전사된다. 따라서, 유전자 *C*의 산물이 만들어지기 위해서는 먼저 유전자 *B*가 발현되어야 한다. 그러므로, 유전자 *C*가 암호화하는 단백질은 유전자 *A*의 단백질보다 늦게 합성되게 된다. 이런 조절에 관한 자세한 사항은 미생물 유전학 교과서를 참조하기 바란다.

λDNA는 감염 직후 두개의 서로 상보적인 접착말단부위가 염기쌍을 형성하여 원형의 DNA로 되고, 이때 두 접착말단의 결합에 의해 생긴 부위를 cos 라 한다는 것은 앞에서 언급하였다. λDNA는 파아지 머리 내에서 직선 형태로 존재하기 때문에 생활 주기의 어떤 시기에서는 반드시 한 가닥으로 된 접착말단이 다시 만들어져야 한다. 접차말단 부위의 형성은 **종결효소**(terminase, Ter)라 불리는 절단 시스템에 의해 수행되며 자손 DNA의 cos 부분 안쪽을 자른다. 그러나 이런 절단은 처음 복제된 원형의 자손DNA들에서는 일어나지 않는다. 즉, DNA 복제와 cos 부위절단은 특정한 방법에 의해 조절되며, 이 조절방법은 많은 다른 파아지들에서도 발견된다. λDNA 복제의 제일 처음 단계는 7장에서 설명한 것과 같은 양 방향 θ 복제 (bidirectional θ mode) 이며 (그림 7-4), 그 결과 원형의 자손 DNA가 합성된다. 이렇게 복제된 원형 DNA를 주형으로 회전환 양식의 DNA 복제가 일어나 긴 선형의 자손 DNA가 합성된다 (그림 14-24). 이 선형의 DNA는 종결효소에 의해 cos 부위에서 절단되어 파아지 입자에로 들어가는 자손 DNA가 된다. 회전환의 환형 부분은 절단되지 않는데 (만약 절단되면 더 이상 복제가 일어나지 않을 것이다) 그 이유는 종결 효소가 작용하기 위해서는 2개의 cos 부위나 혹은 하나의 cos 부위와 단일 가닥의 종결부분이 필요하기 때문이다. 그러므로 λDNA의 절단은 그림 14-25에서 보여주는 것과 같이 선형 DNA의 끝으로부터 순차적으로 일어난다. 패키지 된

종결효소

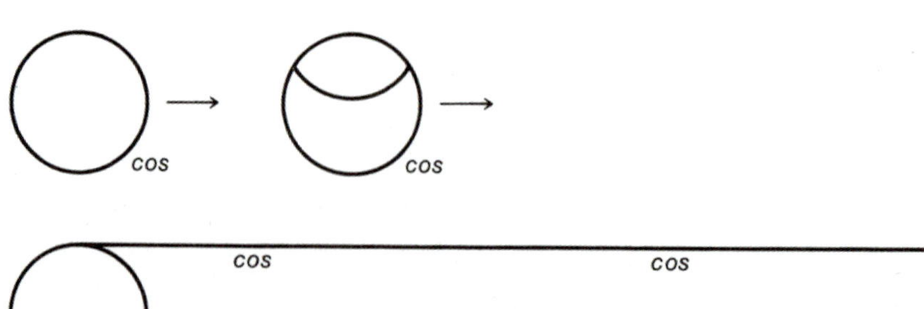


그림 14-24 파아지 λ의 DNA 복제 순서

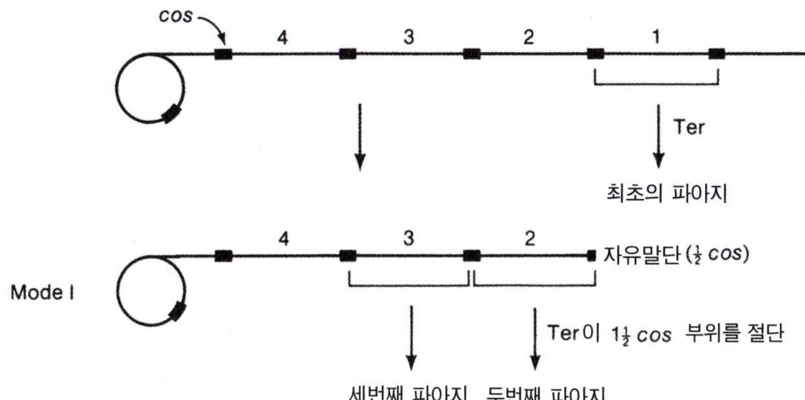


그림 14-25 회전환 모드에 의해 복제된 선형의 λDNA가 cos에서 단위 길이로 절단되는 모식도. λDNA는 선형 DNA의 끝에서부터 종결효소에 의해 절단된다.

DNA의 양을 결정하기 위한 이러한 기작은 T4 파아지에서 사용되는 기작 (headful mechanism)과 근복적으로 다르다. M13과 같이 λ에 있어서 파아지 염색체의 길이는 파아지 입자에 DNA가 얼마나 많이 포장되는지를 결정한다.

## 대장균 파아지 λ: 용원 주기

용원주기는 두 가지 유형이 있다. 파아지 λ의 용원주기는 일반적인 유형의 표본이며 그것의 중요한 특징은 그림 14-26에서 보여진다.

1. DNA 분자가 세균 내로 주입된다.
2. 파아지 DNA의 세균 염색체로의 삽입에 필요한 효소의 생산과 파아지의 용해주기에 필요한 유전자의 전사를 억제하는 억제인자 생산을 위해 짧은 기간 전사가 일어난 후, 전사가 중지된다.
3. 파아지 DNA는 세균의 DNA 내로 삽입되어 **프로파아지** (prophage)를 형성한다.
4. 세균은 계속해서 자라고 분열하며 프로파아지는 세균 염색체의 부분으로서 복제된다.

프로파아지

대장균 파아지 P1은 λ와는 다른 타입의 용원주기를 가진다. 파아지 P1의 DNA

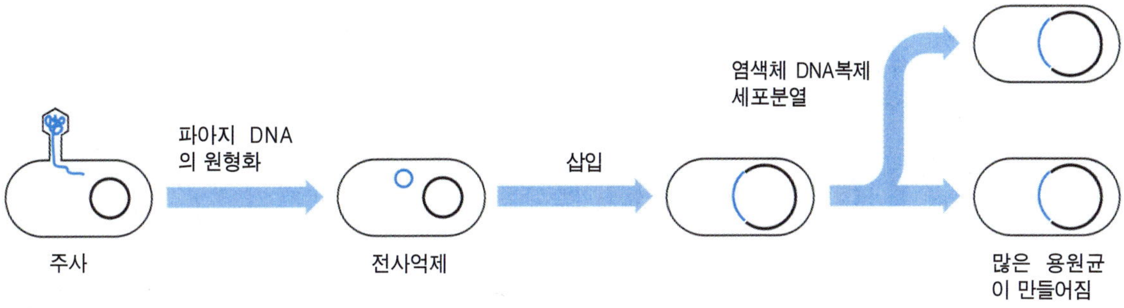

그림 14-26 대장균의 염색체에 파아지 DNA가 삽입되어 용원균을 형성하는 일반적인 과정.

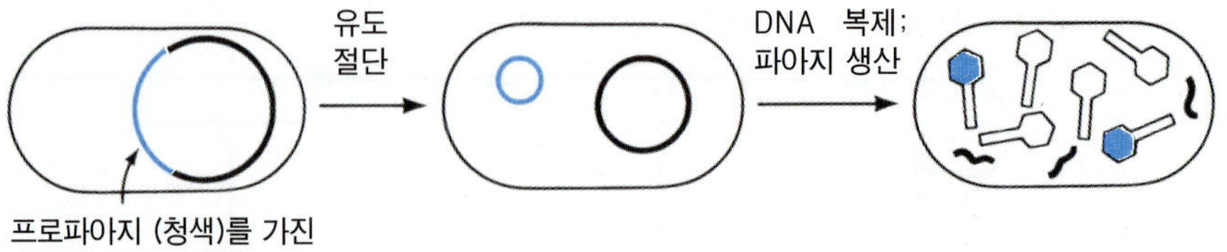

그림 14-27 프로파아지의 유도과정. 프로파아지 DNA는 청색으로 표시. 세번째 그림에서 대장균의 DNA는 생략하였음.

는 프로파아지를 형성하는 λ와는 달리, 플라스미드 (독립적으로 복제하는 환상의 DNA 분자)가 되어 숙주 내에 존재한다. 이번 절에서는 λ용원주기만을 다룰 것이다.

용원균 (lysogen)의 두가지 중요한 특징은 다음과 같다.

1. 용원균은 같은 종류의 파아지에 의한 이차 감염에 면역되어 있다 (Immunity). 이차 감염시 새로 감염된 파아지의 DNA는 세포 내로 주입되어 원형을 이루지만, 이 파아지의 DNA는 복제되지 않으며 또 이 DNA로부터의 유전자발현 (전사)도 일어나지 않는다.
2. 용원균 상태로 많은 세포분열이 일어난 이후에도 용원균은 용균 주기를 시작할 수 있다. 이런 과정을 **유도 (Induction)**라 부르며, 이때 프로파아지는 세포의 염색체에서 원형의 DNA 분자로서 절단되어 나오며 (그림 14-27) 용균 성장을 시작한다.

만약 용균주기와 용원주기의 시작단계가 서로 같다면 어떻게 λ가 두 개의 서로 다른 생활주기 (용균주기 또는 용원주기) 중의 하나를 선택하게 될까? 이를 결정하는 가장 중요한 요소는 *cII* 단백질의 양인 것으로 보인다.

*cII* 단백질은 용원주기 형성에 필요한 유전자 발현을 조절하는 두개의 프로모터에 결합하는 전사활성 인자이다. 세포 내에 *cII* 단백질 의 양이 많은 경우, 용원주기로 가는 가능성이 커지고, 반대의 경우 용균주기로 진행할 가능성이 증가한다. *cII* 단백질의 양의 조절은 단백질 분해효소에 의한 cII 단백질의 분해에 의해 일어난다. 세균이 활발히 자라는 조건에서는 세균 내에 단백질 분해효소가 다량 존재하고, 따라서 *cII* 단백질은 빠르게 분해되며, 그 결과 용원주기로의 진행이 어려워진다. 반대로 열악한 생장조건에서는 단백질 분해효소가 소량 존재하고, 따라서 *cII* 단백질의 분해는 느리게 진행되어 이 단백질이 두 개의 프로모터에 결합하여 전사를 촉진하고 그 결과 용원주기로 진행할 가능성이 증가한다.

## 형질도입 파아지

**'형질도입 파아지'** 라고 알려진 일부 파아지는 파아지DNA만이 아니라 세균의 DNA도 파아지 머리에 포장하는 능력을 가진다. 세균 DNA를 가지는 입자들을 **'형질도입입자 (transducing particles)'** 라 하는데 이들은 항상 형성되는 것은 아니며 일반적으로 파아지 집단의 극히 일부만이 세균의 DNA를 가진 형질도입입자로 된다. 이러한 형질도입입자들은 두가지 기작에 의해 생성되는데, 용원균에서 프로파아지가 비정상적으로 절단되어 나오거나, 또는 세균DNA조각의 파아지 입자로 포장되는 경우이다. 먼저 첫번째 기작에 대해서부터 알아보기로 하자.

형질도입입자가 형성되는 한가지 기작이 그림 14-28에 설명되어 있다. 이는 갈락토오스 (galactose) 유전자나 바이오틴 (biotin) 유전자를 다른 세균에로 도입할 수 있는 파아지 λ-즉, λ*gal* 과 λ*bio*-가 형성되는 과정을 설명한 것이다.

프로파아지 λ가 유도되면 정해진 순서에 의해 숙주의 DNA로부터 프로파아지의 DNA가 정확하게 절단되어 떨어지는 일련의 반응이 일어난다 (그림 14-28). 파아지 λ의 경우에는 이러한 일이 *int*와 *xis* 유전자의 산물이 프로파아지의 왼쪽과 오른쪽의 부착장소에 함께 작용하여 이루어진다. 이 과정에서, 매우 낮은 확률로-약, $10^6$에서 $10^7$세포 중 하나의 세포에서-절단이 두 곳에서 잘못 일어나는 경우-즉, 하나의 절단은 프로파아지 내에서 일어나며 다른 절단은 세균의 DNA에서 일어나는 경우-가 생긴다. 이러한 두 곳의 비정상적인 절단이 항상 λ파아지의 머리에 꼭 맞는 (포장될 수 있는) 크기의 DNA를 만드는 것은 아니지만 (이렇게 잘려진 DNA는 대개 너무 크거나 너무 작게된다), 만약 잘려진 DNA의 길이가 정상적인 λ파아지 DNA 길이의 79%에서 106% 사이라면 이 DNA는 λ파아지 입자로 포장 될 수 있다. 프로파아지는 대장균의 *gal*과 *bio* 오페론 사이에 있고, 대장균의 DNA는 프로파아지의 오른쪽 또는 왼쪽에서 잘려지기 때문에 형질도입입자는 *bio* 유전자를 포함하거나 (오른쪽이 잘렸을 때) *gal* 유전자를 포함하게 된다 (왼쪽이 잘렸을 때).

λ*gal* 과 λ*bio* 형질도입입자의 형성은 필연적으로 λ유전자의 손실을 초래한다. λ*gal* 입자는 프로파아지의 오른쪽 끝에 위치하는 꼬리형성에 필요한 유전자가 없고 λ*bio* 입자는 프로파아지의 왼쪽 끝에 위치하는 *int, xis*,..... 등의 유전자가 없다. 파아지로부터 손실된 유전자의 수는 당연히 입자를 형성할 때 잘려지는 위치에 의해 결정되며 따라서 입자내의 세균 DNA의 양과 상관관계가 있다. 파아지로부터 손실

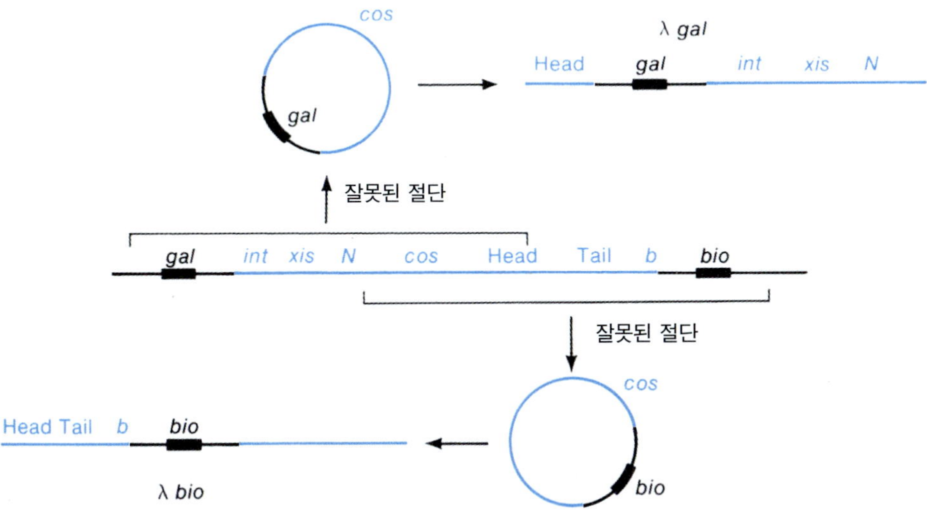


그림 14-28 형질도입 파아지 λ*gal*과 λ*bio*의 형성을 초래하는 프로파아지의 이상 절제.

되는 유전자는 프로파아지의 양 말단에 가까이 있는 것들이지만, 프로파아지나 파아지 입자에서 일어나는 유전자순서의 치환에 의해, 형질전환입자가 형성될 때 소실되는 파아지의 유전자는 그림 14-28에서 보는 것처럼 항상 파아지 DNA의 중앙 부위에 위치하는 유전자들이다.

형질도입 입자는 파아지 유전자가 부족하기 때문에 세포 내에서 증식하여 살아남기 힘들 것으로 예상되며, λ *gal* 유형의 형질도입파아지는 꼬리를 합성하는데 필수적인 유전자가 손실되었고, 잘리는 부위에 따라 때로는 파아지의 머리를 형성하는 유전자도 손실되기 때문에 실제로 살아남기가 힘들다. 그러므로 이 입자들은 자손들을 생산해낼 능력이 없게 된다. 즉, 이들은 결함을 가진 파아지이며, 이런 파아지는 d를 붙여 표시한다. 즉, gal 형질도입입자는 λ d*gal* 이라 표기된다 (때로는 λ dg 라고 나타낸다). λ d*gal* 입자는 결합말단을 가지고 있으며 DNA복제와 전사에 필요한 모든 정보를 가지고 있다. 따라서 이들은 숙주세균의 용해를 포함한 정상적인 생활사를 가진다. 실제로 만약 머리부분 유전자가 소실되지 않은 경우, 회전환 양식에 의해 생성된 긴 반복적인 DNA는 Ter system에 의해 잘려진다. 그러나, 꼬리가 형성된 머리에 더해지지 않기 때문에 생존할 수 있는 새로운 파아지 입자들은 생산되지 않으며, 고체배지에서 키우는 경우, 용균반 (plaques)도 형성되지 않는다. 이상에서 보듯이, λ d*gal* 형질도입입자의 형성과정과 이 입자들이 자신을 재생산하는 과정은 동일하며, λ d*gal* 입자는 단지 꼬리부분 유전자가 없기 때문에 재생산을 하지 못할 뿐이다. 그러나, 이러한 입자는 모든 유전자를 가지고 있는 프로파아지로부터 생겨난다.

**핵심개념**

**"세련됨의 정도" 개념**

바이러스나 세균 같은 원핵세포는 자연선택의 압력을 많이 받기 때문에 인간과 같은 진화적으로 앞선 개체보다 유전자 발현을 조절하는 데에 더 능률적인 기작들을 발전시켰다.

λ *bio* 유형의 형질도입입자의 경우는 상황이 매우 다르다. 이들은 일반적으로 *int, xis* 등과 같은 필수적이지 않은 유전자들만 소실되어 있다. 이러한 유전자는 용원주기를 위해 필요한 것이지 용균주기를 위해 필요한 것이 아니다. 따라서 이 입자들은 자기 복제가 가능하며 용균반을 형성한다. 이것을 표지하기 위해 문자 p (plaque-forming)를 첨가하여 나타낸다. 즉, 이 입자를 λ p*bio*라 나타낸다.

형질도입 입자들은 유전학 실험에 매우 유용하다. 예를 들어, 이들은 세균 유전자를 한 세포로부터 다른 세포로 이동시키는데 사용될 수 있다. 또한 이들은 세균 염색체로부터 특정한 부위를 분리해내는 방법으로도 사용될 수 있다.

## 유전공학에서 전이요소, 플라스미드와 박테리오파아지

이들 DNA는 유전공학 분야에서 광범위하게 응용된다. 플라스미드는 통상적으로 유전자의 작은 절편을 클로닝하는 벡터로 사용된다. 박테리오파아지는 더 큰 DNA 절편을 수용할 수 있어서 게놈 DNA절편의 도서관을 만드는데 이용된다. 더욱이 M13 파아지는 유전자의 분리된 절편에 돌연변이를 생성하는데 이용될 수 있다. 이러한 응용은 다음 장에 상세히 기술되어 있다. 이 장에서 언급한 것처럼 전이요소는 초파리와 같은 모델 생물에서는 외부 유전자를 실험실 생물에게 도입하는 기회를 제공한다. 그림 14-29에 이들의 응용이 요약되어 있다. 이들은 생물계의 중요한 구성요소로소 연구할 가치가 있을 뿐만 아니라 실험실에서의 조작을 위해서도 이용되고 있다.

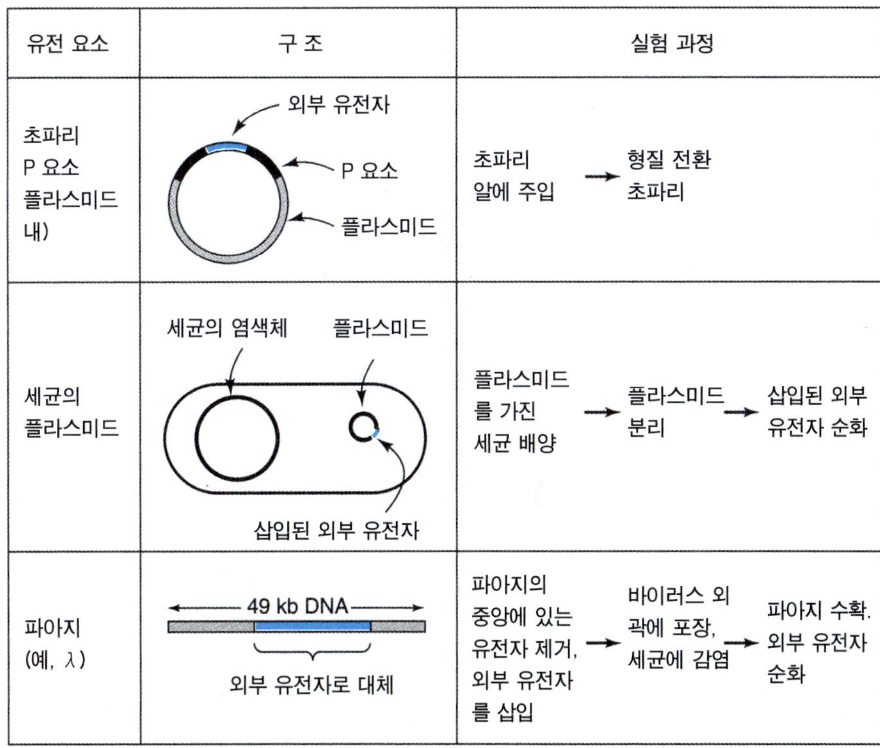

| 유전 요소 | 구 조 | 실험 과정 |
|---|---|---|
| 초파리 P 요소 플라스미드 내) | 외부 유전자, P 요소, 플라스미드 | 초파리 알에 주입 → 형질 전환 초파리 |
| 세균의 플라스미드 | 세균의 염색체, 플라스미드, 삽입된 외부 유전자 | 플라스미드를 가진 세균 배양 → 플라스미드 분리 → 삽입된 외부 유전자 순화 |
| 파아지 (예, λ) | 49 kb DNA, 외부 유전자로 대체 | 파아지의 중앙에 있는 유전자 제거, 외부 유전자를 삽입 → 바이러스 외곽에 포장, 세균에 감염 → 파아지 수확, 외부 유전자 순화 |

그림 14-29 재조합 DNA과정에서 다양한 유전요소의 이용

# 미래의 실질적인 응용

유전공학에서 플라스미드의 이용은 기본적인 분자생물학의 지식을 실질적으로 응용하는데 많은 기회를 제공하였으며, 16장에서는 이런 응용에 대한 여러 예를 공부할 것이다.

파아지–특히 섬유상 파아지 (예: M13)–는 실험실에서 다양한 항체를 생산하는데 이용될 수 있다. 이러한 방법은 섬유상 파아지는 자신의 캡시드에 캡시드 단백질이 아닌 다른 단백질들이 섞이는 경우에도 정상적으로 증식할 수 있는 점에 근거한다. 그러므로, 인간의 질병치료에 사용될 새로운 인위적 항체를 생산할 수 있는 방법으로 이용될 수 있다.

첫 단계는 수많은 다양한 항체의 유전자를 바이러스의 게놈 안에 삽입한다. 각각의 바이러스는 그들이 가지는 특정 항체의 유전자를 포함한 채 증식하고, 바이러스 유전자의 발현에 따라 이 항체 유전자도 발현되며, 이렇게 만들어진 항체들은 바이러스의 외피에 섞이게 된다. 처음에는 바이러스의 군집에 많은 수의 항체유전자 (최대 $10^8$)를 삽입한다. 이렇게 만들어진 파아지 시스템을 전시도서관 (display library)이라 한다. 이렇게 만들어진 도서관은 자신의 단백질 외피구조의 일부로 항체를 가지고 있는 수많은 바이러스로 이루어져 있다.

두번째 단계는 이 전시도서관에 질병을 유발하는 항원을 처리하여 (예를 들어 암과 연관된 단백질) 이 항원과 반응하는 항체를 가진 파아지를 선별하는 단계이다. 이 선별된 파아지를 증식시켜 이 파아지의 외피에서 항체를 추출한다. 이러한 방법을 통해 미래에는 매우 희귀한 항원에 반응하는 항체를 얻는 것이 가능하리라 생각되며, 또 상대적으로 많은 양의 항원을 필요로 하는 전통적인 항체생산 방식을 이용하지 않고도 항체생산이 가능하게 될 것이다.

따라서 M13의 증식과정을 이용한 이 인공적인 항원 생산체계는 매우 특이적인 의약품을 생산하는 상업적 방법으로 이용될 수 있다.

## 요 약

전이인자는 이동성인 유전 요소이다. 삽입서열 혹은 IS 요소는 역반복으로 둘러싸인 전이효소 유전자로 구성된 단순 전이인자이다. 보다 복잡한 전이인자는 IS에 둘러싸인 항생제 저항성 유전자 혹은 역반복으로 둘러싸인 항생제 저항성, 전이효소 및 분해효소의 유전자로 구성된다. 전이는 절단-결합 기작을 통해 보존적으로 일어나거나 혹은 전이인자의 복제를 통해 복제적으로 일어난다. 두 형태가 초기의 공통적인 중간체를 공유할 수 있다. 전이효소는 역반복을 인식하여 절단하고 또한 표적 DNA에 점성 절단을 만들어서 이 서열이 짧은 정반복으로 전이인자를 에워싸게 한다. 리솔바제는 상호통합체 분자에 있는 두 사본의 전이인자 사이에서 재조합을 수행한다. 진핵생물도 전이인자를 갖고 있고, 그들은 레트로바이러스와 유사하다. 진핵생물의 진화 역사의 초기에 일어난 레트로바이러스의 감염으로 현재 핵 DNA (인간 게놈의 약 40%)에 존재하는 레트로트렌스포존이 만들어졌을 것이다.

플라스미드는 복제기원과 몇개의 유전자를 갖고 있는 염색체외의 DNA분자이다. R 요소는 항생제나 다른 독성물질에 대한 저항성을 부여하는 유전자를 갖고 있는 플라스미드이며, Col 플라스미드는 항세균 분비 단백질인 콜리신과 면역단백질의 유전자를 갖고 있다. 어떤 플라스미드는 DNA 제한/변형계를 암호화하고 있다. F 플라스미드는 플라스미드 이동이나 접합에 필요한 유전자를 갖고 있다. Hfr 세포에서 F 플라스미드는 숙주 염색체에 통합되어 염색체 DNA를 이동시킨다. F' 플라스미드는 숙주 DNA를 갖고 있는 절단된 F 플라스미드이다. 플라스미드의 복제는 숙주의 복제 효소와 대부분의 경우 플라스미드에 의해 암호화된 복제기원-결합 단백질(Rep)로 구성된 레플리좀에 의해 수행된다.

박테리오파아지 (또는 파아지)는 세포 외에 존재하는 핵산단백질 입자로 세균에 감염하여 세균 내에서 증식한다. 전형적인 파아지는 핵산 분자들을 싸고 있는 단백질 껍질로 이루어져 있다. 파아지는 외가닥이나 이중가닥으로 된 RNA나 DNA를 함유하고 있다. 가장 일반적인 파아지의 구조는 정이십면체의 머리에 꼬리가 붙어있는 형태이며, 이 외에 꼬리가 없이 머리만을 가진 종류와 섬유상 구조를 가지는 것들이 있다.

파아지는 용균주기와 용원주기의 두 가지 서로 다른 생활사를 가진다. 용균성 생활사에서는 감염과정에 자손 파아지들이 생성되며, 이들은 만들어진 바로 후에 세포로부터 방출된다. 한번의 완전한 용균주기는 일반적으로 30℃-37℃에서 20-60분 안에 일어난다. 용원성 생활사에서는 파아지 DNA분자는 세균의 염색체에 삽입되어 존재하게 된다. 세균은 감염된 상태로 살아가며 파아지의 DNA는 세균의 염색체의 일부분으로 복제된다. 이후에 만약 세균이 손상을 받으면 용균성 생활사가 뒤따라 일어나게 된다.

일단 세포 내로 들어온 파아지 DNA는 파아지의 종에 따라서, 또 선택한 생활주기에 따라 여러 가지 다양한 방법을 이용하여 자손입자들을 생성한다. 만들어지는 파아지 단백질은 크게 촉매 단백질, 조절 단백질, 그리고 구조 단백질의 세 가지로 구분된다. 촉매 단백질 (효소)들은 DNA 복제, 파아지 유전자의 전사, DNA 포장, 및 세포용해를 수행하며, 때로는 DNA 전구체 (예, 누클레오티드)의 생산이나 세균 DNA의 파괴에 관여한다. 조절 단백질은 세균 효소들의 기능억제에도 관여하지만, 주된 기능은 다양한 단계에서 파아지의 생산을 정해진 순서에 맞게 효율적으로 일어나게 하는 것이다. 구조 단백질은 머리, 꼬리 및 파아지 입자의 다른 구조를 만드는 데 이용된다. 만약 파아지를 용균성 생활사를 진행하면, 세균은 용해효소에 의해 분해되고 자손 파아지가 주위의 배지로 배출해내면서 이 생활사가 끝나게 된다.

## 연습문제

1. 정반복과 역반복의 의미는 무엇인가? ABCD 서열을 예로 사용하라.
2. 보존적 전이와 복제적 전이의 차이는 무엇인가? 두 경우 모두에서 복제되는 염기서열은 무엇인가?
3. 플라스미드 이동에서 공여자와 수용자에서의 DNA합성의 역할은 무엇인가?
4. 다음은 F 플라스미드 이동에 관한 질문이다.
   (a) 어떤 유전자가 F 플라스미드를 갖고 있는 세포에게 접합할 능력을 부여하는가?
   (b) 이동을 위해 세균에 어떤 구조가 유도되는가?
   (c) 어떤 형태의 DNA복제가 사용되는가?
   (d) 이동을 위한 복제에서는 필요하나 정상적인 복제에서는 필요하지 않은 초기의 효소과정은 무엇인가?
5. 다음은 F 플라스미드의 재조합 기능에 관한 질문이다.
   (a) 염색체내에 F 플라스미드를 갖고 있는 균주를 무엇이라고 부르는가?
   (b) F 플라스미드의 어떤 특성에 의해 삽입이 일어나나?
   (c) 통합된 F 플라스미드가 이동할 때 전체 대장균의 염색체가 이동되지 않는 이유는?
   (d) F' 플라스미드는 무엇인가?
6. 파아지 입자의 세 가지 형태는 무엇인가?
7. 다음의 파아지에서 어떤 종류의 핵산이 발견되는가?: T4, T7, $\lambda$, M13, MS-2 이들이 가진 핵산이 원형인가 선형인가?

## 문 제

1. 가상적인 전이인자가 5'-TTAGCA-3'의 표적서열에 삽입되었다. 이 전이인자의 왼쪽 역반복 서열은 5'-GCAATGGCA-3'이다. 이것이 새로운 수용분자의 5'-GATCCA-3' 표적서열로의 전이에 공여 분자로 작용한다. 전이가 끝난 후 다음 분자의 DNA 구조(양쪽 가닥)를 보여라(전이인자의 역반복이 완벽하다고 가정하라).
   (a) 수용 분자
   (b) 전이가 보존적 경로로 일어난 경우의 공여 분자
   (c) 전이가 복제적 경로로 일어난 경우의 공여 분자
2. 야생형 Tn3와 몇 개의 돌연변이체의 전이를 플라스미드로의 이동과 암피실린에 대한 저항성을 검색하여(세부 내용은 무시하라) 추적하고 있다. 야생형과 비교하여 다음 돌연변이가 전이빈도에 미치는 영향과 전이에 의해 생산되는 산물의 종류에 대해 간단히 설명하라. 각각의 돌연변이는 적어도 특정 기능 하나를 완전히 파괴하였다고 가정하지만 어떤 단백질은 이중적 기능을 갖는다는 것을 기억하라. RecA- 균주가 상동성 재조합을 제거하기 위해 사용되었다.
   (a) 리솔바제에 점돌연변이
   (b) 리솔바제의 프로모터에 돌연변이

(c) 전이효소에 점돌연변이
(d) 전이효소의 프로모터에 돌연변이
(e) *bla*유전자에 점돌연변이
(f) *res* 위치에 돌연변이

3. F'(ts)*lac*$^+$ 플라스미드의 복제계에 40℃ 온도-민감성 돌연변이가 일어났다. 숙주 게놈도 *lac*$^+$ 유전자를 갖고 있다.
(a) 42℃ 에서 F'(ts) *lac*$^+$/*lac*$^-$ 세포의 표현형은 무엇인가?
(b) F'(ts)*lac*$^+$/*lac*$^-$ *gal*$^+$를 37℃에서 여러 세대 배양하고 42℃ 로 옮겼다. *Lac*$^+$군체가 42℃에서 몇 개 형성되었다. 이들이 어떻게 형성되었나?
(c) b의 *Lac*$^+$ 군체의 일부는 *Gal*$^-$이다. 이들이 어떻게 형성되었나?
4. 탄소원으로 젖당을 이용할 수 없는 돌연변이 세균이 있다. 만약, 이 세균에 파아지를 감염시킨 후, 이 세균들을 젖당을 유일한 탄소원으로 가진 배지로 옮긴 경우, 새로운 파아지가 만들어질 수 있는가?
5. 이중나선 RNA를 가진 파아지의 생활사에서 최초의 파아지 mRNA를 합성하는 RNA중합효소는 세균의 RNA 중합효소인가 아니면 파아지의 유전자에 의해 만들어진 파아지 RNA 중합효소인가?
6. 단일가닥 DNA를 가진 파아지의 복제과정에서 반드시 거치는 중간단계의 DNA 구조는?

## 개념문제

1. 전이인자와 플라스미드가 어떻게 진화되었다고 생각하는가? 이들은 자신의 계속적 존재를 위해 숙주에게 어떤 이점을 부여했을까?
2. 플라스미드에 있는 항생제 저항성과 독성 유전자들이 의학적 치료와 약품개발에 어떻게 영향을 미쳤을까?
3. 일반적으로 파아지에 감염된 세균은 죽게됨에도 불구하고, 세균들이 자신의 표면에 있는 파아지 수용체를 계속 지니고 있는 이유는 무엇인가?
4. 파아지에 감염된 세균에서 새로운 단백질 X가 새로 나타났다. 이 단백질이 파아지의 유전자에 의해 합성된 것임을 입증할 수 있는 실험에 대하여 기술하라.

# 제 15 장

**단원 학습목표**

1. 제한효소는 어떻게 작용하고, 왜 제한효소가 DNA 공학에 필수적인가?
2. DNA의 클로닝과 분리, 재조합 DNA의 탐색 등 여러 가지 절차에 대하여

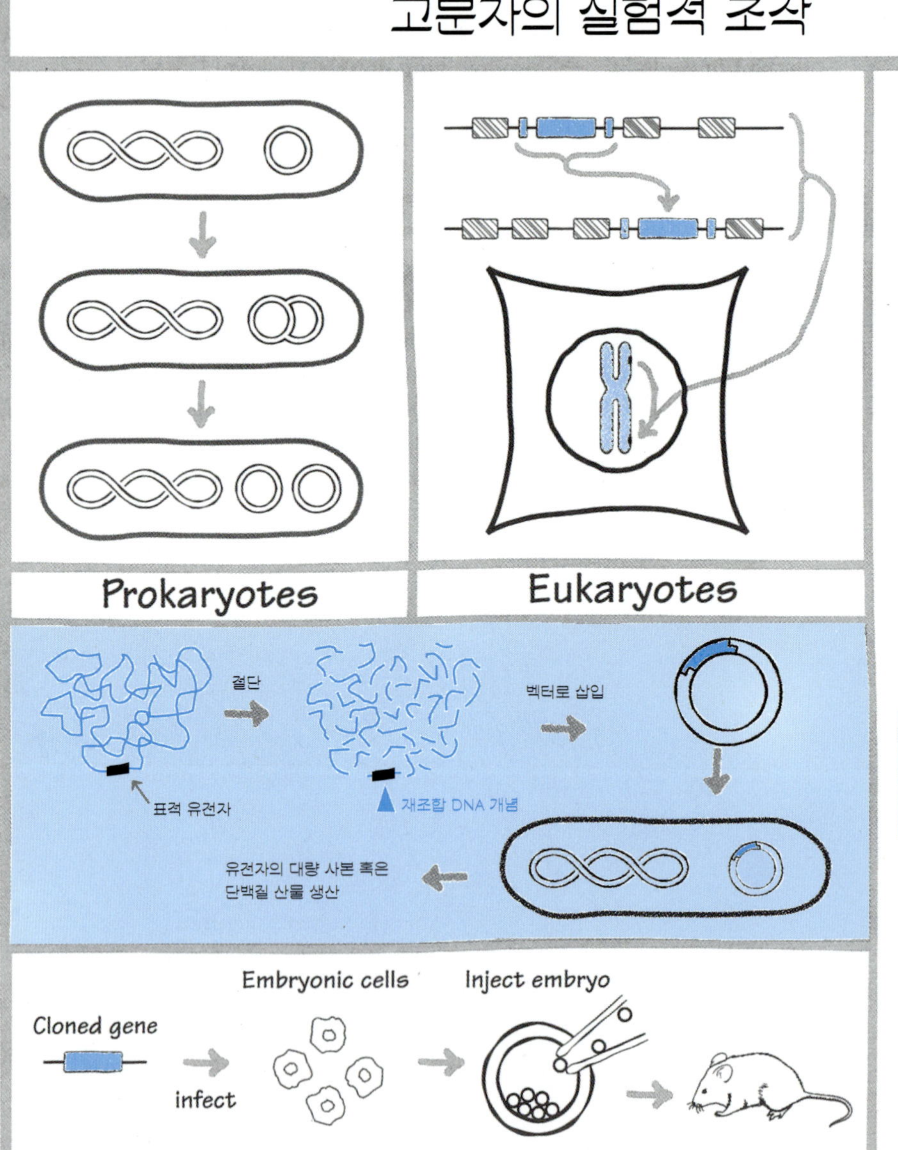

# 재조합 DNA와 유전공학: 유전자의 분자적 재단

재조합 DNA
유전공학

기술의 발전은 과학에 있어서도 비약적인 도약을 가져왔다. 지난 20년에 걸쳐 새로이 개발된 기술인 **재조합 DNA** (recombinant DNA) 혹은 **유전공학** (genetic engineering)은 기초적인 측면과 그 실용적인 측면 모두에서 유전학에 대변혁을 일으켰다. 자연에 존재하는 매우 경이적인 두가지 생물학적인 분자의 발견은 특정 DNA 절편을 분리하고 조작하는 방법을 발전시켰다. 이 두 분자는 **플라스미드 DNA**와 **제한효소** (restriction enzyme)이다. 재조합 DNA 방법은 온전한 유전자와 그 조절 요소를 포함한 DNA의 절편를 분리하고, 그 절편을 플라스미드나 파아지에 연결하여 그 하이브리드 (hybrid)를  세균에 삽입시킨다. 세균이 대량 복제할 수 있기 때문에 이 과정은 삽입된 외래 DNA를 대규모로 생산하는데 이용될 수 있다. 만일 세균 숙주가 외래 DNA를 발현하거나 단백질 산물을 합성한다면, 그 하이브리드 플라스미드 (hybrid plasmid)는 희귀하거나 값비싼 단백질, 심지어 실험실에서 만든 특이한 돌연변이를 함유한 단백질들을 대량 생산하도록 할 수 있다.

제한효소

이 장에서 우리는 세포의 DNA 절편이 어떻게 절단되고 변형되며 함께 결합하고 복제하는지에 대하여 알아볼 것이다. 그러한 조작이 비교적 쉽게 수행될 수 있음은 정말 놀라운 일이다. 재조합 DNA 기술은 실질적으로 현대 생물학 전 분야에 걸쳐 극적인 발견이 가능하게 하였다. 우리는 다음 장에서 의학 및 농업과 상업적 공정분야에 걸친 몇가지 최근의 진보에 대하여 검토해 볼 것이다.

## 플라스미드는 자연의 인터로퍼 (침입자)로 작용한다

접합

1950년대 초, 세균이 **접합** (conjugation)이라 불리는 과정에 의해 다른 박테리아로 유전자를 전달함이 발견됐다 (그림 14-6). 박테리아는 표면에 있는 작은 **필루스**(pili)를 인접한 박테리아 표면에 부착시킨다. DNA는 공여 박테리아로부터 필루스를 통해 수용자 박테리아로 전달된다. 필루스 형성과 유전자를 이웃으로 전달하는 능력은 유전적으로 조절되는 형질이다. 이 형질을 조절하는 유전자들은 세균의 염색체가 아닌 14장에서 설명한 바 있는 **플라스미드**라 불리는 별개의 유전요소에 존재한다. 플라스미드는 외부 DNA (전체 유전자를 포함)를 박테리아 숙주내로 운반하

벡터

는 이상적인 **벡터 (vector)**이며, 이와같이 운반된 외부 DNA는 숙주 박테리아내에서 플라스미드와 함께 복제될 수 있다. 따라서 벡터로서의 플라스미드는 유전공학의 중요한 도구중 하나이다.

## 제한효소는 최고의 자연 절단기로 작용한다

대부분의 세균에서 발견되는 제한효소는 외래 생물체의 DNA를 인식하고 분해한다. 세균은 수백만년 동안 외래 DNA의 침입에 직면해 왔으며, 침투한 DNA를 파괴하는 동안 자신의 DNA를 보존하는 보호 메커니즘으로써 이들 효소들을 발전시켜왔다. 각 제한효소는 일반적으로 4~6 염기쌍 정도의 짧은 염기서열만을 인식한다. 예를 들어 최초로 분리된 제한효소중 하나인 *Eco*RI (*Escherichia coli*로부터 분리됨)은 오직 다음 염기서열을 가진 DNA만을 절단한다.

```
 ↓
G-A-A-T-T-C
C-T-T-A-A-G
          ↑
```

이 경우 표적 염기서열은 앞쪽과 뒤쪽으로 똑같이 읽혀지기 때문에 팔린드롬 구조(또는 회문성구조) (palindrome)라 부른다. 간단히 언급하면 많은 제한효소 (모두를 의미하지 않음)는 회문성 구조의 표적서열를 인식한다. 만일 이 서열이 침입한 원형의 플라스미드에 하나 존재한다면 효소는 그곳을 한번 절단하여 원형을 푼다. 만약 이 서열이 여러부위에 있다면 DNA는 여러 조각으로 절단되게 된다. 일반적으로 제한효소의 명칭은 출처 박테리아의 속명 첫자와 종명의 처음 두 문자로 나타낸다. (예를 들면 *Eco*R I 은 ***E****scherichia* ***co****li*에서 분리되었고 *Hin*dIII는 ***H****emophilus* ***in****fluenzae*, *Taq*I은 ***T****hermus* ***aq****uaticus*로부터 분리되었다). 수 백개의 제한효소들이 수백종에 이르는 미생물로부터 분리되었다. 분자생물학자들은 제한효소로 시험관내 (*in vitro*)에서 플라스미드를 절개하여 외래 DNA를 삽입할 수 있다. 또한 제한효소는 예측할 수 있는 어떤 DNA 절편을 분리할 수 있는 방법도 제공해 준다. 플라스미드와 제한효소의 발견으로 **클로닝**에 의해 선택된 DNA 절편을 정확히 복제하여 대량으로 얻는 것이 수월하게 되었다. 제한효소를 이용하여 절편을 분리하고, 그 절편을 플라스미드내에 삽입하고, 그 하이브리드 플라스미드를 숙주 세균에 도입하여 세균이 증식함으로써 대량 생산이 가능해졌다. 생물체내에서 DNA의 재배열은 유전적 재조합이므로 **재조합 DNA 기술 (recombinant DNA technology)**이라 부른다.

클로닝

재조합 DNA를 만드는 과정은 다음 네가지 단계로 구분된다. 첫째, 원하는 DNA 절편의 생산, 둘째, 플라스미드나 파아지와 같은 적절한 벡터에 절편의 삽입, 셋째, 알맞는 숙주 (일반적으로 대장균 계통)내로 벡터의 도입, 넷째, 재조합 클론의 확인, 선별 및 특성 분석이다. 이 단계들을 수행하는데 이용되는 몇가지 방법을 이번 장에서 설명고자 한다. 철저하게 설명하지는 않았지만 재조합 DNA 기술에 이용되는 몇가지 주요 방법들에 대한 기본적인 윤곽을 기술하였다.

## DNA 절편의 분리와 특성 분석

제한효소는 그들의 특이성으로 하여 DNA의 특정 염기서열를 절단하는 첫번째로 발견된 핵산분해효소 (nuclease)이며, 올리고누클레오티드 (oligonucleotide)로부터 염색체 이르기까지 유전적 분석에 이용된다. 올리고누클레오티드 수준에서 제한효소는 클로닝, 염기서열분석 및 돌연변이 제작을 위한 특정 절편을 만드는데 이용된다. 원한다면 유전자 발현을 조절하는 부위의 DNA 절편을 선택적으로 잘라내어 그 부위가 손실되었을 경우 유전자 발현에 대한 영향을 알아볼 수 있다. 염색체 수준에서는 제한효소는 염색체워킹 (walking)이나 염색체도약 (jumping) (그림 15-4에 기술)에 의한 전체 염색체 분석을 가능하게 한다.

대부분 제한효소는 한 사슬에 하나씩 두개의 절단부위을 만들어, 제한효소의 절단부위에 두개의 3'-OH기와 두개의 5'-P기를 형성한다. 기술적으로 제한효소의 유용한 성질은 전자현미경을 이용하여 탐지할 수 있다. 왜냐하면 많은 제한효소에 의해 만들어지는 5'-P 염기쌍 말단부 (overhanging termini)가 3'-OH기에 상보적이기 때문에 (그들이 서로 중복될 수 있기 때문에 상보말단 [cohesive] 또는 점착성 말단 [sticky]라고 불림) 그 절편은 자동적으로 원형이 되기 때문이다.

이들 원형은 열에 의해 다시 선형화될 수 있지만 만일 원형화된 이후 대장균의 연결효소로 처리하면 원형은 영구적이 된다. 이러한 발견은 다음에 기술한 제한효소의 두 중요한 특성에 대한 첫번째 증거가 된다.

1. 제한효소는 대칭적인 염기서열을 절단한다.
2. 일반적으로 제한효소가 절단하는 자리는 두 가닥의 마주보는 위치는 아니다. 따라서 점착성 (또는 상보성, 또는 상보적)말단이 형성된다.

그림 15-1은 이러한 성질들을 설명한다. 많은 제한효소에 의해 인지되는 염기서열은 다음과 같이 **팔린드롬구조** (또는 회문성구조) (**palindrome**)이다.

```
A  B  C | C′ B′ A′          A  B | B′ A′          A  B  X  B′ A′
                      or                    or          |
A′ B′ C′| C  B  A           A′ B′| B  A           A′ B′ X′ B  A
```

염기 (A, B, 와 C는 같거나 다름)를 나타내고, ′ 표시는 상보적인 염기를 가리키고 있으며 수직선은 대칭축이다.

많은 수의 제한효소를 조사하면 절단은 보통 두개의 서로 다른 배열중 하나를 나타내고 있음을 알 수 있다: 두 다른 상보말단을 - 5'-P 말단과 3'-OH 연장을 지닌 단일 가락 연장 - 형성하면서, 엇갈려 있지만 대칭축을 주변으로 서로 대칭되어있는 것과, 또는 두곳이 대칭 중심에서 잘려 평활 (blunt) (또는 "플러쉬" ["flush"]) 말단을 형성하는 것이다. 평활말단를 갖는 절편은 자발적으로 원형화 될 수 없다. 이러한 배열과 결과는 표 15-1에 나타나 있으며, 이 표에 여러 제한효소의 인지 서열과 절단 부위를 표시하였다. 염기서열 특이성을 고려할 때 각각의 제한효소는 특정 DNA 분자에 대한 독특한 절편부위를 만들어 낸다.

Werner Arber, Hamilton Smith와 Daniel Nathans (1978년 노벨상 수상)에 의

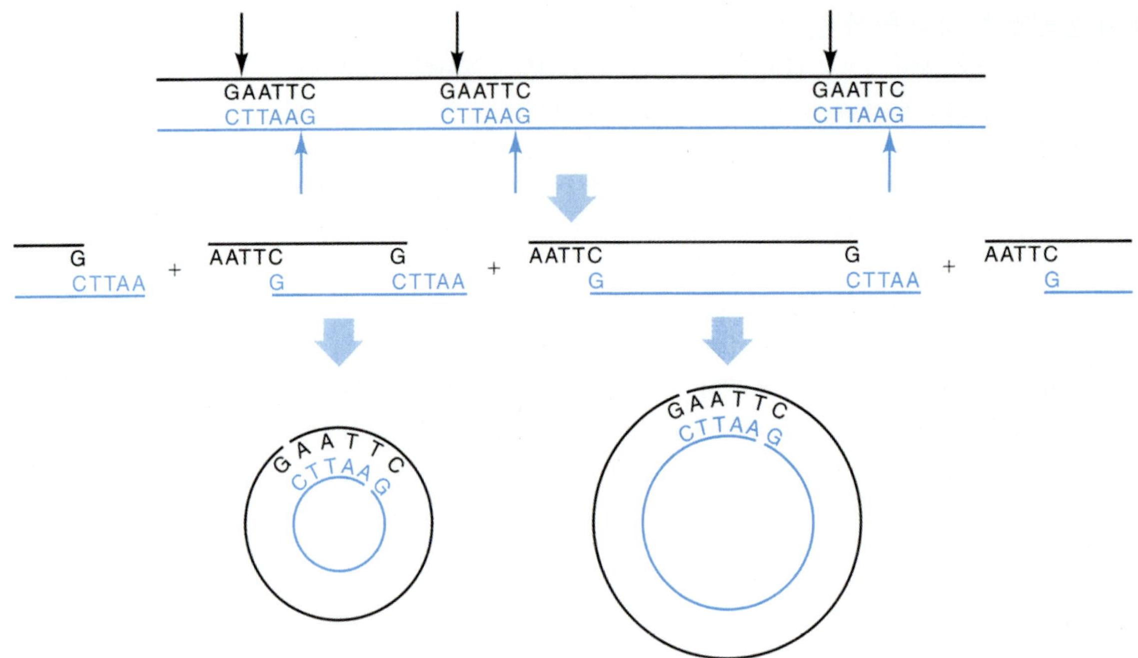


그림 15-1 제한효소로 분해시켜 돌출말단부 (여기에서는 5´말단부위)를 지닌 제한효소 절편은 원형화 될 수 있다. 작은 화살표는 *Eco*R I 절단 부위를 나타내고, 큰 화살표는 과정의 다음 단계를 나타낸다.

하여 제한효소의 유용성이 인식된 후 몇년 안에 수백개의 제한효소들이 밝혀지고 그 특성이 알려졌다. 표 15-1에 설명한 바와같이 대부분 제한효소는 짧은 회문성 구조의 표적서열을 공격하지만 많은 다른 효소들은 다른 유형의 특정한 염기서열을 인식한다. 이들은 8~10 염기쌍 (또는 더 긴)으로된 표적 염기서열를 인식하는 효소이다. 앞에서 설명한 전형적인 제한효소와는 대조적으로 일부 제한효소는 회문성 구조가 아닌 염기서열을 인식하고 자른다. 광범위한 부류의 효소를 이용할 수 있음은 다음 장에서 기술하는 바와같은 과학자들에게 독창적인 조작을 위한 중요한 도구가 된다.

한 생물체의 DNA 분자로부터 얻은 절편은 동일 효소에 의해 다른 생물체 DNA 분자로부터 생성된 절편과 똑같은 상보말단을 갖는다. 이런 사실은 재조합 DNA 기술의 기초 중 하나이다. 더욱이 대부분 제한효소들이 독특한 염기서열만 인식하기 때문에 하나의 특정 효소가 한 생물체 DNA를 절단할 수 있는 수는 제한된다. 전형적인 세균 염색체의 DNA는 대략 $2\times10^6$ 염기쌍으로 수백에서 수천개의 절편으로 잘려지며, 포유류의 핵 DNA (~$3\times10^9$ 염기쌍)는 백만개 이상으로 절단이 된다. 이 수들은 엄청나지만 여전히 생물체가 갖고있는 DNA의 전체 염기수와 비교해보면 적은 수에 해당된다. 클로닝에 주로 사용하는 박테리오파아지 $\lambda$나 플라스미드는 간단한 DNA 분자로, 특정 제한효소의 절단부위가 1~10개 정도만 (또는 전무함) 있다. 여러 제한효소 중 각각의 효소에 대하여 오직 한개씩의 절단부위를 갖는 플라스미드는 특히 클로닝에 가치가 있다.

만일 두개의 클로닝 파트너 (플라스미드와 외부 DNA)에 공통적인 제한효소 인

**표15-1** 제한효소와 절단부위

| 효소명 | 미생물 | 표적 염기서열<br>절단위위 |
|---|---|---|
| **평활말단 형성** | *Brevibacterium albidum* | ↓<br>TGG\|CCA<br>ACC\|GGT<br>↑ |
| **상보말단 형성** | *Escherichia coli* | ↓<br>GAA\|TTC<br>CCT\|AAG<br>↑ |
| BamHI | *Bacillus amyloliquefaciens* ***H.*** | ↓<br>GGA\|TCC<br>CCT\|AGG<br>↑ |
| HindIII | *Haemophilus influenzae* | ↓<br>AAG\|CTT<br>TTC\|GAA<br>↑ |
| Pac I | *Pseudomonas alcalignes* | ↓<br>TTAA\|TTAA<br>AATT\|AATT<br>↑ |

주: 수직선은 각 염기서열에의 대칭 축을 나타낸다. 화살표는 절단되는 부위를 나타낸다.

지 부위 (restriction site)가 없다면, 대체 전략을 이용해야 한다. 두 DNA 각각을 같은 돌출말단을 만드는 다른 제한효소로 자르는 것이다. 그런 다음에 이 상보적이고 호환성이 있는 말단 (**cohesive, compatible end**)을 연결 할 수 있다 (그림 15-6 과 15-7).

점성, 호환성 말단

## 제한효소 지도는 매우 유용한 도구이다

특정 제한효소의 절단부위를 나타내는 **제한효소 지도** (restriction map)는 DNA 절편을 비교할 수 있는 간편한 방법이다. 두개의 절편이 동일한 것인지, 혹은 그들이 같은 누클레오티드 서열의 일부를 공유하고 있는지를 제한효소 지도를 비교해봄으로써 알 수 있다. 표 15-1에서 설명한 바와같이 절단 부위는 특정 누클레오티드 서열임을 상기하라. 제한효소 지도가 다른 DNA 절편들은 적어도 그들의 누클레오티드 서열 일부가 다르다고 할 수 있다. 3장에서 기술한 완전한 염기서열 분석을 위한 많은 시간과 노력없이도 여러 다른 DNA 절편들 사이에 유연관계를 간단한 제한효소 지도의 비교를 통해서 알아볼 수 있다.

제한효소 지도

제한효소 지도의 작성 방법은 그림 15-2에 설명하였다. 절단된 DNA의 겔-전기영동의 실제 예와 그 결과 작성된 제한효소 지도는 그림 15-3과 같다. 이 방법은 다음에 설명할 거대 DNA 단편을 분리할 때 매우 유용하다.

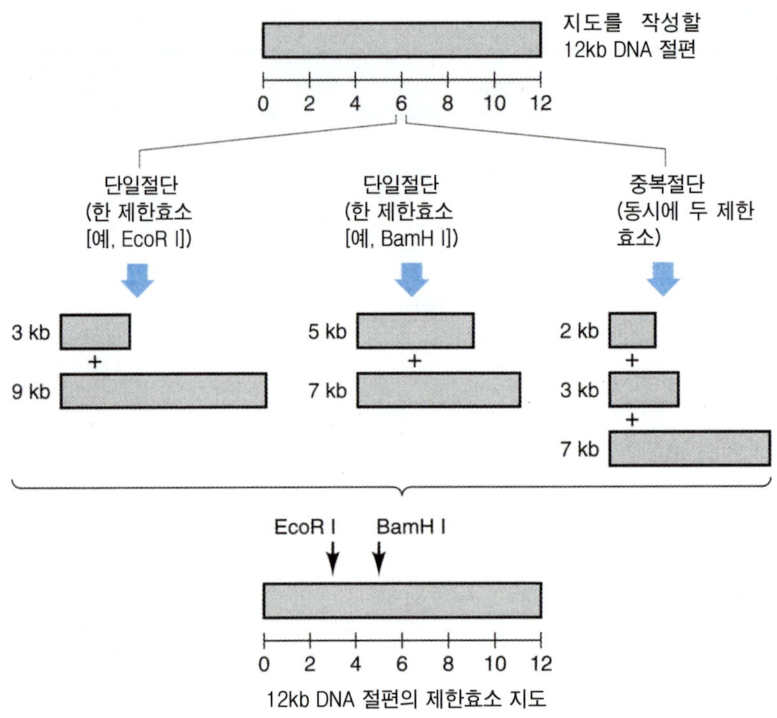


그림 15-2 DNA 절편의 제한효소 지도를 작성하는 순서. 길이가 12 Kb인 DNA 절편에 있는 두 가지 제한효소 (EcoR I 과 BamH I )의 절단부위는 단일절단과 중복절단의 결과를 비교함으로써 알수 있다. 절단에 의해 생긴 절편들의 크기는 전기영동으로 확인된다 (그림 14-3(a)).
*Kb =kilobase =1,000 염기

## 거대 지도의 작성은 유전자 라이브러리와 염색체 워킹을 필요로 한다

염색체워크

게놈 라이브러리

전체 유전체나 거대 절편에 대한 지도를 작성하거나 분리하기 위해서는 실험적으로 조작이 가능한 작은 지도화된 조각들을 분리하여, 이들의 순서를 일렬로 정할 필요가 있다. 이런 방대한 일을 수행하기 위해 **염색체워크** (chromosome walk)가 거대 DNA 절편 (10-20 Kb)에 적용된다 (그림 15-4). 많은 제한효소는 너무 작은 절편을 생성해서 이용가치가 없다. 거대 절편은 DNA내에 그 부위가 드문 제한효소로 게놈 DNA를 절단하여 얻거나, DNA 일부만 절단되도록 부분절단을 통해 얻을 수 있다. 이렇게 절단된 절편들은 그림 15-6에 기술한 바와 같이 적당한 하이브리드 플라스미드에 클로닝하여 세균내에서 증식하고 회수한다. 생물체의 전체 유전체로부터 유래한 모든 DNA 조각을 함유한 절편들을 집합적으로 **게놈 라이브러리** (genomic library)라고 한다.

염색체 워크의 초기에 관심의 대상이 되는 절편은 (알려진 염기서열이나 유전자를 포함하여) 지도를 작성하기 위하여 여러 제한효소로 절단하고 그 말단 부위의 염기서열을 분석한다. 그 말단 염기와 혼성화반응이 될 수 있는 방사선동위원소가 표지된 탐침 (길이가 대략 50 염기쌍)을 이용하여 첫번째 탐침 주변에 있는 중복 염기서열를 갖고 있는 다른 절편을 찾아낸다. 새로 찾아낸 절편은 위와 동일하게 제한효소 지도를 작성하고 (그림 15-2) 말단부위의 염기서열을 밝힌다. 인접한 탐침의

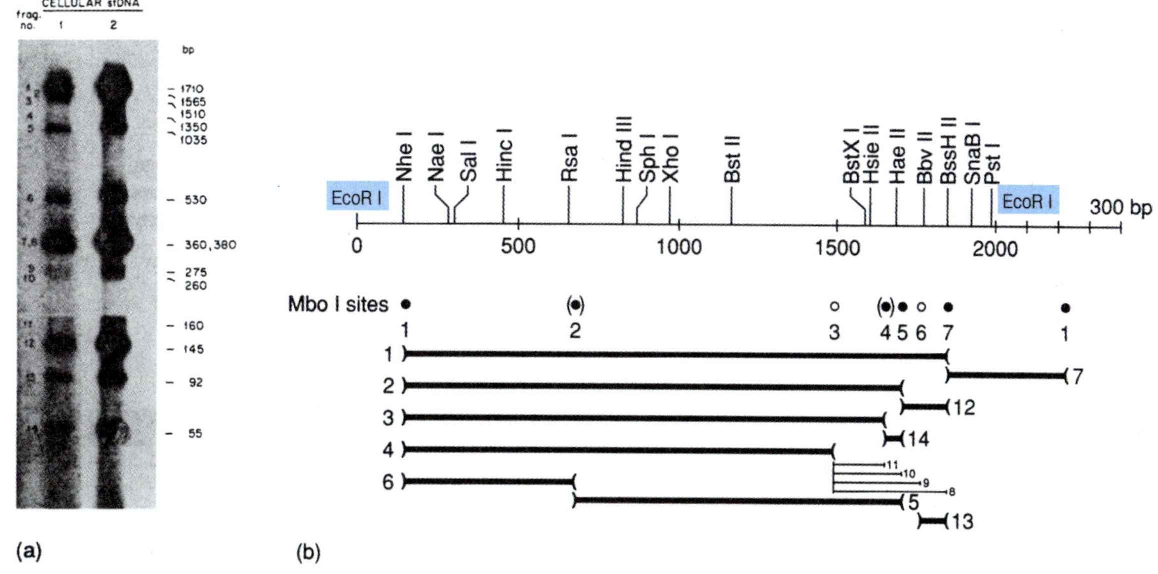


그림 15-3 제한효소 지도작성: 복잡하고 G와 C염기가 많은 버뮤다 육지 게의 세포질 부수체 DNA (satellite DNA)를 이용한 예. 부수체 DNA (3장 그림 3-5)는 동일하지는 않지만 매우 유사한 중복 사본체 (multiple copy)로 존재한다. (a) 방사선 동위원소 $^{32}$P가 말단표시된 *Mbo* I 절편의 자동방사선사진. 레인 1, 정상 노출; 레인 2, 작은 절편을 보기위한 과도한 노출. 14개 절편의 크기를 표시하였다. (b) *Eco*R I 절단부위에서 시작하고 다음 *Eco*R I 절단부위까지 2,100개 염기쌍이 확장된 하나의 반복단위의 제한효소 지도이며, 이 지도는 다음 반복단위 시작의 신호임. 지도에는 반복단위를 오직 한번 절단하는 제한효소 자리의 위치가 나타나있다. 그러나, *Mbo* I은 1~7로 번호가 붙여져 있는 동그라미가 가르키고 있는 일곱 장소를 자른다. 번호가 붙여진 막대모양 (1-14)은 사진 (a)에 있는 *Mbo*I 절편을 나타냄; 굵은 선, 주 절편; 얇은 선, 소절편. ● = 위치는 부수체의 거의 모든 반복단위에 존재하는 부위; 이 부위의 절편은 겔 상 (a)에서 보여지는 주요 (진한) 밴드를 나타낸다. (●)=일부 반복단위에 있는 부위; 예를 들면 1과 2 위치와 1과 4위치의 절편은 각 각 530과 1,510 염기쌍으로된 중간정도의 음영을 보이는 밴드를 나타난다. ○ = (a)에서 과도하게 노출시킨 레인2에서만 선명하게 보이는 매우 적은 수의 절편(8-11)에 해당하는 부위임.

방향은 중복된 제한효소 지도를 비교함으로써 밝힐 수 있다. 첫 번째 것과 인접해 있는 탐침은 염색체워크에서 다음 절편을 알기위해 유사한 방법으로 분석한다. 이 과정은 실험적으로 진행이 느리지만, $10^6$ 인접 염기쌍 크기를 일렬로 배열하는데 효과적으로 이용된다. 분명한 것은 유전체 전역에 흩어져 있는 반복 DNA는 중첩서열을 확인하는데 이용될 수 없다는 점이다.

**염색체도약** (chromosome jumping)은 염색체를 따라 약 10~20 Kb 정도의 짧은 절편을 이동하는 염색체 워크 대신에 100 Kb 또는 그 이상의 절편을 대상으로 하였을 경우 이용된다. 염색체도약를 위한 거대 절편은 제한효소로 부분절단한 후 전기영동을 통해 얻는다. 분석하는 절편의 크기 (표 15-2와 같이 코스미드나 거대 플라스미드를 이용)가 크다는 것 이외에는 염색체 워킹과 같은 기법을 이용한다. 절편의 말단부분에 대한 제한효소 지도를 작성하거나 염기서열을 분석하고, 다른 DNA 절편과 중복되는 부위를 염기서열 분석이나 제한효소 지도에 관한 컴퓨터 분석에 의

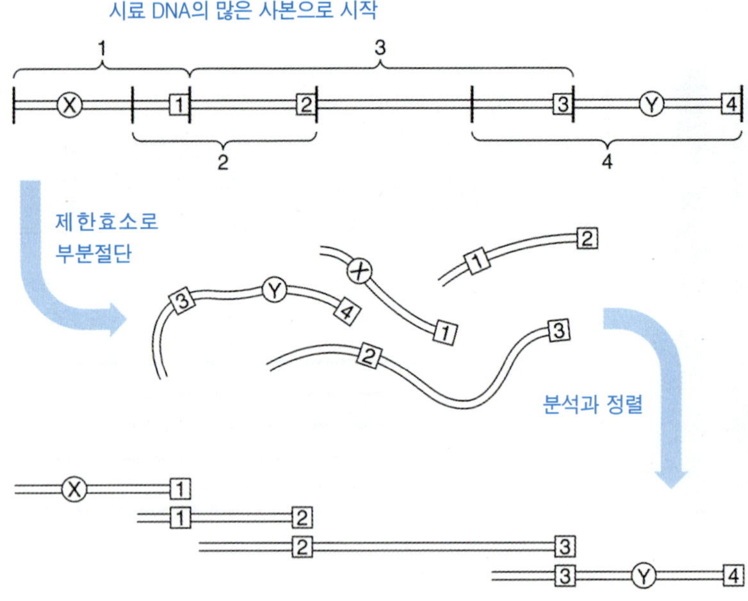


그림 15-4 **염색체워킹과 염색체도약.** 하나의 제한효소로 부분 절단한 DNA를 이용한 염색체워킹. 상: 본래의 (알려지지 않은) DNA 서열, 제한효소 부위를 나타내는 수직 선으로 서열 X와 Y를 나타내고 있다. 문제는 X에 대한 Y의 위치이다. 알려지지 않은 서열의 많은 카피가 실험의 초기 단계에서 잘려 중복 절편이 형성될 수 있음을 명심할 것. 중: 제한효소 절편. DNA는 본래 DNA의 일부만 잘리도록 제한효소로 처리한다. 그림 예에서 네개의 중복 절편이 생성되는데 각 서열끝에 연관된 절편 번호를 박스로 표시하였다. 하: 분석과 정렬. X를 포함한 절편은 서열 1 끝에 있다. 서열 1과 혼성화반응을 한 탐침은 서열 2의 끝과 역시 혼성화반응을 한다. 유사하게 서열 2와 혼성화반응을 한 탐침은 서열 3의 끝과 역시 혼성화반응을 하고, 서열 3과 혼성화반응을 한 탐침은 Y를 함유한 서열 4의 끝과 역시 혼성화반응을 한다. 각 절편의 제한효소 지도로부터 방향이 알려져 서열이 배열되고 X에 대한 Y의 관련성이 결정된다.

그림에서 보여준 네가지 절편 이외에 많은 절편이 제한효소 처리시 생기게 되는데 이것들은 생략되었다. 그들은 나타나지 않을 수도 있고 어떤 탐침과도 혼성화반응을 하지않을 수도 있으며, 또한 기술한 것과 유사한 분석과 정렬에 의해 확인될 수 있는 하위절편 또는 상위절편일 수도 있다.

하나의 제한효소로 절단하는 대신에 두개의 다른 제한효소가 중복 절편을 생성하는데 이용될 수 있다.

해 찾아낸다. 만일 절편 중 하나 혹은 본래 절편내에 있는 유전자의 염색체상 위치를 알 수 있다면, 인접한 DNA 서열이나 유전자의 염색체내 위치 또한 밝힐 수 있다. 이러한 방법들을 이용하여 많은 유전자들의 특정 염색체상 위치가 밝혀져 왔다.

## 중합효소 연쇄반응은 특정 염기서열을 대량 생산한다

1983년 새로운 기술인 **중합효소 연쇄반응** (polymerase chain reaction [PCR])이 고안되었다. 이 기술은 드물게 존재하는 DNA 서열의 탐지와 클로닝을 가능하게 한다. 방법은 게놈 DNA내 표적 DNA 서열의 증폭에 기초를 두고 있다. 이 방법은 기본적으로 큰 DNA 절편에 해당되는 작거나 중간크기의 절편을 다수 생성하는 것이다. PCR 방법의 뚜렷한 장점은 반응에 아주 소량의 시료가 필요하다는 것이다. 증폭하고

**표15-2** 다양한 클로닝 벡터들이 이용되고 있다

| 벡터 유형 | 장 점 |
|---|---|
| 플라스미드 | 사용과 보관이 용이. 재조합 플라스미드는 항생제로 쉽게 선별됨 |
| Lamada 파아지 | 거대절편 (15-20Kb 절편)의 클로닝에 이용 |
| 코스미드 | 플라스미드와 파아지의 결합 벡터로 더 큰 DNA 절편 (45Kb)의 클로닝이 가능 |
| 효모 플라스미드 | 진핵생물 유전자 조절에 관한 직접적인 연구가 가능 |
| 식물 플라스미드 | 박테리아 (*Agrobacterium*) 감염은 Ti 플라스미드를 숙주 식물세포로 전달 |

자 하는 표적 DNA의 한 DNA 사슬 3´ 말단에 상보적인 것과 그 반대 사슬의 3´ 말단에 상보적인 두개의 특정 올리고누클레오티드를 합성한다. 이 올리고데옥시누클레오티드를 원하는 절편을 함유한 변성된, 한 가닥의 표적 DNA와 혼성화반응을 시킨다 (그림 15-5). 이 올리고누클레오티드는 프라이머 (또는 시발체)로 작용한다. 올리고누클레오티드의 5'말단은 *Taq* 중합효소 (열에 안정성이 있는 DNA-의존 DNA 중합효소로 호열성 세균인 *Thermus aquaticus*에서 분리됨)에 의한 주형사슬의 증폭 개시점으로 작용한다. 주형사슬이 복제된 후 그복제산물들은 융해에 의해 변성되며, 반응물은 합성된 산물과 주형사슬 모두에 프라이머가 어닐링 (annealing)되도록 어닐링 온도을 낮추고, 또 다른 복제 과정을 시작한다. 10분 이내가 소요되는 이 과정은 원하는 만큼 반복할 수 있다. 그림 15-5와 같이, 첫번째 몇번의 과정 후 대부분 증폭산물은 주형 DNA의 3'부위 사이의 절편이 증폭된 것이다. 이 후의 주형 DNA 연장은 무시할 정도로 희석된다. *Taq* 중합효소는 각 라운드 후 사슬을 분리하기 위한 가열 단계에서도 불활성되지 않는 성질을 갖고 있기 때문에 이용된다. 중합효소 연쇄반응은 온도순환과정을 자동으로 프로그램화할 수 있는 기계를 이용해 수행한다.

증폭된 산물은 관심있는 유전자를 탐지하거나 클로닝하는데 이용될 수 있다. 이 기술과 이 기술의 변형기술은 바이러스 DNA 서열과 같은 드물게 존재하는 유전자를 동정하고, 하나의 세포로부터 분리한 매우 작은 양의 DNA로부터 유전자를 확보하는데 이용된다. 만일 바뀐 염기 (돌연변이)를 프라이머내에 임의적으로 도입하면, 변이 프라이머는 첫번째 라운드를 거치면서 복제되고 증폭될 것이다. 위치지향적 돌연변이 (site directed mutagenesis)라 불리는 PCR 과정의 변형은 조작된 많은 수의 유전자를 대량 복제하는데 성공적으로 이용되고 있다. 또다른 방법은 파아지 클로닝 벡터를 이용하는 것으로 이장의 뒷부분에서 설명한다.

## 유전적 인터로퍼 : 벡터는 유전자를 전달하는 전파체 기능을 한다

여러 형태의 벡터와 DNA 분자를 클로닝하는 몇가지 방법을 이 절에서 설명한다. 벡터는 다음 세 가지 성질을 갖추고 있어야 유용하다:

1. 반드시 박테리아 숙주내로 들어갈 수 있어야 한다.

2. DNA 복제 원점을 가지고 있어 숙주내에서 복제될 수 있어야 한다.
3. 이와같이 형질전환된 세포는 선별제(일반적으로 항생제)를 함유한 고체배지에서 숙주세포의 성장에 의해 선별될 수 있어야 한다.

일반적으로 두가지 유형의 벡터가 클로닝에 이용되고 있다. 한가지 유형은 세균 바이러스로부터 유래한 것이다. 파아지는 피하주사기 바늘과 같은 작용을 한다: 파아지는 DNA를 세균 숙주 내부로 주입하여 복제되도록 한다. 클로닝에 일반적으로 이용되는 파아지는 λ와 M13 (14장 설명 참조)이다. Lamda 파아지는 비교적 큰 크기의 DNA 절편 (20 Kb 까지)을 수용할 수 있는 독특한 특성을 갖고 있다. M13으로부터 개발된 벡터 (10 Kb 까지의 절편을 수용할 수 있음)는 삽입된 외래 DNA의 염기서열 분석을 쉽게하는 특유한 프로모터를 갖고 있다.

두번째 유형의 벡터는 비교적 크기가 작은 세균 플라스미드 (종종 pBR322)로부터 유래한 것이다 (그림 15-6). 항생제 저항성은 벡터로 이용되는 플라스미드의 매우 중요한 특징중 하나이다. 대부분의 플라스미드는 전문적인 벡터로 이용하기 위해 유전적으로 조작되었다. 폴리링커 (polylinkers) (또는 다수클로닝부위 [multiple cloning sites])는 합성된 DNA 올리고머로 하나 또는 그 이상의 특정 제한효소 부위와 세균복제 기원부위를 가지며, 제작된 플라스미드내로 삽입된다. 진핵생물의 전사 프로모터를 갖춘 벡터는 박테리아와 진핵생물 모두에서 발현할 수 있다. 그들은 세균과 진핵생물의 세포사이를 왕복할수 있기 때문에 **셔틀벡터 (shuttle vector)**라고 불린다. 또 다른 벡터는 DNA 염기서열 분석이나 시험관에서 RNA를 합성하는데 이용할 수 있는 특유한 프로모터를 갖고 있다. 크기가 작고 조작이 용이하기 때문에 플라스미드는 가장 많이 이용되는 클로닝 벡터이다. 클로닝 벡터에 관한 요약은 표 15-2를 참조하라.

## 벡터로 DNA 절편의 삽입

벡터에 외부 DNA 절편을 연결시키는 전략은 DNA 말단부위 성질에 따라 다르다. 앞서 설명한 바와 같이 제한효소는 세가지 기본유형의 말단 (3'-OH, 5'-P 돌출부 및 평활말단)을 형성한다. 이러한 말단을 지닌 DNA 절편을 클로닝하는 전략과 문제점 또는 클로닝과 관련된 장점들은 표 15-3에 요약하였다.

여러 종류의 이용 가능한 벡터가 주어졌을 때, 최적의 클로닝 전략은 외부 DNA 절편의 5' 와 3' 말단에 위치한 제한효소 부위에 호환성을 가진 두 종류의 제한효소 부위를 갖고 있는 벡터를 선택하는 것이다. 그때 외부 DNA 절편은 **지향성 클로닝**

그림 15-5 **중합효소 연쇄반응**. 상 모식도는 주형 DNA 이중나선을 나타낸다. 증폭되는 절편의 말단서열은 5´→3´방향, 즉 중합의 방향을 가르키는 화살표 모양의 박스로 나타냈다. 모식도에서는 단지 4개의 염기만 기입했지만 실제로 이 서열의 길이는 15-30 염기쌍이다. DNA는 열에 의해 변성이 되고 프라이머가 표적 DNA의 마지막 염기서열에 결합되면, 중합의 첫번째 라운드가 수행된다. 왼쪽 칼럼에 표시한 중합반응 횟수를 나타내며, 0는 주형사슬을 NEW는 새롭게 합성된 사슬을 나타낸다. 첫 증폭 마지막에는 4개의 사슬이 있는데, 표적서열의 양 끝을 지나 연장되어있는 2개의 주형가닥과 표적서열의 3´말단만 연장되어 복제된 2가닥이다.
어닐링과 중합반응은 계속되어 두번째 증폭이 끝나면 8개 사슬을 만든다. 그중에 6 사슬은 한쪽

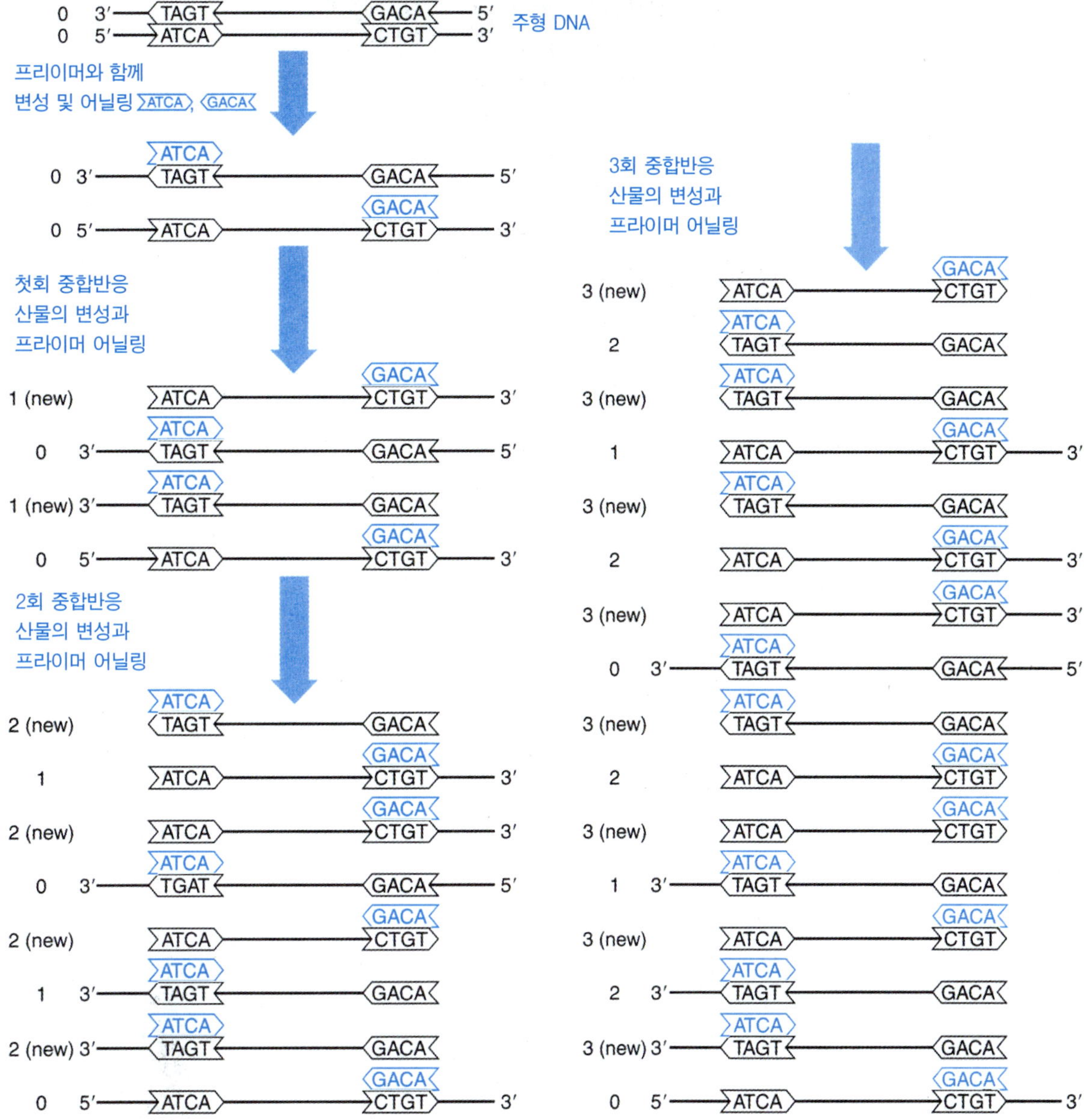


그림 15-5 (계속).

혹은 양끝이 연장되어 있고 2 사슬은 표적서열만으로 되어 있다. 세번째 증폭이 끝나면 16 사슬이 되고 그중 8 사슬은 연장된 것이고 나머지 8 사슬은 표적서열이다. 주형사슬이 항상 존재하기 때문에 이들은 매 증폭마다 3´이 연장되어 복제되고 n 증폭이 끝나면 2n + 2개가 된다 (2n은 3´연장되어 복제된 사슬 수이고 2는 5´과 3´연장을 가진 주형사슬을 의미한다). 전체 사슬 수는 지수함수적으로 증가하여 n 증폭 후에는 $2^{n+1}$이 된다. 따라서 10 증폭 후에는 2,048 사슬이 생기고 22 사슬만이 연장된 것이며, 20 증폭을 거치면 2백만개 이상의 사슬이 생기고 그중에 42개가 연장된 사슬이 된다. 달리 말해. 표적서열 이외의 연장된 사슬의 공헌도는 표적서열이 증폭되면서 무시해도 된다. 60 증폭까지 중합효소연쇄반응을 성공적으로 수행할 수 있다. 이는 하나의 세포로부터 표적서열을 전기영동에 의해 확인하기에 충분한 양의 DNA를 제공해 준다.

**표15-3** DNA 연결반응의 매개변수

| DNA 절편의 말단 | 클로닝 요건 | 특 징 |
|---|---|---|
| 평활말단 (예: *BalI*)<br>↓<br>...TGG\|CCA...<br>...ACC\|3GGT...<br>↑<br>↓절편의 분리<br>...TGG$^{3'}$ $^{5'}$CCA...<br>...ACC$^{5'}$ $^{3'}$GGC... | 고농도의 DNA와 연결효소 | DNA 접합부위에서 제한효소 부위가 소실될 수 있음; 삽입된 DNA가 없는 야생형 플라스미드가 많음; 외부 DNA가 다수 직렬로 삽입될 수 있음 |
| 동일 돌출부를 갖는 상보말단 (예: *Eco*RI)<br>↓<br>...GAA\|TTC...<br>...CTT \|AAG...<br>↑<br>↓절편의 분리<br>...G$^{3'}$ $^{5'}$AATTC...<br>...CTTAA$_{5'}$+$_{3'}$G... | 선형화된 플라스미드 DNA에 탈인산가수분해효소를 처리하여 야생형 플라스미드의 재연결을 줄임 | 연결말단의 접합부위에 제한효소 부위가 만들어짐; 외부 DNA가 양방향으로 삽입됨; 외부 DNA가 다수 직렬로 삽입될 수 있음 |
| 다른 종류의 상보말단 (지향성 클로닝: 그림 15-7) | 선형화된 플라스미드의 순수정제는 클로닝 효율을 증진 | 연결말단의 접합부위에 제한효소 부위가 일반적으로 재구성됨; 야생형 플라스미드의 재원형화가 낮음; 외부 DNA의 삽입이 한 방향임 |

지향성 클로닝

**(directional cloning)**에 의해 벡터내로 삽입될 수 있다 (그림 15-7). 예를 들면 벡터 pUC19 (UC는 pBR322로부터 변형된 플라스미드를 만든 California University의 약자)는 *Eco*R I 과 *Hin*dIII에 의해 폴리링커 부분이 절단되고, 선형이 된 벡터는 동일한 효소로 절단되어 벡터의 말단과 호환성이 있는 상보말단을 가진 DNA 절편과 연결된다. 두가지 제한효소가 사용되었으므로 절편들의 두 말단은 다르며 그 결과 외부 DNA는 오직 한 방향으로만 삽입될 수 있어 이것을 **지향성 클로닝**이라고 말한다. 그 결과 만들어진 원형의 재조합 벡터는 대장균 세포로 형질전환되고 벡터에 있는 항생제 저항성 유전자에 의해 선별된다. 대부분의 항생제 암피실린에 저항성을 갖는 세균 세포는 *Eco*R I 과 *Hin*dIII 위치 사이로 삽입된 외부 DNA를 가진 플라스미드를 함유한다.

DNA 절편을 플라스미드에 클로닝하고 세균에 삽입하여 선별배지 (항생제를 갖고 있는)에서 대량으로 기른 후, 하이브리드 플라스미드로부터 그 DNA 절편을 회수할 수 있다. 플라스미드 벡터에 있는 제한효소 자리는 외부 DNA의 것과 같기 때문에 세균으로부터 플라스미드를 분리하여 클로닝에 이용한 같은 제한효소로 절단하면 외부 DNA를 회수할 수 있다.

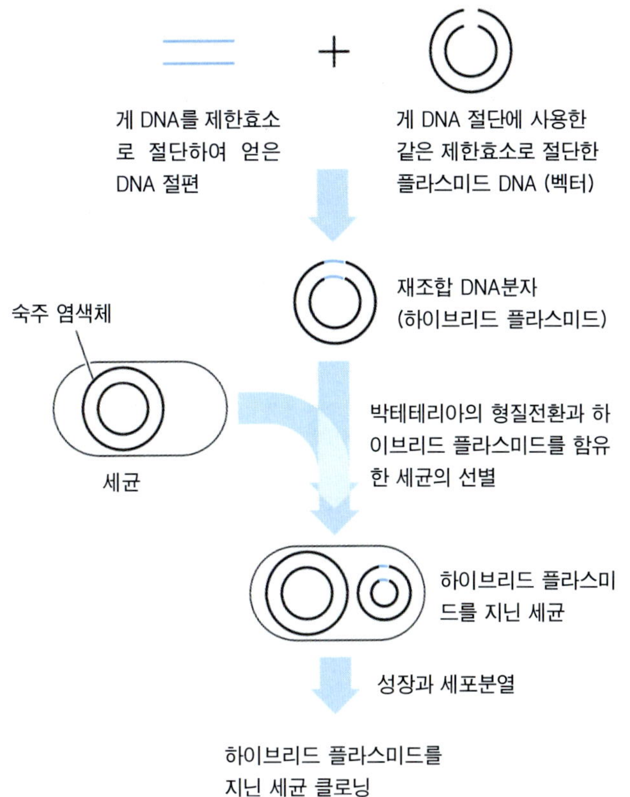


그림 15-6 **외부 DNA 클로닝.** 게의 DNA를 자르는데 이용한 동일한 제한효소로 절단하여 선형화된 플라스미드 벡터와 게 DNA의 제한효소 절편은 연결된다. 하이브리드 ([chimeric]) 플라스미드는 세균을 형질전환시키고, 이후 플라스미드가 복제되면 게 DNA 역시 복제된다.

## mRNA에 상보적인 DNA 분자의 벡터로 삽입

클로닝 대상으로 선택된 유전자 가운데 종종 클로닝이 어렵도록 조직된 경우가 있다. 일부 유전자는 그들의 존재를 확인할 수 있는 선별적인 산물을 생산하지 않는다. 많은 유전자들은 드물게 존재하거나 분리하기 어렵다. 그런 경우에 때때로 벡터로 연결시키기에 앞서서 클로닝될 유전자를 함유한 절편 일부나 전체를 증폭하거나 정제하는 편이 더 나을 경우도 있다.

만일 원하는 DNA의 제한효소 지도를 알고 있다면, DNA를 특정 제한효소로 절단했을 때 생성되는 DNA 절편의 크기를 예측할 수 있다. 예측한 크기의 절편은 전기영동 후 한천 겔로부터 분리하여 적절한 벡터에 연결할 수 있다. 그러나 진핵세포는 전형적인 제한효소에 대한 대략 $10^6$ 개 정도의 절단부위를 갖고 있다. 전기영동으로 분리한 절편 혼합물로부터 진핵 세포의 유전자를 직접 분리하는 것은 유전자 출현빈도를 높힐 수는 있지만, 그 유전자를 함유한 절단된 절편의 크기를 알 수 있는 경우에만 가능하다.

이 절에서는 mRNA를 코딩하는 DNA의 특정 절편을 클로닝하는 또 다른 방법을 설명한다. 이 기술에 의해 mRNA가 거의 순수한 형태로 분리될 수 있는 모든 코딩 서열을 클로닝할 수 있다.

닭의 알부민 (계란 흰자에 있는 단백질) 유전자를 세균 플라스미드에 클로닝하는 경우를 가정해 보자. 재조합 플라스미드는 닭 세포 DNA와 대장균 플라스미드 DNA를 같은 제한효소로 잘라 얻은 절편들을 혼합·결합하고, 연결하여 만들며, 이 재조

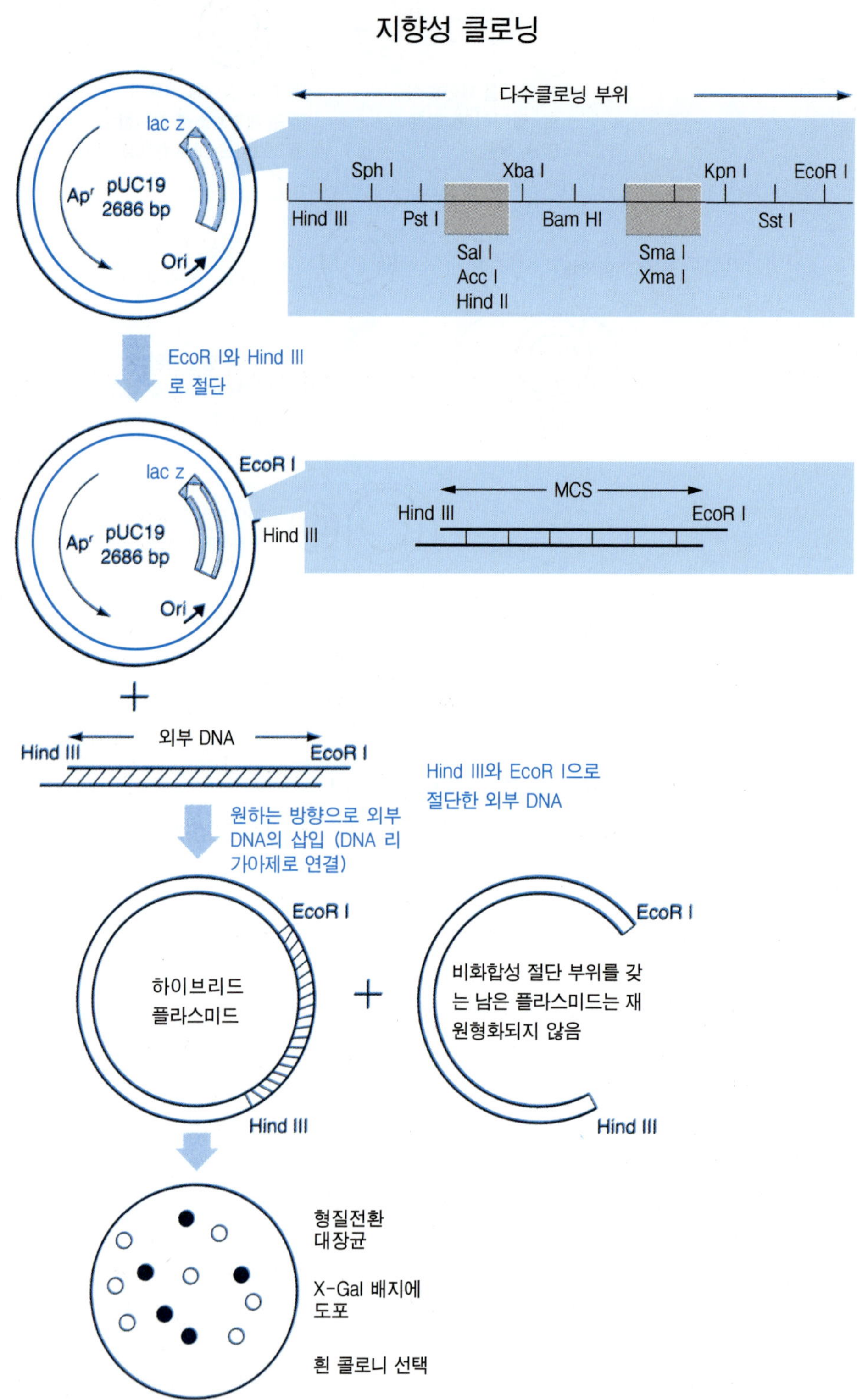
지향성 클로닝
다수클로닝 부위
lac z
Apr
pUC19
2686 bp
Ori
Sph I
Xba I
Kpn I
EcoR I
Hind III
Pst I
Bam HI
Sst I
Sal I
Acc I
Hind II
Sma I
Xma I
EcoR I와 Hind III
로 절단
EcoR I
Hind III
MCS
외부 DNA
Hind III와 EcoR I으로
절단한 외부 DNA
원하는 방향으로 외부
DNA의 삽입 (DNA 리
가아제로 연결)
하이브리드
플라스미드
비화합성 절단 부위를 갖
는 남은 플라스미드는 재
원형화되지 않음
형질전환
대장균
X-Gal 배지에
도포
흰 콜로니 선택

합 플라스미드를 대장균에 형질전환시킨다. 그러나 난 알부민 유전자를 함유한 플라스미드를 갖고 있는 군체는 알부민의 존재여부로 동정할 수 없다. 왜냐하면, 완전한 난 알부민 유전자를 갖고 있는 세균도 난 알부민을 합성할 수 없기 때문이다. 단백질을 코드하지 않는 서열인 인트론 (intron)이 유전자내에 흩어져 존재하는데 세균은 이러한 비암호화하는 서열 (noncoding sequence)을 제거하는 효소를 가지고 있지 않다 (8장을 보라.)

닭의 알부민 생산과 같이, 고등 생물의 일부 분화된 세포들은 한 종류의 단백질을 대량 만들어낸다 (예를 들면 어떤 식물에서는 $CO_2$ 고정효소인 ribulosebisphosphate carboxylase/oxygenase가 전체 단백질의 ~50%이다). 그러한 세포에서 풍부한 단백질을 암호화하는 mRNA (세포질로부터 mRNA가 분리되었을 때 프로세싱 효소에 의해 인트론이 제거된 상태) 분자는 세포내에서 합성된 전체 mRNA의 대부분이 된다. 결과적으로 얻은 mRNA 시료에는 한 종류의 mRNA가 주로 존재한다. 예로 닭 세포에서의 알부민 mRNA를 들을 수 있다. 만일 이러한 유전자 (유전자 발현 산물이 주 세포질 단백질인)를 클로닝하려면, 정제한 mRNA는 재조합 플라스미드 집합을 만들기 위한 시발점이 되고 재조합 플라스미드의 상당 부분은 원하는 유전자의 단백질-코딩 서열만을 함유한다. 그런 서열를 클로닝하는데 **역전사효소 (reverse transcriptase)**가 이용된다.

역전사 효소

RNA가 유전자인 많은 동물 종양 바이러스 (retrovirus)는 역전사효소를 갖고 있다. 이 효소는 mRNA같은 한 사슬로된 RNA 분자를 주형으로 이용하여 두 가닥으로된 DNA 사본 (**complementary DNA**, 또는 **cDNA**)을 합성한다. 만일 주형인 RNA 분자가 초기 전사체로부터 인트론이 제거된 mRNA 분자라면 이에 상응하는 전체 길이의 cDNA는 완전한 코딩서열만을 포함하게 된다. 따라서 이 cDNA 서열은 본래의 진핵세포 유전자의 것과 동일하지 않다. 그러나 만일 재조합 DNA 분자 제작의 목적이 세균 세포에서 진핵생물의 유전자 산물을 합성하는 것이라면, 프로세싱된 mRNA를 분리하여 만든 cDNA를 벡터로 삽입해야 한다. 벡터와 cDNA의 결합은 평활말단 분자를 연결하는 방법으로 가능하다.

상보적 DNA (cDNA)

그림 15-7 플라스미드 벡터 (pUC19)로의 지향성 클로닝. $AP^R$는 벡터내 항생제 암피실린 저항성 유전자 위치를 표시한 것이다; *lacZ*는 락토스 유전자의 위치; *ori*는 복제기점을 나타낸다. pUC19는 다수클로닝부위 (MCS, 도표 상단 오른쪽)의 13개 제한효소 중 어느 것으로나 잘릴 수 있다. 지향성 클로닝을 수행하기 위해 벡터와 벡터내 삽입되는 외부 DNA를 같은 두 효소, 여기서는 *Hind* III와 *Eco*RI으로 절단한다. 절단된 다수클로닝부위 (MCS) 절편이 보인다. 그 다음 외부 DNA는 호환성 상보말단에 의해 결정된 단 한 방향으로만 삽입된다. 하이브리드 플라스미드로 형질전환된 세균은 X-Gal 배지서 성장하고, 만일 형질전환되지 않은 세균 (외부 DNA가 삽입되지 않은)이 있다면 그들의 *lacZ* 유전자가 발현되어 군체는 청색을 나타낸다. *lacZ* 유전자내에 외부 DNA가 삽입되면 유전자의 발현을 차단하여 군체는 하얀색을 띈다. 외부 DNA가 삽입된 플라스미드를 찾기 위하여 오직 하얀 군체만 선별한다. 지향성 클로닝의 또다른 장점은 외부 DNA 절편과 연결되지 않은 선형의 플라스미드는 원형이 될 수 없다는 것이다. 그러므로 거짓 양성의 수가 현저히 줄어든다.

### 특정 유전자를 동정하기 위한 클로닝 전략

일반적으로 특정 유전자의 분리의 시발점은 적합한 생물체 DNA로부터 유전자 라이브러리 (gene library)를 마련하는 것이다. 예를 들어 인간의 질병을 일으키는 유전자의 분리는 인간 DNA로 만든 유전자 라이브러리의 준비로부터 시작한다. 일부 경우에는 RNA로부터 만들어진 **cDNA 라이브러리 (cDNA library)**로 시작하는 편이 더 유리하다.

cDNA 라이브러리

게놈 DNA 라이브러리는 생물체의 전체 DNA의 여러 사본을 잘라 벡터에 삽입한 것이다. 그러므로 진핵생물의 게놈 라이브러리는 코딩 부위뿐만이 아니라 인트론과 조절부위도 포함한다.

cDNA 라이브러리 준비를 위해서는 우선 mRNA를 추출하고, 정제하여 역전사효소를 처리한다. 그렇게하여 분리한 mRNA의 상보적인 DNA (cDNA)가 만들어 진다. 이들 cDNA 집단은 게놈 라이브러리를 만들기 위하여 게놈 DNA를 처리하는 방법과 동일하게 처리한다: 제한효소로 절단한 후 벡터에 삽입한다. 이들 벡터는 본래의 세포에서 발견되는 전체 mRNA에 상응하는 cDNA를 집합적으로 함유한다. 성숙한 mRNA는 인트론이나 조절부위를 함유하지 않기 때문에 cDNA 라이브러리는 코딩부분으로만 되어 있다.

이러한 라이브러리를 이용하여 궁극적으로 어떤 DNA 절편이나 유전자도 분리할 수 있다. 그러나 진핵생물의 유전자는 여러 개의 인트론을 가지고 있기 때문에 완전한 유전자를 하나의 벡터에 삽입하기 어렵다. 전체 유전자는 한 번에 하나의 벡터로부터 분리하기 보다는 중복되는 절편으로 구성되고 유전자 전체를 포함하는 작고 다루기 쉬운 개별적인 절편들이 염색체 워크 과정을 통해 모아진다.

## 재조합 DNA 분자의 탐지

벡터를 제한효소로 자르고 같은 제한효소로 자른 특정 생물의 DNA 절편을 붙일 때, 몇 가지 형태의 분자가 나온다. 이들은 다음과 같다:

1. 어떤 외부 DNA도 함유하지 않은 재결합된 벡터 (이를 극복하는 방법은 이미 앞에서 언급했음)
2. 하나 또는 하나 이상의 외부 DNA 절편을 가진 벡터
3. 벡터없이 생물의 DNA만 연결된 형태. 이러한 분자는 복제원점이 없어 박테리아 내에서 복제될 수 없다.

특정 유전자를 가진 벡터를 함유한 세균 콜로니의 분리를 손쉽게 하는 방법은 첫 번째, 군체를 박테리아가 벡터를 함유했는가를 확인하고, 두번째, 그 벡터는 삽입된 외부 DNA 절편을 가지고 있는가, 세 번째, 그 절편이 관심의 대상이 되는 DNA 절편인가를 확인하는 것이다. 이 절에서 재조합 벡터를 탐색하는 몇가지 유용한 방법을 설명할 것이다.

지금까지 설명한 클로닝 방법은 제한효소로 절단한 외부 DNA의 절편을 절단한 벡터에 연결하여, 외부 DNA의 다른 절편을 함유한 많은 수의 하이브리드 벡터를 만

들어내는 것이다. 만약 특별한 DNA 조각이나 유전자를 클로닝하려면, 그 부분을 가진 벡터를 외부 DNA를 함유한 모든 벡터들로부터 분리해야만 한다. 많은 유전자의 경우 단순한 선별 기술로 그 유전자를 가지고 있는 벡터를 회수할 수 있다. 예를 들어, 클로닝할 유전자가 세균의 루신 유전자라면, 루신을 합성할 수 없는 세균 숙주 ($Leu^-$)를 이용하여 루신이 없는 배지에서 자라는 $Leu^+$ 군체를 선별하면 된다. 이러한 방법은 중간대사 산물을 암호화하는 세균 유전자를 클로닝하는데 유용하다. 그러나, 종종 클로닝하고자 하는 유전자는 세균 숙주의 표현형을 변화시키지 않는 산물을 암호화하는 진핵생물의 유전자이다.

일반적으로 표현형을 쉽게 구별할 수 없는 재조합 클론은 콜로니내에 있는 DNA가 외부유전자 탐지를 위해 방사선 동위원소가 표지된 탐침과 **혼성화반응**을 하는가에 따라 동정된다. 세균 콜로니는 보통 니트로셀룰로스나 나일론 필터와 같은 고체 지지물에 복사판으로 만들어진다. 복사판 위의 세균은 알칼리 처리에 의해 분해되고, 그들의 DNA는 변성되고, 중화시켜 $^{32}P$-표지된 탐침과 혼성화반응이 일어나도록 한다. 그때, $^{32}P$-표지된 탐침의 위치는 필터에 X-레이 필름을 노출시켜 알아낸다. 탐침의 DNA와 혼성화반응을 한 DNA를 방출한 세균 군체는 원래의 세균 배지와 X-레이 필름을 정렬하여 찾아낸다. 이 방법으로, 수백개의 군체를 동시에 선별하고 재조합 플라스미드를 운반하는 군체를 인지하는 것이 가능하다 (그림 15-8). 이 방법을 **콜로니 혼성화 반응**이라 부른다.

콜로니 혼성화 반응

# 박테리오파아지 M13 벡터를 이용한 위치 특이적 돌연변이 유발

최근까지 유전자의 기능에 특정염기쌍 교환의 효과를 탐구하는 것은 매우 어렵다. 화학물질이나 방사선과 같은 돌연변이 유도체는 무작위로 작용하여 원하는 표현형을 지닌 돌연변이체를 얻기 위해서는 수 천개의 돌연변이체를 스크리닝해야 한다. 심지어 돌연변이가 일어난 정확한 본질을 밝히기 위해서는 부가적인 노력이 필요하다.

오늘날, 위치특이 돌연변이 (또는 위치지정 돌연변이) 유발 기술은 돌연변이 연구

위치특이 돌연변이
위치지정 돌연변이

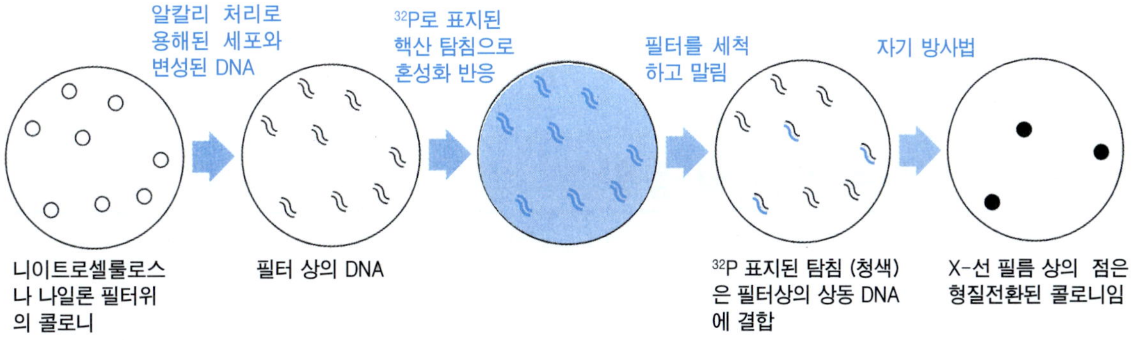


그림 15-8 방사선 표지된 탐침으로 군체 혼성화반응에 의한 형질전환된 세포의 탐지. 기준 플레이트에 있는 몇 천개의 군체 중 단지 8개만 표시하였다.

의 혁신적인 방법이다. 일단 유전자를 찾아 염기서열을 분석하면, 우리는 유전자 내부 또는 유전자의 조절부위의 염기 하나 또는 몇 개를 선택적으로 바꿀 수 있다. 이렇게 유전적으로 변형된 DNA는 적합한 클로닝 벡터에 삽입하여 돌연변이의 결과를 알아볼 수 있는 숙주세포로 도입하는데 이용된다. 어떻게 관심의 대상인 유전자의 염기서열을 바꿀 수 있는가? 일반적으로 이용되는 한가지 방법을 그림 15-9에 요약하였다.

특정 아미노산 (예, 글루탐산)이 단백질 (관심의 대상인 유전자에 의해 만들어진)의 기능에 결정적인 역할을 한다고 가정하자. 나아가 양전하를 띄는 글루탐산 (GAG 코돈)이 극성이 없는 영향을 받는지 알아보자 (이미 그 유전자가 클로닝되었고, 염기서열이 밝혀졌다고 가정하자). 돌연변이를 유도하기 위하여 첫째로 외가닥 형태로 존재하는 유전자의 DNA가 필요하다. 이것은 클로닝 벡터 (14장)에서 언급한 M13파아지를 이용해서 가능하다. 14장에서 설명한 바와 같이 M13 감염의 초기 단계에 외가닥(+) 파이지 DNA는 (+)와 (−) 가닥을 지닌 두 가닥의 복제형 (RF)으로 전환된다. 결과적으로 (−) 가닥은 새로운 파아지 입자로 포장될 수 있는 (+) 가닥을 생산하기 위한 주형으로 작용한다 (14장 그림 14-21 참조).

첫 과정은 변형하지 않은 유전자를 두 가닥의 M13 파아지 클로닝 벡터로 클로닝하는 것이다 (그림 15-9 (a)). 이 재조합 DNA는 대장균에 형질전환이 된다. 재조합 파아지는 복제가 일어나도록 하고, 그것으로부터 합성된 외가닥 (+) DNA를 (그림 15-9 (b)) 모은다. 이제 유전자를 변형시킬 준비가 된 것이다. 자동 DNA 합성기를 이용하여 (3장의 그림 3-18 참조) 클로닝한 유전자에 상보적인 15-25 염기의 올리고누클레오티드를 합성한다. 단 염기 1개는 바꾼 것이다 (예를 들어 글루탐산을 발린으로 바꾸었을 경우 효과를 보기 위한 것이라면 그 올리고뉴클레오티드는 정상적인 CTC 대신에 CAC를 지닌다) 이 올리고누클레오티드는 (+) 가닥 파아지 DNA와 염기쌍을 형성할 것이며 (그림 15-9 (c)), DNA 중합효소와 다른 필수효소를 이용하여 두 가닥 파아지 DNA 합성을 위한 프라이머로 이용된다 (그림 15-9 (d)). 앞에서 설명한 바와 같이 이 돌연변이 파아지 DNA로 대장균 세포를 형질전환시킨다. 그러나 이때 새로 생성된 파아지는 치환된 유전자 서열을 가지고 있다 (그림 15-9 (e)). 이렇게 새롭게 합성된 돌연변이 DNA는 정제한 파아지 입자로부터 수집될 수 있다. 이 돌연변이 유전자는 제한효소로 절단하여 파아지 DNA로부터 분리되고, 적합한 발현용 벡터에 재 클로닝하여 그 유전자가 정상적으로 발현될 수 있는 숙주세포로 도입된다. 결과적으로 형질전환된 세포는 원하는 염기의 치환이 이루어진 유전자를 지니므로, 특정 돌연변이의 영향을 생체내에서 연구할 수 있게 된다.

**핵심개념**

**"재조합 DNA" 개념**

어떤 생물에서 분리하였든 DNA는 DNA이다. 그러므로 다양한 생물로부터 분리한 유전자는 새로운 유전자를 만들거나 새로운 생물체를 만들기 위해 재조합될 수 있다.

# 유전공학의 응용

의심할 나위없이 재조합 DNA 기술은 생물학에 혁명을 가져왔다. 현재 그 기술은 다음과 같이 이용되고 있다.

1. 유용한 단백질의 생산을 촉진
2. 경제적으로 중요한 분자 합성을 가능케하는 박테리아를 만들어 냄

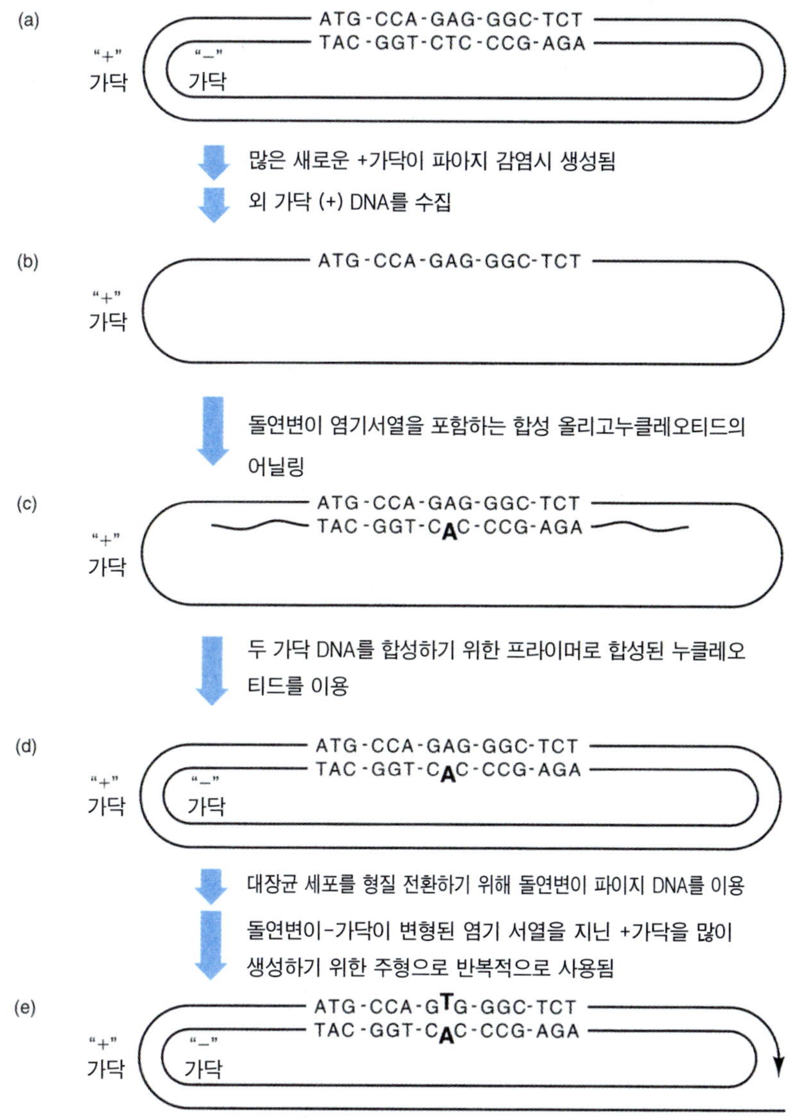


그림 15-9 (a-e) M13 파아지 클로닝 벡터로 삽입된 유전자의 위치 특이적 돌연변이 유발

3. 연구 도구로서 DNA와 RNA를 공급
4. 생물 (동물(그림 15-6)과 식물 모두)의 유전자형을 바꿈
5. 동물에 유전적 결핍을 교정 (유전자 치료)

재조합 DNA 기술은 모든 형태의 연구에 이용된다: 기초, 의학, 농업, 상업, 산업; 그리고 인간의 가장 기본적인 욕구의 일부를 채워주는데도 공헌할 것으로 기대할 수 있다. 동시에, 이 기술은 환경에 대한 잠재적인 효과에 관한 관심을 일으키고, 건강과 사회를 위협하는 것을 해결해 줄 것으로 기대된다. 다음 장에서 현재와 미래의 잠재적인 응용에 대해 논의 할 것이다.

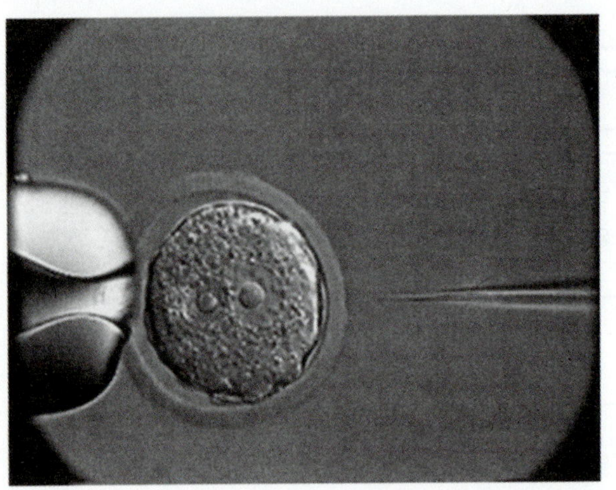

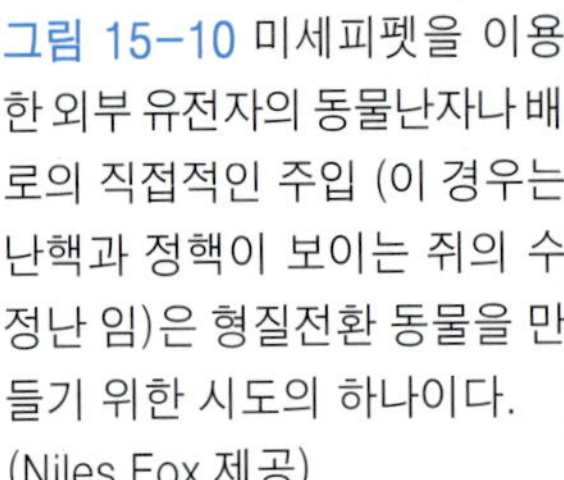

그림 15-10 미세피펫을 이용한 외부 유전자의 동물난자나 배로의 직접적인 주입 (이 경우는 난핵과 정핵이 보이는 쥐의 수정난 임)은 형질전환 동물을 만들기 위한 시도의 하나이다. (Niles Fox 제공)

## 요 약

생물학 연구에 혁명을 불러 일으킨 재조합 DNA 기술 (또는 유전 공학)은 제한효소와 클로닝 벡터를 이용함으로써 가능해졌다. 제한효소는 특정 부위에서 DNA 분자를 자른다. DNA 분자상의 다양한 제한효소 부위의 위치는 제한효소 지도로 작성된다. 플라스미드, 파아지와 코스미드와 같은 클로닝 벡터는 DNA를 증폭하고, 변형하고, 발현하게 할 수 있다. 중합효소 연쇄반응은 클로닝 벡터에 삽입하기 전에 아주 적은 양의 DNA 서열을 시험관 (*in vitro*)에서 증폭하는데 처음 사용되었다. 벡터에 삽입된 DNA 절편은 알맞은 숙주로 형질전환 될 수 있다. 형질전환체는 벡터에 의해서 제공된 항생제 저항성에 의해 종종 선별된다. 정확한 인서트는 콜로니 혼성화반응에 의해 선별된다. 게놈 라이브러리는 전체 게놈 DNA를 제한효소로 절단하여 만들고, cDNA 라이브러리는 DNA로부터 전사된 mRNA를 역전사효소로 cDNA를 만들어 합성한다. 게놈 라이브러리의 서열순서를 밝히기 위해서 염색체 워킹 또는 염색체도약을 이용한다. 일단 클로닝된 유전자는 위치특이적 돌연변이에 의해 바뀔 수 있다. 돌연변이된 유전자는 발현되고 연구된다.

## 연습문제

1. 제한효소에 관한 질문이다.
   (a) 제한효소는 무엇인가?
   (b) 제한효소의 생물학적 기능은 무엇인가?
   (c) 과학자들이 제한효소를 사용하는 주된 목적은 무엇인가?
   (d) 제한효소에 의해 인식되는 모든 염기서열에 존재하는 공통적인 특징은 무엇인가?
2. 제한효소에 의해 두 가지 형태의 절단이 가능하다. 그들은 무엇인가? 이러한 두 가지 형태의 절단은 3가지 가능한 DNA 말단의 형태를 만든다. 그들을 설명하여라.
3. 두 제한 효소가 동일한 패턴으로 자른다면, 두 제한 효소가 가져야 하는 특징은 무엇인가?
4. 이상적인 클로닝 벡터의 특성을 열기하라.

5. 삽입적 불활성화를 설명하고, 클로닝에 어떻게 이용되는가를 기술하시오.
6. 일단 만들어진 재조합 플라스미드나 파지로부터 특정 인서트를 함유한 플라스미드나 파아지를 동정하는 몇 가지 방법을 설명하라.
7. Kan-r/Amp-r 플라스미드에 *Bgl*II로 처리하여 *amp* 유전자를 절단하고, *Bgl* II로 절단한 초파리 DNA 절편을 붙인 후 대장균에 형질전환하였다.
   (a) 균체가 플라스미드를 가진 것을 확실히 하기위해 어떤 항생제를 한천배지에 첨가해야 되는가?
   (b) 배지에서 발견할 수 있는 항생제 저항성 표현형은 무엇인가?
   (c) 어떤 표현형이 초파리 DNA를 가지고 있는 것인가? 이 표현형은 어떻게 선별할 수 있는가?
8. 플라스미드 벡터에 클로닝할 때, 인서트가 없는 벡터의 재결합이 항상 문제점이 되고 있다. 이 문제점을 줄이는 방법 두 가지를 설명하라.
9. 게놈 라이브러리와 cDNA 라이브러리의 차이점은 무엇인가? 두 형태의 라이브러리로 클로닝된 유전자의 구조에 주된 차이점은 무엇인가? 각 클론의 형태가 갖는 장점은 무엇인가?
10. 위치특이적 돌연변이를 설명하시오. 장점과 단점을 드시오.

## 문제

1. 제한 효소 *Eco*R I 을 (1) 10 개의 *Eco*R I 부위를 갖은 선형 DNA분자와 (2) 10개의 *Eco*R I 부위를 포함한 원형 DNA 분자를 자르는데 사용하였다.
   (a) 선형분자와 원형분자로부터 얼마나 많은 절편이 만들어지는가?
   (b) 선형분자와 원형분자로부터 파생된 모든 절편이 원형화될 수 있는가? 그렇지 않다면 얼마나 많이 가능한가? 어떤 것이 안되고 왜 그런가?
2. 플라스미드가 항생제 저항성 유전자내에 하나의 *Bam*HI 부위를 갖고 있다. *Bam*HI 효소의 인지 서열은 G↓GATCC이다. 서열은 5'에서 3' 방향으로 쓰여졌고 화살표는 잘라지는 지점을 나타내었다.
   (a) 관심의 대상이 되는 유전자를 포함한 DNA 절편을 위에서 설명한 플라스미드의 *Bam*H I 부위로 클로닝하고자 한다. 불행히도 그 유전자는 *Bam*HI 부위를 가지고 있지 않다. 그러나 그 유전자는 다음과 같이 *Bgl*II 부위(A↓GATCT)에 인접하여 있다.

   $$5' \text{ ----AGATCT----}\overrightarrow{\text{gene}}\text{----AGATCT----} 3'$$

   *Bam*HI으로 절단한 플라스미드 DNA와 *Bgl*II로 절단한 유전자를 포함한 절편을 도식화하라. 양 사슬과 상보성 말단이 형성됨을 보여라. *Bam*HI과 *Bgl*II 상보성 말단이 호환성을 가지고 있는가? (예. *Bgl*II 절편이 *Bam*HI 부위로 클로닝될 수 있는가?) 그렇다면, 결과적으로 만들어진 구조를 그려라. *Bam*HI 부위와/또는 *Bgl*II 부위가 다시 형성되는가?
   (b) *Bam*HI으로 자른 플라스미드와 다음 인서트를 가지고 위의 분석을 반복하라.

5 ' ----CGATCC---AGATCG----3 ' *Sau*3A로 자름(↓GATC)

(C) *Bam*HI으로 자른 플라스미드와 Dpn I (GA↓TC)으로 자른 (b)의 DNA 서열을 가지고 위의 분석을 반복하라.

3. 제한효소 A와 B가 각각 파지 T5와 T7의 DNA를 자르는데 사용되었다. 길이가 2.0 kb인 T5의 특정절편을 1.5 kb 크기의 특정 T7 절편과 혼합하고 저농도의 DNA 리가제를 처리했다. 3개의 주요 원형이 만들어졌고, 이 세가지는 제한효소 A와 B로 절단될 수 있었으며, 그 절단 결과 각각의 효소 처리는 하나 하나의 절편과 두 절편을 생성했다. 이 원형의 구조를 도해하라. 제한 효소 A와 B에 대하여 당신이 내릴 수 있는 결론은?

4. 플라스미드 pBR607 DNA는 원형이고, 이중 가닥이며 분자량이 2.6×106이다. 이 플라스미드는 숙주 박테리아에서 테트라사이클린 (Tcr)과 암피실린 (Apr)에 저항성을 주는 단백질을 암호화하는 두 유전자를 가지고 있다. 이 플라스미드는 다음 제한효소 각각에 대하여 오직 하나의 인지부위를 갖는다: *Eco*R I, *Bam*H I, *Hind*III, *Pst* I 그리고 *Sal* I. *EcoR* I 부위로 DNA를 클로닝 했을 때 두 가지 항생제에 대한 저항성이 변하지 않는다. *Bam*H I, *Hind*III 및 *Sal* I 부위로 DNA를 클로닝했을 때 테트라사이클린에 대한 저항성이 없어졌다. DNA를 *Pst* I 부위로 클로닝했을 때 암피실린에 대한 저항성이 없어졌다. 아래 표에 여러 제한효소를 잘랐을 때 생기는 절편의 크기를 요약하였다. 제한효소 지도에서 *Eco*R I 절단부위에 대한 *Bam*H I, *Hind*III, *Pst* I 및 *Sal* I 의 절단부위를 표시하여라. 또한 *amp* 유전자와 *tet* 유전자의 적절한 위치와 제한 효소 부위들 사이의 거리를 나타내라.

| 제한효소 혼합물 | 절편의 분자량 (백만) |
|---|---|
| EcoRI, PstI | 0.46, 2.14 |
| EcoRI, BamHI | 0.2, 2.4 |
| EcoRI, HindIII | 0.05, 2.55 |
| EcoRI, SalI | 0.55, 2.05 |
| EcoRI, BamHI, PstI | 0.2, 0.46, 1.94 |

5. 쥐에서 밝혀진 바로는 두 유전자가 매우 가깝게 존재하여, 사람 염색체상에서도 아주 가깝게 연관되어 있을 것으로 믿어지는 두 개의 인간 유전자 A와 B에 대한 cDNA가 있다. 이러한 사실을 증명하기 위한 방법과 실험과정을 간단히 기술하라.

## 개념문제

1. 유전공학이 얼마나 더 발전할 수 있는가? 화석으로부터 멸종된 동물의 DNA를 분리해서 현존하는 생물에 주입한 쥐라기 공원 형태의 실험이 가능한가? 그런 실험 방법이 성공을 거둔다면 어떤 이점이 생기겠는가?

2. 재조합 DNA 기술 연구로부터 발달한 DNA 서열과 유전자 배열의 이해가 게놈에 저장된 유전정보의 원리를 근거로 진보된 컴퓨터 프로그램의 디자인에 얼마

나 가능성을 부여할까?

3. 사람의 행동을 이해하는 것이 연구를 중시하는 많은 심리학자와 사회학자들의 최종 목표이다. 재조합 DNA 기술이 이들 연구에 도움을 줄 수 있는가?

# 제16장

**단원 학습목표**

1. 생물의 게놈을 변형시키기 위해 사용되는 DNA재조합 기술
2. 법의학에서의 분자생물학 응용
3. 유전공학적으로 변형된 품종을 이용한 상업적으로 유용한 동식물과 상품 생산

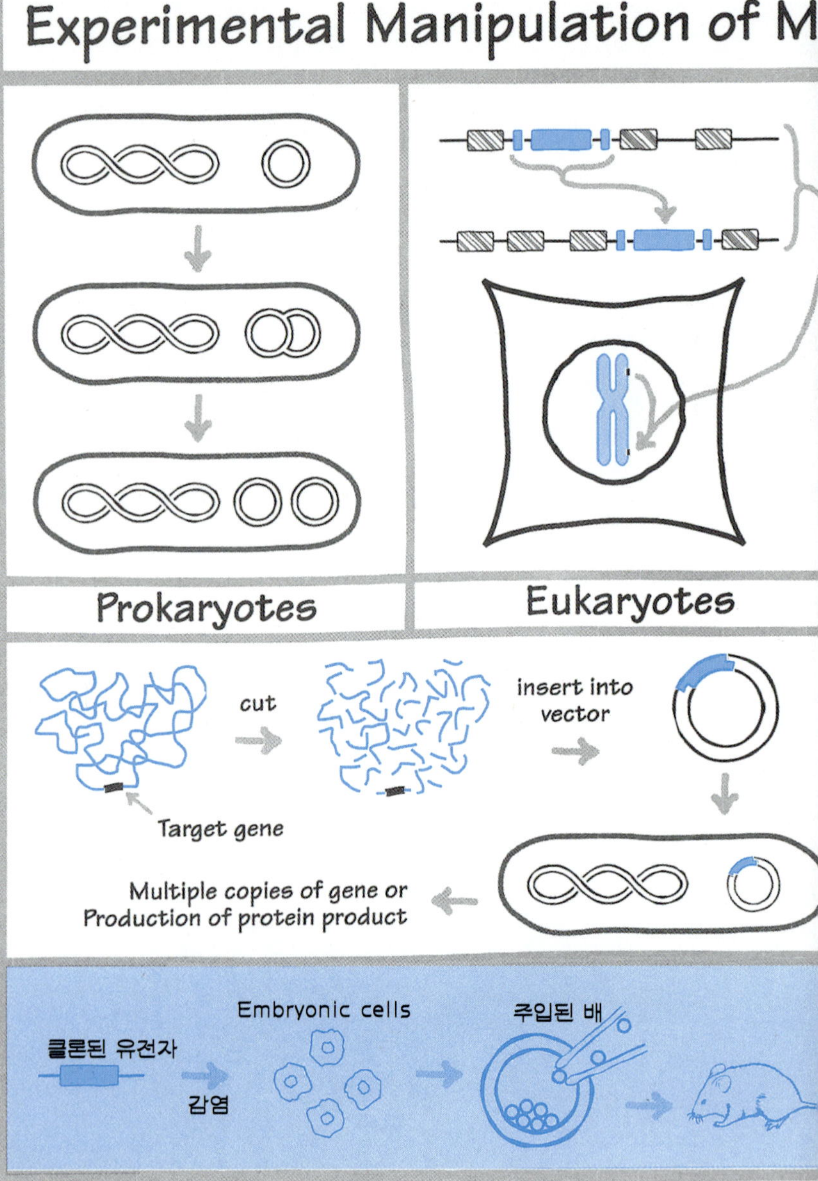

molecules

ransposons,
asmids, and
acteriophage

Genetic
Engineering

실질적 응용

# 분자생물학의 연구 분야 확대

21세기에 들어서면서 분자생물학의 영향은 실험실 밖으로 확대되고 있다. 10년 전에는 사람들이 식사를 하면서 법정에서 DNA지문을 증거로 허용할 것인가에 대해 활발한 논의를 한다거나, 수퍼에서 유전자조작된 토마토를 구입하는 것이 좋을지를 생각한다거나, 혹은 최근의 유전자치료 실험에 대한 신문 기사를 읽는다는 것은 있을 수 없는 일이었다. 그러나 지금은 이 모든 일이 자연스럽게 일어나고 있다. 분자생물학과 재조합 DNA 기술이 분명히 세상을 변화시켰다. 또한 이 기술은 환경에 대한 잠재적인 영향 및 건강과 사회에 대한 위험에 관한 관심을 동시에 불러일으켰다. 본 장에서는 분자생물학이 연구, 의학, 농업, 산업 및 사회 전반에 미친 영향을 살펴볼 것이다. 또한 유전공학이 우리 생활에 침투함으로써 제기된 윤리적인 문제에 대해서도 살펴볼 것이다.

## DNA 재조합 기술의 이용 분야

말할 것도 없이 DNA 재조합기술은 생물학 연구를 혁신적으로 변화시켰으며, 현재 주요  이용 분야는 다음과 같다.

1. 유용하고 경제적으로 중요한 분자를 생산할 수 있는 세균과 다른 생명체를 만듦.
2. 연구에 이용될 인간 및 다른 생물체 게놈의 유전자 지도 작성(Mapping).
3. 연구 수단으로서 DNA 및 RNA 공급.
4. 동물과 식물의 유전자형 변화.
5. 동물의 유전적 결함 수정 가능성(유전자 치료).

DNA 재조합기술은 기초, 의학, 농업, 상업 및 산업 등 모든 분야의 연구에 이용되며, 인류의 가장 기본적인 요구를 충족시키는 데도 공헌할 것으로 기대된다. 몇가지 연구 응용에 대해서 살펴보자.

### 연구에서의 이용: 주문생산된 포유동물

세균의 돌연변이체를 분석하는 것은 물질대사과정을 포함한 세포의 기능을 이해하는데 엄청나게 효과적인 방법이었다. 이 시도를 고등생물에게로 확대하는데 있어

가장 큰 장애는 진핵생물 게놈이 이배체라는 것이었다. 즉, 유전자의 두 사본 모두에 실험적으로 유도된 변화가 일어난 돌연변이체를 분리하기가 어렵다. 이 어려움을 극복하기 위해 현재 사용되는 방법은 상동성 재조합을 통한 표적돌연변이 발생을 이용하는 것이다. 이 방법은 처음에는 효모에서 사용되었고 보다 최근에는 포유류에서 사용된다. 이 방법을 사용하여 유전자의 한 대립유전자를 유전적으로 조작된 대립유전자로 대치할 수 있다. 더욱이 새로운 유전자는 발생과 분화동안 작용하는 정상적인 유전 조건으로 적절한 환경에 도입된다. 이 기술은 몇가지 다른 방향으로 이용되었다. 어떤 경우는 새롭거나 신기한 유전자가 생물체에 도입되었다. 다른 경우는 특정 유전자를 불활성화 시킨 후 배발생, 조직분화, 암발생 혹은 면역계의 기능에서 정상적인 유전자의 역할을 연구하기 위해 생물체에 도입되었다. 이 방법은 knockout mice로 알려진 특정한 형질전환 쥐를 생산하기 위해 사용되고 있다.

knockout 쥐

형질전환 쥐를 생산하기 위해서 배발생의 초기단계에 있는 수정난을 배가 자궁에 착상하기 이전에 암컷으로부터 얻는다(그림 16-1(a)). 이 배발생 단계에서는 배를 구성하는 **배간세포** (embryonic stem cell, **ES cells**)는 분화가 일어나지 않았으며 생물체에서 발견되는 모든 종류의 세포형태를 만들 능력이 있다 (즉, **전형성능**을 갖고 있다). ES 세포는 포유류 배의 초기 단계인 낭포로부터 분리될 수 있으며 살아있는 세포인 먹이층에서 배양할 수 있다 (그림 16-1(b)). 먹이층은 ES세포에게 영양을 공급하여 분열하게 하지만 분화를 허용하지는 않는다. 배양된 ES 세포는 동일한 ES세포로 구성된 군집을 형성한다. 이 ES세포들은 유전적으로 조작된 유전자로 형질전환될 수 있고 (그림 16-1(c)-(f)), 형질전환된 세포는 배양 중에 선별될 수 있다 (그림 16-1(g)). 변형된 외부 유전자를 게놈에 성공적으로 통합시킨 ES세포는 다른 암쥐에서 얻은 낭포로 주입될 수 있고, 거기서 세포 혼합체는 완전한 배로 발생한다 (그림 16-1(i)-(j)). 이 과정이 실제로 어떻게 작용하는지 자세히 살펴보자.

배간세포

전형성능

그림 16-1 주문생산된 포유류: 형질전환 쥐 생산. 이 실험에서 전형성능을 갖는 배 간세포(embryonic stem cell, ES cells)를 흙갈색 공여체의 낭포에서 분리하여(a) 방사선, 미토마이신(mitomycin) 혹은 비가역적 DNA합성 저해제 처리로 성장이 일어나지 않지만 물질대사가 활발한 먹이 세포층에서 생장시켜 배양한다(b). 항생제 저항성 유전자 (*neo^r*)가 삽입된 조작된 유전자를 전기천공법에 의해 ES 세포에 도입한다(c, d). 조작된 유전자가 상동성 재조합에 의해 쥐 염색체에 통합된 형질전환 ES세포(e, f)를 네오마이신 유사물질을 포함하는 배지(G418 배지)에서 배양하여 선택한다(g). 형질전환되지 않은 세포는 죽는다. 네오마이신-저항성 클론을 선별해서 정배수성(euploid)과 돌연변이가 일어난 대립유전자를 갖는지를 조사한다(h). 이런 기준에 맞는 10-15개의 세포를 흰색 쥐의 낭포에 주입한다(i). 주입된 세포는 안쪽 세포들에 통합되고, 낭포는 다시 가임신시킨 암컷에 다시 이식된다. 성공적인 실험에서 자손은 혼합된 털색깔(암컷 배의 흰색과 형질전환된 ES세포의 흙갈색)로 확인된다(j). 키메라는 흰 쥐와 검정교배시킨다(k). 만일 유전적으로 조작된 ES 세포가 생식계열로 들어갔다면 키메라 후손에서도 ES 세포의 형질(흙갈색 털)이 나타날 것이다. 그런 후대의 DNA에 원래 목표로 삼았던 대립유전자가 존재하는 지를 Southern blot으로 조사한다(그림 8-13 참조). 이형접합성 쥐를 교배시키면 자손의 1/4은 목표로 삼았던 유전자가 동형접합성일 것으로 기대된다. 동형접합성 여부는 또 다른 분석으로 확인할 수 있다. 따라서 knock out 쥐는 유전자 기능을 보다 깊이 연구하는데 유용하다.

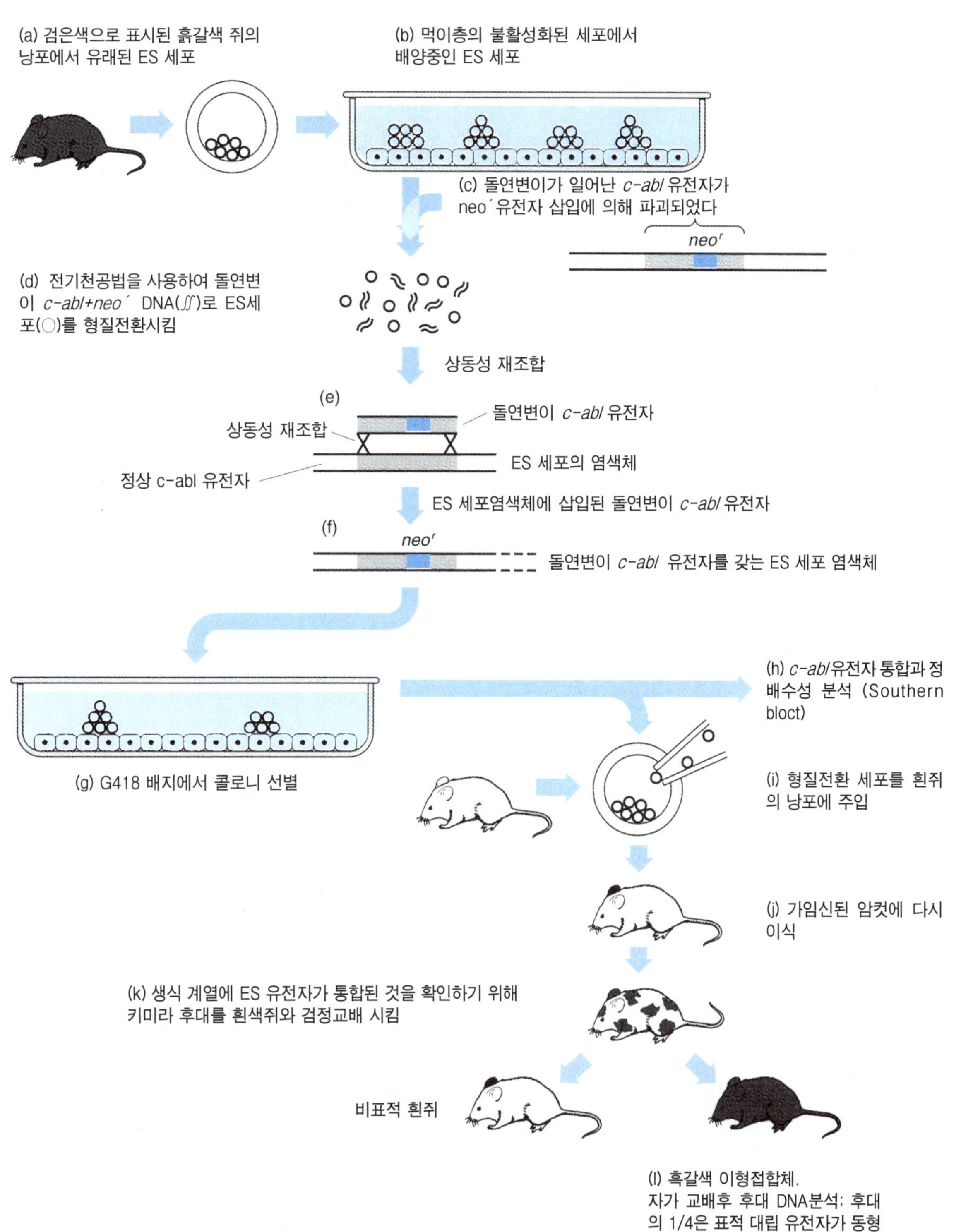
(a) 검은색으로 표시된 흙갈색 쥐의
낭포에서 유래된 ES 세포
(b) 먹이층의 불활성화된 세포에서
배양중인 ES 세포
(c) 돌연변이가 일어난 c-abl 유전자가
neo´ 유전자 삽입에 의해 파괴되었다
neo$^r$
(d) 전기천공법을 사용하여 돌연변
이 c-abl+neo´ DNA(∫∫)로 ES세
포(○)를 형질전환시킴
상동성 재조합
(e)
돌연변이 c-abl 유전자
상동성 재조합
ES 세포의 염색체
정상 c-abl 유전자
ES 세포염색체에 삽입된 돌연변이 c-abl 유전자
(f)
neo$^r$
돌연변이 c-abl 유전자를 갖는 ES 세포 염색체
(h) c-abl유전자 통합과 정
배수성 분석 (Southern
bloct)
(g) G418 배지에서 콜로니 선별
(i) 형질전환 세포를 흰쥐
의 낭포에 주입
(j) 가임신된 암컷에 다시
이식
(k) 생식 계열에 ES 유전자가 통합된 것을 확인하기 위해
키미라 후대를 흰색쥐와 검정교배 시킴
비표적 흰쥐
(l) 흑갈색 이형접합체.
자가 교배후 후대 DNA분석; 후대
의 1/4은 표적 대립 유전자가 동형
접합성이어야 한다.

*c-abl* 로 알려진 유전자가의 파괴가 쥐에게 미치는 영향을 알고 싶다고 가정하자. 이 유전자는 Abelson 쥐 백혈영 (leukemia) 바이러스의 발암유전자에 상응하는 세포성 유전자이다. 발암유전자 (oncogene)는 돌연변이가 일어나지 않은 세포형은 세포분열의 정상적인 조절에 관여하지만 파괴되거나 변형되면 어떤 형태의 암 발생에 관여한다.

먼저 불활성화된 유전자를 포함하는 플라스미드 벡터를 제조할 필요가 있다. 이것은 염기치환, 결실 혹은 삽입 등 유전자에 원하는 변형을 일으키도록 시험관에서 유전적으로 조작된다. 이 예에서 프로모터가 없는 네오마이신 저항성 유전자 (*neor*)를 이 유전자의 암호부위의 3'말단 가까이에 삽입하여 이 유전자를 파괴할 수 있다 (유전자를 불활성화 시킨다 (knockout) (그림 16-1(c)). 조절가능한 프로모터를 갖는 약제 저항성 표지 유전자도 이과정에 효과적으로 사용되었다. 변형된 유전자는 적절한 플라스미드 혹은 유전적으로 조작된 바이러스 같은 다른 벡터에 삽입될 수 있다.

이 실험에 사용된 ES 세포는 털색깔이나 드문 전기영동 변형체로 나타나는 조직 효소처럼 후대에서 쉽게 확인될 수 있는 분명한 형태적 표지 유전자들이 동형접합성일 수 있다. 재조합 플라스미드는 전기천공법 (electroporation) (플라스미드 존재하에 전기충격에 의한 세포의 가역적 투과화)에 의해 ES세포로 도입될 수 있다. 그 후 세포는 먹이층에 도말된다 (그림 16-1 (d)-(f)). 재조합 유전자가 숙주 DNA에 통합되는데 소요되는 1-2일 후 형질전환된 세포의 선별이 시작된다 (그림 16-2(g)). 배양액은 네오마이신에 저항성이 없는 세포를 죽이는 네오마이신 유사체인 G418을 포함하는 새로운 배지로 대체된다. *neor* 유전자 자체는 프로모터가 없으므로 네오마이신 저항성은 원래의 *c-abl* 대립유전자 중 하나가 상동성 재조합에 의해서 조작된 유전자로 치환된 세포와 *neor* 유전자가 세포의 프로모터 다음에 위치한 세포에서만 발현될 것이다.

전기천공법

다음으로 약제 저항성 ES 군체를 분리하고 그 DNA를 Southern blot법 (8장 그림 8-13 참조)으로 분석한다. 상동성 재조합이 일어나지 않는 *c-abl* 발암유전자에서 유래된 탐침이 ES세포 DNA의 제한효소절단에서 정상적인 세포 대립인자와 불활성화된 대립유전자를 찾는데 사용될 것이다. 양친 세포계는 자신의 *c-abl* 유전자만을 가지므로 상동성 통합의 근거는 Southern blot에서 양친과 같은 위치와 이보다 0.6 kb 큰 곳에서 도합 두개의 밴드가 존재하는 것이다. 이 차이는 통합된 유전자에 0.6 kb *neor*가 삽입되었기 때문이다. 비상동성 재조합체에서는 양친 밴드만이 나타나며 약제-선별 과정에서 상동성 재조합체 보다 훨씬 많이 선별된다.

이 과정까지의 기술에는 원래 플라스미드나 다른 벡터를 제작하는 세부사항에서 고유한 여러 변형이 있다. 원하는 특성을 갖고 있는 클론이 확인되면 그것이 정배수성 (euploid)임 (즉, 정상적인 염색체 조합을 갖는지)을 확인하기 위해 선별된 세포에 대한 핵형분석이 수행된다 (그림 16-1(h)). 다음으로 선별된 클론에서 10-15개의 세포를 다른 표지형질이 동형접합성인 낭포에 주입한다. 예를 들어 ES 세포가 검정 혹은 흙갈색 쥐에서 유래되었다면 흰색 혹은 흑갈색이 아닌 쥐의 배에 주입한다 (그림 16-1(i)). 주입된 낭포는 가임신시킨 암컷 (정관절제된 수컷과 2-3일 전에 교미시켜서 준비함)에 다시 이식한다 (그림 16-1(j)). 성공적인 실험에서 전형성능을 갖는 ES세포는 수용체 낭포의 안쪽 세포들에 통합되어 발생하는 배의 생식

세포를 포함한 여러조직에 자리잡는다. 결과적으로 형질전환된 동물은 우선 혼합된 털색깔로 확인된다 (그림 16-1(k)).

수컷 키메라는 성적으로 성숙할 때까지 사육하고 조작된 유전자가 생식계열에 통합되었는지를 결정하기 위해 검정교배시킨다. 후대는 다시 털 색깔이나 ES 세포에서 유래된 효소의 전기영동 변형체 같은 성질을 조사한다. 최종적으로 원래 관심을 가졌던 성질 (본 예에서는 *neo*r이 삽입된 *c-abl* 유전자의 존재)을 Southern blot 분석으로 조사한다 (그림 16-1(l)).

이것과 유사한 방법들이 Alzheimer병, 낭포섬유증, Gaucher병 (리소좀 효소와 관련된 점진적이고 치명적인 병), 감염 (hepatitis) B 바이러스와 연관된 간암 및 다양한 인간의 질병에 대한 쥐 모델을 개발하기 위해 사용되고 있다. 2001년 말 기준으로 과학자들은 쥐의 약 35,000 유전자 중 4,000개 이상을 성공적으로 불활성화 시켰으며 500개 이상의 인간 질병에 대한 쥐-불활성화-모델을 연구하고 있다.

그러나 아직도 이 기술을 사용하는데는 몇가지 중요한 우려와 문제가 있다. 첫번째이며 가장 분명한 것은 만약 조작된 유전자가 배 발생에 필수적인 것이라면 동형접합성 후손은 자궁에서 죽을 것이다. 둘째로 아직 확실히 밝혀지지는 않았지만, 공여 세포가 발생중인 배에 성공적으로 통합되고 연이어 생식계열로 전파되는데 수용자 (숙주)가 중요한 역할을 수행함이 분명하다. 셋째, 현재까지의 방법에서는 비상동성 재조합이 상동성 재조합보다 훨씬 빈번하므로 공여체로 사용하기 전에 클론되고 형질전환된 ES세포에 대한 엄격한 선별과 세심한 분석이 필요하다. 이점은 상동성 재조합을 궁극적으로 인간의 유전자 치료에 사용하려할 경우 특히 중요하다. 다른 면에서는 정상적인 인슐린 유전자를 잘못된 장소에 삽입한다면 부적절하게 발현되거나 전혀 발현되지 않을 수 있으며, 이는 도움보다는 해를 줄 수 있다. 적어도 두가지 인간 암의 경우 [만성 골수성 백혈병 (chronic myelogenous leukemia), 급성 임파성 백혈병 (acute lymphocytic leukemia)] 인간의 *c-abl* 유전자가 염색체 전좌에 의해 불활성화 되었음이 이미 관찰되었다. 도입된 유전자가 잘못된 장소에 재조합될 위험성은 분명하다.

잠재적인 숙주가 착상전의 배가 아니고 성인인 경우 그런 문제를 피할 수 있는 분명한 방법이 있다. 유전조작할 세포를 신체로부터 분리하고 시험관에서 유전조작을 수행한다. 원하는 유전자형을 갖는 변형된 세포를 실험실에서 분리하여 원래 공여자나 적절한 다른 수용자에게 도입한다. 이 과정을  흔히 유전자 치료라고 부른다. 환자로부터 결함 있는 골수 간세포를 분리하여 시험관에서 유전적 문제를 수정하는 것을 생각할 수 있다. 그 다음 교정된 세포는 다시 환자에게 주입될 수 있다. 이 방법은 흔히 세포치료라고 부른다. 이와 유사하게 심각한 화상에 사용하기 위해 살아있는 표피층을  병원에서 유지할 수 있을 것이다.

상당한 논란을 야기한 또 다른 시도는 유전성 혹은 퇴행성 병을 고치기 위해 인간 배의 줄기세포를 이용하는 것이다. 낭포의 안쪽 세포들로부터 얻은 인간의 배 줄기세포는 **다형성능**이 있다 .이것은 이들이 거의 모든 인간 조직이나 세포형을 만들 수 있다는 것을 의미한다 (낭포의 안쪽 세포들은 자궁에서 배 발생에 필수적인 태반과 보조 조직을 형성할 능력이 없다). 만일 인간 ES를 신경세포, 심장 근육, 췌장 혹은 혈관같은 성체의 조직으로 분화되도록 유도할 수 있다면, 척추 신경부상, 심장발작, 파킨슨병 혹은 당뇨를 치료하는데 유용할 것이다. 또한 T세포를 AIDS 바이러스에 저항성을 갖도록 유전적으로 변화시키고 HIV에 감염된 T세포를 이들로 대체함으로써 AIDS를 치료할 수 있다는 제안도 있다.

줄기세포 연구에 대한 논란은 인간 줄기세포가 일반적으로 얻어지는 출처 때문에 일어난다. (1) 많은 ES는 제공된 인간 난자를 시험관에서 정자와 수정한 결과의 산물이다. (2) 발생의 약간 다음 단계를 대표하는 배 세포 (EG)는 유산된 태아조직으로부터 얻는다. 배의 조직이 줄기세포의 유일한 출처는 아니다. (3) 혈액이나 피부 줄기세포 같은 보다 분화되고 다형성능이 있는 줄기세포는 성인과 아이 모두에 존재한다. 이 성인 줄기세포는 배 줄기세포에 비해 융통성이 적으며 밀접히 연관된 기능을 갖는 세포로 분화한다. 예를 들면 인간 골수에 있는 혈액 줄기세포는 청혈구, 백혈구 및 혈소판을 만든다.

또 다른 ES세포의 출처가 있을까? 체세포 핵 이동에 의해 ES 세포를 만들 수 있다고 제안되었다. 정상적인 미수정 사람 난자로부터 핵을 제거하고, 이를 사람 체세포와 융합시킨다. 만일 전형성능인 융합세포가 낭포까지 정상적으로 발생한다면 낭포의 안쪽 세포들로부터 다형성능인 ES 세포를 얻을 수 있을 것이다.

출처가 어디든, 줄기 세포가 모든 질병을 고칠 수는 없다. 유전적으로 관련이 없는 개인으로부터 유래된 줄기 세포는 수용자에 존재하는 조직과는 면역학적으로 다른 조직으로 분화될 것이며 이식된 기관이 거부되는 것과 마찬가지로 거부될 것이다. 동질적 줄기세포는 수용자의 세포와 유전적으로 동일할 수 있으나, 세포에 원래 있던 유전적 결함을 가지고 있을 수 있고, 사용하기 전에 유전적으로 변형될 필요가 있을 수 있다. 더욱이 모든 조직에 대한 줄기세포를 동정하거나 분리하지도 못했으며, 성체 줄기 세포를 자극하여 성인에 존재하는 수많은 모든 조직으로 분화시킬 능력도 현재는 없다. 따라서 줄기세포가 유전성 및 퇴행성 질병 치료 수단으로 가능성을 보여주고 있지만 가능성이 실현되기까지는 많은 연구가 필요하다.

그러나 거의 모든 세포형에서 상동성 재조합만을 고효율로 유도하는 방법을 개발하는 것이 장기적인 목표로 남아 있다. 그런 업적은완전히 분화된개체가 태어나기까지는 나타나지 않을 수도 있는 유전병을 정상적인 유전자를 이용하여 치료하는 유토피아적 가능성을 제공할 것이다.

# 의학에서 DNA 재조합 기술의 이용

의학의 목표는 인간의 질병을 완화시키거나 궁극적으로는 없애는 것이다. 100 종류 이상의 인간 유전병이 알려지고 그에 대한 특성연구가 수행되었으며, 6600개 이상의 단일-유전자 결함이 알려져 있다. 다수의 유전자와 비유전적 요인이 관련된 수많은 질병은 이에 포함되지 않았다. 소위 말하는 단일-유전자 질병을 조사하면 복잡한 양상이 나타난다. 효소나 구조 단백질을 암호화하는 유전자에 돌연변이가 생긴 경우도 있고 유전자 발현의 조절이 변형된 경우도 있다. 역시 재조합 DNA기술의 발달로 특정 질병에 관련된 유전적 결함을 찾아내는 능력이 증가하였다.

재조합 DNA기술의 가장 유용한 응용의 하나는 유전병을 조기에 검진할 수 있는 새롭고 정확한 방법을 제공하는 것이다. 이 목적을 위해서 현재 단순한 효소 분석, 유전자 산물의 전기영동, 면역학적 방법, 염색체 분석 및 제한효소 분석 등 다양한 기술들이 이용되고 있다.

(a)

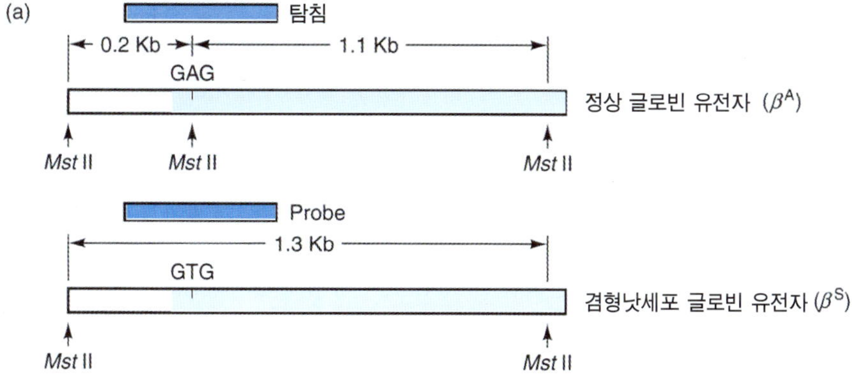


(b)

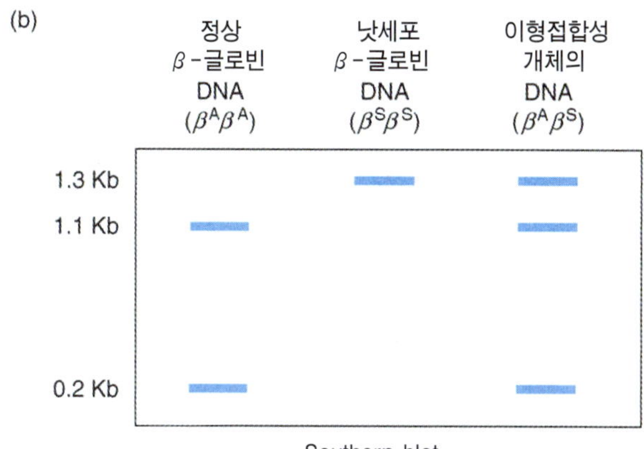


그림 16-2 겸형적혈구 빈혈증과 관련된 제한절편 길이 다형성(RFLP). (a) 겸형적혈구 빈혈증 환자는 β-글로빈 유전자의 염기치환(GAG->GTG)으로 인해 제한효소 *Mst* II의 인식 위치가 제거되었다. (b) 정상 개체(왼쪽 레인), 겸형적혈구 빈혈증 환자(중앙 레인) 및 이형접합성 개체(오른쪽 레인)의 DNA가 *Mst* II로 절단되었고, 젤 전기영동으로 분리된 후 β-글로빈 유전자의 치환된 염기를 포함하는 부위와 혼성화를 보이는 탐침으로 혼성화반응을 실시한 Southern blot. 정상 개체의 DNA는 두 밴드(0.2, 1.1 Kb), 겸형적혈구 빈혈증 환자의 DNA는 한 밴드(1.3 Kb), 이형접합성 개체의 DNA는 세 밴드(0.2, 1.1, 1.3 Kb)를 갖게 된다.

만일 결실, 삽입 및 점 돌연변이가 유전자 내부 혹은 부근의 제한효소 위치를 변형시켰다면 이 변화를 적절한 탐침으로 Southern blot을 분석하여 직접적으로 탐지하거나 유전병에 관련된 다른 표지 유전자에 대한 연관으로 간접적으로 탐지할 수 있다. 간단한 예가 그림 16-2에 나타나 있다. 겸형적혈구 빈혈증에서는 β-글로빈 유전자의 한 염기치환 (GAG-GTG)에 의해 정상적인 β-글로빈에서 나타나는 글루탐산이 발린으로 대치되었다. 이 염기 변화는 CCNAGG (N=A,T,G, 혹은 C) 염기서열을 인식하는 *Mst*II 제한효소의 인식서열을 제거한다. 정상적인 헤모글로빈을 갖고 있는 사람의 경우 *Mst*II로 절단하면 탐침인 β-globin cDNA와 혼성화를 보이는 1.1 kb와 0.2 kb의 두 개의 DNA 절편이 나타난다. 겸형적혈구 빈혈증의 대립유전자를 갖고 있는 사람의 경우는 A-T 염기치환이 제한효소위치 하나를 제거하므로 1.3 kb 제한효소 절편만이 나타난다. 이것이 **제한절편 길이 다형성**

제한절편 길이 다형성

RFLP

(Restriction Fragment Length Polymorphism, RFLP)의 예이다. 어떤 종류의 밴드가 나타나는가를 조사함으로써 개체가 한개 혹은 두개의 돌연변이 사본을 갖고 있는지를 구분하는 것이 가능하다. 즉, 겸형적혈구 빈혈증에 걸린 사람은 1.3 kb 밴드만 가질 것이며 겸형적혈구 빈혈증의 대립유전자의 보인자 (이형접합성)는 두개의 정상적인 밴드 (1.1 kb와 0.2 kb)와 비정상 밴드 (1.3 kb)를 가질 것이다. 대립인자-특이적 올리고누클레오티드 (ASO)로 알려진 새로운 형태의 탐침은 완벽히 상보적인 염기서열에만 혼성화되므로 최소한 한개의 염기만이 다른 염기서열을 구분하는데 사용될 수 있다. 이 방법을 GeneChip® 탐침어레이 (그림 13-4 참조)와 같은 DNA 마이크로어레이와 함께 사용하면 특정 대립유전자에 대한 많은 돌연변이 대립유전자를 동시에 검사하고, 피검자가 이들 대립유전자에 대해 이형접합성인지 동형접합성인지를 결정할 수 있다.

대립인자-특이적 올리고누클레오티드 (ASO)

어떤 경우는 돌연변이 대립인자 안에 있는 제한효소의 변화를 알수 없는 경우도 있지만, 돌연변이 대립인자가 주변의 연관된 유전자와 함께 유전된다는 것을 보여줄 수 있다. 유전자 사이의 연관은 별개의 표지 유전자들을 탐침으로 사용하고 Southern blot에서 동일한 절편과 혼성화를 보이는지를 조사함으로써 일차적으로 증명할 수 있다. 연관을 유전병의 진단 수단으로 사용하기 위해서는 특정 병을 갖고 있는 사람의 DNA는 정상인에서 나타나지 않는 특별한 제한효소 양상을 나타낸다는 것이 먼저 증명되어야만 한다. 이 간접적인 방법은 연관된 유전자 사이에 재조합이 일어날 가능성이 있고 주변의 표지 유전자를 물려받은 사람도 병과 관련된 유전자를 물려받지 않을 수 있으므로 분명히 완벽하지는 않다. RFLP분석은 Huntington병, 낭포성 섬유증, Duchenne 근육파괴증 (muscular dystrophy) 및 B형 혈우병 (hemophilia) 등의 유전병의 간접적인 검사법을 개발하는데 성공적으로 사용되었다.

## RFLP's, VNTR's 및 DNA 지문

인간의 게놈을 포함한 게놈은 다형성 (즉, 염기서열이 다르다)이다. 두 개체 사이는 약 1000 염기쌍 당 1개 염기쌍이 다르다. 이 차이의 일부는 점돌연변이에 의한 차이를 나타낸다 (그러나 코돈의 3번째 염기에서 일어난 점돌연변이는 암호한 아미노산을 바꾸지 않으므로 많은 경우 표현형은 동일하다). 보다 흔한 경우는 유전자 사이에 위치한 부위에서 발견되는 염기서열의 차이를 포함한다. 이 다형성은 인간 게놈에 대한 염기서열 결정에 있어서 널리 알려진 의미를 갖는다. 이 차이가 제한효소 위치에 나타나면 서로 다른 크기의 제한 효소 절편들을 만든다. 이 제한절편 길이 다형성은 이미 살펴보았듯이 (그림 16-2) 제한효소로 절단된 DNA를 젤 전기영동하고 적절한 표지 유전자로 탐색하면 쉽게 관찰된다.

가변사본 직렬반복

또한 **가변사본 직렬반복 (Variable Number Tandem Repeats (VNTRs))**이라고 부르는 다양한 사본수의 직렬로 반복된 DNA 서열이 진핵생물 개체의 게놈에 퍼져있다. VNTRs는 직렬반복 집단 내에서 나타나는 사본수가 다양한 짧은 염기 서열이다 (즉 그들은 서로 연이어 나타난다). 특정 그룹에서 발견되는 반복의 수효는 개체간뿐만 아니라 한 개체의 게놈에서도 위치에 따라 다를 수 있다. 이 반복에는 두 유형이 있다. 미소부수 반복 (microsatellite repeat)은 전체 게놈에 걸쳐 수많은 위치에서 나타나며 2-5 bp가 직렬로 반복된다. 소부수 반복 (minisatellite repeats)은 짧은 공통 서열을 포함하여 보다 긴 30-35 bp의 반복단위로 구성된다. 보다 긴

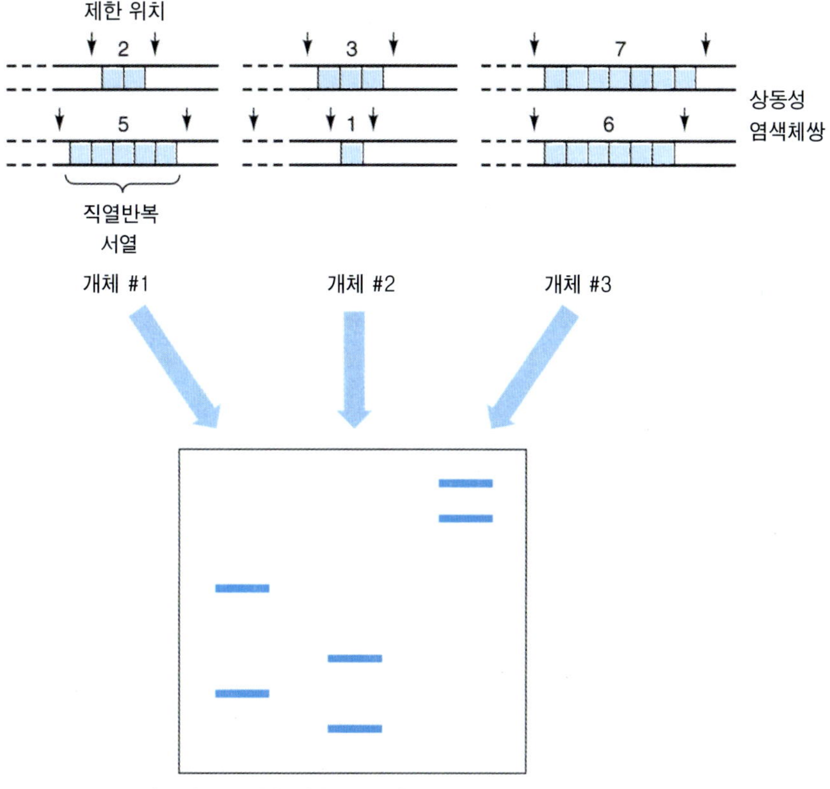


그림 16-3 가변사본 직렬반복(VNTRs)의 반복 수 차이로 유래된 DNA 지문의 간략한 예. 세 개체(#1, #2, #3)는 각각 다른 사본수의 특정한 직렬반복서열을 갖고 있다. 개체의 DNA를 직렬반복 배열 자체를 절단하지 않는 제한효소로 절단하고 젤 전기영동으로 분리한 후 기본 단위와 혼성화하는 탐침을 사용하여 Southern blot을 수행한다. 개체마다 다른 양상이 나타난다. 그러나 실제 DNA지문 양상은 그림보다 훨씬 복잡하다 (그림 16-5 참조).

소부수 반복은 게놈에서 보다 적은 위치에서 나타나는 경향이 있다.

VNTR양상 (그림 16-3)을 탐색하기 위해서는 VNTR배열 자체를 절단하지는 않지만 반복단위 전체를 포함하도록 (절편의 크기가 반복 수에 따라달라지도록 절단) 절단하는 제한효소로 게놈 DNA를 절단한다. 생산된 제한효소 절편을 젤 전기영동으로 분리하고 기본 반복 단위와 혼성화되는 방사성 탐침을 사용하는 Southern blotting을 수행한다. 자가방사법은 탐침과 혼성화된 다양한 크기의 많은 DNA 절편을 보여줄 것이다. 개체마다 직렬반복의 수효가 다르므로 **DNA지문**(DNA fingerprint)이라고 부르는 고도로 개인적인 DNA절편 양상이 나타난다. 더욱이 개인의 제한효소 양상은 유전자처럼 멘델의 법칙에 따라서 유전된다 (염색체뿐만 아니라 DNA의 반은 부모 각각으로부터 제공되므로 당연하다). 결과적으로 DNA지문은 아이의 친권에 대한 강력한 정보를 제공할 수 있다. 아이의 DNA 밴드의 반은 생물학적 부모 각각에서 유래되기 때문이다.

DNA 지문

DNA지문은 현재 여러 다른 분야에서 이용되고 있다. 최근의 잘 알려진 법정사건은 범죄 용의자와 범죄 현장을 연결시키는데 이 방법이 이용되었음을 보여준다 (그

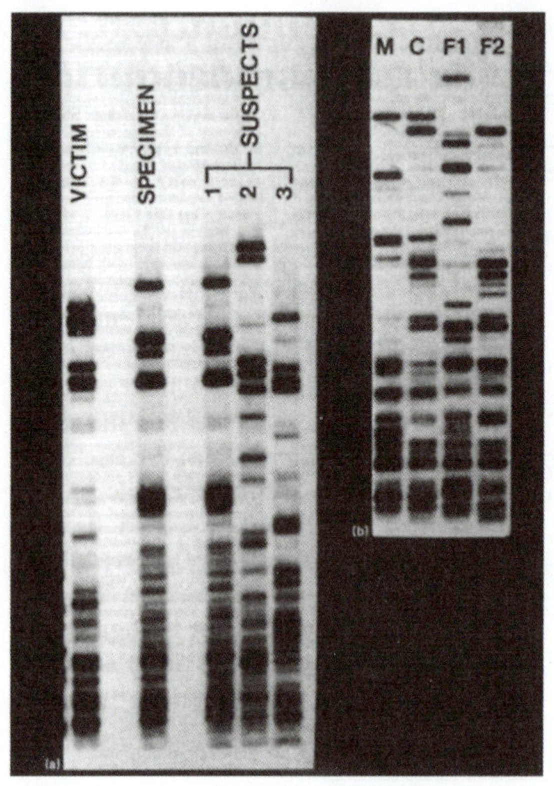


그림 16-4 **법의학과 친자확인에서의 DNA지문 사용.** (a) 성폭력 희생자, 희생자로부터 채취한 정액 및 세 잠정적 용의자의 DNA 지문. (b) 친자확인을 요하는 아이(c)와 그를 나은 어머니(**M**). 가능한 두 아버지의 DNA지문이 **F1**, **F2**로 나타나 있다.

림 16-4). 한방울의 피나, 피부조각, 모낭에 있는 소량의 DNA를 PCR (15장 그림 15-5 참조) 방법으로 증폭할 수 있고 용의자의 유죄 여부를 판단하는데 사용된다. 특정 용의자가 범죄 현장에 있었음을 암시하는 능력도 중요하지만 잘못 기소되거나 혐의를 받는 사람의 결백을 증명하는 능력도 중요하다.

유아유괴 사건에서 한 아이가 유괴범의 생물학적 자식이 아니고 수년 전 자녀를 납치 당했던 부모의 자손이라는 것을 증명하기 위해 이 기술이 이용되었다. 야생동물 밀렵의 경우 사냥꾼의 벽에 걸려있는 사자의 머리에서 얻은 DNA지문이 사냥꾼이 야생보호지역에서 불법으로 도살된 사자의 시체와 연결되었음을 증명하는데 사용되었다. DNA지문은 또한 멸종 위기의 생물을 보호하는데도 이용된다. 야생동물 집단의 DNA지문을 비교하여 그들의 유전적 연관성을 결정할 수 있다. 이 방법은 한 종이 위기에 처해있는지 한 종의 특정 집단이 성공적으로 상호교배 될 수 있는지, 포획-교배 계획이 관련된 동물의 과다한 내부교배를 일으킬지를 결정하는데 매우 중요할 수 있다. 다양한 응용성과 언론에서 다루는 비중을 고려할 때 한때 알려지지 않았던 DNA지문 기술이 실험실로부터 현재 우리 사회에서 가장 많이 논의되는 기술적 과제의 하나로 대두된 것은 놀라운 일이 아니다.

## Baa, Baa Black Sheep, Have you Any... Alpha-1-Antitrypsin? (의약품 생산)

재조합 DNA기술은 실험실로부터 제약업으로 빠르게 이동하고 있다. 현재 유전병 치료를 위한 몇 가지 다른 접근법이 가능하다. 그중 하나가 물질대사 차단을 피하기 위한 약품 혹은 식이처방이다. 이 경우 결핍된 호르몬이나 물질을 환자에게 처방한다. 치료학적으로 중요한 산물이 재조합 DNA 기술을 이용하여 생산된다. 간단히 살펴보면, 특정 펩티드를 암호화한 유전자를 적절한 프로모터와 세포로 하여금 그 유전자 산물을 분비하도록 하는 서열과 함께 람다 파아지 gt11과 같은 발현벡터에 삽입한다. 이때 유전자의 암호가닥이 벡터의 프로모터를 포함하는 가닥에 연결되도록 한다. 이 유전자를 수백 카피 가지고 있는 세균을 만들 수 있고 그 경우 재조합된 유전자의 산물은 세포 전체 단백질의 1-5%에 달한다. 재조합 DNA를 갖고 있는 세포로부터 분비된 유전자 산물은 세균이 자라는 배지로부터 수확한다. 소마토스타틴, 인슐린, 인간성장호르몬, 인터페론, 오피오이디 펩티드 (opioid peptide), 엔카팔린, 엔돌핀, 티모신, 조직 플라스미노젠 활성제 (tissue plasminogen activator), 유로키나제 및 혈우병 요소 VIII 들이 이런 방법으로 생산되었으며, 그 목차는 날로 증가하고 있다. 이 물질들을 환자에게 천천히 또는 점진적으로 양을 증가시키면서 주입하는 방법도 개선되었다. 현재 결함이 있는 유전자 산물을 정상 생리적 양과 유사한 농도의 기능적인 단백질로 대체하는 것이 가능한 경우도 있다.

만일 치료제가 진핵생물에서 유래된 것이라면 고려해야만 할 특별한 문제들이 있다.

1. 진핵생물의 프로모터는 일반적으로 세균의 RNA중합효소에 의해 인식되지 않으므로 진핵생물 유전자는 세균 프로모터에 연결되어야만 한다.
2. 진핵생물 유전자에서 전사된 mRNA는 세균 리보좀에서 해독되지 않을 수도 있다.
3. 인트론이 있는 경우 세균은 이를 절단할 수 없다. 그 경우 진핵생물의 유전자 보다는 cDNA 혹은 원하는 단백질산물의 아미노산 서열에서 추론된 합성DNA가 사용된다.
4. 인슐린처럼 종종 단백질 자체가 가공되어야 하는데 세균은 진핵생물 유전자산물의 가공신호를 인식할 수 없다.
5. 진핵생물 단백질은 세균에 의해 외부물질로 인식되어 분해될 수 있다.

이미 언급한 것 외에 이 문제를 해결하기 위한 다른 방법이 있다. 그중 하나는 진핵생물 유전자를 클로닝하기 위해 **인공효모염색체** (yeast artificial chromosome, YAC)을 이용한다. 최근의 연구는 진핵생물 유전자를 갖고있는 재조합 YAC을 효모(진핵생물임)에 도입하면 언급한 문제들이 나타나지 않음을 제시하였다.

인공효모염색체 (YAC)

보다 더 흥미로운 기술은 형질전환 동물 (주로 양이나 소)을 이용하여 치료학적으로 중요한 인간 유전자 산물을 동물의 우유로 분비시켜 생산하는 것이다. 이 기술은 이미 알파-1-항트립신이나 혈우병 요소 IX를 생산하는데 성공적으로 이용되고 있다. 치명적이기도한 유전병인 폐기종 (emphysema) 환자는 알파-1-항트립신이 결핍되어 있다. 인간의 알파-1-항트립신 유전자가 벡터에서 양의 우유단백질의 발현을 조절하는 DNA 부근에 삽입되었다. 특히 이 프로모터 서열은 조절하는 유전자를 양의 유선에서만 발현하도록 제한한다. 조작된 유전자는 시험관 내에서 양의 수정란에 주입되고 난자는 새로운 암양에게 착상한다. 궁극적으로 여러 형질전환 양이 태어났다. 형질전환 암양이 성숙하여 교미한 후 1갤론에 0.3파운드에 달하는 고농도의 알파-1-항트립신을 포함하는 우유를 생산하였다. 요소 IX의 결과는 이만큼 대단하지는 않지만 아직도 희망적이다. 미래에 많은 치료제 욕구를 충족시키는 형질전환 양과 소의 큰 무리를 볼 수 있을 것이다. 1997년 성숙한 양의 유방에서 분리한 세포 (섬유모세포)로부터 양을 성공적으로 클로닝함으로써 동물클로닝 기술에 아주 큰 도약이 이루어졌다. 과학자는 양의 섬유모세포를 배양하고 공여세포 (섬유모세포)와 수용세포 (난자)의 세포분열 주기를 동일하게 만들기 위해 배양액에서 혈청을 제거하였다. 이 섬유모세포의 핵을, 핵을 제거한 난자에 도입하고 이 난자는 암양의 자궁에 착상시켰다. 그 결과는 도입된 섬유모세포의 핵에 있는 유전정보에 의해 발생된 돌리라고 부르는 양이다. 양의 배나 태아로부터 유래한 핵을 공여한 비슷한 실험은 더욱 성공적이었다. 이 실험에 기초하여 스코트랜드의 과학자는 한 걸음 더 나아가서 공여핵으로 사용된 양의 태아 세포에 인간 유전자를 유전적으로 조작하였다. 결과적으로 이 양은 그 세포에 인간 유전자를 가지고 있다.

그 이후로 과학자들은 돌리를 클로닝할 때 사용한 방법과 유사한 방법으로 염소, 소, 양, 쥐 및 돼지를 성공적으로 클로닝하였다. 최근에 클론된 돼지는 장기적으로 인간 장기를 제공할 수 있도록 유전적으로 변형되었다. 이 경우 인간이 돼지 기관을 거부하게 하는 돼지의 유전자인 알파 1,3 갈락토실트란스퓌라제 (GATA1) 유전자의 2 사본 중 하나를 불활성시켰다. 과학자들은 두 사본을 모두 불활성시킨 돼지새끼를 만들고 이들의 기관을 사람이 아닌 영장류에 이식하여 공여기관으로 적합한지를 결정할 것이다. 이 실험이 성공한다면 심장,폐, 신장 같은 기관의 잠재적인 공급이 급격히 증가할 것이다.

동물을 클로닝하고, 이들의 기관을 인간에게 이식하는데 따르는 잠재적인 문제는 없을까? 불행하게도 중요한 난관이 있다. 첫째, 현재까지 클론된 동물은 많은 경우 비정상이며, 오래살지 못하며, 일찍 노화하며, 중대한 성장 이상을 보이며, 어린 나이에 관절염 같은 퇴행성 질병을 나타낸다. 둘째, 하나 혹은 두 개의 GAT1 유전자 대립유전자를 불활성시킨다고 해서 조직이나 기관 거부 문제를 해결할 수 없을 것이다. GAT1은 조직적합성에 관련된 600개 유전자 중 하나일 뿐이므로 인간 이식에 적합한 돼지 기관을 만들기 위해서는 보다 많은 돼지 유전자를 불활성시켜야 할 것이다. 마지막으로 이식동안 치명적인 바이러스가 돼지로부터 인간에게 전염될 수 있다. Porcine Endogenous Retrovirus (PERV) 같은 바이러스는 숙주에 별 해를 미치지 않으면서 돼지 세포에 흔히 침입한다. 시험관에서 이 바이러스는 돼지세포로부터 사람세포로 전염됨이 밝혀졌고, 이로 인해 사람세포는 병들거나 죽을 수도 있다. 더욱이 이 돼지 바이러스가 다른 종으로 전파되면 사람에게 퍼져서 파국적인 결과를 초래할 수도 있다.

유전공학은 의학적으로 중요한 다른 물질을 생산하는데도 중요한 역할을 수행한다. 많은 백신이 현재 재조합 DNA 기술을 통해 생산된다. 이 재조합 백신은 잠재적인 병균에 노출되지 않고도 백신을 투여한 개체에서 보호 역할을 하는 항체의 생산을 유도하는 이점이 있다. 더욱이 재조합 백신의 생산에 관여하는 사람들이 병균자체가 아니고 병균의 표면항원을 암호화하는 클론된 유전자를 대상으로 작업하므로 백신생산의 전과정이 절대적으로 안전하게 되었다. 치명적인 B형 간염 바이러스에 대한 재조합 백신이 이미 사용되고 있고, 이 기술이 앞으로 AIDS와 같은 다른 치명적인 질병에 대한 백신의 개발에 틀림없이 중요한 역할을 수행할 것이다. 이 목적을 달성하기 위한 바램으로 바이러스 표면의 스파이크단백질에서 나타나는 gp120의 유전자를 포함한 여러 HIV 표면 항원이 클로닝되었다. 이 단백질은 HIV바이러스가 숙주세포에 침입하기 위해 보조 T세포 표면에 있는 CD40 수용체에 결합하는데 관여한다. gp120 단백질에 대한 백신이 HIV바이러스에 대한 항체 생산을 촉진할 뿐만 아니라 바이러스의 CD40수용체 결합을 차단하는데 도움이 되기를 바라고 있다. gp120에 기반을 둔 백신인 AIDSVAX는 임상검사 III 단계에 돌입했고 현재 사람에 대한 효율성을 조사하고 있다.

의학의 다른 분야에서는 심장마비 환자의 생명을 구하기 위해 재조합 조직 플라스미노젠 활성제(TPA)가 사용되고 있고, 암 치료에 인터루킨-2와 감마-인터페론이 사용되고 있고, 당뇨병환자가 재조합 인슐린을 투여 받고 있으며, 시상하부(hypopituitary) 왜소증 어린이가 인간성장호르몬 (hGH)을 투여 받고 있다. 재조합 hGH 개발 전에는 이 호르몬의 유일한 원료는 인간 시신의 뇌하수체였다. 한 아이를 일년간 치료하는데 70구의 시신이 필요한데, 이는 구하기도 어렵고 비용도 막대하여 치료가 어려웠다. hGH유전자를 클로닝하고 재조합 hGH를 생산함으로써 이를 필요로 하는 모든 사람을 치료할 수 있게 되었다.

## 보조 치료 및 유전자 치료

유전병에 대한 두번째 접근은 보조적 치료 (Supportive therapy)혹은 대치 치료(replacement therapy)이다. 이 경우 기능에 이상이 있는 세포가 정상 세포로 교체된다. 이러한 일이 골수세포 이식에서 정확히 일어난다. 골수암 환자는 환자의 골수세포를 파괴하기 위해 방사선이나 화학요법으로 치료한다. 그후 골수는 방사선치료 전에 환자로부터 미리 선별되거나 가까운 친척 (형제나 자매) 같은 적합한 공여자의 세포로 재구성된다.

이 치료가 환자에게 유익할 수 있으나 이 방법은 종종 병을 완치시키기 보다는 증상을 약화시키기 위해 사용된다. 다른 많은 병의 경우 대치요법이나 치료약이 현재로는 없다. 더욱이 암과 같은 여러 유전병은 한가지 단백질의 결핍이나 기능상실 보다는 여러 유전자 (발암유전자로 알려짐)의 발현을 조절하는 기작이 관여된다고 생각된다. 악성 흑색종 (malignant melanoma)과 같은 경우는 전통적인 치료 (화학요법, 방사선치료 및 면역학적 간섭)는 효과가 없다. 이런 병을 치료하기 위한 새로운 가능성 있는 시도는 **유전자 치료** 혹은 시험관에서 정상 유전자로 대체하는 것이다. 유전자 치료

최근의 진전들은 유전자 치료를 통해 인간 질병을 근절시킬 가능성을 높여 주었다. 그 중 하나는 병을 일으킨 유전자를 암호화 단백질을 분리하지 않고도 동정하고 클로닝할 수 있는 능력이다. 이 강력한 기술은 **역유전학** (reverse genetics)이라고 부른다. 현재 유전자가 염색체에 배치되는 빠른 속도를 고려하면 이미 알려지고 클론된 유전자의 결함에 의해 유발되는 것으로 확인되는 유전병의 수효는 극적으로 증가할 것이다 (1973년의 인간유전자지도작성 1차 워크샵에서 75개의 유전자가 19개의 상염색체와 X염색체에 배치되었고, 1990년의 10차 회의의 보고에서는 5100 유전자가 기술되고 2000이상의 유전자지도가 작성되었다. 지도는 모든 염색체를 포함한다).

다른 중요한 진전은 인간 세포내로 DNA를 효과적으로 이동하는 기술의 개발이다. 이 업적은 세포 생물학에 대한 이해의 증가와 바이러스 벡터 개발의 결과이다. 현

재 몇가지 흥미로운 인간 유전자 치료가 진행중이다. 1990년에 시작된 첫번째 예는 **아데노신 탈아미노효소** (adenosine deaminase(ADA))를 만드는 유전자 결핍에 의해 치명적 유전병인 중증 **복합면역 결핍증** (severe combined immunode-ficiency (SCID))을 앓고 있는 소녀의 경우이다. 이 효소가 없는 사람은 혈액에 2'-데옥시아데노신이 축적되어 면역계의 B와 T림프구를 죽인다. 이 소녀는 무균 상태의 환경에서 보호하지 않는 한 어린 나이에 작은 병에 의해 사망한다. 세계에서 첫번째 인간 유전자 치료에서는 어린 SCID환자로부터 분리한 T림프구를 정상적인 ADA유전자를 갖고 있는 레트로바이러스와 혼합하였다. 계획대로 실험이 진행되면 레트로바이러스는 기능을 갖는 ADA유전자를 T 세포의 게놈에 도입한다. 연구자들은 ADA 유전자가 정말 기능을 갖는지를 증명하기 위해 변형된 T 세포를 조사한 후 환자에게 주입시켰다. 어린 소녀의 상태는 극적으로 호전되어서 혈청의 ADA 수준이 높아지고 백혈구 세포도 정상 수준에 달했으며 그녀 생애 처음으로 학교에 가고 다른 아이와 사귈 수 있게 되었다. 그러나 T 세포의 수명이 비교적 짧기 때문에 이 유전자 치료과정은 주기적으로 반복되어야만 한다.

유전자치료는 **콜레스테롤 혈증** (familial hypercholesterolemia) 치료에도 사용되고 있다. 이 질병을 앓고 있는 사람은 **저밀도 지방단백질** ( low density lipo-protein (LDL)) 수용체의 유전자에 결함이 있어 콜레스테롤이 풍부한 LDL을 세**포로** 수송하지 못한다. 결과적으로 혈청의 콜레스테롤 수준이 급증하여 대동맥에 아테롬형 동맥경화 플라그 (atherosclerotic plaque)가 쌓여서 20세 이전에 치명적인 심장마비에 걸릴 수도 있다. 어느정도 성공적인 실험에서 정상적인 LDS 사본이 유전적으로 조작된 쥐 바이러스에 의해 30세의 고콜레스테롤 환자에서 떼어낸 간 세포에 전달되었다. 이 세포는 다시 간에 도입되었고 혈청의 LDL수준을 25% 감소시켰다. 초기의 가능성에도 불구하고 이 실험은 콜레스트롤혈증을 영구히 치료하지는 못했다. 이동된 유전자의 유전자 발현 기간이나 수준이 낮은 경향을 보였다. 최근의 연구는 환자 세포로 LDL 수용체 유전자를 생체내 이동시키는 가능성에 집중하고 있다.

1995년에 시작된 또 다른 흥미로운 실험은 "의사없이 우회 (bypass- with-out-a-sargeon)" 라고 부른다. 대동맥의 막힘 부근에 측부 혈관의 성장을 촉진하는 유전자가 발견되었다. 이 ***vegf*** **(vascular endothelial growth factor)**유전자가 침윤된 중합체로 혈관 형성 풍선을 코팅하였다. 풍선이 동맥차단 부위로 인도되어 부풀려지면 vegf유전자는 동맥벽 세포에 의해 흡수된다. 형질전환된 세포는 vegf 단백질을 분비하기 시작하여 차단지역 주위의 혈관을 촉진하여 동맥차단을 약화시킨다. 성장요소 단백질을 직접 투여하는 것이 다리 동맥 막힘을 치료하는데 성공적이었으나 관상동맥 막힘을 치료하는 데는 실패하였다. 관상동맥 막힘을 치료하는 보다 최근의 시도에서는 섬유아 성장인자-4 유전자를 갖고 있는 유전적으로 변형된 아데노바이러스를 직접 심장에 주사한다. 이 연구의 예비 결과는 이 시도가 심장 우회 수술의 대안으로 안전하고 효과적임을 제시하였다.

유전자치료가 다양한 유전병 치료에 사용되기 위해서는 선결되어야 할 여러 문제들이 아직 남아 있다. 첫째 어떤 종류의 세포는 유전적으로 조작하기 위해 신체로부터 분리할 수 없으며 모든 세포를 다 배양할 수 있는 것도 아니다 (폐 세포가 대표적인 예이다). 둘째 외부 DNA를 생체내방법으로 인간의 특정세포로 도입하려는 시도에 내재하는 주요 문제가 있다. 일반적으로 사용되는 몇몇 바이러스 벡터는 특정 세포만을 감염시키며 혹은 감염의 선택성이 없거나 인간 게놈의 무작위적 위치에 DNA를 삽입한다. 유전자 치료가 성공하기 위해서는 정상 유전자가 정상적으로 발현되는 조직에 도달해서 세포에 들어가고 결함유전자와 상동성 재조합을 거쳐 적절한 시기와 수준으로 발현되어야만 한다. 이 모든 것이 다른 어떤 세포의 기능을 파괴하지 않고 이루어져야만 한다. 당연히 더 많은 기초 연구가 수행되어야만 한다. 그럼에도 불구하고 지금까지의 업적은 수많은 치명적 인간 유전병을 결국에는 유전적으로 치료할 가능성을 높였다. 효율적인 유전자 치료법의 개발은 반드시 이루어야만 되는 목표이다. 왜냐하면 SCID 같은 유전병은 단지 소수의 사람에서만 나타나지만 겸형적혈구 빈혈증과 지중해 빈혈 (thalassemia)같은 질병은 전 세계적으로 수백만명이 감염되었기 때문이다.

고무적인 사태의 전환으로 2001년 12월 연구자들은 쥐의 겸형적혈구빈혈증을 치료하는 성공적인 새로운 유전자 치료 과정을 보고하였다. 새로운 접근은 정상적인 헤모글로빈 유전자를 시험관에서 쥐의 골수세로로 도입하는데 HIV-1 바이러스 일종을 유전적으로 변형시킨 렌티바이러스 유전자 벡터를 사용하였다. 남아있는 비정상 골수세로를 죽이기 위해 쥐에 방사선을 조사하고 유전적으로 변형된 골수세로를 다시 주입하였다. 새 유전자는 순환중인 청혈구의 99%에서 발현되고 겸형적혈구빈혈증의 임상 증세는 모두 사라졌다. 이 과정이 사람에게 적용되기 위해서는 과학자들은 두가지 안전 문제를 해결해야만 한다. (1) 렌티바이러스가 숙주 게놈에게 재조합을 거쳐 AIDS를 유발하는 바아러스로 변할 가능성과 (2) 숙주 DNA와 재조합되어 암유발 유전자를 활성화시킬 가능성. 만일 이 문제들이 해결된다면 이 새로운 치료는 세계적으로 수백만 명에 달하는 겸형적혈구빈혈증 환자를 치료할 수 있는 첫번째 실질적인 희망이 될 것이다.

## 농업에서 DNA 재조합 기술의 이용

수십년 동안 유전학은 유용형질을 갖는 식물 품종을 개발하는 식물육종에서 중요한 역할을 수행해왔다. 대부분 식물 육종가는 돌연변이체를 선발하고 같은 종의 다른 품종간의 교배에 의존해왔다. 이러한 방식은 상당히 성공적이었으나 매우 시간이 오래 걸린다. DNA 재조합 기술에 의해 만들어진 생물은 보다 정확히 재단된 유전자를 갖고 있으므로 앞으로는 이 새로운 기술이 보다 선호될 것이다. 유전자형을 직접 변화시켜 새로운 식물 품종을 만드는 것은 유전공학 응용의 보다 중요한 분야이다. 질소를 고정하고, 광합성을 개선하고 병원균과 제초제에 대해 저항성을 제공하는 유전자들이 식물에 도입되고 성공적으로 발현되었다. 옥수수, 목화 및 담배와 같은 경제적으로 중요한 식물에 제초제에 대한 저항성을 도입하는 것은 농부가 재배기간 내내 제초제를 살포할 수 있게 할 것이다 *(이에 대해 기뻐하기 전에 환경에 독성 제초제의 수준을 증가시킬 것이 분명한 이런 조치를 취할 것인지를 먼저 생각해야만 한다!).* *Bacillus thuringiensis* 균에서 유래된 또 다른 유전자는 거세미 나방 (cutworm)같은 해충은 죽이지만 포유류에게는 무해한 단백질을 암호화한다. 식물에 이 유전자가 도입된다면 무차별적인 살충제를 다량으로 살포하지 않고도 작물을 재배할 수 있을 것이다. 그러나 이것이 만병통치약은 아니다. 이 살충단백질은 해충에 대해 비교적 선택적으로 작용한다. 그럼에도 불구하고 Bt 독성단백질이 제주왕나비 (Monach butterfly) 같은 이로운 곤충의 유충을 죽일 수 있다. 코넬대학의 실험실에서 수행된 연구에서 Bt 옥수수 꽃가루가 묻은 박주가리잎을 먹은제주왕나비 유충의 44%가 죽었으나 변형되지 않은 옥수수 꽃가루가 묻은 경우는 영향을 주지 않았다. 이 발견은 제주왕나비 유충의 먹이인 박주가리가 흔히 옥수수밭 근처에서 자라기 때문에 중요한 의미가 있다. 더욱이 화학 살충제 저항성이 곤충집단에서 나타나는 것과 마찬가지로 유전공학 살충제 저항성도 나타날 수 있다. 해충 구제를 위해 Bt 살포가 산발적으로 사용되었지만 Bt 작물 도입으로 곤충은 작물 생장기 내내 Bt 독성에 노출된다. Bt 저항성은 다양한 방법으로 나타날 수 있다. 독성단백질은 곤충 내장의 수용체와 결합함으로써 작용하는데, 결합하기 위해서 독성단백질은 내장벽에 연결된 당을 인식해야만 한다. 어떤 돌연변이체는 탄수화물과 당을 변화시키는 효소인 갈락토실트란스휘라제의 결핍으로 Bt에 저항성이다. 다른 저항성 돌연변이체는 돌연변이 수용체를 가질 수 있다. 연구자들은 일부 해충이 다양한 수용체에 결합하는 다중 Bt 독성들에 대해 이미 유전되는 저항성을 갖고 있다는 것을 알고 있다. Bt 저항성이 널리 퍼지게 되면 가까운 장래에 Bt를 비독성 살충제로 사용할 수 없게 될 것이다.

관련된 다른 예로 작물의 서리에 대한 저항성을 증가시키는 세균이 개발되었다. 딸기나 감자의 잎에서 발견되는 *Pseudomonas* 속의 세균은 기온이 영하로 내려가면 잎표면에 얼음 결정을 만들게 하는 단백질을 생산한다. 이 유전자를 불활성시켜 서리 피해를 감소시킨 세균이 유전공학적으로 만들어졌다. 가뭄이나 고염도에 저항성을 갖는 식물도 개발 중에 있다.

식물생명공학의 새로운 발전 중의 하나는 *Agrobacterium tumefaciens*균의 감염에 의해 형성되는 식물 암인 근두 암종 (crown gall)이 관련된다. 이 세균이 갖고 있는 플라스미드의 일부가 숙주 식물의 DNA에 삽입되면 암 형성이 유도된 다. 이로 인해 **암종 유발 (tumor inducing (Ti))** 플라스미드라고 불리우는 플라스미드는 외부 유전자를 숙주 식물에 도입하기 위한 벡터로 이용되고 있다. 그러나 불행하게도 *A. tumefaciens* 는 잎이 넓은 현화식물(쌍자엽)만 침입한다. 다른 종류의 식물에 외부 유전자를 도입하기 위해 다른 전략이 개발되었다. 보다 상상력이 발휘된 것으로는 DNA가 묻어있는 작은 흑연 입자를 식물의 배에 실제로 발사하는 미세탄도총이 사용된다 (원형은 총알을 발사하는 일반 총을 변형시킨 것이다). 보다 전통적인 방법으로는 식물 **원형질체** (세포벽이 효소처리로 제거된 세포)를 형질전환 시키기 위해 전기천공법이 사용되고 있다.

암종 유발 (Ti) 플라스미드

원형질체

유전공학은 농업과 수산업 분야에서 몇몇 창의적인 이용에 활용되고 있다. Polyhydroxybutyrate (PHB)를 합성하는데 필요한 두개의 세균 유전자를 애기장대라는 식물에 클로닝한 과학자의 노력 덕분에 식물이 곧 플라스틱 포장 물질을 생산하게 될 것이다. PHB는 몇몇 세균의 균주에 의해 자연적으로 생산되며 생물에 의해 분해되는 플라스틱이다. 이 세균 유전자를 갖고 있는 형질전환된 애기장대는 PHB를 합성하여 세포질과 액포에 작은 입자로 축적할 수 있다. 이것이 상업적으로 이용되기 전에 이 플라스틱식물의 성장특성을 개선하기 위한 연구가 추가적으로 필요하다. 그들은 성장을 멈추게 되는데 아마도 PHB 생합성이 다른 물질대사 과정에 필요한 물질대사 중간산물을 이용하기 때문일 것이다.

또다른 흥미로운 발전으로는 'plantibodies'라고 부르는 항체를 생산하도록 담배를 유전공학적으로 개발하였다. 이 plantibodies 분자가 사람의 몸에서 생산된 항체와 완전히 같지는 않더라도 유아용 식품의 보강제로 유용할 것이다. 보다 기발한 실험은 암소에서 빛을 발하는 담배를 만드는 것이다. 과학자들은 개똥벌레의 루시훼라제 (luciferase) 유전자를 담배에 클로닝함으로써 이를 달성하였다 (그림 16-6) (만일 이 기술이 다른 식물로 확대된다면 Halloween에 번쩍이는 호박으로 가득찬 밭을 보게 될 것이다!).

식물 유전공학의 많은 노력이 영양가가 높거나 수확 후 품질이 향상된 과일이나 야채를 생산하는데 경주되었다. 콩이나 옥수수 같은 종자는 몇몇 필수 아미노산의 함량이 낮아서 한가지 주곡식에만 영양을 의존하는 개발도상국의 국민에게는 심각한 영양 문제를 일으킬 수 있다. 과학자는 정상적인 콩과 옥수수의 낮은 필수아미노산 수준을 보충하기 위해 메티오닌이 풍부한 콩과 리신이 풍부한 옥수수를 개발하고 있다. 만일 그런 종자가 널리 사용될 수 있다면, 상대적으로 가난한 국가의 시민에게 완벽하고 보다 경제적인 단백질을 공급할 수 있을 것이다. 시장으로 운송될 때 상처를 입거나 터지는 것을 방지하기 위해 숙성되지 않았을 때 수확하는 토마토와 같은 식물은 보다 천천히 성숙하는 과일을 생산하도록 변형되고 있다. 이런 토마토의 하나인 MacGregor's FlavrSavr®에서는 과학자는 토마토의 과육을 부드럽게 하는 효소인 폴리갤락튜로나제 (polygalacturonase)를 암호화하는 유전자를 정상적인 전사방향과 반대되게 뒤집었다. 이 유전자도 전사는 되지만 정상적인 유전자 사본에서 만들어지는 mRNA와 상보적인 mRNA를 암호화한다 (즉, **역의미(antisense) mRNA**). 이 역의미 mRNA는 정상적인 mRNA와 결합하여 해독을 방해한다. 결과

역의미 mRNA

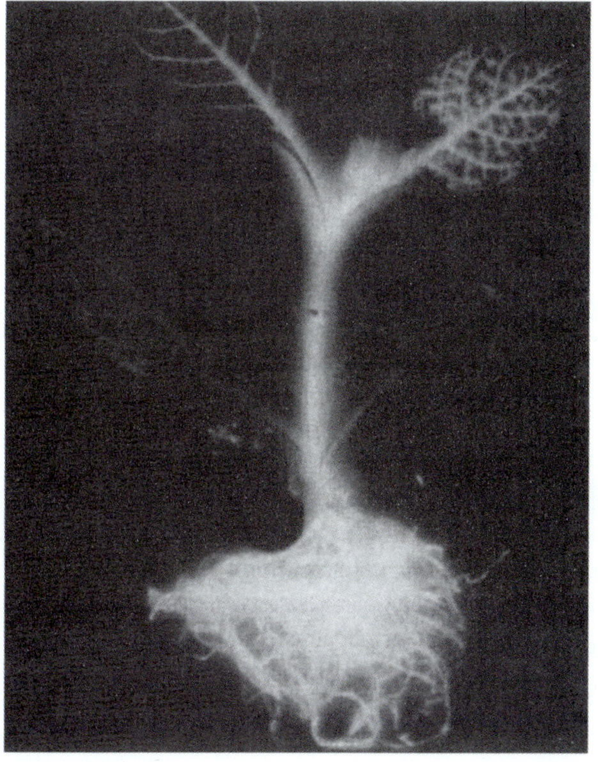

그림 16-5 개똥벌레의 루시훼라아제(luciferase) 유전자로 형질전환된 담배. 형질전환 식물이 녹색 빛을 발하는 것은 루시훼라아제 유전자가 활성을 갖음을 나타낸다.

적으로 이 토마토는 천천히 숙성하며 보다 붉고 향기가 있을 때 수확할 수 있다. 보다 바삭바삭한 감자칩과 프렌치후라이를 위해서 전분함량이 높은 감자가, 보다 걸쭉한 토마토 케찹과 토마토 페이스트를 만들기 위해 보다 단단한 토마토가 개발되었다. 의도하는 목적에 맞게끔 작물의 성질을 재단하는 것이 점점 가능해지고 있다.

DNA 재조합 기술은 보다 빨리 성숙하거나, 많은 우유 혹은 부드러운 고기를 생산하거나 약품을 생산하는 능력 같은 바람직한 성질을 갖는 가축을 생산하는데 이용되고 있다. 이러한 사업의 절반은 성공하였고 대중의 찬반이혼합된 상태이다. 우유생산을 증가시키기 위해 소를 유전공학적으로 생산한 호르몬인 소 소마토트로핀(bovine somatotropin (BST))으로 처리했을 때 그 우유를 사람이 소비할 경우의 안전성에 대해 많은 우려가 공론화되었다. 형질전환동물이 언제나 보다 건강한 것은 아니다. 연구자는 사람이나 소의 성장호르몬 유전자를 돼지의 수정란에 주입하여 슈퍼돼지를 만들려고 시도하였다. 이 돼지는 날씬하고 먹이를 보다 효과적으로 이용하였지만 관절염이나 위염에서 심장확대와 신장병에 이르기까지 수많은 병에 쉽게 걸렸다.

연어를 대상으로한 유사한 실험은 큰 성공을 거두었다. 붉은 (sockeye)연어의 성장호르몬 유전자와 프로모터를 은 (coho)연어의 난자에 주입하였다. 형질전환된 은연어는 정상적인 경우 필요한 기간의 반만에 상품크기인 10파운드로 성장하였다. 만약 수확하지 않으면 그들이 얼마만큼 성장할지 모른다. 포유류와 달리 연어는 전 생애를 통해 성장을 지속한다. 아마도 이것이 장기적으로는 연어의 건강에 악영향을 미칠 수도 있을 것이다. 더욱이 이 슈퍼연어가 자연 환경으로 탈출하여 야생 연어와 교배한다면 중요한 생태적 결과를 초래할 것이다.

그런 각본은 휜디만 근처에서 100,000 마리 이상의 유전적으로 변형된 연어가 탈출함으로써 현실로 나타났다. 이들은 가속된 생장률 때문에 폭식을 하며 먹이 경쟁에서 정상 연어종을 압도할 것이다. 또한 대부분 이들이 삼배체이므로 불임이지만 정상 종과 교미할 능력이 있으므로 정상 종의 자손 수를 감소시킬 수 있다. 마지막으로 수퍼연어는 큰 크기 때문에 운동성이 제한되는 결함을 나타낼 수 있다. 만일 가임성 변형 연어가 정상 연어와 교미하여 자손을 만든다면 이 결함은 정상 연어집단에 퍼져 심각한 결과를 초래할 것이다.

## 다른 상업적 및 산업적 응용

오랫동안 미생물, 식물 및 동물의 변이는 일반적으로 자연적으로 나타나거나 인위적으로 만든 돌연변이체를 분리하고 동정함으로써 4배체 옥수수의 개발, 빠른 경주말의 육종, 발효와 제빵에 적합한 효모의 선별과 같은 다양한 상업적 응용에 이용되어 왔다.

재조합 DNA기술은 제약산업에 응용됨은 물론이고 여러 다른 분야에도 응용된다. 예를 들어 생물발효의 기질을 셀룰로오스나 플라스틱 폐품까지 확장시키려는 시도가 이루어지고 있다. 장래에는 발효와 일부 증류과정이 동시에 수행되도록 고온에서 발효하는 생물을 조작할 수도 있을 것이다. 이미 열성 세균인 *Thermus aquaticus*에서 분리한 DNA중합효소는 고온에서 PCR을 수행하는데 성공적으로 사용되고 있다. 더욱이 원유를 분해하는 세균으로부터 유래한 유전자가 플라스미드에 삽입된 후 바다의 원유를 분해할 능력이 있는 생물을 만들기 위해 해양 세균에 도입되었다. 자연적으로 원유를 분해하는 이들은 1989년에 알라스카 해변에 유출된 천백만 갤론의 원유와 1990년 텍사스해안의 대양에서 유출된 원유를 정화하는데 사용되었다. 이 세균은 원유를 해양 생물이 소비할 수 있는 유제 지방산으로 전환한다. 환경에 있는 다른 독성물질을 분해할 이와 유사한 생물의 필요성은 분명하지만 그러한 시도에 문제는 많다. 예를 들면, 많은 경우 오염물질의 농도가 조작된 생물의 성장을 유지하기에는 너무 낮다. 지구 정화에 대한 관심의 증가는 산업체로 하여금 이러한 난관을 극복하는 방법을 개발하도록 설득하는 강한 자극을 제공할 것이다.

식품산업에서는 폐품을 동물이나 인간의 유용식품으로 전환하는데 조작된 생물을 이용할 가능성이 있다. 또한 식품이나 다른 제품에서 해로운 물질이나 원하지 않는 물질을 탐색하는 검사방법을 고안하는데 재조합 DNA 기술을 이용할 가능성이 있다. 앞으로 유전공학은 상업과 산업의 많은 사업에 영향을 미칠 것이고 현재로서는 상상하지도 못할 많은 응용성을 제공할 것이다.

## 분자생물학 : AIDS 와의 전쟁의 최전선

미국에서 **AIDS**가 최초로 보고된 후 20년 동안 이 치명적인 병은 미국의 25-44세 인구 가운데 두번째 사망원인이 되었다. 최근의 통계에 의하면 세계적으로 4천만 명이 HIV나 AIDS를 갖고 있으며 15-49세 인구 100명 당 1명이 HIV 양성이며, 감염된 성인의 48%가 여성이다. AIDS

AIDS의 원인인 바이러스인 **HIV**는 레트로바이러스로 알려진 바이러스에 속한다. 숙주세포 내에서 HIV의 복제는 이 바이러스의 RNA 게놈에 암호화된 역전사효소 (reverse transcriptase)에 의해 매개된다. 침입한 바이러스는 RNA 게놈의 DNA 사본을 만들어 RNA/DNA 혼성체를 형성한다. 효소는 이 혼성체를 주형으로 DNA/DNA 이중 나선 사본을 만든다. 바이러스 게놈의 DNA/DNA 사본이 바이러스 게놈에 암호화된 재조합효소를 이용하여 숙주의 염색체에 통합된다. 숙주 염색체에 삽입된 위치에서 바이러스 게놈은 계속해서 전사된다. 이 전사체의 일부는 바이러스의 캡시드 단백질을 만들기 위해 해독된다. 결과적으로는 전체 크기의 전사체가 몇몇 바이러스 효소와 함께 성숙한 바이러스 입자 내로 포장된다. HIV

HIV 혹은 인간 면역 결핍 바이러스는 면역반응에 필수적인 다른 세포들의 복제를 촉진하고 활성화시키는데 중추적인 역할을 수행하는 보조 (helper) T 세포라고 부르는 특정세포를 죽이기 때문에 그런 이름이 붙여졌다. 바이러스는 또한 보조 T 세포에 항원을 제공하고 침입한 미생물에 대해 백혈구 세포가 경계하도록 하는데 결정적 역할을 담당하는 대식세포 (macrophage)를 위시한 다른 백혈구들도 공격한다. 면역반응을 동원하는데 필요한 바로 그 세포들을 파괴함으로써 AIDS바이러스는 항체를 만드는 B 세포와 바이러스에 감염된 세포를 죽이는 세포독성 T8 세포가 활성화되지 못하게 한다. 면역체계가 작용하지 않으므로 AIDS 환자는 일반적으로 폐염균 등의 감염으로 죽게되는데, 정상적인 건강한 사람에서 폐염균은 자연적인 항체에 의해 쉽게 제거된다.

다음과 같은 몇 가지 복합적인 요인이 분자생물학자가 AIDS바이러스를 퇴치하기 위한 치료약, 백신 또는 다른 조치를 개발하려는 시도를 어렵게 하고 있다. 즉, 바이러스는 자신의 게놈을 숙주 게놈에 삽입하기 때문에 숙주 세포로부터 쉽게 제거되지 않는다. 긴 잠복기 때문에 감염된 사람을 확인하기 전에 바이러스의 확산이 허용된다. 잦은 돌연변이가 바이러스를 변형시키므로 백신의 목표인 외피단백질도 자주 변한다. 바이러스의 표적인 면역계는 바이러스 감염에 대한 신체의 주요 방어선이다. 그럼에도 불구하고 AIDS 연구에서 이룩한 최근의 진전은 HIV를 치료하고 감염을 예방하는 새로운 방법이 임박했음을 암시한다.

새로운 항바이러스 약품이 HIV환자를 치료하기 위해 이미 개발되었거나 곧 개발될 것이다. AZT (azidothymidine)나 유사물질인 ddI (dideoxyinosine), ddC (dideoxycytidine)와 같은 전통적인 약품은 역전사효소의 억제제이며 동시에 기질로 작용하는 누클레오시드 유사체이다. 이들이 성장하는 DNA분자에 끼어 들어가면 사슬 신장이 종결된다. 이들을 사용하는 치료에서 나타나는 중요한 문제는 저항성 바이러스가 나타나는 것이다. 역전사효소가 잘못 작동될 가능성이 매우 높기 때문에 이 문제는 특히 자주 발생한다. 그 결과 AIDS 바이러스는 비정상적으로 높은 돌연변이율을 나타낸다. 이 문제는 두 세 가지의 다른 누클레오시드 유사체를 조합해서 사용하면 대부분 해결된다. 현재 임상 조사중인 새로운 누클레오시드와 누클레오티드 유사체에는 아데노신 누클레오티드 유사체인 테노훠뷔 (Tenofovir), DAPD, 3TC와 관련된 에미트리시타빈 (Emitricitabine)이 있다. 적어도 현재까지는 모두가 보다 전통적인 유사체에 저항성인 HIV에 대해 효과적이다. 누클레오시드 유사체를 사용하는데 따른 두 번째 어려운 문제는 골수억제와 같이 특정인에서 나타나는 심각한 부작용이다.

TIBO (tetrahydro-benzodiazepine) 및 유사체 같은 두 번째 그룹의 물질도 역전사효소의 저해제로 작용할 가능성을 보이고 있다. 비 누클레오시드 저해제로 알려진 이들은 역전사효소의 활성부위 근처의 소수성 함입지역에 결합하여 작용한다. (+)-Calanolide, Capravirine, DPC083, Emivrine 및 PNU142721 같은 새로운 비누클레오시드 역전사효소 저해제 (NNRTIs)는 저항성 HIV 감염을 치료하는데 보다 효과적이며, 혈관-뇌 장벽을 통과하고 상대적으로 오랫동안 혈류에 남아 있는 추가적인 장점이 있다.

일단 바이러스 게놈이 이중나선 DNA로 전환되면 세포의 핵으로 들어가서 통합효소 (integrase)로 알려진 바이러스효소에 의해 숙주의 염색체에 통합된다. 현재 연구되고 있는 또 다른 종류의 항바이러스 약품은 통합효소 저해제이다. 이들은 필수적인 통합효소의 작용을 저해하는 작은 올리고누클레오티드인데, 이중 하나인 AR-177이 최근에 인간을 대상으로한 I/II기 실험에 돌입했다.

두 종류의 다른 항바이러스 약품은 HIV 바이러스 복제환의 후기 단계를 차단한다. 한 그룹의 물질은 HIV 누클레오캡시드 (nucleocapsid)의 보존된 zinc-finger에 결합하여 바이러스 게놈 RNA가 캡시드로 포장되는 것을 방해한다. 매우 가능성이 높은 두번째 항 HIV 약품은 **단백질분해효소 저해제 (protease inhibitor)**이다. HIV 단백질분해효소는 바이러스 RNA, 역전사효소 및 통합효소와 함께 바이러스 입자에 포장된다. 단백질분해효소는 바이러스 조립의 후기단계에서 활성화되고 바이러스 효소와 누클레오캡시드 단백질의 전구체를 가공하는데 필수적 역할을 수행한다. 단백질분해효소 억제제는 HIV 단백질분해효소의 활성을 차단하여 바이러스 성숙과정을 차단함으로써 새로운 바이러스가 감염성을 상실하도록 한다. 단백질분

단백질분해효소 저해제

해효소 억제제에는 saquinavir, ritonavir, indinavir, nelfinavir 및 유사체가 있다.

몇몇 다른 종류의 항-HIV 약품이 치료 수단으로 추가되었다. 첫 번째 종류는 바이러스가 새 세포에 부착하고 세포막을 통과하는 것을 방해하여 HIV 감염으로부터 세포를 보호하는 부착 및 융합 저해제이다. AMD-3100, FP21399, PRO542, T-20 및 T-1249가 이 종류에 속한다. 또 다른 항-HIV 종류는 일부 HIV 유전물질에 대한 거울상인 안티센스 약품으로 바이러스의 단일가닥 핵산에 수소결합하여 그 기능을 차단한다. 이 중 하나인 HGTV43은 최근에 임상 실험 II기에 돌입했다.

다른 치료법은 AIDS 바이러스에 대한 면역반응을 높이도록 고안되었다. 보다 전통적인 시도는 암환자에게 골수를 이식하는 것과 같이 면역계를 재창조하는 것이 제안되었다. 환자의 손상된 세포는 파괴될 수 있으며 제공자의 건강한 세포로 대체될 수 있다. 과학자는 또한 장래에 HIV감염을 방지할 수 있는 백신을 개발할 수 있기를 바라고 있다. 중요한 장애 요인은 바이러스의 높은 돌연변이율 때문에 AIDS 바이러스의 변이가 심하다는 것이다. 최근에는 CD8+ 세포 (바이러스에 감염된 세포를 죽이는 세포독성 T세포)가 HIV의 복제를 억제하는 수종의 폴리펩티드 케모카인(chemokines)을 생산하는 것이 발견되었다. 이 물질들이 효과적인 치료제로 입증된다면 분자생물학자는 이들 유전자를 클로닝하여 실험실에서 생산할 수 있어 케모카인을 적절한 가격에 용이하게 구할 수 있게 할 것이다.

새롭게 진단된 HIV 감염에 대해 현재 권장되고 있는 치료법은 두 종류의 누클레오시드 유사체 조합과 다음 중 하나를 사용하는 것이다: indinavir나 nelfinavir 같은 단백질분해효소 억제제 혹은 ritonavir에 saquinavir, indinavir, lopinavir 중 하나를 더한 단백질분해효소 억제제 이중 조합 혹은 비누클레오시드 역전사효소 저해제(NNRTI)인 efavirenz. 만일 처방이 효과적이면 환자는 8주 내에 바이러스 함량이 90% 감소해야만 한다. 만일 바이러스 저항이 나타나면 두 종류의 단백질분해효소 억제제 조합 혹은 단백질분해효소 억제제와 NNRTI 조합 같은 적어도 두 종류 이상의 새로운 약품을 사용하는 새로운 치료방법이 즉각 시도돼야 한다. 불행하게도 새로운 치료약품의 개발에도 불구하고 HIV 바이러스의 돌연변이율은 새로운 치료방법의 개발 속도를 앞지르고 있다.

복잡한 AIDS 문제에 대한 간단한 해답이 없음은 분명하다. 궁극적인 해결책은 새로운 감염을 방지하기 위한 예방 조치와 이미 감염된 환자의 전염과 병의 진전을 종식시키는 치료적 조치의 결합에 의존하게 될 것이다. 그것은 분자생물학자가 결정적인 역할을 수행할 장기적인 전투가 분명하다.

## 사회적 및 윤리적 문제

새롭고 대담한 유전공학의 세계는 우리를 어느 곳으로 인도할까? 우리는 완벽한 세상을 창조하고 있는 것일까? 우리 생활의 모든 면에 침투한 이 기술에 어두운 면은 없을까? 인간은 분자 혁명으로부터 많은 이익을 얻을 수 있음이 분명하지만, 잠재적인 결함은 무엇일까? 현재 일어나고 있는 몇가지 윤리적인 문제를 생각해 보자.

첫째, 과학자들이 생물의 게놈을 변형시킴으로써 '신 놀이' 를 하는 것은 아닌지 질문할 것이다. 우리가 다른 생물의 유전물질을 바꾸어 그들의 진화적 미래를 변화시킬 권리를 갖고 있는가? 인간의 관점에서 보면 우리가 이들을 개선시킬지는 모르나,

이것이 장기적으로 어떤 영향을 미칠지는 말하기 어렵다. 서식처의 파괴, 오염, 무차별적 사냥 및 독성 화학물의 사용이 생물에 미친 영향이 얼마나 파괴적인 가를 알게 된 것처럼 유전실험이 예측하지 못했던 결과들을 미래에 실감하게 될지도 모른다.

유전적으로 조작된 식물을 생각해 보자. 바이러스, 세균 및 곰팡이에 저항성을 갖는 식물을 만들 수 있지만, 미래의 식물이 건강할 것이라는 것을 보장할 수는 없다. 인간 병균이 항생제에 대한 저항성을 발전시킨 것처럼 식물 병균도 건강한 식물을 감염시킬 수 있도록 진화할 것이다. 궁극적으로는 보다 치명적이고 저항성이 높은 식물 병균이 나타날 것이다.

다음으로 이 재조합식물이 그들의 야생 종과 수분한다면 어떤 일이 일어날까? 큰 관심을 갖는 분야의 하나는 제초제 저항성이 우리가 잡초라고 부르는 야생식물로 전파될 가능성이다. 경작식물의 야생 친척이 제초제 저항성 유전자를 얻게 된다면 그 식물을 조절하는 것은 거의 불가능하게 될 것이다. 이러한 가능성은 옥수수의 근연종인 *teosinte*이 옥수수 밭 근처에서 발견되는 멕시코처럼 경제적으로 중요한 작물이 연관된 잡초식물과 나란히 재배되는 지역에서는 현실적인 위협이다. 한 지역에서 작물을 연작하였다면 첫 작물로부터 제초제 저항성 배회자를 완전히 제거하기는 어려워서 그것이 같은 장소에 심은 두 번째 작물보다 웃자라기 시작할 것이다. 제초제 저항성 식물의 개발에 대해 고려해야 할 점이 하나 더 있다. 독성 제초제의 사용 증가를 부추기게 될 식물 품종을 정말로 만들어야 할 것인가? 이것은 우리가 무시해서는 안될 중요한 문제이다.

그러한 상황이 이미 제초제-저항성 콩의 경우 존재한다. 2001년에 유전적으로 변형된 제초제 저항성 콩은 적어도 경작물의 60%에 달한다. 그럼에도 불구하고 그 동안 주로 두 가지 요인에 의해 제초제의 사용은 증가되었다. 첫째, 제초제가 잡초가 있는 부위에만 선택적으로 살포되지 않고 경작지 전체에 살포된다. 둘째, 제초제 사용의 증가는 제초제에 대해 저항성을 갖는 잡초의 증가를 초래했고, 이는 또 새롭고 다른 제초제의 개발을 요구하게 되었다. 특히 역설적인 경우는 제초제-저항성 옥수수와 콩을 같은 경작지에서 윤작하던 농부는 질기고 제초제 저항성인 옥수수를 콩 경작지에서 제거하는 문제를 해결해야만 하는 위치에 있다.

또한 바이러스 저항성 식물의 개발에 사용되는 전략이 빗나갈 것이라는 우려가 있다. 바이러스 유전자를 식물에 클로닝하고, 이것이 발현되면 바이러스 복제 과정의 일부를 방해함으로써 식물이 바이러스에 저항성을 갖도록 하였다. 침입한 바이러스의 RNA와 식물에 클로닝된 바이러스의 RNA 사이에 재조합이 일어날 수 있음이 증명되었다. 몇몇 과학자는 이 재조합이 새롭고 잠재적으로 위험한 식물 바이러스를 생성할 수 있음을 우려한다.

유전적으로 조작된 식품의 안전성에 대해서도 의문이 제기되었다. 민감한 개인에게서 알레르기 반응을 일으킬 가능성이 주된 우려이다. 특정 사례를 생각해 보자. 한 종자 회사가 메티오닌 (methionine)의 함량이 높은 재조합 콩을 개발하고 있었다. 불행하게도 그 유전자는 많은 사람이 심각하고 치명적이기도 한 알레르기 반응을 나타내는 브라질 호두에서 유래되었다. 이 호두에 알레르기를 일으키는 사람이 재조합 콩을 먹었을때 그중 상당수는 콩에 대한 항체를 생산하였다. 이는 메티오닌 함량이 높은 콩에 대한 알러지 반응이 실질적인 위험임을 암시하므로 상업적인 생산이 중지되었다. 곤충저항성인 다른 식물은 곤충의 소화 효소에 대해 억제제로 작용하는 물질을 생산한다. 불행하게도 이 물질은 사람의 소화 효소도 억제하며 사람이 식용하는 식물 부위에서 발현되면 위험할 수도 있다.

유전공학은 법률제도에도 영향을 미치며 현재 생명공학분야를 전공하는 법률가도 많다. 이미 논의되고 있는 흥미로운 법적 문제의 하나는 클론된 인간 유전자에 대해 누가 특허권을 갖느냐는 것이다. 실제로 클로닝을 수행한 과학자인가? 그들이 유전자를 클로닝 했지만 그 유전자를 얻은 원래의 게놈을 창조하지 않은 것은 분명하다. 그 유전자를 제공한 사람은 어떤가? 또는 연구가 수행된 대학이나 회사는 어떤가? 연구비를 제공한 기관은? 염기서열을 연구나 진단 목적으로 상품화한 회사는? 삼림에서 자라는 참나무에 대해 특허를 주장할 수 없는 것과 같이 누구도 인간의 유전자 염기서열에 대한 특허권이 없다고 주장할 수도 있다. 당신은 어떻게 생각하는가?

이제 유전공학이 우리의 생명과 사회에 미칠 수 있는 직접적인 영향에 관심을 돌려보자.

## 유전자 검사

과학자들은 2000년 6월에 인간 게놈의 일차 염기서열결정이 완료되었다고 발표하였다. 물론 염기서열결정이 가장 많이 선전된 인간 게놈사업의 목적중의 하나였지만 유일한 목적은 아니다. 미국정부 인간게놈사업의 공식적인 문헌에 의하면 기술된 전체 목표 목록에는 다음 사항들이 포함된다; (1) 인간 DNA에 있는 약 30,000개의 유전자 동정; (2) 인간 DNA를 구성하는 약 30억개 염기쌍의 서열 결정; (3) 이 정보를 데이터베이스에 저장; (4) 자료분석을 위한 도구 개선; (5) 관련된 기술을 민간부문으로 이전; (6) 사업으로 야기될 윤리적, 법적, 사회적 문제 (ELSI) 제기. 이 사업의 초기단계 완성으로 많은 인간 유전자에 대한 지도작성, 분리 및 클로닝이 폭증할 것으로 기대된다. 증상이 없는 보유자, 증상이 아직 나타나지 않은 사람 및 태아 검사에서 이들 유전자의 존재를 확인할 수 있는 능력을 얻음으로써 우리 사회는 많은 복잡한 결정에 직면하게 될 것이다.

무엇보다도 먼저, 누가 유전자 검사에서 얻은 정보를 가져야 하는가? 개인만? 배우자? 부모? 자녀? 형제 자매? 담당의사, 고용주 혹은 보험회사는 어떤가? 이것은 간단한 질문이 아니다. 개인에게만 정보를 주어야 한다고 주장 할 수도 있다. 그러나 치명적인 유전병에 관련된 유전자를 물려준 여자는 가족의 다른 구성원과 그녀의 유전자를 공유하고 있다. 그들도 유전자 결손의 잠재적인 희생자일 수 있다는 것을 알 권리가 있는가? 만일 개인이 특정 유전자를 갖고 있는지를 알고 싶어하지 않는다면, 그 사람은 유전자 검사의 결과를 알지 않거나 검사받기를 거절할 권리가 있는가? 고용주와 보험회사는 어떤가? 그들은 고용인의 건강이나 보험에 대해 확실하게 흥미를 갖고 있다고 주장할 수 있다. 그러나 건강조건 때문에 고용이나 보험이 거절되는 사람의 수 많은 사례를 이미 보아왔다. 이 상황을 잠재적인 건강조건의 영역까지 확대하기를 진정으로 원하는가?

특정 유전자를 물려받았다고 해서 그 유전자가 반드시 해로운 방법으로 발현되는 것은 아니다. 낭포성 섬유증 유전자를 클로닝한 이래 이 대립유전자를 갖는 모든 사람이 최악의 증세를 나타내는 것이 아님이 발견되었다. 어떤 사람은 쇠약시키지 않는 약한 증상만을 나타낸다. 약물치료, 다이어트, 운동, 의학적 간섭, 환경 위험의 도피 등 이 모든 것이 몇몇 유전병의 발병을 늦추거나 증상을 약화시키는데 도움이 될 수 있다. 장래 아플지도 모른다고 해서 보험이 거절당해야만 하나? 건강한 사람에게만 보험이 승인되어야만 하나? 유전적 결함인이라는 새로운 불우한 시민 계급의 형성을 보게될 것인가?

현재 치료가 가능한 사람이나 자녀를 가질 것인가를 결정하는데 도움이 될 사람에게만 유전자 검사를 제한하여야 하나? 현재 치료나 완치방법이 없는 유전병을 갖고 있는 사람, 특히 앞으로 20-30년 내에 증상이 나타나지 않을지도 모르는 사람에게 정보를 주는 것은 잔인하다고 주장할 수도 있다. 그러나 개인들은 정보에 대한 권리를 갖고 있지 않을까? 그런 상황에 처하는 사람이 증가할수록 유전자 상담은 점점 중요해질 것이며 이런 요구를 충족시키기 위해서 유전자 상담자는 증가되어야 할 것이다.

## 유전자 치료

유전적 결함에 연관된 유전자를 분리하고 클로닝하고 활동양상과 조절방법을 이해하기 시작하면 다음단계는 당연히 증상을 치료하거나 완치시키는 유전자 치료법의 개발일 것이다. 다른 유전공학적 시도와 같이 유전적 간섭에 반대하고 유전자 치료를 우생학의 한 형태라고 보는 사람도 있을 것이다. 유전자 치료에 반대하지 않더라도 많은 윤리적 문제가 있다. 어떤 성질이 바뀌어야 하는가, 누가 결정해야 하는가? 이론적으로 낭포성 섬유증은 치료되어야 하는 병이라는데 동의할 지라도 근시나 조기대머리, 단신은 어떠한가? 인간의 장래를 위해 무엇이 최선인가를 정말 알고 있는가? 누가 유전자 치료를 받을 것인가는 또 다른 중요한 문제이다. 유전자 치료가 부자에게만 예약된 선택이 될까? 의료보험의 혜택을 받을 수 있을까?

이런 문제들은 형질전환된 인간을 창조할 가능성을 고려하면 보다 더 복잡해 질 것이다. 2001년 11월에 Advanced Cell Technology (ACT) 회사는 최초로 인간 배를 클로닝했다고 발표하여 세계를 경악시켰다. 문제의 배는 다른 두 실험 방법의 산물이었다. 첫 번째 기술은 인간 난자를 처녀생식 (정자에 노출되지 않고 활성화되고 연이은 발생) 하도록 활성화시키는 것이다. 22개 난자 중 20개가 난할을 거치고 그 중 30%인 5개가 5일동안 분열하여 포배강을 형성하였다. 두 번째 기술은 인간 체세포 (섬유아 혹은 쿠무루스 (cumulus) 세포)의 핵을 제거한 공여자 난자로 이식하는 핵이식이다. 섬유아세포 핵을 이식받은 난자는 8개 중 4개가 전핵을 형성하고, 이 중 3개가 1회 내지 2회 분열하였다. 발표된 ACT의 실험 목표는 어린 아이를 생산하는 것이 아니고 치료목적으로 사용할 인간 배 줄기세포를 생산하는 것이다. 몇 일 사이에 두 번째 그룹인 Clonaid는 생식적 클로닝을 목적으로 인간 배를 생산했다고 주장했다. 인간이 클론닝된다면 유전적으로 변형된 "설계된" 아기를 창조하는 것을 어떻게 막을 수 있을까?

인간을 클로닝한다는 제안 자체만으로도 격렬한 논쟁을 촉발하기에 충분하다. 첫째이고 가장 중요한 논쟁은 인간 클로닝이 "신 놀음" 에 해당한다는 것이다. 둘째 종교적 윤리적 논쟁을 떠나서 과학적 입장에서 포유류를 클로닝한 지난 성적은 별로 신통하지 않다. 첫 번째 클론된 양인 돌리의 경우 277번 시도 끝에 한 생존한 양을 만들었다. 많은 배는 발생하지 않았고 기형이었고 출산 전에 죽었다. 더욱이 돌리가 성장해서 4마리 자손을 생산했지만 돌리는 클로닝과 연관되었을 수 있는 여러 건강과 유전 문제를 경험했다. 돌리의 텔로미어는 정상보다 짧아 미성숙 노화가 진행됨을 암시하였다. 돌리 는 비만과 그 어린 나이에 흔치 않은 관절염의 문제가 있었다. 이 중 하나 혹은 모두의 문제가 클로닝과 연관될 수 있다.

클론된 가축은 73%의 임신이 자연 유산되며, 출산까지 살아남은 송아지의 20%가 바로 죽는다. 클론된 송아지에서 확장된 심장, 간 이상, 정상적으로 발달하지 못한 폐, 비정상적으로 큰 태반을 갖고 출산 시기 경에 죽는 큰 송아지를 임신하는 치명적인 상태인 "큰 송아지 증후군" 과 같은 건강 문제들이 알려져 있다. 클론닝이 잘되는 포유류에서도 성공률은 1~4%이다. 예를 들어 쥐의 경우는 성공률이 2~3%이며, 이 경우도 극심한 비만과 발생 지연 등의 문제가 나타난다.

영장류의 클로닝은 비참하게 실패했다. 원숭이에서는 아직도 성체 세포로부터 클론을 생산하지 못했다. 거의 500회의 클로닝 시도가 총체적으로 비정상적 배를 만들었고, 이들은 발생을 못하거나 암컷 원숭이의 자궁에 이식된 후 곧 죽었고 태아가 없는 태반을 만들기도 했다. 대개의 경우 재구성된 난자는 ACT의 인간 핵 이식 클로닝 실험과 유사하게 몇 번의 세포분열만 하였다.

이런 사실은 인간 클로닝의 성공 전망에 대해 무엇을 의미하는가? 96~98%의 실패율과 클론된 인간은 많은 다양한 물리적 이상으로 고생하며, 갑자기 죽거나 일찍 노화될 것을 암시한다. 이것이 받아들일 만한 모험인가? 대부분은 그렇지 않다고 주장할 것이다.

전통적인 방법으로 임신된 배 혹은 성인의 생식세포에 있는 유전적 결함을 수정해야만 하나? 우리가 신 놀음을 하고 있는가? 또 바꾸어야만 될 특성을 누가 결정할 것인가? 결과적으로 우리 자신에게 물어볼 필요가 있는 질문 중의 하나는 이 문제에 대해 발언권이 전혀 없는 후손들의 유전적 장래를 바꿀 권리를 우리가 갖고 있느냐는 것이다. 이런 문제는 간단한 것이 아니고 단순한 해답도 분명히 없다. 그럼에도 불구하고 우리는 사회구성원으로서 이 문제에 대한 논의에 공헌하고 시간이 되면 현명한 결정을 내릴 수 있도록 우리 자신을 교육해야만 한다. 궁극적으로 우리 미래는 우리 자신의 손에 놓여있을 것이다.

## 요 약

분자생물학은 우리 사회의 생활에 지대한 영향을 끼치고 있다. 재조합 DNA 기술은 다양한 목적의 연구에 이용되고 있다. 이 기술은 생물체의 게놈에 특정 돌연변이를 만들기 위해, 생물의 유전자형을 바꾸기 위해, 경제적으로나 의학적으로 중요한 분자를 생산할 수 있는 형질전환 생물을 만들기 위해, 연구목적을 위한 DNA나 RNA를 공급하기 위해, 인간과 실험 생물의 게놈에 대한 유전자지도 작성을 위해 사용되고 있다. 원래 실험실에서 개발된 RFLP 분석이나 DNA 지문은 법의학에서부터 희귀생물을 보호하는데까지 사용되고 있다. 유전공학은 전에는 귀했던 중요한 약품을 실험실에서 생산할 수 있게 하였다. 인간 인슐린에서 조직 플라스미노젠 활성제에 이르는 물질을 암호화하는 유전자가 클로닝되었고 재조합 백신이 현저하게 증가하고 있다.

유전자 치료가 중증 복합 면역 결핍증, 콜레스테롤혈증 및 낭포성 섬유증 등을 포함하는 여러 형태의 유전병을 치유하기 위해 시행되고 있다. 유전자 치료가 널리 사용되기까지는 해결해야할 실질적인 문제들이 남아있다.

형질전환 식물과 동물이 곧 농업을 혁신적으로 변화시킬 것이다. 병균, 해충 및 제초제에 저항성을 갖도록 식물이 조작되었다. 분자생물학의 기술을 이용하여 수확 후 품질, 환경요인에 대한 저항성 및 맛과 같은 성질이 증진되었다. 동물도 유전적으로 변형되었다. 현재는 보다 빠르게 성숙하고, 보다 효율적으로 사료를 이용하고, 보다 많은 우유와 기름기가 적은 고기를 생산하는데 노력을 집중하고 있다.

분자생물학은 산업에도 영향을 주고 있다. 유전적으로 조작된 생물이 새로운 물질을 발효하는데, 유출된 원유를 정화하는데 및 폐품을 유용 식품으로 전환하는데 사용되고 있다.

유전공학 능력의 급격한 성장은 본 장의 마지막 부분에서 일부 살펴보았던 다양한 사회적 윤리적 문제를 불러 일으켰다.

## 연습문제

1. 사회에 큰 영향을 미친 유전공학 응용의 예를 최근의 신문이나 잡지에서 찾아보아라.
2. 그림 16-1에 대한 질문이다.
   (a) 배간세포(ES)는 무엇인가? 형질전환 쥐를 생산하는데 이 세포를 사용하는 이점은 무엇인가?
   (b) *neor* 유전자를 *c-abl* 유전자에 삽입하는 것이 어떻게 *c-abl* 유전자의 발현을 변화시키는가? 이 변화가 변형된 유전자가 도입된 세포의 표현형적 성질에 어떤 영향을 미치는가?
   (c) 변형된 *c-abl* 유전자로 성공적으로 형질전환된 ES세포를 어떻게 확인 할 수 있나?
   (d) 상동성 재조합은 무엇인가? 형질전환 동물을 만들 때 *c-abl* 유전자에 상동성 재조합이 일어난 세포를 이용하는데 왜 이 기술이 중요한가?
   (e) ES세포로 형질전환된 특정 클론이 상동성 재조합에 의해 *c-abl* 유전자를 통합했는지를 결정하는 실험과정을 설명하라.
3. (a) 형질전환 동물을 만드는데 사용되는 기술의 실제 응용 가능성을 몇 가지 설명하라.
   (b) 이 기술의 이용에 따른 잠재적인 문제와 불리한 점은 무엇인가?
4. (a) 유전자 치료는 무엇이고 보조(대체) 치료와는 어떻게 다른가?
   (b) 인간 유전병을 치유하기 위해 유전자치료를 사용하는 것이 실험실에서 형질전환 쥐를 만드는 것보다 어려운 이유는 무엇인가?
5. (a) RFLP는 무엇이며 왜 나타나는가?
   (b) 인간 유전병을 진단하는데 RFLP를 이용하는 것의 이 점은 무엇이며 불리한 점은 무엇인가?
6. (a) VNTR은 무엇인가?
   (b) 미소부수성 반복과 소부수성 반복의 차이를 설명하라. 어느 것이 DNA 지문에 보다 유용하며, 그 이유는?
   (c) DNA 지문을 만드는 데 사용되는 일반적인 과정을 기술하라.
   (d) DNA 지문의 실제 응용은 무엇인가?
7. 연구자가 인간성장호르몬(hGH) 유전자를 클로닝하고 실험실에서 그 호르몬을 생산하길 원한다고 가정하자.
   (a) 인간 성장 인자 유전자 같은 유전자를 세균에서 클로닝하고 발현시킬 때 어떤 기술적인 문제가 발생할까?
   (b) 이런 잠재적 문제를 해결할 수 있는 실험적 방법 두가지를 설명하라.

# 문제

1. 문제 1과 문제 2는 그림 16-1를 참조하라.
   (a) 야생형 *c-abl* 유전자를 도식화하고, *neor* 유전자가 삽입된 후 이 유전자가 야생형에 비해 어떻게 다를지를 보여주어라. 또한 Southern blot 검색과정에서 혼성화 탐침으로 사용될 수 있는 야생형의 유전자 부위를 표시하라.
   (b) G418-저항성 세포를 만들 수 있는 가능한 상동성 및 비상동성 재조합을 보여라.
   (c) Southern blot 분석에 사용할 제한효소 위치가 *c-abl* 유전자를 에워싸고 있다고 (염색체에서 이 유전자의 상류와 하류 DNA에 위치한다) 가정하자. 상동성 재조합과 비상동성 재조합에 의한 형질전환 (G418-저항성) 세포 균주의 염색체 조직을 모두 보여라. 제한효소, 혼성화 및 비혼성화 절편의 대략적인 위치를 표시하라 (이 생물이 이배체임을 기억하자).
2. 형질전환 쥐를 만들기 위해 사용된 방법이(그림 16-1) 다음과 같이 바뀌었다면 어떤 결과가 나타날까? (각 상황을 별개로 생각하라).
   (a) ES세포가 수용체 낭배 세포와 구별되는 가시적인 표현형적 성질 (흑갈색 털색 같은)을 갖고 있지 않다.
   (b) 파괴적 유전자 (*neor*)가 관심 유전자 (*c-abl*)에 삽입되지 않았다.
   (c) 전기천공이 일어나지 않았다.
   (d) s 먹이층이 ES세포의 분화를 허용했다 (힌트. 답에 전형성능이란 용어를 사용하라).
3. 그림 16-4 참조
   (a) 그림 16-4(a)의 세 용의자 가운데 누가 주 용의자인지를 어떻게 결정했는지 설명하라.
   (b) 보여진 DNA지문을 근거로 세 용의자 중 누가 결백한지 결정할 수 있는가? 3명 중 누가 범인인지를 절대적으로 확신할 수 있는가? 법정에서 DNA지문에 근거하면 유죄 혹은 무죄를 증명하는 것이 보다 쉬울 것이라고 생각하는가?
   (c) F1과 F2 두 남자 중 누가 아이(C)의 아버지일 가능성이 가장 큰가? 그 결론에 이른 이유를 설명하라.
4. 다음과 같은 상황을 가정해보자.

   정상적인 독일 세퍼트 개는 두터운 털이 많다. 이 정상적인 털 유전자(**H 유전자**)는 *Eco*RI에 의해 0.4, 0.7 및 0.9 kb 크기의 3 절편으로 절단되며, 각 절편은 클론된 H유전자로부터 만든 방사성 탐침과 혼성화 될 수 있다. 개 육종가는 정상적인 털을 갖는 암수 독일세퍼트를 교배시켰을 때 정상적인 털을 갖는 강아지와 털이 없는 강아지가 함께 태어난 것을 보고 놀랐다 (약 25%의 강아지가 털이 없었다).

   부모, 털이 있는 강아지와 털이 없는 강아지의 피부 시료로부터 DNA를 분리하였다. DNA시료는 *Eco*RI으로 절단하고 H유전자를 탐침으로 하여 Southern blot을 수행하였다. 강아지의 DNA시료는 다음과 같이 3종류의 다른 밴드양상을 나타내었다.

H 유전자

(1) 털이 없는 3 강아지 모두: 0.9, 1.1 kb
(2) 털이 있는 3 강아지: 0.4, 0.7, 0.9 kb
(3) 털이 있는 6 강아지: 0.4, 0.7, 0.9 1.1 kb

(a) *Eco*RI 절단 위치를 모두 보여주는 정상 H유전자의 제한효소지도를 그려라.
(b) 털이 없는 강아지가 태어난 것을 설명하는 두번째 제한효소 지도를 그려라 (위의 자료와 일치해야 한다).
(c) 세 종류의 강아지 (레인 1, 2, 3) 및 강아지의 양친 (레인 4, 5)의Southern blot의 결과를 그려라.
(d) 정상적으로 털이 있지만 바람직하지 않은 무털 유전자를 갖고 있는 독일 세퍼트를 검색하는 방법을 고안하는데 이 정보를 어떻게 이용할 수 있는가?

## 개념문제

1. 인간 유전병 치유에서 유전자치료의 문제와 근위축증이나 혈우병 같은 병이 치유될 수 있고 노인이 노쇠하지 않는 세상을 만드는 가능성을 고려해 보라. 유전병의 원인 유전자를 확인하고 돌연변이 유전자를 상동성 재조합 방법으로 야생형 유전자로 대치하는데 필요한 시간과 어려움을 고려한다면 대부분의 경우 단지 소수의 이익을 위해 소비되는 시간과 노력이 가치가 있는 것일까? 치료동안 유전자가 잘못 삽입되었다면 누가 책임을 질 것인가?
2. 재조합 DNA기술에 대한 우려중의 하나는 환경이나 지구의 생물에 해로운 재조합 생물을 만들 위험이 있다는 것이다. 사회를 위한 현행 혹은 잠재적인 이익과 대비해 그러한 위험을 자신이 생각해 보라. 어느 쪽이 우세해야만 하는가? 재조합 DNA기술이 우리가 알고 있는 생명에 얼마나 해롭다고 생각하는가? 오늘날 재조합 DNA기술 없이 과학적 연구를 수행한다고 가정해 보자. 어떤 종류의 발견을 얻을 수 없을까? 또한 범행현장에 남겨진 몇 개의 세포로부터 범인를 확인하고 친자관계를 확인하기 위하여 PCR- 혹은 RFLP-유전지도 작성을 사용하는 것 같은 재조합 DNA기술의 법적 응용을 생각해 보자. 재조합 DNA기술을 이와 같은 방식으로 사용하는데 대한 잠재적인 이점과 위험은 무엇인가?
3. 인간 게놈 전체의 염기서열을 결정하고 있다. 어떤 종류의 정보를 얻을 수 있을까? 수많은 유전자를 확인할 수 있는 잠재력을 고려할 때 그 기능이 어떻게 결정될까? 인간 게놈의 신비를 해명하기 위해서 당신은 전체 염기서열을 결정하는 방법과 보다 전통적인 유전자 분리 기술 중 어느 것을 선택하겠는가?

# 후기 : 학생을 위한 분자생물학의 개관

## 분자생물학은 황금시대를 누리고 있다

분자생물학 분야들의 필수적인 특징에 대한 공부를 마친 것을 축하한다! 이 배움의 여정에서도 경험했듯이 아마도 여러분은 분자생물학 분야에서 빠른 속도로 새로운 사실들이 발견된다는 것을 깨달았을 것이다. 신문, 텔레비전 프로그램, 그리고 인터넷 사이트들이 주로 이 책에 포함되어 있는 기본 정보의 확장을 나타내는 발견들을 발표한다. 의심할 여지없이 여러분의 교수님도 이 강의를 진행하는 동안 여러 가지를 언급하셨을 것이다. 여러분은 아마 그런 최근의 발견을 이해할 수 있었다는 것에서 성취감을 느낄 것이다. 그것들 중 일부를 동료들이나 친구들에게 설명해 보라. 예를 들어, 그것들을 16장에 설명된 몇 가지 분자생물학의 응용과 관련시켜 보라. 그렇게 함으로써, 청중인 동료들의 관심을 얻게 되어 자부심을 가지게 될 것이며 이 분야에 대한 여러분의 지식은 향상될 것이다.

> 그러나 이 배움의 경험은 필수적으로 시작점일 뿐이다:
> '분자생물학' 은 우리를 시작의 끝으로 이끌고 간다.
> 분자생물학의 끝의 시작은 먼 미래의 일이다!
>
> GMM(윈스턴 처칠, 1942에서 발췌)

물론 살아있는 세포의 *정보 흐름*의 기본틀은 거의 40여 년 전에 이해되었다고 생각되었으나, 염기서열의 정보가 mRNA를 통해 단백질로 바뀌는 것이 한번 이해되자, 그 시나리오에 대한 중요한 수정들이 지난 10~20여 년 동안 이루어졌다. 가장 놀라운 여섯 개의 발견들이 아래에 나열되었다.

### 고분자의 구조

*라이보자임(ribozyme):* RNA를 포함하는 효소로서 전형적인 효소가 화학반응의 속도를 높여주는 역할을 하는 것과 비슷하게 작용한다. 원래는 효소 작용을 하는 것은 일반 단백질만 가능하다고 생각되어 왔다.

*조각난 유전자(split genes):* 인트론은 전형적인 진핵생물의 유전자를 절단시킨다. 어떤 경우에는 인간 유전자의 99%까지 인트론으로 이루어진다. 전에는

누클레오티드와 아미노산 서열 사이에 직접적 선형관계가 성립한다고 생각되어 왔다.

## 고분자의 기능

*역전사 효소(reverse transcriptase):* RNA를 주형으로 DNA를 합성하는 RNA-의존 DNA 중합효소(몇몇 종류의 바이러스에서 발견됨)이다. 이 효소는 "정상적 정보의 흐름에 역행"하기 때문에 처음에는 이런 종류의 효소가 존재한다는 것을 의심하였다.

*DNA 복구 효소(DNA repair enzymes):* 이런 효소의 자연선택의 중요성은 한동안 과소평가되었다. 현재는, 100개 이상의 효소들이 정확한 누클레오티드 서열을 유지하기 위해 작용한다고 생각한다.

## 고분자 기능의 조정

*일산화질소(nitric oxide):* 일산화 질소 합성효소에 의해 특정 종류의 신경세포에서 합성되는 기체로 신경계 활동의 결과로 방출되며 신경전달물질(neurotransmitter)로 작용한다. 이것의 발견은 신호전달 체계에 대한 우리의 여러 단순한 생각들을 지웠다.

*배아발생 과정에서의 중복(Redundancy in embryonic processes):* 액티빈(activin)과 같은 배아근육형형성을 조절하는 것으로 추정하는 단백질의 발현을 막았을 때(knock out하였을 때), 근육세포 발생을 중단시키지 못한다. 단순한 일차원적 유전자 조절 기작 대신, 다수의 조절 단백질, 혹은 대체 대사과정이 명백히 존재한다.

여러분은 물론 이 책, "분자생물학"에서 이런 많은 놀라운 사실을 배웠을 것이다. 그러나 여러분은 더 많은 놀라움을 예상할 수 있을 것이다. 여러 요소들이 우리의 놀라움의 원인이 된다. 유전체 염기서열의 결정으로 선택할 수 있는 실험의 종류가 늘어났고, 지식을 쌓는 개념적 접근이 향상되었다. 게다가, 엄청나게 많은 수의 과학자들이 분자생물학 연구에 종사하고 있다. 그런 연구들은 전통적인 대학교, 연구기관, 제약회사, 정부연구소, 생물공학 회사 등 다양한 기관들에 의해 수행되고 있다. 정부 지원금, 민간지원금, 그리고 자선단체 등에서의 지원이 증가함에 따라 발견의 속도가 증대되고 있다. 더욱이 인터넷을 통해 막대한 양의 정보를 쉽게 얻을 수 있게 되었고, 때로 국제적 경계도 넘나드는 과학자들 사이의 협력이 이런 발달을 강화하였다.

마지막으로, 발전된 여러 기술들(13장에 소개한 것을 포함하여)이 핵산과 단백질의 시료가 만들어지는 속도를 크게 증가시켰으며, 측정 도구의 정밀도를 향상시켰다.

그러므로 기대하지 못했던 것을 발견하고 예상하지 못했던 것을 가정하는 것은 앞으로 수십 년간 분자생물학자들을 매혹시킬 것이다. 이 "분자생물학"이 4판을 준비하는 지난 2~3년 동안 만에도 노련한 분자생물학자들도 놀랄만한 많은 발견들이 있었다. 아래의 목록은 이런 최근의 놀라운 발견의 몇 가지 예이다.

*(식물)세포 사이의 RNA 수송:* 우리의 패러다임은 RNA가 세포 내의 잘 정의된 위치에서 기능을 한다고 되어있다. 지금은 어떤 RNA는 정보를 운반하며 세포 사이를 이동한다는 것이 알려졌다.

*RNAi에 의한 유전자 silencing:* 이러한 사실의 존재만으로도 놀라움을 주었다. 현재 우리는 특정 유전자의 발현이 "항발현(antiexpression)" (저해) 이중가닥 RNA에 의해 조절된다는 것을 알고 있다.

*인간의 유전자 수:* 현재 사람에게는 초파리유전자 수의 2배 정도밖에 되지 않는 약 30,000개의 단백질 유전자가 있다고 추정된다. 그러므로 유전자들의 발현양식의 조합이 척추동물들이 나타내는 복잡성에 기여한다.

물론 여러분의 교수님은 이 목록에 몇 가지를 더 첨가할 수 있을 것이다. 왜냐하면 매달 과학 학술지와 유명한 신문에 새로운 발견들이 발표되기 때문이다.

## 추리 - 분자생물학의 몇 가지 발견을 예상하자!

이 책 내용의 대부분을 차지하는 기초적 연구 노력들의 결과는 종종 "예측할 수 없다" 는 특성을 가진다. 그 결과, 때로는 경이로움과 놀라움을 제공하는 발견들이 나타난다. 예를 들어, 앞에서 설명한 라이보자임은 단세포 생물인 연못에 사는 원생생물(*Tetrahymena*)의 RNA편집 효소를 찾는 과정에서 발견되었다. 단백질 효소를 분리하는 여러 노력들이 실패한 뒤에, 단지 논의만으로, (당시 논의는 "강한 추론" (1장 참고)의 사용을 논리로 혼용했다) 가능하지 않을 것으로 간주되었던–핵산이 효소 같은 촉매 기능을 할 가능성–에 관심을 가지게 되었다.

이와 같은 예는 과학자들이 왜 기초 연구 결과는 예상하기 어렵다는 생각을 가지고 있는지에 대한 원인을 제공한다. 여기 그러한 의견을 뒷받침하는 몇 가지 인용문이 있다.

> 가장 중요한 것들은 일부러 찾으면 찾기 어렵다.
> Joshua Lederberg, 1995

> 미래주의의 오류(The Error of Futurism) : 예측은 너무 신뢰성이 떨어지기 때문에 연구에 대한 어떤 제한요소도 되지 못한다.
> David Baltimore, 1979

> 예상치 못한 결과가 가장 흥미롭다.
> Masami Wakahara, 1984

> 우리는 과학의 어느 분야가 언제 유용한지 또는 유용해지려고 하는지 알 수 있으나, 과학의 어떤 분야가 쓸모없게 될지는 알 수 없다.
> Ralph Gomory, 1994

이 예측불가능성은 일반적으로 특정 문제를 해결하기 위한 기초 연구목표를 계획하는 것을 어렵게 한다. 흔히 분자생물학의 "중요한 항목"을 이루는 근본적인 발견은 연구자 개인의 열정 혹은 개인의 기본적인 심리적 필요성으로부터 유래된 **호기심**으로부터 나온다.

그럼에도 불구하고 대부분의 과학자들은 새로운 지식을 창출하는 데 가장 높은 가능성이 있는 연구 분야들이 어떤 것인가에 대해 생각한다. 분자생물학자들이 최근에 강조한 여러 가능한 "획기적인" 연구 프로젝트들을 아래에 알파벳 순서로 나열해 보았다.

*고세균 정보 처리 시스템 (Archaebacteria information processing system)*: 고세균들은 실험실에서 배양하기 어렵기 때문에 이들이 얼마나 다양한지는 확실하지 않다. 예를 들어, 많은 균주들은 자연 온천 등 극한 환경(예. 호열성)에 존재한다고 알려져 있다. 연구자들이 이들의 종류와 이들의 전체 생체량(biomass)의 크기를 과소평가했을 가능성이 높다. 대표적인 집단에 대해 일단 연구가 되었을 때, 분자적 기작과 계통학적 역사에 대한 새로운 통찰력을 얻을 수 있을 것이다. 이들 생물체들은 원핵생물과 진핵생물을 잇는 "다리" 역할을 한다는 것을 기억하라.

*단백질 생물공학(bioengineering proteins)* : 단백질의 정상적 아미노산의 자리에 새로운 아미노산-자연적인 아미노산과 일반적 구조가 닮도록, 그렇지만 약간 다른 성질을 갖도록 유기화학 실험실에서 합성함-을 넣으면 단백질은 새로운 특징을 나타낼 것이다. 특정 위치로의 삽입과 일반적 치환은 둘 다 새로운 치료에의 응용, 또는 안정성을 향상시키기 위한 단백질 생산방법 등에 사용할 수 있다.

*유전체 염기서열결정 계획(genome sequencing enterprise)* : 사람의 유전체 자료나 사람과 가깝게 관련이 있는 다른 척추동물(예. 침팬지나 쥐)의 유전체 자료를 복어(*Fugu rubripes*)의 유전체 자료와 비교함으로써, 척추동물의 생활방식에 필요한 최소한의 유전자를 찾을 수 있다. *Fugu*의 유전체는 4억 염기쌍 정도로밖에 구성되어있지 않은 데 비해 인간은 이의 거의 10배 더 많은 DNA(약 30억 염기쌍)를 가지고 있다.

*대사공학 (metabolic engineering)* : 이전의 유전공학(예, 베타-카로틴을 합성하여 제3세계의 비타민A 결핍을 줄인 "황금벼")의 성공은 자연적 생물체를 재구성하여 특정 기능을 가지도록 하는 거창한 시도를 촉진시키고 있다. 예를 들어, 단백질체학(13장 참고)에서 얻은 정보가 축적됨에 따라, 지금까지 하나의 대사 경로 변화만 얻은 것과 달리, 대사경로의 조합을 유전적으로 변화시켜 더욱 유용한 생물체를 만들 것이다.

*단백질 합성 논리(protein synthesis logistics)* : 포유류의 세포에서 세포질이 단백질 합성의 중심 장소라는 것이 확실하지만, 최근 연구 결과들은 진핵세

포의 핵에서 번역과 전사가 함께 일어난다는 것(원핵세포의 경우와 같이 – 9장)을 밝혔다. 이 과정은 계통적 역사를 나타낸다고 추측하는 것이 가능하다. 앞에서 언급했던 고세균과 같이 "다리" 역할을 하는 생물체에 대한 또 다른 연구들도 진핵세포의 유전자 발현을 조절하는 무수한 기작을 알아내는 데 매우 유용할 것이다.

*재생 생물학(regenerative biology)* : 유전체학과 단백질체학은, 인간과 같은 고등 척추동물은 그렇지 않은데 왜 도롱뇽의 부속기관(예. 돌출부, 손발, 다리 )들이 절단 후에 완벽하게 재생되는지에 대한 설명이 곧 이루어지기 시작할 것이다. 재생하는 동안 재활성되는 배아 유전자들의 발현 양식에 대한 이해는 사람의 상처에 적당한 치료법을 개발하는 데 필요한 통찰력을 제공할 것이다.

*인간 질병 치료를 위한 유전자 변형 쥐(transgenic mouse model for human diseases)* : 가장 흔한 인간 유전병들(예. 알츠하이머 질병)에 대한 연구는 현재 적절한 실험동물의 결핍에 의해 발달 속도에 제한을 받고 있다. 일단 질병을 일으킬 것이라 예상되는 유전자가 발견되어 분리되고 클로닝되면, 일상적인 조사를 위한 실험 재료를 제공하기 위해 그것을 실험동물에게 주입하는 것(16장 참고)이 가능할 것이다. 한번 "원인/결과" 실험이 일반적 방법으로 행해지면, 획기적 발전이 빠르게 일어날 것이다.

## 분자생물학을 배우기 위해 능력을 향상시켜라!

이 책을 읽는 동안, 아마도 한 번 읽어서는 완전히 이해하기 힘든 여러 현상을 접했을 것이다. 어떤 학생들에게는 3장의 디디옥시누클레오티드에 대한 설명, 7장의 오카자키 펄스–추적 자료 또는 11장의 트립토판 오페론의 조절이 어려웠을 것이다. 분자생물학 공부를 계속하기로 결심하였다면, 배우는 방법의 리퍼토리를 확장시켜야 할 것이다. 여기 분자생물학의 복잡한 현상들을 더 잘 이해하기 위한 12가지 방법이 있다.

1. **기초부터 시작하라:** 여러분이 어떤 방식의 학습에 강한지 알아내고 여러분의 강한 부분에 기초한 특정 과제를 수행할 방법을 생각한다. 즉, 여러분이 어떻게 배우는 것이 가장 잘 배우는 것인지 파악하라! 시각으로 배우는 것이 효과적인가? 청각으로 학습하는 것이 효과적인가? 감각으로 배우는가? 인터넷 검색으로 여러분의 배우는 스타일에 대한 정보를 찾아보는 것은 어떻겠는가?
2. **협력하라:** 학부생으로서 여러분은 공부 협력자들과 함께 공부할 때 가장 많은 것을 배울 수 있다. 모임을 만들어서 중합효소 연쇄반응의 복잡함에 대해 복습하라!
3. **비유를 통해 배워라:** 복잡한 생물학의 문제나 현상들을 이해하기 위해서 친숙한 일상용어로 복습하라. DNA 복제 휘크에서 일어나는 일들에 이 공부 방법을 적용할 수 있다. 예를 들어, DNA 중합효소 III을 "양방통행 도로에서 일방통행으로 작용하는 효소" 라고 묘사할 수 있을 것이다.

4. **전후관계에 대한 복습을 수행하라:** 개념/이론/현상을 그것의 역사—그것에 앞서 무슨 일이 있었는지, 지금 무엇이 존재하는지, 미래에는 어떻게 될지—를 살펴봄으로써 이해하라. DNA가 유전물질임을 믿게 된 과정을 이해하는 것이 좋은 접근법이 될 것이다.
5. **다른 설명을 읽어보라:** 다른 저자들은 같은 현상을 다른 방법(기호/구체적인 정도/그림의 사용 등)으로 설명한다. 둘 이상의 설명을 읽어보는 것이 종종 이해를 돕는다. 생체막에 대한 여러분의 이해가 이 공부 방법으로 향상될 것이다.
6. **인터넷을 검색하라:** 여러분의 컴퓨터는 도서관이다! 여러분이 배우고 싶은 것에 대해 무엇이 적혀있는지 보라. 넌센스 억제 tRNA(nonsense suppressor)는 여러 웹사이트에 다양한 방법으로 그려져 있다. 그것을 찾아보는 것도 좋겠다.
7. **"개념 지도"를 작성하라:** 중요 단어의 목록을 작성하고, 그 용어들 사이의 관계를 나타내는 그림을 만들라. 진핵세포에서의 전사조절을 나타내는 데 이 방법을 적용할 수 있겠다.
8. **적어보라:** 탁월한 경영자인 Lee Iacocca가 말하기를, 대화에서는 온갖 애매함과 말이 안 되는 것을 때로는 의식하지 않고도 없앨 수 있다. 그러나 글로 생각을 적을 때에는 구체적으로 하도록 강요당한다. 그 방식으로는 자신에게 또는 다른 사람에게 거짓말을 할 수 없다. 그림을 포함하지 않고 자신의 설명으로 단백질 합성에 대해 적어보지 않겠는가?
9. **도로지도를 준비하라:** 큰 종이에 그림들의 복사본을 붙여 그들 사이의 선형적, 진행적 관계를 화살표로 표시하라. DNA의 조각들을 어떻게 클로닝하는지 배우는 데 이 방법을 적용할 수 있을 것이다!
10. **삼차원 모델을 구성하라:** 손으로 작업할 수 있는 재료를 사용하여 "극히 명확한" 한 이미지를 만들어 어떤 현상(예. 분자적 구조)을 나타냄으로써 그것을 이해하려고 노력한다. 단백질의 4차 구조는 종이조각들로 모델화될 수 있고, 이를 통해 고분자물질의 3차원 구조를 형성하는 데 모양과 약한 결합들이 어떻게 작용하는지 이해할 수 있다.
11. **자신에게서 떨어지라:** 잠시 자신과 연결을 끊고 "내가 지금 어떤 큰 그림을 다루고 있는지" 물어보라. 그리고 여러분에게 의미 있는 사실들을 모으라. 되먹임 억제에 이 방법이 적용될 수 있다.
12. **거꾸로 공부하라:** 최종 질문에서부터 시작하거나 문제를 푼 뒤, 거꾸로 앞에서부터 오면서 사이의 지식을 줄여나간다. 예를 들어, 친구들과 다음과 같은 질문으로부터 시작하라: 유전체 안의 전이요소의 이동은 어떻게 유전자 발현을 조절할 수 있는가?

다양한 배움의 과제들에 대해 새로운 배움의 방법을 제시하는 데 주저하지 말라. 새로운 배움에 대한 도전은 종종 배움의 방법을 넓히는 것을 요구한다. 여러분은 여러분의 교수님께 한번 읽어서는 어려운 설명과 개념을 어떻게 학습했는지 질문할 수도 있을 것이다.

# 분자생물학자가 되는 것에 대해 고려해 보라

분자생물학의 직업을 가지는 것은 어떤가? 생물학이나 화학의 학사학위부터 시작하여 모든 수준의 교육에 대해 기회가 있다. 모험과 더불어 "황금기" 의 노력에 참여한다는 것에 대한 만족감이 새 일꾼을 기다리고 있다. 인터넷 검색 엔진들은 고용기회나 (대학원)진학에 대한 정보를 찾는 데 이용될 수 있다. 여기에는 (알파벳 순서대로)동물 기술공학자, 생물정보학 자료 관리자, 생물공학 생산관리자, 세포배양 기술자, 세포학자(분자세포학을 포함하여), 전자현미경학자, 대학원생, 학술지 편집자, 의학 실험실 기술자, 미생물학자, 제약회사 판매원, 박사 후 연구원, 회사대표, 교수, 연구원, 과학설명자, 임원 과학자, 바이러스학자, 그리고 더 많은 것들이 포함된다.

"분자생물학" 의 한 권을 여러분의 새로운 직장에 가져가 때때로 분자생물학에서의 도전적인 아이디어들에 직면할 때 참고하라.

# 부 록

# 분자생물학을 이해하는데 중요한 화학의 원리

이 교과서에서 설명하고 있는 **분자의 복잡한 구조와 기능**은 분자를 구성하는 부분의 화학적 성질에 기인한다. 이러한 분자들이 어떻게 작용하는가를 이해하기 위하여, 우리는 화학의 기초에 대해 간단히 살펴보아야 할 것이다. 특별히 우리는 생명체에 필요한 화합물을 생성하기 위한 필수 원소인 탄소, 수소, 산소, 질소, 인 그리고 황의 독특한 성질을 이해할 필요가 있다. 우리는 원자의 구조와 화학결합에 대한 서론으로 시작을 할 것이다.

## 원자의 구조

원자는 양성자 (양전하를 띠는 입자)와 중성자 (전하를 띠지 않는 입자)를 포함하는 핵, 그리고 음전하를 띠는 입자인 전자로 구성된다. 핵에 있는 양성자의 수는 원자번호를 나타내고 원소의 고유성을 결정한다. 예를 들면, 6개의 양성자를 지닌 원자는 원자번호가 6이고 "탄소"라 불린다 (원소의 주기율표를 참고). 전자는 핵주위의 껍질에 존재한다. 같은 원소의 동위원소는 양성자의 수는 같으나 그들이 갖고 있는 중성자의 수는 다르다. 전하를 띠지 않는 원자에서는 전자와 양성자의 수가 같다.

## 화학결합

개개의 원자는 서로 화학결합을 하여 분자가 된다. 화학결합은 물, 염, 산, 염기와 같은 작은 분자들의 구조와 특성에 중요하다. 또 화학결합은 DNA와 단백질과 같은 거대분자의 구조와 특성에도 똑같이 중요하다 (2장의 4단원을 보아라). 화학결합은 다음 절에서 기술하는 바와같이 몇가지 다른 종류가 있다.

## 공유결합

공유결합은 두 원자가 전자를 공유할 때 형성된다. 전자는 그림 A-1에서와 같이 최적의 전자수를 함유하는 원자껍질을 갖는다. 가장 바깥 껍질을 완전히 채운 원소는 다른 원자와 쉽게 결합을 하지 않는다. 예를 들면, 두 개의 전자를 지닌 헬륨은 비활성이다. 이러한 원소들은 원소 주기율표의 가장 오른쪽 열에 자리잡고 있다. 이와 반대로, 생물학적 화합물 (수소, 탄소, 산소, 질소, 황, 인)에서 발견되는 원소는 공유결합으로 전자를 공유하여 매우 안정한 구조를 형성한다. 공유결합의 간단한 예는 그림 A-2이다. 여기에서 최외각 껍질에 한 개의 전자를 갖는 수소원자 (원자 번호는 1)는 다른 수소원자와 결합하여 수소분자를 형성한다. 두 개의 전자가 공유되어 각각의 원자 핵은 완전히 채워진 껍질을 갖는다.

그림 A-1에서 보는바와 같이, 두 번째 껍질은 8개의 전자를 유지할 수 있다. 이것은 산소 (원자 번호 8)가 최외각 껍질에 6개의 전자만을 갖고 있기 때문에, 이 최외각 껍질을 채우기 위해 공유할 2개의 전자가 필요하다는 것을 의미한다. 그림 A-3에서 보는 산소분자는 두 쌍 혹은 4개의 전자 (그림 A-3에 점선으로 된 원)를 공유하고 있는 2개의 산소 핵으로 구성된다. 이것은 이중 결합으로 알려졌다. 이와 같은 방법으로, 각각의 산소는 2개의 전자를 얻게되어 총 8개의 전자를 갖고자 하는 욕구를 만족시킨다. 산소 역시 이 교과서 전 부분에서 기술한 분자에서 볼 수 있듯이 수많은 형태의 다른 원자의 핵과 전자를 공유할 수 있다. 산소가 전자를 공유하여 수소 원자 두개와 공유결합을 형성하면, 그림 A-4와 같은 물이 형성된다. 이러한 공유결합은 매우 강하고, 뒤에서 설명하는 바와 같이 독특한 특성을 갖는다.

표 A-1에서, 우리는 생물학적 분자에서 발견되는 중요 원자의 최외각 껍질을 채우는데 필요한 전자의 수와 원자번호를 볼 수 있다. 원자의 최외각 껍질을 채우는데 필요한 전자의 수는 원자가 결합할 때 결합수를 나타낸다. 그러므로, 표 A-1에 나타나 있는 수소를 제외하고, 모든 원소들은 다중결합을 형성하여 크고 복잡한 분자를 형성 할 수 있다. 더욱이 원자가 작으면 작을수록, 전자를 공유하기가 쉬워진다. 생물학적 화합물에서 발견되는 원소들은 상대적으로 원자번호가 낮기 때문에, 그들은 매우 강한 공유 결합을 형성한다. 가장 흔하게 발견되는 결합은 단일 결합 (한쌍

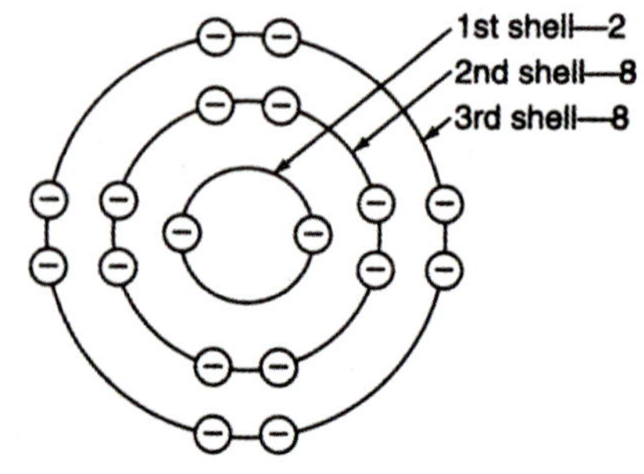


그림 A-1 원자핵 주위 껍질에 있는 전자를 보여주는 원자의 모델

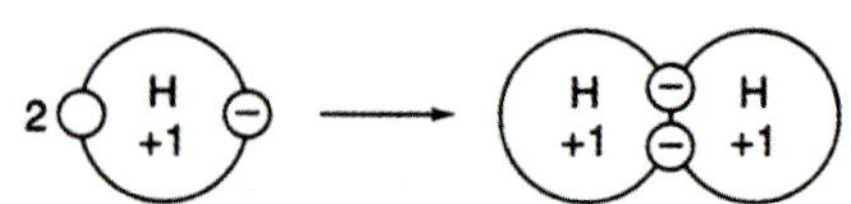


그림 A-2 수소원자와 수소분자, $H_2$

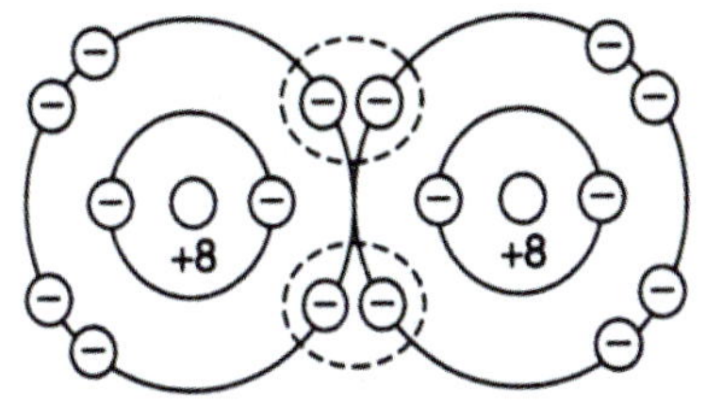


그림 A-3 산소분자 $O_2$

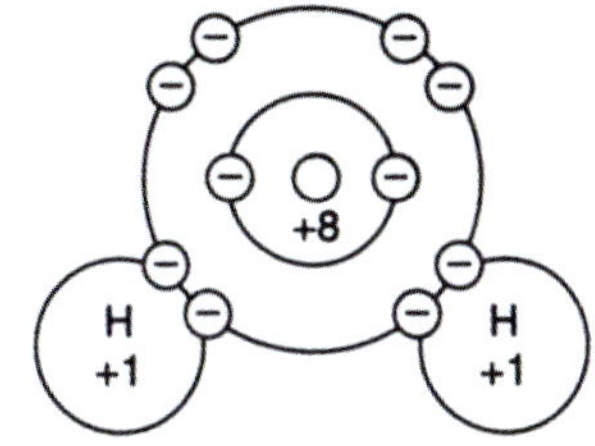


그림 A-4 물, $H_2O$

의 전자만를 공유했을 경우)이지만, 이중 결합 (두쌍의 전자를 공유했을 때) 역시 생물학적 기능에 중요하다. 탄소, 산소, 질소, 인은 다양한 이중결합을 형성할 수 있다. 탄소와 질소에서는 드물게 삼중결합도 발견된다 (그림 A-5).

## 이온결합

어떤 화합물은 전자를 공유하지 않고, 한 원자에서 다른 원자로 전자를 효율적으로 전이한다. 그 결과 두 이온화된 원자는 정반대의 전하로 인하여 결합을 하게 된다. 염은 나트륨 (Na) 한 원자와 염소 (Cl) 한 원자로부터 형성된 이온 결합의 한 예이다. NaCl에서 Na (원자 번호가 11)로부터의 하나의 전자가 Cl (원자번호가 17)로 전달된다. 이온 화합물의 산물의 원자 핵은 전자로 외각 껍질을 완전히 채우고 서로 반대의 전하를 띄게 된다(그림 A-6). 이온 결합의 강도는 공유결합보다 더 다양

표A-1 생물학적으로 중요한 원자의 배열

| 원 소 | 원자번호 | 가득한 각의전자수 | 완전한 각을 위해 필요한 전자수 |
|---|---|---|---|
| H | 1 | 2 | 1 |
| C | 6 | 10 | 4 |
| N | 7 | 10 | 3 |
| O | 8 | 10 | 2 |
| P | 15 | 18 | 3 |
| S | 16 | 18 | 2 |

O
H H
단일결합=한쌍의 공유전자

O = O
C = O
−N = C
2중결합=두쌍의 공유전자

− C ≡ C −
HC ≡ N
3중결합=3쌍의 공유전자

그림 A-5 단일, 이중 및 삼중 결합의 예

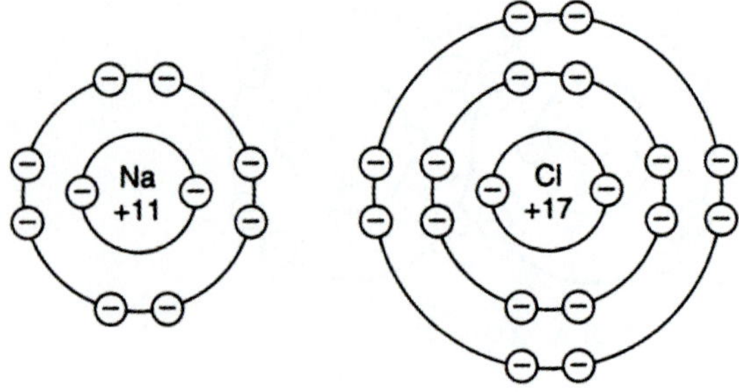


그림 A-6 염화나트륨, NaCl의 이온결합

표A-2 다양한 형태의 화학결합 강도

| 결합형태 | 결합을 끊는데 필요한 힘 (kcal/mole) |
|---|---|
| 공유결합 | 50−100 |
| 이온결합 | 80−1 |
| 수소결합 | 3−6 |
| 소수성결합 | 0.5−3 |

하다(표A−2). 생물학적 화합물에서 많은 이온화된 종을 볼 수 있을 것이다. 특별히, 산소, 질소 및 인은 종종 이온결합을 한다.

## 극성 공유 결합

생물학적 화합물에서 대부분 결합은 공유결합과 이온결합의 중간 결합이다. 이것은 전자를 똑같이 공유하는 것도 아니고 전자가 원자의 핵간에 이동되는 것도 아님을 의미한다. 예를 들면, 물 분자에서 수소와 산소는 실제적으로 극성 공유결합에 의해 결합하고 있다. 하지만, 공유한 전자들은 작은 수소의 핵보다 산소의 핵에 의해 더 강하게 결합되어 있다. 두 개의 수소와 한 개의 산소간의 결합은 105° 를 형성하고 있기 때문에, 물 분자 사이에는 극성이 존재하게 된다 (그림 A−7). 물 분자의 산소 부분은 수소 부분보다도 음전하를 띠게 되는데 이는 "부분" 을 뜻하는 $\delta$ 로 나타낼 수 있다.

수소, 탄소, 산소, 질소 및 인 사이의 결합은 종종 극성 공유결합이다. 수소와 질소는 부분 양전하를 띠는 결합을 하고, 반면에 산소와 인은 부분 음전하를 띤다. 탄소

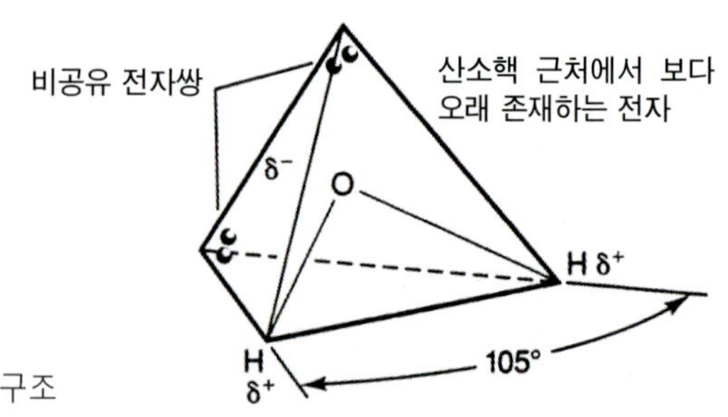


그림 A−7 물의 부분적 전하분포와 기하구조

는 부분 양전하나 부분 음전하를 나타낸다 (그림 A-8). 탄소와 수소만이 존재하는 화합물에서, 탄소와 수소의 결합은 전자를 똑같이 공유하기 때문에 극성을 띠지 않는다. 탄소에 의해 형성되는 4개의 결합은 사면체 대칭성을 나타낸다 (그림 A-9)

생물학적 화합물에서 극성과 비극성 공유결합의 존재는 거대분자 구조에 매우 중요한 2개의 새로운 결합을 만들어 낸다. 이것은 다음 절에서 다루어질 수소결합과 소수성 결합이다.

$\delta^+$ $\delta^-$ C=O　　$\delta^-$ $\delta^+$ $CH_3$—Li

그림 A-8 탄소의 부분적인 양전하와 음전하

## 수소결합

수소가 다른 원자와 극성 공유결합을 형성할 때, 수소는 부분적으로 양전하를 띤다 (그림 A-7). 이 부분적인 양전하는 부분 음전하를 띠는 분자 (또는 분자의 부분)와 인력이 작용하여 결합할 것이다. 예를 들면, 물에서, 부분적으로 양전하를 띠는 수소는 부분은 부분 음전하를 띠는 인접한 산소와 결합할 것이다. 이러한 수소결합은 진정한 공유결합보다 훨씬 약하지만 (표A-2), 많이 존재할 때에는 혼합물의 안정성을 줄 수 있다. 그림 A-10에서 보는 바와 같이, 액체 상태의 물은 3개의 다른 물분자와 각각 수소 결합을 이루고 있는 매우 질서정연한 구조이다. 이 안정한 그물망구조는 물분자가 높은 끓는점, 낮은 어는점 등과 같은 많은 독특한 성질을 갖게 한다. 또한 물이 다양한 극성 화합물과 수소결합을 형성할 수 있음은 물이 대부분 생물학적 분자의 용매가 될 수 있도록 한다.

수소결합은 3장, 4장에서 서술한 바와 같이 단백질과 핵산의 구조에도 역시 중요하다. 수소결합은 한 분자내에서도 형성될 수 있다-즉, 한 분자의 다른 부분에 존재하는 원자를 함께 붙잡고 있거나 분자간에서도-서로 다른 분자의 원자를 붙잡고 있다.

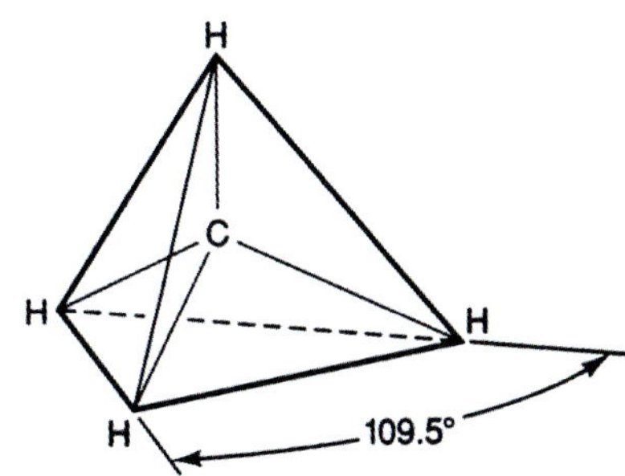


그림 A-9 사면체 탄소

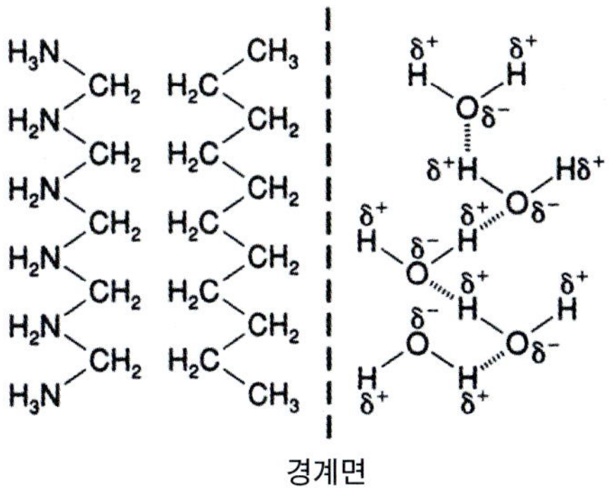

경계면

그림 A-10 물의 수소결합 구조.

## 소수성 결합

수소성
친수성

탄소나 수소로만 구성된 화합물에서 발견되는 무극성 결합도 역시 독특한 성질을 띤다. 이러한 결합은 물과 결합하지 않으려 하기 때문에 **소수성** (hyrophobic) (직역하면 "물을 싫어하는") 이라 부른다. 물의 구조가 수소결합을 형성함으로써 안정화된다는 것을 기억하라. 무극성 화합물은 수소와 결합할 부분 전하가 없기 때문에 수소결합을 형성할 수 없다. 물과 이러한 화합물(무극성 화합물)을 혼합하면 존재하던 수소결합은 깨지고, 이 반응은 에너지학적으로 일어날 수 없다. 그러므로 무극성 화합물은 불용성이고, 그림 A-11에서 보는 것 같이 분리된 상 또는 층을 형성하는 경향이 있다. 혼합물에서 한 분자가 소수성 부분과 극성 또는 친수성 (hyrophilic) ("물을 좋아하는" 것을 의미한다) 부분을 갖는 예를 볼 수 있다. 물과 상호작용 할 때 그러한 분자의 구조는 에너지론에 따라 소수성 부분은 숨기고, 친수성인 부분은 최대로 노출시켜 분자의 구조를 안정시킨다. 이러한 상호작용은 3장~5장에서 기술한 세포막을 구성하는 단백질, 핵산과 거대분자의 구조에 중요하다.

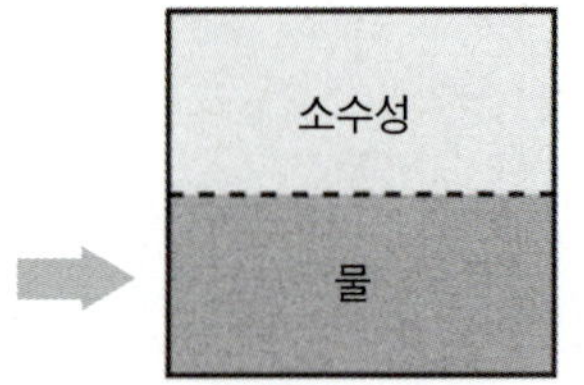


그림 A-11 물과 소수성 분자의 상 분리

**핵심개념**

**"약한 힘→형상" 개념**

수소결합이나 소수성 분자 같이 약한 화학적 상호작용은 거대분자의 전반적인 형상을 결정한다.

## 공명결합

결합의 마지막 종류는 생물학적 분자에서 발견된다. 이것은 아래에서 설명할 단일결합과 이중결합 사이에 존재하는 공명결합이다. 공명결합은 전자를 망구조(network)의 원자핵 사이에서 공유하는 벤젠 (그림 A-12)과 같은 합성분자에서 처음으로 기술 되었다. 공명결합은 지극히 안정하여, 핵산의 기반이 되는 누클레오티드 염기나 단백질을 구성하는 일부 아미노산과 같은 많은 생체분자에서 발견된다. 많은 공명에 의해 안정화된 화합물이 매우 소수성일지라도 (예, 벤젠) 때때로 공명결합은 그림 A-13에서 보는바와 같이 이온결합 화합물의 안정화에도 기여한다.

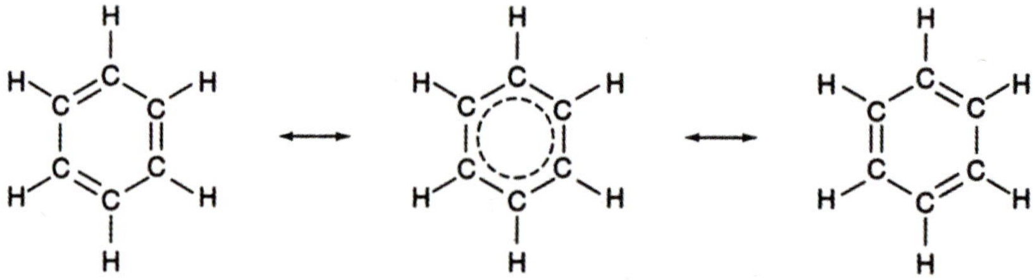

등가구조

그림 A-12 벤젠의 공명형태

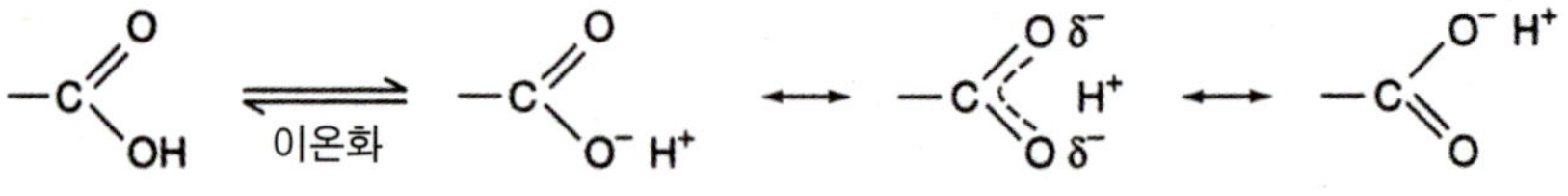

이온화

등가구조

그림 A-13 이온결합의 공명형태

# 물의 이온화-pH 척도

이제 우리는 물과 생물학적으로 중요한 작은 분자 및 거대 분자간의 상호작용을 살펴볼 것이다. 이 상호작용은 생체 세포에 존재하는 모든 분자의 구조와 기능에 중요하다. 물론 물은 세포의 가장 중요한 화합물이다. 모든 거대 분자들이 물속에 존재하며,

모든 화학 반응이 물에서 일어난다.

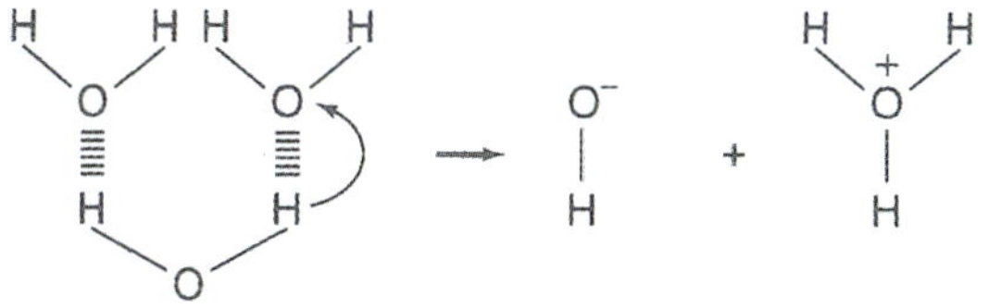

다음과 같이 이온화된다:

수소와 산소간의 극성 공유결합은 이온화되어 수산화이온($OH^-$)과 히드로늄 이온($H^3O^+$)을 형성한다. 히드로늄 이온은 단순히 수소이온 또는 양성자로 취급되며, 해리반응은 다음과 같다.

$$H_2O \rightleftharpoons H^+ + OH^-$$

해리의 빈도는 다음의 방정식과 같다.

$$K_{eq} = \frac{[H^+][OH^-]}{[H_2O]} \quad \text{or} \quad K_{eq}[H_2O] = [H^+][OH^-]$$

$K_{eq}$는 평형상수이고, 괄호안의 용어는 몰농도를 나타낸다. $K_{eq}$ $[H_2O]$는 하나의 상수로 순수한 물은

$$K_{eq}[H_2O] = K_w = [H^+][OH^-] = 1.0 \times 10^{-14}$$

$K_W$값은 물의 해리상수 또는 물의 이온 산물이다. 이와 같이 $[H^+]$을 안다면, $[OH^-]$는 다음 방정식을 풀어서 계산할 수 있다.

$$[H^+][OH^-] = 1.0 \times 10^{-14}$$

순수한 물에서, $[H^+] = [OH^-] = 1.0 \times 10^{-7}$ = 중성 pH 이다. 그러나 몰 농도를 이용하여 $[H^+]$ 값을 표현하기란 어렵다. 샴푸나 비누의 제조자가 그들이만든 중성 산물이 $[H^+]$가 10−7M이라고 말한다고 가정해 보라. 대신에 그들은 그들의 상품은 "pH 균형"이라고 표기하고 있다. pH 척도는 쓰기쉬운 값인 $[H^+]$의 수로 고안되었다.

다음과 같은 정의에 의해

$$pH = -\log[H^+]$$

중성 pH=7, $[H^+] = [OH^-] = 1.0 \times 10^{-7} = -\log 10\,[1.0 \times 10^{-7}]$이다. pH 척도는 다음과 같다. 로그 척도로 표시되었기 때문에 pH5의 $[H^+]$은 pH7의 100배이다: 즉 두 pH 단위의 변화는 $[H^+]$에 있어서 $10^2$ = 100배인 것이다.

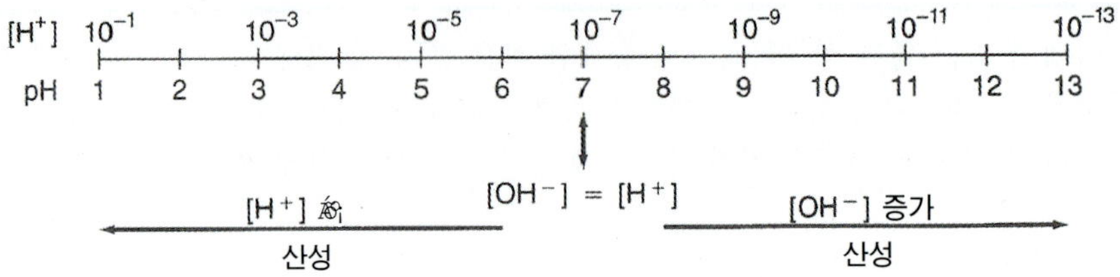

| $[H^+]$ | $10^{-1}$ | | $10^{-3}$ | | $10^{-5}$ | | $10^{-7}$ | | $10^{-9}$ | | $10^{-11}$ | | $10^{-13}$ |
|---|---|---|---|---|---|---|---|---|---|---|---|---|---|
| pH | 1 | 2 | 3 | 4 | 5 | 6 | 7 | 8 | 9 | 10 | 11 | 12 | 13 |

$[H^+]$ 증 ← $[OH^-] = [H^+]$ → $[OH^-]$ 증가

산성 산성

만약 염화수소 (HCl)과 같은 강산에 물을 가하면, 이것은 다음과 같이 완전히 해리되거나 이온화 될 것이다

$$HCl \rightarrow H^+ + Cl^-$$

그리고 $[H^+]$의 증가는 용액의 pH를 떨어뜨린다 (pH 척도가 왼쪽으로 이동한다). 최종 농도가 0.1M (물의 $10^{-7}$M $H^+$의 미세한 농도는 무시)인 염산을 가한다면, 그때 pH = $-\log[10^{-1}] = 1$이 된다. 반대로, 만약 최종 농도가 0.1M이 되도록 강한 염인 수산화나트륨(NaOH)를 가한다면, 완전히 해리된 후 $[OH^-] = 0.1$M 또는 $10^{-1}$M이 된다. 방정식 $[H^+][OH^-]$ = $[H^+]$에 대하여 $1.0 \times 10^{-14}$에 의하면, $(10^{-1})(10^{-13}) = 10^{-14}$ 이기 때문에 $[H^+] = 10^{-13}$ 이 되고 pH=log $[10^{-13}]$ =13이 된다.

대부분의 생물학적 산과 염기는 HCl이나 NaOH 보다 약한 것이 많다: 그러므로, 이들은 완전히 해리되지 않거나 완전히 이온화 되지 않는다. 아래 카르복실산에 대한 예가 있다.

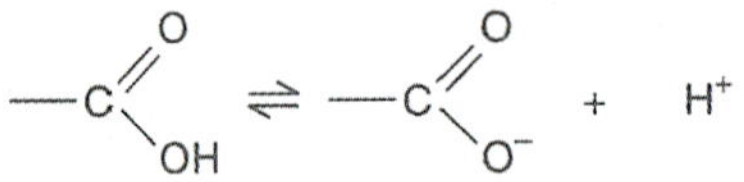

$$-C(=O)OH \rightleftharpoons -C(=O)O^- + H^+$$

카르복실산의 해리는 다음 방정식과 같다.

$$K_A = \frac{[H^+][A^-]}{[HA]}$$

염
짝염

여기서 $A^-$는 양성자를 잃은 산 (종종 **염** [salt]이나 HA의 **짝염** [conjugate base]이라 불리움)을 나타내고, HA는 양성자를 얻은 산을 나타낸다. 이 방정식과 물의 해리에 대한 앞의 방정식의 유사성을 주의깊게 살펴보아라. 용어를 재정리하여 $[H^+]$에 대하여 풀면 다음 공식을 얻는다.

$$[H^+] = K_A \frac{[HA]}{[A^-]}$$

방정식 양쪽에 −log값을 취하면, 다음 공식이 되고

$$-\log[H^+] = -\log K_A - \log\frac{[HA]}{[A^-]}$$

이 공식은 다음 공식이 된다

$$pH = pK_A + \log\frac{[A^-]}{[HA]}$$

$-\log[H^+]$은 pH와 같으므로, $-\log K_A$는 pKA가 된다. 이것을 Henderson-Hasselbach 방정식이라 하며, 그림 A-14에서와 같이 구성성분의 이온화 상태 (산과 짝염의 비)를 알고 있다면, 용액의 pH 값을 계산할 수 있을 것이다.

$pH = pK_A$ 일 때

$$\log\frac{[A^-]}{[HA]} = 0 \quad \text{and} \quad \frac{[A^-]}{[HA]} = 1$$

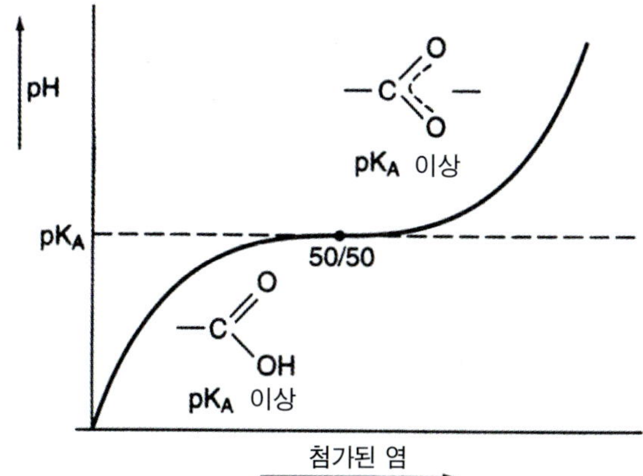


그림 A-14 약산의 적정 곡선

그러므로 산이나 염기의 $pK_A$ 값은 양성자를 얻은 형태와 양성자를 잃은 형태의 비율이 1:1 (50%가 이온화됨) 일 경우의 pH이며, 이는 각 산 또는 염의 상수이다. pH가 $pK_A$ 보다 높은 **약산**을 다룬다면, 대부분의 분자는 $H^+$를 잃고 음전하를 띠게 될 것이다. $pK_A$보다 낮은 pH에서는 대부분의 분자가 $H^+$를 유지하여 중성이 된다. 대신 $pK_A$값보다 높은 **약염기**의 경우엔 대부분의 분자가 양성자를 잃어 중성화 될 것이다. $pK_A$값 이하에서는 거의 대부분의 분자는 양성자를 얻어 아래의 그림과 같이 양전하를 띠게 될 것이다.

| | HA | | $A^-$ |
|---|---|---|---|
| 약산 | $-C(=O)OH$ | 50/50 | $-CO_2^{\ominus}$ |
| 약염 | $-NH_3^{\oplus}$ | 50/50 | $-NH_2$ |
| | $pK_A$ 이하 | $pK_A$ 이하 | $pK_A$ 이하 |

이러한 관계는 로그함수로 pH가 $pK_A$값보다 한 단위 낮으면 [A−] : [HA] 의 비는 1:10이 되고, $pK_A$ 값보다 낮은 두 pH 단위일 때는 그 비율이 1:100이 될 것이다.

# 유기화학

이제 우리는 유기화학에 대해 살펴보겠다. 탄소는 외각 껍질을 채우기 위해 4개의 전자를 공유해야 하는 특별한 원자이다. 탄소분자는 특히 다른 탄소원자, 산소, 수소, 인, 질소 그리고 황과 같은 다른 원소들과 함께 **강한** 결합을 형성할 수 있기 때문에 매우 가변성이라 할 수 있다. 또한 탄소는 아래와 같이 단일결합, 이중결합 또는 삼중결합도 형성하기 때문에 가변적인 분자다.

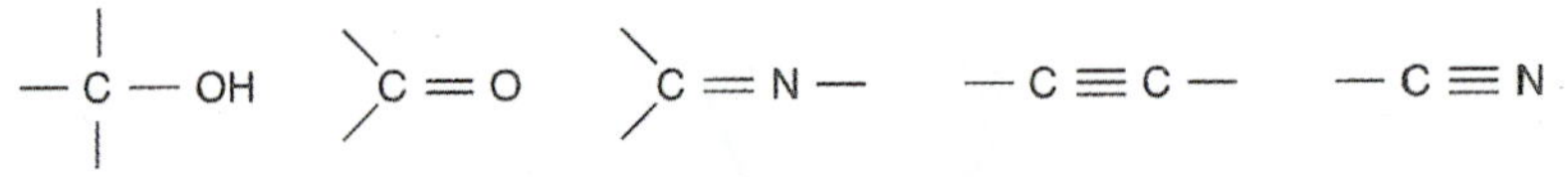

—C—OH　　C=O　　C=N—　　—C≡C—　　—C≡N

4개의 단일결합이 형성되면, 분자의 형태는 그림 A-9에서와 같이 사면체를 형성하지만 항상 그렇게 간단히 그려지는 것은 아니다. 사면체 메탄 분자를 그리는 몇가지 특징적 방법이 아래 나타나있다.

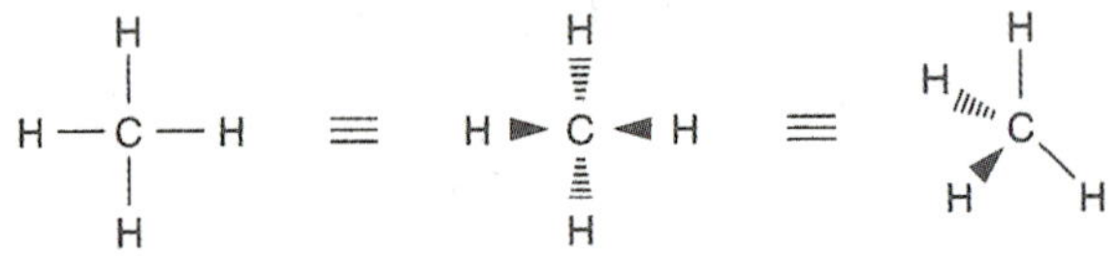

Fisher 평면도 (왼쪽의 것)는 3차원적 구조를 무시하고 있다는 것 (단지 사면체일 것이라는 가정이다)을 기억하라. 반면에 다른 두 그림은 사면체 배열을 시뮬레이션한 것이다. 선은 면의 평면을 나타낸다. 굵은 쐐기모양은 면의 밖으로 돌출됨을 그린 반면, 흩어진 쐐기모양은 면의 아래로 투영하고 있다.

만약 탄소원자가 4개의 다른 치환기를 갖는다면 이 탄소를 **키랄중심** (chiral center)이라 부르며, 여기에는 두가지의 가능한 **입체이성질체** (stereoisomer)가 있다. 입체이성질체는 각각 서로에 대해 거울상이며 중첩되지 않는다. 오히려 왼손과 오른손 (밑을 보아라) 같다.

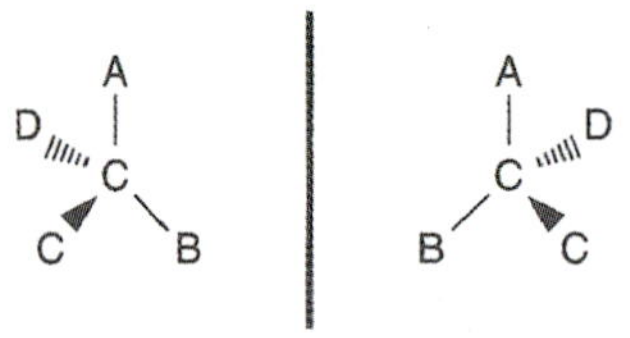

4개의 다른 작용기를 지닌 어떤 탄소도 비대칭적이다. 모든 생물 시스템은 각각의 화합물을 위해 한 가지만 선택한다. 일반적인 화학반응은 입체이성질체들 사이에 구별이 불가능한데 반해, 보통 생체효소는 한 쌍의 장갑과 같은 오직 한 입체이성질체에만 작용할 수 있다. 한 장갑은 왼쪽 손에는 맞지만 오른쪽에 맞지 않고 또 그 반대인 경우도 이와같다.

다음으로, 우리는 분자 생물학에서 중요한 몇가지 유기분자에 대해 논의 할 것이다.

## 알칸

알칸은 오직 탄소와 수소로만 이루어진 분자인 **탄화수소** (hydrocarbon)의 한 종류이다. 게다가 알칸은 오직 탄소-탄소 단일결합을 갖고, $C_nH_{2n+2}$라는 일반식을 갖는다. 1개에서 4개의 탄소를 갖는 알칸은 그림 A-15에 나타나 있다.

한 개의 탄소를 갖는 **메탄** (methane)은 가장 간단한 알칸이다. 부탄 (탄소가 4개)과 좀더 큰 알칸에는 **구조 이성질체** (structural isomer)가 존재한다. 구조 이성질체는 같은 화학식은 갖으나 그들이 함유하고 있는 화학결합의 정확한 순서가 다른 것이다. 탄소의 연결길이와 구조적 형태가 다른 것은 다양한 알칸으로 하여금 조금씩 다른 성질을 갖도록 한다.

알칸은 완전히 **환원** (산화의 반대)되었고 **포화**되었다고 말한다. 이것은 알칸이 가능한 한 (단일결합으로만) 수소의 최대 수를 갖고 있음을 의미한다.

대다수의 짧은 알칸은 아미노산의 곁사슬 (side chain)으로 이용된다. 좀 더 긴 형

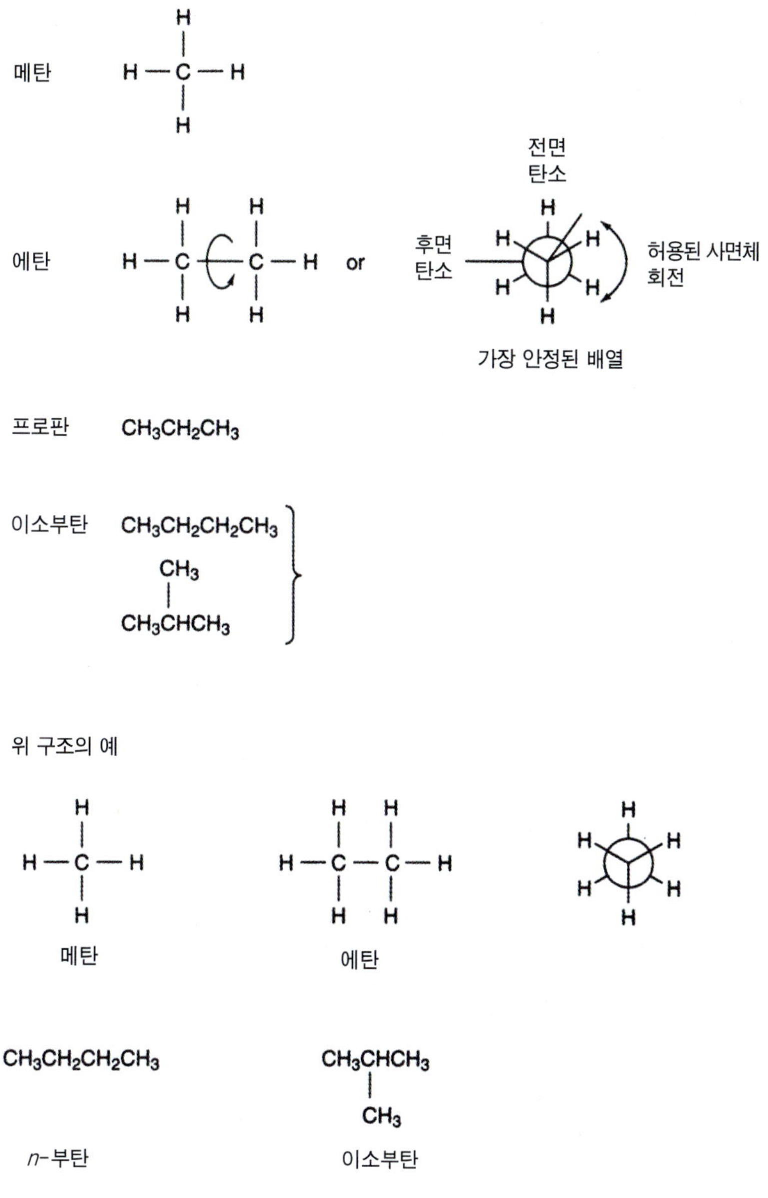

메탄

H
|
H — C — H
|
H

에탄

H H
| |
H — C — C — H or
| |
H H

전면 탄소

후면 탄소

허용된 사면체 회전

가장 안정된 배열

프로판 $CH_3CH_2CH_3$

이소부탄 $CH_3CH_2CH_2CH_3$

$CH_3$
|
$CH_3CHCH_3$

위 구조의 예

메탄

에탄

$CH_3CH_2CH_2CH_3$

*n*-부탄

$CH_3CHCH_3$
|
$CH_3$

이소부탄

그림 A-15 한개에서 4개의 탄소를 갖는 알칸

태의 알칸은 개솔린의 주요 구성성분이다. 메탄 (천연가스)과 프로판과 같은 분자는 매우 에너지가 큰 화합물이므로 불이 잘 붙거나 산화되어 $CO_2$와 $H_2O$ (다른 부산물과 함께)를 형성한다. 살아있는 세포도 이와 비슷한 양상으로 에너지를 획득한다. 환원된 탄소화합물은 조절된 연소의 결과 $CO_2$와 $H_2O$ 생산한다. 그러나, 알칸은 식품의 원료로 쓸 수 없다. 왜냐하면 알칸은 매우 소수성이어서 불용성이기 때문이다. 사실상 알칸은 독성이 있다.

## 알켄

탄화수소의 또다른 종류에는 알켄이 있다. 알켄은 탄소와 수소만 함유한다는 점은 알칸과 같으나, 탄소 원자 사이에 하나 또는 하나 이상의 이중결합을 갖는다는 점에서 알칸과 다르다. 알켄의 종류는 그림 A-16에 나타나 있다.

알켄의 이중결합은 다소 단단히 조여져있기 때문에 단일결합보다 더 반응성이 있다. 알켄은 가능한 최대의 수소를 함유하지 않기 때문에 **불포화**라고 하며, 수소나 다른 원자들이 이중결합의 탄소에 첨가될 수 있다. 이 반응성이 높은 결합은 플라스틱과 같은 많은 산업적 중합체 뿐만 아니라 복잡한 세포 화합물의 출발 물질로서 이용된다. 예를 들면 이소프렌 (그림 A-16)은 콜레스테롤과 스테로이드 호르몬 합성의 출발 물질이다.

알켄의 이중결합은 알칸의 단일결합과는 다르다. 알칸의 이중결합 양 끝에 위치한 탄소는 이중결합 주위를 자유롭게 회전할 수 없으며 그 결과 분자가 사면체가 되기 보다는 평면이 된다 (그림 A-15의 에탄과 비교하라). 이렇게 해서, 구조 이성질

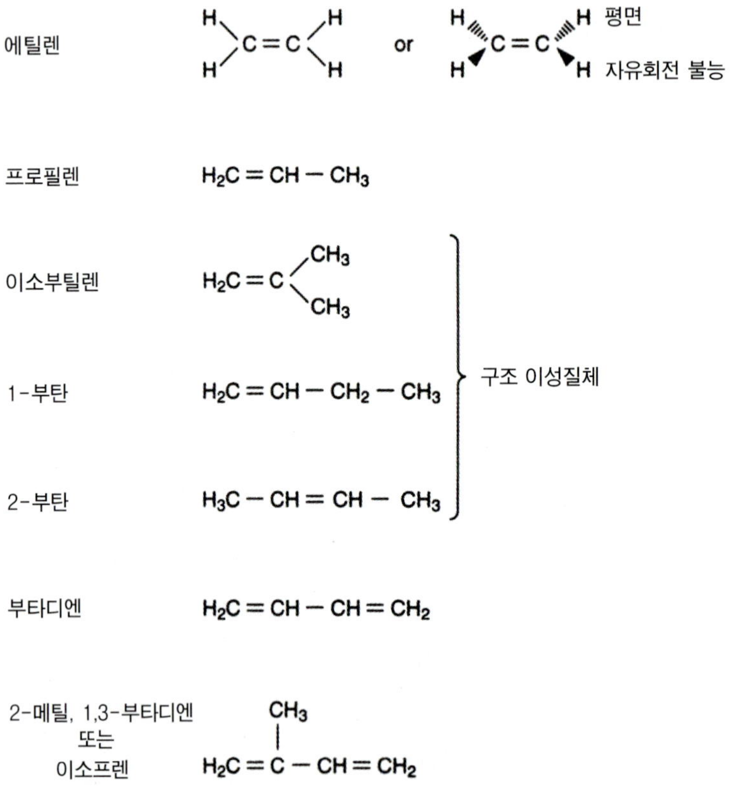

에틸렌 $H_2C=CH_2$ or (평면, 자유회전 불능)

프로필렌 $H_2C=CH-CH_3$

이소부틸렌 $H_2C=C(CH_3)_2$

1-부탄 $H_2C=CH-CH_2-CH_3$

2-부탄 $H_3C-CH=CH-CH_3$

(이소부틸렌, 1-부탄, 2-부탄: 구조 이성질체)

부타디엔 $H_2C=CH-CH=CH_2$

2-메틸, 1,3-부타디엔 또는 이소프렌 $H_2C=C(CH_3)-CH=CH_2$

그림 A-16 짧은 사슬의 알켄

체가 형성되는 것 이외에도, 아래 그림에서와 같이 알켄의 탄소에 다른 치환기들이 결합할 때 **기하 이성질체** (geometric isomers)가 만들어 질 수 있다.

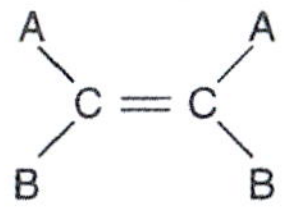

A A
C = C
B B

시스 이성질체

A B
C = C
B A

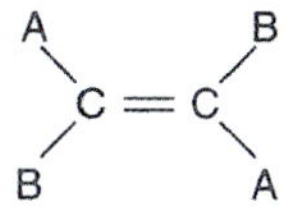

트란스 이성질체

이성질체는 같은 세트의 화학적 결합 (구조 이성질체와는 달리)을 갖지만, 작용기의 배열은 공간적으로 다르다. **시스** (cis) 이성질체에서 동일한 기는 이중결합의 같은 방향에 있고, **트란스** (trans) 이성질체에서는 반대방향에 있다.

## 알킨

알킨 역시 탄화수소이나 이들은 탄소간에 한 개 이상의 삼중결합을 지닌다. 간단한 알킨인 아세틸렌은 산소아세틸렌 토오치 (oxayacetylene torch)의 근원이 되며, 그 구조는 다음과 같다.

$$H — C \equiv C — H$$

이 분자는 탄소-탄소 삼중결합으로 일직선 형태이다. 알킨의 삼중결합은 매우 단단히 조여져있기 때문에 반응성이 상당히 높다. 알킨은 알켄보다 더 불포화되었다. 탄소-탄소 삼중결합은 생물학적으로 드물다.

## 시클로알칸과 시클로알켄

지금까지 우리는 직선분자와 극히 일부의 분지구조를 다루어 왔다. 알칸과 알켄에도 시클로형태 (cyclic form)가 있다. 시클로알칸은 오직 단일결합만을 갖으나, $C_hH_{2n}$의 일반식을 갖는 고리 구조이다. 시클로프로판은 시클로알칸의 가장 간단한 형태이나, 극도로 긴장된 결합으로 인해 불안정하다. 시클로헥산은 안정하다. 아래에 있는 그림은 간단한 구조로 그리기 위해 수소와 탄소를 생략한 것이다. 수소와 산소가 있다고 가정해야 한다.

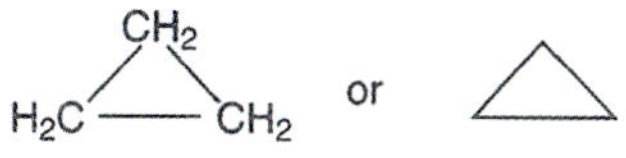

$CH_2$
$H_2C$ — $CH_2$ or

시클로프로판

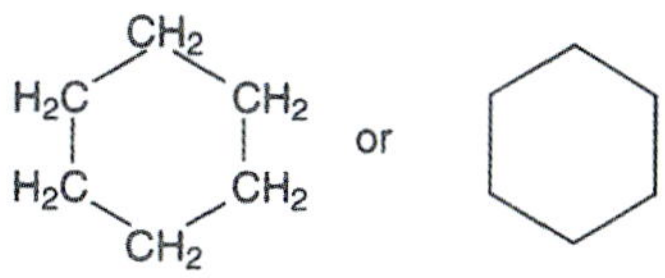

$CH_2$
$H_2C$ $CH_2$
$H_2C$ $CH_2$
$CH_2$ or

시클로핵산

이중결합이 첨가되면 시클로알켄이 만들어진다.

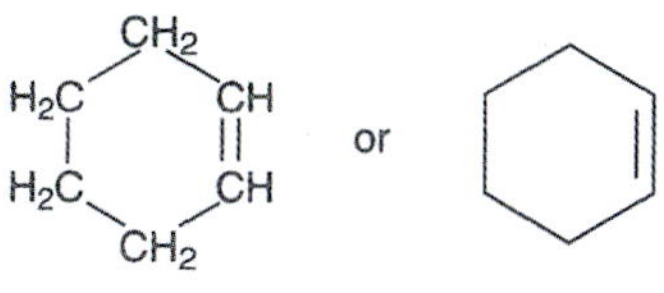

$CH_2$
$H_2C$ CH
$H_2C$ CH
$CH_2$ or

시클로핵산

알칸, 알켄, 알킨, 시클로알칸 그리고 시클로알켄은 **지방족** (aliphatic) 분자의 예이다. 탄화수소는 열린-고리나 시클로구조의 한부분이 될 수 있고, 일직선 사슬이나 분지구조가 될 수 있고 그리고 단일, 이중 또는 삼중결합을 가질 수 있다.

**방향족** (Aromatic) 분자는 지방족이 아닌 시클로알켄에 속하는 특수한 종류이다. 이러한 분자는 고리로 배열된 원자를 갖고 있으며, 고도의 안정성을 갖도록 단일결합과 이중결합이 번갈아 나타나 공명현상을 이룬다. 많은 방향족 분자는 그림과 같은 벤젠의 골격구조를 기본으로 하고 있다.

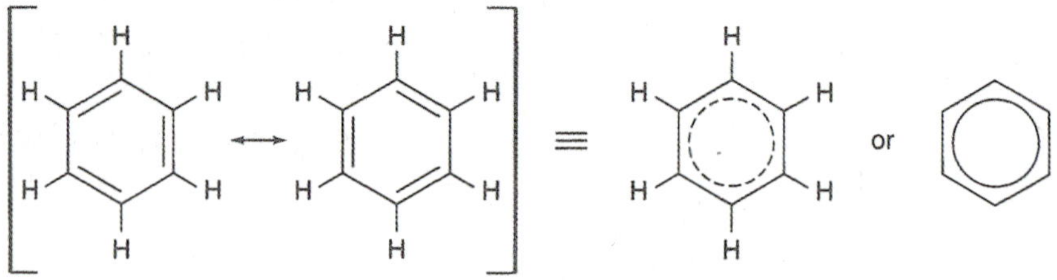

벤젠의 실제적 구조 (가장 오른쪽)는 왼쪽에서 볼수 있는 2개 공명구조의 순간적인 평균이다. 몇 몇 아미노산은 방향족의 곁사슬 (side chain)을 가지고 있다. 우리는 다음 절에서 공명의 안정화 예에 대해서 좀더 살펴볼 것이다.

지금까지 우리는 탄소-탄소, 탄소-수소 결합만을 다루어 왔다. 이제 산소, 황 및 질소와 같은 다른 원소를 가해보도록 하자.

**핵심개념**

**"탄소 효용성" 개념**

탄소의 특별한 성질 (다른 탄소 원자와 강한 결합을 형성: 긴 사슬과 안정한 고리 구조를 형성: 단일, 이중 및 삼중결합을 형성)은 탄소를 생물학적 거대분자에서 가장 널리 이용되도록 한다.

## 알콜

알콜은 일반식이 ROH인 화합물로, R은 한 개의 수소가 수산기 (OH)로 치환된 탄화수소 사슬이다. 알콜은 아래에서 보는 바와 같이 OH기의 부분적인 전하 때문에 극성을 띠며 친수성인 분자이다.

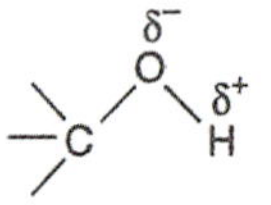

많은 알콜은 물 분자와 수소결합을 형성할 수 있는 능력 때문에 물에 매우 잘 녹는다. 다수의 작은 알콜 분자의 구조가 그림 A-17에 나타나 있다. 탄화수소를 지니고 있어 알콜도 구조 이성질체가 있다는 것을 기억하라. 하지만 작용기 (OH)가 존재하기 때문에 **1차, 2차** 및 **3차** 알콜의 구별이 가능하다. 1차 알콜은 OH기를 가진 탄소에 하나의 탄소 사슬만 (또는 메탄올의 경우 H만 존재)이 붙은 것을 말하며, 2차와 3차 알콜은 상대적으로 2개와 3개의 탄소사슬이 각각 붙어 있다 (그림 A-17). 그러므로, 프로판놀과 이소프로판놀이 구조 이성질체라 해도 전자는 1차 알콜이고 후자는 2차 알콜이다. 알콜의 수용성은 OH기에 기인되기 때문에, 탄화수소 사슬의 길이가 길어 질수록 수용성은 감소한다. 다른 유기 분자와 마찬가지로 많은 알콜은 물보다 밀도가 낮다.

그림 A-17 에 있는 알콜은 지방족 알콜의 모든 예이다. 아래 그림은 방향족 알콜인 페놀이다.

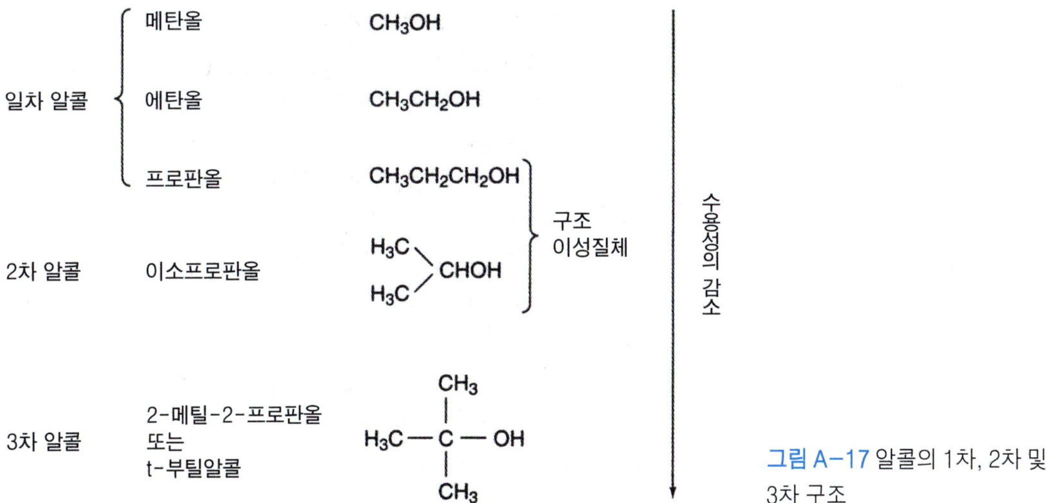


그림 A-17 알콜의 1차, 2차 및 3차 구조

OH

많은 생물학적 분자는 알콜이다. 예를 들면, 당은 폴리알콜이다. 사실 당은 일반식이 (CH2O)n인 **탄수화물 (carbohydrate)**이라 불리우는 폴리알콜의 특별한 종류이다. 글리세롤은 간단한 삼탄당이며 구조는 다음과 같다.

$H_2C$—OH
HC—OH
$H_2C$—OH

화합물을 언급할 때 **-ol**이라는 접미사로 끝나면 이것은 알콜과 관련이 있다는 것을 염두해 두라.

## 에테르

에테르는 일반식이 R-O-R' 인 산소를 포함한 또 다른 종류의 화합물이다. 여기서, R과 R' 은 동일하거나 다른 탄화수소 사슬이다. 에테르는 두 알콜분자 사이의 응축반응의 산물이며, 다음과 같이 특히 물이 손실되는 **탈수반응(dehydration)**의 결과이다.

$$ROH + R'OH \rightarrow ROR' + H_2O$$

에테르는 물이나 알콜보다는 극성이 약하지만, 산소와 탄소의 부분전하로 인하여 알칸보다는 극성이 크다. 아래의 그림은 디메틸 에테르이다.

$\delta^-$
O
$\delta^+$ $\delta^+$
$H_3C$ $CH_3$

일반적으로 에테르는 수용성이 아니고 유기용매와 막지질과 같은 생물학적 분자에 잘 녹는다. 에테르는 휘발성이며, 인화성이 크고, 종종 강한 냄새를 낸다. 디에틸에테르 (아래 그림)와 같은 일부 화합물은 낮은 도스에서 신경전달을 변화시켜 마취제로 작용한다. 높은 도스는 독성이 있다.

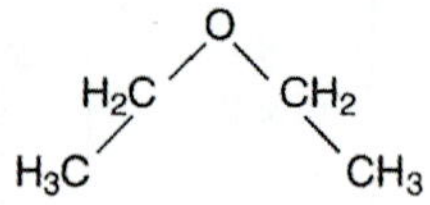

O
$H_2C$ $CH_2$
$H_3C$ $CH_3$

## 알데히드와 케톤

알데히드와 케톤은 산소와 이중결합을 하고 있는 하나의 탄소원자를 포함한 분자이다. 이것을 카보닐기 (carbonyl group)라 부른다. 알데히드와 케톤은 각각 1차와 2차 알콜의 산화반응 (또는 **탈수반응**)의 산물이다.

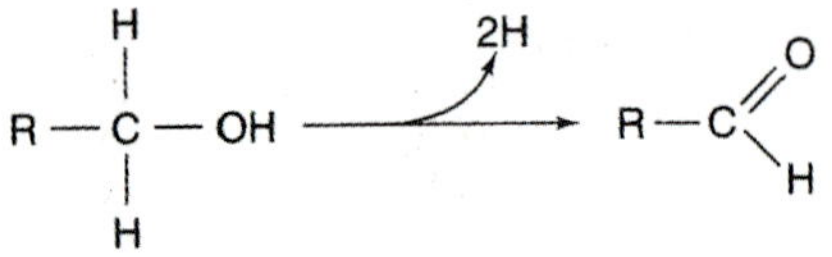

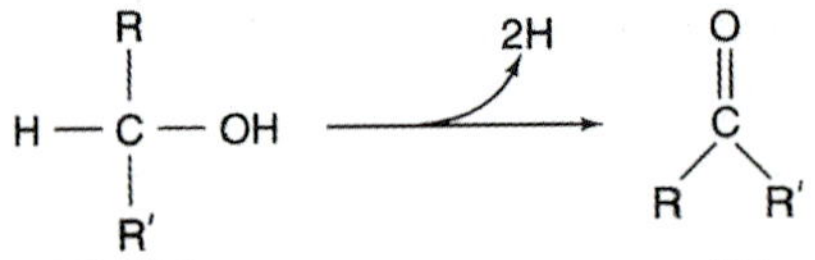

$$R-CH_2-OH \xrightarrow{-2H} R-CHO$$

일차 알콜 알데히드

$$H-C(R)(R')-OH \xrightarrow{-2H} RR'C=O$$

2차 알콜 케톤

알데히드는 RCHO라는 일반식을 가지며, 하나의 R 사슬은 카보닐기에 붙어있다. 반면에, 케톤은 RR' CO라는 일반식을 가지며, 두 개의 R 사슬이 카보닐기에 붙어있다. 앞에서 언급했듯이 R이나 R' 는 지방족 또는 방향족 곁사슬이다. 일반적으로 이용되는 알데히드와 케톤은 다음과 같다.

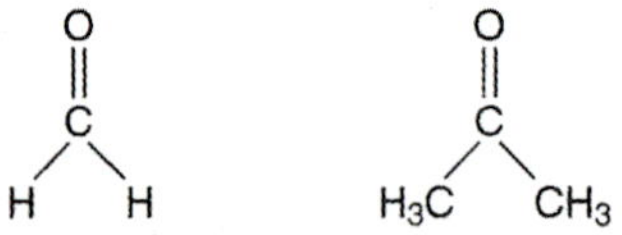

$HCHO$ $H_3C-CO-CH_3$

포름알데히드 아세톤

포름알데히드는 생물학 실험실에서 고정제 (fixative)로 이용된다. 메탄올 ($CH_3OH$)로부터 유래되었지만 포름알데히드는 탄소 곁사슬 (side chain)이 없다. 아세톤은 실험실에서 용매로 사용되며 손톱의 광택 제거제 (메니큐어 제거제)로도 사용된다.

알데히드와 케톤은 어느 정도 극성을 띠므로 약간 수용성이다. 이들의 수용성 정도는 나머지 분자 (알콜을 지닌 것 같은)에 따라 다르다. 알데히드와 케톤의 작용기는 아미노산과 누클레오티드에서 찾아볼 수 있으나, 특히 탄수화물에는 분명히 존재한다. **알도스** (aldose) 또는 알데히드를 함유한 당과 **케토스** (ketose) 또는 케톤을 함유한 당은 그림 A-18과 같다. 용액에서 당은 고리구조를 형성하며, 그 구조에서 알데히드나 케톤기는 환원되어 히드록시 (알콜)가 되며 에테르 연결이 형성된다. 에테르 결합에 인접한 탄소의 하나에 히드록시기가 존재하기 때문에 **반아세탈** (hemiacetal)이라 부른다 (그림 A-18).

## 카르복실산

카르복실산은 카보닐기와 히드록시 (알콜)기가 같은 탄소원자에 붙어 있는 화합물이다. 카르복실산의 일반적인 구조는 아래와 같고, 일반적으로 R은 지방족 또는 방향족 곁사슬 (side chain)이다.

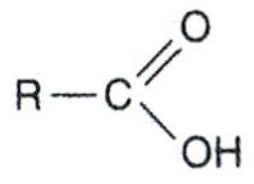

R—C(=O)OH

다음과 같이, 카르복실산은 알데히드의 산화산물일 것이다.

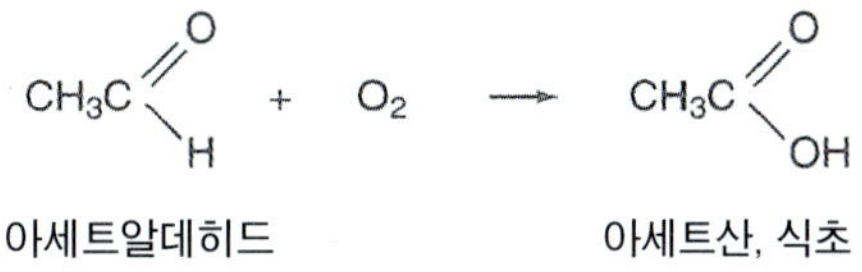

$$CH_3CHO + O_2 \longrightarrow CH_3COOH$$

아세트알데히드 → 아세트산, 식초

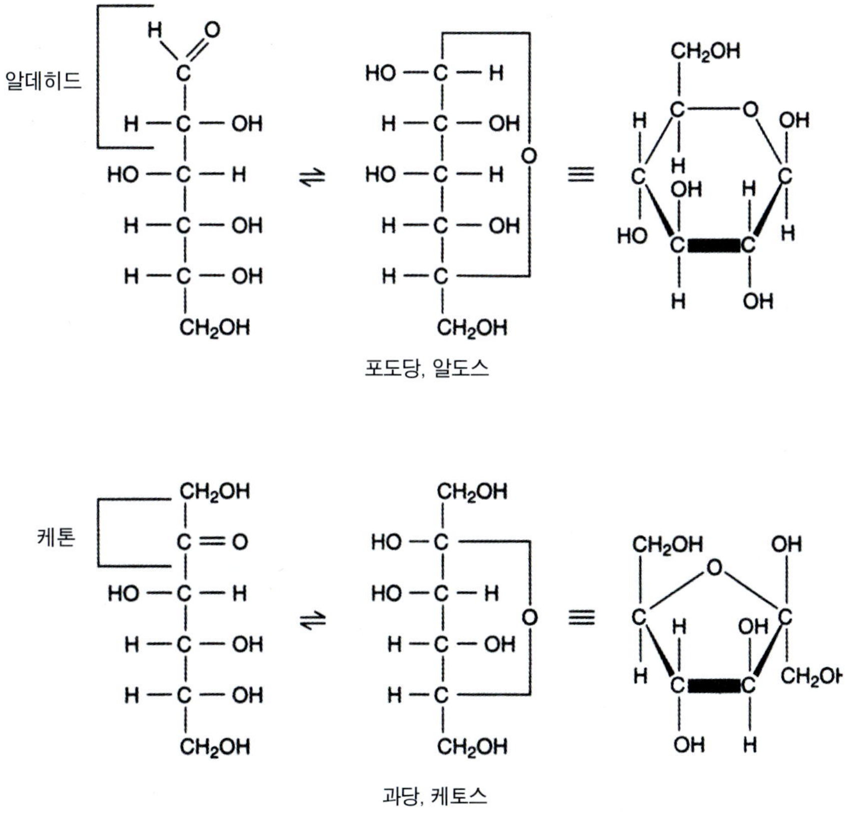

알데히드

| H—C=O | | HO—C—H | | CH₂OH |
|---|---|---|---|---|
| H—C—OH | | H—C—OH | | |
| HO—C—H | ⇌ | HO—C—H | ≡ | |
| H—C—OH | | H—C—OH | | |
| H—C—OH | | H—C | | |
| CH₂OH | | CH₂OH | | |

포도당, 알도스

케톤

| CH₂OH | | CH₂OH | | CH₂OH OH |
|---|---|---|---|---|
| C=O | | HO—C | | |
| HO—C—H | ⇌ | HO—C—H | ≡ | |
| H—C—OH | | H—C—OH | | |
| H—C—OH | | H—C | | |
| CH₂OH | | CH₂OH | | |

과당, 케토스

그림 A-18 열린 형태와 고리 형태의 당 (포도당과 과당)

간단히 카보닐 작용기는 $CO_2H$ 또는 COOH로 표기할 수 있다.

카르복실산은 생물학적으로 매우 중요한 화합물이다. 우리가 먹는 많은 음식들의 맛과 향은 카르복실산으로부터 유래한다. 또한, 카르복실산은 많은동물들의 독특한 채취에 관여한다. 아미노산은 카르복실산이다. 게다가, 카르복실산은 에너지 생산 (구연산회로 또는 TCA회로라고도 불리는 크렙스회로의 중간물질)과 에너지 저장 (지방산)에 관여한다. 몇가지 예가 그림 A-19에 있다.

카르복실산은 수용성이며 약산의 성질을 나타낸다. 그러므로 카르복실산은 수소이온 (양성자)을 내어 줄 수 있다. 이 이온화현상은 다음과 같다.

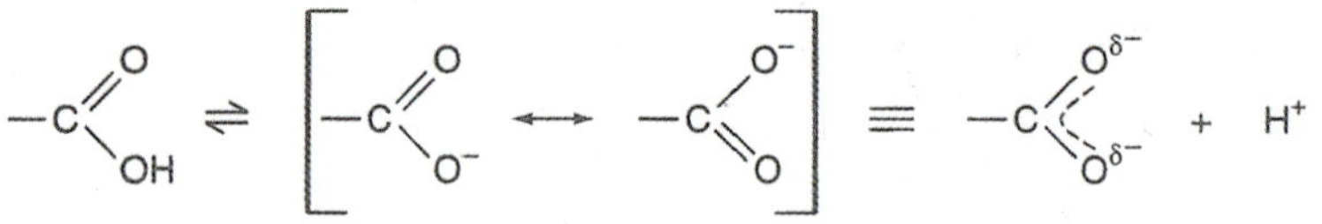

$$-\mathrm{C}(=\mathrm{O})\mathrm{OH} \rightleftharpoons \left[ -\mathrm{C}(=\mathrm{O})\mathrm{O}^- \longleftrightarrow -\mathrm{C}(\mathrm{O}^-)=\mathrm{O} \right] \equiv -\mathrm{C}(\mathrm{O}^{\delta-})(\mathrm{O}^{\delta-}) + \mathrm{H}^+$$

공영형태

간단히 카르복실 이온은 공명형태의 하나로만 표시할 수 있다. 이 이온화의 $pK_A$ 값은 카르복실산에 따라 다르며, 그 범위는 2-5이다.

## 에스테르

에스테르는 산소를 포함한 화합물의 마지막 종류이고, 아래에서 보여주는 것처럼 알콜과 카르복실산 사이에 탈수반응의 산물이다. 에스테르는 카보닐기와 에테르 결합을 가지고 있다.

| | | |
|---|---|---|
| 포름산 (메타노익산) | HCOOH | 개미 페르몬 |
| 부틸산 (부타노익산) | $CH_3CH_2CH_2COOH$ | 패유성 완충용액 |
| 카프로산 (헥사노익산) | $CH_3(CH_2)_4COOH$ | 염소의 암내 |
| 스테아르산 (옥티데칸산) | $CH_3(CH_2)_{16}COOH$ | 포화지방산 |
| 젖산 | 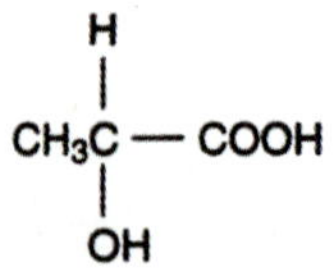 $CH_3CH(OH)-COOH$ | 신 우유와 괴로한 근육 |
| 시트르산 | 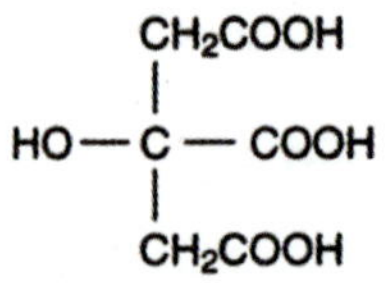 $HO-C(CH_2COOH)_2-COOH$ | 감귤류, 크렙스 회로 중간물질 |

그림 A-19 몇 가지 카르복시산과 그들의 생물적 중요성

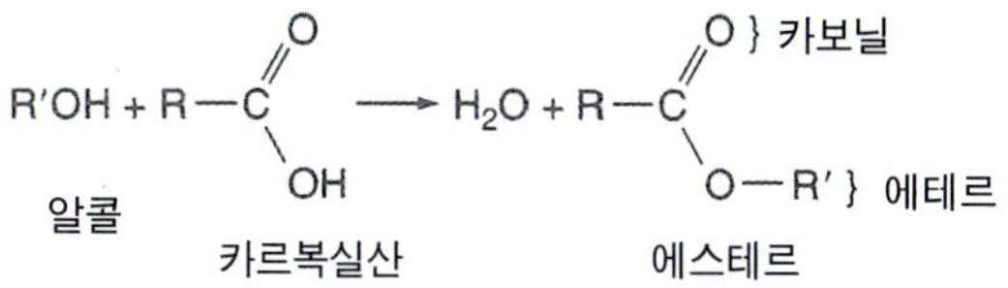

R'OH + R—C(=O)OH ⟶ H2O + R—C(=O)—O—R'
O } 카보닐
O—R' } 에테르
알콜
카르복실산
에스테르


**에스테르 (Ester)**는 휘발성이고 반응성이 있다. 이들은 다양한 꽃과 과일의 좋은 냄새와 향의 근원이다. 그림 A-20에는 몇몇 지방성 에스테르와 방향성 에스테르 및 글리세롤 골격에 3개의 스테아르산 분자가 에스테르화된 **트리글리세리드 (triglyceride)**가 나타나 있다.

트리글리세리드에 있는 지방산의 하나가 인을 포함한 기로 대체되면, 포스포에스테르(phosphoester) 결합이 형성되고 **인지질 (phospholipids)**이라 불리는 분자가 형성된다. 인지질은 세포막의 주요 구성성분이다. 포스포에스테르 다른 예는 사실상 포스포에스테르 결합이 일어나는 DNA 골격에서 볼 수 있다.

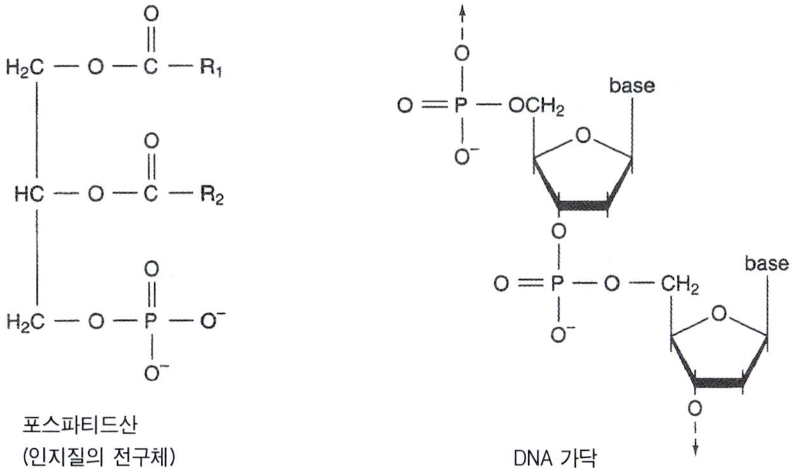

H2C — O — C(=O) — R1
HC — O — C(=O) — R2
H2C — O — P(=O)(O⁻) — O⁻
base
O = P — OCH2
O⁻
base
O = P — O — CH2
O⁻


포스파티드산
(인지질의 전구체)

DNA 가닥

포스포에스테르는 산성이고 중성 pH에서 이온화되는 경향이 있다.

## 타올, 티오에스테르 및 이황화물

티올 (또는 메르캅탄, mercaptan), 티오에스테르와 이황화물은 알코올, 에스테르와 과산화물 (peroxide)의 황 유사체로 간주된다. 그들 각각의 일반적 공식은 RSH, RSR′ 그리고 RSSR′ 이다. 이러한 황을 포함한 화합물은 일반적으로 매우 나쁜 냄새를 낸다. 일부 티올과 티오에스테르를 그림 A-21에 나타냈다.

두 티올은 서로 반응하여 하나의 이황화결합을 형성한다. 이러한 현상은 보통 단백질에서 나타나며, 오른쪽의 그림과 같이 단백질내 두 개의 시스테인 곁사슬이 반응하여 하나의 이황화결합을 형성한다.

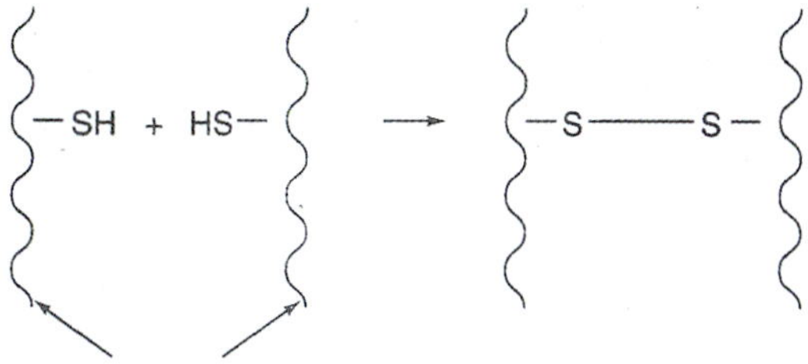

—SH + HS—
—S——S—


단백질 사슬 (환원형)

이황화 결합 (산화형)

이러한 이황화결합은 다른 폴리펩타이드 사슬 사이에서 또는 같은 사슬의 다른 부분에서 일어날 수 있으

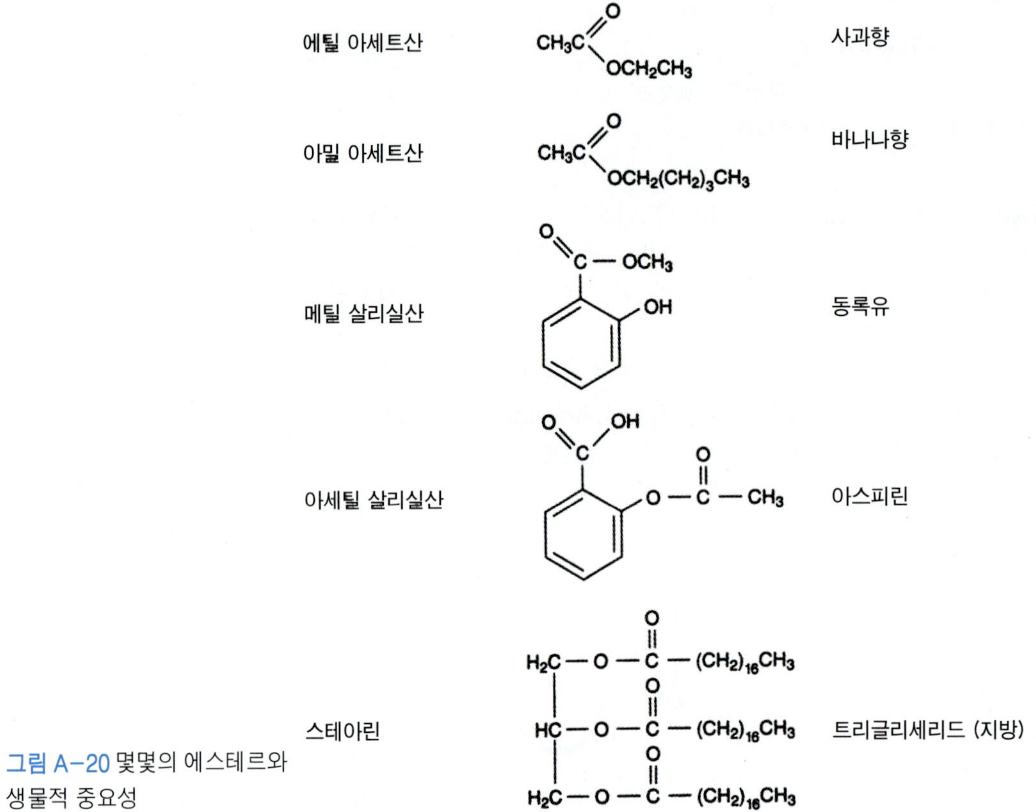


그림 A-20 몇몇의 에스테르와 생물적 중요성

| | | |
|---|---|---|
| 메탄 티올 | $CH_3SH$ | 썩는 계란 냄새,<br>시스테인 곁사슬 |
| 에탄 티올 | $CH_3CH_2SH$ | 하수구 개스 |
| 부탄 티올 | $CH_3CH_2CH_2CH_2SH$ | 스컹크 분비물 |
| 베타 멜캡토에탄올 | $HOCH_2CH_2SH$ | 생화학 시약,<br>영구파동동맥 |
| 티오페놀 | 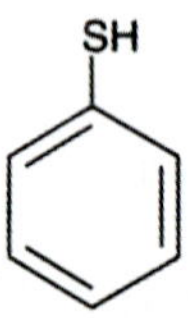 SH (벤젠 고리) | 고무타는 냄새 |
| 에틸메틸 티오에테르 | $CH_3CH_2SCH_3$ | 메티오닌 곁사슬 |

그림 A-21 티올과 특징적인 향을 가진 티오에테르와 생물학적 이용

며, 이 결합은 단백질의 구조와 안정성에 관여한다. 고농도에서, 베타 머캅토에틸알콜 ($\beta$-mercapto-ethanol)은 이황화결합을 환원 (깸) 할 수 있고 단백질의 구조를 파괴할 수 있다.

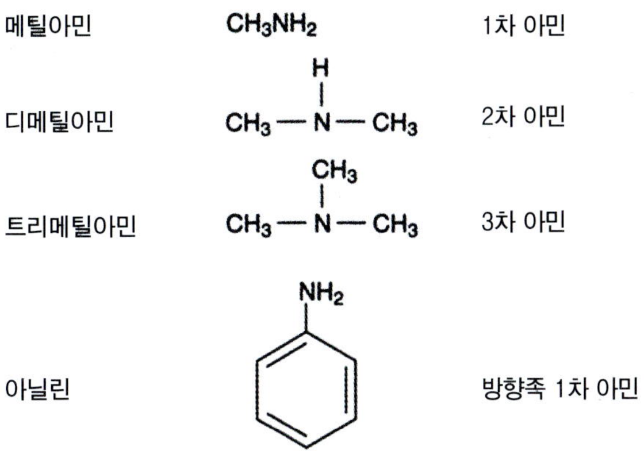

| | | |
|---|---|---|
| 메틸아민 | $CH_3NH_2$ | 1차 아민 |
| 디메틸아민 | $CH_3-NH-CH_3$ | 2차 아민 |
| 트리메틸아민 | $CH_3-N(CH_3)-CH_3$ | 3차 아민 |
| 아닐린 | $C_6H_5NH_2$ | 방향족 1차 아민 |

그림 A-22 단순한 일차, 이차 및 삼차 아민.

## 아민과 이민과 아미드

여러 종류의 화합물은 질소와 결합한 탄소를 가지고 있다. 아민 (amine)은 암모니아($NH_3$)의 유도체로 암모니아를 구성하는 하나 또는 하나 이상의 수소원자가 탄소사슬로 대체된 것이다. 그림 A-22에 일련의 아민을 나타냈다. 아민은 암모니아의 수소 몇 개가 탄소사슬로 치환되었는가에 따라 일차, 이차 그리고 삼차가 될 수 있다.

일반적으로, 아민은 비린내 즉 암모니아 같은 냄새가 난다. 약산인 카르복실산과 대조적으로 아민은 약염기이고 아래처럼 양성자를 내놓을 수 있다.

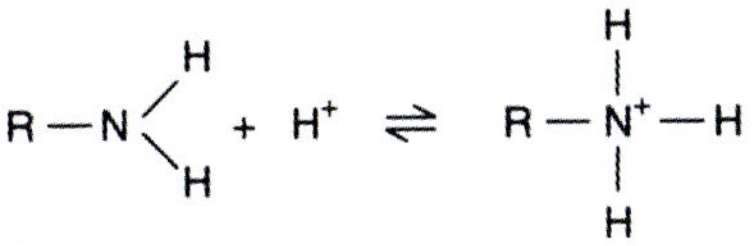

$$R-NH_2 + H^+ \rightleftharpoons R-NH_3^+$$

아민의 $pK_A$ 값은 8에서 12 범위이다. 그러므로, 중성의 pH에서 아민은 양성자를 방출한다.

이민 (imine)은 하나의 카보닐을 지닌 질소 유사체이다. 그리고 다음과 같은 일반적인 형태를 갖는다.

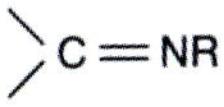

$$>C=NR$$

이민은 또한 아민처럼 양성자를 줄 수 있다. 이민은 그림 A-23에서와 같이 생물학적으로 중요한 고리구조에서 발견된다.

일, 이 및 삼차 아미드는 카보닐기와 일, 이 또는 삼차 아민의 조합이다. 아미드의 일반적인 구조는 다음과 같다.

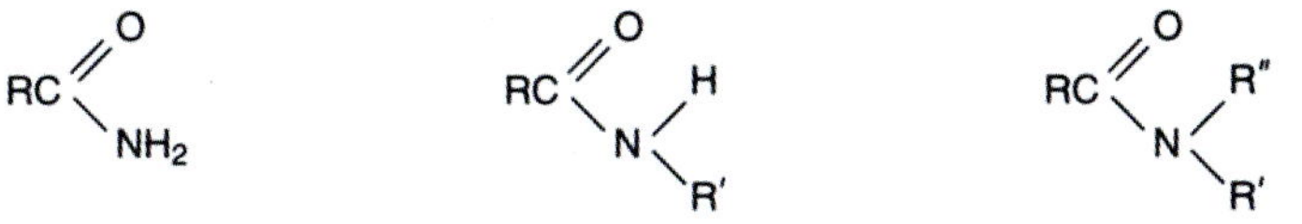

| $RC(=O)NH_2$ | $RC(=O)NHR'$ | $RC(=O)NR'R''$ |
|---|---|---|
| 1차 아미드 | 2차 아미드 | 3차 아미드 |

많은 생물학적 화합물은 한 개 이상의 탄소-질소의 결합을 포함하고 있다. 몇가지 예가 그림 A-23에 있다.

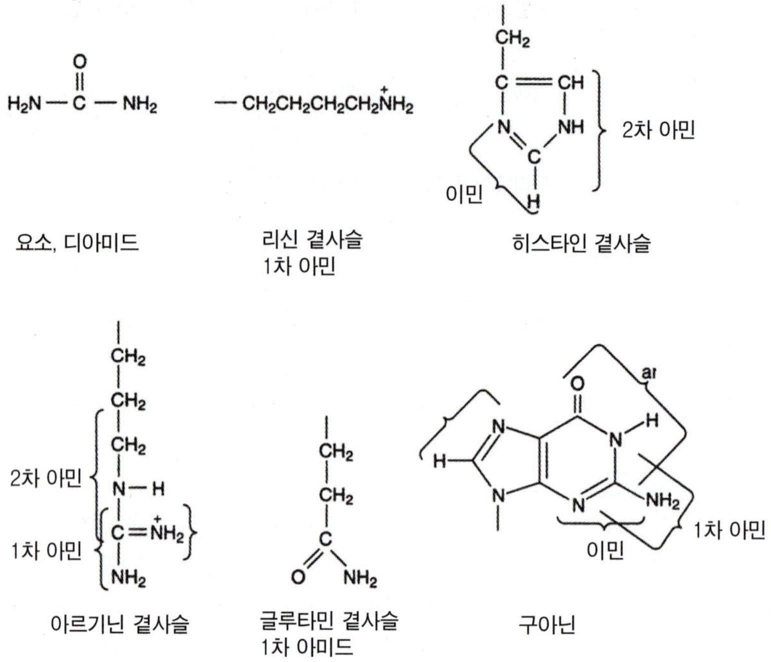

그림 A-23 탄소-질소 결합을 가지는 중요한 생물적 화합물

## 아미노산

많은 분자들은 한 종류 이상의 기능기를 가지고 있다. 자연에 존재하는 20개의 아미노산은 여러 종류의 작용기와 앞서 논의된 개념을 증명하는 분자의 한 그룹이다. 모든 아미노산은 $\alpha$-탄소라 불리는 중심탄소에 부착된 카르복실산과 아민기 (둘다 이온화 될 수 있음)를 가지고 있다. 하나의 수소원자와 다양한 곁사슬 (R)이 $\alpha$-탄소에 부착되어 있다. R이 하나의 수소인 글리신 (glycine)을 제외하고, 4개의 다른 기가 $\alpha$-탄소에 부착되어 있어 키랄 중심이라 한다. 그러므로 글리신을 제외한 모든 아미노산은 특정한 광화학성을 갖는다. 곁사슬기는 지방성 또는 방향성 탄소사슬, 일 또는 이차 알코올, 카르복실산, 일차와 이차 아민, 일차 아미드, 티올 및 티오에테르 등을 포함한다.

아민과 카르복실산기가 아주 다른 pKA 값을 가지기 때문에, 아미노산은 다른 pH 값에서 다른 전하 상태 (charged state)를 나타낸다. 아미노산의 전하상태와 L-이성질체 배열은 A-24에서 보여 준다. $\alpha$-카복실과 $\alpha$-아민의 $pK_A$ 값은 아미노산에 따라 약간의 차이는 있으나 각각 약 2와 9이다. 일부 아미노산은 $pK_A$ 값이 약 3.9에서 4.2인 이온화될 수 있는 카르복실산을 가지고 있거나 $pK_A$ 값이 10.5에서 12.5인 아민 곁사슬을 가지고 있다. 표 A-3은 여러 pH에서 몇가지 아미노산 곁사슬의 이온화를 설명한다.

중성 pH에서, 대부분 아미노산은 **쯔비터이온** (zwitterionic)이며 이 쯔비터이온은 순수 전하가 0인 분자의 양전하와 음전하 모두를 의미하는 독일어로부터 유래하였다. 모든 아미노산은 **양쪽성** (amphoteric)이며, 이 용어는 산과 염기 양쪽을 의미하는 그리스어로부터 유래한다. 그러나 단백질에서, $\alpha$-아민과 $\alpha$-카복실기는 한 아미노산으로부터 다음 아미노산을 연결하는 펩티드 결합에 있으며 더 이상

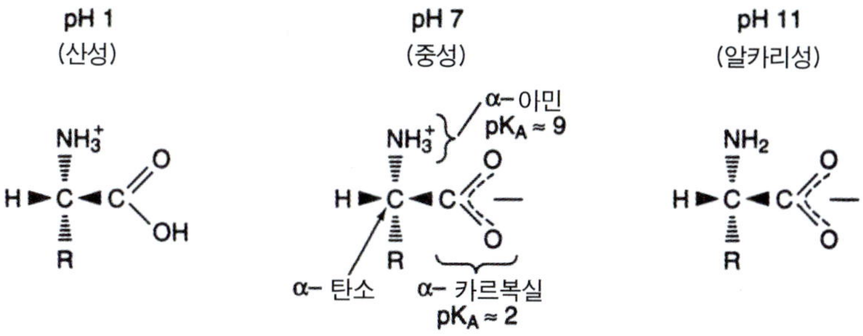

pH 1 (산성)　　pH 7 (중성)　　pH 11 (알카리성)

α-아민 $pK_A \approx 9$　　α-탄소　　α-카르복실 $pK_A \approx 2$

그림 A-24 산성, 중성 및 알칼리성에서 전형적인 아미노산

이온화되지 않는다. 결사슬의 카복실기와 아민 그리고 말단 카복실기와 아민기만 이온화되어 단백질의 순수 전하를 나타낼 수 있다. 자연계에 존재하는 아미노산의 20가지의 구조는 2장에서 볼 수 있다.

# 맺음말

생체 분자에서 발견되는 복잡한 거대분자의 화학은 이 부록에서 설명한 법칙을 단순히 연장한 것이다. 이들 분자는 앞서 논의한 다양한 기능기를 가지고 있다. 형성되는 결합의 형태 (공유결합, 극성공유결합, 이온결합, 소수성결합, 또는 수소결합)는 한 분자로 하여금 어떻게 물, 그리고 다른 거대분자와 상호작용 할 것인가를 결정한다. 또한 탈수, 탈수소화, 환원, 산화, 에스테르화 및 그와 유사한 많은 반응은 생체물질의 합성과 분해 과정에서 일상적으로 일어나는 반응이다.

**핵심개념**

**"표면 상호작용" 의개념**

다양한 상보적 약한 힘에 의해 촉진되는 표면에서의 상호작용은 다른 세포 구성물질을 정렬하고 또는 합성하기 위한 주형으로서 기여하는 거대분자가 될 수 있다.

표A-3 다양한 pH값에서 아미노산 결사슬의 이온화 예

| | 낮은 pH (예, 2.0) | 생리적 pH (예, 7.0) | 높은 pH (예, 12.0) |
|---|---|---|---|
| 리신 결사슬 아민기 | + 전하 | + 전하 | 무전하 |
| 아스파르트산 결사슬 카르복실기 | 무전하 | − 전하 | − 전하 |

# 필수 개념 목록

## I부 : 단백질과 핵산의 구조 및 고분자 복합체

### 2장, 고분자 물질

**"생체고분자" 개념**: 아미노산 (단백질의 경우), 누클레오티드 (핵산의 경우)와 같은 작은 분자로 구성된 중합체는 놀랄만큼 다재다능해서 살아있는 세포의 수많은 다양한 기능을 제공하도록 복합하게 진화해 왔다. (p. 25)

### 3장, 핵산

**"구조의 진화" 개념**": 이중나선 DNA는 자연선택을 통한 진화의 산물이다. 나선구조는 풀림이 용이하므로 염기들을 보호할 뿐만아니라 복제를 용이하게 한다. (p. 38)

**"RNA 효소" 개념**: 대부분의 효소는 단백질이지만, RNA 중에서도 효소 활성을 가진 것이 있다. (p. 50)

### 4장, 단백질 분자의 물리적 구조

**"일차 서열" 개념**: 건축용 블록 (단백질에서의 아미노산과 핵산에서의 누클레오티드)의 1차 서열은 한 고분자의 접힘의 유형과 최종 형태 및 그에 따라 활성을 결정짓는다. (p. 62)

**"형태/크기" 개념**: 한 고분자가 가장 적절히 수행할 수 있는 특수 기능은 대부분 그 분자의 크기, 형태 및 전하로 지정되어 있다. 이런 척도들이 한 고분자가 관여할 수 있는 상호작용, 상호관계의 유형 및 수에 대한 명백한 제한점을 결정한다. (p. 66)

**"형태와 표면" 개념**: 고분자들은 미세한 형태적 특징과 표면의 특성으로 인하여 이웃한 고분자의 상보적 표면과 상호작용할 수 있게 된다. (P. 70)

**"효소촉매" 개념**: 효소는 반응에 참여하는 화학적 작용기들의 활성화 에너지를 낮추어줌으로써 반응을 가속시킨다. (p. 80)

### 5장, 고분자 상호작용과 복합체의 구조

**"고분자 복합체" 개념**: 연합 작용을 통하여 단백질과 핵산의 기능적 범위나 레퍼토리가 확대된다. (p. 90)

**"연결" 개념**: 세포가 필요로하는 외부와의 연결 및 소통은 다양한 막 단백질의

활동을 통해서 이루어진다. (p. 102)

# II부 : 고분자의 기능

## 6장, 유전 물질

**"DNA-유전물질" 개념**: 이중가닥의 DNA는 복제, 회복, 우발적 변화 및 장기적 안정성에 특별히 적합하기 때문에 유전 물질로 진화되어 왔다. (p. 112)

**"유전자" 개념**: 유전자는 세포 구성물질의 합성과 기능에 대한 모든 정보를 가지고 있다. (p. 128)

## 7장, DNA 복제

**"DNA 복제의 진화" 개념**: 불연속적 DNA 복제현상으로서의 진화는 DNA 가닥의 역평행 배열과, 복제에 필요한 속도의 유지와, 적절한 교정의 시기의 이유 때문이다. (p. 152)

## 8장, 전사

**"상류/하류" 개념**: 전사는 유전자 내의 암호와 부위의 앞쪽에서 시작하고, 암호화 부위의 아래쪽에서 끝난다. 따라서 유전자 발현을 조정하는 정보는 단백질 암호화 부분의 바깥쪽(상류/하류)에 있다. (p. 153)

**"RNA 가공" 개념**: 정상적인 단백질 합성의 주형이 되려면 상당한 가공과정을 거친다. 진핵세포에서는 상당한 가공 편집과정을 거치고 나서야 단백질 합성 주형인 mRNA가 된다. (p. 161)

## 9장, 해독

**"보편적 유전암호" 개념**: 삼중항 코드는 보편성을 가진다 (즉, 같은 코돈이 모든 생물에서 사용된다). 이것은 역시 중복성을 갖는다 (즉, 대부분의 아미노산들은 여러개의 코돈을 갖는다). (p. 172)

**"원핵생물 단순성" 개념**: 원핵생물에서는 RNA 합성과 단백질 합성이 연관반응으로 진행되나, 진핵생물의 경우, 핵막 때문에 분리되어 진행된다.
(p. 186)

**"항생제 작용" 개념**: 대부분 항생제 작용기작은 단백질 합성과정 중의 어느 특정단계나 세포벽이나 세균세포에 없어서는 안될 어떤 필수적인 구성물질의 생합성 과정중의 어느 단계를 억제하는 것으로 알려졌다. (p. 187)

## 10장, 돌연변이, 돌연변이유발 및 DNA 회복

**"돌연변이→변이" 의 개념**: 유전자의 염기서열상의 변화를 의미하는 돌연변이는 생물계를 특정짓는 광범위한 다양성을 야기시킨다. (p. 201)

**"DNA 회복" 개념**: 이중가닥 DNA는 원래 화학적으로 안정성을 가지고 있지만 때때로 손상을 입는다. 그러므로 세포가 적절하게 기능을 발휘하기 위해서는 손상부위가 계속적으로 회복되어야 한다. (p. 217)

# III부 : 세포에서 고분자 기능의 조절

## 11장, 원핵세포의 유전자 활동 조절

**"조절" 개념**: 끊임없이 변하는 세포의 필요에 맞추어 수많은 고분자 물질의 공급을 보장하기 위하여 다양한 조절 메커니즘이 작용한다. (p. 224)

**"단백질 수준" 개념**: 한 세포내 단백질의 총 양은 생산률과 분해되거나 세포밖으로 배출되는 율 사이의 차이를 나타낸다. (p. 243)

## 12장, 진핵생물에서의 유전자 활동의 조절

**"복합체 작용" 개념**: 진핵생물의 유전자의 발현은 고분자 복합체에 의하여 조절된다. 이 복합체는 다양한 단백질로 구성되어 있으며 이들 단백질은 서로 결합하거나 특정한 누클레오티드 서열(예, 프로모터와 증폭자)과 결합한다. (p .259)

**"혼합과 일치" 전사체 개념**: 수많은 진핵세포에서 "절단과 차단" 혹은 "절단과 봉합"에 의하여 한 개의 긴 1차 전사체로부터 서로 다른 mRNA가 만들어 진다. RNA 편집은 또 다른 해독틀의 변화를 가져올 수 있다. (p. 168)

**"mRNA의 반감기" 개념**: 세포의 기능을 위한 mRNA 공헌도의 많은 부분이 mRNA가 얼마나 신속히 파괴되느냐에 의하여 결정된다. (p. 272)

**"불안정성-유연성" 개념**: 대부분의 고분자 물질(예, 단백질과 RNA)들의 타고난 불안정성은 살아있는 세포가 변화하는 물질대사 조건에 적응하도록 한다. (p. 275)

"**전사요소의 활성화 개념**": 전사의 개시를 촉진하는 단백질 (전사요소)의 활성은 스테로이드 호르몬, 작은 분자 또는 심지어 다른 단백질에 의해 종종 상향 또는 하향 조절된다. (p. 276)

## 13장, 유전체학과 단백질체학은 정보화-시대 생물학을 만들었다.

"**유전체 크기 대 유전자 수의 개념**": 매우 다른 게놈 크기를 지닌 생물체들도 비슷한 수의 단백질을 암호화하는 유전자를 갖는다. (p. 287)

"**유전자 정의 개념**": 유전자라는 용어의 의미가 하나의 연속적인 염기서열이 하나 이상의 단백질에 있는 아미노산 서열 부분을 지정할 수 있음을발견하므로서 또렷해지지 않았다. (p. 298)

"**단백질 스펙트럼→세포의 기능 개념**": 세포에 존재하는 단백질의 동정과 단백질들이 어떻게 서로 상호작용하는가에 대한 지식은 왜 특정 형태의 세포가 특정한 방식으로 행동하는가를 이해하는데 필요하다. (p.297)

# IV부 : 고분자의 실험적 조작

## 14장, 전이인자, 플라스미드 및 박테리아 파아지

**"변화하는 게놈" 개념**: 유전자의 누클레오티드의 서열이나 배열은 무작위 적 돌연변이, 간혹 일어나는 재조합 또는 전이요소의 활동에 의해 항상 진화한다. (p. 312)

**"단순 게놈 개념"** : 바이러스 게놈은 극도로 단순한데, 이는 부분적으로 바이러스가 숙주 세포의 기능을 빌려 이용하기 때문이다. (p. 327)

**"세련됨의 정도 개념"** : 강한 자연선택 압력에 처한 바이러스나 박테리아와 같은 원핵생물은 고등생물 (예, 사람)보다 유전자 발현을 조절하기 위한 보다 능률적인 메카니즘을 발전시켜 왔다. (p.342)

## 15장, 재조합 DNA와 유전공학: 유전자의 분자적 재단

**"재조합 DNA" 개념**: DNA는 분리한 생물에 상관없이 DNA이다. 그러므로 다양한 종으로부터 얻은 유전자는 재조합하여 새로운 유전자를 구축하든지 또는 심지어 새로운 생물체를 만드는데 이용된다. (p. 366)

## 부 록

**"약한 힘→형태" 개념**: 수소결합이나 소수성 분자 같이 약한 화학적 상호작용은 거대분자의 전반적인 형태를 결정한다. (p. 414)

**"탄소 효용성" 개념**: 탄소의 특별한 성질 (다른 탄소 원자와 강한 결합을 형성; 긴 사슬과 안정한 고리구조를 형성; 단일, 이중 및 삼중결합을 형성)은 탄소를 생물학적 거대분자에서 가장 널리 이용되도록 했다. (p. 422)

**"표면 상호작용"의 개념**: 다양한 상보적 약한 힘에 의해 촉진되는 표면에서의 상호작용은 다른 세포 구성물질을 정렬하고/또는 합성하기 위한 주형으로써 기여하는 거대분자가 될 수 있도록 한다. (p. 431)

# 용 어

**Activator (활성인자)**: 오페론의 전사빈도를 증가시키는 작용을 하는 단백질

**Active site (활성부위)** : 기질이 결합하는 효소부위

**Adenine(A) (아데닌)**: DNA에서 티민과 짝을 이루는 퓨린 염기

**Agar (한천)**: (배지와함께 공급했을 경우) 세균의 성장에 유용하며 부드럽고 활성이 없는 표면을 제공하는 해초로부터 추출한 잘 정제된 젤라틴 물질

**A helix (A 나사선)**: 나사선 축에 대해 특징적으로 기울이지고 오른쪽으로 비틀리는 2중 사슬의 DNA 입체배치

**AIDS (에이즈)**: (바이러스에 의해 야기되는) 후천성 면역결핍증

**Algorithm (연산)**: 가정을 근거로 특정문제를 풀기 위한 식

**Alkylating agent (알킬화 물질)**: 하나의 염기에 메칠기 또는 에칠기를 첨가하는 돌연 변이 유발 화합물 (예: 구아닌)

**Allele-specific oligonucleotides (ASO) (대립인자 특이적 올리고누클레오티드)**: 혼성화 과정에서 오직 하나의 누클레오티드가 다른 유전자들도 구분할 수 있도록 매우 특이하게 만들어진 누클레오티드 중합체

**Allosteric interaction (알로스테릭 상호작용)**: 단백질의 기능이 그 단백질의 일부분이 다른 분자들과 상호작용함으로써 조절되는 것

**Alpha complementation (알파 상보성)**: 잡종 플라스미드를 가지고 있는 박테리아 콜로니를 찾아내는 기술 ($\beta$-갈락토시다아제 효소의 기능을 이용함)

**Alpha helix (알파 나선)**: 2중가닥의 DNA와 많은 단백질의 여러 부분에 공통적으로 존재하는 오른쪽으로 뒤틀리는 구조

**Alternative splicing (대체 스플라이싱)**: 여러 형태로 1차 mRNA 전사체로부터 인트론과 (또는) 엑손의 제거로 그 결과 단백질 합성을 위한 하나 이상의 mRNA 형태를 만듦

**Ames test (에임스 테스트)**: 잠재적 발암물질을 찾아내는 방법으로, 잠재적인 발암물질의 지시약으로서 세균에 돌연변이를 만들 수 있는 검정물질의 능력을 이용

**Amino acid (아미노산)**: 단백질 블록을 만드는 작은 분자

**Amino terminus (아미노말단)**: 아미노기를 가지는 단백질의 말단부위 ("N-terminus")

**Aminoacyl (A) site (아미노아실 부위)**: 단백질 합성하는 동안 하전된 tRNA가 들어오게 하기 위한 자리로서 큰 리보솜 단위체 상의 결합 부위

**Aminoacyl-tRNA synthetases (아미노아실-tRNA 합성효소)**: tRNA의 2' OH 또는 3'OH 위치에 아미노산을 공유 결합케 하는 효소

**Annealing (of DNA)(복원, 어닐링)**: 두 개의 상보적인 외가닥 DNA분자들의 잡

종분자를 만들기 위한 재집합

**Antibiotic (항생제)**: 특정의 물질대사 과정을 차단함으로써 세균의 성장을 억제하는 능력을 가지고 있는 물질

**Antibody (항체)**: 특정 항원을 인식하는 단백질 (면역글로블린)

**Anticodon (안티코돈)**: mRNA에 있는 특정 코돈과 염기쌍을 형성하는 tRNA의 세 개- 염기 서열

**Antigen (항원)**: 항체를 만들게 하는 분자

**Antiparallel (역평형)**: DNA 이중나선 두 가닥의 상반된 극성 - 한 가닥은 5'-3' (상에서 하로)으로 다른 한 가닥은 3'-5'으로

**Antisense mRNA (안티센스 mRNA)**: 기원이 같은 mRNA와 선별접착할 수 있는 진정한 mRNA의 코딩가닥의 상보적 복사체

**Antiterminator (안티터미네이터)**: RNA 중합효소가 정상적인 전사 종료부위을 지나 전사할 수 있도록 하는 박테리아파아지의 생식과 관련된 단백질

**Archaebacteria (고세균)**: 전형적인 진정박테리아 (예, 대장균)와 하등 진핵생물의 중간 형태를 나타내는 원핵 박테리아 그룹(계)

**Attenuation (감쇠작용)**: 유전자의 전사 빈도을 통제하기 위한 조절기작으로 미성숙 전사을 유도하는 누클레오티드 염기서열을 이용

**Autoradiography (자기방사법)**: 사진용 필름에 생성된 상에 의해 방사능이 표지된 분자를 탐지하는 방법

**Autoregulation (자동조절)**: 유전자 발현을 조절하는 시스템으로 유전자 산물이 프로모터 부위에 결합하여 유전자에 따라 다르게 전사를 증진시키거나 제거함

**Auxotroph (영양요구균)**: 배지에 하나 이상의 성장 첨가물을 필요로 하는 생물체

**Bacteria (박테리아 또는 세균)**: 핵막이 없는 것이 특징인 작고 자유생활하는 미생물

**Bacteriophage (박테리오파아지)**: 세균에 감염하고 그 안속에서 생식하는 바이러스 (종종 '파아지'로 불림)

**Base analog (염기 유사체)**: 하나 이상의 원자가 치환되거나 변형된 것을 제외하고는 자연 상태에 존재하는 염기(A, T, G, C)와 화학적으로 비슷한 염기

**Base-pair (염기쌍)**: 2중 나선 DNA분자에 있는 서로 상반된 염기들의 짝 (A-T 또는 G-C)

**Base-stacking (염기중첩)**: 염기들의 고리구조들 사이의 소수성 상호작용으로 기인하여 비교적 견고하고 치밀한 형태로 구성된 누클레오티드 염기들의 배치

**$\beta$-galactosidase (베타-갈락토시다아제)**: 젖당를 포도당과 갈락토오스로 가수분해하는 효소

**Bata structure (베타 구조)**: 인접한 폴리펩티드 사이에 수소결합으로 인하여 견고함이 특징인 단백질의 확장 부위

**Bidirection replication (양방향 복제)**: 상반된 방향으로 이동하는 2개의 복제분기점을 포함하는 DNA 복제 과정

**Bioinformatics (생물정보학)**: 생물의 게놈에 내포된 정보의 의미 (해석)를 연구하는 분야

B lymphocytes (or B cells) **(B 림프구 또는 B 세포)**: 항체를 생성하는 세포

**bp**: 염기쌍 (base-pair)의 약어

**cAMP(사이클릭AMP)**: 인산기가 당과 결합되어 있는 것 이외는 AMP와 유사한 누클레오티드

**Cap (캡)**: 전사한 후 진핵의 mRNA의 5'말단에 첨가된 G 누클레오티드 (때때로 메틸기가 붙음)

**CAP**: cAMP에의해 활성화되는 조절 단백질로 대장균의 락토스오페론의 전사에 관여

**Capsid (캡시드)**: 바이러스의 껍질 단백질

**Carboxyl terminus (카르복실말단)**: 유리된 카르복실기를 가진 펩티드 말단

**Carcinogen (발암물질)**: 세포들에게 암유전자 (종양형성을 유도하거나 암을 전이)가 발현하도록 하는 작동물질 (즉 화학물질 또는 자외선)

**Catabolite repression (대사산물 억제작용)**: 과잉 포도당의 존재하에서 성장하여 박테리아의 유전자 발현이 억제되는 현상

**cDNA**: RNA에 상보적인 누클레오티드 염기서열을 가진 한가닥의 DNA

**cDNA clone (cDNA 클론)**: 특정 RNA에 상보적이며 플라스미드와 같은 클로닝 벡터에 삽입된 두 가닥의 DNA염기서열

**cDNA library (cDNA 라이브러리)**: 클로닝 벡터에 있는 cDNA의 집합으로, 코딩 염기서열의 특정 세트를 함유한 클론을 선별하는데 이용됨

**Charging (충전)**: 효소에 촉매에 의한 아미노산의 적절한 tRNA에 부착

**Chromatin (염색질)**: 진핵세포의 염색체를 구성하는 DNA, 단백질 및 RNA의 고분자 복합체

**Chromosome walk (염색체워크)**: 매우 큰 유전자를 연구하기 위해 DNA의 중복되는 절편을 차례로 분리하는 방법

**Cistron (시스트론)**: 한 단백질을 암호화하는 염기서열을 구성하는 DNA 부위

**Clonal selection (클론 선택)**: 항체생산 세포를 분리하고 가해진 항원과 화합하여 증식하도록 유도하는 생물학적 과정으로 특정 항체의 생산을 증진

**Clone (클론)**: 하나의 조상으로부터 유래한 다수의 세포 (예, 대장균) 또는 분자 (예, DNA)

**Cloning vector (클로닝 벡터)**: 복제를 위한 외부 DNA가 삽입된 플라스미드나 파아지

**Coding strand (암호화 사슬)**: mRNA로 전사될 DNA 사슬

**Codon (코돈)**: 특정 아미노산을 코드하는 3개의 누클레오티드 또는 단백질 합성의 개시-종결 신호

**Cohesive ends (점성말단)**: 제한효소의 작용에 의해 생성된 두 가닥 DNA의 호환성 (상보적) 말단

**Cointergrate (상호통합체)**: 커다란 원형의 dsDNA 분자와 같이 공여분자나 표적분자가 공유결합으로 연결된 복제전이의 중간물질

**Colony hybridization (콜로니 혼성화)**: 원하는 삽입된 염기서열을 지닌 벡터를 휴대한 박테리아를 탐지하는 방법

**Compatible ends (화합성 말단)**: 2중가닥 DNA에 제한효소의 작용으로 생성된 상보말단

**Complementary DNA(상보적 DNA)**: cDNA

**Concatemer (연쇄체)**: 하나의 누클레오티드 (DNA) 서열의 연속적인 반복

**Conditional lethal mutation (조건치사변이)**: 변이가 잠복해 있다가 세포를 죽임. 그러나 온도의 상승과 같이 어떤 (비허용) 조건하에서만 죽임

**Conjugation (접합)**: 두 박테리아 사이의 짝짓기로 F+에서 F−세포로 유전물질의 이동을 수반

**Consensus sequence (공통서열)**: 여러 유전자에서 같은 기능을 하는 것으로 믿어지는 복합 누클레오티드 염기서열

**Constitutively expressed (상시적 발현)**: 유도물질이 존재에 관계없이 모든 상황에서 발현되는 유전자

**Core enzyme (핵심 효소)**: 전효소와 관련된 조절 소단위가 결여된 활성을 지닌 거대 효소 복합체의 부위

**Core particle (핵심 입자)**: 히스톤 8개와 약 150 bp DNA를 가지고 있는 누클레오솜의 효소분해 산물

**Corepressor (보조억제자)**: 오페론에 결합하는 단백질을 활성화하기 위해 단백질 억제자와 결합하는 작은 분자

**Covalent extension (DNA replication) (공유신장 DNA 복제)**: 새로이 생성된 RNA 프라이머보다 이미 존재하는 3'OH로부터 연장된 선도가닥 합성을 개시하는 DNA 복제의 과정

**CpG island (CpG 섬)**: CG 염기를 많이 가지고 있는 진핵 DNA이 염기서열로 프로모터와 (또한) 인핸서 활성을 지님

**Cruciform (십자형)**: 2중 나선 DNA의 같은 사슬에 있는 역 상보적 반복 누클레오티드 염기서열이 짝지어졌을 때 형성된 고리같은 구조

**Cytoplasm (세포질)**: 핵을 제외한 세포안에 존재하는 세포 구성성분의 집합

**Cytosine (C) (시토신)**: DNA에서 구아닌 염기와 짝을 이루는 피리미딘 염기

**Cytoskeleton (세포골격)**: 진핵세포의 세포질에서 발견되는 구조단백질의 섬유성 망상구조

**Deamination (탈아미노반응)**: 일반적으로 시토신 염기의 아미노기 손실로 C가 U로 전환됨

**Deletion (결실)**: 염색체로부터 유전자 부위를 제거

**Denaturation (변성)**: DNA 또는 RNA의 경우, 열에 의해 두 가닥 분자가 한 가닥으로 분리됨: 단백질의 경우, 물리적 형태의 변화로 단백질은 불활성화 됨

**Deoxyribose (디옥시리보스)**: DNA에서 발견되는 5탄당

**Diploid (이배체)**: 모든 진핵생물에서 존재하는 정상적인 염색체 수 (2N)

**Direct repeats (직렬반복)**: 한 DNA내에 같은 방향으로 존재하는 다수의 동일한 (밀접히 관련된) 누클레오티드 염기서열

**Directional cloning (지향성 클로닝)**: 클로닝 자리에 오직 한 방향으로만 인서트 (외부) DNA가 삽입되도록 하는 재조합 DNA 벡터의 사용

**Discontinuous replication (불연속 복제)**: 많은 짧은 절편 (Okazaki 절편)내에서 DNA의 합성으로 후에 이들은 결합하여 한 가닥의 연속적인 사슬을 형성

**Disulfide bond (이황화결합)**: 단백질에 있는 두 개의 SH기가 산화될 때 생기는

공유 결합으로 두 개의 폴리펩티드 부위가 서로 연결됨

**D loop (D 루프, 환)**: DNA 합성을 위한 RNA 프라이머가 dsDNA에 삽입될 때 형성되는 두 가닥의 DNA에 생기는 구멍

**DNA (deoxyribonucleic acid)**: 디옥시리보스 당을 가지고 있는 폴리누클레오티드

**DNAase (DNA 분해효소)**: DNA을 여러 조각으로 분해하기 위해 인산이에스테르 결합을 절단하는 효소

**DNA fingerprint (DNA 지문)**: 개인의 DNA를 제한효소로 절단한 후 겔 전기영동에서 크기별로 분류했을 때 생긴 DNA 절편들의 겔 형태

**DNA ligase (DNA 리가제)**: 두 가닥의 DNA들의 끝과 끝을 서로 연결시키는 효소

**DNA 중합효소 (DNA 중합효소)**: 주형으로 한 가닥사슬 DNA을 사용하여 두 가닥사슬 DNA로 뉴크레오티드를 중합시키는 효소

**Double-stranded helix (두 가닥 나선)**: 두 개의 상보적인 염기짝을 지닌 DNA 사슬들에서 보이는 3차원적 형태

**Downstream (하류)**: DNA에서 전사개시 부위로부터 멀리 떨어진 방향과 전사될 코딩 부분의 마지막 부위로 향하는 방향

**Editing (편집)**: DNA 복제하는 동안에 정확하게 염기가 짝을 맞출 수 있도록 각 누클레오티드을 검사하는 효소들의 시스템

**Electrophoresis (전기영동)**: 하전된 고분자들을 전기장내에 놓고 그들이 지닌 순 전하에 따라서 이동하도록 하는 분리기술

**Electroporation (전기천공법)**: 전기 충격을 통해 외래 유전자을 세포속으로 삽입

**Elongation factors (신장인자)**: 단백질 합성의 신장단계에서 tRNA 결합 또는 전좌을 촉진하기 위하여 리보솜과 연관된 조절단백질

**Endonuclease (핵산내부분해효소)**: 핵산 안에서 인산이에스테르 결합을 절단하는 효소

**Endoplasmic reticulum (ER) (소포체)**: 폴리솜 (단백직 합성부위)이 부착되어 있는 접혀진 막들의 얇은 판

**Enhancer (증폭자)**: 진핵세포 프로모터 이용을 증진시키는 누클레오티드 염기서열. 인핸서는 프로모터의 상위부와 하위부에 작용

**ES cells (배간세포)**: 숙주세포로 이식할 때 모든 형태의 조직과 기관을 분화케할 수 있는 포유동물의 초기 배에서 발견되는 배(간)세포

**ES complex (효소기질 복합체)**: 기질과 효소의 복합체로, 그 결과 효소에 의해 기질의 화학적반응을 촉매

***Escherichia coli* (*E.coli*) (대장균)**: 원핵세포의 유전학을 연구할 때 쉽게 배양할 수 있기 때문에 널리 사용되는 장내 세균

**Excision-repair (절제 회복)**: 잘못 짝지어지거나 손상된 염기을 가진 두 가닥사슬 DNA의 짧은 한 가닥 사슬의 염기서열을 제거하고 나머지 사슬에 상보적인 염기서 열을 합성함으로써 이것을 대체하는 효소들의 시스템

**Exon (엑손)**: mRNA에서 나타나는 진핵 유전자의 누클레오티드 염기서열

**Exonuclease (핵산말단분해효소)**: DNA 또는 RNA의 끝에서 한번에 한 누클레오티드를 절단하는 효소

**F'(F 프라임)**: 자신의 유전체에 박테리아 유전자를 가지고 있는 플라스미드

**F factor (F 인자)**: 성 또는 생식적 특성을 만드는 기능을 가진 박테리아 플라스미드

**F plasmid (F 플라스미드)**: 수여 박테리아 세포가 공여 박테리아 세포와 접합 (교배)할 수 있도록 하는 생식 플라스미드

**F1 generation (잡종 1대)**: 하나 또는 그 이상의 유전자가 다른 두 양친사이에 교배되어 나온 자손

**Feedback inhibition (되먹임억제)**: 하나의 물질대사산물이 그것의 생성을 유도하는 효소를 억제함으로써 물질대사에서 효소의 활성도를 방해하는 조절기작

**Filter hybridization (필터 혼성화)**: 변성된 DNA 표본이 부착된 나이트로셀룰로오스 필터를 방사능이 표지된 RNA 또는 DNA가 있는 용액에 젖시어 수행하는 핵산 혼성화 방법

**Fingerprint (DNA) (지문)**: 핵산내부분해효소로 DNA 표본을 처리한 후 전기영동한 겔에서 만들어진 절편들의 특정 패턴

**Fluid mosaic model (유동모자이크모델)**: 막 안에서 일부 단백질이 옆으로 이동하는 것으로 묘사하는 생체막의 개념화

**Frameshift mutation (해독틀변환돌연변이)**: 유전자의 코딩 부위에 하나 또는 두개의 염기의 삽입 또는 결실로 하위부 아미노산 염기서열의 변화를 초래

**Gene (유전자)**: 단백질 합성에 관여하는 DNA의 누클레오티드 염기서열로 구성된 유전의 기본단위

**Gene family (유전자 집단)**: 선조 유전자의 복제에 의해 유도된 매우 유사한 유전자 세트

**Gene therapy (유전자 치료)**: 유전적 질병에 고치기위해 배 또는 세포로 외부 유전자의 삽입

**Genetic code (유전 암호)**: DNA에 있는 64가지 코돈 (트리플렛) 세트로 아미노산을 나타냄

**Genetic engineering (유전공학)**: 숙주 유전체에 외부 유전자와 (또는) 조작된 유전자를 삽입하기 위한 재조합 DNA 방법의 사용

**Genetic marker (유전자 마커)**: 다른 유전자들의 부위를 찾는 유전자 지도 연구에 유용한 돌연변이 유전자

**Genome (게놈)**: 특정한 유기체에 있는 유전적 정보의 완전한 세트

**Genomic library (게놈 라이브러리)**: 염색체 DNA의 절편들을 함유하고 있는 클로닝벡터 (플라스미드 또는 파아지)들의 집합체

**Genomics (유전체학)**: 생물의 게놈 (cDNA)의 물리적 구조와 염기서열 정보를 연구하는 분야

**Genotype (유전자형)**: 개개 유기체의 유전적 조성

**Guanine (G) (구아닌)**: DNA에서 시토닌과 짝을 이루는 퓨린 염기

**Gyrase (선회효소)**: DNA속에 네가티브 슈퍼코일을 도입할 수 있는 위성이성질화 효소

**Haploid (반수체)**: 종의 배우체에 있는 염색체수 (N)

**Helicase (헬리카아제)**: DNA 복제하는 동안에 복제분기점에서 DNA의 2중 나선

를 풀어 주는 효소

**Heterochromatin (이질염색질)**: 고도로 응축되어 발현되지 않는 진핵생물의 염색체 부위

**Heteroduplexing (이형이중체형성)**: 하나 또는 그 이상의 지역에서 누클레오티드 염기서열에 다른 두 개의 한 가닥 DNA을 어닐링함으로써 두 가닥 DNA의 형성

**Heterogeneous nuclear (hn) RNA (불균질 핵 RNA)**: RNA 중합효소II에 의해 합성되는 다양한 크기의 전사체

**Heterozygote (이형접합자)**: 특정 유전자을 위해 여러 대립인자을 지닌 배수체 유전자형

**Hfr (고빈도재조합)**: 비교적 높은 빈도의 재조합을 보이는 대장균 계통

**Histones (히스톤)**: 대략 5개의 작고 알칼이성인 진핵생물의 DNA 결합 단백질로, DNA 및 RNA와 함께 염색질을 구성

**HIV**: 에이즈를 일으키는 인간 후천성 면역결핍 바이러스

**Holoenzyme (전효소)**: 조절소단위와 촉매소단위를 포함한 완전한 효소 복합체

**Homeobox (호메오박스)**: 여러 유전자에서 발견되는 DNA와 결합할 수 있는 성질을 지닌 폴리펩티드를 코드하는 누클레오티드 염기서열

**Hotspot (다발부위)**: 극도로 높은 빈도로 돌연변이가 유발되는 DNA 부위

**Human Genome Project (인간게놈연구)**: 인간 게놈의 전체 누클레오티드 염기서열을 얻기위해 설계된 국제적 프로그램

**Hybridization (혼성화)**: 상보적 한 가닥 사슬 분자로부터 두 가닥사슬 핵산 분자를 형성

**Hydrophilic (친수성)**: 물과의 접촉을 좋아하는 분자 (아미노산)

**Hydrophobic (소수성)**: 물과의 접촉을 싫어하는 분자 (지질)

**Hydroxylmethylcytosine (HMC) (하이드록시메틸시토신)**: 수소 자리에 CH2OH이 있는 시토닌 염기. 일부 박테리아파아지 DNA에서 발견됨

**Hyperchromic (흡광증가)**: 자외선 흡광을 증가시키는 고분자 (DNA)물질 용액

**Immunity (면역)**: 박테리아 숙주가 용원파아지를 함유했을 때 그 용원바이러스와 같은 형태의 파아지 감염에 면역을 나타내는 상태

**Immunoglobulin (면역글로블린)**: 4개의 단백질 소단위체로 이루어진 커다란 항체분자

**Inducer (유도인자, 유도물질)**: 오페론을 발현하도록 하는 작은 분자 (예, 갈락토오스)

**Induction (유도)**: 유도 유전자에 의해 암호화된 단백질 (효소)을 위해 기질의 존재에 반응한 특정 유전자의 발현. 파아지의 생활사에서 이 용어는 바이러스 복제 사이클의 시작을 의미

**Initiation factors (개시인자)**: mRNA의 해독 개시를 촉진하기 위해 리보솜의 작은 소단위와 연관하는 조절 단백질

**Inosine (I) (이노신)**: 하이포크산틴 염기를 함유한 누클레오티드로 시토신 (C)와 염기쌍을 형성

**Insertion (삽입)**: DNA의 특정 자리에 부가적인 누클레오티드 염기쌍의 배치

**Insertion sequence (IS) (삽입서열)**: 자신의 누클레오티드 염기서열에 의해 코딩된 전이효소를 사용하여, 게놈의 새로운 위치로 그 자체를 삽입할 수 있는 DNA 염기서열

**Insertional inactivation (삽입적활성화)**: 외부 DNA를 플라스미드에 있는 지시 유전자 (베타-갈락토시다아제)의 활성을 방해 (불활성화)하는 부위로 삽입하는 클로닝 과정

**Intercalating agent (삽입물질)**: 정상적인 DNA의 염기쌍과 크기가 같고, 정상 염기쌍 사이의 DNA내로 삽입되었을 때 DNA의 복제를 방해하고 돌연변이를 유발할 수 있는 화학물질

**Intragenic suppression (유전자간 억제)**: 동일 유전자에서 2차 돌연변이에 의해 최초 돌연변이 효과의 취소

**Intervening sequence (개재서열)**: 인트론

**Intergenic suppression (유전자내 억제)**: 다른 유전자에서 2차 돌연변이에 의해 최초 돌연변이 효과의 취소

**Intron (인트론)**: 전사는 되지만 특정 스플라이싱 효소에 의해 mRNA로부터 제거되는 유전자의 누클레오티드 염기서열

**Inverted repeats (역반복)**: 같은 분자에 상반된 방향으로 반복되는 DNA의 대칭적인 누클레오티드 염기서열

*in vitro* (생체외, 시험관내): 본래 환경에서 벗어난 반응이나 세포 배양조건 (예, 시험관내)

**Isopropylthiogalactoside (아이소프로필티오가락토사이드)**: 자체는 변형됨 없이 락토스 오페론의 발현을 유도하는 락토스의 구조적 유사물

**Isozyme (동위효소)**: 다른 촉매작용 또는 물리적 성질을 가진 효소의 여러 가지 형태

**Joining region (J) (결합부위)**: 면역글로블린 유전자에 완전한 가변부위을 구성하는 커다란 절편과 결합한 항체 유전자의 짧은 단편

**kb**: DNA 또는 RNA에서의 1,000 누클레오티드 염기쌍의 약어

**Knockout mice (녹아웃 쥐)**: 삽입된 유전자에 의해 숙주의 정상적인 유전자가 불활성화된 변이·외부 유전자를 지닌 마우스

***Lac* operon (락토스 오페론)**: 젖당의 물질대사에 관여하는 효소를 생산하는 유전자의 집합체

**Lactose permease (젖당 투과효소)**: 박테리아 세포 내로 젖당을 수송하는 락토스 오페론의 단백질 산물

**Lagging strand (DNA) (지연가닥)**: 짧은 절편 (Okazaki 절편)을 쓰는 DNA의 복제

**Leader (sequence) (선도서열)**: 개시코돈의 상위부분으로  단백질합성이 안되는 mRNA의 염기서열

**Leading strand (DNA) (선도가닥)**: 연속 사슬로 DNA의 복제

**Library (라이브러리)**: 벡터 (플라스미드 또는 파아지)에 클로닝된 절편들의 접합체: 일반적으로 cDNA 또는 유전체 라이브러리

**Ligation (결찰)**: 두 DNA분자를 연결하는 인산이에스테르 결합의 형성을 촉매

**Linker (DNA) (링커)**: 히스톤과 직접 접하지 않은 누클레오솜을 있는 DNA
**Lipid bilayer (지질 이중층)**: 밖으로는 친수성부분이 안으로는 지질분자 두 층의 소수성부분으로 된 세포막의 모델
**Long-terminal repeat (LTR) (긴말단반복)**: DNA 분자의 말단 부위에 반복되는 누클레오티드 염기서열
**Looping (of DNA) (루핑)**: 단백질과 접촉했을 때 그 자체가 구부러지는 두 가닥의 DNA
**Lysis (용균)**: 박테리아의 세포막을 파손하고 다수의 파지 자손을 방출하는 박테리오파아지의 생활사 중 마지막 단계
**Lysogenic (용원성)**: 박테리아 게놈안으로 들어간 프로파아지의 형태로 박테리아 안에 영구적으로 존재하는 박테리아파아지를 기술하는 용어
**Lysozyme (라이소자임)**: 파지의 생활사에서 용균단계에 박테리아 세포벽을 분해하는 효소
**Lytic (용해성)**: 전형적인 발생 생활사를 거치는 능력이 있는 박테리오파아지를 기술
**Major groove (주 홈)**: 두 가닥의 DNA의 공통 계단모델에서 $\alpha$-나선의 회전시 나타나는 열려진 공간
**Melting temperature ($T_m$) (용해온도)**: 두 가닥 DNA의 열변성곡선의 중간지점
**Membrane bilayer (세포막 2중층)**: 진핵세포에서, 여러 가지 단백질을 함유하고 세포질을 둘러싼 지질 2중층
**Messenger RNA (mRNA) (전령 RNA)**: 단백질의 아미노산 서열에 대한 정보를 가지고 있는 한 가닥의 주형 RNA
**Methylation (메칠화)**: 이미 존재하는 염기 (일반적으로 시코신)에 효소에 의해 메칠기를 첨가
**Minimal medium (최소배지)**: 생장에 필요한 최소의 성분만 함유하여 아미노산 및 비타민 같은 것이 결핍된 세포배양액 조성
**Minor groove (작은 홈)**: 수소결합된 누클레오티드 염기들을 함유한, 역평형인 당-인산 골격사이의 두 가닥의 DNA 부위
**Mismatch repair (오결합 수선)**: 잘못 짝지어진 DNA 염기들을 대체하는 효소가 매개하는 수선 시스템
**Missense mutation (미스센스 돌연변이)**: 단백질에서 하나의 아미노산이 다른 아미노산으로 치환되는 DNA 누클레오티드 염기서열의 변화
**Molecular biology (분자생물학)**: 살아있는 세포의 작동기구를 구성하는 단백질, 핵산, 다른 중합체 및 관련 성분들의 구조와 기능에 대한 연구
**Monocistronic (단일시스트론성)**: 하나의 단백질을 암호화하는 DNA의 염기서열
**Mutagen (돌연변이원)**: DNA의 누클레오티드의 변화을 유발하는 물질
**Mutagenesis (돌연변이유발)**: 다음 세대로 유전되는 누클레오티드 염기서열 변화를 만드는 과정
**Mutant (돌연변이체)**: 변화되고 유전될 수 있는 유전자를 지닌 생명체
**Mutation (돌연변이)**: 유전되는 DNA 누클레오티드 염기서열의 변화

**Mutator gene (돌연변이 유발 유전자)**: 돌연변이가 생길 때 통상적인 돌연변이 수 보다 높은 빈도로 돌연변이를 유도하는 유전자 (박테리아)

**Negative regulation (음성 조절)**: 특정 유전자나 오페론의 전사를 억제하는 결과을 초래하는 과정

**Negative supercoiling (음성 슈퍼코일링)**: 자연상에 존재하는 2중 나선의 상반된 방향으로 두 가닥 DNA의 뒤틀림

**Nick(틈)**:인산에스텔 결합이 끊김으로써 생기는 이중가닥 DNA의 한가닥내 틈새.

**Nick translation(틈해독)**: 이중가닥 DNA를 방사성 동위원소로 표지하는 방법 : DNA 중합효소가 nick에서 시작해서 원래의 가닥을 새로운 가닥으로 대치시킨다.

**Nonsense mutation(넌센스 돌연변이)**: 정상적인 유전암호가 종결 유전암호로 바뀌는 돌연변이.

**Nonsense suppressor tRNA(넌센스 억제tRNA)**: 종결 유전암호와 염기쌍을 이룰 수 있는 안티코돈을 가지는 돌연변이된 tRNA. 그로 말미암아 넌센스 돌연변이 효과는 없어진다.

**Nuclease(핵산분해효소)**: 핵산내 인산에스텔 결합을 끊는 효소.

**Nucleoside(누클레오시드)**: 퓨린이나 피리미딘 염기와 오탄당(리보스나 데옥시리보스)을 함유하는 화학구조.

**Nucleosome(누클레오솜)**: DNA와 8개의 히스톤 단백질로 구성된 염색사의 소단위체.

**Okazaki fragment(오카자키절편)**: DNA 복제시 합성되는 짧은 지연가닥.

**Oncogenes(발암유전자)**: 발현되었을 때 세포를 성장속도가 아주 빠른 종양상태로 형질전환시키는 유전자.

**Operator(오퍼레이터)**: 억제단백질이 결합되면 인접된 유전자의 전사가 방해되는 누클레오티드 서열.

**Operon(오페론)**: 발현이 동시에 조절되며 하나의 세포기능에 공헌하는 일련의 유전자들.

***Ori* (복제시작부위 유전자)**: DNA 내 복제 기원.

**Palindrome(회문구조)**: 인접된 역반복 서열로서, 일련의 염기서열이 한 가닥에서는 왼쪽 방향으로 다른 가닥에서는 오른쪽 방향으로 배열되어 있다.

**P element (P 인자)**: 연구목적으로 돌연변이체나 형질전환 초파리를 만드는데 유용한 초파리 전이인자)

**Peptide(펩티드)**: 한 아미노산의 $\alpha$-아미노그룹과 다른 아미노산의 $\alpha$-카르복실그룹 사이에 공유결합이 일어나서 합성된 아미노산의 중합체.

**Peptidyl(P) site(펩티딜자리)**: 단백질 합성시 아미노산과 결합된 tRNA가 결합하는 리보솜의 대단위체 부위("A" 자리와 유사함).

**Peptidyl transferase(펩티딜 트란스훠라제**: 단백질 합성시 두 아미노산 사이에 펩티드 결합을 형성시키는 효소.

**Photolyase(광분해효소)**: UV 조사에 의하여 야기된 DNA 내 티민 이합체를 끊어주는 효소.

**Photoreactivation(광재활성화)**: UV 조사효과(티민 이합체)가 가시광선으로부

터 에너지를 받아서 활성화된 효소에 의하여 상실되는 것.

**Pilus(선모)**: $F^+$ 균주로부터 $F^-$균주로 DNA를 옮기기 위하여 자성세포($F^-$)와 연결된 웅성 세균 세포의 돌출된 표면.

**Poly A(폴리 A)**: 진핵세포 mRNA의 3′ 말단에 있는 폴리 아데닐산.

**Polysome(폴리솜)**: mRNA와 몇몇 리보솜 그리고 단백질 합성에 필요한 그 외 성분들로 구성된 고분자 복합체.

**Positive regulation(양성조절)**: 특정 유전자나 오페론이 전사되게 하는 과정으로서, 일반적으로 DNA 분자와 단백질의 상호작용에 의하여 진행된다.

**Preinitiation(30S) complex(전개시복합체)**: mRNA, 30S 리보솜 소단위체, fMet-tRNA, GTP 그리고 개시 요소 등으로 구성된 고분자 복합체이다. 여기에 50S 리보솜의 대 단위체가 결합되면 단백질합성이 시작된다.

**Prophase(전기)**: 진핵세포의 유사분열의 초기 단계. 이때에는 염색체가 많이 응축되어 있기는 하나 방추사와 상호작용은 하지 않고 있다.

**Protease inhibitor(단백질분해효소 억제제)**: 단백질을 가수분해시키는 효소(protease)를 불활성화 시킬 수 있는 약품으로서, 이는 AIDS 치료에 사용된다.

**Proteome(프로티옴, 단백질체)**: 하나의 세포/조직에서 기능을 하는 모든 단백질

**Proteomics (단백질체학)**: 하나의 세포/조직에 있는 단백질의 구조, 기능과 양적 관계를 통합적으로 연구하는 분야

**Protoplast(원형질체)**: 세포벽을 제거하기 위하여 효소로 처리된 세포.

**R factor(R 요소)**: 하나 또는 그 이상의 항생제에 저항성을 갖게 하는 유전자를 함유한 세균의 플라스미드.

**Recombinant DNA(재조합 DNA)**: 제한 효소와 리가제 등을 사용하여 새로운 또는 변형된 유전자를 함유할 수 있도록 실험적으로 조작된 DNA.

**Recombinase(재조합 효소)**: 면역 글로불린을 암호화하고 있는 유전자의 V와 J지역을 끊어서 결합시켜주는 효소.

**Regulation(조절)**: 그의 활성을 증가시키거나 감소시키는 기작에 의하여 한 유전자나 효소의 활성을 조절하는 것.

**Regulatory gene(조절유전자)**: 다른 유전자와 발현을 조절하는데 사용되는 RNA나 단백질을 암호화하고 있는 유전자.

**Regulon(레구론)**: 반드시 인접해 있지는 않으나, 공통적 기작에 의하여 조절되는 일련의 유전자들.

**Renaturation(재생)**: 한 고분자 물질이 그의 고유의 3차 구조로 되돌아가는 과정. DNA의 경우, 두 가닥 사이에서 염기쌍이 이루어지는 것도 이 과정에 포함된다. 단백질의 경우에는, 재생이란 활성상태로 접히는 현상을 포함한다. 재생은 일명 reannealing이라고도 한다.

**Replication fork(복제 갈래)**: 새로운 가닥 합성 장소로서의 역할을 하는 DNA 분자내 Y자모양을 하고 있는 지역.

**Repressor protein(레프레서 단백질)**: DNA의 오퍼레이터 지역에 결합해서 인접된 유전자의 전사를 방해하는 "조절" 단백질.

**Resolution site(IRS)(분해 위치)**: 구조가 복잡한 트란스포존의 복제시 재조합을 유도하는 resolvase란 효소에 의하여 인식되는 DNA 분자내 누클레오티드 서열.

**Resolvase(분해효소)**: 두 반복된 트란스포존 사이의 재조합을 유발시키는 효소.

**Restriction enzyme(제한효소)**: 이중가닥 DNA 내의 특징적으로 짧은 누클레오티드 서열을 인식해서 그 자리를 끊는 효소.

**Restriction fragment length polymorphism(RFLP)(제한절편길이 다양성)**: DNA를 특정 제한효소로 가수분해시키면 그 가수분해된 제한절편들의 길이가 개개에 따라 각각 다른 현상.

**Restriction map(제한지도)**: DNA 분자내에 존재하는 특정 제한효소자리를 표시한 지도.

**Retrotransposon(레트로트렌스포존)**: 초기 레트로바이러스 통합의 흔적이 되는 진핵생물 게놈에 존재하는 DNA서열

**Retrovirus(레트로바이러스)**: RNA 복제를 위한 중간 물질로서 이중가닥 DNA를 만들고, 이를 주형으로 해서 세포내에서 복제되는 RNA 유전체를 함유한 바이러스.

**Reverse transcriptase(역전사효소)**: RNA를 주형으로 해서 DNA를 합성하는 효소.

**Reversion(복귀)**: 원래의 돌연변이 효과를 뒤엎는 DNA 내 누클레오티드 서열상의 변화.

**Rho factor(Rho 요소)**: 특정 누클레오티드 서열을 인식해서 RNA 중합효소가 전사를 종결시키도록 하는 대장균의 한 단백질.

**Ribose(리보오스)**: RNA 내에서 발견되는 오탄당.

**Ribosomal RNA(리보솜 RNA)**: 리보솜의 RNA 성분.

**Ribosome(리보솜)**: RNA와 단백질로 구성된 단백질 합성 기구 : 이것은 mRNA의 구조를 지지해 준다.

**Ribosome binding site(리보솜 결합 자리)**: Shine-Dalgarno 서열.

**Ribozyme(리보자임)**: 단백질 효소와 정상적으로 연합하여 촉매능을 발휘하는 RNA/단백질 복합체.

**RNA(ribonucleic acid) (리보핵산)**: 리보스 당을 함유하는 폴리누클레오티드.

**rRNA**: 리보솜 RNA.

**RNA editing(RNA 편집)**: 성숙된 RNA 분자의 누클레오티드 서열을 효소학적으로 변화시켜서 코딩서열을 약간 변화시키는 것.

**RNA polymerase(RNA 중합효소)**:DNA를 주형으로 해서 리보누클레오티드 삼인산으로부터 RNA를 합성하는 효소.

**RNA splicing(RNA 스프라이싱)**: 긴 RNA 분자로부터 RNA 절편(보통 인트론)을 제거하고, 나머지 절편(보통 엑손)들을 결합시키는 과정.

**Rolling circle replication(회전환 복제)**: 이중가닥 원형 DNA를 복제시키는 과정.

**Sanger procedure(쌩거방법)**: dideoxynucleotide를 사용하여 DNA를 sequencing 하는 방법(aka 사슬종결방법).

**Satellite DNA(부수 DNA)**: 여러번 반복해서 인접상태로 존재하는 길이가 짧은 누클레오티드 서열. 원심분리하면, DNA의 주분획과는 멀리 떨어져 존재한다.

**Scanning mode(주사양식)**: 단백질 합성 개시단계를 위해 AUG 코돈을 찾아서 진

핵세포 30S 리보솜을 따라 mRNA의 이동

**Secondary structure(2차구조)**: 소단위체들의 상호작용에 의해서 단백질이나 핵산이 접힌 형태.

**Semiconservative replication(반보존적 복제)**: 오래된(보존적인) 한 가닥을 주형으로 사용하여 제 2의 상보적인 새로운 가닥을 합성하는 DNA의 복제형태.

**Sex factor(성 인자)**: 성 플라스미드.

**Sex plasmid(성 플라스미드)**: 숙주 세균이 다른 세균과 접합(mate)할 수 있게 하는 플라스미드.

**Shine-Dalgarno sequence(샤인-달가노 서열)**: mRNA와 리보솜의 결합을 촉진해주는, 세균의 mRNA 분자상에 있는 AGGAGG 퓨린 염기서열.

**Sigma factor(시그마 인자)**: DNA의 프로모터에 결합을 촉진하는 RNA 중합효소의 소단위체.

**Signal recognition particle(SRP)(신호 인식 입자)**: 단백질 분자 내 신호서열을 인식해서 그들이 소포체로 수송되도록 도와주는 고분자 복합체.

**Silencer(소음자)**: enhancers와는 반대효과를 가진 누클레오티드 서열-관련 유전자의 전사율을 감소시킴.

**Site-specific mutagenesis(위치특이 돌연변이)**: 특별히 고안된 방법으로 클론된 유전자의 누클레오티드 서열을 변화시키는 과정.

**SOS response(SOS 반응)**: UV에 의하여 활성화되어 티민 이합체가 있는 곳에서도 비록 착오율은 많으나 DNA를 계속 복제시키는 DNA 회복기작.

**Southern transfer(Southern blotting 이라고도 한다)**: 핵산을 전기영동 겔로부터 나이트로셀룰로스 종이로 옮기는 방법(그 다음으로 혼성화시키시 위하여).

**Spacer(스페이서)**: 개시/종결 유전암호가 없어서 전사가 되지 않는 mRNA 내 누클레오티드 서열.

**Spliceosome(스플리시오좀)**: RNA를 접속(splicing) 시키는 RNA/단백질 복합체.

**Splicing(스플라이싱)**: 해독이 가능한 mRNA를 만들기 위하여 RNA로부터 인트론은 제거하고 엑손(암호서열)들만을 연결시키는 과정.

**SSB protein(SSB 단백질)**: DNA 복제시 DNA의 단일가닥에 결합하는 단백질.

**Stacking(of bases)(중첩)**: 염기사이에서 생기는 소수성 상호작용 때문에 단일가닥과 이중가닥 DNA 내에서 퓨린과 피리미딘 염기쌍들이 빽빽히 축적된 것.

**Substrate(기질)**: 효소의 공격을 받는 표적분자로서, 효소의 공격을 받으면 화학적으로 변한다.

**Supercoiling(초나선)**: 커다란 원형 이중가닥 DNA 분자가 뒤틀린 것.

**Suppressor mutation(억제인자 돌연변이)**: 본래의 표현형으로 되돌아오도록 작용하는 돌연변이.

**Tandem repeats(직열 반복서열)**: 연속적으로 여러번 반복되는 DNA의 누클레오티드 서열.

**TATA box(TATA박스)**: 전사개시지점으로부터 상류쪽으로 10 염기쌍 정도 떨어져 있고, 보통 7 또는 8개의 누클레오티드로 구성되어 있으며, A-T쌍이 많은 서열을 말한다.

**Temperate(잠재성)**: 숙주 유전체로 통합되어 들어간 후, 정상적으로는 침묵을 유지하고 있지만, 용균적 생활사로 전환될 수도 있는 박테리오파아지.

**Temperature sensitive(온도 감수성)**: 비교적 높은 온도에서는 명백히 나타나나, "정상" 온도에서는 나타나지 않는 돌연변이체의 표현형.

**Template(주형)**: 누클레오티드 중합효소에 의하여 읽혀져서 새로 합성되는 핵산의 서열을 결정해 주는 누클레오티드 서열.

**Tertiary structure(3차구조)**: 소단위체들의 상호작용이 끝난 후에 생긴 한 고분자의 고유의 3차구조.

**Theta replication($\theta$복제)**: 양친가닥과 딸가닥이 모두 포함되어 있고, 희랍문자 $\theta$ 모양을 한 원핵세포의 원형 DNA 복제기구의 모형.

**Thymine(T)(티민)**: DNA 내에서 발견되는 피리미딘 염기.

**Thymine dimer(티민 이합체)**: UV 조사에 의하여 화학적으로 연결된 DNA 분자 내 인접된 두 티민 잔기.

**Tn element(Tn요소)**: 세균의 트란스포존 요소.

**Topoisomerase(토포이소모라제)**: 커다란 이중가닥 DNA 분자내에 존재하는 초나선 수를 변화시키는 효소.

**Totipotent(전형성능)**: 성체가 가지고 있는 모든 조직과 기관으로 발생할 수 있는 세포.

**Trailer(sequence)(꼬리서열)**: 단백질로 해독되지 않는 mRNA 분자의 3'말단 염기서열.

**Transcription(전사)**: 상보적인 DNA 주형으로부터의 RNA의 합성.

**Transcription factors(전사요소)**: 특정 누클레오티드 서열에 결합하여 주형 DNA에 RNA 중합효소의 결합을 촉진해 주는 단백질.

**Transduction(형질도입)**: 박테리오파아지에 의하여 한 세균의 유전자가 다른 세균으로 이동되는 것.

**Transfer RNA(tRNA)(운반 RNA)**: 단백질 합성시 아미노산을 mRNA까지 운반해주는 작은 RNA.

**Transforming principle(형질전환 요소)**: 세균세포에 부가했을 때, 그들의 표현형을 변화시킬 수 있는 능력을 가진 세포의 추출물(DNA).

**Transgenic animal(형질전환 동물)**: 유전공학적 기술을 이용하여 만들어진 이질유전자를 함유한 변화된 동물.

**Translation(해독)**: 주형 mRNA로부터의 단백질 합성.

**Translation frameshifting(해독틀 변경)**: 리보솜에 의한 단백질 합성시 종결코돈에 도달되었을 경우 리보솜이 누클레오티드 하나정도 뒤로 이동되어 단백질 합성을 계속함으로써 보다 긴 단백질 분자를 만들어 내는 mRNA 판독법.

**Translocation signal(수송신호)**: "신호인식 입자"(SRP)에 의하여 인식되는 단백질의 아미노산 서열. 신호인식입자에 의하여 인식되면 세포질 내 특정지역으로 운반된다.

**Transposable element(전이요소)**: 트란스포존.

**Transposase(전이효소)**: 트란스포존을 DNA의 새로운 자리에 삽입시키는 기능을 가진 효소.

**Transposition(전이)**: 트란스포존이 새로운 장소로 이동되는 것.

**Transposon(전이인자)**:한 효소(transposase)의 도움으로 유전체내 새로운 장소로 스스로를 삽입시킬 수 있는 누클레오티드 서열.

**Trans-splicing(트란스-스플라이싱)**: 서로 다른 유전자의 제 1차 전사체로부터 유래된 엑손들을 접속시키는 현상.

**Triplet(삼중항)**: 단백질 내 하나의 아미노산의 위치를 결정지어 주는 DNA 분자 내 3 누클레오티드 서열.

**Tumor inducing(Ti) plasmid(종양유발(Ti)플라스미드)**: 식물세포에 감염되면, 숙주세포의 DNA로 통합되어 숙주세포를 종양세포로 전환시키는 플라스미드.

**Ubiquitin(유비퀴틴)**: 다른 단백질에 결합하여 그들 단백질이 단백질 가수분해효소에 의해 파괴되도록 하는 작은 단백질.

**Upstream(상류)**: 전사나 해독 개시부위로부터 앞쪽 방향.

**Uracil(U)(우라실)**: RNA에서 발견되는 피리미딘 염기.

**Uracil *N*-glycosylase(우라실 N-글리코실라제)**: N-글리코실 결합을 끊어서 그의 당으로부터 우라실을 제거하는 효소.

**van der Waals force(반데어발스힘)**: 이웃한 원자들 주위에 있는 전자밀도의 일시적인 변동으로부터 야기되는 약한 유인력.

**Variable number tandem repeat(VNTR)(가변사본 직열반복)**: 고등 진핵생물의 유전체 내에 반복수가 서로 다르게 반복되어 존재하는 짤막한 누클레오티드 서열.

**Vector(운반체)**: 클로닝을 위하여 이질 유전자가 삽입될 수 있는 플라스미드, 파아지 또는 다른 유전체.

**Virulent(악성의)**: 용균성(반대 용원성) 성장만을 할 수 있는 박테리오파아지.

**Virus(바이러스)**: 독자적으로 존재할 수는 없으나 스스로 생식은 가능한 가장 크기가 작은 생물체.

**Wobble hypothesis(동요가설)**: 하나 이상 여러 가지 트리플 유전암호와 염기쌍을 이룰 수 있는 능력을 설명하기 위한 가설.

**Yeast artificial chromosome(인공 효모염색체)**: 진핵생물의 커다란 DNA 절편의 클로닝 벡터로서 사용하기 위하여 유전공학적으로 제조된 효모의 염색체.

**Z-helix(Z-나선)**: 왼쪽 나선형으로 존재하는 이중가닥 DNA로 보편적인 오른쪽 나선형보다 적다.

# 해 답

## 제 2장 연습문제의 답

1. 단백질-아미노산; 핵산-뉴클레오티드; 탄수화물-당 (많은 경우 포도당)
2. 아미노기와 카르복실기가 연결되어 펩티드 결합이 만들어짐.
3. 한 단백질 분자에는 아미노기가 한쪽 끝에, 카르복실기가 다른 쪽 끝에 있다. 이 그룹들은 그 단백질을 구성하는 아미노산의 잔기에도 있을 수 있다. 예를 들어 아스파트산과 글루탐산에는 결합에 참여치 않은 카르복실기가, 아스파라긴과 글루타민에는 결합에 참여하지 않은 아미노기가 있다.
4. DNA-티민 ; RNA-우라실
5. 한 뉴클레오티드의 5'-인산과 다음 뉴클레오티드의 3'-OH ; 인산디에스테르 결합
6. 뉴클레오티드는 인산 뉴클레오시드임.
7. 불용성인, 즉 물과 상호 작용을 잘하지 않는 두 분자가 뭉치게 되면 물과의 접촉을 줄일 수 있다. 그 이유는 뭉쳐 덩어리가 되면 표면적/부피의 비를 감소되기 때문이다.
8. 가장 강한 것 - 이온 결합; 가장 약한 것-반 데르 발스 인력
9. 모든 DNA 분자가 음전하를 가지고 있기 때문에 전기 영동을 하면 한 쪽 방향으로 이동한다. 그러나 단백질의 경우에는 전하의 합이 음의 값일 수도 있고 양의 값일 수도 있기 때문에 다른 결과를 준다.
10. 한 아미노산마다 한 분자의 SDS가 결합하여 모든 단백질의 전하/아미노산의 비가 동일하게 되고 순전하가 같아진다. SDS가 결합하고, 이황화 결합이 없으면 모든 단백질은 펼쳐지고, 거의 동일한 모양을 가지게 된다.

## 제 2장 문제의 답

1. a. 아님. 모양의 차이가 이동성에 영향을 준다. 따라서 분자량과 모양이 다른 단백질이같은 정도의 이동성을 나타낼 수 있다.
   b. 그렇다. 모든 선형의 DNA 절편은 동일한 모양과 동일한 전하/질량의 비를 가진다. 따라서 염색 정도가 모든 띠에서 동일하다면, 5개의 다른 DNA 절편이 있다고 결론지을 수 있다.
2. 시스테인 - 이황화 결합; 리신-이온 결합과 수소 결합; 이소류신-수소 결합; 글루탐산 - 이온 결합과 수소 결합. 반 데르 발스 인력은 모두 가능.

3. a. 치밀하게 된 것은 반대 전하를 가진 그룹들이 이온 결합을 만들어 형성되었을 것이다.
   b. 이 분자는 동일 전하의 그룹이 많아서 0.01 M NaCl과 같은 낮은 이온 세기에서 이 구룹끼리 밀어내게 되었을 것.
4. 3가지. 이온 결합 외에 소수성 결합, 이온 결합, 반 데르 발스 인력 등이 아미노산의 잔기들 사이에 만들어져 자연 상태의 단백질 구조가 만들어진다.
5. 전기 영동에서의 이동성은 전하가 많을수록, 그 분자와 용매 사이의 저항이 적을수록 커진다. 발린은 알라닌보다 사슬이 길기 때문에 저항이 커지게 되고, 따라서 보다 천천히 움직인다.

## 제 3장 연습문제의 답

1. 이중가닥 DNA의 회전에 의해 형성되는 깊고 넓은 홈이 주홈이며, 역평행 단일가닥 DNA 사이의 얕고 좁은 홈이 부홈이다.
2. 비루스는 최소한 한 분자의 외가닥 DNA를 게놈으로 가지고 있다. 그 이유는 [A] + [G]가 [T] + [C] 와 같지 않기 때문이다.
3. 이중사슬 분자에서 [A] + [G] = [T] + [C] 이다. [A] + [T] 와 [G] + [C] 사이의 관계는 분자마다 차이가 난다.
4. DNA 분자의 일반적인 형태는 B 나선이다. 그러나 탈수 상태에서는 A 나선을 형성한다. Z 나선은 Gs 와 Cs가 교대로 배치하는 영역에서 선호되는 형태이다.
5. a. 그렇지 않다–환의 꼬임이 풀리는데 방해되는 아무것도 없다.
   b. 그렇다–이것은 초나선을 형성한다.
   c. 그렇지 않다–이는 단지 이완된 환을 형성한다.
6. 염기와 인산군 각각이 가지는 소수성과 친수성 특성, 그리고 염기쌍을 이루는 염기들간의 수소결합.
7. 염분 농도가 상호 척력으로 작용하는 인산군의 음전하를 중화할 만큼 충분하여야 하며, 온도가 사슬내의 염기쌍 형성이 광범위하게 이루어지는 것을 방지하기에 충분하여야 한다.
8. 인산군과 복합체를 형성하는 양이온이 없으므로, 인산군들 사이의 척력의 크기가 DNA를 변성하기에 충분하다.
9. 나선 480회전이 있다 (1회전에 10염기쌍). 분자의 길이는 1,632 ㎛가 된다 (480회전 × 34 Å/회전).
10. 그렇지 않다. 분자에는 자유말단이 없다.

## 제 3장 문제의 답

1. a. 사슬내부에 광범위한 염기쌍 형성 가능성이 있기 때문에 원래 구조의 회복 가능성이 가장 적다.
2. a. 사슬내부의 염기쌍 형성을 극복하고 재생되기 위해서는 $T_m$에 비하여 더 높은 온도를 필요로 한다.
   b. G+C함량이 가장 높기 때문에 가장 높은 $T_m$을 가진다.

3. 5' -ATCAAGGTA-3'
4. 디디옥신티민이 너무 많으면 갑자기 사슬이 종결되고, 따라서 절편이 짧아지게 되어 겔의 바닥쪽으로 이동한다.
5. 리보솜 RNA는 수십개의 단백질과 결합하여 조밀한 구조를 형성하므로 RNase에 의해 쉽게 공격받지 않는다.
6. 이 용액에는 두가지의 서로 다른 DNA 분자들이 혼합되어 있다. 한 유형은 다른 유형에 비하여 G+C 함량비가 상당히 더 크다.

## 제 4장 연습문제의 답

1. a. 아르기닌, 아스파라긴, 아스파르트산, 시스테인, 글루탐산, 글루타민, 히스티딘, 리신, 세린, 트레오닌 및 티로신이 극성 아미노산이다. 알라닌, 글리신, 이소류신, 류신, 메치오닌, 페닐알라닌, 프로린, 트립토판, 및 발린은 비극성 아미노산이다.
   b. 이소류신은 긴 비극성 측쇄를 가지고 있기 때문에 알라닌 보다 더 비극성이다.
2. 펩티드 결합
3. 시스테인-디설피드; 아르기닌-이온결합; 발린-소수성; 아스파르트산-이온결합 및 수소결합. 물론 모든 아미노산들은 반테어발스 인력에도 관여한다.
4. 양자 모두 상반된 전하를 가진 아미노산에 가까이 존재한다.
5. (c)세트, 소수성 집단(괘)에.
6. 몇몇은 작은 집단(괘)을 이루기도 하겠지만, 그들은 일차 서열 전체에 분산되어 존재할 것이다.
7. 1차 구조는 아미노산의 단순한 직선적 서열이다. 2차 구조는 펩티드기 사이에 소소결합이 관여한다. 그 예로는 알파 나선과 베타 구조가 있다. 3차 구조는 2차 구조의 요소에 추가하여 상반된 전하를 가진 측쇄들 간의 이온결합, 다양한 수소결합, 비극성 측쇄들간의 소수성 상호작용, 금속이온의 배위결합 등 몇 가지의 상호작용으로 폴리펩티드 사슬의 접혀서 형성된다.
8. 알파나선과 베타구조는 모두 견고한 구조이기 때문에 전자의 단백질은 길고 가는 섬유상이며, 후자의 단백질은 유연성이 더 많고 구상의 형태를 가질 것이다.
9. 효소의 활성부위와 기질 모두가 결합에 의하여 약간의 구조변화를 하며, 이 구조 변화로 기질에 가해진 긴장은 촉매작용을 돕는다.

## 제 4장 문제의 답

1. a. 그렇다. 반데르발스 인력은 집결이 이루어지게 한다. 이는 표면의 측쇄들이 매우 비극성일 경우 소수성 상호작용에 의하여 도움을 받게 된다.
   b. 그렇지 않다. 기하학적인 이유 때문에, 소수성부위들이 맞 닿을 수가 없을 것이다.
   c. 그렇지 않다. 리신에 의한 전하의 척력이 소수성 집단(괘)의 형성을 효과적으로 제어할 것이다.

d. 그렇다. 서로 다른 전하가 교대로 배치하고 있는 것은 기하학적으로 적합하다면, 두분자에 있는 서로 다른 전하들간의 상호 결합의 인력으로 작용할 것이다.

2. 그렇지 않다. 일반적으로 효소들은 그 구조가 기질에 부합하고 화학적 반응을 수행하기 위해서는 약간의 유연성이 있어야 한다.
3. 효소는 다수소단위 단백질일 수 있으며, 그 중 하나의 결손된 소단위가 있더라도 효소의 활성을 소실하기에 충분하다.
4. 단 하나의 결합부위가 있는 경우, 그것은 모든 단위체들이 맞닿는 부위 또는 그 근처에 위치할 것이다. 몇 개의 동일한 결합부위가 있는 경우 이 위치는 확실히 불가능하다. 결합부위의 수가 소단위체의 수가 동일한 경우 결합부위들은 소단위체들 간의 모든 접촉 부위에서 멀리 떨어져 있어야 할 것으로 생각할 것이다. 결합부위의 수가 소단위체의 반수일 경우 각 부위는 두 소단위체들의 접촉부위를 포함할 것이다.
5. 단백질의 구조를 기질 결합 유무로 본다면 자물통-열쇠 기작에서는 구조 변화가 없을 것이지만 유도-부합 기작에서는 구조의 변화가 있다.

## 제 5장 연습문제의 답

1. 하나의 8량체 원반은 히스톤 H2A, H2B, H3 및 H4 각 2개의 집합체이다. 중심입자는 하나의 8량체 원반과 이를 둘러싸는 140 염기쌍의 DNA로 구성되어 있다. 하나의 누클레오솜은 이 중심입자, 연결 DNA 및 H1 히스톤을 포함한다.
2. 진핵세포는 원핵세포보다 더 많은 DNA를 가지고 있으며 그 DNA는 핵내에 들어가 있어야 한다.
3. 세포분열동안 DNA는 중기 적도판에서 세포의 양 극으로 이동할 수 있도록 밀집한 단위체로 구성되어야만 한다. 세포주기의 다른 시기 (복제 및 전사가 일어나는 시기)에는 단백질들이 DNA의 특정한 염기 서열들과 상호작용할 수 있어야만 하며, 그러려면 DNA는 이와 같은 상호작용이 가능하도록 덜 밀집되어야 한다.
4. DNA는 분열기에 가장 밀집되어 있어 염색체가 한 단위체로서의 이동을 용이하게 한다. S-기에는 DNA가 복제되기 위하여 덜 밀집되어야 한다.
5. 3.4㎚, 나선 한바퀴의 길이
6. 극성부위는 막의 바깥에 존재하는 단백질의 끝부분에 위치하며, 비극성 부위는 막 내부에 존재하는 단백질의 부위이다.
7. 반데르발스 인력과 소수성 상호작용은 지질이중층을 안정화시키는 주 요소이다.

## 제 5장 문제의 답

1. 이 경우에는 누클레오솜 하나당 200 염기쌍이 존재한다. 길이가 2.4 ㎝인 DNA 한 분자에는 $7\times10^{7}$ 염기쌍 (0.34㎚/염기쌍)이 있다. 그러므로 $3.5\times10^{4}$ 누클레오솜이 있다.

2. 정전기적 상호작용.
3. 모르는 요소는 공유결합을 이루는 누클레오티드-아미노산 복합체이다; 그러므로 단백질-DNA의 결합은 공유결합을 통한 것이다.
4. 나선 골격의 인산군들.
5. Cro 단백질은 입체이성체 특이적으로 결합하기 때문에 Cro-DNA 복합체는 형성될 가능성이 없다. 마찬가지로 특이적 접촉 점이 봉쇄될 것이다.

## 제 6장 연습문제의 답

1. 한 세균 (예, S.pneumoniae의 R균주)의 유전인자형 (genotype)이 다른 세균 (예, S.pneu- moniae의 S균주)의 DNA에 의해 변환되는 (R→S)현상.
2. 많은 식물 및 동물 바이러스와 일부 박테리오파아지.
3. 코돈
4. $^{32}P$는 DNA, $^{35}S$는 단백질
5. 돌연변이
6. 우라실
7. 타이민은 5-메틸우라실
8. 화학적 변이와 복제과정의 오류

## 제 6장 문제의 답

1. 바이러스의 RNA는 단백질 외피에 쌓여 있어 외부로부터 보호됨.
2. 하나의 형질전환된 세포에서 유래한 세포들은 모두 동일한 새로운 형질을 나타냄. 즉 유저학적인 의미로는 특정 형질에 대하여 순종임.
3. 이 인산화 결합을 가수분해하기 위해서는 하이드록실기(-OH)가 필요하며, RNA의 ribose의 2'에는 하이드록실기가 있으나, DNA의 deoxyribose에는 없다.
4. 그 당시에는 많은 사람들이 DNA가 tetranu- cleotide구조를 하고 있다고 생각하였으며, 따라서 이렇게 간단한 구조를 가진 물질은 유전정보를 저장할 수 없다고 생각하였음.
5. 형질전환요소의 활성은 단백질분해효소나 RNA분해효소를 처리하여도 그대로 유지되나, DNA분해효소를 처리하면, 비활성화됨.
6. 복제과정에 부정확한 염기가 첨가되거나 또는 부수적인 염기가 삽입되거나 소멸됨

## 제 7장 연습문제의 답

1. 반보존적
2. 주형
3. 전부, 1/2, 1/4
4. theta 복제

5. 회전환 복제
6. 양성 초나선
7. 음성 초나선
8. 중합반응 활성, 5'→3' 엑소뉴클레이즈,
   3'→5' 엑소뉴클레이즈
9. 3'-OH
10. 중합반응, 5'→3' 엑소뉴클레이즈

## 제 7장 문제의 답

1. 아님. 1회의 복제를 하고 나면, 중간의 밀도가 된다. 그러나 15N으로 표지된 가닥 하나는 항상 환에 남아 있다.
2. 5'→3' 활성은 전구 조각의 5' 말단에 있는 리보뉴클레오티드를 제거하며, 3'→5' 활성은 신장 DNA 가닥 끝에 잘못 복제된 염기를 수정하는데 작용한다.
3. pol III 는 DNA를 풀어주는 헬리케이즈를 필요로 한다. pol I은 다른 부수적 단백질이 없이도 단독으로 이중 나선을 풀어낼 수 있다.
4. DNA 중합효소는 5'-삼인산을 3'-OH 기에 연결시키는데, 이 때 두 개의 인산을 떼어내면서 하나의 인산과 인산디에스테르 결합을 한다. 3'-OH 기에 연결시킨다.
5. 하나의 사슬은 3' 끝에서 5' 끝으로 계속적으로 복제되고, 다른 하나는 복제 갈림점의 이동 방향과 반대 방향으로 복제가 일어나며 작은 조각으로 합성된다(그림 7-16, 7-17).
6. RNA 프라이머는 먼저 만들어진 전구체 조각으로부터 반드시 제거되어야 한다. DNA ligase는 RNA와 DNA는 결합시키지 못한다.

## 제 8장 연습문제의 답

1. a. 리보뉴클레오티드 5'-인산
   b. 이중 가닥 DNA
   c. RNA 중합 효소
   d. 아님.
2. 동일 반응임. 즉 뉴클레오시드 5'-인산을 다른 뉴클레오티드의 3'-OH 와 결합시켜 5'에서 3'로의 디에스테르 결합을 형성. 기질은 상이하여, DNA 중합 효소는 디옥시뉴클레오티드를, RNA 중합 효소는 리보뉴클레오티드를 사용함.
3. 시작된 쪽의 끝은 5'-삼인산, 반대 끝은
   3'-OH
4. a. 하나 또는 그 이상의 단백질로 해독되는 RNA 분자
   b. 1차 전사체는 한 DNA 가닥의 상보적 복사물로써 mRNA, tRNA, 또는 rRNA의 전구체에 해당되기도 하는데, 이 때는 가공이 된 후에 해당 기능을 담당하는 RNA가 만들어진다.
   c. 시스트론은 특정 폴리펩티드에 상응하는 염기 서열을 가진 것으로 해독에 필

요한 개시, 종결 신호가 포함된 DNA 절편을 말한다. 폴리시스트론 mRNA 분자는 둘 또는 그 이상의 폴리펩티드 사슬을 암호화하는 염기 서열을 가진 경우이다.

d. 선도자, 중간자, mRNA의 해독 종결 신호 뒤의 마지막 염기 서열 부분을 말하며, 해독되지 않는다.

5. 5개의 단위체, $\sigma$ 단위체는 위치를 잡는데 중요함.
6. a. −10과 −35
   b. TATAAAA
7. a. mRNA의 5' 끝 쪽에 메틸화된 구아노신이 5'−5' 삼인산 결합을 하여 만들어진 구조
   b. 3'−OH 끝
   c. 모든 mRNA 분자 (일부의 바이러스 경우를 제외한)에는 모자가 씌워져 있다. 일부 mRNA분자는 poly(A) 꼬리가 없다.
8. a. 전사체에서 해독이 되지 않는 염기 서열로, 암호화 부위 사이에 끼어 있으며, 해독 단계 전에 제거된다.
   b. 인트론을 제거하고 엑손 부분이 이어지는 과정.

## 제 8장 문제의 답

1. a. 아주 오래 전에 존재했을 가능성이 있는 염기서열로 일부분이 돌연변이 되어 다른 종류가 생겼을 것이다. 또한, 이러한 염기 서열에 작용하는 생화학 시스템이 아주 오래 전에 존재한 것이라는 것을 시사한다.
   b. 촉진 유전자 부분에의 RNA 중합 효소의 결합이나, 중합 반응 개시와 같은 특정 과정을 촉진시키는 데에 필요
   c. 개시 속도가 근소하게 차이 날 가능성이 있다. 개시 속도는 주로 −35 부위에 의해 영향을 받는다. 그러나 정보가 한정적이기 때문에 어떠하다고 단정할 수 없다.
2. 1차 전사체에 있어야 할 삼인산 부분이 없기 때문에 이 분자는 가공이 된 것일 것. 그 가공이 광범위할 수도, 단순히 삼인산의 가수 분해 일 수도 있다. 그러나 더 이상의 정보가 없기 때문에 어느 경우인지 정확히 판단할 수 없다.
3. 진핵 세포의 mRNA 분자에 있는 poly(A) 부분이 원형 재생(renaturating)조건에서 oligo dT에 붙기 때문에, mRNA는 붙어 있고 다른 것은 빠져나간다. 붙어있는 mRNA는 변성조건 (가열 등)을 사용하여 회수한다.
4. $A_{80}\ T_{70}\ G_{80}\ A_{90}\ C_{70}$

   위 서열은 해당 위치에서 가장 자주 등장하는 염기 서열 모음이며, 아래 첨자는 그 빈도(퍼센트)를 의미한다.
5. 5'−AGCUGCAAUG−3'

   5'−CAUUGCAGCU−3'
6. 대장균은 원핵생물이며, 대장균의 RNA 중합효소는 진핵생물의 촉진 유전자를 인식하지 못한다. 반면에 효모는 진핵생물이므로, 제대로 작용할 수 있는 RNA 중합효소가 있으며, 더하여 전사를 촉진시킬 수 있는 여러 가지 전사인자가 있다.

## 제 9장 연습문제의 답

1. a., b. 그리고 c.가 옳다. d. Aminoacyl tRNA synthetases가 필요하다(질문2 볼 것). e. Rho는 전사종결에 관여하나, 해독에는 관여하지 않는다. 그러나, tRAN의 안티코돈이 변화되면 경우에 따라서는 종결코돈을 해독할 수도 있다.
2. c., d. 그리고 e.
3. 원핵생물 : 5S, 16S 그리고 23S RNA를 함유하며, 30S와 50S 소단위체로 구성된 70S이다. 진핵생물 : 5S, 5.8S, 18S 그리고 28S RNA를 함유하며, 40S와 60S 소단위체로 구성된 80S이다.
4. 1) 원핵생물의 경우에는 16S rRNA의 3' 말단가까이에 있는 한 부위와 염기쌍을 이루는 Shine-Dalgarno 서열인 AGGAGGU(리보솜-결합부위)의 바로 하류에 있는 AUG 코돈에서 해독이 시작된다. 진핵생물의 경우 리보솜 소단위체는 mRNA의 5' 캡에 결합하여 그곳으로부터 첫 AUG와 만난다.
   2) 원핵생물의 경우에는 formylmethionine이 해독개시 아미노산이나, 진핵생물의 경우에는 변형되지 않은 메티오닌이 해독개신 아미노산이다.
   3) 원핵생물의 경우 리보솜은 처음 해독틀의 종결코돈 다음에 있는 제2의 AUG에서 해독이 다시 시작되기 때문에, 원핵생물의 mRNA는 폴리시스토로닉 mRNA이다. 진핵생물의 리보솜은 먼저 해리 없이는 해독을 다시 시작하지 않는다.
5. a., b. 그리고 d 단계가 옳다. c 단계는 잘못이다. 아미노산은 aminoacy tRNA synthetase에 의하여 tRNA 분자에 연결된다.
6. 해독틀이란 개시코돈(AUG)에서 시작해서 아미노산 코돈 그리고 종결코돈(UAA, UAG 또는 UGA)까지의 중첩되지 않는 일련의 코돈들을 말한다. 해독틀외에 대부분의 mRNA들은 5' 리더와 3' 꼬리 서열을 갖는다. 5' 캡과 poly A는 진핵생물의 mRNA에 존재한다. 원핵생물의 mRNA의 몇 개의 시스트론이 짧은 스페이서들에 의하여 격리되어 있다.
7. 해독은 mRNA의 합성방향과 마찬가지로 mRNA를 따라서 5' 에서 3' 방향으로 진행된다. 그러므로 DNA로부터 mRNA가 복사되고 있는 동안에도 단백질은 합성될 수 있다. 정반대 방향일 경우는 mRNA 분자의 합성이 완전히 끝난 후에나 단백질합성이 가능하다. 기존의 합성계에서는 반대 방향일 경우 보다 단백질 합성이 더 빨리 개신될 수 있기 때문에 mRNA는 핵산가수분해효소의 공격에 대하여 비교적 더 많은 저항성을 갖게 된다. 이와 같은 현상은 원핵생물의 경우에만 해당되는 것이다.
8. b.
9. 70S 개시복합체 형성과 전위

## 제 9장 문제의 답

1. Met Pro Leu Ile Ser Ala Ser
2. 아르기닌의 코돈은 두 가족, 즉 CGX와 $AG^{A}_{G}$가 있다. CGX 가족의 첫 번째 두 염기 중 하나의 염기가 변하든지 가족내 염기중 어느 염기에 변화가 생기면 다음

과 같은 아미노산 치환이 일어난다 : 히스티딘, 글루타민, 시스테인, 트립토판, 세린, 글리신, 로이신, 프로린, 이소로이신, 트레오닌, 리신 또는 메티오닌

3. UAG에는 Tyr, Leu, Trp, Ser, Lys, Glu 그리고 Glin. UAA에는 Tyr, Lys, Glu, Gln, Leu 그리고 Ser 등이 들어갈 수 있다.
4. Arg-2 코돈은 AGG였어야 한다(한번에 AUG가 될 수 있는 유일한 아르기닌 코돈이다). 그리고 Arg-2는 Gly, Trp, Lys, Thr 또는 Ser으로 대치될 수 있다. Arg-3 코돈은 AGA였어야 하고, Arg-3는 Ser, Lys, Thr 그리고 Gly으로 대치될 수 있다. Arg-1코돈은 6가지 아르기닌 코돈중 하나였으나, 그중 어떤 것인지를 명백히 확인할 수 없다.
5. Val-Cys-Val-Cys-Val-Cys…, 그리고 Val이나 Cys로 시작되는 여러 가지 크기의 펩타이드들이다.
6. a. 트레오닌. 즉, 5' -ACX-3'. 코돈-안티코돈 짝은 역평행임을 기억하라.
   b. I는 U, C 또는 A와 짝을 이룰 수 있기 때문에 ACU, ACC 그리고 ACA이다.
   c. ACG만 읽혀져야하고, wobble 위치내 C는 G와만 짝을 이루기 때문에 CGU이다. Wobble위치내 U는 G와 A를 읽으므로 ACG와 ACA가 읽혀질 수 있고, 그리고 ACA는 논의된 첫 번째 tRNA에 의하여 이미 읽혀졌다.

## 제 10장 연습문제의 답

1. BU는 염기 유사 돌연변이유발원이다. 그것은 티민 유사체로서, DNA 복제시 아데닌과 염기쌍을 이룸으로써 DNA 분자속으로 통합된다. 브롬 원자 때문에, 케토-에놀 평형 변화가 일어나는데, 에놀형이 티민보다 우세하다. 에놀형은 다음 복제시 구아닌과 염기쌍을 이루고, 이 상태에서 한번 더 복제 된 후에는 A.T→G.C 또는 T.A→C.G로 변이 된다. 또한 BU는 TTP 합성을 억제하지 않고 dCTP 합성을 억제하기 때문에 TTP양은 dCTP에 비하여 아주 많고, 그리고 T는 C가 부족하므로 G와 쌍을 이룸으로써 가끔 DNA내로 통합된다. 그러므로 G.C→A.T 또는 C.G→T.A로 변이 된다.
2. 많은 아미노산 교환은 돌연변이체 표현형을 유발시키고, 그리고 많은 돌연변이는 사슬-종결 돌연변이체가 될 것이다.
3. 두 가지 가능성이 있다. 한 tRNA에 두 유전자가 있는데, 그중 하나가 돌연변이 되었던지, 또는 자연적 사슬 종결 서열이 보통 둘 또는 그 이상의 서로 다른 종결 코돈으로 구성되어 있을 수도 있다. 넌센스 억제자는 하나만 억제시키고 사슬 종결은 여전히 일어난다. 두 가지 가능성이 생긴다.
4. 그들은 명백히 상호 작용한다. 한 전하 사인변화는 하나의 돌연변이체를 생산하며, 그리고 다른 아미노산에서 제2의 사인 변화가 생기면 복귀체를 생산하고, 28번과 76번 아미노산은 아마도 이온결합에 의하여 서로 붙어있을 것이다.
5. 시토신의 탈푸린 반응과 탈 아미노기 반응.
6. 하나의 설명은 T4가 그 고유의 회복계를 소유한다는 것이다.
7. d. DNA 중합효소 I

# 제 10장 문제의 답

1. 이 돌연변이체는 분리될 수 없다. 왜냐하면, 그 돌연변이체가 성장할 수 있는 온도가 없기 때문이다. a., c., g. 그리고 h., 왜냐하면 그들은 극성이나 전하사인이 변화되었든지 아니면 화학적 성질이 변화되었기 때문이다.
2. 아님. 만일 원래의 돌연변이율이 1,000염기쌍 서열에 대해서 $10^5$분의 1이라면, 이는 그 서열내 어느 염기에 작용하여 식별할 수 있는 돌연변이를 유발시키는 대개의 확률을 제시할 것이다. 복귀율도 역시 $10^5$분의 1이기 때문에, 이는 그 서열 내에 다른 무작위 변화를 의미할 수도 있다. 정확한 대치 빈도는 변화의 확률에 변화될 수 있는 자리수를 곱한 것이어야 한다. 이 문제에 대한 답은 $(10^5 \times 1{,}000)$중 하나, 즉 $10^8$분의 1로써 최초의 돌연변이율보다 약 1000배 낮다. 그러나, 원래 장리에서의 모든 변화가 원래 아미노산을 재생되지 않았기 때문에, 실질적인 반전율은 더욱 낮을 것이다.
3. 원래의 돌연변이는 아마도 틀변경돌연변이일 것이다. 열거된 돌연변이 유발원들은 여러 가지 트란시션(transitions)과 트란스버전(trans- versions)을 일으키는데, 그중 어떤 것은 미센스 또는 넌센스 돌연변이를 거의 확실하게 억제한다. 틀변경돌연변이를 억제하기 위해서는 그들 자신이 틀변경을 일으키는 돌연변이 유발원인 proflavine이나 또는acridineorange같은 삽입물질이 필요하다. 원래의 돌연변이는 가능한 돌연변이 유발원으로는 억제되지 않는 전위요소에 의하여 일어날 수도 있다.
4. a. X는 비유도성이다. 왜냐하면, 그 효소들은 단백질 합성이 chloramphenicol에 의하여 차단되기 전에 존재했기 때문이다.
   b. X는 아마도 유도적이라고 생각된다. 나머지 5%는 제2의 비유도계나 또는 chloram-phenicol에 존재할 때 합성된 소량의 X 단백질 때문일 수도 있다.

# 제 11장 연습문제의 답

1. 음성조절에서는 전사가 일어나기 전에 DNA에 결합하고 있던 억제자가 반드시 제거되어야 한다. 양성조절에서는 활성자가 반드시 DNA에 결합되어야 한다. 음성과 양성 자가조절은 유전자 산물이 그들 자신의 억제자인지 또는 활성자인지를 제외하고는 똑같다.
2. 억제 단백질은 DNA상의 오퍼레이터와 결합하여 전사를 억제한다. 코리프레서는 아포리프레서라는 조절 단백질과 결합하게 전사를 억제하는 작은 분자이다.
3. 탈억제 (depressed) 상태는 유전자의 정상 상태를 나타낼 때 유도된 상태와 같은 것이다: 그것은 돌연변이 효과를 나타낼 때 구성적 (constitutive)인 의미와 같다.
4. F′ $O^c$ *lacZ*$^-$/$O^+$*lacZ*$^-$의 구성적 발현
   F′ $O^c$ *lacZ*$^+$/$O^-$*lacZ*$^+$의 유도성 발현
5. 아라비노스가 없을 때 AraC는 오퍼레이터와 결합 하에 전사를 억제한다. 아라비노스가 있을 때는 아라비노스-AraC 복합체가 ara 프로모터로부터 전사를

촉진한다.
6. 진핵 생물에서는 전사와 해독이 연결되어 있지 않다.
7. 전사개시 빈도, 전사종료 빈도 (attenuation), mRNA 유용성 (ability)
8. mRNA 안전성, 해독개시 빈도, 단백질 안전성

# 제 11장 문제의 답

1. b 또한 c도 가능
2. 모든 경우에 는 발현되지 않는다.
3. 감쇠는 세포내 부하된 의 수위에 의하여 조절된다. 만약 트립토판이 존재하지 않으면 부하된 의 농도가 부적당하게되고 전사중의 리보솜이 선도 펩티드의 트립토판 코돈에서 멈추게되어 종료자(terminator)의 형성을 억제한다. 그 결과 미성숙 전사종료가 억제된다. 그러나 세포내 부하된 tRNA 수위를 낮추는 다른 돌연변이 (Rnas p)는 전사종료를 유도하지 못한다.
4. 아데닐사이클라아제 유전자 내에 돌연변이가 일어났을 수 있다. 혹은 cAMP 수용체 단백질의 유전자에 돌연변이가 일어났을 수 있다. 또 다른 가능성으론 만약 이들 당분이 같은 운반 시스템을 이용한다면 막 이동 돌연변이 일수 있다.

# 제 12장 연습문제의 답

1. RNA 중합효소 I 은 18S, 5.8S, 28S 리보솜 RNA 유전자를 전사한다.
   RNA 중합효소 III은 tRNA, 5S 리보솜 RNA와 U6 소핵 RNA (U6snRNA)를 전사한다.
   RNA 중합효소 II는 단백질을 암호하고 있는 유전자와 대부분의 snRNA 종류를 전사한다.
2. 조절 대상의 유전자에 대한 진핵생물의 조절서열의 위치는 종종 대단한 중요성을 나타낸다. 그러나 원핵생물의 게놈에서의 조절서열과는 실제로 인핸서라고 알려진 조절서열은 조절기능에 영향을 주지 않도록 수 백 쌍의 누클레오티드 위 또는 아래로 실험적으로 옮길 수 있다.
3. 가변부위; 한 개의 V절편과 한 개의 J절편이 C부위에 연결되어 있다. C부위는 불변부위를 암호하고 있다.
4. 안전성을 증가시켜 그 결과 mRNA이 수명을 증가시킨다. 전사요인에 의한 강한 프로모터의 활성화, 호르몬의 수용체와의 결합을 통한 전사의 활성화
5. 활동하는 염색사는 적어도 부분적으로 히스톤이 없으며 또 저메틸화 상태이다. 이와 같은 활성부위를 정의하는데 즉, 초예민 부위의 위치를 알기 위하여 염색질을 DNase로 처리할 수 있다.
6. 진핵생물 mRNA의 프로세싱에서의 cis와 trans- 스플라이싱이 모두 일어날 수 있다. cis-스플라이싱에서는 같은 전사체로부터 유래한 엑손끼리 연결된다. trans-스플라이싱에서는 한 전사체에서 유래한 엑손이 다른 mRNA상에 위치한 엑손과 연결된다.
7. 단백질을 암호하고 있는 유전자는 독특한 프로모터를 가질 수 있다. 하나의 효

과 분자 (예, 전사요인)는 세포성 RNA 중합효소의 억제자와 그들의 프로모터만 인지할 수 있는 RNA 중합효소의 두 종들의 새로운 단백질을 합성하도록 만들 수 있다. 이와 더불어 또다른 가능성도 있을 수 있다.

8. 배 (아)의 유전자는 모든 종류의 항체에 대한 암호서열을 구성하는 다양한 종류의 염기서열을 가지고 있다. 이들 서열은 DNA 상에서 연속적으로 배열하고 있다. 발생과정 중 유전적 재조합을 통하여 많은 수의 인접 서열을 포함하고 있는 DNA 구획을 제거한다. 많은 구획이 제거될 수 있으므로 이 유전적 재조합이 일어난 후에도 다양한 암호서열이 남을 수 있다. 어느 한 세포에서는 하나의 조합만이 일어나 특정한 항체를 생산할 수 있는 독특한 서열을 가지게 된다.

# 제 12장 문제의 답

1. a. J유전자 수의 증가
   b. (150) (12) (3) (5000) = $2.7 \times 10^7$
2. B 유전자가 그들의 활동에 필요한 어떤 요소로부터 분리되지 않는 한 가능성이 대단히 높다.
3. 어떤 상위 부위는 조절단백질이 활동하기 위하여 중합효소가 개시부위와 조절단백질과 결합하는 개시부위로부터 너무 멀리 떨어진 것처럼 보인다. 더구나 많은 상위부위가 전사율에 심각한 영향을 주지않고도 움직일 수 있다. 또 인핸서들은 그들과 결합하고 있는 유전자의 하위 방향으로도 움직일 수 있다.
4. E가 어떤 방법을 통하여 RNA의 5'끝 근처의 30누클레오티드 길이의 인트론을 잘라내도록 조절을 한다. 5'끝의 AUG 개시코돈은 인트론보다 약간 상부에 있거나 인트론내에 포함되어 있다. 인트론의 존재로 인하여 인트론 내 또는 밖의 in-frame 정지코돈이 또한 존재한다. 따라서 스플라이싱이 없다면 틀-내 (in-frame) 정지코돈에 의한 조기 정지 때문에 짧은 산물이 생산될 뿐이다. 인트론이 잘려나가고 또 아랫부위의 엑손이 정확한 틀 (frame)에 놓이게 되면 상위 엑손의 AUG (만약 존재할 경우) 또는 하위 엑손내 포함되어 있는 첫 번째 AUG를 이용하여 Q생산물이 해독될 수 있다. 해독은 하위 엑손 내의 적당한 틀-내 정지코돈에 도달하기까지 계속된다.
5. a. 두 전사단위체의 프로모터들이 효과자 자신 또는 효과자의 활동에 필요한 또 다른 요소가 작용하는 공통 서열을 가지고 있거나, 아니면 효과자에 의하여 불활성화되는 음성 조절자를 가지고 있다.
   b. 제 1차 전사체 두 가지 모두 어느 단계의 프로세싱 과정을 방해하는 요인이 작용하는 공통의 서열을 가지고 있다.
   c. 프로세싱을 일으킨 두 종류 mRNA 분자 모두 리보솜 부착에 관계하는 공통 서열을 가지고 있다. 아마도 효과자는 이 서열에 결합하는 단백질을 제거하거나, 리보솜 부착부위를 포함하고 있는 이중나선 부위를 변성시키는 것으로 보인다.
6. 아마도 가장 단순한 설명은 두 종류의 mRNA가 다른 수명을 가지고 있다는 것이다. 보다 복잡한 설명으로는 한 종류 단백질의 안정성을 저하시키는 해독후 변형과 또는 한 종류 mRNA의 해독억제가 포함될 것이다.

## 제13장 연습문제의 답

1. 유전체학은 유전체의 크기에 초점을 맞추고, 생물정보학은 유전자 배열, 비유전자 (noncoding) 서열들의 서열 배치의 양식을 찾는 등 그 서열정보를 해석한다. 단백질체학은 세포 내의 단백질의 다양성에 초점을 맞추며, 개체 내 모든 단백질의 목록을 작성하고 각각의 기능과 상호작용을 이해하기 위해 노력한다.
2. C-역설은 어떤 종류의 비교적 간단한 생물체들이 큰 유전체를 가지고 있는 반면, 다른 (때로는 가까운 관계의) 종들은 비교적 작은 유전체를 가지고 있는 역설적인 사실을 말한다. 유전체 확장에 대한 한 가지 설명은 생물체의 유전체에 비유전자 DNA가 진화과정에서 축적되었다는 것이다. 반면, 유전체 크기가 비교적 작은 개체들은 비유전자 DNA를 제거하는 기작이 진화했다고 간주된다.
3. 한 개체의 유전체에서 단백질을 암호화하는 유전자의 전체 개수를 계산하는 것을 말한다. 유전자 수는 어떤 개체가 생명주기 동안 최소 몇 가지의 다른 단백질을 발현시킬 것인지 예상하는 데 유용하다.
4. 대략 1:5. 어쩌면 1:10가까이 될 수도 있다. 이론적으로 각 단백질은 전사 후 수정(modification)을 겪는데 여기에는 짧아짐, 탄수화물 첨가, 아미노산(예. 세린) 잔기의 인산화, 다른 단백질과의 결합 등이 포함된다. 이들 변화의 조합이 여러 종류의 기능적 "단백질"의 총 개수를 다양하게 증가시킬 것이다.
5. 많은 수(예. 수천)를 발현시켜서 유전자를 동시에 측정할 수 있다.
6. 단백질의 일차전사체(primary transcript)가 스플라이싱(splicing) 양상과 전사 후 수정(modification) (예. 짧아짐)된다는 사실은 초기의 분자생물학자들이 하나의 유전자에서 "하나"의 단백질이 나온다고 주장했던 것과 달리 하나의 유전자에서 여러 기능 단백질들이 나올 수 있다는 것을 보여준다.
7. 그림 13-3과 13-5는 "추론 기능" 단계들을 나타낸다. 즉, 한번 관련된 자료가 모아지면 추론, 직관, 그리고 경험(상식)이 작용한다.
8. 자료채굴은 염기서열 정보를 정형(pattern), 변칙(anomalies), 진화적 경향 등으로 분류하고 수집한 자료에 대한 통합적인 설명을 제시하는 것을 포함한다. 반면, 가설에 의한 연구는 아이디어, 모델, 또는 원리로부터 시작하여 가설을 지지하거나 부정하는 증거(정보)를 수집한다. 증거자료가 가설을 부정하면 다른 아이디어나 원리로 대체하고 다시 지지 자료를 찾는 과정을 수행한다.

## 제13장 문제의 답

1. 유전체 크기, 개체의 계통수에서의 위치, 유전적 조작의 기회, 기초적 또는 응용적 연구 과제에로의 적용, 그리고 인간 유전체 해석과의 관련성.
2. "유전자" (단백질을 암호화하는 것만?)의 의미를 정의한다; 프로모터, 엑손, 종결부위의 선택적 사용(개체의 단백질 함량의 복잡성을 증가시킴)과 같은 요소 고려; 항체 유전자 재배열을 조절하는 방법 고안; "pseudogene(정상 유전자와 비슷하나 절대 발현되지 않음)"의 발견; 대응하는 단백질이 세포에서 발견된 것만 수를 센다. *E. coli, C. elegans,* 그리고 *Drosophila* 등 모델 생물체와 비교하면 인간의 유전자는, 각각의 유전자를 인식하는 것을 어렵게 하는 큰

intron 이 있어서, 상대적으로 거대하다.

3. 유전체의 95%는 조절부위, pseudogenes(정상 유전자와 비슷하나 절대 발현되지 않음), 긴 반복서열, 짧은 병렬반복서열, 트란스포존(transposable element; 14장 참고), "구조적" 구역(이중가닥 DNA의 휘어짐이 일어날 수 있도록 하는 부분), 등을 포함하는 넓게 배열된 비유전자(noncoding) 서열이 흩어져 있다. 나머지 5%이하는 단백질을 암호화하며 사람의 경우, "유전자"의 90%는 인트론이 차지한다.
4. 에세이에 다음 일반적 주제를 포함시키라: "형태와 행동의 복잡한 특징들은 유전자 발현의 경로가 겹치거나 여러 조합으로 작용하기 때문에 나타난다." 선충류, 초파리, 식물(예. *Agrobacterium*), 그리고 포유류의 유전자 수는 유전자(factor) 두세 개 정도밖에 차이나지 않지만 이들의 생물학적 복잡성은 매우 다르다. 전사체의 선택적 스플라이싱(alternative splicing)과 전사체간 스플라이싱(trans-splicing: 12장)이 어떻게 유전자의 잠재적 단백질암호화 능력을 증가시키는지 설명하라. 포유류가 하등생물보다 더 많은 종류(예. >200)의 세포를 포함하고 있으므로 더 많이 진화된 생물일수록 조절 작용(예. 조절인자들)이 더 발달했다고 할 수 있다는 것에 대해 언급하라. 또한, 더 많은 조절 회로의 조합이 하등생물에서보다 포유류에서 더 일반적일 수 있는 가능성을 설명하라. 마지막으로, 포유류의 단백질체가 nematode나 초파리보다 더 다양하다는 것에 대해 토의하라.
5. "소량(low abundance)" 단백질은 구조를 연구하기에 충분한 양을 얻을 수 없다; 어떤 종류의 단백질(예. 막 단백질)은 세포에서 추출하기가 어렵다; 자료은행(data bank)에 비교할 만한 충분한 자료가 없다; 현재의 NMR 분광기술은 (주요 기능을 가진)단백질의 작은 부위들을 인식할 수 없다; 비용이 많이 든다(특히, NMR 기구들); 그 외.
6. 처음에는 단백질 분해 효소의 자연적 기질(단백질의 아스파라긴산 잔기)이 밝혀졌다. 그 후 구조가 비슷한 유도체(analog)들이 화학적으로 합성되었고 단백질의 가능을 막는지 시험되었다. 마지막으로 어느 유도체가 HIV 단백질 분해 효소(인간 숙주의 것과는 달리)에 특이적으로 작용하는지 동물실험을 수행하였다. HIV 단백질 분해 효소에 특이적으로 작용하는 저해제는 의학적 시험에 최우선권이 주어진다. 게다가, 환자의 정상 대사과정에 최소의 부작용이 있는 의약품은 더 좋은 약품을 개발하기 위하여 선택된다. 최종적으로 합성의 용이함(그러므로 적은 생산 비용이 드는)이 고려의 대상이 된다. 용량을 결정하기 위해서는 세포 내에 있는 단백질 분해 효소의 양, 주사시 생체 내에서의 안정성, 그리고 HIV 감염 세포로의 운반 등이 고려되어야 한다.

## 제 14장 연습문제의 답

1. 정반복, ABCD····ABCD
   역반복, ABCD····A′B′C′D′(X′는 X의 상보적 염기)
2. 보전적 전이에서는 원래 요소가 복제되지 않고 새 위치로 이동한다. 복제성 전이에서는 원래 요소는 그대로 있고 복제된 사본이 다른 위치에 생성된다. 모든

경우 표적서열은 복제된다.

3. 공여체에서의 합성은 복제된 단일가닥을 제공하며, 수용체에서의 합성은 이동된 가닥을 이중가닥으로 전환시킨다.
4. a. *tra* 오페론의 여러 유전자
   b. 필루스 혹은 접합다리
   c. 회전환 복제
   d. *ori* T에서 핵산내부분해 틈에 의해 5' $-PO_4^-$와 3'-OH 말단 형성
5. a. Hfr 혹은 고빈도재조합 균주
   b. 여러 IS 서열 중 하나
   c. 이론적으로 전체 염색체의 이동이 가능하지만, 일반적으로 그 전에 접합이 중단된다.
   d. 염색체 DNA 일부를 갖고 있는 (Hfr세포에서) 절단된 F플라스미드
6. 꼬리가 있는 정이십면체, 꼬리없는 정이십면체, 섬유형.
7. T3, T7, λ: 선형의 이중가닥 DNA. M13: 원형의 단일가닥 DNA. MS-2: 선형의 단일가닥 RNA

# 제 14장 문제의 답

1. (a) 전이 인자

   5′----- GATCCAGCAATGGCA---------- TGCCATTGCGATCCA-----3′
   3′----- CTAGGTCGTTACCGT----------- ACGGTAACGCTAGGT----5′

   (b) 5′-----TTAGCA-3′ 5′-TTAGCA-----3′
   3′-----AATCGT-5′ 3′-AATCGT-----5′

   공여분자에서 이중닥 틈

   전이 인자

   (c) 5′----- TTAGCAGCAATGGCA---------- TGCCATTGCTTAGCA-----3′
   3′----- AATCGTCGTTACCGT----------- ACGGTAACGAATCGT----5′

2. a. 돌연변이가 전이효소 억제제의 기능에만 영향을 주었다면 전이빈도는 증가할 것이고 결과적으로 변하지 않은 염색체와 Tn3 요소를 갖는 플라스미드가 생산된다. 만일 돌연변이가 재조합 기능에만 영향을 주었다면 전이빈도는 같지만 플라스미드가 염색체에 통합된 상호통합체가 만들어질 것이다. 또한 돌연변이가 두 기능 모두에 영향을 주었다면 전이빈도는 증가하지만 상호통합체만이 생산될 것이다.
   b. 전이효소가 억제되지 않고 레솔바제가 거의 만들어지지 않게 되므로 전이빈도는 증가하지만 상호통합체가 분해되지 않으므로 상호통합체만 생산된다.
   c. 전이인자 절제나 표적 DNA 절단이 작용하지 않으므로 전이는 일어나지 않는다. 산물이 만들어지지 않거나 혹은 공여체나 수용체 분자 중 한 분자만 절단되므로 이 중 하나가 소실된다.
   d. 전이효소가 거의 만들어지지 않으므로 전이는 일어나지 않으며, 중간체나 최종 산물이 검출되지 않는다.
   e. 전이나 분해에는 영향이 없지만 선별할 마커가 불활성화 되었으므로 전이를

검증하는 것이 불가능해진다.

f. 전이빈도는 동일하지만 레솔바제가 res위치를 인식할 수 없으므로 상호통합체만 형성된다.

3. a. Lac$^-$

b. $F'$ (ts) *lac*$^+$가 세균 염색체에 통합되었다.

c. *gal* 유전자 안에서 통합이 일어났다

4. 파아지는 대사작용을 하는 세균에서만 자랄 수 있다. 따라서 이 경우, 파아지는 자라지 않는다.

5. 숙주효소

6. 하나의 이중가닥 원형분자.

## 제 15장 연습문제의 답

1. a. 제한효소는 DNA의 특정 염기서열을 자르는 핵산내부분해효소이다.

b. 생물학적인 기능은 외부 DNA를 파괴하는 것이다.

c. 과학자들은 DNA로부터 특정적이고 재현이 가능한 DNA를 만들거나 실험실에서의 클로닝을 위하여 제한효소를 사용한다.

d. 각 염기서열은 회문성 구조이다. 즉, 회전성 (이분자) 상칭이다. 다시말해, 양방에서 읽을 때 같은 서열이다.

2. 외가닥의 절단은 인지부위의 대칭중심을 축으로 하여 서로 반대방향이다. 또는 그 절단은 엇갈림 (몇 누클레오티드가 떨어져 있으나, 인지부위의 대칭선을 중심으로 상칭이 됨)이 된다. 서로 직접 반대방향으로 절단은 단면말단을 형성하나, 엇갈림 절단은 5' 돌출이나 3' 돌출 말단을 형성한다. 돌출말단 절단을 점성말단이라 부른다. 왜냐하면 유사한 돌출말단은 달라붙어 염기쌍을 형성할 수 있기 때문이다.

3. 제한효소는 같은 염기서열을 둘 다 인지해야 한다.

4. 이상적인 클로닝 벡터는 복제원점을 가지고 있어야 한다. 두 개의 선택적 마커 유전자는 도움이 된다 – 하나는 항생제에 대한 저항성을 제공하거나 선별배지에서 살아남는 형질전환된 세포만을 선별할 수 있도록 유전적 돌연변이를 보상하고, 다른 하나는 DNA 절편을 유전자 내부로 클로닝했을 때 불활성화되도록 하여 재조합 분자를 비재조합 분자로부터 구별해내도록 한다. 많은 수의 유일 클로닝 부위를 함유하고 있는 다수 연결부위는 벡터의 유용성을 증가시킨다. 만약 절편이 진핵세포의 것이고 발현시키기를 원한다면 프로모터 서열이 필요하다.

5. 삽입적 불활성화는 클로닝의 한 과정으로 DNA 절편을 벡터 유전자내로 삽입하여 그 유전자가 더 이상 활성을 갖지 못하도록 하는 것이다. 일반적으로 항생제 저항성 유전자를 이용하며, 재조합 플라스미드로 형질전환된 콜로니는 그 항생제에 민감하게 된다. $\alpha$–상보성에서 선별유전자의 오직 일부만이 플라스미드에 존재하고, 그 유전자의 나머지 부분은 숙주에 있다. 각자는 절대로 활성을 나타낼 수 없고, 두 개가 함께 있어야 활성을 나타낸다. 벡터에 있는 유전자로 DNA의 삽입은 상보성을 방해한다.

6. 만약 DNA 절편이 있다면, 그 절편은 방사선 동위원소로 표지한 후 콜로니 혼성

화반응, 혹은 분리된 플라스미드나 파아지를 함유한 평판배지로부터 만든 막의 DNA 혼성화반응에 이용될 수 있다. 만약 그 절편의 제한효소 지도가 알려져 있다면, 수 많은 플라스미드 또는 파아지 DNA 절편을 분리하여 하나 또는 하나 이상의 제한효소로 절단하고, 겔 전기영동에 의해 분석할 수 있다. 결과적으로 만들어진 지도는 예상했던 지도와 비교할 수 있다. 궁극적으로 플라스미드나 파아지내의 DNA는 그 삽입된 절편을 확인하기 위하여 염기서열 분석을 하게 된다.

7. a. 가나마이신
   b.가나마이신 저항성/암피실린 저항성 (Kan- r Amp-r), 가나마이신 저항성/암피실린 민감성 (Kan-r Amp-s)
   c. 가나마이신 저항성/암피실린 민감성 (Kan- r Amp-s); 가나마이신 저항성 콜로니는 암피실린을 함유한 한천배지에서 복제될 수 있다. 암피실린 민감성 콜로니는 성장하지 못한다.
8. DNA 리가제는 연결을 위하여 5'인산기와 3'수산화기를 필요로 하기 때문에, 탈인산가수분해효소로 절단한 벡터로부터 5'인산기의 제거는 벡터 자체끼리의 재연결을 막을 수 있다. 또 다른 방법은 두 개의 다른 제한효소로 절단한 벡터와 인서트를 이용하여 지향성 클로닝을 하는 것이다. 형성된 말단끼리 호환성이 없기 때문에 플라스미드는 재연결될 수 없다. 물론, 절단부위 사이에 존재하는 아주 작은 DNA 절편을 제거하여 원하는 인서트를 연결할 때 플라스미드 자체가 재연결되는 것을 방지해야 한다.
9. 게놈 라이브러리는 게놈 (염색체) DNA를 클로닝 가능한 크기로 적절한 벡터에 삽입한 것이다. cDNA 라이브러리는 세포질 mRNA로부터 역전사효소에 의해 만들어진 DNA 절편들을 함유하고 있다. 게놈 클론은 프로모터와조절부위 및 인트론을 포함하고 있다. 게놈 클론의 장점은 유전자를 생체내에 존재하는 조절단위를 포함한 완전한 형태로 연구할 수 있다는 것이다. cDNA 클론은 인트론이나 조절부위를 가지고 있지 않다. 그러나 만약 박테리아 프로모터를 첨가하면 발현시킬 수 있다.
10. 위치특이적 돌연변이는 실험실에서 클론된 유전자를 변형시키는 방법으로 다음과 같이 실행된다: 야생형 염기서열로부터 한 개 또는 그 이상의 특정서열을 교체한 짧고, 중복되는 외가닥 올리고머를 이용하여 전체 유전자를 합성하여 변형하거나, 클론한 유전자의 야생형 부분을 돌연변이 부분으로 대체하여 변형한다. 이러한 방법은 통상의 돌연변이 유도방법에 비해 두배의 장점을 지닌다. 첫째, 염기 교환이 특이적이다; 실험자가 교환하기를 원하는 것만 바꿀 수 있다. 둘째, 교환이 오직 관심을 갖는 유전자내에서만 일어나도록 할 수 있고, 돌연변이의 확인을 위한 시간이 절약되고 2차 돌연변이가 일어날 가능성이 없다. 몇가지 단점도 있다. 대상 유전자를 생물체로 재도입 하여야 하고, 실험자가 교환을 선택하기 때문에 흥미있는 돌연변이가 일어날 가능성이 배제된다. 위치특이적 돌연변이를 이용하여 얻을 수 있는 정보는 효소의 구조와 기능 및 여러 단백질의 상호작용 등에 필요한 특정 아미노산 잔기의 역할을 이해하고, 효소의 활성부위의 위치 등을 알 수 있다는 것이다. 마찬가지로, 유전자의 프로모터와 조절부위의 돌연변이는 유전자 발현의 조절에 대한 정보를 제공할 수 있다.

# 제 15장 문제의 답

1. a. EcoRI 절단은 선형분자 (n + 1 절편, n은 위치의 수)로부터 11개 절편이 환형분자 (n 절편)로부터는 10개의 절편이 생성된다.
   b. 양 끝의 두 절편은 오직 하나의 EcoRI 점성말단을 지니고 있기 때문에 선형분자로부터는 오직 9 절편만 (n−1)이 환형화될 수 있다. 환형분자로부터 만들어진 모든 절편은 환형화될 수 있다. 이것은 모든 절편이 환형화되기에 충분한 길이로 생성되었음을 가정했을 경우이다.
2. a. BamHI과 BglII
   플라스미드:

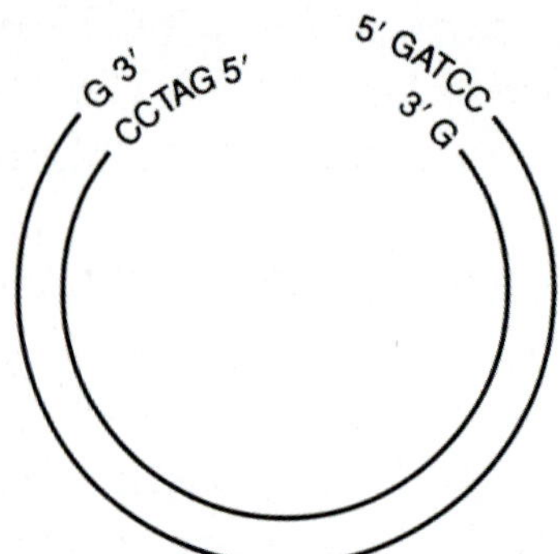


유전자 절편:

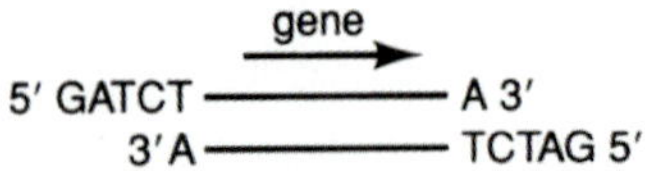


답은 예스, 그들은 다음과 같이 호환성이다

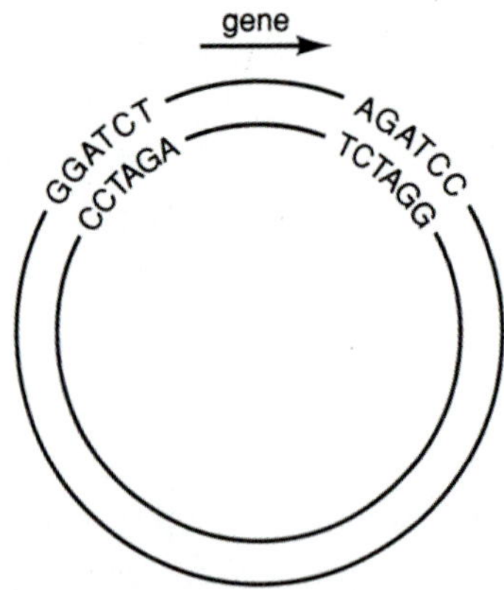


어떤 효소 부위도 재생되지 않는다. 반대방향으로의 클로닝도 가능함을 주목하라.

   b. BamHI과 Sau3A
   플라스미드:

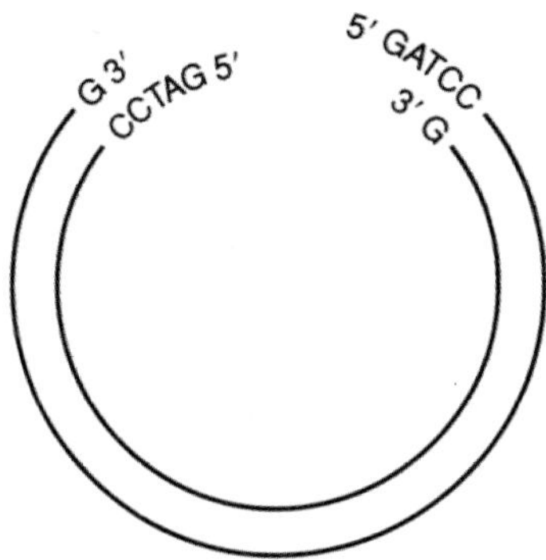


5´GATCC——A 3´
3´G————TCTAG 5´

이들 말단도 역시 다음과 같이 호환성이다

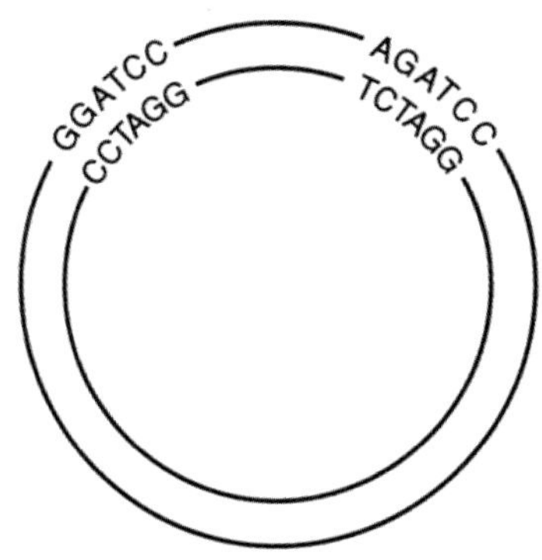


한번 강조하면 두 방향 클로닝이 가능하다. 모든 경우에 Sau3A 부위는 재생된다. 이러한 방향에서 왼쪽의 BamHI 부위는 재생되나 오른쪽의 BamHI 부위는 재생되지 않는다.

c. BamHI과 DpnI
플라스미드: (a), (b)와 같음
절편:

5´TCC——AGA3´
5´AGG——TCT3´

이들 말단은 호환성이 없다. DpnI이 Sau3A와 같은 염기서열을 인지할 지라도 절단 위치가 다르다. DpnI은 단면말단을 형성하여 BamHI 점성말단과 호환성이 없다.

3. 다음과 같은 원이 만들어진다. 그외에 이중 T5 원과 이중 T7 원이 형성될 수 있다.

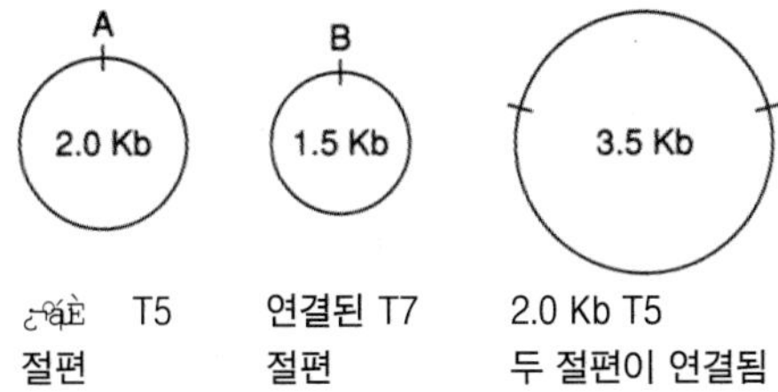

낮은 농도의 DNA 리가제는 이중의 절편원을 형성하도록 하기 때문에 그 효소는 아마도 5'돌출부나 3'돌출부를 지닌 점성말단을 형성할 것이다. 단면말단 연결은 고농도의 DNA 리가제가 요구된다. 두 효소는 이중원을 절단할 수 있기 때문에 아마도 동일한 염기서열을 인식할 것이다.

4.

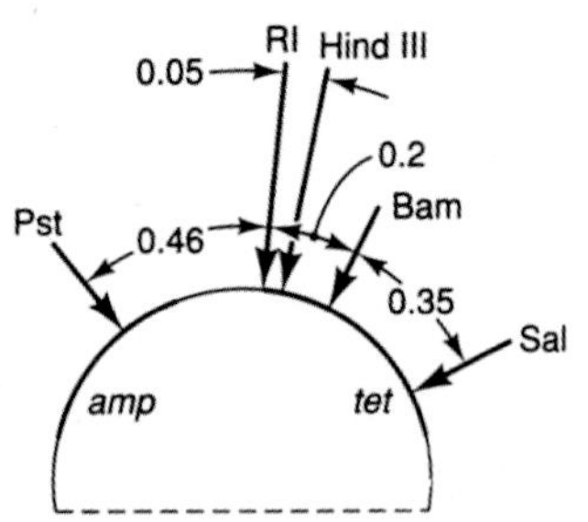


인간 게놈 클론뱅크를 이용한 염색체 워킹이 필요하다. 첫 번째 단계는 게놈 뱅크를 만드는 것이다. 인간 게놈 DNA를 부분적으로 절단하여 얻은 절편을 파아지 벡터에 클로닝한다. 부분 절단은 염색체 워킹을 위해 필수적인 중복 절편을 만들기 위해서 필요하다.

최초의 게놈 클론은 cDNA 클론을 방사선 동위원소로 표지하여 만든 탐침을 이용하여 플라크 혼성화반응 (콜로니 혼성화반응과 유사하나 파아지 플라크를 이용)에 의해 분리한다. 짧은 제한효소 절편이나 합성된 올리고머에 방사선 동위원소를 표지하여 처음 게놈 클론의 양쪽 끝에 상응하는 방사선 동위원소가 표지된 탐침을 마련한다. 이 탐침은 게놈 라이브러리로부터 처음 클론의 양쪽 중 한쪽을 지닌 클론을 탐지하는데 이용한다. 두 유전자의 염색체상 방향을 알 수 없기 때문에 염색체 워크는 양방향으로 계속된다. 새로운 절편은 제한효소 지도와 또는 염기서열 분석에 의해 올바른 방향이 결정될 수 있다. 이러한 새로운 절편은 방사선 동위원소가 표지된 탐침으로 작용하여, 염색체 워크가 두 번째 유전자로 계속된다면 써던 (Southern) 혼성화반응 또는 파아지 플라크 혼성화반응에 의하여 두 번째 유전자 탐색에 사용된다. 만약 두 번째 유전자가 첫 번째 유전자의 양 방향으로 적당한 거리에서 발견되지 않는다면, 두 유전자는 아마도 연관되어 있지 않음을 의미한다.

# 제 16장 연습문제의 답

1. 유전적으로 변형된 음식(예: 콩, 벼), 인간의 조직/기관 이식을 위해 조직 항원이 불활성화된 돼지, 우유생산이 증진된 젖소 등.
2. a. ES세포는 포유류 배의 초기 단계인 낭포에서 발견되는 미분화되고 전형형능을 갖는 세포이다. 이 세포는 배에서 제거하여 유전적으로 변화시켜 다른 낭포에 도입하면. 그 곳에서 발생중인 배의 어떤 조직에도 통합될 수 있는 능력을 갖고 있다.

   b. 프로모터가 없는 neor 유전자를 c-abl 유전자에 삽입하면 c-abl 유전자가

불활성화된다. 불활성화된 유전자가 삽입된 세포는 c-abl 유전자 사본을 발현할 수 없고 동시에 네오마이신에 저항성을 갖게된다.

c. 네오마이신 유사체인 G148을 포함하는 배지에서 성장시켜 변형된 유전자로 형질전환된 ES세포를 확인한 후. 네오마이신 저항성(따라서 c-abl 유전자에 연결된 neor 유전자를 함유할 가능성이 있는)세포만 성장할 수 있다.

d. 상동성 재조합은 염기서열이 상당히 유사한 두 DNA 분자 사이, 이 경우, ES세포의 야생형 c-abl 유전자와 전기천공법에 의해 ES세포에 도입된 돌연변이된 외부 c-abl 유전자 사이에 유전적 교환을 포함한다. c-abl 유전자가 정상적인 염색체의 위치가 아닌 곳에 삽입되면 c-abl 유전자의 비정상적 혹은 변형된 발현 및 다른 유전자의 변형, 불활성화, 비정상적 발현을 초래할 수 있다.

e. 형질전환된 ES세포의 네오마이신 저항성 군체는 분리되고, 그 DNA는 c-abl 유전자로부터 유래된 탐침을 사용한 Southern blot으로 분석한다. 원래 세포주는 자신의 야생형 c-abl 유전자를 가지고 있으므로 상동성재조합의 한 근거는 Southern blot에서 유전자의 정상 크기 위치와 약간 큰 위치(삽입된 neor 유전자를 포함하는 c-abl 유전자 )에서 두 밴드가 나타나는 것이다. 만일 비상동성 혼성화가 일어났다면 정상크기의 밴드만 나타날 것이다.

3. a. 형질전환동물을 만드는데 사용된 기술은 배발생, 조직분화, 암발생, 면역계의 기능에서 특정 유전자의 정상적인 기능을 연구하기 위하여 그 유전자를 다양한 생물에 도입하거나 유전자를 불활성시키는데 사용될 수 있다. 또한 이 기술의 여러 변형이 유전자 치료에 이용될 수 있다.

b. 만일 조작된 유전자가 정상적 배발생에 필수적이라면 동형접합성 후대는 출생전에 죽을 것이다. 숙주-특이적 차이때문에 변형된 세포가 발생중인 배에 통합되지 않거나 혹은 다음 세대의 후대에 전달되지 않을 수도 있다. 비상동성 재조합이 상동성 재조합 보다 빈번히 일어나며 2(d)에 기술된 결과를 초래할 수 있다.

4. a. **유전자 치료**에서는 정상이고 기능을 갖는 유전자 사본이 특정 결손 유전자의 존재로 인한 유전적 결함으로 고통받는 환자의 조직에 도입되어 유전적 결함을 수정함으로써 환자가 정상적 삶을 갖도록 한다. **보조(대치)치료**에서는 골수이식에서 처럼 결함세포를 정상세포로 대치한다.

b. 유전자치료를 많은 질병에 이용하기 위해서는 정상 유전자를 복잡한 다세포 생물의 정확한 조직, 정확한 위치에 도입하여야 하기 때문에 어렵다. 많은 조직은 배양시 성장하지 않으며 어떤 세포는 유전조작을 위해 신체의 특정부위에서 제거할 수 없다. 또한 적절한 세포형을 선택적으로 감염시키고 적절한 위치에 DNA를 삽입하는 바이러스 벡터가 있어야만 한다. 이런 조건이 만족되지 않으면 유전자 치료는 비효과적이고 위험할 수도 있다.

5. a. RFLP는 제한효소길이 다형성이다. 이는 개체간 DNA 염기서열의 변이를 의미하며 제한효소 절단 위치의 변이로 나타난다. RFLP는 결손, 삽입 혹은 점돌연변이가 유전자 내부나 근처의 제한위치를 바꾸거나, 유사한 변화가 유전자 사이의 비암호화 부위에서 일어날 때 나타난다.

b. RFLP를 이용하여 출산전 태아, 인공 수정 전 자궁 및 가족을 이루기 전에 지

적 결단을 원하는 해로운 유전자의 잠재적 보유자에게서 인간 유전병을 증상이 나타나기 전에 진단 할수 있다. 이러한 방법으로 RFLP를 이용하는데 있을 수 있는 몇가지 문제가 있다. 실험이 가능하기 위해서는 질병에 관련된 유전자가 동정되고 염기서열이 밝혀지고 클론되어야 한다. 정상인과 환자 사이에 RFLP 양상의 차이가 확인되어야 한다. 어떤 경우는 유전병에 관련된 유전자와 RFLP에 관련된 주위의 다형성 DNA부위 사이에 재조합이 일어날 수 있고, 병 유전자를 물려 받았으나 변형된 제한 위치는 물려 받지 않거나, 혹은 변형된 제한 위치는 물려 받았지만 결함 유전자는 갖고 있지 않은 개인도 있다.

6. a. **VNTR (가변직열반복)**은 게놈에 산재한 직열로 반복된 무리에서 다양한 사본수로 나타나는 짧은 염기서열이다.
   b. **미소부수반복**은 게놈 전체에 걸쳐 여러 곳에서 나타나는 2-5 염기 크기의 반복으로 구성된다. **소부수반복**은 짧은 핵심서열을 포함하는 보다 긴 30-35 염기의 반복 단위로 게놈의 몇 곳에서만 나타난다. 염기서열이 보다 특이하고 분리하여 전기영동법으로 구별하기 어려울 정도로 게놈에서 자주 나타나지 않으므로 소부수반복이 DNA지문에 보다 유용하다.
   c. 개체로부터 DNA를 분리하여 VNTR 배열 자체는 절단하지 않고 전체 반복부위를 절단하는 제한효소로 절단한다(만일 표품의 DNA양이 적으면 PCR로 먼저 증폭한다). 제한효소 절편은 젤 전기영동으로 분리된다. 기본 반복단위와 혼성화하는 방사성 탐침을 이용하여 Sourthern blot을 실시한다. 자가방사법은 탐침과 혼상화한 다양한 크기의 수 많은 DNA 절편을 보여주면서 고도로 개별적인 절편의 양상(DNA 지문)을 나타낸다.
   d. DNA 지문은 법의학, 친자확립, 야생종 밀렵, 멸종위기 동물의 포획 육종 계획을 비롯한 다양한 경우에 사용되었다.
7. a. 인간 성장요소 유전자를 세균에서 클로닝하고 발현시키기 위한 시도에서 일어날 기술적인 문제는 다음과 같다: (1) 진핵생물의 프로모터는 세균의 RNA 중합효소에 의해 인식되지 않을 수있다; (2) 진핵생물 유전자로부터 전사된 mRNA는 세균 리보솜에 의헤 해독되지 않을 수 있다; (3) 진핵생물의 유전자가 인트론을 갖을 수 있고 세균은 인트론을 제거하고 엑손을 연결할 능력이 없다; (4) 단백질 자체가 가공이 필요할 수 있는데 세균은 진핵생물의 가공 신호에 적절히 반응하지 못할 수 있다; (5) 진핵생물 단백질이 세균의 단백질분해효소에 의해 외부물질로 인식되어 분해될 수 있다.
   b. 다른 접근은 진해생물의 유전자를 효모 인공 염색체(YAC) 같은 진핵생물 클로닝 벡터에 클로닝하고 효모를 벡터의 숙주로 이용하는 것이다. 또 다른 접근은 양이나 염소 같은 형질전환 동물을 이용하여 유전자 산물을 생산하고 동물의 우유로 분비하게 하는 것이다.

# 제 16장 문제의 답

1. a.

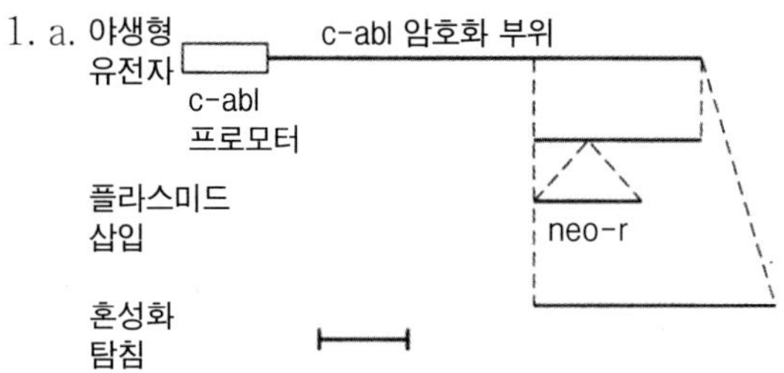


b. 상동성

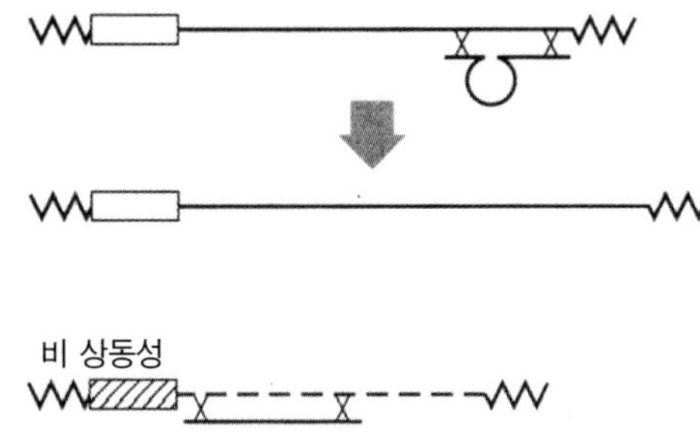


열린 박스는 *c-abl* 프로모터를 빗금친 박스는 세포 프로모터를 나타낸다. 톱니선은 주변 염색체를 점선은 빗금친 프로모터 하류의 암호화 부위를 나타낸다.

c. 상동성

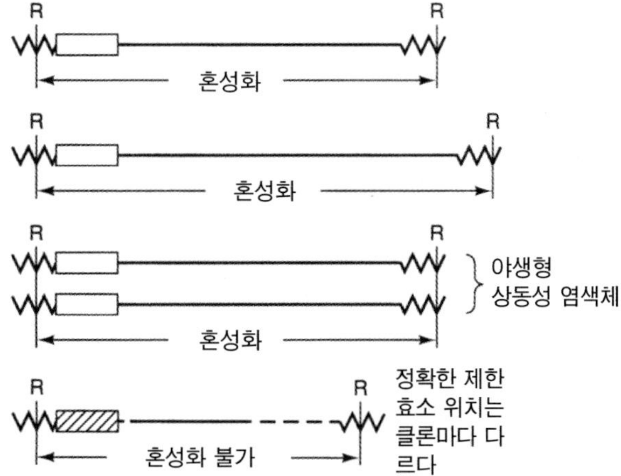


2. a. 형질전환된 후대와 형질전환되지 않은 후대를 물리적 외형으로 구별하는 것이 불가능하게 되어 다음 단계의 실험이 더욱 어렵게된다.

   b. 관심있는 유전자가 파괴되지 않는다(불활성화 되지 않는다). 또한 *c-abl* 유전자로 형질전환된 세포는 네오마이신 민감성이 되므로 G418배지에서 성장하지 않을 것이다.

c. 재조합유전자는 세포로 들어가지않게도어 형질전환된 ES세포가 생산되지 않는다.

d. ES세포가 분화되기 시작하면 전형성능을 더 이상 갖지 않게되고, 따라서 형질전환된 ES세포가 키메라 동물을 확인하는 기초인 눈에 띠는 표현형을 나타내는 생식계 조직이나 다른 조직에 통합된 것을 관찰할 수 없을 것이다.

3. a. 용의자 #1의 DNA 지문 양상이 정액 표품에서 발견된 양상과 가장 잘 일치한다. 다른 두 용의자(#2와 #3)의 DNA 지문은 정액 표품의 양상과 전혀 일치하지 않는다.

b. DNA 지문이 정액 표품의 양상과 일치하지 않으므로 용의자 #2와 #3는 무죄이다. 그러나  특정 DNA 지문이 일반인 혹은 용의자 #1의 인종에서 나타나는 빈도에 대한 정보가 없이는 용의자 #1이 확실히 유죄라고 말할 수는 없다 (또한 용의자 #1이 DNA지문이 동일할 것으로 기대되는 일란성 쌍둥이 형제가 있는 지도 모른다). 단 하나의 일치에 의해 유죄를 증명하는 것 보다는 범죄 현장에서 발견된 양상과 일치하지 않는 것에 근거해서 무죄를 증명하는 것이 분명히 쉬울 것이다.

c. F2가 아이의 아버지일 가능성이 매우 크다. 아이의  DNA 지문 양상은 F2와 아이의 어머니에서 나타나는 밴드의 조합이다. F1의 DNA 양상은 아이의 양상과 거의 일치하지 않는다.

4.
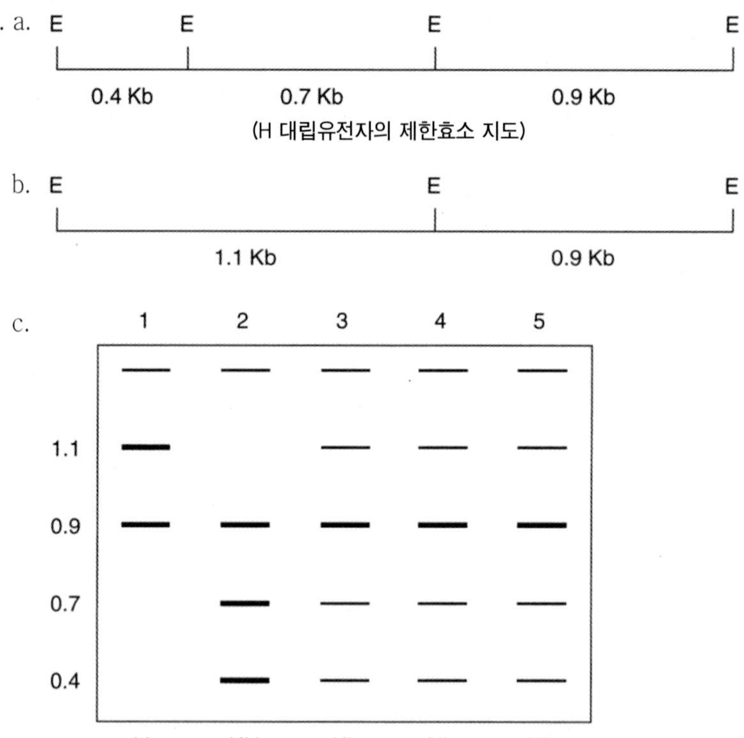


d. 정상 털을 갖는 독일 세퍼트 DNA의 제한효소 분석을 통해 i)이 동형접합성(HH) 이므로 0.4, 0.7 0.9 Kb밴드를 나타내는 개와 ii) 이형접합성(Hh) 이므로 0.4, 0.7, 0.9 Kb와 0.9, 1.1 Kb밴드의 조합을 나타내는 개를 구별할 수 있다.

# 찾아보기

## 기호


$\beta$-galactosidase 226
$\beta$-mercapto-ethanol 428
$\beta$-pleated sheet 63
$\alpha$ helix 62
$\beta$ structure 63
$\theta$ replication 121
5-hydroxymethyl- cytosine 328


## A


acrylamide 28
actin filament 93
activator 225, 312
active site 71
acylation 174
adenine methylase 311
adenosine deaminase(ADA) 386
adenovirus 142
affinity maturation 280
Agar 5
aldose 425
allelic exclusion 280
allosteric conformational change 246
allosteric effector 244
allosteric effector molecule 225
alternative splicing 466
amine 429
amino acid attachment site 172
aminoacyl 172,181
amphipathic 91
amphoteric 430
antibody 67, 277
anticodon 172
antiexpression 403
antigen-antibody reaction 68
antigen 68, 277
antiterminator 337
AP endonucleases 209
apoptosis 217
Archaebacteria 7
attenuation 463
attenuator 239
Auxotroph 5
azidothymidine 392


## B


back mutation 201
Bacteriophage 4
base-paring 37
base addition 196
base analogues 208
base composition 35
base deletion 196
base substitution 194
base substitutions 197
bicoid 258
bidirectional 139
bioinformatics 285
branched pathway 244
Broth 5


## C


C-value paradox 286
cAMP 232
capsid 106
carbohydrate 423
carbonyl group 424
carboxy-terminal domain 259
cDNA library 364
Cell 3
Centromere 110
chain- termination 195
charged 174
Chemical alteration 114
chiral center 418
chromatin 82
Chromatography 105
chromosome jumping 355
chromosome walk 354
chymotrypsin 104
circularly permuted 329
cistron 154
clonal selection 280
coactivator 254
coat protein 335

codon 111, 154
cohesive end 336
cointe- grate 311
colicin 315
complementary DNA 363
complex transposons 308
conatant 69
concatemer 125
conditional mutation 195
conjugation 316, 349
core enzyme 130, 149
corepressor 236
coumermycin 81
coupled transcription-translation 186
covalent extension 123
CpG islands 260
cumulus 396
cycloheximide 272
cyclosporin 297
cytosolic pathway 273

## D

D-loop 125
deaminase 268
deamination 113, 209
dehydration 423
deletion 194
depression 231
depurination 208
dideoxycytidine 392
dideoxyinosine 392
dihydrofolate reductase 327
dimethoxy 53
direct repeat 307
directional cloning 360
displacement loop 125
dissociation 312
disulfide bond 61
DNA-RNA hybridization 161
DNA fingerprint 381
DNA ligase 136
DNA polymerase 120
DNA repair enzymes 402
DNA sequencing 335
DNase 49
domain 161
double-stranded helix 36
Drosophila melanogaster 258

## E

editing function 129
editing or proofreading function 208
Electrophoresis 9
Embryonal stem cells 8, 374
Emitricitabine 392
emphysema 383
endolysin 326
endonuclease 50
enhancer 156, 254
enterotoxin 315
error-prone DNA replication 216
Ester 427
Eukaryotes 4
excision-repair 211
exon 159, 262
exonuclease 50

## F

factor 315
familial hypercholesterolemia 386
feedback inhibition 225
female 316
fibrous protein 64
fixative 424
fluid mosaic model 91
Fluorotyrosine 187
fruit fly 291

## G

galactoside transacetylase 227
gene activator protein 150
gene cloning 30
Genetic Map 9
Genome 9
genomic library 354
genomics 285
geometric isomers 421
globular proteins 64
glutamic acid 62
glycophorin 93
glycosylation 295
guide RNAs 267
gyrase 81, 122

## H

helicase 121, 126
hemiacetal 425
hermus aquaticus 390

hetero chromatin 260
heterogeneous nuclear RNA 159
High frequency of recombination 319
histone 82
holoenzyme 130, 149
homeodomain 258
hot-spot 308
hot spots 210
hybridization 47
hydrocarbon 418

## I

immunoglobulin 277
Immunoglobulin G 277
in vitro 234
induced mutagenesis 194
inducer 225
initiation factors 180
insertion 194
insertion sequence 306, 320
integral membrane protein 91
intergenic suppression 202
intermediate filaments 93
internal resolution site 309
intestinal apolipoprotein B 268
intragenic suppression 202
intron 156, 159, 253,262
iodotyrosine 187
IPTG- isopropylthiogalactoside 229
isoenzyme 246

## K

ketose 425

## L

lactose permease 226
lagging strand 132
leading strand 132
leaky mutation 196
Leucine zipper 90
Liquid Growth Medium 5
low density lipoprotein (LDL) 386
lysis 326
lyso- genic cycle 324
Lysozyme 13, 326
lytic cycle 324

## M

major groove 36
malignant melanoma 385
maternal RNA 273
membrane bilayer 90
membrane filter 47
mercaptan 427
merodiploid 321
messenger RNA, 111
Metabolic Regulation 6
methane 419
methionine 394
methylation 260
microsatellite repeat 380
Minimal Medium 5
minisatellite repeats 380
minor groove 36
mischarged 174
mismatch repair 208
missense mutation 195
Molony leukemia virus 273
monomer 62
morphogenesis 326
mRNA 47
multiple mutation 194
multisubunit protein 67
mutagenesis 193
mutant 193
Mutation 114, 193
mutator gene 201

## N

negative supercoiling 121
nematode 291
neural cell adhesion molecules 266
neurotransmitter 402
neutral mutation 195
NMR 296
nonsense mutation 195
nonsense suppressor tRNA 205
nuclease 49, 351
nucleocapsid 392
nucleoid 79
Nucleoprotein 100
nucleosomes 85
Nucleotide 100
nucleotide reductase 328

## O

Okazaki 133
oligonucleotide 351
open-promoter complex 151
operator 230

opioid peptide 383

## P

palindrome 351
palindromic 41
partial diploid 226
particle 85
peptidyl 181
peptidyl transferase 182
peripheral protein 91
peroxide 427
Phage lysate 106
phophodiester bond 137
phosphatase 297
phosphodiester 112
phosphodiester group 24
phospholipids 427
phosphoramidites 53
Photolyase 211
photoreactivation 200
pili 349
pilus 316
Plasmodium 93
point mutation 194
polar mutations 201
polycistronic 154
polyglycine 62
polymerase chain reaction [PCR] 356
polyprotein 184
polyribosome 185
polysome 185
Porcine Endogenous Retrovirus 384
positive supercoiling 121
postdimer initiation 213
postreplicational repair 214
posttranscriptional modification 155
Primary Cell Culture 8
primary structure 59
primary transcript 155
primase 135
primosome 136
Prokaryotes 4, 7
Prolactin 13
proofreading 129
prophage 339
protease inhibitor 392
proteomics 285
Prototroph 5
pseudogene 291, 313
pseudoreversion 201
pulse-chase 133
pulse labeling 133
pyrimidines 105

## R

random coil 26
recognition region 172
recombinant DNA 349
recombinant DNA technology 350
regulon 241
release factors 183
renaturation 44
renatured DNA 44
replacement therapy 385
Replication 4, 111
Replication error 114
replication origin 123
replisome 322
repressor protein 224
resistance 315
resolution 311
resolvase 309
restriction enzyme 349
Restriction Fragment Length Polymorphism 380
restriction map 353
retrotranscriptase 273
retrotransopson 286, 313
retrovirus 312
reverse genetics 385
reverse mutation 201
reverse transcriptase 143, 312, 363, 402
reversion 201
RFI 335
ribonucleoprotein particle, RNP 160
ribosome 155
ribozyme 50, 401
right-handed helix 37
RNA polymerase 125, 147
RNA processing 155
RNase 49
rNTP 147
Rous sarcoma 273
rRNA 47, 179

## S

Sanger procedure 50
scaffold 80
secondary structure 60
self-transmissible 316
semi-conservative replication 120

severe combined immunodeficiency (SCID) 386
sex factor 316
shuttle vector 358
signal recognition particles 274
silent mutation 195
single strand binding protein 126
sister strand exchange 214
site-specific mutagenesis 194
small nuclear ribonucleoprotein complexes 264
snRNP 160
solenoidal supercoil 86
SOS response system 215
Southern blotting 162
Southern transfer 162
spacer 177
spliceosome 160
splicing 159
spontaneous mutation 194
stereoisomer 418
structural isomer 419
substrate 71
subunit 67
Sulfur 107
supercoil 40
superhelix 40
suppression 203
suppressor 204
suppressor mutation 201
suppressor tRNA 205
synthetase 172

## T

tautomer 208
tautomerization 128
Telomere 110
temperature-sensitive or ts mutant 195
template strand 151, 154
Tenofovir 392
terminal protein 142
terminally inverted sequence 306
terminase 338
terminator 152
tertiary folding 65
tertiary structure 65
tetrahydro-benzodiazepine 392
tetrazole 53
thalassemia 264
thioredoxin reductase 328
tissue plasminogen activator 383
tobacco mosaic virus 109
topoisomerase 122
transcription 147
transcription factor 156, 253
transcription machinery 253
transdimer synthesis 213
transducing particles 340
Transformed Cell 8
Transforming Principle 102
translocation 183
translocaton signal 273
transmembrane proteins 91
transposable elements 200, 305
transposase 307
transposition 201
triglyceride 427
triphosphate 148
triplet 111
tRNA 47, 169
true reversion 201
trysin 104
tumor inducing (Ti) 388

## U

uncharged 174
unidirectional 139
upstream activation site 156
uracil N-glycosylase 210

## V

van der Waals interaction 26
variable 69
Variable Number Tandem Repeats (VNTRs) 380
vascular endothelial growth factor 386
vector 350
virulent phage 324

## W

wobble hypothesis 175

## X

Xeroderma pigmentosum(XP) 212

## Y

Yeast 7
yeast artificial chromosome 8, 383

## Z

Z helix 38
zwitterionic 430

역 자

| | |
|---|---|
| 심웅섭 | 고려대학교 생명공학원 생명과학부 명예교수 |
| 안정선 | 서울대학교 자연과학대학 생명과학부 교수 |
| 안태인 | 서울대학교 자연과학대학 생명과학부 교수 |
| 이동희 | 이화여자대학교 자연과학대학 자연과학부 교수 |
| 이병재 | 서울대학교 자연과학대학 생명과학부 교수 |
| 이주헌 | 연세대학교 이과대학 자연과학부 교수 |
| 정해문 | 서울대학교 자연과학대학 생명과학부 교수 |
| 허윤강 | 충남대학교 자연과학대학 기초과학부 교수 |

**분자생물학 (제4판) 수정판**

2004년 3월 1일 인쇄
2004년 3월 15일 발행
2006년 1월 15일 인쇄(2쇄 인쇄)
2006년 1월 30일 발행(2쇄 발행)

**역 자** 심웅섭 안정선 안태인 이동희
이병재 이주헌 정해문 허윤강

**발행인** 박 선 진

**발행처** 도서출판 **월드사이언스**
서울특별시 동작구 사당5동 240-15
등록일자: 1987년 12월 14일
등록번호: 3-136
TEL: (02) 581-5811~3
FAX: (02) 521-6418
E-mail: worldscience@hanmail.net
URL: http://www.worldscience.co.kr

정가 25,000원

ISBN 89-5881-047-5

# A Typical Nucleotide

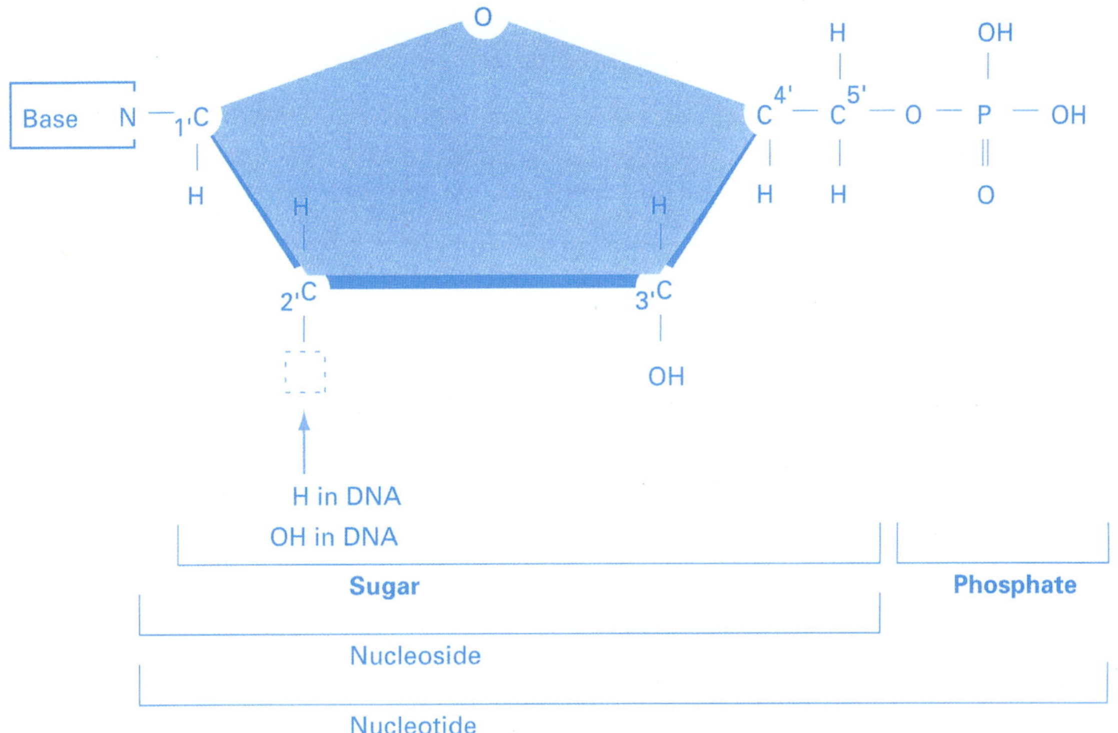


# The Bases Found in Nucleic Acids

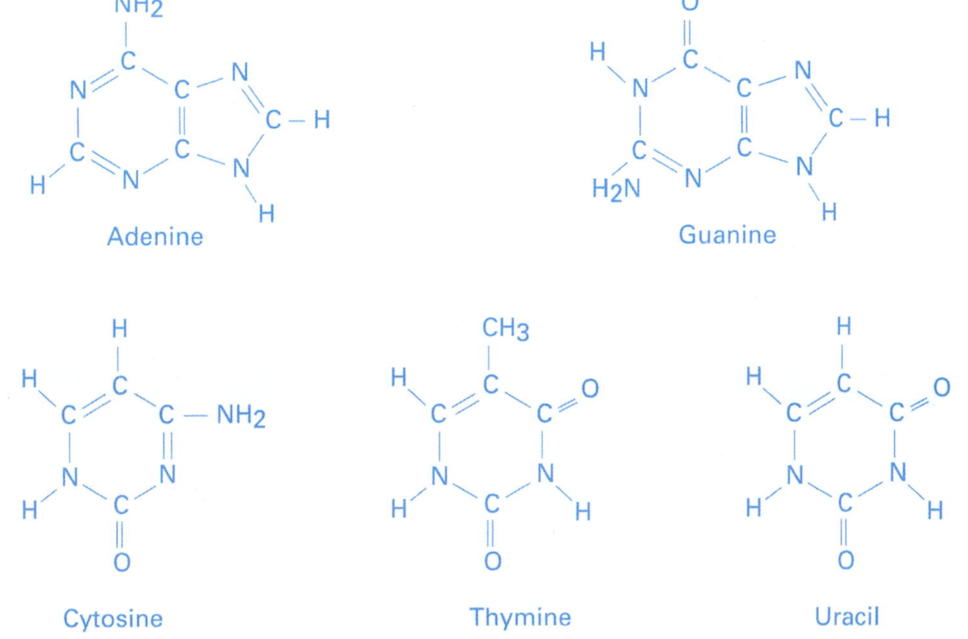